国家建筑标准设计图集　J11-2

常用建筑构造（二）

（2013年合订本）

批准部门：　中华人民共和国住房和城乡建设部
组织编制：　中国建筑标准设计研究院

中国计划出版社

图书在版编目（CIP）数据

国家建筑标准设计图集. 常用建筑构造. 2：2013 年合订本. J11－2/中国建筑标准设计研究院组织编制. —北京：中国计划出版社，2013. 11
ISBN 978－7－80242－916－1

Ⅰ. ①国… Ⅱ. ①中… Ⅲ. ①建筑设计—中国—图集 ②建筑构造—中国—图集 Ⅳ. ①TU206②TU22－64

中国版本图书馆 CIP 数据核字（2013）第 250335 号

国家建筑标准设计图集
常用建筑构造（二）
2013 年合订本
J11－2
中国建筑标准设计研究院　组织编制
（邮政编码：100048　电话：010－68799100）
广告发布登记号：京西市监广登字 20170256 号
☆
中国计划出版社出版
（地址：北京市西城区木樨地北里甲 11 号国宏大厦 C 座 3 层）
北京强华印刷厂印刷

787mm×1092mm　1/16　43 印张　175 千字
2013 年 11 月第 1 版　2021 年 1 月第 4 次印刷
☆
ISBN 978－7－80242－916－1
定价：273. 00 元

编制总说明

自中国建筑标准设计研究院建院以来，出版所编制和管理的建筑专业国家建筑标准设计图集已成系列，种类齐全、内容详实，为广大建筑设计、施工、监理等相关技术人员提供了大量的技术资料。为国家建设事业的发展做出了贡献。

为了促进建筑技术进步，保证建设工程质量，提高工作效率，更好地服务于全国建筑工程设计、施工、监理、教学等工程技术人员，我院根据住房和城乡建设部建质函【2008】83 号文“关于印发《2008 年国家建筑标准设计编制工作计划》的通知”，从国标图集中精选出近期出版发行的适用于一般民用与工业建筑设计、施工基本需求的建筑主要部位的常用构造单行本进行合订成册。内容均以最新的国家现行标准规范为设计依据，编入先进成熟技术。合订本编制立足常用、简明扼要、查阅方便、易于携带。

J11-2《常用建筑构造（二）》国家建筑标准设计图集 2013 年合订本共收录四本国家建筑标准设计图集：13J502—1《内装修—墙面装修》、12J502—2《内装修—室内吊顶》、13J502—3《内装修—楼（地）面装修》、06J505—1《外装修（一）》。

J11-1《常用建筑构造（一）》国家建筑标准设计图集 2012 年合订本已出版发行，其中共收录四本国家建筑标准设计图集：12J003《室外工程》、12J201《平屋面建筑构造》、09J202-1《坡屋面建筑构造（一）》、10J301《地下建筑防水构造》。

《常用建筑构造（三）》国家建筑标准设计图集合订本正在编制中，争取早日出版，方便广大建筑设计、施工、监理等相关技术人员使用。

目 录

GUOJIAJIANZHUBIAOZHUNSHEJI 13J502-1

国家建筑标准设计图集

13J502-1

（替代 03J502-1）

内 装 修

墙 面 装 修

中国建筑标准设计研究院

住房城乡建设部关于批准《电梯 自动扶梯 自动人行道》等14项国家建筑标准设计的通知

建质[2013]74号

各省、自治区住房城乡建设厅，直辖市建委(建交委、规划委)及有关部门，新疆生产建设兵团建设局，总后基建营房部工程局，国务院有关部门建设司：

经审查，批准由中国建筑标准设计研究院等15个单位编制的《电梯 自动扶梯 自动人行道》等14项标准设计为国家建筑标准设计，自2013年7月1日起实施。原《电梯 自动扶梯 自动人行道》(02J404-1)、《内装修—轻钢龙骨内（隔）墙装修及隔断》(03J502-1)、《混凝土结构加固构造(总则及构件加固)》(06SG311-1)、《户内电力电缆终端头》(93D101-1)、《户外电力电缆终端头》(93D101-2)、《电力电缆接头》(93D101-3)、《电力电缆终端头和接头》(93D101-4)、《预制分支电力电缆安装》(00D101-7)标准设计同时废止。

附件：国家建筑标准设计名称及编号表

中华人民共和国住房和城乡建设部

二〇一三年五月三日

"建质[2013]74号"文批准的14项国家建筑标准设计图集号

序号	图集号	序号	图集号	序号	图集号	序号	图集号	序号	图集号
1	13J404	4	13J816	7	13SG121-2	10	13SG619-5	13	13D101-1～4
2	13J502-1	5	13J817	8	13G311-1	11	13SG905-1	14	13D101-7
3	13J815	6	13J933-2	9	13SG364	12	13K511		

《内装修—墙面装修》编审名单

编制组负责人：饶良修　　郭　景

编制组成员：邸士武　　周祥茵　　郭晓明　　张　晔　　厉　飞

审查组长：赵冠谦

审查组成员：顾　均　　唐曾烈　　许绍业　　范学信　　奚聘白　　朱爱霞　　孙　恺

项目负责人：周祥茵

项目技术负责人：郭　景

国标图热线电话：010-68799100　　发行电话：010-68318822

查阅标准图集相关信息请登录国家建筑标准设计网站 http://www.chinabuilding.com.cn

内装修—墙面装修

批准部门 中华人民共和国住房和城乡建设部　批准文号 建质[2013]74号
主编单位 中国建筑设计研究院环境艺术设计研究院
中国建筑标准设计研究院　统一编号 GJBT-1235
实行日期 二〇一三年七月一日　图 集 号 13J502-1

主编单位负责人
主编单位技术负责人
技 术 审 定 人
设 计 负 责 人

目　　录

D 装饰石材

E 陶瓷墙砖

F 金属装饰板

G 建筑装饰玻璃

H 装饰吸声板

目　录						图集号	13J502-1
审核	饶良修	校对	郭晓明	设计	邸士武	页	2

J GRG、GRC挂板

K 陶板、陶棍

L 木质护壁墙裙

M 成品活动隔断

N 成品固定隔断

P 卫生间隔断

目　录						图集号	13J502-1
审核 饶良修	饶良修	校对 郭晓明	郭晓明	设计 邸士武	邸士武	页	3

总 说 明

1 编制依据

1.1 本图集根据住房和城乡建设部建质函[2012]131号“关于印发《2012年国家建筑标准设计编制工作计划》的通知”对原图集《内装修—轻钢龙骨内（隔）墙装修及隔断》03J502-1进行修编。

1.2 本图集依据下列标准规范:

《房屋建筑制图统一标准》	GB/T 50001-2010
《建筑制图标准》	GB/T 50104-2010
《民用建筑设计通则》	GB 50352-2005
《建筑设计防火规范》	GB 50016
《建筑内部装修设计防火规范》(2001年版)	GB 50222-95
《民用建筑隔声设计规范》	GB 50118-2010
《民用建筑工程室内环境污染控制规范》	GB 50325-2010
《建筑装饰装修工程质量验收规范》	GB 50210-2001
《建筑工程饰面砖粘结强度检验标准》	JGJ 110-2008
《建筑瓷板装饰工程技术规程》	CECS 101:98
《建筑内部装修防火施工及验收规范》	GB 50354-2005
《建筑工程施工质量验收统一标准》	GB 50300-2001
《室内装饰装修材料 人造板及其制品中甲醛释放限量》	GB 18580-2001
《室内装饰装修材料 溶剂型木器涂料中有害物质限量》	GB 18581-2009
《室内装饰装修材料 内墙涂料中有害物质限量》	GB 18582-2008
《室内装饰装修材料 胶粘剂中有害物质限量》	GB 18583-2008
《室内装饰装修材料 木家具中有害物质限量》	GB 18584-2001
《室内装饰装修材料 壁纸中有害物质限量》	GB 18585-2001
《建筑材料放射性核素限量》	GB 6566-2010
《木结构工程施工质量验收规范》	GB 50206-2012

当依据的标准规范进行修订或有新的标准规范出版实施时，应对本图集相关内容进行复核后选用，并按新的标准规范执行。

2 适用范围

2.1 本图集适用于抗震设防烈度小于或等于8度地区的新建、改建、扩建的民用建筑内墙面装修设计及施工。

2.2 本图集供建筑设计、室内设计及施工安装人员使用。

3 编制原则

3.1 本图集的编制力求创新、结合国情，满足建筑装饰装修工程的发展，改善使用环境的需要。图集内容除保留了原图集中技术成熟仍适用的部分外，又增加了新的内容及做法，供设计师选用或参考。

3.2 本图集收纳、提炼了目前国内室内装修工程的实践经验，对室内装修工程涉及的内墙装修做法和相关设计说明等内容进行了系统、详尽的编制。

3.3 本图集编入了室内装饰装修新材料、新技术的做法符合安全和环保的要求。

3.4 内墙面装修做法均应符合我国现行标准规范、施工操作规程及施工质量验收规范的有关规定。

4 图集内容

4.1 本图集是《内装修》系列图集分册之一。

4.2 本图集主要包括十四部分内容: A 轻质隔墙;B 建筑涂料;C 壁纸、壁布、装饰贴膜;D 装饰石材;E 陶瓷墙砖;F 金属装饰板;G 建筑装饰玻璃;H 装饰吸声板;J GRG、GRC挂板;K 陶板、陶棍;L 木质护壁墙裙;M 成品活动隔断;N 成品固定隔断;P 卫生间隔断。

5 内墙装修材料性能要求

5.1 装修材料应满足防火、环保和隔声要求。

5.2 本图集编入的十四部分内墙做法,均符合建筑防火规范对内墙面防火的要求。各类建筑内墙面装修材料燃烧性能等级,见表1～表4。

表1 单层、多层民用建筑内墙面装修材料的燃烧性能等级

建筑物及场所	建筑规模、性质	装修材料燃烧性能等级	
		墙面	隔断
候机楼的候机大厅、商店、餐厅、贵宾候机室、售票厅等	建筑面积>10000m²的候机楼	A	B1
	建筑面积≤10000m²的候机楼	B1	B1
汽车站、火车站、轮船客运站的候车（船）室、餐厅、商场等	建筑面积>10000m²的车站、码头	A	B1
	建筑面积≤10000m²的车站、码头	B1	B2
影院、会堂、礼堂、剧院、音乐厅	>800座位	A	B1
	≤800座位	B1	B1
体育馆	>3000座位	A	B1
	≤3000座位	B1	B1
商场营业厅	每层建筑面积>3000m²或总建筑面积>9000m²的营业厅	B1	A
	每层建筑面积1000～3000m²或总建筑面积3000～9000m²的营业厅	B1	B1
	每层建筑面积<1000m²或总建筑面积<3000m²的营业厅	B1	B2
饭店、旅馆的客房及公共活动用房等	设有中央空调系统的饭店、旅馆	B1	B1
	其他饭店、旅馆	B1	B2
歌舞厅、餐馆等娱乐、餐饮建筑	营业面积>100m²	B1	B1
	营业面积≤100m²	B1	B2

注：1.表1～表4依据《建筑内部装修设计防火规范》（2001年版）GB 50222-95编制。
2.表中内容若与现行相关规范不一致时，应从严执行。

续表1

建筑物及场所	建筑规模、性质	装修材料燃烧性能等级	
		墙面	隔断
幼儿园、托儿所、中、小学、医院病房楼、疗养院、养老院	—	B1	B1
纪念馆、展览馆、博物馆、图书馆、档案馆、资料馆等	国家级、省级	B1	B1
	省级以下	B1	B2
办公楼、综合楼	设有中央空调系统的办公楼、综合楼	B1	B1
	其他办公楼、综合楼	B1	B2
住宅	高级住宅	B1	B1
	普通住宅	B2	B2

注：1.单层、多层民用建筑除《建筑内部装修设计防火规范》2001年修订条文中第3.1.18条规定外，内墙面各部位装修材料的燃烧性能等级，不应低于表1的规定。
2.单层、多层民用建筑除《建筑内部装修设计防火规范》2001年修订条文中第3.1.18条规定外，面积小于100 m²的房间，当采用防火墙和甲级防火门窗与其他部位分隔时，其内墙面装修材料的燃烧性能等级可在表1的基础上降低一级。
3.除《建筑内部装修设计防火规范》2001年修订条文中第3.1.18条规定外，当单层、多层民用建筑内装有自动灭火系统时，其内部墙面装修材料的燃烧性能等级可在表1规定的基础上降低一级；当同时装有火灾自动报警装置和自动灭火系统时，其内墙面装修材料的燃烧性能等级可不限制。

表2 高层民用建筑内墙面装修材料的燃烧性能等级

建筑物及场所	建筑规模、性质	装修材料燃烧性能等级	
		墙面	隔断
高级旅馆	>800座位的观众厅、会议厅；顶层餐厅	B1	B1
	≤800座位的观众厅、会议厅	B1	B1
	其他部位	B1	B2
商业楼、展览楼、综合楼、商住楼、医院病房楼	一类建筑	B1	B1
	二类建筑	B1	B2
电信楼、财贸金融楼、邮政楼、广播电视楼、电力调度楼、防灾指挥调度楼	一类建筑	A	B1
	二类建筑	B1	B2
教学楼、办公楼、科研楼、档案楼、图书馆	一类建筑	B1	B1
	二类建筑	B1	B1
住宅、普通旅馆	一类普通旅馆高级住宅	B1	B1
	二类普通旅馆普通住宅	B1	B2

注：1. 高层民用建筑内墙面各部位装修材料的燃烧性能等级，不应低于表2的规定。
2. 除《建筑内部装修设计防火规范》2001年修订条文中第3.1.18条所规定的场所和100m以上的高层民用建筑及大于800座位的观众厅、会议厅、顶层餐厅外，当设有火灾自动报警装置和自动灭火系统时，其内墙面装修材料的燃烧性能等级可在表2规定的基础上降低一级。
3. 高层民用建筑的裙房内面积小于500 m^2的房间，当设有自动灭火系统，并且采用耐火等级不低于2h的隔墙、甲级防火门、窗与其他部位分隔时，内墙面的装修材料的燃烧性能等级可在表2规定的基础上降低一级。
4. 电视塔等特殊高层建筑的内部装修，其内墙面应采用A级装修。

表3 民用建筑特定房间内墙面装修材料的燃烧性能等级

建筑物及场所	装修材料燃烧性能等级	备注
图书室、资料室、档案室和存放文物的房间	A	—
大中型电子计算机房、中央控制室、电话总机房等放置特殊贵重设备的房间	A	—
消防水泵房、排烟机房、固定灭火系统钢瓶间、配电室、变压器室、通风和空调机房等	A	—
无自然采光楼梯间、封闭楼梯间、防烟楼梯间及其前室	A	—
建筑物内的厨房	A	—
地上建筑的水平疏散走道和安全出口的门厅	B1	—
设有上下层相连通的中庭、走马廊、开敞楼梯、自动扶梯时，其连通部位	A	—
歌舞厅、卡拉OK厅（含具有卡拉OK功能的餐厅）、夜总会、录像厅、放映厅、桑拿浴室（除洗浴部分外）、游艺厅（含电子游艺厅）、网吧等歌舞娱乐放映游艺场所	B1	当设置在一、二级耐火等级建筑的四层及四层以上时
	A	当设置在地下一层时

注：除地下建筑外，无窗房间、经常使用明火器具的餐厅、科研实验室，装修材料的燃烧性能等级，除A级外，应在表1、2、3规定的基础上提高一级。

表4 地下民用建筑内墙面装修材料的燃烧性能等级

建筑物及场所	装修材料燃烧性能等级	
	墙面	隔断
休息室和办公室等 旅馆的客房及公共活动用房等	B_1	B_1
娱乐场所、旱冰场、舞厅、展览厅、医院的病房、医疗用房等	A	B_1
电影院的观众厅、商场的营业厅	A	B_1
停车库、人行通道、图书资料库、档案库	A	A

注：1.地下民用建筑系指单层、多层、高层民用建筑的地下部分，单独建造在地下的民用建筑以及平战结合的地下人防工程。
2.地下民用建筑的疏散走道和安全出口的门厅，其内墙面的装修材料应采用A级装修材料。
3.单独建造的地下民用建筑的地上部分，其门厅、休息室、办公室等内部装修材料的燃烧性能等级可在表4的基础上降低一级要求。
4.地下商场、地下展览厅的售货柜台、固定货架、展览台等,应采用A级装修材料。

5.3 室内装饰装修材料胶粘剂中有害物质限量、壁纸中有害物质限量、内墙涂料中有害物质限量、人造板及其制品中甲醛释放限量、木家具中有害物质限量、溶剂型木器涂料中有害物质限量、建筑材料放射性核素限量，见表5～表13。

5.4 不同类型建筑的不同部位墙体的隔声、降噪有不同的要求，应符合《民用建筑隔声设计规范》GB 50118-2010中的相关规定。

表5 木体型胶粘剂中有害物质限量值

项 目	指 标
总挥发性有机物/（g/L）	≤100

注：表5～7摘自《室内装饰装修材料 胶粘剂中有害物质限量》GB 18583-2008。

表6 水基型胶粘剂中有害物质限量值

项 目	指 标				
	缩甲醛类胶粘剂	聚乙酸乙烯酯胶粘剂	橡胶类胶粘剂	聚氨酯类胶粘剂	其他胶粘剂
游离甲醛/（g/kg）	≤1.0	≤1.0	≤1.0	—	≤1.0
苯/（g/kg）	≤0.20				
甲苯+二甲苯/（g/kg）	≤10				
总挥发性有机物/（g/L）	≤350	≤110	≤250	≤100	≤350

表7 溶剂型胶粘剂中有害物质限量值

项 目	指 标			
	氯丁橡胶胶粘剂	SBS胶粘剂	聚氨酯类胶粘剂	其他胶粘剂
游离甲醛/（g/kg）	≤0.50		—	—
苯/（g/kg）	≤5.0			
甲苯+二甲苯/（g/kg）	≤200	≤150	≤150	≤150
甲苯二异氰酸酯/（g/kg）	—		≤10	—
二氯甲烷/（g/kg）	总量≤5.0	≤50	—	≤50
1.2-二氯乙烷/（g/kg）		总量≤5.0		
1.1.2-三氯乙烷/（g/kg）				
三氯乙烯/（g/kg）				
总挥发性有机物/（g/L）	≤700	≤650	≤700	≤700

注：如产品规定了稀释比例或产品有双组分或多组分组成时，应分别测定稀释剂和各组分中的含量，再按产品规定的配比计算混合后的总量。如稀释剂的使用量为某一范围时，应按照推荐的最大稀释量进行计算。

总 说 明								图集号	13J502-1
审核	饶良修	饶良修	校对	郭晓明	郭晓明	设计	邸士武	页	7

表8 壁纸中有害物质限量表　　单位为毫克每千克

有害物质名称		限量值
重金属（或其他）元素	钡	≤1000
	镉	≤25
	铬	≤60
	铅	≤90
	砷	≤8
	汞	≤20
	硒	≤165
	锑	≤20
氯乙烯单体		≤1.0
甲醛		≤120

表9 内墙涂料中有害物质限量的要求

项　目		限　量　值	
		水性墙面涂料[a]	水性墙面腻子[b]
挥发性有机化合物（VOC）≤		120g/L	15g/kg
苯、甲苯、乙苯、二甲苯总和/（mg/kg）≤		300	
游离甲醛/（mg/kg）≤		100	
可溶性重金属/（mg/kg）≤	铅 Pb	90	
	镉 Cd	75	
	铬 Cr	60	
	汞 Hg	60	

a.涂料产品所有项目均不考虑稀释配比。
b.膏状腻子所有项目均不考虑稀释配比；粉状腻子除可溶性重金属项目直接测试粉体外，其余3项按产品规定的配比将粉体与水或胶粘剂等其他液体混合后测试。如配比为某一范围时，应按照水用量最小、胶黏剂等其他液体用量最大的配比混合后测试。

注：1.表8摘自《室内装饰装修材料 壁纸中有害物质限量》GB 18585-2001。
2.表9摘自《室内装饰装修材料 内墙涂料中有害物质限量》GB 18582-2008。

表10 人造板及其制品中甲醛释放量试验方法及限量值

产品名称	试验方法	限量值	使用范围	限量标志[b]
中密度纤维板、高密度纤维板、刨花板、定向刨花板	穿孔萃取法	≤9mg/100g	可直接用于室内	E1
		≤30mg/100g	必须饰面处理后可允许用于室内	E2
胶合板、装饰单板贴面胶合板、细木工板等	干燥器法	≤1.5mg/L	可直接用于室内	E1
		≤5.0mg/L	必须饰面处理后可允许用于室内	E2
饰面人造板（包括浸渍纸层压木质地板、实木复合地板、竹地板、浸渍胶膜纸饰面人造板等）	气候箱法[a]	≤0.12 mg/m^3	可直接用于室内	E1
	干燥器法	≤1.5mg/L		

a.仲裁时采用气候箱法。
b.E1为可直接用于室内的人造板，E2为必须饰面处理后允许用于室内的人造板。

注：表10摘自《室内装饰装修材料 人造板及其制品中甲醛释放限量》GB 18580-2001。

表11 木家具中有害物质限量要求

项　目		限　量　值
甲醛释放量 mg/L		≤1.5
重金属含量（限色漆）mg/kg	可溶性铅	≤90
	可溶性镉	≤75
	可溶性铬	≤60
	可溶性汞	≤60

注：表11摘自《室内装饰装修材料 木家具中有害物质限量》GB 18584-2001。

表12 溶剂型木器涂料中有害物质限量的要求

项目		限量值				
		聚氨酯类涂料		硝基类涂料	醇酸类涂料	腻子
		面漆	底漆			
挥发性有机化合物（VOC）含量[a]/（g/L）≤		光泽（60°）≥80，580 光泽（60°）<80，670	670	720	500	550
苯含量[a]/% ≤		0.3				
甲苯、二甲苯、乙苯含量总和[a]/% ≤		30		30	5	30
游离二异氰酸酯（TDI、HDI）含量总和[b]/% ≤		0.4		—	—	0.4（限聚氨酯类腻子）
甲醇含量[a]/% ≤		—		0.3	—	0.3（限硝基类腻子）
卤代烃含量[a,c]/% ≤		0.1				
可溶性重金属含量（限色漆、腻子和醇酸清漆）/(mg/kg) ≤	铅Pb	90				
	镉Cd	75				
	铬Cr	60				
	汞Hg	60				

a.按产品明示的施工配比混合后测定，如稀释剂的使用量为某一范围时，应按照产品施工配比规定的最大稀释比例混合后进行测定。
b.如聚氨酯类涂料和腻子规定了稀释比例或由双组分或多组分组成时，应先测定固化剂（含游离二异氰酸酯预聚物）中的含量，再按产品明示的施工配比计算混合后涂料中的含量，如稀释剂的使用量为某一范围时，应按照产品施工配比规定的最小稀释比例进行计算。
c.包括二氯甲烷、1，1-二氯乙烷、1，2-二氯乙烷、三氯甲烷、1，1，1-三氯乙烷、1，1，2-三氯乙烷、四氯化碳。

注：表12摘自《室内装饰装修材料 溶剂型木器涂料中有害物质限量》GB 18581-2009。

总说明						图集号	13J502-1
审核 饶良修	饶良修	校对 郭晓明	郭晓明	设计 邸士武	邸士武	页	9

表13 装饰装修材料中天然放射性核素的放射性比活度

分类	核素物质名称	放射性和比活度	使用范围
A	镭-226 钍-232 钾-40	同时满足IRa≤1.0和Ir≤1.3的要求	装饰装修材料的产销与使用范围不受限制
B	镭-226 钍-232 钾-40	不满足A但同时满足IRa≤1.3和Ir≤1.9的要求	不可用于Ⅰ类民用建筑的内饰面，但可用于Ⅱ类民用建筑物、工业建筑内饰面及其他一切建筑的外饰面
C	镭-226 钍-232 钾-40	不满足A、B但满足Ir≤2.8的要求	只可用于建筑物的外饰面及室外其他用途

注：表13依据《建筑材料放射性核素限量》GB 6566-2010编制。

6 编制说明

6.1 本图集采用A、B、C、D····序号代表不同编入的装修材料进行分项。

6.2 本图集采用分项编制的方式，在每个分项中均包括案例彩图、分项说明及构造详图等。

6.3 本图集所选用的各种成品装修配件不再绘制详细构造，图中仅表示成品外形尺寸及安装构造尺寸。

6.4 本图集如有标注尺寸采用代号或“≥”、“≤”表示可变数时，可由设计师按工程设计需要确定尺寸。

6.5 各类装修部件与结构主体固定时，必须安全可靠。当采用膨胀螺栓、塑料胀管等固定时，要按照规定慎重选择型号。

6.6 设于结构主体上的膨胀螺栓，距阳角净尺寸应符合相关规范要求，应牢固、可靠。

6.7 室内装修的形式千变万化，本图集中编入的内容，仅为设计师举一反三提供参考实例，可根据工程实际需要，在满足国家现行相关规范基础上具体设计。

7 尺寸单位

本图集除注明外，所注尺寸均以毫米（mm）为单位。

8 索引方法

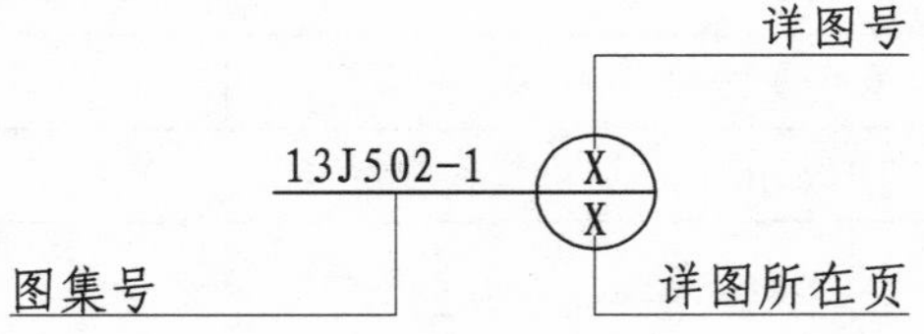

9 参编企业

北新集团建材股份有限公司
浙江开尔新材料股份有限公司
上海富美家装饰材料有限公司
可耐福石膏板有限公司
博罗石膏建材有限公司
台荣建材（湖州）有限公司

总 说 明								图集号	13J502-1
审核	饶良修	[signature]	校对	郭晓明	[signature]	设计	邸士武	页	10

石膏板墙面

覆膜石膏板墙面

硅酸钙板墙面

覆膜穿孔石膏板墙面

石膏板、硅酸钙板墙面案例									图集号	13J502-1
审核	饶良修	饶良修	校对	郭晓明	郭晓明	设计	邸士武	邸士武	页	A01

轻质隔墙说明

1　轻质隔墙

轻质隔墙是由轻质砌块、轻质条板砌筑安装或轻钢龙骨与面板组合而成的墙体，可满足各种建筑内隔墙设计、选用的需要。本分项主要以轻钢龙骨组合墙体构造进行编制。

2　轻质隔墙的材料选用

2.1 轻钢龙骨组合墙体主要有轻钢龙骨石膏板隔墙、轻钢龙骨硅酸钙板隔墙和轻钢龙骨纤维水泥加压板隔墙等。轻钢龙骨产品规格，见A04页表A-1；轻质条板隔墙、轻质砌块隔墙的选用，见A06页表A-2；轻钢龙骨石膏板隔墙、轻钢龙骨硅酸钙板隔墙的选用，见A07页表A-3；轻钢龙骨隔墙高度限值的选用，见A11页表A-4。

2.2 轻钢龙骨墙面板的分类、规格、特点及适用范围，见表A-5。

3　轻钢龙骨组合墙体的施工做法

3.1 轻钢龙骨组合墙体的施工流程：放线→固定轻钢龙骨→填充岩棉（超细玻璃丝棉）安装墙面板→处理钉孔→处理接缝。

3.1.1 放线：按照设计在墙面、顶面及地面上弹线，标出沿边、沿顶、沿地轻钢龙骨的位置。

3.1.2 固定轻钢龙骨：在顶面、地面上固定沿顶、沿地轻钢龙骨，采用膨胀螺栓固定。将竖向轻钢龙骨（间距不大于600mm）插入沿顶、沿地龙骨之间，开口方向保持一致。

3.1.3 填充岩棉（超细玻璃丝棉）安装墙面板：如果是单面单层墙体，先填充岩棉（超细玻璃丝棉）再用自攻螺钉将墙面板固定在轻钢龙骨上。如果是双面单层墙体，则先在一侧用自攻螺钉将墙面板固定在轻钢龙骨上再填充岩棉（超细玻璃丝棉），然后固定另一侧墙面板。固定时从墙面板中间向四周固定，不可多点同时作业。

3.1.4 处理钉孔：墙面板安装完毕后，用刮刀将钉孔周围碎屑抹平。在钉孔处涂抹一层防锈漆，防锈漆完全干后，用密封胶填平所有的钉孔，待干24h。

3.1.5 处理接缝：接缝处，要检查墙面板是否与轻钢龙骨可靠固定后，再用填缝剂，刷胶将接缝纸带贴在板缝处，用抹刀刮平压实，待其凝固后用密封胶将接缝覆盖，待密封胶凝固后用砂纸轻轻打磨，使墙面板平整一致。

表A-5　轻钢龙骨墙面板的分类、规格、特点及适用范围

产品名称	分　类	规格（mm）	特　点	适用范围
石膏板	普通纸面石膏板	2400/3000×1200×12	重量轻、隔声、隔热、易加工、施工方便	一般要求隔墙
	耐水纸面石膏板			厨房、卫生间、外贴面砖等
	耐潮纸面石膏板			有防潮要求的部位
	耐火纸面石膏板			有防火要求的部位
	覆膜石膏板	2400/3000×1200×12	饰面丰富、外观时尚、环保、无尘、防潮、防霉、防下陷、干法安装、无污染、可冬季施工等	内隔墙墙面
硅酸钙板	低密度硅酸钙板	2400×1200×（7～25） 2440×1220×（7～25）	防火、防潮、耐候、隔声、强度高、易加工、施工方便、不易变形等	内隔墙墙面及其他用途
	中密度硅酸钙板			
	高密度硅酸钙板			
纤维水泥加压板	低密度纤维水泥加压板	1200×2400×（4～30）	防火、防水、隔热、隔声、强度高、环保、施工方便	厨房、卫生间、外贴面砖等
	中密度纤维水泥加压板	1220×2440×（6～25）		
	高密度纤维水泥加压板	600×600×（4～8）		

轻质隔墙说明								图集号	13J502-1
审核	饶良修	饶良修	校对	郭晓明	郭晓明	设计	邸士武	页	A02

3.2 覆膜石膏板的施工要点

3.2.1 覆膜石膏板的安装方式有粘接法和扣条法。

粘接法是用配套成品双面泡棉胶将覆膜石膏板粘接在轻钢龙骨上;扣条法是用配套成品装饰扣条将覆膜石膏板固定在轻钢龙骨上,此方法可拆卸重复利用。

3.2.2 用于固定覆膜石膏板的轻钢龙骨应符合《建筑用轻钢龙骨》GB/T 11981-2008的要求。固定板边的竖龙骨最大中距为覆膜石膏板宽加15mm。

3.2.3 固定扣条时,用激光水平仪对沿地轻钢龙骨位置找正。

3.2.4 根据覆膜石膏板的宽度用自钻螺钉将相应的扣条固定在轻钢龙骨上,钉距不应大于300mm,钉头平龙骨表面。沿地轻钢龙骨的交接处要根据所用扣条的宽度留出适当的距离。

3.2.5 根据竖龙骨的净距离裁切覆膜石膏板,安装覆膜石膏板时,应按背面的箭头方向保证一致,覆膜石膏板的尺寸不大于实际尺寸5mm。覆膜石膏板要现用现裁,以便调整。有电源开关和插座处,先在覆膜石膏板相应尺寸处开一小孔,待覆膜石膏板安装完毕再开合适的孔洞,以免前期开孔不合适,无法弥补。

3.2.6 将裁切好的覆膜石膏板放到安装位置,用橡皮锤将事先锯好的长度约为100mm的扣条敲扣在底扣条上做临时固定,扣条间距600mm~1000mm。如果覆膜石膏板宽度大于800mm,则必须在板中间的竖向轻钢龙骨上做粘接处理。

3.2.7 待覆膜石膏板一面墙安装完毕后,再正式安装扣条,扣条的安装顺序为先横后竖、先长后短、从左到右,如有阴、阳角时先做阴、阳角。

4 轻钢龙骨组合墙体质量验收要求

4.1 主控项目:

4.1.1 隔墙所用轻钢龙骨、配件、墙面板、填充材料及嵌缝材料的品种、规格及性能应符合规范及设计要求。有隔声、隔热、防火、防潮等特殊要求的工程材料应有相关的检测报告。检验方法:观察;检查产品合格证书、进场验收记录、性能检测报告和复验报告。

4.1.2 隔墙龙骨必须与墙体结构连接牢固,应平整、垂直、位置正确。检验方法:手扳、尺量检查、检查隐蔽工程验收记录。

4.1.3 隔墙中轻钢龙骨间距和连接方法及填充材料的设置应符合规范及设计要求。骨架内设备管线的安装、门窗洞口等部位加强龙骨应安装牢固、位置正确。检验方法:检查隐蔽工程验收记录。

4.1.4 隔墙的墙面板应安装牢固,无脱层、翘曲、折裂及缺损。检验方法:观察;手扳检查。

4.1.5 墙面板所用接缝材料和接缝方法应符合设计要求。

4.2 一般项目

4.2.1 隔墙表面应平整光滑、色泽一致、洁净、无裂缝,接缝应均匀、顺直。检验方法:观察;手摸检查。

4.2.2 隔墙上的孔洞、槽、盒应位置正确、套割吻合、边缘整齐。检验方法:观察。

4.2.3 隔墙内的填充材料应干燥,填充应密实、均匀、无下坠。检验方法:轻敲检查;检查隐蔽工程验收记录。

4.2.4 轻钢龙骨墙面板安装的允许偏差和检验方法,见表A-6。

表A-6 轻钢龙骨墙面板安装的允许偏差和检验方法

项次	项目	允许偏差(mm)		检验方法
		纸面石膏板	人造木板、硅酸钙板、纤维水泥加压板	
1	立面垂直度	3	4	用2m垂直检测尺检查
2	表面平整度	3	3	用2m靠尺和塞尺检查
3	阴阳角方正	3	3	用直角检测尺检查
4	接缝直线度	—	3	拉5m线,不足5m拉通线,用钢直尺检查
5	压条直线度	—	3	拉5m线,不足5m拉通线,用钢直尺检查
6	接缝高低差	1	1	用钢直尺和塞尺检查

表A-1 轻钢龙骨产品规格表

产品名称	断面图型	实际尺寸（mm） A	B	B′	t	适用范围
横龙骨（U型）		50	40	—	0.6/0.8	隔墙与结构主体的连接构件，用做沿顶、沿地龙骨起固定竖龙骨作用
		75	40	—	0.6/0.8/1.0	
		100	40	—	0.6/0.8/1.0	
		150	40	—	0.8/1.0	
	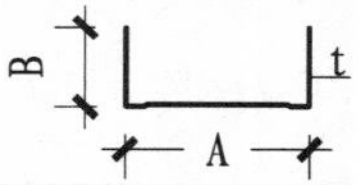	50	35	—	0.6/0.7	
		75	35	—	0.6/0.7	
		100	35	—	0.7	
高边横龙骨（U型）	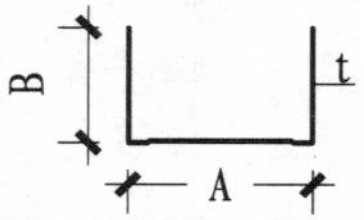	50	50	—	0.6/0.7	隔墙高度超过4.2m或防火隔墙与楼板的连接构件
		75	50	—	0.6/0.7/0.8/1.0	
		100	50	—	0.7/0.8/1.0	
		150	50	—	0.8/1.0	
竖龙骨（C型）	（1）（2）	48.5	50	—	0.6/0.8/1.0	隔墙的主要受力构件，为钉挂面板的骨架。立于上下横龙骨之中。（2）、（3）两翼不等边设计，可以直接对扣，增加龙骨骨架强度
		73.5	50	—	0.6/0.8/1.0	
		98.5	50	—	0.7/0.8/1.0	
		148.5	50	—	0.8/1.0	
	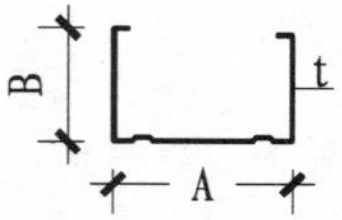 （3）	50	45/47	—	0.7/0.8	
		75	45/47	—	0.6/0.7/0.8	
		100	45/47	—	0.7/0.8	
		150	45/47	—	0.8/1.0	
通贯龙骨（U型）	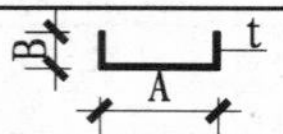	38	12	—	1.0/1.2	竖龙骨的水平连接构件（是否采用通贯龙骨根据规范及设计要求而定）
贴面墙竖向龙骨	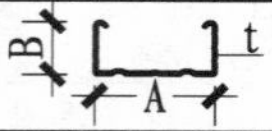	60	27	—	0.6	用于贴面墙系统，作为骨架用来钉挂面板
	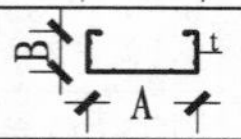	50	19	—	0.5	
		50	20	—	0.6	
U型安装夹（支撑卡）	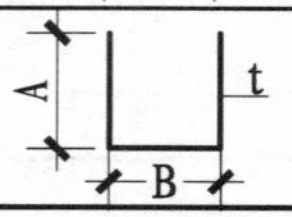	100	50	—	0.8	固定竖向龙骨的构件，距墙距离可调
		125	60			

注：1.执行标准《建筑用轻钢龙骨》GB/T 11981-2008。
2.本页根据北新集团建材股份有限公司、可耐福石膏板有限公司和博罗石膏建材有限公司提供的技术资料编制。

续表A-1

产品名称	断面图型	实际尺寸（mm）				适用范围
		A	B	B′	t	
Z型减振隔声龙骨		73.5	50	—	0.6	隔声要求较高的场所与C型竖龙骨安装方法相同
Ω减振隔声龙骨		98.5	45	—	0.5/0.6	隔声要求较高的场所与C型竖龙骨安装方法相同
MW减振隔声龙骨		75	50	—	0.6	隔声墙体专用龙骨，组合特殊板材提高隔声量，可以直接龙骨对扣
CH型龙骨		75	42/35	—	0.8/1.0	电梯井及管道井墙专用的竖龙骨
		100	42/35	—		
		146/150	42/35	—		
端墙支撑卡		75	45/47	—	0.6	用于隔墙端部，作为通贯龙骨的端部支撑
		100	45/47	—	0.7	
		150	45/47	—	0.8	
J型龙骨（不等边龙骨）		75/78	50/60	25/30	0.6/0.8/1.0	电梯井、管道井横向与结构固定构件
		100/103	50/60	25/30		
		150/149	50/60	25/30		
E型竖龙骨		75	30	20	0.8/1.0	井道墙和建筑结构的连接构件，作为井道墙的边框龙骨
		100	30	20		
		146	30	20		
平行接头		82	—	—	0.6	连接竖龙骨的构件。用于面板水平接缝时连接。也可双层使用协助将轻质设备固定到面板上
边龙骨		20	30	20	0.6	用于贴面墙系统，安装在楼板下和地面上，用来固定覆面龙骨
角龙骨（L型）		30	23	—	0.6	制作曲面墙时，代替横龙骨固定在结构上。也可作为拱形门窗洞口处板材的固定

注：1. 执行标准《建筑用轻钢龙骨》GB/T 11981-2008。
2. 本页根据北新集团建材股份有限公司、可耐福石膏板有限公司和博罗石膏建材有限公司提供的技术资料编制。

轻钢龙骨产品规格表						图集号	13J502-1
审核	饶良修	校对	郭晓明	设计	邸士武	页	A05

表A-2 轻质条板隔墙、轻质砌块隔墙选用表

编 号	构造简图	构 造	墙厚（mm）	面密度（kg/m²）	计权隔声量 Rw（dB）	频谱修正量 C（dB）	频谱修正量 Ctr（dB）	Rw+C	Rw+Ctr	耐火极限（h）
隔墙1	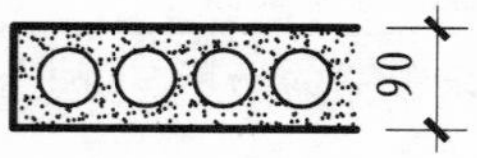 90	增强水泥空心条板	90	128	46	0	-2	46	44	1.75
隔墙2	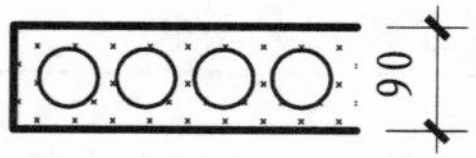 90	增强石膏空心条板	90	≤80	≥35	—	—	—	—	≥1
隔墙3	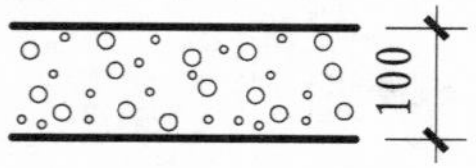 100	蒸压加气混凝土条板	100	70	40	—	—	—	—	≥1
隔墙4	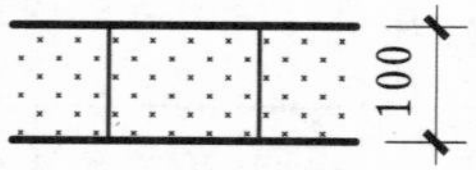 100	磷石膏砌块	100	122	40	-1	-3	39	37	≥1
隔墙5	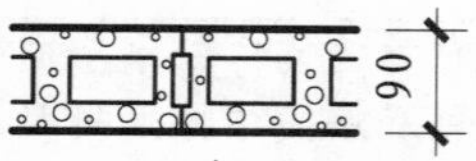 90	轻集料空心砌块	90	234	45	-1	-2	44	43	≥1
隔墙6	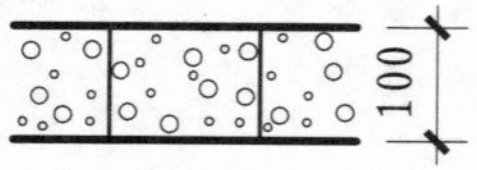 100	蒸压加气混凝土砌块	100	125	43	-1	-3	42	40	≥1

注：1. 表中轻质隔墙应符合《建筑轻质条板隔墙技术规程》JGJ/T 157-2008；《墙体材料应用统一技术规范》GB 50574-2010中的要求。
2. 表中隔墙的耐火极限、隔声量仅供参考，使用时应以该产品的检验报告为准。
3. 内隔墙建筑构造参见国标图集《内隔墙-轻质条板（一）》10J113-1。

轻质隔墙选用表						图集号	13J502-1
审核 饶良修	饶良修	校对 郭晓明	郭晓明	设计 邸士武	邸士武	页	A06

表A-3 轻钢龙骨石膏板隔墙选用表

编　号	构造简图	构　造	墙厚（mm）	计权隔声量 Rw（dB）	单重（kg/m^2）	填充物密度	耐火极限（h）
隔墙7	123	75系列轻钢龙骨 12×2+12×2耐火纸面石膏板 内填50厚岩棉	123	52	48	150kg/m^3	2
隔墙8	129	Z型75系列轻钢龙骨 15+12+12+15耐火纸面石膏板 内填50厚岩棉	129	56	53	150kg/m^3	2
隔墙9	160	100系列轻钢龙骨 15×2+15×2高级耐火纸面石膏板 内填80厚岩棉	160	52	63	120kg/m^3	3
隔墙10	190	100系列轻钢龙骨 15×3+15×3耐火纸面石膏板 内填80厚岩棉	190	53	87	120kg/m^3	4
隔墙11	223	双排75系列轻钢龙骨 12×2+12×2耐火纸面石膏板 内填50厚岩棉25厚空隙	223	56	51	150kg/m^3	2
隔墙12	231	双排Z型75系列轻钢龙骨 15+12+12+15+12+15耐火纸面石膏板 内填50厚岩棉	231	66	83	150kg/m^3	4

注：1.表中隔墙的耐火极限、隔声量仅供参考，使用时应以该产品的检验报告为准。
2.本页根据北新集团建材股份有限公司提供的技术资料编制。

续表A-3

编号	构造简图	构造	墙厚（mm）	计权隔声量 Rw（dB）	单重（kg/m^2）	填充物密度	耐火极限（h）
隔墙13	99	75系列MV轻钢龙骨 12+12隔声纸面石膏板 内填50厚超细玻璃丝棉	99	46	27	16kg/m^3	0.5
隔墙14	123	75系列轻钢龙骨 12×2+12×2普通纸面石膏板 内填50厚超细玻璃丝棉	123	52	39.8	16kg/m^3	1
隔墙15	124	75系列MV轻钢龙骨 15×2隔声纸面石膏板+9.5×2普通纸面石膏板 内填50厚岩棉	124	57	48	60kg/m^3	2
隔墙16	147	75系列MV轻钢龙骨 12×3+12×3隔声纸面石膏板 内填50厚超细玻璃丝棉	147	59	57	16kg/m^3	2
隔墙17	240	双排75系列MV轻钢龙骨 15×2隔声纸面石膏板+9.5×2普通纸面石膏板 内填100厚岩棉	240	61	53	60kg/m^3	1.5
隔墙18	249	双排75系列MV轻钢龙骨 15×2隔声纸面石膏板+9.5×2普通纸面石膏板 内填200厚超细玻璃丝棉	249	69	56	16kg/m^3	1.5

注：1.表中隔墙的耐火极限、隔声量仅供参考，使用时应以该产品的检验报告为准。
2.本页根据可耐福石膏板有限公司提供的技术资料编制。

轻质隔墙选用表							图集号	13J502-1
审核	饶良修	校对	郭晓明	设计	邸士武		页	A08

续表A-3

编号	构造简图	构造	墙厚（mm）	计权隔声量 Rw（dB）	单重 （kg/m^2）	填充物密度	耐火极限（h）
隔墙19	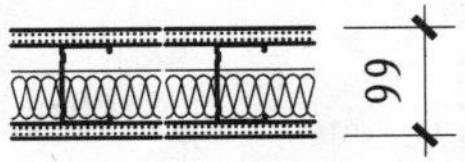 99	75系列轻钢龙骨 12+12耐水纸面石膏板 内填50厚超细玻璃丝棉	99	≥45	22	28kg/m^3	≥0.5
隔墙20	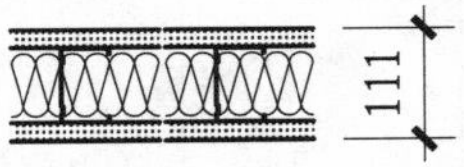 111	75系列轻钢龙骨 18+18多功能纸面石膏板 内填75厚超细玻璃丝棉	111	≥48	33	16kg/m^3	≥1
隔墙21	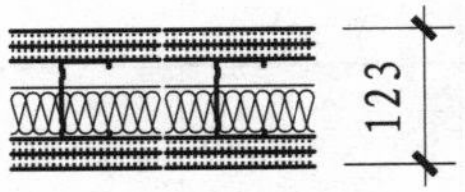 123	75系列轻钢龙骨 12×2+12×2隔声纸面石膏板 内填50厚超细玻璃丝棉	123	≥55	47	16kg/m^3	1
隔墙22	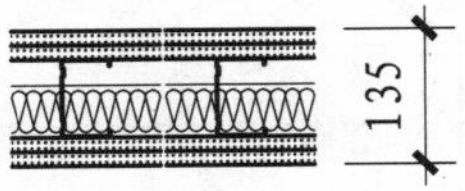 135	75系列轻钢龙骨 15×2+15×2耐火纸面石膏板 内填50厚超细玻璃丝棉	135	≥55	58	96kg/m^3	3
隔墙23	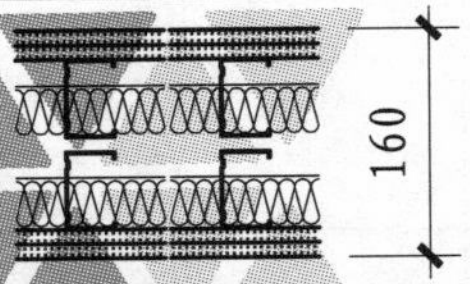 160	双排50系列轻钢龙骨 12×2+12×2普通纸面石膏板 内填50厚超细玻璃丝棉12厚空隙	160	≥57	48	96kg/m^3	1
隔墙24	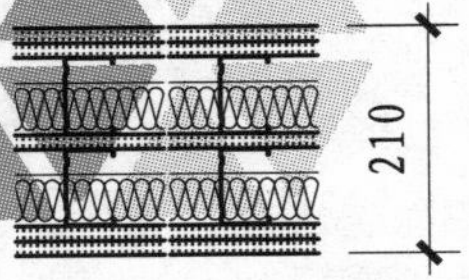 210	双排75系列轻钢龙骨 12×2+12+12×2普通纸面石膏板 内填50厚超细玻璃丝棉	210	≥57	58	16kg/m^3	≥1

注：1.表中隔墙的耐火极限、隔声量仅供参考，使用时应以该产品的检验报告为准。
2.本页根据博罗石膏建材有限公司提供的技术资料编制。

续表A-3

编　号	构造简图	构　造	墙厚（mm）	计权隔声量 Rw（dB）	单重（kg/m^2）	填充物密度	耐火极限（h）
隔墙25	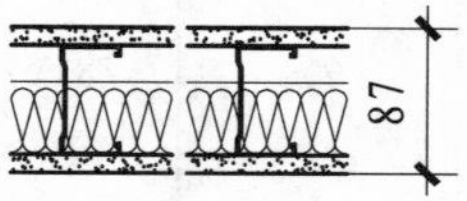 87	75系列轻钢龙骨 6+6硅酸钙板 内填50厚岩棉	87	46	17.25	100kg/m^3	1.0
隔墙26	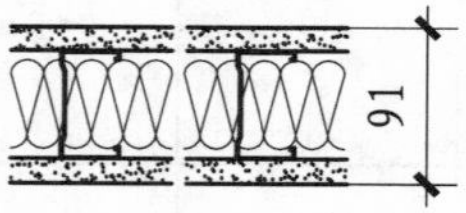 91	75系列轻钢龙骨 8+8硅酸钙板 内填75厚岩棉	91	51	22.25	100kg/m^3	2.0
隔墙27	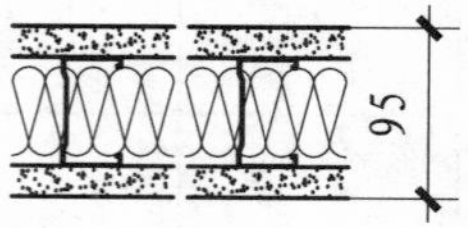 95	75系列轻钢龙骨 10+10硅酸钙板 内填75厚岩棉	95	53	26.65	100kg/m^3	3.0
隔墙28	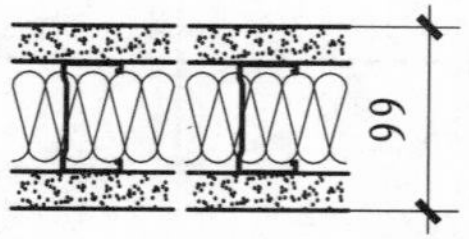 99	75系列轻钢龙骨 12+12硅酸钙板 内填75厚岩棉	99	55	31.05	100kg/m^3	4.0
隔墙29	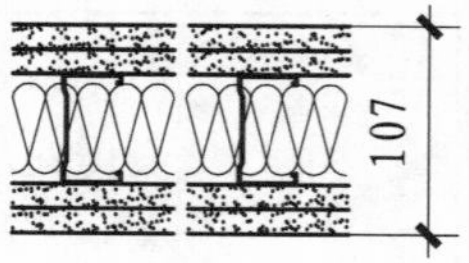 107	75系列轻钢龙骨 8×2+8×2硅酸钙板 内填75厚岩棉	107	57	39.85	100kg/m^3	4.0

注：1.表中隔墙的耐火极限、隔声量仅供参考，使用时应以该产品的检验报告为准。
2.本页根据台荣建材（湖州）有限公司提供的技术资料编制。

轻质隔墙选用表						图集号	13J502-1
审核	饶良修	校对	郭晓明	设计	邸士武	页	A10

表A-4 轻钢龙骨隔墙高度限值表

名称	墙厚（mm）	耐火极限（h）	隔声性能		重量（kg/m²）	隔墙允许最大高度								
			填超细玻璃丝棉（dB）	不填超细玻璃丝棉（dB）		办公楼 龙骨间距（mm）			公共场所及工业厂房 龙骨间距（mm）			主要公共场所及重工业厂房 龙骨间距（mm）		
						300	400	600	300	400	600	300	400	600
75轻钢龙骨单层12厚普通纸面石膏板	99	0.5	44	37	19	5300	4400	4000	4800	4000	3600	4200	3500	3200
75MW轻钢龙骨单层12厚隔声纸面石膏板	99	1	46	40	27	5300	4400	4000	4800	4000	3600	4200	3500	3200
75轻钢龙骨单层15厚普通纸面石膏板	105	0.5	44	42	22	5800	4900	4400	5300	4400	4000	4600	3900	3500
75轻钢龙骨双层12厚普通纸面石膏板	123	1	52	46	35	5800	5000	4400	5300	4600	4000	4600	4000	3500
100轻钢龙骨单层12厚普通纸面石膏板	124	0.5	44	37	18	6500	5600	4800	6000	5000	4400	5000	4200	3800
75MW轻钢龙骨双层（15厚隔声+9.5厚普通）纸面石膏板	124	2	57	—	48	5800	5000	4400	5300	4600	4000	4600	4000	3500
100轻钢龙骨单层15厚普通纸面石膏板	130	0.5	44	42	22	7100	6000	5200	6600	5400	4700	5500	4500	4100
75轻钢龙骨双层15厚普通纸面石膏板	135	1.5	55	47	42	6300	5500	4800	5800	5000	4400	5000	4400	3800
75MW轻钢龙骨三层12厚隔声纸面石膏板	147	2	59	—	—	6300	5500	4800	5800	5000	4400	5000	4400	3800
100轻钢龙骨双层12厚普通纸面石膏板	148	1	52	46	36	7100	6200	5300	6600	5700	4900	5500	4700	4200
100轻钢龙骨双层15厚普通纸面石膏板	160	1.5	55	48	42	7700	6900	5800	7200	6200	5300	6100	5200	4600
75双排MW轻钢龙骨双层（15厚隔声+9.5厚普通）石膏板	240	1.5	61	—	53	8400	7500	6500	7700	6600	5800	6600	5800	5000

注：1. 表中龙骨厚度均根据0.6mm验算，单排龙骨通过龙骨对扣不加钢支撑情况下，可以提高表中限值高度的1.17倍。
2. 表中隔墙的耐火极限、隔声量仅供参考，使用时应以该产品的检验报告为准。
3. 本页根据可耐福石膏板有限公司提供的技术资料编制。

轻质隔墙选用表						图集号	13J502-1
审核 饶良修	饶良修	校对 郭晓明	郭晓明	设计 邸士武	邸士武	页	A11

续表A-4

名称	墙厚(mm)	耐火极限(h)	隔声性能		重量(kg/m²)	隔墙允许最大高度								
						办公楼			公共场所及工业厂房			主要公共场所及重工业厂房		
						风压200Pa挠度L/240			风压300Pa挠度L/240			风压300Pa挠度L/360		
			填超细玻璃丝棉(dB)	不填超细玻璃丝棉(dB)		龙骨间距(mm)			龙骨间距(mm)			龙骨间距(mm)		
						300	400	600	300	400	600	300	400	600
50轻钢龙骨单层12厚普通纸面石膏板	74	0.5	38	32	18	4100	3700	3200	3600	3200	2800	3100	2800	2500
50轻钢龙骨双层12厚普通纸面石膏板	98	1	45	40	35	4400	4000	3500	3800	3500	3000	3300	3000	2600
75轻钢龙骨单层12厚普通纸面石膏板	99	0.5	45	40	19	5700	5200	4600	5000	4600	4000	4400	4000	3500
75轻钢龙骨单层12厚耐水纸面石膏板	99	0.5	45	40	22	5700	5200	4600	5000	4600	4000	4400	4000	3500
75轻钢龙骨单层18厚多功能纸面石膏板	111	1	48	40	33	5800	5400	5000	5000	4700	4400	4400	4100	3900
75轻钢龙骨双层12厚普通纸面石膏板	123	1	52	48	35	6100	5600	4900	5400	4900	4300	4700	4300	3700
75轻钢龙骨双层12厚隔声纸面石膏板	123	1	57	51	58	5900	5600	5300	5200	4900	4600	4500	4300	4000
100轻钢龙骨单层12厚普通纸面石膏板	124	0.5	45	40	18	7500	6800	5900	6500	6000	5200	5700	5200	4500
75轻钢龙骨双层15厚耐火纸面石膏板	135	3	55	50	47	6100	5900	5700	5400	5200	5000	4800	4600	4300
100轻钢龙骨双层12厚普通纸面石膏板	148	1	52	48	36	8000	7300	6400	7000	6400	5600	6100	5600	4900
双排50轻钢龙骨双层12厚普通纸面石膏板12厚空隙	160	1	57	—	48	3750	3420	3000	3280	3000	2620	2870	2610	2290
双排75轻钢龙骨双层+夹层(五层)12厚普通纸面石膏板	210	1	58	52	42	5600	5400	5200	4900	4700	4500	4300	4200	3900

注：1. 50/75龙骨厚度为0.6mm，100龙骨为0.7mm，150龙骨为0.8mm。当隔墙高度大于或等于4.2m时，沿顶、沿地龙骨采用高边U型龙骨。当墙体外贴50副龙骨单层12厚普通纸面石膏板时，墙厚根据实际尺寸，最大高度不大于3.6m。
2. 表中隔墙的耐火极限、隔声量仅供参考，使用时应以该产品的检验报告为准。
3. 本页根据博罗石膏建材有限公司提供的技术资料编制。

轻质隔墙选用表	图集号	13J502-1
审核 饶良修 校对 郭晓明 设计 邸士武	页	A12

续表A-4

名称	墙厚(mm)	耐火极限(h)	隔声性能		重量(kg/m²)	隔墙允许最大高度								
						办公楼 龙骨间距(mm)			公共场所及工业厂房 龙骨间距(mm)			主要公共场所及重工业厂房 龙骨间距(mm)		
			填岩棉(dB)	不填岩棉(dB)		300	400	600	300	400	600	300	400	600
50轻钢龙骨双面单层8厚硅酸钙板	66	3.0	45	40	21.53	4800	4400	4000	4500	4300	4000	4000	3500	3000
75轻钢龙骨双面单层6厚硅酸钙板	87	1.0	46	38	17.25	5000	4800	4400	4800	4400	4000	4000	3500	3200
75轻钢龙骨双面单层8厚硅酸钙板	91	2.0	51	40	22.25	6000	5600	5000	5000	4800	4500	4000	3800	3200
75轻钢龙骨双面单层10厚硅酸钙板	95	3.0	53	41	26.65	6600	6200	5800	6000	5800	5000	4200	3600	3200
75轻钢龙骨双面单层12厚硅酸钙板	99	4.0	55	42	31.05	6800	6500	6200	6500	6300	4800	4300	3800	3200
75轻钢龙骨双面双层8厚硅酸钙板	107	4.0	57	48	39.85	6800	6400	6000	6300	6000	5200	4500	4000	3500
100轻钢龙骨双面单层10厚硅酸钙板	120	4.0	52	42	28.55	7800	7200	5800	6800	6500	6000	4500	4000	3600
100轻钢龙骨双面双层10厚硅酸钙板	140	4.0	60	54	52.48	7900	7500	6000	7000	6600	5800	4800	4300	4000

注：1.表中隔墙的耐火极限、隔声量仅供参考，使用时应以该产品的检验报告为准。
2.本页根据台荣建材（湖州）有限公司提供的技术资料编制。

续表A-4

竖龙骨系列	龙骨形状断面尺寸(A×B)	变形量	龙骨壁厚t \ 间距 压强值	竖龙骨间距：300mm			竖龙骨间距：400mm			竖龙骨间距：600mm		
				240Pa	360Pa	480Pa	240Pa	360Pa	480Pa	240Pa	360Pa	480Pa
C50	48.5×50	L/120	0.6mm	4200	3600	3300	3600	3100	2800	3200	2800	2500
			0.8mm	4600	3900	3600	3900	3400	3000	3500	3000	2700
			1.0mm	5000	4200	3800	4200	3600	3300	3700	3300	2900
		L/240	0.6mm	3500	3000	2700	3100	2700	2400	2800	2500	2200
			0.8mm	3800	3300	2900	3400	2900	2600	3000	2700	2400
			1.0mm	4100	3500	3100	3600	3100	2800	3300	3000	2600
		L/360	0.6mm	3100	2700	2400	2800	2400	2200	2500	2100	1900
			0.8mm	3400	2900	2600	3000	2600	2400	2700	2300	2000
			1.0mm	3600	3100	2800	3300	2800	2600	2900	2500	2200
C75	73.5×50	L/120	0.6mm	5500	4800	4300	5000	4300	3900	4500	3900	3500
			0.8mm	6000	5200	4700	5500	4700	4200	4900	4200	3800
			1.0mm	6400	5600	5000	5900	5000	4600	5300	4600	4100
		L/240	0.6mm	5100	4400	4000	4000	3500	3100	3600	3100	2800
			0.8mm	5600	4800	4400	4400	3800	3400	3900	3400	3000
			1.0mm	6000	5100	4700	4700	4100	3600	4200	3600	3300
		L/360	0.6mm	4200	3600	3300	3500	3000	2700	3200	2800	2500
			0.8mm	4600	3900	3600	3800	3300	2900	3500	3000	2700
			1.0mm	5000	4200	3800	4100	3500	3100	3700	3300	2900
C100	98.5×50	L/120	0.6mm	7800	6800	6100	6900	6000	5400	6200	5400	4900
			0.8mm	8500	7400	6700	7500	6600	5900	6800	5900	5300
			1.0mm	9100	8000	7200	8100	7000	6300	7300	6300	5700
		L/240	0.6mm	6200	5400	4900	5200	4500	4100	4900	4200	3800
			0.8mm	6800	5900	5300	5700	4900	4500	5300	4600	4100
			1.0mm	7300	6300	5700	6100	5300	4800	5700	5000	4400
		L/360	0.6mm	5500	4800	4300	4800	4000	3800	4400	3800	3500
			0.8mm	6000	5200	4700	5200	4400	4100	4800	4100	3800
			1.0mm	6400	5600	5000	5600	4700	4400	5100	4400	4100
C150	148.5×50	L/120	0.8mm	10600	9200	8400	9300	8100	7300	8300	7200	6600
			1.0mm	11000	9800	9000	10000	8700	7900	8900	7700	7000
		L/240	0.8mm	10000	8700	7900	7400	6500	5900	6700	5800	5200
			1.0mm	10700	9300	8500	8000	6900	6300	7100	6200	5600
		L/360	0.8mm	8100	7000	6300	6400	5600	5000	5900	5100	4600
			1.0mm	8700	7500	6800	6900	6000	5400	6300	5500	5000

说明

1. 变形量选用：
1) 变形量L/120：适用于住宅，较高要求的可选L/240或L/360;
2) 变形量L/240：适用于酒店、办公楼、公共场所及工业厂房，较高要求的可选L/360;
3) 变形量L/360：适用于主要公共场所及重工业厂房等特殊场所。

2. 压强值选用：
1) 压强值240Pa：适用于住宅、酒店、办公楼，较高要求的可选360Pa或480Pa;
2) 压强值360Pa：适用于公共场所，较高要求的可选480Pa;
3) 压强值480Pa：适用于有特殊要求场所。

注：1. 表中隔墙两侧是按各贴一层12厚石膏板考虑，当隔墙两侧各贴两层12厚石膏板时，其限值高度可按上表提高1.07倍。当隔墙仅一侧贴一层12厚石膏板时，其限值高度可按上表乘以0.9的系数，L为墙体高度。
2. 本页根据北新集团建材股份有限公司提供的技术资料编制。

轻质隔墙选用表							图集号	13J502-1
审核	饶良修	饶良修	校对	郭晓明	郭晓明	设计	孔庆国	孔庆国	页	A14

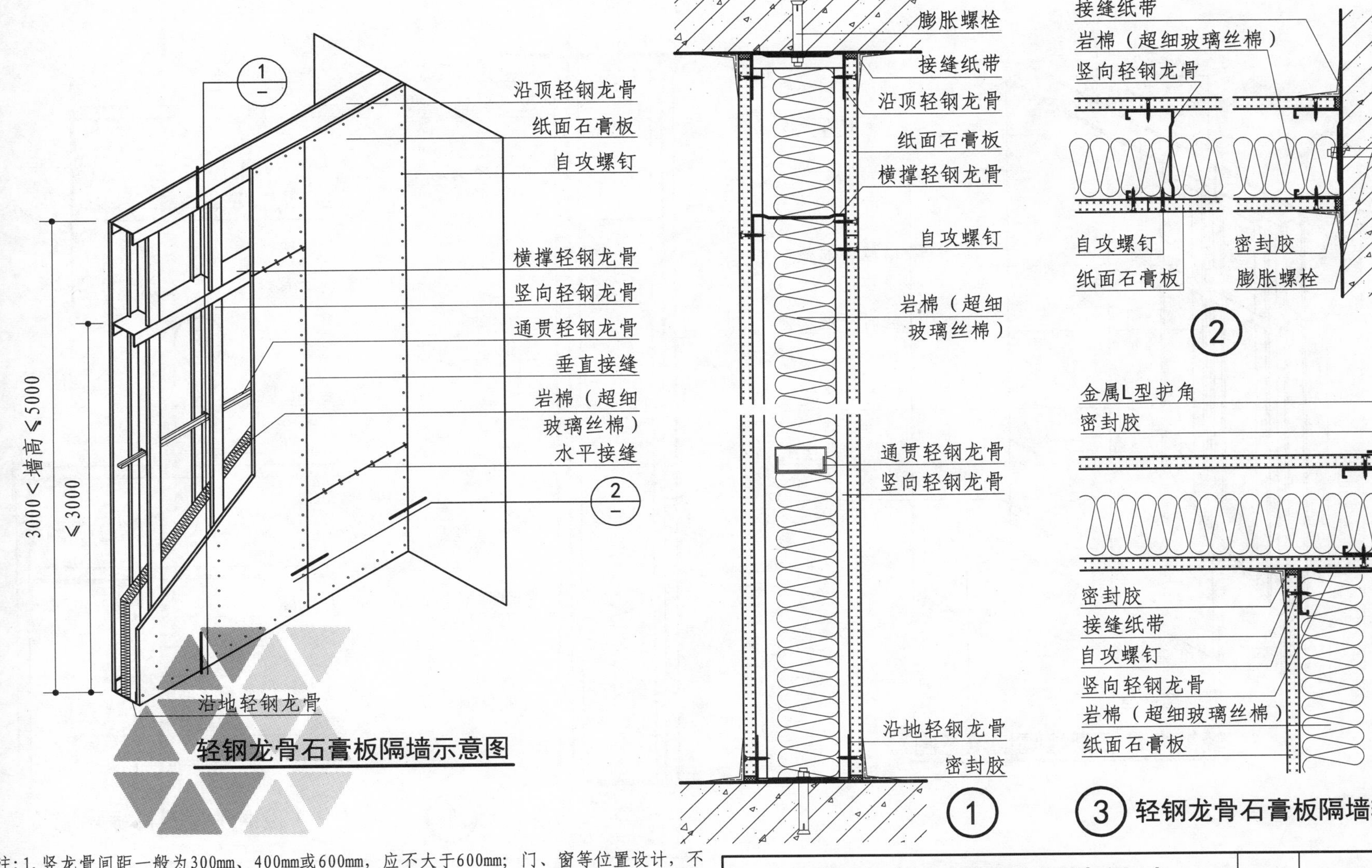

注：1. 竖龙骨间距一般为300mm、400mm或600mm，应不大于600mm；门、窗等位置设计，不得改变内隔墙竖龙骨定位尺寸，应设附加龙骨进行调整。隔墙高度3m以下用一根通贯龙骨；超过3m时每隔1.2m设置一根通贯龙骨；如有特殊使用要求可另行设计。

2. 本页根据北新集团建材股份有限公司和博罗石膏建材有限公司提供的技术资料编制。

轻钢龙骨石膏板隔墙做法	图集号	13J502-1
审核 饶良修 校对 郭晓明 设计 邸士武	页	A15

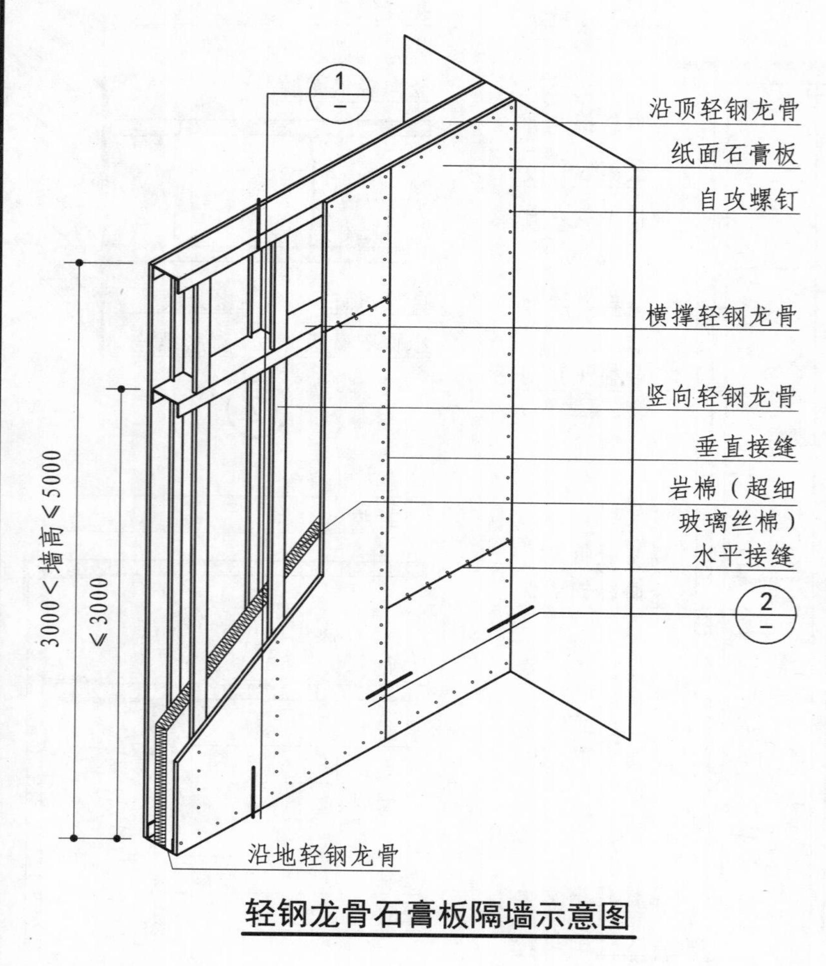

轻钢龙骨石膏板隔墙示意图

膨胀螺栓
接缝纸带
沿顶轻钢龙骨
横撑轻钢龙骨
自攻螺钉
纸面石膏板
岩棉（超细玻璃丝棉）
竖向轻钢龙骨
沿地轻钢龙骨
密封胶

①

接缝纸带
岩棉（超细玻璃丝棉）
竖向轻钢龙骨
自攻螺钉
纸面石膏板
密封胶
膨胀螺栓

②

金属L型护角
密封胶
密封胶
接缝纸带
自攻螺钉
竖向轻钢龙骨
岩棉（超细玻璃丝棉）
纸面石膏板

③ **轻钢龙骨石膏板隔墙转角**

注：1. 竖龙骨间距一般为300mm、400mm或600mm，应不大于600mm；门、窗等位置设计，不得改变内隔墙竖龙骨定位尺寸，应设附加龙骨进行调整。
2. 本页根据可耐福石膏板有限公司提供的技术资料编制。

轻钢龙骨石膏板隔墙做法							图集号	13J502-1
审核	饶良修	[签名]	校对	郭晓明	[签名]	设计	邸士武	[签名]	页	A16

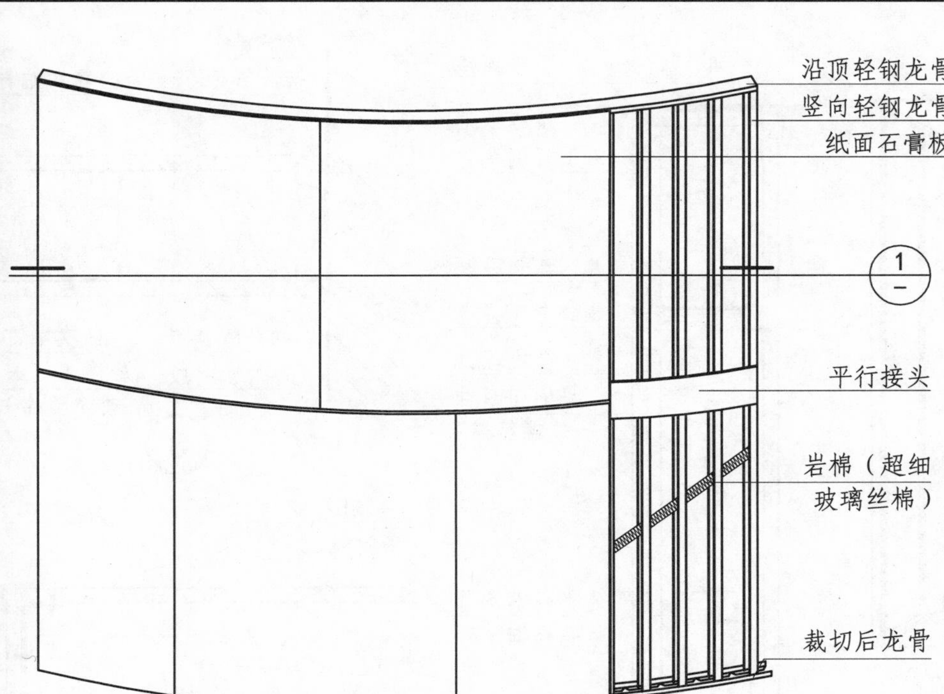

轻钢龙骨石膏板弧形隔墙示意图

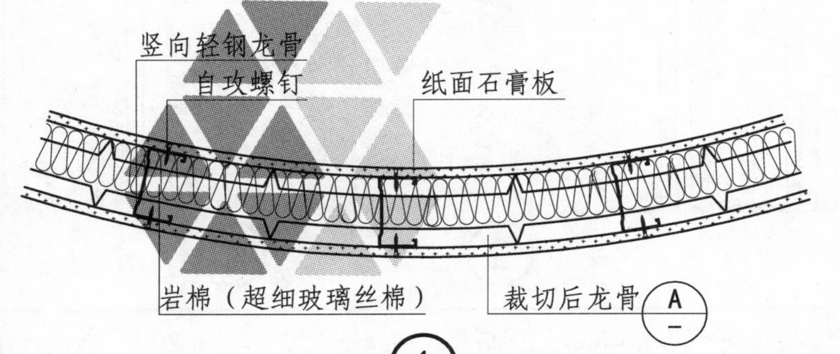

1

A

弧形隔墙弯曲半径、龙骨间距和板厚关系表

龙骨间距	最小弯曲半径（mm）		
	9.5厚板	12厚板	15厚板
150	900	1000	2000
200	1000	1500	2500
250	1500	2000	3000
300	2000	2500	3500
350	2500	3000	≥4000
400	3000	3500	–
450	3500	≥4000	–
500	4000	–	–
550	≥5000	–	–
建议面板横向布置			

注：1. 轻钢龙骨弧形隔墙应根据弯曲半径的不同选用适合的纸面石膏板进行加工，弧度板的加工、龙骨切割和安装等根据实际工程与生产厂家配合。

2. 北新集团建材股份有限公司和可耐福石膏板有限公司的产品可不用平行接头。

3. 本页根据北新集团建材股份有限公司、可耐福石膏板有限公司和博罗石膏建材有限公司提供的技术资料编制。

轻钢龙骨石膏板弧形隔墙做法

图集号	13J502-1
页	A17

审核 饶良修 校对 郭晓明 设计 邸士武

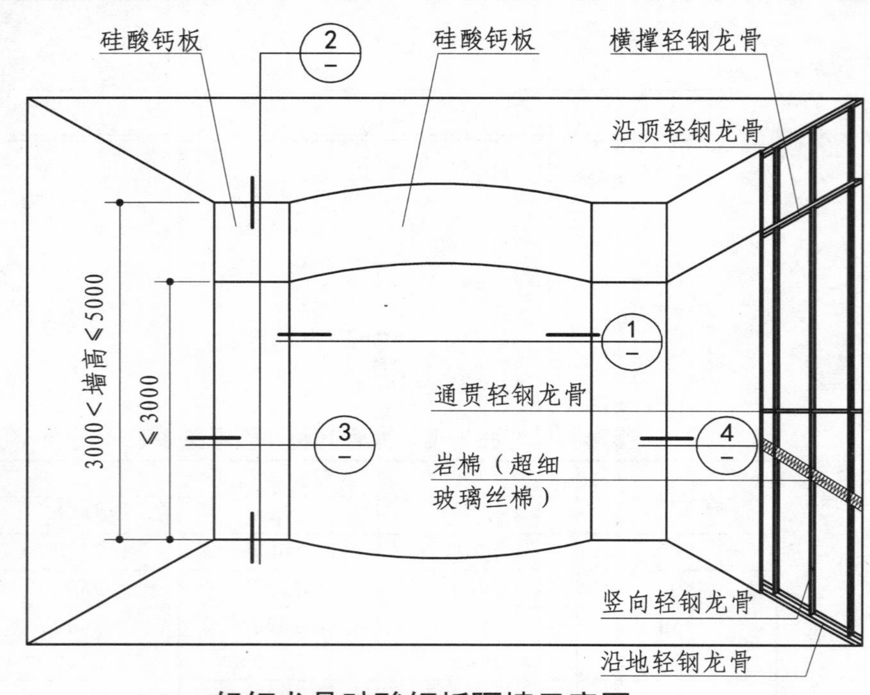

硅酸钙板
2
硅酸钙板
横撑轻钢龙骨
沿顶轻钢龙骨
3000＜墙高≤5000
≤3000
1
通贯轻钢龙骨
3
4
岩棉（超细玻璃丝棉）
竖向轻钢龙骨
沿地轻钢龙骨

轻钢龙骨硅酸钙板隔墙示意图

竖向轻钢龙骨
自攻螺钉
岩棉（超细玻璃丝棉）
硅酸钙板
裁切后龙骨
A
A17

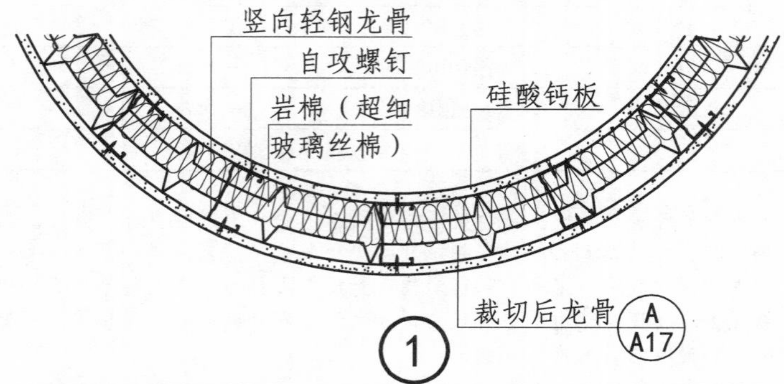

①

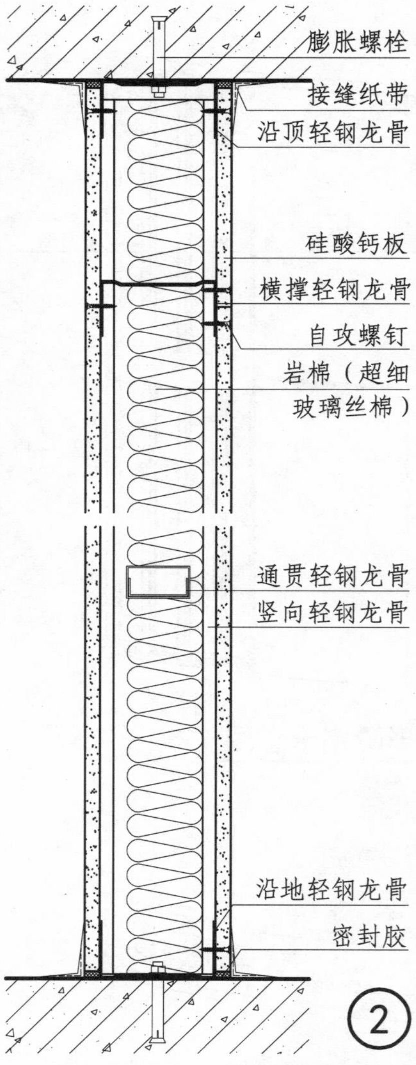

膨胀螺栓
接缝纸带
沿顶轻钢龙骨
硅酸钙板
横撑轻钢龙骨
自攻螺钉
岩棉（超细玻璃丝棉）
通贯轻钢龙骨
竖向轻钢龙骨
沿地轻钢龙骨
密封胶

②

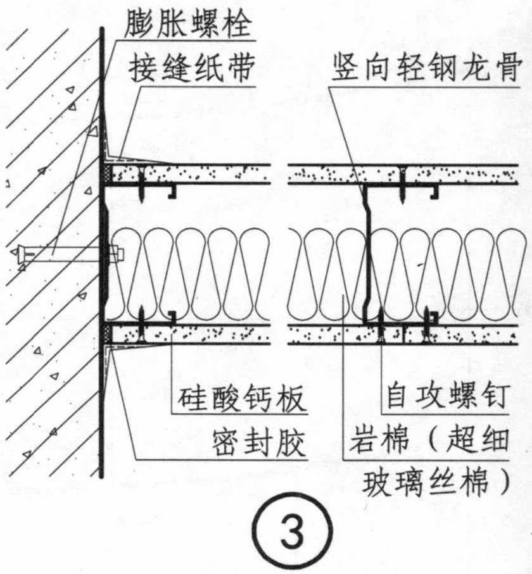

膨胀螺栓
接缝纸带
竖向轻钢龙骨
硅酸钙板
密封胶
自攻螺钉
岩棉（超细玻璃丝棉）

③

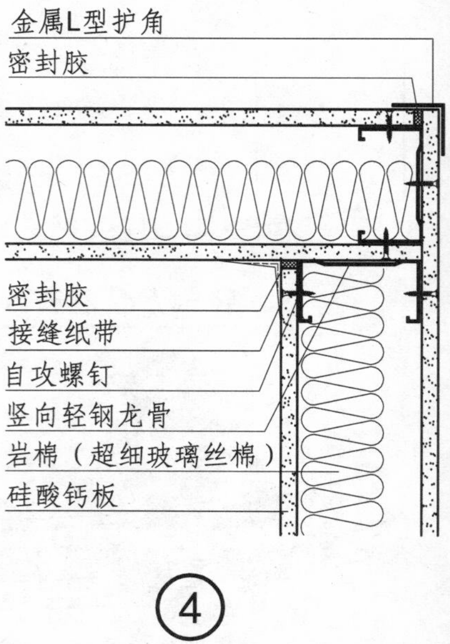

金属L型护角
密封胶
密封胶
接缝纸带
自攻螺钉
竖向轻钢龙骨
岩棉（超细玻璃丝棉）
硅酸钙板

④

注：1. 轻钢龙骨硅酸钙板弧形隔墙选用5厚的板材时，最小半径为1850mm；选用6厚的板材时，最小半径为2200mm；选用8厚的板材时，最小半径为2900mm。
2. 本页根据台荣建材（湖州）有限公司提供的技术资料编制。

轻钢龙骨硅酸钙板隔墙做法							图集号	13J502-1
审核	饶良修	饶良修	校对	郭晓明	郭晓明	设计	邸士武	邸士武	页	A18

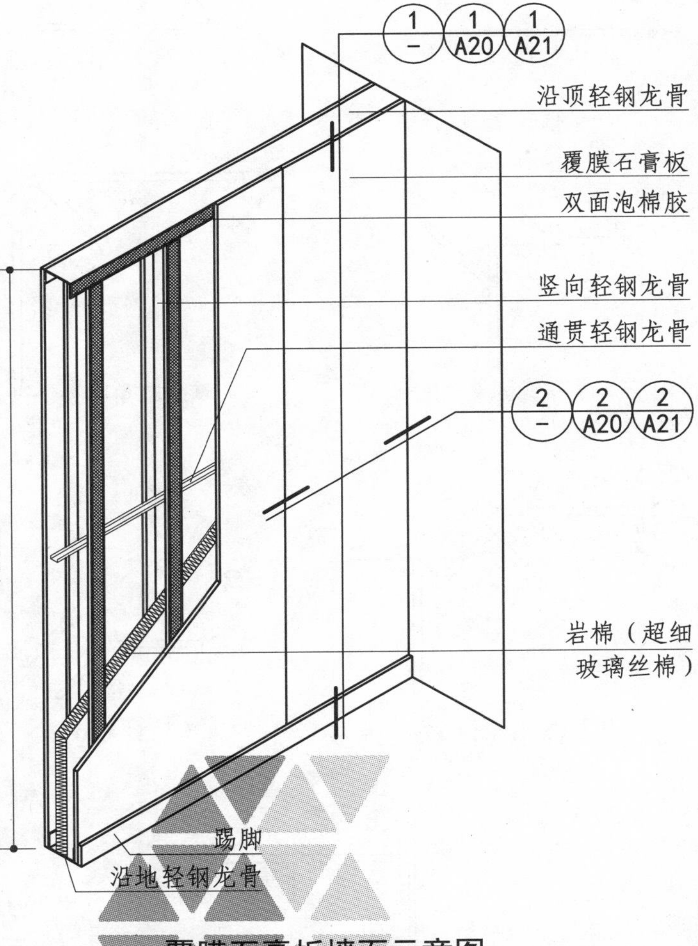

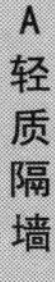

覆膜石膏板墙面示意图

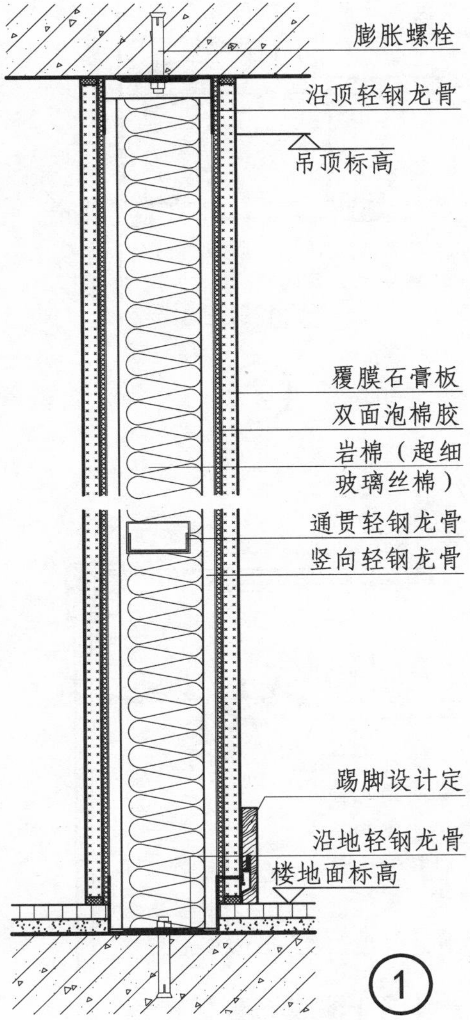

①

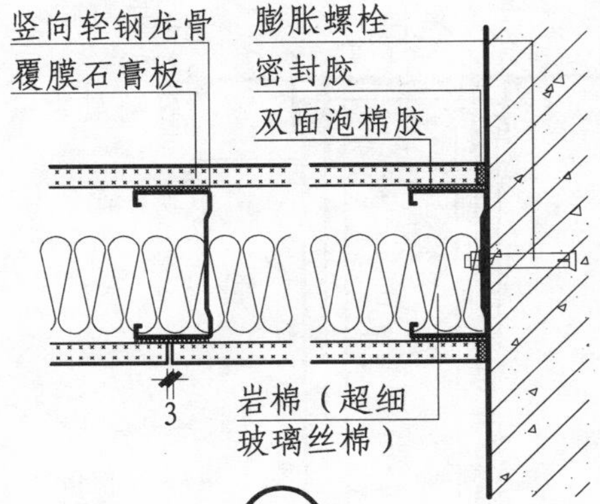

②

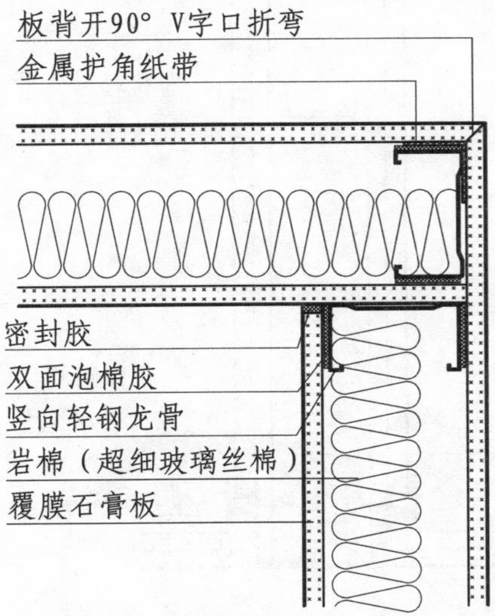

③ 覆膜石膏板转角

注：1. 粘接安装做法也适合覆膜穿孔石膏板贴面墙。
2. 本页根据北新集团建材股份有限公司提供的技术资料编制。

覆膜石膏板粘接安装做法							图集号	13J502-1
审核	饶良修	饶良修	校对	郭晓明	郭晓明	设计 刘明海 刘明海	页	A19

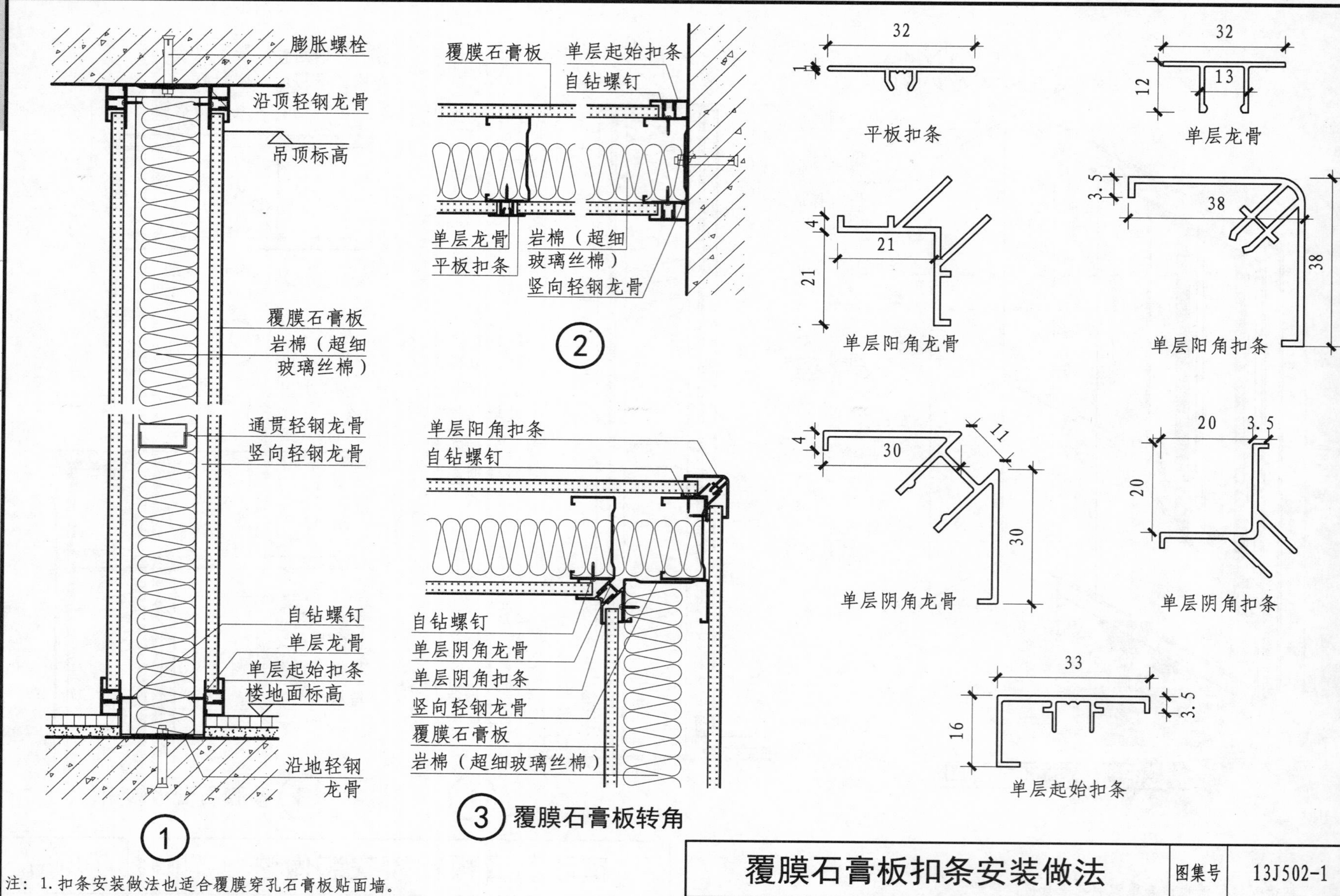

注：1. 扣条安装做法也适合覆膜穿孔石膏板贴面墙。
2. 本页根据北新集团建材股份有限公司提供的技术资料编制。

覆膜石膏板扣条安装做法							图集号	13J502-1
审核	饶良修	校对	郭晓明	设计	刘占维		页	A20

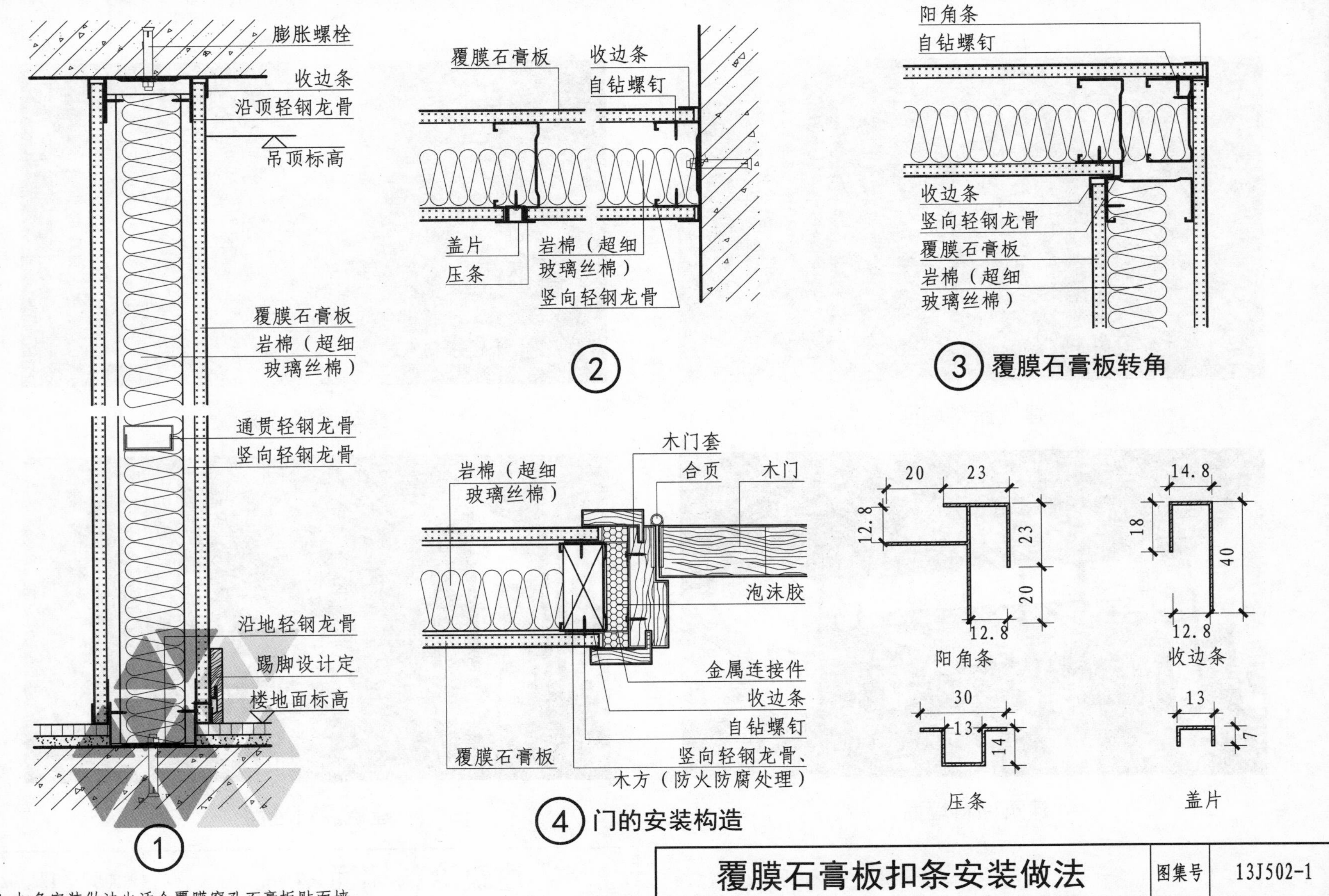

覆膜石膏板扣条安装做法						图集号	13J502-1
审核	饶良修	校对	郭晓明	设计	邸士武	页	A21

注：1. 扣条安装做法也适合覆膜穿孔石膏板贴面墙。
2. 本页根据博罗石膏建材有限公司提供的技术资料编制。

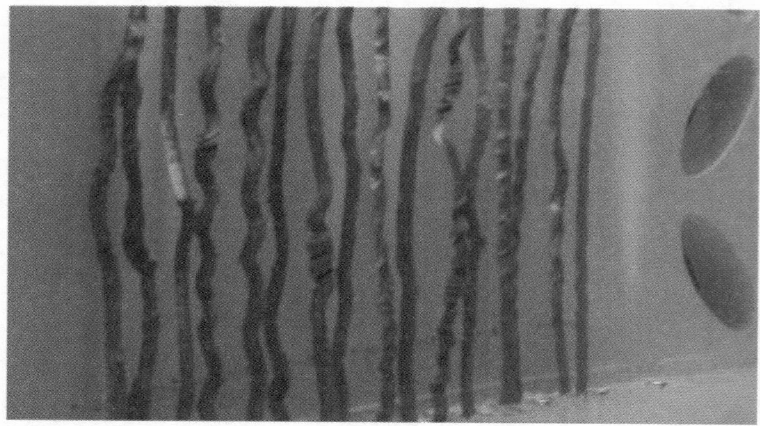

建筑涂料墙面

建筑涂料墙面

建筑涂料墙面

建筑涂料墙面

建筑涂料墙面案例							图集号	13J502-1
审核	饶良修	(签名)	校对	郭晓明	(签名)	设计	厉飞 (签名)	页 B01

建筑涂料说明

1　**建筑涂料**

建筑涂料种类较多、色彩多样、质感丰富、易于维修翻新。采用特定的施工方法涂覆于建筑物的内外墙、顶、地表面，可形成坚韧的膜，质轻、与基层附着力强，对建筑物起保护作用。有些建筑涂料还具有防火、防霉、抗菌、耐候、耐污等特殊功能。

2　**建筑涂料的分类**

建筑涂料的分类、成分、品种、特点及适用范围，见表B-1；饰面型防火涂料的分类、特性及适用范围，见表B-2。

3　**建筑涂料的选用**

表B-1　建筑涂料的分类、成分、品种、特点及适用范围

分类		成分	品种	特点	适用范围
有机涂料	溶剂型涂料	以高分子合成树脂为主要成膜物质，有机溶剂为稀释剂加适量颜料、填料（体质颜料）及辅助材料研磨而成	丙稀酸酯类溶剂型涂料、聚氨酯丙稀酸酯复合型涂料、聚酯丙稀酸酯复合型涂料、有机硅丙稀酸酯复合型涂料、聚氨酯类溶剂型涂料、聚氨酯环氧树脂复合型涂料、过氯乙烯溶剂型涂料、氯化橡胶建筑涂料	涂膜细腻、光洁、坚韧，有较好的硬度、光泽、耐水和耐候性。但易燃、涂膜透气性差，价格较高	一般用于大型厅堂、室内走道、门厅
	水溶性涂料	以水溶性合成树脂为主要成膜物质，以水为稀释剂加适量颜料、填料及辅助材料研磨而成	聚乙烯醇类建筑涂料、耐擦洗仿瓷涂料	原材料资源丰富。可直接溶于水中，价格较低，无毒、无味、耐燃，但耐水性较差、耐候性不强、耐洗刷性也较差	一般用于室内。也用于涂刷浴室、厨房内墙及建筑物内的一般墙面
	乳液型涂料（又称乳胶漆）	以乳液为主要成膜物，加适量颜料、填料及辅助材料研磨而成	聚醋酸乙烯乳液涂料、丙稀酸酯乳液涂料、苯乙烯一丙烯酸酯共聚乳液（苯丙）涂料、醋酸乙烯一丙烯酸酯共聚乳液（乙丙）涂料、醋酸乙烯一乙烯共聚乳液（VAE）涂料、氯乙烯一偏氯乙烯共聚乳液（偏氯）涂料、环氧树脂乳液涂料、硅橡胶乳液涂料	价格便宜，对人体无害，有一定的透气性，耐擦洗性较好	室内、外均可
无机涂料	水溶性涂料	生石灰、碳酸钙、滑石粉加适量胶而成	无机硅酸盐水玻璃类涂料、硅溶胶类建筑涂料、聚合物水泥类涂料、粉刷石膏抹面材料	资源丰富、保色性好、耐久性长、耐热、不燃、无毒、无味，但耐水性差、涂膜质地疏松，易起粉。是最早应用的一类涂料	室内墙面
复合涂料		无机一有机涂料结合	丙烯酸酯乳液+硅溶胶复合涂料、苯丙乳液+硅溶胶复合涂料、丙烯酸酯乳液+环氧树脂乳液+硅溶胶复合涂料	相互取长补短，是最早应用的一类涂料	室内墙面
硅藻泥		以硅藻土为主要原材料，添加多种助剂的装饰涂料	—	绿色环保、净化空气、防火阻燃、呼吸调湿、吸声降噪、保温隔热等	室内墙面

3.1 环境安全：建筑涂料中有害物质含量须低于国家标准《室内装饰装修材料 内墙涂料中有害物质限量》GB 18582-2008规定的指标；应符合《民用建筑工程室内环境污染控制规范》 GB 50325-2010规定的要求。做好材料进场检验，凡无出厂环境指标检验报告、有害物质含量指标超标的产品不得使用。

3.2 质量优良：能满足不同档次的建筑装饰工程及建筑部位使用要求，性能和品质优良、技术配套的产品。

3.3 施工条件：能适应实地施工环境(温度、湿度)、被涂饰部位的基层材质和表面状况等。

3.4 经济实惠：在装饰工程投资预算范围内，考虑产品的性价比，选择品质优良、效果突出、技术先进、价格合理的产品。

4 建筑涂料的施工及验收

4.1 混凝土墙、抹灰内墙、立筋板材墙表面工程的涂料施工主要工序：清扫基底面层→填补缝隙、局部刮腻子→磨平→第一遍满刮腻子→磨平→第二遍满刮腻子→磨平→施涂封底涂料→施涂主层涂料→第一遍罩面涂料→第二遍罩面涂料。

内隔墙纸面石膏板基层的，要求对板缝、钉眼进行处理后，满刮腻子、砂纸打光。表面复层涂料工程的主要工序同第4.1条。

4.2 涂饰施工要点

4.2.1 清理基底：对泛碱、析盐的基层应先用3%的草酸溶液清洗，然后用清水冲刷干净或在基层上满刮一遍底漆，待其干后刮腻子，再涂刷面层涂料。

4.2.2 涂饰的方法有喷涂、滚涂、弹涂（特殊效果），在涂料施工中滚涂是最普遍的。滚涂法：将蘸取涂料的毛辊先按“W”方式滚动将涂料大致涂在基层上，然后用不蘸取涂料的毛辊紧贴基层上下、左右来回滚动，使涂料在基层上均匀展开，最后用蘸取涂料的毛辊按一定方向满滚一遍。阴角及洞口周边宜采用排笔刷涂找齐。

4.2.3 罩面涂料：涂料打磨应待涂膜完全干透后进行，打磨时应用力均匀，不得透磨露底，然后罩面层涂料。

4.3 应符合《建筑装饰装修工程质量验收规范》 GB 50210-2001中的规定。

表B-2 饰面型防火涂料的分类、特性及适用范围

分类	特性	适用范围
A60-1改性氨基膨胀防火涂料	采用同类型分子结构树酯的混合物为基料，与防火剂达到理想的防护作用，形成C-P-N防火体系。其物理性能与普通氨基漆相似	适用于工程中可燃基材的防火保护，也适用于电线、电缆的防火涂覆
A60-501透明防火涂料	是双组分涂料。A组分是胶料，有酚醛树脂、脲醛树脂及溶剂组成；B组分是粉料，由聚戊四醇、三聚氰氨等及部分填料组成。在施工时将A、B两组分按一定比例混合均匀即可使用	适用于室内、外物件的防火保护
A60-01透明防火涂料	具有涂膜平滑、透明、显纹性好和优良的防火性能	—
G60-3膨胀型过氯乙烯防火涂料	是采用同类型分子结构的卤化聚合物拼和基料，添加防火组分、颜料填料、增塑料、稳定剂等，经研磨（或压片）分散而成，有良好的防火隔热效果，耐酸碱、耐盐雾、耐油、耐候等性能优异	适用于室内、外物件的防火保护
B60-70膨胀型防火涂料	水乳胶防火涂料，他是以水乳胶（液）为基料的防火涂料，乳胶（液）加入防火剂、颜料填料以及保护胶体的增塑剂、润湿剂、防冻剂、消泡剂等助剂后，经过研磨或分散处理，即成为乳胶防火涂料。基料类型大多为丙烯酸乳液	—

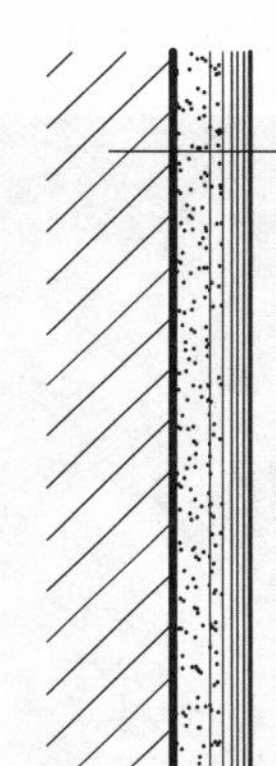

纸面石膏板（FC纤维水泥加压板或阻燃埃特墙板等）基层
满刮腻子一道找平
108胶水溶液一道
封闭底涂料一道
乳液内墙涂料(硅藻泥）一道
乳胶涂料(硅藻泥）一道

① 纸面石膏板基层

砖墙基层
13厚1:0.3:3水泥石灰膏砂浆打底扫毛
5厚1:0.3:2.5水泥石灰膏砂浆找平层
刮腻子三遍
封闭底涂料一道
乳液内墙涂料(硅藻泥）一道
乳胶涂料(硅藻泥）一道

② 砖墙基层

加气混凝土砌块或加气混凝土板墙基层
聚合物水泥砂浆修补墙面
刮腻子三遍
封闭底涂料一道
乳液内墙涂料(硅藻泥）一道
乳胶涂料(硅藻泥）一道

③ 加气混凝土砌块（板）墙基层

混凝土墙基层
108胶素水泥浆一道（内掺水重3%～5%的108胶）
10厚1:0.3:3水泥石灰膏砂浆打底扫毛
6厚1:0.3:2.5水泥石灰膏砂浆找平层
刮腻子三遍
封闭底涂料一道
乳液内墙涂料(硅藻泥）一道
乳胶涂料(硅藻泥）一道

④ 混凝土墙基层

阻燃型胶合板基层（厚度见具体设计）
刮腻子三遍
白色油基封底剂二道
乳液内墙涂料(硅藻泥）一道
乳胶涂料(硅藻泥）一道

⑤ 阻燃型胶合板基层

混凝土墙基层
108胶素水泥浆一道（内掺水重3%～5%的108胶）
刮腻子三遍
封闭底涂料一道
乳液内墙涂料(硅藻泥）一道
乳胶涂料(硅藻泥）一道

⑥ 大模混凝土墙基层

注：现在多种涂料已将传统的多层涂覆材料合并形成复合性的涂料，施工方便。

建筑涂料墙面做法						图集号	13J502-1
审核	饶良修	校对	郭晓明	设计	厉飞	页	B04

壁纸墙面

装饰贴膜墙面

壁布墙面

装饰贴膜墙面

壁纸、壁布、装饰贴膜墙面案例							图集号	13J502-1
审核	饶良修	饶良修	校对	郭晓明	郭晓明	设计	邸士武	邸士武	页	C01

壁纸、壁布说明

1 壁纸、壁布

壁纸、壁布是以纸或布为基材，上面覆有各种色彩或图案的装饰面层，用于室内墙面、吊顶装饰的一种饰面材料。

2 壁纸、壁布的特点

具有品种多样、色彩丰富、图案变化多样、质轻美观、装饰效果好、施工效率高的特点，是使用最为广泛的内墙装饰材料之一。除装饰外，还有吸声、保温、防潮、抗静电等特点。经防火处理过的壁纸和壁布还具备相应的防火功能。

3 常用壁纸、壁布的分类

3.1 按材质分：塑料壁纸、织物壁纸、金属壁纸、装饰壁布等。

3.2 按功能分：除有装饰功能外，还有吸声、防火阻燃、保温、防霉、防菌、防潮、抗静电等壁纸、壁布。

3.3 按花色分：套色印花压纹、仿锦缎、仿木材、仿石材、仿金属、仿清水砖及静电植绒等品种。

3.4 按基材分：纸基壁纸和布基壁布。

3.5 常用壁纸、壁布的分类、特点、规格及用途，见表C-1。

4 常见壁纸、壁布的符号标志及意义

4.1 常见壁纸、壁布的符号标志及意义，见表C-2。

4.2 壁纸背面标有符号标志，不同符号标志表示不同壁纸的性能特点及施工方法。

5 壁纸、壁布的选用

5.1 壁纸的物理性能，见表C-3和表C-4。

5.2 使用功能

5.2.1 防火要求较高的场所，应考虑选用难燃型壁纸或壁布。

5.2.2 计算机房等对静电有要求的场所，可选用抗静电壁纸。

5.2.3 气候潮湿地区及地下室等潮湿场所，选用防霉、防潮型壁纸。

5.3 装饰效果

5.3.1 酒店、宾馆在选用壁纸时首先考虑面对群体的风俗习惯。

5.3.2 一般公共场所对装饰材料强度要求高，一般选用易施工、耐碰撞的布基壁纸。

5.3.3 壁纸（布）品种、花型、颜色由设计定，燃烧性能见厂家产品说明，设计选用时应在施工图中说明。

5.3.4 民用建筑壁纸的选用要根据用户的文化层次、年龄、职业及所在地域特征等，同时要考虑房间的朝向。向阳房间宜选用冷色调壁纸；背阳房间宜选用暖色调壁纸；儿童房间宜选用卡通壁纸；较矮的房间宜选用竖条状壁纸。还应根据经济适用的原则，选用耐磨损、擦洗性好的壁纸。

6 壁纸、壁布的施工及验收

6.1 墙面裱糊应符合《住宅装饰装修工程施工规范》GB 50327-2001中的规定及要求。

6.2 质量要求应满足《建筑装饰装修工程质量验收规范》GB 50210-2001中的规定及要求。

6.3 裱糊工程主控项目

6.3.1 材料检验：壁纸、壁布的种类、规格、图案、颜色和燃烧性能等级必须符合设计要求及国家现行标准的有关规定。检验方法：观察；检查产品合格证书、进场验收记录和性能检测报告。

6.3.2 基层处理：基层腻子应平整、坚实、无粉化、起皮和裂缝；腻子的粘接强度应符合《建筑室内用腻子》JG/T 298-2010的规定。基层表面颜色应一致，裱糊前应用封闭底胶涂刷基层。

6.3.3 裱糊壁纸：壁纸及基层涂刷胶粘剂；根据实际尺寸裁纸，纸幅应编号，按顺序粘贴。

1）准备裱糊的壁纸，壁纸背面预先刷清水一遍，再刷胶粘剂一遍。有的壁纸背面已带胶粘剂，可不必再刷。为使壁纸与墙面更好粘接，裱糊的基层同时刷胶粘剂一遍，壁纸即可裱糊。

2）裱糊壁纸时可采取纸面对折上墙，接缝为对缝和搭缝两种形式。一般墙面采用对缝，阴、阳角处采用搭缝处理。

3）裱糊壁纸时纸幅要垂直，先对花、对纹、拼缝，然后用薄钢片刮板由上而下赶压，由拼缝开始，向外向下顺序赶平、压实。将多余的胶粘剂挤出纸边，挤出的胶粘剂要及时用湿毛巾（软布）抹净，以保持整洁。

表C-1 常用壁纸、壁布的分类、特点、规格及用途

分类	特点	常用规格	用途
PVC塑料壁纸	以优质木浆纸或布为基材，PVC树脂为涂层，经复合、印花、压花、发泡等工序制成。具有花色品种多、耐磨、耐折、耐擦洗、可选性强等特点,是目前产量最大、应用最广的壁纸	宽:530mm，长:10m/卷	各种建筑物的内墙装饰
织物复合壁纸	将丝、棉、毛、麻等天然纤维复合于纸基上制成。具有色彩柔和、透气、调湿、吸声、无毒、无异味等特点，但价格偏高,不易清洗,美观、大方、典雅、豪华,但防污性差	宽:530mm，长:10m/卷	用于饭店、酒吧等高档场所内墙面装饰
金属壁纸	以纸为基材，在其上真空喷镀一层铝膜形成反射层，再进行各种花色饰面，效果华丽、不老化、耐擦洗、无毒、无味。虽喷镀金属膜，但不形成屏蔽，能反射部分红外线辐射	宽:530mm，长:10m/卷	高级宾馆、舞厅内墙、柱面装饰
复合纸质壁纸	将双层纸（表纸和底纸）施胶、层压复合在一起，再经印刷、压花、表面涂胶制成，具有质感好、透气、价格较便宜等	宽:530mm，长:10m/卷	各种建筑物的内墙面
锦缎壁布	华丽美观、无毒、无味、透气性好	宽:720～900mm,长:20m/卷	高级宾馆、住宅内墙面
装饰壁布	强度高、无毒、无味、透气性好	宽:820～840mm,长:50m/卷	招待所、会议室、餐厅等内墙面
无机质壁纸	面层为各种无机材料，如蛭石壁纸、珍珠岩壁纸、云母壁纸等，具有防火、保温、吸潮、吸声等	—	有防火要求的房间墙面装饰
石英纤维壁布	面层是以天然石英砂为原料,加工制成柔软的纤维，然后织成粗网格状、人字状等壁布。这种壁布用胶粘在墙上后只做基底,再根据设计者的要求，刷涂各种色彩的乳胶漆，形成多种多样的色彩和纹理结合的装饰效果,并可根据需要多次喷涂,更新装饰风格。具有不怕水、不锈蚀、无毒、无味、对人体无害，使用寿命长等	宽:530mm，长:33.5m/卷或17m/卷	各种建筑物内墙装饰
壁毡（壁毯）	各类素色的毛、棉、化纤纺织品，质感、手感都很好，吸声保温、透气性好。但易污染，不易清洁	—	点缀性内墙面装饰
无纺贴墙布	富有弹性、不易折断、不易老化、对皮肤无刺激，色彩鲜艳、透气、防潮、不褪色，但防污性差	—	高级宾馆、住宅内墙面装饰

壁纸、壁布说明								图集号	13J502-1
审核	饶良修	饶良修	校对	郭晓明	郭晓明	设计	邸士武	页	C03

表C-2 常见壁纸、壁布的符号标志及意义

说明	符号	说明	符号	说明	符号	说明	符号	说明	符号
可擦拭	～	可刷洗	[symbol]	一般耐光（3级）	[symbol]	随意拼接	[symbol]	直接拼接	[symbol]（由于图案循环重复面形成的尺寸）
可洗	≈	将胶粘剂涂敷于墙纸	[symbol]	耐光良好≥4级	[symbol]	换向交替拼接	[symbol]	错位拼接	[symbol]（由于图案循环重复面形成的尺寸）
特别可洗	[symbol]								

注：1. 可擦拭性是指粘贴壁纸的胶粘剂附在壁纸的正面，在胶粘剂未干时用湿布或海绵拭去而不留下明显的痕迹。
2. 壁纸的可洗性是指壁纸在粘贴后的使用期内可洗涤的性能，这是对壁纸用在有污染和湿度较高地方的要求。

表C-3 复合壁纸的物理性能

项目		指标		
		优等品	一等品	合格品
褪色性（级）		＞4	≥4	≥3
胶粘剂可拭性（横向）		20次无外观上的损伤和变化		
可洗性（级）		30次无外观上的损伤和变化		
施工性	纵	均不得有任何的浮起和剥落		
	横			
耐硫化污染（级）		＞4	≥4	≥3

表C-4 PVC壁纸的物理性能

项目			指标		
			优等品	一等品	合格品
褪色性（级）			＞4	≥4	≥3
耐摩擦色牢度试验（级）	干摩擦	纵向	＞4	≥4	≥3
		横向			
	湿摩擦	纵向	＞4	≥4	≥3
		横向			
遮蔽性（级）			4	≥3	≥3
湿润拉伸负荷（N/15mm）		纵向	＞20	≥20	≥20
		横向			
胶粘剂可拭性		横向	20次无外观上的损伤和变化		
可洗性使用等级		可洗	30次无外观上的损伤和变化		
		可刷洗	40次无外观上的损伤和变化		
		特别可洗	100次无外观上的损伤和变化		

注：表C-4中PVC壁纸应符合《室内装饰装修材料 壁纸中有害物质限量》GB 18585-2001的要求。

6.4 一般项目

6.4.1 裱糊后的壁纸、壁布表面应平整、色泽应一致，不得有波纹起伏、气泡、裂缝、皱折及斑污，斜视时应无胶痕。检验方法：观察；手摸检查。

6.4.2 复合压花壁纸的压痕及发泡层应无损坏。检验方法：观察。

6.4.3 壁纸、壁布与各种装饰线、设备线盒应交接严密。检验方法：观察。

6.4.4 壁纸、壁布边缘应平直整齐，不得有纸毛、飞刺。检验方法：观察。

6.4.5 壁纸、壁布阴角处搭接应顺光，阳角处应无接缝。检验方法：观察。

6.4.6 裱糊后各幅拼接应横平竖直，拼接处花纹、图案应吻合，不离缝、不显拼缝。检验方法：观察、手摸检查；拼缝检查距离墙面1.5m处正视。壁纸、壁布应粘贴牢固，不得有漏贴、补贴、脱层、空鼓和翘边。

6.5 壁纸粘贴过程中还应注意所使用的胶粘剂应符合《室内装饰装修材料 胶粘剂中有害物质限量》GB 18583-2008的要求。

6.6 壁纸、壁布在纸面石膏板上裱糊的主要工序，见表C-5。

6.7 主要施工工具，见表C-6。

表C-5 壁纸、壁布在纸面石膏板上裱糊的主要工序

工序名称 / 壁纸名称	1.清扫基层、填补缝隙磨砂纸	2.接缝处贴嵌缝膏	3.找平刮腻子磨砂纸	4.涂刷底胶一遍	5.墙面划准线	6.壁纸浸水湿润	7.壁纸涂刷胶粘剂	8.基层涂刷胶粘剂	9.壁纸上墙裱糊拼缝搭接对花	10.赶压胶粘剂	11.裁边	12.擦净挤出的胶液清理、修整
复合壁纸	+	+	+	+	+	−	+	+	+	+	−	+
PVC壁纸	+	+	+	+	+	+	−	+	+	+	+	+
壁布	+	+	+	+	+	−	−	+	+	+	−	+
带背胶壁纸	+	+	+	+	+	+	−	−	+	+	−	+

注：1.+号表示应进行的工序。
2.基层材料的相接处应贴镶缝条，腻子找平。
3.裁边工序，在使用宽为920/1000/1100mm等需迭对花的PVC壁纸压延时进行。

表C-6 主要施工工具

分类	工具名称	用　途	备注
基层处理工具	嵌刀	补腻子、削平木制品上的毛刺	—
	铲刀	清除灰土、铲除铁锈及旧漆膜，调腻子	旧漆膜应沿木纹方向铲
	牛角刮刀	嵌补刮批腻子	—
	刮板	大面积刮涂腻子或胶，刮除墙面旧皮	—
	刮胶刀	刮涂胶泥或较稠胶	—
	砂纸	打磨基层表面	—
	软毛刷	刷石灰浆	—
裱糊用工具	1m长钢尺、卷尺、裁纸刀、剪刀	裁纸及修剪边缘	—
	梯子、高凳	刷涂料、胶液及裱贴壁纸	—
	油漆刷	刷涂料及胶液	规格：4英寸
	工作台	闷水、裁纸	—

续表C-6

分类	工具名称	用　途	备注
裱糊用工具	大排笔	闷水、裁纸	—
	容器	装胶液及涂料	禁用铁桶
	写字毛笔	修补缝边，刷胶	—
	激光水平仪	划垂线	—
	海绵或毛巾	擦胶、压缝、赶压气泡	—
	注射器	向空鼓处注射胶液	补救措施
	软胶辊	压缝	—

壁纸、壁布说明							图集号	13J502-1
审核	饶良修	饶良修	校对	郭晓明	郭晓明	设计	邸士武	邸士武	页	C05

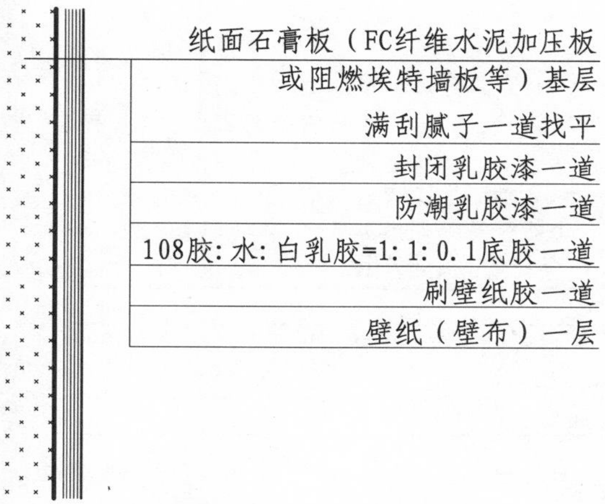

纸面石膏板（FC纤维水泥加压板或阻燃埃特墙板等）基层
满刮腻子一道找平
封闭乳胶漆一道
防潮乳胶漆一道
108胶：水：白乳胶=1：1：0.1底胶一道
刷壁纸胶一道
壁纸（壁布）一层

① 纸面石膏板基层

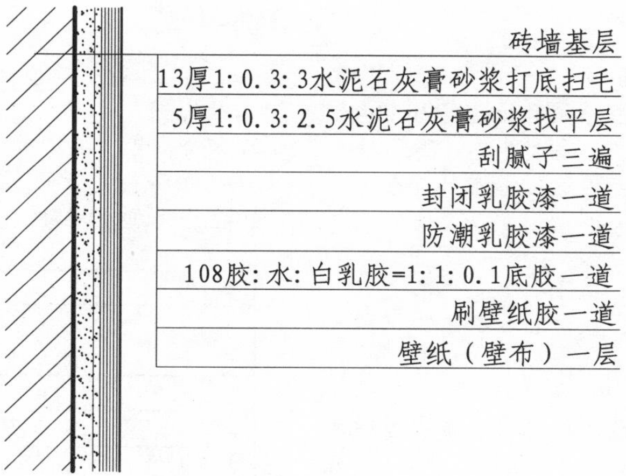

砖墙基层
13厚1：0.3：3水泥石灰膏砂浆打底扫毛
5厚1：0.3：2.5水泥石灰膏砂浆找平层
刮腻子三遍
封闭乳胶漆一道
防潮乳胶漆一道
108胶：水：白乳胶=1：1：0.1底胶一道
刷壁纸胶一道
壁纸（壁布）一层

② 砖墙基层

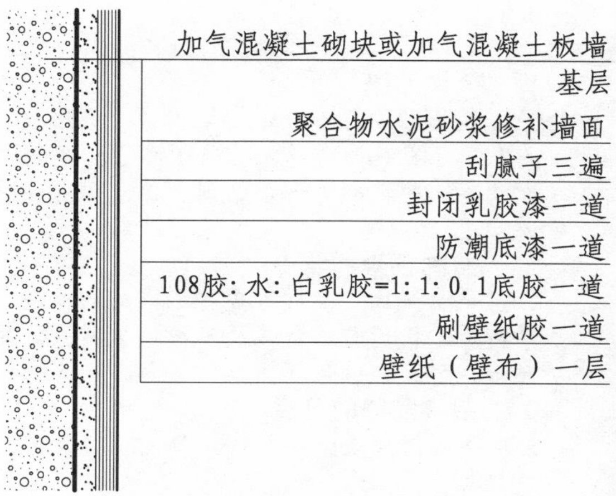

加气混凝土砌块或加气混凝土板墙基层
聚合物水泥砂浆修补墙面
刮腻子三遍
封闭乳胶漆一道
防潮底漆一道
108胶：水：白乳胶=1：1：0.1底胶一道
刷壁纸胶一道
壁纸（壁布）一层

③ 加气混凝土砌块（板）墙基层

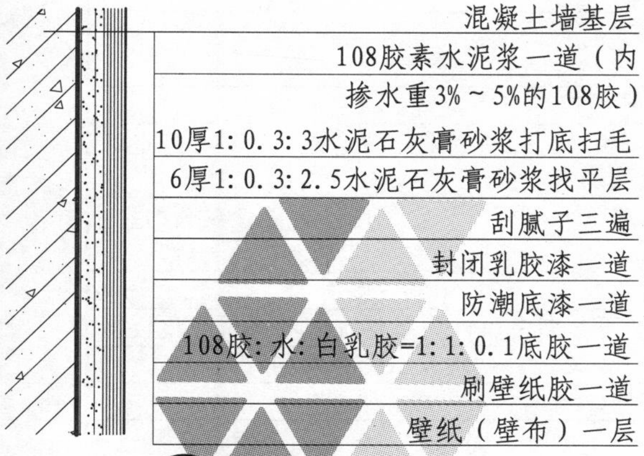

混凝土墙基层
108胶素水泥浆一道（内掺水重3%～5%的108胶）
10厚1：0.3：3水泥石灰膏砂浆打底扫毛
6厚1：0.3：2.5水泥石灰膏砂浆找平层
刮腻子三遍
封闭乳胶漆一道
防潮底漆一道
108胶：水：白乳胶=1：1：0.1底胶一道
刷壁纸胶一道
壁纸（壁布）一层

④ 混凝土墙基层

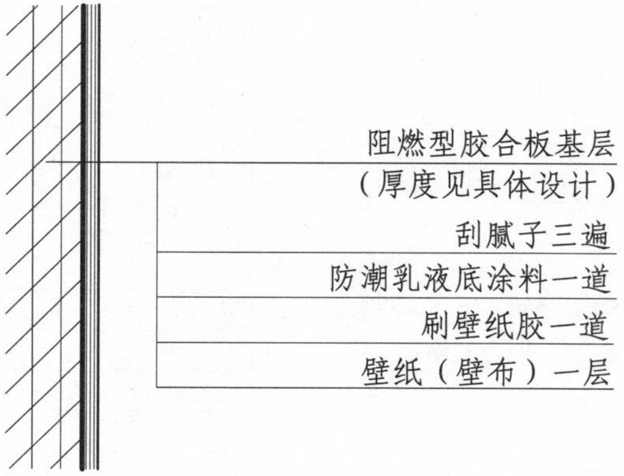

阻燃型胶合板基层（厚度见具体设计）
刮腻子三遍
防潮乳液底涂料一道
刷壁纸胶一道
壁纸（壁布）一层

⑤ 阻燃型胶合板基层

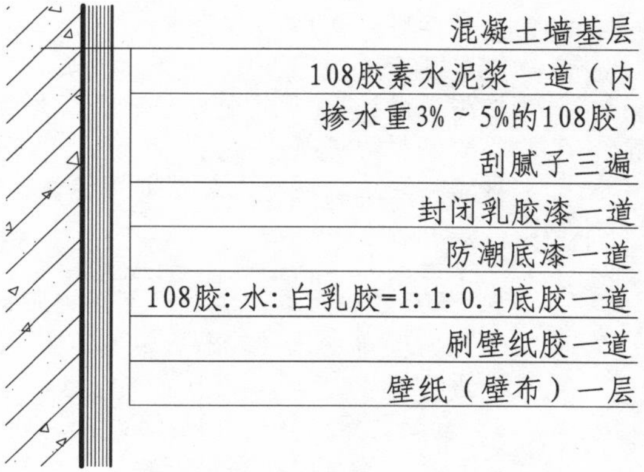

混凝土墙基层
108胶素水泥浆一道（内掺水重3%～5%的108胶）
刮腻子三遍
封闭乳胶漆一道
防潮底漆一道
108胶：水：白乳胶=1：1：0.1底胶一道
刷壁纸胶一道
壁纸（壁布）一层

⑥ 大模混凝土墙基层

壁纸、壁布墙面做法						图集号	13J502-1
审核	饶良修	校对	郭晓明	设计	邸士武	页	C06

装饰贴膜说明

1 装饰贴膜

装饰贴膜是一种强韧柔软的特殊贴膜。在表面印刷出栩栩如生的木纹、石纹、金属、抽象图案等。颜色、质感种类丰富。通过反面涂覆的胶粘剂，可以贴到金属、石膏板、硅酸钙板、木材等各种基层上。

2 装饰贴膜的特点

适合平面、曲面等多种形式的表面施工。具有优良的物理、化学特性。抗弱酸、弱碱及多种化学制品腐蚀，抗冲击、耐磨损、耐潮湿、耐火、绿色环保。

3 装饰贴膜的分类

3.1 按表面效果：仿木纹、单色、仿金属、仿石纹，多种色彩纹样选择等。

3.2 按原材料分：PVC类贴膜和非PVC类贴膜。

3.3 按使用区域分：室内贴膜和室外贴膜。

4 装饰贴膜的常用规格

4.1 装饰贴膜的规格：1220mm×25000mm/1220mm×50000mm。

4.2 装饰贴膜的选用，见表C-7。

5 装饰贴膜的施工

5.1 按施工做法分：现场粘贴法和工厂预制法。

5.2 不同基材的可实施性，见表C-8。

5.3 现场粘贴法：现场人工直接将装饰膜粘贴在经过处理的基材表面。

5.3.1 平面的基本粘贴程序与注意事项

1) 量尺寸、裁剪：首先必须正确测量出粘贴部分面积，再将测量后面积，预留40mm～50mm后裁剪下来，裁剪作业必须在平滑的作业板上进行。

2) 确定位置：将装饰贴膜放在粘贴的基材上，确定粘贴位置，位置决定后，不可稍有移动。特别是粘贴面积大时，必须是衬纸由顶端撕下50mm～100mm后往后折，拇指则由上轻压装饰贴膜，便其与基层板紧密贴合。

3) 粘贴：沿着往后折的衬纸顶端，开始由下而上，用刮板加压装饰贴膜，便其与基层板紧密贴合，加压时必须由中央部分开始，再向两旁刮平。

顺势将衬纸撕下200mm～300mm，在装饰贴膜轻轻向下张开之际，由上至下加压粘贴，此时，不必刻意将衬纸往后折，可利用其撕下后

表C-7 装饰贴膜的选用

项　目	要　求
外观	没有褶皱、薄膜破损、异物的附着、污染、印刷不良、胶粘剂涂抹均等问题
色彩	和色卡中的标准样品相同
厚度	厚度0.17mm～0.30mm
热收缩性	0.30mm/m以下
衬纸的剥离性	衬纸易于剥离，没有衬纸破裂、胶粘剂转移到衬纸上等问题
延展性	能延展140％以上。但某些花色除外（如金属色等）
拉伸强度	100N/25mm以上
燃烧性能	达到《建筑材料及制品燃烧性能分级》GB 8624-2012 B_1级以上要求
贴覆的排气性	要求贴膜背胶带导气槽，施工时完全排气，无气泡
耐候性	室内使用5年以上，贴膜无明显退色、开裂、起泡、粉化等老化现象
抗磨损性	贴膜应自带保护膜层，日常使用不会破坏贴膜的装饰花纹
耐热性	贴膜应可以在高达65℃环境下使用
防潮性	在90%湿度下长期使用，贴膜粘接力及外观变化极小
低温抗冲击性	0℃以下低温冲击对贴膜表面没有影响
耐化学腐蚀性	弱酸、弱碱、酒精等对贴膜无影响
耐污性	直接与牛奶、咖啡、葡萄酒、柠檬汁、茶、氢氧化钠、豆油、1%盐水、肥皂水、合成洗涤剂、醋、10%盐酸等接触，清洁后对表面无影响

产生弹力，避免造成胶的粘贴前与基材有沾粘的现象发生，以利作业顺利进行。整体再一次加压，特别是顶端部分必须加压。

4）气泡处理：若在作业过程中产生较大气泡，则必须撕下有气泡部分重新再粘贴，并以刮板加压结合。小气泡则用图钉刺破，再用刮板将气泡或胶液挤出、再刮平。

5）完成：将最后多余的部分裁下，完成粘贴。

5.3.2 阳角的基本粘贴程序与注意事项

1）基本处理：在阳角地方粘贴装饰贴膜时，为了加强接着力，在阳角约50mm的地方涂上底层胶粘剂，见图1。

2）量尺寸、裁剪和确定位置按平面基本粘贴程序中的1）、2）进行。

表C-8 不同基材的可实施性

基材种类		可否施工	不能施工原因
木材	胶合板	可以	—
	刨花板	可以	—
	高密度板	可以	—
	未经涂装的原木板材	不可以	鼓胀起泡
板材	石膏板	可以	—
	硅酸钙板	可以	—
砂浆	砂浆	可以	—
	混凝土墙	不可以	表面过于粗糙
石材	大理石	不可以	表面粘性弱
	人造石	可以	—
金属	烤漆钢板	可以	—
	防腐蚀涂装钢板	可以	—
	镀锌板	可以	—
	铝板	可以	—
	不锈钢板	可以	—
	铜、铜合金	不可以	表面粘性弱
	铅合金、马口铁	不可以	表面粘性弱

3）粘贴：首先，从阳角部分面积较广的地方开始贴起，见图2。

贴阳角时，应一边轻轻拉开装饰贴膜，一边加压粘贴，不要产生气泡或太松，见图3。其他地方轻轻向上提，一边拉开，一边加压粘贴，见图4。

全部再用力按压一次，特别是角落和边缘的地方要仔细的加压使其粘贴。

4）气泡的处理与完成：按平面基本粘贴程序中的4）、5）进行。

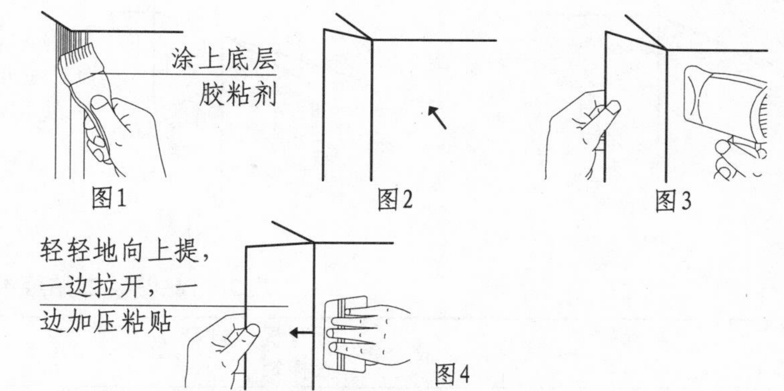

5.3.3 阴角的基本粘贴程序与注意事项

1）基本处理、量尺寸、裁剪和确定位置同阳角做法。

2）衬纸的裁剪：事先将阴角的衬纸割开，见图5。

3）粘贴：先贴阴角面积大的部分，而面积小的部分，衬纸先不要撕下来，见图6。

贴阴角时，一边注意不要产生气泡或贴太松，用刮板沿着阴角向内刮，加压粘贴。要小心不要把装饰贴膜碰破，见图7。

衬纸每撕开200mm～300mm。一边轻轻地拉开装饰贴膜，一边粘贴，见图8。

全部再用力压一次，特别是边缘和角落的地方要特别仔细。

4）气泡的处理和完成：按平面基本粘贴程序中的4）、5）进行。

装饰贴膜说明						图集号	13J502-1
审核 饶良修	饶良修	校对 郭晓明	郭晓明	设计 邸士武	邸士武	页	C08

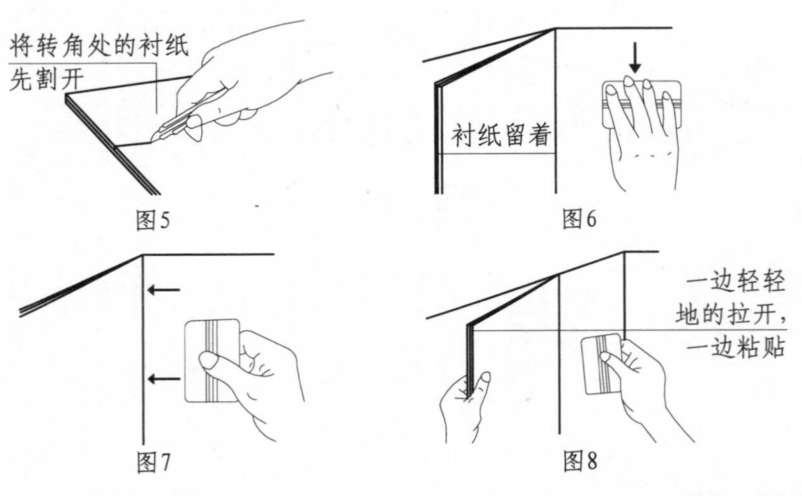

图5 图6 图7 图8

5.4 工厂预制法：在加工车间通过人工或机械设备将装饰贴膜预先贴覆在基材表面，制成挂板现场安装。

5.4.1 特点：有高度仿真的实材视觉和触觉，施工方便、维护简单，成本比实材低，能够满足装饰材料防火要求。

5.4.2 粘贴装饰贴膜不同基材面层处理，见表C-9。

5.5 装饰贴膜的清洁

5.5.1 使用工业商用合成洗涤剂，不使用有机溶剂、强酸性（pH＜3）或强碱性（pH＞11）清洁剂。

5.5.2 应使用软布或清洁的海绵进行清洁，不要使用含研磨材料的海绵或清洁布。用水洗净所有残留的清洁剂。

表C-9 粘贴装饰贴膜不同基材面层处理表

面层处理 \ 基材	密度板、胶合板	石膏板、硅酸钙板、石棉板	PVC涂装钢板	水泥砂浆	烤漆铜板	铝板、不锈钢板
预处理	去除钉头或使其低于板材表面			灰刀铲平，干燥表面	去除表面灰尘	
使用涂料	无需使用或使用木工白胶、聚氨脂类涂料、硝基涂料	木工白胶或聚氨脂类涂料	无需使用	硝基涂料、乙烯基涂料、乳胶漆	无需使用	
腻子补平	石膏粉、乳胶腻子等补平粗糙表面、接缝、钉孔等		腻子	石膏粉、乳胶腻子等补平粗糙墙体	腻子	
抛光砂平	$100^{\#}$~ $180^{\#}$砂纸				砂轮磨平焊缝等，$100^{\#}$~ $180^{\#}$砂纸抛光	
表面清洁	酒精					
使用底涂剂	溶剂型底涂剂	水性或溶剂型底涂剂	溶剂型底涂剂			
	整面涂布				仅在边缘涂布	

注：底层涂料是两液型，用1:1混合使用，底层涂料在低温时也有良好的接着力。冬季或初期接着力不良时，用合成橡胶接着剂稀释2 ~ 3倍使用。

装饰贴膜说明						图集号	13J502-1
审核 饶良修	饶良修	校对 郭晓明	郭晓明	设计 郇士武	郇士武	页	C09

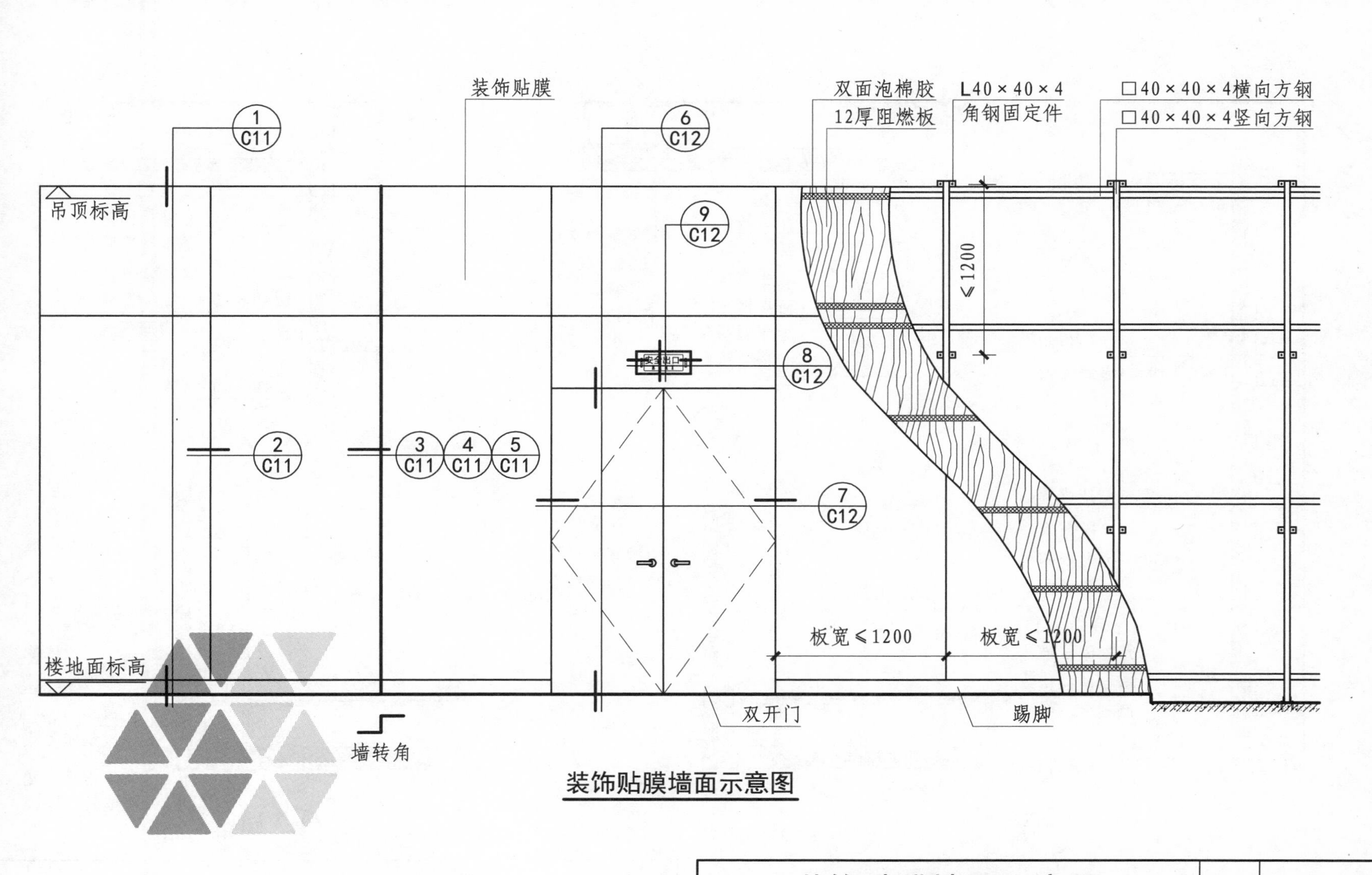

装饰贴膜墙面示意图

注：本图适用于钢筋混凝土墙。如为轻质隔墙时，则竖向钢龙骨应与结构楼板(梁)顶、底及混凝土圈梁固定，钢龙骨用料大小需经结构计算，所有钢骨架需做防锈处理。

装饰贴膜墙面示意图						图集号	13J502-1
审核	饶良修	校对	郭晓明	设计	邸士武	页	C10

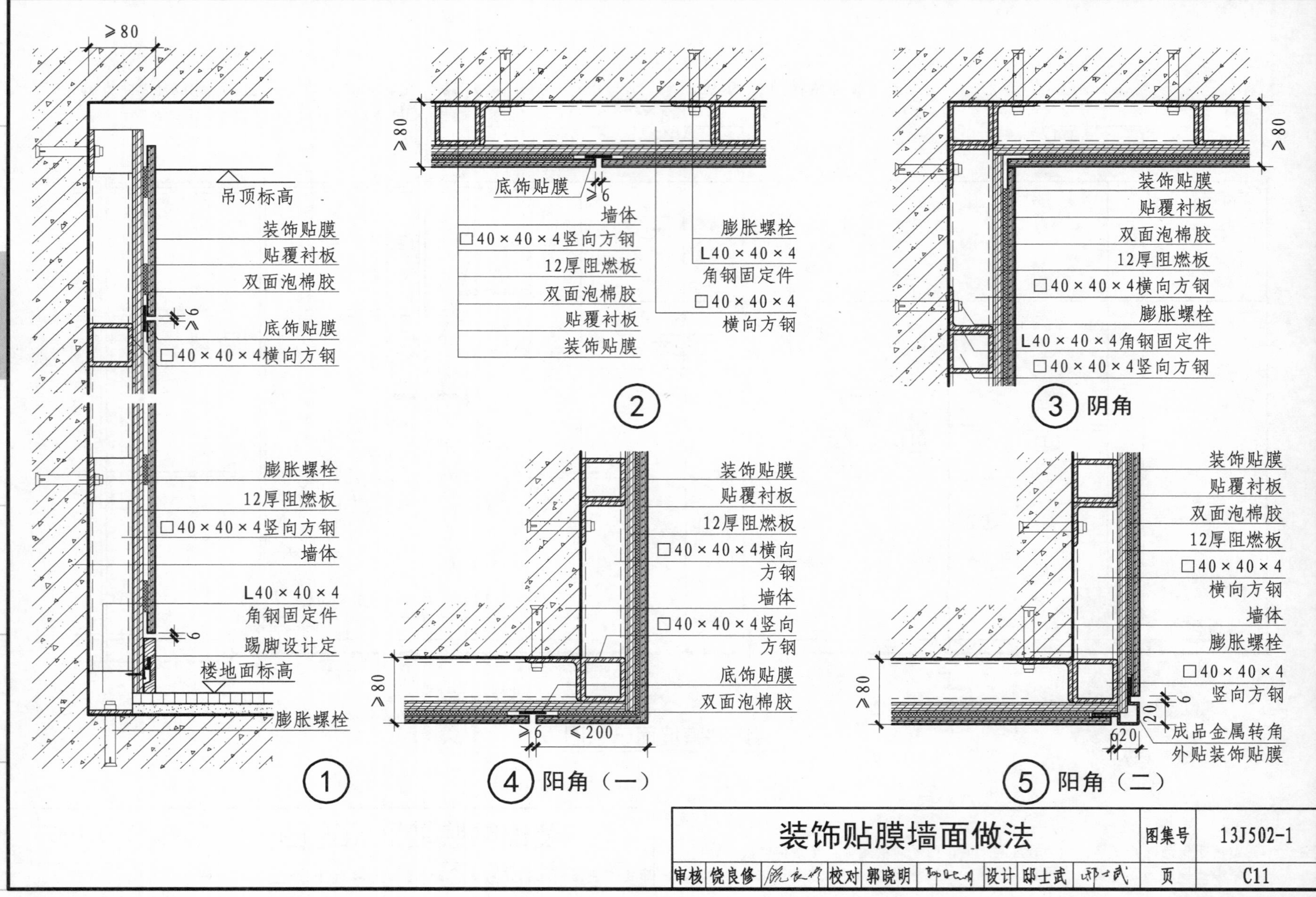

装饰贴膜墙面做法							图集号	13J502-1
审核	饶良修	[signature]	校对	郭晓明	[signature]	设计	邸士武	[signature]	页	C11

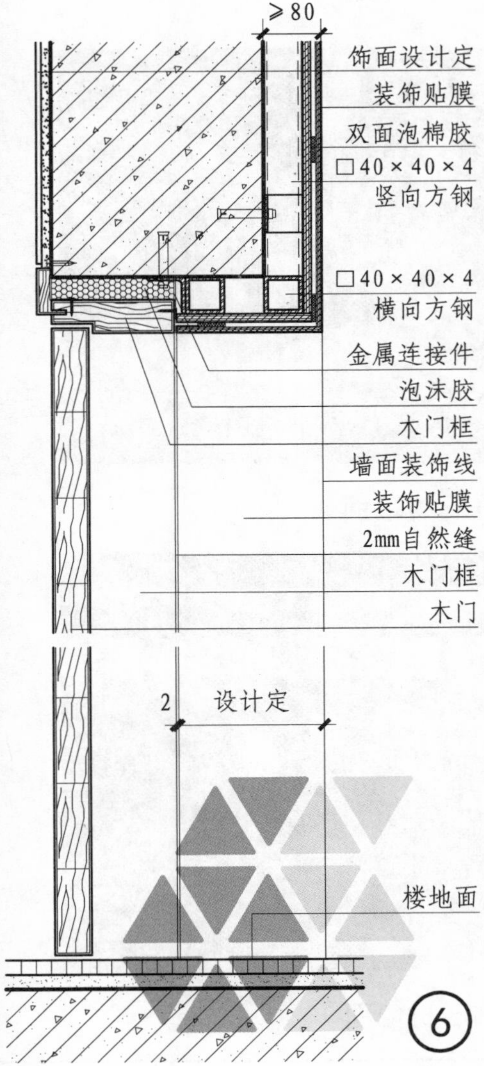

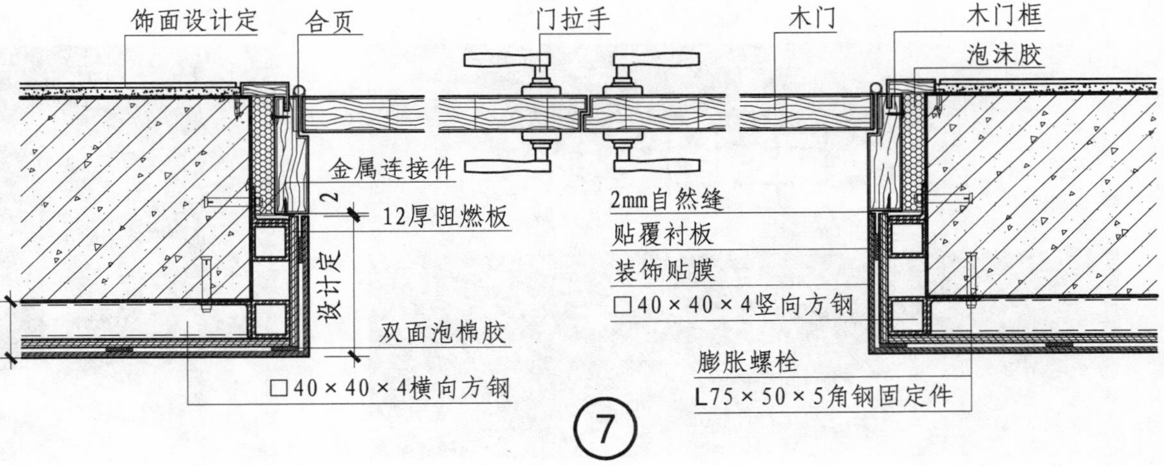

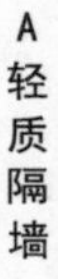

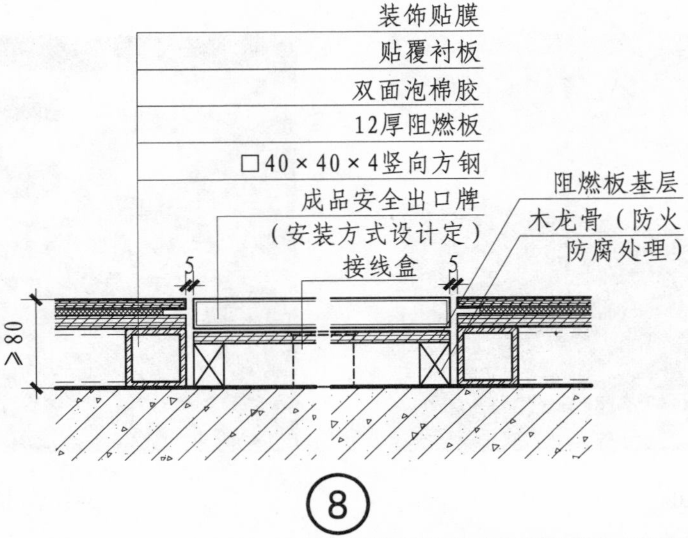

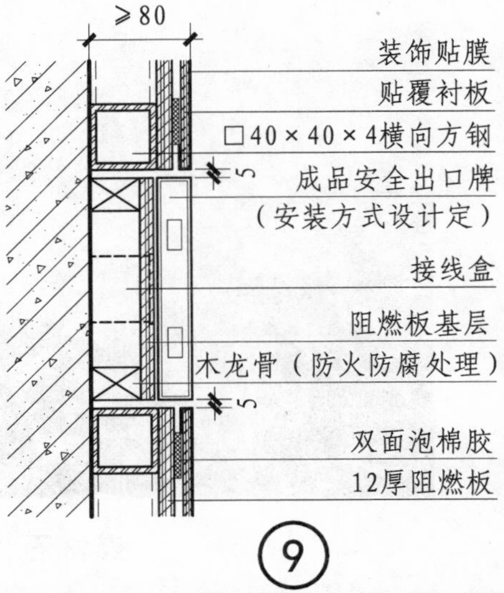

⑥

≥80
饰面设计定
装饰贴膜
双面泡棉胶
□40×40×4
竖向方钢
□40×40×4
横向方钢
金属连接件
泡沫胶
木门框
墙面装饰线
装饰贴膜
2mm自然缝
木门框
木门
2
设计定
楼地面

⑦

饰面设计定
合页
门拉手
木门
木门框
泡沫胶
金属连接件
2
12厚阻燃板
≥80
设计定
双面泡棉胶
□40×40×4横向方钢
2mm自然缝
贴覆衬板
装饰贴膜
□40×40×4竖向方钢
膨胀螺栓
L75×50×5角钢固定件

⑧

装饰贴膜
贴覆衬板
双面泡棉胶
12厚阻燃板
□40×40×4竖向方钢
成品安全出口牌
（安装方式设计定）
接线盒
阻燃板基层
木龙骨（防火防腐处理）
5
5
≥80

⑨

≥80
装饰贴膜
贴覆衬板
□40×40×4横向方钢
5
成品安全出口牌
（安装方式设计定）
接线盒
阻燃板基层
木龙骨（防火防腐处理）
5
双面泡棉胶
12厚阻燃板

装饰贴膜墙面做法								图集号	13J502-1
审核	饶良修	饶良修	校对	郭晓明	郭晓明	设计	邸士武	页	C12

装饰石材墙面

装饰石材墙面

装饰石材墙面

装饰石材墙面

装饰石材墙面案例								图集号	13J502-1
审核	饶良修	饶良修	校对	郭晓明	郭晓明	设计	邸士武	页	D01

装饰石材说明

1　装饰石材

装饰石材是从天然岩体中开采出来，加工成块状或板状，具有装饰性的建筑石材。

2　装饰石材的分类

装饰石材的名称、分类、特点及适用范围，见表D-1。

3　装饰石材的设计选用

3.1 设计依据

《建筑结构荷载规范》 GB 50009-2012

《钢结构设计规范》 GB 50017-2003

《建筑抗震设计规范》 GB 50011-2010

《金属与石材幕墙工程技术规范》 JGJ 133

3.2 石材的选材

3.2.1 花岗石或大理石做饰面材料时，所选用石材必须质地密实。

3.2.2 石材加工应符合现行国家标准《天然花岗石建筑板材》GB/T 18601-2009、《天然大理石建筑板材》GB/T 19766-2005的相关要求，板材的尺寸允许偏差应符合国家标准中优等品的要求。

3.2.3 石材的镜面光泽度：光泽度指饰面板材表面对可见光的反射程度。在石材标准中，光泽度被称为镜面光泽度。现行天然花岗石板材标准规定，镜面板材的正面应具有镜面光泽，能清晰地反映出景物。镜面板材的镜面光泽度值应不低于80光泽单位，或按供需双方协议样板执行。

3.3 骨架材料：干挂石材中作为竖向与横向龙骨材料。

3.3.1 金属骨架采用的钢材技术要求和性能应符合国家标准，其规格、型号应符合设计图纸要求。型钢宜选用热弯镀锌产品，否则应进行有效的防腐处理。竖龙骨宜选用槽钢，采用型钢（角钢固定件）固定在土建承重结构上，横向龙骨宜选用角钢。

3.3.2 石材干挂所使用的钢材应符合国家及行业标准的规定要求。横、竖龙骨通常采用焊接，钢材焊接应符合国家行业标准《建筑钢结构焊接技术规程》JGJ 81-2002的规定。

3.4 填缝胶粘剂

3.4.1 采用环氧树脂A、B胶：填缝胶应符合国家建材行业标准《干挂石材幕墙用环氧胶粘剂》JC 887-2001，并应采用1:1混合比。

3.4.2 所选用的填缝胶必须是石材专用胶粘剂，以防胶体对石材产生“油渍”污染，施工前在工地可做相容性试验。

表D-1 装饰石材的名称、分类、特点及适用范围

名　称	分　类	特　点	适用范围
天然大理石	镜面板材、亚光板材、粗面板材	品种繁多、花纹多样、色泽丰富、材质细腻、有良好的抗压性、不变形、易于清洁等	一般用于室内墙面
天然花岗石	磨光板材、亚光板材、烧毛板材、机刨板材、剁斧板材、蘑菇石	色彩丰富、结构致密、质地坚硬、耐高温、耐摩擦、吸水率小、耐候性好等	室内、外墙面
板石	普通板和异型板	易加工、平整度好、色差小、颜色纯度高；耐酸碱性能好、吸水率低、耐候性好等	室内、外墙面
砂岩	巨粒砂岩、粗粒砂岩、中粒砂岩、细粒砂岩、微粒砂岩	色彩丰富、质感好、隔声、吸潮等	室内、外墙面

3.5 金属锚件、挂件

3.5.1 金属锚件、膨胀螺栓规格、型号应符合设计要求，选用不锈钢或防锈制品，材料性能应符合国家标准的规定。

3.5.2 金属干挂件应符合《干挂饰面石材及其金属挂件》JC 830.1 ~ JC 830.2-2005中金属挂件的规定。金属干挂件受力托板厚度不小于4mm,并应按有关规范进行截面验算。

3.6 设计选用要点

3.6.1 根据设计要求选择石材花色品种的同时，还应对所选用石材的特性有一定的了解，避免用材不当。

3.6.2 选材时应注意石材纹理走向，从选择荒料开始，相邻的荒料先编号，石材加工时工厂编号加工。加工后还应按顺序再编号预拼、选色对纹。由设计人员或监理确认后，方可包装出厂。

3.6.3 天然石材存在一些缺陷，例如大理石有毛细孔，油污易渗入石材内部，引起变色；大理石光泽不够，因此需打蜡、上光。石材在加工过程中，往往有铁分子残留，与水泥易发生化学作用，使得石材变色。因此，在石材加工、铺贴、养护和使用过程中需要采取一些辅助用品以提高石材的使用价值和装饰效果，装饰石材防护材料的名称、特点及用途,见表D-2。

3.6.4 复合石材：用天然石材为面材，以天然石材或其他材料为基材，通过专用胶粘剂将二者粘合成整体，人工合成的装饰板。现常用3~5厚天然石材（面板为粗面板时，石材厚度为5~8）与陶板或平板玻璃，用胶粘剂粘合而成。超薄石材铝蜂窝板是将名贵石材加工成3~5厚薄片，复合在厚度不小于10mm的铝合金蜂窝板上，可制成单边边长不大于2.0m，单块面积不大于2.0m^2的板材,具有尺寸大、自重轻、安装方便等特点，成为室内装饰的新材料。

3.6.5 根据《建筑材料放射性核素限量》GB 6566-2010的规定，所有石材均应提供放射性物质含量检测证明。天然石材中含有放射性物质镭、钍、钾,国标将天然石材按放射性物质的比活度分为A、B、C级对其使用做了限定，详见总说明第10页表13。

3.6.6 天然石材普遍存在色差，石材质量标准中仅提及同一批板材的色调应基本协调,而没有具体量化;设计应配合工厂合理选用荒料，分类使用，按工程部位分主次，使差异降到最低。

4 装饰石材的施工要点

4.1 钢骨架的施工要求

4.1.1 竖龙骨宜选用槽钢，以方便横龙骨的焊接，同时也可避免角钢容易扭曲的缺陷。竖龙骨必须与承重结构应有可靠的固定措施，轻质隔墙上高度大于100mm的钢筋混凝土圈梁(大于等于C20混凝土)可以作为竖龙骨的侧向稳定支承点。

4.1.2 竖龙骨的间距宜与石材墙面竖向分缝位置相对应，并在同一工程中尽量一致，以方便横龙骨的加工制作，同时也能减少石材的规格。

4.1.3 竖龙骨的施工应根据现场测量放线定位施工，一般先施工同一墙面的两端竖龙骨，检验合格后再拉通线，然后顺序安装中间竖龙骨。

4.1.4 竖龙骨全高垂直允许偏差不大于2mm(双向）。参见《建筑装饰装修工程质量验收规范》GB 50210-2001中石材幕墙安装的允许偏差和检验方法。

4.1.5 钢横龙骨可采用角钢或槽钢,横龙骨断面不宜小于L40×40×4,横龙骨两端与竖龙骨焊接，横龙骨挠度应不大于L/400mm。

4.1.6 钢横龙骨上安装金属干挂件的螺孔应按设计尺寸预先用台钻钻孔，不得在现场用电焊烧孔。

4.1.7 钢骨架的焊接应符合国家行业标准《建筑钢结构焊接技术规程》JGJ 81-2002的规定。不应出现焊接缺陷。

4.1.8 所有钢骨架焊接完毕，要经自检合格后，报请监理工程师检验。待隐蔽工程检验合格后，才可涂刷防锈漆。防锈处理由个体工程设计说明。

4.1.9 钢骨架型钢是否采用镀锌型材或不锈钢，由个体设计根据工程具体情况确定。

表D-2 装饰石材防护材料的名称、特点及用途

名 称	说 明	特 点	用 途
大理石加光蜡	是一种特别光亮的糊状保护蜡，有透明及红、黑、绿、黄等颜色	加光并保护大理石板面，效果显著	适用于大理石装饰墙面
大理石、花岗岩打边蜡水	是一种溶解性液体，不含任何胶质，用后不会留下一层薄膜而使石材表面变黄	干燥快、容易磨光、效果显著	加强大理石、花岗石的色泽，使石材表面有湿润感；用于边位、角位或任何难以用机器打磨之处
磨光剂	专为石边磨光而特制的产品。使用时用干净羊毛布擦在已经打磨平滑的石边、线脚或需抛光的石材表面上即可。一般先涂一层即可达到与石材表面相符的光亮程度	使用简便，节时省力	加强石材线脚、石边、圆柱接口等难以打磨抛光之处
大理石清洗剂	用时将之倒在被污染的大理石表面上，用布覆盖后再用胶封好，以免挥发失效。一般2～4h待起反应后，将布取下，用水清洗，则污染自去	使用简便、效果显著、去污性强	清洗大理石表面上锈渍、烟渍、茶渍、运输包装不当造成的草绳污渍及潮湿天气对大理石造成的污染等
大理石、花岗岩底油	该底油是一种水溶性化学剂，安装石材饰面板时，将该底油涂于板底，可避免石材安装后锈渍及各种不可预料的污渍由板底渗至表面，难以去除	防污染性能相当好,也可用于石材表面防污	防止石材饰面板板底污染渗至表面，可防止石材表面被砂浆、水泥浆等浸蚀污染
浸透防水剂	是一种特别的浸透防水剂，用于室内外的花岗石、大理石饰面板或人造石饰面板，以防腐蚀、雨淋、风化、冰霜等各种侵蚀	干燥快，可用于任何天然石材饰面板，也可用于吸水性较强的砖墙表面或灰浆表面；第一层未涂好，可随时加涂第二层；防水剂不会浮于表面	用于室内外的花岗石、大理石等饰面板
花岗石清洗剂	用法同大理石清洗剂。或将本剂直接倒在石材表面上，10min后用专用手刷刷去污渍，再用清水冲洗干净即可	使用简便、去污力强、效果显著	清洗石材表面上锈渍、烟渍、茶渍、运输包装不当而造成的草绳污渍及潮湿天气对花岗石所造成的污染等
石材强力清洗剂	清洁剂无毒、无气、不燃，稍有臭味，适用于石材饰面板的清洗	无毒、无气、不燃烧，对石材光面无任何不利影响，适用于各种石材饰面板的清洗	清除各种石材饰面板表面上的砂浆污渍及装修施工中的其他污渍
石材饰面清洁剂	是一种浓缩清洁剂	不燃、去污力强，能去除严重污渍；任何石材表面均可使用，特别适用于大理石表面	适用于各种石材饰面板表面去污

续表D-2

名　称	说　明	特　点	用　途
石材墙面抛光石蜡水	抛光石蜡水用于石材饰面板墙身打蜡，也可用于生产石材时最后抛光	使用方便、效果显著	适用于石材饰面板、墙面打蜡，涂后用布擦光或用机器打光均可。也适用于石材生产厂用自动磨床生产大理石或人造石最后自动抛光之用
百洁绵	百洁绵使用方便，可代替威士、钢绵、毛巾清洁剂等	方便耐用、经济，并不留泥、粉底或灰底	适用于大理石或水泥工程完工前洗刷之用，可节约处理费用
塑性免擦蜡水	该蜡水为特别配合现代高速和超高速石材磨光机用的特制产品	可接受高速磨光，不会令蜡面起粉，且能使蜡面坚硬，抗污更强	供高速磨光机及超高速磨光机磨光使用
结晶硬化处理	用晶面处理剂加上重型处理机对石面的摩擦，在化学和物理双重作用下，使石面表层形成坚硬致密的结晶层，令石面不易受损，也不易沾染污渍，从而确保石材的本质特性	经过晶面处理之后，石面分子更致密，光泽亮度明显提高，使石面更亮丽、更高贵	室内墙面

4.1.10 圆柱上干挂石材的钢横龙骨型材应用专业机械滚弯成型。禁止采用现场将角钢切口弯曲手工焊接的做法。

4.1.11 圆形石材柱头一般尺寸较大、自重较重，个体设计必须特别注意防倾覆构造设计，以确保工程安全。

4.2 石材干挂法施工注意事项

4.2.1 首先要对安装的石材进行仔细检查，石材的编号和尺寸必须准确，石材四边不应有较大崩边掉角。

4.2.2 如设计有刷石材防水防护剂时，应先将石材饰面表面用干布擦净灰尘，按纵、横向各刷防水防护剂一遍。

4.2.3 石材安装顺序一般由下向上逐层施工。石材墙面宜先安装主墙面，门窗洞口则宜先安装侧边短板，以免操作困难。

4.2.4 墙面第一层石材施工时，下面用铝方通或厚木板作临时支托。

4.2.5 将石材支放平稳后，用手持电动无齿磨切机开切安装槽口，开切槽口后石材净厚度不得小于6mm。槽口不宜开切过长过深，以能配合安装金属干挂件为宜。开槽时尽量干法施工，并要用压缩空气将槽内粉尘吹净。如石材硬度较大，开槽时必须用水冷却，开槽后应将槽口烘烤干燥和清理干净，以免胶粘剂与石材不能很好粘接牢固。

4.2.6 在干挂槽口内满注环氧树脂A、B胶，安放就位后调节金属干挂件固定螺栓，并用拉通线和铝方通调平调直，调试平直后用小木楔和卡具临时固定。

4.2.7 按上述方法一个方向顺序安装同层板材。

4.2.8 在墙面上有电气插座、电梯显示器等设备孔洞时，要仔细量好尺寸，精心切割孔洞，面板安装后不能见到石材切口缝隙。

4.2.9 石材墙面由于石材加工允许有平整度误差，墙面接缝不可能完全平整，所以设计上要避免石材尺寸过长过高。施工上要达到满足国家验收标准的要求。要防止手持电动磨光机修理，以免影响石材墙面的光滑度。有特殊要求的工程应相应提高石材的加工标准或聘请有修改技术特长的技工采用专用工具现场磨平和抛光。

4.2.10 对石材圆柱柱脚较厚较重的石材，安装时要用硬物做好支垫，预装完成后，立即用细石混凝土填实做好垫层，以防上层石材安装后产生沉降或变形。

4.2.11 安装石材圆柱时应注意将拼缝与设计轴线对齐或对中。

4.2.12 安装石材墙、柱面时脚手架必须安全牢固,脚手板要考虑临时放置石材的重量。安装上层石材时要在接触面上放置木垫板，防止石材碰撞发生崩边掉角。
4.2.13 石材在搬运过程中尽量采用帆布带吊运（不宜用棕绳）,对重量较大的圆柱弧形板等材料，最好用简易机械设备吊运。
4.2.14 施工人员的手上应没有油污和余胶，以免污染石材表面,尤其在施工砂岩和烧毛花岗石时，更应格外注意。最好能在此类石材表面刷石材防护剂两遍。
4.3 石材干粘法施工注意事项
4.3.1 石材墙、柱面干粘法具有施工简便、改善施工环境、增大使用面积等优点,可以使用薄型石材,尤其方便各种石材饰线、饰条的安装。在墙面高度不大于3m时可按本图集施工,石材圆柱不宜采用。
4.3.2 石材干粘法必须选用环氧树脂A、B双组分工程胶，胶的质量必须满足国家建材行业标准《干挂石材幕墙用环氧胶粘剂》JC 887-2001的规定，现场选定环氧树脂胶后要对其强度复检试验。
4.3.3 干粘胶宜优先选用力学性能高、稠度大、不流淌、配合比简单（最好为1:1）和可操作时间在30min～45min的品种。
4.3.4 20mm厚单块石材面积小于1.0m^2,每块石材的粘接点不得少于4个，每个粘接点的面积不小于40mm×40mm,设计胶缝厚度5mm为宜。
4.3.5 干粘法的钢骨架设计和施工要求基本与干挂法相同，仅应按设计粘接点位置焊接短角钢角码，粘接点处角钢横龙骨和角码上应钻中心孔，钢骨架焊接完毕需经自检合格后，再报请监理工程师检验，待隐蔽工程检验合格后，才可刷防锈漆。
4.3.6 在安装前同干挂法一样先要对石材进行质量检查外，特别应注意石材应基本干燥，因为石材表面潮湿会影响环氧树脂AB胶的粘接力。
4.3.7 用手持电动磨切机将钢架上粘接点的防锈漆磨去。
4.3.8 按照所选用的环氧树脂A、B型工程胶的配比，适量混合A、B双组分胶料，用小铲刀翻拌均匀，要注意随用随拌和，不能使用超过施工有效时间的胶。拌胶时最好在石材背面粘接点处翻拌，使石材表面上的石粉能拌入胶体内。
4.3.9 按施工顺序由下向上顺序分层安装石材，在被安装石材粘接点上抹上适量拌好的胶体，使石材安装就位时能将部分胶体从中心小孔中挤压出余胶，形成锚固点。
4.3.10 用专用卡具和小木楔临时固定和调节石材板面,用铝方通检验墙面平直，见图1。
4.3.11 石材墙面安装调试完毕后，要注意保护，在24h内不能受较大外力撞击，以免胶体未完全固化使墙面发生变形。
4.3.12 每一层石材安装完毕后，方可安装第二层石材,上下两块的操作时间间隔应在1h左右，如果操作面不长，为提高工效，可以在下层每块板用快干型环氧树脂A、B工程胶或云石胶至少有一点加固，每个加固胶粘接点面积不小于2.0cm^2。
4.3.13 施工中应注意避免在粘接点附近施焊。
4.3.14 施工中要将胶存放在干燥阴暗处,开封后的胶筒要盖紧，不能使用超过有效期的胶。
4.3.15 干粘法施工宜在常温下进行，在温度低于5℃时不宜采用。
4.4 石材圆柱的设计和安装
4.4.1 石材圆柱圆弧板的加工分等弧切割法和等厚切割法两种，等弧切割法比等厚切割法节省材料和加工费，故为一般工程普遍采用。花岗石圆弧板壁厚最小值应不小于25mm。
4.4.2 设计应提出石材圆弧板的加工质量要求和标准。
4.4.3 石材圆弧板的分块数量和尺寸应根据工厂加工设备能力和设计选用石材荒料的尺寸确定。还应考虑单块石材的重量,要方便施工安装和搬运。一般直径D≤1200mm时，可分成4块;1200＜D≤1800mm时,可分成6块；D＞1800mm时，可分8块。
4.4.4 圆弧板的安装宜采用干挂法安装。金属干挂件厚度不应小于5mm，并宜采用交叉式、“T”形金属干挂件，见图2。
4.4.5 在圆弧板上设计有凹槽或雕花时，圆弧板壁厚最小值应相应加大，且金属干挂件位置不宜布置在有凹槽部位。
4.4.6 如圆弧板为烧毛板时，最小壁厚比光面板厚3mm。
4.4.7 对有明显纹理的石材，设计应提出加工圆弧板的纹理方向。

装饰石材说明						图集号	13J502-1
审核	饶良修	校对	郭晓明	设计	邸士武	页	D06

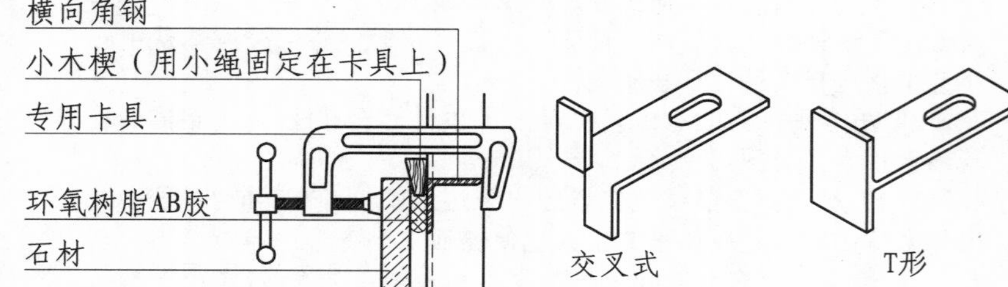

图1 施工临时固定示意图　　图2 金属干挂件

5 构造要求

5.1 石材墙面中20厚的单块石材板面面积不宜大于1.0m^2。

5.2 石材墙面石材分块宜采用扁长矩形，因为竖向缝隙不易用挂件固定，如有特殊需要应特殊设计竖向连接节点。

5.3 石材墙面设计时应注意提出石材纹路的排列方向。

5.4 与竖龙骨相连的混凝土主体构件的混凝土强度等级不低于C20。

5.5 金属干挂件连接板截面尺寸不宜小于4mm×40mm。

5.6 板销式挂件中心距板边不得大于150mm，两挂件中心间距不宜大于700mm；边长不大于1m的20厚板每边可设两个挂件，边长大于1m时，应增加1个挂件。

5.7 干粘法粘接点中心距板边不得大于150mm，两个粘接点中心距不宜大于700mm，边长不大于1.0m的20厚板每边可设两个粘接点，边长大于1.0m时应增加1个粘接点。

5.8 石材连接部位应无崩坏、暗裂等缺陷，其他部位崩边在不大于5mm×20mm或缺角不大于20mm时，可修补后使用，修补后的板表面应无明显胶痕，且宜用于墙面不明显处。

5.9 石材开槽口不宜过宽，花岗石槽口边净厚不得小于6mm，大理石槽边净厚不得小于7mm。

5.10 石材面板与支承结构体系连接方式有短槽、通槽和背栓。

5.10.1 短槽：槽口深度大于20mm时，有效长度不大于80mm，且不宜比挂件长度长10mm；槽口深度比挂件入槽深大5mm，槽口端部与石板对应的距离不宜小于板厚3倍，也不宜大于180mm，槽口宽度不宜大于8mm，且不宜小于5mm。

5.10.2 通槽：槽口深度20mm～25mm，宽度6mm～12mm，挂件入槽深度不大于15mm，长度宜小于槽长5mm，

5.10.3 背栓：背栓的中心线与石材面板边缘距离不大于300mm，且不应小于或等于50mm，背栓间距不大于1200mm，且应符合规范的要求，石材蜂窝板宜通过板材背面预置螺母连接。

5.11 花岗石板材应符合现行国家标准《建筑材料放射性核素限量》GB 6566-2010中A类装修材料的要求。

5.12 天然石材存在不均匀性，各类石材由于化学成分组成、岩石成因等不同，必然存在天然差异，设计时应对所选用的石材和现货进行科学分析，提出相应切实的色差和色斑大小要求。

5.13 对有外挑尺寸较大的石材柱帽、腰线、门套等特殊装饰石材，应注意防倾覆措施，宜由结构工程师专门设计。

6 石材墙、柱面的维护和保养

6.1 禁止在石材柱子上用铁丝捆绑或悬挂物件。

6.2 注意防止硬物撞伤石材墙、柱面，尤其是阳角部位。

6.3 不宜用不干胶或胶带在石材墙、柱面上粘贴纸张，以免纸张中的色彩渗入石材内。

6.4 清洗大理石墙、柱面时，必须选用中性清洗剂。对花岗石墙、柱面可以使用一些带有弱酸或弱碱的清洗剂。在清洗前，最好能先做小面积试验，以免选用清洗剂不当，损伤石材光泽度或造成麻坑。

6.5 对砂岩板材、毛光板材、烧毛板材、表面微孔多和不平整的石材最好加刷石材防水防护剂两遍，以方便护理和保洁。

6.6 在受海风、盐雾影响较大的地区，石材墙面宜加刷石材浸透防水防护剂，以防止大理石板材受盐雾影响降低光泽度。

6.7 日常保洁最好是用干毛巾清理灰尘，不能长期用水清洗。

装饰石材说明						图集号	13J502-1
审核	饶良修	校对	郭晓明	设计	邸士武	页	D07

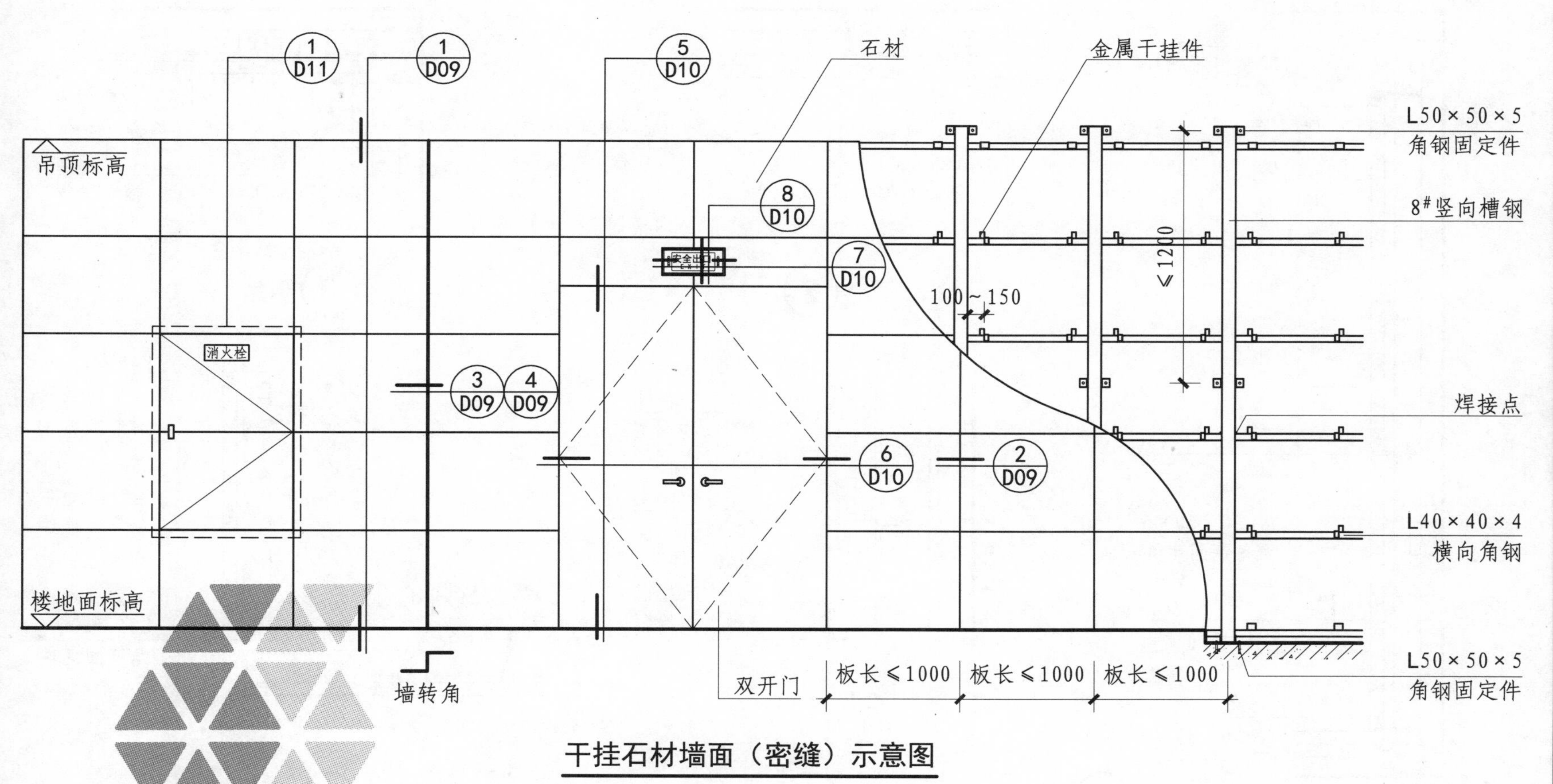

干挂石材墙面（密缝）示意图

注：1. 本图适用于钢筋混凝土墙。如为轻质隔墙时，则槽钢竖龙骨与结构楼板（梁）顶、底及混凝土圈梁固定，所有钢骨架需做防锈处理（做法由个体设计决定）。
2. 本示意图石材饰面板长不大于1.0m，如板长超过1.0m，角钢横龙骨改用L50×50×5；当墙面高度大于3m时，需钢结构专业计算后选用槽钢规格。

干挂石材墙面（密缝）示意图						图集号	13J502-1
审核	饶良修	校对	郭晓明	设计	邸士武	页	D08

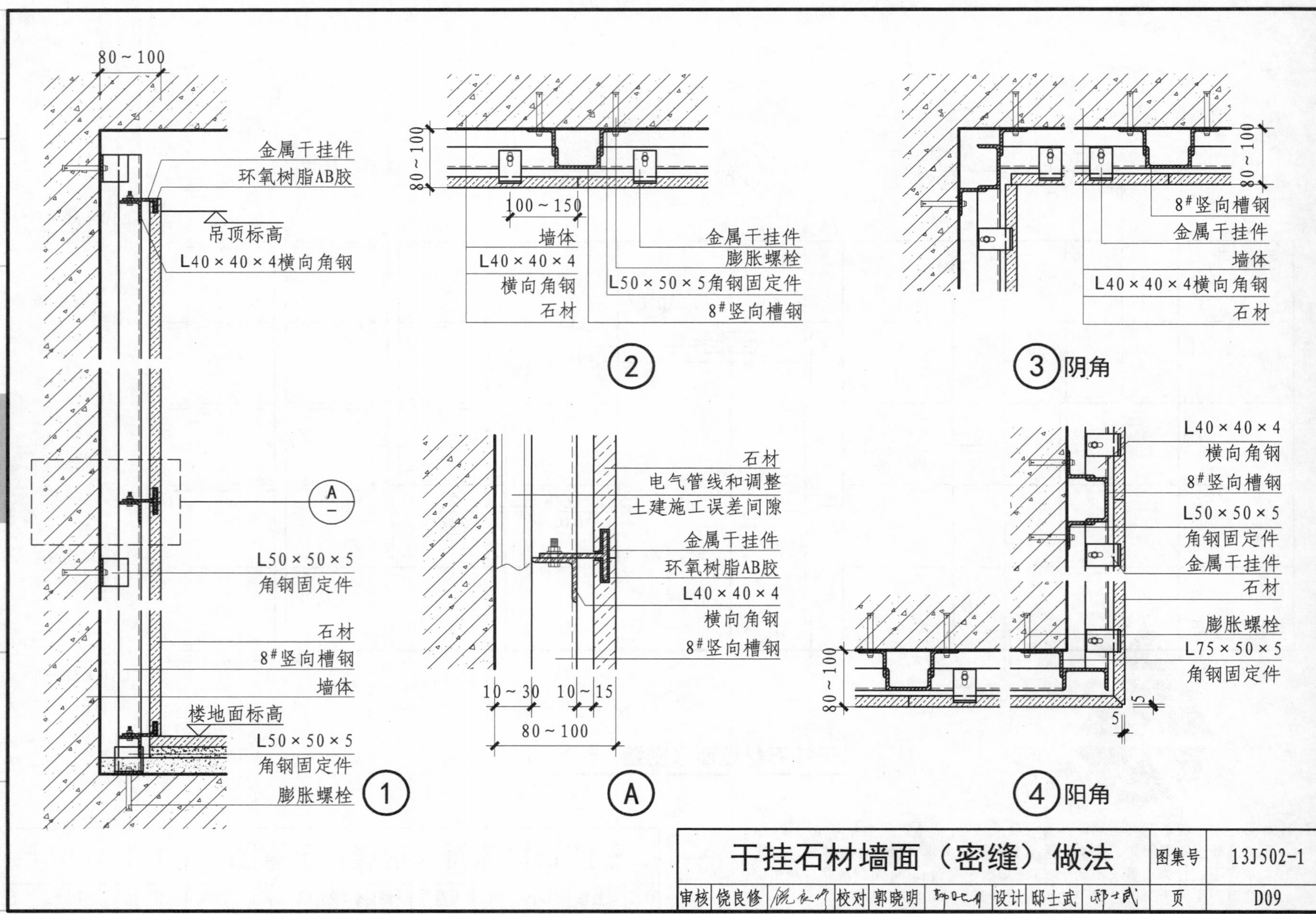

干挂石材墙面（密缝）做法	图集号	13J502-1
审核 饶良修 校对 郭晓明 设计 邸士武	页	D09

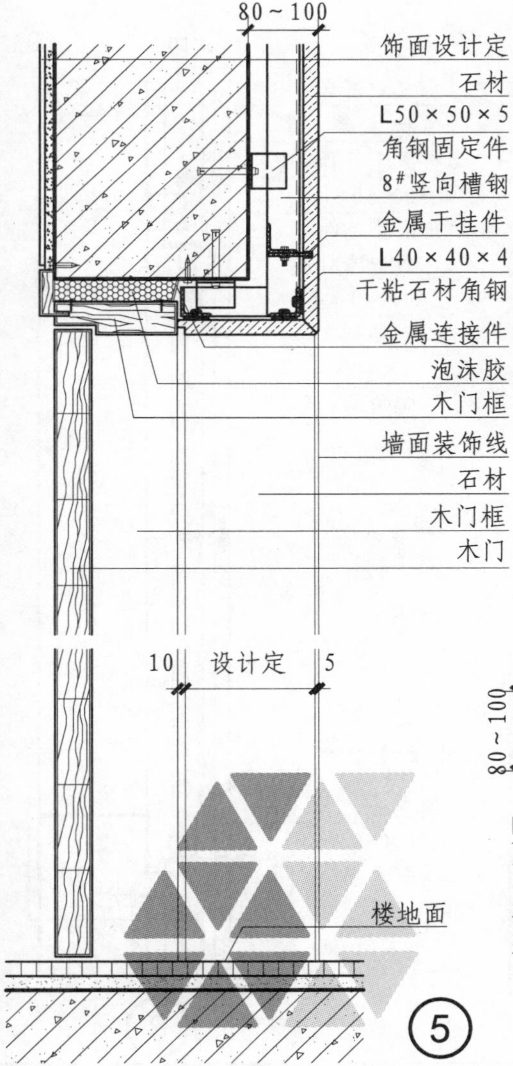

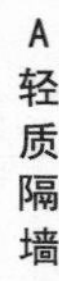

干挂石材墙面（密缝）做法						图集号	13J502-1
审核	饶良修	校对	郭晓明	设计	邸士武	页	D10

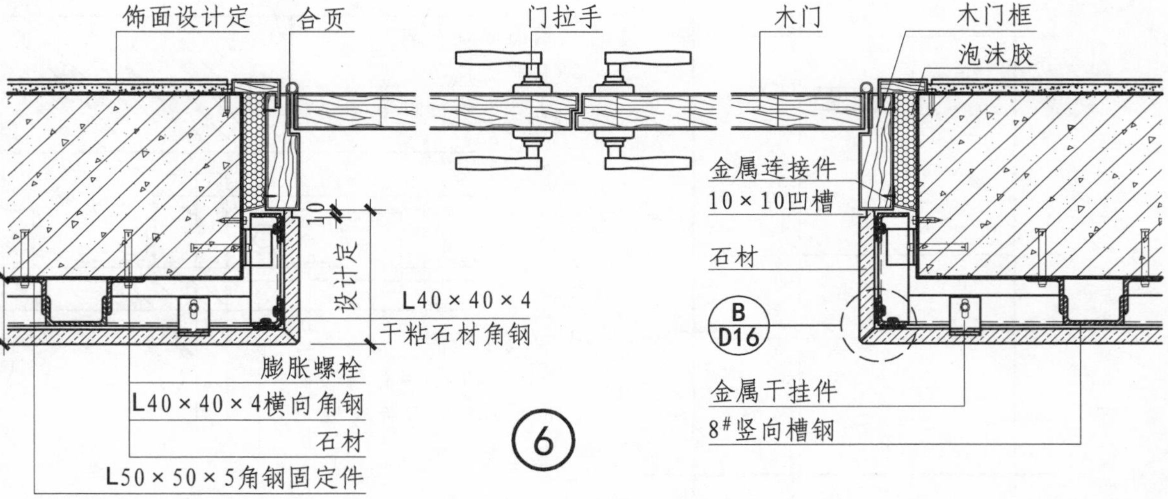

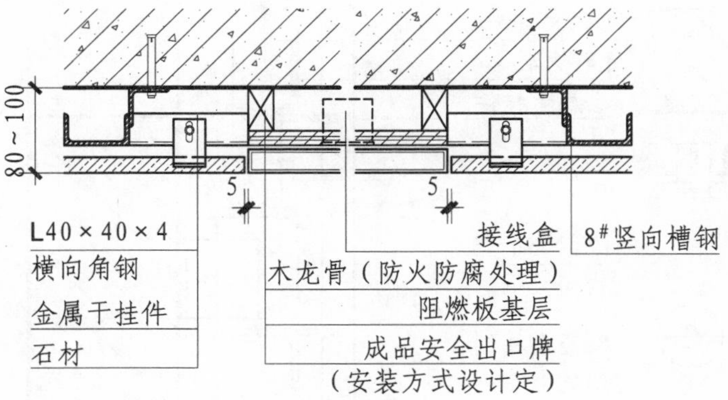

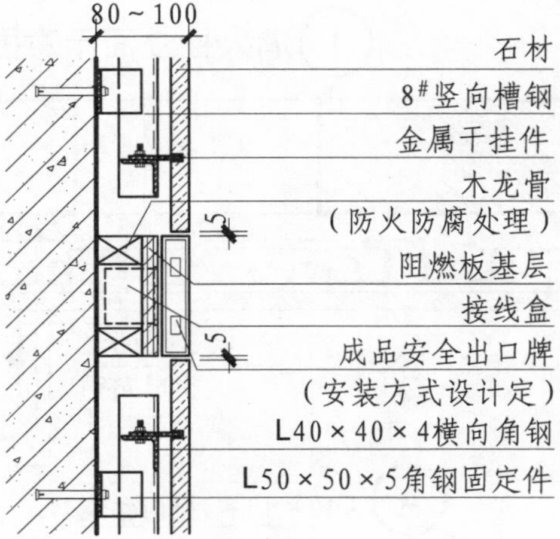

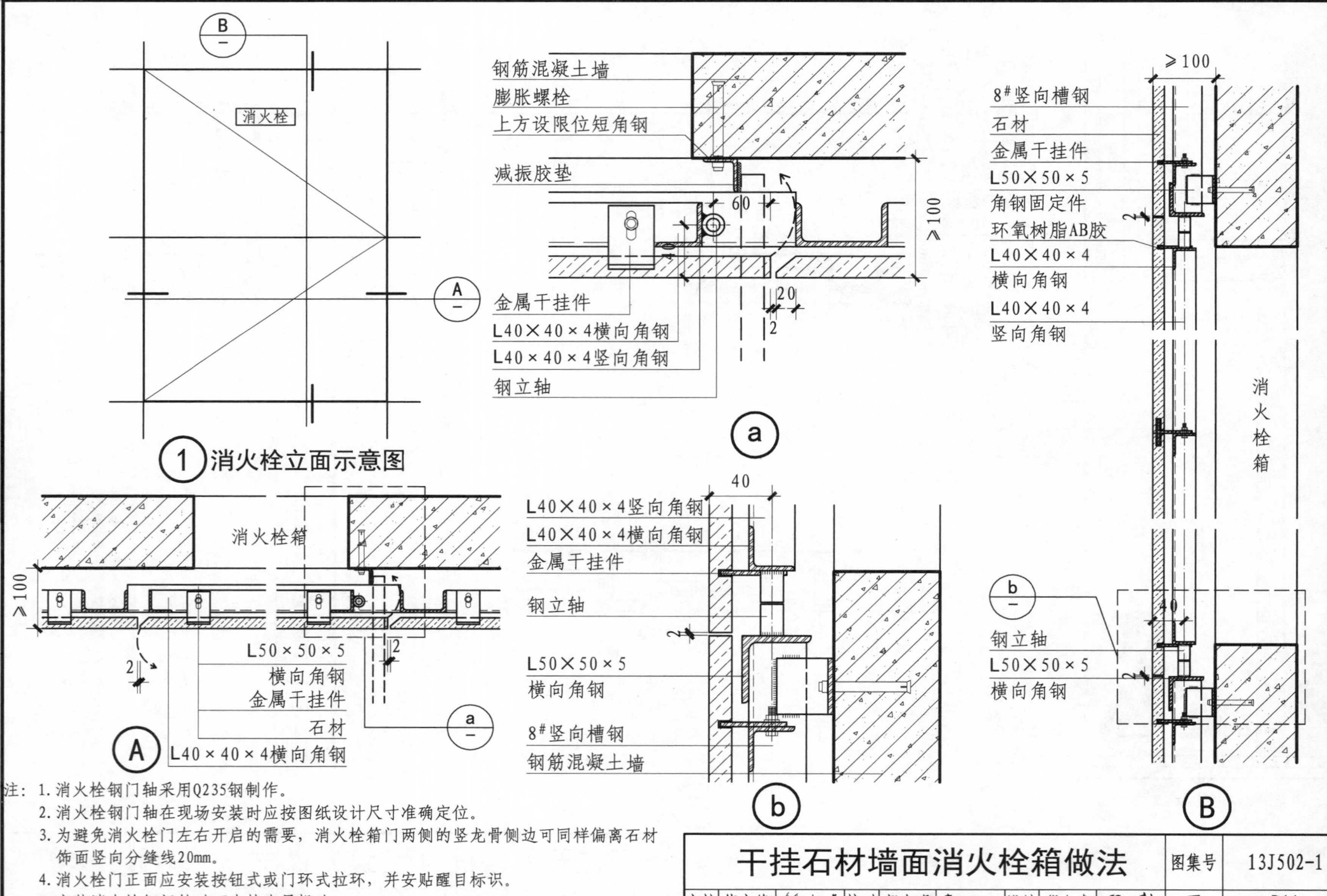

注：1. 消火栓钢门轴采用Q235钢制作。
2. 消火栓钢门轴在现场安装时应按图纸设计尺寸准确定位。
3. 为避免消火栓门左右开启的需要，消火栓箱门两侧的竖龙骨侧边可同样偏离石材饰面竖向分缝线20mm。
4. 消火栓门正面应安装按钮式或门环式拉环，并安贴醒目标识。
5. 安装消火栓钢门轴时可内抹少量机油。

干挂石材墙面消火栓箱做法								图集号	13J502-1
审核	饶良修	饶良修	校对	郭晓明	郭晓明	设计	邸士武	页	D11

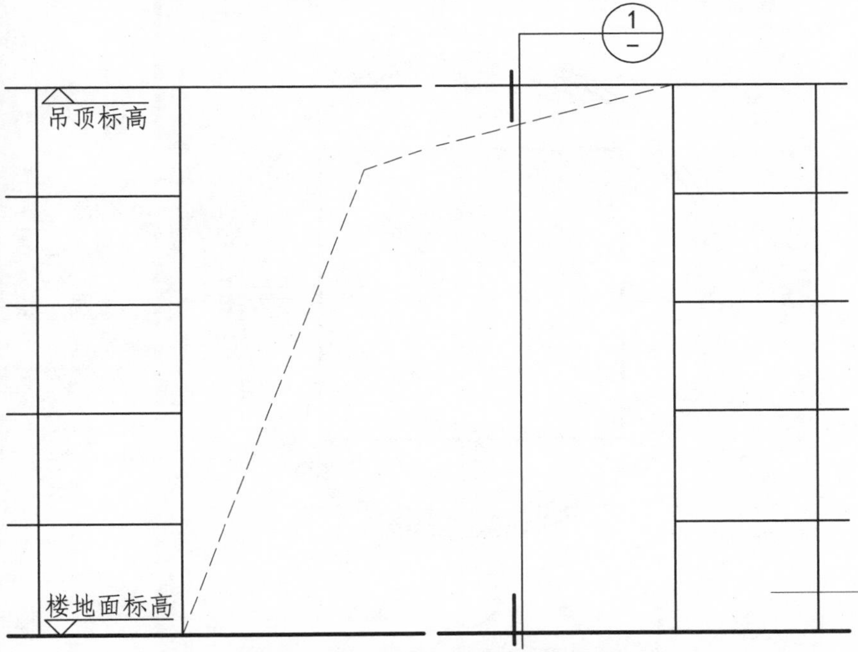

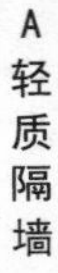

干挂石材墙面防火卷帘示意图

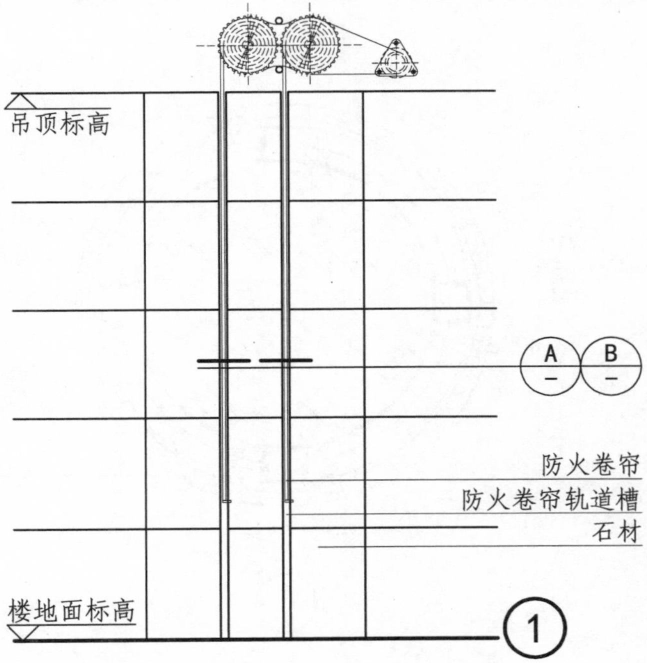

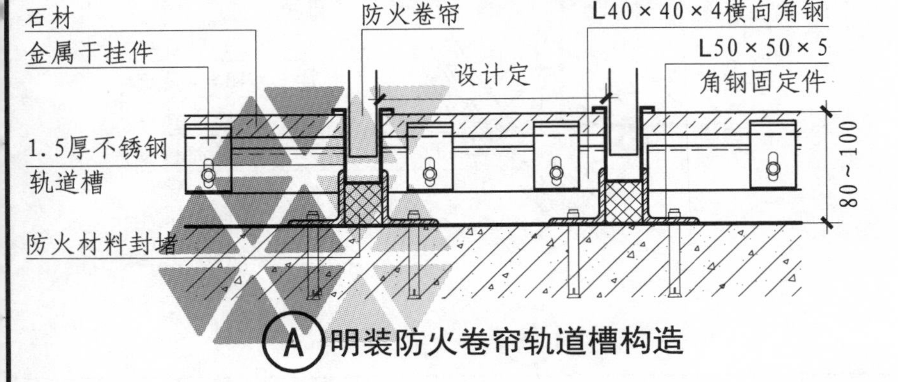

A 明装防火卷帘轨道槽构造

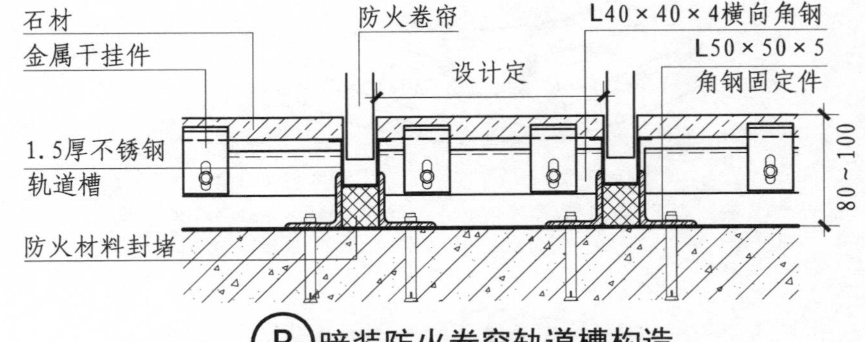

B 暗装防火卷帘轨道槽构造

注：在施工时应对防火卷帘竖轨中心线进行精确统一放线。要求竖轨安装垂直偏差不大于1.0mm，竖轨与结构主体之间的空隙应采用防火材料封堵严密，此处的耐火极限应与防火卷帘一致。

干挂石材墙面防火卷帘做法							图集号	13J502-1
审核	饶良修	饶良修	校对	郭晓明	郭晓明	设计 邸士武 邸士武	页	D12

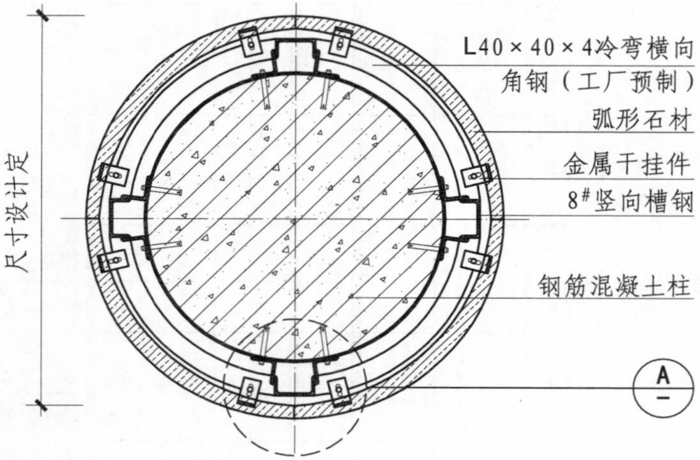

尺寸设计定
L40×40×4冷弯横向角钢（工厂预制）
弧形石材
金属干挂件
8#竖向槽钢
钢筋混凝土柱
A

①

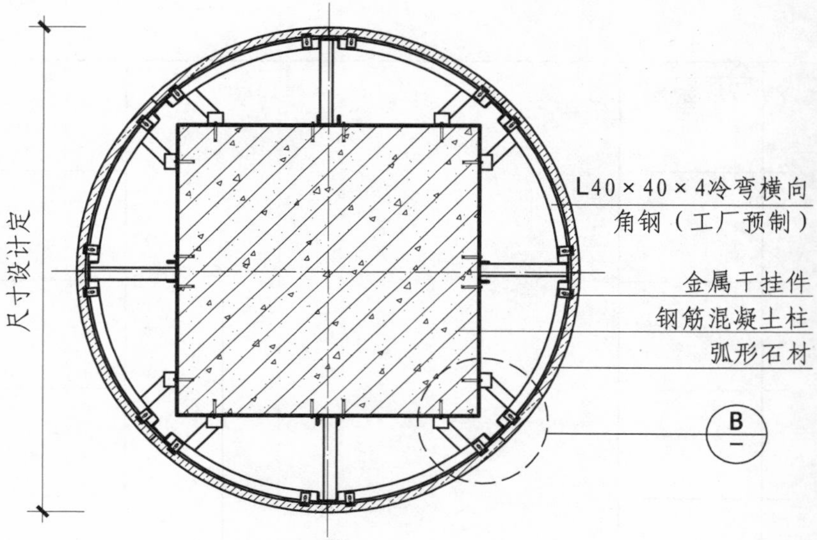

尺寸设计定
L40×40×4冷弯横向角钢（工厂预制）
金属干挂件
钢筋混凝土柱
弧形石材
B

②

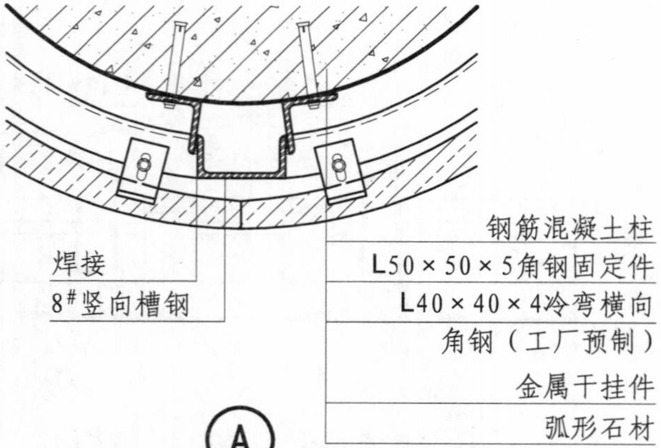

焊接
8#竖向槽钢
钢筋混凝土柱
L50×50×5角钢固定件
L40×40×4冷弯横向角钢（工厂预制）
金属干挂件
弧形石材

Ⓐ

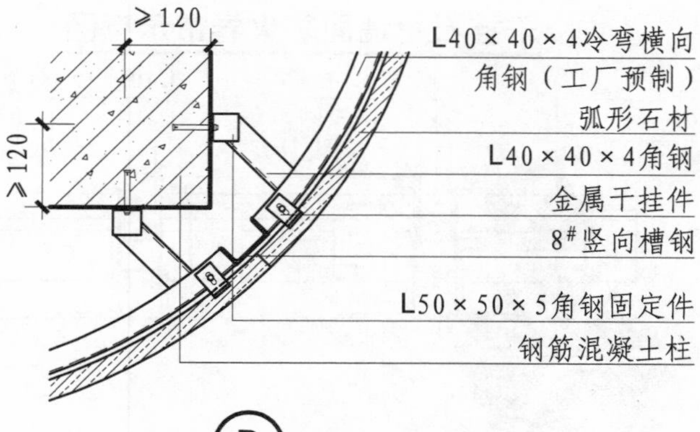

≥120
≥120
L40×40×4冷弯横向角钢（工厂预制）
弧形石材
L40×40×4角钢
金属干挂件
8#竖向槽钢
L50×50×5角钢固定件
钢筋混凝土柱

Ⓑ

干挂石材包柱做法								图集号	13J502-1
审核	饶良修	饶良修	校对	郭晓明	郭晓明	设计	邸士武	页	D13

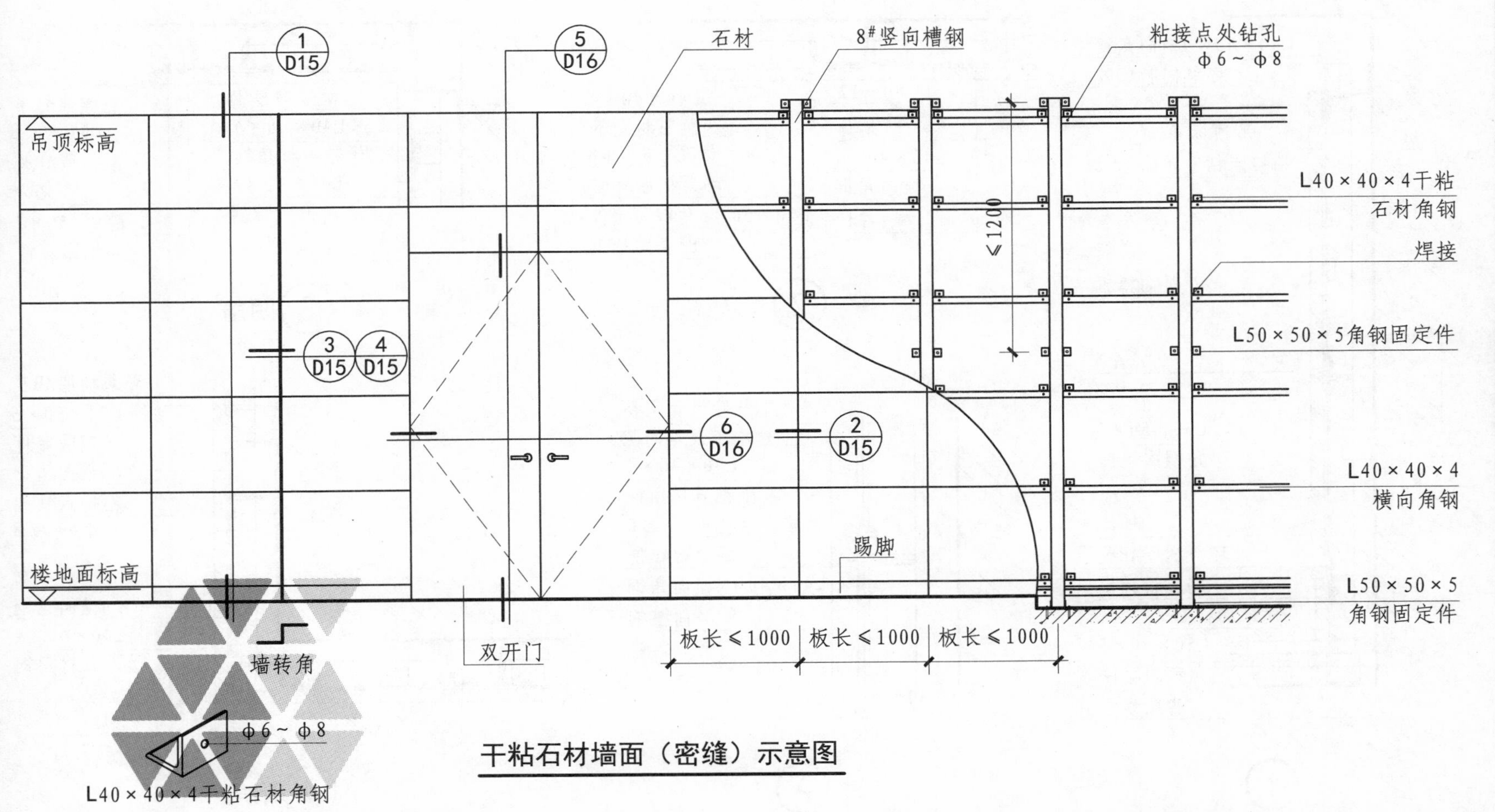

干粘石材墙面（密缝）示意图

注：1. 本图适用于钢筋混凝土墙。如为轻质隔墙时，则槽钢竖龙骨与结构楼板（梁）顶、底及混凝土圈梁固定，所有钢骨架需做防锈处理（做法由个体设计决定）。
2. 本示意图石材饰面板长不大于1.0m，如板长超过1.0m，角钢横龙骨改用L50×50×5；当墙面高度大于3m时，需钢结构专业计算后选用槽钢规格。

干粘石材墙面（密缝）示意图							图集号	13J502-1
审核	饶良修	校对	郭晓明	设计	邸士武		页	D14

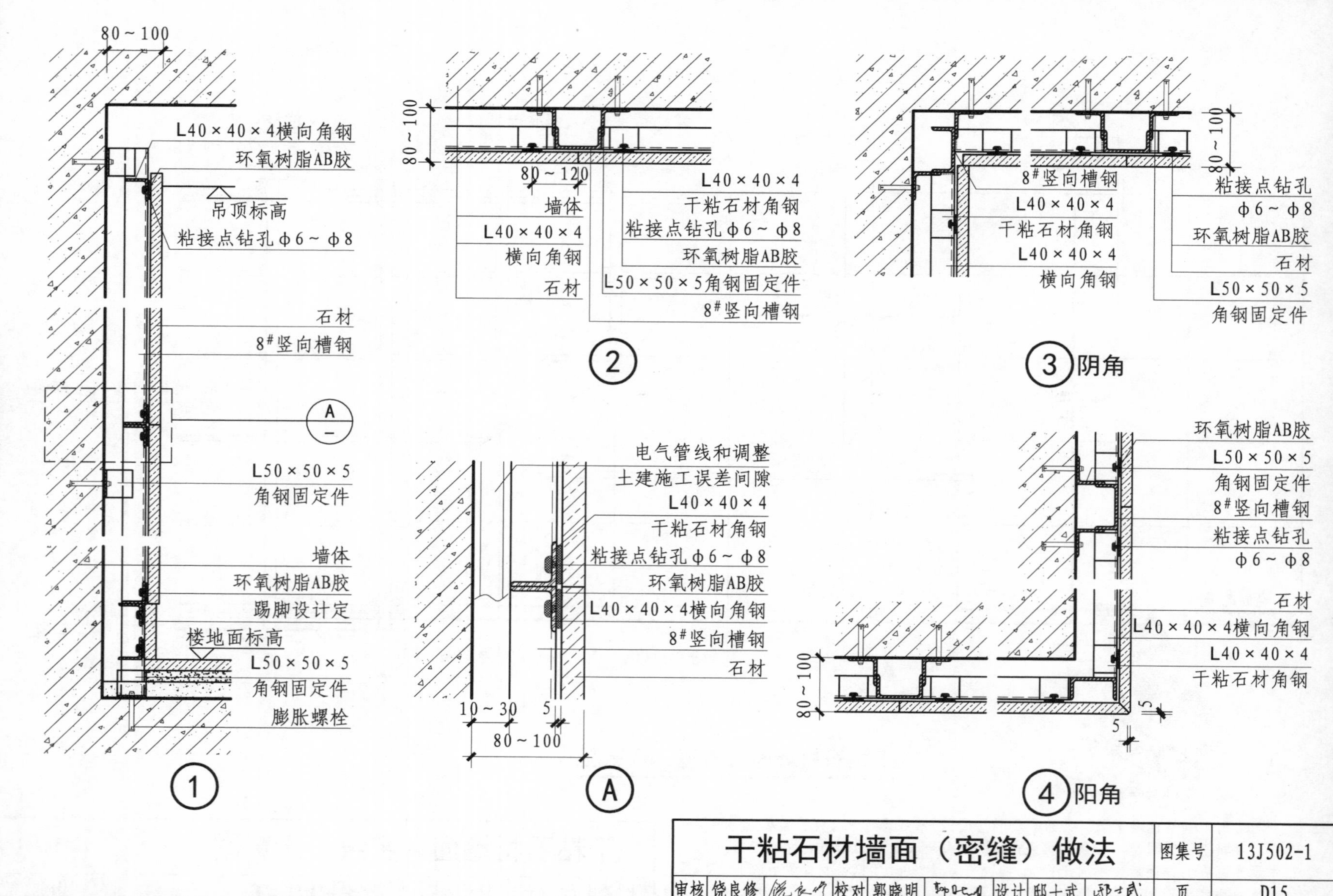

干粘石材墙面（密缝）做法							图集号	13J502-1
审核	饶良修	饶良修	校对	郭晓明	郭晓明	设计	邸士武	邸士武	页	D15

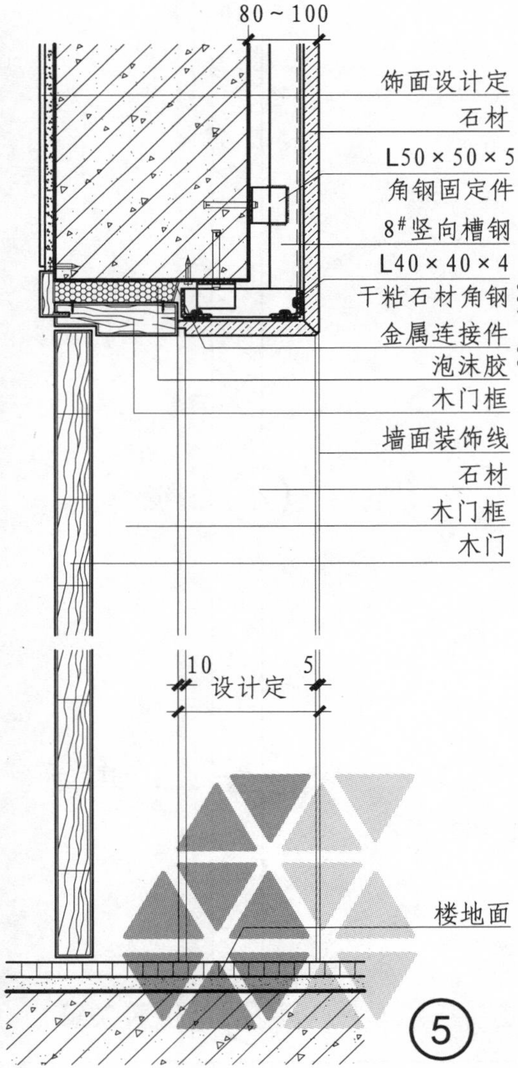

80～100
饰面设计定
石材
L50×50×5
角钢固定件
8#竖向槽钢
L40×40×4
干粘石材角钢
金属连接件
泡沫胶
木门框
墙面装饰线
石材
木门框
木门
10 设计定 5
楼地面
⑤

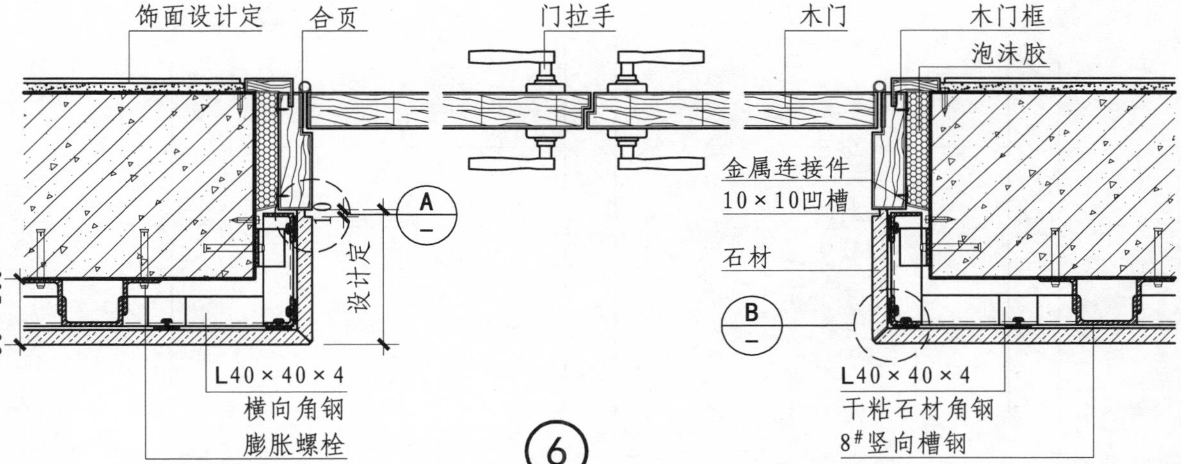

饰面设计定 合页 门拉手 木门 木门框
泡沫胶
金属连接件
10×10凹槽
石材
设计定
80～100
L40×40×4
横向角钢
膨胀螺栓
L40×40×4
干粘石材角钢
8#竖向槽钢
⑥

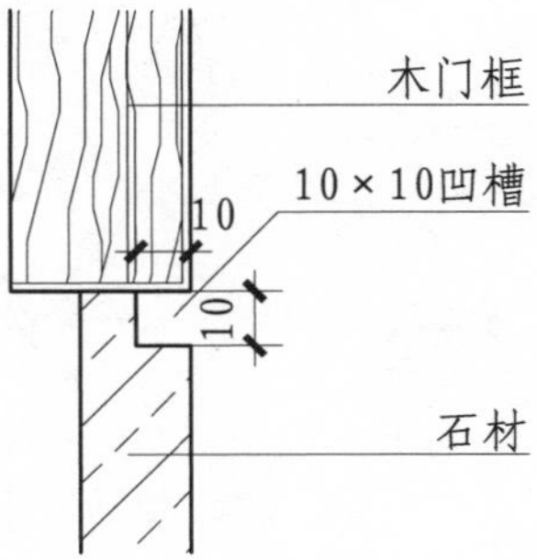

木门框
10×10凹槽
10
10
石材
Ⓐ

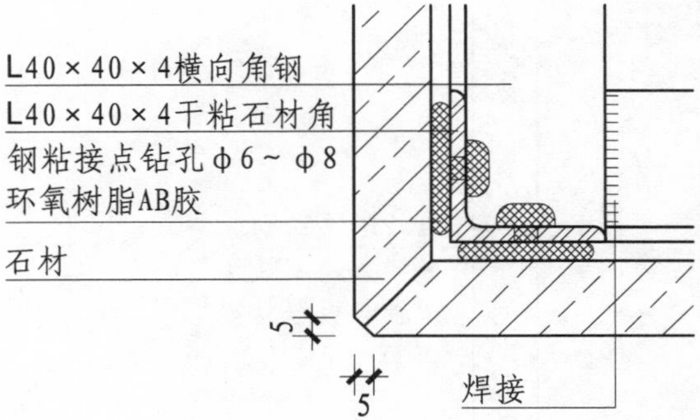

L40×40×4横向角钢
L40×40×4干粘石材角
钢粘接点钻孔φ6～φ8
环氧树脂AB胶
石材
5
5
焊接
Ⓑ

干粘石材墙面（密缝）做法

图集号	13J502-1
审核 饶良修 校对 郭晓明 设计 邱士武	页 D16

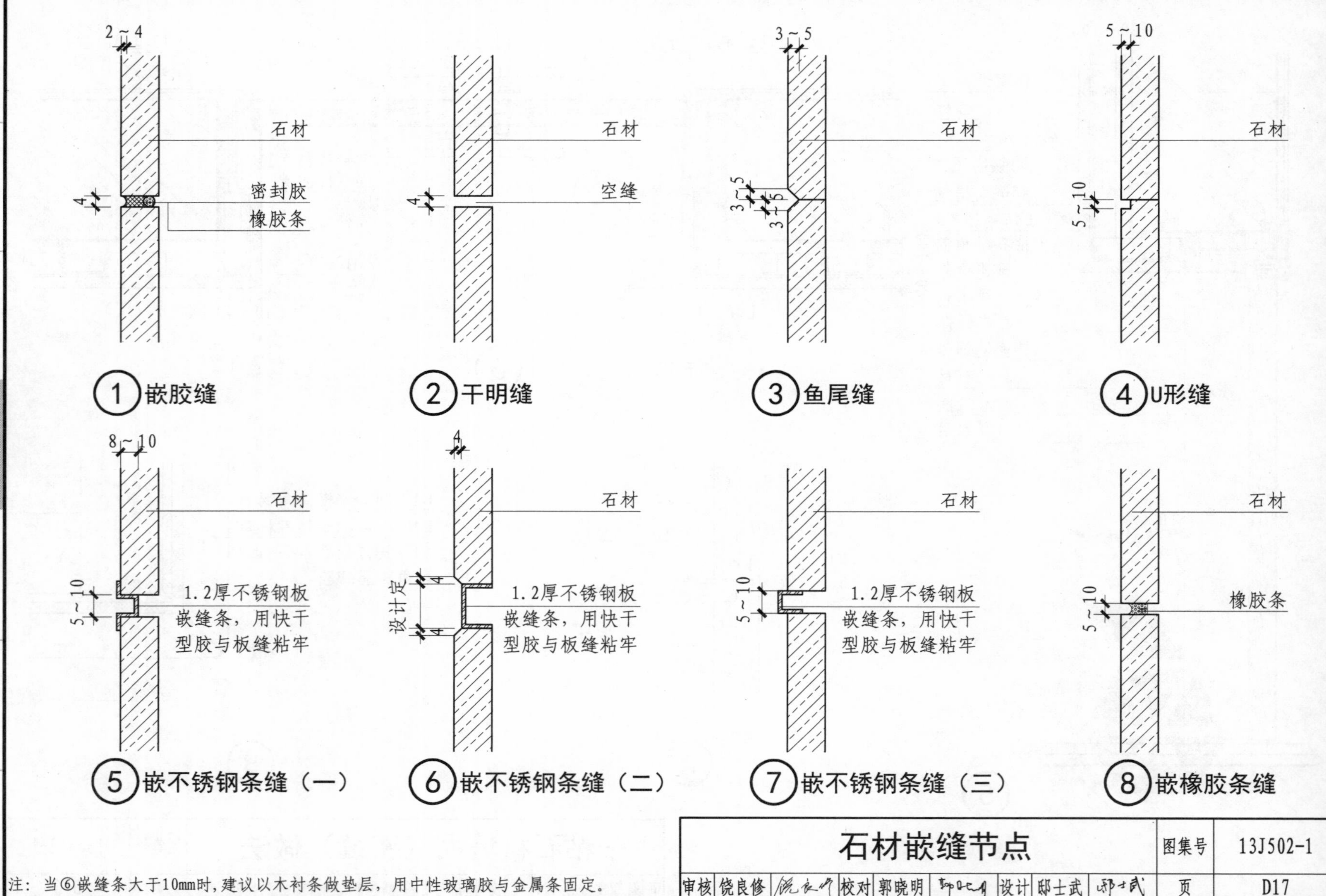

注：当⑥嵌缝条大于10mm时，建议以木衬条做垫层，用中性玻璃胶与金属条固定。

石材嵌缝节点							图集号	13J502-1
审核	饶良修	饶良修	校对	郭晓明	郭晓明	设计	邸士武	邸士武	页	D17

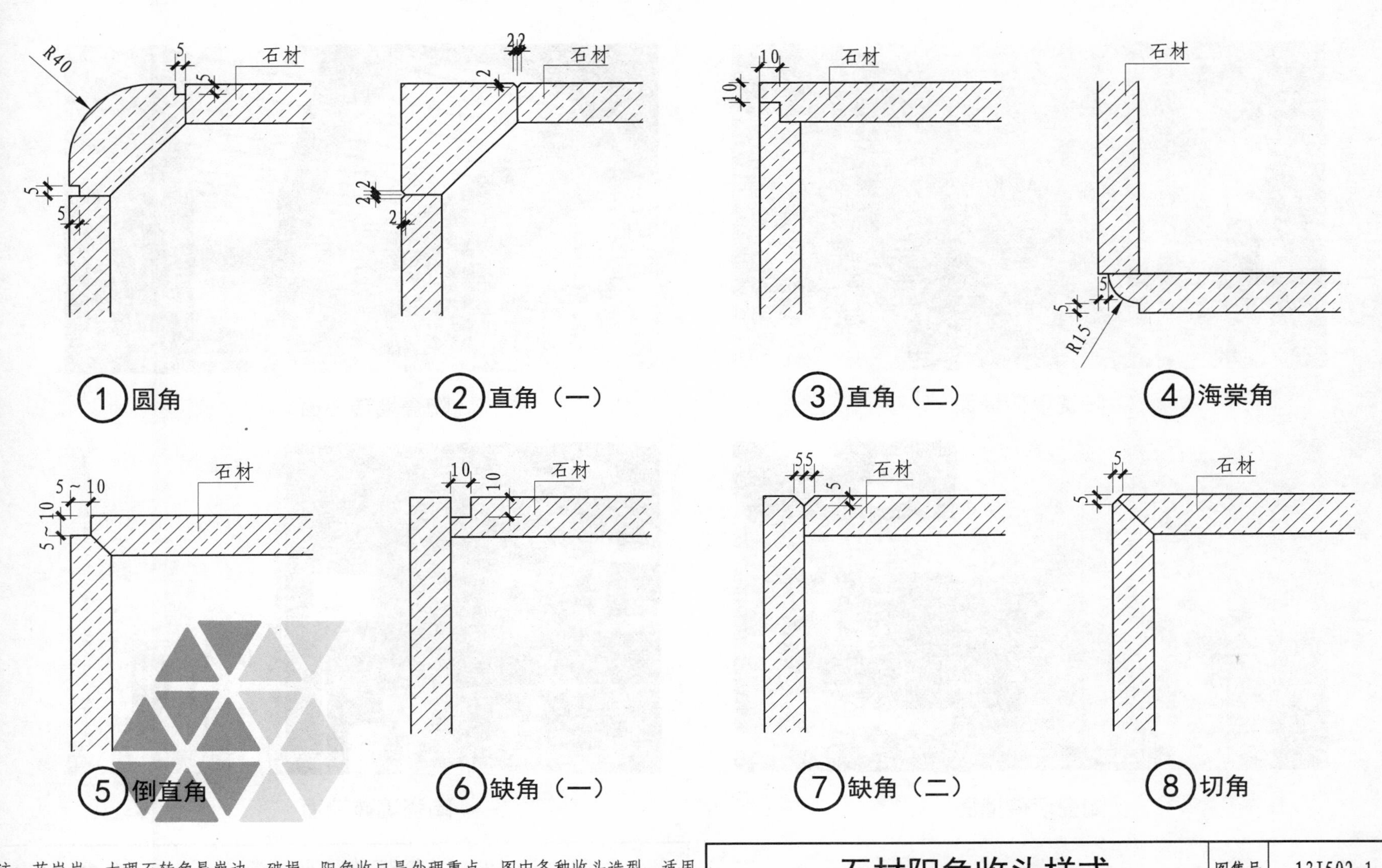

注：花岗岩、大理石转角易崩边、破损，阳角收口是处理重点。图中各种收头造型，适用于各种施工工艺建造的花岗岩、大理石墙面装修（如干挂法、干粘法等），外露面需与面层做同样处理。

石材阳角收头样式							图集号	13J502-1
审核	饶良修	饶良修	校对	郭晓明	郭晓明	设计	邸士武	邸士武	页	D18

陶瓷墙砖墙面

陶瓷墙砖墙面

陶瓷墙砖墙面

陶瓷墙砖墙面

陶瓷墙砖墙面案例							图集号	13J502-1
审核	饶良修	饶良修	校对	郭晓明	郭晓明	设计	邸士武	邸士武	页	E01

陶瓷墙砖说明

1　陶瓷墙砖

陶瓷墙砖是由黏土或其他无机非金属原料，经成型、烧结等工艺处理，用于装饰和保护建筑物、构筑物墙面的板块状陶瓷制品。

2　陶瓷墙砖的特点

具有无毒、无味、易清洁、防潮、耐酸碱腐蚀、美观耐用等特点。

3　陶瓷墙砖的分类

陶瓷墙砖产品种类、品种、特点及适用范围，见表E-1。

4　陶瓷墙砖的选用

4.1 陶瓷墙砖的质量应符合现行国家标准《建筑材料放射性核素限量》GB 6566-2010中A类装修材料的要求。

4.2 常用产品规格尺寸，见表E-2。

4.3 适用范围：主要适用于厨房、卫生间的内墙装饰。有各色釉面砖、透明釉面砖、浮雕艺术砖及腰线砖。厨房、浴室选择陶瓷墙砖时，首先要考虑整体装修风格、空间大小、采光情况及投入的经济费用。

4.4 质量判定：吸水率不大于21%；经抗釉裂性试验后，釉面应无裂纹或剥落；破坏强度不小于600N。色差：优等品色差要基本一致，一级品色差不明显。

4.5 表面质量：可见缺陷（标准是有无剥边、落航、釉彩斑点、坯粉釉偻、枯釉、图案缺陷、正面磕碰等），无可见缺陷为优等品。

4.6 陶瓷墙砖最好选择全瓷砖，坯体为白色；坯体是红色为陶土砖，强度稍差。

5　陶瓷墙砖的施工及验收

5.1 粘贴陶瓷墙砖的施工流程：清洁墙体基底→刷界面剂→聚合物砂浆（根据陶瓷墙砖吸水率选择胶粘剂）→贴陶瓷墙砖（嵌缝剂填缝、修整清理）。

5.2 饰面安装允许偏差，见表E-3。

5.3 施工要点

5.3.1 施工前，应对进场的陶瓷墙砖全部开箱检查，不同色泽的砖要分别码放，按操作工艺要求分层、分段、分部位使用材料。

表E-1　陶瓷墙砖产品种类、品种、特点及适用范围

产品种类	品　种	特　点	适用范围
釉面砖	彩色釉面砖	颜色丰富、多姿多彩、经济实惠	室内墙面
	闪光釉面砖	明亮、光洁、美观、色彩丰富、品种多样	室内墙面
	透明釉面砖		
	普通釉面砖		
	浮雕艺术砖（花片）		
	腰线砖（饰线砖）		
瓷质砖	同质砖（通体砖）	强度高、防滑、耐磨、防划痕、美观高雅	室内墙面 室外墙面
	瓷质彩釉砖（全瓷釉面砖）		
	瓷质渗花抛光砖（仿大理石砖）		
	瓷质抛光砖		
	瓷质艺术砖		
	全瓷渗花砖		
	全瓷渗花高光釉砖		
	玻化砖		
	仿古砖		
	瓷质仿石砖（仿花岗岩砖）		
	陶瓷锦砖（马赛克）		
劈离砖	—	色调古朴高雅、背纹深、燕尾槽构造、粘贴牢固、不易脱落、防冻性能好	室外墙面

陶瓷墙砖说明							图集号	13J502-1
审核	饶良修	饶良修	校对	郭晓明	郭晓明	设计	邸士武	邸士武	页	E02

表E-2 常用产品规格尺寸表

项 目	彩釉砖	釉面砖	瓷质砖	劈离砖
规格尺寸（mm）	100×200×7	100×100×5	200×300×8	40×240×12
	150×150×7	152×152×5	300×300×9	70×240×12
	200×150×8	152×200×5	400×400×9	100×240×15
	200×200×8	100×200×5.5	500×500×11	200×200×15
	250×150×8	150×250×5.5	600×600×12	240×60×12
	250×250×8	200×200×6	800×800×12	240×240×16
	200×300×9	200×300×7	1000×1000×13	240×115×16
	300×300×9	250×330×8	1000×600×13	240×53×16
	400×400×9	300×450×8	1200×1200×13	—
	异型尺寸	异型尺寸	异型尺寸	异型尺寸

表E-3 饰面安装允许偏差

项次	项 目		允许偏差（mm） 外墙面砖	面砖	陶瓷锦砖	检查方法
1	立面垂直	室内	2	2	2	用2m托线板检查
		室外	3	3	3	
2	表面平整		2	2	2	用2m靠尺和楔形塞尺检查
3	阳角方正		2	2	2	用200mm方尺检查
4	接缝平直		3	2	2	用5m线检查，不足5m拉通线检查
5	墙裙上口平直		2	2	2	
6	接缝高低		室内 0.5	0.5	0.5	用直尺和楔形塞尺检查
			室外 1	1	1	
7	接缝宽度		+0.5	+0.5	+0.5	用尺检查

5.3.2 陶瓷墙砖应对质量、型号、规格、色泽进行挑选，应平整、边缘棱角整齐，不得缺损，表面不得有变色、起碱、污点、砂浆流痕和显著光泽受损处。

5.3.3 按设计要求采用横平竖直通缝式粘贴或错缝粘贴。质量检查时，要检查缝宽、缝直等内容。

5.3.4 凸出物、管线穿过的部位应用整砖套割吻合，突出墙面边缘的厚度应一致。如有水池、镜框等部位施工，应从中心开始，向两边分贴。

5.3.5 陶瓷墙砖的粘贴：选择配套的胶粘剂是能否粘牢的关键，选择胶粘剂的依据是看瓷砖的吸水率，吸水率E≥5%时，可选用水泥基胶粘剂；吸水率0.2%＜E＜5%时，可选用膏状乳液胶粘剂；吸水率E≤0.2%（如玻化砖）时，可选用反应型树脂胶粘剂；还有其他专用胶粘剂根据产品而选择，与厂家配合做墙面拉伸试验，而胶粘剂不必饱满无空鼓，只要粘贴牢固即可。施工中如发现有粘贴不密实的陶瓷墙砖，必须及时添加胶粘剂重贴，以免产生空鼓。

5.3.6 施工顺序：先墙面，后地面；墙面由下往上分层粘贴，先粘墙面砖，后粘阴角及阳角，最后粘顶角。但在分层粘贴程序上，应用分层回旋式粘贴法，即每层墙面砖按上述施工程序重复安装。这种粘贴能使阴阳角紧密牢固，比墙面砖全部贴完以后再贴阴阳角要优越得多，有的粘贴可以不用配件砖。

5.3.7 陶瓷墙砖接缝用填缝剂应符合建筑行业标准《陶瓷墙地砖填缝剂》JC/T 1004-2006中的要求。

5.4 干挂陶瓷墙砖的施工及注意事项

5.4.1 干挂陶瓷墙砖的施工流程：初排弹线分格→确定竖向龙骨位置→安装角钢固定件→安装竖向、横向龙骨→安装金属连接件→陶瓷墙砖钻孔→安装陶瓷墙砖→紧固找平。

陶瓷墙砖说明						图集号	13J502-1
审核 饶良修	（签名）	校对 郭晓明	（签名）	设计 邸士武	（签名）	页	E03

1) 初排弹线分格：根据设计图纸和陶瓷墙砖的尺寸先在墙上预排，要保证窗间墙排板的一致性。若建筑物实际尺寸与设计图纸有出入而出现不整板现象，要把不完整的陶瓷墙砖调整到墙面的角处，并做到窗两边对称。

2) 确定竖向龙骨位置：初排经调整保证窗间墙排板一致后，用红外线水平仪确定竖向龙骨位置。

3) 安装角钢固定件：按竖向龙骨位置确定角钢固定件位置，用膨胀螺栓在墙面上固定角钢固定件，角钢固定件应提前打好孔。

4) 安装竖向、横向龙骨：龙骨的大小根据设计图纸定，竖向龙骨间距宜与陶瓷墙砖墙面竖向分缝位置相对应。横向龙骨间距不大于1200mm，安装前应打好孔，用于安装陶瓷墙砖的金属连接件。

5) 安装金属连接件：金属连接件一端与横向龙骨用螺栓连接，另一端有上下垂直分开的承插板，先不紧固螺栓，待陶瓷墙砖固定好，检查平整度后再拧紧。

6) 陶瓷墙砖钻孔：先在陶瓷墙砖的两端钻孔。孔中心距板端80mm～100mm，孔深6mm～7mm。钻孔的工人必须是经过专业培训、熟练的操作工人。采用水钻钻孔，一旦切坏，该板不会浪费，可改小尺寸用于其他部位。

7) 安装陶瓷墙砖：先在孔内涂满胶粘剂，然后安装配套背栓和连接件，由于孔内涂满胶粘剂，所以与配套背栓很快固结。安装陶瓷墙砖时应自下而上安装，与配套背栓固定的挂件对准已初步安装好的金属连接件。

8) 紧固找平：经过检查竖直缝、水平缝、板的平整度、垂直度合格后，拧紧螺栓，陶瓷墙砖位置应逐一固定。

5.4.2 干挂陶瓷墙砖注意事项

1) 干挂陶瓷墙砖应事先挑选，凡外形歪斜、缺角、脱边、翘曲和裂缝的不得使用，颜色和规格不一的应分别存放。

2) 注意事先预排，使得砖缝分配均匀，遇到突出的管线、支架等部位应用整砖套割吻合。

3) 大模板结构，注意开关盒在开洞时一定要注意和砖缝的配合，在规范允许范围内调整到合适位置上。

4) 墙砖排版要与吊顶标高相结合。

5) 龙骨骨架与墙面固定应牢固、位置准确，应符合《钢结构工程施工质量验收规范》GB 50205-2001中的要求。

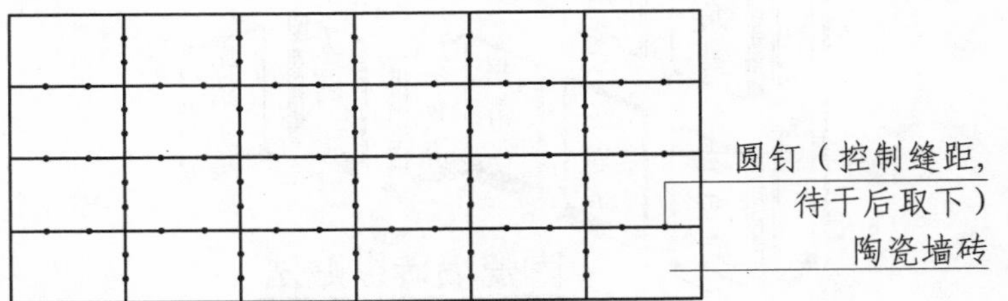

陶瓷墙砖密缝示意图（缝隙不大于2mm）

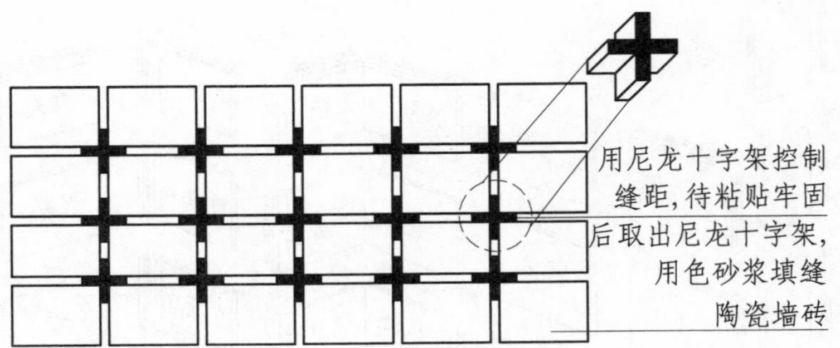

陶瓷墙砖空缝示意图（缝隙一般不小于5mm）

陶瓷墙砖说明							图集号	13J502-1
审核	饶良修	校对	郭晓明		设计	邸士武	页	E04

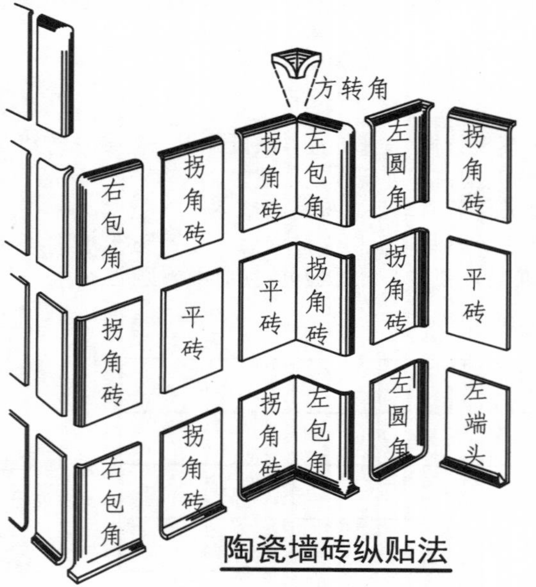

方转角
右包角 拐角砖 拐角砖 左包角 左圆角 拐角砖
拐角砖 平砖 平砖 拐角砖 拐角砖 平砖
右包角 拐角砖 拐角砖 左包角 左圆角 左端头

陶瓷墙砖纵贴法

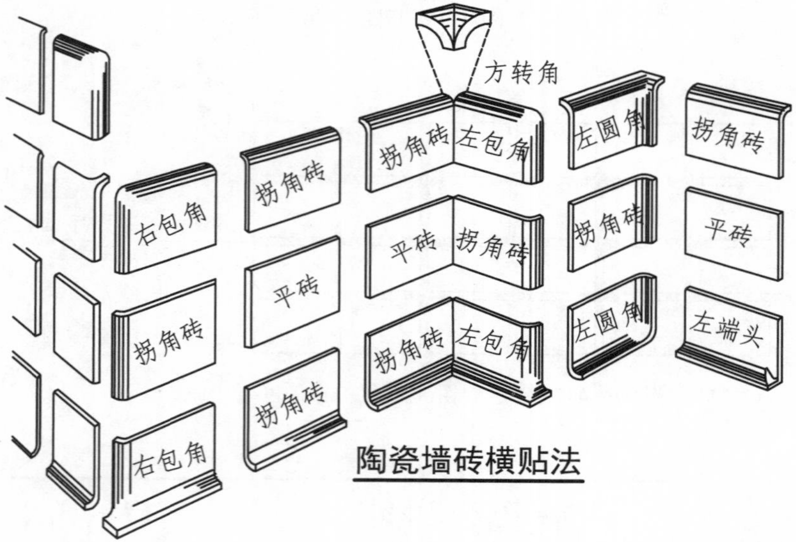

方转角
右包角 拐角砖 拐角砖 左包角 左圆角 拐角砖
拐角砖 平砖 平砖 拐角砖 拐角砖 平砖
右包角 拐角砖 拐角砖 左包角 左圆角 左端头

陶瓷墙砖横贴法

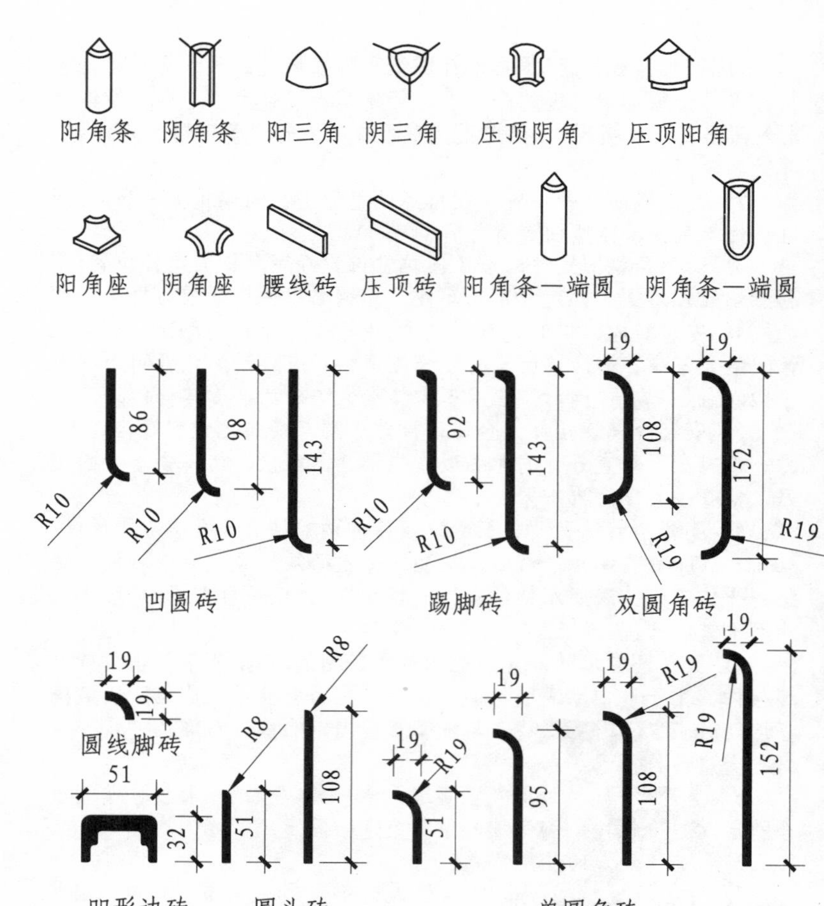

陶瓷墙砖异形配件砖

陶瓷墙砖转角选型与铺贴示意							图集号	13J502-1
审核	饶良修	饶良修	校对	郭晓明	郭晓明	设计	邸士武	邸士武	页	E05

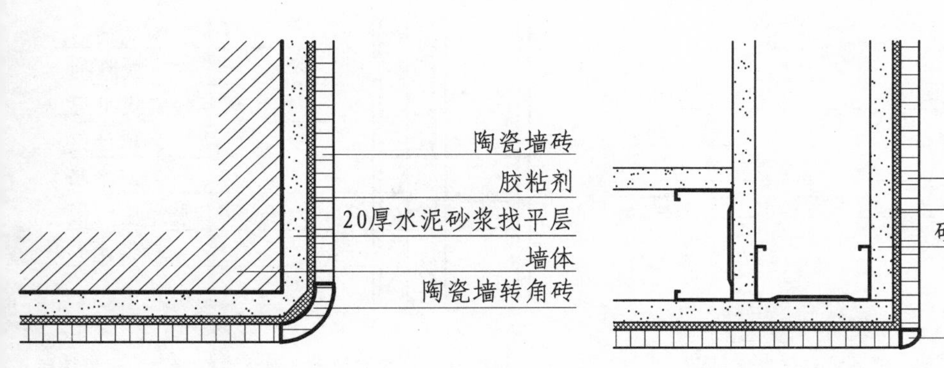

① 阳角做法（一）

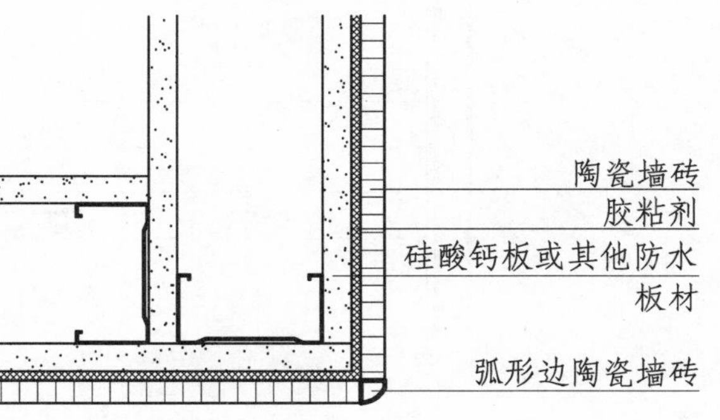

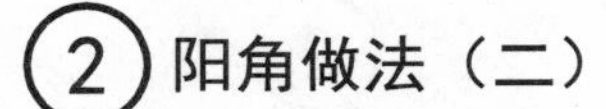

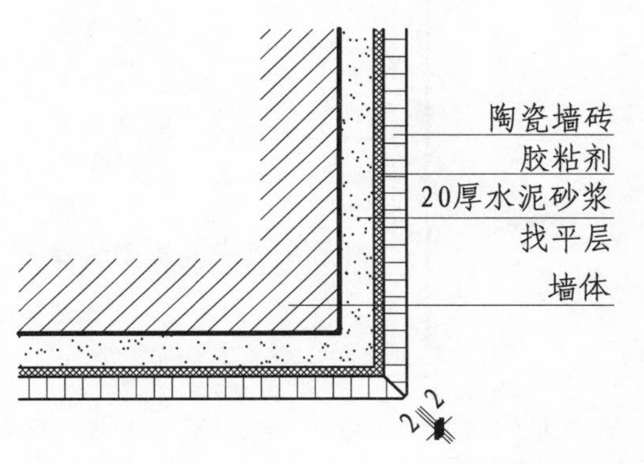

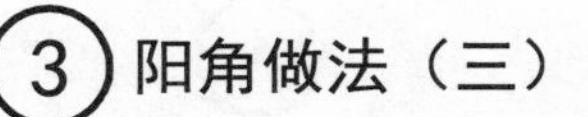

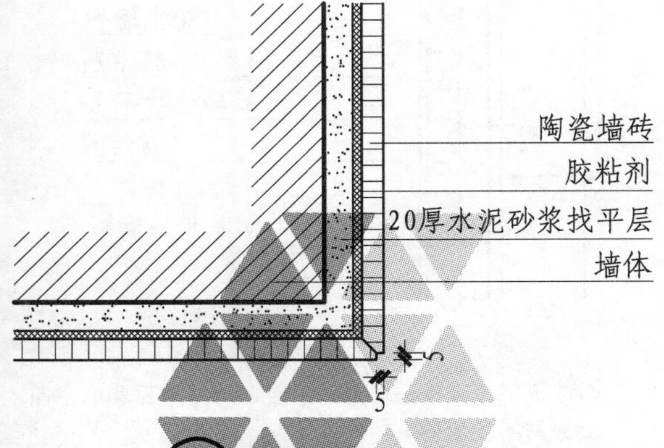

④ 阳角做法（四）

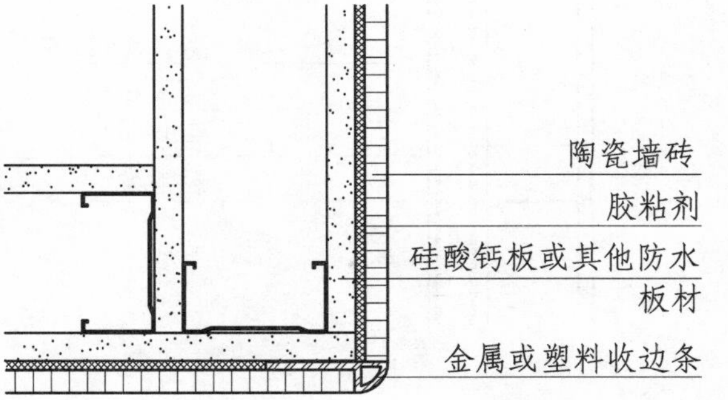

⑤ 阳角做法（五）

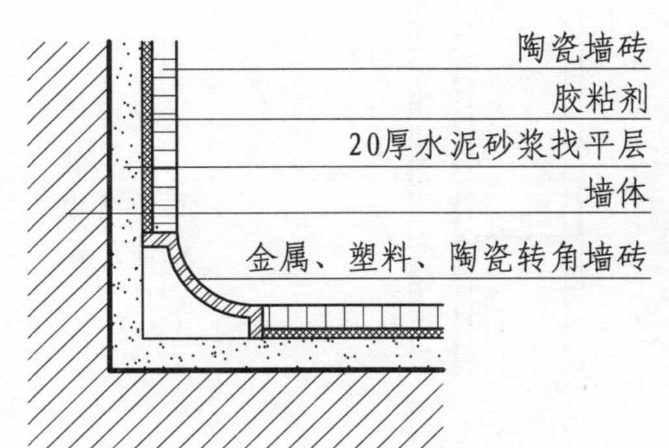

⑥ 阴角做法

陶瓷墙砖墙面阴阳角做法							图集号	13J502-1
审核	饶良修	饶良修	校对	郭晓明	郭晓明	设计	邸士武	邸士武	页	E06

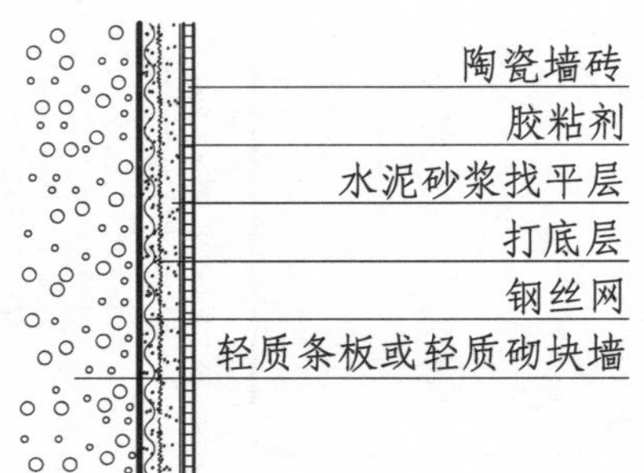

注：用于改造工程有结合困难的轻质条板或轻质砌块墙面贴陶瓷墙砖。

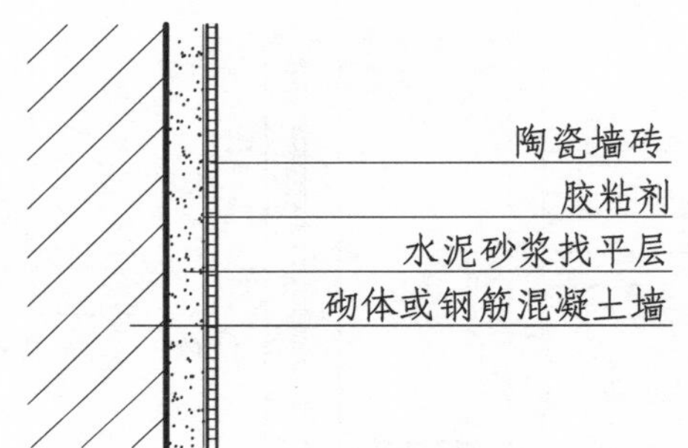

注：在洁净、完整、坚固的砌体或钢筋混凝土墙贴陶瓷墙砖。

②

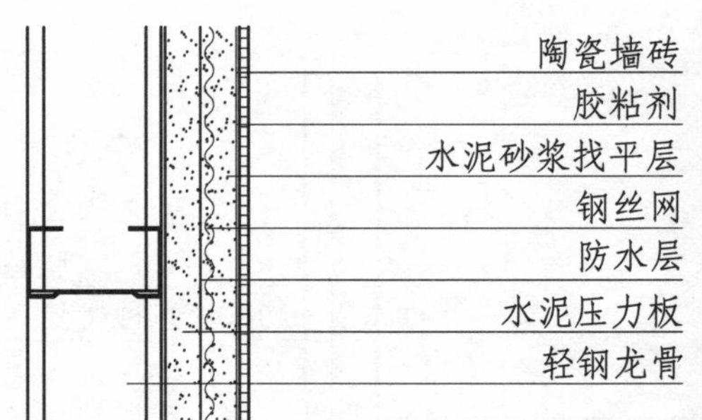

注：有水或潮湿房间水泥压力板墙面贴陶瓷墙砖。

③

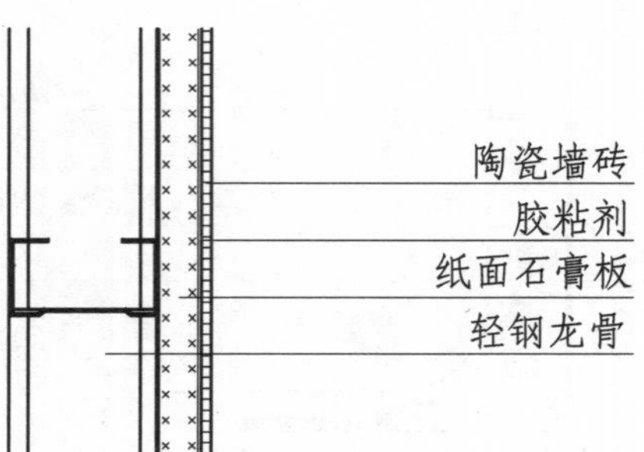

注：在轻钢龙骨纸面石膏板上贴陶瓷墙砖。

④

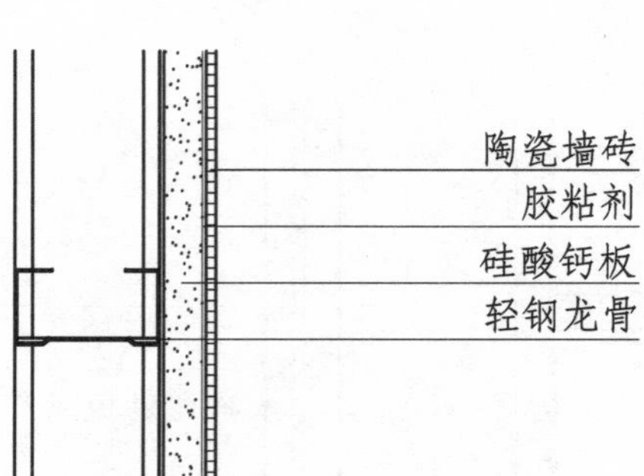

注：有水或潮湿房间硅酸钙板墙面贴陶瓷墙砖。

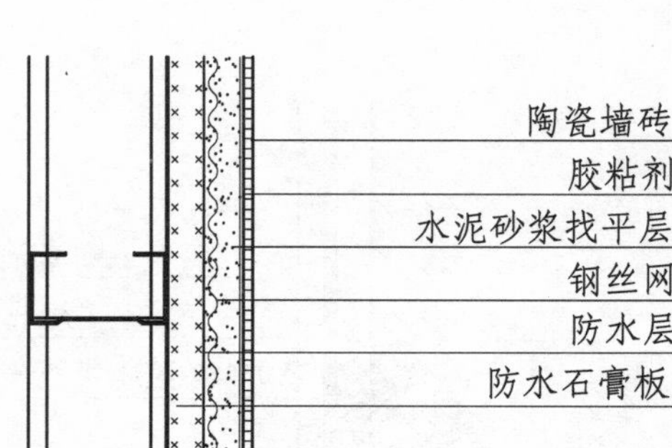

注：在改造工程有结合困难的墙面、浴室墙面和淋浴间墙面贴陶瓷墙砖。

陶瓷墙砖墙面做法							图集号	13J502-1
审核	饶良修	饶良修	校对	郭晓明	郭晓明	设计	邸士武	邸士武	页	E07

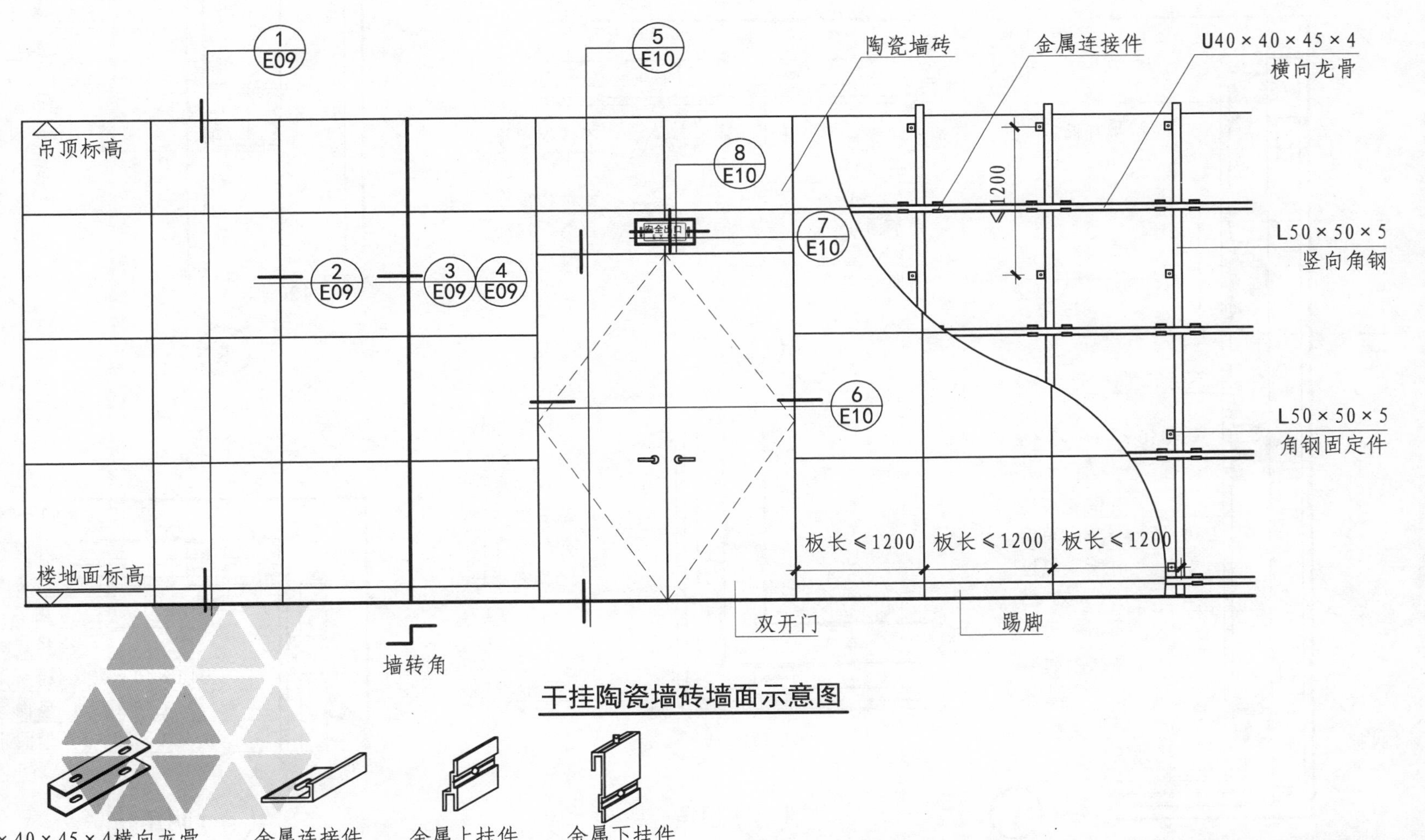

干挂陶瓷墙砖墙面示意图

干挂陶瓷墙砖墙面示意图							图集号	13J502-1
审核	饶良修	校对	郭晓明		设计	邸士武	页	E08

注：本图适用于钢筋混凝土墙。如为轻质隔墙时，则竖向钢龙骨应与结构楼板(梁)顶、底及混凝土圈梁固定，钢龙骨用料大小需经结构计算，所有钢骨架需做防锈处理。

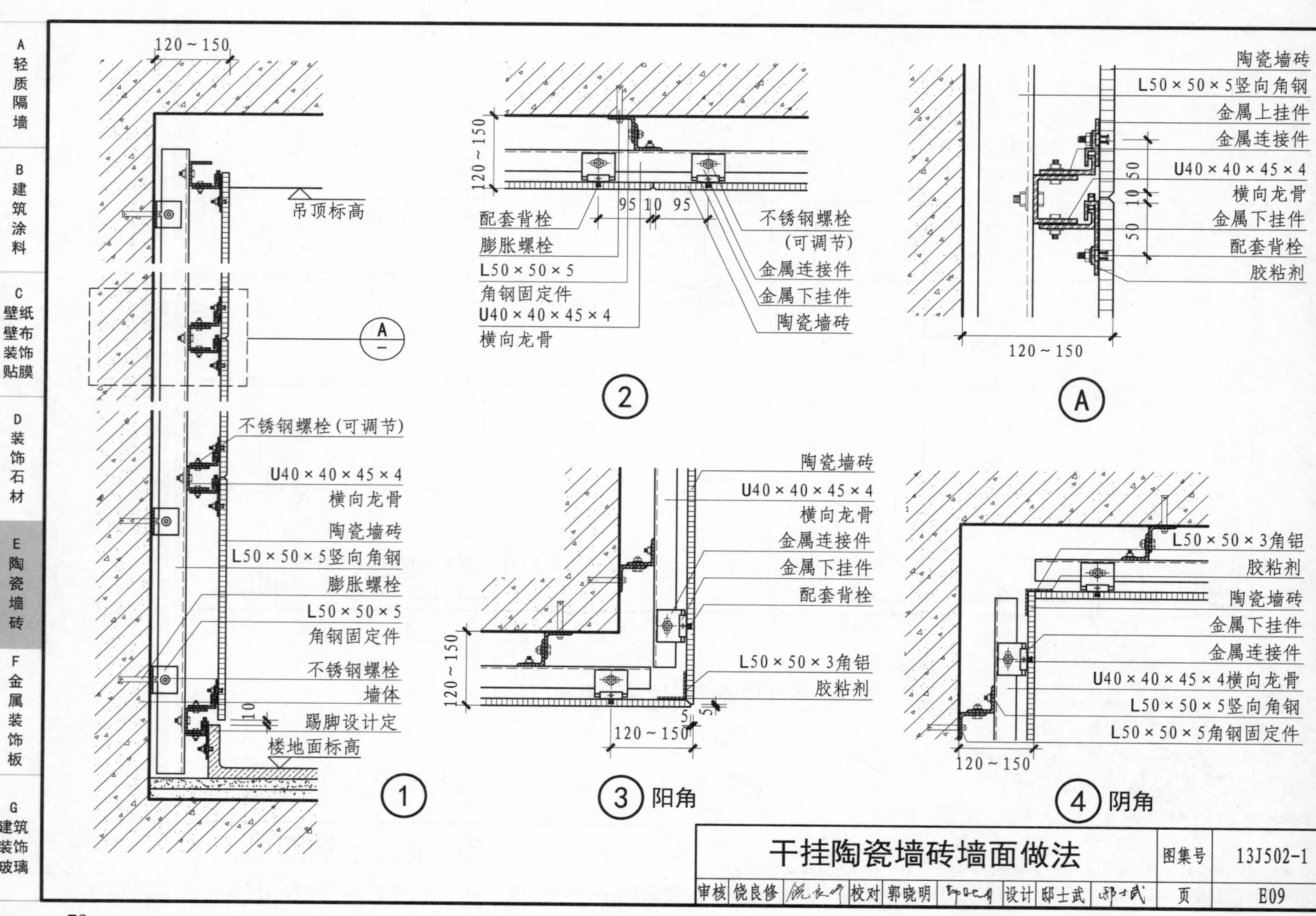

干挂陶瓷墙砖墙面做法								图集号	13J502-1
审核	饶良修	饶良修	校对	郭晓明	郭晓明	设计	邸士武	邸士武	页	E09

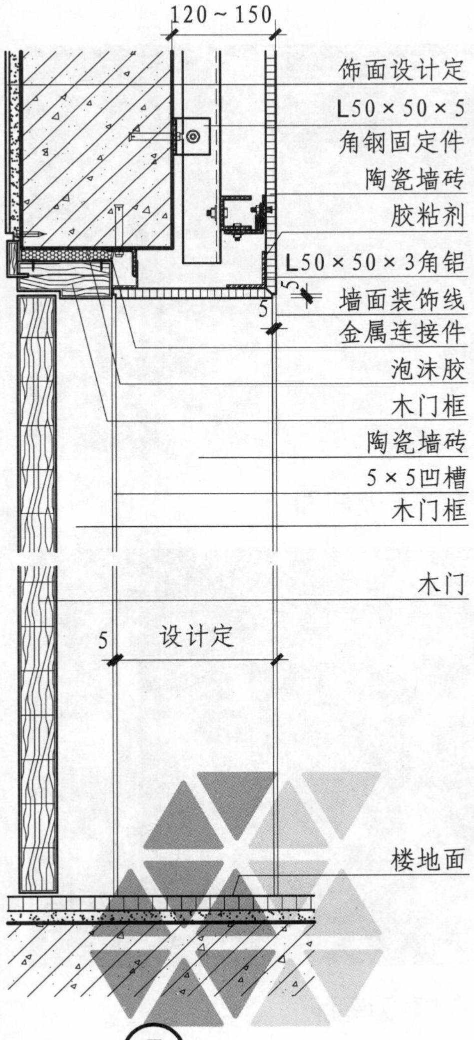

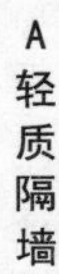

干挂陶瓷墙砖墙面做法

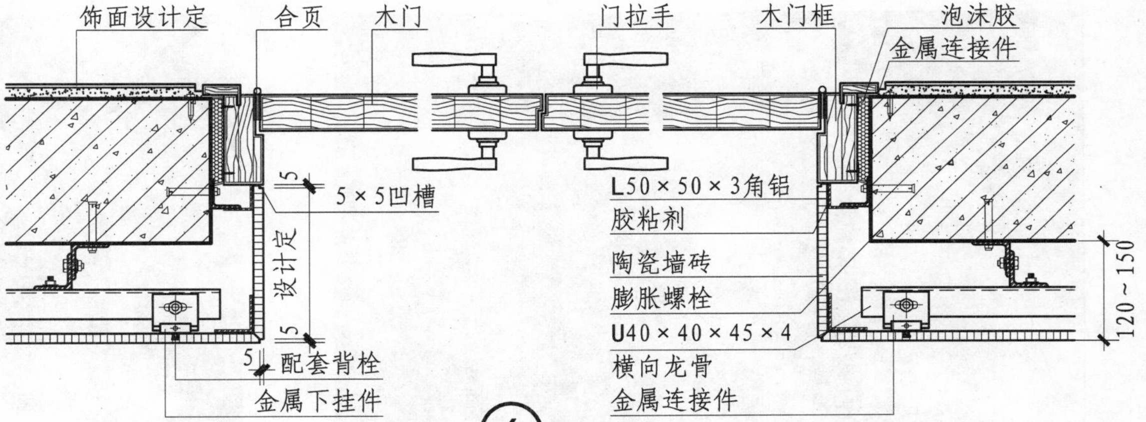

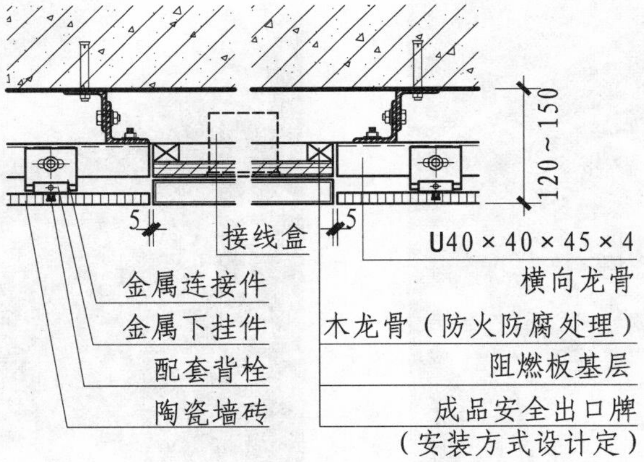

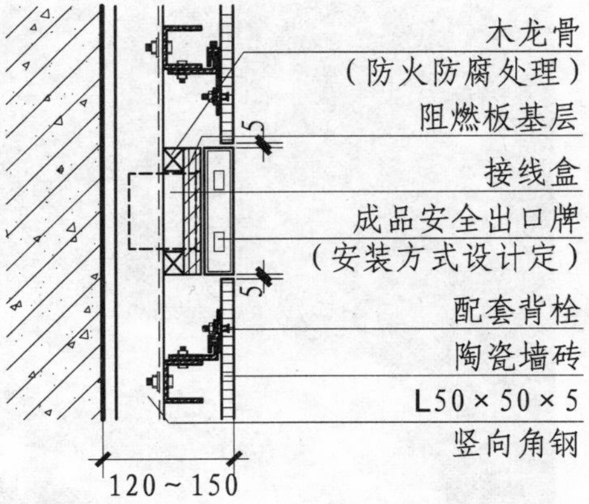

图集号	13J502-1
审核 饶良修 校对 郭晓明 设计 邸士武	页 E10

金属装饰板墙面

金属装饰板墙面

金属蜂窝板墙面

搪瓷钢板墙面

金属装饰板墙面案例						图集号	13J502-1
审核	饶良修	校对	郭晓明	设计	邸士武	页	F01

金属装饰板说明

1 金属装饰板

金属装饰板是采用金属板为基材，经过加工成型后，表面喷涂装饰性涂料的一种装饰材料。

2 金属装饰板的特点

有良好的装饰性、耐久性、防水、防污、防火、防蚀、加工性能好、易于施工和维护的特点，可根据设计要求生产加工。

3 常用金属装饰板的分类

常用金属装饰板的种类、特点和适用范围，见表F-1。

4 金属装饰板的施工及验收

4.1 金属装饰板施工流程：放线→固定角钢固定件→固定竖向龙骨→安装配套槽铝→安装金属装饰板→填缝→清洁→验收。

表F-1 常用金属装饰板的种类、特点和适用范围

产品名称	种类	特点		适用范围
铝合金装饰板(铝合金压型板)	铝及铝合金波纹板	耐锈蚀、不燃、表面光洁	选用纯铝L5（1100）、铝合金LF2（3003）为原料，经辊压冷加工成各种波形的金属板材。具有重量轻、易加工、强度高、刚度好、经久耐用，便于运输和施工以及防火、防潮、耐腐蚀等特点。另外，可以采用阳极氧化或喷漆处理等方法着上各种颜色	适用于内、外墙装饰
	铝合金花纹板	不易磨损、防滑、耐腐蚀、易冲洗，并有多种图案和形状		适用于内墙装饰
	铝及铝合金冲孔平板	强度高、重量轻、防火、耐腐蚀构造简单、拆装方便		适用于内、外墙装饰
钢板	塑料复合钢板	以冷轧钢板、电镀锌钢板或热镀锌钢板为基板经过表面脱脂、磷化、铬酸盐等处理后，涂上有机涂料经烘烤而成。强度高、易加工、耐腐蚀性和装饰性强		适用于内、外墙装饰
	彩色涂层钢板			
	彩色镀锌钢板			
镁铝曲面装饰板	—	采用优质酚醛树脂纤维板、镁铝合金箔板、底层板为原料，经基层砂光、胶粘剂贴合和电热烘干刻沟、涂沟而制成的产品。具有光洁、高雅的金属光泽和耐磨、耐热、耐水的良好性能，可钉、可拆、可刨、可弯、可剪的加工性		适用于室内墙面、柱面、造型面
不锈钢装饰板	彩色不锈钢装饰板	在不锈钢上进行化学浸渍着色处理，耐蚀性强	是一种特殊用途的钢材，具有优异的耐蚀性、易加工成形、装饰效果好	适用于室内墙面、柱面、造型面
	镜面不锈钢装饰板	将普通不锈钢板经高精度的磨光和特殊的抛光处理，平滑光亮如镜		
	浮雕不锈钢装饰板	根据浮雕花纹的深浅可分为两种，表面不仅具有光泽而且还有立体感，他是经辊压、研磨、腐蚀和雕刻而成，工序较复杂，价格也比较昂贵		
金属蜂窝板	面板可选铝合金、铜、锌、不锈钢等	面板大、平整度高、重量轻、强度高、可定制、盒式结构、安装简便用途广		适用于室内墙装饰
搪瓷钢板	表面光泽度有亚光、高光	强度高、耐磨、耐紫外线、防刻划、防水、防污、防火、防蚀、易清洁、加工性能好、维护费用低、使用寿命长、安装方便等		适用于室内外墙面、柱面

金属装饰板说明							图集号	13J502-1
审核	饶良修	饶良修	校对	郭晓明	郭晓明	设计	邸士武	邸士武	页	F02

4.1.1 放线：在施工安装前根据设计图纸对现场进行定位放线，用红外线水平仪将竖向龙骨的位置弹到墙面上。

4.1.2 固定角钢固定件：按竖向龙骨位置确定角钢固定件位置，用膨胀螺栓在墙面上固定角钢固定件，角钢固定件应提前打好孔。

4.1.3 固定竖向龙骨：竖向龙骨预先进行防锈处理，竖向龙骨和角钢固定件采用螺栓固定，安装位置应准确、结合牢固。安装完应检查、测量调整，以保证墙面完成后符合要求。

4.1.4 安装配套槽铝：根据墙面安装金属装饰板的位置，将配套槽铝采用自攻螺钉安装在相应的位置。配套槽铝固定后中间采用螺栓固定做金属装饰板挂点。

4.1.5 安装金属装饰板：安装前应对配套槽铝进行检查、测量、调整，检查无误后挂装金属装饰板，安装时左右上下的偏差不应大于1.5mm。金属装饰板安装完毕，在易于被污染的部位，用塑料薄膜或其他材料覆盖保护。

4.1.6 填缝：面板安装完成，将板面四周的保护膜撕开，在板四周贴上单面胶带纸，将填充橡胶条塞入板缝内并均匀地打上密封胶，待胶干后，将胶带纸和保护膜一起撕下。

4.1.7 清洁：金属装饰板安装完毕后，应从上向下地清洗，防止表面装饰发生异常。所用清洁剂应对构件无腐蚀作用，洗涤后应及时用清水冲洗干净。

4.1.8 验收：金属装饰板安装质量允许偏差，见表F-2；安装质量应符合《建筑装饰装修工程质量验收规范》GB 50210-2001的规定，经检验合格后方可交工。

4.2 金属蜂窝板的施工流程：测量放线→固定角钢固定件→固定基层龙骨→安装固定件→安装金属蜂窝板→填缝→清洁→验收。

4.2.1 放线：在施工安装前根据设计图纸对现场进行定位放线，用红外线水平仪将竖向龙骨的位置弹到墙面上。

表F-2 金属装饰板安装质量允许偏差

项目		允许偏差（mm）	检查方法
墙面高度不大于30m时垂直度		≤10	激光经纬仪或经纬仪
竖向板材直线度		≤3	2m靠尺、塞尺
横向板材水平度不大于2m		≤2	水平仪
同高度相邻两根横向构件高度差		≤1	钢板尺、塞尺
墙面横向水平度	不大于3m的层高	≤3	水平仪
	大于3m的层高	≤5	
分格框对角线差	对角线长不大于2m	≤3	3m钢卷尺
	对角线长大于2m	≤3.5	

4.2.2 固定角钢固定件：按竖向龙骨位置确定角钢固定件位置，用膨胀螺栓在墙面上固定角钢固定件，角钢固定件应提前打好孔。

4.2.3 固定基层龙骨：竖向龙骨预先进行防锈处理，竖向龙骨和角钢固定件采用螺栓固定，安装位置应准确、结合牢固。安装完应检查、测量调整，以保证墙面完成后符合要求。

4.2.4 安装金属蜂窝板：撕下背板的保护膜，将隔离垫片贴在龙骨上，将蜂窝板贴向龙骨，其由下向上安装，在对应的对应位置安装成品连接件，调整板的位置。确保所有面板在统一平面。

4.2.5 填缝、清洁、验收同第4.1.6、4.1.7、4.1.8。

4.3 搪瓷钢板的施工流程：校对、调整施工图→测量放线→角钢固定件安装→龙骨、挂钩安装→搪瓷钢板安装→清洁→验收。

4.3.1 校对、调整施工图：根据测量放线结果校对、调整墙面分格图，并相应调整角钢固定件、龙骨位置。墙面分格结果大于规定的允许偏差时应征得设计人员的同意，适当调整装饰面分格，使其符合设计要求。必要时，需重新测量放线。分格图调整确定后，应及时细化板材加工图，并通知板材加工厂及时定制加工。

4.3.2 测量放线：根据墙面分格大样图和现场基准标高、进出线位、基准轴线等，在需要装饰的墙面上定出装饰完成面、板块分格及转角等基准线，并测量开孔、留洞位置。

4.3.3 角钢固定件安装：角钢固定件可根据设计固定方式，采用焊接或锚栓固定。采用焊接时，应及时对焊接位置进行防锈处理。

4.3.4 龙骨、挂钩安装：当设计结构是挂钩固定在龙骨上的，可在龙骨安装前将挂钩按标准固定在龙骨上，与龙骨整体安装、调整。安装板材时，则需要再对挂钩进行微调。

4.3.5 搪瓷钢板的安装：搪瓷钢板进场后应严格按规范要求检验并按产品编号分类摆放。并确定每块板的尺寸及编号。搪瓷钢板禁止在现场开槽或钻孔，一切孔洞均现场实测后、在搪瓷钢板出厂前预留，加工成半成品现场组合。搪瓷钢板的安装顺序宜由下向上进行，避免交叉作业。 同一墙面的搪瓷钢板色彩应一致。

4.3.6 清洁、验收同第4.1.7、4.1.8。

4.4 金属装饰板施工要点

4.4.1 施工前应检查选用的金属装饰板及型材是否符合设计要求，规格是否齐全，表面有无划痕，有无弯曲现象。选用的材料最好一次进货，可保证规格型号统一、色彩一致。

4.4.2 金属装饰板的角钢固定件、竖向龙骨应进行防腐、防锈处理。

4.4.3 竖向龙骨间距与金属装饰板规格尺寸一致，减少现场切割。

4.4.4 金属装饰板的边线膨胀系数，在施工中一定要留足排缝，墙脚处铝型材应与板块或水泥类抹面相交，不可直接插在垫层或基层中。

4.4.5 施工后的墙面应做到表面平整、连接可靠、无翘起、卷边等现象。

4.4.6 搪瓷钢板理化性能，见表F-3。

表F-3 搪瓷钢板理化性能

项　目	要　求	试验方法
耐盐水性	应不生锈	把试样浸在浓度为5%±1%（质量浓度）、温度为33℃～35℃的氯化钠溶液中，48h后取出，用清水冲洗干净，竖直放于室内2h后，观察瓷面有无锈斑
耐酸性	≥2级	按照《搪瓷耐室温柠檬酸侵蚀试验方法》GB/T 9989规定的方法
耐碱性	定性不失光	一般按《搪瓷耐碱性能测试方法》GB/T 9988规定的方法进行，试验使用的介质为碳酸钠溶液，试验温度为80±2℃
光泽度	亚光60°～85°	按《搪瓷光泽测试方法》GB/T 11420规定的方法
	高光≥85°	
密着性	网状以上	按《建筑用搪瓷钢板》JC/T 234-2008规定的方法
耐冲击性	不应产生裂纹和剥离	
耐磨性	无明显擦伤	
耐温急变（温差℃）	≥100℃无明显变化	按《搪瓷耐热性测试方法》GB 11418规定的方法
燃烧性能等级	A1级	按《建筑材料及制品燃烧性能分级》GB 8624-2012规定的方法

注：单层铝板的板基厚度不小于2mm；铝蜂窝板截面厚度不宜小于8mm，面板厚度不宜小于1mm，背板厚度不宜小于0.5mm；不锈钢板面板平板截面厚度不小于2.5mm；波纹板截面厚度不小于1mm；彩色涂层钢板不小于1.5mm。

金属装饰板说明							图集号	13J502-1
审核	饶良修	饶良修	校对	郭晓明	郭晓明	设计	邸士武	邸士武	页	F04

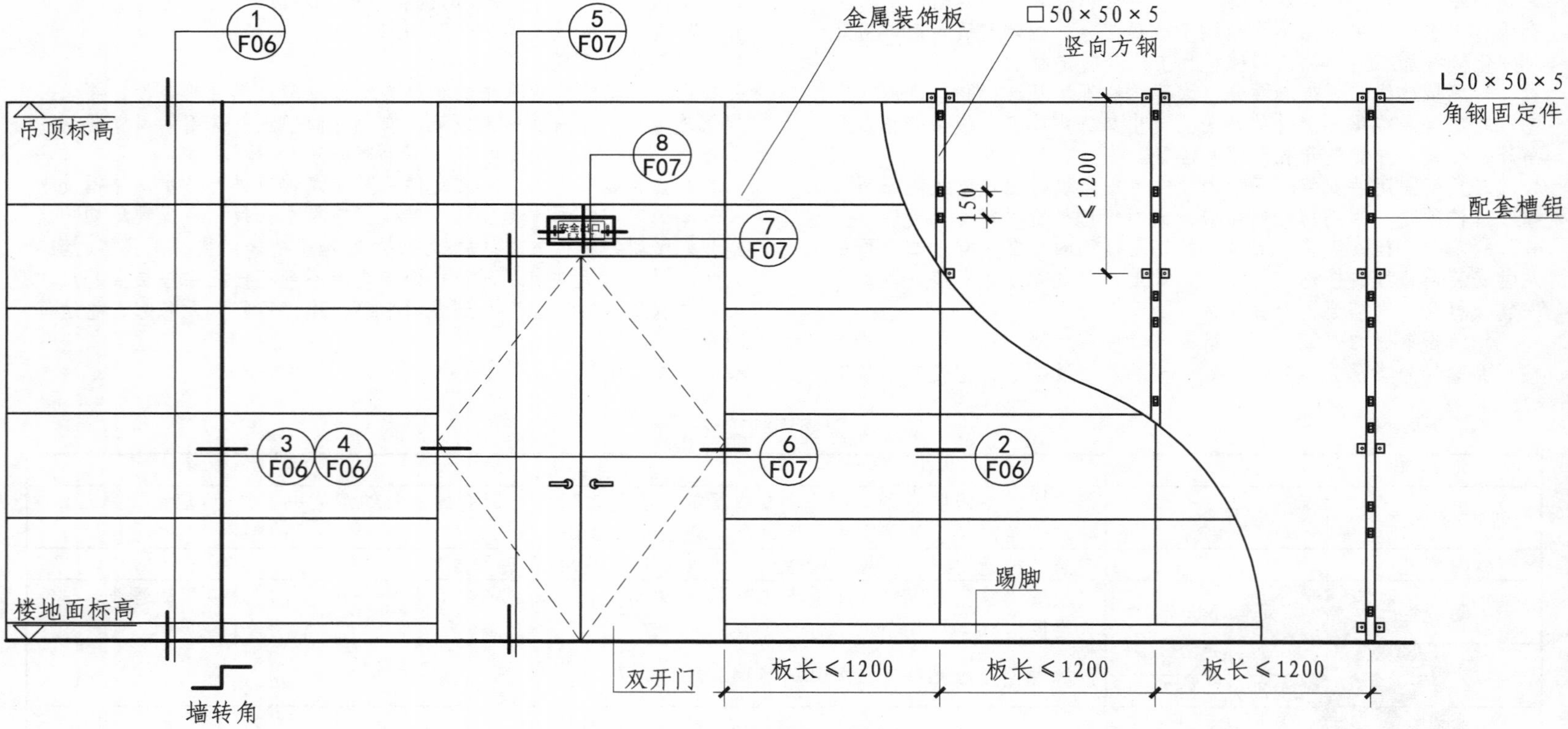

金属装饰板墙面示意图

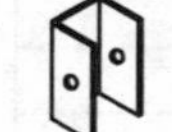

注：本图适用于钢筋混凝土墙。如为轻质隔墙时，则竖向钢龙骨应与结构楼板（梁）顶、底及混凝土圈梁固定，钢龙骨用料大小需经结构计算，所有钢骨架需做防锈处理。

金属装饰板墙面示意图							图集号	13J502-1
审核	饶良修	校对	郭晓明		设计	邸士武	页	F05

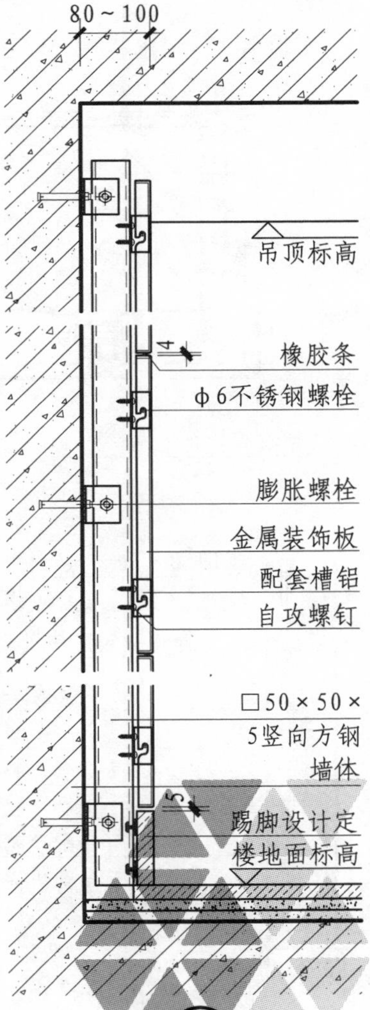

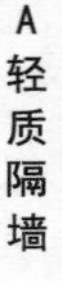

80～100
吊顶标高
4
橡胶条
φ6不锈钢螺栓
膨胀螺栓
金属装饰板
配套槽铝
自攻螺钉
□50×50×
5竖向方钢
墙体
5
踢脚设计定
楼地面标高

①

80～100
4
A
配套槽铝
墙体
膨胀螺栓
L50×50×5
角钢固定件
金属装饰板
□50×50×5竖向方钢
不锈钢螺栓
自攻螺钉
φ6不锈钢螺栓
橡胶条

②

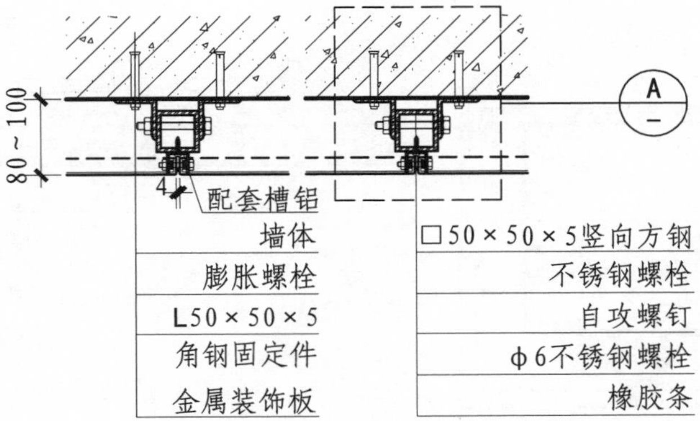

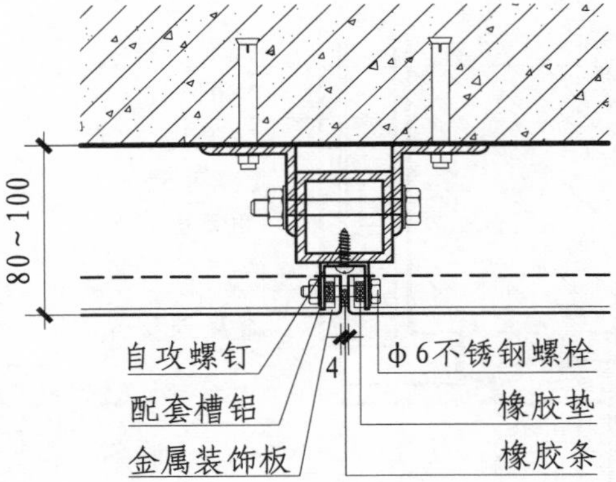

80～100
自攻螺钉
配套槽铝
金属装饰板
4
φ6不锈钢螺栓
橡胶垫
橡胶条

Ⓐ

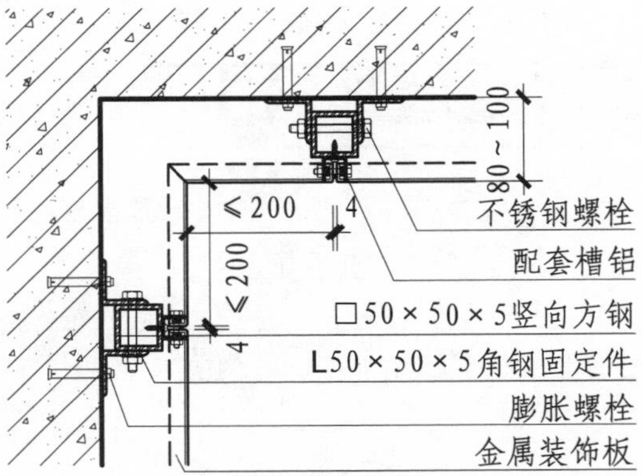

80～100
≤200
4
≤200
4
不锈钢螺栓
配套槽铝
□50×50×5竖向方钢
L50×50×5角钢固定件
膨胀螺栓
金属装饰板

③ 阴角

膨胀螺栓
自攻螺钉
φ6不锈钢螺栓
L50×50×5
角钢固定件
金属装饰板
□50×50×5
竖向方钢
80～100
4
≤200

④ 阳角

金属装饰板墙面做法							图集号	13J502-1
审核	饶良修	饶良修	校对	郭晓明	郭晓明	设计	邸士武	邸士武	页	F06

A 轻质隔墙
B 建筑涂料
C 壁纸壁布装饰贴膜
D 装饰石材
E 陶瓷墙砖
F 金属装饰板
G 建筑装饰玻璃

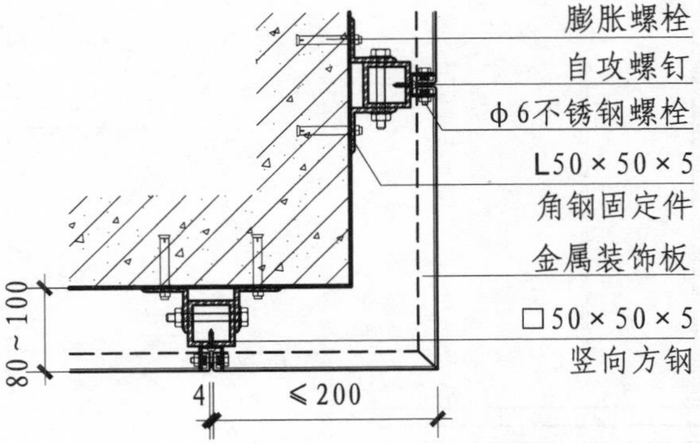

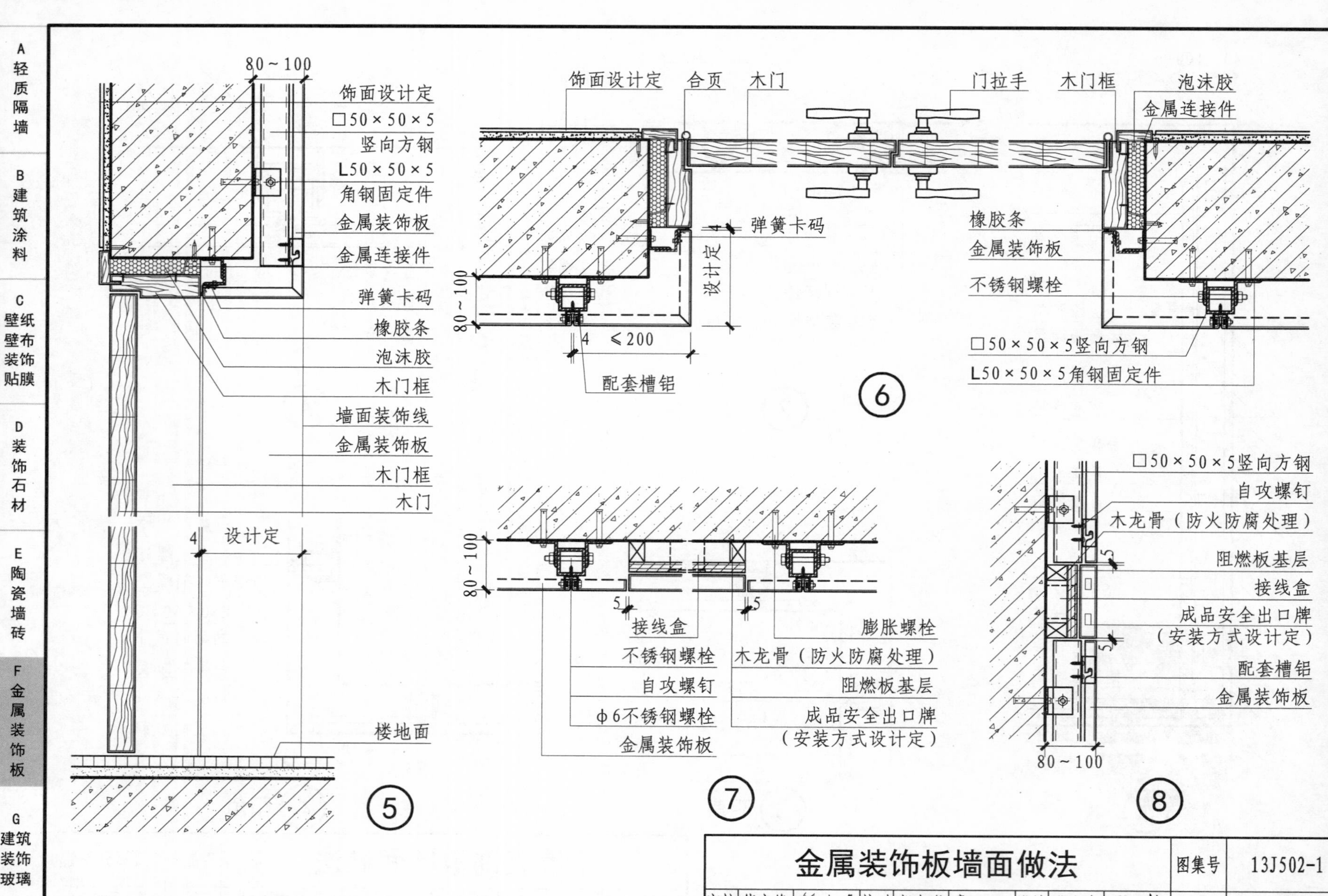

金属装饰板墙面做法						图集号	13J502-1
审核	饶良修	校对	郭晓明	设计	邸士武	页	F07

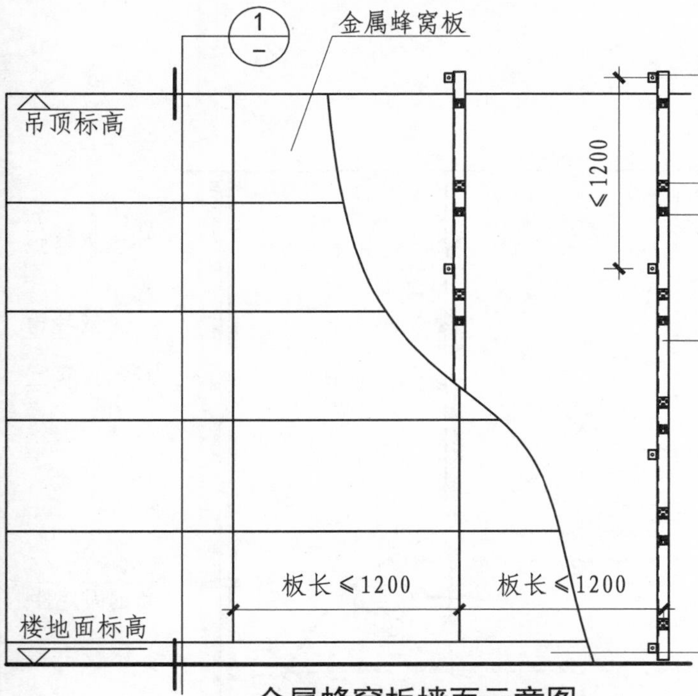

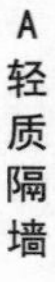

金属蜂窝板墙面示意图

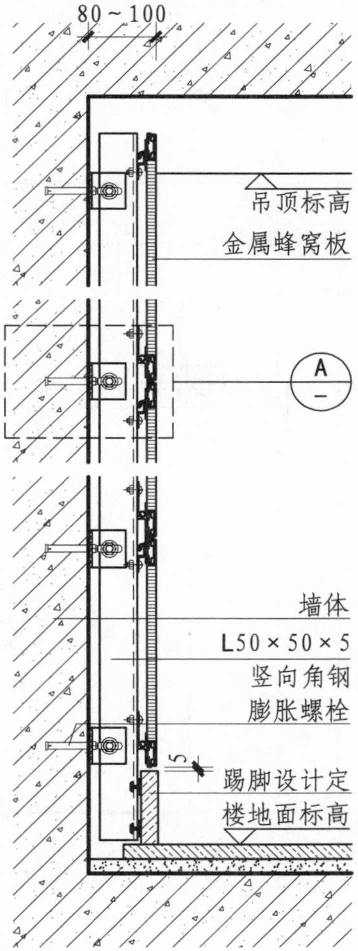

1

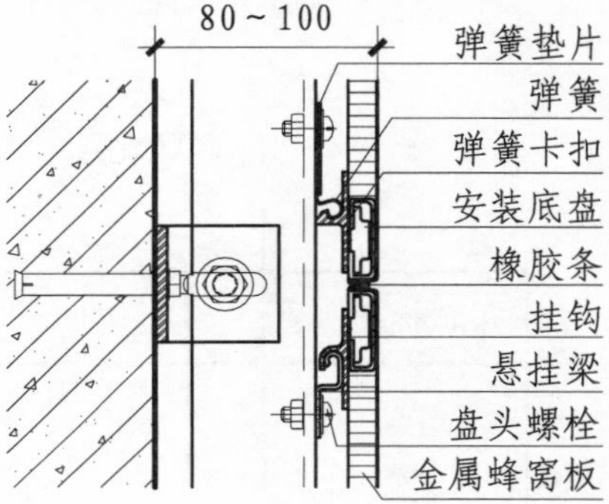

A

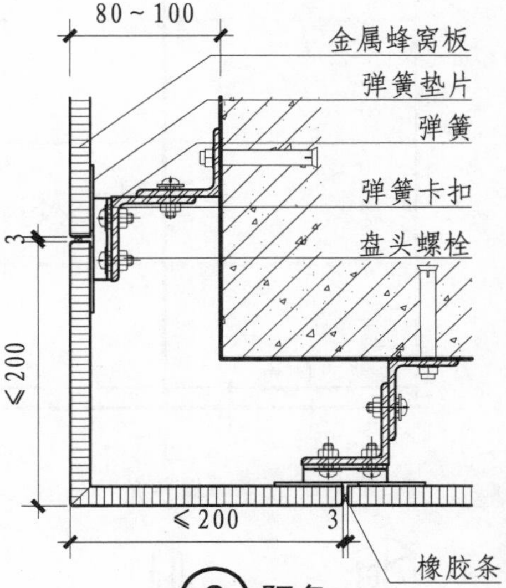

2 阳角

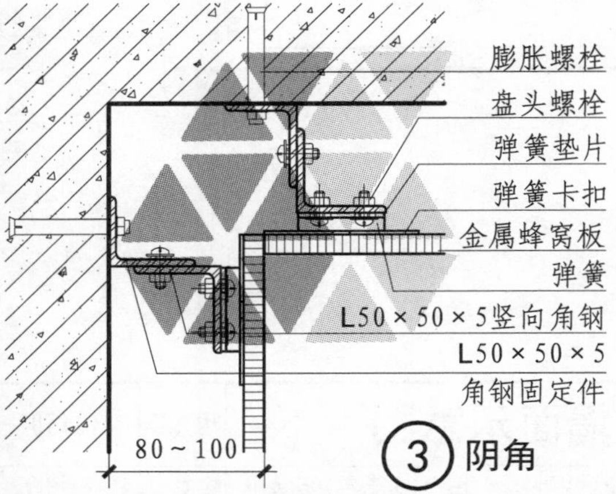

3 阴角

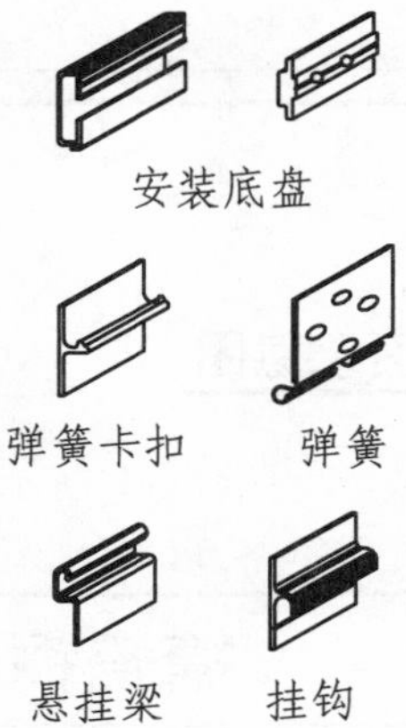

注：本图适用于钢筋混凝土墙。如为轻质隔墙时，则竖向钢龙骨应与结构楼板(梁)顶、底及混凝土圈梁固定，钢龙骨用料大小需经结构计算，所有钢骨架需做防锈处理。

金属蜂窝板墙面做法							图集号	13J502-1
审核	饶良修	饶良修	校对	郭晓明	郭晓明	设计	邸士武	邸士武	页	F08

A 轻质隔墙
B 建筑涂料
C 壁纸壁布装饰贴膜
D 装饰石材
E 陶瓷墙砖
F 金属装饰板
G 建筑装饰玻璃

A
轻质隔墙

B
建筑涂料

C
壁纸壁布装饰贴膜

D
装饰石材

E
陶瓷墙砖

F
金属装饰板

G
建筑装饰玻璃

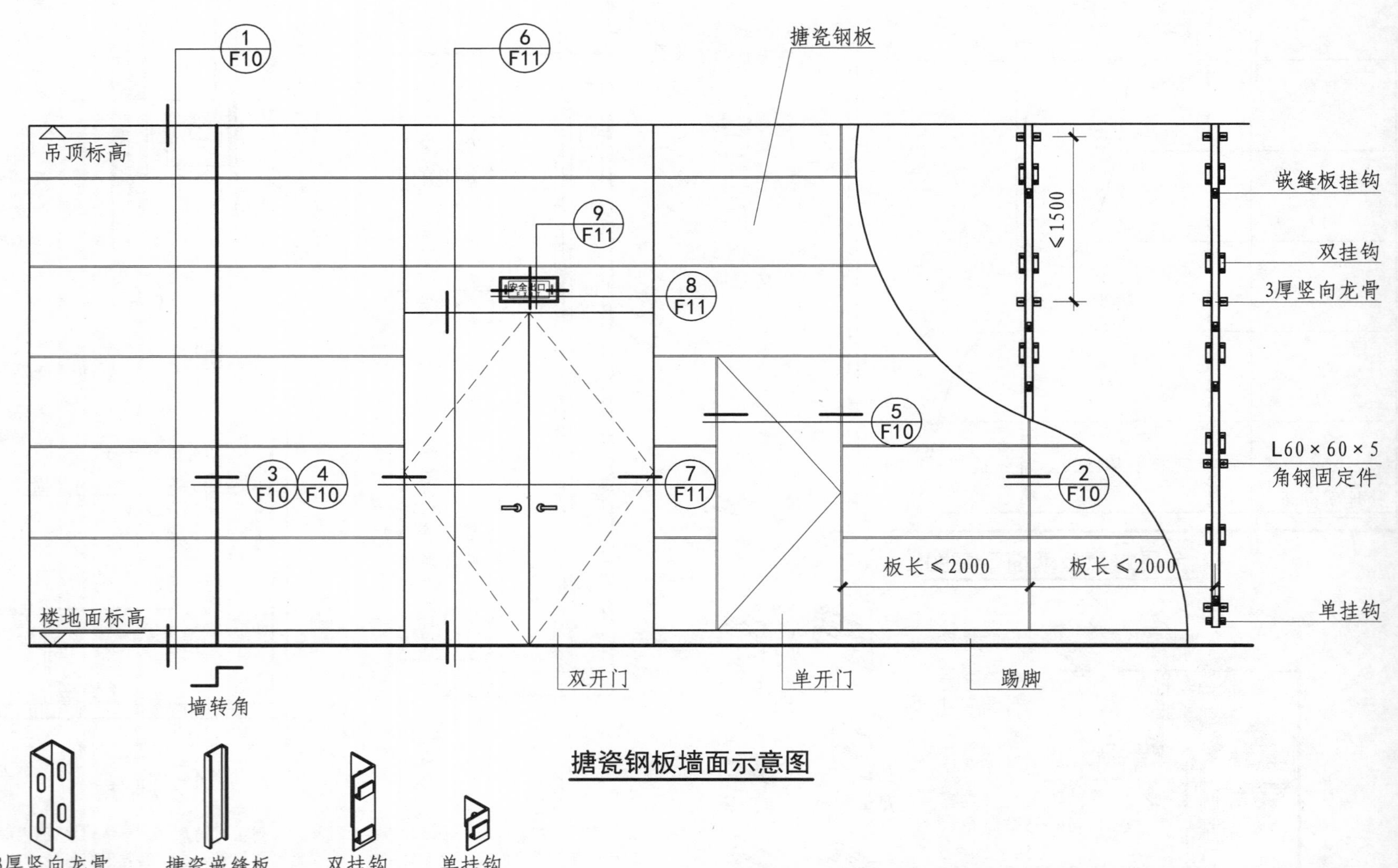

搪瓷钢板墙面示意图

注：1. 本图适用于钢筋混凝土墙。如为轻质隔墙时，则竖向钢龙骨应与结构楼板(梁)顶、底及混凝土圈梁固定，钢龙骨用料大小需经结构计算，所有钢骨架需做防锈处理。
2. F09～F11页根据浙江开尔新材料股份有限公司提供的技术资料编制。

搪瓷钢板墙面示意图							图集号	13J502-1
审核	饶良修	校对	郭晓明	设计	黄春年		页	F09

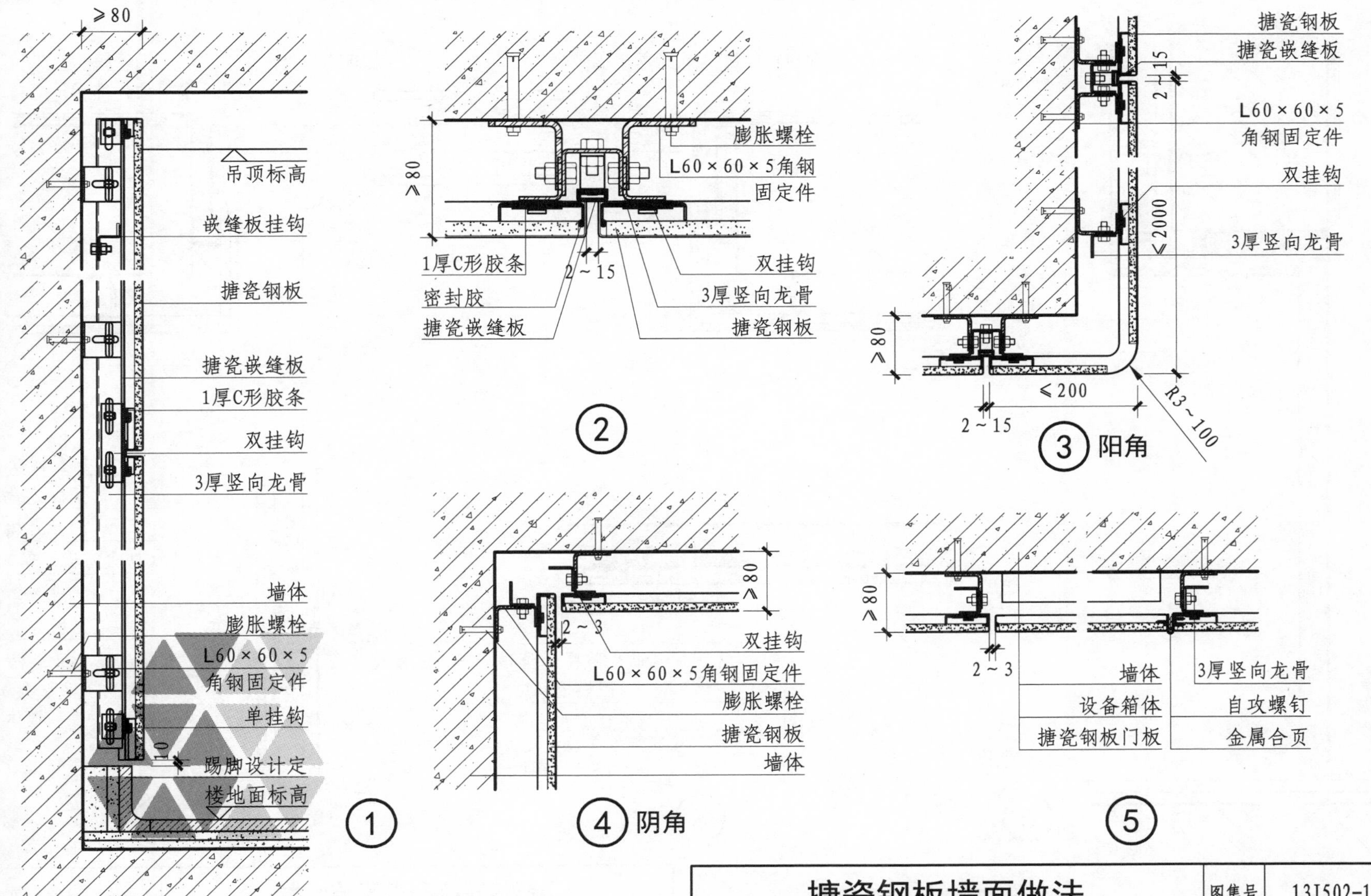

搪瓷钢板墙面做法							图集号	13J502-1
审核	饶良修		校对	郭晓明		设计	黄春年	页	F10

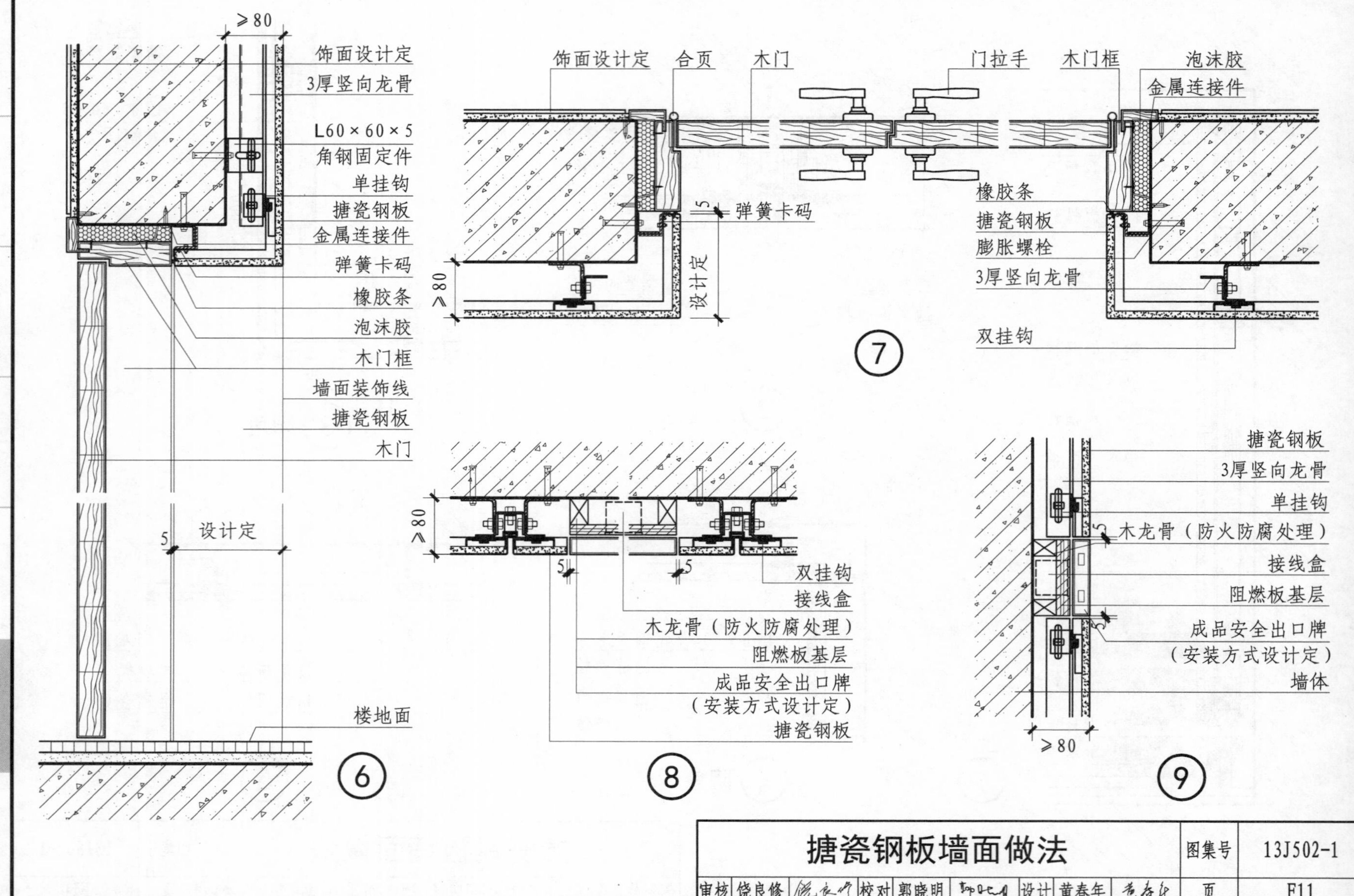

搪瓷钢板墙面做法						图集号	13J502-1
审核 饶良修	饶良修	校对 郭晓明	郭晓明	设计 黄春年	黄春年	页	F11

装饰玻璃墙面

玻璃砖墙

装饰玻璃墙面

装饰镜面墙面

建筑装饰玻璃墙面案例							图集号	13J502-1
审核	饶良修	饶良修	校对	郭晓明	郭晓明	设计	邸士武	邸士武	页	G01

建筑装饰玻璃说明

1 建筑装饰玻璃

建筑装饰玻璃是以石英砂、纯碱、长石、石灰石等为主要原料，经熔融、成型、冷却、固化后得到的透明固体材料。

2 建筑装饰玻璃的分类

建筑装饰玻璃的名称、分类、特点、规格及适用范围，见表G-1。

3 建筑装饰玻璃的选用

内装修中建筑装饰玻璃的选用应根据装饰部位的不同、面积大小的不同，选择适合的玻璃种类、厚度，除满足设计要求外，还应满足国家标准《建筑玻璃应用技术规程》JGJ 113-2009的相关规定。

4 建筑装饰玻璃的施工及验收

4.1 干粘玻璃的施工做法

表G-1 建筑装饰玻璃的名称、分类、特点、规格及适用范围

名称	分类	特点	常用厚度	适用范围
平板玻璃	垂直引上法、平拉法、压延法和浮法玻璃	透光、隔热、隔声、耐磨、耐候的特点	3/4/5/6/8/10/12	室内墙面、门、窗等
装饰玻璃	釉面玻璃	强度高、良好的耐热性、耐酸、耐碱、色彩多样、耐磨、反射和不透视的特点	4～19	室内墙面、门
	镜面玻璃	反射率高、色泽还原度好、影像亮丽自然、经久耐用的特点	3/4/5/6/8	室内墙面
	玻璃砖	具有采光、隔声的效果，分隔空间并有延续空间的感觉，可单块镶嵌使用，也可整片墙面使用	80/95/100/115/145	室内墙面
	热熔玻璃	跨越了现有的玻璃形态，把现代或古典的艺术形态融入玻璃之中，使平板玻璃加工出各种凹凸有致、色彩各异的艺术效果	—	室内墙面、门、窗等
	乳白玻璃	半透明、隔热、隔声、耐磨、耐候的特点	—	室内玻璃隔断等
	磨砂玻璃	表面粗糙、半透明、隔热、隔声、耐磨、耐候的特点	3～19	浴室、卫生间的门窗及隔断
	电致变色玻璃	在施加电压时变成透明。相当于装有电控装饰的窗帘一样非常隐蔽。切断电源，呈现磨砂玻璃状态，避免拉窗帘的麻烦	11/14	主要用于保密场所，也适用于广告牌、显示屏、门窗、室内隔断
	热弯玻璃	可根据要求做成各种不规则弯曲面。曲面形状中间无连接驳口，能满足形体需要	3～19	室内墙面
	夹丝玻璃	装饰效果好、强度高、安全性高等特点	6/8/10	室内墙面

续表G-1

名 称	分 类	特 点	常用厚度	适用范围
节能玻璃	吸热玻璃	采光、防眩、色彩丰富有极好的装饰效果	4/5/6/8/10	室内、外墙面
	热反射玻璃	较高的热反射能力，又保持平板玻璃良好透光性能的玻璃	6	室外墙面
	中空玻璃	隔声、隔热、节能、保温、防寒、防霜露、降低辐射的特点	3～19	室内、外墙面
安全玻璃	钢化玻璃	强度高、冲击性好、热稳定性高、安全性高等特性	4～19	室内墙面、门窗
	夹层玻璃	抗冲击性和抗穿透性好，降低噪声、节约能源、有效吸收太阳光中的紫外线，防止室内设施褪色的作用	3～19	室内墙面、门窗等
	防弹玻璃	特定阻挡能力，由多层玻璃和胶片组成的特殊玻璃，可以达到阻挡子弹穿透以碎片飞溅伤人的作用	≥20mm	银行、珠宝金行柜台、运钞车以及其他有特殊安全防范要求的区域

4.1.1 干粘玻璃的施工流程：墙面定位弹线→钻孔安装角钢固定件→固定竖向龙骨→固定横向龙骨→安装基层板→粘贴釉面钢化玻璃。

1）墙面定位弹线：按设计要求在墙面弹线，弹线清楚、位置准确；充分考虑墙面不同材料间关系和留孔位置合理定位。

2）钻孔安装角钢固定件：角钢固定件上开有长圆孔，以便于施工时调节位置和允许使用情况下的热胀冷缩：在混凝土或砌块墙上钻孔，用膨胀螺栓固定角钢固定件。当需要在钢结构柱或梁上固定时，不能直接将角钢固定件与钢结构相连，以免破坏原钢结构防火保护层。应在需要位置另行焊接转接件再与角钢固定件连接，并应恢复焊接位置的防火保护层。

3）固定竖向龙骨：角钢固定件和竖向钢龙骨采用焊接方式，两个角钢固定件的间距不大于1200mm；保证竖向龙骨垂直及装饰完成面平整。

4）固定横向龙骨：横向钢龙骨与竖向钢龙骨焊接，间距不大于1200mm，横向钢龙骨面与竖向钢龙骨平齐。

5）安装基层板：在钢龙骨上铺12厚阻燃板，铺装完成后，按玻璃安装位置弹线，在玻璃底边位置安装L形金属条，以防玻璃下滑。

6）粘贴釉面玻璃：在基层板表面贴双面泡棉胶，把釉面玻璃按弹线位置粘贴到基层板上，用手抹压玻璃，使其与基面粘合紧密。安装完毕，应清洁玻璃面，必要时在玻璃面覆加保护层，以防损坏。

4.1.2 安装质量应符合：玻璃应平整、牢固，不得有松动现象；玻璃拼缝接触应紧密、平整，接缝齐平；拼接玻璃的接缝应吻合，颜色、图案应符合设计要求；玻璃施工完成，表面应洁净、无污渍。

4.2 点式玻璃施工做法

4.2.1 施工准备：

1）建筑装饰玻璃的品种、规格、性能、图案和颜色应符合设计要求及国家标准《建筑玻璃应用技术规程》JGJ 113-2009的规定。玻璃板材应使用安全玻璃（如钢化玻璃、夹层玻璃等）。

2）金属材料：铝合金框、不锈钢板、型钢（角钢、槽钢等）及轻型薄壁槽钢、支撑吊架等金属材料和配套材料，应符合设计要求。

3）其他材料：膨胀螺栓、玻璃支撑垫块、橡胶配件、金属配件、结构密封胶等其他材料。

4.2.2 点式玻璃的施工流程

1）测量放线

2）支座和竖向钢龙骨的定位、安装与检测。

安装顺序：在钢龙骨与支座的安装过程中要掌握好施工顺序，安装必须按“先上后下，先竖后横”的原则进行。

横向支座的安装：待竖向龙骨安装调整到位后连接横向龙骨，横向支座在安装前应先按图纸给的长度尺寸加长1mm ～3mm呈自由状态，先上后下按控制单元逐层安装，待全部安装结束后调整到位。

建筑装饰玻璃说明							图集号	13J502-1
审核	饶良修	饶良修	校对	郭晓明	郭晓明	设计	邸士武	邸士武	页	G03

支座的定位调整：在支座安装过程中必须对龙骨的安装定位几何尺寸进行校核，横竖龙骨长度尺寸严格按图纸尺寸调整才能保证连接杆与玻璃平面的垂直度。调整以按单元控制点为基准对每一个支座的中心位置进行核准。确保每个支座的前端与玻璃平面保持一致，整个平面度的误差应控制在1mm～3mm。

3）配重检测：由于点式玻璃的自重荷载和所受力的其他荷载都是通过支座结构传递给支座杆，必须对支座杆上进行配重检测。

4.2.3 安装前的准备工作：

1）玻璃安装前应检查校对钢结构主支撑的垂直度、标高、横梁的高度和水平度等是否符合设计要求，特别要注意安装孔位的复查。

2）应先检查驳接爪的安装位置是否准确，确保无误后，方可安装玻璃。

4.2.4 现场安装玻璃时，应先将驳接头与玻璃在安装平台上装配好，然后再与驳接爪进行安装。

4.2.5 现场组装后，应调整上下左右的位置，保证玻璃水平偏差在允许范围内。

4.2.6 玻璃全部调整好后，应进行整体立面平整度的检查，确认无误后，才能进行打胶。

4.2.7 清洁：玻璃安装好之后，必须将玻璃表面和边框的胶迹、污痕等清洗干净。

4.3 玻璃砖隔墙

4.3.1 常用玻璃砖尺寸，见表G-2。

4.3.2 玻璃砖隔墙不适用于有高温熔炉的工业厂房及有强烈酸碱性介质的建筑物，不能用作防火墙。

4.3.3 玻璃砖隔墙适用于建筑物的非承重墙体。内墙装饰用80厚或95厚玻璃砖，可用于抗震设防烈度7度及7度以下地区，当抗震设防烈度大于7度时，玻璃砖墙体的控制面积需经单独计算确定。

4.3.4 玻璃砖隔墙的选用

1）室内玻璃砖隔墙基础的承载力应满足荷载的要求。

2）室内玻璃砖隔墙应建在用2φ6或2φ8钢筋增强的混凝土基础之上，基础高度不得大于150mm或由设计具体确定。用80厚玻璃砖砌的隔墙，基础宽度不得小于100mm；用95厚玻璃砖砌的隔墙，基础宽度不得小于120m。

表G-2 常用玻璃砖尺寸

轴测图	长×高×厚（mm）	
厚 高 长	100×100×95	190×190×80
	115×115×50	190×90×80
	115×115×80	190×190×95
	120×120×95	193×193×95
	125×125×95	210×100×95
	139×139×95	240×115×80
	140×140×95	240×240×80
	145×145×50	300×90×100
	145×145×80	300×145×95
	145×145×95	300×196×100
	180×180×50	300×300×100

3）在与建筑结构连接时，室内玻璃砖隔墙与金属型材框接触的部位应留有伸缩缝。

4）玻璃砖深入顶部金属型材框中的尺寸不得小于10mm，且不得大于25mm。玻璃砖与顶部金属型材框的覆面之间应设缓冲材料。

5）玻璃砖之间的接缝不得小于10mm，且不得大于30mm。

6）固定金属型材框用膨胀螺栓直径不得小于8mm，间距不得大于500mm，应根据具体工程验算确定。

4.4 镜面工程的施工做法

4.4.1 镜面材料施工时基层处理要求：

1）将金属龙骨固定于墙体（实体墙或轻型墙体）上，金属龙骨的间距根据衬板规格和厚度而定。安装小块镜面多为单向，安装大块镜面可以双向，横竖金属龙骨要求横平竖直，以便于衬板和镜面的固定。钉好后要用长靠尺检查平整度。

2）采用木夹板作衬板时，用扁头圆钢钉与金属龙骨钉接，钉头要埋入板内。衬板要求表面无翘曲、起皮现象，表面平整、清洁，板与板之间缝隙应在竖向金属龙骨处。

4.4.2 各种材质的镜面板在施工前应贴保护膜，以防划伤镜面，镜面安装不宜现场在镜面板上打孔拧螺钉，以免引起镜面变形。

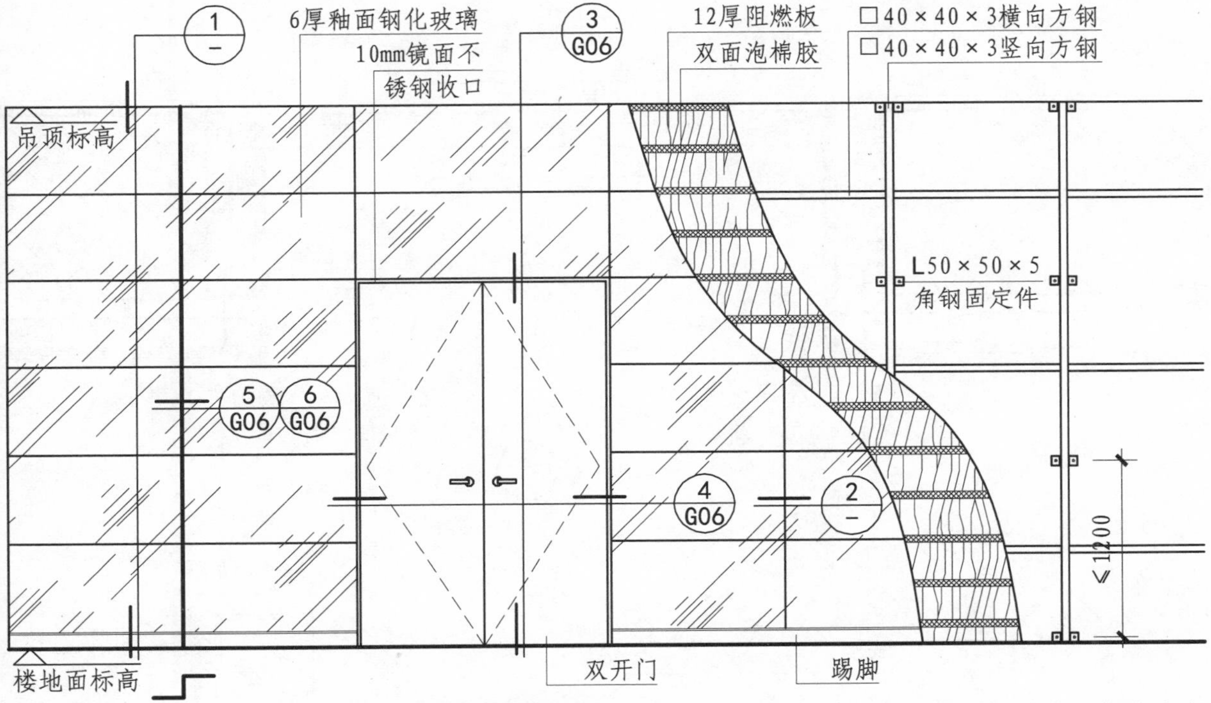

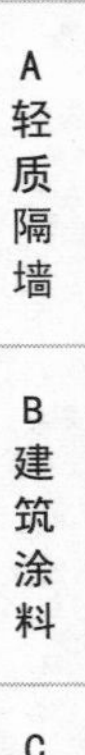

干粘玻璃墙面示意图

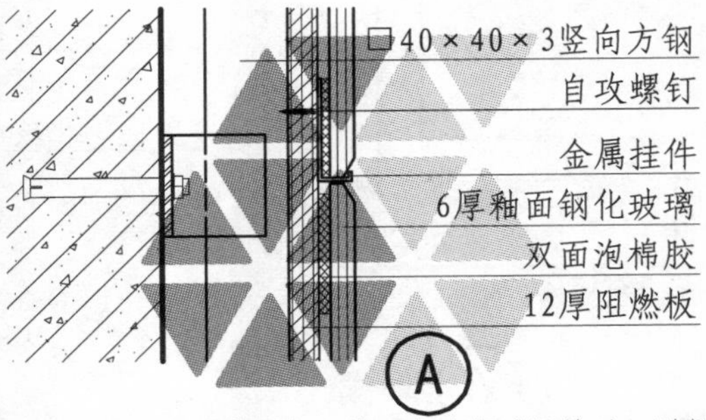

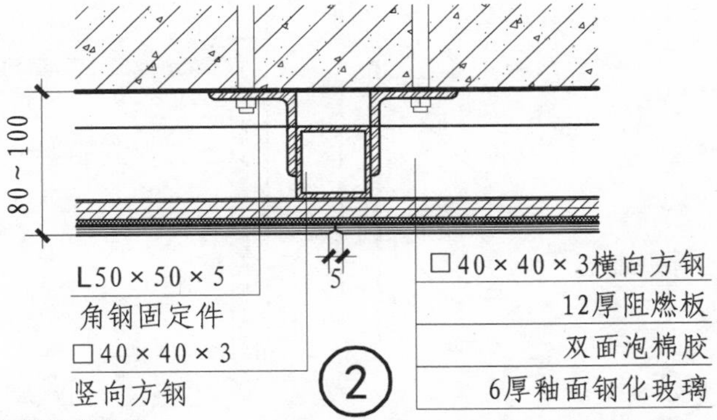

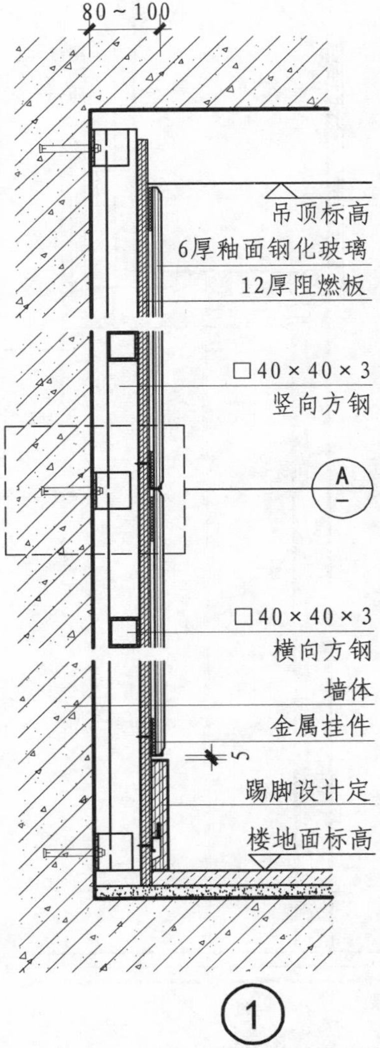

注：1. 本图适用于钢筋混凝土墙。如为轻质隔墙时，则竖向钢龙骨应与结构楼板(梁)顶、底及混凝土圈梁固定，钢龙骨用料大小需经结构计算，所有钢骨架需做防锈处理。
2. 干粘玻璃墙面做法仅适用于釉面钢化玻璃厚度不大于6mm，单块面积不大于1.0 m^2的墙面。玻璃墙面不能用于消防通道。

干粘玻璃墙面做法						图集号	13J502-1
审核 饶良修	签名	校对 郭晓明	签名	设计 邸士武	签名	页	G05

A 轻质隔墙
B 建筑涂料
C 壁纸壁布装饰贴膜
D 装饰石材
E 陶瓷墙砖
F 金属装饰板
G 建筑装饰玻璃

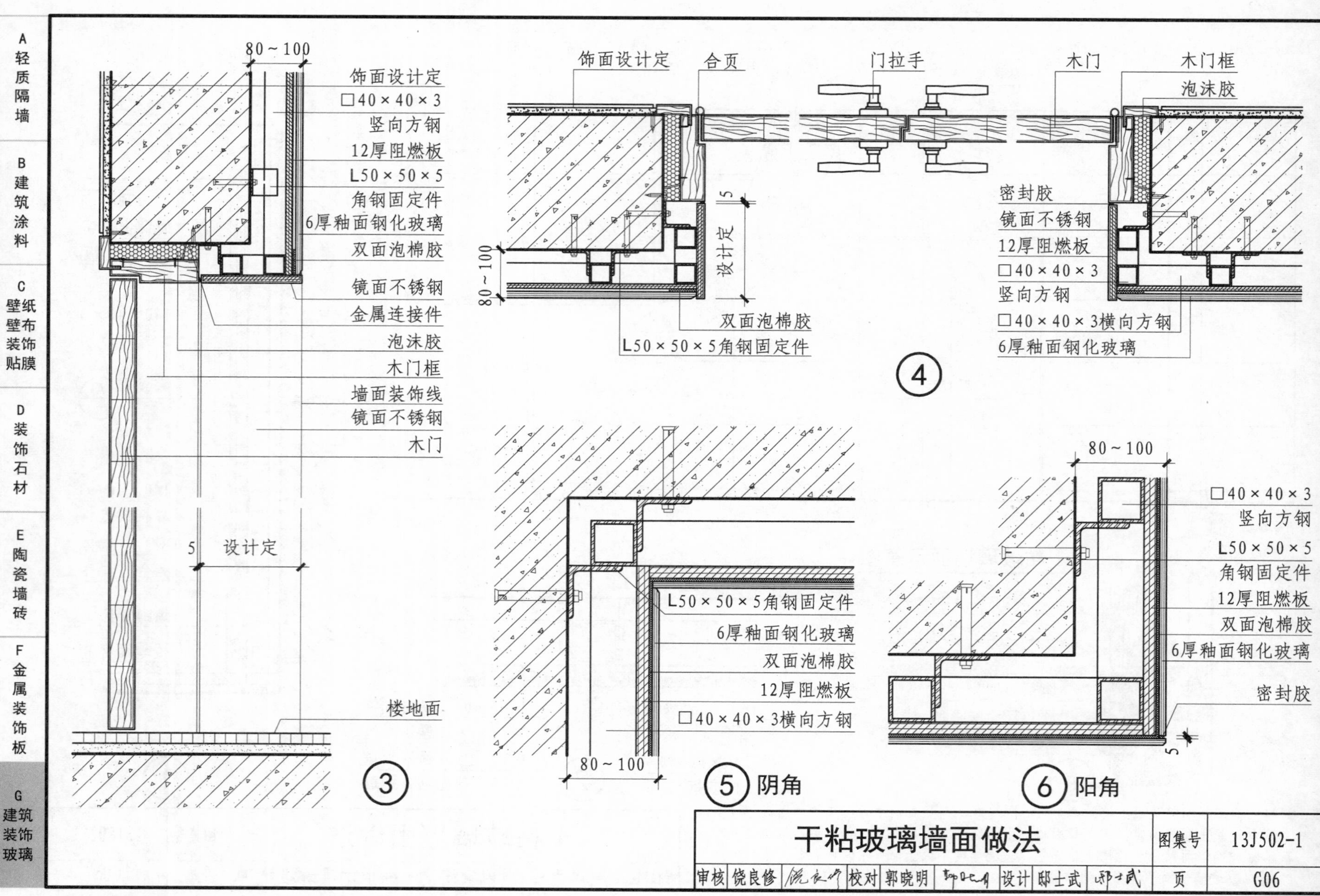

干粘玻璃墙面做法							图集号	13J502-1
审核	饶良修	饶良修	校对	郭晓明	郭晓明	设计	邸士武	邸士武	页	G06

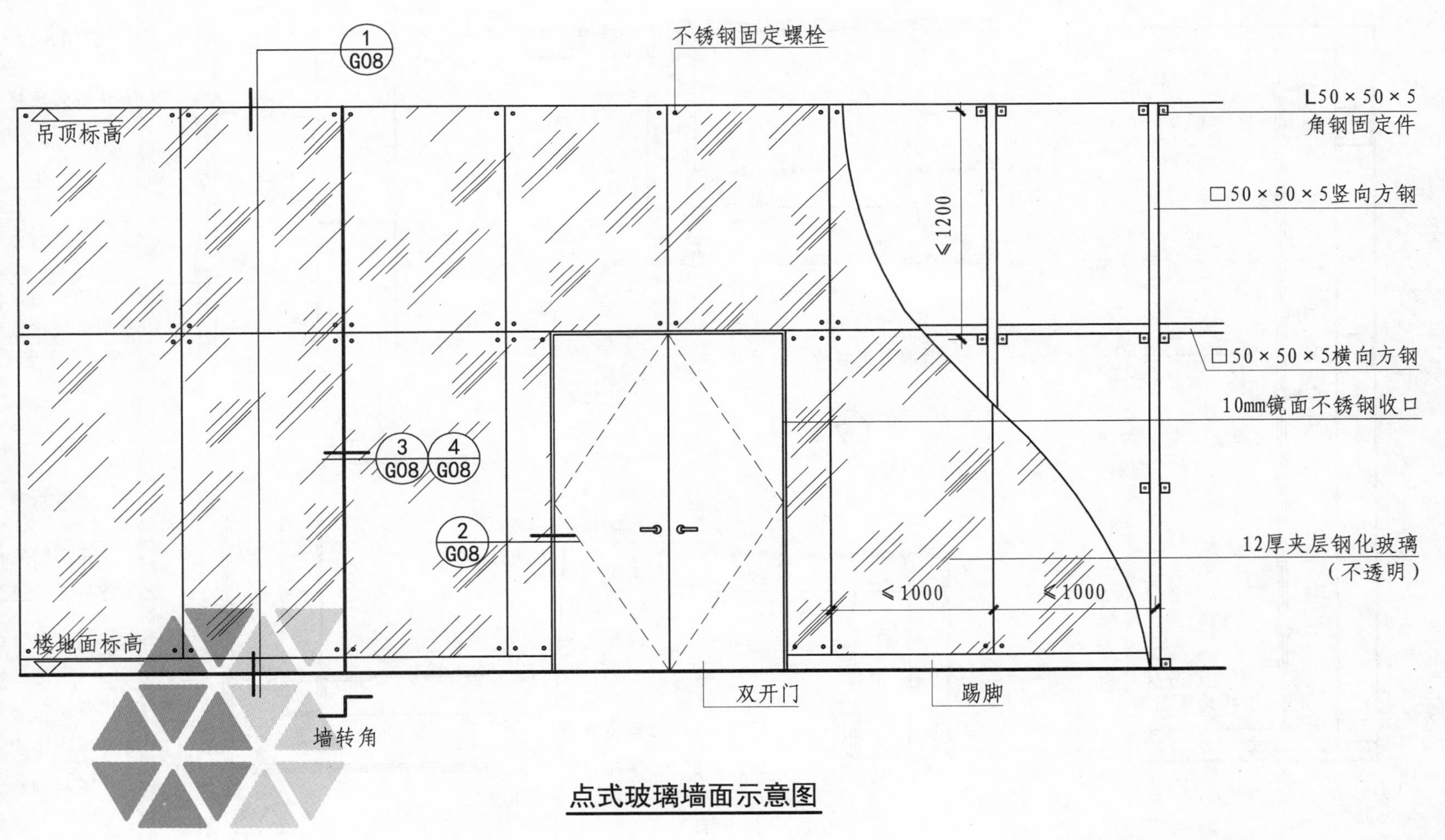

点式玻璃墙面示意图

注：1.本图适用于钢筋混凝土墙。如为轻质隔墙时，则竖向钢龙骨应与结构楼板(梁)顶、底及混凝土圈梁固定，钢龙骨用料大小需经结构计算，所有钢骨架需做防锈处理。
2.玻璃墙面不能用于消防通道。

点式玻璃墙面示意图						图集号	13J502-1
审核	饶良修	校对	郭晓明	设计	邸士武	页	G07

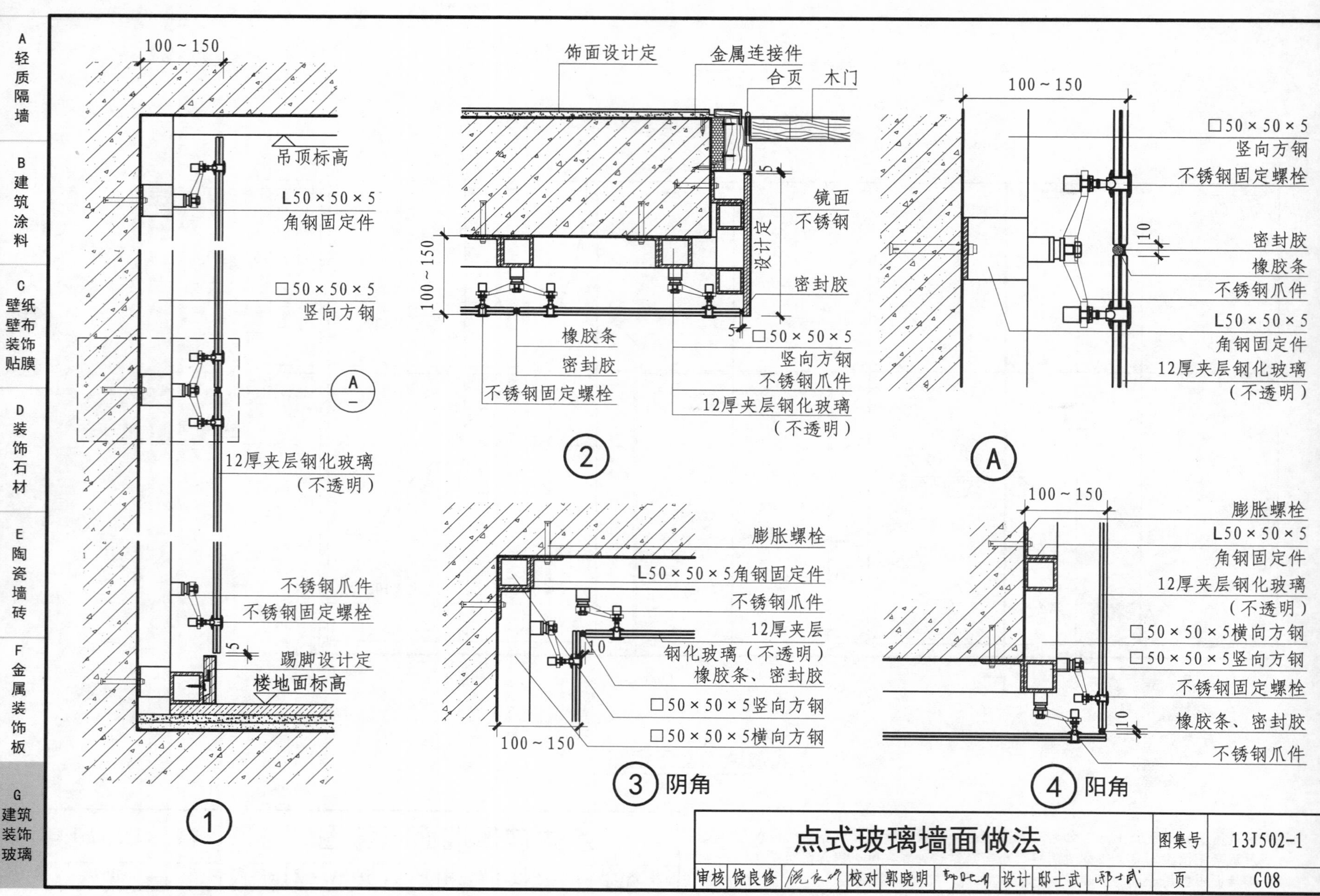

点式玻璃墙面做法							图集号	13J502-1
审核	饶良修	饶良修	校对	郭晓明	郭晓明	设计	邸士武	邸士武	页	G08

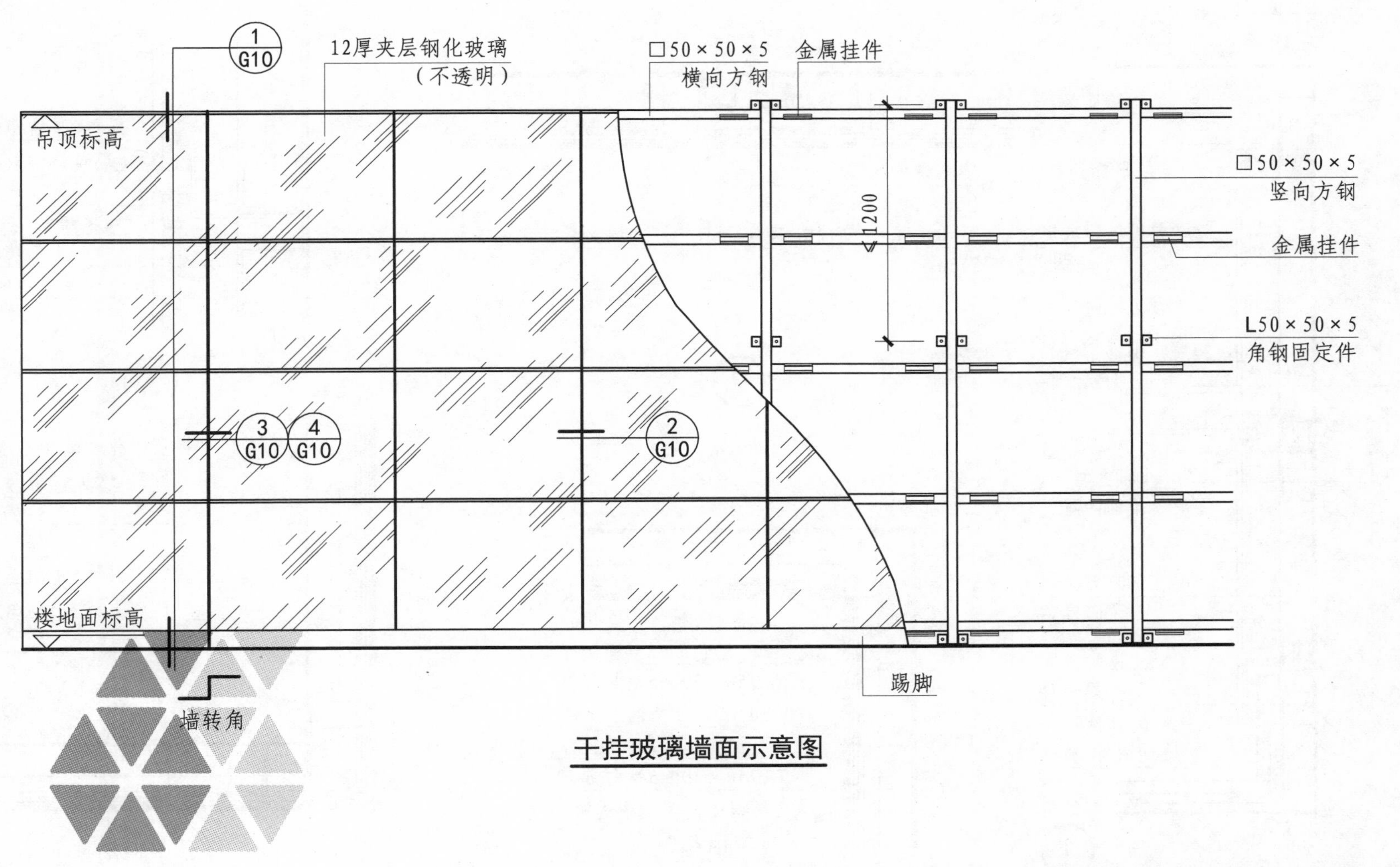

干挂玻璃墙面示意图

注：1. 本图适用于钢筋混凝土墙。如为轻质隔墙时，则竖向钢龙骨应与结构楼板(梁)顶、底及混凝土圈梁固定，钢龙骨用料大小需经结构计算，所有钢骨架需做防锈处理。
2. 玻璃墙面不能用于消防通道。

干挂玻璃墙面示意图								图集号	13J502-1
审核	饶良修	饶良修	校对	郭晓明	郭晓明	设计	邸士武	页	G09

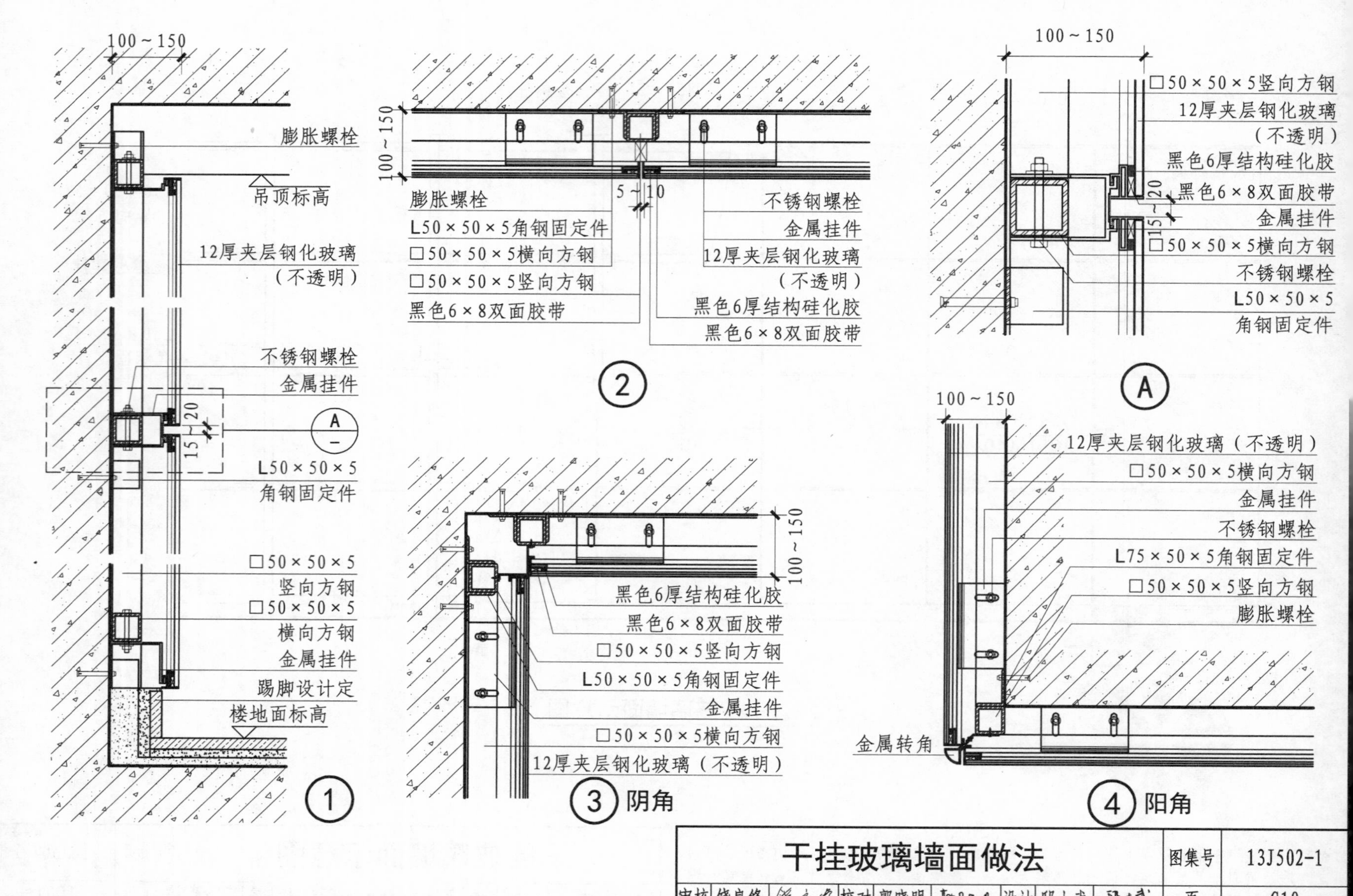

干挂玻璃墙面做法						图集号	13J502-1
审核 饶良修		校对 郭晓明		设计 郦士武		页	G10

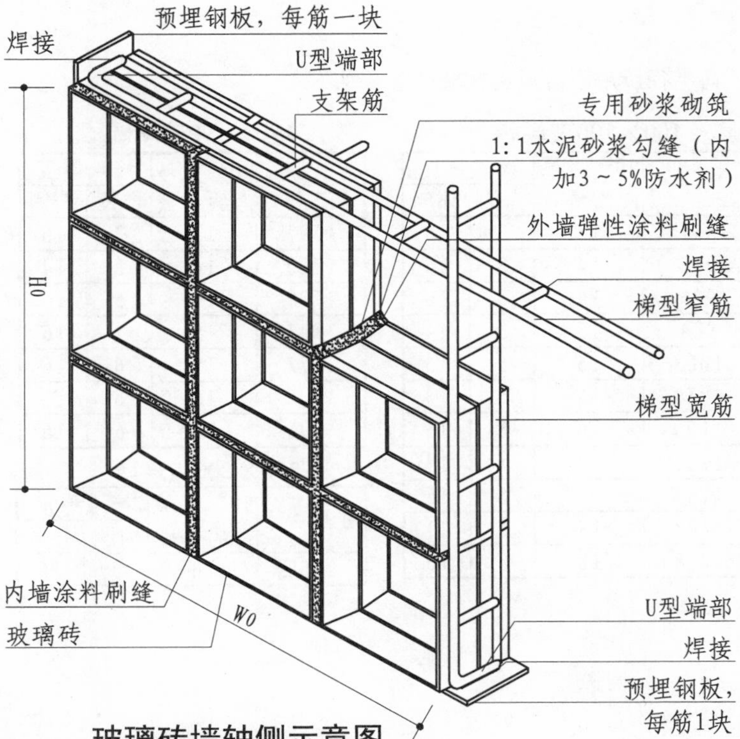

预埋钢板，每筋一块
焊接
U型端部
支架筋
专用砂浆砌筑
1:1水泥砂浆勾缝（内加3～5%防水剂）
外墙弹性涂料刷缝
焊接
梯型窄筋
H0
梯型宽筋
内墙涂料刷缝
玻璃砖
W0
U型端部
焊接
预埋钢板，每筋1块

玻璃砖墙轴侧示意图

玻璃砖墙伸缩缝

为防止玻璃砖墙横（纵）向膨胀或收缩变形造成的破坏，玻璃砖墙必须每隔3.5m长度或高度设置一道伸缩缝。

A
≥6宽伸缩缝（用于墙面积较小的位置）

①

B
30宽金属收口型材伸缩缝（用于墙面积较大的位置）

②

横向钢筋
≥6
专用砂浆
弹性橡胶条
饰面砂浆

Ⓐ

3厚固定钢板
5
30
5
专用砂浆
横向钢筋
弹性橡胶条
饰面砂浆
金属收口型材
缓冲材料

Ⓑ

饰面砂浆
专用砂浆
横向钢筋
转角玻璃砖
竖向钢筋

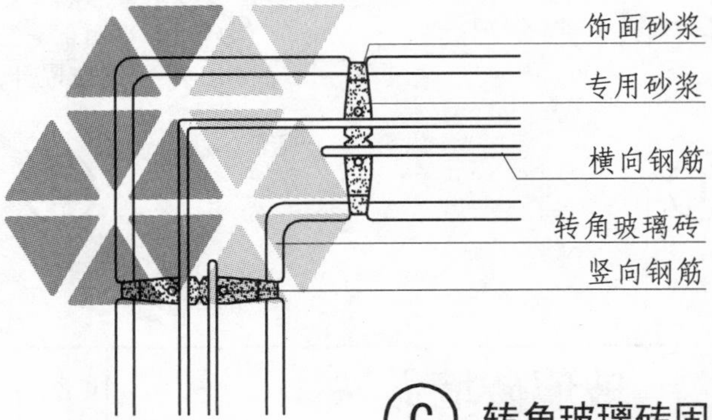

Ⓒ 转角玻璃砖固定方法

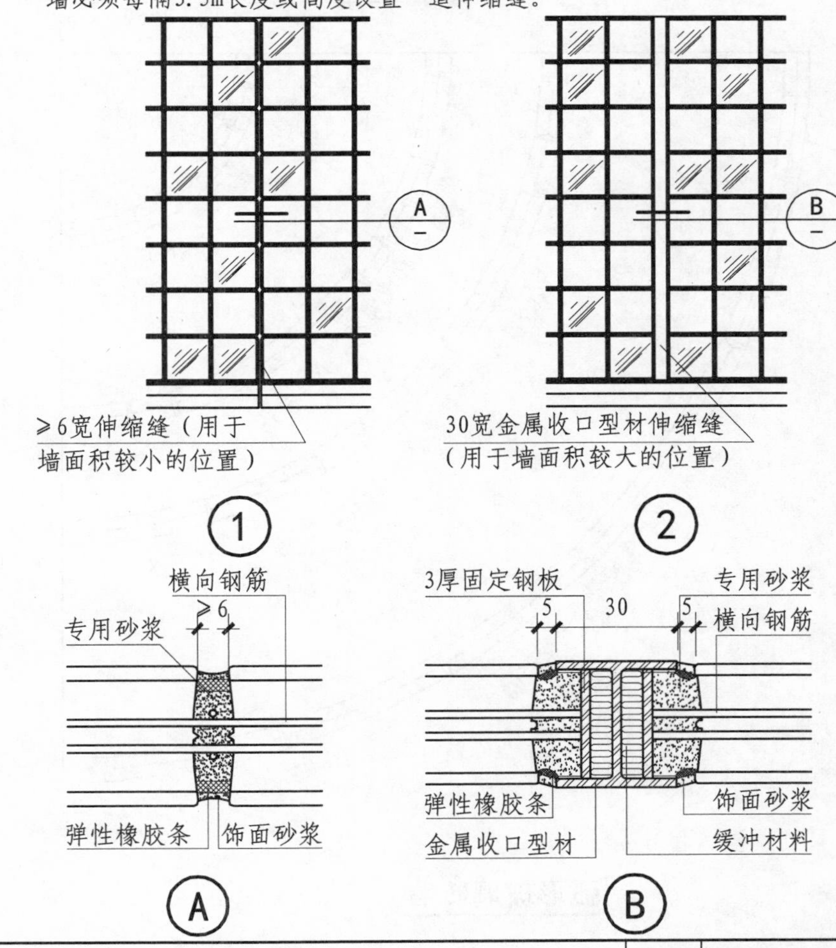

玻璃砖墙做法							图集号	13J502-1
审核	饶良修	校对	郭晓明	设计	邸士武		页	G11

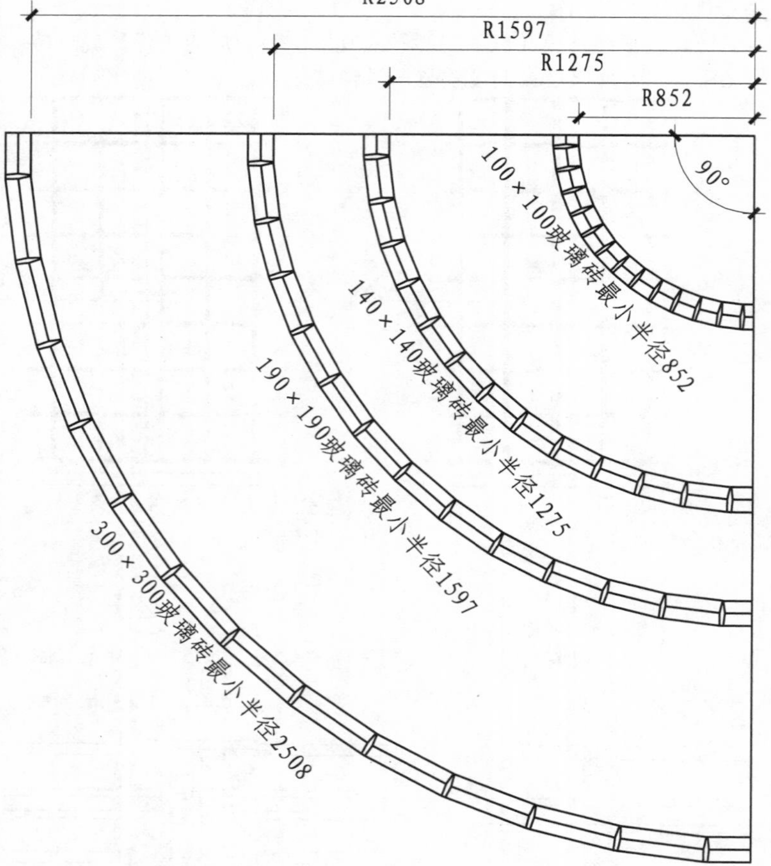

R2508
R1597
R1275
R852
90°
100×100玻璃砖最小半径852
140×140玻璃砖最小半径1275
190×190玻璃砖最小半径1597
300×300玻璃砖最小半径2508

弧形玻璃砖墙

不同半径所用不同规格玻璃砖数量见下表:

100×100玻璃砖

内围半径	90° 区域内的块数	接点厚度	
		内侧	外侧
852	13	3	16
918	14	3	14
936	14	5	16
984	15	3	14
1003	15	5	16
1070	16	5	13
1100	16	8	16
1136	17	5	13
1169	17	8	16
1203	18	5	11
1238	18	8	16

190×190玻璃砖

内围半径	90° 区域内的块数	接点厚度	
		内侧	外侧
1597	13	3	16
1720	14	3	14
1738	14	5	16
1843	15	3	16
1872	15	6	16
1966	16	3	13
1996	16	6	16

300×300玻璃砖

内围半径	90° 区域内的块数	接点厚度	
		内侧	外侧
2508	13	3	16

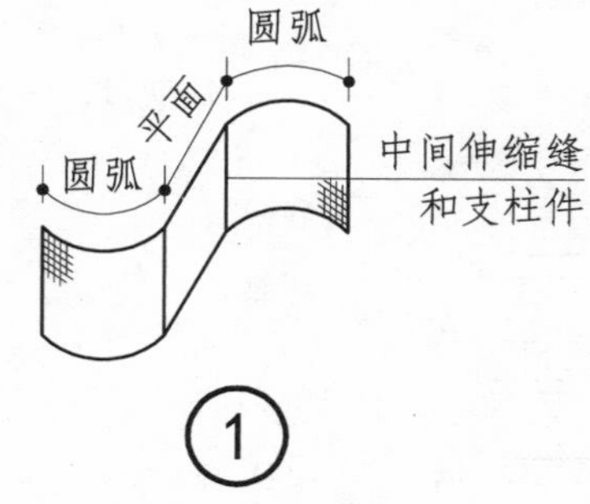

①

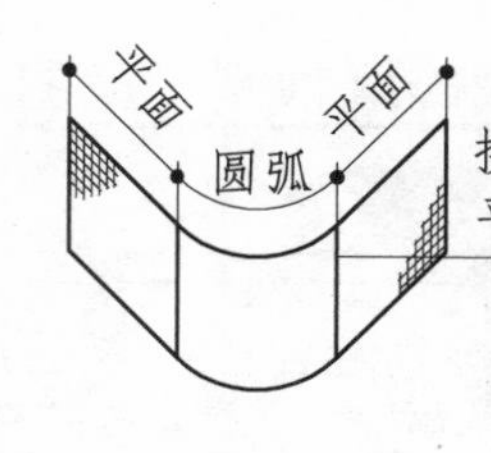

接点和支撑圆弧部分和平面部分应以中间的伸缩缝隔开,并加以支撑

②

玻璃砖墙做法								图集号	13J502-1
审核	饶良修	饶良修	校对	郭晓明	郭晓明	设计	邸士武	邸士武	页	G12

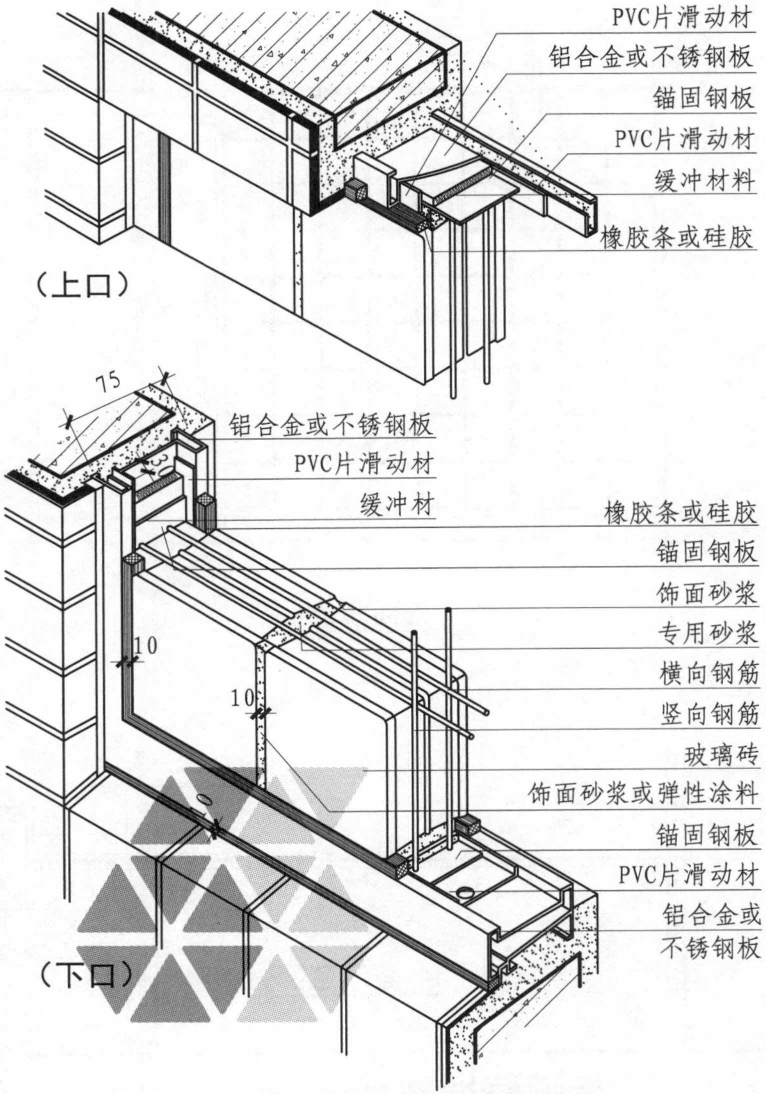

PVC片滑动材
铝合金或不锈钢板
锚固钢板
PVC片滑动材
缓冲材料
橡胶条或硅胶
（上口）
75
铝合金或不锈钢板
PVC片滑动材
30
缓冲材
橡胶条或硅胶
锚固钢板
饰面砂浆
专用砂浆
横向钢筋
竖向钢筋
玻璃砖
饰面砂浆或弹性涂料
锚固钢板
PVC片滑动材
铝合金或
不锈钢板
10
10
（下口）

有框玻璃砖墙轴侧剖视图

30
玻璃砖
专用砂浆
横向钢筋
竖向钢筋
饰面砂浆或
弹性涂料
支架筋
饰面砂浆或
弹性涂料
铝合金或不
锈钢框

① 玻璃砖墙金属框做法

缓冲材料
橡胶条或硅胶
专用砂浆
横向钢筋
竖向钢筋
玻璃砖
饰面砂浆或弹性涂料
支架筋
缓冲材料

② 玻璃砖墙无框做法

玻璃砖墙做法							图集号	13J502-1
审核	饶良修	饶良修	校对	郭晓明	郭晓明	设计	邸士武	邸士武	页	G13

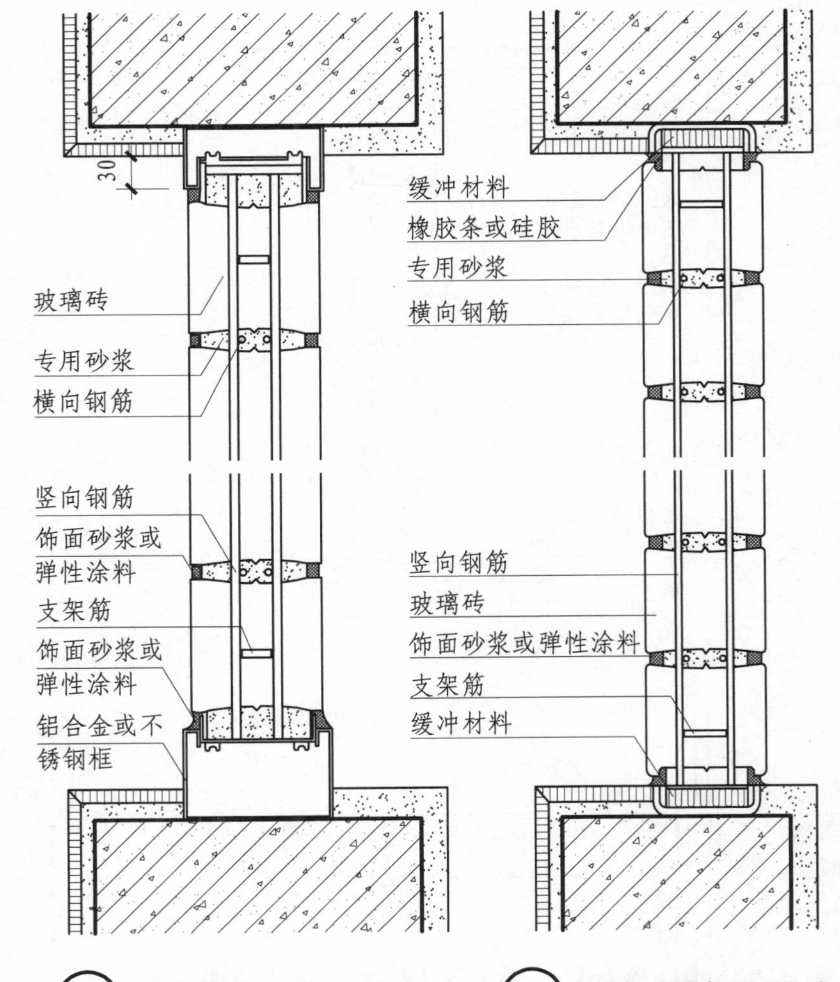

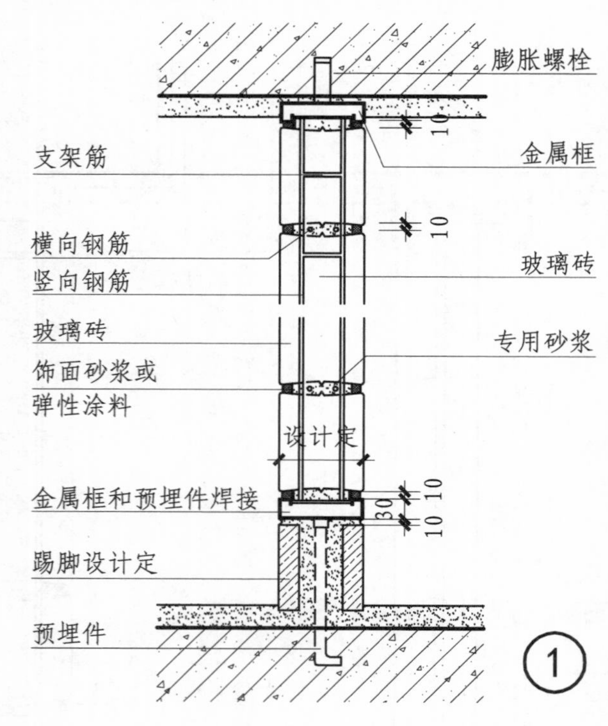

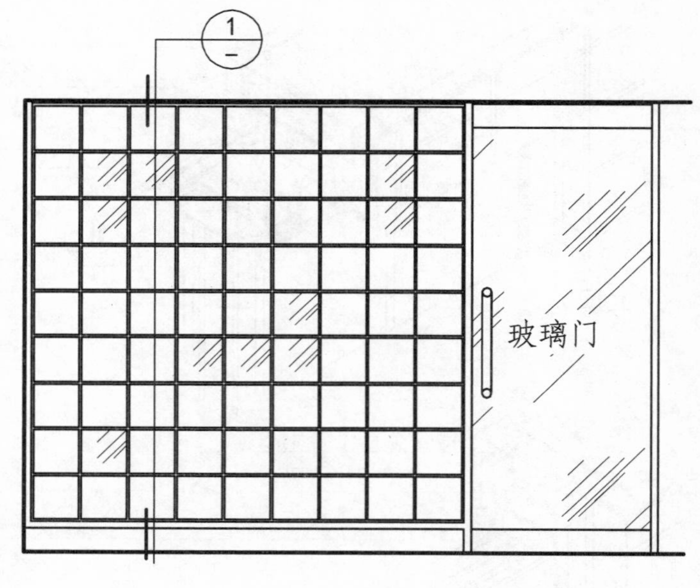

立面示意图

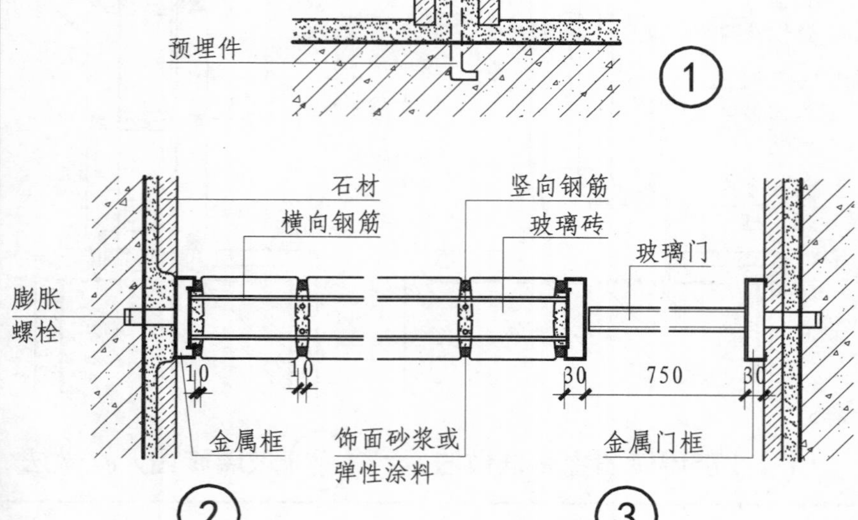

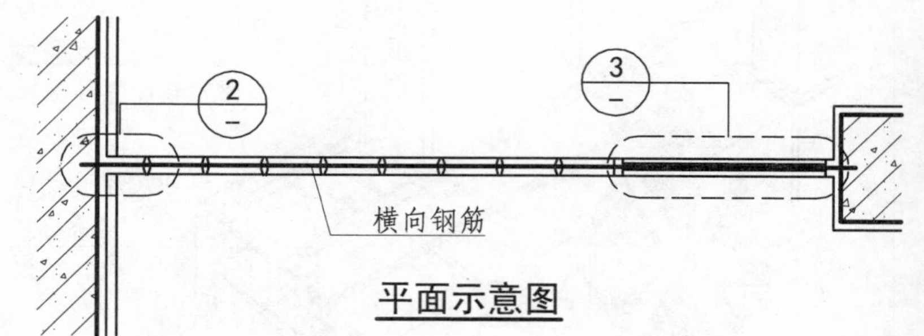

平面示意图

注：预埋件、膨胀螺栓型号及数量应根据墙体的高度、厚度由结构计算确定。

玻璃砖墙做法							图集号	13J502-1
审核	饶良修	饶良修	校对	郭晓明	郭晓明	设计 邸士武 邸士武	页	G14

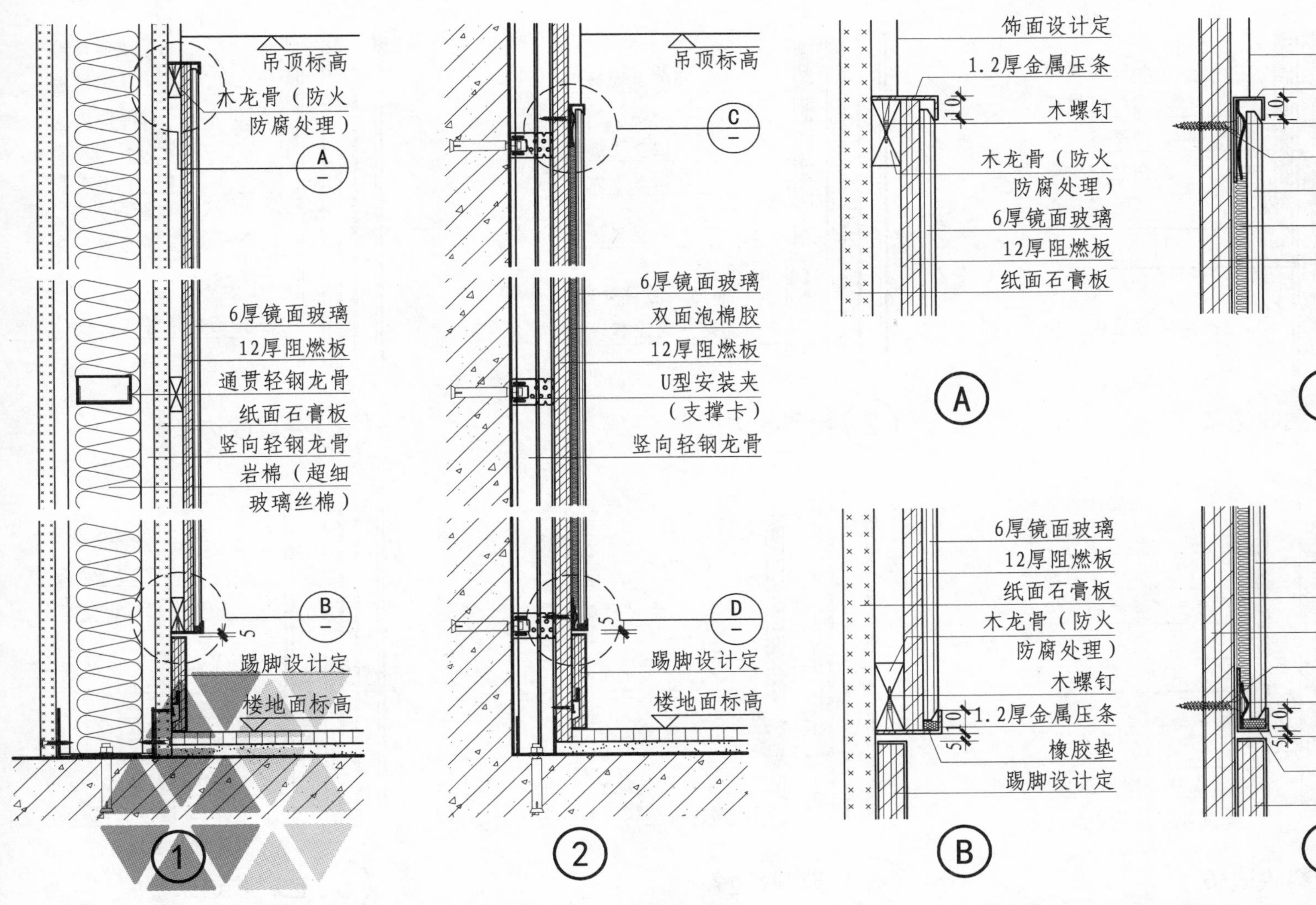

注：1. 镜面材料的选用由设计确定，镜面高度一般为2000mm，最高为2500mm，超高时设计应考虑分块拼接。
2. 金属压条一般为成品，可采用铝合金、不锈钢或铜等材料。
3. 混凝土墙体采用膨胀螺栓固定龙骨，轻质隔墙采用自攻螺钉固定龙骨。

镜面玻璃墙面做法	图集号	13J502-1
审核 饶良修 校对 郭晓明 设计 邸士武	页	G15

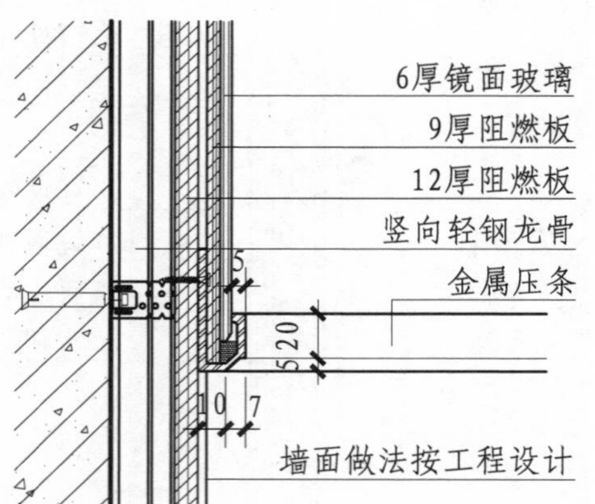

① 金属收边条

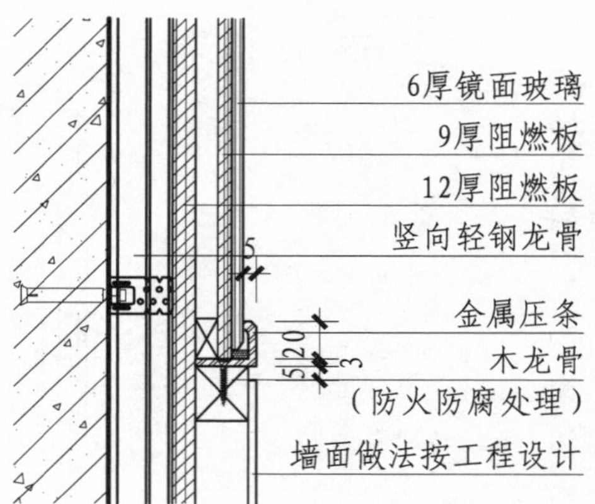

② 金属收边条

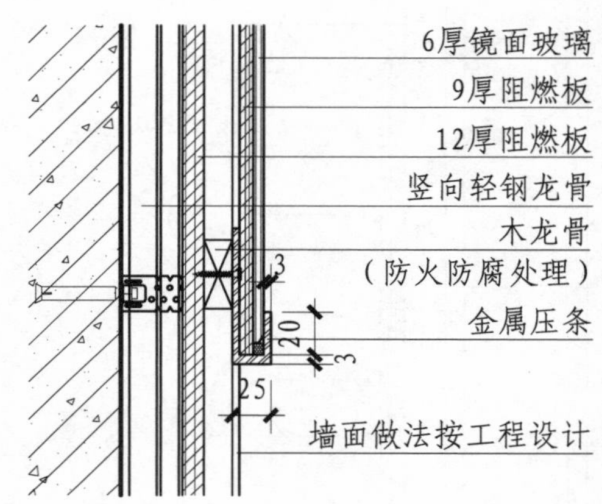

③ 金属收边条

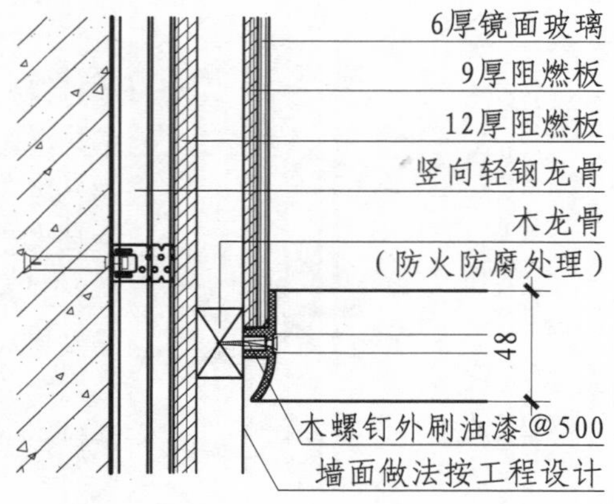

④ 塑料收边条

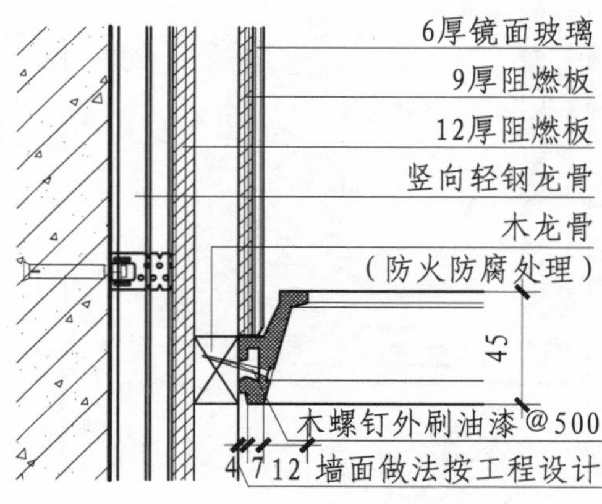

⑤ 塑料收边条

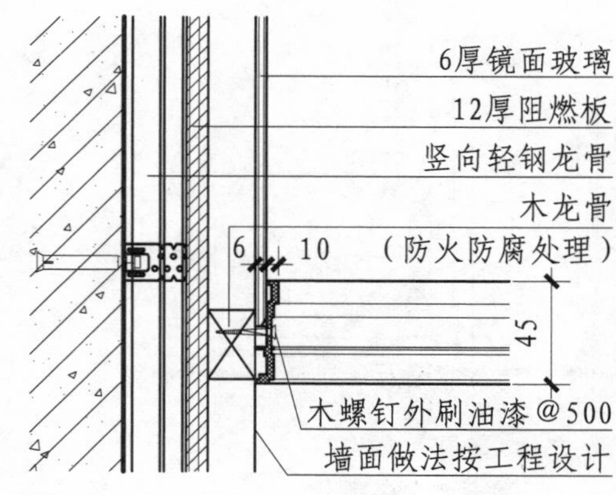

⑥ 塑料收边条

镜面玻璃收边做法						图集号	13J502-1
审核 饶良修	饶良修	校对 郭晓明	郭晓明	设计 邸士武	邸士武	页	G16

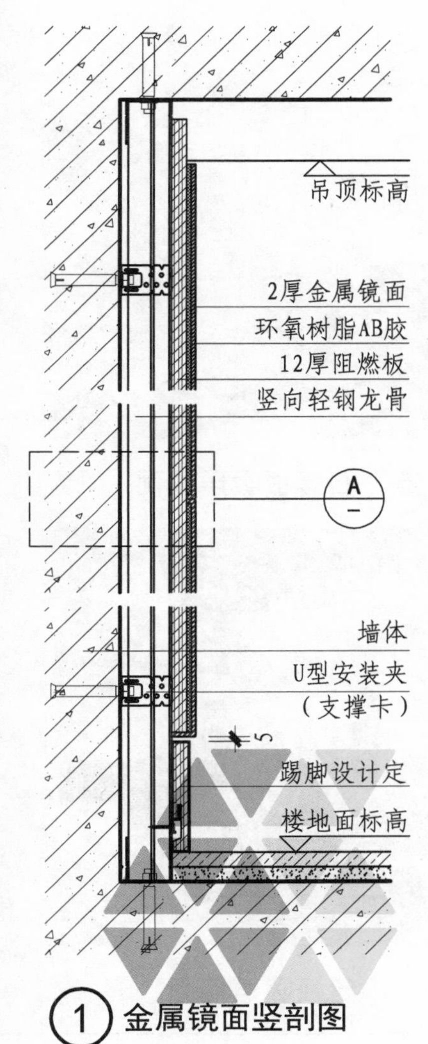

① 金属镜面竖剖图

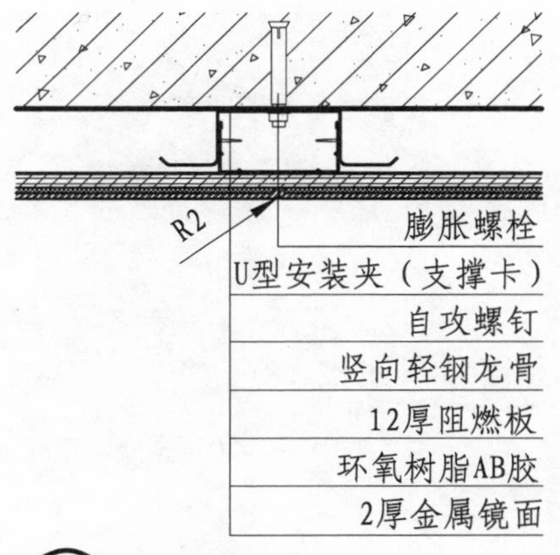

② 金属镜面横剖图

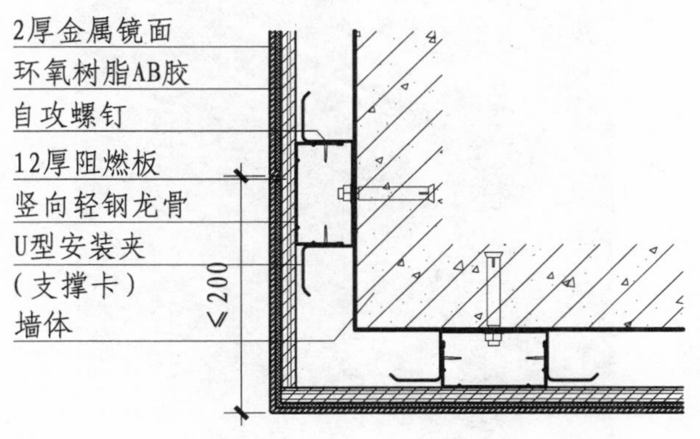

③ 金属镜面阳角

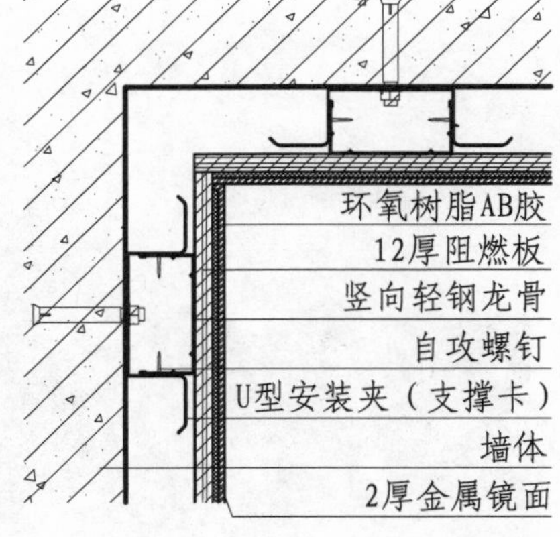

④ 金属镜面阴角

注：金属镜面厚度不小于2mm，要根据规格大小，由设计定。

金属镜面墙面做法								图集号	13J502-1
审核	饶良修	饶良修	校对	郭晓明	郭晓明	设计	邸士武	页	G17

织物吸声板（软包）墙面

木质吸声板墙面

穿孔石膏板吸声墙面

织物吸声板（软包）墙面

木质吸声板墙面

木丝板吸声墙面

装饰吸声板墙面案例								图集号	13J502-1
审核	饶良修	饶良修	校对	张晔	张晔	设计	邸士武	页	H01

装饰吸声板说明

1 装饰吸声板

装饰吸声板是具有吸声减噪作用的板状装饰材料。

2 装饰吸声板的分类

装饰吸声板的名称、组成、分类及特点，见表H-1。

3 装饰吸声板的施工

3.1 方钢龙骨施工流程：墙面定位弹线→钻孔安装角钢固定件→固定竖向龙骨→固定横向龙骨→安装面层。

3.1.1 墙面定位弹线：按设计要求在墙面弹线，弹线清楚、位置准确；充分考虑墙面不同材料间关系和留孔位置合理定位。

3.1.2 钻孔安装角钢固定件：角钢固定件上开有长圆孔，以便于施工时调节位置和允许使用情况下的热胀冷缩：在混凝土或砌块墙上钻孔，用膨胀螺栓固定角钢固定件。当需要在钢结构柱或梁上固定时，不能直接将角钢固定件与钢结构相连，以免破坏原钢结构防火保护层。应在需要位置另行焊接转接件再与角钢固定件连接，并应恢复焊接位置的防火保护层。

3.1.3 固定竖向龙骨：角钢固定件和竖向钢龙骨采用焊接方式，两个角钢固定件的间距不大于1200mm；保证竖向龙骨垂直及装饰完成面平整。

表H-1 装饰吸声板的名称、组成、分类及特点

名　称	组　成	分　类	特　点
织物吸声板（软包）	是一种在内墙表面用柔性材料加以包装的墙面装饰	布艺软包和皮革软包	吸声、防静电、防撞、质地柔软、色彩柔和能够柔化和美化空间的特点
木质吸声板	是根据声学原理精致加工而成，由木饰面、芯材和吸声薄毡组成	槽木吸声板和穿孔木吸声板	材质轻、不变型、强度高、造型美观、色泽幽雅、装饰效果好、立体感强、组装简便等特点
穿孔石膏板	是由建筑石膏、特制覆面纸经特殊加工的石膏板通过穿孔的形式加工而成	覆膜和纸面穿孔石膏板	独特的装饰效果、有效调节室内空气舒适度、良好的吸声性能和良好的韧性可做弯曲造型，多种孔型选择
木丝板	由天然木丝、菱镁矿和水胶凝而成，选定种类的晾干木料刨成细长木丝，规定时间固化陈放，木丝与菱镁矿或水泥压制而成，属于多孔式吸声材料	木质木丝板和水泥木丝板	耐久性、抗冲击性能、抗菌耐潮湿、稳定性强、膨胀或收缩率小、吸声性能好、节能保温；菱镁矿无碱性腐蚀，不破坏表面颜料，延长使用寿命
聚酯纤维吸声板	采用100%聚酯纤维为原料，经过热压融合并以茧棉形状制成。利用热处理方法加工成各种密度的制品，集吸声、隔热及装饰为一体的新型室内装修材料	聚酯纤维吸声板	装饰、保温、阻燃、轻体、易加工、稳定、抗冲击、维护简便，是一种可循环利用的环保产品

装饰吸声板说明						图集号	13J502-1
审核	饶良修	校对	张晔	设计	郜士武	页	H02

3.1.4 固定横向龙骨：横向钢龙骨与竖向钢龙骨焊接，间距不大于1200mm，横向钢龙骨面与竖向钢龙骨平齐。

3.1.5 龙骨空腔内部可填充玻璃丝棉或岩棉以增强吸声性能，可根据防火要求或吸声性能选择。

3.2 轻钢龙骨的施工流程：

3.2.1 按照设计要求，分别在顶面、地面上弹线确定沿顶、沿地轻钢龙骨的位置。

3.2.2 分别在顶面、地面用膨胀螺栓固定沿顶、沿地轻钢龙骨。固定点间距应不大于600mm，端头位置应不大于300mm。

3.2.3 竖向轻钢龙骨间距根据安装板材孔径、孔距，应不大于600mm确定。

3.2.4 根据墙面高度，在垂直基准线上确定U型安装夹（支撑卡）的位置，采用膨胀螺栓与墙面固定，横向间距应与竖向轻钢龙骨一致，竖向间距应不大于600mm。

3.2.5 将竖向轻钢龙骨卡入U型安装夹（支撑卡）两翼之间，并插入沿顶、沿地轻钢龙骨之间。

3.2.6 调整并校正轻钢龙骨垂直度。

3.2.7 用自攻螺钉或拉铆钉将其与竖向轻钢龙骨的两翼固定，弯折U型安装夹（支撑卡）的两翼，使其不影响面板的安装。

3.2.8 龙骨空腔内部可填充玻璃丝棉或岩棉以增强吸声性能，可根据防火要求或吸声性能选择。

3.2.9 检查所安装轻钢龙骨，合格后再进行装饰吸声板的安装。

3.3 织物吸声板（软包）的面层安装

3.3.1 基层板的安装：首先在结构墙龙骨骨架上铺阻燃板。

3.3.2 弹线：根据设计图纸要求，通过吊直、套方、找规矩、弹线等工序，把实际设计尺寸与造型落实到墙面上。

3.3.3 计算用料、套裁填充料和面料：首先根据设计图纸的要求，确定软包墙面的具体做法。一是直接铺贴法（此法操作比较简便，但对基层板的平整度要求较高），二是预制铺贴镶嵌法，要求必须横平竖直、不得歪斜，尺寸必须准确等。然后按照设计要求进行用料计算和底材（填充料）、面料套裁工作。要注意同一墙面、同一图案与面料必须用同一卷材料和相同部位（含填充料）套裁面料。

3.3.4 粘贴面料：采用直接铺贴法施工时，应待墙面细木装修基本完成达到施工要求，方可粘贴面料；如果采用预制铺贴镶嵌法，首先裁切与设计要求相同规格的板材，订制边框，内填超细玻璃丝棉，裁切布料、花纹及纹理方向按要求对好，用钉子固定在预制木板上，做成标准规格的软包块，用射钉把预制块按要求由上至下的方式固定在基层板上。

3.4 木质吸声板的安装

常用木质吸声板分为条形板和方板。

3.4.1 条形板的安装

1）采用专用木质吸声板安装配件横向安装，凹口朝上并用安装配件安装，每块木质吸声板依次相接。木质吸声板竖直安装，凹口在右侧，则从左开始用同样的方法安装。两块木质吸声板端要留出不小于3mm的缝隙。

对木质吸声板有收边要求时，可采用收边线条对其进行收边，收边处用螺丝固定。对右侧、上侧的收边线条安装时预留1.5mm，并可采用硅胶密封。墙角处木质吸声板安装有两种方法，密拼或用线条固定。

2）木质吸声板的安装顺序，可选择从左到右、从下到上的原则。

木质吸声板横向安装时，凹口向上；竖直安装时，凹口在右侧。部分实木吸声板有对花纹要求的，每一立面应按照实木吸声板上事先编制好的编号依次从小到大进行安装（实木吸声板的编号遵循从左到右、从下到上、数字依次从小到大）。

装饰吸声板说明						图集号	13J502-1
审核	饶良修	校对	张晔	设计	邸士武	页	H03

3.4.2 方板的安装

1）在龙骨上铺装阻燃板，阻燃板分条板横向铺装，板宽不小于100mm，条板间距根据面板的挂点确定。

2）安装金属连接件：根据面板的挂板挂件位置，在阻燃板上固定金属连接件。

3）安装木质吸声板：由下至上排板安装面板纹理、颜色一致，板缝按设计要求确定。

3.5 穿孔石膏板和木丝吸声板的安装

3.5.1 穿孔石膏板安装：

1）安装前需用倒角器对板边处理，穿孔石膏板固定在竖向轻钢龙骨上，用25mm的自攻螺钉固定，间距不大于200mm，在孔中间小心固定，不破坏纸面嵌入板内，穿孔石膏板与轻钢龙骨垂直安装。

2）穿孔石膏板应对缝排列：先长边、后短边，按放射线方向逐板依次安装。利用直线和对角线来控制孔的规则性；需要时用对孔器来控制相邻板的距离，留3mm缝隙以便于做接缝处理（仅适用于规则圆孔的穿孔石膏板）。

3）边缘不规则时会出现不完整的孔，处理方法：用接缝料将孔堵住。

4）用专用接缝材料补平自攻螺钉位置。

5）接缝：组装完成后，清理板缝后用刷子在板缝部位涂刷界面剂。接缝处理采用专用无需纸带接缝料(接缝温度不小于10℃)，使用时，轻轻挤压使接缝材料渗透全部深度，刮去多余接缝料部分，不要破坏纸面。第一层干燥后，涂抹第二层，并用刮刀刮平，保证接缝处被完整填充，此步骤是达到完美的装饰效果的关键一步。如果在接缝过程中有孔被堵住，在接缝料干燥前小心将他们清洁出来。当接缝处理完成后，需打磨平整。

6）终饰：用稀释后的底漆平衡接缝处和板之间的吸收水平，用乳胶漆涂饰。

3.5.2 木丝吸声板的安装

1）木丝吸声板用自攻螺钉固定。按照板材尺寸横向排布，竖向用自攻螺钉（间距不大于300mm）、距板边50mm固定；横向自攻螺钉间距根据龙骨间距均匀排布。自攻螺钉应嵌入板材，以便对饰面进行处理。

2）采用木丝纹理饰面板应按照板材边角标记进行对应安装，自然拼接以保证木丝纹理的延续性。

3）木丝吸声板安装要点：由下至上，沿长方向排板。

4）木丝吸声板完成面处理：木丝吸声板由自攻螺钉机械固定在轻钢龙骨之上，钉眼位置需要菱镁矿粉（水泥基采用水泥）补平，接缝处可选不同边形自然拼接不做处理。需要裁切时，应对板材边缘用砂纸进行打磨后用菱镁矿粉（水泥基采用水泥）修补。

饰面可做颜色喷涂或彩绘处理，要求颜料对木丝吸声板表面无腐蚀性。

4 装饰吸声板的施工验收

4.1 墙面龙骨骨架安装施工质量应符合《建筑装饰装修工程质量验收规范》GB 50210-2001中的要求。

4.2 面板安装检查平整度，表面平整度±2mm，用2m直尺检查。

4.3 接缝处理，平整度±1mm，用直尺和楔型塞尺检查。

4.4 安装完毕后要做成品保护，以防损坏。

装饰吸声板说明						图集号	13J502-1
审核	饶良修	校对	张晔	设计	邸士武	页	H04

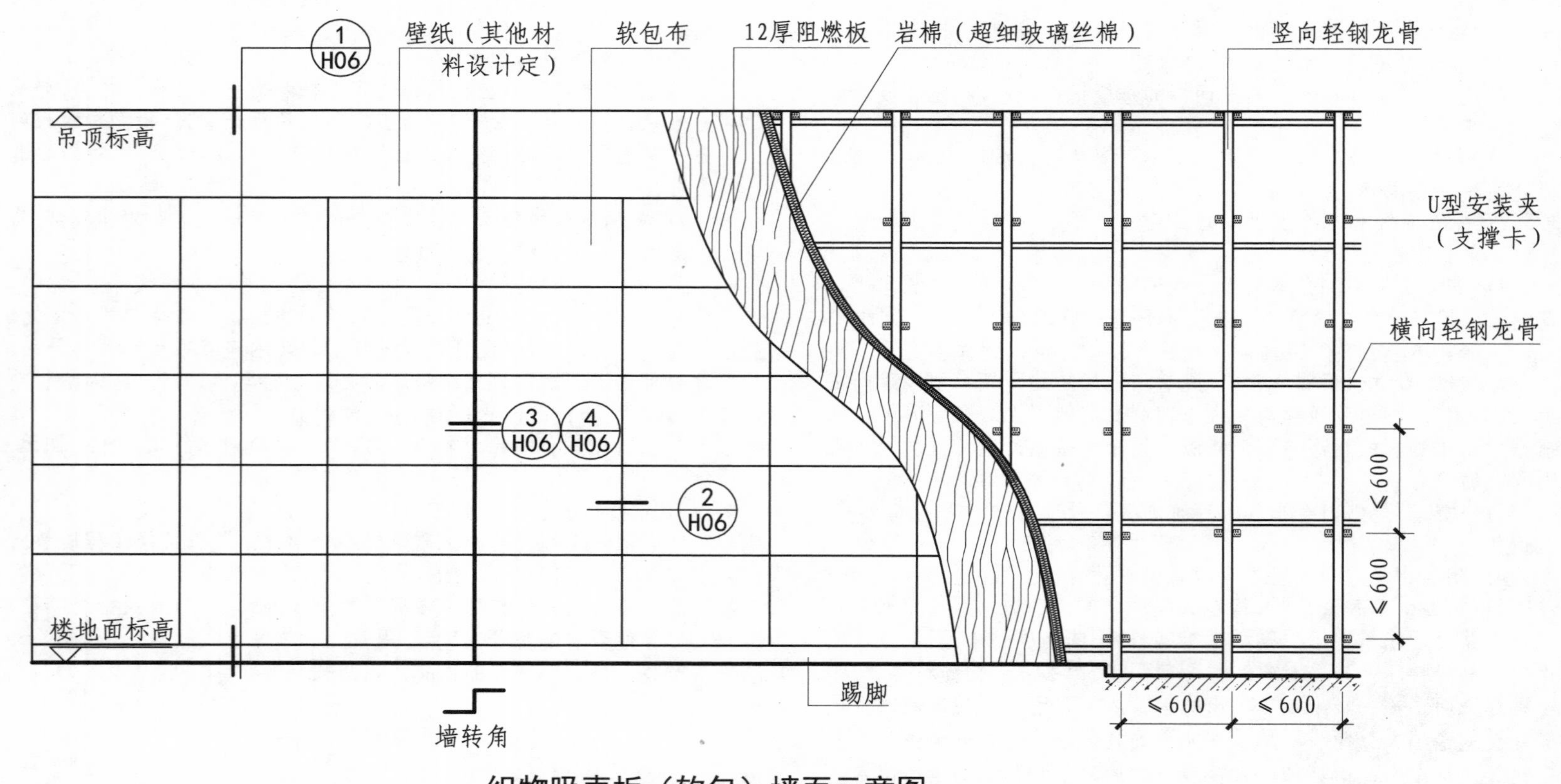

织物吸声板（软包）墙面示意图

织物吸声板（软包）墙面示意图								图集号	13J502-1
审核	饶良修	饶良修	校对	张晔	张晔	设计	邸士武	邸士武	页	H05

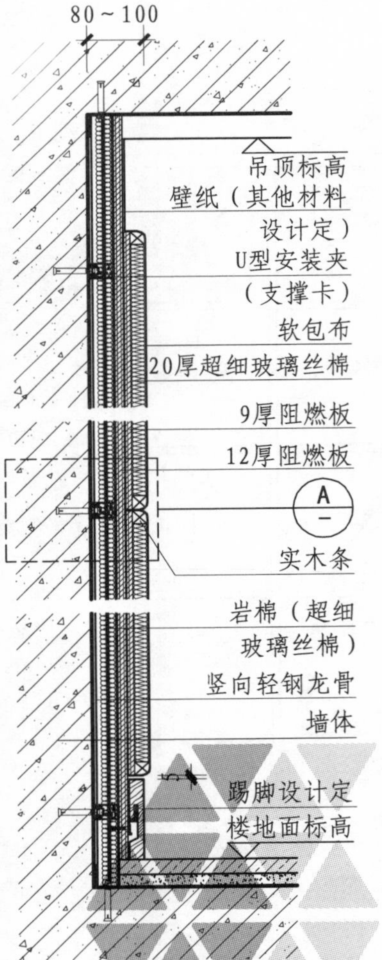

80～100

吊顶标高

壁纸（其他材料设计定）

U型安装夹（支撑卡）

软包布

20厚超细玻璃丝棉

9厚阻燃板

12厚阻燃板

A

实木条

岩棉（超细玻璃丝棉）

竖向轻钢龙骨

墙体

踢脚设计定

楼地面标高

1

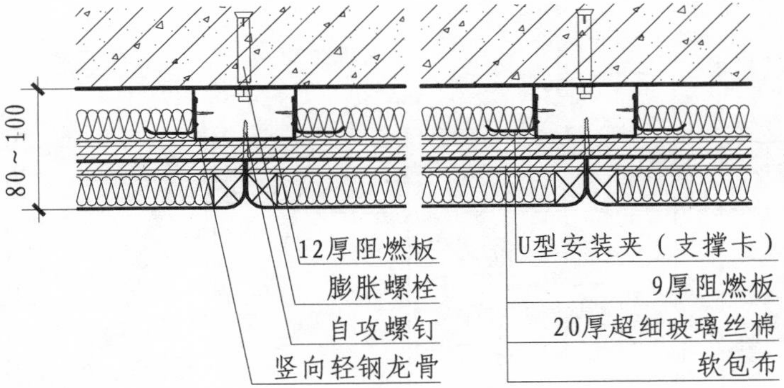

80～100

12厚阻燃板

膨胀螺栓

自攻螺钉

竖向轻钢龙骨

U型安装夹（支撑卡）

9厚阻燃板

20厚超细玻璃丝棉

软包布

2

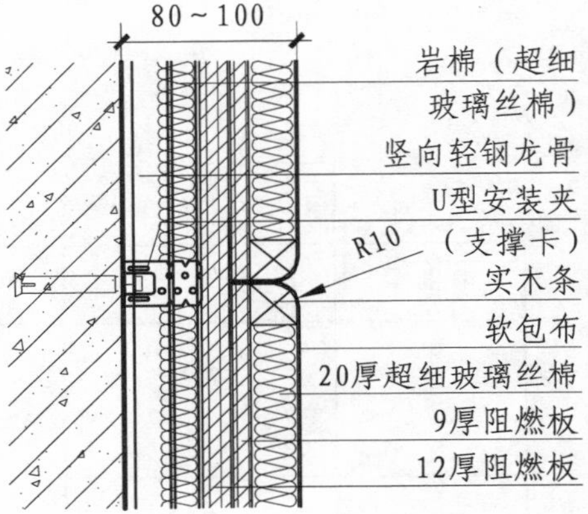

80～100

岩棉（超细玻璃丝棉）

竖向轻钢龙骨

U型安装夹（支撑卡）

R10

实木条

软包布

20厚超细玻璃丝棉

9厚阻燃板

12厚阻燃板

A

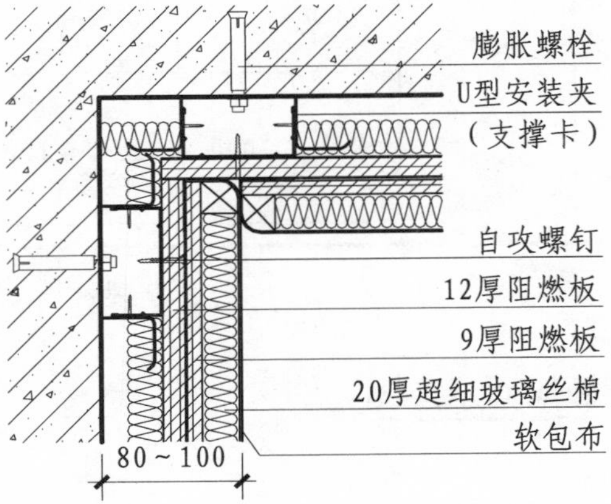

膨胀螺栓

U型安装夹（支撑卡）

自攻螺钉

12厚阻燃板

9厚阻燃板

20厚超细玻璃丝棉

软包布

80～100

3 阴角

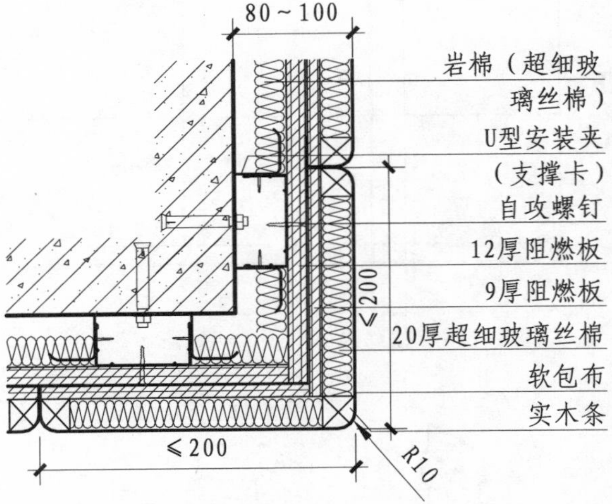

80～100

岩棉（超细玻璃丝棉）

U型安装夹（支撑卡）

自攻螺钉

12厚阻燃板

9厚阻燃板

≤200

20厚超细玻璃丝棉

软包布

实木条

≤200

R10

4 阳角

织物吸声板（软包）墙面做法							图集号	13J502-1
审核	饶良修	饶良修	校对	张晔	张晔	设计 邸士武 邸士武	页	H06

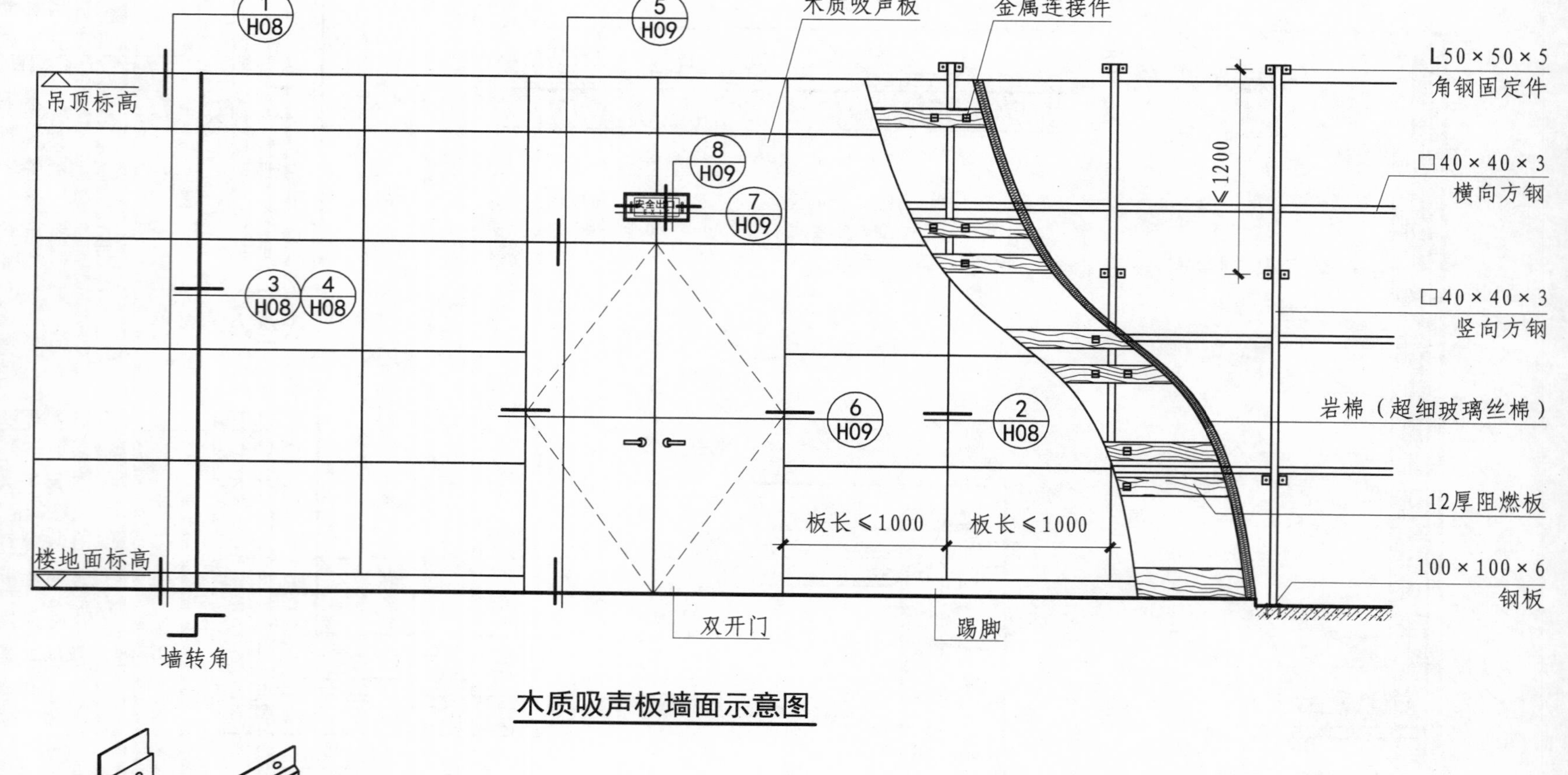

木质吸声板墙面示意图

注：本图适用于钢筋混凝土墙。如为轻质隔墙时，则竖向钢龙骨应与结构楼板（梁）顶、底及混凝土圈梁固定，钢龙骨用料大小需经结构计算，所有钢骨架需做防锈处理。

木质吸声板墙面示意图								图集号	13J502-1
审核	饶良修	饶良修	校对	张晔	张晔	设计	邸士武	邸士武	页 H07

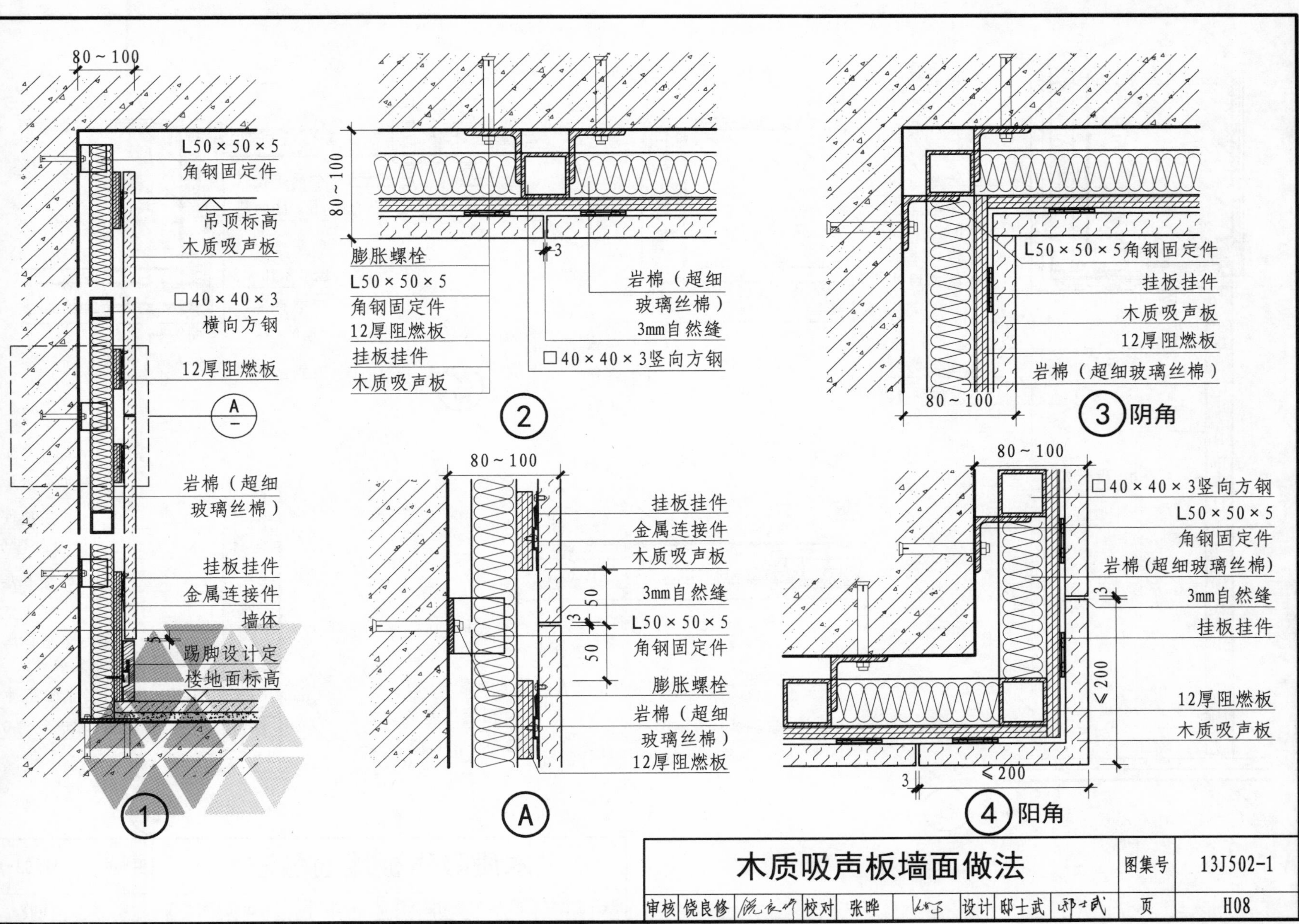

木质吸声板墙面做法						图集号	13J502-1
审核	饶良修	校对	张晔	设计	邸士武	页	H08

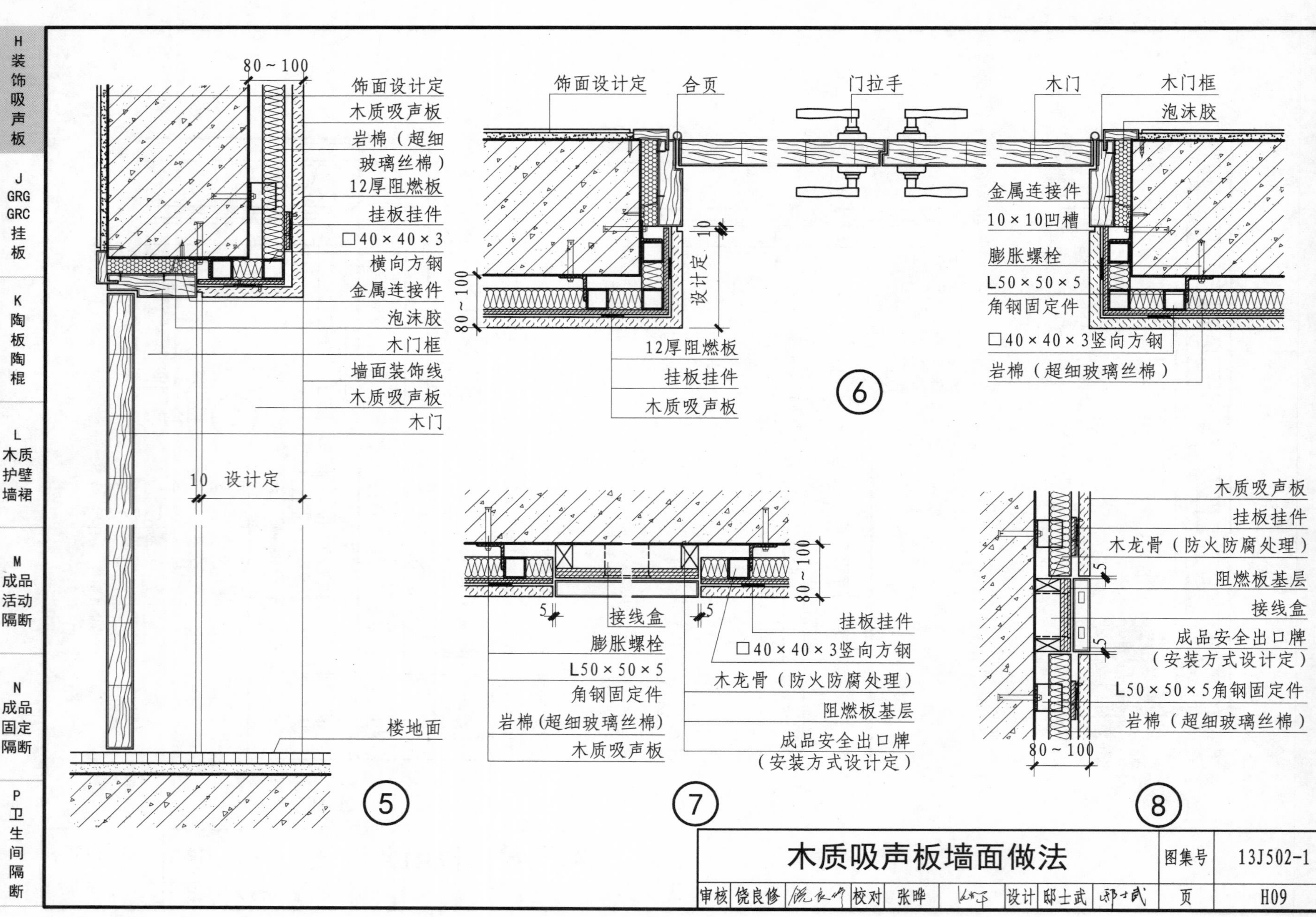

木质吸声板墙面做法						图集号	13J502-1
审核	饶良修	校对	张晔	设计	郇士武	页	H09

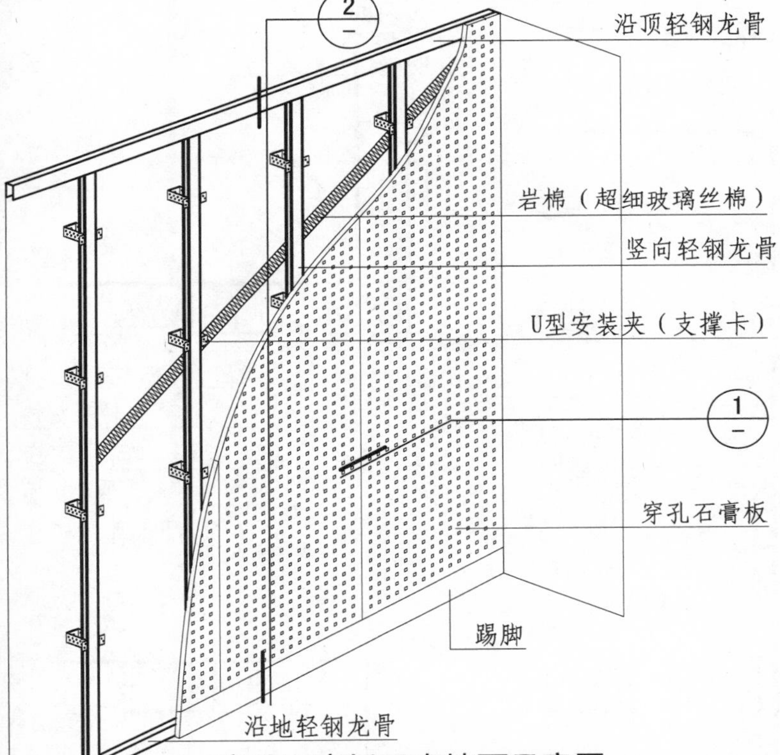

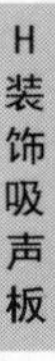

穿孔石膏板吸声墙面示意图

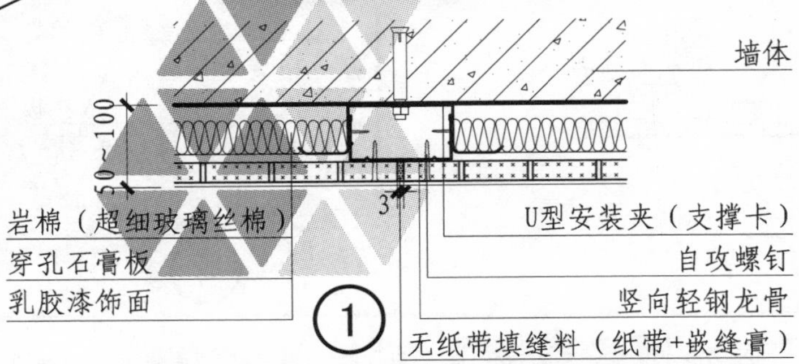

①

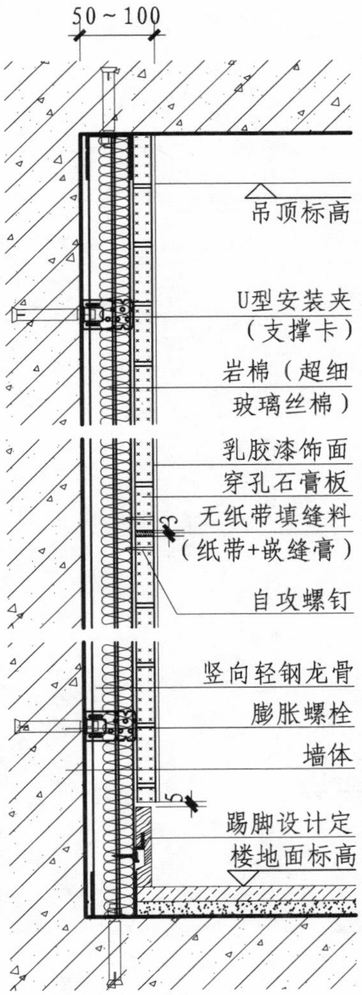

②

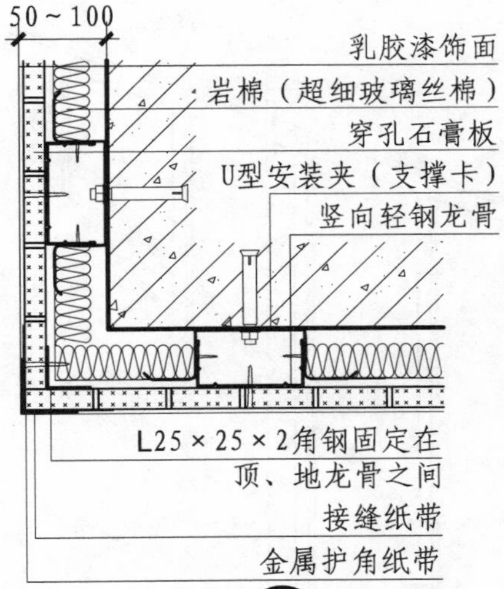

③ 阳角

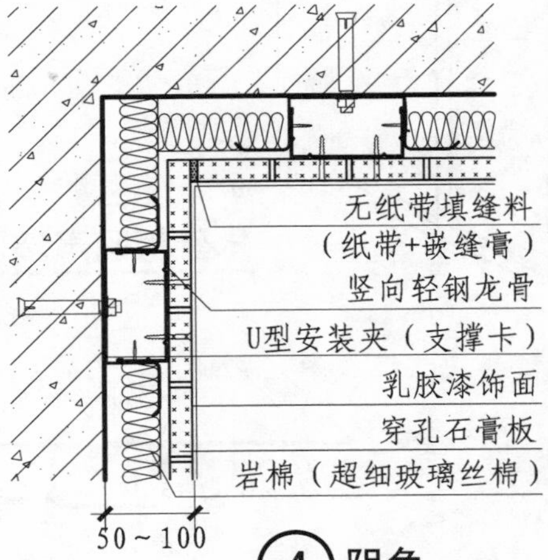

④ 阴角

注：本页根据北新集团建材股份有限公司、可耐福石膏板有限公司和博罗石膏建材有限公司提供的技术资料编制。

穿孔石膏板吸声墙面做法							图集号	13J502-1
审核	饶良修	校对	张晔	设计	邸士武		页	H10

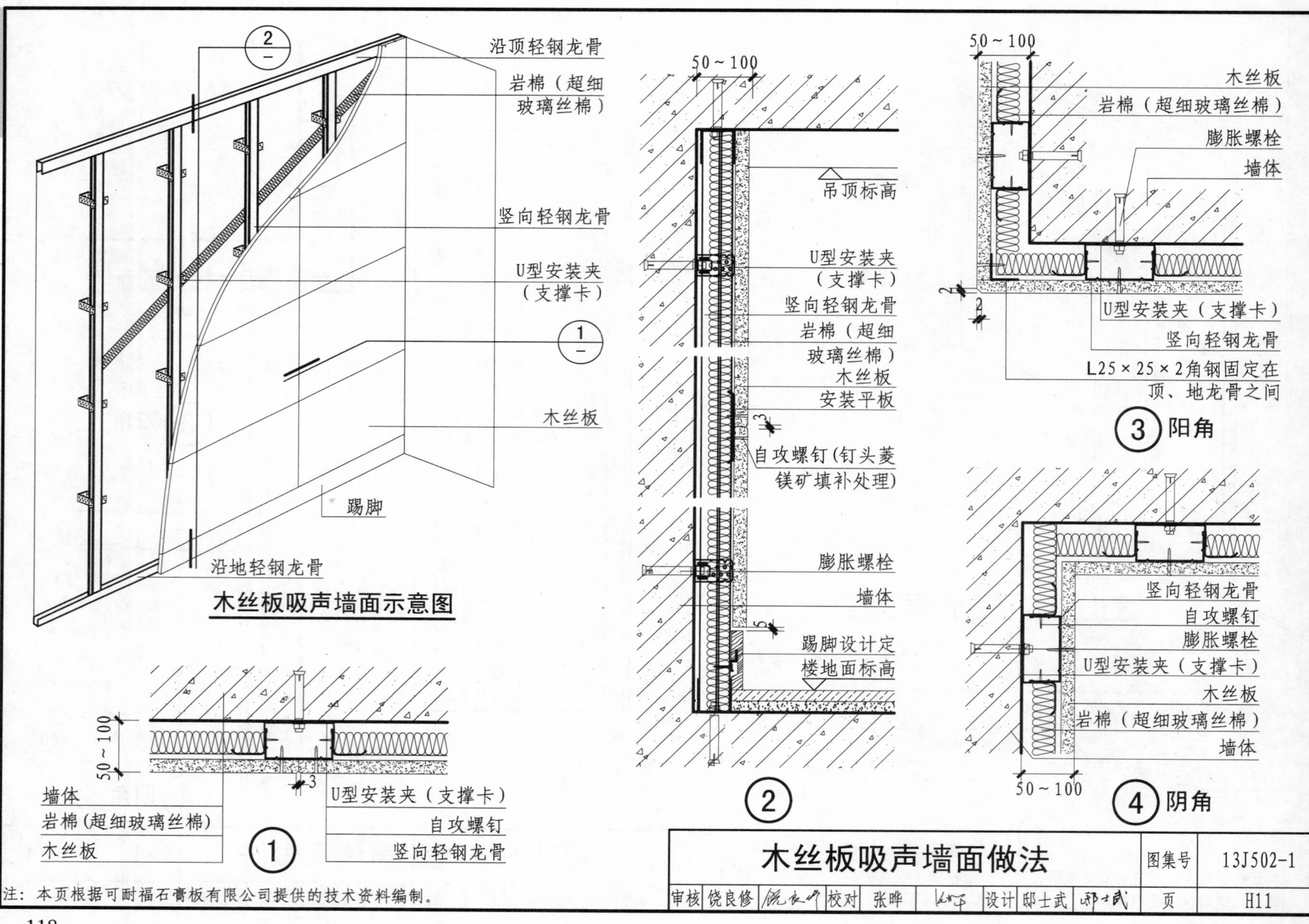

注：本页根据可耐福石膏板有限公司提供的技术资料编制。

木丝板吸声墙面做法								图集号	13J502-1
审核	饶良修	饶良修	校对	张晔	张晔	设计	邸士武	邸士武	页 H11

GRG挂板墙面

GRC挂板墙面

GRG挂板墙面

GRC挂板墙面

GRG、GRC挂板墙面案例								图集号	13J502-1
审核	饶良修	饶良修	校对	张晔	张晔	设计	厉飞	页	J01

GRG、GRC挂板说明

1 GRG、GRC挂板

1.1 GRG是玻璃纤维加强石膏板，是一种特殊改良纤维石膏装饰材料。具有抵御外部环境造成的破损、变形和开裂的能力。

1.2 GRC是玻璃纤维增强水泥，采用低碱硫（铁）铝酸盐特种水泥为胶凝主材料，以含高氧化锆的抗(耐)碱玻璃纤维布、纤维丝为主增强材料，辅以其他配方材料，通过机械喷射、预混、铺网抹浆、混合等工法一次喷射成型的一种高强度抗老化的复合材料。

2 GRG、GRC挂板的特点

2.1 GRG具有强度高、质量轻、不变形、表面光滑、装饰效果佳、施工方便、损耗低、防火、防水、会呼吸、环保和良好的声学性能，表面光洁平滑呈白色，白度达到90%以上，并且可以和各种涂料及面饰材料良好地粘结，形成极佳的装饰效果并且环保安全。

2.2 GRC具有耐冲击、强度高、耐久性好、抗老化、防止龟裂、阻燃、无异味、环保安全。

3 GRG、GRC挂板的分类

3.1 GRG可定制单曲面、双曲面、三维覆面各种几何形状，镂空花纹、浮雕图案等任意艺术造型。

3.2 GRC按形状分：浮雕、造型板、平板等；按厚度分：薄板型、中厚板型、异形结构型。

4 GRG、GRC挂板的施工及验收

4.1 施工工艺流程：放样→板材安装→机电预留孔位→批嵌涂料饰面。

4.1.1 放线

1）水平面尺寸：根据建筑提供确认施工现场的柱心或墙心等基准线→核对设计施工图，绘制相对轴线→图面标出GRG、GRC完成面尺寸→钢卷尺拉引核对后，做记号于平面，再用墨斗弹放墨线→用红外线水平仪确认无误时，投影在施作高度作为GRG、GRC完成面的基准线。

2）高度尺寸：根据建筑提供确定水平基准线→用红外线水平仪测出基准水平面→用钢卷尺往上拉引至每个标高、弹线，水平标高±2mm→施工作业时，依照图纸位置线施工。

4.1.2 板材安装：安装龙骨骨架，先根据设计图纸确定角钢固定件安装位置，用膨胀螺栓与墙面固定，再根据角钢固定件位置安装竖向龙骨(间距根据面板规格而定并不大于1.0m)，横向龙骨与竖向龙骨固定(间距根据面板规格而定并不大于1.2m)，安装GRG、GRC板材后调整平整度后，用螺栓固定锁紧，安装时以中心线为中轴向两侧安装，安装完成后检查连接螺栓牢固。

4.1.3 机电预留孔位：墙上有电气插座、开关等设备孔洞时，要测量好尺寸精心切割孔洞，用专用填缝材料填补缝隙。

4.1.4 批嵌涂料饰面：采用专用填缝材料填缝，在接缝处用网带处理，干固后修补、打磨，面层处理根据选用的材料进行喷涂。

4.2 施工中注意事项

龙骨骨架、焊缝符合相关规范要求，两遍防锈漆处理；挂板安装时检查平整度；拼缝处理前应全面检查平整度；接缝处理按照石膏板墙面验收规范；检测闭合尺寸是否完成。

4.3 验收标准

4.3.1 GRG、GRC挂板外观质量要求，见表J-1。

4.3.2 表面平整±3mm，用2m直尺和楔型塞尺检查；接缝平直±3mm，拉5m线检查；接缝高低±1mm，用直尺和楔型塞尺检查；弧度平整±2mm；立面骨架±3mm，用2m托线板检查。

表J-1 GRG、GRC挂板外观质量要求

项次	项目		允许偏差		检验方法
			一等品	合格品	
1	缺棱掉角	长度	≤20mm	≤30mm	观察和尺量检查
		宽度	≤20mm	≤30mm	观察和尺量检查
		数量	不多于2处	不多于3处	观察检查
2	裂纹	长度	不允许	≤30mm	观察和尺量检查
		宽度		≤0.2mm	观察和尺量检查
		数量		不多于2处	观察检查
3	蜂窝麻面	占总面积	≤1.0%	≤2.0%	观察、手摸和尺量检查
		单处面积	≤0.5%	≤1.0%	观察、手摸和尺量检查
		数量	不多于1处	不多于2处	观察检查
4	飞边毛刺	厚度	≤1.0mm	≤2.0mm	观察、手摸和尺量检查

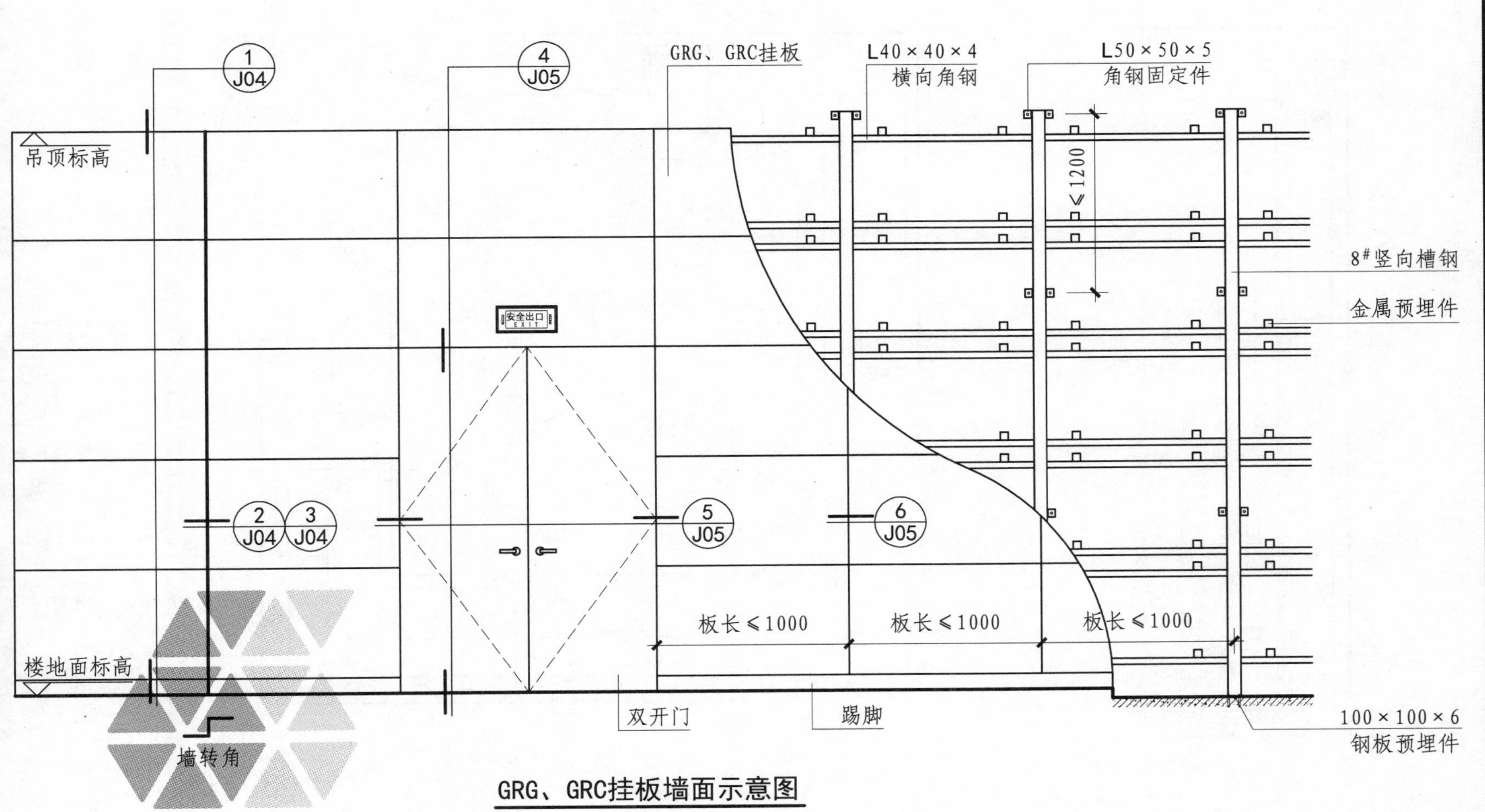

GRG、GRC挂板墙面示意图

注：本图适用于钢筋混凝土墙。如为轻质隔墙时，则竖向钢龙骨应与结构楼板(梁)顶、底及混凝土圈梁固定，钢龙骨用料大小需经结构计算，所有钢骨架需做防锈处理。

GRG、GRC挂板墙面示意图						图集号	13J502-1
审核	饶良修	[signature]	校对	张晔	[signature] 设计 厉飞 [signature]	页	J03

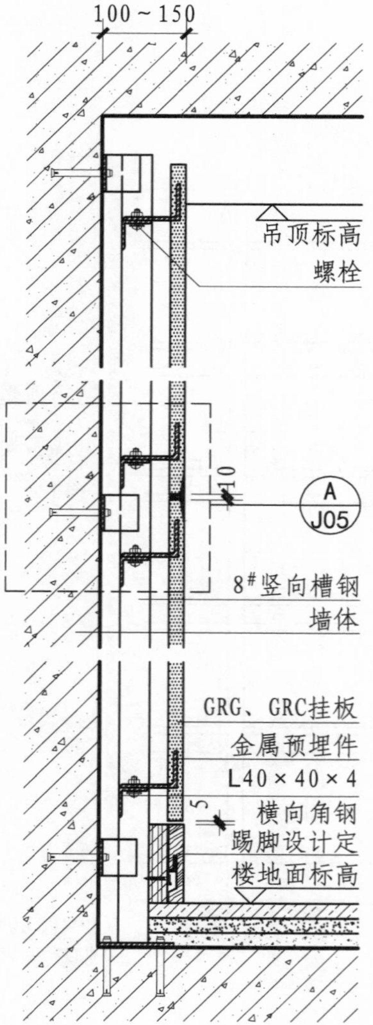

GRG、GRC挂板墙面做法								图集号	13J502-1
审核	饶良修	饶良修	校对	张晔	张晔	设计	厉飞	页	J04

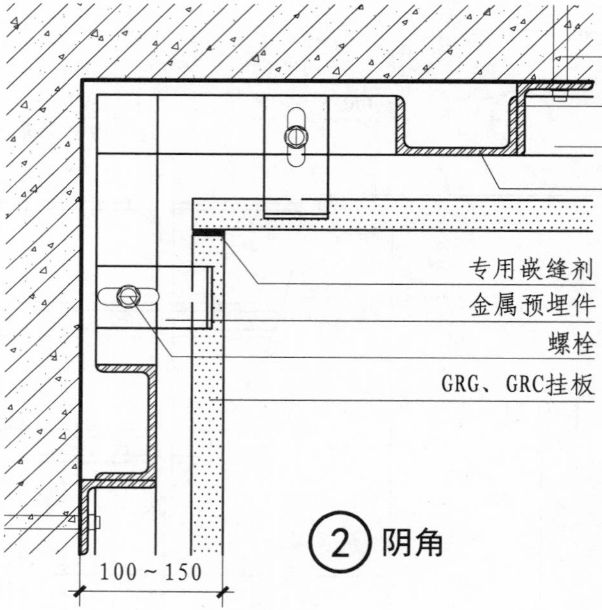

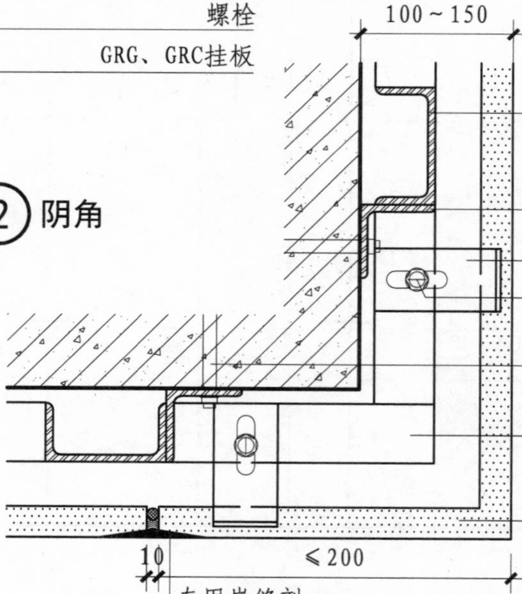

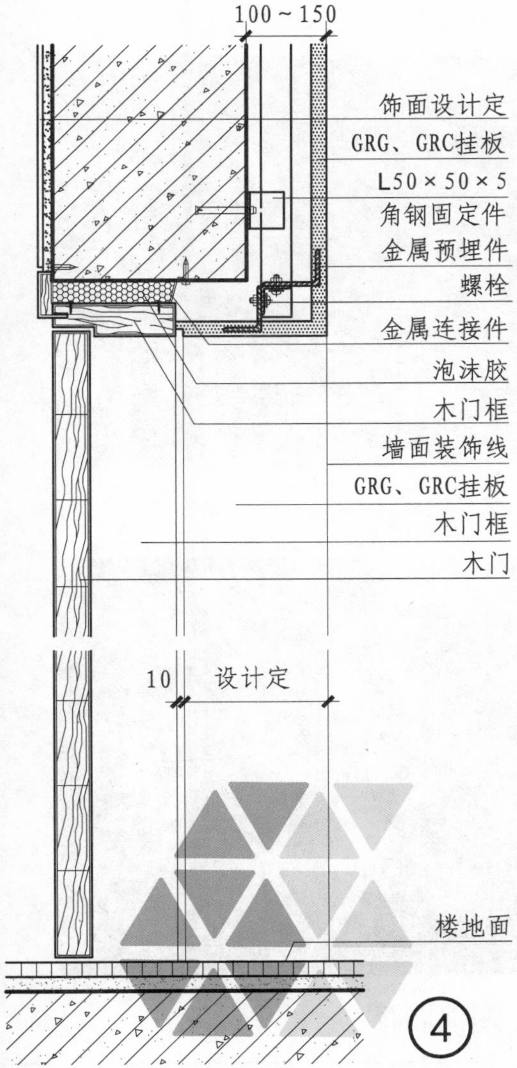

100～150
饰面设计定
GRG、GRC挂板
L50×50×5
角钢固定件
金属预埋件
螺栓
金属连接件
泡沫胶
木门框
墙面装饰线
GRG、GRC挂板
木门框
木门
10
设计定
楼地面

④

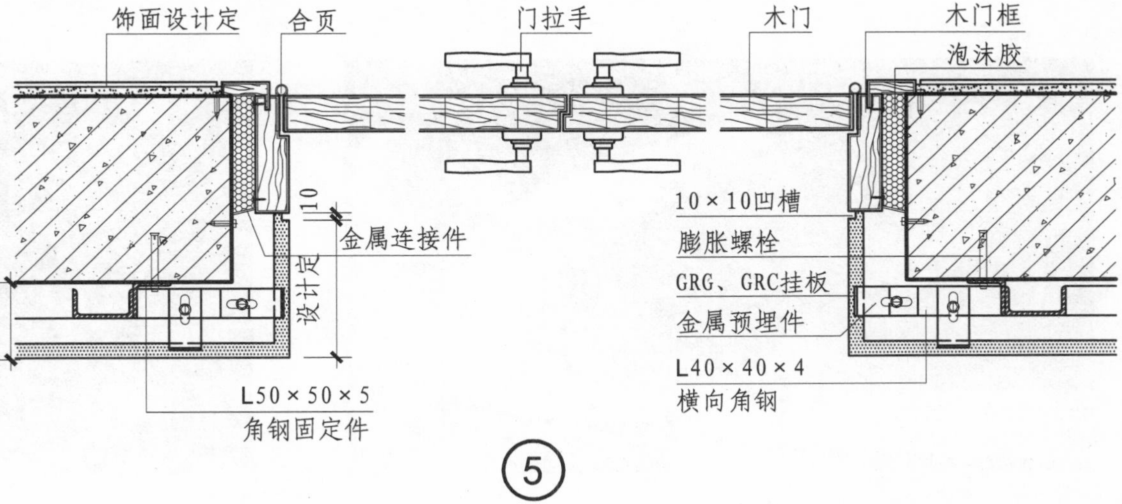

饰面设计定
合页
门拉手
木门
木门框
泡沫胶
10×10凹槽
膨胀螺栓
GRG、GRC挂板
金属预埋件
L40×40×4
横向角钢
10
金属连接件
设计定
100～150
L50×50×5
角钢固定件

⑤

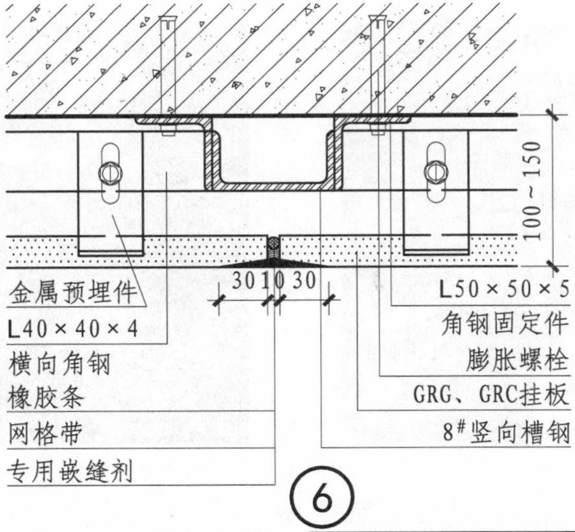

100～150
30 10 30
金属预埋件
L40×40×4
横向角钢
橡胶条
网格带
专用嵌缝剂
L50×50×5
角钢固定件
膨胀螺栓
GRG、GRC挂板
8#竖向槽钢

⑥

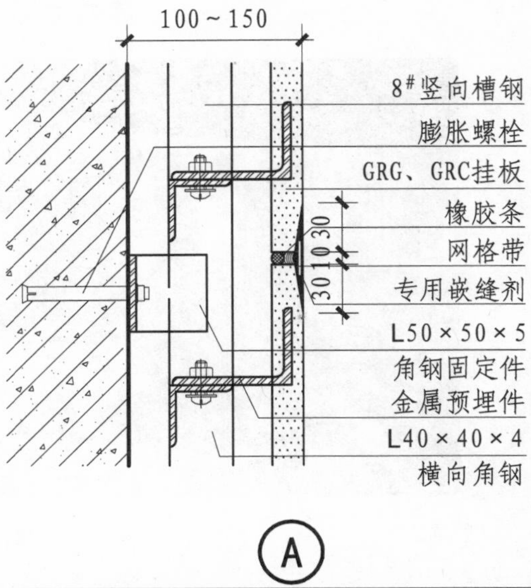

100～150
8#竖向槽钢
膨胀螺栓
GRG、GRC挂板
橡胶条
网格带
专用嵌缝剂
30 10 30
L50×50×5
角钢固定件
金属预埋件
L40×40×4
横向角钢

Ⓐ

GRG、GRC挂板墙面做法								图集号	13J502-1
审核	饶良修	（签名）	校对	张晔	（签名）	设计	厉飞	页	J05

陶板墙面

陶棍墙面

陶板墙面

陶棍墙面

陶板、陶棍墙面案例								图集号	13J502-1
审核	饶良修	饶良修	校对	张晔	张晔	设计	邸士武	页	K01

陶板、陶棍说明

1　陶板、陶棍

陶板、陶棍是以天然陶土为主要原料，添加少量石英、浮石、长石及色料等其他成分，经过高压挤出成型、低温干燥及1200℃的高温烧制而成的新型建筑装饰材料。

2　陶板、陶棍的分类

陶板、陶棍的分类、特点、常用规格及适用范围，见表K-1。

3　陶板、陶棍的施工做法

3.1 材料的选用

3.1.1 金属龙骨骨架及构件均应符合设计要求，满足现行国家标准的相关规定。

3.1.2 陶板可根据设计要求定制尺寸，单块面积不宜大于0.8m^2。陶板吸水率应小于11%，弯曲强度不应小于9.0MPa，并应具有相关年限的质量保证书。

3.2 陶板的施工流程：放线→安装角钢固定件→安装竖向龙骨→安装金属横梁→安装陶板→墙面清洗。

3.2.1 放线：根据墙面的立面分格，在安装竖向龙骨的墙面上用红外线水平仪标出竖向龙骨安装的水平基准线和垂直控制线。

3.2.2 安装角钢固定件：根据垂直控制线确定角钢固定件安装位置，用膨胀螺栓将角钢固定件与墙面连接，然后检查、调整角钢固定件与垂直控制线保持一致。

3.2.3 安装竖向龙骨：用螺栓将竖向龙骨固定在角钢固定件上，通过墙面端线确定竖向龙骨距墙面的距离，然后调节竖向龙骨的垂直度。

3.2.4 安装金属横梁：将金属横梁固定到竖向龙骨上，采用螺栓连接。

3.2.5 安装陶板：将分缝件橡胶条安装在连接件上，用挂件插入到陶板背面的预留槽内，在设计要求的位置固定挂件，然后用安装好挂件的陶板挂在连接件上，调节陶板的平整度和垂直度，依次自下而上安装陶板，完成整个墙面的安装。

3.2.6 墙面清洗：将安装完成的陶板墙面清洗干净。

3.3 陶棍的施工流程：放线→安装角钢固定件→安装竖向龙骨→安装金属插件→安装陶棍→墙面清洗。

3.3.1 陶棍施工的放线、安装角钢固定件、安装竖向龙骨参见陶板的施工做法。

3.3.2 安装金属插件：将金属插件分别插入陶棍两端。

表K-1 陶板、陶棍的分类、特点、常用规格及适用范围

名　称	种　类	特　点	常用规格	适用范围
陶板	单层陶板	具有庄重而强烈的艺术感、耐久性能好、颜色日久弥新、更换容易、质量容易控制、施工简单、施工成品刚度大、抗腐蚀性强、抗冲击力大、自重较轻、较高的性价比和使用性	长度有300/600/900/1200mm等；宽度有250/300/450/500mm等；厚度有15/18/30mm	室内、外墙面
	双层中空式陶板			
陶棍	也称陶土百叶		长度有300/500/600/900/1200mm等；宽度有50/85mm等；厚度有40/50mm	室内、外墙面

陶板、陶棍说明						图集号	13J502-1
审核	饶良修	校对	张晔	设计	邸士武	页	K02

3.3.3 安装陶棍：安装好金属插件的陶棍，放入两个竖向龙骨之间，将金属插件与竖向龙骨用不锈钢螺栓固定，然后检查、调整陶棍的平整度和垂直度。
3.3.4 墙面清洗：将安装完成的陶棍墙面清洗干净。
3.4 陶板、陶棍质量控制标准
3.4.1 陶板、陶棍墙面龙骨骨架施工质量验收应符合《建筑装饰装修工程质量验收规范》GB 50210-2001中相关规定。
3.4.2 陶板水平切割尺寸允许偏差不大于±2mm；45°斜角倒边时，出刀口边缘距陶板正面4～5mm，允许偏差不大于±1.5mm。
3.4.3 相邻两个横向连接件水平标高偏差不应大于1mm；同层标高偏差不应大于5mm。
3.4.4 陶板、陶棍与门、窗洞口收口：陶板、陶棍门、窗洞口位置采用陶板收口，预留40～60宽间距确保收口的需要。
3.5 陶板、陶棍墙面观感检验应符合的要求：
3.5.1 陶板、陶棍墙面表面应平整，用肉眼观察时不应有变形、波纹或局部压砸等缺陷。
3.5.2 陶板、陶棍墙面分格装饰条和收边、收角金属框应横平竖直，造型符合设计要求。
3.5.3 门、窗洞口收边、收口：胶缝应横平竖直，表面光泽无污染。
3.6 陶板、陶棍墙面安装允许偏差要求，见表K-2。

表K-2 陶板、陶棍墙面安装允许偏差要求

项　目	允许偏差（mm）	检查方法
墙面高度不大于30m时垂直度	≤10	经纬仪
墙面表面平整度	≤2	2m靠尺、塞尺
板材立面垂直度	≤2	垂直检测尺
接缝直线度	≤2	5m线、钢直尺
接缝宽度	±3	钢直尺
接缝高低差	≤3	钢直尺、塞尺

4　陶板、陶棍的施工注意事项

4.1 将运到工地的陶板（陶棍）按编号分类，检查尺寸是否准确、色差偏差和有无破损、缺楞、掉角，按施工要求分层次将陶板（陶棍）运到施工面附近，在搬运陶板时，要有安全防护措施，摆放时下面要垫木方。
4.2 竖向龙骨和金属横梁的安装位置误差必须在规范允许的范围内。安装好的成品要注意保护，防止撞击板面。
4.3 注意安装金属横梁的标高，金属挂件与金属横梁可靠连接，通过调解螺栓调整面板的水平度和垂直度，接缝应整齐。
4.4 安装时要将金属挂件和陶板之间用以柔性垫片或弹性卡片，保证陶板与挂件柔性连接。
4.5 门窗或墙面洞口处安装时，应先完成洞口四周的陶板镶边，以免发生安装困难。
4.6 清洗：施工完毕后，除去陶板（陶棍）表面的保护纸，用清水或清洁剂将陶板（陶棍）表面均匀擦洗干净，两道清洗即可。清洗完毕的陶板（陶棍）墙面要自然干燥2～3天，表面吸水率达到平衡吸水率后再观测表面整体观感。

陶板、陶棍说明								图集号	13J502-1
审核	饶良修	饶良修	校对	张晔	张晔	设计	邸士武	页	K03

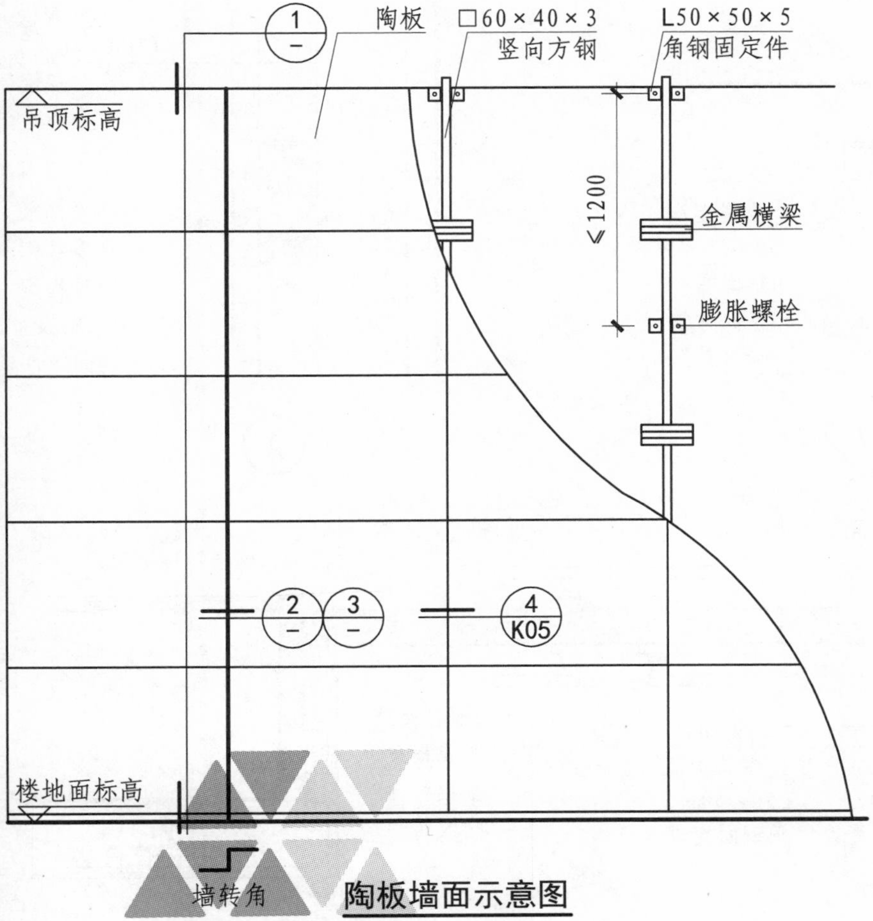

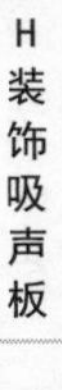

陶板墙面示意图

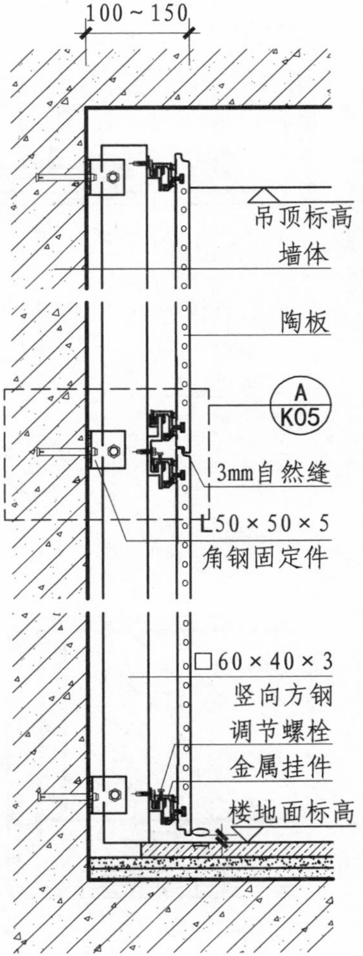

①

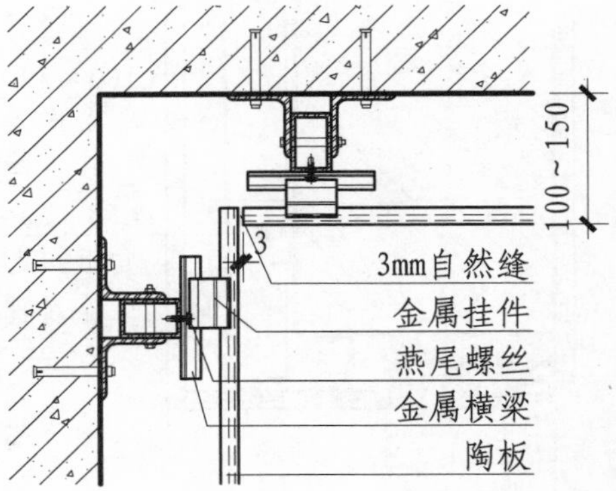

② 阴角

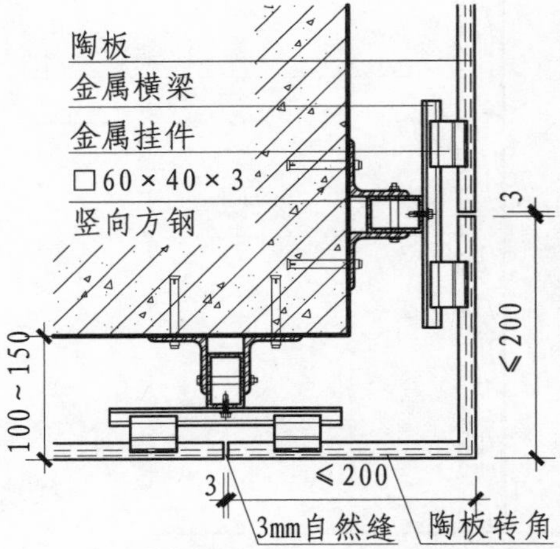

③ 阳角

注：本图适用于钢筋混凝土墙。如为轻质隔墙时，则竖向钢龙骨应与结构楼板(梁)顶、底及混凝土圈梁固定，钢龙骨用料大小需经结构计算，所有钢骨架需做防锈处理。

陶板墙面做法						图集号	13J502-1
审核 饶良修	饶良修	校对 张晔	张晔	设计 邸士武	邸士武	页	K04

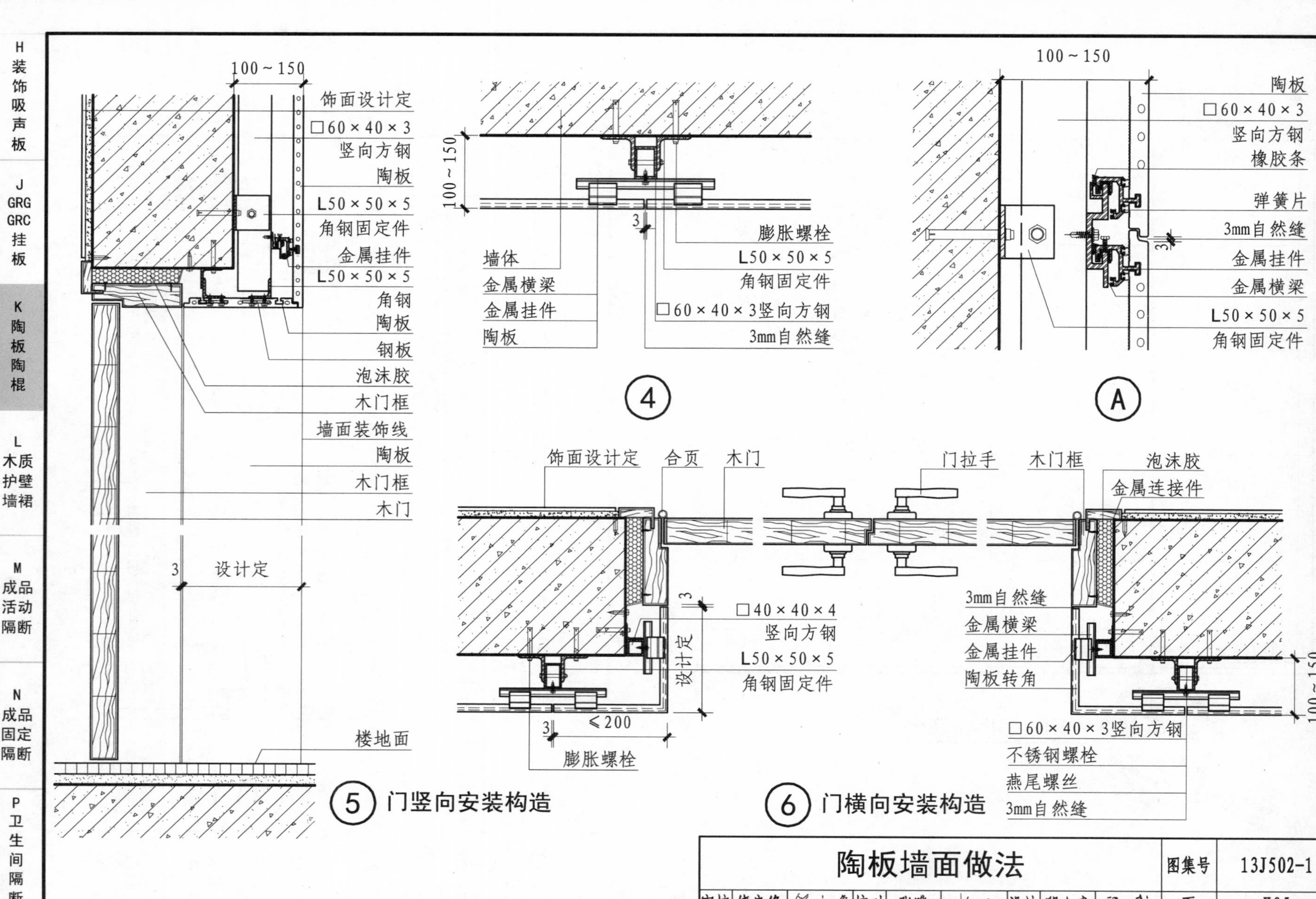

④

Ⓐ

⑤ 门竖向安装构造

⑥ 门横向安装构造

陶板墙面做法						图集号	13J502-1
审核	饶良修	校对	张晔	设计	邸士武	页	K05

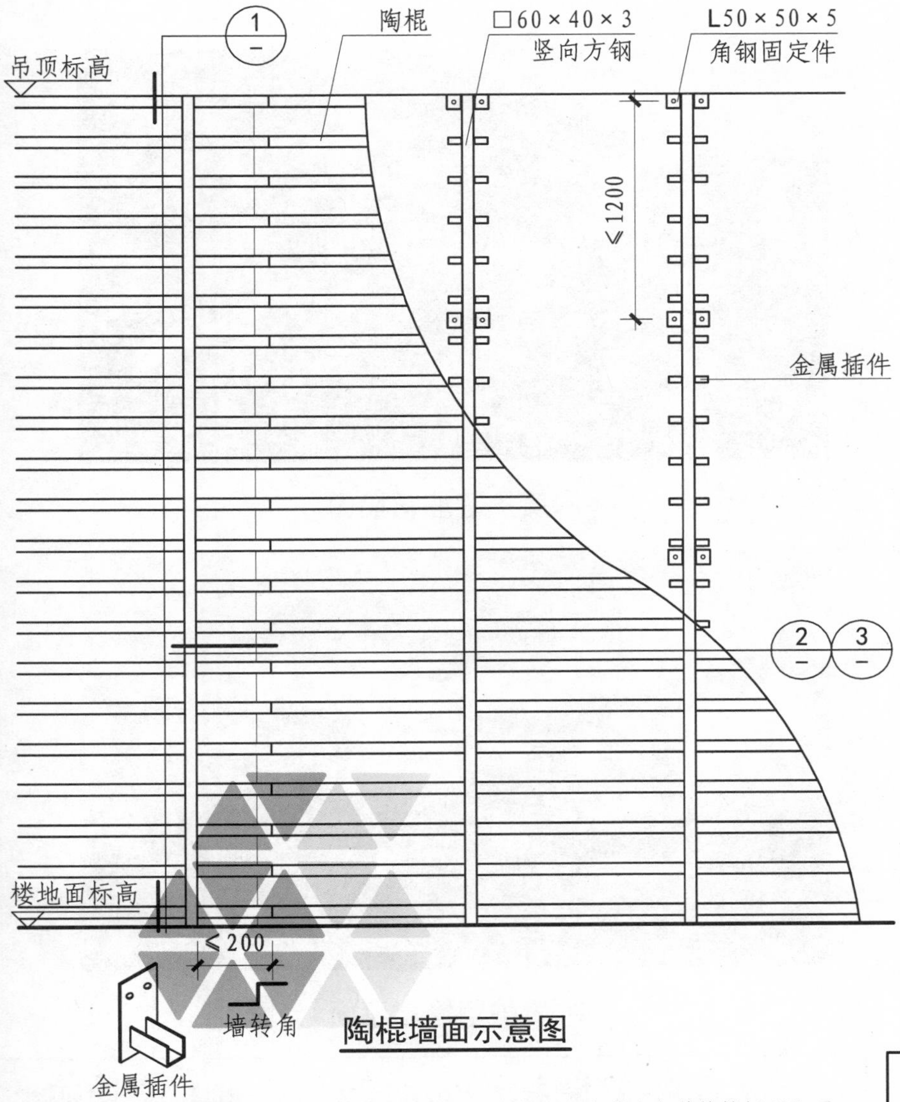

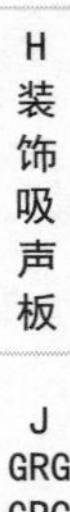

陶棍墙面示意图

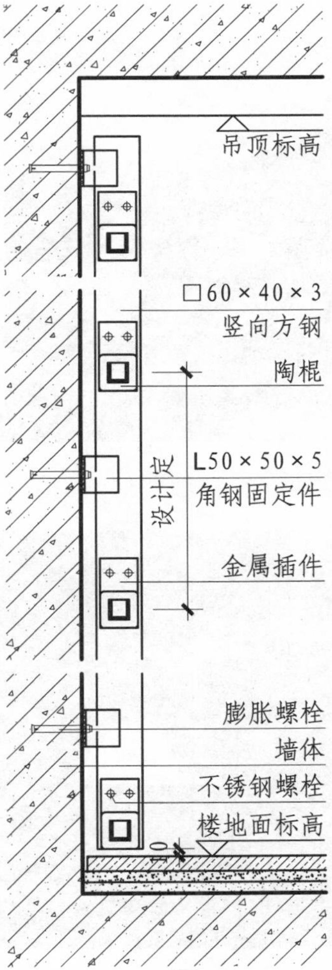

①

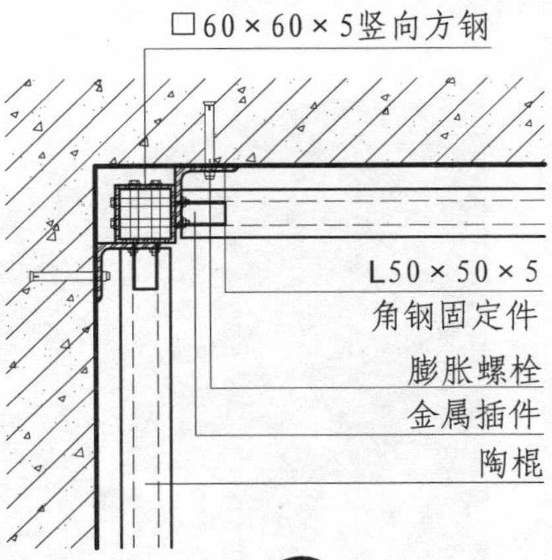

② 阴角

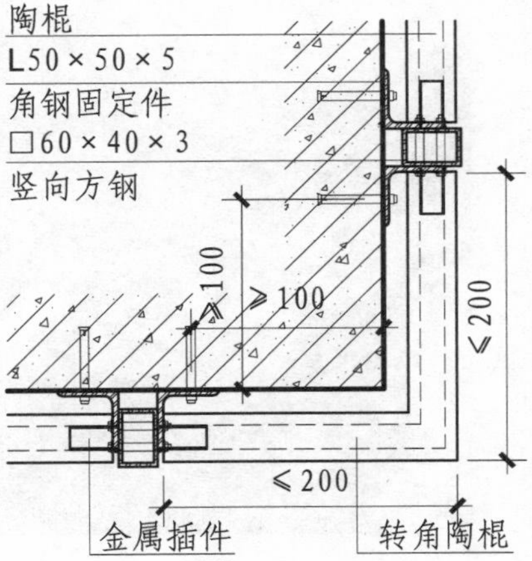

③ 阳角

注：本图适用于钢筋混凝土墙。如为轻质隔墙时，则竖向钢龙骨应与结构楼板（梁）顶、底及混凝土圈梁固定，钢龙骨用料大小需经结构计算，所有钢骨架需做防锈处理。

陶棍墙面做法						图集号	13J502-1
审核	饶良修	校对	张晔	设计	邸士武	页	K06

木质护壁墙裙墙面

木质护壁墙裙墙面

木质护壁墙裙墙面

木质护壁墙裙墙面

木质护壁墙裙墙面案例						图集号	13J502-1
审核	饶良修	校对	张晔	设计	厉飞	页	L01

木质护壁墙裙说明

1 木质护壁墙裙

木质护壁墙裙是在墙的四周距地一定高度范围之内用装饰面板、木线条等材料制作。除具有一定的装饰目的外，也具有避免墙体污浊或损坏的作用。因此，在材料选择上通常选用耐磨性、耐腐蚀性、可擦洗等方面优于原墙面的材质。

2 木质护壁墙裙的特点

具有品种繁多、纹理多样、可擦洗、不变形、强度高、造型美观、色泽优雅、装饰效果好、便于清洁等特点。

3 木质护壁墙裙的施工做法

木饰面护壁墙裙有干挂式和钉粘式两种安装做法。

3.1 木饰面护壁墙裙干挂式安装做法

3.1.1 按照设计要求，分别在顶面、地面上弹线确定沿顶、沿地轻钢龙骨的位置。

3.1.2 分别在顶面、地面用膨胀螺栓固定沿顶、沿地轻钢龙骨。固定点间距应不大于600mm，端头位置应不大于300mm。

3.1.3 根据墙面高度,在垂直基准线上确定U型安装夹（支撑卡）的位置，采用膨胀螺栓与墙面固定,横向间距应与竖向轻钢龙骨一致,竖向间距应不大于600mm。

3.1.4 将竖向轻钢龙骨卡入U型安装夹（支撑卡）两翼之间,并插入沿顶、沿地轻钢龙骨之间。

3.1.5 调整并校正轻钢龙骨垂直度。

3.1.6 用自攻螺钉或拉铆钉将其与竖向轻钢龙骨的两翼固定,弯折U型安装夹（支撑卡）的两翼，使其不影响面板的安装。

3.1.7 检查所安装轻钢龙骨,合格后满铺阻燃板基层。

3.1.8 在阻燃板基层上安装金属连接件，根据木质护壁墙裙挂板挂件的位置,在背板上固定金属连接件,由下至上安装木质护壁墙裙。

3.2 木饰面护壁墙裙钉粘式安装做法

3.2.1 轻钢龙骨墙面应符合相关规范要求，钉粘木饰面护壁墙裙时，应检查基层墙面的平整度和垂直度。

3.2.2 将墙裙板和分隔木线按顺序插进脚线。粘钉分隔木线，企口式可直接插装。企槽式插一块裙板及一块分隔线，然后在封顶木线上涂胶粘钉:台阶式和平板式(宽300mm ~ 600mm)采取插好裙板封顶，然后涂胶粘剂钉分隔木线，最后涂胶封钉口、补漆，将挤出的胶料擦净。分隔木线钉待固化后可以拔掉。

4 木质护壁墙裙安装应符合的要求

4.1 轻钢龙骨与基层板必须牢固可靠安装，安装后应检查基层的垂直度和平整度，有防潮要求的应进行防潮处理。

4.2 饰面板所用树种、材质等级、含水率和防腐措施必须符合设计要求和施工规范规定。

4.3 饰面板制作应尺寸正确、表面平直光滑、棱角方正、线条顺直、无刨痕、毛刺等。

4.4 饰面板安装前应进行选配，颜色、木纹对接应协调。

4.5 在饰面板安装前，应先设计好分块尺寸，并将每块饰面板在墙面上试装，经调整修理后再正式安装。

4.6 饰面板固定应采用干挂或胶粘,接缝应在龙骨上,并应平整。

4.7 安装饰面板位置准确、割角整齐、交圈接缝严密、平直通顺、与墙面紧贴，出墙尺寸一致。

4.8 木质护壁墙裙安装应符合国家标准《建筑装饰装修工程质量验收规范》GB 50210-2001的规定。

木质护壁墙裙说明						图集号	13J502-1
审核	饶良修	校对	张晔	设计	厉飞	页	L02

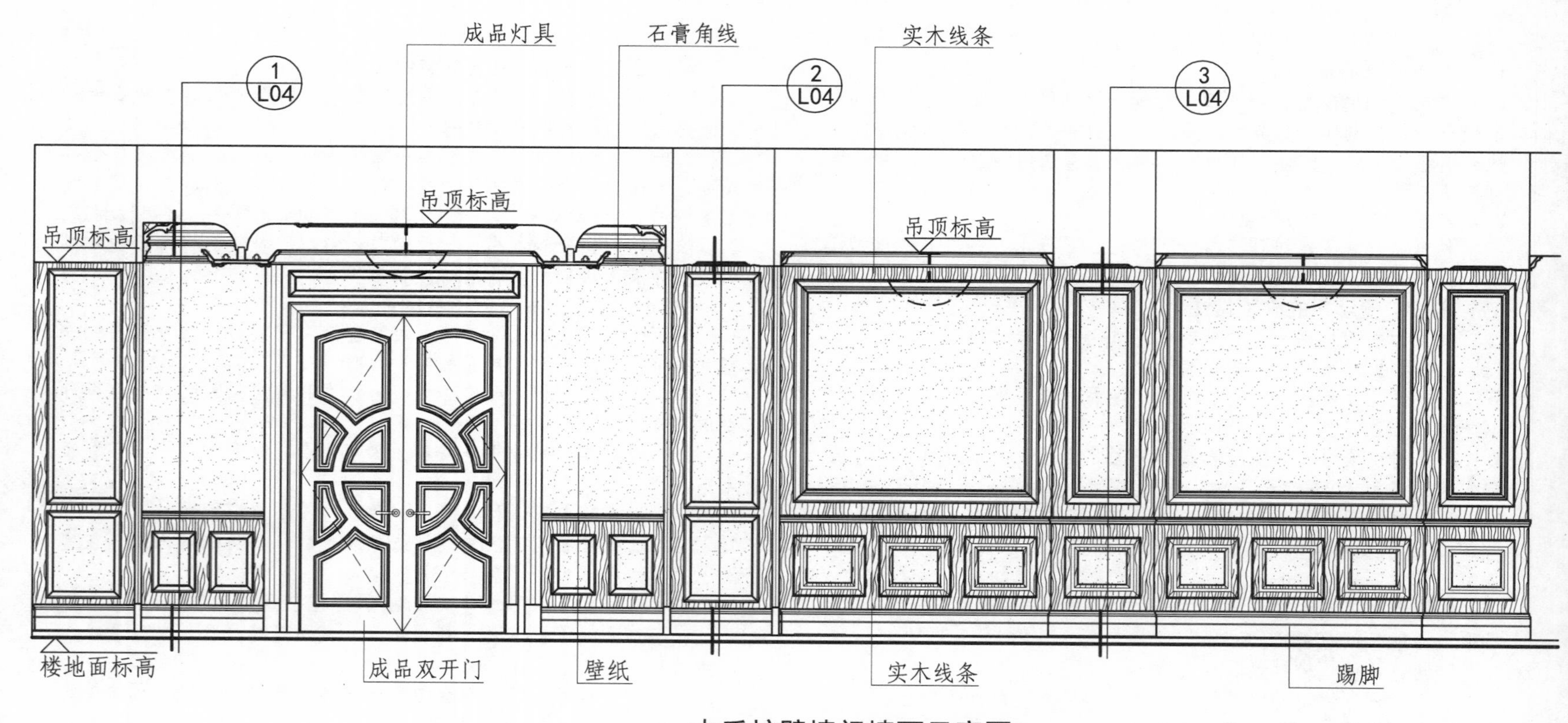

木质护壁墙裙墙面示意图

木质护壁墙裙墙面示意图							图集号	13J502-1
审核	饶良修	饶良修	校对	张晔	张晔	设计	厉飞 厉飞	页	L03

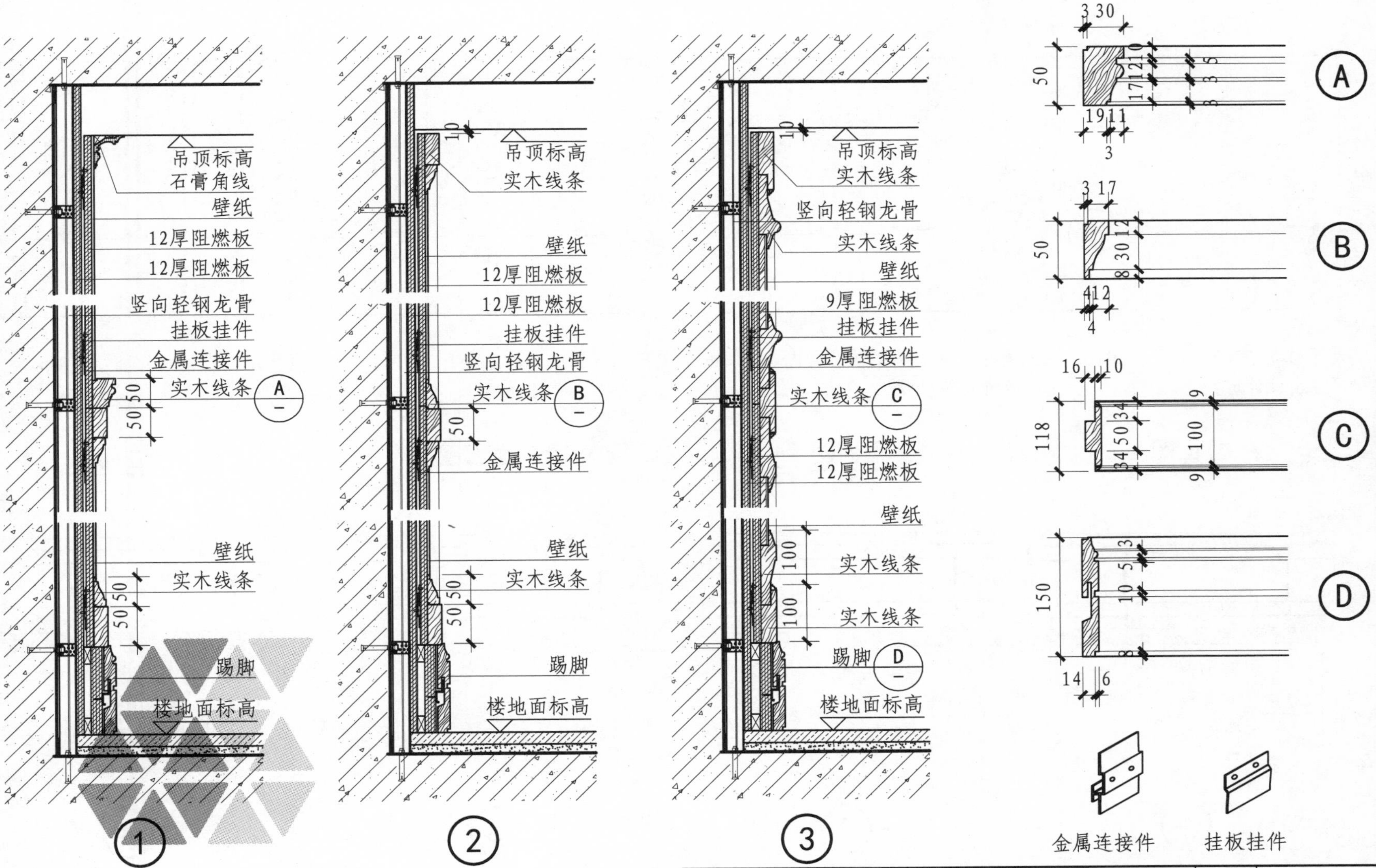

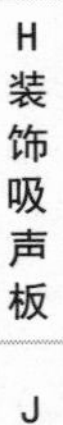

木质护壁墙裙墙面做法

木质护壁墙裙墙面做法								图集号	13J502-1
审核	饶良修	[signature]	校对	张晔	[signature]	设计	厉飞	页	L04

注：木质护壁墙裙所用木质材料均应防火防腐处理。

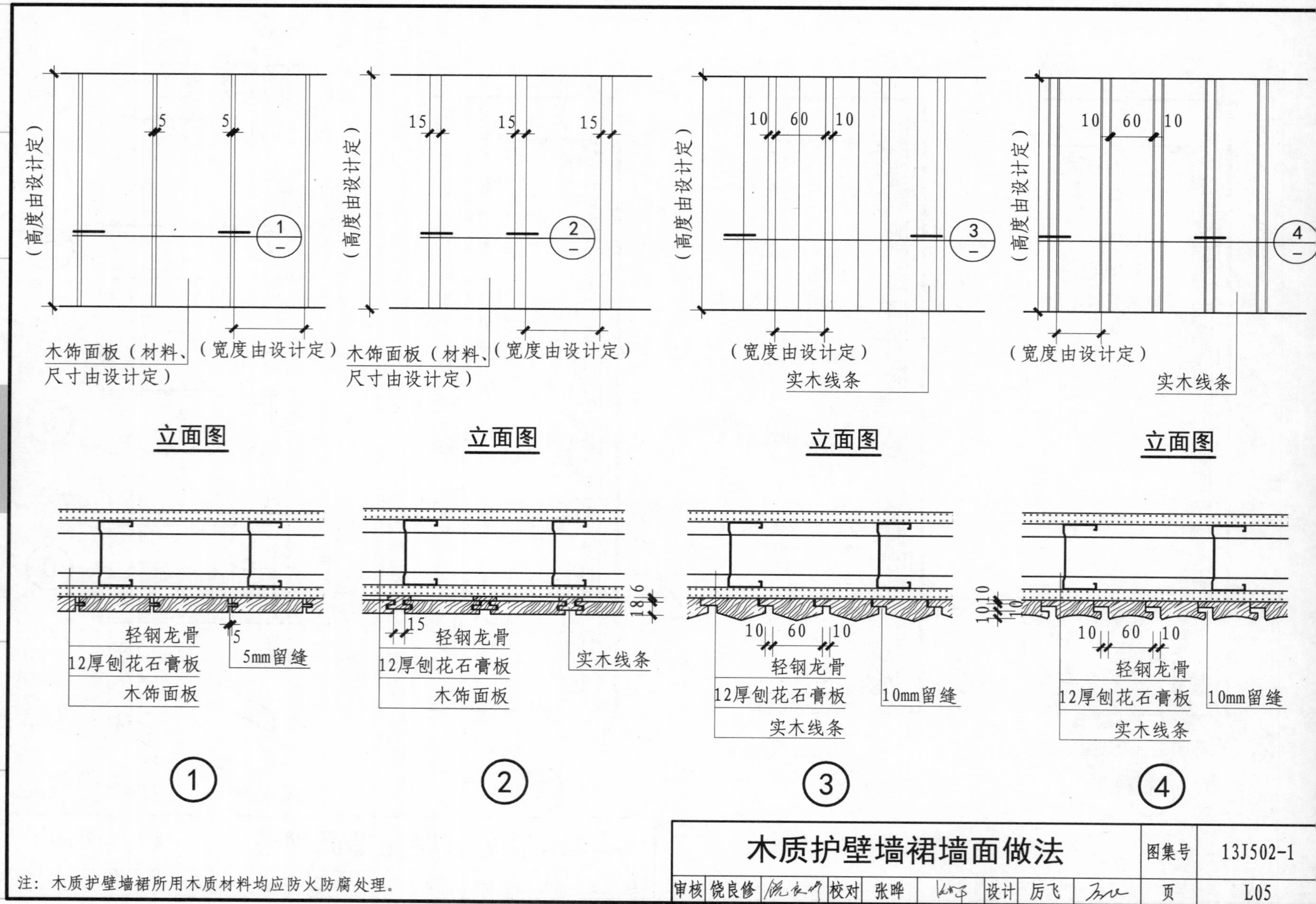

木质护壁墙裙墙面做法								图集号	13J502-1
审核	饶良修	（签名）	校对	张晔	（签名）	设计	厉飞	页	L05

注：木质护壁墙裙所用木质材料均应防火防腐处理。

成品活动隔断

成品活动隔断

成品活动隔断

成品活动隔断

成品活动隔断案例								图集号	13J502-1
审核	饶良修	饶良修	校对	张晔	张晔	设计	邸士武	页	M01

成品活动隔断说明

1 成品活动隔断

成品活动隔断能根据使用功能和面积的需要，可灵活进行空间临时分割的装修构件(部件)。空间围护要求不高，只起到一定的空间限定作用。

2 成品活动隔断的功能

是为了阻碍人们的视线，使空间临时分割、灵活使用，也为了装饰、展示之用。

3 成品活动隔断分类

3.1 按开启方式可分为直滑推拉式、折叠式等形式。

3.2 直滑推拉式隔断

3.2.1 直滑推拉式隔断隔扇的构造，除采用木镶板的方式外，现较多地采用双面贴板形式，并在中间夹着隔声层，板的外面覆盖着饰面层。这些隔扇可以是独立的，也可以利用铰链连接到一起。独立的隔扇可以沿着各自的轨道滑动，但在滑动中始终不改变自身的角度，沿着直线开启或关闭。

3.2.2 直滑推拉式隔断单扇尺寸较大，扇高3000mm～4500mm，扇宽为1000mm左右，厚度为40mm～60mm。隔扇的两个垂直边，用螺钉固定铝镶边。镶边的凹槽内嵌有隔声用的密封条。直滑推拉式隔断完全收拢时，隔扇可以隐蔽于洞口的一侧或两侧。当隔扇关闭时，最前面的隔扇自然地嵌入槽形补充构件内。构件的两侧各有一个密封条，与隔扇的两侧紧紧的相接。靠墙的半扇隔扇与边缘构件用铰链连接着，中间各扇隔扇则是单独的。

3.2.3 轨道的断面多数为凹槽形,滑轮多为两轮或四轮一个小车组。轨道和滑轮的形式有很多种，可根据需要选用。小车组可以用螺栓固定在隔扇上。也可以用连接板固定在隔扇上，隔扇与轨道之间采用橡胶密封刷密封。轨道和滑轮安装在下部的支承导向式结构，应将密封刷固定在隔扇上，而悬吊导向式结构，则应将密封刷固定在轨道上。

3.3 折叠式隔断

3.3.1 折叠式隔断有单侧折叠式和双侧折叠式两种类型，采用悬吊导向式固定结构。这种结构，将隔断顶部的滑轮和轨道与上部悬吊系统相连，由此承受整个隔断的重量。滑轮作为上部的支撑点，应在固定时与隔断的垂直轴相一致。

3.3.2 按其使用材料的不同，可分为硬质隔扇和软质隔扇两种。硬质折叠式隔断是由木隔扇或金属隔扇构成的；软质折叠式隔断是用棉、麻织品或橡胶、塑料等制作的。硬质折叠式隔断的隔扇是利用铰链连接在一起。单面折叠式隔断可以像手风琴的风箱一样展开和收拢。隔断展开和收拢时，隔扇自身的角度也在变，收拢状态的隔扇与轨道近似垂直或垂直。折叠式隔断的上部扇面宽度比较小，一般在500mm～800mm之间。如果隔扇较窄，可以将隔扇上部滑轮安装在顶面一端，这样隔扇要成偶数，隔扇的数目不限，使首尾两个隔扇都能依靠滑轮与上下轨道连接起来。

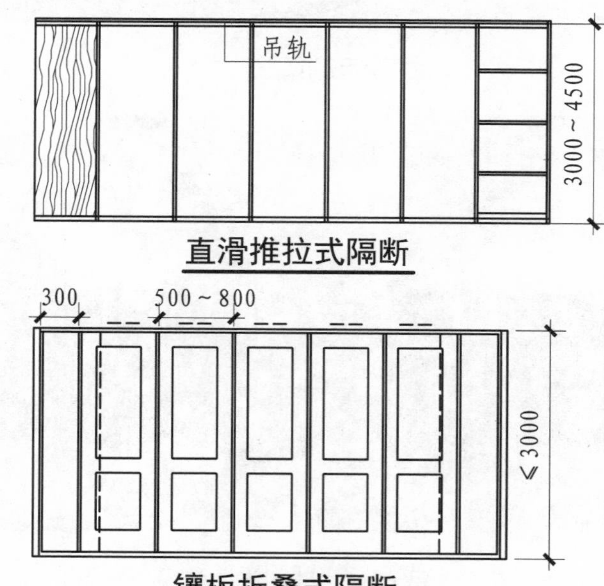

直滑推拉式隔断

镶板折叠式隔断

成品活动隔断说明	图集号	13J502-1
审核 饶良修 校对 张晔 设计 邸士武	页	M02

3.3.3 如果将滑轮设置在隔扇顶部的中央位置，隔扇的数目必须为奇数（不含末尾处的半扇）。隔扇之间用铰链连接，也可以两扇一组地连接起来。如隔扇较重，可采用带有滚珠轴承的滑轮，轮缘是钢的或是尼龙的；隔扇较轻时，可采用带有金属轴套的尼龙滑轮或滑钮。

3.3.4 如果隔扇大于3m，可在楼地面上设置导向槽，在隔扇的底面相应地设置中间带凸缘的滑轮或导向杆。隔断的下部装置与隔断本身的构造及上部装置有关。下部装置的主要作用是维持隔扇的垂直，防止在启闭的过程中向两侧摇摆。在更多的情况下，楼地面上设置轨道和导向槽，这样可以使施工简便。

3.3.5 要处理好隔扇与隔扇、平顶、楼地面、洞口两侧之间的缝隙。这是为了保证隔断具有较好的隔声性能。隔扇的底面与楼地面之间的缝隙（约25mm），常用橡胶或毡制密封条遮盖。隔扇的两个垂直边要做成凸凹相咬的企口缝，并在槽内镶嵌橡胶或毡制的密封条。最前面一个隔扇与洞口的侧面接触处，可设密封管或缓冲板。当楼地面上不设轨道时，也可在隔扇的底面设一个富有弹性的密封垫，使隔断处于封闭状态时能够稍稍下落，将密封垫紧紧地压在楼地面上。双面折叠隔断分有框架和无框架两种。有框架结构就是在双面隔断的中间，设置若干个立柱，在立柱之间，设置几排金属伸缩架，框架两侧装贴木板或胶合板。相邻隔板多靠密实的织物（帆布带、橡胶带等）沿整个高度方向连接在一起，同时还要将织物或橡胶带固定在框架的立柱上。

3.3.6 无框架双面硬质折叠式隔断，一般是用硬木做成镶板式隔断，或带有贴面的木质板制成双面隔扇。隔板的两侧有凹槽，凹槽中镶嵌通高的密封条，密封条分别与两侧的隔板固定在一起，即能起到隔声的作用，又是一个特殊的铰链。隔断的上下各有一道金属伸缩架，与隔板用螺钉连起来。上部伸缩架上安装作为支撑点的小滑轮，并相应地在平顶上安装箱形截面的轨道。隔断的下部一般可以不设滑轮和轨道。

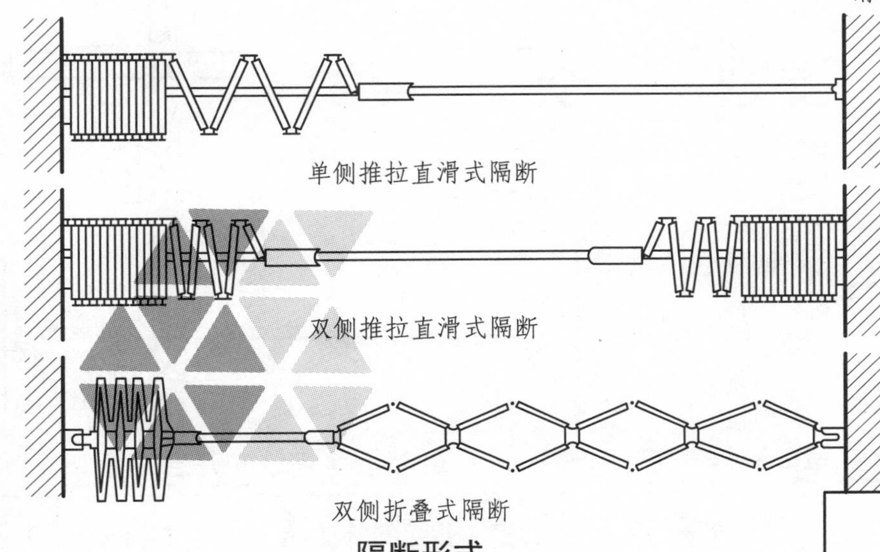

隔断形式

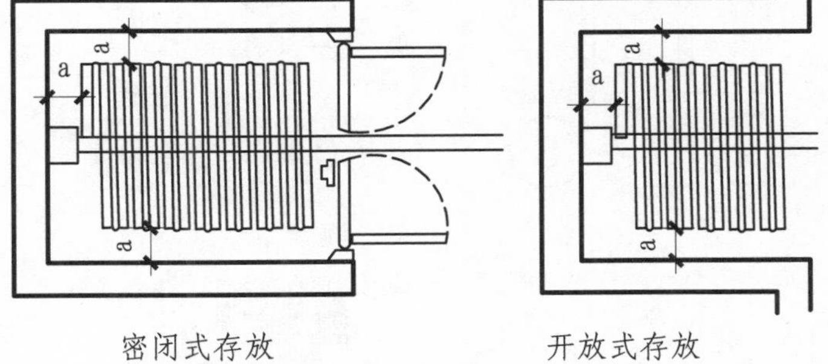

单轮成品活动隔断存储方式

注：a值最小为150mm。

成品活动隔断说明						图集号	13J502-1
审核 饶良修	饶良修	校对 张晔	张晔	设计 邸士武	邸士武	页	M03

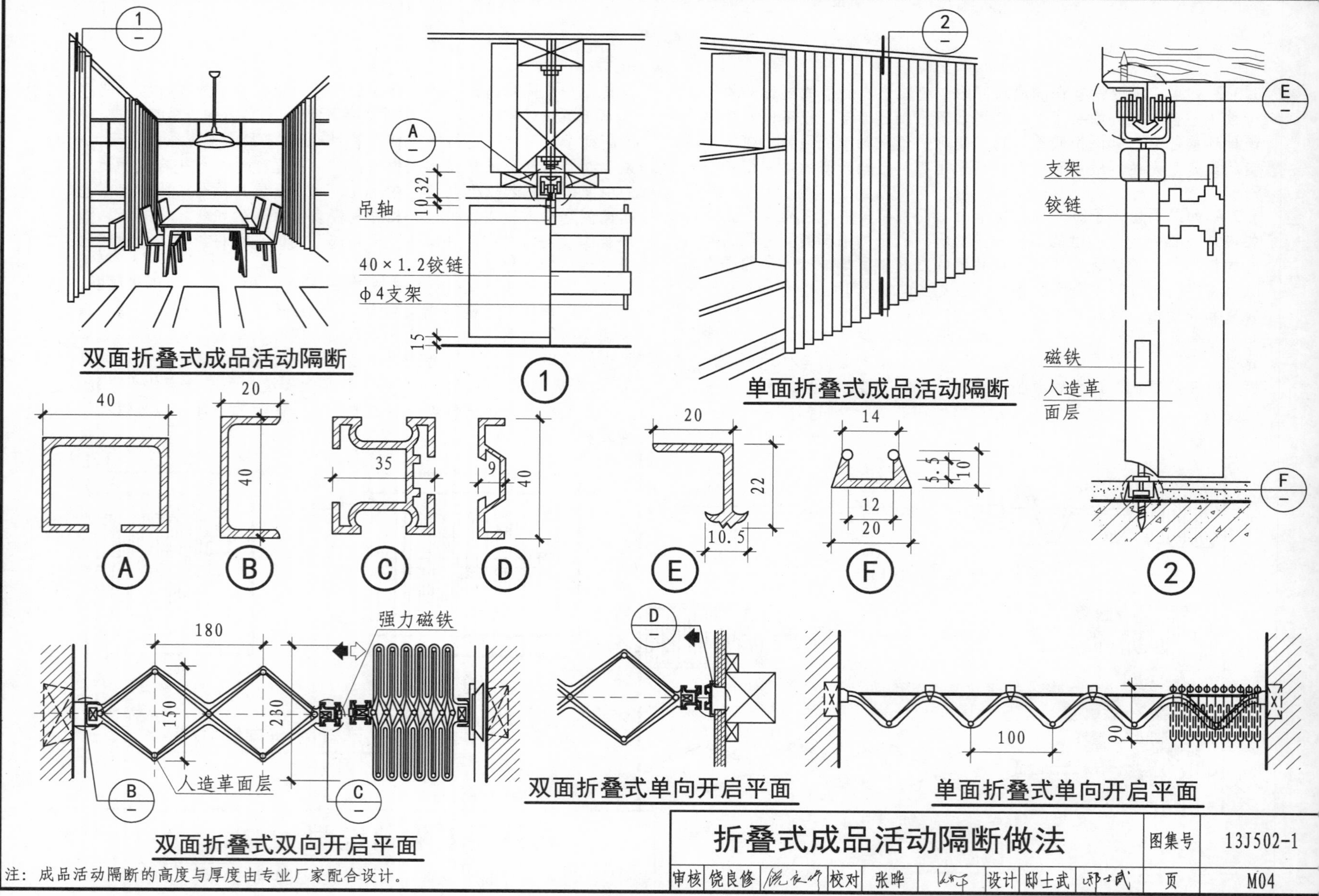

注：成品活动隔断的高度与厚度由专业厂家配合设计。

折叠式成品活动隔断做法						图集号	13J502-1
审核	饶良修	校对	张晔	设计	邸士武	页	M04

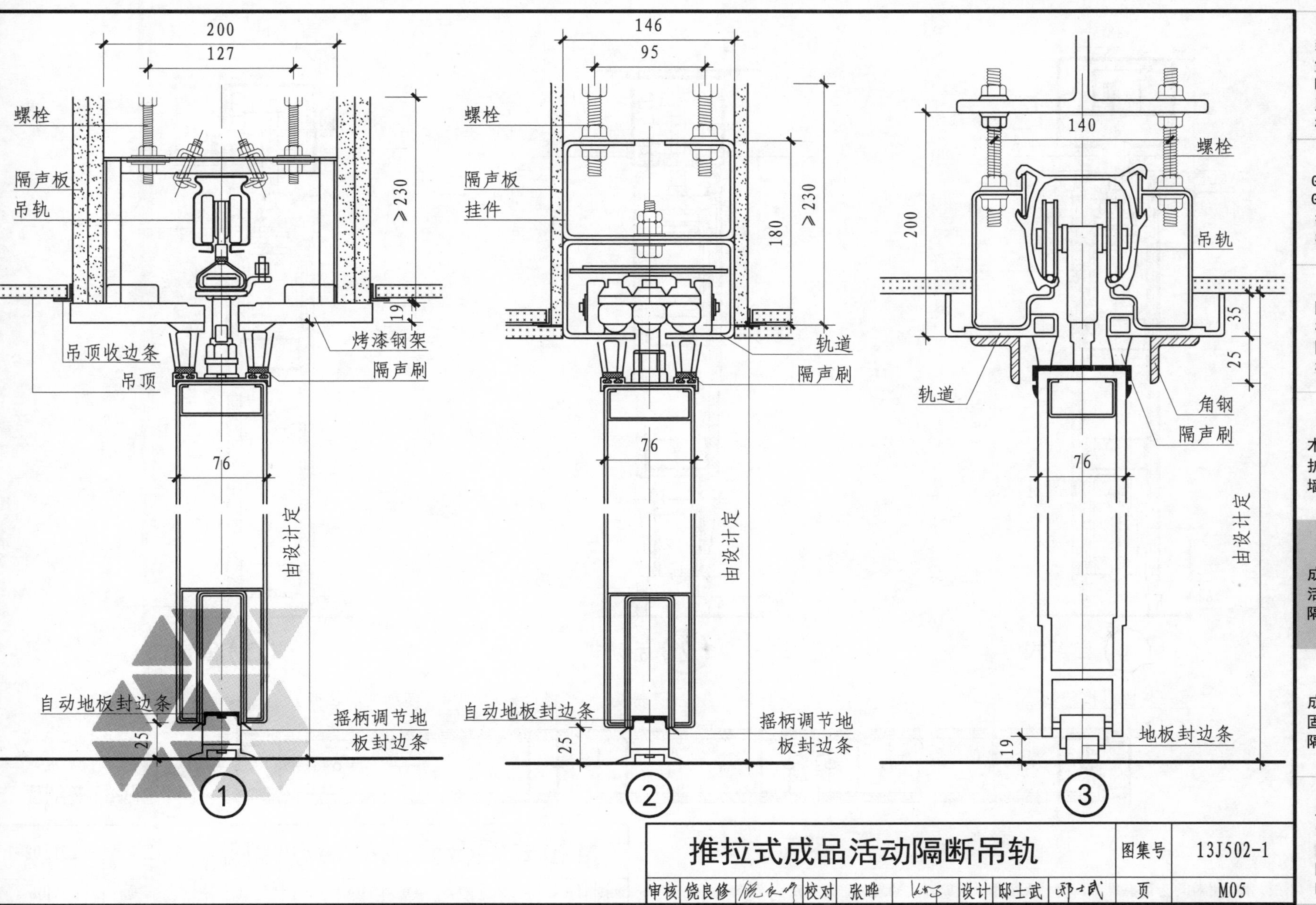

推拉式成品活动隔断吊轨								图集号	13J502-1
审核	饶良修		校对	张晔		设计	邸士武	页	M05

H
装饰吸声板

J
GRG
GRC
挂板

K
陶板陶棍

L
木质护壁墙裙

M
成品活动隔断

N
成品固定隔断

P
卫生间隔断

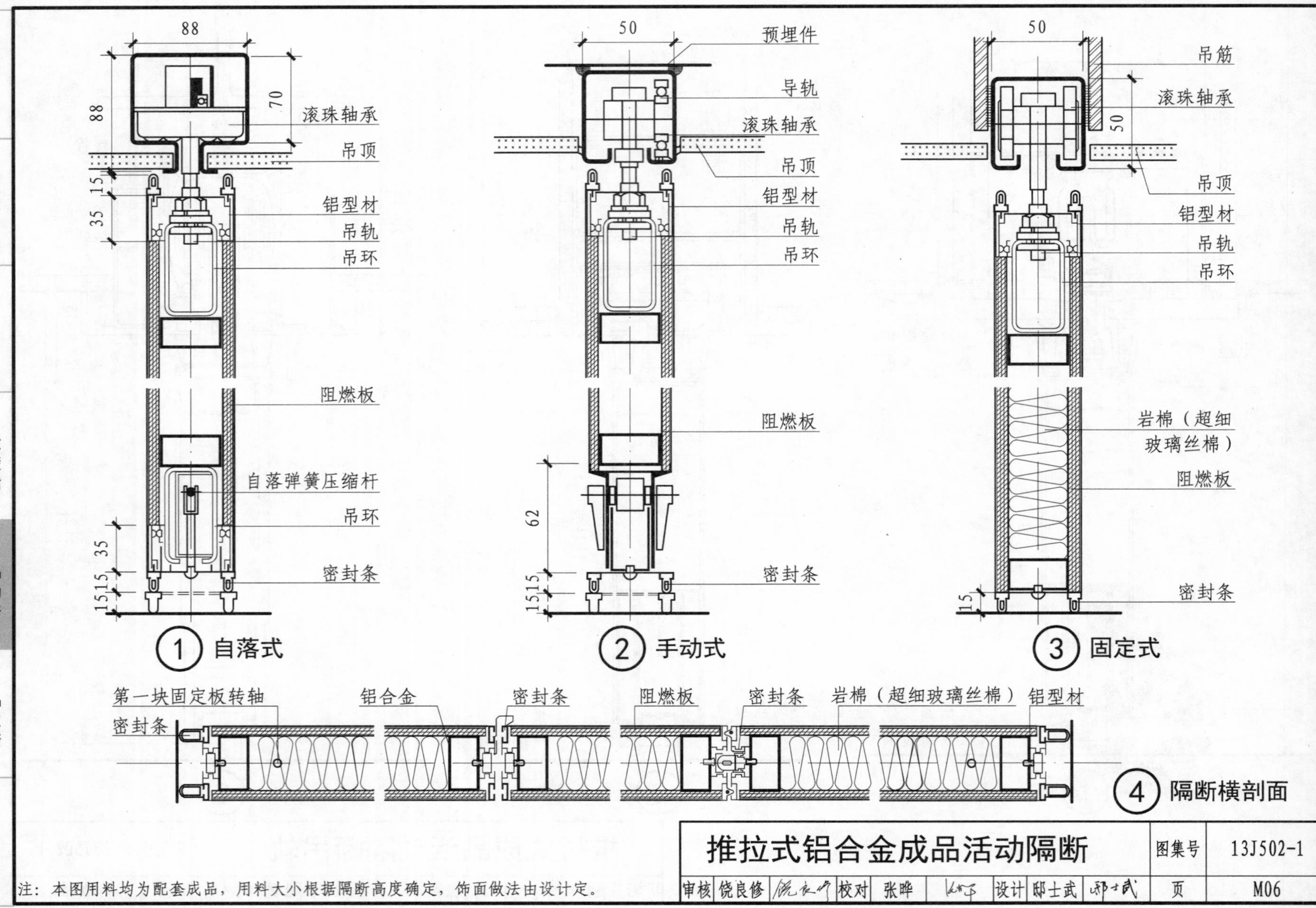

注：本图用料均为配套成品，用料大小根据隔断高度确定，饰面做法由设计定。

推拉式铝合金成品活动隔断							图集号	13J502-1
审核	饶良修	饶良修	校对	张晔	张晔	设计	邸士武 邸士武	页 M06

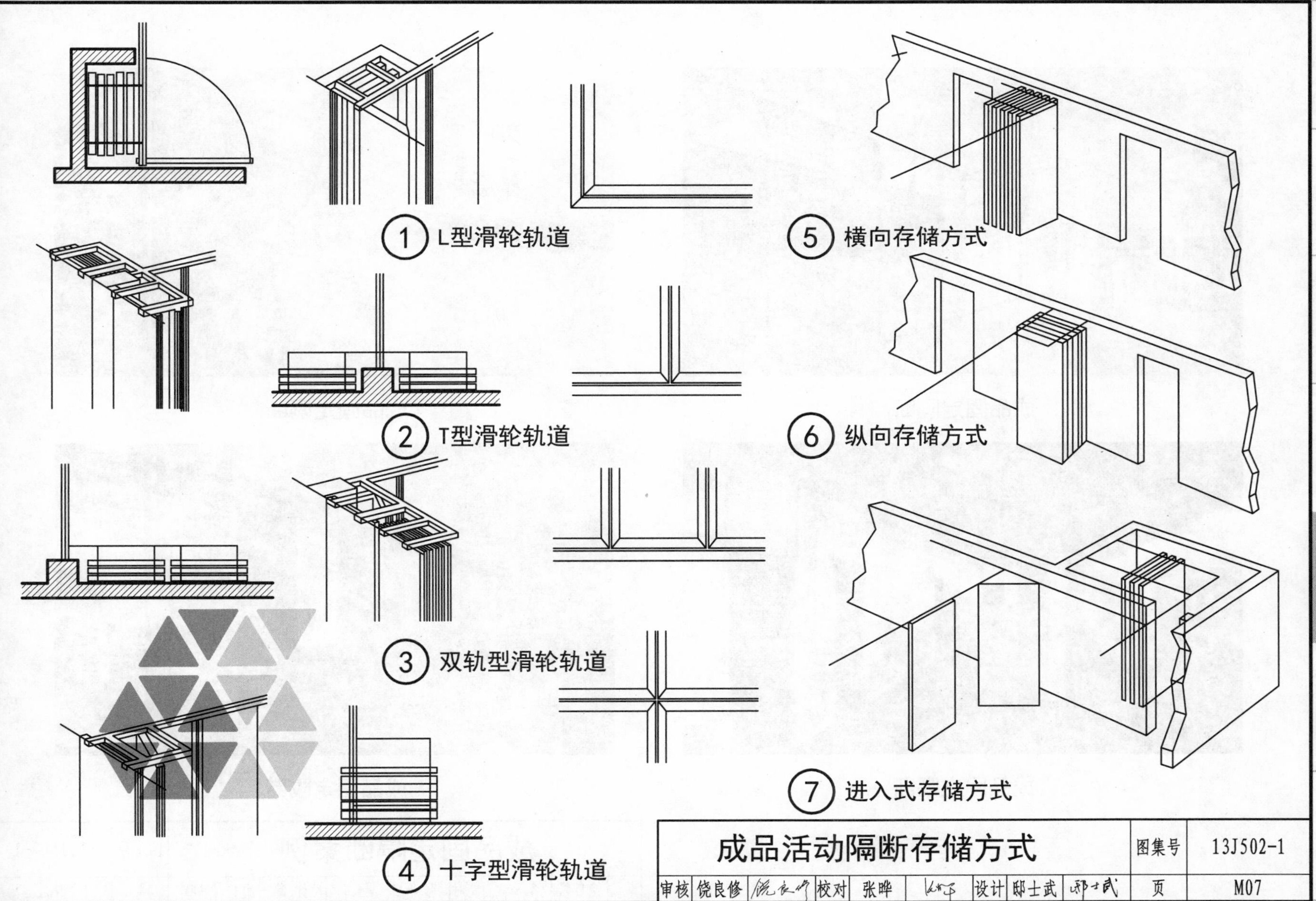

成品活动隔断存储方式							图集号	13J502-1
审核	饶良修	饶良修	校对	张晔	张晔	设计 邸士武	邸士武 页	M07

成品固定隔断

成品固定隔断

成品固定隔断

成品固定隔断

成品固定隔断案例								图集号	13J502-1
审核	饶良修	饶良修	校对	张晔	张晔	设计	邸士武	邸士武	页	N01

成品固定隔断说明

1 成品固定隔断

成品固定隔断用于室内空间分隔，适应空间的变化调整，可拆卸重装。是标准化、模数化、系列化的一种工厂化生产制作的室内装饰成品隔断。

2 成品固定隔断的特点

具有防火、隔声、组装方便、重复使用的特点，饰面材料及色彩丰富多样、高雅美观，特别适用于现代办公空间。

3 成品固定隔断的分类

双玻百叶、双玻隔断、单玻隔断、实体隔断等。

4 成品固定隔断组成

4.1 材料组合：内部龙骨和外部装饰铝材材质为铝合金，铝合金采用高精级铝合金挤出型材，符合国家建筑装饰材料标准；表板材质由浮法玻璃、三聚氢胺板、防火板、硅酸钙板、石膏板、各类布艺包饰板等材料组成；可配置手动及电控铝质横竖式百叶帘。

4.2 结构组成：墙体框架由铝合金型材组成，网状龙骨成井字连接，保证墙体结构的稳定性；墙体面板由玻璃及木质等材料组成；玻璃及木质板与铝型材框架接触位置由橡胶条和密封胶进行隔声及墙体缓冲，在不透明表板内加置隔声棉可提高隔声功能。

4.3 材料规格：转角系统厚度86mm、墙体厚度83mm、门框宽度18mm、踢脚高度35mm；玻璃表板厚度5/6/8/10mm、木质表板厚度12mm、石膏板厚度12mm、硅酸钙板厚度12mm；百叶帘可选用内置及外挂两种（选配手动、电动翻转装置及电动升降装置），帘片宽度为16/25mm。

4.4 设计模板：竖向分隔模式W≤1200mm、H≤3200mm；横向分隔模式W≤2400mm、H≤580mm。

5 设计要求

5.1 稳定性要求：成品固定隔断需满足各种正常使用条件下稳定，不倾覆、不变形，并具有相应的抗撞击能力。当隔断的高度超过板材的长度时，可以采用水平型材连接两块板材。

5.2 防火设计：工业与民用建筑内隔断应满足《建筑设计防火规范》GB 50016中的要求。

5.3 隔声设计：民用建筑的隔断应满足《民用建筑隔声设计规范》GB 50118-2010中的规定。工业建筑隔撞击声、空气声、室内允许噪声级应满足相关规范要求。

5.4 保温、隔热设计：根据各地区建筑节能标准的要求，隔断应采用有保温、隔热层的构造。

5.5 吊挂设计：隔断系统通过配件可直接悬挂吊柜、书写用白板、书架、画及各种饰品，可随时安装和拆卸，而不会破坏隔断墙的完整性。设计吊挂件尺寸应与龙骨间距和吊挂件预留安装位置相匹配。

5.6 电气设计：隔断系统预留的孔洞可以安装各种电缆、插座和开关。在隔断系统上设电气插座或接线盒时，应采取固定措施，根据性能要求做相应的封闭、防火处理。

5.7 环保要求：隔断系统所用的材料、配件材料、胶粘剂等应满足相关规范要求。隔断工程应满足《民用建筑工程室内环境污染控制规范》GB 50325-2010中的规定。

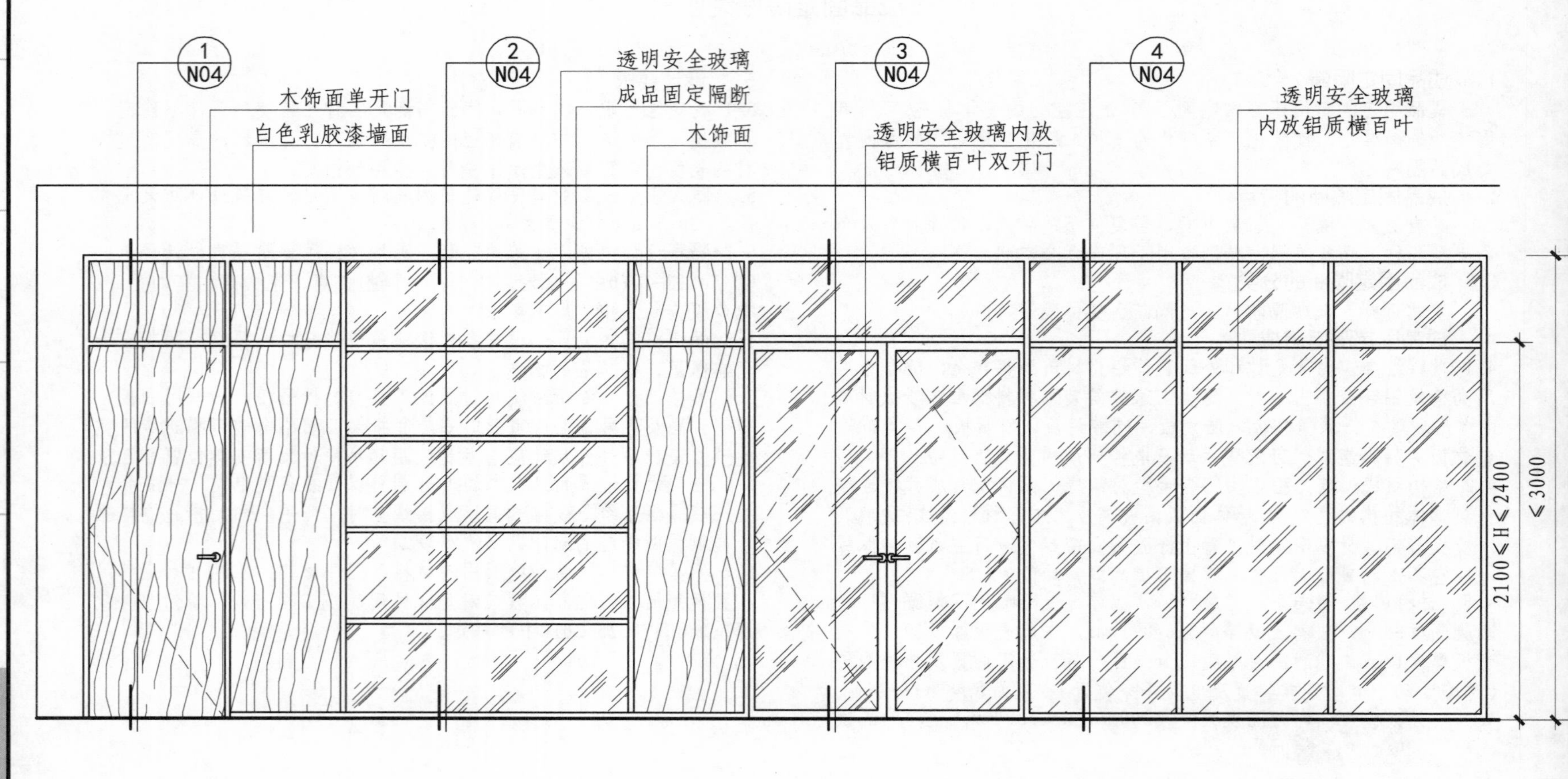

成品固定隔断示意图

注：安全玻璃种类及厚度选用应符合《建筑玻璃应用技术规程》JGJ 113-2009的要求。

成品固定隔断示意图							图集号	13J502-1
审核	饶良修	校对	张晔		设计	郇士武	页	N03

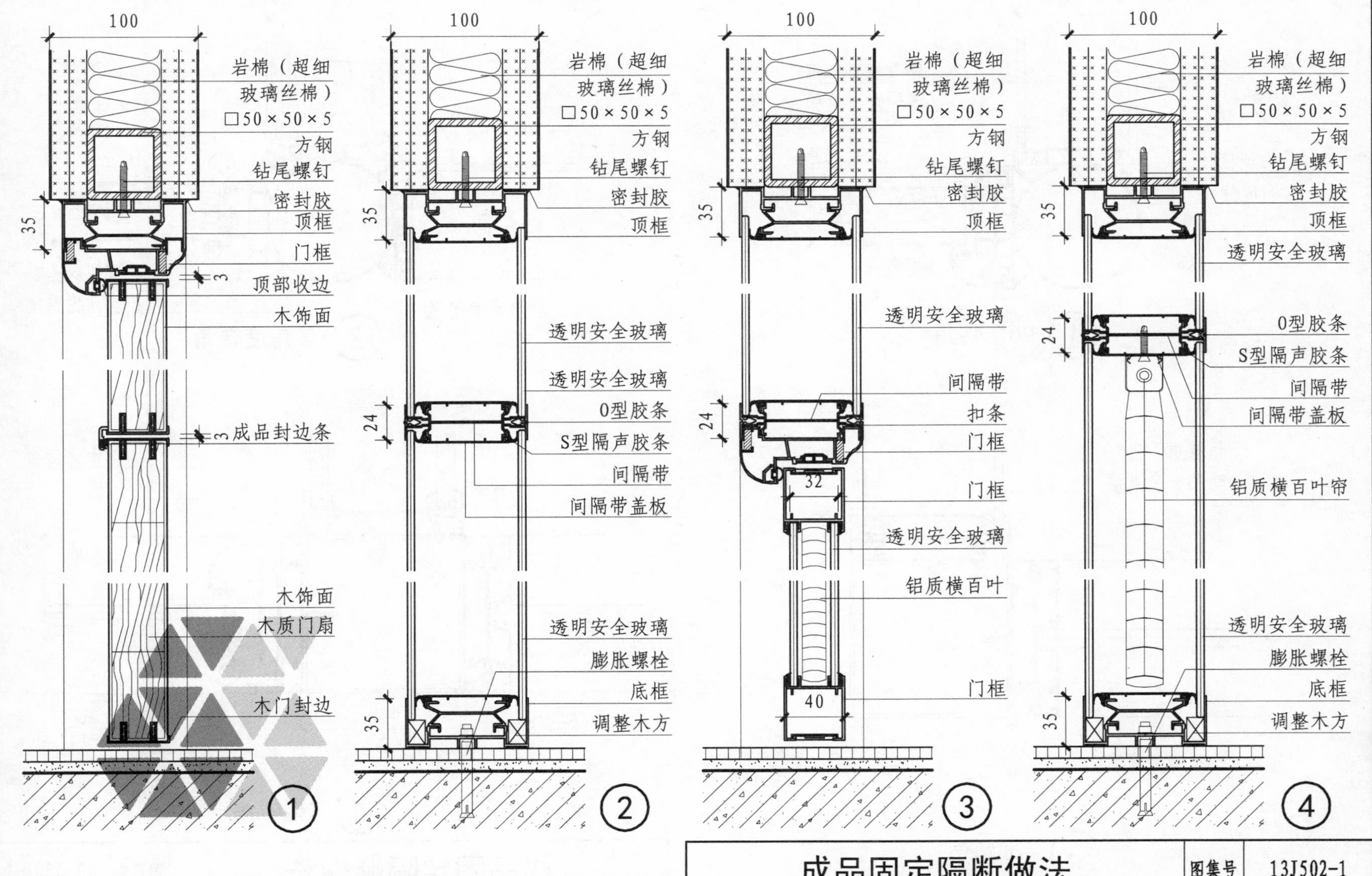

注：1.安全玻璃种类及厚度选用应符合《建筑玻璃应用技术规程》JGJ 113-2009的要求。
2.所用木方均需做防火、防腐处理。

成品固定隔断做法						图集号	13J502-1
审核	饶良修	校对	张晔	设计	邸士武	页	N04

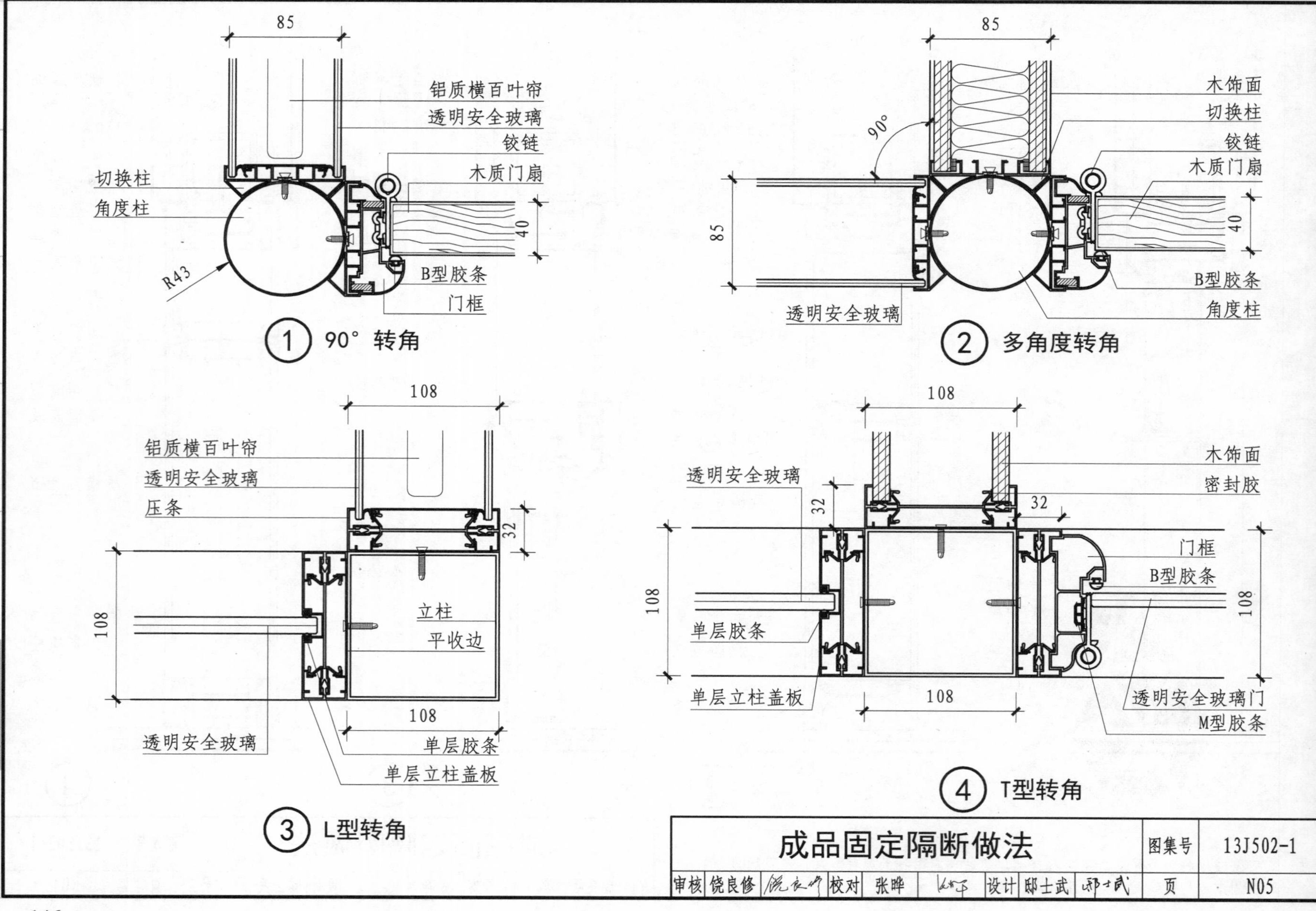

① 90° 转角

② 多角度转角

③ L型转角

④ T型转角

成品固定隔断做法							图集号	13J502-1
审核	饶良修	饶良修	校对	张晔	张晔	设计	邸士武	邸士武	页	N05

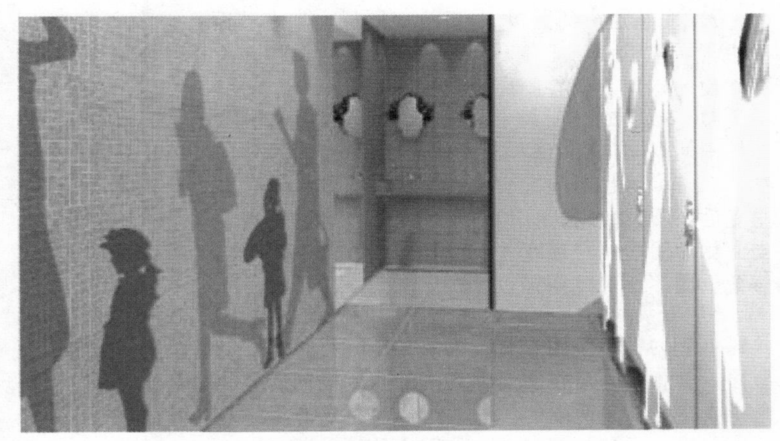

卫生间隔断

卫生间隔断

卫生间隔断

卫生间隔断

卫生间隔断案例								图集号	13J502-1
审核	饶良修	饶良修	校对	张晔	张晔	设计	厉飞	页	P01

卫生间隔断说明

1 卫生间隔断

卫生间隔断是使用最广泛的功能性装修装饰部件。隔断材料包括抗倍特板、酚醛树脂高压板、防潮板、高密度板等。

2 卫生间隔断的特点

具有易安装、可工业化生产、防火、防潮、耐撞、耐污损、易清理、环保等特点。

3 卫生间隔断的分类

柱式卫生间隔断、横梁式卫生间隔断、地脚式卫生间隔断、悬挂式卫生间隔断、小便斗隔板。

4 卫生间隔断的施工

4.1 卫生间隔断施工流程:施工准备→现场放线→工厂加工卫生间隔板→现场安装卫生间隔断→打胶收口。

4.1.1 施工准备:

1) 材料及安装工具准备 : 进入现场的卫生间隔板样式、数量及加工质量符合设计要求，有出厂合格证; 五金配件的种类、规格、型号符合图纸要求，并与卫生间隔板相匹配且产品质量合格; 安装工具:电锤、电钻、螺丝刀等。

2) 作业条件: 卫生间隔板进入施工现场必须检查验收,安装前应先检查型号、尺寸是否符合要求; 严格按照施工程序，确保施工质量; 注意卫生间隔断门板的开启方向及测量尺寸，以确保安装时门的裁口方向。

4.1.2 现场放线: 根据施工图设计要求，现场放线确定位置，编制卫生间隔板尺寸加工清单。加工清单要编制楼号、层数、房间及卫生间编号。

4.1.3 工厂加工卫生间隔板: 根据卫生间隔板制品加工清单、设计的材料及设计图纸的要求加工,加工后编制与加工清单编号一致。

4.1.4 现场安装卫生间隔断

1) 安装墙面固定件:在墙面上画出固定件中心线，用电钻在线上钻孔后预埋塑胶塞套于孔内,将固定件用平头螺钉固定于墙面上。

2) 安装脚座:在地面上画出调整脚座位置中心线，将调整脚座固定在地面上。

3) 安装卫生间隔板:将卫生间隔板立靠在墙面固定件及调整脚座上，调整隔板至正常高度，确定水平后，用平头螺丝将隔板固定在墙面固定件及调整脚座上。

4) 安装立柱:安装中间立柱，用平头螺钉将拉杆固定件固定于立柱中间顶端,将立柱与卫生间隔板用L型固定件固定。安装墙边立柱，在墙面画出与地面垂直线，预埋塑胶塞套于孔内，确定与地面垂直后,将墙边立柱用L型固定件固定在合适的墙面高度上。安装终端立柱，固定拉杆固定件及L型固定件于终端立柱上,再以平头螺钉将此板固定于卫生间隔板上。

5) 安装拉杆: 根据卫生间隔间实际长度裁切固定,直线拉杆平接时，管内需加装圆形相接套及紧迫连接弹簧片，以使接头平整、坚固，其相接处应在固定件内。卫生间隔间转角拉杆，采用适当转角接头连接转角两端的拉杆，用墙面固定套将终端拉杆固定于墙面上。用平头螺钉将拉杆与立柱固定件连接固定。

6) 安装门扇:安全铰链座上、下固定于立柱上，铰链片固定于门扇上、下两处，将自动归位尼龙座放置铰链座内，使门扇按所需角度自动开关。

7) 安装安全指示锁:将安全指示锁固定立柱上，开锁时指示锁会显示绿色，关锁时会显示红色。当发生紧急状况时，可由外面打开安全指示锁，以利安全紧急需要。

4.1.5 打胶收口: 卫生间隔板安装固定件后打玻璃胶收口。

4.2 施工中应注意的事项:

4.2.1 卫生间隔板拼接时应控制胶粘剂的用量。拼接后用夹子夹紧，竖直方向粘接时要开口，使粘接面增大,以确保粘接强度。

4.2.2 用平头螺钉连接卫生间隔板时，应先用小于平头螺钉直径的钻头钻一个孔,然后向孔内注入胶粘剂,再用平头螺钉固定。

4.2.3 安装结束时,如果表面出现斑点或污迹,可用毛巾沾取少量油性清洁剂轻轻擦拭即可去除。如果没有斑点或污迹，用一般清洁剂擦拭即可。

4.2.4 安装完毕后要做成品保护,以防损坏。安装完毕进行自检,经检验合格后进行验收。

卫生间隔断说明						图集号	13J502-1
审核	饶良修	校对	张晔	设计	厉飞	页	P02

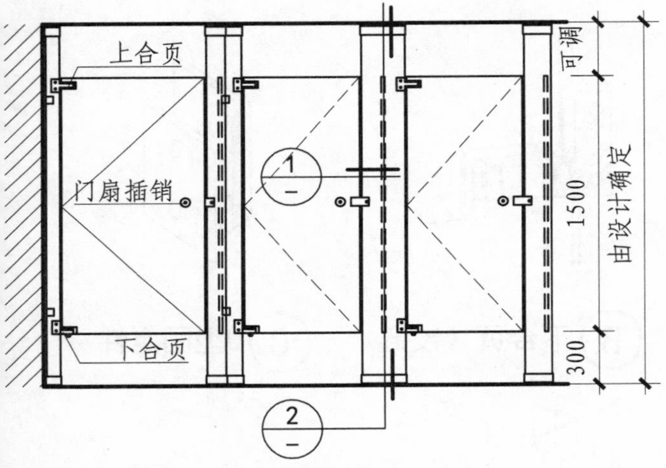

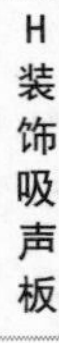

立面图

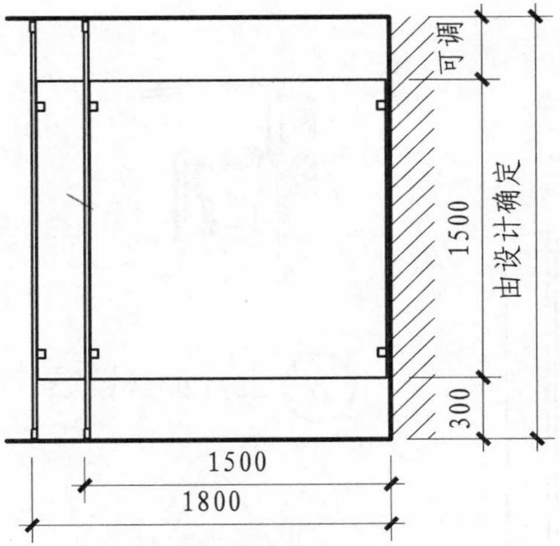

侧立面图

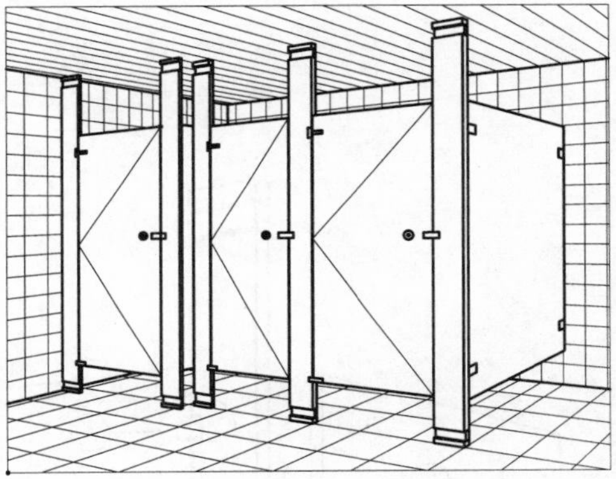

柱式隔断透视图

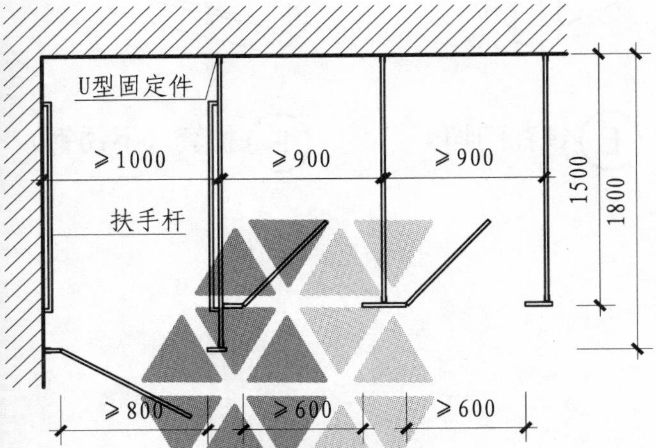

平面图

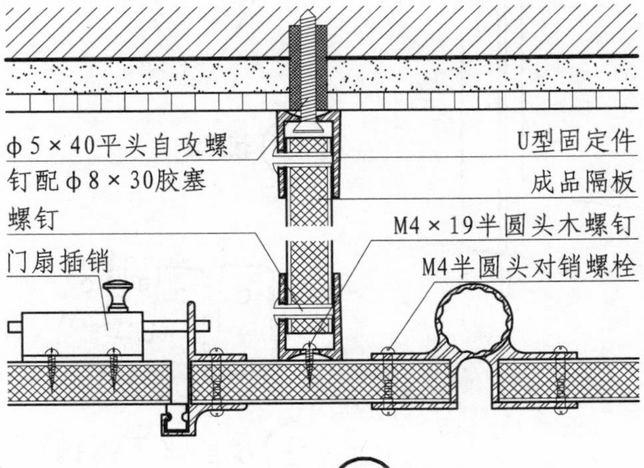

1

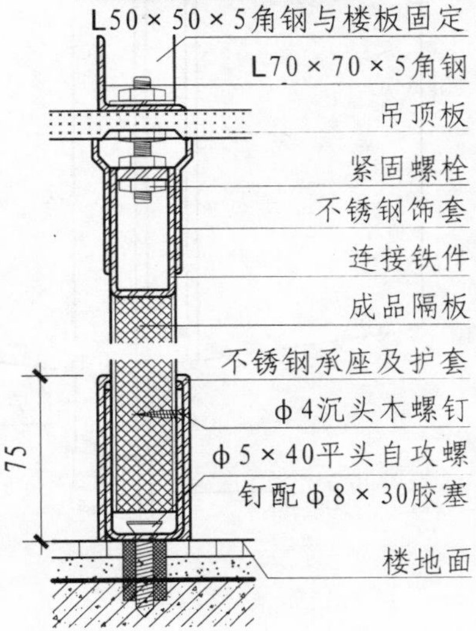

2

柱式卫生间隔断							图集号	13J502-1
审核	饶良修	[签名]	校对	张晔	[签名]	设计	厉飞	[签名]	页	P03

注：1. 成品卫生间隔断安装前应详细阅读产品说明书，按要求施工。
2. P03～P04页根据上海富美家装饰材料有限公司提供的技术资料编制。

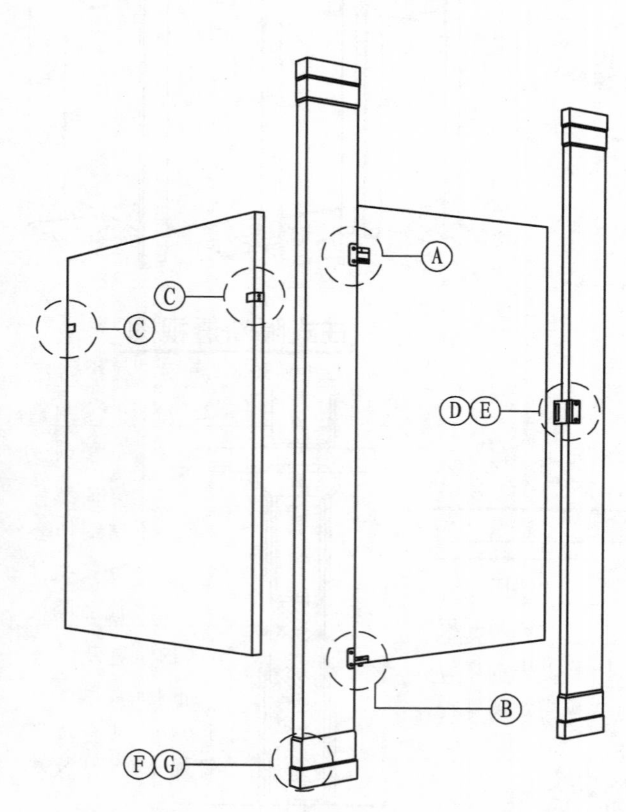

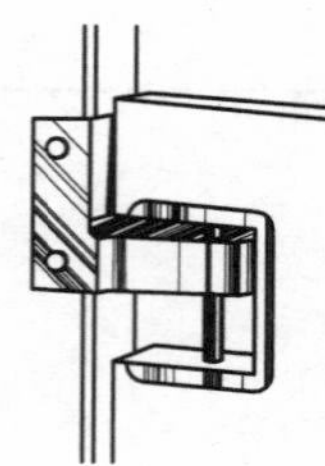
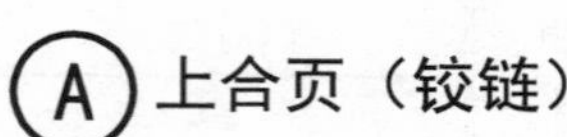
Ⓐ 上合页（铰链）

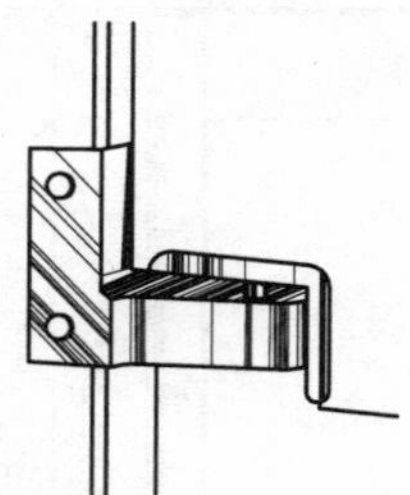
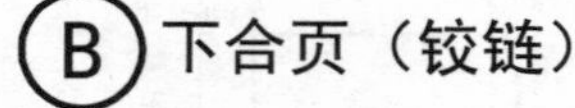
Ⓑ 下合页（铰链）

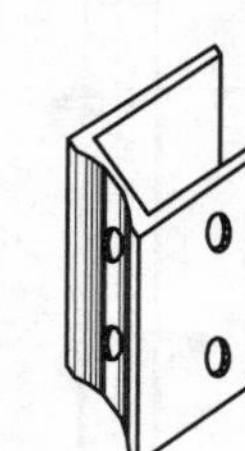
Ⓒ U型固定件

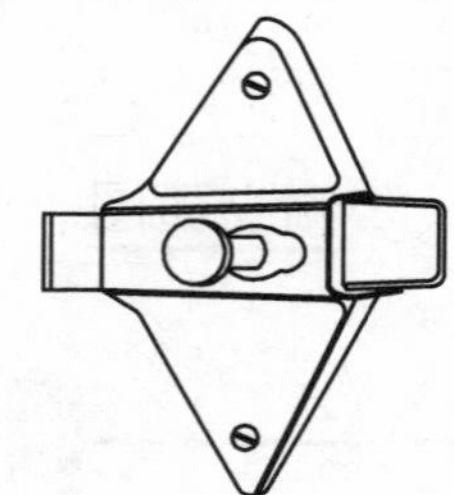
Ⓓ 插销

Ⓔ 销孔门挡

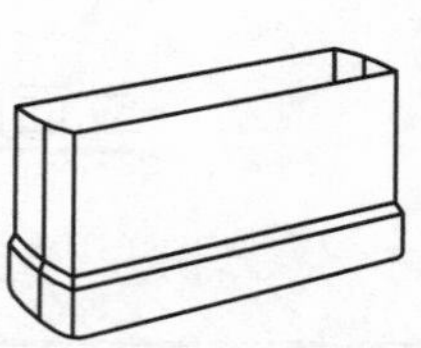
Ⓕ 护套（不锈钢）

Ⓖ 承座（不锈钢）

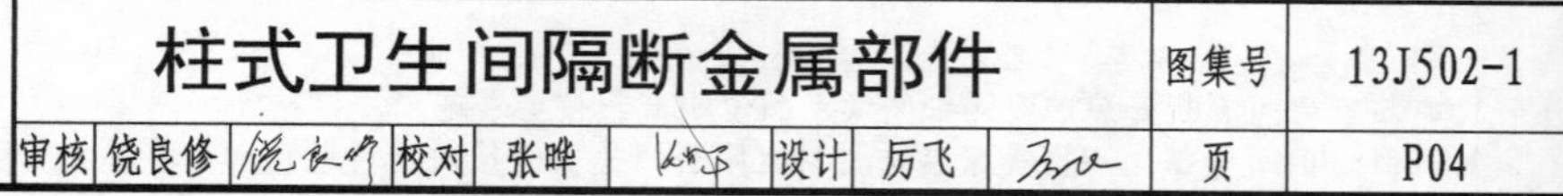

柱式卫生间隔断金属部件								图集号	13J502-1
审核	饶良修	饶良修	校对	张晔	张晔	设计	历飞	页	P04

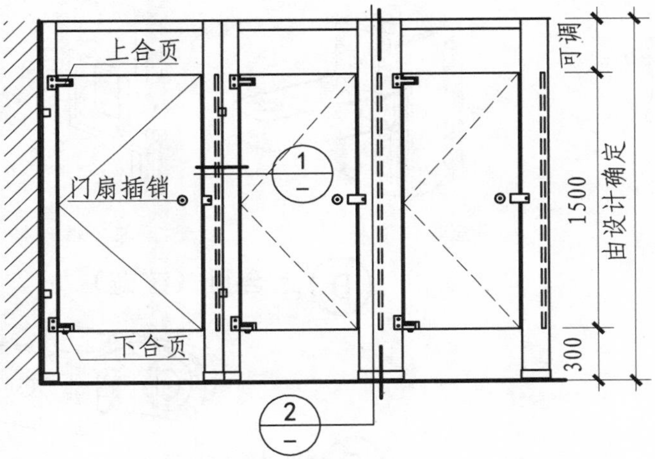

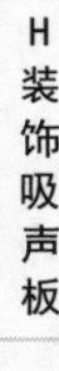

立面图

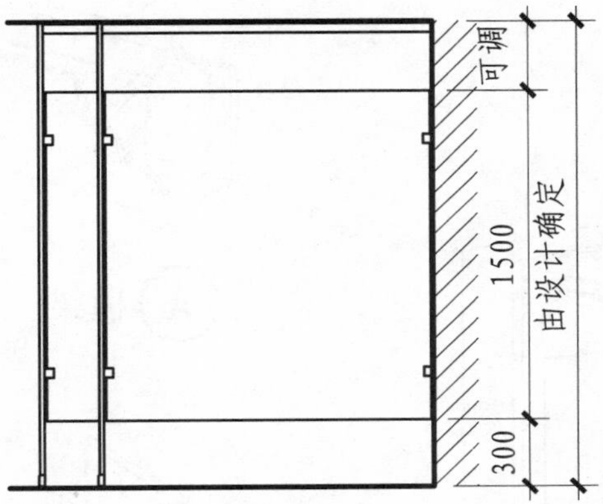

侧立面图

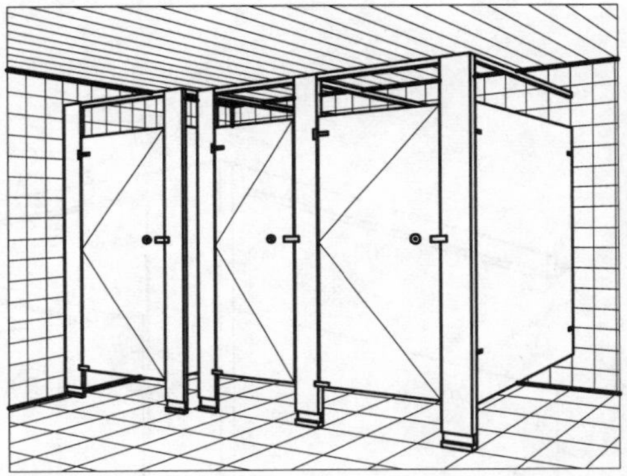

横梁式隔断透视图

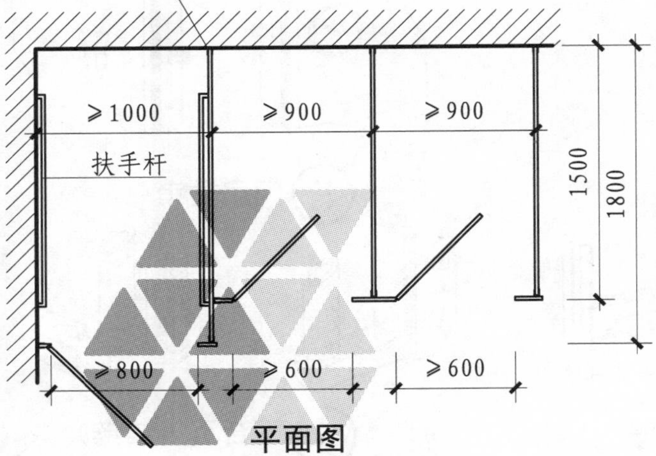

平面图

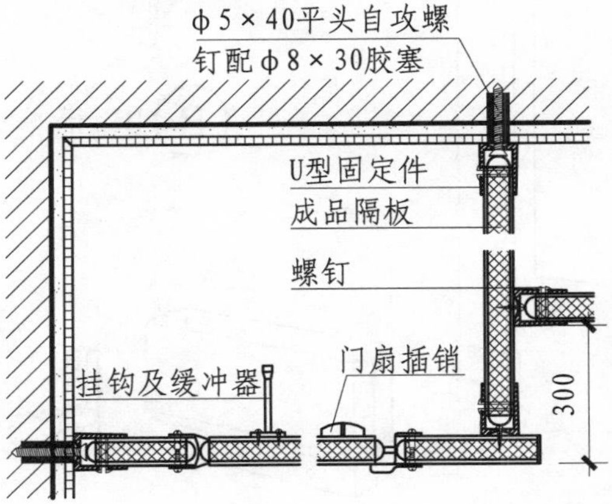

①

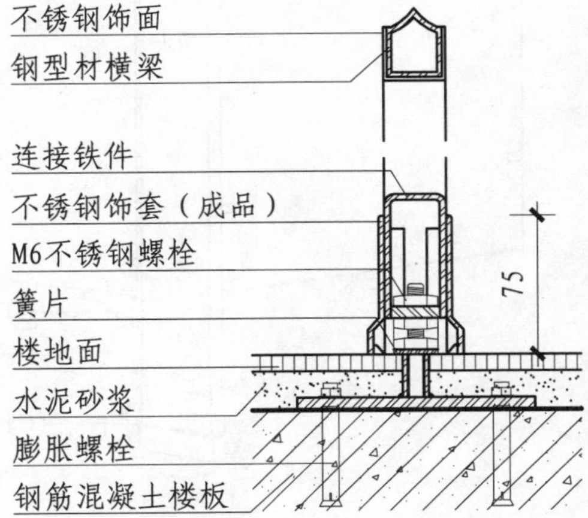

②

注：1. 成品卫生间隔断安装前应详细阅读产品说明书，按要求施工。
2. P05～P06页根据上海富美家装饰材料有限公司提供的技术资料编制。

横梁式卫生间隔断						图集号	13J502-1
审核	饶良修	校对	张晔	设计	厉飞	页	P05

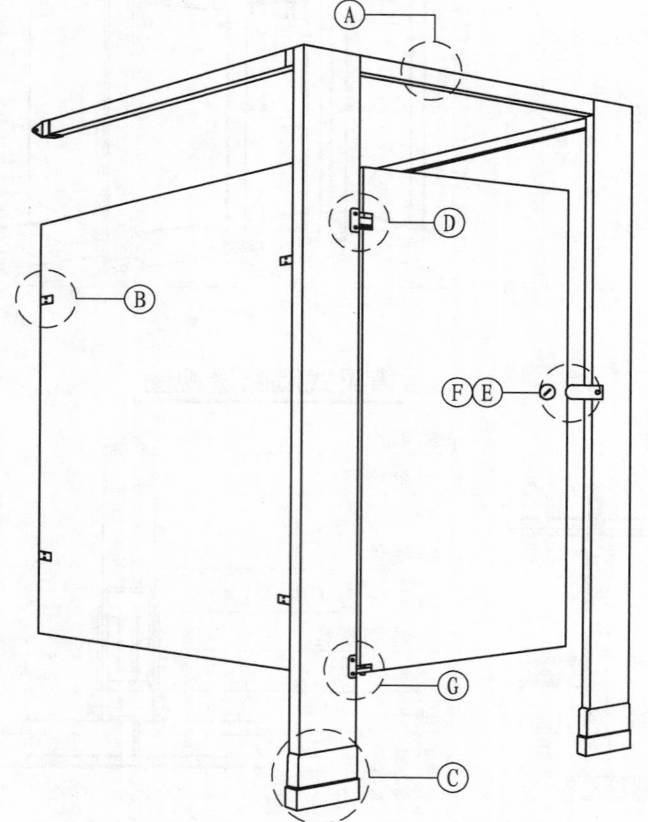

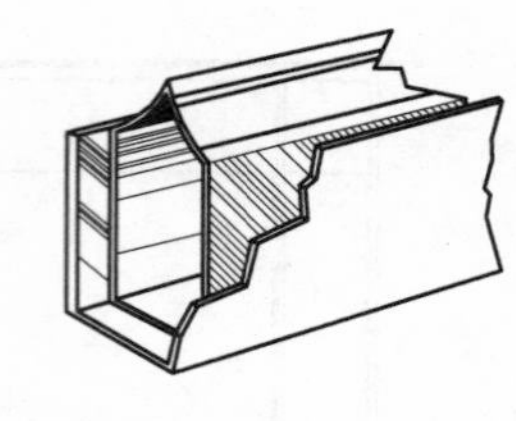
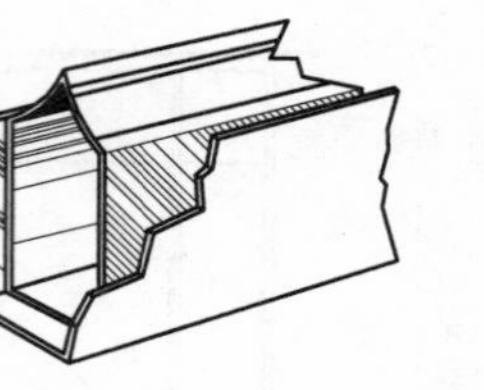

Ⓐ 横梁

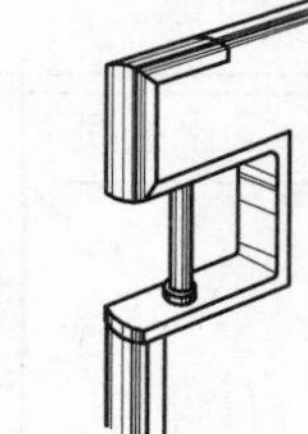

顶部铰链支托　顶部铰链销轴

Ⓓ 上合页（铰链）

Ⓑ U型固定件

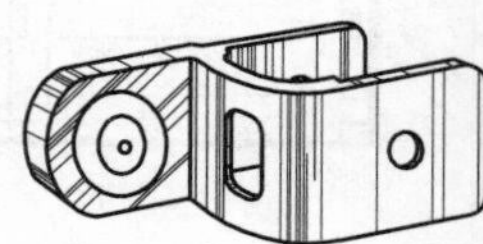

Ⓔ 挡头（销孔）

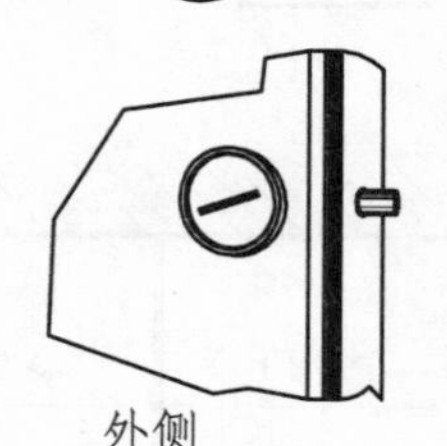
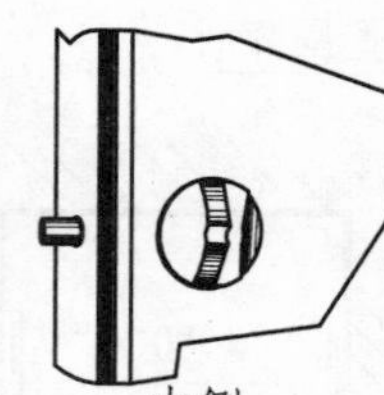

外侧　内侧

Ⓕ 门扇插销

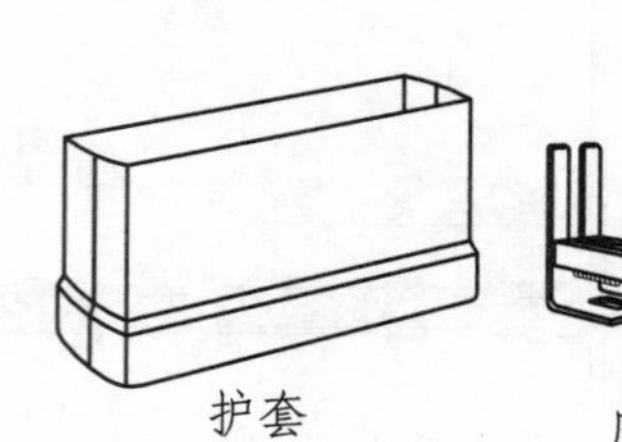

护套　底部安装部件

Ⓒ 不锈钢护套

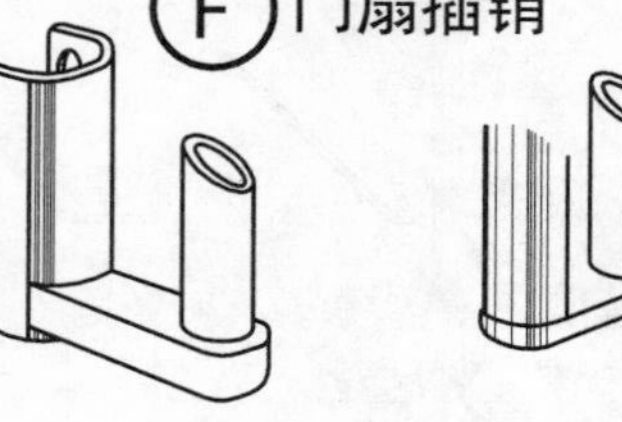

Ⓖ 下合页（铰链）

横梁式卫生间隔断金属部件							图集号	13J502-1
审核	饶良修	校对	张晔		设计	历飞	页	P06

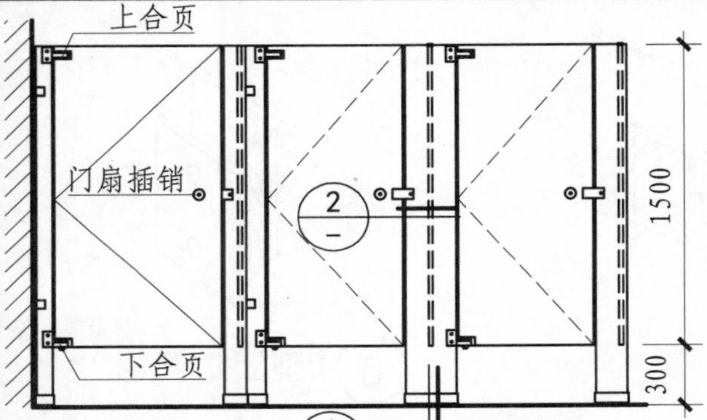

上合页
门扇插销
下合页
1500
300

立面图

1200
430

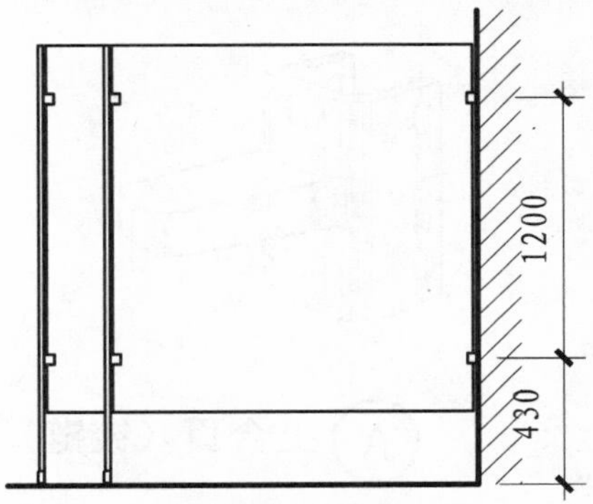

侧立面图

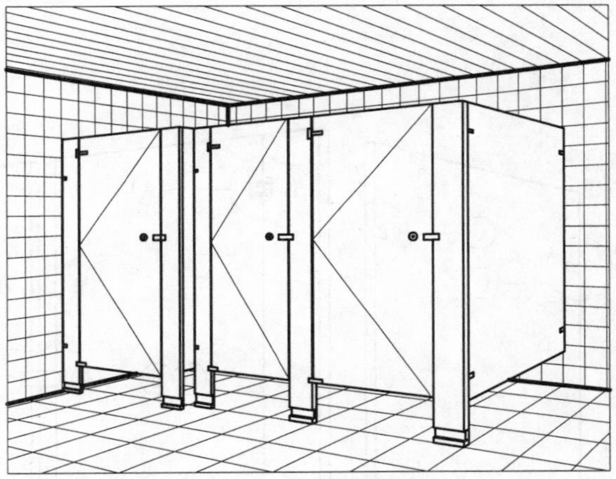

地脚式隔断透视图

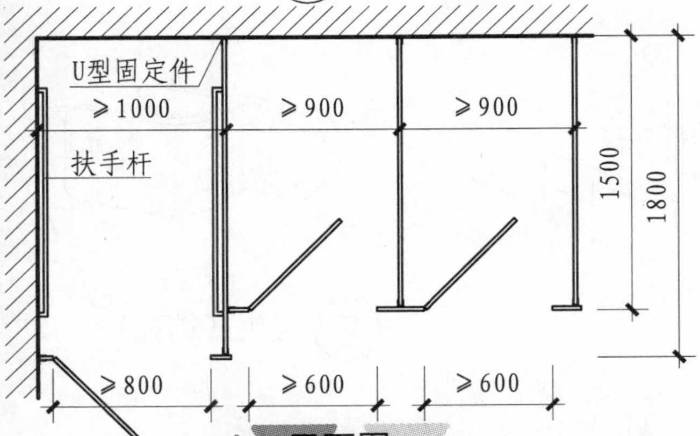

U型固定件
≥1000
≥900
≥900
扶手杆
1500
1800
≥800
≥600
≥600

平面图

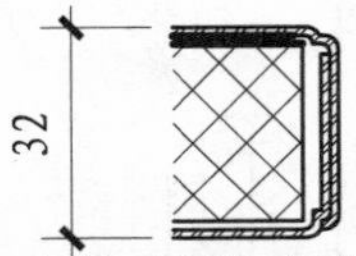

32
金属面板隔断收头

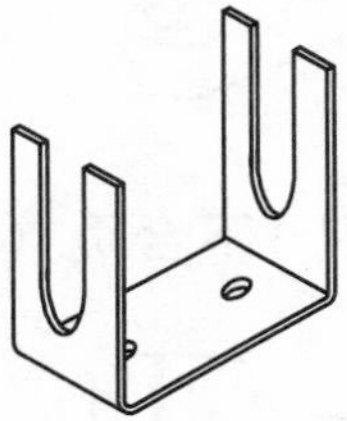

U型连接铁件（成品）

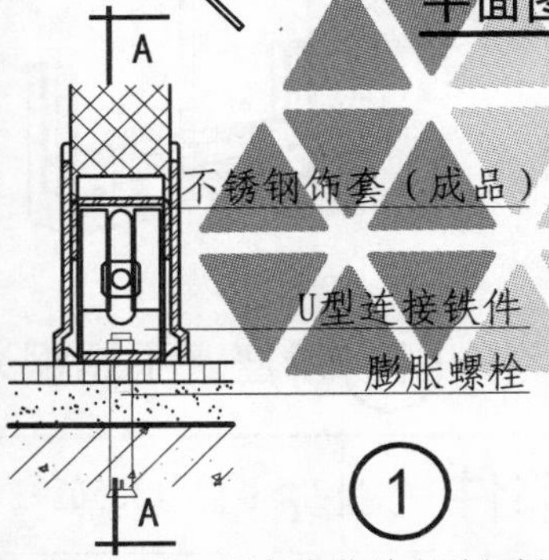

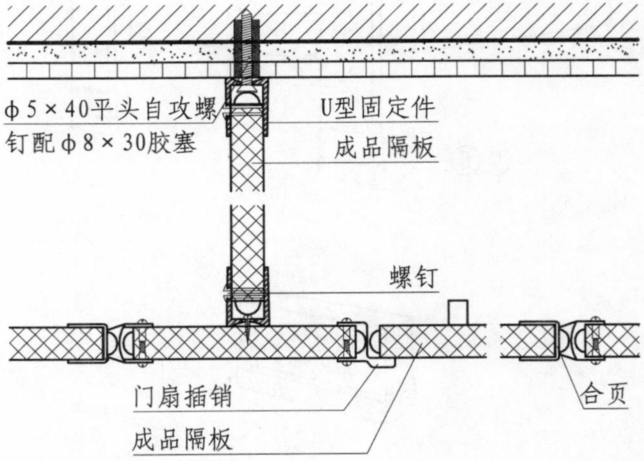

φ5×40平头自攻螺钉配φ8×30胶塞
U型固定件
成品隔板
螺钉
门扇插销
成品隔板
合页

②

A
不锈钢饰套（成品）
U型连接铁件
膨胀螺栓
A

①

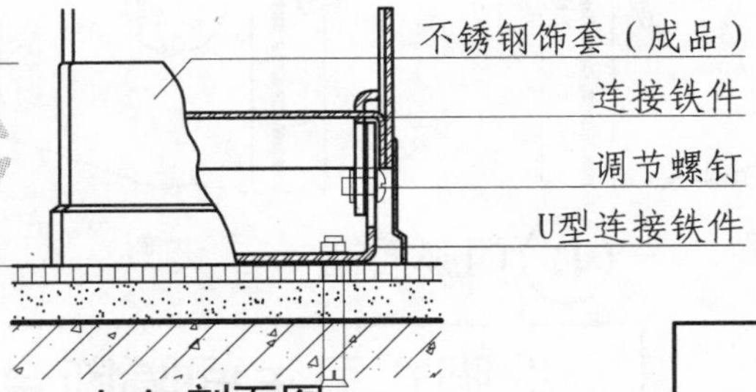

不锈钢饰套（成品）
连接铁件
调节螺钉
U型连接铁件
75

A-A 剖面图

注：成品卫生间隔断安装前应详细阅读产品说明书，按要求施工。

地脚式卫生间隔断						图集号	13J502-1
审核	饶良修	校对	张晔	设计	厉飞	页	P07

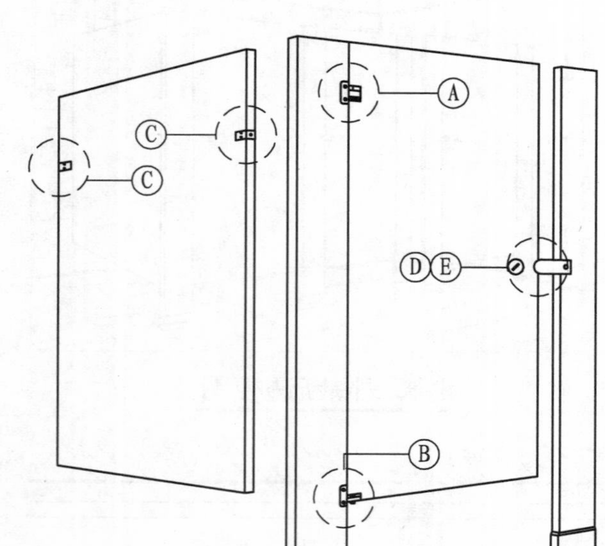

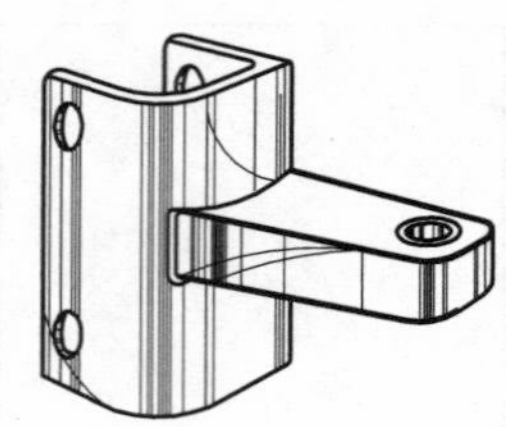

A 上合页（铰链）

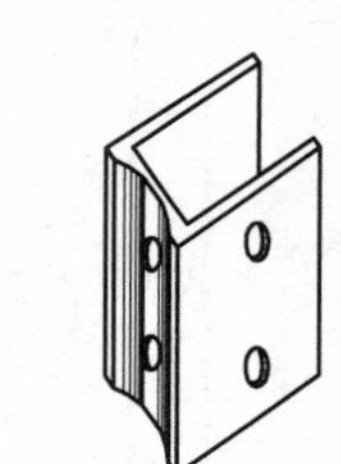

C U型固定件

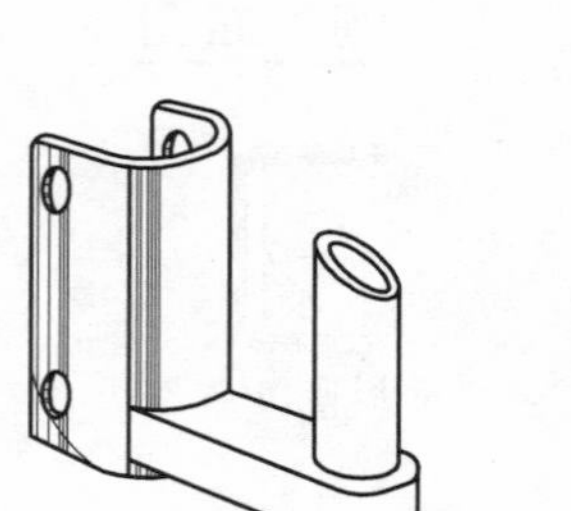

B 下合页（铰链）

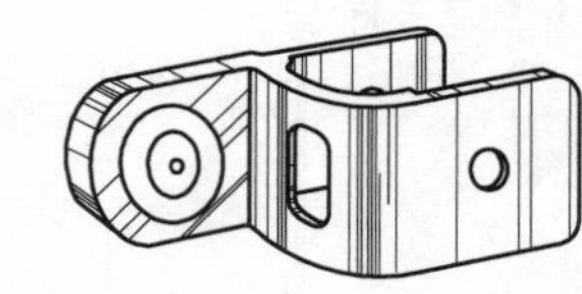

E 挡头（销孔）

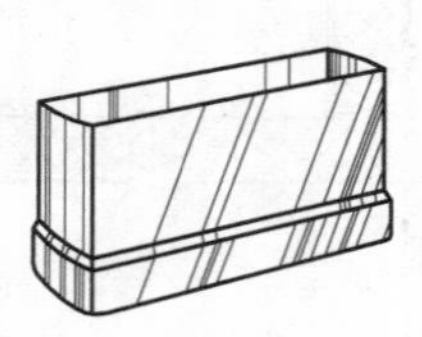

G 护套（不锈钢）

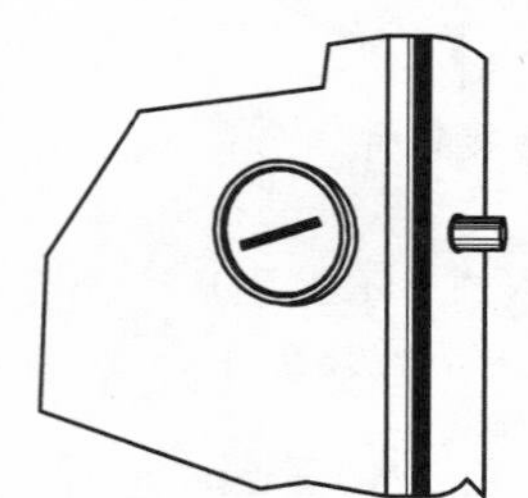

外侧

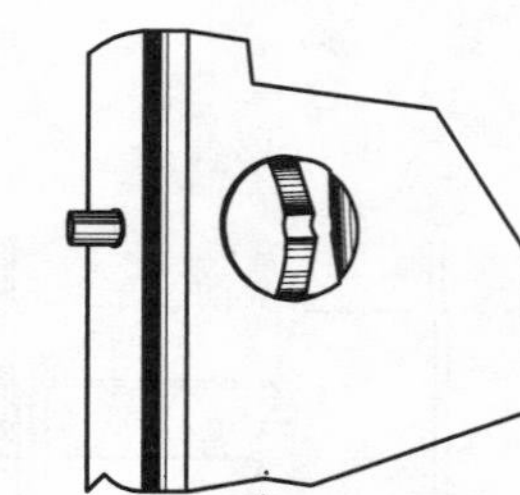

内侧

D 门扇插销

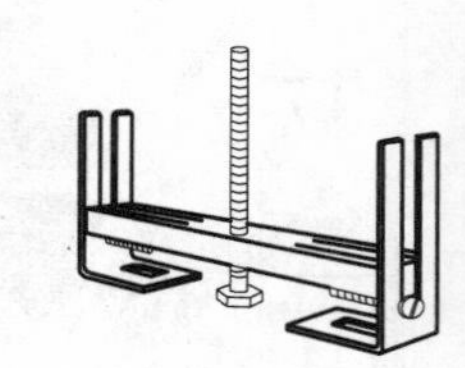

F 承座（不锈钢）

地脚式卫生间隔断金属部件							图集号	13J502-1
审核	饶良修	（签名）	校对	张晔	（签名）	设计 厉飞 （签名）	页	P08

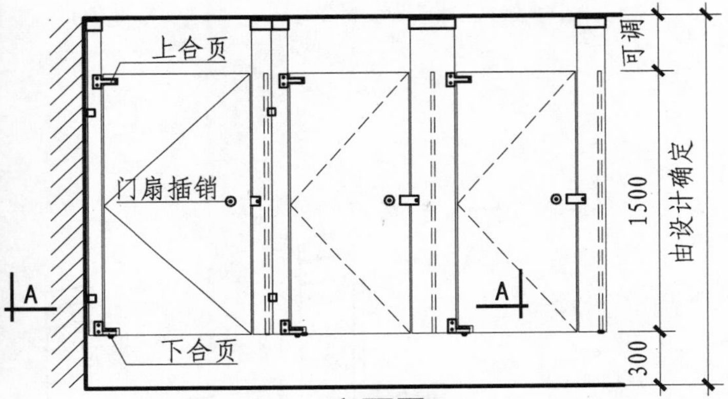

上合页
门扇插销
下合页
A
A
可调
1500
300
由设计确定

立面图

B
可调
1500
300
由设计确定

侧立面图

悬挂式隔断透视图

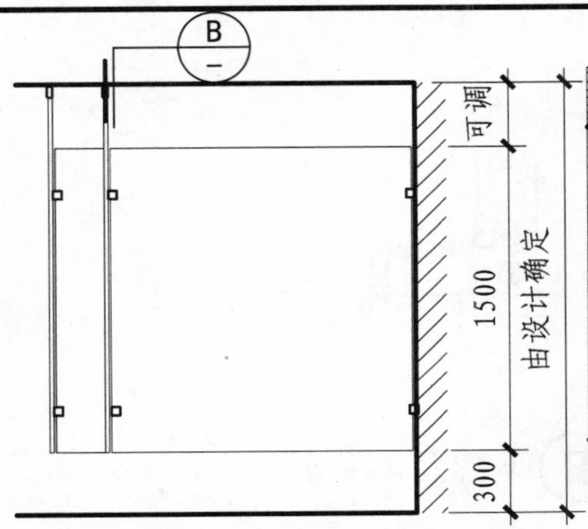

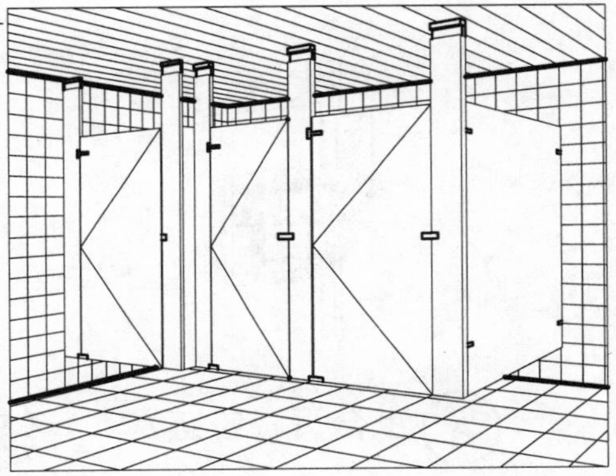

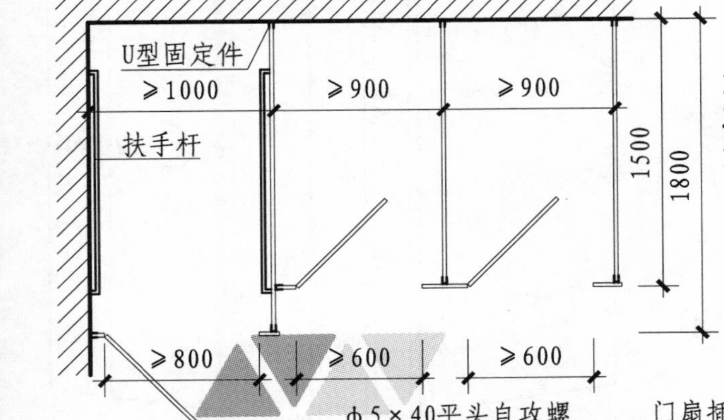

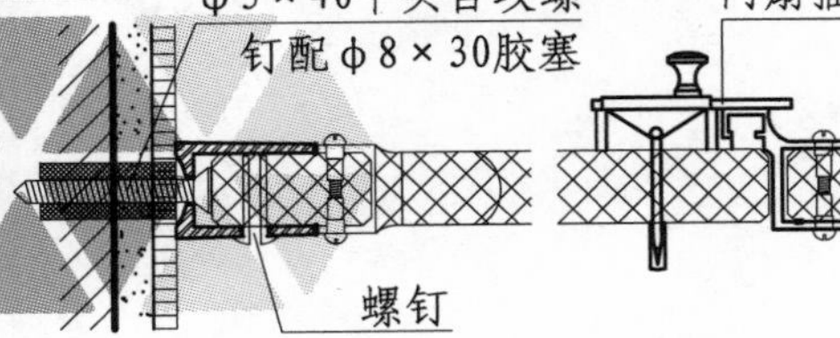

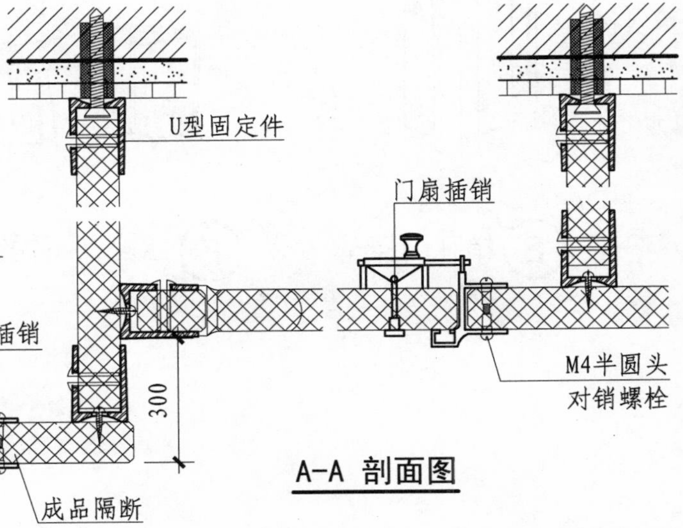

U型固定件
≥1000
≥900
≥900
扶手杆
1500
1800
≥800
≥600
≥600

平面图

U型固定件
φ5×40平头自攻螺
钉配φ8×30胶塞
门扇插销
螺钉
成品隔断
300
门扇插销
M4半圆头
对销螺栓

A-A 剖面图

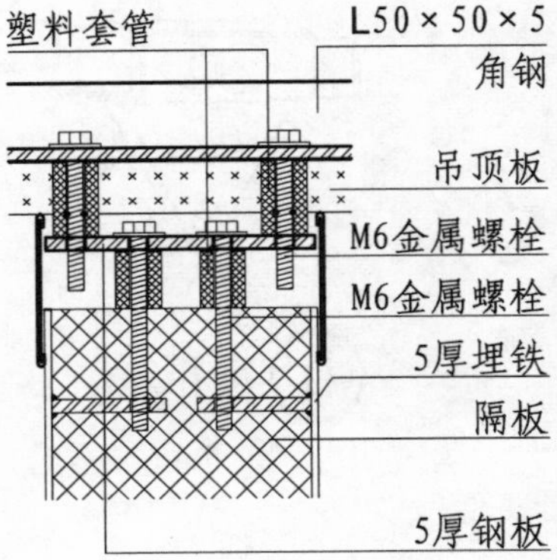

塑料套管
L50×50×5
角钢
吊顶板
M6金属螺栓
M6金属螺栓
5厚埋铁
隔板
5厚钢板

Ⓑ 剖面图

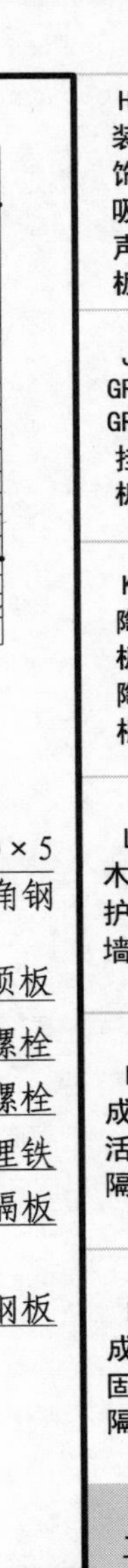

注：1. 成品卫生间隔断安装前应详细阅读产品说明书，按要求施工。
2. P09～P10页根据上海富美家装饰材料有限公司提供的技术资料编制。

悬挂式卫生间隔断						图集号	13J502-1
审核	饶良修	校对	张晔	设计	厉飞	页	P09

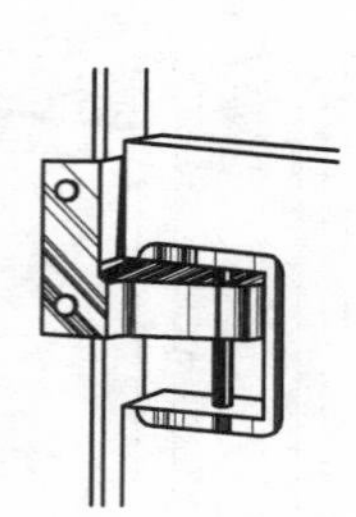

Ⓐ 上合页（铰链）

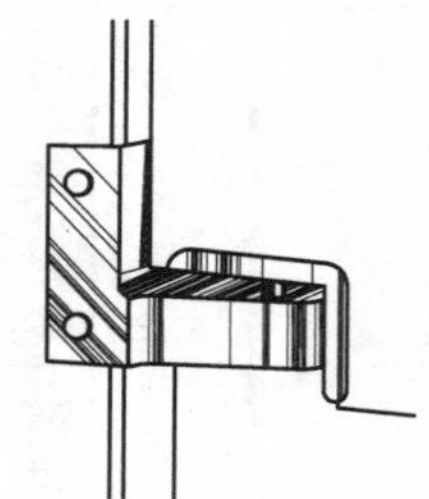

Ⓑ 下合页（铰链）

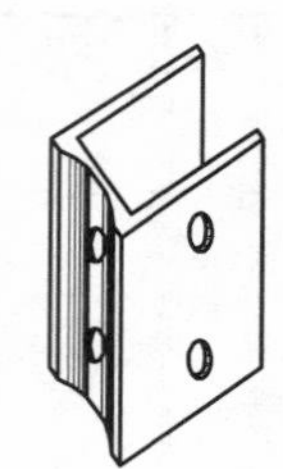

Ⓒ U型固定件

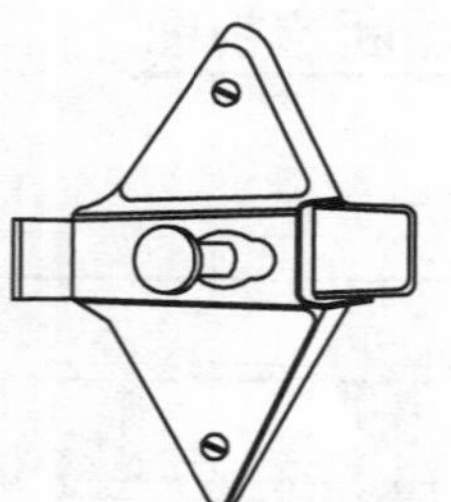

Ⓓ 插销

Ⓔ 销孔门挡

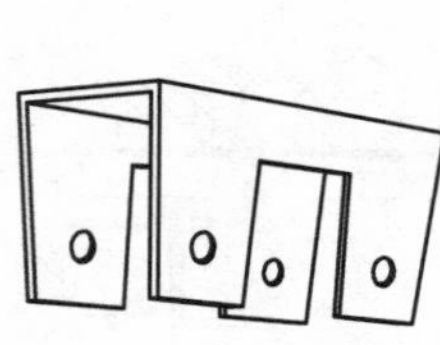

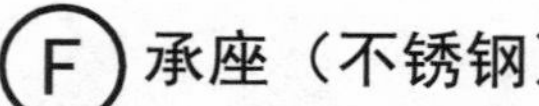

Ⓕ 承座（不锈钢）

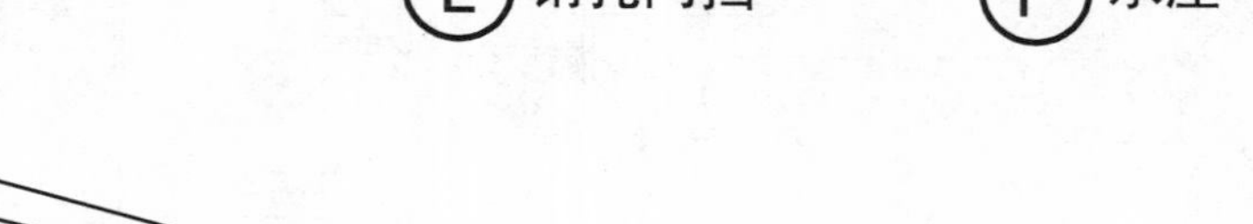

Ⓖ 护套（不锈钢）

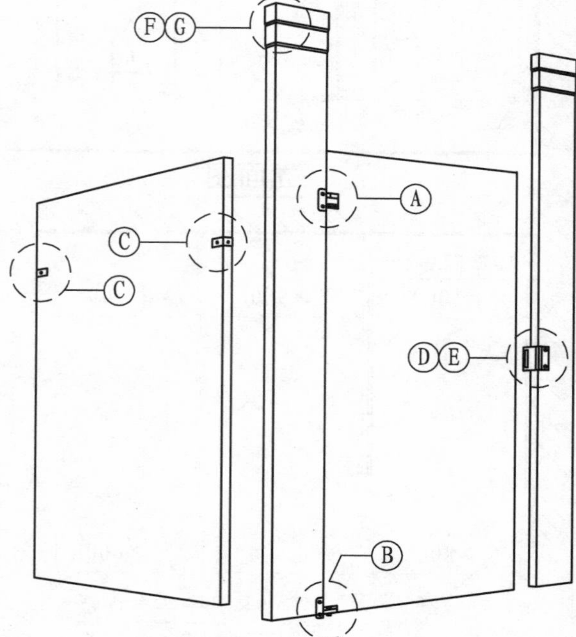

悬挂式卫生间隔断金属部件							图集号	13J502-1
审核	饶良修	饶良修	校对	张晔	张晔	设计 厉飞 厉飞	页	P10

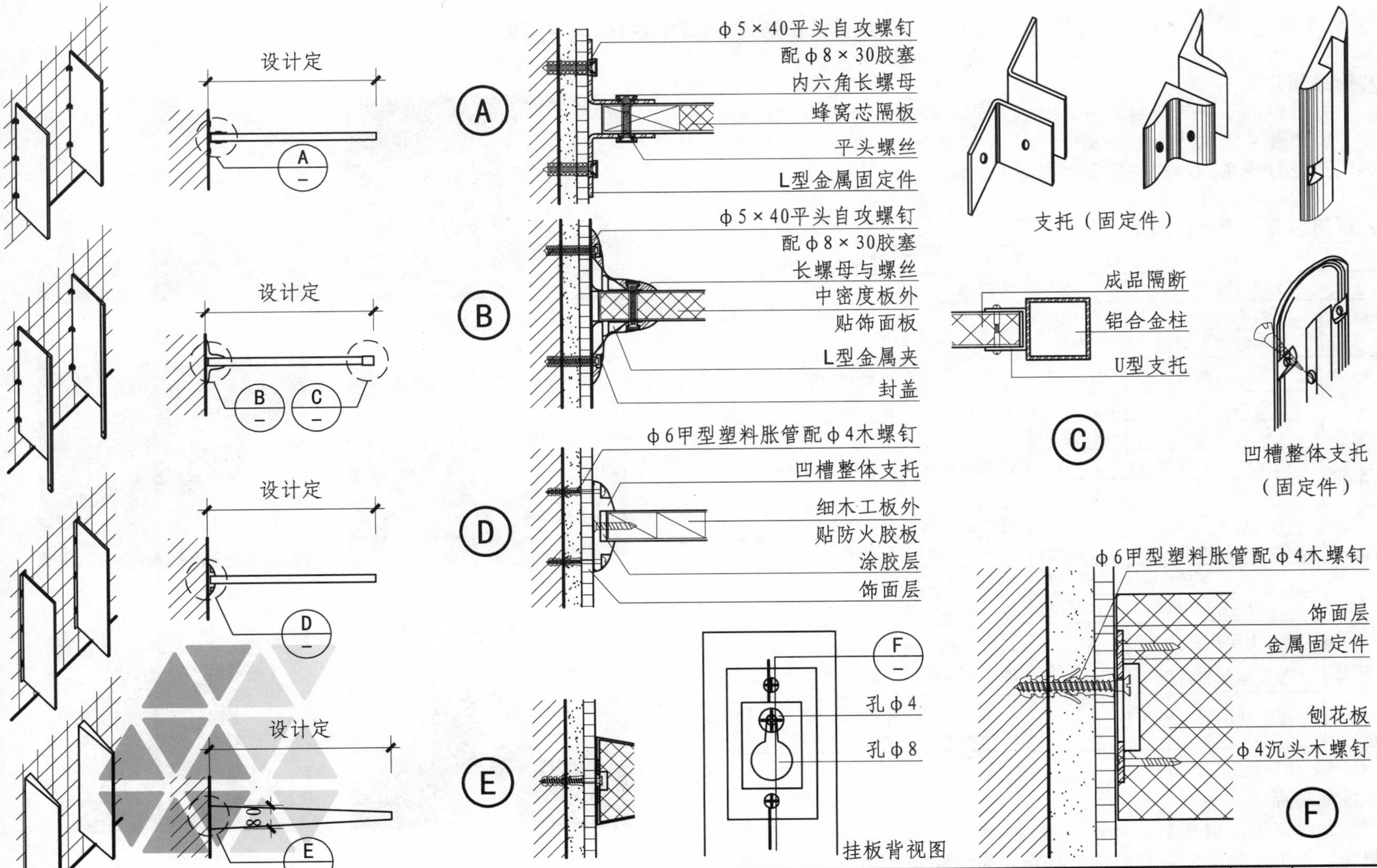

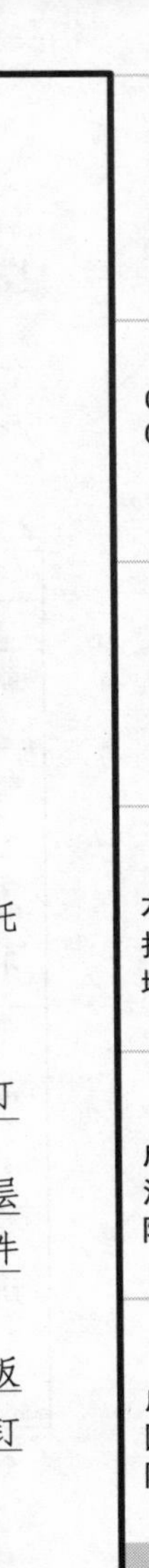

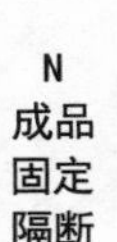

注：小便斗隔板均为成品，安装请按实际产品说明书施工。

小便斗隔板						图集号	13J502-1
审核	饶良修	校对	张晔	设计	厉飞	页	P11

北新建材产品相关技术资料

1. 产品简介

龙牌纸面石膏板品种多样，功能丰富。轻钢龙骨有 U 型、C 型、V 型直卡式龙骨及造型龙骨、CH 井道墙龙骨、Z 型和Ω型减振隔声龙骨等系列，相关配套辅材齐全。

2. 纸面石膏板适用范围

产品		板厚（mm）	适用范围
普通石膏板		9.5/12/15	内隔墙、吊顶
耐水系列	耐水石膏板	9.5/12/15	卫生间、厨房等潮湿环境
	高级耐水石膏板	12/15	
耐潮系列	耐潮石膏板	9.5/12	潮湿地区具有防霉变功能
	耐潮耐火石膏板	9.5/12/15	有耐潮、耐火要求的区域
耐火系列	耐火石膏板	9.5/12/15	建筑防火区域及钢结构外防护
	高级耐火石膏板	12/15	
	特级耐火石膏板	12/15	
特种系列	绿色宜家石膏板	9.5/12	有吸附甲醛等有害气体的功能
	高级耐水耐火石膏板	12/15/25	有耐水、耐火要求的区域
	双防石膏板	9.5/12	抗变形、抗开裂
	家装石膏板	9.5/12	家庭精装修的隔墙及吊顶
功能系列	吸声用穿孔石膏板	9.5/12	场馆、设备机房、会议厅、多功能厅等有吸声、降噪要求的场所
	覆膜穿孔石膏板		
	覆膜装饰石膏板		办公楼、学校、医院、卖场等有装饰效果和洁净要求的场所

3. 性能特点

龙牌纸面石膏板具有环保、轻质、耐火、保温、隔声、节省空间、施工快捷，表面易装饰等特点，其独特的“呼吸功能”，使居住、办公环境更舒适。

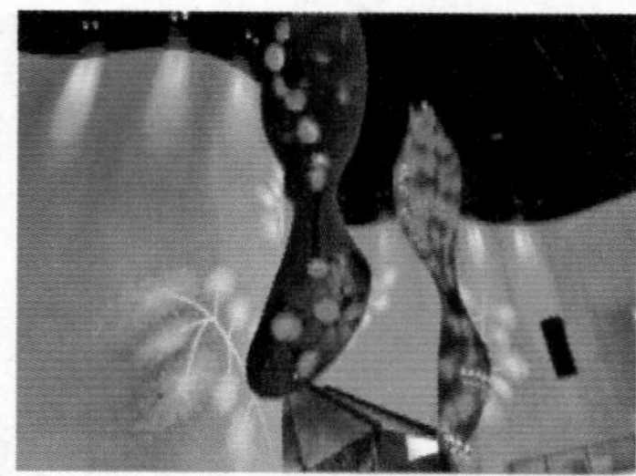
多功能厅

会议室

大堂

酒店

贵宾室

走廊

注：本页是根据北新集团建材股份有限公司提供的技术资料编制。

搪瓷钢板装饰产品相关技术资料

1. 产品简介

搪瓷钢板装饰产品主要用于墙面装饰，也可用于吊顶、隔断、屏风等。以镀锌钢龙骨或铝合金龙骨为支撑结构，通过金属挂件或螺栓固定搪瓷面板。可广泛用于地铁、隧道、机场、高档写字楼等饰面使用年限要求长、效果要求高的建筑物的内外装饰。

2. 适用范围

制品	厚度（mm）	主要材料	适用范围
平板	20～30	搪瓷钢板及配套龙骨系统	平墙面
转角板	20～30		转角、收口位置
圆弧板	20～25		圆柱、弧形墙
冲孔吸音板	20～30		有吸音降噪要求的场所
艺术画板	20～30		对装饰面采用艺术图案处理的场所

3. 性能特点

产品由优质低碳钢板与无机非金属材料经过高温熔融产生紧密化学键的新型复合材料。其既有金属材料的柔韧性，又有瓷质的耐久性。面板规格尺寸、色彩根据设计要求定制，最大满足各类设计理念及风格的需要，并避免现场切割，实现施工零损耗。龙骨采用热镀锌处理的钢龙骨或铝合金龙骨，保证龙骨系统也具有良好的防腐性能，满足使用年限要求。安装系统采用三维可调结构，保证高精度的安装要求。

注：本页是根据浙江开尔新材料股份有限公司提供的技术资料编制。

富美家抗倍特板产品相关技术资料

1. 产品简介

抗倍特板（Compact 及加厚高压装饰耐火板）在制作时，是用装饰色纸(含浸三聚氰胺树脂)加上多层黑色或褐色牛皮纸(含浸酚醛树脂)，经过层叠后，采用钢板在高温(150℃)高压(1430 psi)下压制而成的，是一种透心结构的高压装饰板。表面色纸层有多种花色可选择，还可提供“单面或双面”的装饰选择。

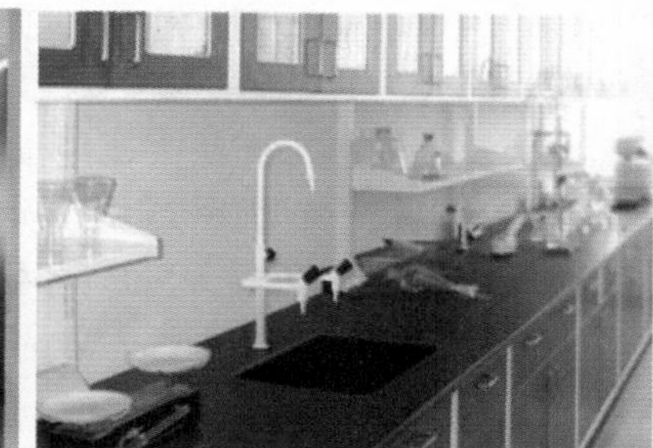

2. 适用范围

抗倍特板(Compact 及加厚高压装饰耐火板)厚度在 1.6 ~ 25mm 之间，因此不仅是装饰材料，还可以作为空间内部分隔的结构用材，产品种类、常用厚度及主要适用范围见下表。

产品种类	常用厚度（mm）	主要适用范围
平面抗倍特板	2、4	粘贴于需要装饰的墙面
	8	干挂于需要装饰的墙面
	12、13	厨房操作台面、洗漱台面、实验室台面、浴厕隔断
弯曲抗倍特板	8	墙身、隔断的转角(L 型)
	12、13	浴厕隔断的门板(U 型、M 型) 浴厕隔断的隔板(V 型)

3. 性能特点

抗倍特板具有坚固、耐冲击、防水、耐潮湿、耐高温 、易清理、抗腐蚀的特性。可直接用标准碳钢合金刀具进行钻孔、敲击、砂磨、导型、切割等工作。也可用 CNC 机器（数控机床）按实际需求切割成任意形状，是兼具实用与装饰的板材。

注：本页是根据上海富美家装饰材料有限公司提供的技术资料编制。

可耐福墙体系统相关技术资料

1. 产品简介

可耐福墙体系统包括轻钢龙骨石膏板隔墙、菱镁矿木丝板吸声墙面、可聆诺穿孔吸声板墙面、达诺岚穿孔吸声板墙面、MW 减振龙骨隔声墙体系统、安耐板墙体系统、井道墙系统、外墙保温系统、防火墙系统、抗撞击墙体系统等。

2. 适用范围

制品	厚度（mm）	主要材质	适用场所
菱镁矿木丝吸声板	15、25、35	菱镁矿粉、木丝	多功能厅、影剧院、体育馆、酒店、办公、学校
可聆诺穿孔吸声板	12.5	天然石膏	
达诺岚穿孔吸声板	9.5、12.5	天然石膏	
MW 减振隔声龙骨	75	不绣钢带	
隔声板	12、15	天然石膏	办公、酒店
安耐板	12.5	波特兰水泥	办公、酒店
井道芯板	25.4	天然石膏	高层、厂房
外墙保温系统	定制	XPS 石膏复合板	住宅、别墅
高性能防火板	20、25、32	天然石膏	钢构厂房、写字楼

3. 性能特点

菱镁矿木丝吸声板：高吸声、耐撞击、平整度±1mm、多种饰面、无碱性、防白蚁、高耐潮、木丝纹理连续、多种边形处理。

可聆诺穿孔吸声板：吸声性能好、连续穿孔无缝连接、装饰效果好、净化空气、弯曲性好、孔型种类多、异形吊顶施工简便。

达诺岚穿孔吸声板：吸声性能好、矩阵式穿孔、孔径最小 3mm、弯曲性好、多种穿孔布局、多种龙骨与边形安装方式。

安耐板：水泥基板材，湿涨率小，防霉性好，弯曲性能好。

井道系统：单侧安装施工快捷，防火、耐潮、隔声，满足井道风压荷载。

菱镁矿木丝吸声板墙面

达诺岚穿孔吸声墙面

菱镁矿木丝吸声板墙面

菱镁矿木丝吸声板墙面

可聆诺穿孔吸声板墙面

达诺岚穿孔吸声板墙面

注：本页是根据可耐福石膏板有限公司提供的技术资料编制。

博罗石膏建材隔墙相关技术资料

1. 产品简介

博罗石膏建材的轻钢龙骨隔墙为非承重内隔墙，常规墙体高度3m～9m，耐火时间0.5h～4h，计权隔声量35dB～60dB。隔墙常用产品包括： 12、15mm普通、耐水、耐火、石膏板，12mm隔声、穿孔、丽捷饰面石膏板，18mm多功能石膏板，25mm耐火石膏板；50、75、100、150mm竖龙骨和横龙骨，38mm贯通龙骨，50、60mm覆面龙骨。

2. 适用范围

隔墙系统	主要材料	适用范围
单排龙骨隔墙	横龙骨、竖龙骨、贯通龙骨、普通、耐水、耐火、隔声、多功能纸面石膏板	酒店、办公、住宅、医院、厂房等建筑的常规隔墙、走道、防火墙等
双排龙骨隔墙	横龙骨、竖龙骨、贯通龙骨、普通、耐水、耐火、隔声、多功能纸面石膏板	酒店客房、会议厅、宴会厅等有隔声要求的场合
支撑卡贴面隔墙	支撑卡件、覆面龙骨、边龙骨、普通、耐水纸面石膏板	新建建筑和既有建筑改造，代替传统抹灰，隐蔽墙面缺陷和管线敷设
管井隔墙	J型横龙骨、CH\E型竖龙骨、12、25mm耐火纸面石膏板	电梯井道，设备与通风管井道

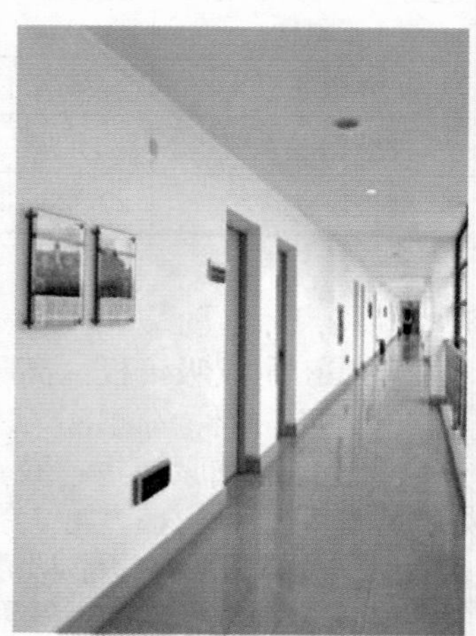

3. 性能特点

博罗石膏建材的隔墙具有：隔声性能良好、易于安装、轻质高强、耐火耐潮、环保节能、占用空间小、干作业等特点。可广泛用于酒店、办公、住宅、娱乐、商场、会展、厂房、医院、学校等建筑。

注：本页是根据博罗石膏建材有限公司提供的技术资料编制。

台荣隔墙产品相关技术资料

1. 产品简介

台荣隔墙产品分为低密度板、中密度板、高密度板、成品墙四种系统。低密度、中密度和高密度板可作为室内隔断、非承重结构墙、外墙饰面板、保温板使用，以及家具、地板、搪瓷钢板等的基板使用。成品墙是一次性生产成型的装饰用墙板，直接在现场安装使用。

2. 适用范围

制品	厚度（mm）	主要材料	适用范围
中密度巧天板	6～25	硅质材料 钙质材料 纯木浆等	写字楼，学校，医院，厂房，商场，酒店，车站，机场，地铁，隧道，住宅、外墙、地板、家具等
低密度巧耐板	6～25		
高密度墙体板	4～25		
成品墙	6～25		
穿孔隔墙板	6～12		需要降噪的建筑物

3. 性能特点

台荣隔墙系列产品是不含石棉、无放射性的绿色环保产品，它具有耐火等级高（不燃 A 级，耐火极限最高达 4h），抗变形，防潮，隔声，强度高、使用寿命长等功能性特点。台荣 0.75g/cm³ 的低密度隔墙板，具有保温隔热、吸声效果好、施工效率高、破损低、易造型等特点；且只需传统隔墙一半的墙厚就可以达到五星级酒店的高隔音、防火要求。

注：本页是根据台荣建材（湖州）有限公司提供的技术资料编制。

参编企业、联系人及电话

北新集团建材股份有限公司	刘明海	010-59812883
浙江开尔新材料股份有限公司	刘永珍	0579-82889808
上海富美家装饰材料有限公司	萧广贤	021-22113668-8313
可耐福石膏板有限公司	李海龙	022-26972777
博罗石膏建材有限公司	刘　悦	021-23074869
台荣建材（湖州）有限公司	赵　斌	0512-63330149

GUOJIAJIANZHUBIAOZHUNSHEJI 12J502-2

国家建筑标准设计图集 12J502-2

（替代 03J502-2）

内 装 修

室内吊顶

中国建筑标准设计研究院

住房和城乡建设部关于批准《混凝土模块式室外给水管道附属构筑物》等14项国家建筑标准设计的通知

建质[2012]185号

各省、自治区住房和城乡建设厅，直辖市建委（建交委、规划委）及有关部门，新疆生产建设兵团建设局，总后基建营房部工程局，国务院有关部门建设司：

经审查，批准由北京市市政工程设计研究总院等单位编制的《混凝土模块式室外给水管道附属构筑物》等14项标准设计为国家建筑标准设计，自2013年2月1日起实施。原《内装修—室内吊顶》(03J502-2)、《建筑无障碍设计》(03J926)、《建筑结构设计常用数据》(06G112)、《轴流式通风机安装》(94K101-1)、《玻璃钢屋顶风机基础及安装》(94K101-2)、《离心通风机安装图(A式在钢支架上安装)》(98K101-3)、《风机安装》(05K102)、《35kV及以下电缆敷设》(94D101-5)标准设计同时废止。

附件：国家建筑标准设计名称及编号表

中华人民共和国住房和城乡建设部

二〇一二年十二月十四日

"建质[2012]185号"文批准的14项国家建筑标准设计图集号

序号	图集号	序号	图集号	序号	图集号	序号	图集号	序号	图集号	序号	图集号	序号	图集号
1	12SS508	3	12SG619-3	5	12J502-2	7	12G101-4	9	12S108-2	11	12K101-2	13	12K101-4
2	12J912-2	4	12K512 12R116	6	12J926	8	12G112-1	10	12K101-1	12	12K101-3	14	12D101-5

《内装修—室内吊顶》编审名单

编制组负责人：饶良修　　郭　景

编制组成员：饶　劢　　周祥茵　　郭晓明　　张　晔　　沈　洋　　李　征

审查组长：赵冠谦

审查组成员：顾　均　　唐曾烈　　许绍业　　奚聘白　　朱爱霞　　孙　恺　　吴文光

项目负责人：周祥茵

项目技术负责人：郭　景

内装修—室内吊顶

批准部门	中华人民共和国住房和城乡建设部
批准文号	建质[2012]185号
主编单位	中国建筑设计研究院环境艺术设计研究院 中国建筑标准设计研究院
统一编号	GJBT-1224
实行日期	二〇一三年二月一日
图集号	12J502-2

主编单位负责人

主编单位技术负责人

技术审定人

设计负责人 周祥茵

目　　录

目　录						图集号	12J502-2
审核	饶良修	校对	郭晓明	设计	饶劢	页	1

单层龙骨吊顶平面及详图……A35
双层龙骨吊顶平面及详图……A37
双层龙骨吊顶详图……A38
双层龙骨跌级吊顶图……A39
双层龙骨跌级吊顶详图……A40
吊顶伸缩缝、与墙连接详图……A41
吸声吊顶平面及详图……A42
可开启穿孔吸声板吊顶详图……A43
穿孔石膏板弧形吊顶详图……A44
石膏板吊顶伸缩缝详图……A45
轻钢龙骨石膏板反向支撑吊顶平、剖面及详图……A46
隔声吊顶详图……A47
吸声木丝板吊顶详图……A48

B 矿棉吸声板吊顶

矿棉吸声板吊顶说明……B01
矿棉吸声板吊顶龙骨系列表……B05
矿棉吸声板吊顶龙骨配件表……B12
明架(半明架)矿棉板吊顶……B17
明架矿棉板吊顶龙骨系列……B18
明架矿棉板不上人吊顶平面……B19
明架矿棉板不上人吊顶详图……B20
明架T型宽槽龙骨吊顶……B21
明架吊顶平面及详图……B22
明架矿棉板吊顶详图……B23
明架T型龙骨吊顶平面及详图……B24
明架T型宽带龙骨吊顶……B25
明架T型窄带龙骨吊顶……B26
明架T型宽、窄带龙骨组合吊顶平面及详图……B27
明架T型凹槽龙骨吊顶平面及详图……B29
明架铝合金龙骨条形板吊顶平面及详图……B30
明架迭式吊顶平面及详图(一)……B31
明架迭式吊顶平面及详图(二)……B32
明架迭式吊顶平面及详图(三)……B33
半明架T型组合龙骨系列……B34
暗架T型龙骨吊顶……B35
暗架T型龙骨吊顶平面及详图……B36
暗架H型龙骨吊顶……B37
暗架H型龙骨吊顶平面及详图……B38
暗架吊顶灯带平面及详图……B39
暗架开启式Z型龙骨矿棉板走道吊顶平面及详图……B40
暗架开启式T型龙骨矿棉板走道吊顶平面及详图……B41
暗架开启式T型龙骨条形板吊顶平面及详图(一)……B42
暗架开启式T型龙骨条形板吊顶详图……B43
暗架开启式T型龙骨条形板吊顶平面及详图(二)……B44
暗架铝合金龙骨条形板吊顶平面及详图……B45
T型龙骨吊顶风口安装平面及详图……B46
T型龙骨吊顶灯具安装平面及详图……B47
T型龙骨吊顶灯带安装平面及详图……B48
条形矿棉板与石膏板组合吊顶平面及详图……B49
矿棉板吊顶与金属网组合吊顶平面及详图……B50
复合粘贴矿棉板吊顶……B51
复合粘贴矿棉板吊顶平面及详图……B52
洁净室龙骨系统……B53
抗震龙骨吊顶系统平面及详图……B54

C 玻璃纤维吸声板吊顶

玻璃纤维吸声板吊顶说明……C01
玻璃纤维吸声板吊顶配套龙骨表……C03
玻璃纤维吸声板吊顶龙骨配件表……C05

目　录							图集号	12J502-2
审核	饶良修	校对	郭晓明		设计	饶劢	页	2

D 金属板(网)吊顶

E 柔性（软膜）吊顶

目录							图集号	12J502-2
审核	饶良修		校对	郭晓明		设计	饶劢	页	3

总　说　明

1　编制依据

1.1 本图集根据住房和城乡建设部建质函[2012]131号“关于印发《2012年国家建筑标准设计编制工作计划》的通知”对原图集《内装修—室内吊顶》03J502-2进行修编。

1.2 本图集依据下列标准规范:

《房屋建筑制图统一标准》	GB/T 50001-2010
《建筑制图标准》	GB/T 50104-2010
《建筑工程施工质量验收统一标准》	GB 50300-2001
《民用建筑工程室内环境污染控制规范》	GB 50325-2010
《住宅装饰装修工程施工规范》	GB 50327-2001
《建筑内部装修设计防火规范》(2001年版)	GB 50222-95
《建筑设计防火规范》	GB 50016
《建筑内部装修防火施工及验收规范》	GB 50354-2005
《室内装饰装修材料胶粘剂中有害物质限量》	GB 18583-2008
《民用建筑隔声设计规范》	GB 50118-2010
《建筑室内吊顶工程技术规程》	CECS 255:2009
《建筑材料及制品燃烧性能分级》	GB 8624-2012
《建筑用轻钢龙骨》	GB/T 11981-2008
《纸面石膏板》	GB/T 9775-2008
《装饰纸面石膏板》	JC/T 997-2006
《金属及金属复合材料吊顶板》	GB/T 23444-2009

当依据的标准规范进行修订或有新的标准规范发布实施时，应对本图集相关内容进行复核，并按新的标准规范执行。

2　适用范围

2.1 本图集适用于新建、改建、扩建的民用建筑室内吊顶装修。

2.2 本图集供室内设计、建筑设计及工程监理、施工安装人员使用。

2.3 本图集适用于抗震设防烈度小于或等于8度的地区。

3　编制原则

3.1 本图集结合国情，满足建筑装饰装修吊顶工程的发展，改善使用环境的需要，针对不同类型的吊顶，吸收国内外成型吊顶产品中常用做法及新工艺。

3.2 室内吊顶均应符合我国现行的标准规范、施工操作规程及施工质量验收规范的有关规定。

4　主要内容

4.1 本图集是《内装修》系列图集分册之一。

4.2 本图集主要编入符合防火设计要求、安全可靠、技术成熟、安装方便、功能多样、产品配套、工业化程度高的吊顶系统。

4.3 本图集包括轻钢龙骨纸面石膏板整体面层类吊顶、矿棉吸声板块板面层类吊顶、玻璃纤维吸声板吊顶、金属板及金属网吊顶、柔性（软膜）吊顶五个吊顶系统及其相应的构造详图。

5　吊顶系统介绍

5.1 轻钢龙骨纸面石膏板整体面层类吊顶通常采用U型、C型轻钢龙骨，配以纸面石膏板组成吊顶系统。如有特殊功能要求，亦可用轻钢龙骨选配水泥加压板、硅酸钙板等板材，或在其表面复合粘贴矿棉板。

5.2 矿棉吸声板块板面层类吊顶通常采用T型烤漆龙骨，除配用矿棉

总　说　明								图集号	12J502-2
审核	饶良修	[签名]	校对	郭晓明	[签名]	设计	饶劢	[签名]	页	4

板外，也可配用装饰石膏板、硅酸钙板等块状板材。T型龙骨有宽带、窄带、凹槽、凸型、组合龙骨及铝合金龙骨等不同品种。H型轻钢龙骨配用中开槽矿棉板，组成暗架吊顶，也可与T型龙骨、Z型龙骨共同组成明暗架吊顶。

5.3 玻璃纤维吸声板吊顶通常采用与矿棉吸声板相同的龙骨及配件。

5.4 金属板吊顶分为以下几大类：

5.4.1 块板及条板吊顶。

5.4.2 单板吊顶（非标大型面板含铝单板、复合蜂窝板等）。

5.4.3 造型金属吊顶(如挂片、筒形、格栅、方通、吸声片等)。

5.4.4 金属编织网及扩张网吊顶。

5.5 柔性（软膜）吊顶是由软膜、扣边条、龙骨三部分组成。软膜、扣边条主要成分是聚氯乙烯，燃烧性能等级为B1级；龙骨采用铝合金制成，燃烧性能等级为A级。

5.6 吊顶龙骨

5.6.1 建筑室内吊顶用轻钢龙骨是以冷轧钢板（带）、镀锌钢板（带）或彩色涂层钢板（带）作为原料，采用冷弯工艺生产的。

5.6.2 建筑室内吊顶用铝合金龙骨，是以铝合金作为原料，采用冷轧工艺生产的。

5.6.3 承载龙骨：吊顶龙骨骨架中主要受力构件。

5.6.4 主龙骨：吊顶龙骨骨架中主要受力构件。

5.6.5 次龙骨：吊顶龙骨骨架中连接主龙骨及固定饰面板的构件。

5.6.6 横撑龙骨：吊顶龙骨骨架中起横撑及固定饰面板的构件（轻钢龙骨石膏板吊顶中的次龙骨，包括起横撑作用的次龙骨，这种龙骨通常都采用C型龙骨，又称覆面龙骨）。

5.6.7 T型主龙骨：T型吊顶龙骨骨架中主要受力构件。

5.6.8 T型次龙骨：T型吊顶龙骨骨架中起横撑作用的构件。

5.6.9 H型龙骨：H型吊顶龙骨中起固定饰面的构件。

5.6.10 插片：H型吊顶龙骨中起横撑作用的构件。

5.6.11 边龙骨：L型边龙骨、阶梯型边龙骨等。

5.6.12 配件：龙骨接长件、转角连接件等构件。

5.6.13 吊杆：吊顶系统中悬吊吊顶龙骨骨架及饰面板的承力构件。

5.6.14 吊件：承载龙骨和吊杆的连接件。

4.6.15 挂件：覆面龙骨和承载龙骨的连接件。

5.6.16 挂插件：覆面龙骨相接的连接件。

5.7 轻钢龙骨石膏板吊顶、矿棉吸声板吊顶，均有单层和双层龙骨两种做法。单层龙骨为龙骨直接吊挂于室内顶部结构，不设承载龙骨，比较简单、经济。轻钢龙骨纸面石膏板双层龙骨吊顶，设有承载龙骨（主龙骨），在承载龙骨（主龙骨）下挂覆面龙骨（次龙骨）。而矿棉吸声板双层龙骨吊顶，上层是承载龙骨（大龙骨），下层吊挂T型主龙骨，这种双层龙骨吊顶整体性较好、不易变形。金属板吊顶，一般可不设承载龙骨，通过吊杆将龙骨直接吊装在室内顶部结构上，如加设承载龙骨整体性能更好。

5.8 以上五种吊顶系统的龙骨、面板，国内外已有多家工厂生产，产品有各自的特点，在选择使用时，应注意选用同一厂家的龙骨、吊件、挂件及其他构配件。本图集选择编入的吊顶系列配套齐全、技术先进、有代表性，这类产品的吊顶构造较为合理，为大多数厂家所采用，只是构成吊顶的龙骨、吊顶板型号规格尺寸有所不同，为避免图集内容重复，本图集以一种产品的技术条件为主，编制吊顶构造节点，其余产品吊装形式雷同的部分不再表述，但对个别系列产品有特色的技术，可供设计采用的构造节点也编入了图集。

5.9 本图集采用的面板均为不燃或难燃材料。安装在轻钢龙骨上燃烧性能达到B1级的纸面石膏板、矿棉吸声板，可作为A级装修材料使用。本图集编入的五类吊顶系列产品，均符合建筑防火规范对吊顶防火的要求。各类建筑内部顶棚装修材料燃烧性能等级详见表1～表4。表1～表4内容依据《建筑内部装修设计防火规范》（2001年版）GB 50222-95编制，表中内容若与现行相关规范不一致时，应从严执行。建筑工程对防火、吸声、防潮、保温等有特殊要求时，吊顶应选择适合特殊要求的龙骨和面板材料。如防火：可采用耐火纸面石膏板、水泥加压平板；防水防潮：可采用耐潮、耐水纸面石膏板、防潮矿棉吸声板、硅酸钙板等。玻璃纤维吸声板吊顶，具有自重轻、不吸湿、吸声效果好等特点。吊顶内所有龙骨及衬板燃烧性能等级也均应满足表1～表4的规定。

表1 单层、多层民用建筑内部吊顶装修材料的燃烧性能等级

建筑物及场所	建筑规模、性质	装修材料燃烧性能等级
候机楼的候机大厅、商店、餐厅、贵宾候机室、售票厅等	–	A
汽车站、火车站、轮船客运站的候车(船)室、餐厅、商场等	建筑面积＞10000m²的车站、码头	A
	建筑面积≤10000m²的车站、码头	B1
影院、会堂、礼堂、剧院、音乐厅	–	A
体育馆	–	A
商场营业厅	每层建筑面积≥1000m²或总建筑面积≥3000m²的营业厅	A
	每层建筑面积＜1000m²或总建筑面积＜3000m²的营业厅	B1
饭店、旅馆的客房及公共活动用房等	设有中央空调系统的饭店、旅馆	A
	其他饭店、旅馆	B1
歌舞厅、餐馆等娱乐、餐饮建筑	营业面积＞100m²	A
	营业面积≤100m²	B1
幼儿园、托儿所、中、小学、医院病房楼、疗养院、养老院	–	A
纪念馆、展览馆、博物馆、图书馆、档案馆、资料馆等	国家级、省级	A
	省级以下	B1
办公楼、综合楼	设有中央空调系统的办公楼、综合楼	A
	其他办公楼、综合楼	B1
住宅	–	B1

注：1. 单层、多层民用建筑除《建筑内部装修设计防火规范》2001年修订条文中第3.1.18条规定外，室内吊顶装修材料的燃烧性能等级，不应低于表1的规定。

2. 单层、多层民用建筑除《建筑内部装修设计防火规范》2001年修订条文中第3.1.18条规定外，面积小于100m²的房间，当采用防火墙和甲级防火门窗与其他部位分隔时，其装修材料的燃烧性能等级可在表1的基础上降低一级。

3. 当单层、多层民用建筑除《建筑内部装修设计防火规范》2001年修订条文中第3.1.18条规定外，需做内部装修的空间内同时装有火灾自动报警装置和自动灭火系统时，其顶棚装修材料的燃烧性能等级可在表1规定的基础上降低一级。

总说明						图集号	12J502-2
审核	饶良修	校对	郭晓明	设计	饶劢	页	6

表2 高层民用建筑内部吊顶装修材料的燃烧性能等级

建筑物及场所	建筑规模、性质	装修材料燃烧性能等级
高级旅馆	观众厅、会议厅、顶层餐厅、其他部位	A
商业楼、展览楼、综合楼、商住楼、医院病房楼	一类建筑	A
	二类建筑	B1
电信楼、财贸金融楼、邮政楼、广播电视楼、电力调度楼、防灾指挥调度楼	一类建筑	A
	二类建筑	B1
教学楼、办公楼、科研楼、档案楼、图书馆	一类建筑	A
	二类建筑	B1
住宅、普通旅馆	一类普通旅馆、高级住宅	A
	二类普通旅馆、普通住宅	B1

注：1. 高层民用建筑室内吊顶装修材料的燃烧性能等级，不应低于表2的规定。
2. 高层民用建筑的裙房内面积小于500㎡的房间，当设有自动灭火系统，并且采用耐火等级不低于2h的隔墙、甲级防火门、窗与其他部位分隔时，顶棚装修材料的燃烧性能等级可在表2规定的基础上降低一级。
3. 电视塔等特殊高层建筑的内部装修，装饰织物的燃烧性能等级应不低于B1级，其他均应采用A级装修材料。
4. 防烟分区的挡烟垂壁，应采用燃烧性能等级为A级的材料。

表3 地下民用建筑内部吊顶装修材料的燃烧性能等级

建筑物及场所	装修材料燃烧性能等级
休息室和办公室等 旅馆的客房及公共活动用房等	A
娱乐场所、旱冰场等 舞厅、展览厅等 医院的病房、医疗用房等	A
电影院的观众厅 商场的营业厅	A
停车库、人行通道、图书资料库、档案库	A

注：1. 地下民用建筑系指单层、多层、高层民用建筑的地下部分，单独建造在地下的民用建筑以及平战结合的地下人防工程。
2. 地下民用建筑的疏散走道和安全出口的门厅，其顶棚的装修材料应采用A级装修材料。
3. 单独建造的地下民用建筑的地上部分，其门厅、休息室、办公室等内部装修材料的燃烧性能等级可在表3的基础上降低一级。

表4 民用建筑特定房间吊顶装修材料的燃烧性能等级

建筑物及场所	装修材料燃烧性能等级	备注
图书室、资料室、档案室和存放文物的房间	A	–
大中型电子计算机房、中央控制室、电话总机房等放置特殊贵重设备的房间	A	–

总说明						图集号	12J502-2
审核	饶良修	校对	郭晓明	设计	饶劢	页	7

续表4

建筑物及场所	装修材料燃烧性能等级	备注
消防水泵房、排烟机房、固定灭火系统钢瓶间、配电室、变压器室、通风和空调机房等	A	–
无自然采光楼梯间、封闭楼梯间、防烟楼梯间及其前室	A	–
建筑物内的厨房	A	–
地上建筑的水平疏散走道和安全出口的门厅	A	–
设有上下层相连通的中庭、走马廊、开敞楼梯、自动扶梯时，其连通部位	A	–
歌舞厅、卡拉OK厅（含具有卡拉OK功能的餐厅）、夜总会、录像厅、放映厅、桑拿浴室（除洗浴部分外）、游艺厅（含电子游艺厅）网吧等歌舞娱乐放映游艺场所	A	当设置在一、二级耐火等级建筑的四层及四层以上时
	A	当设置在地下一层时

注：除地下建筑外，无窗房间、经常使用明火器具的餐厅、科研实验室，装修材料的燃烧性能等级，除A级外，应在表1、表2规定的基础上提高一级。

5.10 本图集轻钢龙骨石膏板吊顶和矿棉吸声板吊顶，分为上人与不上人两种，上人吊顶能承受80kg集中荷载，可在承载龙骨上铺设临时检修马道（搁板）。当需要设置永久性马道时，马道应单独直接吊挂在建筑承重结构上，宽度不宜小于500mm，上空高度应满足维修人员通过的要求；两边应设防护栏杆，栏杆高度不应小于900mm，栏杆上不得悬挂任何设施或器具；马道上应设置照明，并设置人员进出的检修口；马道构造参见本图集A32页。通常上人吊顶吊杆采用φ8钢筋或M8全牙吊杆，不上人吊顶采用φ6钢筋或M6全牙吊杆，吊杆中距应根据工程的具体情况及特点由设计人员确定。一般情况下，主龙骨上吊杆之间的距离应小于1000mm；吊杆与吊杆的距离应小于或等于1200mm。

6 设计要求

6.1 建筑室内吊顶设计宜绘制龙骨布置图，龙骨的排列应与通风口、灯具、消防烟感、喷淋、检修口、紧急广播喇叭位置不发生矛盾，不应切断主龙骨。当必须切断主龙骨时，一定要有加强和补救措施。如设转换层、加强龙骨等。

6.2 复杂的曲弧造型吊顶，弧形龙骨宜工厂预制，其余部分按常规布置次龙骨。拱形吊顶，宜用角钢等型材预制加工成弧形主龙骨，现场将次龙骨径向布置，确保通风口、灯具、喷淋、烟感设施等不与主龙骨重叠。

6.3 轻钢龙骨石膏板吊顶，重量不大于1kg的筒灯、石英射灯等设施可直接安装在饰面板上；重量小于3kg的灯具等设施安装在次龙骨上；重量不小于3kg的灯具、吊扇、空调等或有震颤的设施，应直接吊挂在建筑承重结构上。

6.4 照明灯具的高温部位当靠近非A级装修材料时，应采取隔热、散热等防火保护措施。灯饰所用材料的燃烧性能等级不应低于B1级。

6.5 弹簧卡式吊件安装和调平比较方便，只能用于小面积不上人吊顶，地震多发区不宜采用。

7 施工要求

7.1 龙骨安装先将吊顶标高用墨线弹在墙壁上，吊装承载龙骨基本定位后，调节吊杆长度、抄平；根据不同板材规格，弹出次龙骨和横撑龙骨位置，次龙骨和横撑龙骨的顶面要与主龙骨紧贴（单层龙骨及T型龙骨除外）；当吊顶跨度大于10m时，跨中龙骨应适当起拱，且不小于短跨的1/200。安装垂直吊挂件并用铁钳夹紧，要防止松紧不一，造成局部应力集中而发生变形。

7.2 当墙面、柱面为装饰石材、陶瓷墙砖或木装修时，宜先完成墙面、柱面装修后再进行吊顶面材安装工作。

7.3 当建筑外墙砌筑未完成和外窗未安装完毕前，不得进行纸面石膏板、矿棉吸声板或其他板材的安装。吊顶封板应在吊顶内所有管道、管线及吊顶内设备、设施安装就绪，试水、试压合格后进行。

7.4 吊顶龙骨应按隐蔽工程验收。

7.5 本图集所选用的各种成品装修配件，不再绘制详细构造，图中仅表示成品外形尺寸及安装构造尺寸、索引方法。

7.6 本图集所有标注尺寸用代号或“≥”、“≤”表示的可变数，均为由设计师按工程设计确定尺寸。

7.7 吊顶系统吊挂件与建筑结构顶板或梁固定必须安全可靠，一般替代预埋铁件，采用钢制镀锌膨胀螺栓，要按照规定选用型号和规格，按吊顶安装要求采用吊杆，确定打孔直径和打孔深度，如采用化学锚栓效果更好。不管是采用膨胀螺栓还是采用化学锚栓，都应按安装程序和安装要求进行。

8 尺寸标注

本图集除注明外，所注尺寸均以毫米(mm)为单位。

9 索引方法

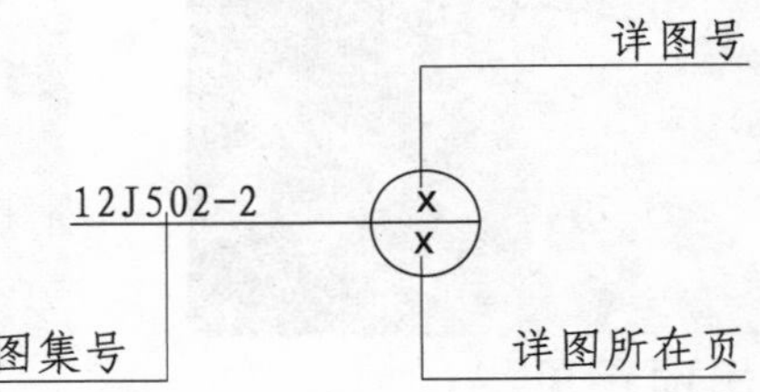

10 参编企业

北新集团建材股份有限公司
阿姆斯壮（中国）投资有限公司
可耐福石膏板有限公司
博罗石膏建材有限公司
星牌优时吉建筑材料有限公司
台荣建材（湖州）有限公司

总 说 明						图集号	12J502-2
审核	饶良修	校对	郭晓明	设计	饶劢	页	9

石膏板吊顶参见 A13

石膏板吊顶参见 A23
金属网吊顶参见 D36

矿棉板吊顶参见 B21

金属板吊顶参见 D10

金属板吊顶参见 D11、D12

金属板吊顶参见 D14、D15

索引彩页								图集号	12J502-2
审核	饶良修	饶良修	校对	郭晓明	郭晓明	设计	饶劢	饶劢	页	10

金属板吊顶参见 D16

金属板吊顶参见 D16

金属板吊顶参见 D18

金属板吊顶参见 D33

金属板吊顶参见 D35

柔性（软膜）吊顶参见 E05

索引彩页								图集号	12J502-2
审核	饶良修	[signature]	校对	郭晓明	[signature]	设计	饶劢	[signature]	页	11

轻钢龙骨纸面石膏板吊顶说明

1　轻钢龙骨及配件

1.1 轻钢龙骨是以连续热镀锌钢板带为原材料，经冷弯工艺轧制而成的建筑用金属骨架。

1.2 用于整体面层吊顶的常用龙骨其截面形式有:U型、C型,均应符合国家标准《建筑用轻钢龙骨》GB/T 11981对轻钢龙骨的规定。

1.3 轻钢龙骨与石膏板及其配套产品组成的轻质建筑室内吊顶体系，以其自重轻、安装方便、施工快捷、结构稳固等特点被广泛采用。

1.4 常用吊顶轻钢龙骨及配件规格型号详见表A-1及表A-6。

2　纸面石膏板

2.1 纸面石膏板采用建筑石膏为主要原料，掺加适量添加剂和纤维采用挤压成形工艺做成板芯,用特制的纸作面层,牢固粘结而成。纸面石膏板具有强度高、重量轻、品种规格多、质量稳定可靠、便于再加工等特点,可与轻钢龙骨及其他配套材料组成吊顶。

2.2 普通纸面石膏板适用于一般防火要求的各种工业和民用建筑；耐火纸面石膏板适用于有较高防火要求的场所；耐水纸面石膏板适用于潮湿环境下的建筑室内吊顶体系。其他板材及使用范围详见本图集A08页。

2.3 纸面石膏板除能满足建筑防火、隔声、保温隔热、抗震等要求外，具有不受环境温度影响等特点。

2.4 纸面石膏板的常用规格有:长2400/2700/3000/3300×宽1200×厚9.5/12/15,并且还可根据需要裁切或拼接为任意尺寸,详见表A-3。

3　轻钢龙骨纸面石膏板吊顶系统

3.1 轻钢龙骨纸面石膏板吊顶系统是由龙骨、配件、饰面板等组成的系统。

3.2 轻钢龙骨纸面石膏板吊顶，根据是否需要进入吊顶内检修的要求，分为上人和不上人两类。

3.2.1 上人吊顶，承载龙骨（主龙骨）上可铺设临时性轻质检修马道，一般允许集中荷载小于等于80kg；如上人检修频繁或有超重荷载时，应设永久性马道,永久性马道需直接吊装在结构顶板或梁上,并需经结构专业计算确定。马道应与吊顶系统完全分开。上人吊顶通常采用Φ8钢筋吊杆或M8全牙吊杆。上人承载龙骨（主龙骨)规格为50×15/60×24/60×27（建议使用后两者）,详见表A-1或表A-6。

3.2.2 不上人吊顶,承载龙骨（主龙骨）规格为:38×12/50×20/60×27；次龙骨规格为50×20/60×27/50×19等,详见表A-1或表A-6。不上人吊顶通常采用Φ6钢筋吊杆或M6全牙吊杆。

3.3 轻钢主、次龙骨及配件可以拼装成多种组合龙骨系列。

3.3.1 轻钢龙骨石膏板吊顶有“单层龙骨”和“双层龙骨”两种。“单层龙骨”是指主、次龙骨在同一水平面上垂直交叉相接，不设承载龙骨,比较简单、经济。“双层龙骨”是指横撑龙骨(次龙骨)挂在承载龙骨（主龙骨）下皮之下,其特点是吊顶整体性较好、不易变形。

3.3.2 弹簧吊件直接吊挂平放的C型主龙骨,主、次龙骨为同一型号,在同一平面内垂直交叉、平放,用于面积较小的吊顶,属于“单层龙骨”构造。其特点为龙骨材料订货、施工、安装都比较简便,可减少施工损耗。

3.3.3 吸顶式吊顶分“单层龙骨”、“双层龙骨”两种，总厚度在20～130mm之间，在需保证室内吊顶净高时使用,采用钢制膨胀螺栓将吸顶式吊件直接固定在结构顶板及梁上。

3.4 本图集提供的吊顶平面布置示例，可供设计人员选择使用。当采用9.5mm厚纸面石膏板作面板时，次龙骨的间距不得超过450mm。采用双层纸面石膏板作面板时,次龙骨的间距不得超过600mm。面积

轻钢龙骨纸面石膏板吊顶说明							图集号	12J502-2
审核	饶良修	饶良修	校对	郭晓明	郭晓明	设计	饶劢	饶劢	页	A01

较大的吊顶宜采用12mm厚的纸面石膏板。

3.5 石膏板吊顶检修口宜选用工业成品，所有洞口四周，均应设有次龙骨或附加龙骨。

3.6 如采用双层纸面石膏板吊顶构造时，上、下层石膏板应错缝布置，石膏板搭接处刷与周围同色乳胶漆，以达到良好的刚度。

3.7 吊顶平面布置示例中，纸面石膏板均按密缝安装表示尺寸，具体工程中如需做离缝处理时，只需相应调整主龙骨和横撑龙骨的间距。

4 设备末端安装

4.1 重量小于1kg的筒灯、石英射灯等设施可直接安装在轻钢龙骨石膏板吊顶饰面板上；重量小于3kg的灯具等设施应安装在次龙骨上；重量超过3kg的灯具、吊扇、空调等或有震颤的设施，应直接吊挂在建筑承重结构上。

4.2 龙骨排布宜与空调送回风口、灯具、消防烟感应器、喷淋头、检修口、广播喇叭、监测等设备的位置错开，不应切断主龙骨。当必须切断主龙骨时，一定要有加强和补救措施。如设转换层、加强龙骨等。

5 施工注意事项

5.1 吊点位置应根据施工设计图纸，在室内顶部结构下确定。主龙骨端头吊点距主龙骨边端不应大于200mm。吊杆与室内顶部结构的连接应牢固、安全；吊杆应与结构中的预埋件焊接或与后置紧固件连接。

5.2 对大面积的吊顶，宜每隔12m在主龙骨上部垂直方向焊接一道横卧主龙骨，焊接点处应涂刷防锈漆。

5.3 石膏板上开洞口的四边，应有次龙骨或横撑龙骨作为附加龙骨。

5.4 板材安装（纸面石膏板、水泥加压平板、硅酸钙板等）应先将板材就位，然后用防锈自攻螺钉将板材与横撑龙骨固定。自攻螺钉中距不得大于200mm，距石膏板板边应为10～15mm。

5.5 纸面石膏板平贴矿棉板时，在石膏板上按选用的矿棉吸声板的规格尺寸放线；矿棉吸声板背面及企口涂专用胶(均匀、饱满)然后按划线位置贴实(气枪钉实)、贴平，板缝顺直。

5.6 纸面石膏板端头接缝处应开坡口、刮嵌缝腻子、加贴嵌缝带及砂平。纸面石膏板嵌缝腻子，接缝带及矿棉板的专用胶均应采用板材生产厂家专用配套材料。配套材料详见表A-2。

5.7 当纸面石膏板吊顶面积大于100m²时，纵、横方向每12m～18m距离处宜做伸缩缝处理。遇到建筑变形缝处时，吊顶宜根据建筑变形量设计变形缝尺寸及构造，详见A25页。

5.8 面板的饰面由设计人选定。纸面石膏板安装后，先将自攻螺钉钉头处用腻子找平，用饰面材料配套的界面处理剂对板面进行处理，再做外饰面（采用喷涂、刷涂涂料、油漆、贴壁纸等，穿孔石膏板建议滚涂、刷涂，不宜喷涂）。

5.9 较大面积吊顶需每隔12m在承载龙骨（主龙骨）上部，用螺栓连接固定横卧主龙骨一道，以加强承载龙骨（主龙骨）侧向稳定性和吊顶整体性。

5.10 施工时应将石膏板打字面（有标识面）向上，正面（无字面）向下。

6 运输、储存注意事项

6.1 运输中，应避免颠簸，注意防雨。一次吊起最多不得超过两架石膏板，起吊要保持平稳、不得倾斜，确保石膏板两侧边受力均匀。

6.2 耐水纸面石膏板不应长期处于潮湿、雨水、暴晒的地方。有特殊防水要求和特别潮湿的场合，应谨慎使用耐水纸面石膏板。

6.3 石膏板应储存于干燥和不受阳光直接照射的地方。存放的地面应比较平整，最下面一架与地面之间应加垫条，垫条高100mm左右、宽100～150mm，最高码四架。

7 其他

本部分吊顶面板以石膏板为例进行编制，编制内容同样适用于硅酸钙板、纤维增强水泥加压板、无石棉纤维增强硅酸盐平板。

表A-1 吊顶轻钢龙骨及配件表

产品名称	适用范围	规格型号		尺寸（mm）								备注
		图型	型号	A	A′	B	B′	C	C′	T	长	
主龙骨（承载龙骨）	承载龙骨（不上人吊顶）		C38×12	38		12				1.0	3000	吊顶骨架中主要受力构件
			C50×20	50		20				0.6		
			C60×27	60		27				0.6		
	承载龙骨（上人吊顶）		CS45×15	45		15				1.2	3000	
			CS50×15	50		15				1.2		
			CS60×20	60		20				1.2		
			CS60×24	60		24				1.2		
			CS60×27	60		27				1.2 1.5		
次龙骨（横撑龙骨）	横撑龙骨骨架（上人、不上人）		C50×19	50		19				0.5	3000	吊顶骨架中固定饰面板的构件。次龙骨通长布置，横撑龙骨与次龙骨在一个平面内垂直相交
			C50×20	50		20				0.6		
			C60×27	60		27				0.6		
			DF47	47		17				0.5		
收边龙骨	石膏板金属护边套		DU27	27	11	12 14 17					3000	同样适用于硅酸钙板、纤维增强水泥加压板、无石棉纤维增强硅酸盐平板
			DU30	30	20	18 20 22 28						
边龙骨	修边用 F型边龙骨 L型边龙骨 W型边龙骨	F型 L型 W型		30	20	23	25	50	19	0.6	3000	–

注：1. 执行标准《建筑用轻钢龙骨》GB/T 11981-2008及《建筑用轻钢龙骨配件》JC/T 558-2007。
2. 表A-1中所示轻钢龙骨及配件型号标注与厂家型号不同，选用时应以厂家型号为准。表A-1仅适用于A11～A32页。

吊顶轻钢龙骨及配件表						图集号	12J502-2
审核	饶良修	校对	郭晓明	设计	饶劢	页	A03

续表A-1

产品名称	适用范围	规格型号 图型	图	型号	A	A′	B	B′	C	C′	T	长	备注
V型直卡式承载龙骨	不上人承载骨架			DV20×37	20		37				0.8	3000	吊顶主要受力骨架
				DV22×37	22		37				0.8		
				DV25×37	25		37				0.8		
直卡式造型用承载龙骨	不上人承载骨架	内弯半径≥900mm 外弯半径≥300mm		DV20×20	20		20				1.0	3000	吊顶主要受力骨架，可内弯或外弯，经由机器或人工加工成造型弧度
				DV25×20	25		20				1.0		
				DV50×20	50		20				1.0		
吊件	用于不上人吊顶主龙骨	图1 图2	1	CK38	101	57	17	21	18		2		承载龙骨和吊杆的连接构件 图1、图2为卡挂件
			2	CSK50	123	69	20	21	18		2		
			2	CSK60	144	79	32	21	20		2		
				C38—DH	100	60	17	17	20		2.4		
			3	C38	81	59	18	21	20		2		
			3	C50	93	71	21	21	20		2		
			3	C60	103	81	31	21	20		2		
	用于上人吊顶主龙骨	图3		CS50—DH	112	72	20	20	20		2.4		
				CS60—DH	122	82	29 32	29 32	20		2.4		
			3	CS50	113	78	24	30	25		3/2		
			3	CS60	130	88	35	40	20		3/2.5		
	用于不上人吊顶主龙骨			C-50	100 122		50 52		30 35		0.8		吸顶式吊挂，承受全部吊顶荷载
				C-60	100 122		60 62		30 35		0.8		

注：1. 执行标准《建筑用轻钢龙骨》GB/T 11981-2008及《建筑用轻钢龙骨配件》JC/T 558-2007。
2. 表A-1中所示轻钢龙骨及配件型号标注与厂家型号不同，选用时应以厂家型号为准。

吊顶轻钢龙骨及配件表						图集号	12J502-2
审核	饶良修	校对	郭晓明	设计	饶劢	页	A04

续表A-1

产品名称	适用范围	规格型号			尺寸（mm）								备注
		图型	图	型号	A	A′	B	B′	C	C′	T	长	
挂件	用于不上人吊顶次龙骨	图1 图2	1	C50	39		20		20	48	0.8		横撑龙骨和承载龙骨之间的连接件
			1	C60	53		20		20	58	0.8		
				C38—2	50		23		54	45	0.8		
			3	C38—DC	53	20	38.7		33	48	0.75		
			2	C38	50		47.5				0.7		
	用于上人吊顶次龙骨	图3	2	CS50	62.5		47.5				0.7		
				CS50—2	70		17		25	48	1.0		
			3	CS50—DC	65	20	41.7		33	48	0.75		
			2	CS60	72.5		47.5 57.5				0.8 0.7		
			3	CS60—DC	75	20	46.7		33 43	48 58	0.75		
				CS60—2	80 88		17		20	48 58	1.0		
连接件	用于吊顶主龙骨、次龙骨的连接（延长）	图1 图2 图3	2	C38—L	35		13		85		1.0		主龙骨和次龙骨的接长件
				C38—C	40		13		100		1.0		
			1	C50—L	51		16		90		0.5		
			1	C60—L	62		25		100		0.5		
			2	CS50—L	47		16		85		1.2		
				CS50—C	52		16		100		1.2		
			3	CS60—L	57		22		120		1.5		
				CS60—C	62		26 29		100		1.2 1.5		

注：1. 执行标准《建筑用轻钢龙骨》GB/T 11981-2008及《建筑用轻钢龙骨配件》JC/T 558-2007。
2. 表A-1中所示轻钢龙骨及配件型号标注与厂家型号不同，选用时应以厂家型号为准。

吊顶轻钢龙骨及配件表							图集号	12J502-2
审核	饶良修	校对	郭晓明	设计	饶劢		页	A05

续表A-1

产品名称	适用范围	规格型号		尺寸（mm）								备　注
		图　型	型　号	A	A′	B	B′	C	C′	T	长	
连接件	用于次龙骨的连接（延长）	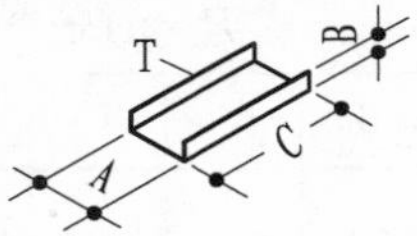	C50	17		47		100		0.6		–
			C60	22		57		100		0.6		
吊杆	与吊件连接，承受全部荷载	钢筋吊杆　全牙吊杆	ϕ4									ϕ4、ϕ6钢筋用于不上人吊顶，ϕ8钢筋用于上人吊顶。当钢筋为通长套扣时也称为全牙吊杆，分别用M6、M8表示
			ϕ6、M6									
			ϕ8、M8									
转角连接件	角与楼板之间固定件	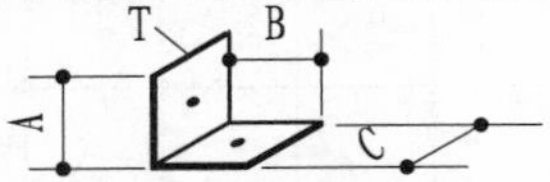	L钢	40		40		40		4		–
双扣卡挂件	用于承载龙骨和次龙骨的连接固定	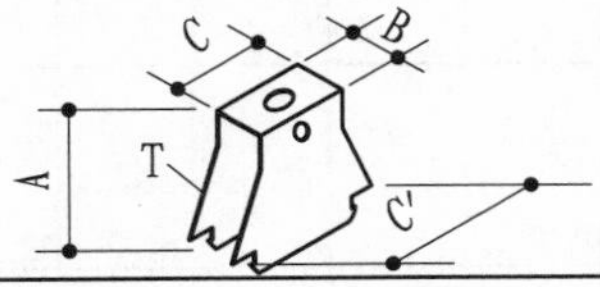	CK38	47		15		54		0.8		也可用于单层龙骨吊顶，连接吊件与横撑龙骨
			CK50	59		18		54		0.8		
			CK60	69		30		54 64		0.8		
卡扣件	塑料吸顶吊件	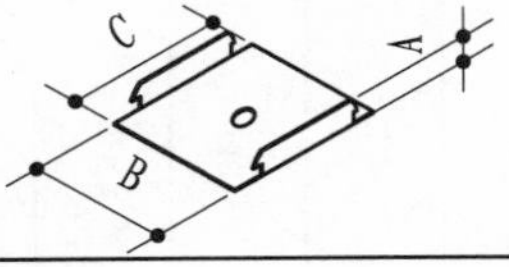	CK50	11		50		50				–
			CK50	11		42		52				
	金属吸顶吊件		CK60	11		42		62				
挂插件（水平件）	平面连接次龙骨与横撑龙骨	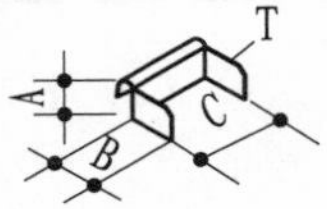	C50	17		22 25		44 47		0.5		–
			C60	22 25		22 25		54 57		0.5		

注：1. 执行标准《建筑用轻钢龙骨》GB/T 11981-2008及《建筑用轻钢龙骨配件》JC/T 558-2007。
2. 表A-1中所示轻钢龙骨及配件型号标注与厂家型号不同，选用时应以厂家型号为准。

吊顶轻钢龙骨及配件表						图集号	12J502-2
审核	饶良修	校对	郭晓明	设计	饶劢	页	A06

续表A-1

产品名称	适用范围	规格型号		尺寸（mm）								备 注
		图 型	型 号	A	A′	B	B′	C	C′	T	长	
卡插件（水平件）	平面连接次龙骨与横撑龙骨		C50	19.5		54		100				–
			C60	27.5		54		110				
快装水平连接件（水平件）	平面连接次龙骨与横撑龙骨		C50	8.5		54		90				–
			C60	8.5		64		90				
伸缩缝配件	吊顶伸缩缝										3000	吊顶面积≥100㎡
平行接头	曲面吊顶接缝			64 82						0.6	2400 3000	–
阴线护角	边部收口		Z30	30	10 20	10				0.6	3000	用于吊顶四周石膏板板边，也可用于硅酸钙板、纤维增强水泥加压板、无石棉纤维增强平板

注：1. 执行标准《建筑用轻钢龙骨》GB/T 11981-2008及《建筑用轻钢龙骨配件》JC/T 558-2007。
2. 表A-1中所示轻钢龙骨及配件型号标注与厂家型号不同，选用时应以厂家型号为准。

表A-2 石膏板吊顶配套材料表

产品名称	用 途	材料构成	执行标准
嵌缝石膏	石膏板拼缝的粘结处理，对表面破损进行修补	建筑石膏粉，胶凝材料	《嵌缝石膏》JC/T 2075-2011
接缝纸带	与嵌缝石膏共同使用，做石膏板拼缝的粘结嵌缝处理，也可用作阴角或阳角的修饰，或对裂缝进行修复	纸	《接缝纸带》JC/T 2076-2011
玻纤网格带		玻纤网格布	-
金属护角纸带	与嵌缝石膏共同使用，对吊顶的阴角或阳角进行保护，并可起到线条挺阔美观的作用	接缝纸带、金属带	-
接缝膏	用于石膏板直角边或穿孔石膏板直角边无纸带接缝		

表A-3 轻钢龙骨吊顶板系列表

产品名称	品种	适用范围	板型尺寸（mm）		基本组成	执行标准
			长 × 宽	厚		
硅酸钙板	平板	适用于低收缩防火、防潮吊顶	2440×1220 3000×1200	4~20	以钙质材料、硅质材料与非石棉纤维等作为主要原料，经制浆、成坯、蒸压养护等工序而制成的建筑板材	《纤维增强硅酸钙板》JC/T 564.1-2008
	装饰板	一般建筑室内吊顶	600×600 300×1200 600×1200	4/5/8/10/12		
	穿孔板	有吸声降噪、调节音质需求的室内吊顶	1200×600	6/8		
纤维增强水泥加压板	FC板	建筑室内吊顶	1800×1200 2400×1200 3000×1200	5/6/8/10/12	以水泥、水泥加轻骨料与纤维等作为主要原料，经制浆、成坯、蒸压养护等工序而制成的建筑板材	《维纶纤维增强水泥平板》JC/T 671-2008
无石棉纤维增强硅酸盐平板	低密度	适用于有防火、防潮要求吊顶	2440×1220	7/9/10/12	以水泥、植物纤维与天然矿物质，经流浆法高温蒸压而制成的建筑板材	-
	中密度	适用于潮湿、高温环境吊顶	2440×1220	6/8		

注：1. 除表A-3外，根据吊顶的特殊要求还有多种吊顶板能满足吊顶使用要求。设计者可比较选择使用。本表选用的板型尺寸为吊顶工程常用的规格。
2. 硅酸钙板相关内容根据台荣建材（湖州）有限公司提供的技术资料编制。

石膏板吊顶配套材料表及轻钢龙骨吊顶板系列表						图集号	12J502-2
审核	饶良修	校对	郭晓明	设计	饶劢	页	A08

续表A-3

产品名称	品种	适用建筑档次及范围	板型尺寸（mm）		基本组成	执行标准
			长×宽	厚		
纸面石膏板	普通型	一般建筑室内吊顶	2400×1200 2700×1200 3000×1200	9.5/12/15	以建筑石膏、轻集料、纤维增强材料与外加剂为主要原料构成芯材，以护面纸粘结为面层，而制成的建筑板材	《纸面石膏板》GB/T 9775-2008
	耐水型	一般建筑潮湿环境吊顶	2400×1200 2700×1200 3000×1200	9.5/12/15	以建筑石膏、纤维增强材料、耐水外加剂为主要原料构成耐水芯材，以耐水护面纸粘结为面层，而制成的吸水率较低的建筑板材	
	耐火型	一般建筑防火吊顶	2400×1200 2700×1200 3000×1200	9.5/12/15	以建筑石膏、轻集料、无机耐火纤维增强材料与外加剂为主要原料构成耐火芯材，以护面纸粘结为面层，而制成的耐火建筑板材	
	耐水耐火型	一般建筑防潮、防火吊顶	2400×1200 2700×1200 3000×1200	15	以建筑石膏、轻集料、无机耐火纤维增强材料及耐水外加剂为主要原料构成耐火、耐水芯材，以护面纸粘结为面层，而制成的耐火、耐水建筑板材	
穿孔吸声石膏板	穿孔石膏板	需要吸声、降噪、调节音质的室内吊顶	600×600 600×1200 2400×1200 2700×1200 3000×1200	9.5/12	以特制纸面石膏板为基板，并垂直于板面穿孔，而制成的建筑板材	《吸声用穿孔石膏板》JC/T 803-20 《纸面石膏板》GB/T 9775-2008
	覆膜石膏板				以特制纸面石膏板为基板，表面贴附装饰材料，并垂直于板面穿孔，而制成的建筑板材	
装饰纸面石膏板	覆膜石膏板	有洁净要求的室内吊顶			以特制纸面石膏板为基板，表面贴附装饰材料	《装饰纸面石膏板》JC/T 997-2006
装饰石膏板	-	一般建筑室内吊顶	600×600	8/10/12/15	以建筑石膏、纤维增强材料与外加剂为主要原料，浇铸成型的建筑装饰板材	《装饰石膏板》JC/T 799-2007
纤维石膏板	纸纤维石膏板	一般建筑室内吊顶	2400×1200 2440×1220 3000×1200	10/12.5/15	以熟石膏、纸纤维增强材料为主要原料，采用半干法加工的建筑板材	《石膏刨花板》LY/T 1598-2002
	木纤维石膏板（石膏刨花板）	一般建筑室内吊顶	3050×1200	8/10/12/15	以熟石膏、木纤维增强材料为主要原料，采用半干法加工的建筑板材	

注：1. 除表A-3外根据吊顶的特殊要求还有多种吊顶板能满足吊顶使用要求。设计者可比较选择使用。
2. 表A-3选用的板型尺寸为吊顶工程常用的规格。

轻钢龙骨吊顶板系列表							图集号	12J502-2
审核	饶良修	[签名]	校对	郭晓明	[签名]	设计 饶劢 [签名]	页	A09

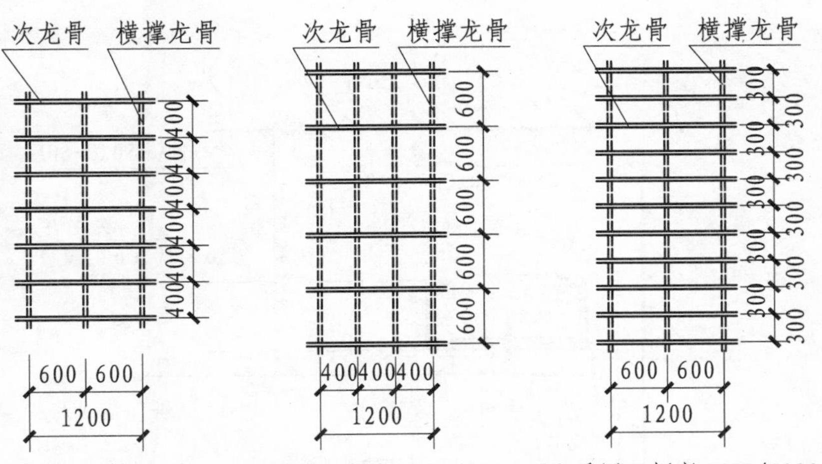

(1)适用于板长2400　(2)适用于板长2400/3000　(3)适用于板长2400/3000

次龙骨　横撑龙骨

500 500 500 500 500 500

400 400 400

1200

(4)适用于板长3000

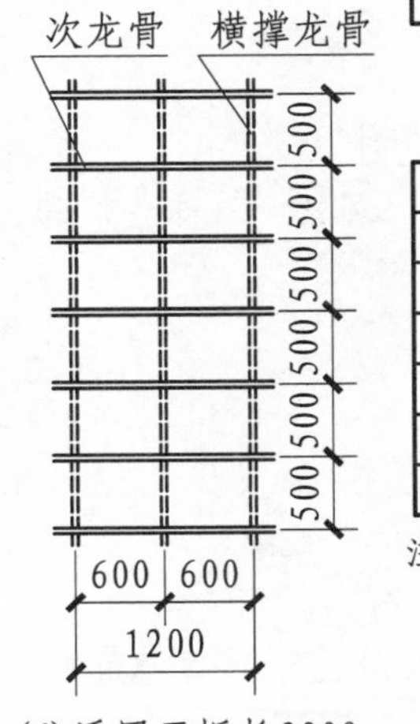

(5)适用于板长3000，单层纸面石膏板吊顶

次龙骨　横撑龙骨

500 500 500 500 500 500

600 600

1200

(6)适用于板长3000

次龙骨及横撑龙骨排布图

表A-4 每平米吊顶主龙骨及配件用量表

主龙骨中距(mm)	吊件中距(mm)	主龙骨(m)	主龙骨吊件(个)	螺栓螺母(套)	吊杆(根)	吊杆螺母(个)	主龙骨连接件(个)
1200	800	0.82	1.03	1.03	1.03	2.06	0.33
	900		0.91	0.91	0.91	1.92	
	1000		0.82	0.82	0.82	1.64	
1100	800	0.91	1.14	1.14	1.14	2.28	0.36
	900		1.01	1.01	1.01	2.02	
	1000		0.91	0.91	0.91	1.82	
1000	800	1.00	1.25	1.25	1.25	2.50	0.4
	900		1.11	1.11	1.11	2.22	
	1000		1.00	1.00	1.00	2.00	
900	800	1.11	1.39	1.39	1.39	2.78	0.44
	900		1.23	1.23	1.23	2.46	
	1000		1.11	1.11	1.11	2.22	
800	800	1.25	1.56	1.56	1.56	3.12	0.5
	900		1.39	1.39	1.39	2.78	
	1000		1.25	1.25	1.25	2.50	

表A-5 每平方米吊顶次龙骨及配件用量表

排布图	次龙骨(m)	挂件(个)	挂插件(个)	次龙骨连接件(个)
(1)	4.2	5.0	8.2	0.8
(2)	4.2	3.3	8.2	0.6
(3)	4.7	6.6	11	1.0
(4)	4.5	4.0	10	0.7
(5)	3.5	5.3	4.4	0.9
(6)	3.7	4.0	6.7	0.7

注：1. 本图为次龙骨和横撑龙骨的排列方式，(1)、(2)、(4)常用于9.5mm厚纸面石膏板；(3)、(5)、(6)常用于12mm厚纸面石膏板。

2. 潮湿地区(相对湿度长期大于70%)应选用耐水石膏板。当采用12mm厚或双层9.5mm厚石膏板时是次龙骨和横撑龙骨的排列方式应选用(3)方式。

3. 本页内容根据北新集团建材股份有限公司及博罗石膏建材有限公司提供的技术资料编制。

吊顶次龙骨平面布置						图集号	12J502-2
审核	饶良修	校对	郭晓明	设计	饶劢	页	A10

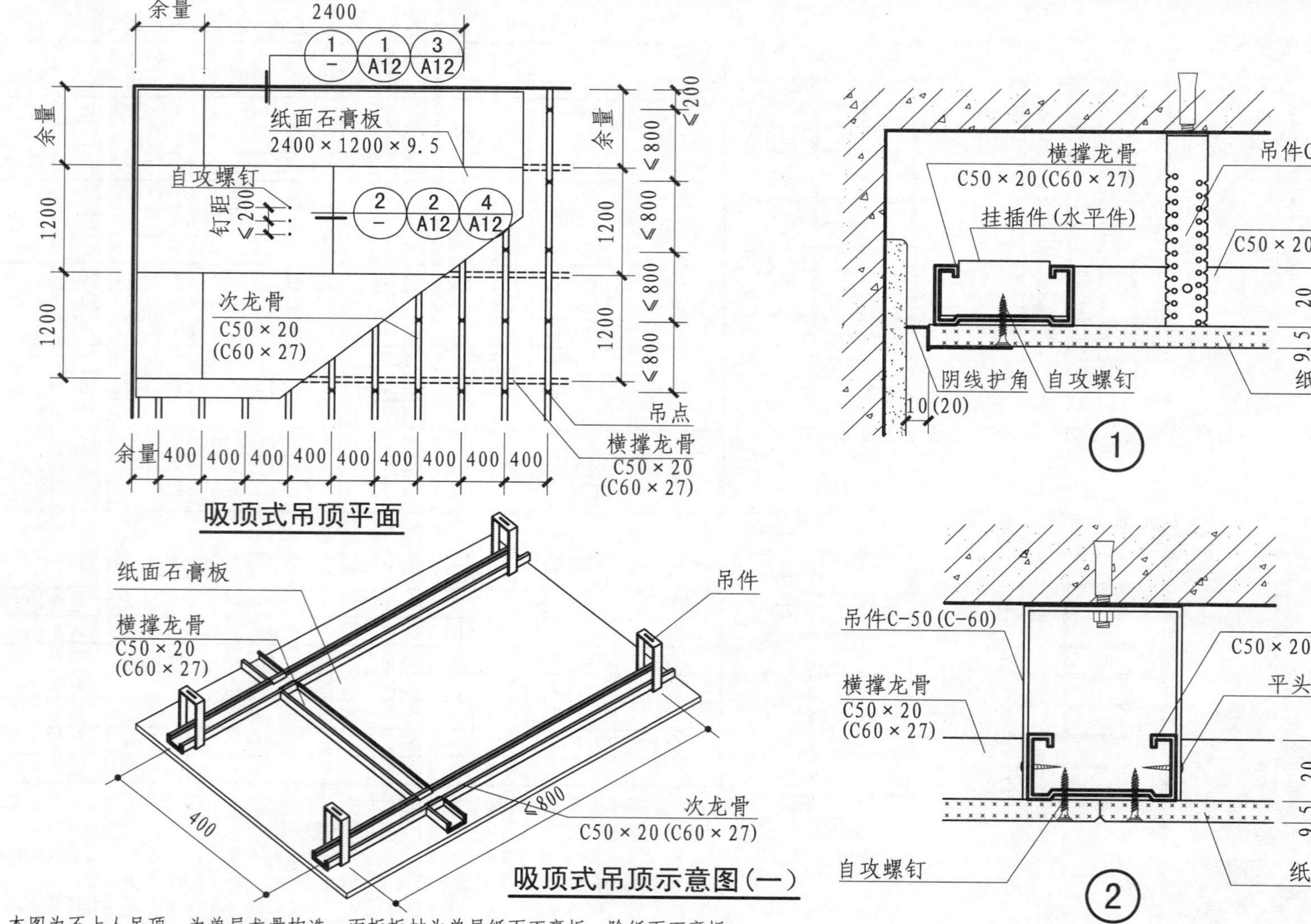

吸顶式吊顶平面

①

吸顶式吊顶示意图(一)

②

注：1. 本图为不上人吊顶，为单层龙骨构造，面板板材为单层纸面石膏板。除纸面石膏板外还可以选用硅酸钙板、纤维增强硅酸盐平板等其他建筑板材。
2. 阴线护角按工程设计选用。
3. 图中所示轻钢龙骨及配件型号与厂家产品型号不同，选用时应以厂家产品型号为准。
4. 本页根据北新集团建材股份有限公司及博罗石膏建材有限公司提供的技术资料编制。

吸顶式吊顶平面及详图						图集号	12J502-2
审核	饶良修	校对	郭晓明	设计	刘明海	页	A11

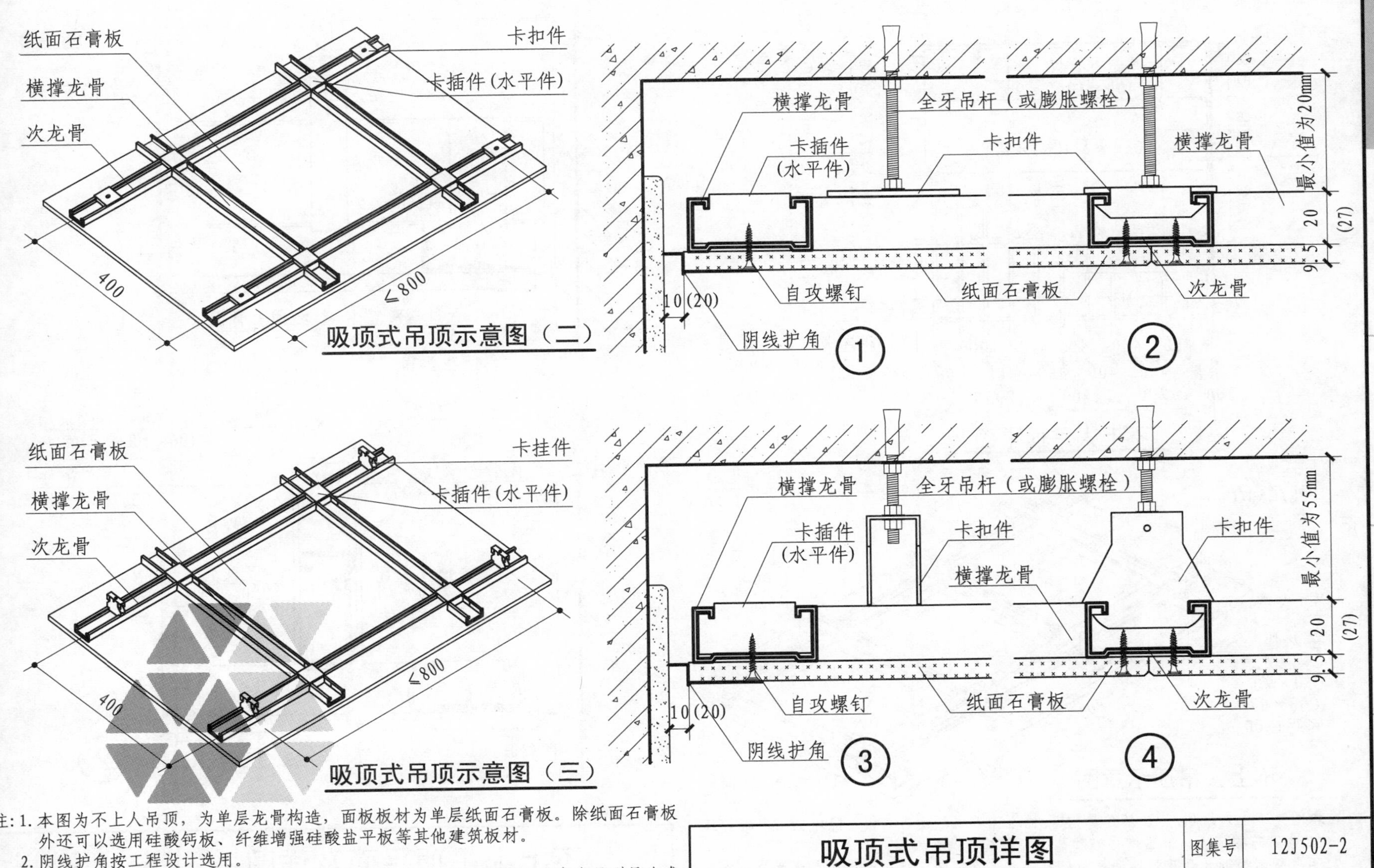

注：1. 本图为不上人吊顶，为单层龙骨构造，面板板材为单层纸面石膏板。除纸面石膏板外还可以选用硅酸钙板、纤维增强硅酸盐平板等其他建筑板材。
2. 阴线护角按工程设计选用。
3. 图中所示轻钢龙骨及配件型号与厂家产品型号不同，选用时应以厂家产品型号为准。
4. 本页根据北新集团建材股份有限公司及博罗石膏建材有限公司提供的技术资料编制。

吸顶式吊顶详图								图集号	12J502-2
审核	饶良修	饶良修	校对	郭晓明	郭晓明	设计	刘明海	刘明海 页	A12

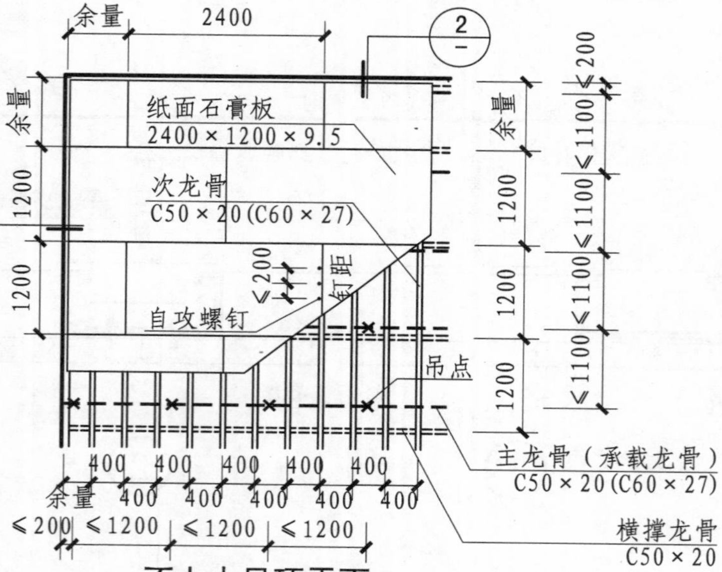

余量 2400 余量 1200 1200 1200
纸面石膏板 2400×1200×9.5
次龙骨 C50×20(C60×27)
自攻螺钉 ≤200 钉距
吊点
余量 ≤200 ≤1100 ≤1100 ≤1100
400 400 400 400 400
余量 400 400 400 400 400
≤200 ≤1200 ≤1200 ≤1200
主龙骨（承载龙骨）C50×20(C60×27)
横撑龙骨 C50×20

不上人吊顶平面

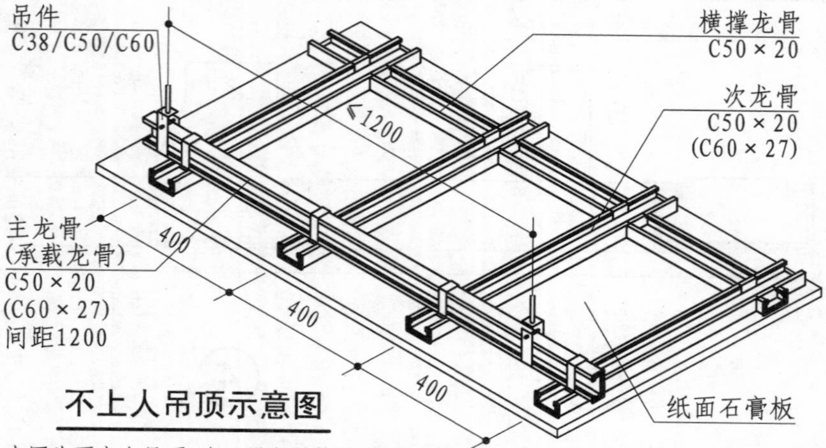

吊件 C38/C50/C60
横撑龙骨 C50×20
次龙骨 C50×20 (C60×27)
≤1200
主龙骨 (承载龙骨) C50×20 (C60×27) 间距1200
400 400 400
纸面石膏板

不上人吊顶示意图

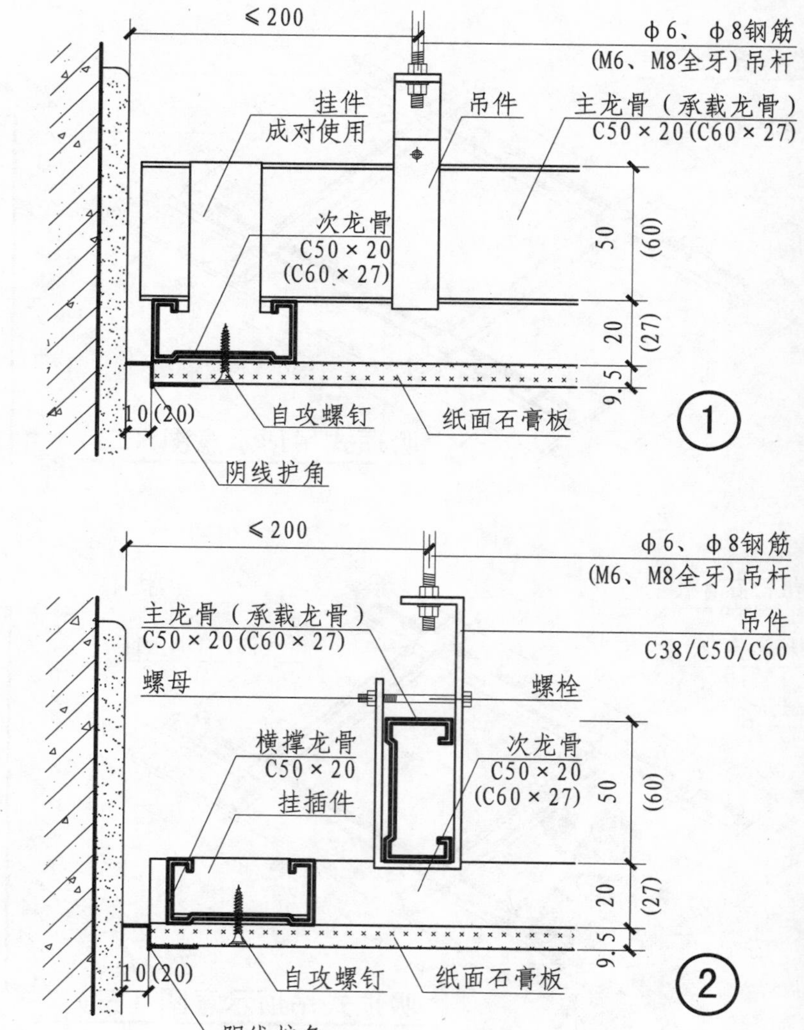

注：1. 本图为不上人吊顶，为双层龙骨构造，面板为单层纸面石膏板。除纸面石膏板外还可以选用硅酸钙板、纤维增强硅酸盐平板等其他建筑板材。
2. 图中所示轻钢龙骨及配件型号与厂家产品型号不同，选用时应以厂家产品型号为准。
3. 本页根据北新集团建材股份有限公司及博罗石膏建材有限公司提供的技术资料编制。

不上人吊顶平面及详图						图集号	12J502-2
审核	饶良修	校对	郭晓明	设计	刘占维	页	A13

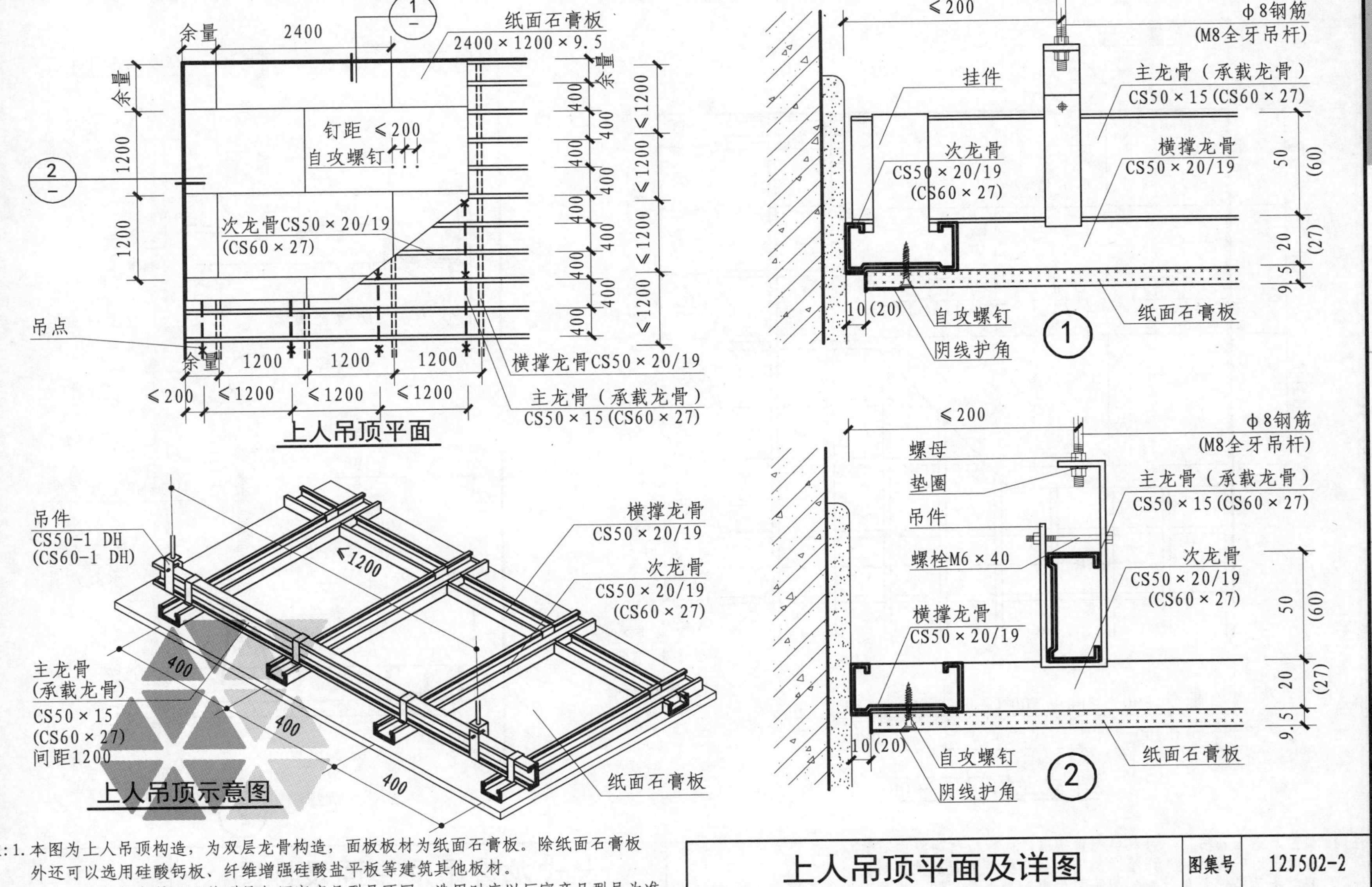

注：1. 本图为上人吊顶构造，为双层龙骨构造，面板板材为纸面石膏板。除纸面石膏板外还可以选用硅酸钙板、纤维增强硅酸盐平板等建筑其他板材。
2. 图中所示轻钢龙骨及配件型号与厂家产品型号不同，选用时应以厂家产品型号为准。
3. 本页根据北新集团建材股份有限公司及博罗石膏建材有限公司提供的技术资料编制。

上人吊顶平面及详图						图集号	12J502-2
审核	饶良修	校对	郭晓明	设计	刘占维	页	A14

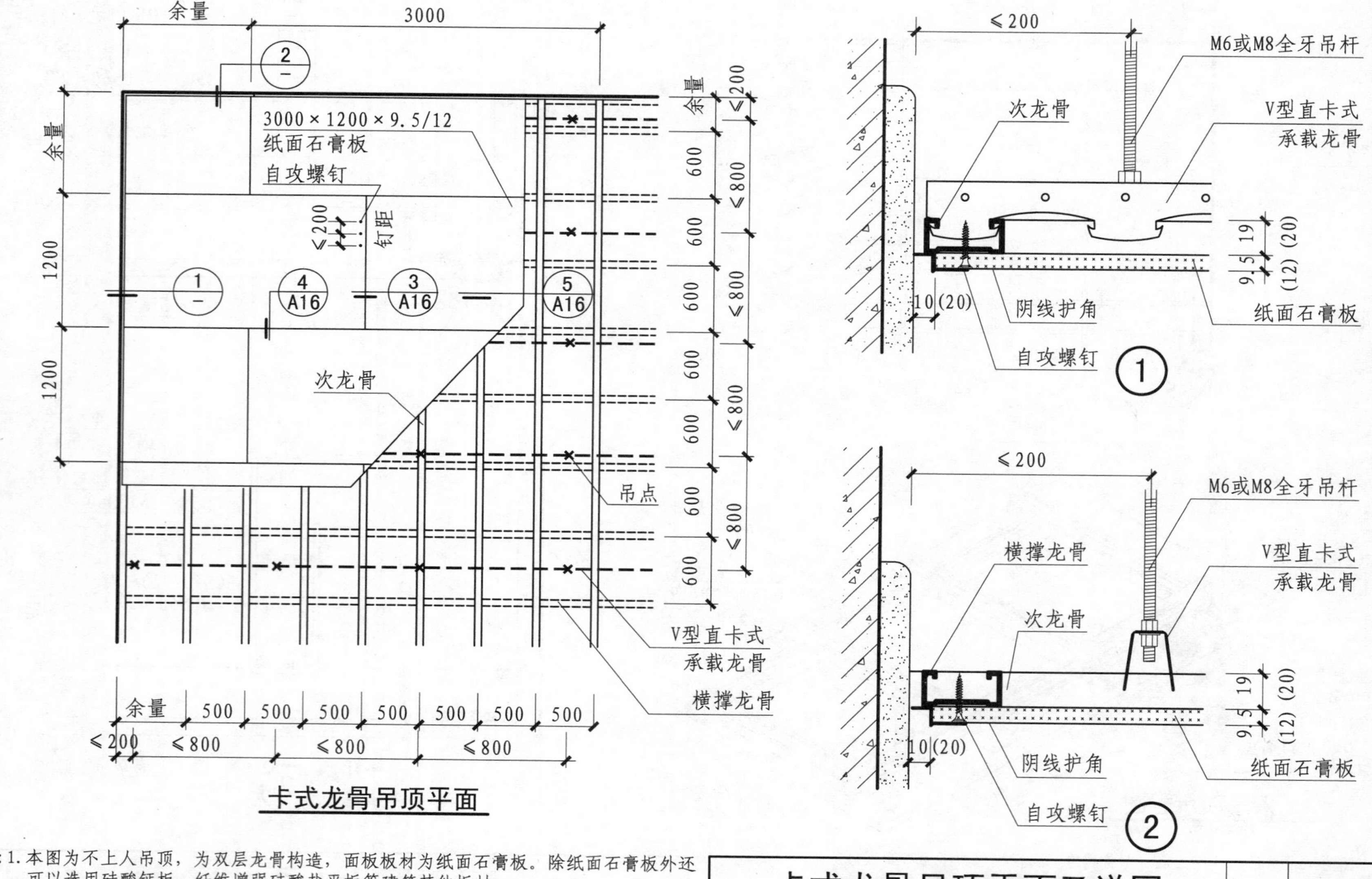

卡式龙骨吊顶平面

注：1. 本图为不上人吊顶，为双层龙骨构造，面板板材为纸面石膏板。除纸面石膏板外还可以选用硅酸钙板、纤维增强硅酸盐平板等建筑其他板材。
2. 图中所示轻钢龙骨及配件型号与厂家产品型号不同，选用时应以厂家产品型号为准。
3. 本页根据北新集团建材股份有限公司及博罗石膏建材有限公司提供的技术资料编制。

卡式龙骨吊顶平面及详图							图集号	12J502-2
审核	饶良修	[signature]	校对	郭晓明	[signature]	设计 孔庆国 [signature]	页	A15

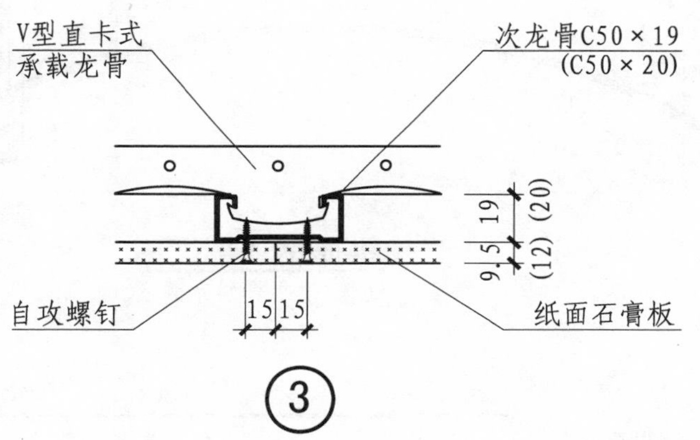

③

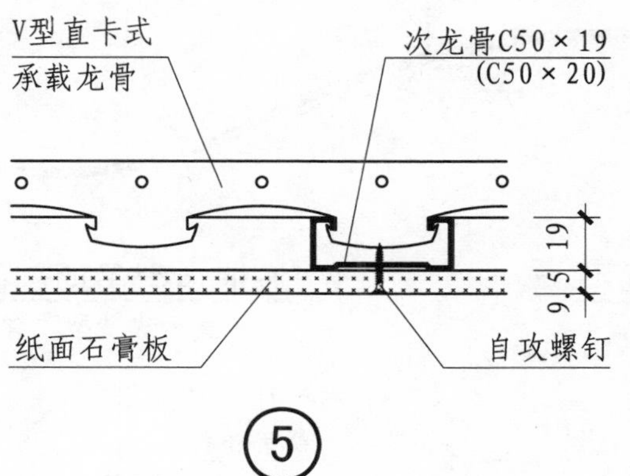

⑤

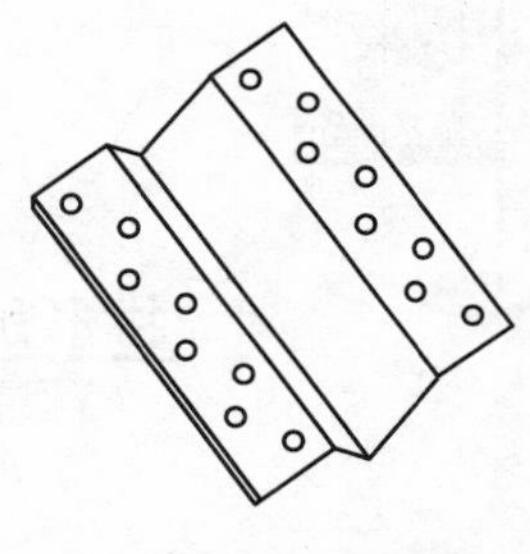
伸缩缝配件示意

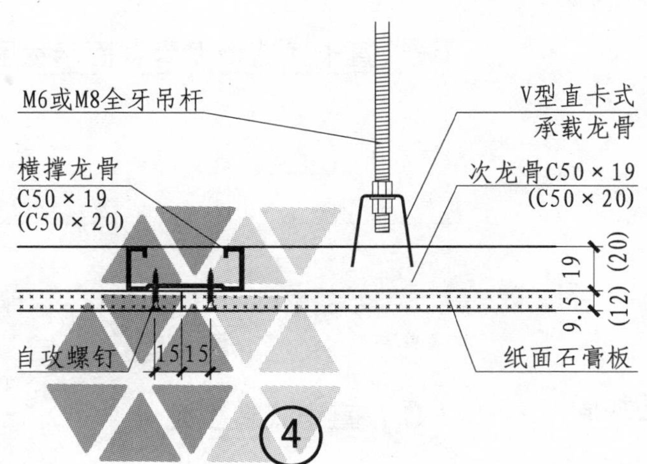

④

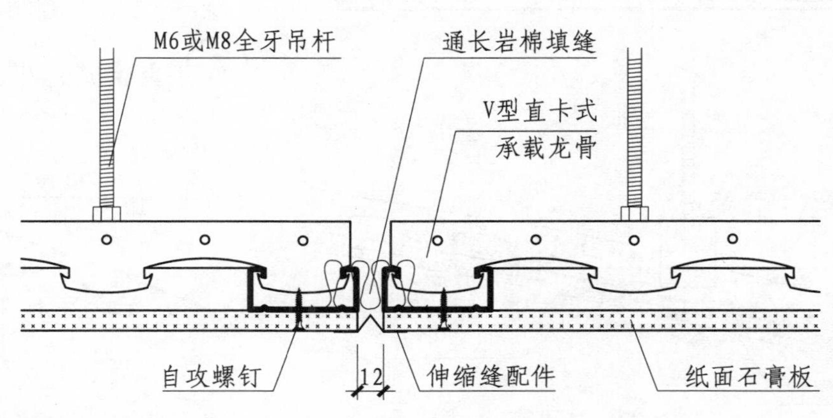

⑥ 单层石膏板吊顶伸缩缝

注：1. 图中所示轻钢龙骨及配件型号与厂家产品型号不同，选用时应以厂家产品型号为准。
2. 当轻钢龙骨石膏板吊顶≥100㎡，宜设伸缩缝做法详见大样⑥。
3. 本页根据北新集团建材股份有限公司及博罗石膏建材有限公司提供的技术资料编制。

卡式龙骨吊顶详图							图集号	12J502-2
审核	饶良修	饶良修	校对	郭晓明	郭晓明	设计	党连军	页	A16

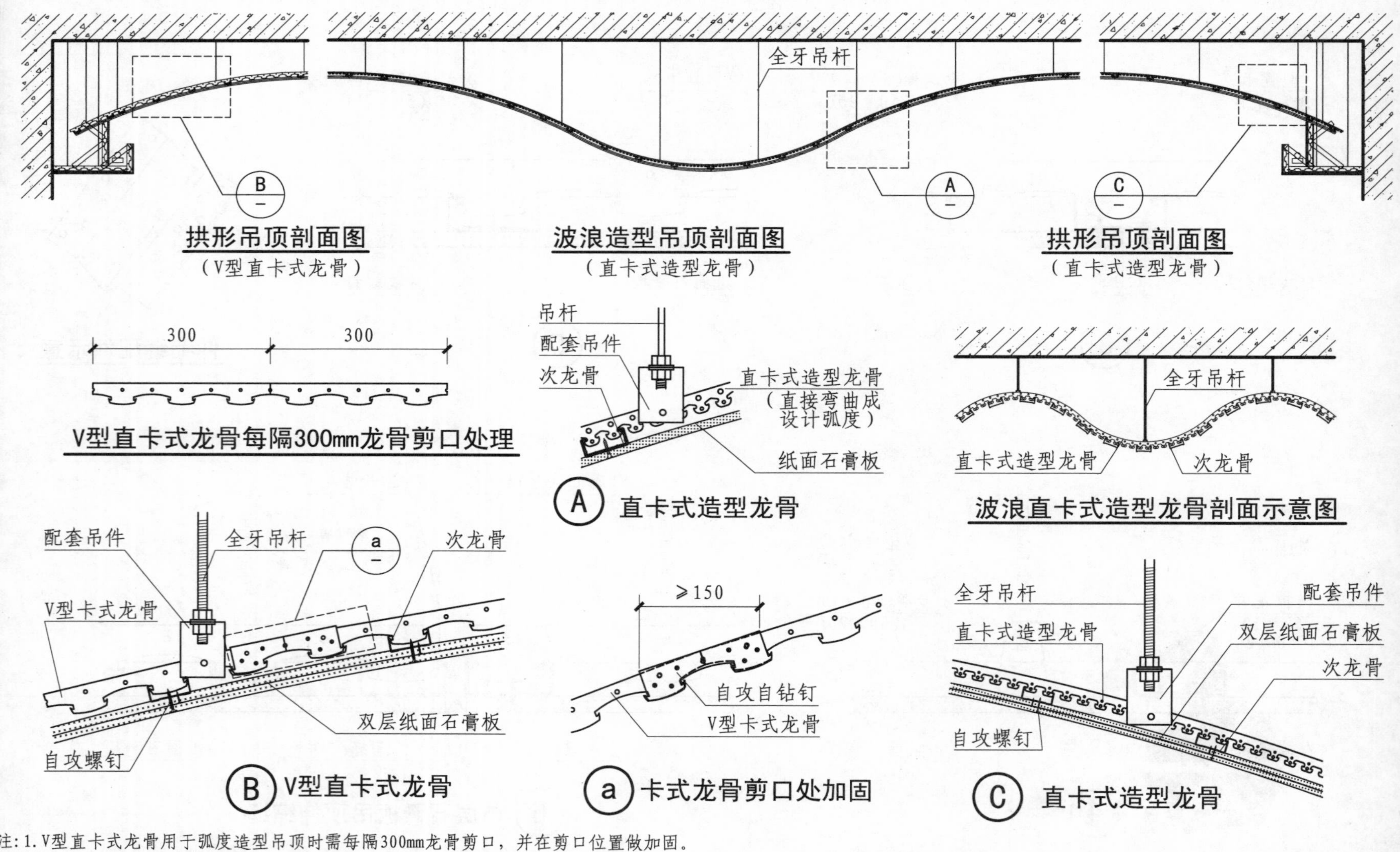

注：1. V型直卡式龙骨用于弧度造型吊顶时需每隔300mm龙骨剪口，并在剪口位置做加固。
2. 直卡式造型龙骨可以工厂制作拱形、波浪形等任意弧度的造型。直卡式造型龙骨的间距不大于600mm，龙骨吊点间距弧长不大于800mm。
3. 图中所示轻钢龙骨及配件型号与厂家产品型号不同，选用时应以厂家产品型号为准。
4. 本页根据北新集团建材股份有限公司及博罗石膏建材有限公司提供的技术资料编制。

卡式龙骨弧形吊顶详图						图集号	12J502-2
审核 饶良修		校对 郭晓明		设计 饶劢		页	A17

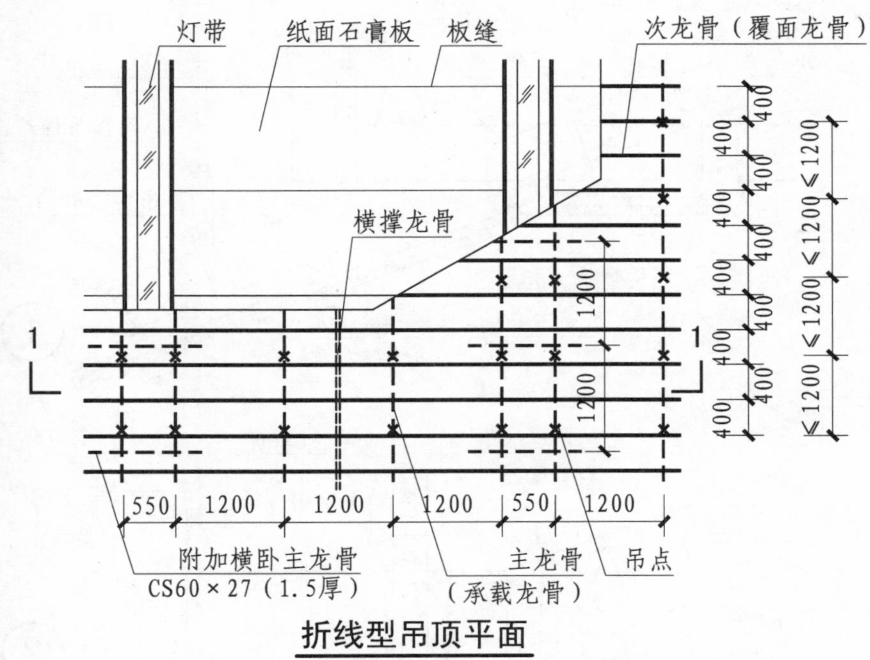

折线型吊顶平面

550 1200 1200 1200 550

A
—

灯带
φ8钢筋吊杆
α
400
β
b
a
b

1—1剖面

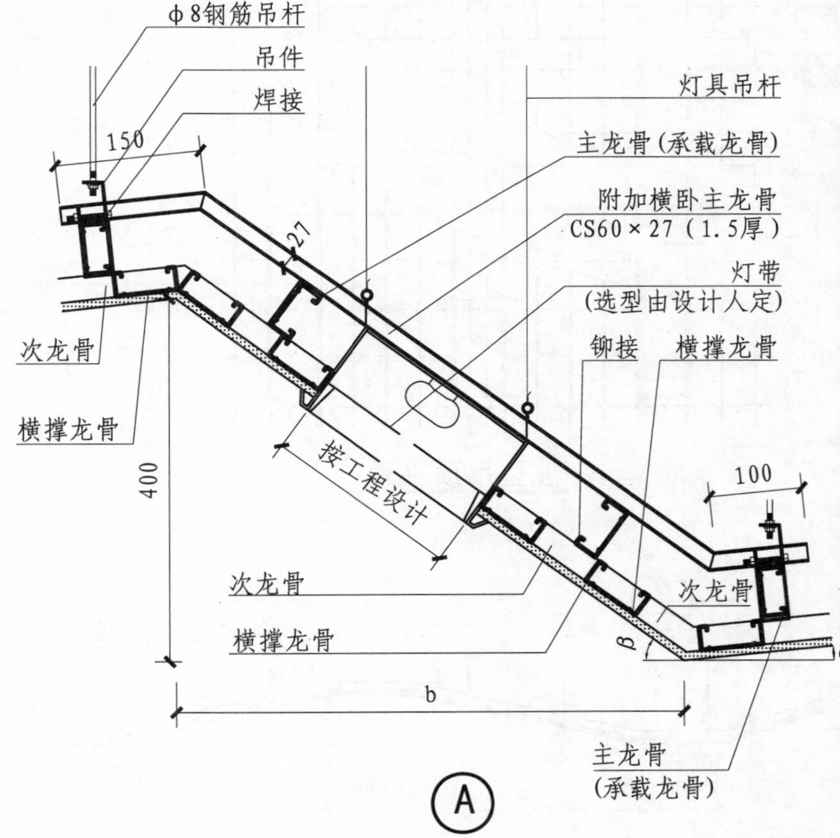

A

注：1. 本图仅为折线型吊顶做法示例，吊顶中a、b、α、β的具体尺寸由设计人根据吊顶造型确定。设计人可按工程设计要求另绘吊顶平面。

2. 附加横卧主龙骨在折弯处应根据折弯角度采取加固措施。

折线型吊顶平、剖面及详图						图集号	12J502-2
审核	饶良修	校对	郭晓明	设计	饶劢	页	A18

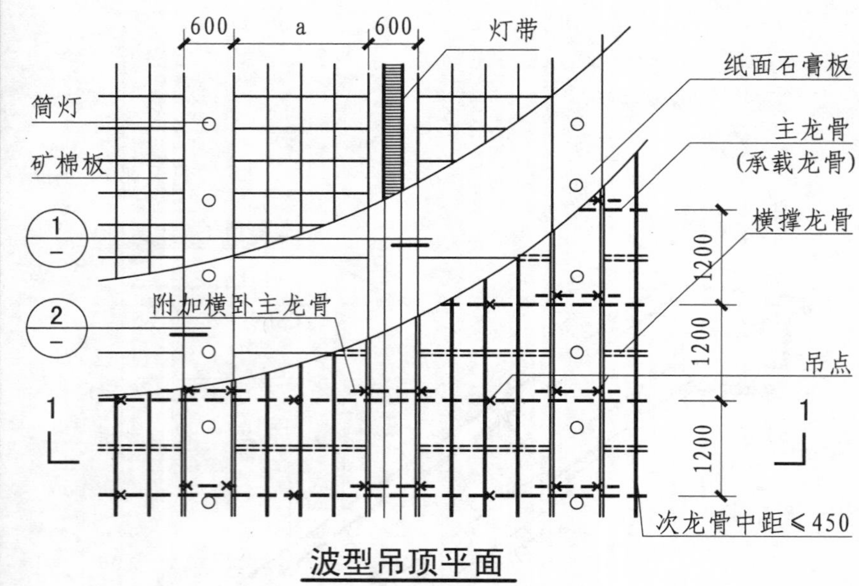

600
a
600
灯带
筒灯
矿棉板
纸面石膏板
主龙骨
(承载龙骨)
横撑龙骨
1
2
附加横卧主龙骨
吊点
1200
1200
1200
1
1
次龙骨中距≤450

波型吊顶平面

2
筒灯
灯带
1
ф8钢筋吊杆
b
α
600
a
600
a
600

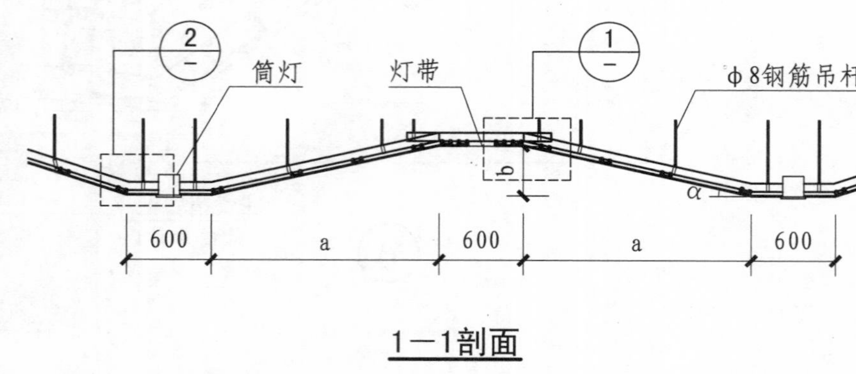

1—1剖面

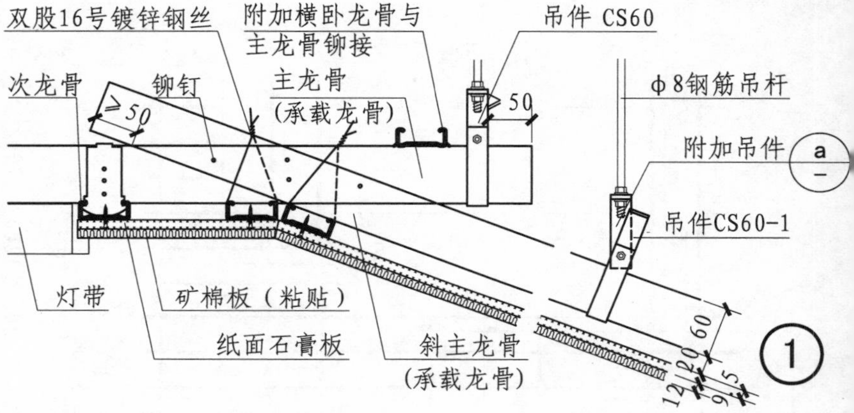

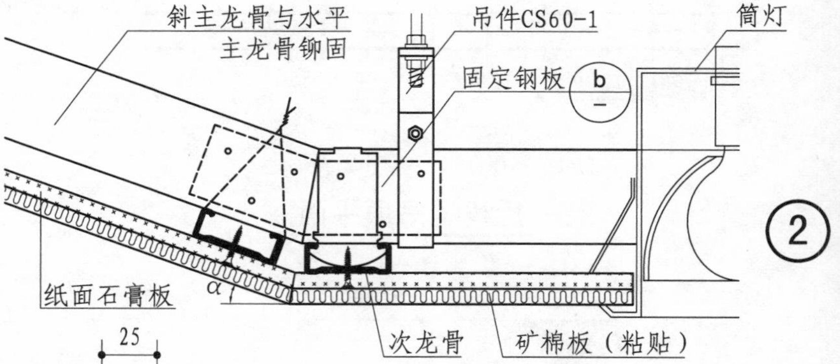

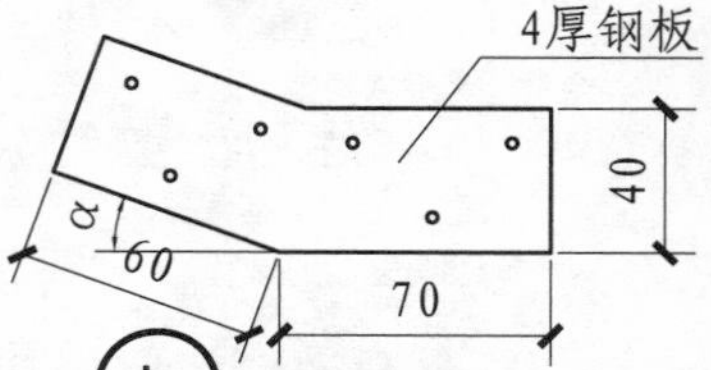

双股16号镀锌钢丝
附加横卧龙骨与
主龙骨铆接
吊件 CS60
次龙骨
铆钉
≥50
主龙骨
(承载龙骨)
50
ф8钢筋吊杆
附加吊件
a
吊件CS60-1
灯带
矿棉板（粘贴）
纸面石膏板
斜主龙骨
(承载龙骨)
60
20
5
12
9
1

斜主龙骨与水平
主龙骨铆固
吊件CS60-1
筒灯
固定钢板
b
纸面石膏板
α
次龙骨
矿棉板（粘贴）
2

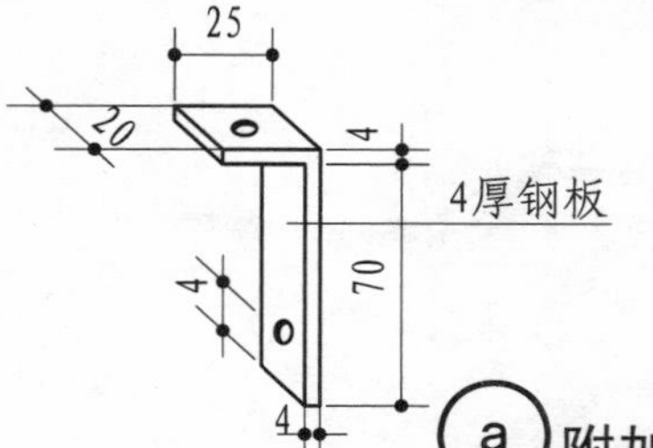

25
20
4
4厚钢板
70
4
4

4厚钢板
40
α
60
70

a 附加吊件　b 固定钢板

注：1. 本图仅为波型吊顶做法示例，吊顶中a、b、α的具体尺寸由设计人根据吊顶造型确定。设计人可按工程设计要求另绘吊顶平面。

2. 斜主龙骨与水平主龙骨铆固，阴角部位以固定钢板固定。

波型吊顶平、剖面及详图						图集号	12J502-2
审核 饶良修	饶良修	校对 郭晓明	郭晓明	设计 饶劢	饶劢	页	A19

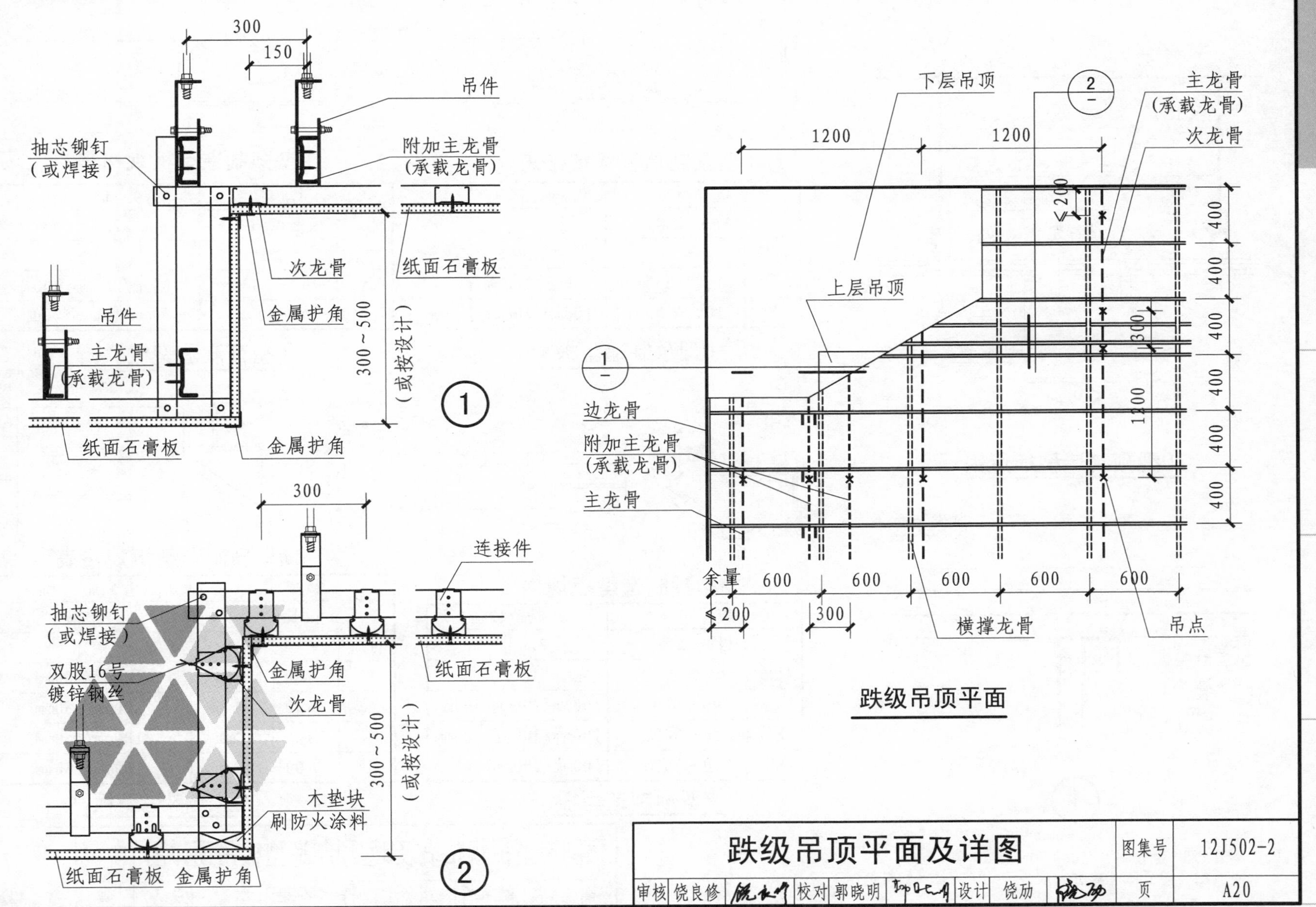

跌级吊顶平面

跌级吊顶平面及详图

图集号	12J502-2
审核 饶良修 校对 郭晓明 设计 饶劢	页 A20

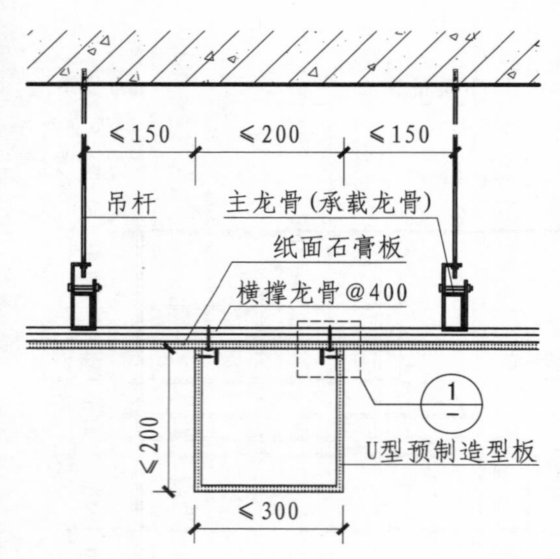

U型预制造型板运用

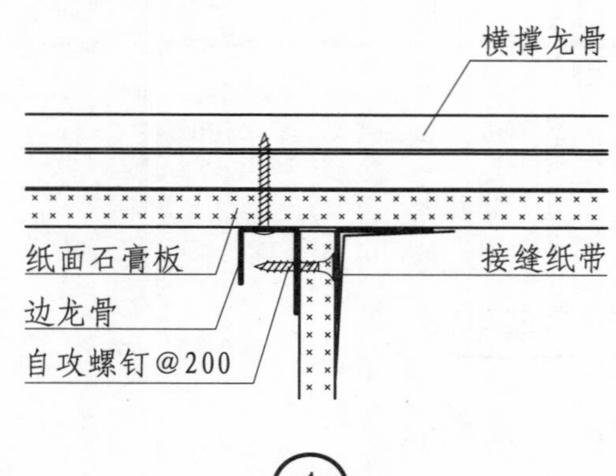

①

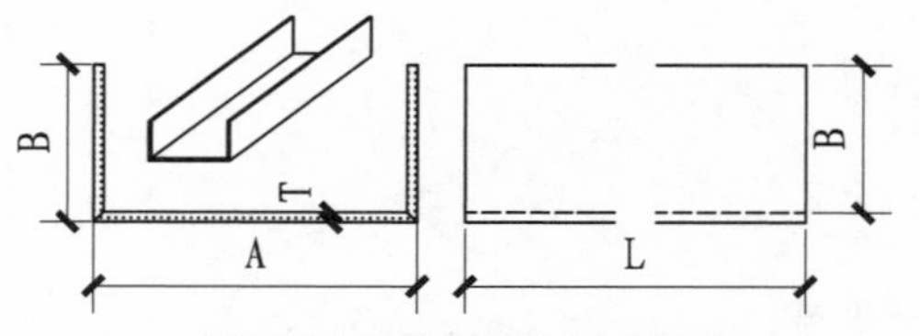

U型预制造型板规格表

板厚 T		9.5mm/12mm
板长 L		2.4m
材质	普通	耐水
A	100～300mm	100mm/200mm
B	100～200mm	100mm/200mm

U型预制造型板

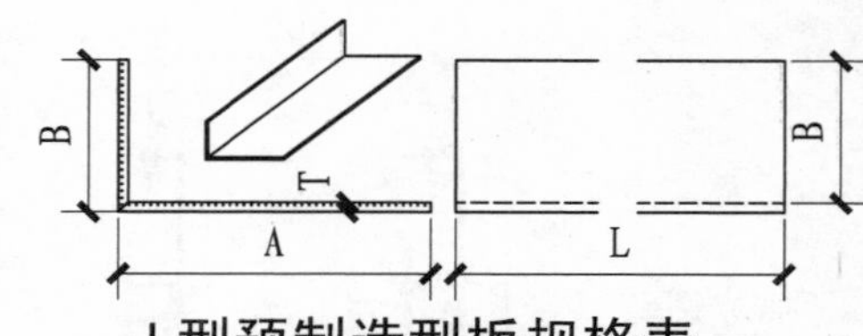

L型预制造型板规格表

板厚 T		9.5mm/12mm
板长 L		2.4m
材质	普通	耐水
A	200～400mm	200mm/300mm/400mm
B	50～200mm	100mm/150mm/200mm

L型预制造型板

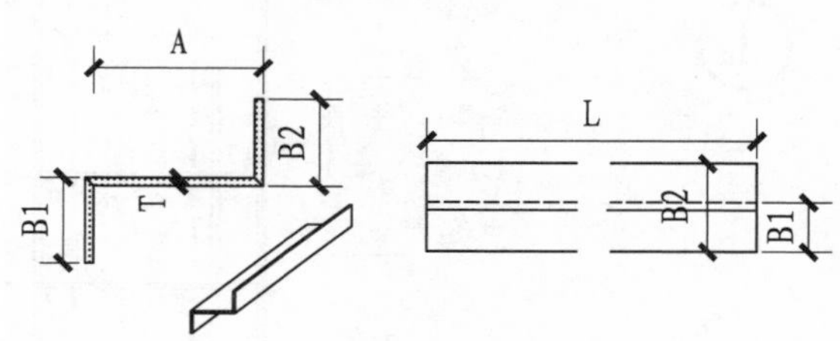

Z型预制造型板规格表

板厚 T		9.5mm/12mm
板长 L		2.4m
材质	普通	耐水
A	100～300mm	100mm/200mm/300mm
B1	100～300mm	100mm/200mm/300mm
B2	100～300mm	100mm/200mm/300mm

Z型预制造型板

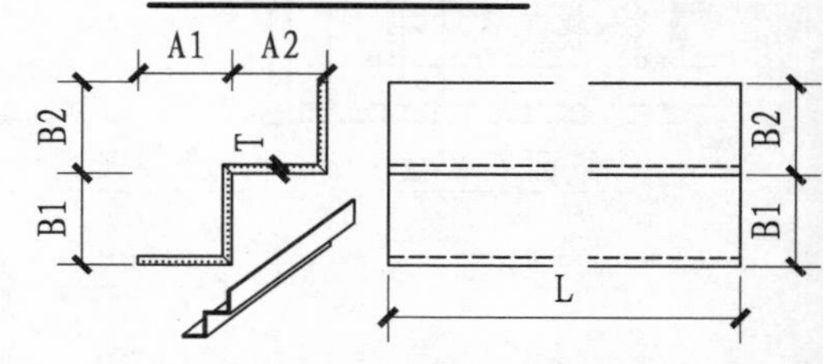

W型预制造型板规格表

板厚 T		9.5mm/12mm
板长 L		2.4m
材质	普通	耐水
A1	100～150mm	100mm/150mm
A2	100～150mm	100mm/150mm
B1	100～150mm	100mm/150mm
B2	100～150mm	100mm/150mm

W型预制造型板

注：1.本页给出U型预制造型板吊顶详图。
2.本页根据博罗石膏建材有限公司提供的技术资料编制。

预制造型板规格表及U型预制造型板吊顶详图	图集号	12J502-2
审核 饶良修 校对 郭晓明 设计 饶劢	页	A21

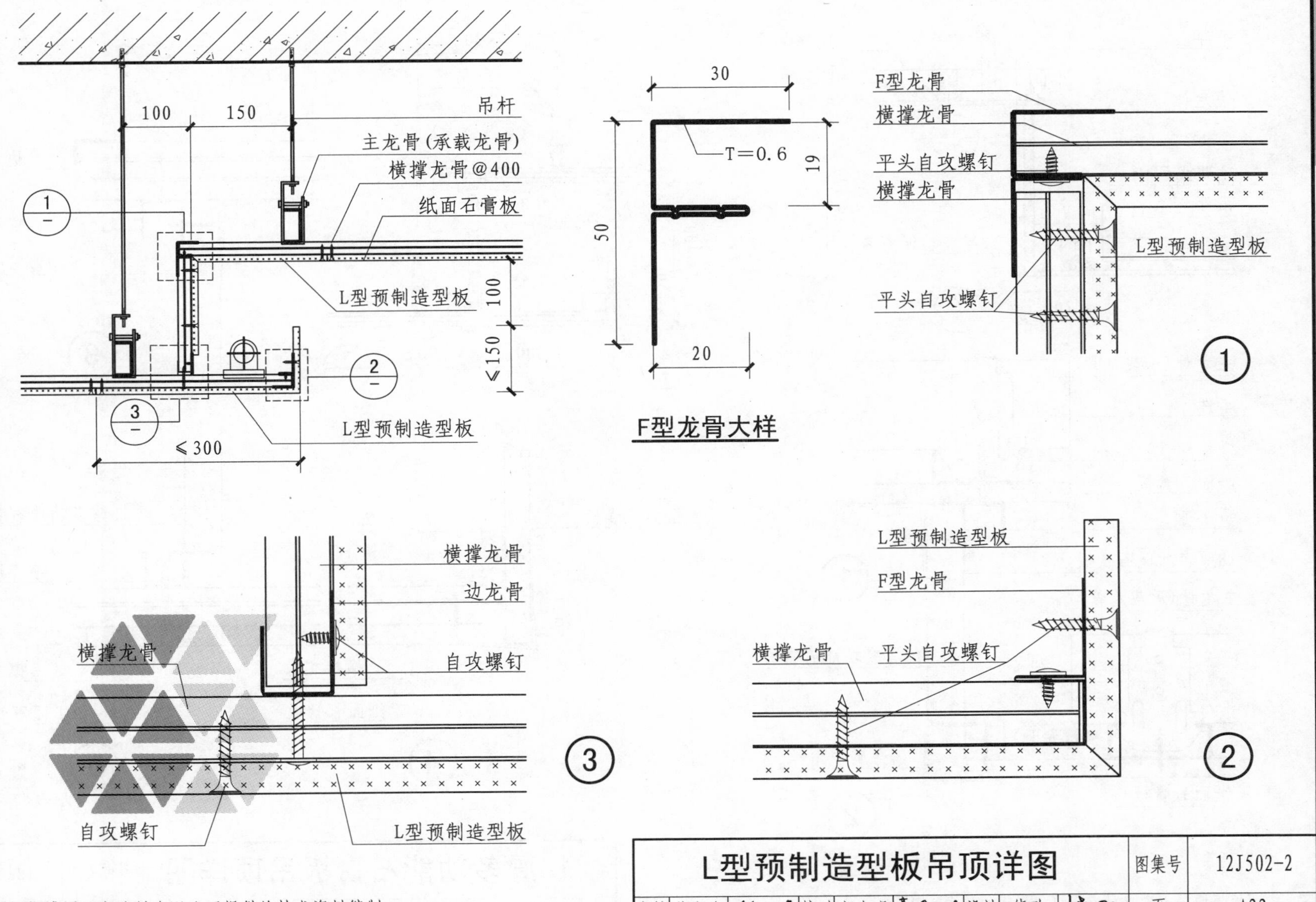

注：本页根据博罗石膏建材有限公司提供的技术资料编制。

L型预制造型板吊顶详图						图集号	12J502-2
审核	饶良修	校对	郭晓明	设计	饶劢	页	A22

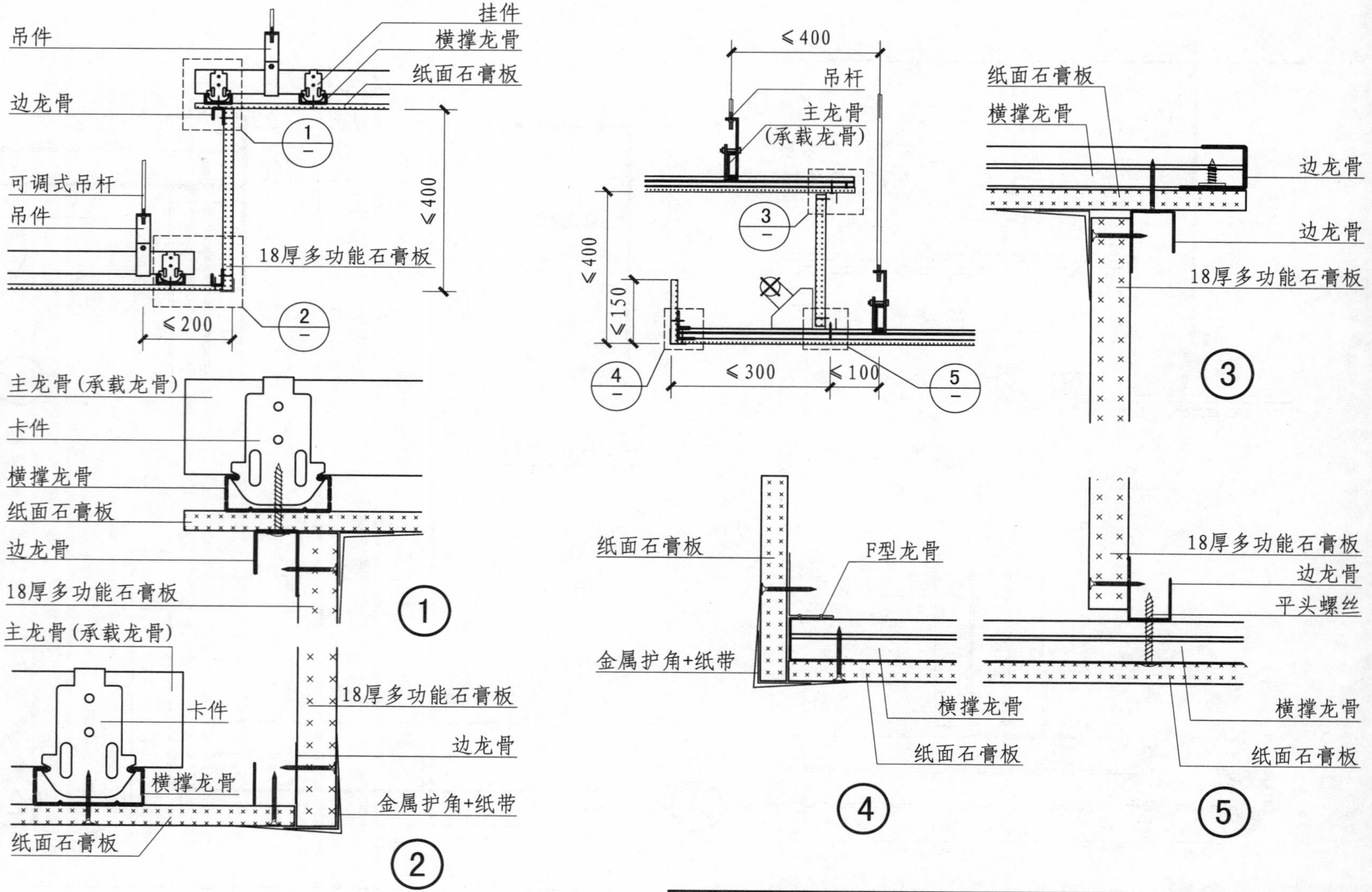

吊件
挂件
横撑龙骨
纸面石膏板
边龙骨
可调式吊杆
吊件
18厚多功能石膏板
≤400
≤200

主龙骨(承载龙骨)
卡件
横撑龙骨
纸面石膏板
边龙骨
18厚多功能石膏板

1

主龙骨(承载龙骨)
卡件
18厚多功能石膏板
边龙骨
横撑龙骨
金属护角+纸带
纸面石膏板

2

≤400
吊杆
主龙骨
(承载龙骨)
≤400
≤150
≤300
≤100

纸面石膏板
横撑龙骨
边龙骨
边龙骨
18厚多功能石膏板

3

纸面石膏板
F型龙骨
金属护角+纸带
横撑龙骨
纸面石膏板

4

18厚多功能石膏板
边龙骨
平头螺丝
横撑龙骨
纸面石膏板

5

注：本页根据博罗石膏建材有限公司提供的技术资料编制。

18厚多功能石膏板吊顶详图						图集号	12J502-2
审核	饶良修	校对	郭晓明	设计		页	A23

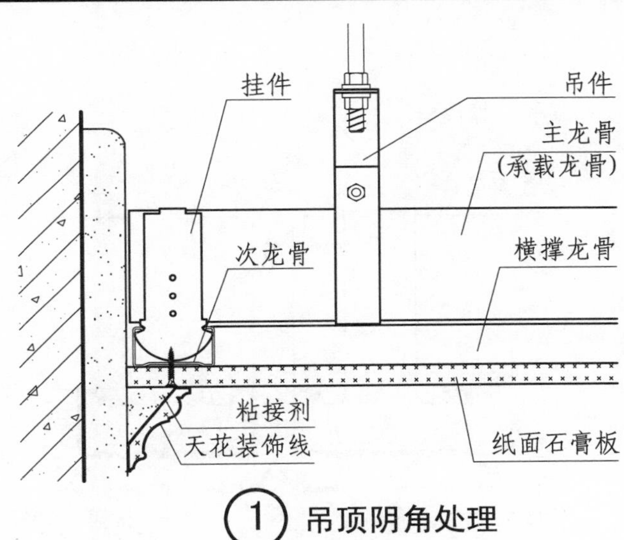

① 吊顶阴角处理

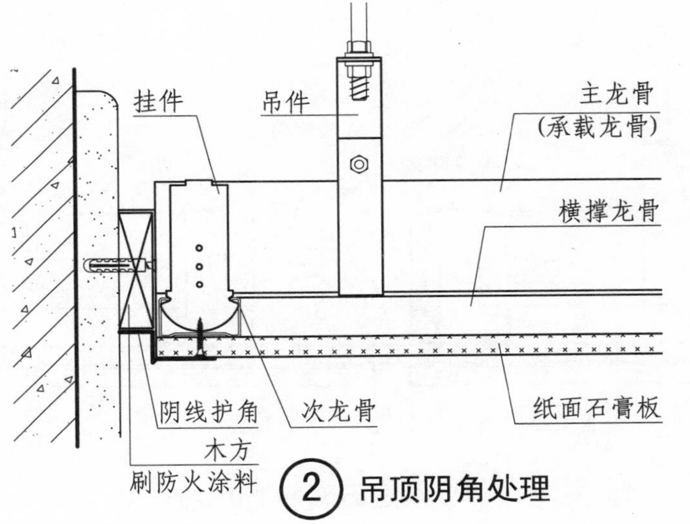

② 吊顶阴角处理

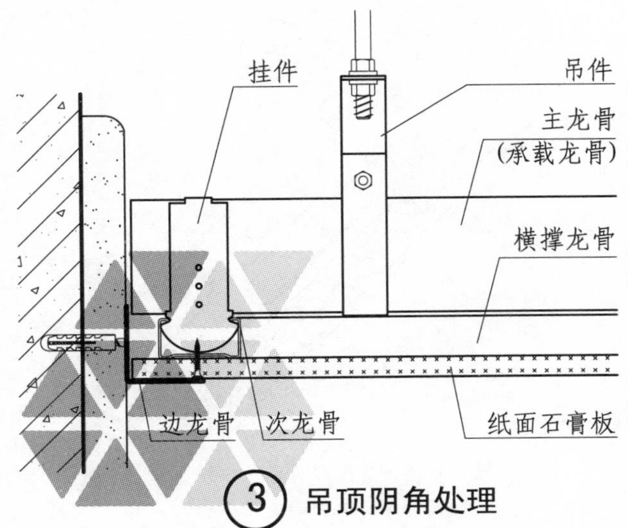

③ 吊顶阴角处理

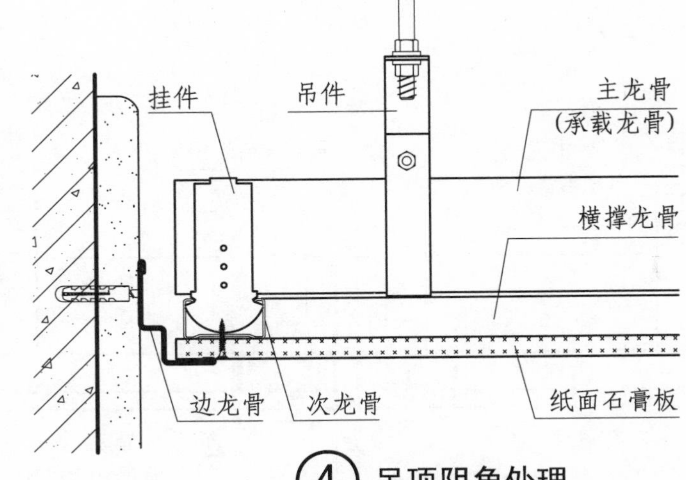

④ 吊顶阴角处理

注：木方应经放火、防腐处理。

吊顶与墙连接详图						图集号	12J502-2
审核	饶良修	校对	郭晓明	设计	饶劢	页	A24

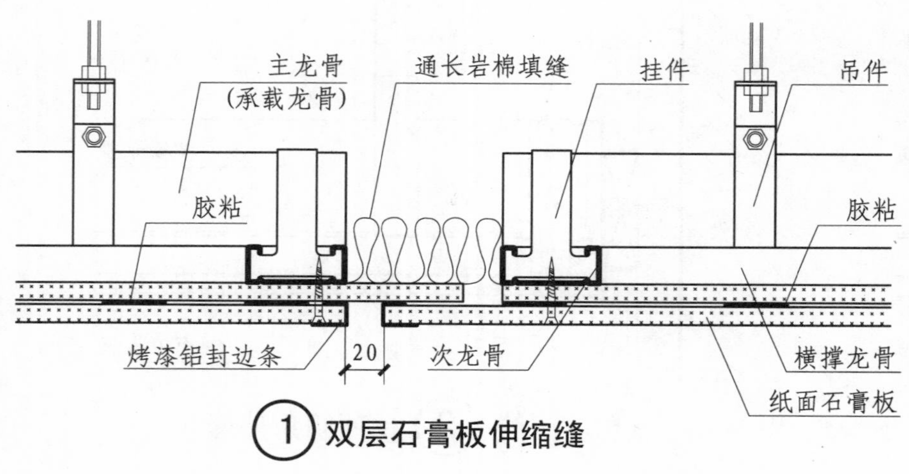

① 双层石膏板伸缩缝

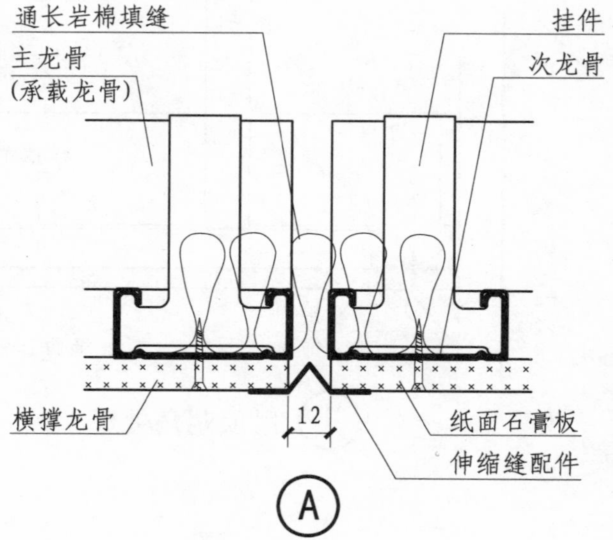

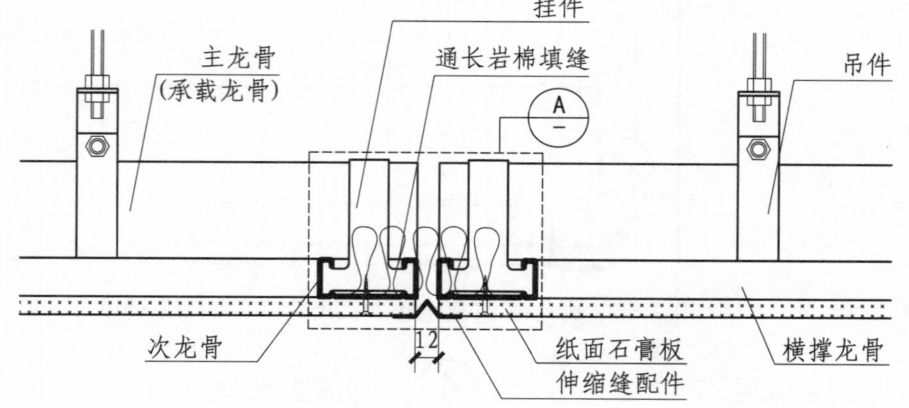

② 单层石膏板伸缩缝

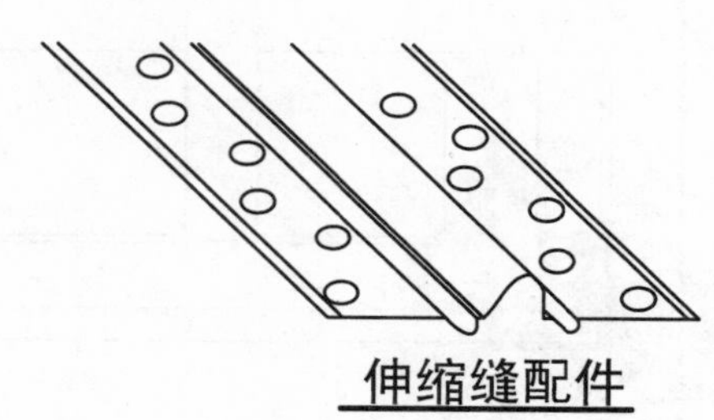

伸缩缝配件

注：1. 伸缩缝配件材料可由铝合金、不锈钢、塑料等制作。
2. 伸缩缝配件长度见单项设计。

吊顶伸缩缝详图						图集号	12J502-2
审核 饶良修	[signature]	校对 郭晓明	[signature]	设计 饶劢	[signature]	页	A25

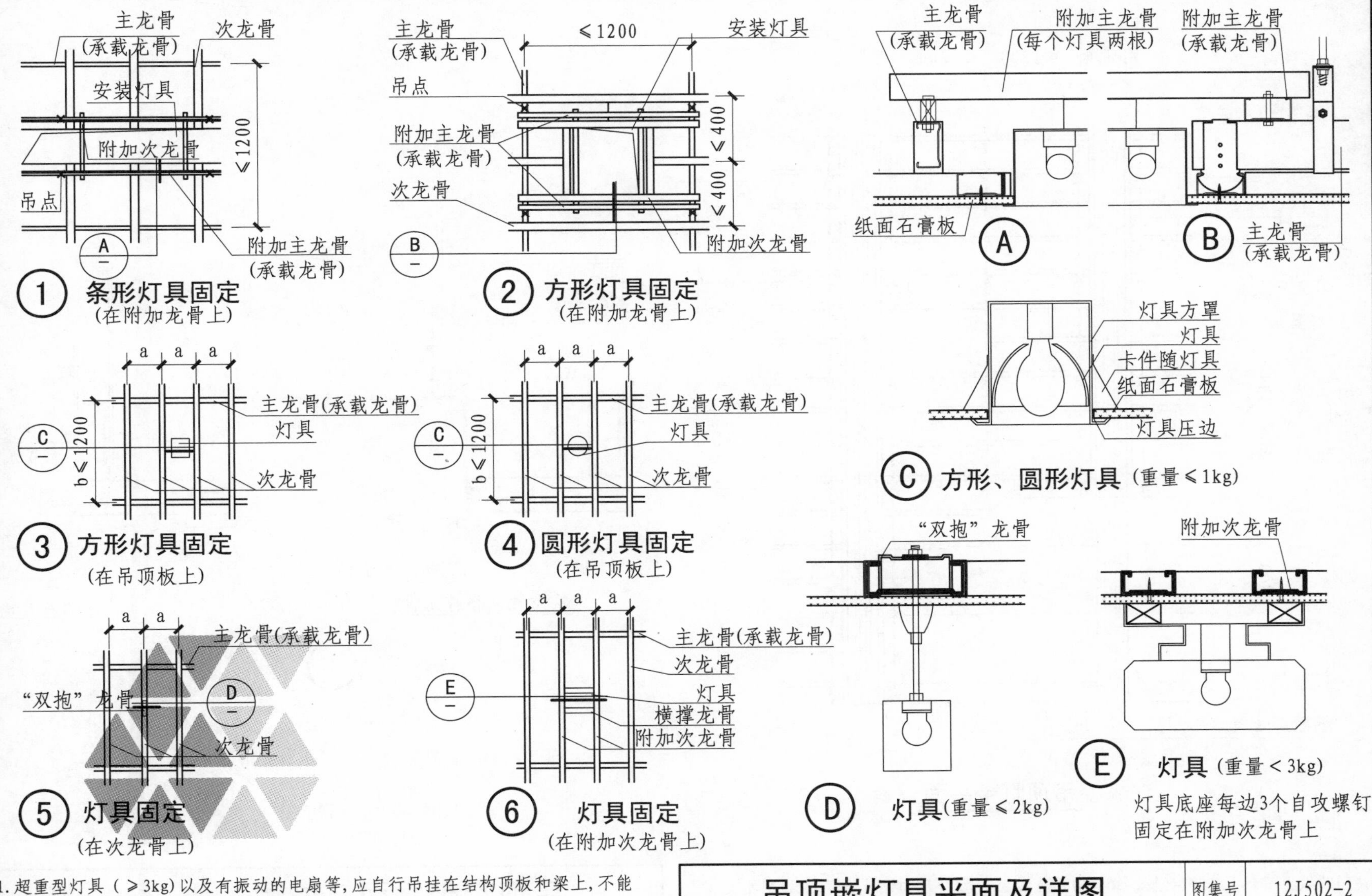

注:1. 超重型灯具（≥3kg）以及有振动的电扇等,应自行吊挂在结构顶板和梁上,不能共用吊顶吊杆，与吊顶系统完全分开。
2. 次龙骨间距a参考A10页，次龙骨排布图。

吊顶嵌灯具平面及详图						图集号	12J502-2
审核	饶良修	校对	郭晓明	设计	饶劢	页	A26

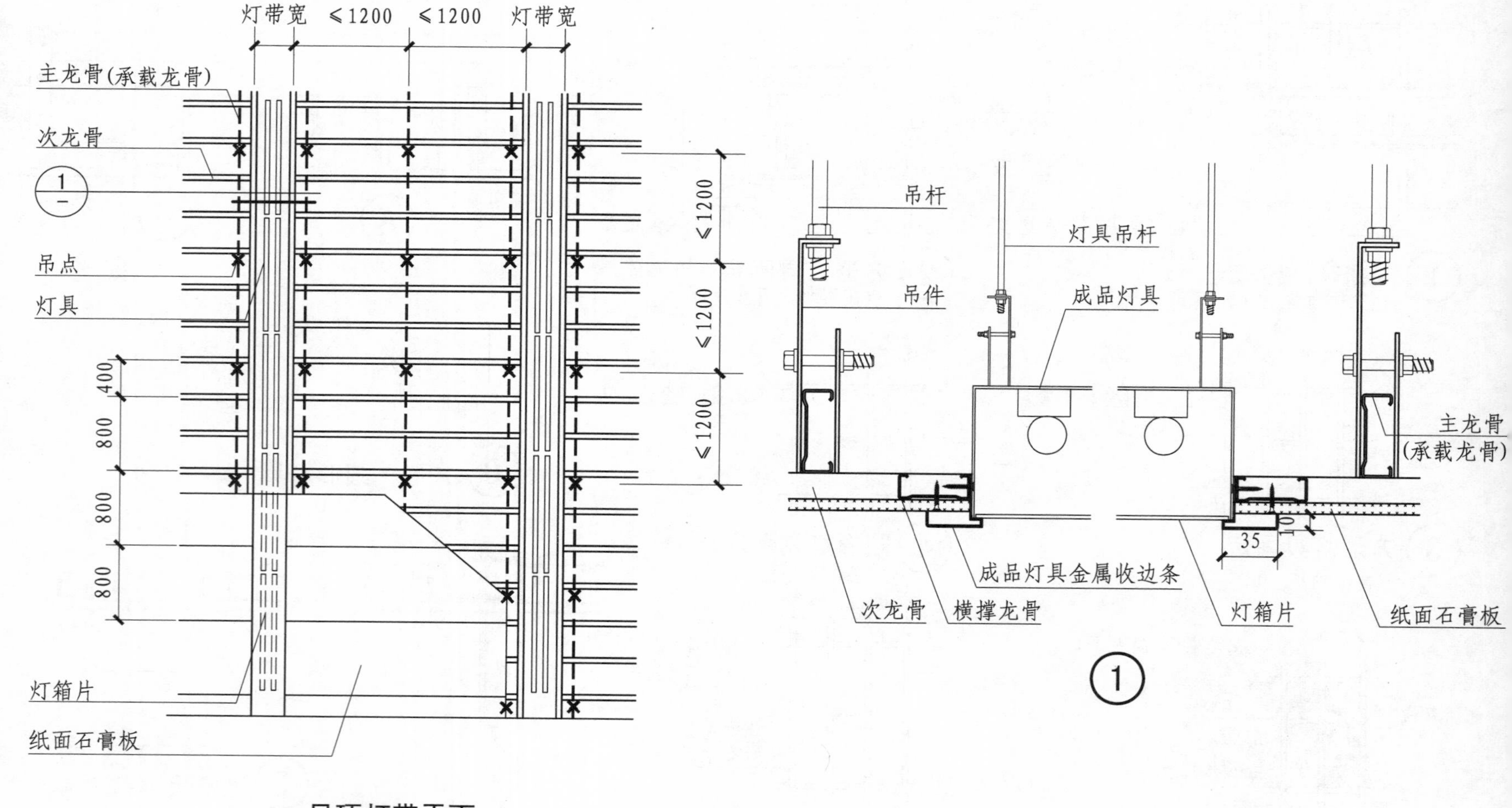

吊顶灯带平面

注：1. 纸面石膏板(硅酸钙板、纤维增强硅酸盐平板)厚度由设计确定，表面刷乳胶漆或粘贴壁纸。
2. 轻钢龙骨构造按本图集通常吊顶做法，灯具按工程设计确定。

吊顶灯带平面及详图						图集号	12J502-2
审核	饶良修	校对	郭晓明	设计	饶劢	页	A27

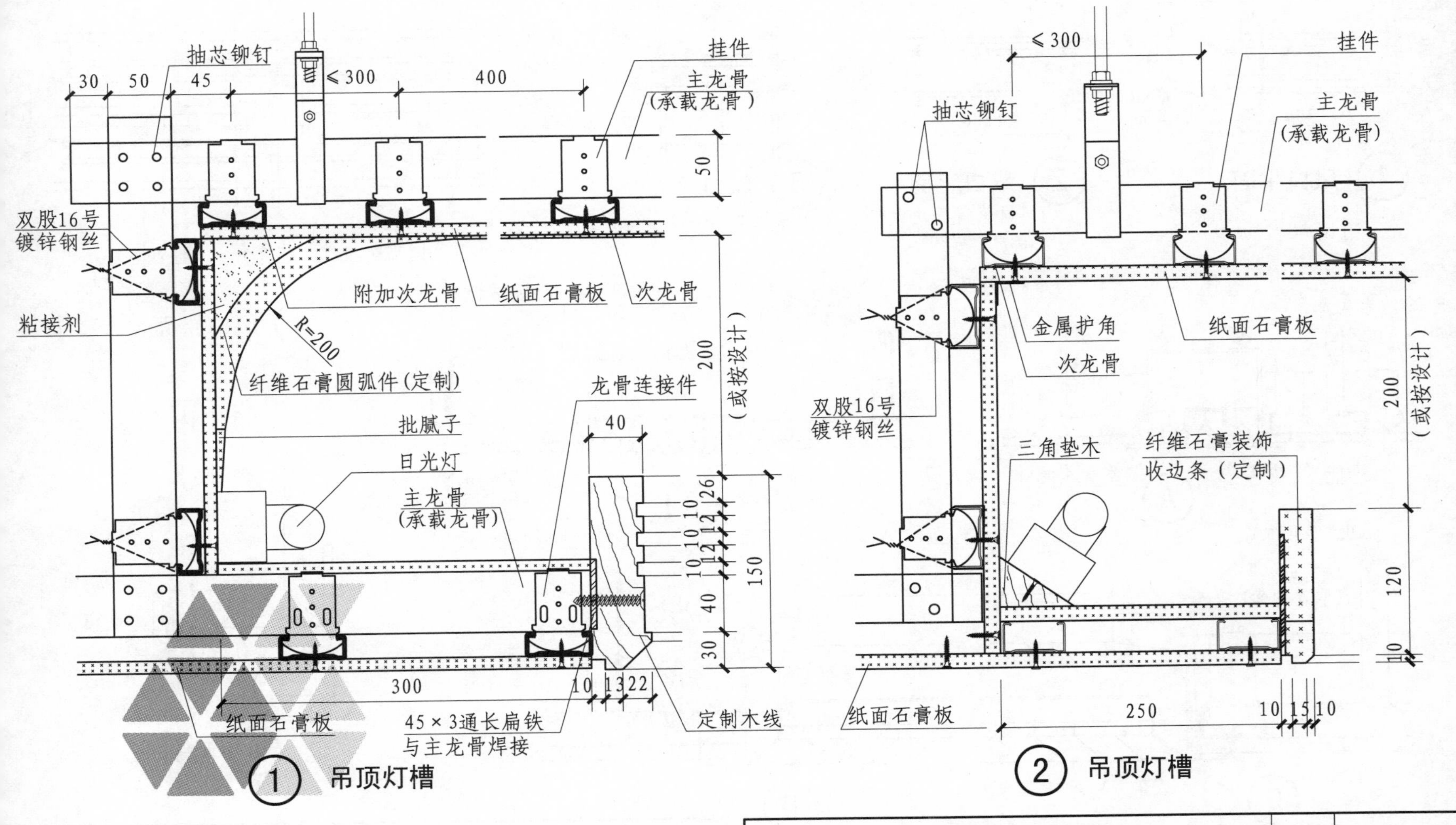

① 吊顶灯槽

② 吊顶灯槽

注：1. 本图所示吊顶板材为纸面石膏板，也可采用硅酸钙板、纤维增强硅酸盐平板等其他建筑板材。
2. 三角垫木应防火、防腐处理。灯槽收边木线可依据设计造型定制。

吊顶灯槽详图						图集号	12J502-2
审核	饶良修	校对	郭晓明	设计	饶劢	页	A28

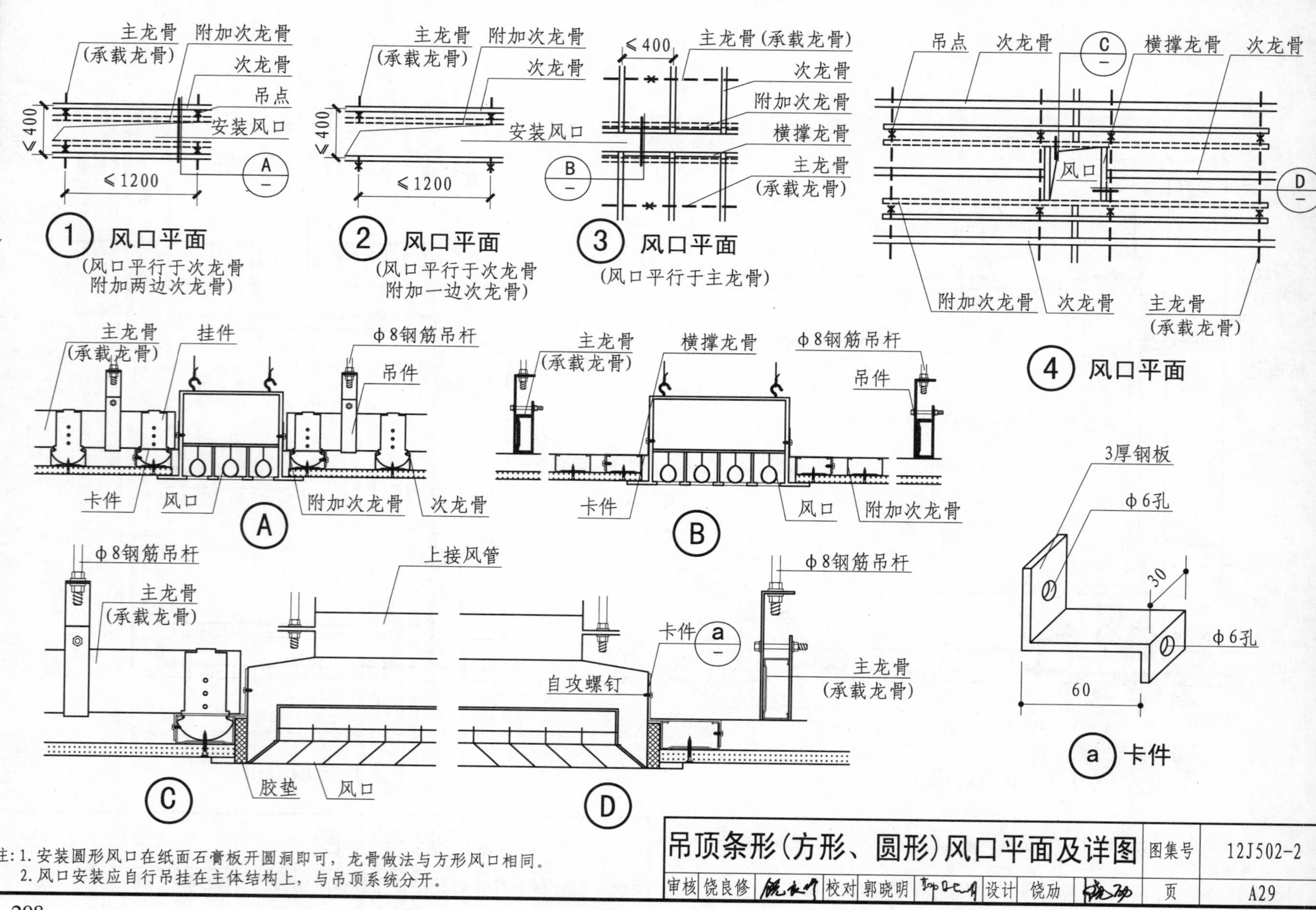

注：1. 安装圆形风口在纸面石膏板开圆洞即可，龙骨做法与方形风口相同。
2. 风口安装应自行吊挂在主体结构上，与吊顶系统分开。

吊顶条形(方形、圆形)风口平面及详图						图集号	12J502-2
审核	饶良修	校对	郭晓明	设计	饶劢	页	A29

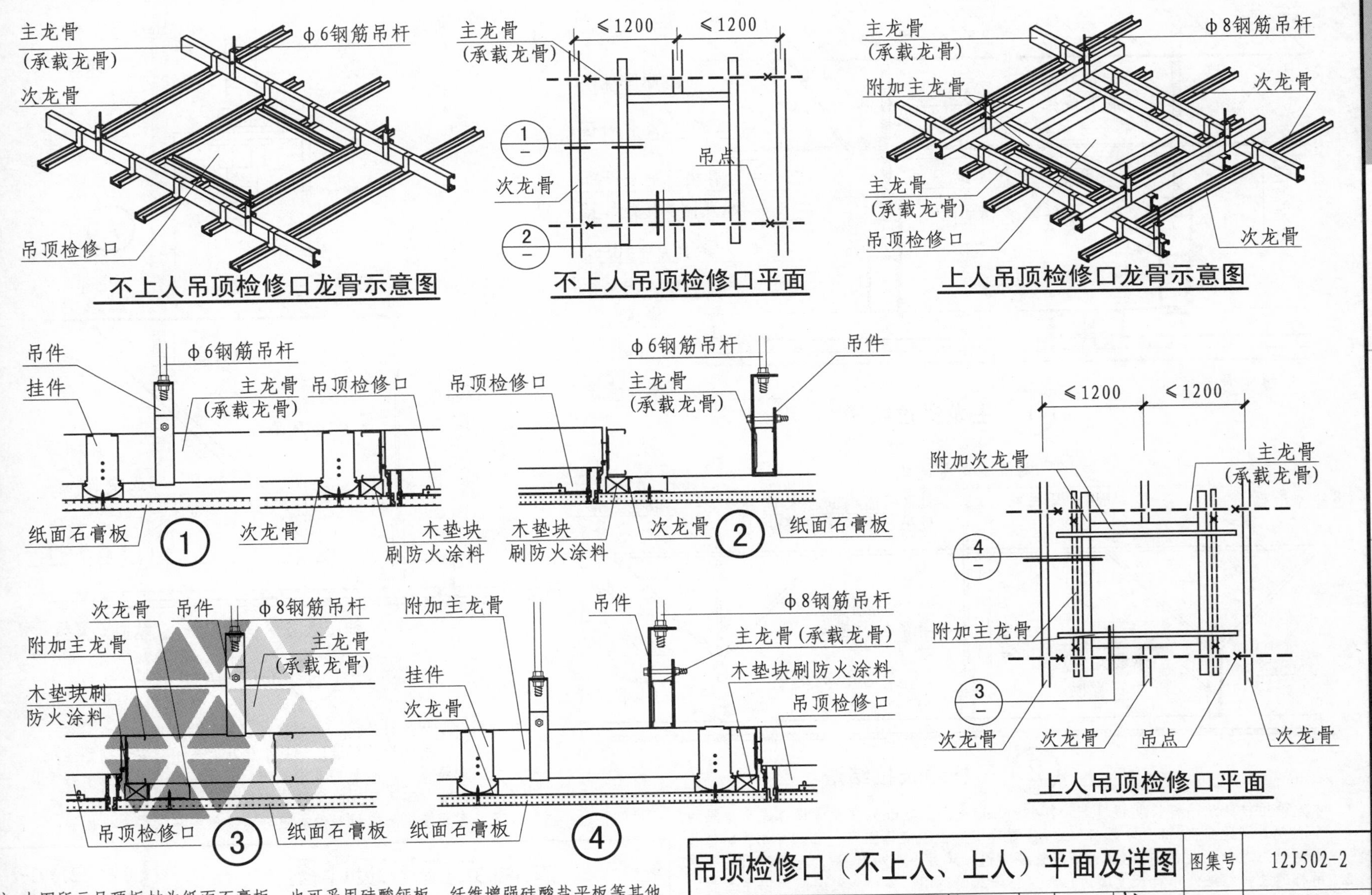

吊顶检修口（不上人、上人）平面及详图						图集号	12J502-2
审核	饶良修	校对	郭晓明	设计	饶劢	页	A30

注：本图所示吊顶板材为纸面石膏板，也可采用硅酸钙板、纤维增强硅酸盐平板等其他建筑板材。

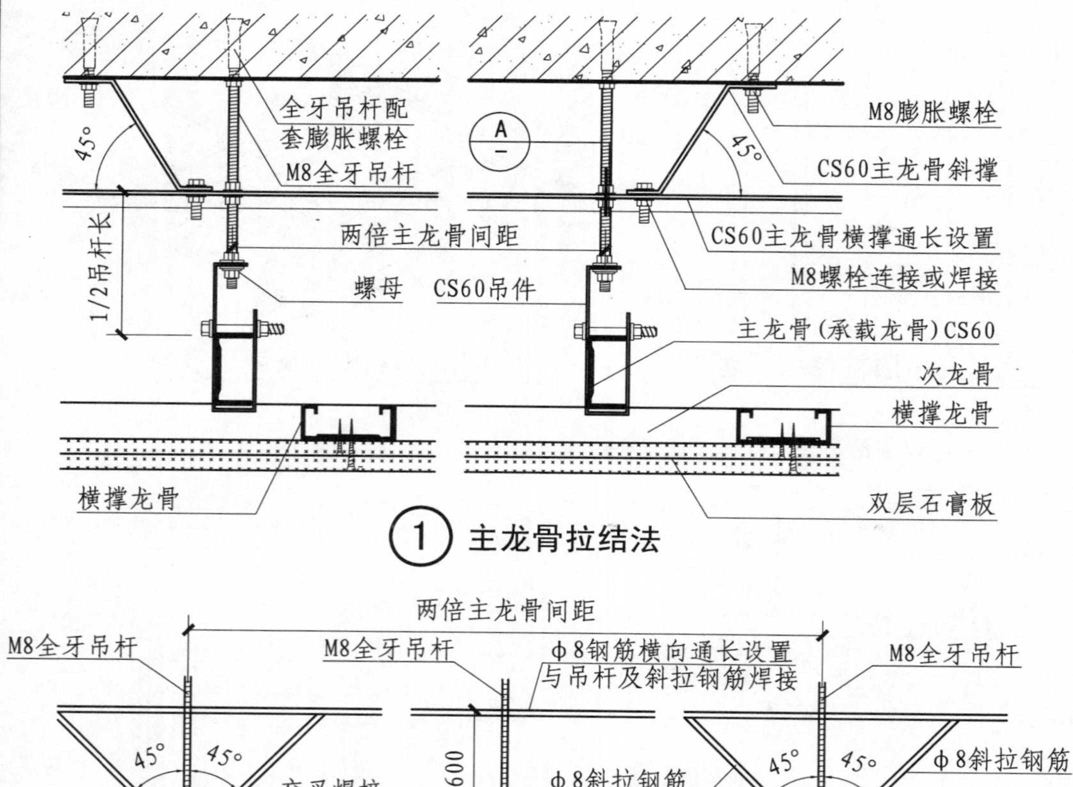

① 主龙骨拉结法

两倍主龙骨间距

M8全牙吊杆

M8全牙吊杆

φ8钢筋横向通长设置
与吊杆及斜拉钢筋焊接

M8全牙吊杆

45° 45°

交叉焊接

主龙骨
(承载龙骨)

次龙骨

纸面石膏板

450～600

φ8斜拉钢筋
与吊杆及横向
钢筋焊接

次龙骨 次龙骨

φ8斜拉钢筋

交叉焊接

主龙骨
(承载龙骨)

② 吊杆通长拉结法

垫圈

主龙骨横撑
CS60

M8全牙吊杆

螺母

27

2

60

Ⓐ

1500～2000

自钻钉固定
或焊接固定

角码

M8全牙吊杆

主龙骨斜撑
或角钢斜撑

45°

挂件

主龙骨
(承载龙骨)

抽芯铆钉或自钻钉

纸面石膏板

③ 倒三角法

注:

1. 主龙骨拉结法: 吊杆长度超过1.5m且小于3m时适用。在CS60主龙骨横撑底边每隔两个主龙骨间距打孔,M8全牙吊杆穿过,位置确定后上下螺母固定。CS60主龙骨斜撑每隔两倍主龙骨间距相向设置;当吊杆长度超过1.5m且小于2m时,适合采用CS50主龙骨。
2. 吊杆通长拉结法: 吊杆长度超过1.5m且小于3m时适用。斜拉钢筋每隔两倍主龙骨间距设置。φ8横向钢筋、斜拉钢筋及其与M8全牙吊杆焊接处必须做防锈处理。φ8钢筋可用M8全牙吊杆替代,但焊接处需做防锈处理。
3. 倒三角法: 吊杆长度超过1.5m且小于2m时适用。安装间距在2m以内,围绕某一中心呈梅花形分布,且不应设置在同一直线上。
4. 当吊顶内部空间大于3m时应设置型钢结构转换层。
5. 本页根据北新集团建材股份有限公司提供的技术资料编制。

反向支撑吊顶详图						图集号	12J502-2
审核 饶良修	饶良修	校对	郭晓明	郭晓明	设计 饶劢 饶劢	页	A31

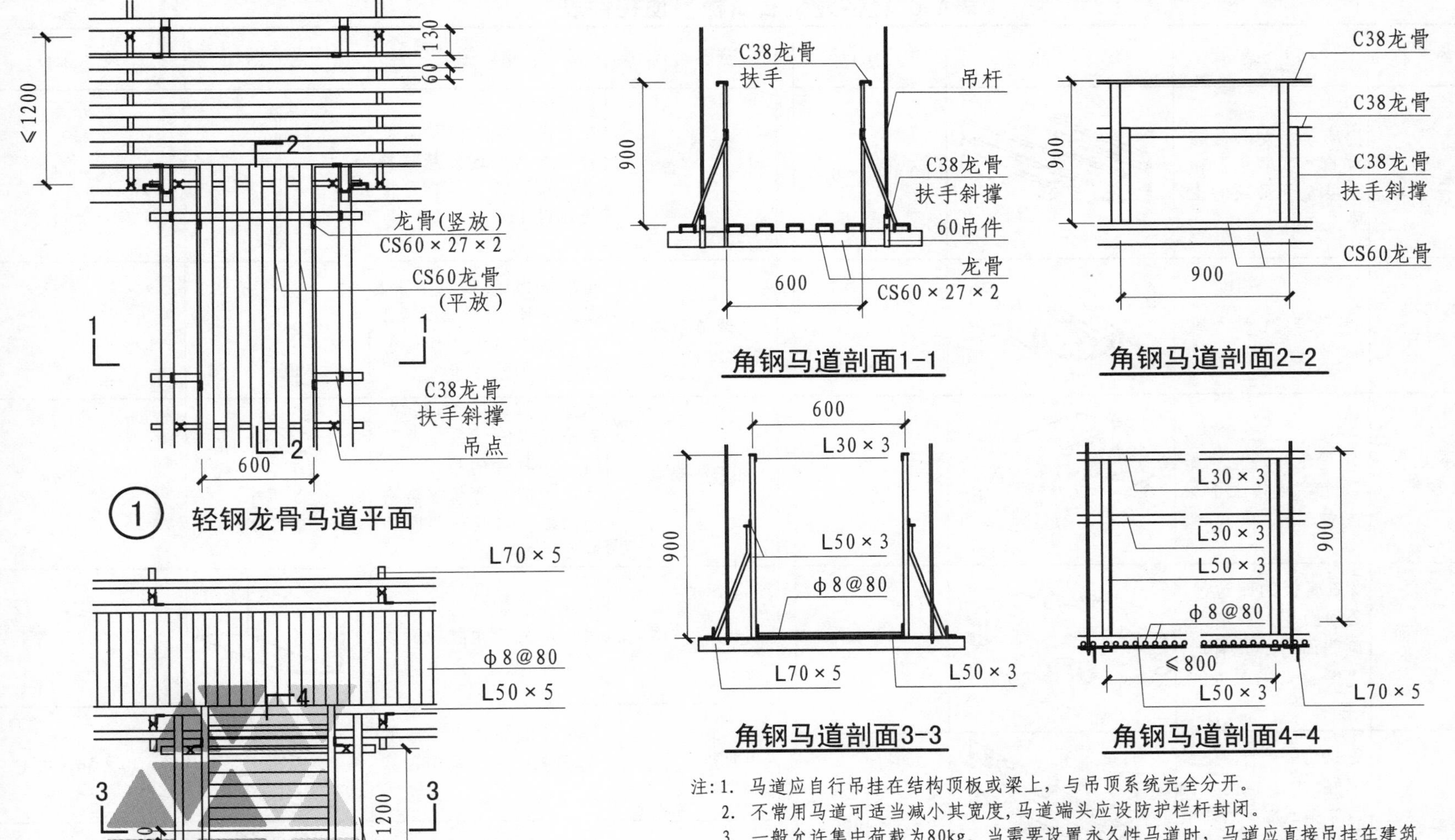

注：1. 马道应自行吊挂在结构顶板或梁上，与吊顶系统完全分开。

2. 不常用马道可适当减小其宽度，马道端头应设防护栏杆封闭。

3. 一般允许集中荷载为80kg。当需要设置永久性马道时，马道应直接吊挂在建筑承重结构上；宽度不宜小于500mm，上空高度应满足维修人员通过的要求；两边应设防护栏杆，栏杆高度不应小于900mm，栏杆上不得悬挂任何设施或器具；马道上应设置照明，并设置人员进出的检修口。

轻钢龙骨马道、角钢马道平面及剖面							图集号	12J502-2
审核	饶良修	校对	郭晓明	设计	饶劢		页	A32

表A-6 轻钢龙骨石膏板吊顶构件表

产品名称	用　途	图　形	尺寸(mm)
C型龙骨 上层龙骨 下层龙骨	构成单层龙骨吊顶的上、下层龙骨和双层龙骨吊顶的主要支吊件		60×27×0.6
C型龙骨 连接件	用于连接C型龙骨		60×110
上下龙骨 连接件	仅用于单层龙骨吊顶十字连接上下层龙骨	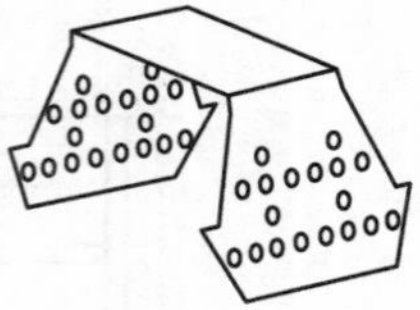	
十字平面 连接件	当石膏板的四边都必须固定，或增加荷载而增加龙骨时，连接同一平面上的C型龙骨	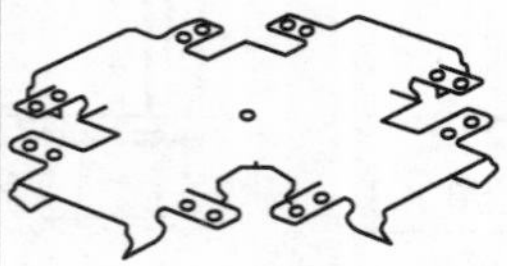	
伸缩缝配件	每10m用一个伸缩缝配件，用于结构之间的伸缩连接，允许最大位移7mm，一般尽可能与建筑物结构伸缩缝一致	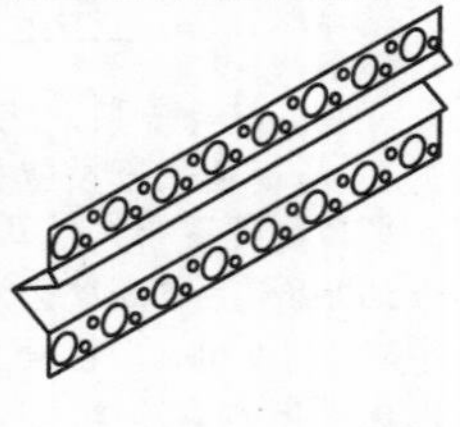	60×3000

产品名称	用　途	图　形	尺寸(mm)
吊　杆	固定在建筑顶板并同可调节吊挂件连接悬吊整个吊顶系统。吊杆可接长1m以上		ϕ4
可调节吊挂件	同吊杆相连，通过挤压两翼上下移动，释放两翼即在吊杆上定位。能轻易调整吊顶水平度		
U型安装夹	用于吊顶深度<125mm而不足以安装吊杆及可调节吊挂件的吊顶。 通过剪断或弯折安装夹的两翼，可获得不同的吊顶标高	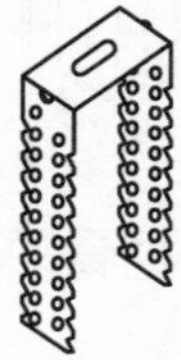	125×30
护　角	金属（或塑料）护角条用于形成阳角防护面以承受冲击	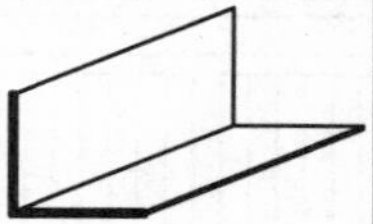	31×31×0.4
U型沿边龙骨	作为沿边龙骨，用于固定石膏板周边及吊顶系统的水平定位	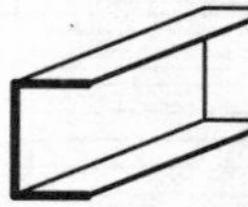	30×30×0.4
自撑龙骨	用于廊道板背侧提高整体强度，以保证自支撑体系	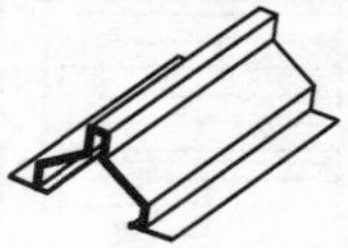	

注：1. 表A-6仅适用于A35～A48页。
　　2. 本页根据可耐福石膏板有限公司提供的技术资料编制。

轻钢龙骨石膏板吊顶构件表	图集号	12J502-2
审核 饶良修 校对 郭晓明 设计 饶劢	页	A33

表A-7 轻钢龙骨石膏板吊顶性能表

吊顶安装	吊顶形式	石膏板类型	耐火极限(h)	重量(kg/m²)	C型龙骨上吊点最大间距(mm)	上层C型龙骨最大间距(mm)	下层C型龙骨最大间距(mm)
	单层12mm厚纸面石膏板用自攻螺钉固定在C型龙骨上	标准板	0.5	12	1200	1200	450
		防火板	0.5				
		防潮板	0.5				
	双层12mm厚纸面石膏板错列布置用自攻螺钉固定在C型龙骨上	标准板	0.5	22	1200	1200	450
		防火板	1.0				
		防潮板	0.5				
	单层15mm厚纸面石膏板用自攻螺钉固定在C型龙骨上，并铺有40mm厚密度为60kg/m³的离心玻璃棉	标准板	0.5	17	1200	1200	600
		防火板	1.0				
		防潮板	0.5				
	三层15mm厚纸面石膏板用自攻螺钉固定在C型龙骨上	标准板	1.0	38	1200	1200	600
		防火板	1.5				
		防潮板	1.0				
	三层15mm厚纸面石膏板用自攻螺钉固定在C型龙骨上，并铺有40mm厚密度为60kg/m³的离心玻璃棉	标准板	1.0	40	1200	1200	600
		防火板	2.0				
		防潮板	1.0				

注：1. 当纸面石膏板尺寸1200×300、板厚≤12mm时，下层C型龙骨最大间距为450mm；板厚＞12mm时，下层C型龙骨最大间距为600mm。
2. 本页根据可耐福石膏板有限公司提供的技术资料编制。

轻钢龙骨石膏板吊顶性能表	图集号	12J502-2
审核 饶良修 校对 郭晓明 设计 饶劢	页	A34

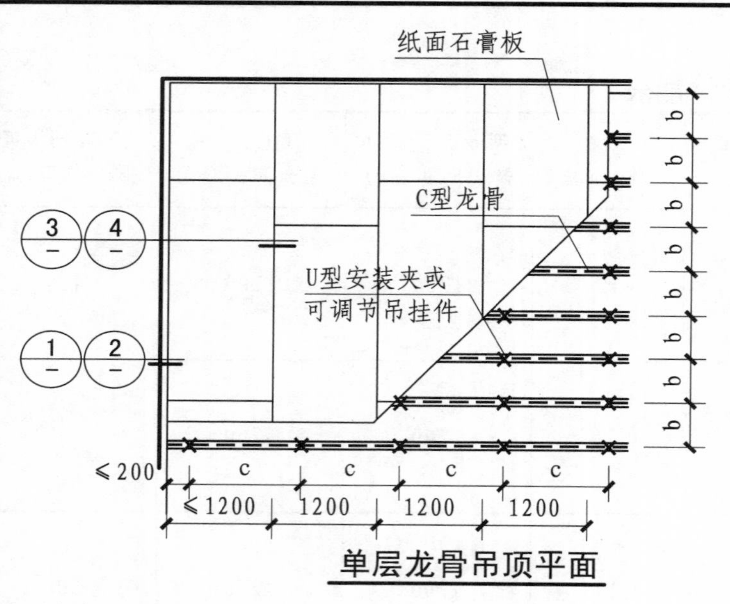

单层龙骨吊顶平面

龙骨间距表

板长 (mm)	龙骨间距(b)	
	12mm石膏板	9mm石膏板
3300	300	–
3000	600	500
2700	450	300
2400	600	300

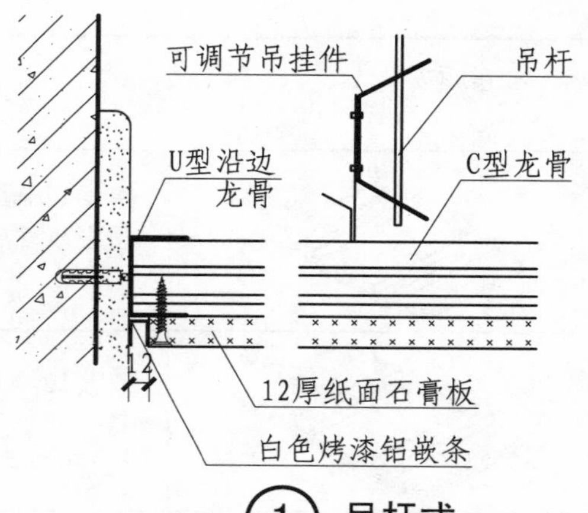

① 吊杆式

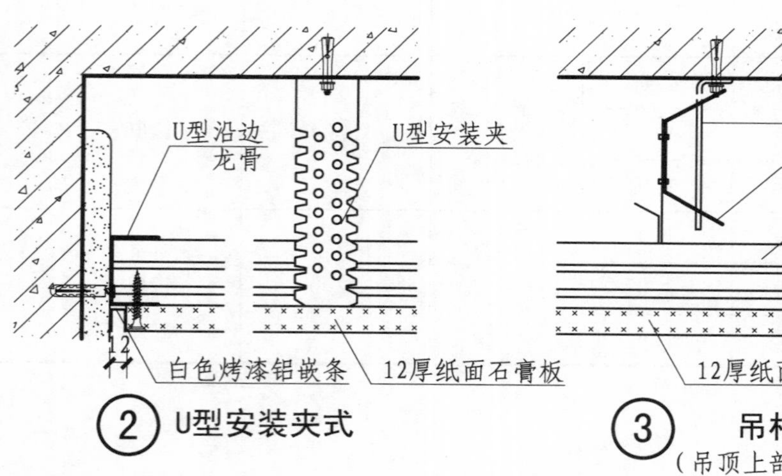

② U型安装夹式

③ 吊杆式
（吊顶上部高度＞125）

U型安装夹
C型龙骨
12厚纸面石膏板

④ U型安装夹式
（吊顶上部高度≤125）

注：1. 本图为不上人吊顶详图，龙骨为单向单层辅设，仅适用于面积较小的房间。
2. 吊点中距c：800～1200mm。
3. U型沿边龙骨与墙固定一般采用ϕ6甲型塑料胀管配ϕ4自攻螺钉@300。
4. 本页根据可耐福石膏板有限公司提供的技术资料编制。

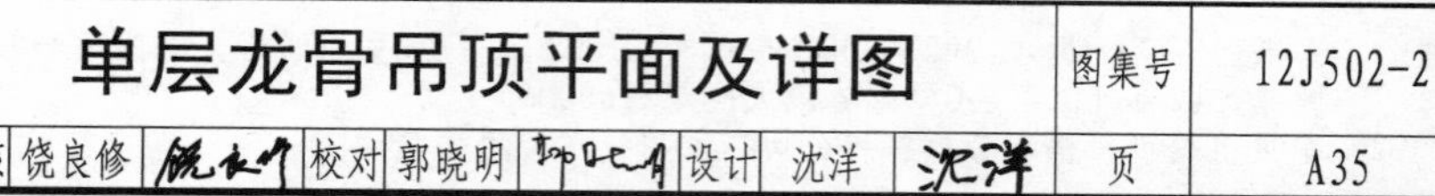

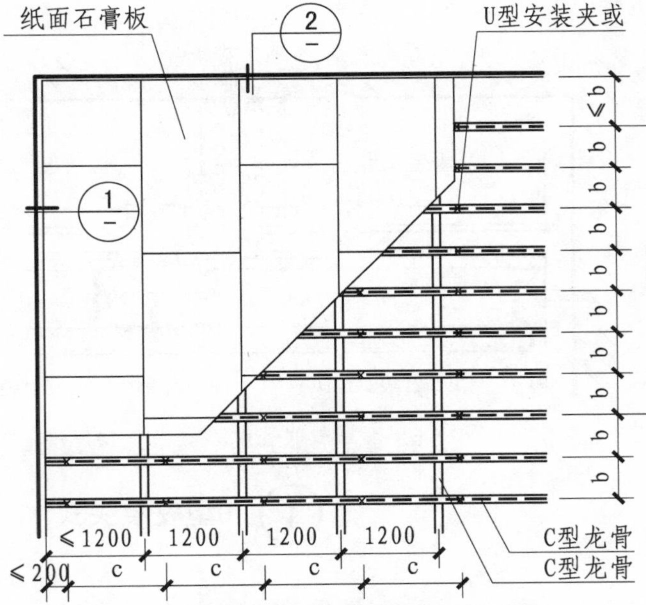

纸面石膏板
U型安装夹或
C型龙骨
C型龙骨
≤1200 1200 1200 1200
≤200 c c c c
b 3000

单层龙骨吊顶平面(加横撑龙骨)

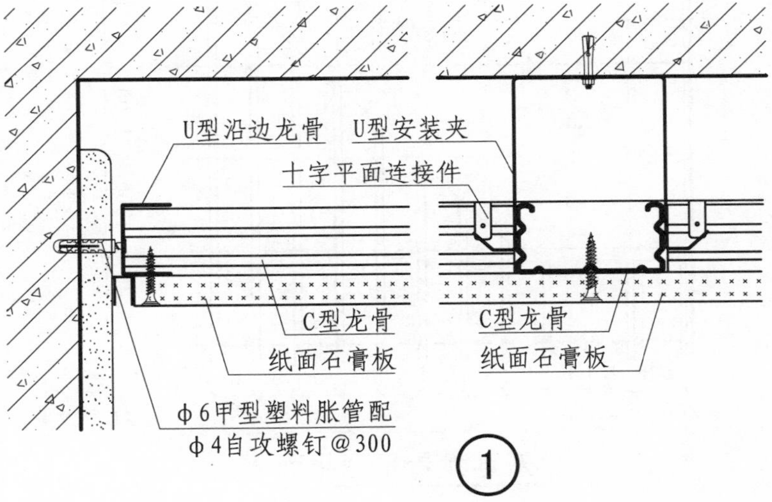

U型沿边龙骨
U型安装夹
十字平面连接件
C型龙骨
纸面石膏板
C型龙骨
纸面石膏板
ϕ6甲型塑料胀管配
ϕ4自攻螺钉@300
①

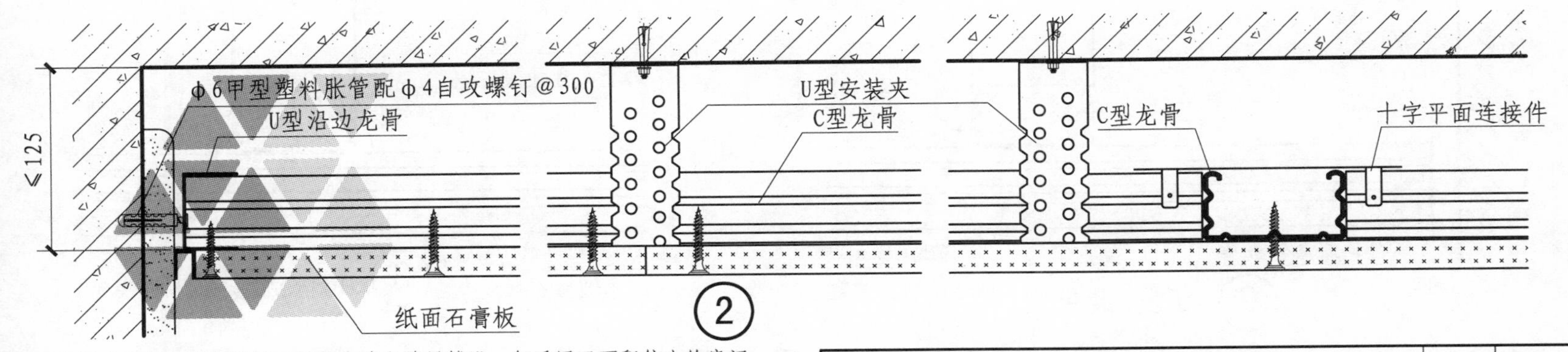

注：1. 本图为不上人吊顶详图，龙骨为单向单层辅设，仅适用于面积较小的房间。
2. 在板为1200×3000的情况下，横撑龙骨龙骨间距b：3000mm的7等分；石膏板厚度为12mm厚时为600mm；石膏板厚度为9.5mm厚时为500mm。吊点中距c：800～1200mm。
3. 本页根据可耐福石膏板有限公司提供的技术资料编制。

单层龙骨吊顶平面及详图						图集号	12J502-2
审核 饶良修	饶良修	校对 郭晓明	郭晓明	设计 沈洋	沈洋	页	A36

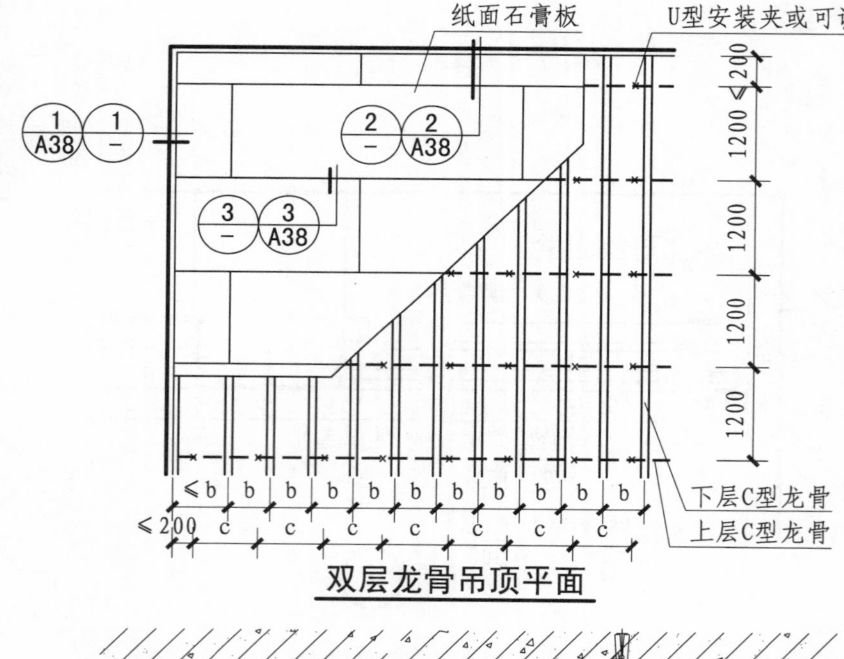

双层龙骨吊顶平面

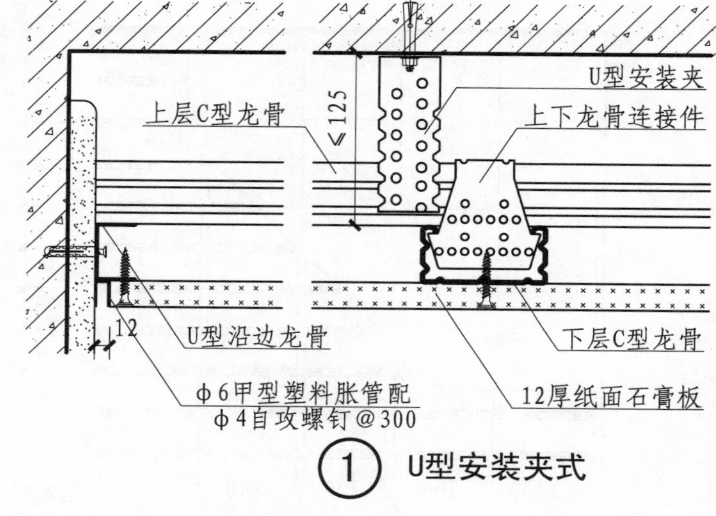

① U型安装夹式

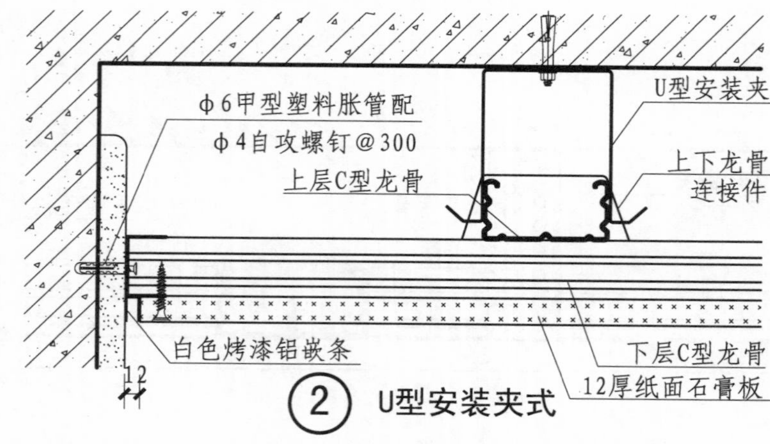

② U型安装夹式

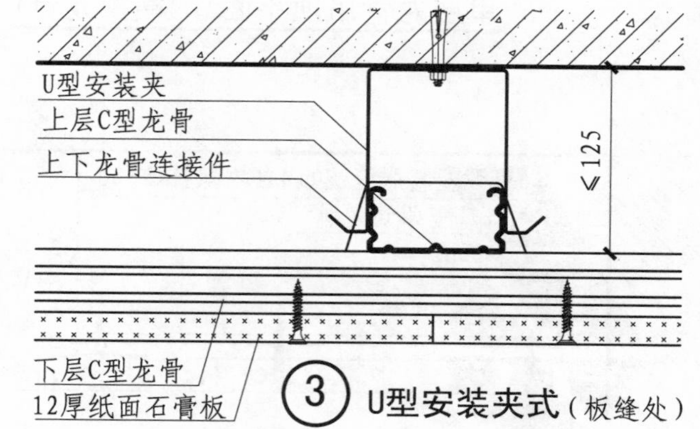

③ U型安装夹式（板缝处）

注：1. 当石膏板板面规格为1200×3000时，b：石膏板≤12mm厚时，下层C型龙骨间距为3000mm的七等分。当石膏板厚度＞12mm厚时，下层C型龙骨间距为600mm。
2. 吊点中距 c≤1200mm。
3. 本页根据可耐福石膏板有限公司提供的技术资料编制。

双层龙骨吊顶平面及详图							图集号	12J502-2
审核	饶良修	饶良修	校对	郭晓明	郭晓明	设计	沈洋	沈洋	页	A37

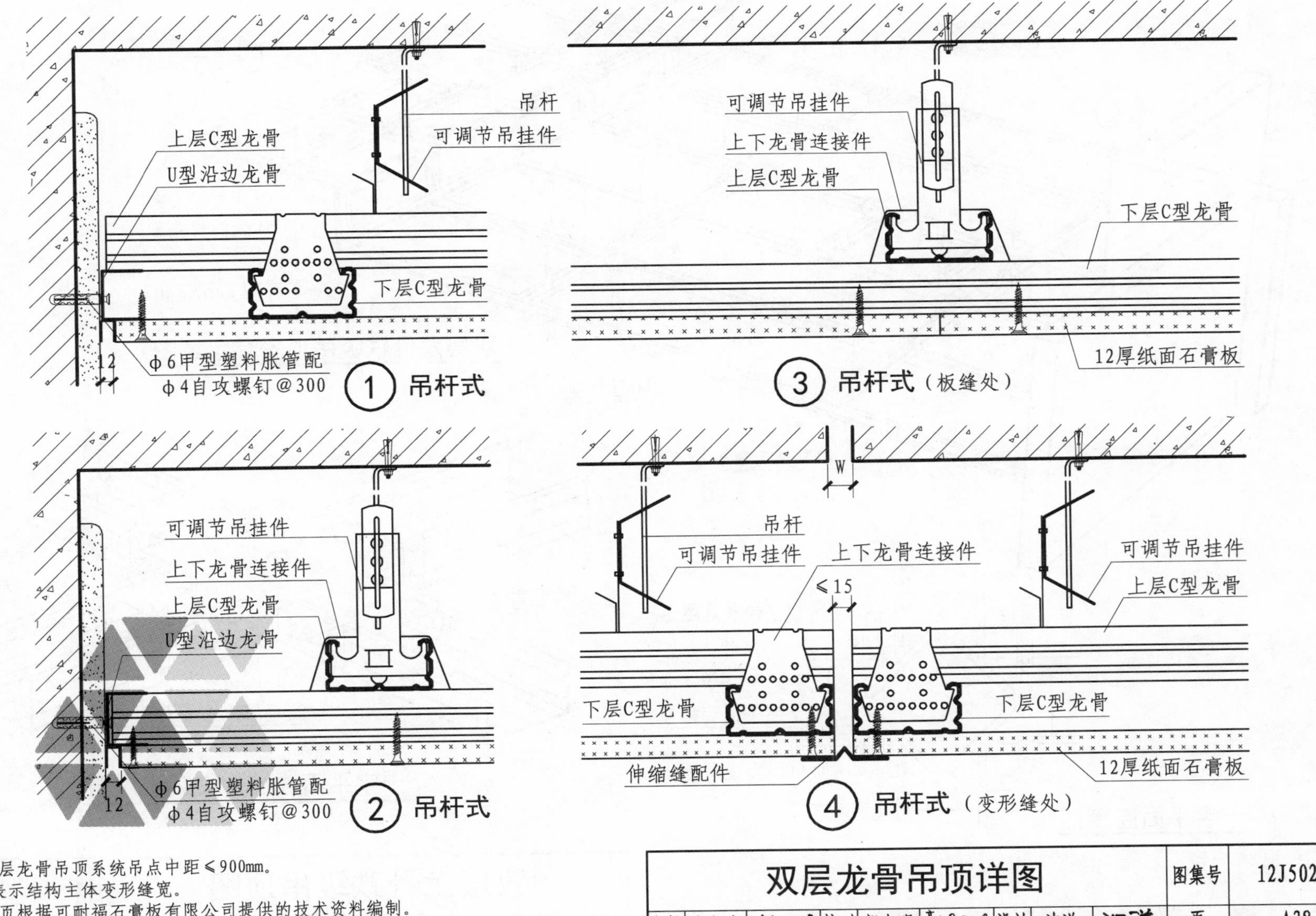

注：1. 双层龙骨吊顶系统吊点中距≤900mm。
2. W表示结构主体变形缝宽。
3. 本页根据可耐福石膏板有限公司提供的技术资料编制。

双层龙骨吊顶详图							图集号	12J502-2
审核	饶良修	饶良修	校对	郭晓明	郭晓明	设计 沈洋 沈洋	页	A38

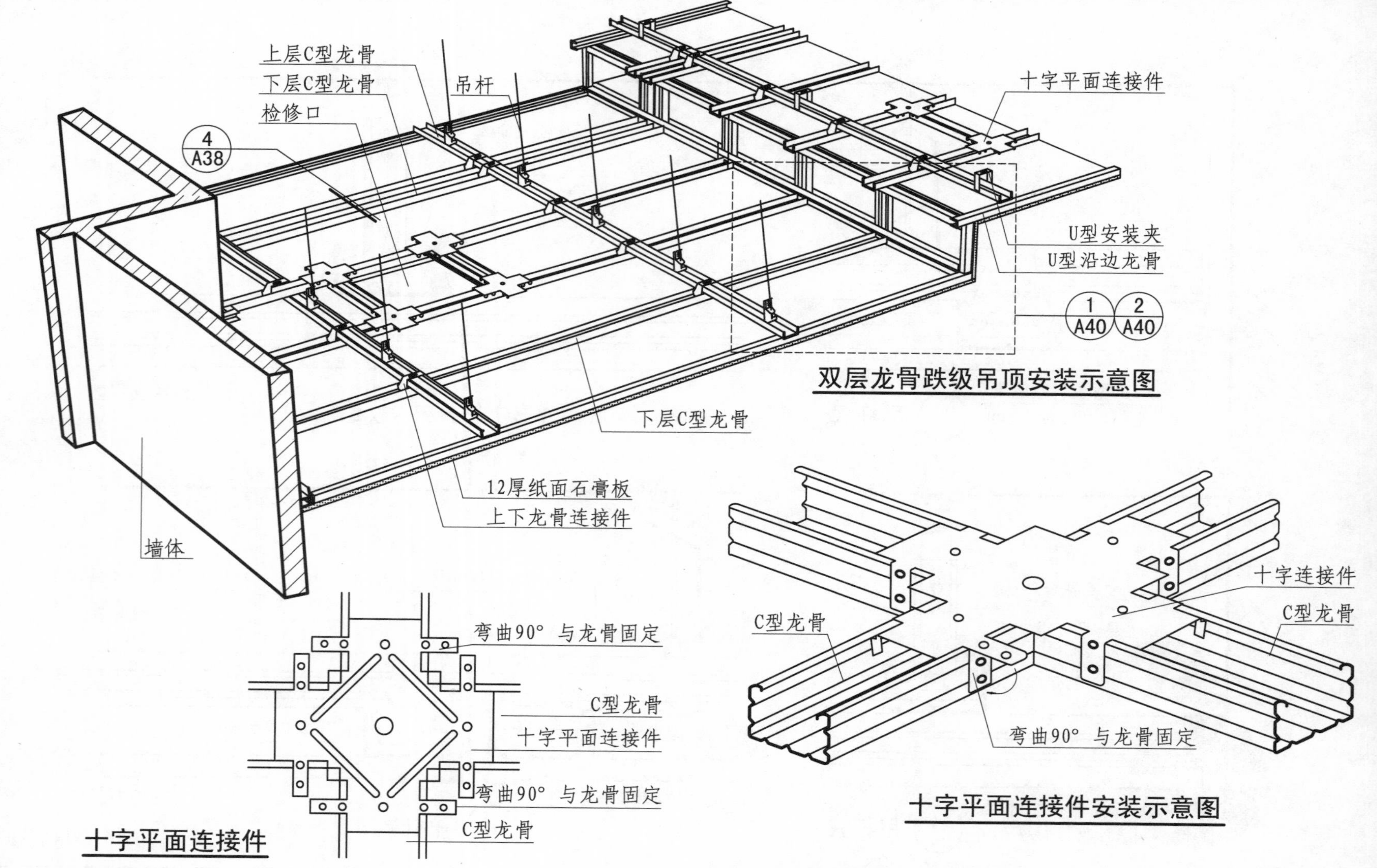

双层龙骨跌级吊顶安装示意图

十字平面连接件

十字平面连接件安装示意图

注：本页根据可耐福石膏板有限公司提供的技术资料编制。

双层龙骨跌级吊顶图							图集号	12J502-2
审核	饶良修	饶良修	校对	郭晓明	郭晓明	设计 沈洋	沈洋	页	A39

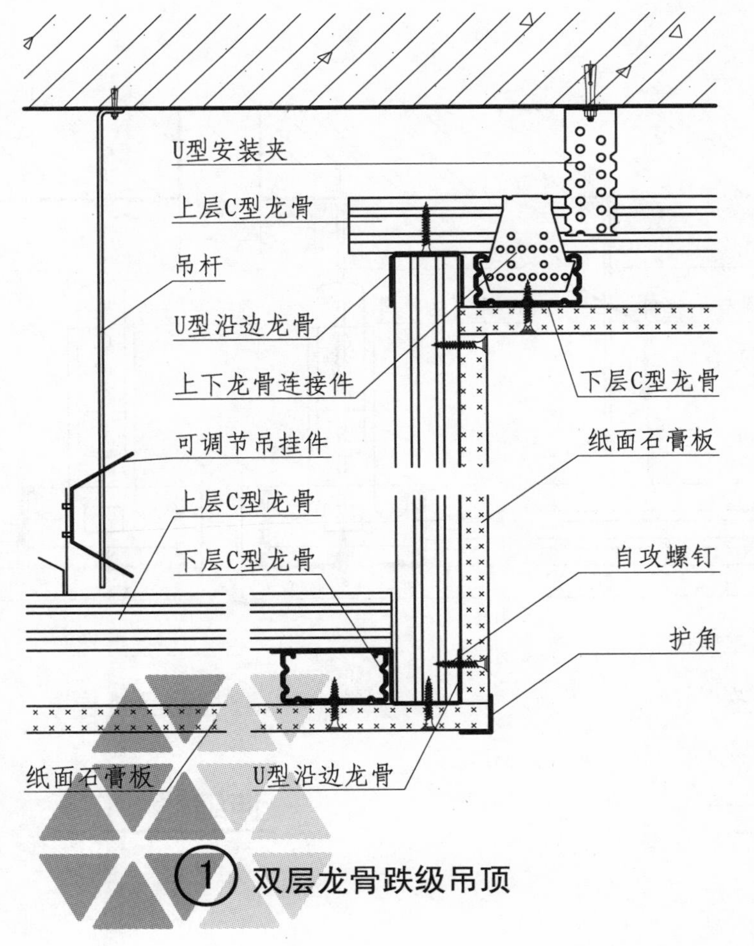

① 双层龙骨跌级吊顶

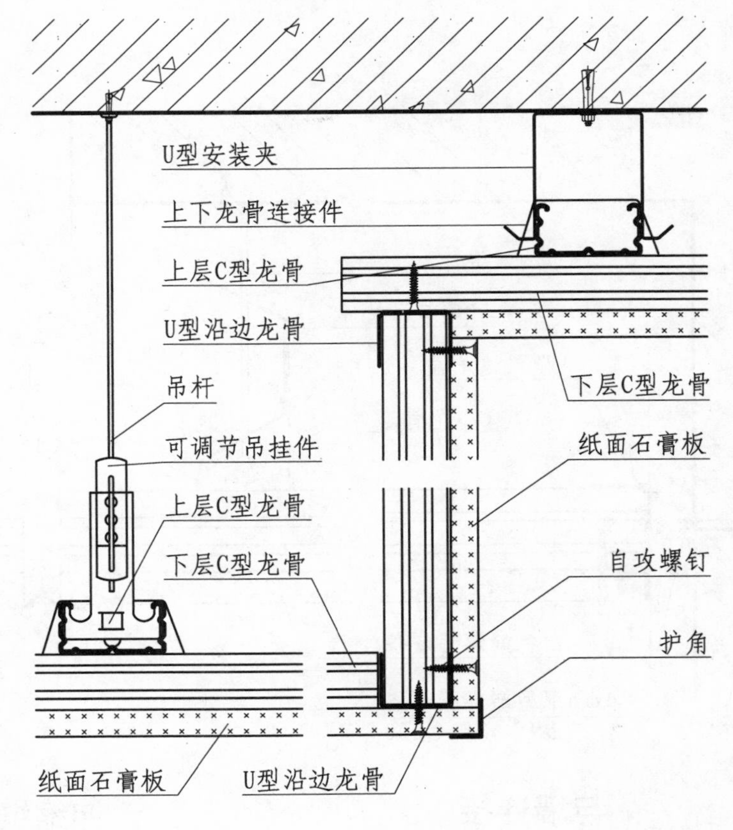

② 双层龙骨跌级吊顶

注：本页根据可耐福石膏板有限公司提供的技术资料编制。

双层龙骨跌级吊顶详图							图集号	12J502-2
审核	饶良修	饶良修	校对	郭晓明	郭晓明	设计 沈洋	沈洋 页	A40

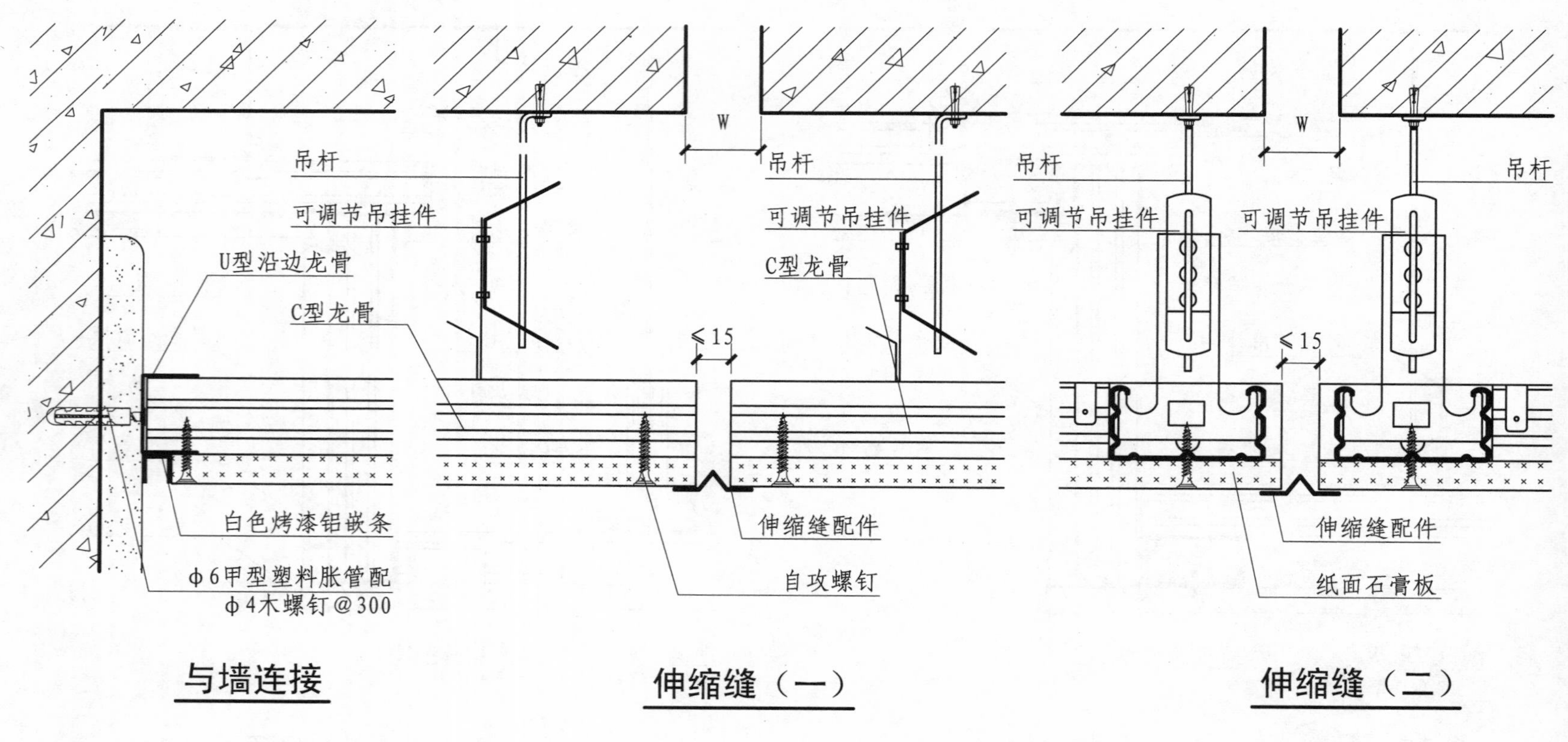

注：1. W表示结构主体变形缝宽。
2. 本页根据可耐福石膏板有限公司提供的技术资料编制。

吊顶伸缩缝、与墙连接详图							图集号	12J502-2
审核	饶良修	饶良修	校对	郭晓明	郭晓明	设计	沈洋	沈洋	页	A41

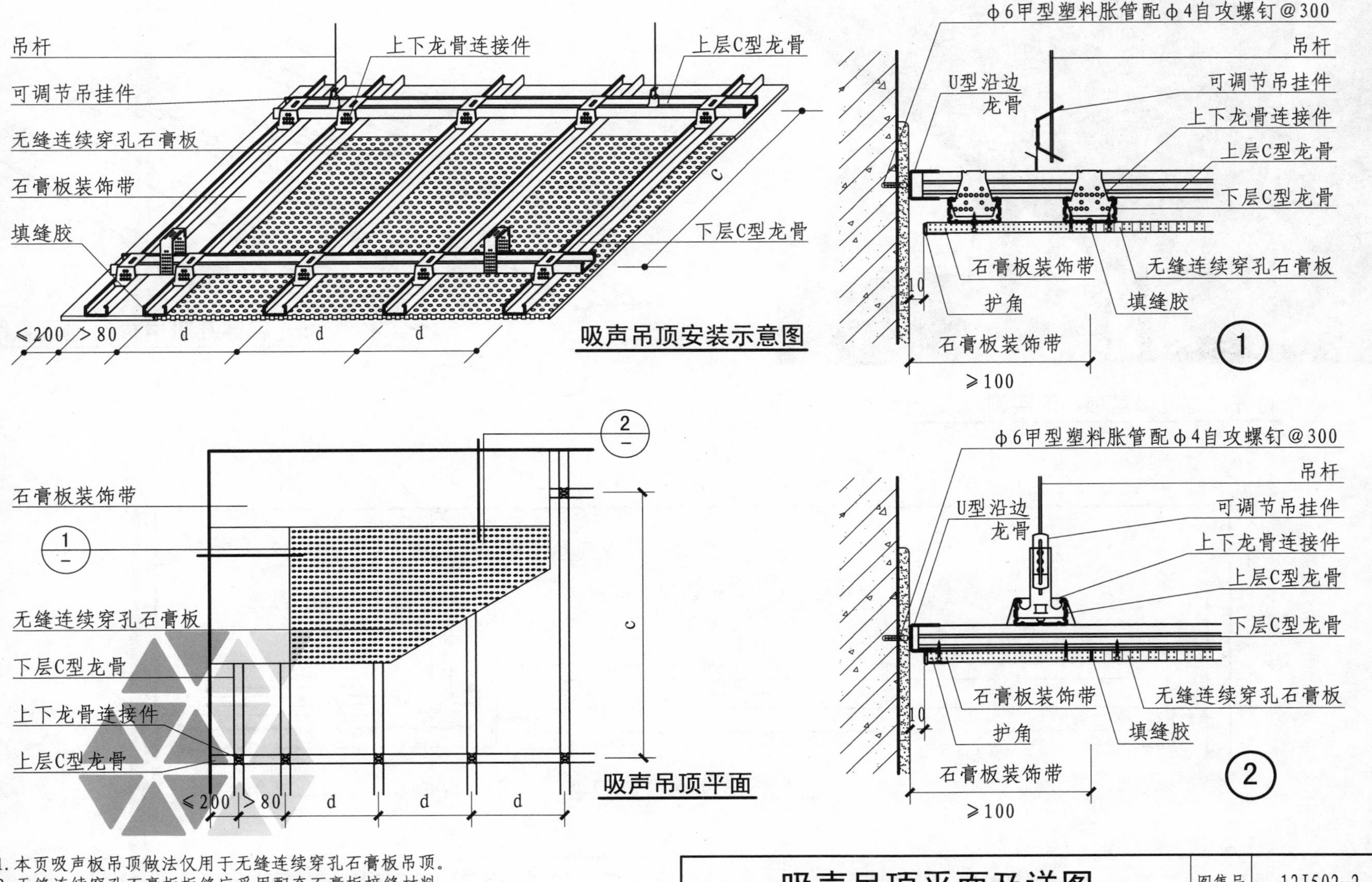

注：1. 本页吸声板吊顶做法仅用于无缝连续穿孔石膏板吊顶。
2. 无缝连续穿孔石膏板板缝应采用配套石膏板接缝材料。
3. 根据板材尺寸d≤333mm，c≤1200mm。
4. 本页根据可耐福石膏板有限公司提供的技术资料编制。

吸声吊顶平面及详图								图集号	12J502-2
审核	饶良修	饶良修	校对	郭晓明	郭晓明	设计	沈洋	沈洋	页	A42

可开启穿孔吸声板吊顶实例效果图片

A/—
—/A39
自撑龙骨
A

可开启穿孔吸声板吊顶示意图

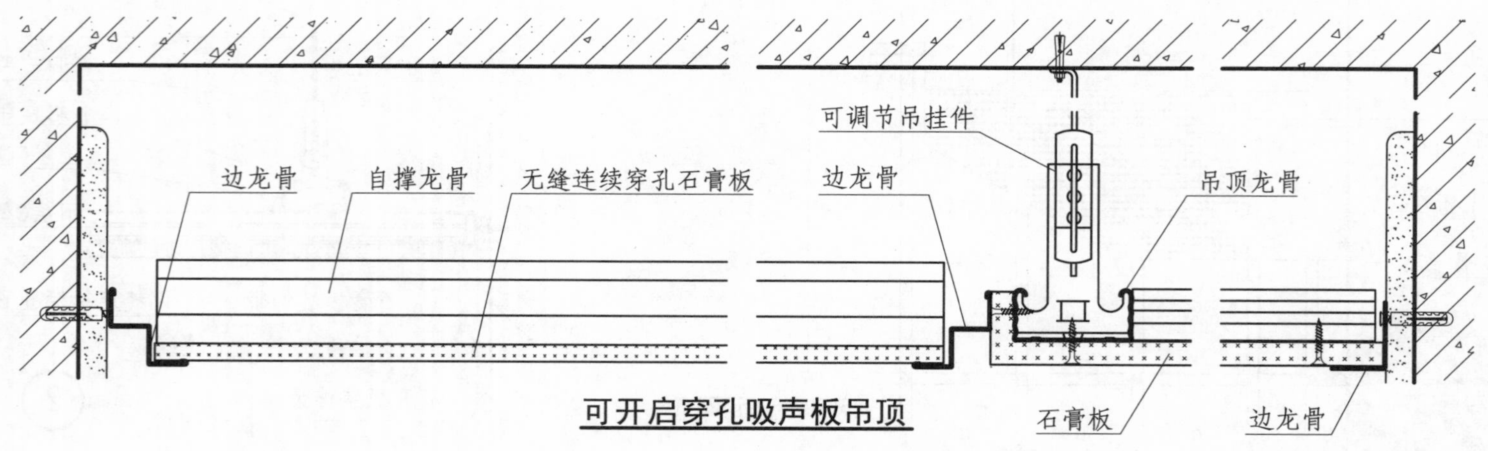

可开启穿孔吸声板吊顶

注：1. 本页适用于走廊吊顶，穿孔石膏板常用规格为（1200～2400）×400×9.5，可与其他建筑板材组合使用。此吊顶系统为自撑式结构形式，吊顶板均可开启，便于设备检修。
2. 本页根据可耐福石膏板有限公司提供的技术资料编制。

可开启穿孔吸声板吊顶详图							图集号	12J502-2
审核 饶良修	饶良修	校对 郭晓明	郭晓明	设计	沈洋	沈洋	页	A43

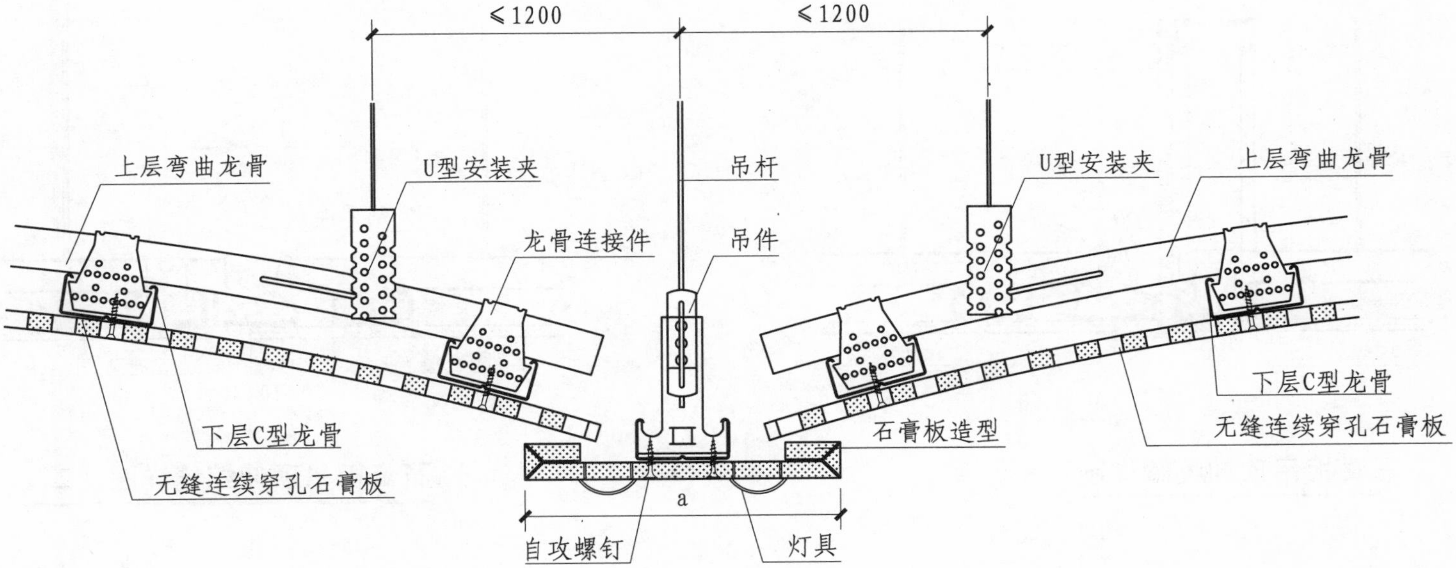

≤1200 ≤1200

上层弯曲龙骨 U型安装夹 吊杆 U型安装夹 上层弯曲龙骨

龙骨连接件 吊件

下层C型龙骨 石膏板造型 下层C型龙骨

无缝连续穿孔石膏板 无缝连续穿孔石膏板

a

自攻螺钉 灯具

注：1. 弧形吊顶采用带弧度龙骨，均为按设计弧度要求以工厂预制方式加工，最小弯曲半径1200mm，安装方法基本与常规吊顶相同。

2. 安装方法：

a. 第一根吊杆距墙边不大于300mm，吊杆中距不超过1200mm。

b. 弯曲龙骨距墙边不大于300mm，间距不超过1200mm。

c. 弧形石膏板根据板的弯曲半径选择。

d. 板长为2400mm时，下层龙骨间距为400mm。

e. 石膏板固定在下层C型龙骨上，石膏板长边分别平行于上层弯曲龙骨，垂直于下层龙骨。图中尺寸a ≤200mm，当a＞200mm时应平行设置两排以上龙骨。

f. 本页根据可耐福石膏板有限公司提供的技术资料编制。

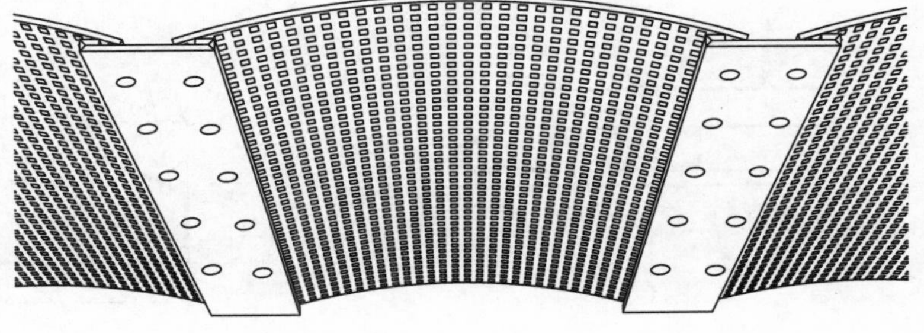

穿孔石膏板弧形吊顶示意

穿孔石膏板弧形吊顶详图							图集号	12J502-2
审核	饶良修	饶良修	校对	郭晓明	郭晓明	设计	沈洋	沈洋	页	A44

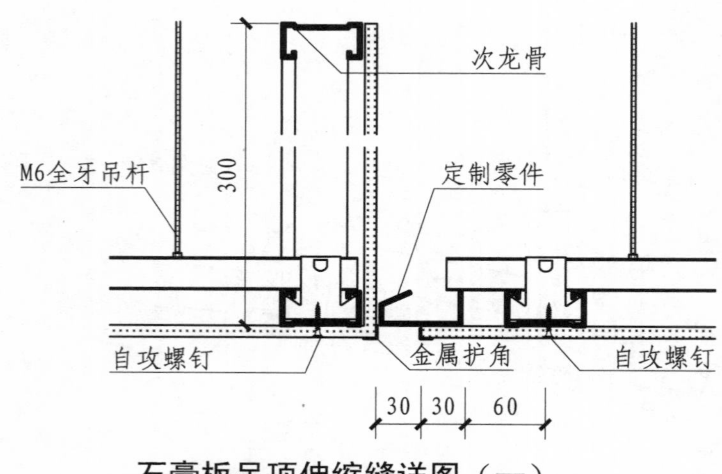

石膏板吊顶伸缩缝详图（一）

150
M6全牙吊杆
定制零件
自攻螺钉
金属护角
30
30
30

石膏板吊顶伸缩缝详图（二）

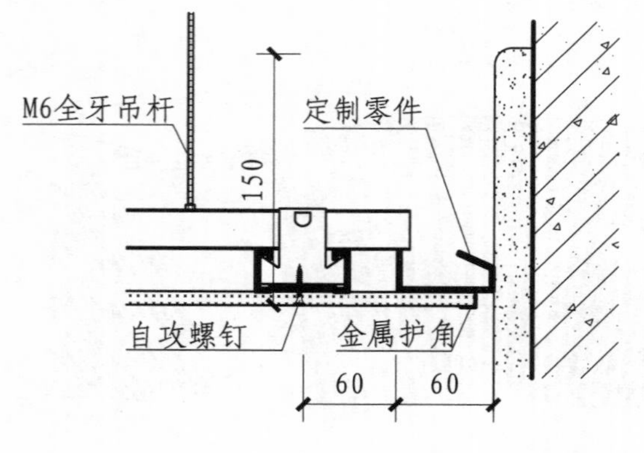

石膏板吊顶伸缩缝详图（三）

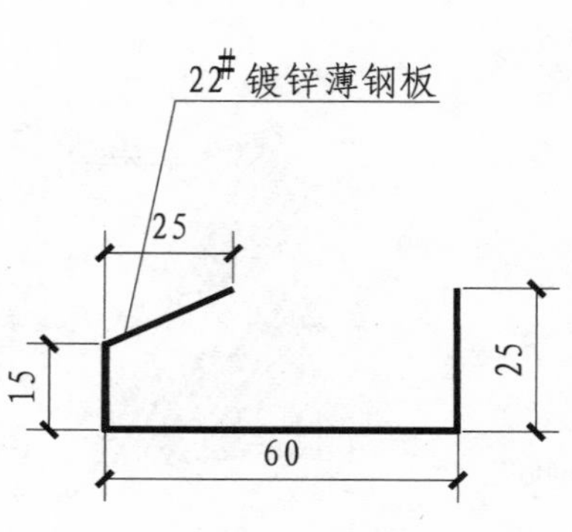

定制零件

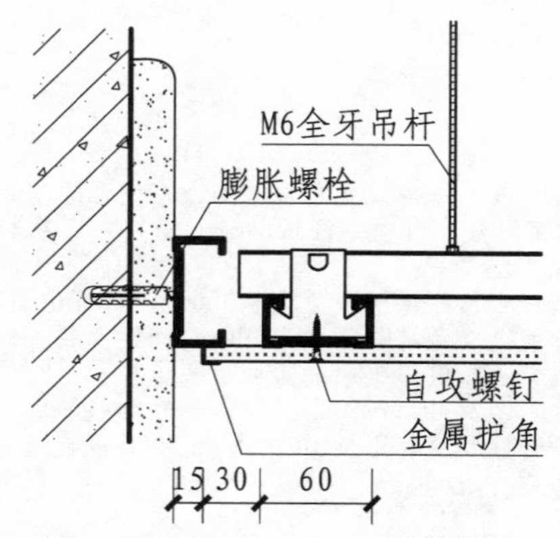

石膏板吊顶伸缩缝详图（四）

注：1. 标高一致且跨度超过12～18m或面积大于100m²的石膏板吊顶，建议设置伸缩缝。
2. 本图仅表示吊顶变形缝的节点详图。
3. 当定制零件安装于弧形墙面时，应剪口弯成吻合形式。

石膏板吊顶伸缩缝详图							图集号	12J502-2
审核	饶良修	饶良修	校对	郭晓明	郭晓明	设计 沈洋 沈洋	页	A45

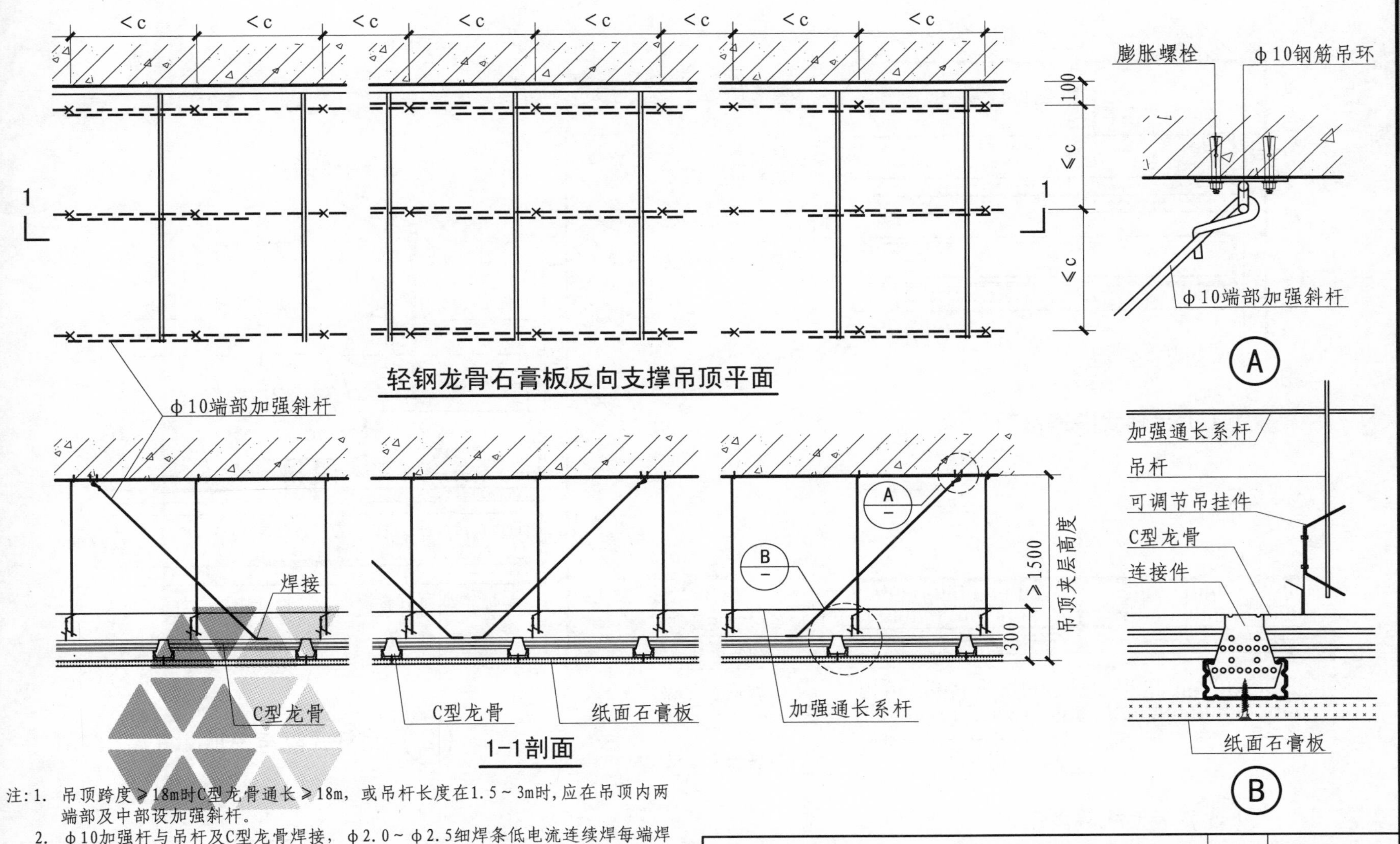

注：1. 吊顶跨度≥18m时C型龙骨通长≥18m，或吊杆长度在1.5～3m时，应在吊顶内两端部及中部设加强斜杆。
2. ϕ10加强杆与吊杆及C型龙骨焊接，ϕ2.0～ϕ2.5细焊条低电流连续焊每端焊点三个以上。
3. 吊杆中距及吊点中距：c一般≤1200mm，也可视荷载情况不同而调节。
4. 本页根据可耐福石膏板有限公司提供的技术资料编制。

轻钢龙骨石膏板反向支撑吊顶平、剖面及详图						图集号	12J502-2
审核	饶良修	校对	郭晓明	设计	沈洋	页	A46

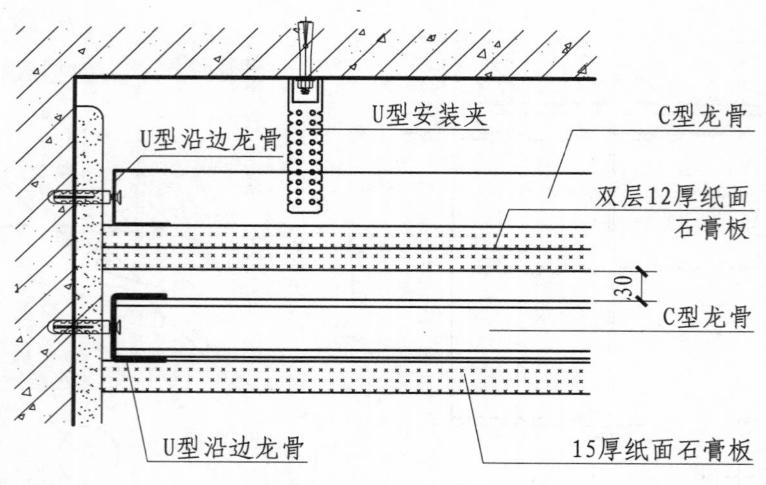

① 吊件式隔声吊顶

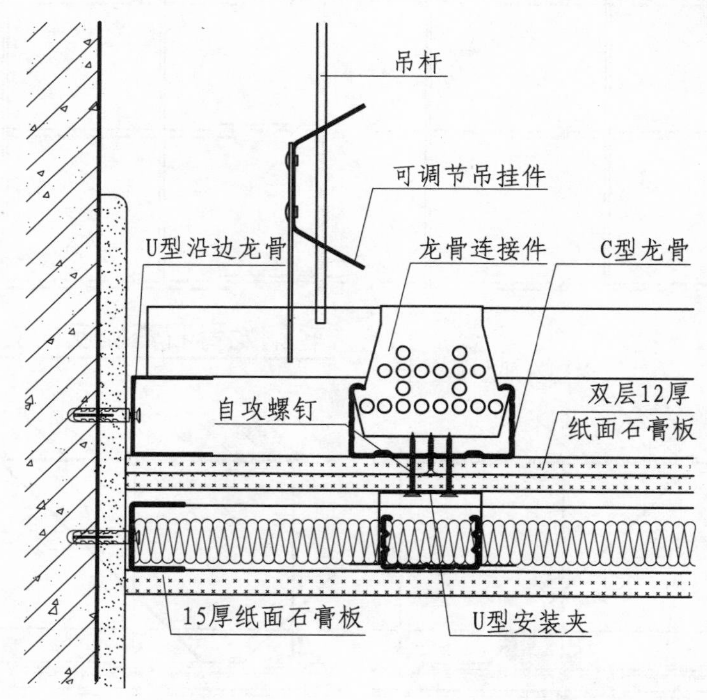

② 吊杆式隔声吊顶

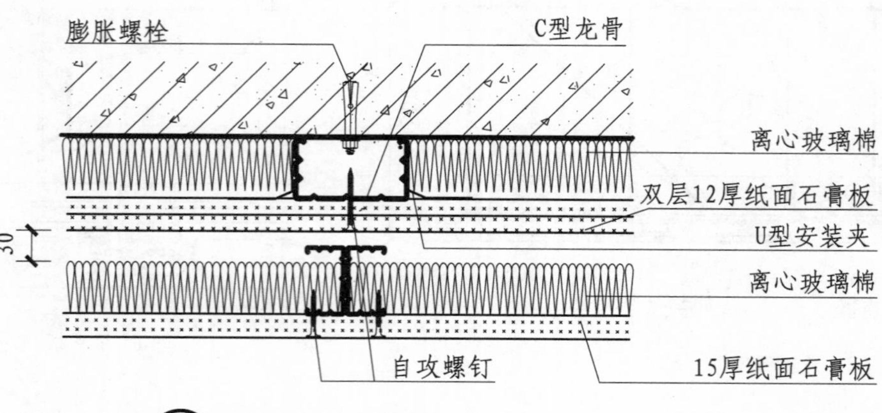

③ 吸顶式隔声吊顶

注：1. ①、③安装方式由于下层龙骨无吊杆连接，因此适用于跨度小于5.5m的房间吊顶。
2. 龙骨排布方式详见A37页。
3. 本页根据可耐福石膏板有限公司提供的技术资料编制。

隔声吊顶详图							图集号	12J502-2
审核	饶良修	饶良修	校对	郭晓明	郭晓明	设计 沈洋	沈洋	页 A47

吸声木丝板吊顶实例效果图片

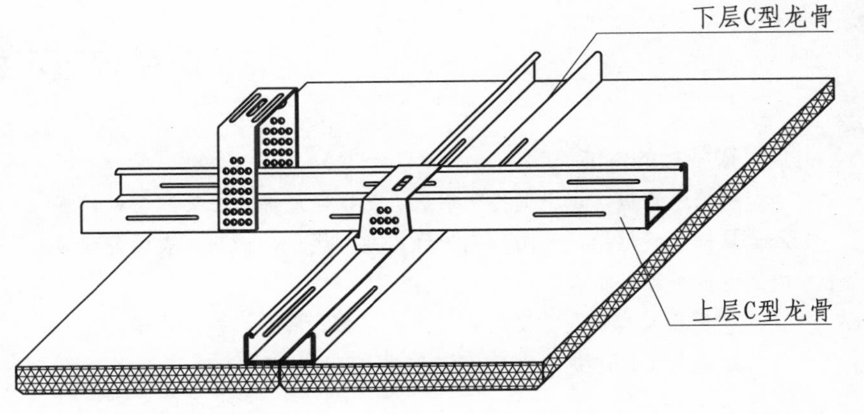

吸声木丝板吊顶示意图

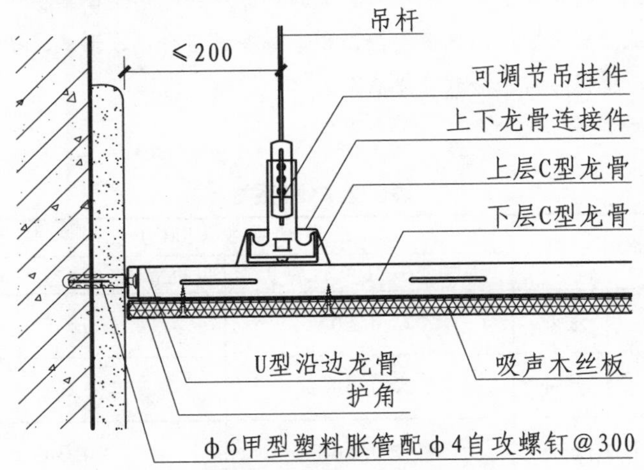

吸声木丝板吊顶沿墙处理

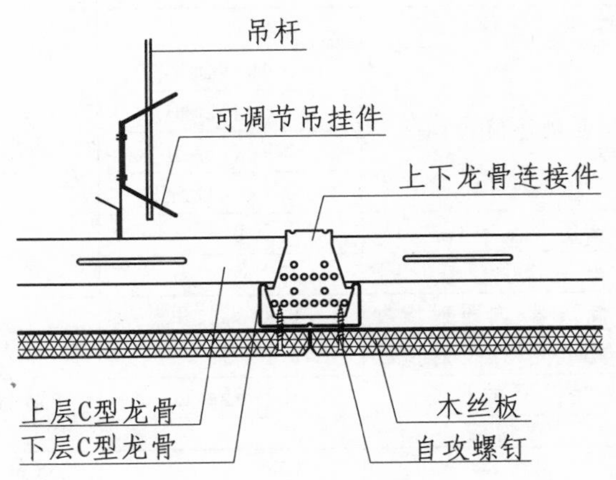

吸声木丝板吊顶接缝处理

注：1. 本图所示龙骨体系与普通龙骨体系相同，板材为吸声木丝板。
2. 本页根据可耐福石膏板有限公司提供的技术资料编制。

吸声木丝板吊顶详图							图集号	12J502-2
审核	饶良修		校对	郭晓明		设计 沈洋	页	A48

B 矿棉吸声板吊顶说明

1 矿棉板的性能

矿棉吸声板（以下简称矿棉板）是以矿渣棉为主要原材料，加入适量的配料粘结剂及附加剂，经成型、烘干、切割、表面处理而成的室内吊顶板材料。

矿棉板具有优良的防火、吸声、装饰、隔热性能，广泛应用于公共建筑和居住建筑室内吊顶，主要技术性能见表B-1。

表B-1 矿棉板主要技术性能表

项目		标准要求	执行标准
体积密度(kg/m³)		≤500	《矿物棉装饰吸声板》GB/T 25998-2010
弯曲破坏荷载(N)		≥40(9mm)	
		≥60(12mm)	
		≥90(15mm)	
		≥130(18mm)	
质量含湿率(%)		≤3.0	
受潮挠度(mm)		≤3.5	
放射性核素限量A类	内照射指数	I Ra≤1.0	《室内装饰装修材料人造板及其制品中甲醛释放限量》GB 18580-2001
	外照射指数	I r≤1.3	
甲醛释放量		≤1.5mg/L	
石棉物相		0	
燃烧性能		A级	《建筑材料及制品燃烧性能分级》GB 8624-2012
		B1级	

注：其他厚度矿棉板的弯曲破坏荷载由线性内插法确定。

1.1 燃烧性能：应达到国家标准《建筑材料及制品燃烧性能分级》GB 8624-2012中B1级的要求。如需使用A级产品，设计定货时应注明。

1.2 吸声、降噪性能：矿棉板是由矿棉纤维组成的多孔性质的吸声材料，具有优良的吸声性能。详见表B-2。

1.3 隔热性：矿棉板质轻、导热系数低，具有优良的保温隔热性能，是良好的节能材料。

1.4 装修及安装：矿棉板花色图案繁多，可选性强，可根据厂家提供的资料选用。

根据矿棉板裁口方式、板边形状的不同，有复合粘贴、暗插、明架、明暗结合等灵活的吊装方式，供设计人选用。矿棉板吊顶还可与纸面石膏板吊顶或金属板吊顶形成多种组合吊顶形式。矿棉板品种、规格与边头形式详见表B-3。

表B-2 降噪系数

类别		降噪系数（NRC）	
		混响室法（刚性壁）	阻抗管法（后空腔50mm）
湿法板	滚花	≥0.50	≥0.25
	其他	≥0.30	≥0.15
干法板		≥0.60	≥0.30

矿棉吸声板吊顶说明						图集号	12J502-2
审核	饶良修	校对	郭晓明	设计	饶劢	页	B01

表B-3 矿棉板品种、规格与边头形式

板材品种		规格(mm)	边头形式
复合粘贴矿棉板	复合平贴矿棉板	300×600×9/12/13/14/15/18	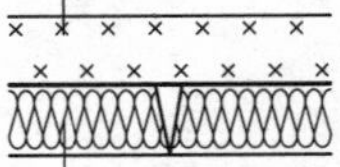 纸面石膏板 矿棉板
	复合插贴矿棉板	300×600×9/12	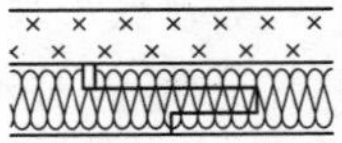
明架矿棉板	平板系列	300×600×9/12/13/14/15/18 300×1200×15/18 300×1500×15/18 300×1800×15/18 300×2100×18 300×2400×18 600×600×12/13/14	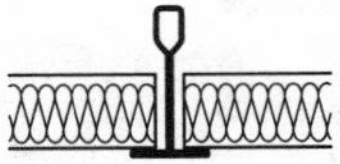
	厚板	600×600×15/18	
	深立体	600×600×24	
	特殊板系列	400×1200×13/15 600×600×15 600×1200×15	

板材品种		规格(mm)	边头形式
明架矿棉板	明架跌级板系列	300×1200×15/18 600×600×12/13/14/15/18 600×1200×15/18	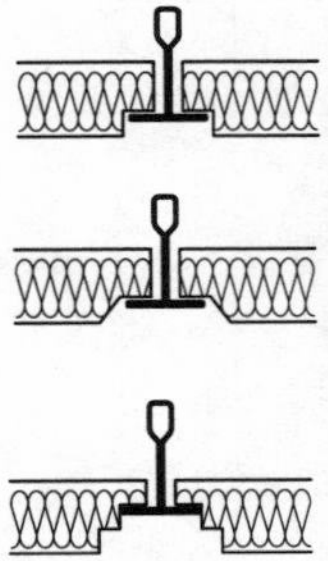
暗架矿棉板	不可开启式暗架矿棉板	300×300×13 300×600×13/15/18/19 600×600×12/13/14/15/18 600×1200×12/13/15/18	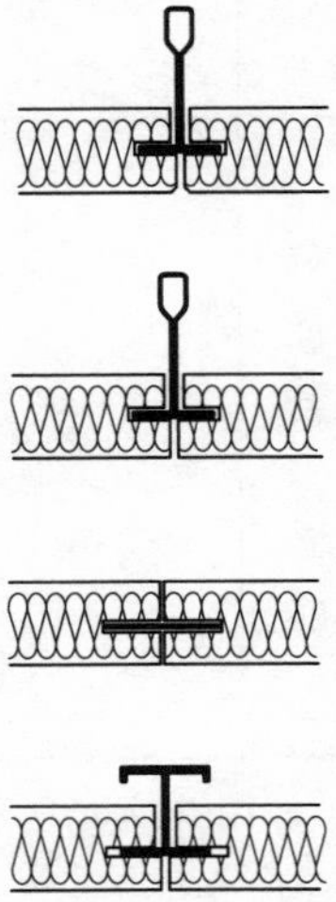

矿棉吸声板吊顶说明						图集号	12J502-2
审核	饶良修	校对	郭晓明	设计	饶劢	页	B02

A 轻钢龙骨纸面石膏板
B 矿棉吸声板
C 玻璃纤维吸声板
D 金属板（网）
E 柔性（软膜）吊顶

续表B-3

板材品种		规格(mm)	边头形式
暗架矿棉板	开启式暗架矿棉板	300×300×13 300×600×13/15/18/19 600×600×12/13/14/15/18 300×1200×15/18 400×1200×13/15/18 600×1200×13/15/18	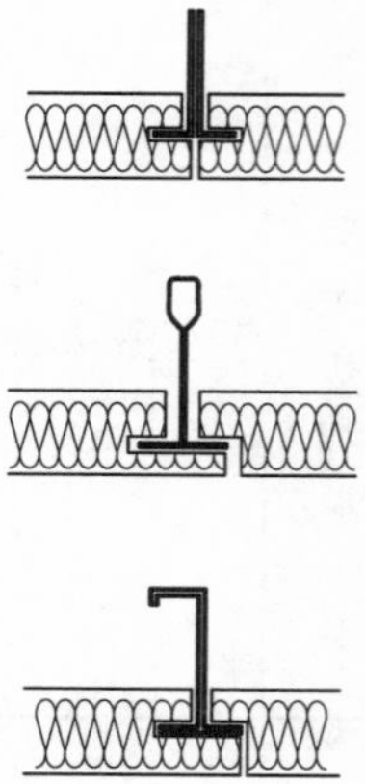
明暗架矿棉板	平板系列	300×1200×15/18 400×1800×15/18 400×1200×15/18	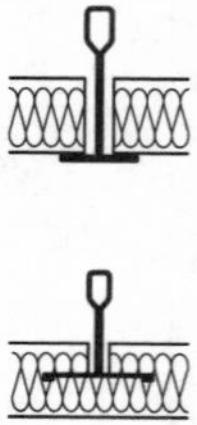

注：1.矿棉板的四边必须搭在龙骨上。
2.矿棉板的长度在确定的状态下，其宽度不能超过610mm。
3.龙骨选择应符合国家标准《建筑用轻钢龙骨》GB/T 11981-2008的要求。

2 矿棉吸声板吊顶设计要点

2.1 首先确定吊顶形式，选定安装方式及配套龙骨及矿棉板品种型号进行顶平面设计，确定风口、灯具、喇叭、喷淋、烟感等设施的位置。

2.2 按选定安装方式的构造特点，设计顶平面的分块及龙骨分布。吊顶设计排线分割由房间中间向两边延伸。一般情况下宜以矿棉板居中放线。

2.3 吊顶系统的稳定牢固至关重要，因此主龙骨、T型主龙骨、T型次龙骨的组合搭配及配件一定要适配成系统，详见表B-4及表B-5。

2.4 矿棉板吊顶是轻型吊顶，但根据使用情况分为上人吊顶和不上人吊顶两种，特别是明架或开启式暗架。由于矿棉板可以托起，不需上人即可检修，主龙骨通常采用C38，吊杆一般采用φ6钢筋吊杆或M6全牙吊杆以及相应吊件。吊顶如需上人检修，必须考虑80kg的集中荷载，主龙骨需采用CS50或CS60及相应配件，吊杆采用φ8钢筋吊杆或M8全牙吊杆。直接吊装时可采用12#镀锌钢丝。

2.5 重量超过3kg的灯具、水管和有振动的电扇、风道等，则需直接吊挂在结构顶板或梁上，不得与吊顶系统相连。

2.6 造型吊顶如荷载较大，需经结构专业验算确定，并采取相应加固措施。

2.7 有特殊要求的矿棉板，如防潮、防水、燃烧性能等级达到A级等，在设计时应予以注明。

2.8 洁净室矿棉板应有密封条，与T型龙骨粘合无缝，应设保持夹、压入式夹子，将板面与龙骨紧紧压实无缝，并防止板面因风压弹起。

2.9 吊顶内设施过多，吊杆无着力点，应设转换架。

2.10 有特殊声学要求的室内吊顶，应配合声学设计选配吊顶板。

矿棉吸声板吊顶说明							图集号	12J502-2
审核	饶良修	校对	郭晓明	设计	饶劢		页	B03

3 矿棉板的运输、保管与施工

3.1 搬运和操作

3.1.1 运输装车时，车厢内要清洁干净，尤其不能有水、油污、硬块等污物；要轻装轻卸，切勿立面堆放，防止一角落地。

3.1.2 运输时绑绳与矿棉板箱接触部位要有护角，以防箱板破损。

3.1.3 运输过程中严禁受潮和雨淋。

3.1.4 运输和存放请注意包装箱上的警示标志。

3.1.5 矿棉板及其配件等,操作时应配戴清洁的手套,保证板面洁净。

3.2 材料的保管

3.2.1 矿棉板及其施工配件应存放于干燥、通风、清洁的室内，以防受潮变形。

3.2.2 在保管时应避免矿棉板的角、棱边及配件受到损伤，堆放时应注意距离墙面40mm以上,用高于地面150mm的木托板架支撑、放平。堆码高度不宜超过十层，防止跌落。

3.3 现场加工

施工过程中,裁切的矿棉板若断面不整齐,应采用木工粗锉或砂纸加工平整。

3.4 施工环境

3.4.1 吊顶内配管（配线）工程、灯具部分吊件安装、上（下）水管道试压、室内墙面、柱面或其他面层抹灰等湿作业工程，应提前完成，并充分干燥。

3.4.2 新建筑物，要通风良好，特别是寒冷地区要进行供暖。

3.4.3 矿棉板应在空气相对湿度80％以下的环境中施工和使用。特殊产品除外，矿棉板应在温度不超过40℃的环境中施工和使用。

3.4.4 不得在含有化学气体、振动的环境中安装使用。

3.5 施工注意事项

3.5.1 矿棉板吊顶应按设计构造进行施工。可参照本图集进行施工，要确保吊点连接牢固、平整度符合标准。

3.5.2 施工前要充分检查基层，避免高低不平、弯曲等。

3.5.3 龙骨安装，先根据吊顶高度在墙上放线，吊装主龙骨时，基本定位后，再找平下皮（包括必要的起拱量），根据不同板材拉线确定主、次龙骨位置，并调整平行度、垂直度和直线度。要求龙骨系统稳定牢固。

3.5.4 复合粘贴矿棉板的接缝和基底材料的接缝不应重叠。

3.5.5 安装前注意矿棉板包装箱外所示生产日期，同一房间应尽可能安装使用相同日期生产的板材。

3.5.6 粘结剂均匀涂布，将板材放到既定位置上用专用钉固定。

3.5.7 矿棉板上不得放置和安装任何物品。

3.5.8 安装中要注意保持矿棉板背面所示箭头方向一致，以保证花型、图案的整体性和方向性。

3.6 施工后的养护

3.6.1 复合粘贴板施工后72h内，避免碰撞和振动。

3.6.2 矿棉板安装完毕的房间要注意通风，降低室内空气的相对湿度。为避免板材变形，在湿度较大的地区，房间内应设置空调。

3.6.3 安装时和安装后，吊顶不得因建筑物漏水而受潮或因相对湿度过大造成板面出现冷凝水。

3.6.4 房间长期空置时，应注意通风换气，以避免温度高、湿度大使矿棉板产生变形。

3.6.5 维修时,拆下的矿棉板要整齐平放，不能侧立靠墙放置,否则会发生弯曲变形，同时应避免矿棉板的角、棱边及配件不受损伤。

矿棉吸声板吊顶说明							图集号	12J502-2
审核	饶良修	校对	郭晓明	设计	饶劢		页	B04

表B-4 矿棉吸声板吊顶龙骨系列表

产品名称	适用范围及特点	规格型号		尺寸(mm)								备注
		轴测图	剖面图	A	A′	B	B′	C	C′	T	长	
主龙骨（承载龙骨）	吊装用承载龙骨C38主龙骨用于不上人吊顶CS50与CS60用于上人吊顶	 U型	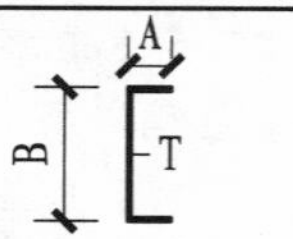	12		38				1.0 1.2		同吊顶轻钢龙骨C3 厚度不同
				15		50				1.2 1.5		CS50
		 C型	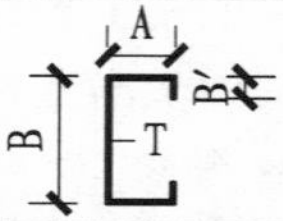	27		60	5.5			1.2		同吊顶轻钢龙骨 CS60
				30		60	10			2.0		
次龙骨（覆面龙骨）	与承载龙骨配合使用。吊顶轻钢龙骨C50用于复合矿棉板，起覆面龙骨作用	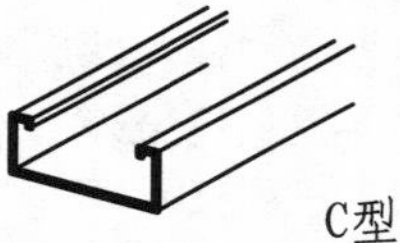 C型	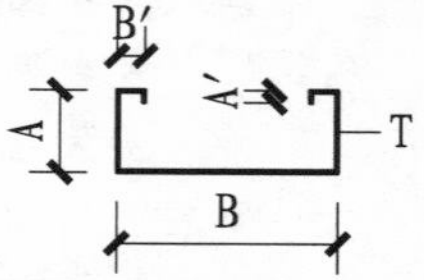	19	2.5	50	5.5			0.5		–
宽带T型主龙骨（烤漆龙骨）	适用于明架平板或跌级矿棉板	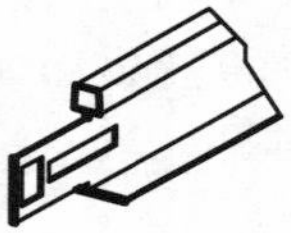	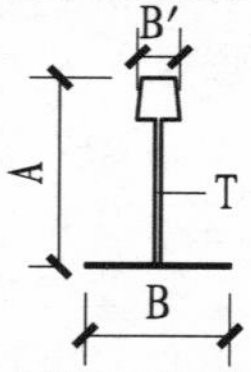	43 38 32 28		24	7			0.28 0.30 0.35	3000 3050	–
宽带T型次龙骨（烤漆龙骨）		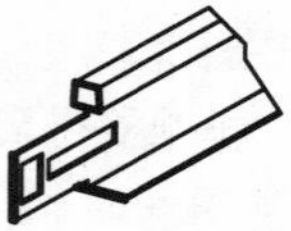	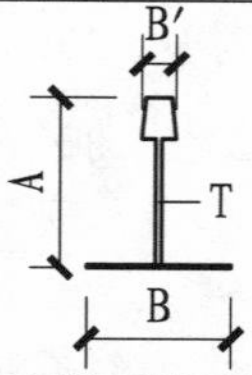	43 32 28 26 25		24	5			0.28 0.30 0.35	1200 1220 1200 600 610	–
窄带T型主龙骨（烤漆龙骨）	适用于明架平板或跌级矿棉板	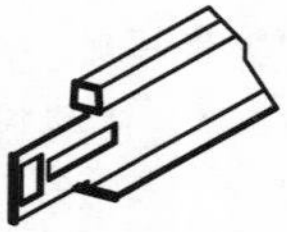	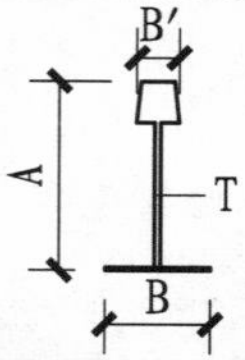	43 32 28		15 14 14				0.28 0.30 0.35	3000 3050	–

注：烤漆龙骨以镀锌钢带、彩色喷塑带复合冷弯而成，断面为T型。烤漆龙骨主要与矿棉板配套使用，也可与其他轻质板材配套使用。还可根据需求选用铝合金龙骨。

矿棉吸声板吊顶龙骨系列表						图集号	12J502-2
审核 饶良修	饶良修	校对 郭晓明	郭晓明	设计	饶劢	页	B05

续表B-4

产品名称	适用范围及特点	规格型号		尺寸(mm)								备注
		轴测图	剖面图	A	A′	B	B′	C	C′	T	长	
窄带T型次龙骨(烤漆龙骨)	适用于明架平板或跌级矿棉板			43 32		15 14				0.28 0.30 0.35	600 610	-
宽带凹槽T型主龙骨				32 30 28		24				0.28 0.30 0.35	3000	-
宽带凹槽T型次龙骨				32 30 28		24				0.28 0.30 0.35	600	-
窄带凹槽T型主龙骨				32 28		14				0.28 0.30 0.35	3000	-
				32 28		14				0.28 0.30 0.35	1200	-
窄带凹槽T型次龙骨				32 28		14				0.28 0.30 0.35	600	-

注：T型龙骨厚度以厂家产品实际厚度为准，并应符合国家规范要求。

矿棉吸声板吊顶龙骨系列表

审核	饶良修	校对	郭晓明	设计	饶劢	图集号	12J502-2
						页	B06

续表B-4

产品名称	适用范围及特点	规格型号		尺寸(mm)								备注
		轴测图	剖面图	A	A′	B	B′	C	C′	T	长	
T型宽槽主龙骨	适用于跌级矿棉板	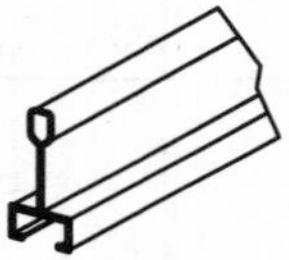	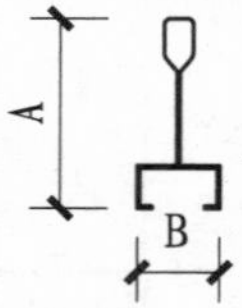	32 38		16 16.5					3000	–
T型宽槽次龙骨			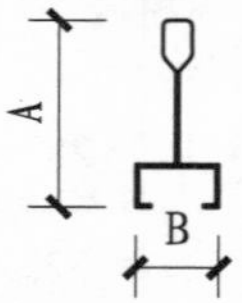	32 38		16 16.5					600	–
T型凹型主龙骨	适用于明架平板或跌级矿棉板	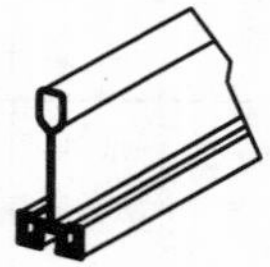	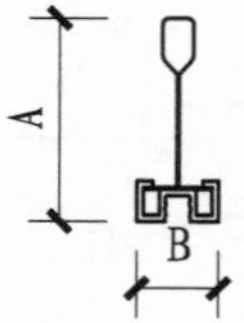	38		15					3000	–
T型凹型次龙骨				38		15					600	–
T型凸型主龙骨		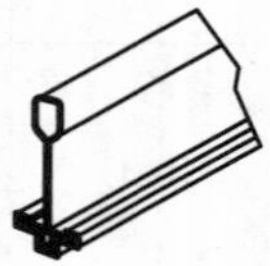	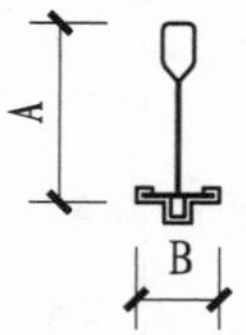	38		15					3000	
T型凸型次龙骨				38		15					600	–
T型斜边型主龙骨		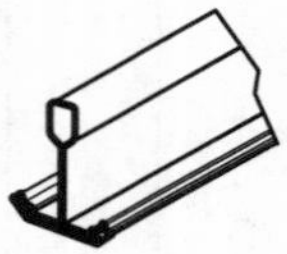	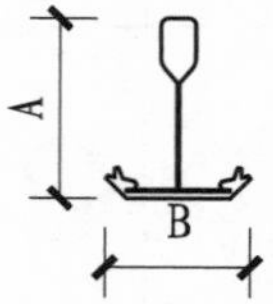	34		20					3000	
T型斜边型次龙骨				34		20					600	–

注：T型龙骨厚度以厂家产品实际厚度为准，并应符合国家规范要求。

矿棉吸声板吊顶龙骨系列表	图集号	12J502-2
审核 饶良修 校对 郭晓明 设计 饶劢	页	B07

续表B-4

产品名称	适用范围及特点	规格型号		尺寸(mm)								备注
		轴测图	剖面图	A	A′	B	B′	C	C′	T	长	
烤漆T型主龙骨	承载吊顶荷载的主要构件	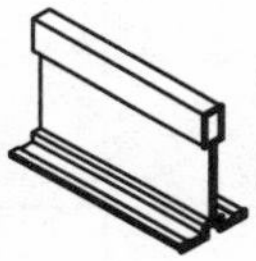	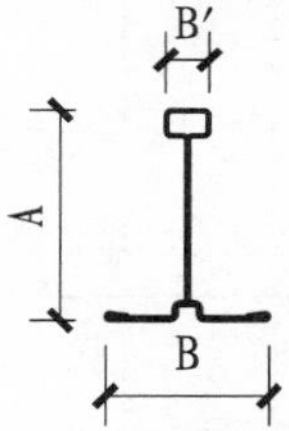	32		24				0.28 0.30 0.35		–
烤漆T型次龙骨	用于承载吊顶荷载的辅助构件，通过插头与主龙骨固定(烤漆次龙骨之间的固定)	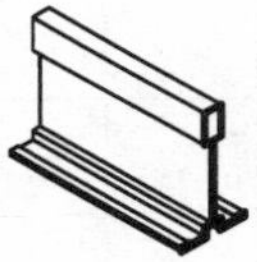	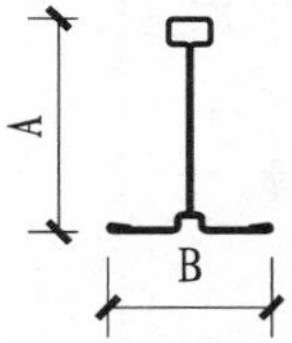	32		24				0.28 0.30 0.35	600 1200	–
烤漆T型主龙骨	承载吊顶荷载的主要构件	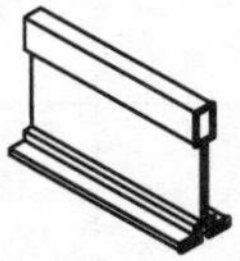	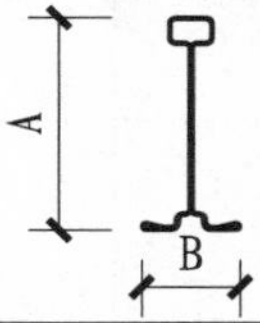	32		15				0.28 0.30 0.35		–
烤漆T型次龙骨	用于承载吊顶荷载的辅助构件，通过插头与主龙骨固定(烤漆次龙骨之间的固定)	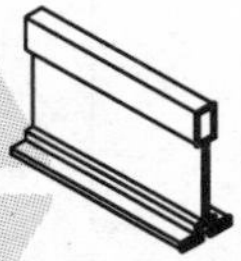	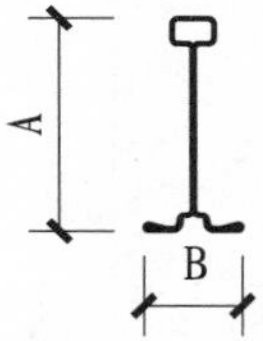	32		15				0.28 0.30 0.35	600 1200	–

注：T型龙骨厚度以厂家产品实际厚度为准，并应符合国家规范要求。

矿棉吸声板吊顶龙骨系列表						图集号	12J502-2
审核	饶良修	校对	郭晓明	设计	饶劢	页	B08

续表B-4

产品名称	适用范围及特点	规格型号		尺寸(mm)								备注
		轴测图	剖面图	A	A′	B	B′	C	C′	T	长	
边龙骨	适用于矿棉板吊顶收边	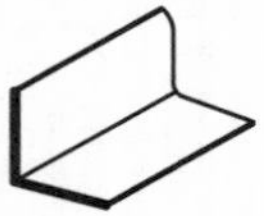	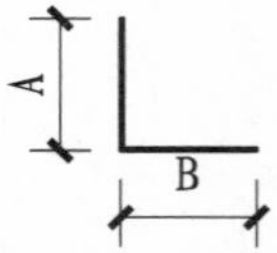 A B	10		10				0.4	288 388 588	–
		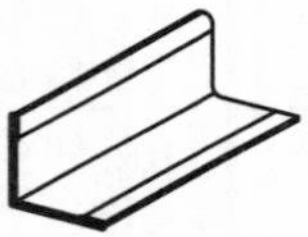	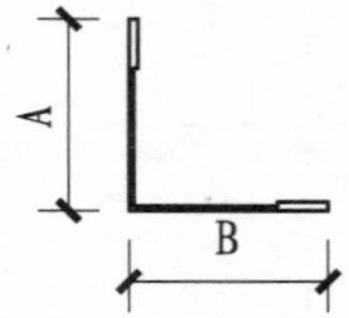 A B	22 23.5		22 23.5				0.4		–
		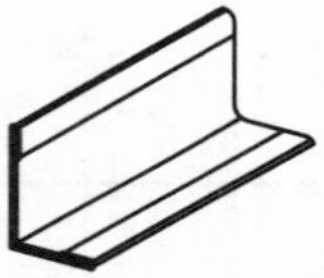	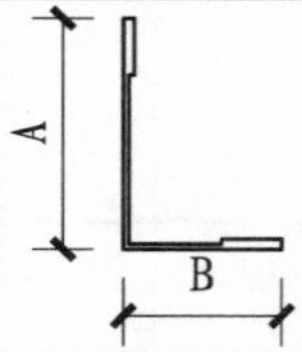 A B	21		14				0.4	3000	–
			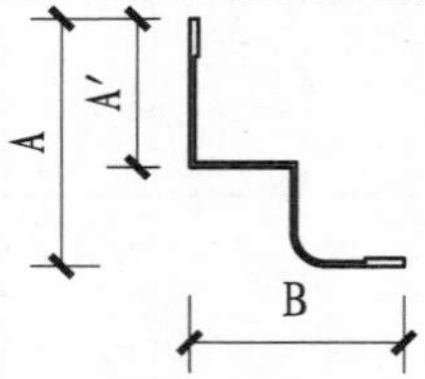 A A′ B	25	15	21				0.4	3000	–
		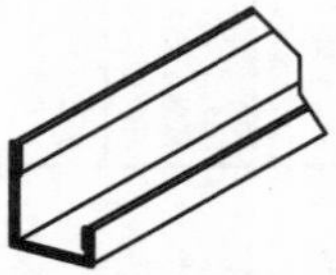	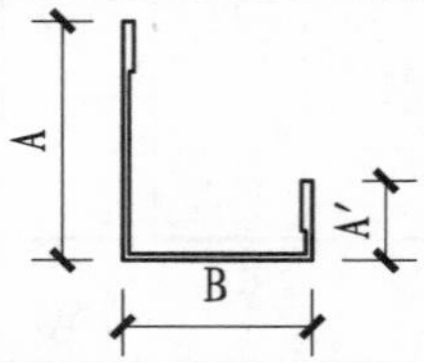 A A′ B	18	6	14				0.4	3000	–

注：T型龙骨厚度以厂家产品实际厚度为准，并应符合国家规范要求。

矿棉吸声板吊顶龙骨系列表	图集号	12J502-2
审核 饶良修 校对 郭晓明 设计 饶劢	页	B09

续表B-4

产品名称	适用范围及特点	规格型号		尺寸(mm)								备 注
		轴测图	剖面图	A	A′	B	B′	C	C′	T	长	
暗插龙骨（H型轻钢龙骨）	适用于暗架板	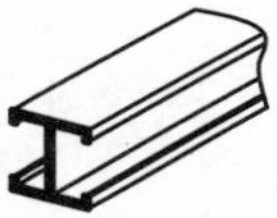	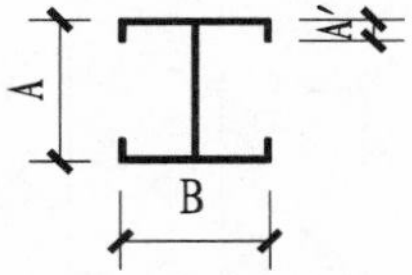	70 40 25 19.8	3	23 23 20 19.8					2800	–
暗插龙骨（Z型轻钢龙骨）	适用于开启式暗架板		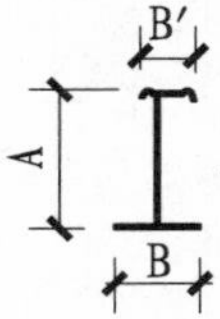	32		19.5	11				3000	–
暗架龙骨（C型次龙骨）	承载吊顶荷载的主要构件	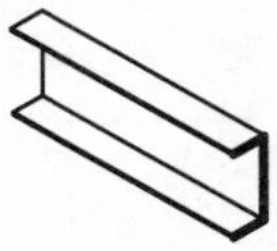	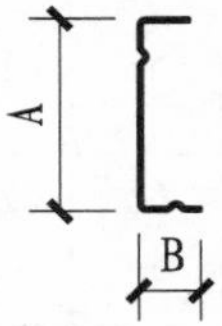	35		11						–
铝合金T型主龙骨	承载吊顶荷载的主要构件		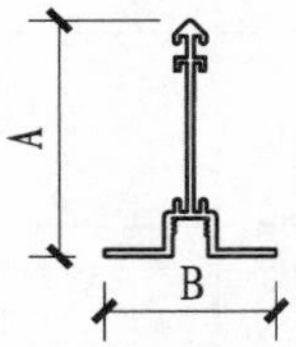	50		32						–

注：T型龙骨厚度以厂家产品实际厚度为准，并应符合国家标准《建筑用轻钢龙骨》GB/T 11981-2008的规定。

矿棉吸声板吊顶龙骨系列表							图集号	12J502-2
审核	饶良修	饶良修	校对	郭晓明	郭晓明	设计	饶劢	饶劢	页	B10

续表B-4

产品名称		适用范围及特点	规格型号		尺寸(mm)								备注
			轴测图	剖面图	A	A′	B	B′	C	C′	T	长	
暗架C型次龙骨		承载吊顶荷载的主要构件	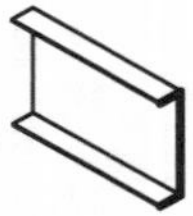	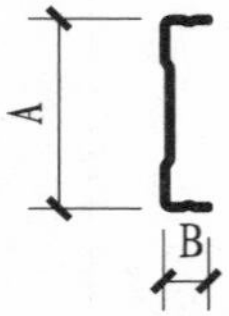	50		11						–
暗架带接头C型次龙骨		用于承载吊顶荷载的辅助构件，通过插头与主龙骨固定											
铝合金主龙骨		承载吊顶荷载的主要构件	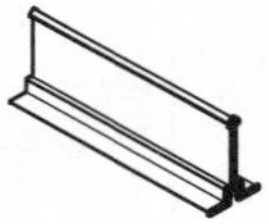	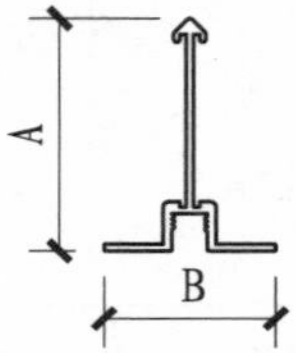	45		32						–
铝合金次龙骨		用于承载吊顶荷载的辅助构件，通过插头与主龙骨固定											
垂直吊挂件	C38吊件	主龙骨垂直吊件	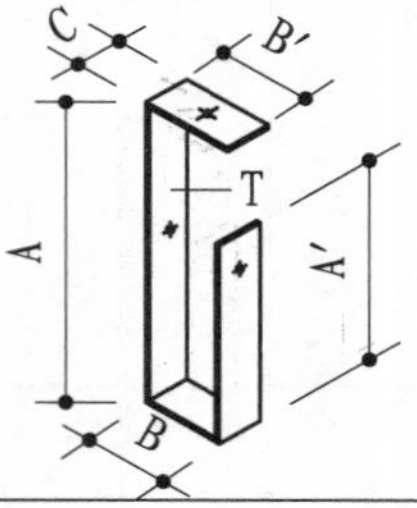		95	55	18	22	20		2		C38吊件用于不上人吊顶配合C38主龙骨使用；CS50或CS60吊件用于上人吊顶，分别配合CS50或CS60主龙骨使用
	CS50吊件				110 113	65 78	21 24	23 30	20 25		2		
	CS60吊件				130	86 88	36 34	40 40	20 25		3		
	38吊件	承载主龙骨与次龙骨连接的吊件	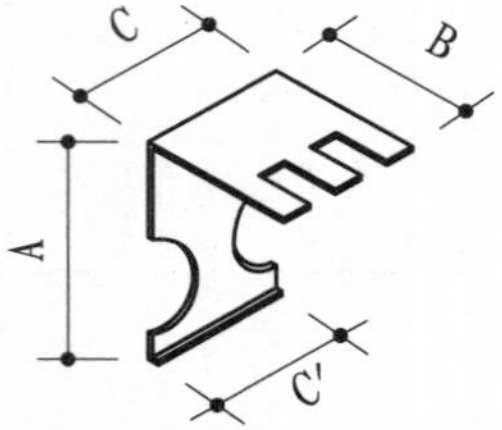		52		29		50	49			C38主龙骨与覆面龙骨相连接的吊件
	50吊件				64		30		50	49			CS50主龙骨与承载次龙骨相连接的吊件
	60吊件				74		52		50	49			CS60主龙骨与承载次龙骨相连接的吊件

注：吊件配合吊杆将承载龙骨稳固的悬吊于楼板下，吊杆与楼板的结合要安全可靠，吊杆同时还可调整长短。

矿棉吸声板吊顶龙骨系列表	图集号	12J502-2
审核 饶良修 校对 郭晓明 设计 饶劢	页	B11

表B-5 矿棉吸声板吊顶龙骨配件表

产品名称		适用范围及特点	规格型号 轴测图	尺寸(mm) A	A′	B	B′	C	C′	T	备注
垂直吊挂件	铁丝钩	明、暗架吊顶主龙骨与T型主龙骨连接	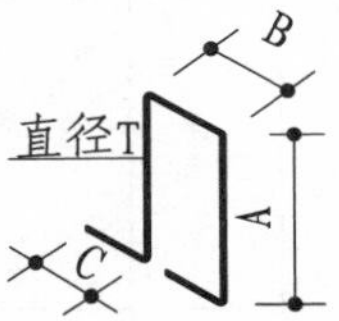 直径T、A、B、C	60 60		20 20		18 25		ϕ3 ϕ3.5	CS38主龙骨与T型主龙骨连接
				75 60		23 23		25 22			CS50主龙骨与T型主龙骨连接
				75 72		38 35		28 20			CS60主龙骨与T型主龙骨连接
	D-T吊件	暗架吊顶主龙骨与H型龙骨连接	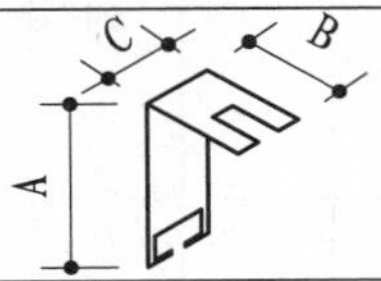 A、B、C	48		30		20			CS38主龙骨与T型主龙骨连接
	D-T长吊件		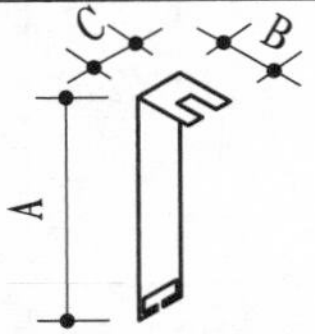 A、B、C	117.8		30		25			CS50主龙骨与T型主龙骨连接
	38H卡钩	主龙骨吊件	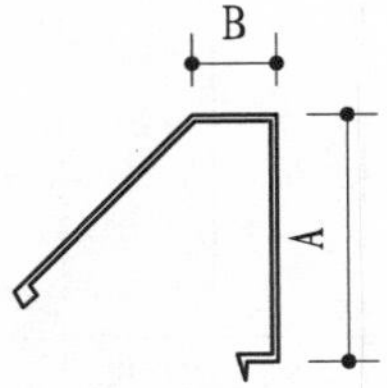 A、B	45		18					CS38主龙骨与H型主龙骨连接
	50H卡钩			60		20					CS50主龙骨与H型主龙骨连接
	60H卡钩			67		37					CS60主龙骨与H型主龙骨连接
	D-H吊件		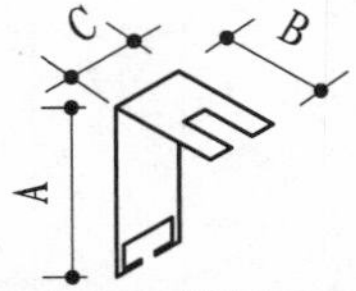 A、B、C	50		30		25			CS50主龙骨与H型主龙骨连接

注：1. 吊挂件是连接承载龙骨与T型龙骨或H型龙骨的构件。
2. 铁丝挂钩与H型龙骨卡件表面为镀锌处理。

矿棉吸声板吊顶龙骨配件表	图集号	12J502-2
审核 饶良修 校对 郭晓明 设计 饶劢	页	B12

续表B-5

产品名称		适用范围及特点	规格型号 轴测图	A	A′	B	B′	C	C′	T	备 注
垂直吊挂件	卡簧T型吊件	连接吊杆与H型主龙骨、T型主龙骨	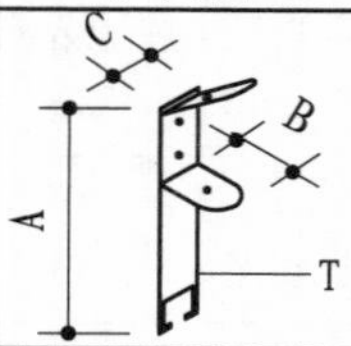	107		30		20		2	ϕ4吊杆与T型主龙骨连接
	卡簧H型吊件		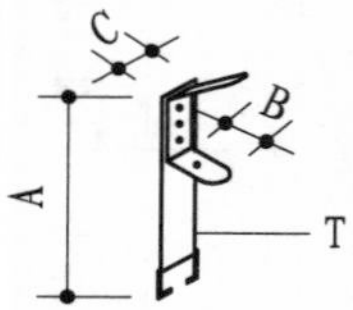	90		34		20		3	ϕ4吊杆与H型主龙骨连接
	吊件		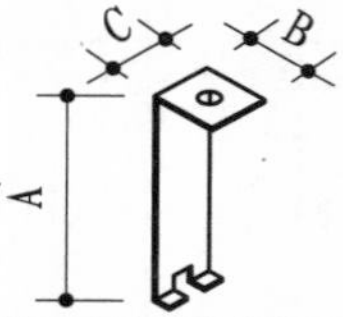	70		22		20			—
	38H接件	C38接长	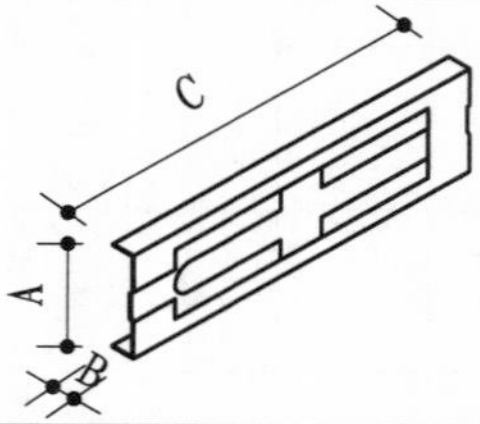	35		8		128			C38主龙骨接长用
	50H接件	CS50接长	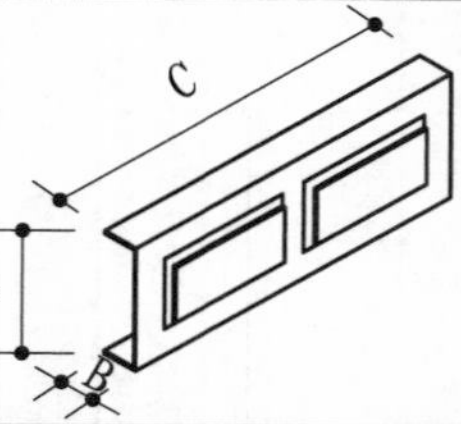	42		12		120			CS50主龙骨接长用

注：1. 卡簧式吊件调整高度较方便，但受振动时吊顶易因弹簧卡件与吊杆脱扣而变形，建议地震多发区慎用。
2. 主龙骨（承载龙骨）、暗插龙骨（H型轻钢龙骨）、T型主龙骨、相邻龙骨的接缝应错开0.9m以上。

矿棉吸声板吊顶龙骨配件表							图集号	12J502-2
审核	饶良修	校对	郭晓明	设计	饶劢		页	B13

续表B-5

产品名称		适用范围及特点	规格型号 轴测图	A	A′	B	B′	C	C′	T	备注
纵向连接件	50H接件	CS60接长		54		22		120			CS60主龙骨接长用
	50接件	CS50接长		15		48		83			C50次龙骨接长用
	H型轻钢龙骨接件	H型轻钢龙骨接长		17		5		155			H型轻钢龙骨接长用
平面连接件	50支托	50连接		12		33		49			C50次龙骨之间垂直连接
	H型轻钢龙骨插片	暗插片龙骨配件				16 22		300 300			配合H型轻钢龙骨使用于暗架吊顶

矿棉吸声板吊顶龙骨配件表						图集号	12J502-2
审核	饶良修	校对	郭晓明	设计	饶劢	页	B14

续表B-5

产品名称		适用范围及特点	规格型号 轴测图	A	A′	B	B′	C	C′	T	备注
活动启口件	L型龙骨	用于暗架龙骨活动启口	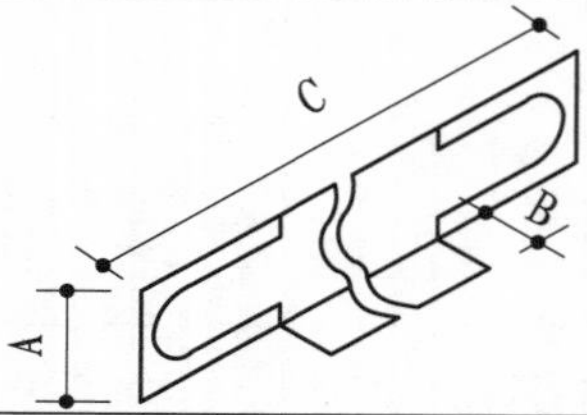	19		10		598			Z型龙骨搭在L型龙骨上配合使用。 用于暗架龙骨的活动企口
	Z型龙骨		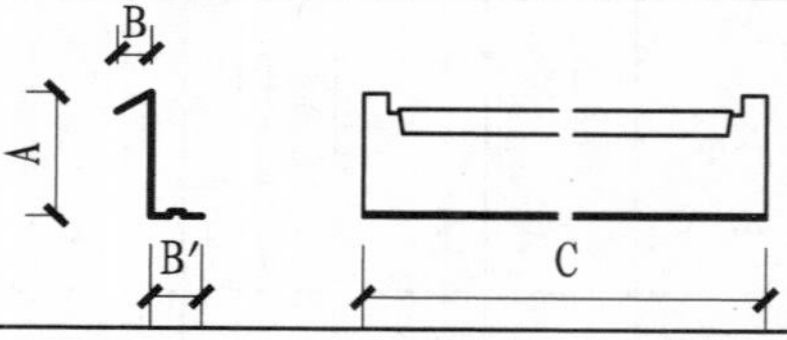	21		6.5	8.5	570			
T型龙骨连接件		用于连接T型龙骨和平面龙骨、立面龙骨	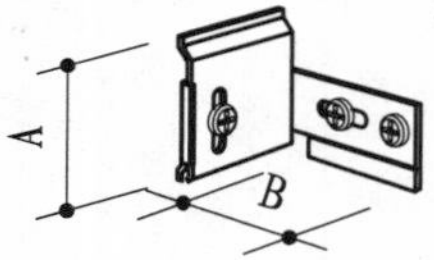	43		38					—
平面龙骨悬吊件		用于平面龙骨的悬吊	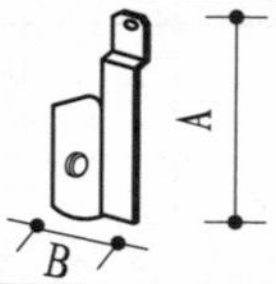	70		24					—
平面龙骨连接件		龙骨的连接件	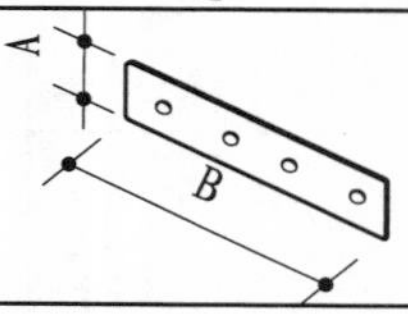	38		203					—
立面龙骨连接件		龙骨的连接件	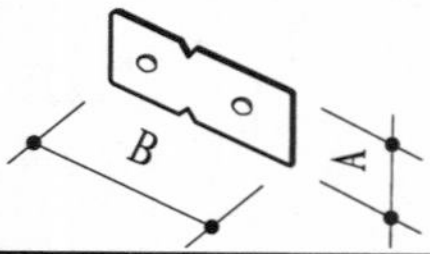	38		100					—

矿棉吸声板吊顶龙骨配件表						图集号	12J502-2
审核	饶良修	校对	郭晓明	设计	饶劢	页	B15

续表B-5

产品名称	适用范围及特点	规格型号 轴测图	规格型号 剖面图	A	A′	B	B′	C	C′	T	长	备注
平面龙骨	吊顶系统的收边或过渡	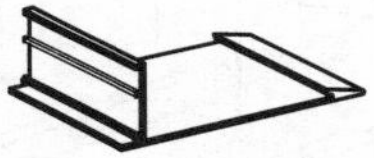	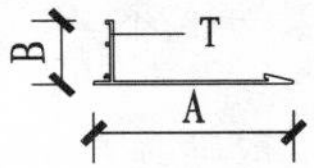	152		64				1.3		-
立面龙骨	吊顶系统的收边或过渡		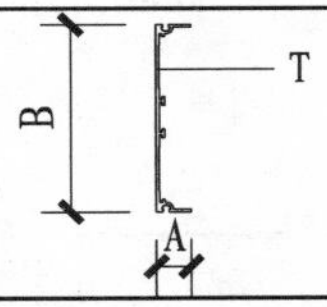	20		50 100 150				1.3		-
抗震龙骨固定夹	抗震龙骨与周围边龙骨的固定	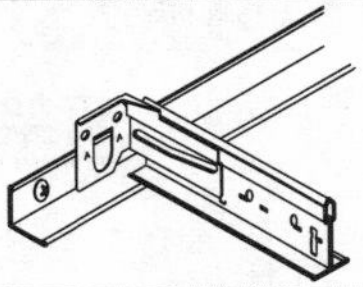	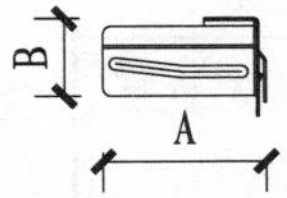	62		38						-
抗震主龙骨连接件	抗震主龙骨间的连接	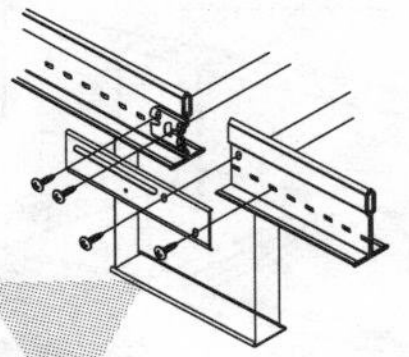	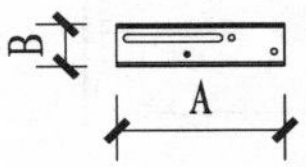	100		27						-
抗震主龙骨遮盖件	抗震主龙骨间的连接		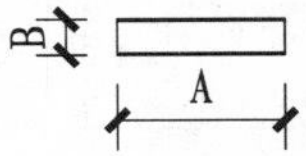	100		25						-
抗震主、次龙骨连接件	抗震主、次龙骨间的连接	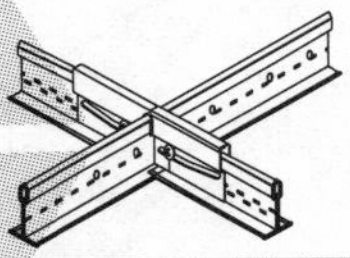	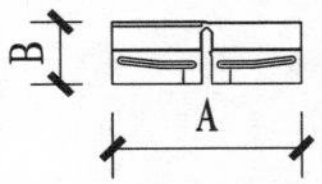	127		43						-

注：1. 吊件配合吊杆将承载龙骨稳固地悬吊于楼板下，吊杆与楼板的结合要安全可靠。
2. 吊件将T型龙骨和H型龙骨与承载龙骨连接在一起；卡簧式吊件调整高度较方便，但受振动时吊顶易因弹簧卡件与吊杆脱扣而变形，建议地震多发区慎用。各种配件均为镀锌件。

矿棉吸声板吊顶龙骨配件表		图集号	12J502-2
审核 饶良修	校对 郭晓明 设计 饶劢	页	B16

明架矿棉吸声板吊顶

明架法是采用T型龙骨吊装的安装方式。吊装时，首先按规定吊装主龙骨(承载龙骨)，然后按选用的矿棉吸声板规格，排列T型主龙骨的间距，用铁丝钩或D-T连接件将T型主龙骨与主龙骨（承载龙骨）连接，T型次龙骨架于两T型主龙骨之间，吊装成龙骨架，将矿棉吸声板直接放在T型龙骨架上，施工简便，可使用不开槽板、四边裁口板。这种安装方式不需要做检查口。

当吊顶面积小于40㎡ 且为不上人吊顶时，可不用主龙骨（承载龙骨），采取贴顶吊装方式。建议T型主龙骨按房间进深排列，余量板的板幅尽量不小于整板的1/3。T型主、次龙骨接头必须平直严密。

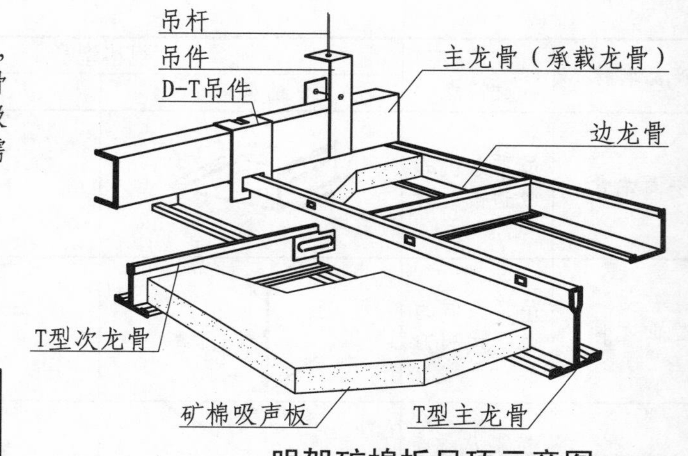

明架矿棉板吊顶示意图

明架矿棉板吊顶主要配件表

名　称	主　件	配件：垂直吊挂件	配件：纵向连接件
主龙骨（承载龙骨）	CS38　CS50　CS60	38/50/60吊件	50/60及H型接件
T型主龙骨	T型轻钢烤漆主龙骨	38H/50H/60H卡钩或D-T接件、吊件	
次龙骨	T型轻钢烤漆次龙骨		
边龙骨	烤漆边龙骨		
矿棉板	300×600×9/12/13/14/15/18 300×1200×15/18 300×1500×15/18 300×1800×15/18 600×600×12/13/14/15/18	300×2100×18 300×2400×18 400×1200×13/15 600×1200×15/18	

明架矿棉板吊顶剖面形式由于选配的矿棉板板边形式不同，而产生两种形式。

明架矿棉板板头形式
(四边平头矿棉板)

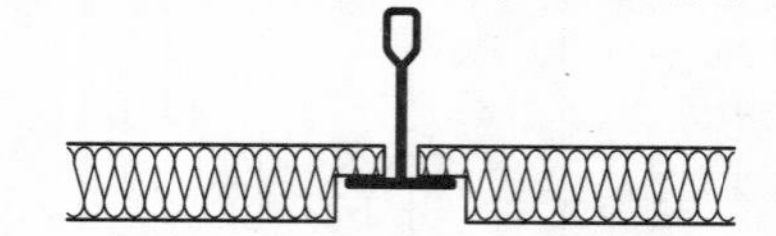
半明架跌级矿棉板板头形式
(四边裁口矿棉板)

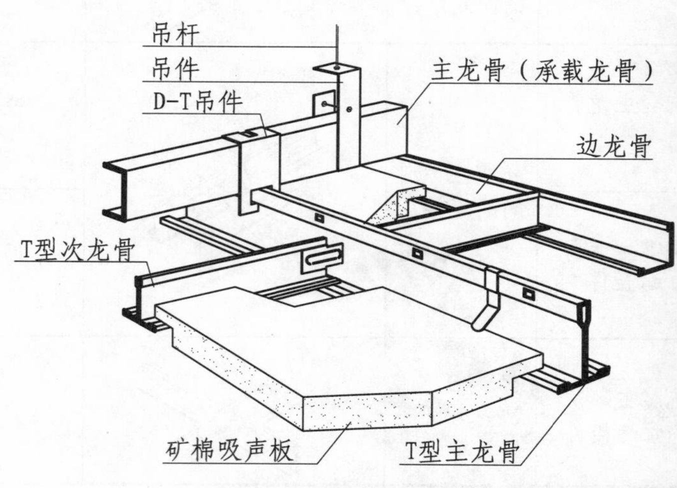

半明架跌级矿棉板吊顶示意图

明架(半明架)矿棉板吊顶						图集号	12J502-2
审核	饶良修	校对	郭晓明	设计	饶劢	页	B17

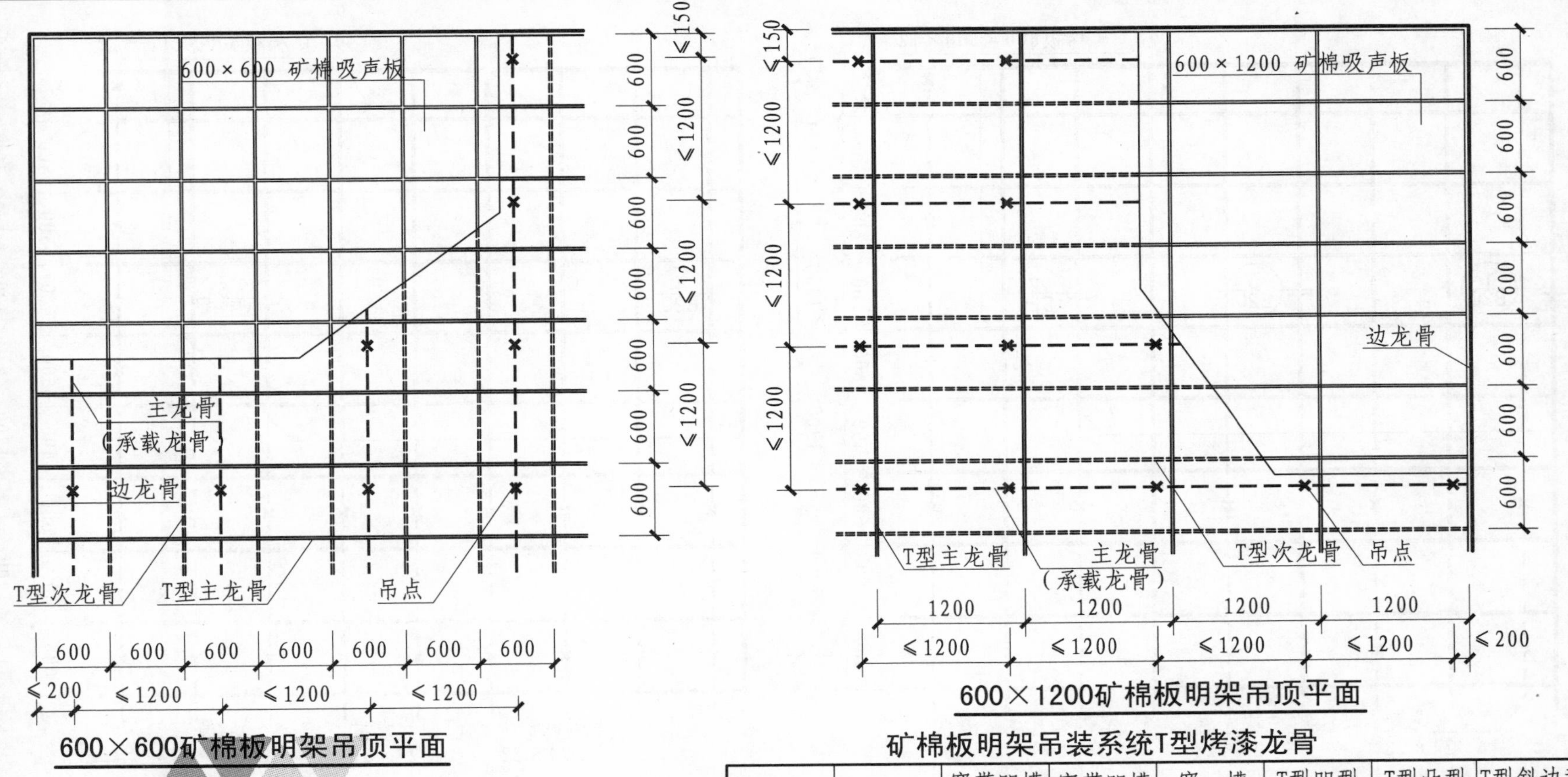

600×600矿棉板明架吊顶平面

600×1200矿棉板明架吊顶平面

矿棉板明架吊装系统T型烤漆龙骨

宽 带	窄 带	宽带凹槽	窄带凹槽	宽 槽	T型凹型	T型凸型	T型斜边型
		凹槽龙骨			组合龙骨		
32 24	32 14	30 24	30 14	38 16.5	38 15	38 15	38 15

注:1. 明架是指龙骨外露式的吊顶方式，从外形上看由于选配的T型龙骨型号不同，产生的效果也不相同，设计师可根据需要进行选择。

2. 明架吊顶由于吊顶板是浮搁在T型龙骨上，吊顶板可托起，便于检修。因为明架吊顶一般情况下为不上人吊顶，其主龙骨采用C38及相应配件，吊杆采用φ6钢筋。

3. 吊顶板板头为平头的，龙骨底边露在板面外，一般称为明架吊顶。吊顶板板头企口，龙骨底边卧在吊顶板企口凹槽内，形成半明架，通称跌级吊顶。

4. 表中所示T型烤漆龙骨也可用于矿棉吸声板半明架吊装系统。

明架矿棉板吊顶龙骨系列						图集号	12J502-2
审核	饶良修	校对	郭晓明	设计	饶劢	页	B18

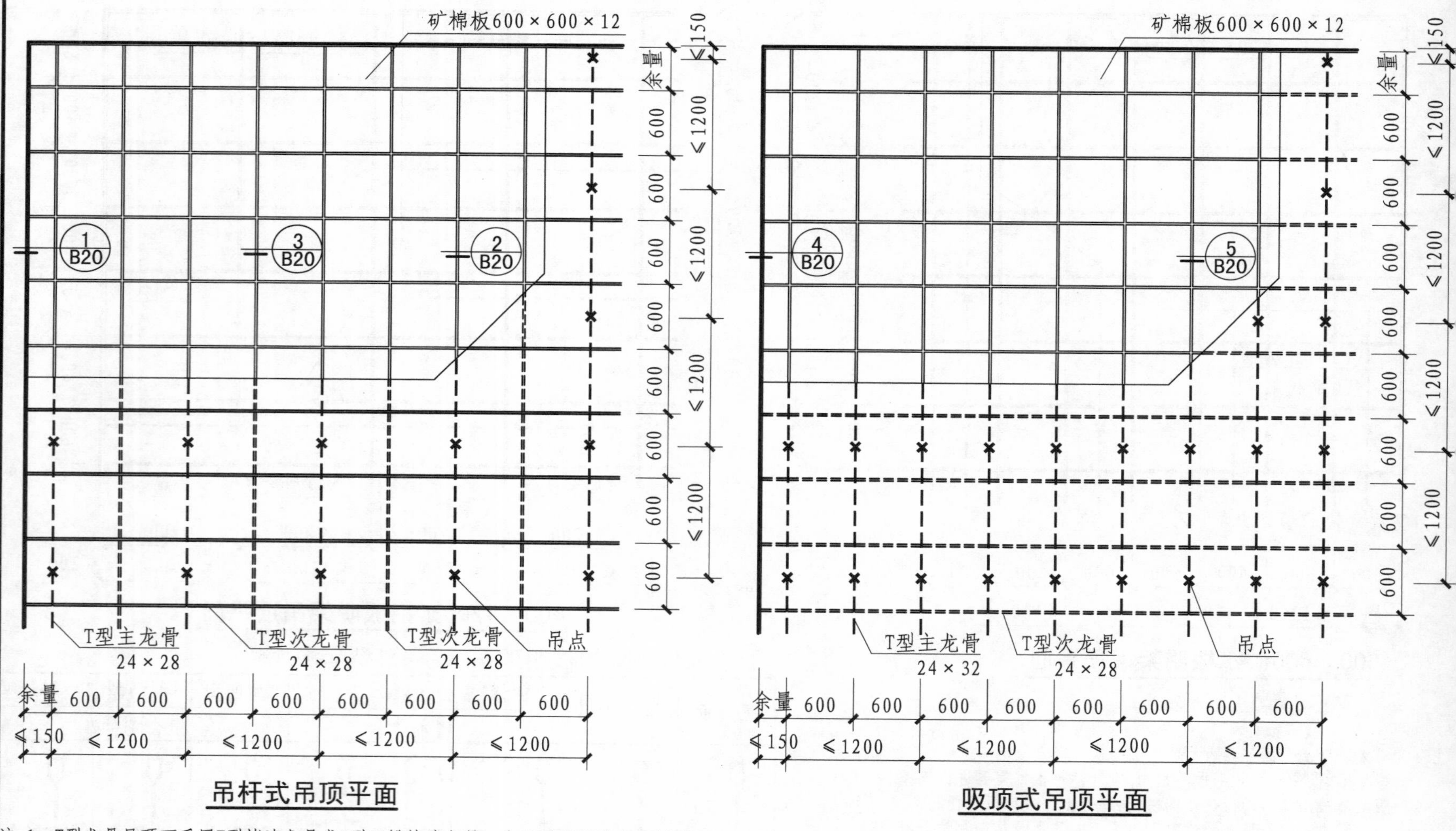

注：1. T型龙骨吊顶可采用T型烤漆龙骨或T型凹槽烤漆龙骨，也可采用铝合金T型龙骨，由设计确定。

2. T型龙骨单层排列吊顶平面，是不上人体系。采用吊杆、弹簧吊件直接吊挂T型龙骨于结构顶板上，称作吊杆式；采用直接吊挂T型龙骨，紧贴结构顶板，称作吸顶式。

3. 本页主要介绍矿棉吸声板，也可以选用装饰石膏板、硅酸钙板、纤维增强硅酸盐平板等其他建筑板材，由设计确定。

明架矿棉板不上人吊顶平面						图集号	12J502-2
审核	饶良修	校对	郭晓明	设计	饶劢	页	B19

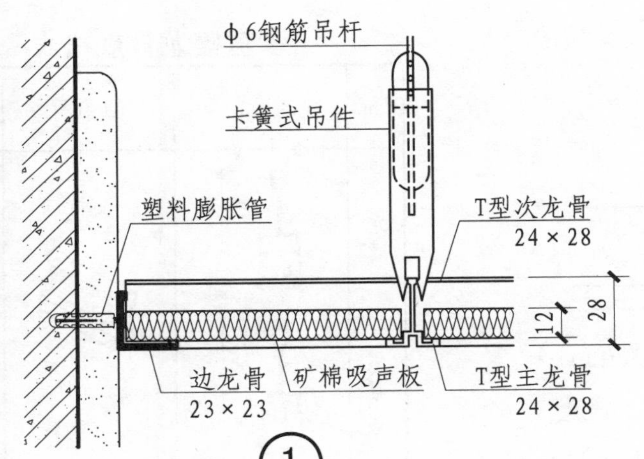

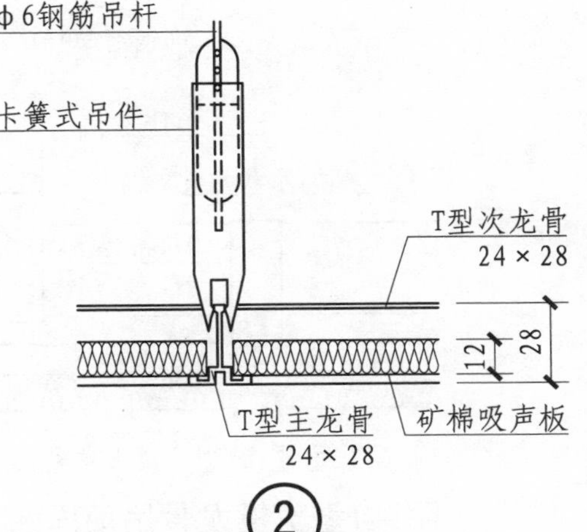

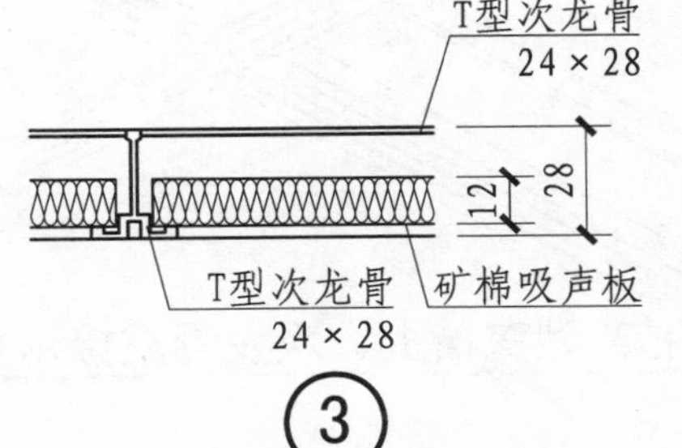

注:1. 本页为明架不上人吊顶详图,①~③采用弹簧式吊件吊挂T型凹槽主龙骨、T型凹槽次龙骨,单层排列;④、⑤采用吊件吊挂T型主龙骨、T型次龙骨配套,单层排列。

2. ①~③为明架矿棉板吊顶中的吊杆式安装详图。

3. ④、⑤为明架矿棉板吊顶中的吸顶式安装详图。

4. 本图所示吊杆式、吸顶式两种方式,可由设计人根据室内空间高度选定。所采用龙骨可为T型烤漆龙骨或T型铝合金龙骨,由设计人选定。

5. 吊顶面板板材为矿棉吸声板、玻璃纤维吸声板或穿孔吸声板、装饰石膏板、硅酸钙板和纤维增强硅酸盐平板等其他建筑板材,由设计人根据室内吊顶功能和装饰艺术效果要求选定。

6. 本页仅以12mm厚矿棉吸声板为例进行编制。

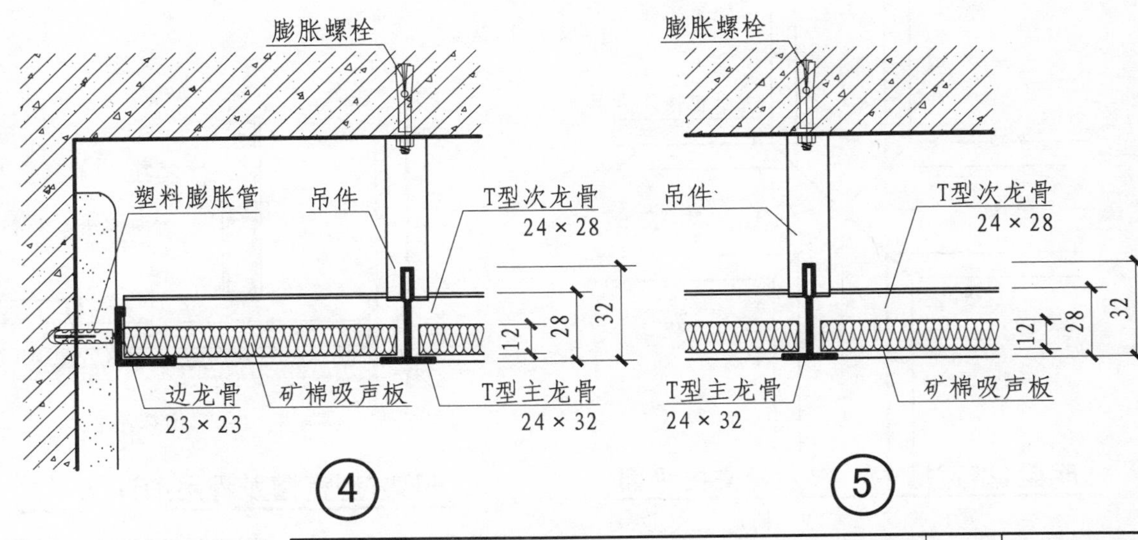

明架矿棉板不上人吊顶详图

明架矿棉板不上人吊顶详图						图集号	12J502-2
审核	饶良修	校对	郭晓明	设计	饶劢	页	B20

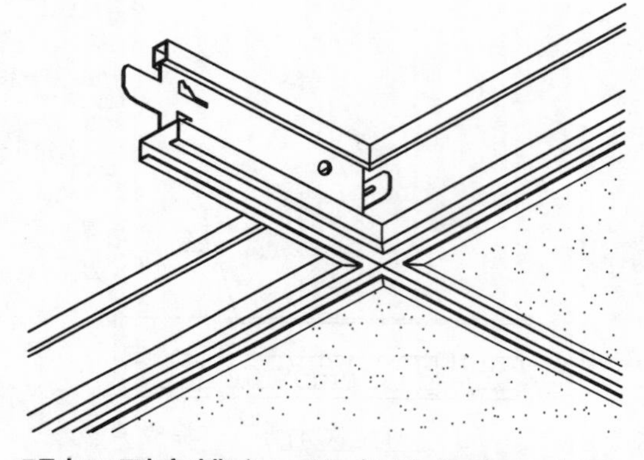

明架T型宽槽主、次龙骨交接示意图

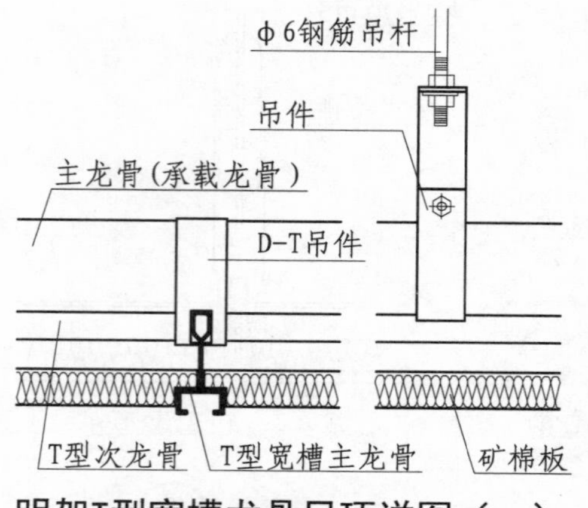

明架T型宽槽龙骨吊顶详图（一）

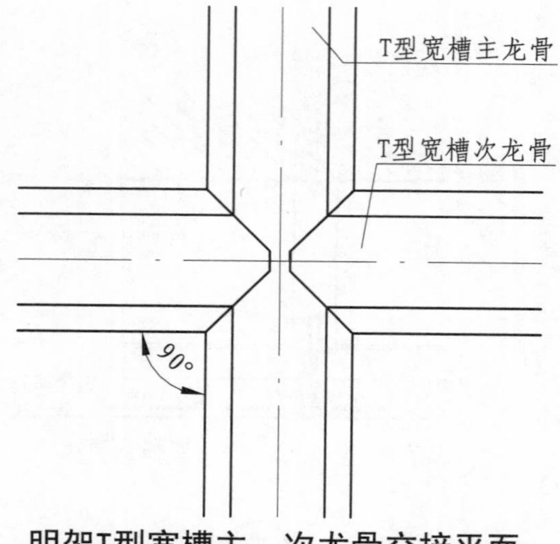

明架T型宽槽主、次龙骨交接平面

宽槽主次龙骨90° 插接，
接缝要紧密、垂直

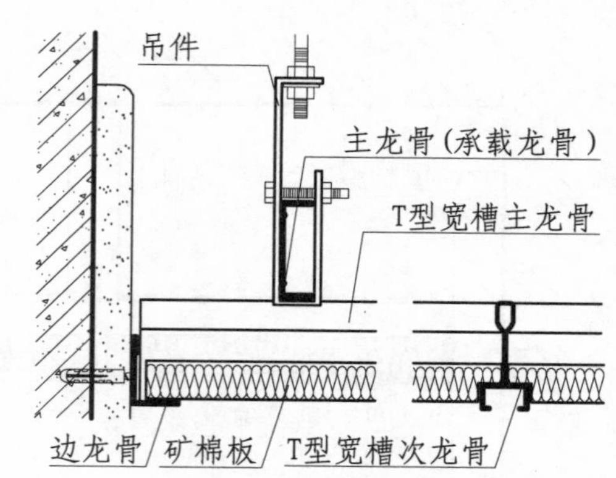

明架T型宽槽龙骨吊顶详图（二）

T型宽槽龙骨规格表

产品	剖面图	轴测图	长度（mm）
主龙骨	38; 16.5		300
次龙骨	38; 16.5		600
边龙骨	22; 14		300
	25; 15; 10; 11		300

矿棉板适配规格：

600 × 600 × 13 （跌级）
600 × 600 × 15 （跌级）

明架T型宽槽龙骨吊顶						图集号	12J502-2
审核 饶良修	饶良修	校对 郭晓明	郭晓明	设计 饶劢	饶劢	页	B21

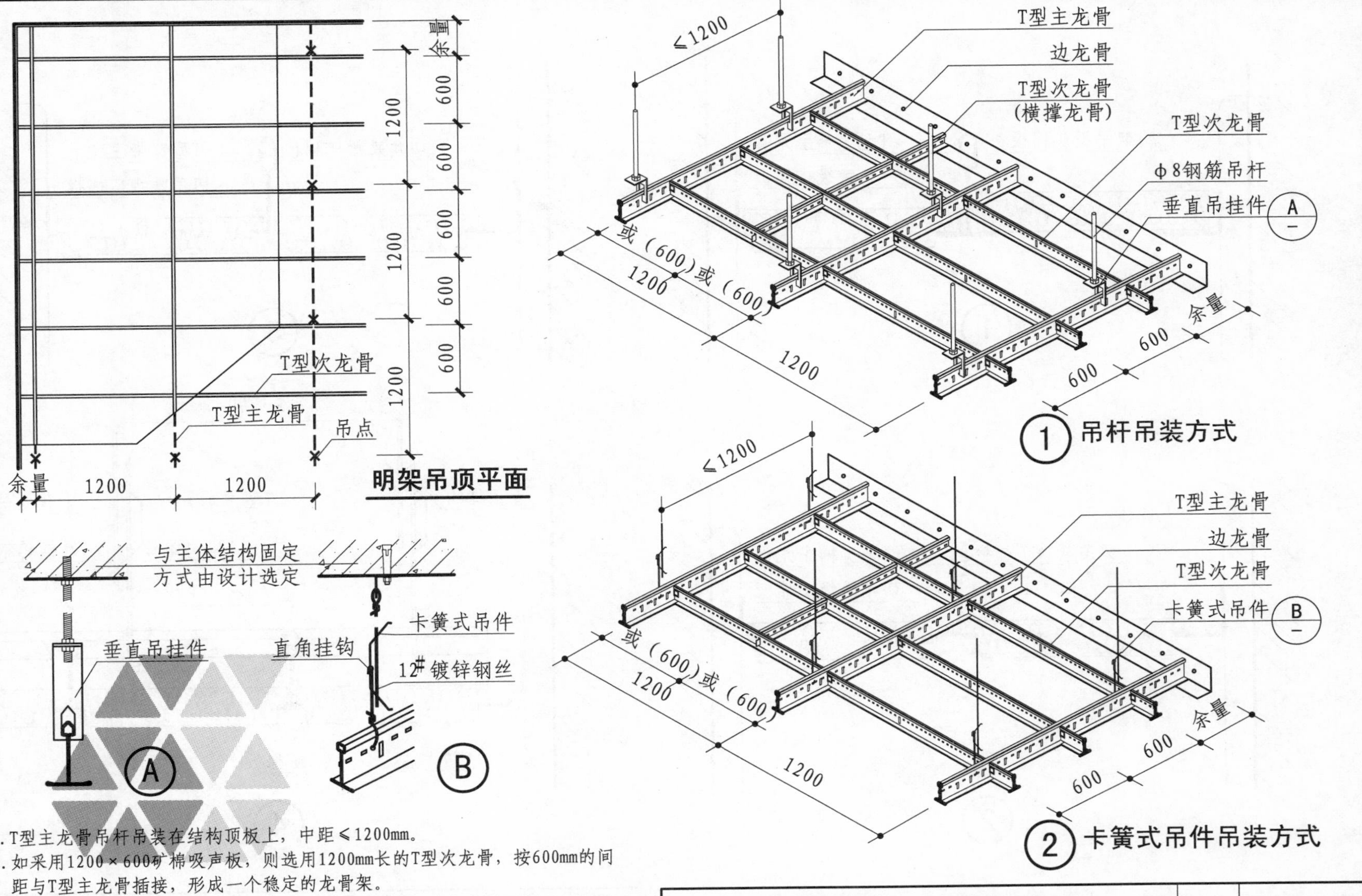

注：1. T型主龙骨吊杆吊装在结构顶板上，中距≤1200mm。
2. 如采用1200×600矿棉吸声板，则选用1200mm长的T型次龙骨，按600mm的间距与T型主龙骨插接，形成一个稳定的龙骨架。
3. 如采用600×600矿棉吸声板，除按上述程序组装外，在相邻的两根1200mm的T型次龙骨之间（居中），增加一根600mm长的T型次龙骨。
4. 本页根据阿姆斯壮（中国）投资有限公司提供的技术资料编制。

明架吊顶平面及详图						图集号	12J502-2
审核	饶良修	校对	郭晓明	设计	饶劢	页	B22

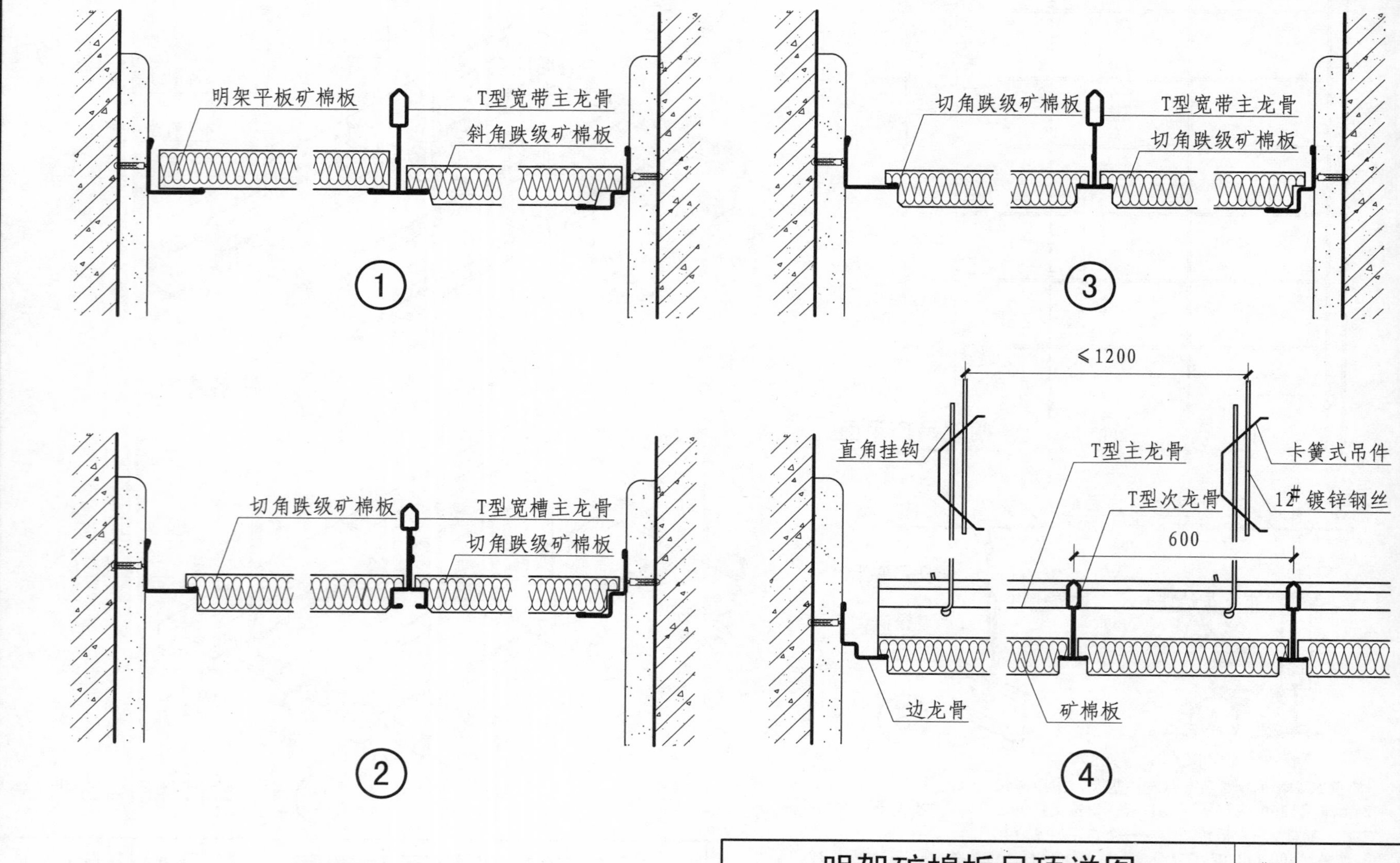

注：1.本页所示边龙骨为不同形式，供设计多种选择。
2.本页根据阿姆斯壮（中国）投资有限公司提供的技术资料编制。

明架矿棉板吊顶详图						图集号	12J502-2
审核 饶良修		校对 郭晓明		设计 饶劢		页	B23

实例效果图片

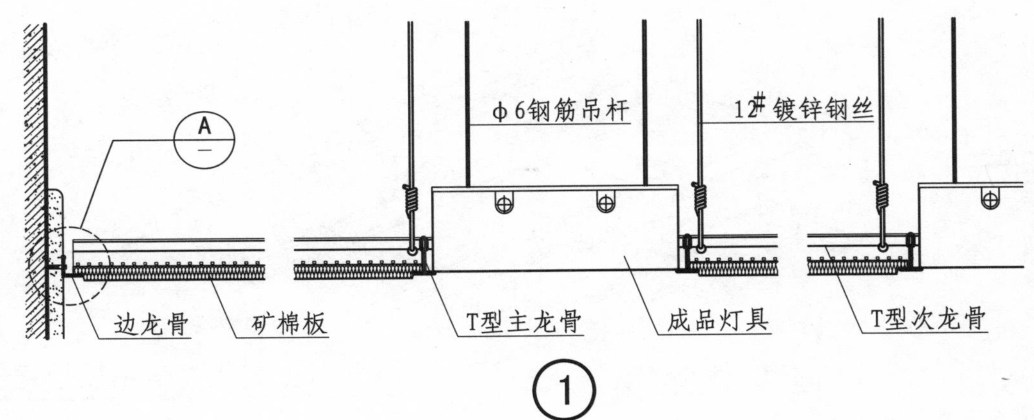

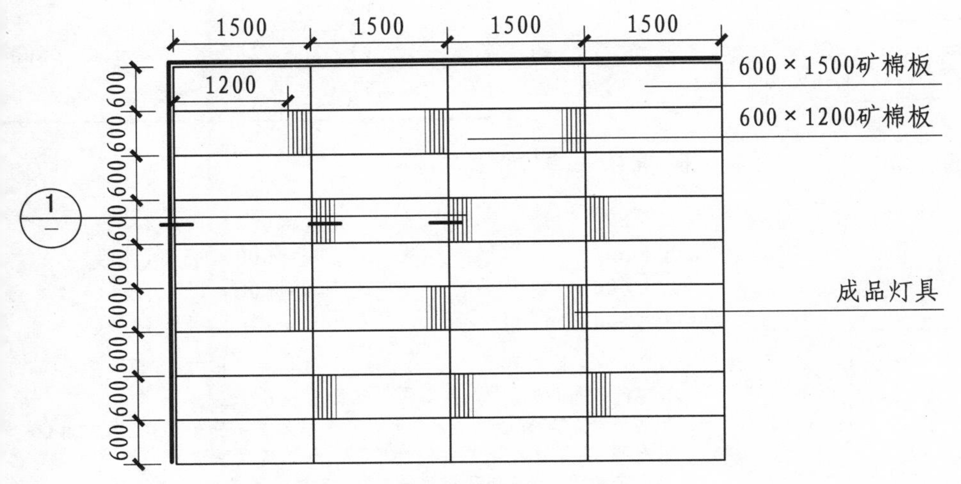

明架T型龙骨吊顶平面

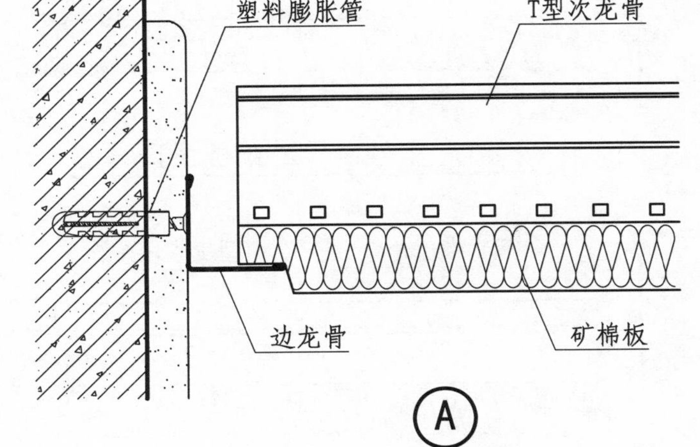

注：1. 灯具安装应直接吊挂在结构顶板或梁上，不得与吊顶系统相连。
2. 本页根据阿姆斯壮（中国）投资有限公司提供的技术资料编制。

明架T型龙骨吊顶平面及详图						图集号	12J502-2
审核	饶良修	校对	郭晓明	设计	李征	页	B24

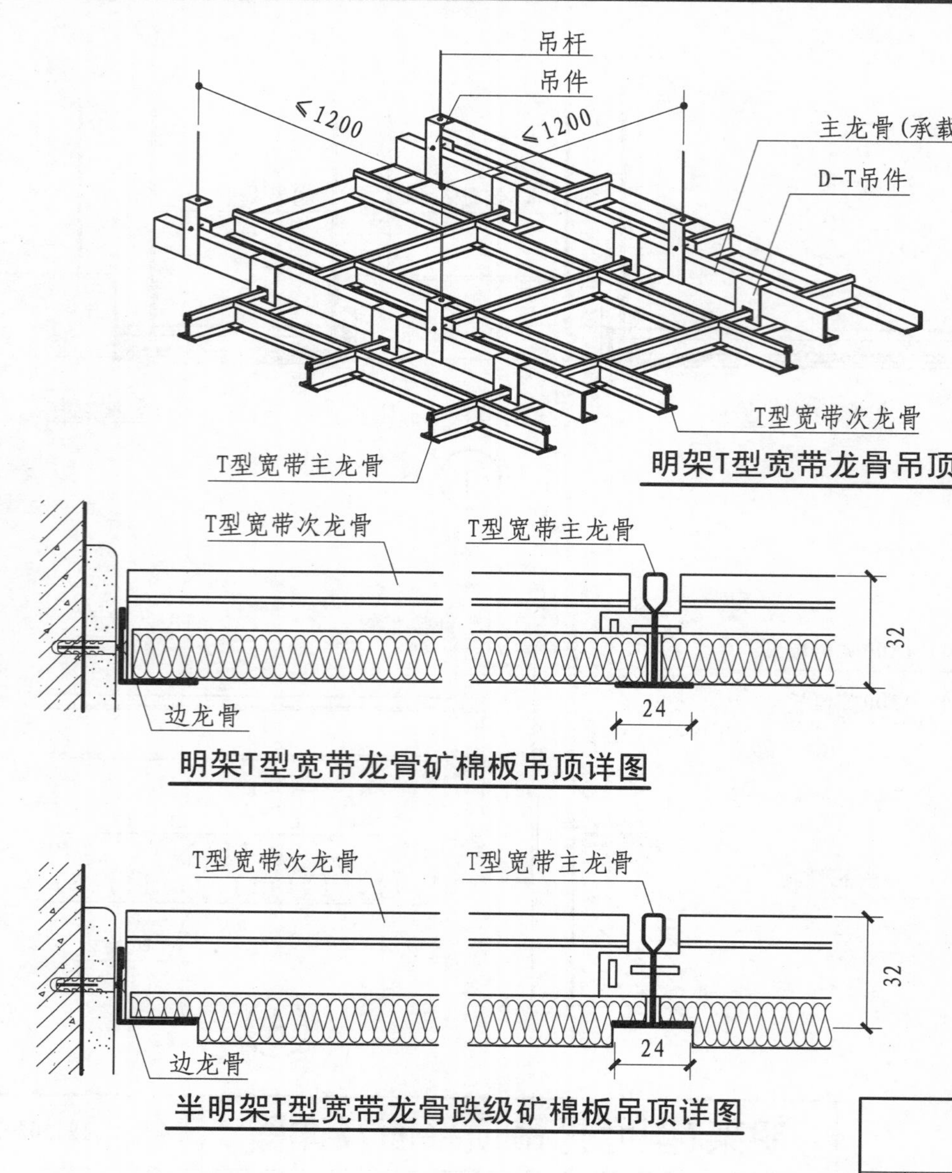

明架T型宽带龙骨吊顶示意图

明架T型宽带龙骨矿棉板吊顶详图

半明架T型宽带龙骨跌级矿棉板吊顶详图

T型宽带龙骨规格表

产品	剖面图	轴测图	长度(mm)
主龙骨	32 / 24		300 305
次龙骨	32 / 24		120 122
	26 / 24		600 610
边龙骨	22 / 22		300

矿棉板适配规格：

600×600×12　(平板)　　600×600×12　(跌级)
600×600×15　(平板)　　600×600×13　(跌级)
600×600×24　(平板)　　600×600×15　(跌级)
600×1200×15　(平板)　　600×1200×15　(跌级)

注：1. T型宽带龙骨底边较宽，为24mm。与矿棉板搭接较多，是使用比较普遍的一种T型龙骨，接缝要紧密垂直。
2. 根据选用的矿棉板型号，可选用平板系列的矿棉板与T型龙骨组合，组成明架T型宽带龙骨矿棉板吊顶。如果选用跌级矿棉板系列与T型宽带龙骨组合，则称为半明架T型宽带龙骨跌级矿棉板吊顶。

明架T型宽带龙骨吊顶								图集号	12J502-2
审核	饶良修	[签名]	校对	郭晓明	[签名]	设计	饶劢	[签名]	页	B25

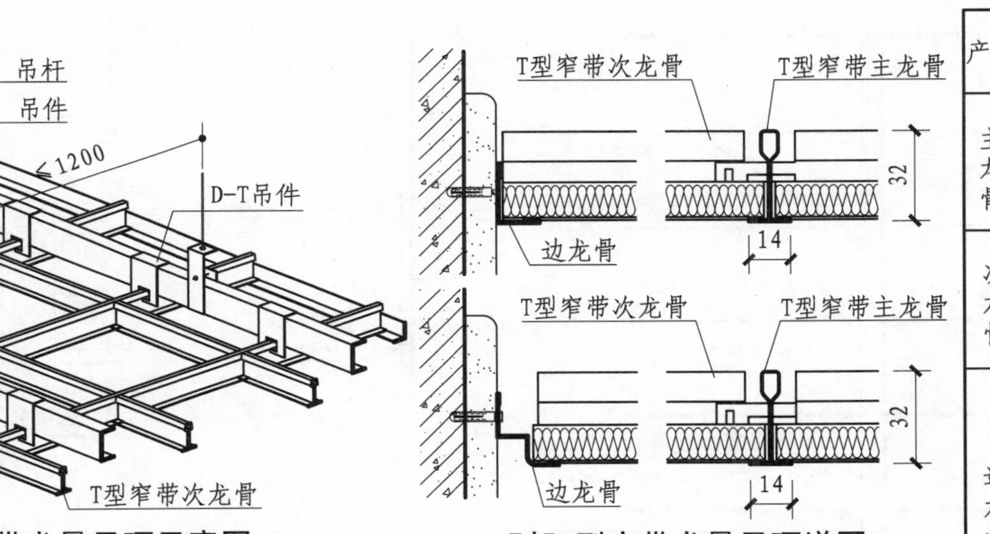

明架T型窄带龙骨吊顶示意图

明架T型窄带龙骨吊顶详图

T型窄带龙骨规格表

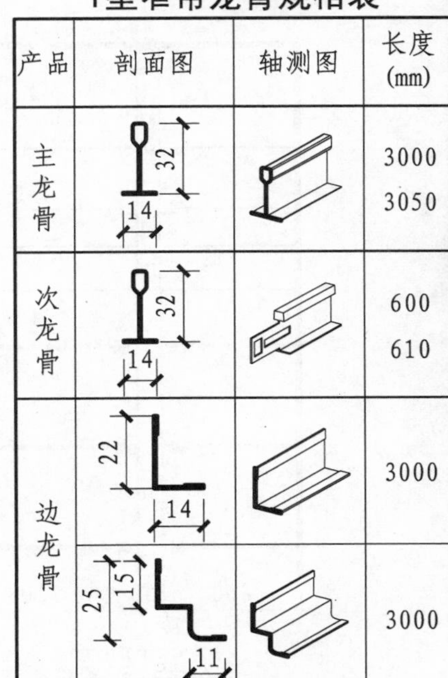

产品	剖面图	轴测图	长度(mm)
主龙骨	32; 14		3000 3050
次龙骨	32; 14		600 610
边龙骨	22; 14		3000
	25; 15; 11		3000

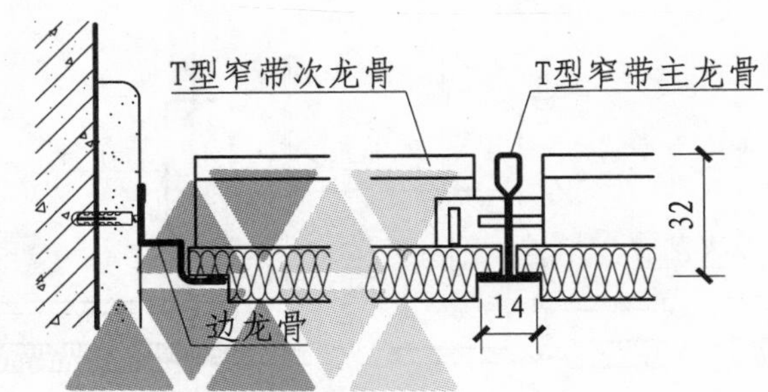

半明架T型窄带龙骨吊顶详图

矿棉板适配规格：

600×600×12 (明架)
600×600×13 (明架)
600×600×14 (明架)
600×600×15 (明架)
600×600×12 (跌级)
600×600×13 (跌级)
600×600×14 (跌级)
600×600×15 (跌级)

注：1. T型窄带龙骨底边较窄，只有14mm宽，因此吊顶分割显得精密细致。但也因为龙骨底边窄，与矿棉板搭接少，故要求龙骨构件要稳定，不能窜动，以避免矿棉板脱落。
2. T型窄带龙骨是明架T型龙骨的一种，其吊装方式与要求同明架T型龙骨一致。分为明架T型窄带龙骨平板矿棉板吊顶、半明架T型窄带龙骨跌级矿棉板吊顶。
3. 本页根据北新集团建材股份有限公司提供的技术资料编制。

明架T型窄带龙骨吊顶						图集号	12J502-2
审核 饶良修	饶良修	校对 郭晓明	郭晓明	设计 饶劢	饶劢	页	B26

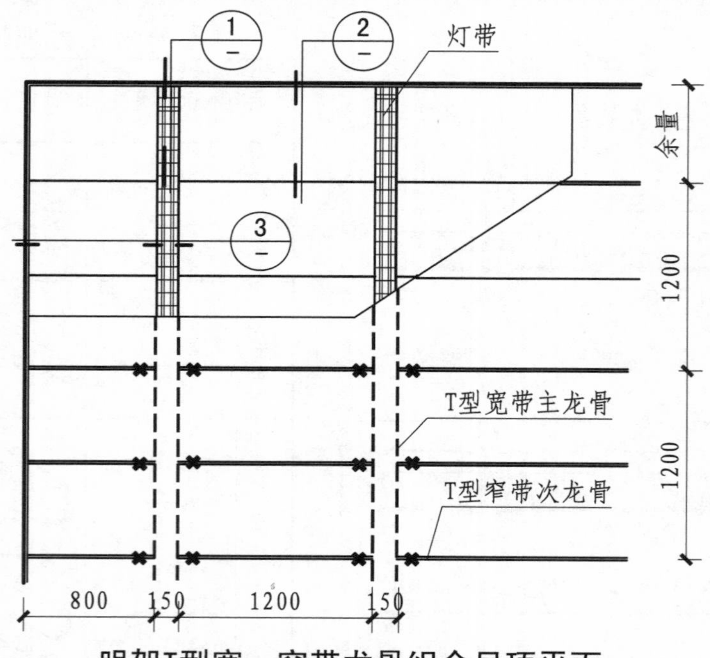

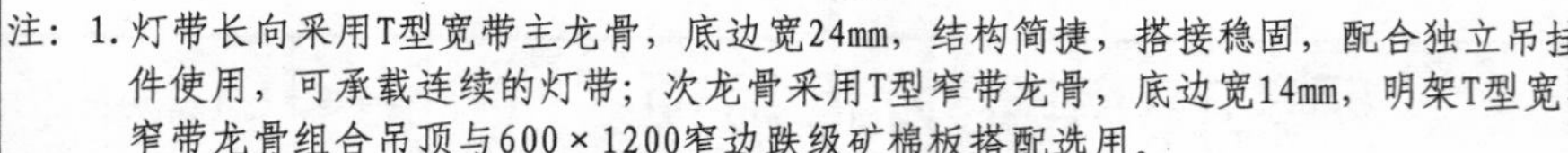

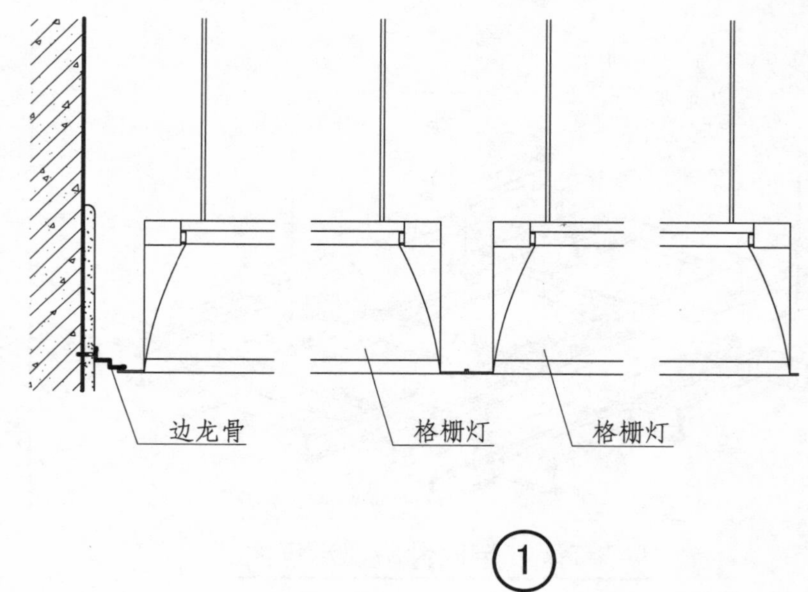

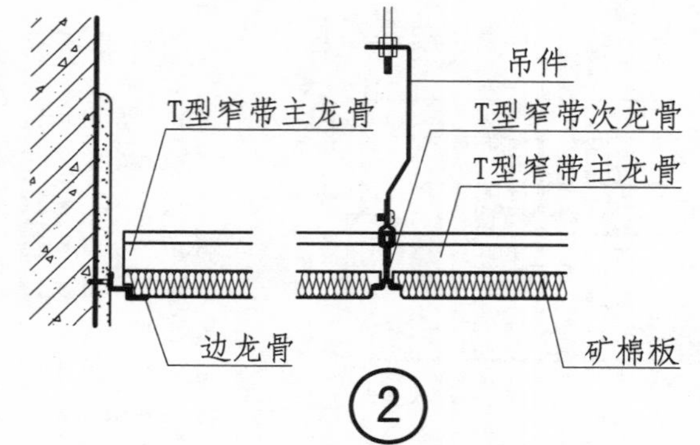

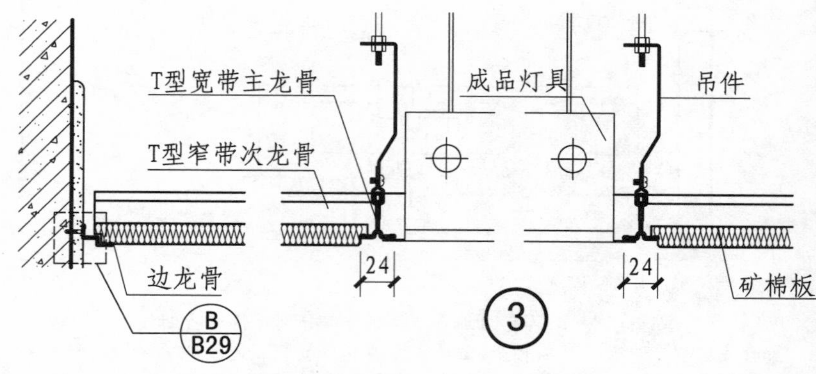

注：1.灯带长向采用T型宽带主龙骨，底边宽24mm，结构简捷，搭接稳固，配合独立吊挂件使用，可承载连续的灯带；次龙骨采用T型窄带龙骨，底边宽14mm，明架T型宽、窄带龙骨组合吊顶与600×1200窄边跌级矿棉板搭配选用。
2.本页根据星牌优时吉建筑材料有限公司提供的技术资料编制。

明架T型宽、窄带龙骨组合吊顶平面及详图							图集号	12J502-2
审核	饶良修	（签名）	校对	郭晓明	（签名）	设计 饶劢 （签名）	页	B27

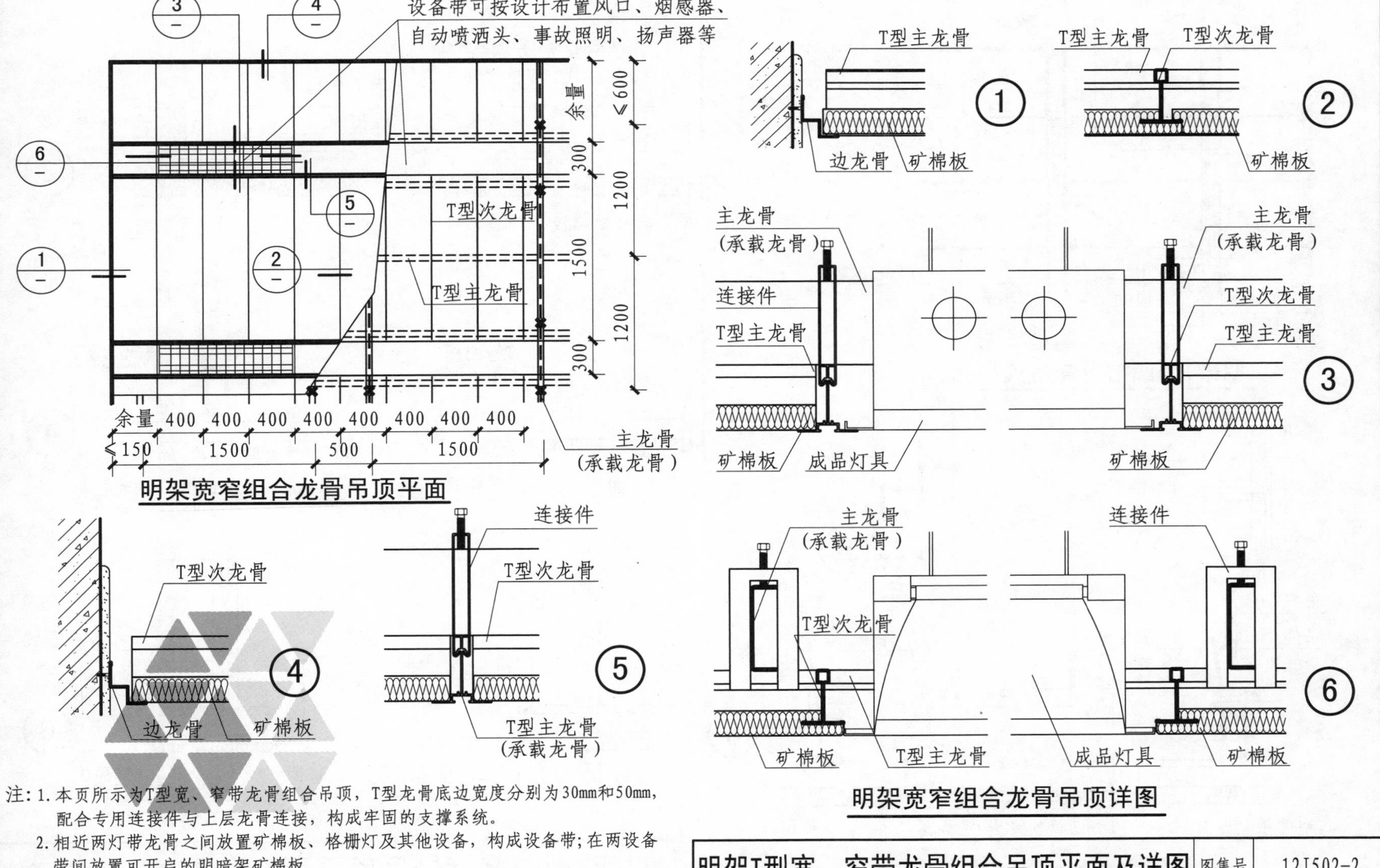

注：1. 本页所示为T型宽、窄带龙骨组合吊顶，T型龙骨底边宽度分别为30mm和50mm，配合专用连接件与上层龙骨连接，构成牢固的支撑系统。

2. 相近两灯带龙骨之间放置矿棉板、格栅灯及其他设备，构成设备带；在两设备带间放置可开启的明暗架矿棉板。

3. 适用板材的尺寸：1200/1500/1800/2100/2400×300/400×15/18(长×宽×厚)。

4. 本页根据星牌优时吉建筑材料有限公司提供的技术资料编制。

明架T型宽、窄带龙骨组合吊顶平面及详图						图集号	12J502-2
审核 饶良修		校对 郭晓明		设计 饶劢		页	B28

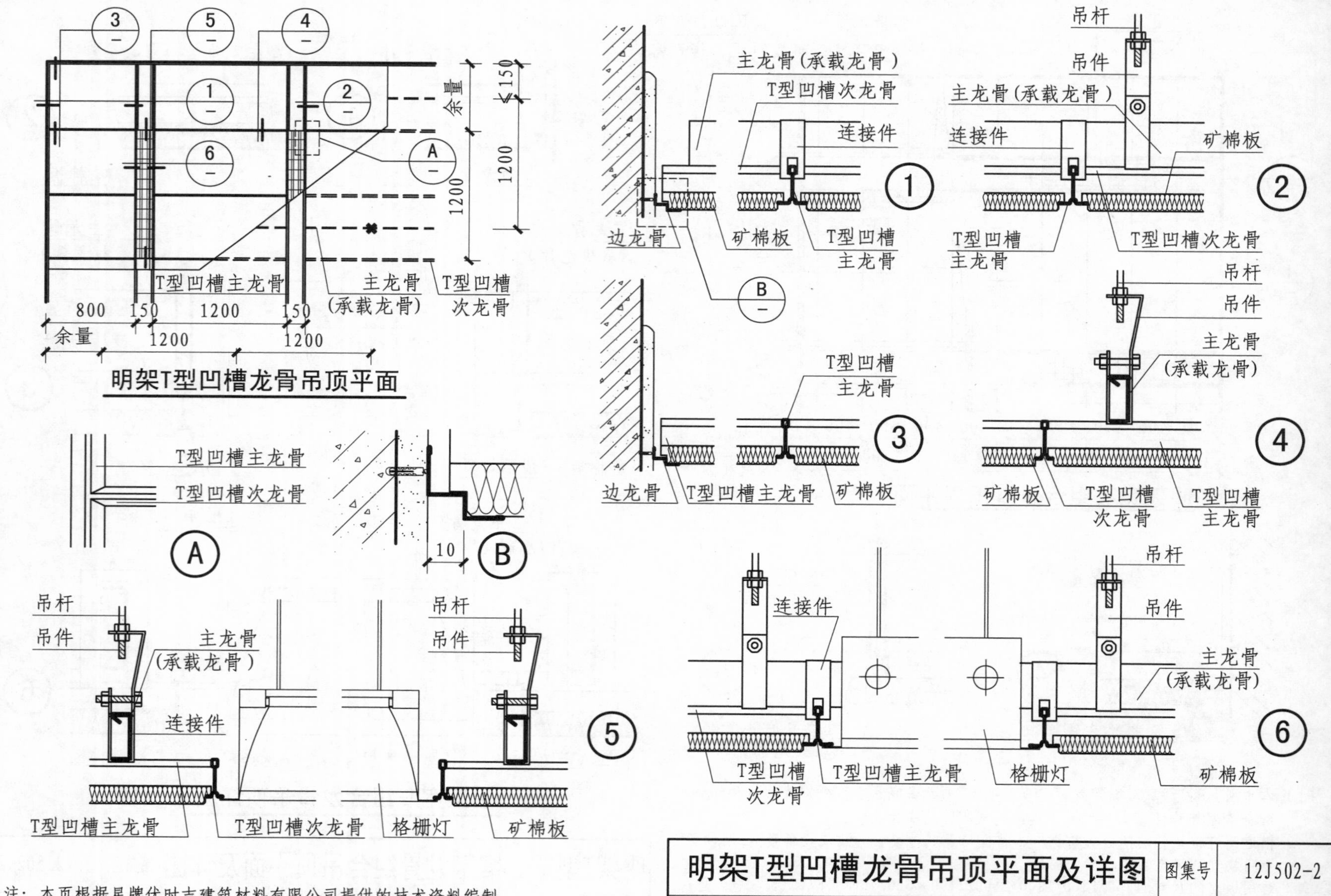

注：本页根据星牌优时吉建筑材料有限公司提供的技术资料编制。

明架T型凹槽龙骨吊顶平面及详图						图集号	12J502-2
审核	饶良修	校对	郭晓明	设计	饶劢	页	B29

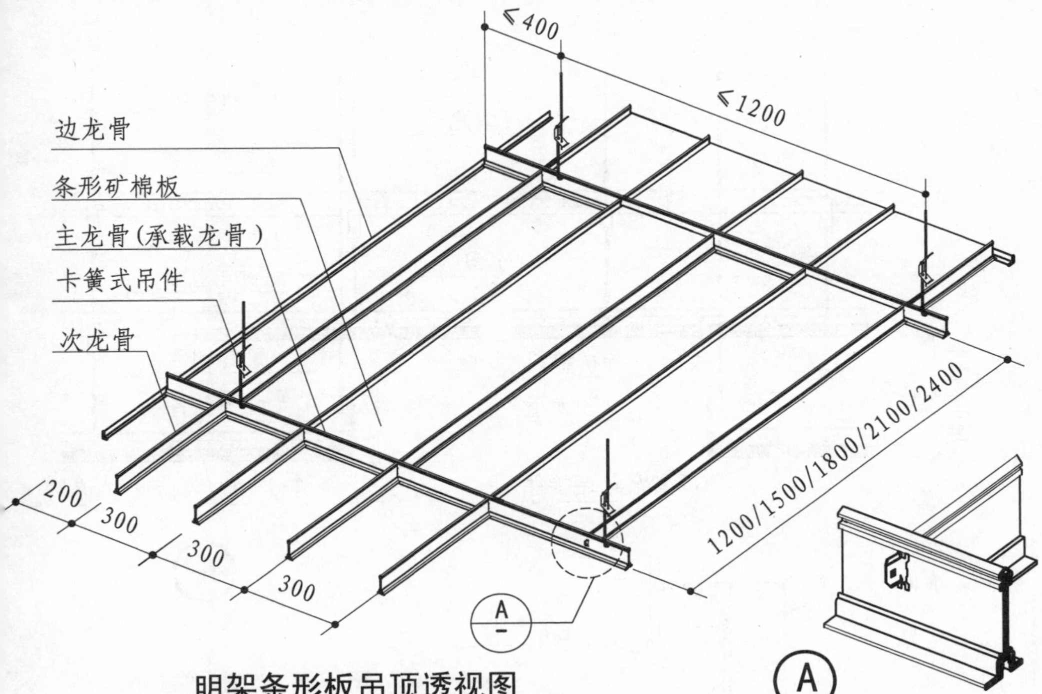

明架条形板吊顶透视图

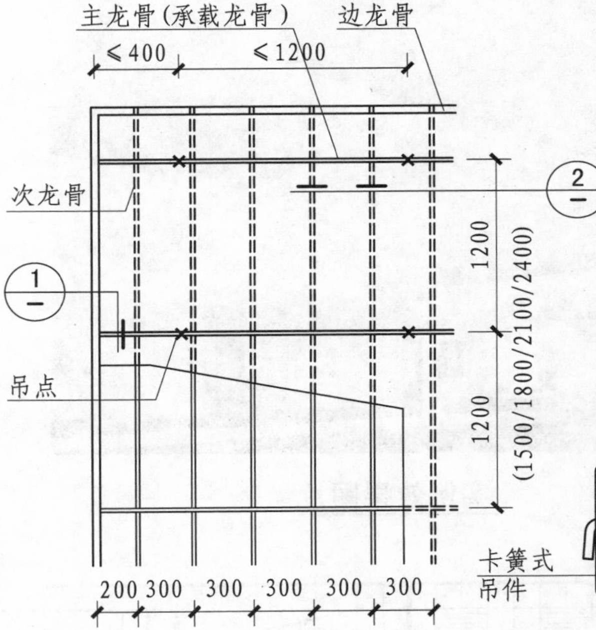

明架铝合金龙骨条形板吊顶平面

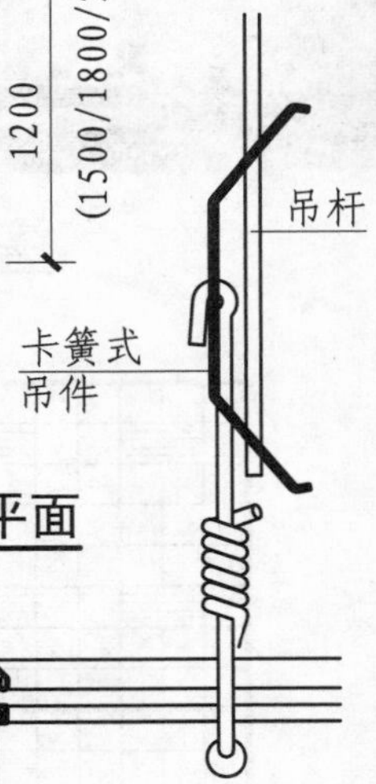

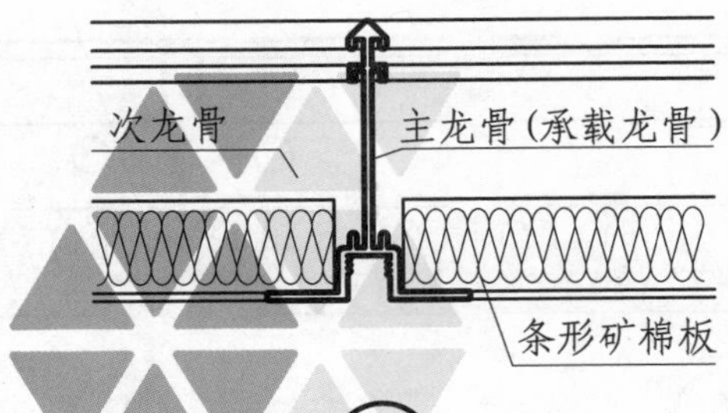

1

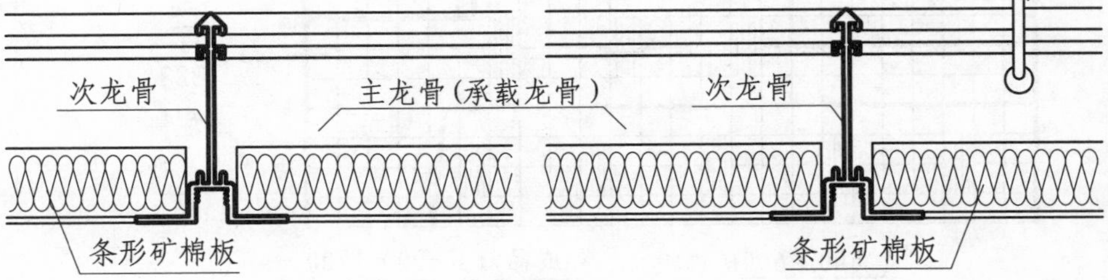

2

注：本页根据阿姆斯壮（中国）投资有限公司提供的技术资料编制。

明架铝合金龙骨条形板吊顶平面及详图							图集号	12J502-2
审核	饶良修	饶良修	校对	郭晓明	郭晓明	设计 李征 李征	页	B30

实例效果图片

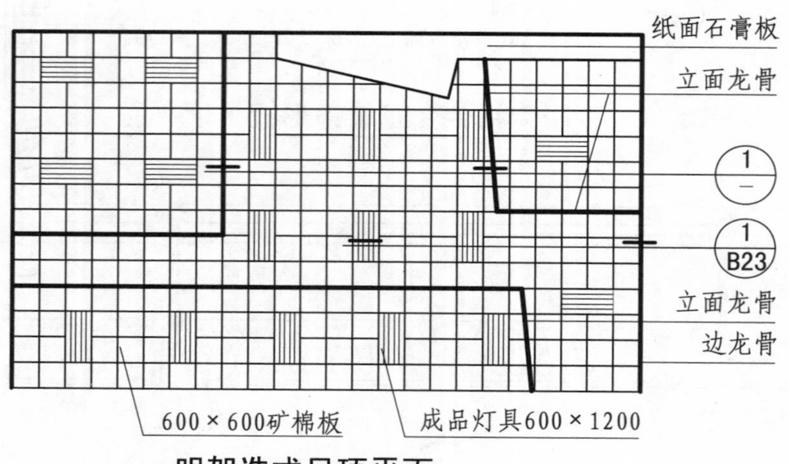

明架迭式吊顶平面

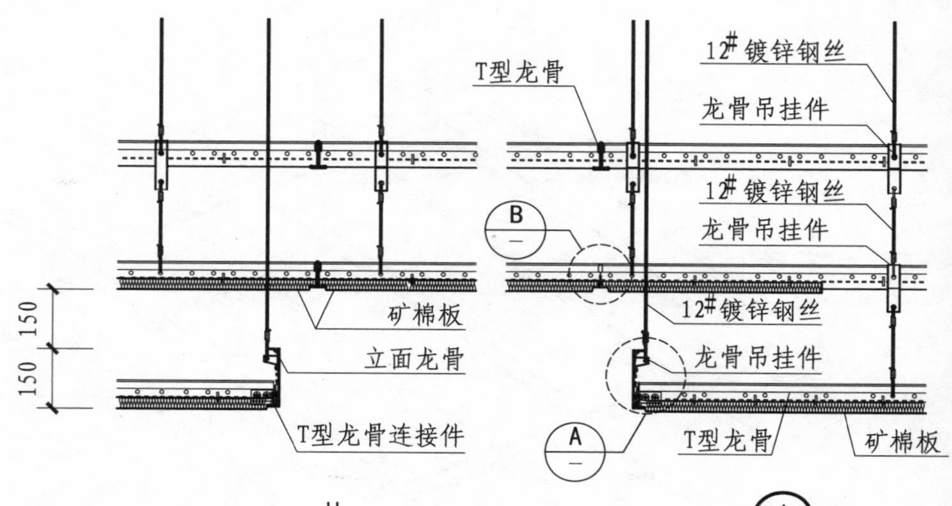

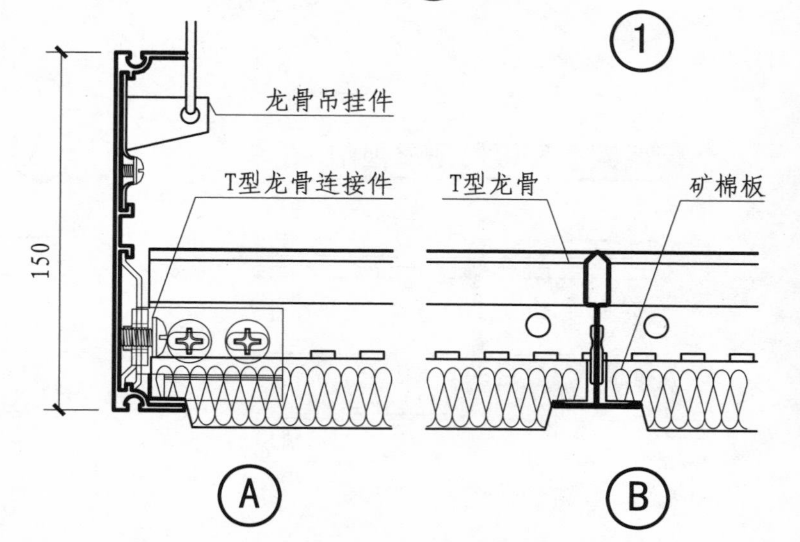

注：1. 灯具安装做法参考B47页，并应直接吊挂在结构顶板或梁上，不得与吊顶系统相连。
2. 立面龙骨一般用于吊顶系统的收边或过渡。吊杆间距参考B18页。
3. 本页仅以所示实例照片为例编制，选用者可根据吊顶设计造型选用节点详图。
4. 本页根据阿姆斯壮（中国）投资有限公司提供的技术资料编制。

明架迭式吊顶平面及详图（一）							图集号	12J502-2
审核	饶良修	饶良修	校对	郭晓明	郭晓明	设计 李征 李征	页	B31

实例效果图片

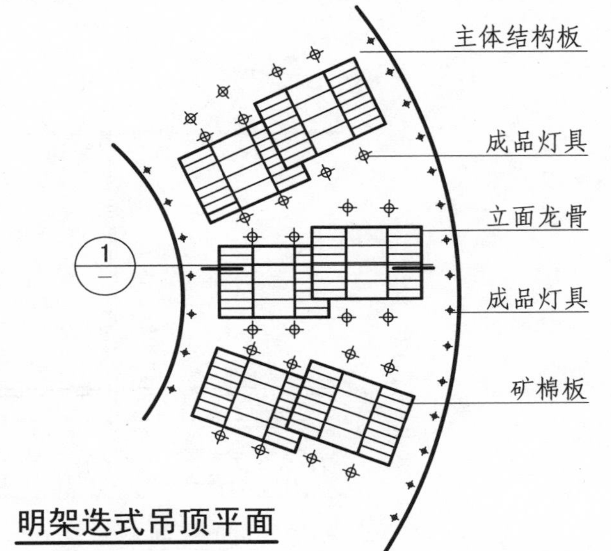

明架迭式吊顶平面

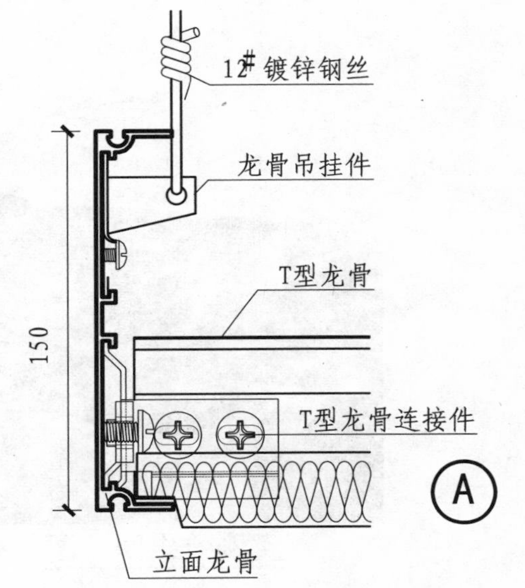

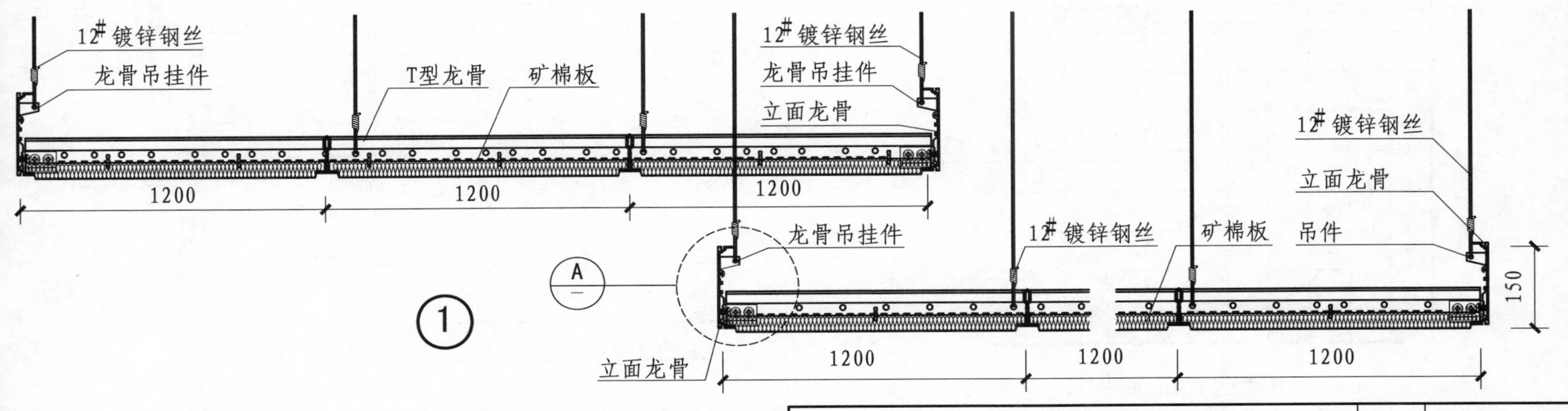

注：1. 立面龙骨曲线按设计要求工厂预制加工。
2. 本页根据阿姆斯壮（中国）投资有限公司提供的技术资料编制。

明架迭式吊顶平面及详图（二）							图集号	12J502-2
审核	饶良修	饶良修	校对	郭晓明	郭晓明	设计	李征	李征	页	B32

实例效果图片图

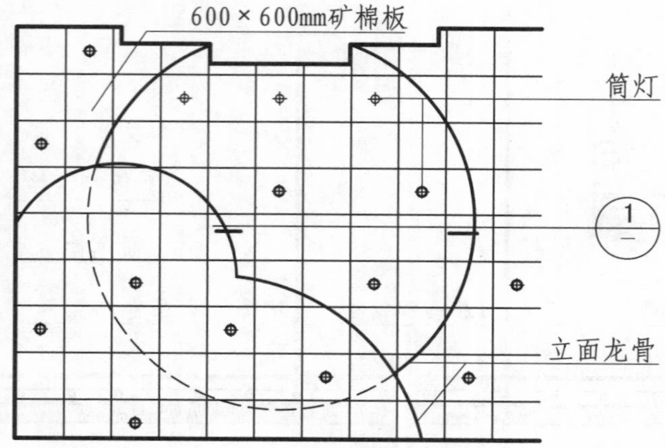

明架迭式吊顶平面

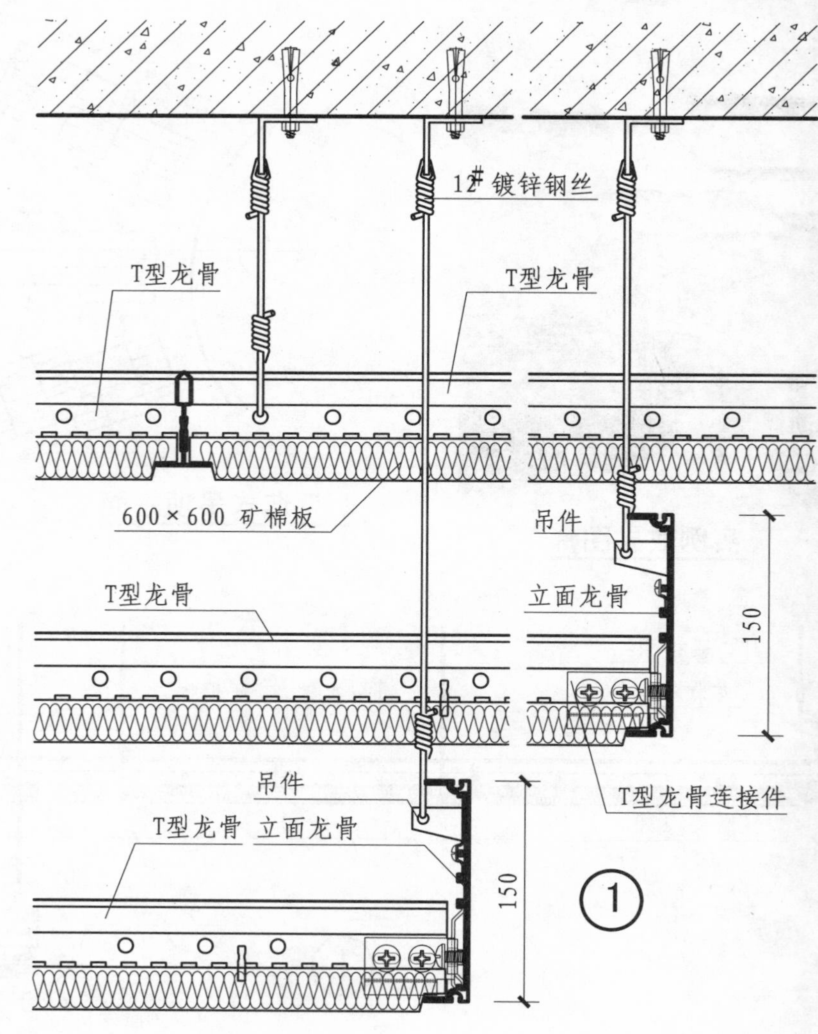

注：1. 立面龙骨曲线按设计要求工厂预制加工。
2. 12# 镀锌钢丝中距为1200mm，T型龙骨排布及安装方式参考明架矿棉板T型龙骨做法。
3. 本页根据阿姆斯壮（中国）投资有限公司提供的技术资料编制。

明架迭式吊顶平面及详图（三）						图集号	12J502-2
审核	饶良修	校对	郭晓明	设计	李征	页	B33

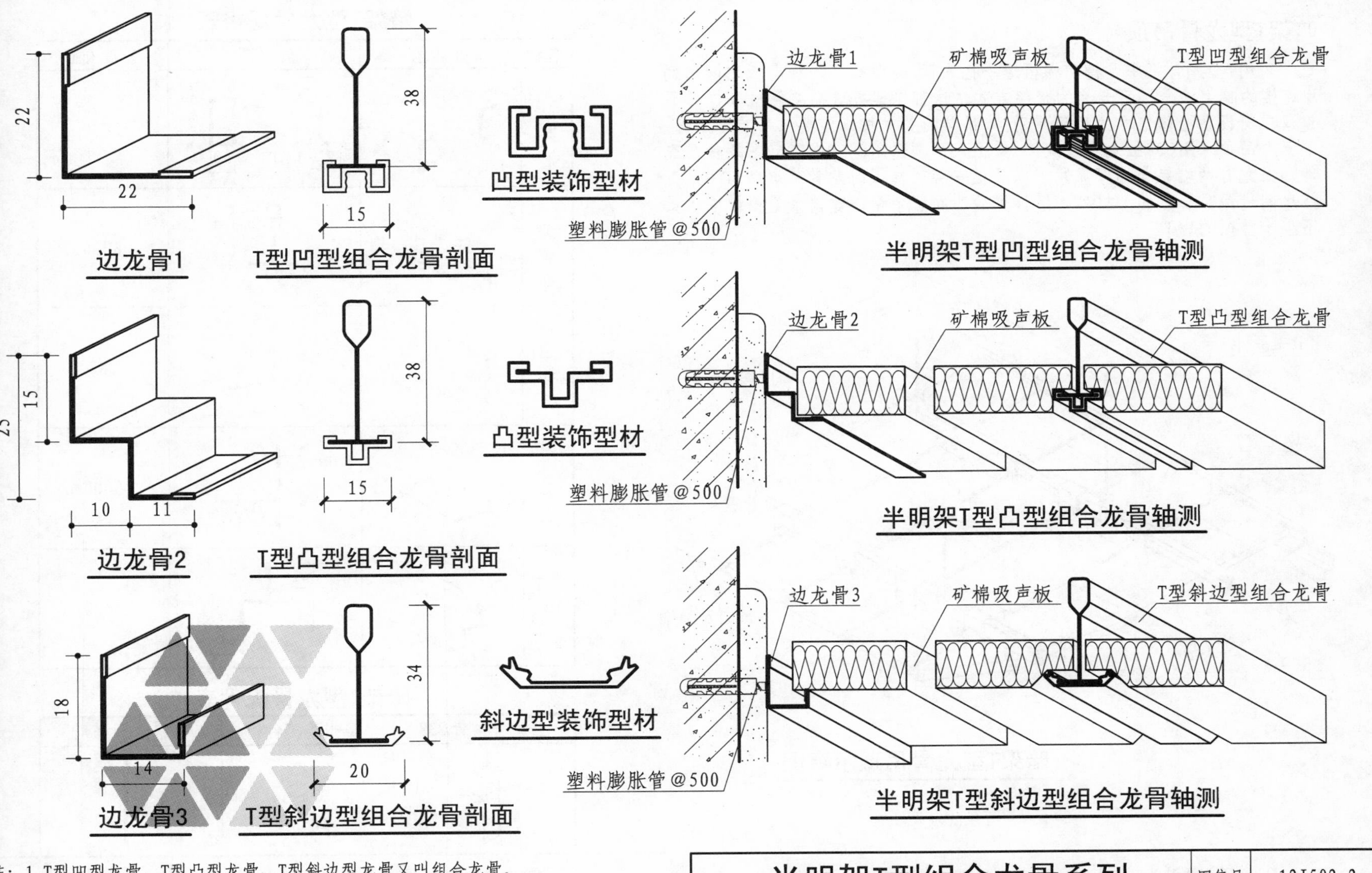

注：1. T型凹型龙骨、T型凸型龙骨、T型斜边型龙骨又叫组合龙骨。
2. 组合龙骨一般和跌级矿棉板配合使用。
3. 本页根据北新集团建材股份有限公司提供的技术资料编制。

半明架T型组合龙骨系列							图集号	12J502-2
审核	饶良修	校对	郭晓明		设计	饶劢	页	B34

暗架T型龙骨吊顶

采用T型龙骨将中开槽矿棉板逐一插入T型龙骨架中，板与板之间用插片连接的暗架法是不可开启的暗架方式。这种工程方式需要做检查口，不建议在有设备检修需求的房间使用。 吊装时首先按规定要求吊装主龙骨，不上人吊顶采用C38主龙骨及配件； 上人吊顶选用CS50或CS60主龙骨及配件，主龙骨两端要与墙壁靠紧，以防止安装矿棉板时龙骨架窜动；T型龙骨按房间进深（长方向）排列，经计算后四周留余量。建议余量板板幅尽量不小于整板的1/3。

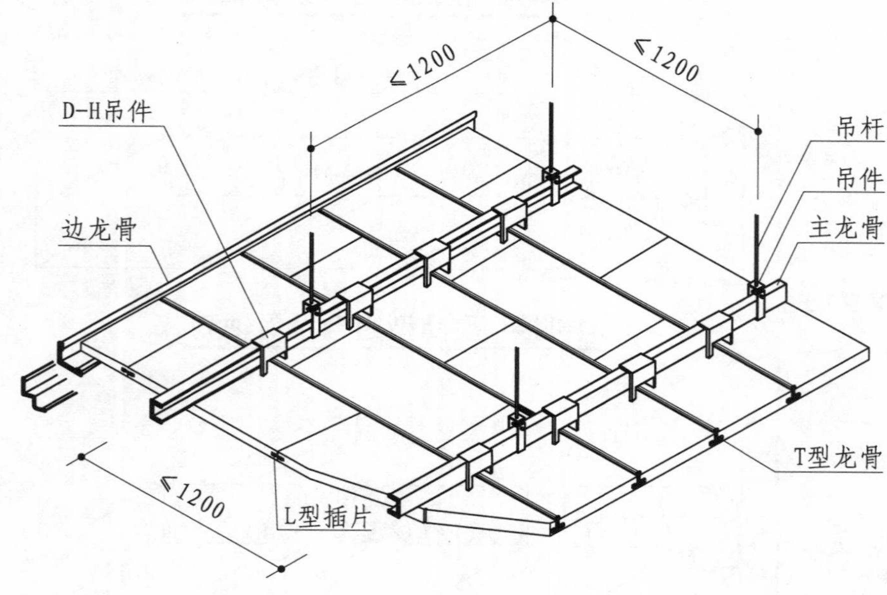

暗架T型龙骨吊顶示意图

暗架T型龙骨规格表

名称	轴测图	剖面图	长度(mm)
主龙骨		38(50)　12(15)　10　60　30	2800
T型龙骨		32(38)　24	3000
L型插片			288
边龙骨		23.5　23.5	3000
边龙骨（跌级）		25　15　11	3000

暗架T型龙骨配件表

主龙骨吊件C38	D-H连接件	镀锌全牙吊杆

注：1. 本页以T型龙骨配以规格为600×300×15(18)的中开槽矿棉板为例。此中开槽矿棉板安装时应注意相邻板错位1/2长度，以初始板为准，拉线找正位置。
2. 本页根据北新集团建材股份有限公司提供的技术资料编制。

暗架T型龙骨吊顶								图集号	12J502-2
审核	饶良修	饶良修	校对	郭晓明	郭晓明	设计	饶劢	页	B35

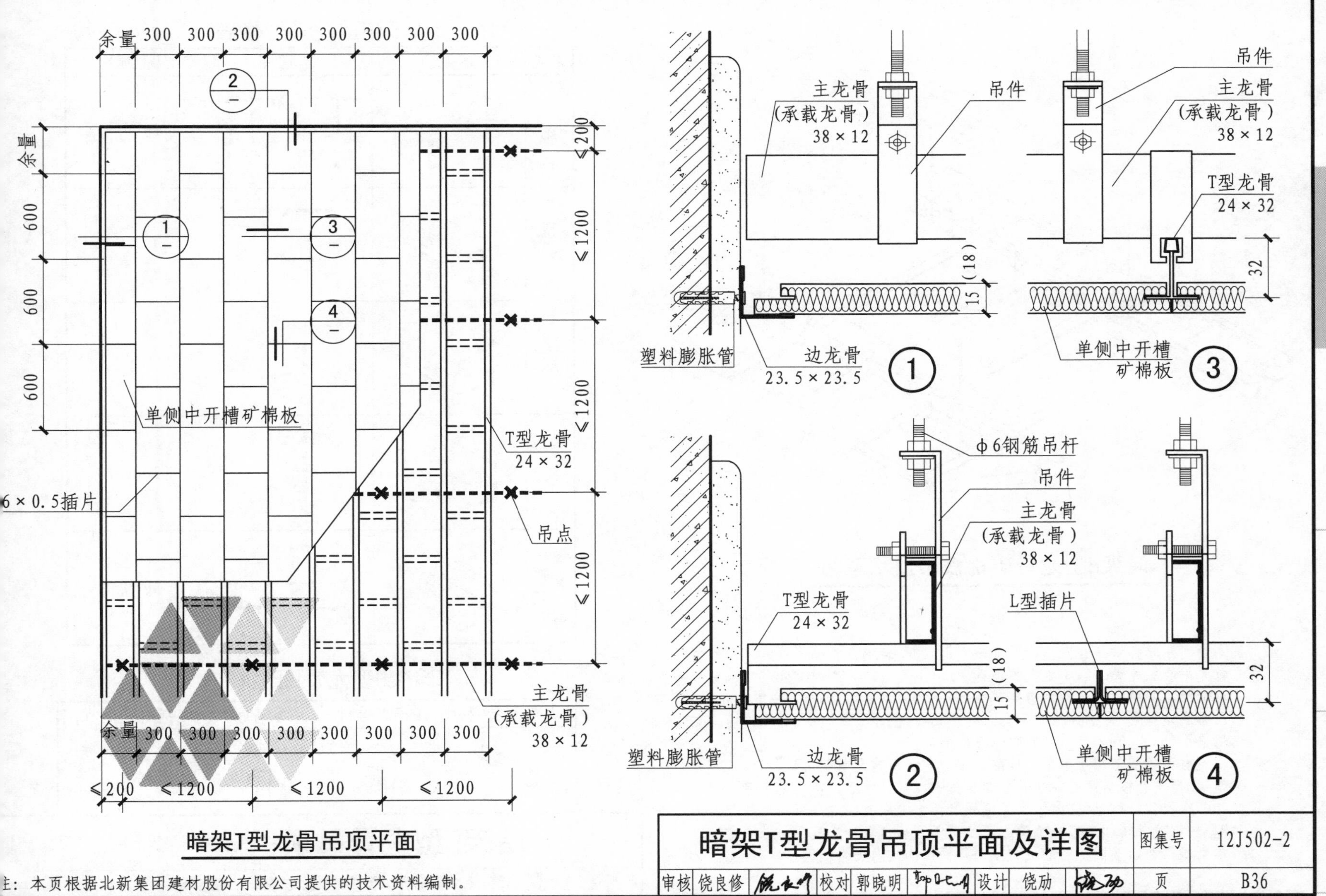

暗架T型龙骨吊顶平面

注：本页根据北新集团建材股份有限公司提供的技术资料编制。

暗架T型龙骨吊顶平面及详图						图集号	12J502-2
审核	饶良修	校对	郭晓明	设计	饶劢	页	B36

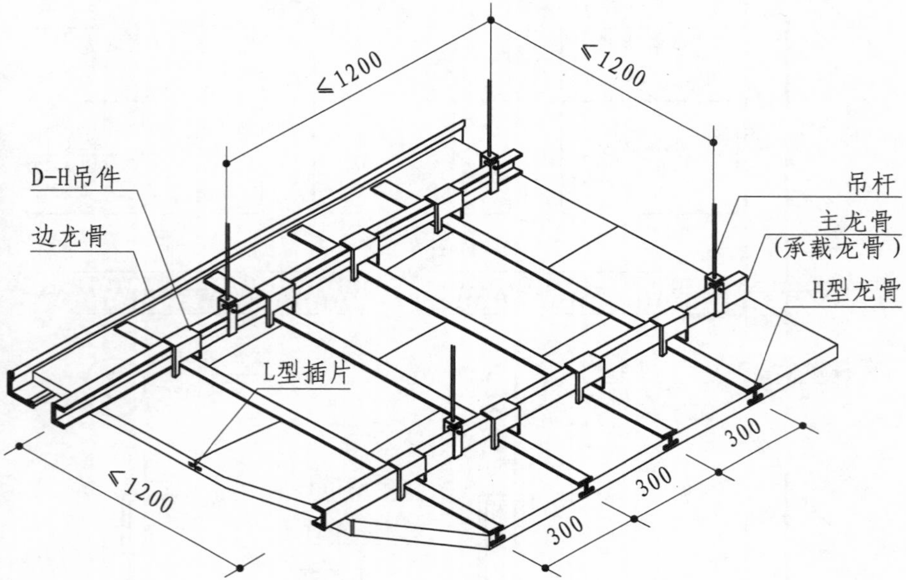

D-H吊件
边龙骨
吊杆
主龙骨
（承载龙骨）
H型龙骨
L型插片
≤1200
≤1200
≤1200
300
300
300

暗架H型龙骨矿棉板吊顶示意图

注：1.本页所示暗插法是在开槽的矿棉板中插入H型轻钢龙骨的吊顶方式。吊装时首先吊装主龙骨C38(不上人吊顶选用)。上人吊顶可选用CS50或CS60主龙骨及配件，采用板边开槽的暗架矿棉板，将H型龙骨用38H卡钩或D-H连接件，吊装成龙骨架，将矿棉板逐一插入龙骨架中，板与板之间用H插片连接。配以规格为600×300×15(18)的中开槽矿棉板。
2.主龙骨两端要与墙壁靠紧，以防止安装矿棉板时龙骨架窜动。
3.建议H型龙骨按房间进深（长方向）排列，经计算后，四周留余量。
4.相邻板错位1/2长度安装，初始板找好两个方向直线度，可拉线找正。
5.H型轻钢龙骨暗插法工程方法中可设活动开启口做检查孔用。
6.本页根据北新集团建材股份有限公司提供的技术资料编制。

暗架H型龙骨规格表

名称	轴测图	剖面图	长度(mm)
主龙骨	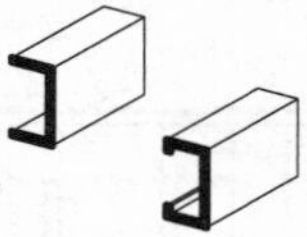	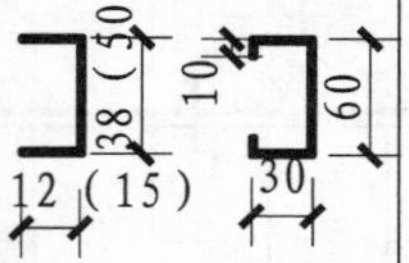 12（15） 38（50） 10 60 30	2800
H型龙骨	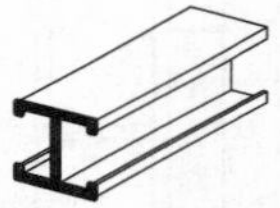	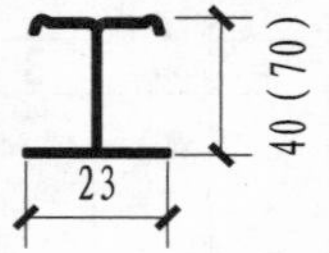 23 40（70）	2800
L型插片	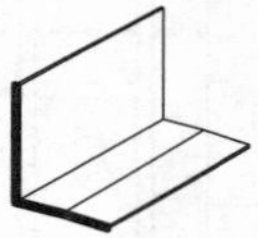		288
边龙骨	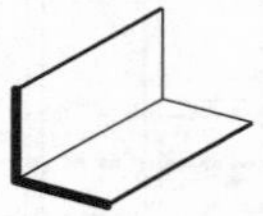	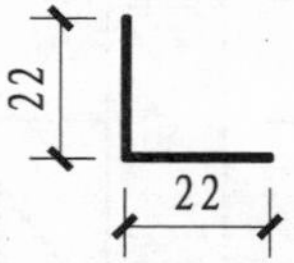 22 22	3000
边龙骨（跌级）	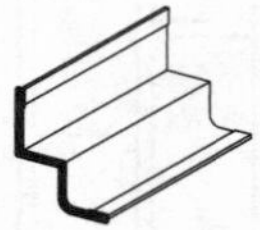	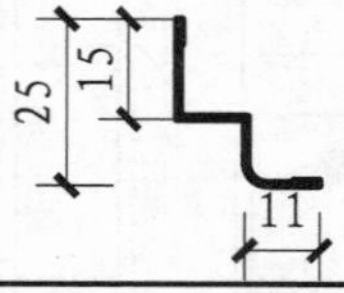 25 15 11	3000

暗架H型龙骨配件表

龙骨连接件	D-H连接件	主龙骨吊件	全镀锌全牙吊杆

暗架H型龙骨吊顶	图集号	12J502-2
审核 饶良修 校对 郭晓明 设计 饶劢	页	B37

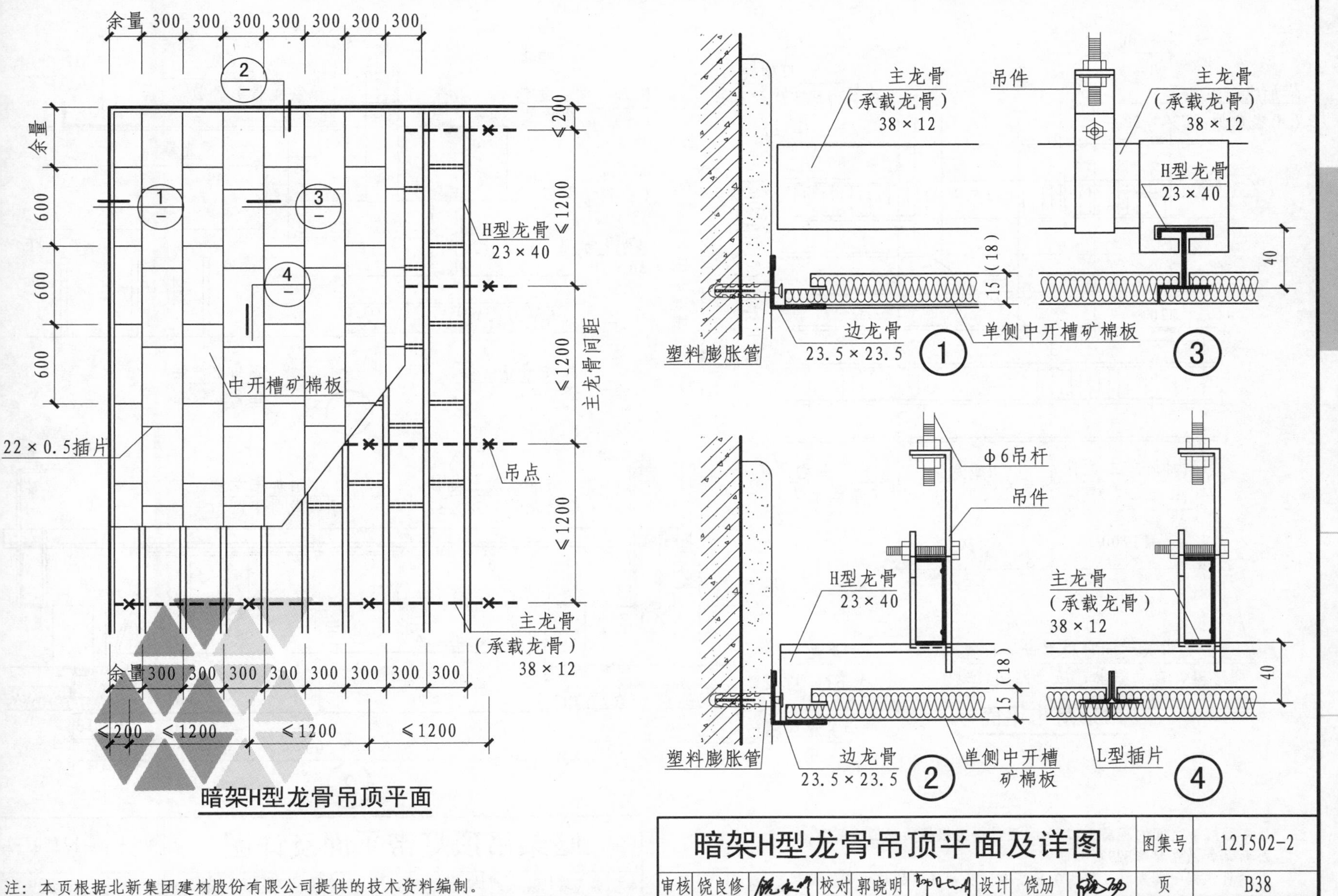

暗架H型龙骨吊顶平面

暗架H型龙骨吊顶平面及详图						图集号	12J502-2
审核	饶良修	校对	郭晓明	设计	饶劢	页	B38

注：本页根据北新集团建材股份有限公司提供的技术资料编制。

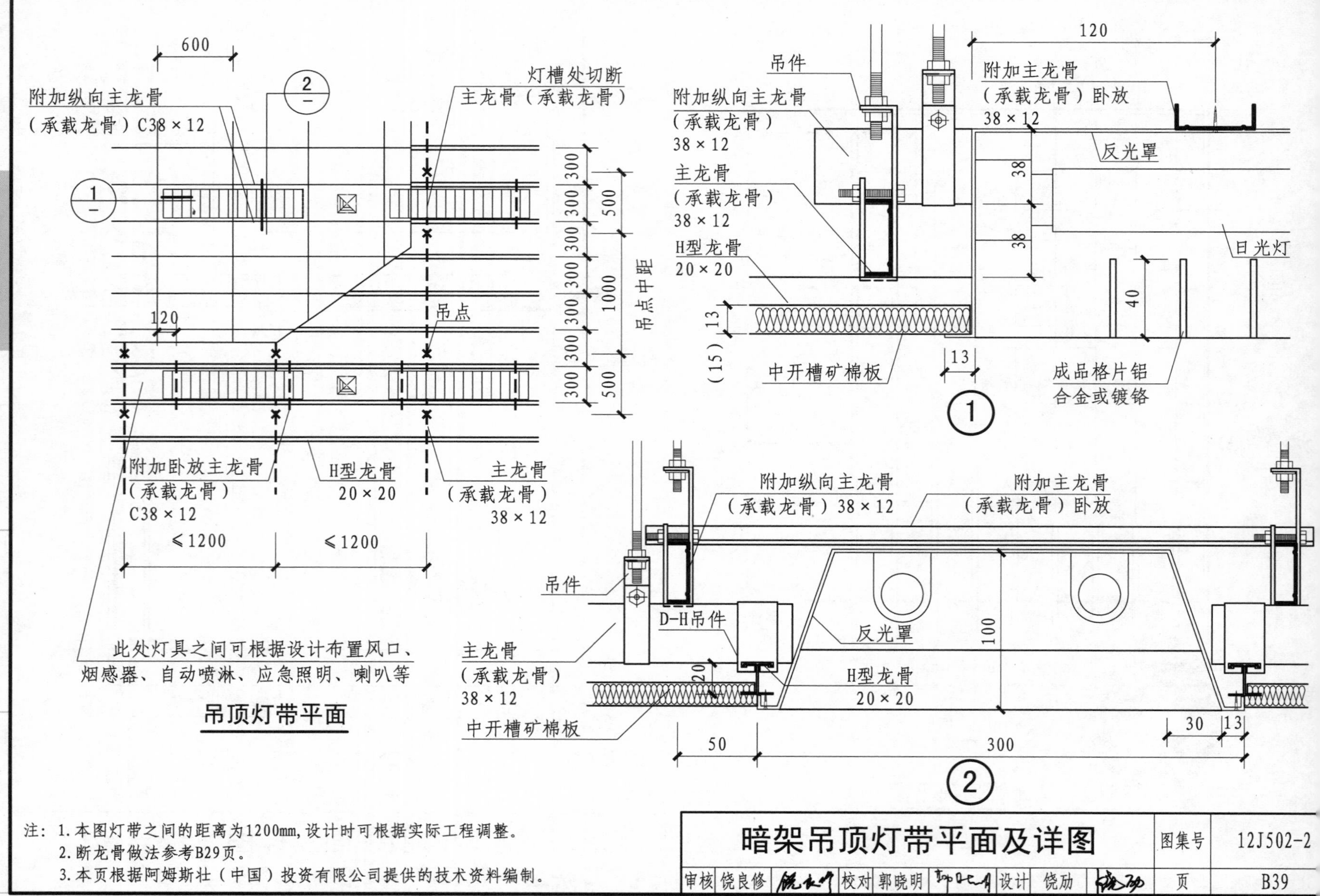

吊顶灯带平面

注：1. 本图灯带之间的距离为1200mm，设计时可根据实际工程调整。
2. 断龙骨做法参考B29页。
3. 本页根据阿姆斯壮（中国）投资有限公司提供的技术资料编制。

暗架吊顶灯带平面及详图						图集号	12J502-2
审核	饶良修	校对	郭晓明	设计	饶劢	页	B39

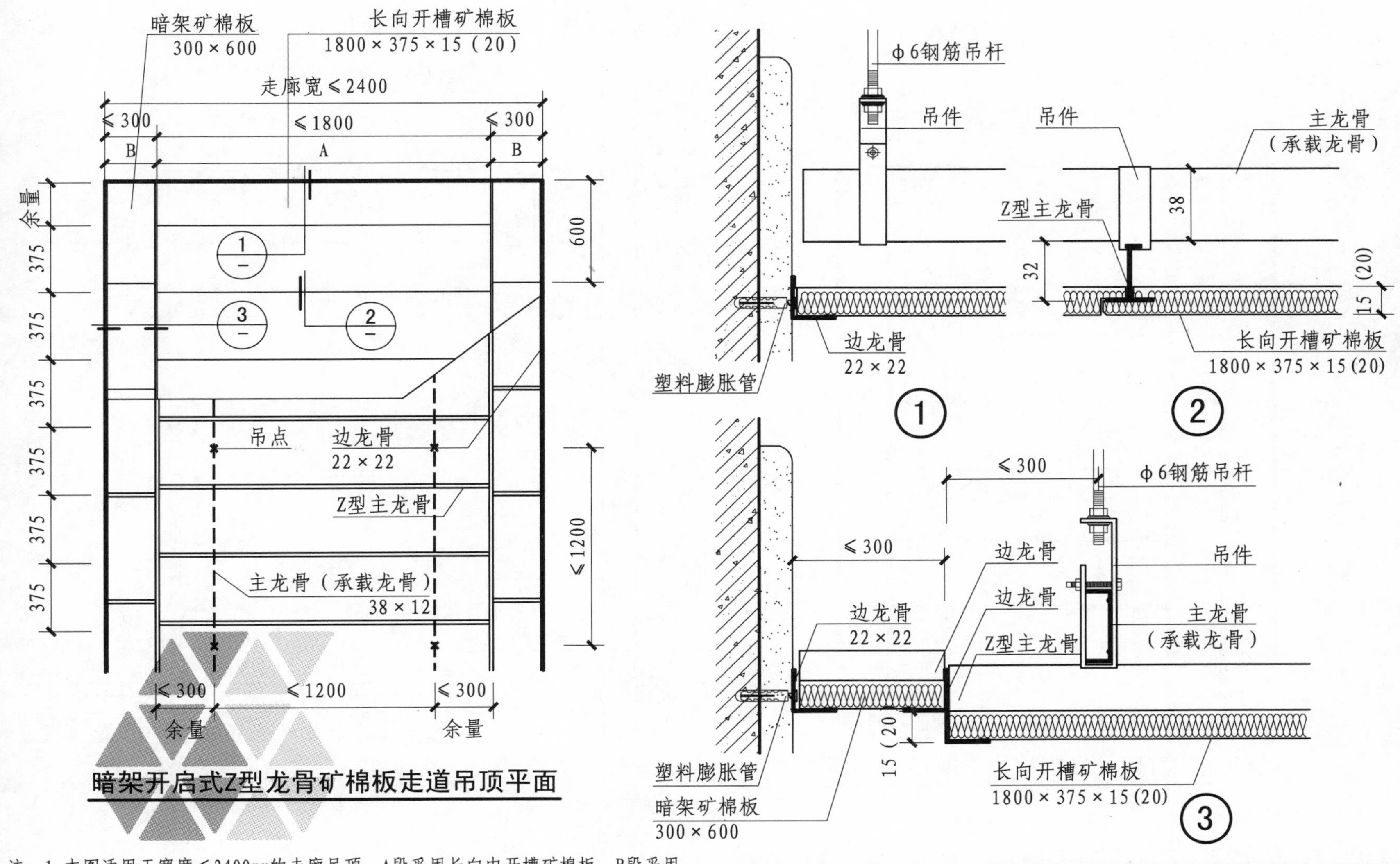

暗架开启式Z型龙骨矿棉板走道吊顶平面

注：1. 本图适用于宽度≤2400mm的走廊吊顶，A段采用长向中开槽矿棉板，B段采用规格为300×600的中开槽矿棉板。B≤300mm，时可裁成所需尺寸，插片也应配合裁成同样长短尺寸。也可改用T型龙骨配相应吊件组成暗架开启式吊顶。

2. 本页根据阿姆斯壮（中国）投资有限公司提供的技术资料编制。

暗架开启式Z型龙骨矿棉板走道吊顶平面及详图						图集号	12J502-2
审核 饶良修	饶良修	校对 郭晓明	郭晓明	设计 饶劢	饶劢	页	B40

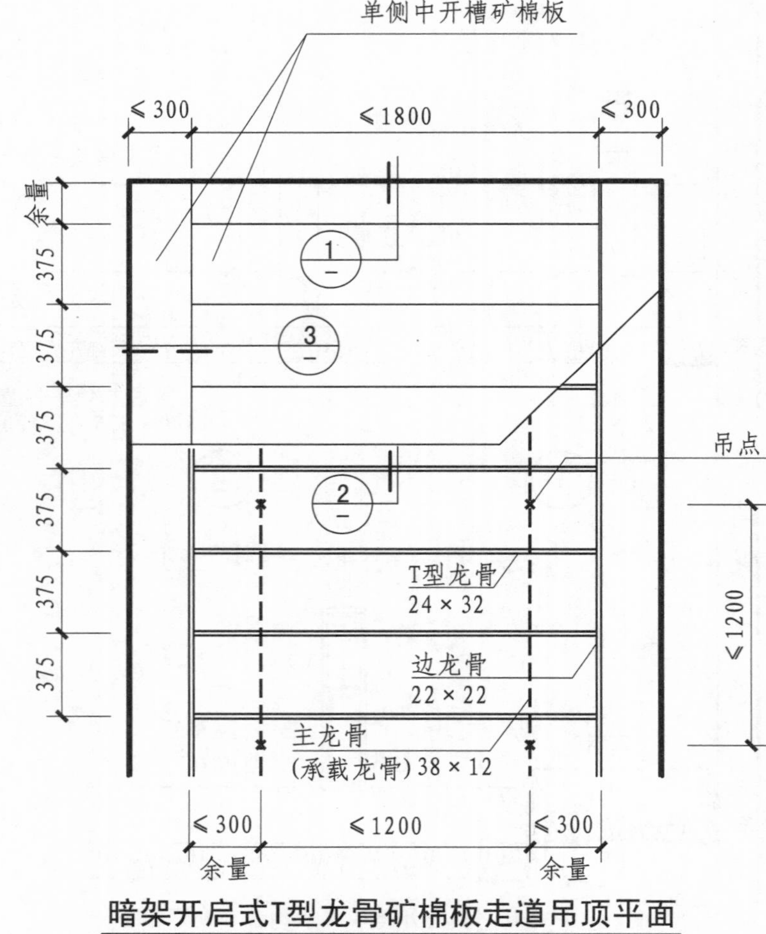

暗架开启式T型龙骨矿棉板走道吊顶平面

ϕ6钢筋吊杆
吊件D-T38
吊件
主龙骨
（承载龙骨）
T型龙骨
24 × 32
38
32
13 (15)
边龙骨
22 × 22
单侧中开槽矿棉板
1800 × 375 × 13 (15)

①　②

≤300
ϕ6钢筋吊杆
吊件
≤300
边龙骨
22 × 22
边龙骨
22 × 22
38
T型龙骨
24 × 32
32
13 (15)
塑料膨胀管
单侧中开槽矿棉板
1800 × 375 × 13 (15)
单侧中开槽矿棉板
1800 × 375 × 13 (15)

③

注：1. 本图为T型龙骨配长向中开槽矿棉板，也可改用专用龙骨配相应吊件及长向中开槽矿棉板，组成暗架开启式T型龙骨矿棉板走道吊顶。1800 × 375 × 15单侧中开槽矿棉板（走道宽度≤1800mm时，矿棉板长度按走道实际宽度定货）。
2. 本页根据阿姆斯壮（中国）投资有限公司提供的技术资料编制。

暗架开启式T型龙骨矿棉板走道吊顶平面及详图								图集号	12J502-2
审核	饶良修	[签名]	校对	郭晓明	[签名]	设计	饶劢	页	B41

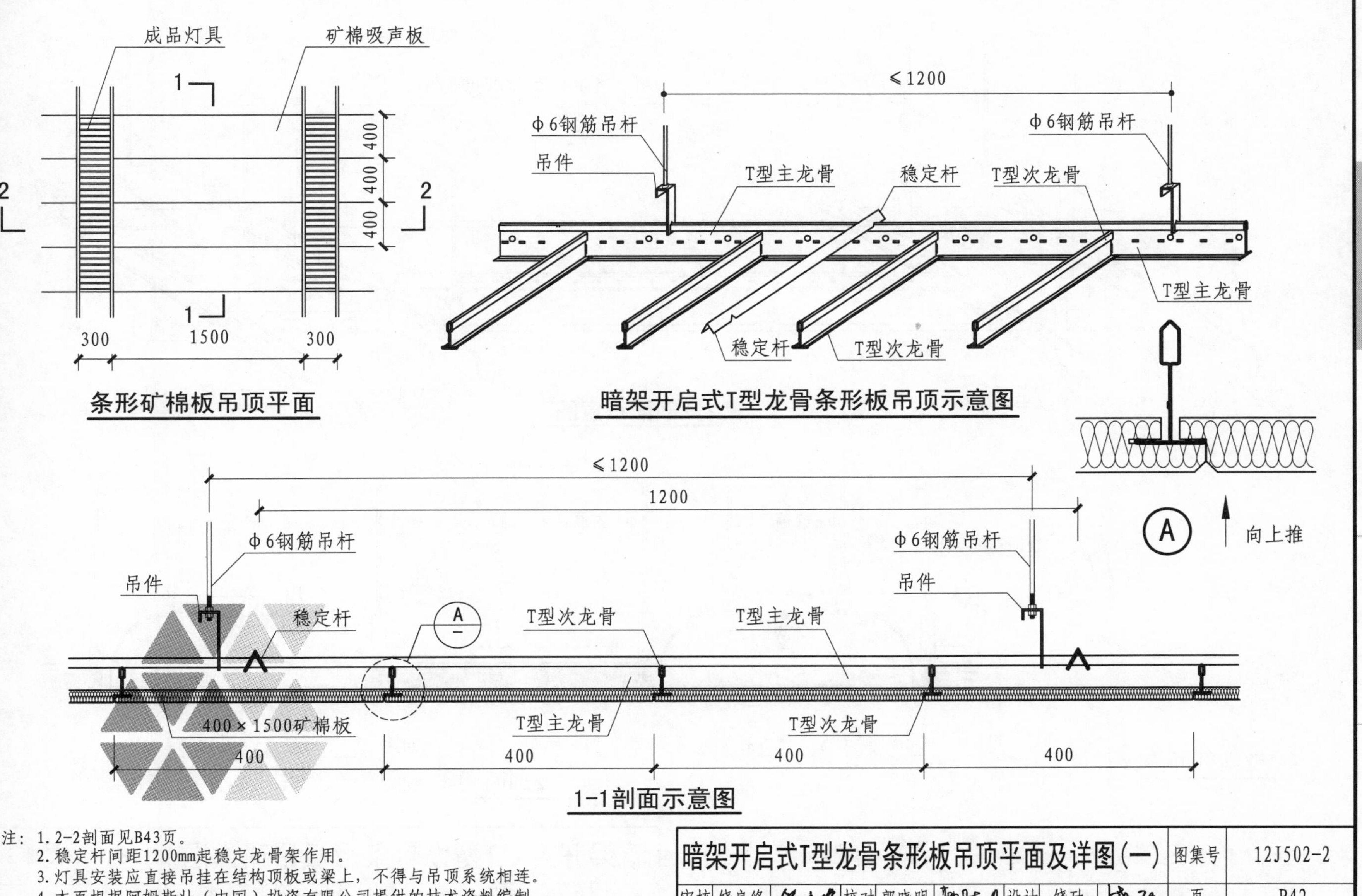

注：1. 2-2剖面见B43页。
2. 稳定杆间距1200mm起稳定龙骨架作用。
3. 灯具安装应直接吊挂在结构顶板或梁上，不得与吊顶系统相连。
4. 本页根据阿姆斯壮（中国）投资有限公司提供的技术资料编制。

暗架开启式T型龙骨条形板吊顶平面及详图（一）							图集号	12J502-2
审核	饶良修	饶良修	校对	郭晓明	郭晓明	设计	饶劢	饶劢	页	B42

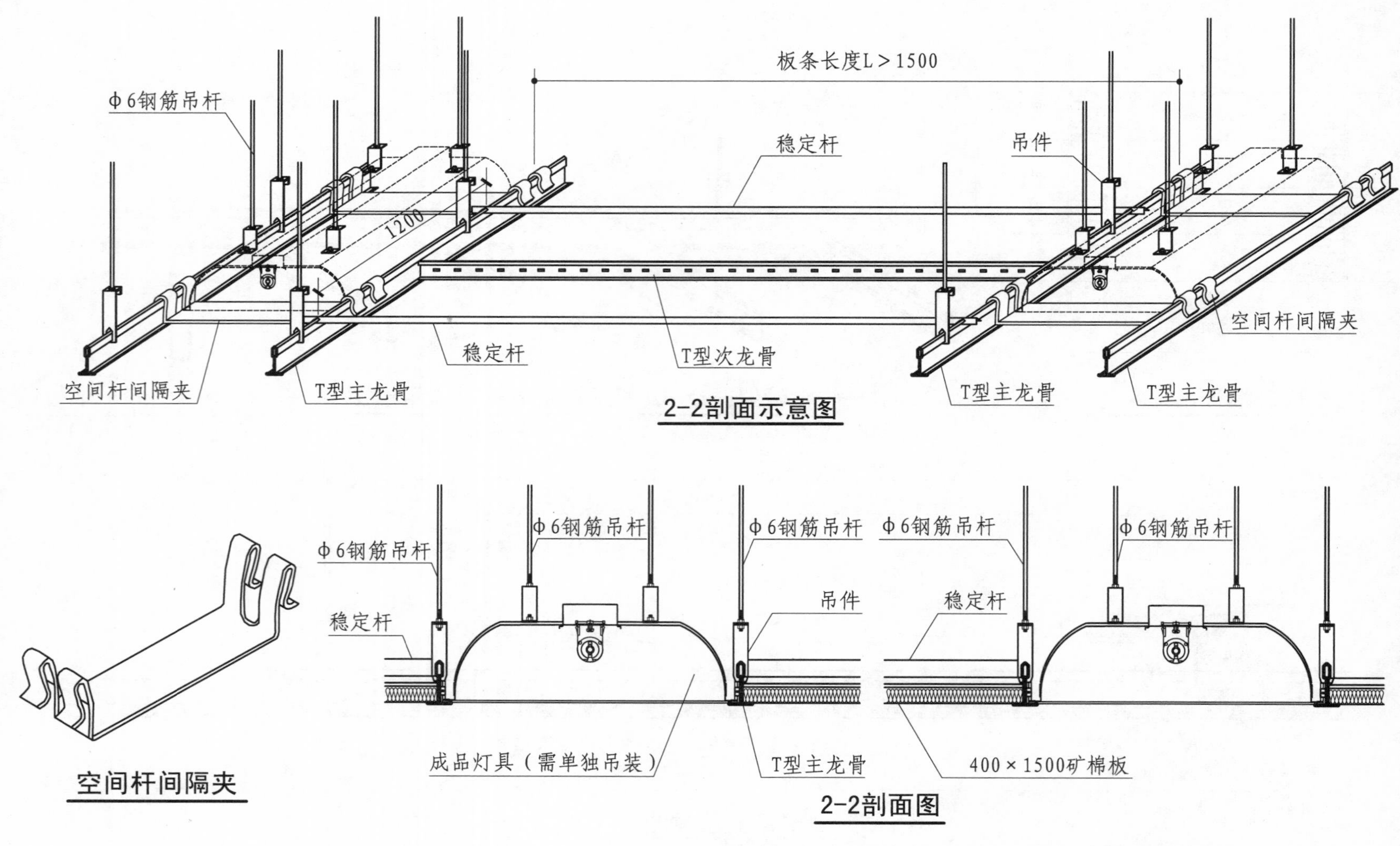

2-2剖面示意图

空间杆间隔夹

2-2剖面图

注：1.灯具安装应直接吊挂在结构顶板或梁上，不得与吊顶系统相连。
2.稳定杆间距1200mm起稳定龙骨架作用，空间杆间隔夹间距视灯具长度定。
3.本页根据阿姆斯壮（中国）投资有限公司提供的技术资料编制。

暗架开启式T型龙骨条形板吊顶详图						图集号	12J502-2
审核	饶良修	校对	郭晓明	设计	李征	页	B43

实例效果图片图

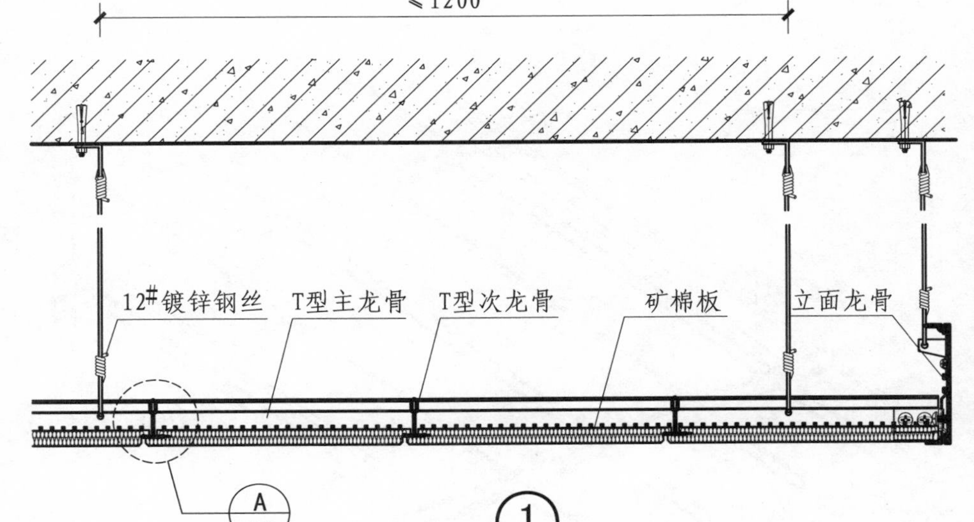

暗架开启式T型龙骨条形板吊顶平面

A

注：1. 立面龙骨一般用于吊顶系统的收边或过渡。
2. 本页根据阿姆斯壮（中国）投资有限公司提供的技术资料编制。

暗架开启式T型龙骨条形板吊顶平面及详图（二）	图集号	12J502-2
审核 饶良修 校对 郭晓明 设计 李征	页	B44

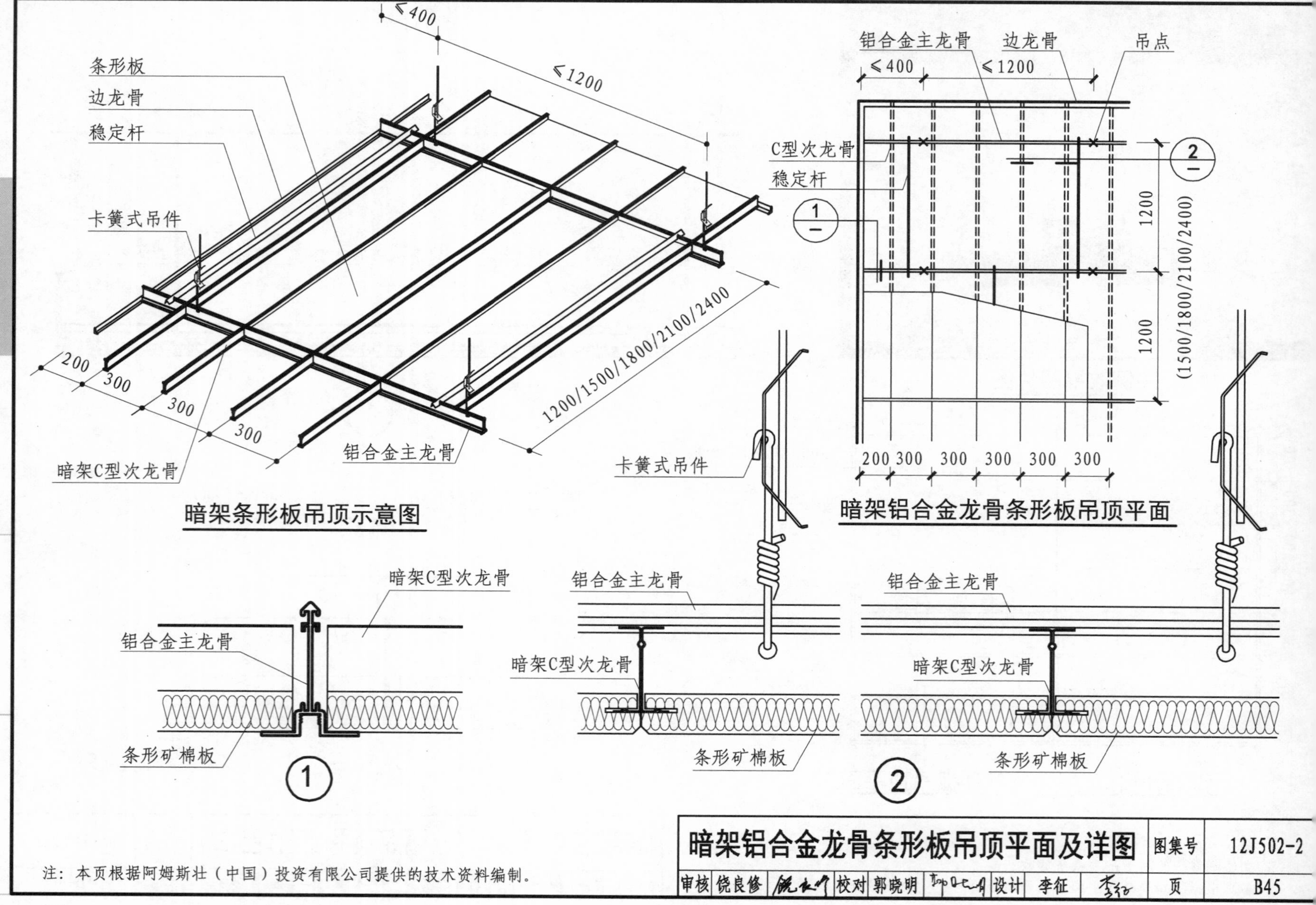

注：本页根据阿姆斯壮（中国）投资有限公司提供的技术资料编制。

暗架铝合金龙骨条形板吊顶平面及详图							图集号	12J502-2
审核	饶良修	校对	郭晓明	设计	李征		页	B45

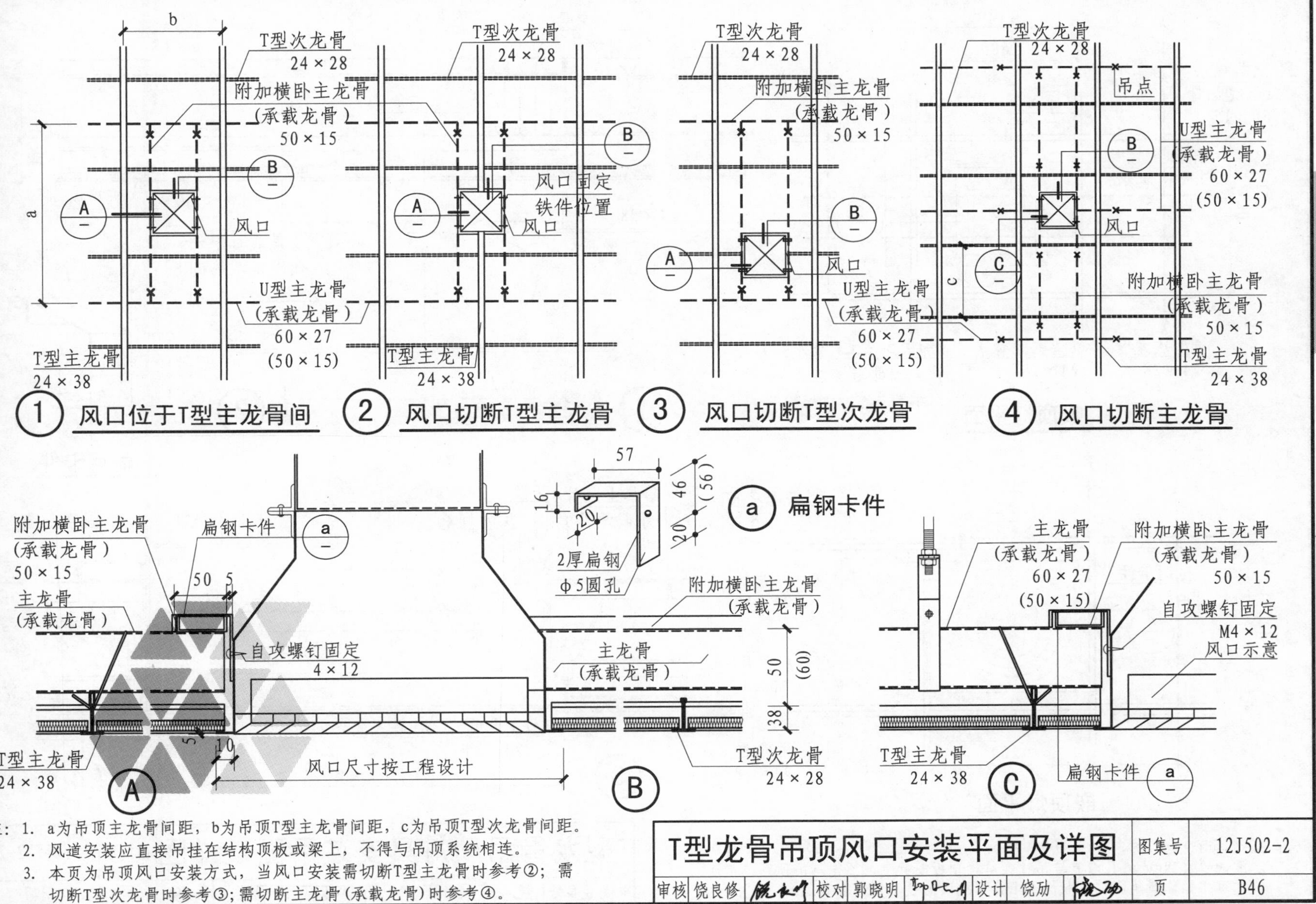

注：1. a为吊顶主龙骨间距，b为吊顶T型主龙骨间距，c为吊顶T型次龙骨间距。
2. 风道安装应直接吊挂在结构顶板或梁上，不得与吊顶系统相连。
3. 本页为吊顶风口安装方式，当风口安装需切断T型主龙骨时参考②；需切断T型次龙骨时参考③；需切断主龙骨（承载龙骨）时参考④。

T型龙骨吊顶风口安装平面及详图						图集号	12J502-2
审核	饶良修	校对	郭晓明	设计	饶劢	页	B46

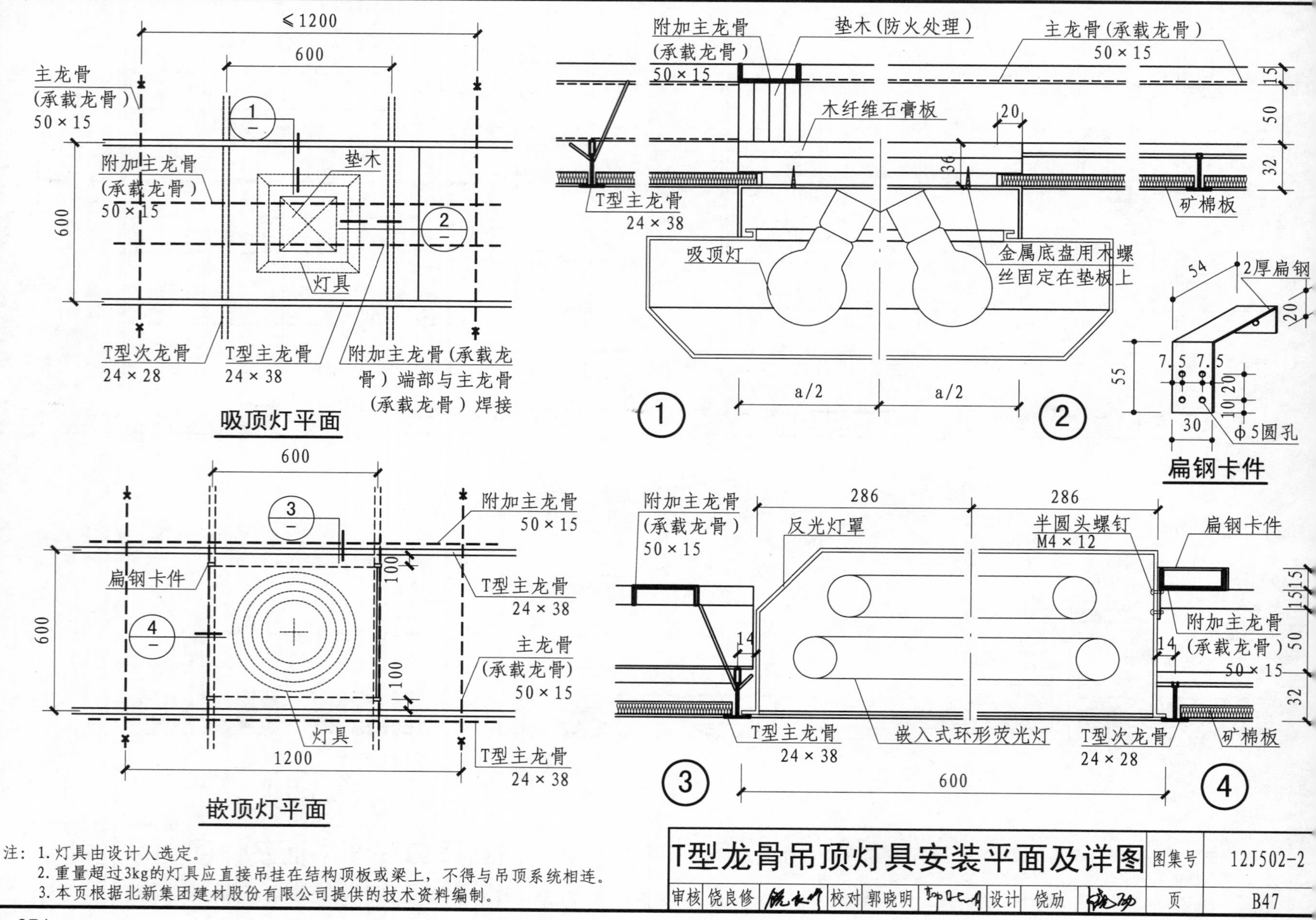

注：1.灯具由设计人选定。
2.重量超过3kg的灯具应直接吊挂在结构顶板或梁上，不得与吊顶系统相连。
3.本页根据北新集团建材股份有限公司提供的技术资料编制。

T型龙骨吊顶灯具安装平面及详图						图集号	12J502-2
审核	饶良修	校对	郭晓明	设计	饶劢	页	B47

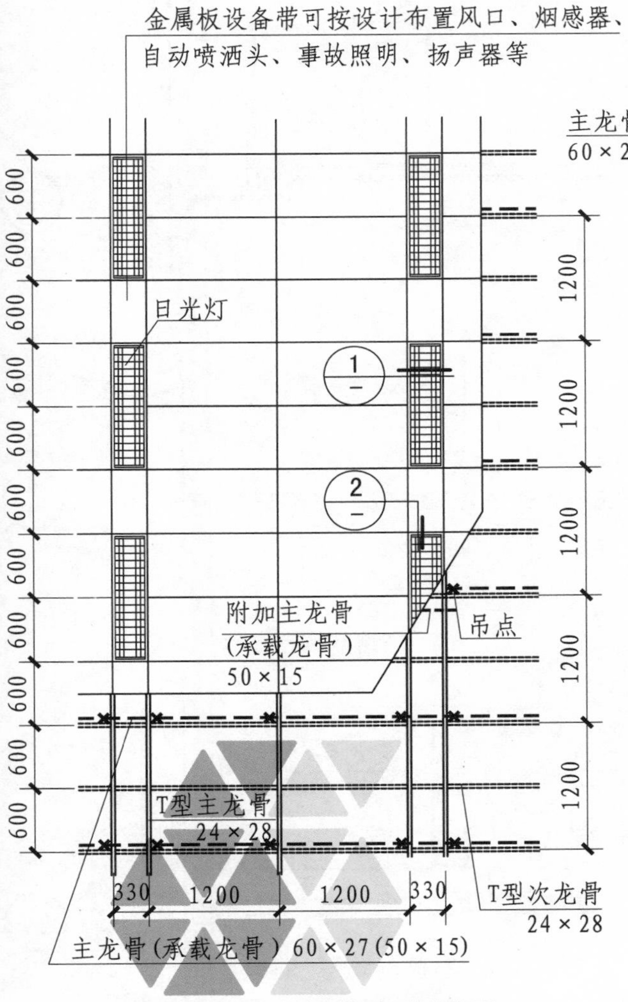

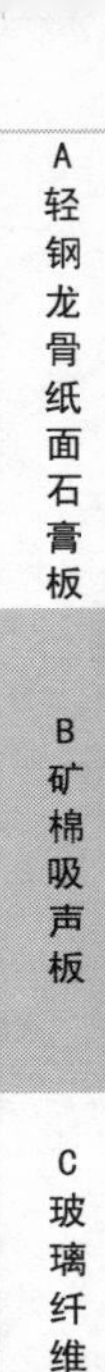

T型龙骨吊顶灯带安装平面

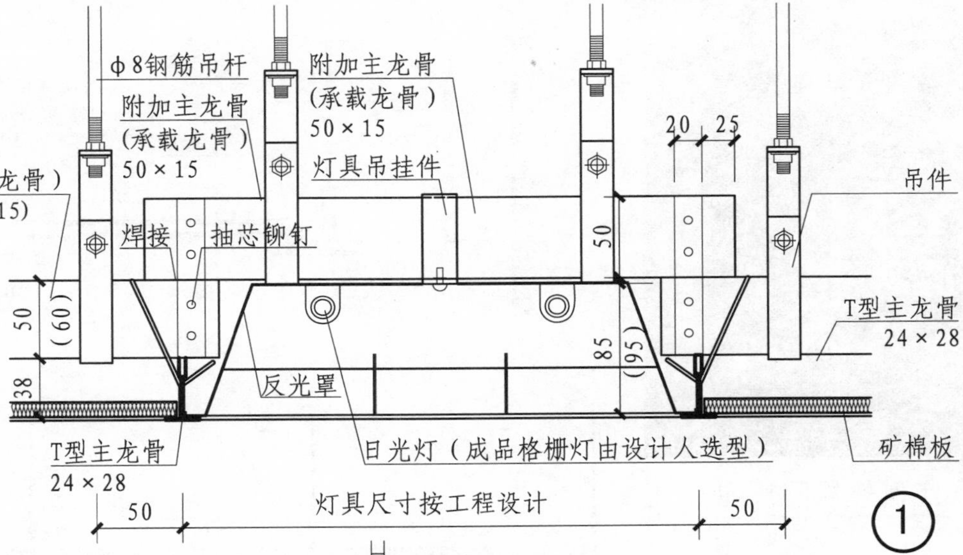

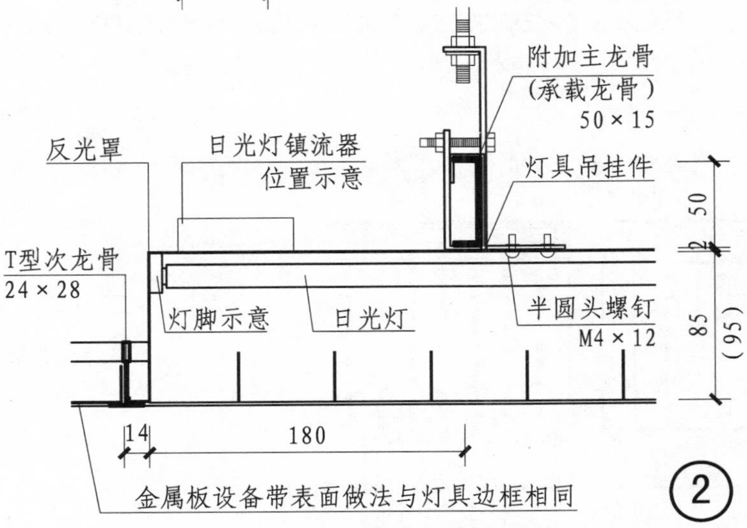

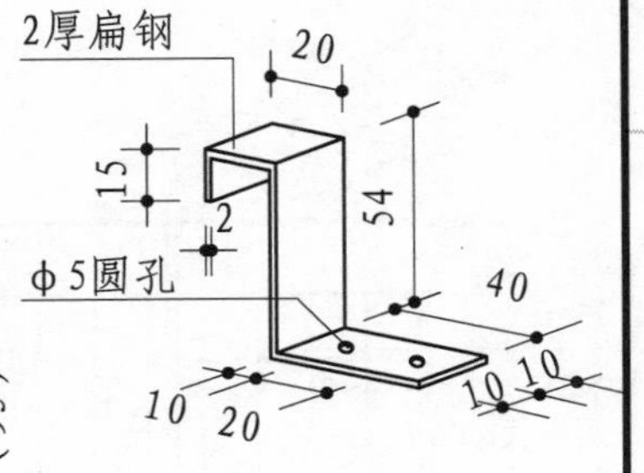

灯具吊挂件

T型龙骨吊顶灯带安装平面及详图						图集号	12J502-2
审核	饶良修	校对	郭晓明	设计	饶劢	页	B48

注：1. 本图设备带板材以金属板为例进行编制。
2. 本页根据北新集团建材股份有限公司提供的技术资料编制。

实例效果图片图

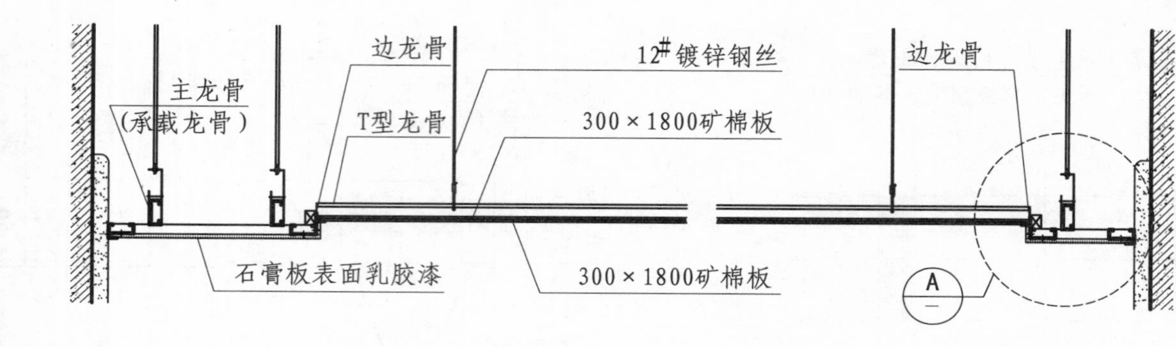

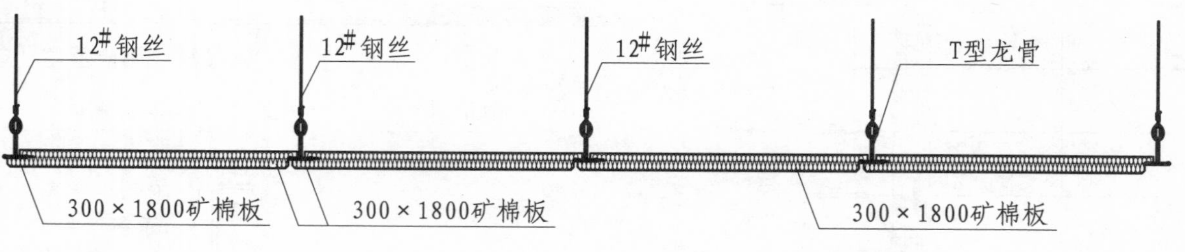

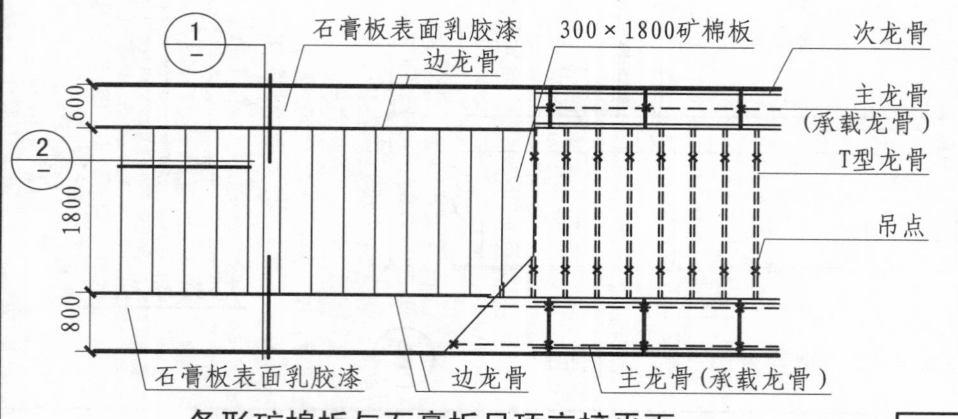

条形矿棉板与石膏板吊顶交接平面

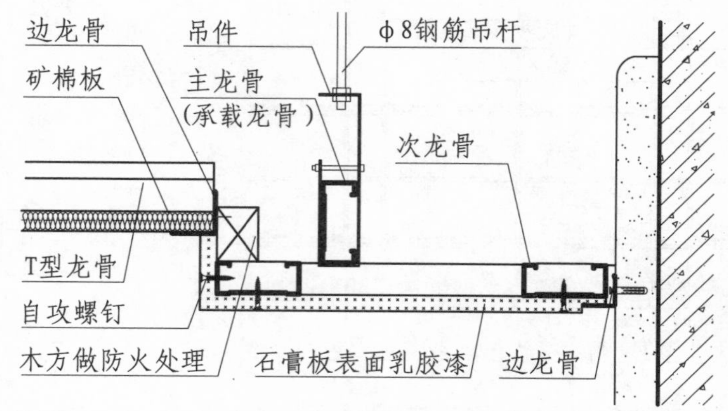

注：本页根据阿姆斯壮（中国）投资有限公司提供的技术资料编制。

条形矿棉板与石膏板组合吊顶平面及详图	图集号	12J502-2
审核 饶良修 校对 郭晓明 设计 李征	页	B49

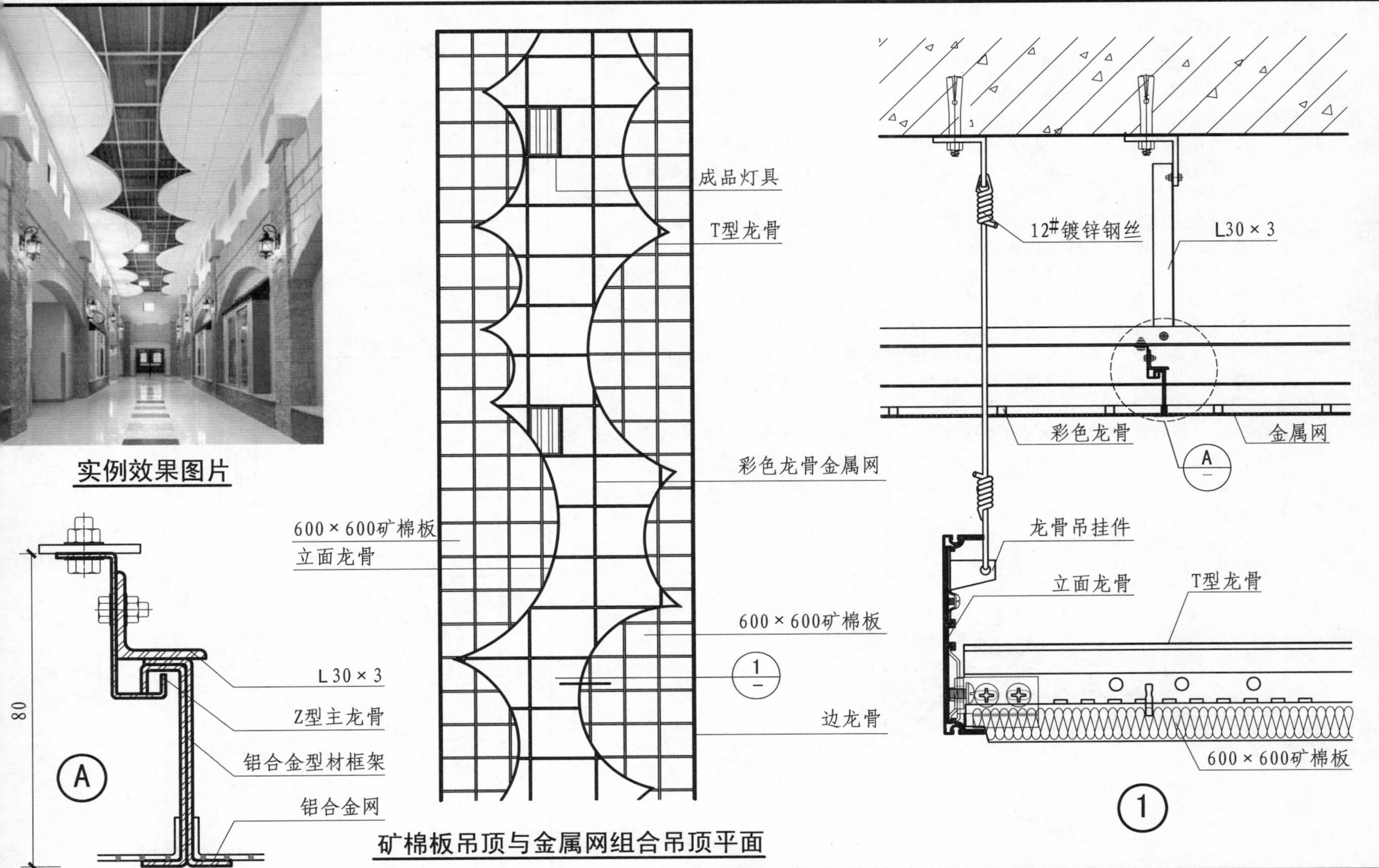

实例效果图片

矿棉板吊顶与金属网组合吊顶平面

注：1. 立面龙骨曲线按设计要求工厂预制加工。
2. 本页仅以所示实例照片为例编制，选用者可根据吊顶设计造型选用节点详图。
3. 本页根据阿姆斯壮（中国）投资有限公司提供的技术资料编制。

矿棉板吊顶与金属网组合吊顶平面及详图						图集号	12J502-2
审核	饶良修	校对	郭晓明	设计	李征	页	B50

复合粘贴矿棉板吊顶

复合粘贴法是纸面石膏板为基层表面粘贴矿棉吸声板的工程方式。吊装时首先按规定安装轻钢龙骨石膏板系统，然后表面贴覆矿棉板。这种工程方式需要做检查口。

施工注意事项：

1. 上人主龙骨采用CS60（60×27）或CS50（50×15），次龙骨采用CS50（50×20）及相应配套配件；不上人吊顶主龙骨选用C38（38×12）及相应配套配件。
2. 主龙骨间距为400mm或450mm，次龙骨间距为500mm，吊顶基层板为纸面石膏板，纸面石膏板用自攻螺钉与次龙骨、次龙骨(横撑)固定。自攻螺钉中距≤200mm。
3. 纸面石膏板的接缝和矿棉板的接缝要错开50mm以上。在已经固定在龙骨架上的纸面石膏板表面采用专用粘结剂和专用直钉或门形钉直接粘贴矿棉板，包括复合平贴和复合插贴。按平贴矿棉板尺寸放线。粘结剂的涂敷采用点涂，每块板共15个点。用气动枪或电动枪打入直钉或门形钉后，需确保牢固。
4. 复合平贴时建议从一侧或从中心线向两侧展开安装，同时用专用直钉在板面固定。复合插贴时矿棉板背面按规定涂布粘结剂，必须从一侧（角）开始安装，同时用专用门形钉在板边固定。严禁使用门形钉。
5. 复合平贴矿棉板规格为300×600×9/12/13/14/15/18。复合插贴矿棉板规格为300×600×9/12。用门钉和粘结剂（由板材生产厂家配套提供）钉贴在一起。排列方式和龙骨无关，可排列成方格、错缝、斜格等。板材种类、规格、排列方式及板缝形式由设计人定。
6. 吊顶收边除空缝处理外，亦可用铝质边龙骨或装饰线角。
7. 安装灯具、风口、检修孔等设备仪表应在相应位置预留开口。

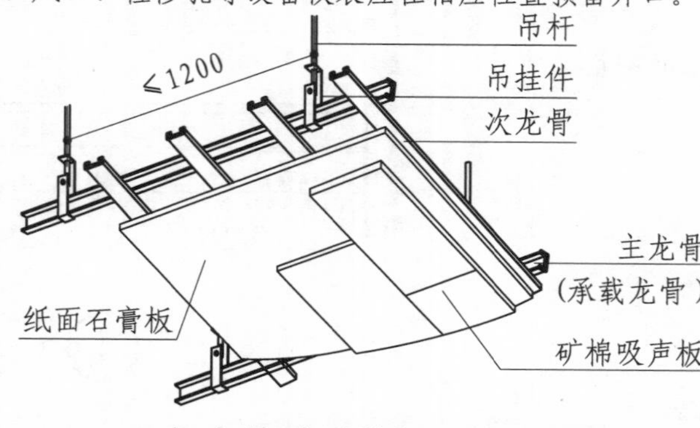

复合粘贴矿棉板吊顶示意图

复合粘贴矿棉板吊顶主要配件表

配件	轴测图及尺寸		
主龙骨	D38	D50	D60
接长件	D38接长	D50接长	D60接长
垂直挂件	38吊件	50吊件	60吊件
垂直挂件	38吊件	50吊件	60吊件
龙骨及配件	50次龙骨	50次接件	50支托

注：本页根据北新集团建材股份有限公司提供的技术资料编制。

复合粘贴矿棉板吊顶						图集号	12J502-2
审核	饶良修	校对	郭晓明	设计	李征	页	B51

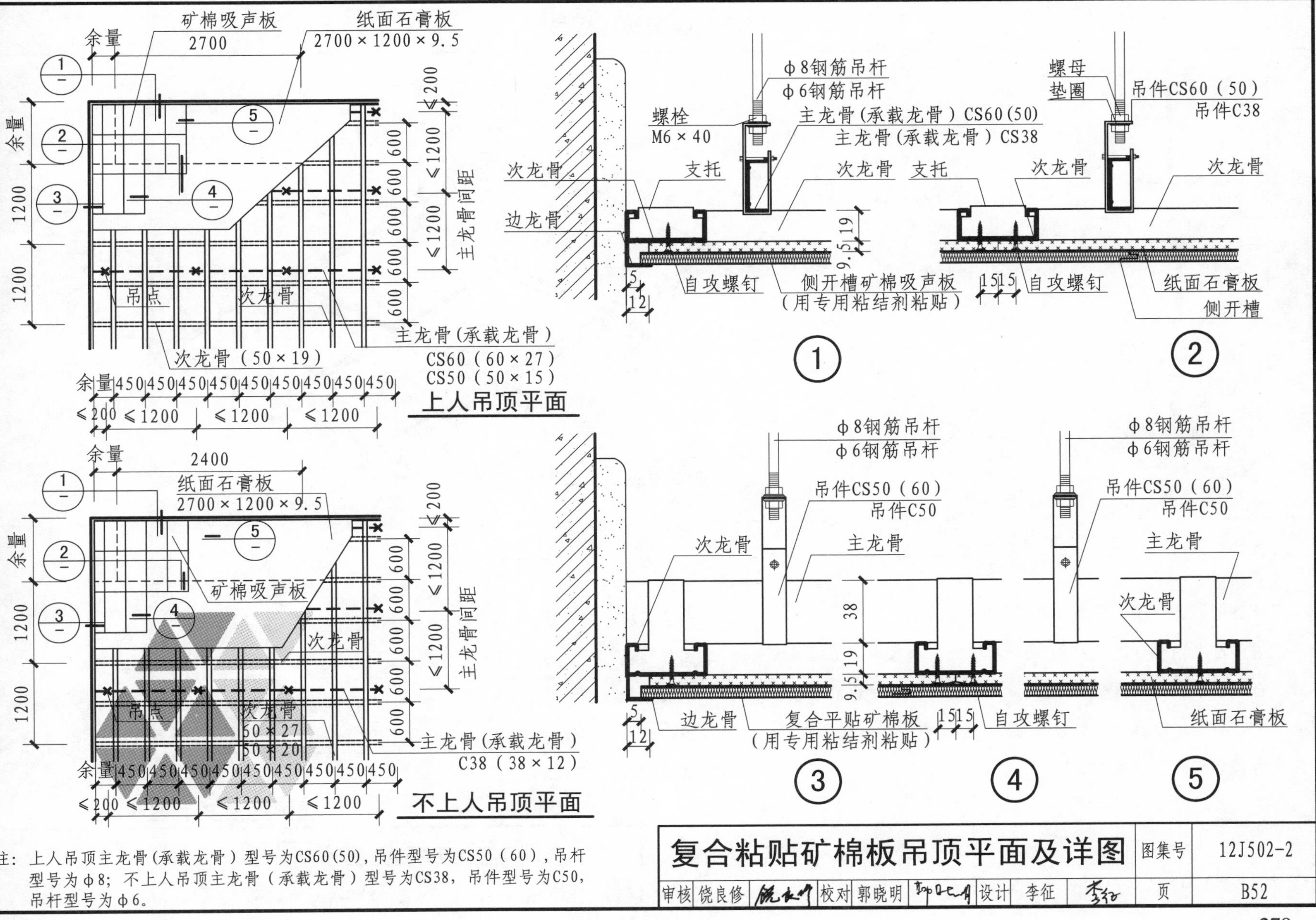

注：上人吊顶主龙骨(承载龙骨)型号为CS60(50)，吊件型号为CS50(60)，吊杆型号为φ8；不上人吊顶主龙骨(承载龙骨)型号为CS38，吊件型号为C50，吊杆型号为φ6。

复合粘贴矿棉板吊顶平面及详图						图集号	12J502-2
审核	饶良修	校对	郭晓明	设计	李征	页	B52

洁净室吸声防菌板吊顶

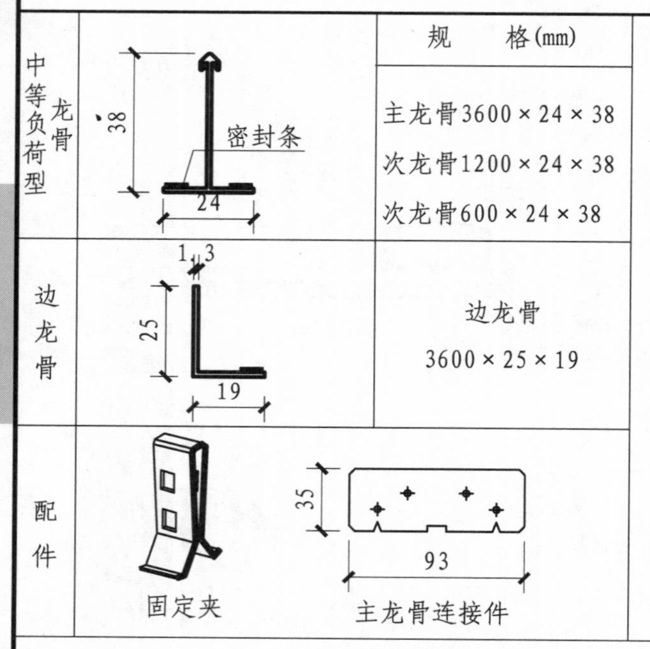

龙骨		规格(mm)
中等负荷型		主龙骨3600×24×38 次龙骨1200×24×38 次龙骨600×24×38
边龙骨		边龙骨 3600×25×19
配件	固定夹　主龙骨连接件	

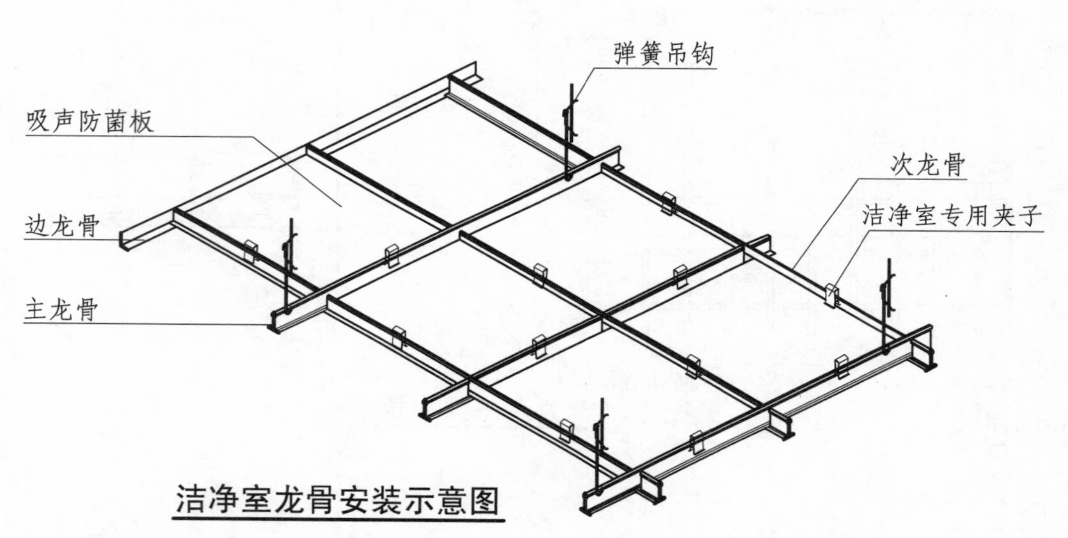

洁净室龙骨安装示意图

系统特性	建议使用场所
1. 吸声防菌板为洁净室所用成品矿棉板 2. 配合洁净室龙骨专用密封条，使洁净室龙骨和吸声防菌板紧密接触 3. 配合洁净室龙骨专用PVC固定夹，达到一定的密封效果 4. 铝合金材质，耐腐蚀且防锈能力强，也适用于非磁性环境 5. 龙骨截面较高，承载力强	1. 洁净厂房 2. 医疗环境 （包括急诊室/诊疗室） 3. 实验室 4. 食品加工环境

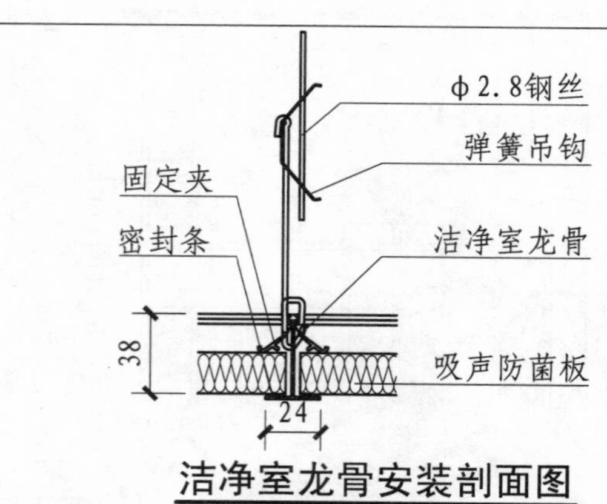

洁净室龙骨安装剖面图

注：本页根据阿姆斯壮（中国）投资有限公司提供的技术资料编制。

洁净室吸声防菌板吊顶							图集号	12J502-2
审核	饶良修	校对	郭晓明	设计	李征		页	B53

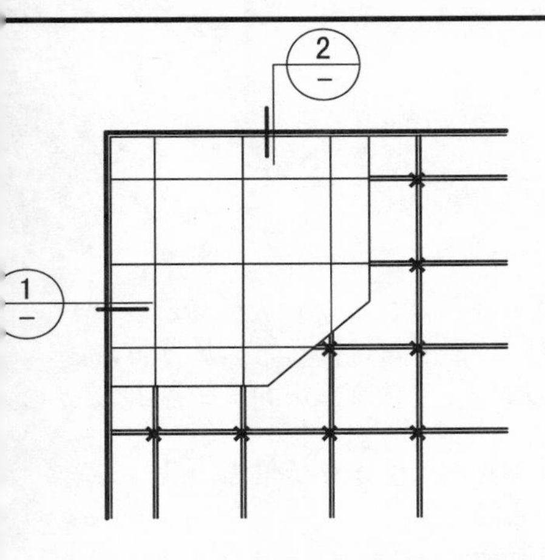

抗震龙骨吊顶系统平面图

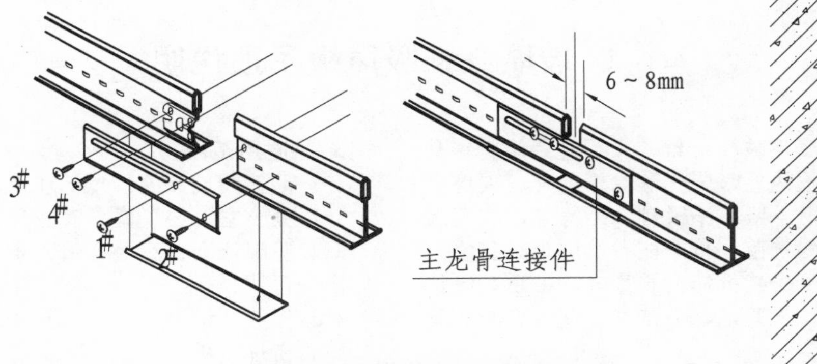

抗震主龙骨连接示意图

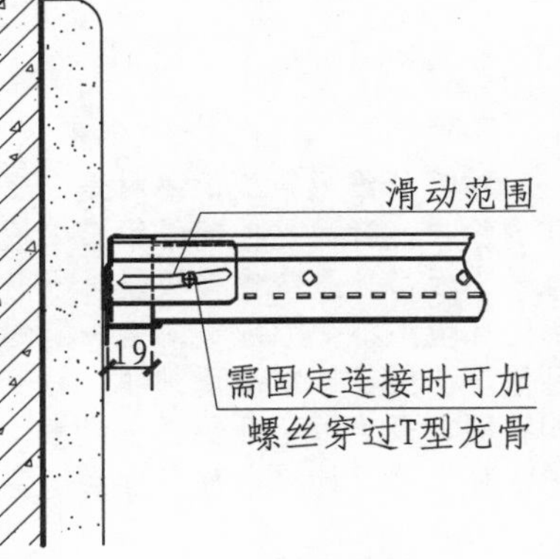

①

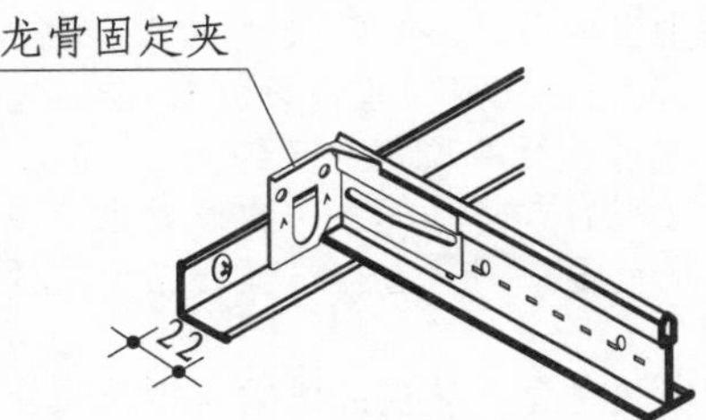

T型龙骨与边龙骨紧密安装无间隙

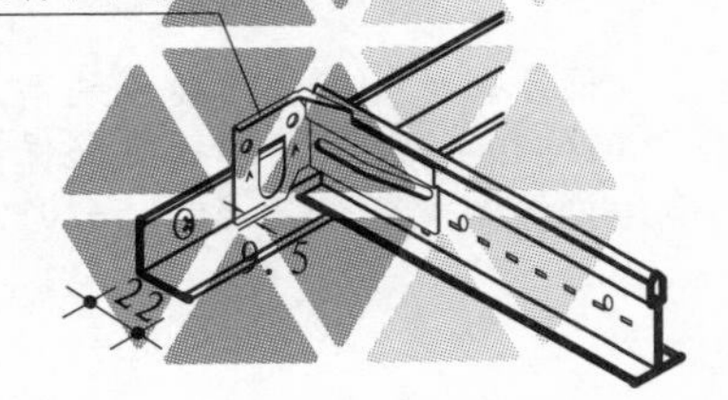

T型龙骨与边龙骨安装有9.5间隙

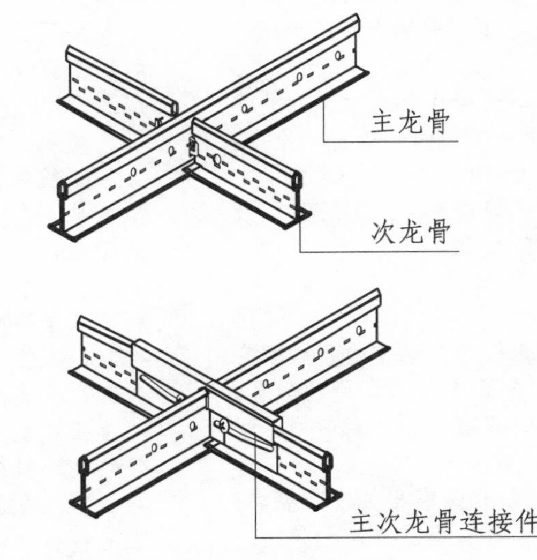

抗震主、次龙骨连接示意图

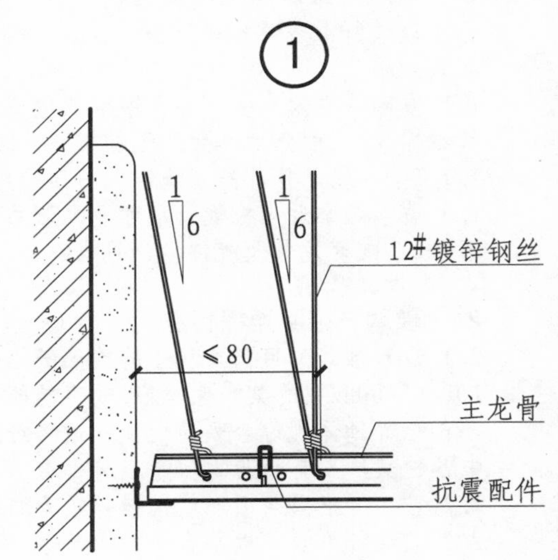

②

注：1. 本页所示吊顶系统适用于龙骨体系需加强稳定的地区。
2. 本页根据阿姆斯壮（中国）投资有限公司提供的技术资料编制。

抗震龙骨吊顶系统平面及详图								图集号	12J502-2
审核	饶良修	（签名）	校对	郭晓明	（签名）	设计	李征	（签名）	页 B54

C 玻璃纤维吸声板吊顶说明

玻璃纤维吸声板的基材是高密度玻璃纤维，正面是经过特殊处理的涂层，背面是玻璃纤维布，板边经过强化和涂漆处理。玻璃纤维吸声板吊顶系统重量极轻、不易下陷、不吸潮、无静电，在高温潮湿环境下不变形翘边。有一定的抗菌、抗碱能力及防尘耐脏性，可擦洗，便于日常清洗护理，易于安装拆卸。质量轻、吊顶系统结构稳固、吸声板不开裂、不吸潮、无静电、易清洁、便于开启和维护。可根据设计要求加工弯曲造型。

1 玻璃纤维吸声板吊顶构成

玻璃纤维吸声板吊顶系统为非结构性吊顶板悬吊式吊顶系统，组成如下:

1.1 玻璃纤维吸声板，不含甲醛热塑型复合聚酯粘合剂粘合的玻璃纤维棉片,表面分为FR聚酯无纺布料或玻璃纤维布刷无机材料涂层。

1.2 T型金属龙骨悬吊系统组成吊顶构架。

1.3 玻璃纤维吸声板规格尺寸及弧形吊顶板规格尺寸,详见表C-1及表C-2。配套龙骨及配件，详见表C-3及表C-4。

2 玻璃纤维吸声板特点

2.1 吸声性能: 目前市场上的玻璃纤维吸声板产品通常吸声频率在100～5000Hz中的某个频率段,吸声性能较强,而其他频段则比较弱。不能全面地体现综合吸声性能。玻璃纤维吸声板吊顶，对使用环境中各种噪声具有减弱的功能。

2.2 玻璃纤维吸声板燃烧性能等级为B1级,符合国家相关规范要求。

2.3 玻璃纤维吸声板不含铅、汞、铬、石棉等有害毒物，无异味。

2.4 透光型板材，透光率为45%，可在吊顶内部安置照明,创造室内均衡柔和的光环境。

3 适用范围

适宜用在吸声降噪、卫生要求较高、人员流动量大的场所。

3.1 办公室、会议室、营业厅、银行、图书馆、博物馆、展览馆。

3.2 医院诊室、公共区域、走廊、病房等对噪声控制和卫生要求较高的区域。

3.3 保龄球馆、室内网球和壁球馆及其他大型体育场馆等。

3.4 商场、机场建筑、轨道交通站点等。

3.5 礼堂、语音室、录音室、演播室等。

4 施工工艺及注意事项

4.1 根据设计要求，按照实际测量出的吊顶形状及尺寸在工厂加工成形,待现场围护结构、外墙、门窗施工完成、室内设施(消防、空调、通风、电力等）安装就位后方可进行吊顶龙骨安装。

4.2 一般轻型灯具、风口可吊挂在现有或附加的主、次龙骨上。重型灯具、水管和有振动的电扇、风道等，则需直接吊挂在结构顶板或梁上，不得与吊顶系统相连。

4.3 安装顺序为: 吊杆→T型龙骨→边龙骨→玻璃纤维吸声板吊顶板材→清洁→验收。

4.3.1 根据设计要求加工选用龙骨尺寸。

4.3.2 玻璃纤维吸声板花色由设计选定，异形板需依据设计要求工厂加工定制。

4.4 玻璃纤维吸声板吊顶系统施工应符合设计要求及《建筑装饰装修工程质量验收规范》GB 50210-2001的相关规定,所有材料环保要求应符合《民用建筑工程室内环境污染控制规范》GB 50325-2010的规定。

表C-1 玻璃纤维吸声板吊顶系统及板材规格表

吊顶系统	板材规格尺寸(mm)
明架平板	600×600/1200/1800/2400×12/15
	1200×1200/1800×12/15
暗架开槽板	600×600/1200×12/15
	1200×1200×12/15
暗架开启板	600×600/1200/1600/1800×12/15
	1200×1200×12/15
半明架跌级板	600×600/1200/1600/1800×12/15
	1200×1200×12/15
凸型凹槽跌级板	600×600×12/15
卡扣型悬浮板	600×600×25
	1200×1800×25

表C-2 弧形吊顶板规格表

规格 / 弧形吊顶板剖面	板材尺寸（mm）					
A	1200	1200	1200	1200	1200	H
B	300	450	600	800	1200	
H, A			●			210
			●			210
					●	310
				●		380
A, H	●					300
		●				450
H, B			●			300
						450
	板材尺寸视设计定					

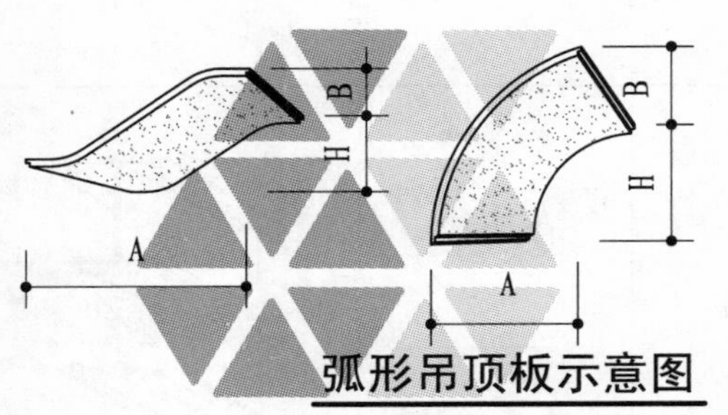

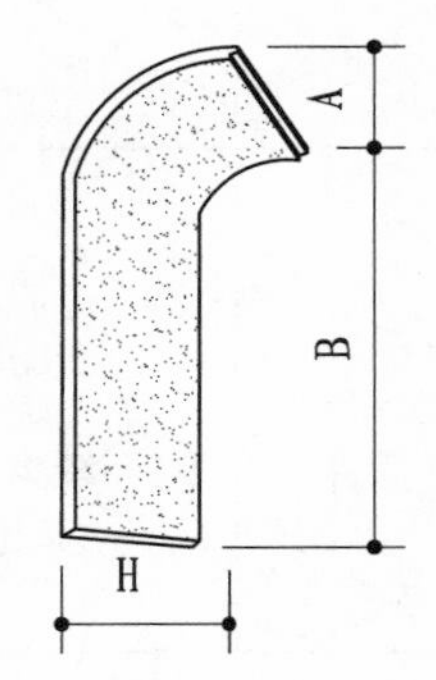

弧形吊顶板示意图

弯曲龙骨规格尺寸:

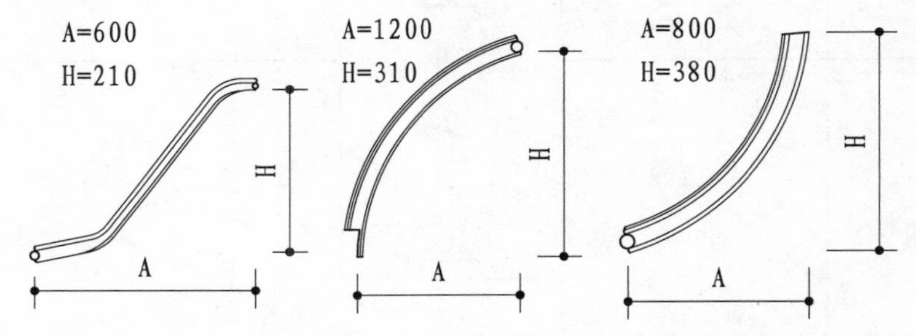

:玻璃纤维吸声板吊顶吊装形式与矿棉板完全一致,所有明、暗架龙骨均适用于本产品。

表C-3 玻璃纤维吸声板吊顶配套龙骨表

型号	长度(mm)	吊顶板板头形式	轴测图及尺寸(mm)	型号	长度(mm)	吊顶板板头形式	轴测图及尺寸(mm)
T24 主龙骨	L=3700		38; 24	T24 开启式 暗架龙骨	L1=1600 L2=1800 L3=2000 L4=2400	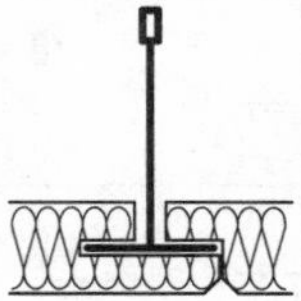	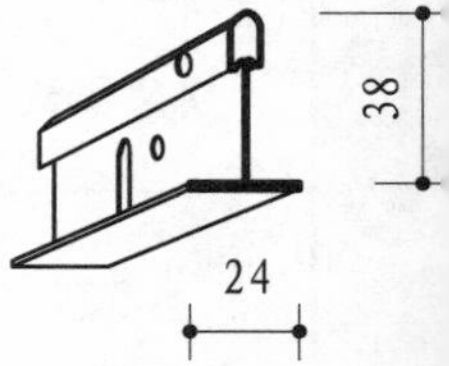 38; 24
T24 次龙骨	L1=1200 L2=600 L3=300		32; 24	凹槽 主龙骨	L=3600	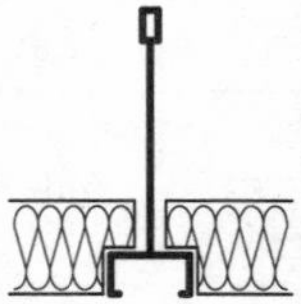	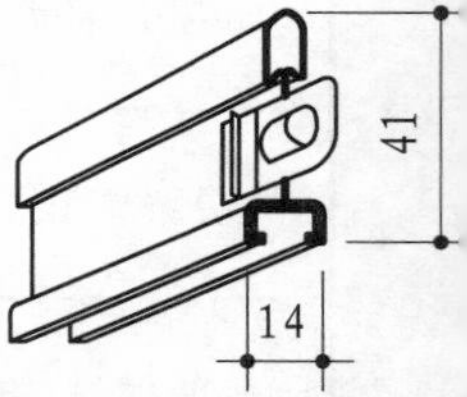 41; 14
T15 主龙骨	L=3700		38; 15	凹槽 次龙骨	L1=600 L2=1200		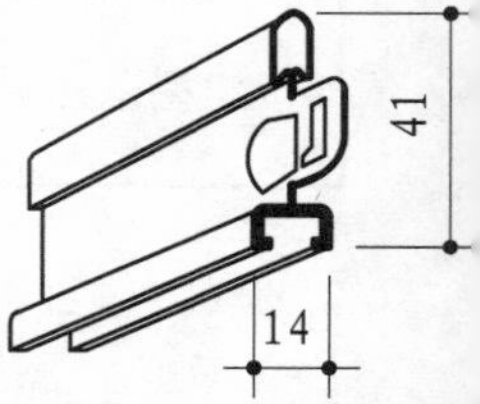 41; 14
T15 次龙骨	L1=1200 L2=600		38; 15	H型 暗龙骨 暗插片 (不易开启)	L=3000 配合暗龙骨使用 L=300 L=600		3; 20; 20

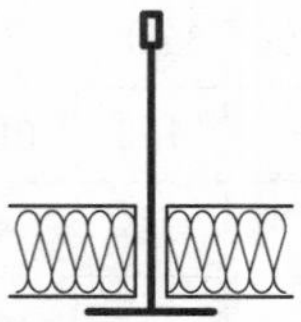

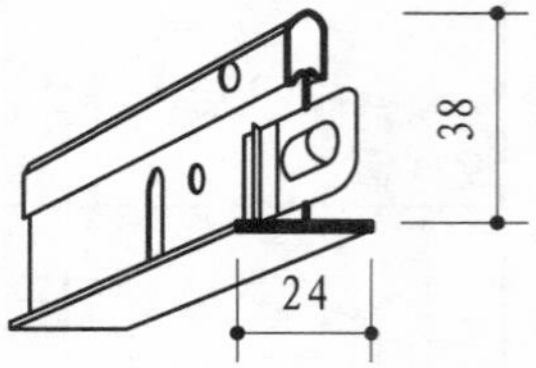

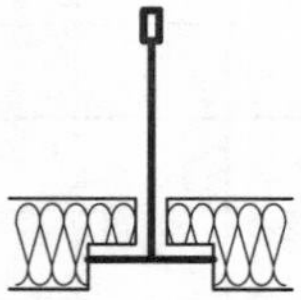

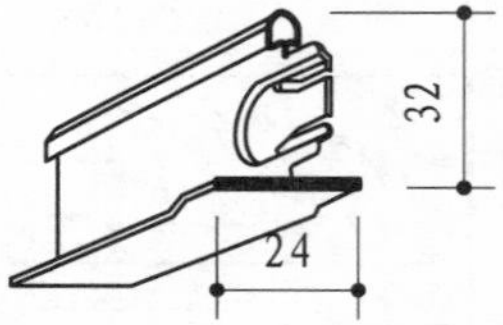

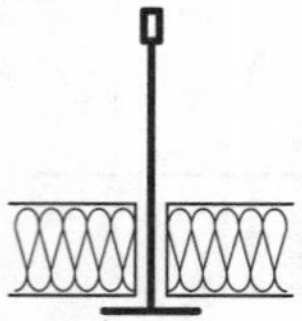

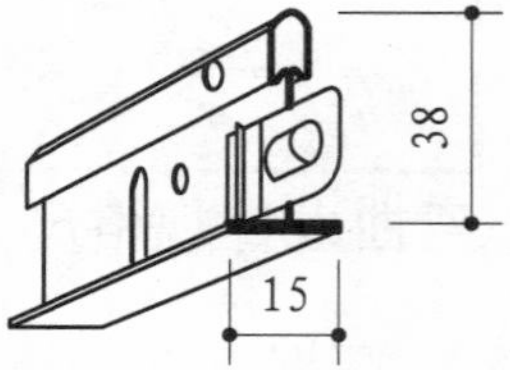

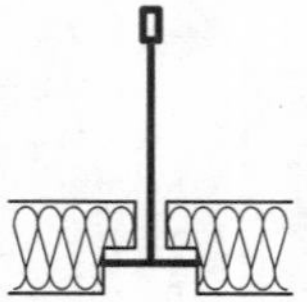

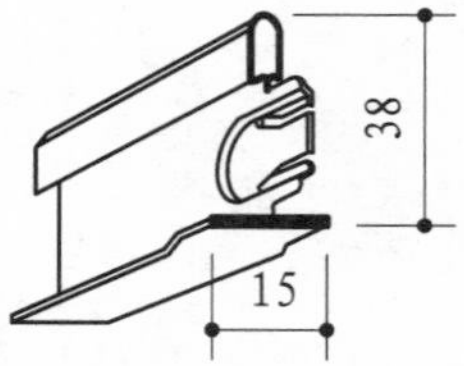

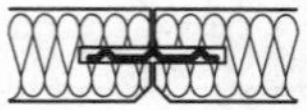

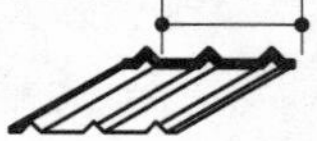

注：除本图所示配套龙骨外，还可选用其他规格矿棉吸声板龙骨，其吊装方式同矿棉吸声板。

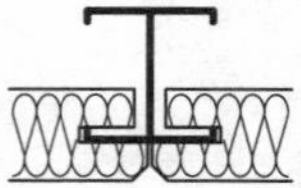

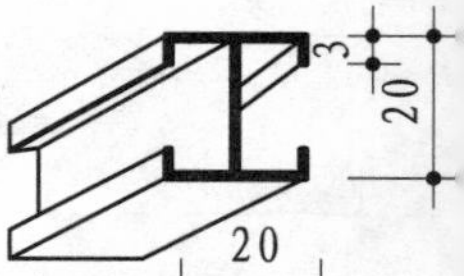

玻璃纤维吸声板吊顶配套龙骨表							图集号	12J502-2
审核	饶良修	饶良修	校对	郭晓明	郭晓明	设计	饶劢	饶劢	页	C03

续表C-3

型号	长度(mm)	吊顶板板头形式	轴测图及尺寸(mm)	型号	长度(mm)	吊顶板板头形式	轴测图及尺寸(mm)
型暗龙骨	L=3700 配合暗龙骨使用	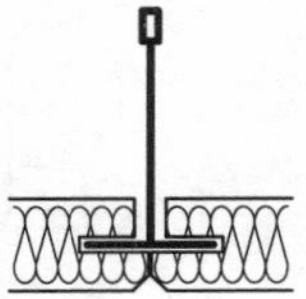	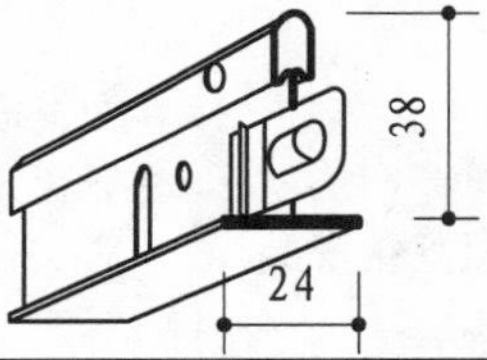 38 24	阶梯型边龙骨	L=3000 A=5.5 A=8.5	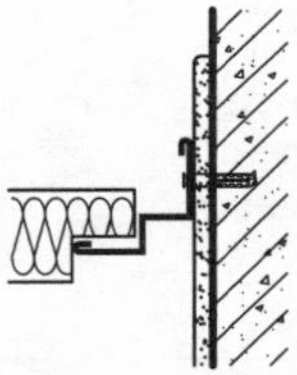	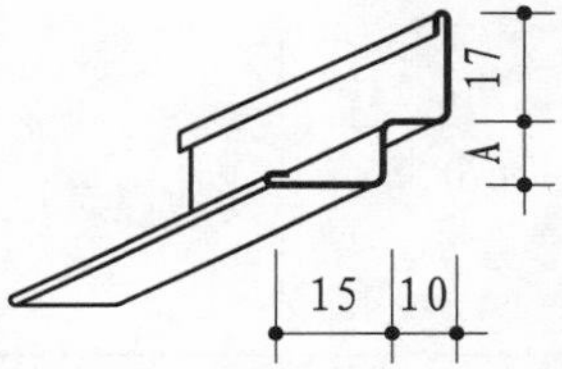 17 A 15 10
暗插片 不易开启)	L=300		300 22.5	阶梯型边龙骨	L=3000	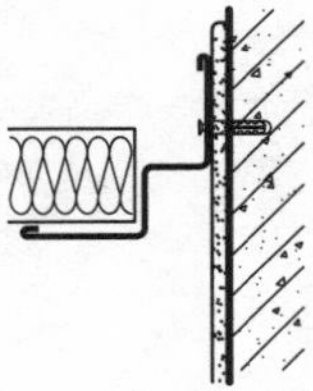	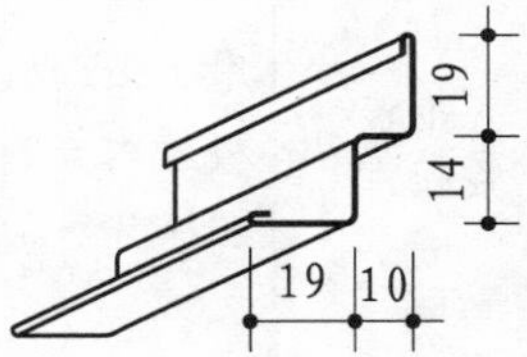 19 14 19 10
型暗龙骨	L=4000		25 25	阶梯型边龙骨	L=3000	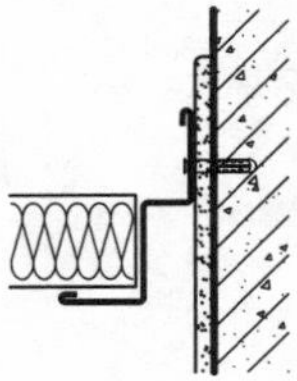	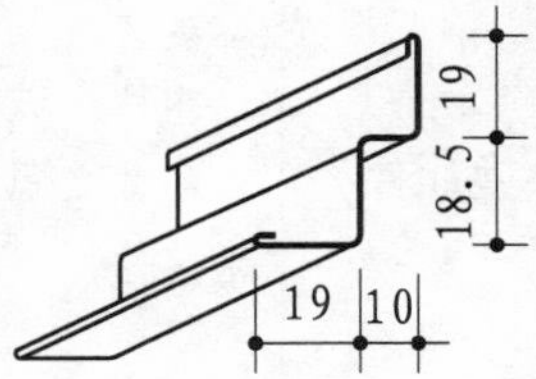 19 18.5 19 10
边龙骨	L=3000		22 22	阶梯型边龙骨	L=3000	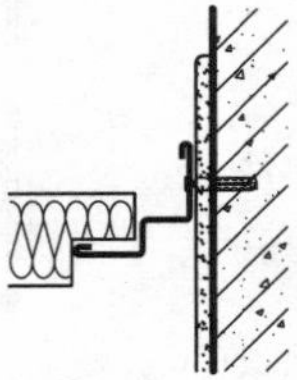	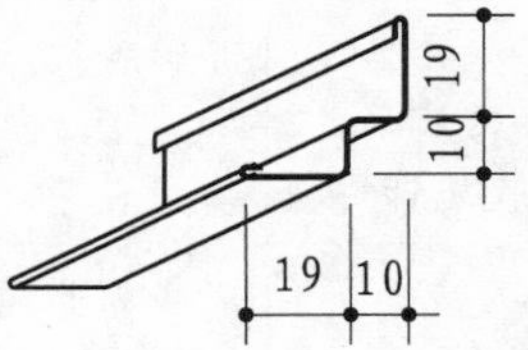 19 10 19 10
收边条	L=3000		38.5 25.4				

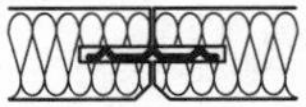

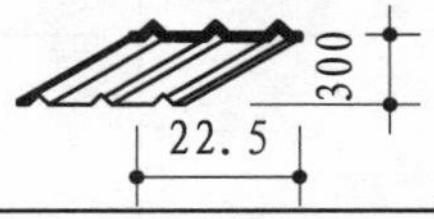

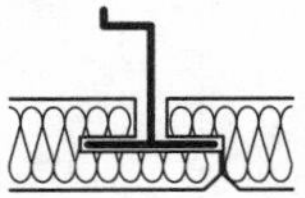

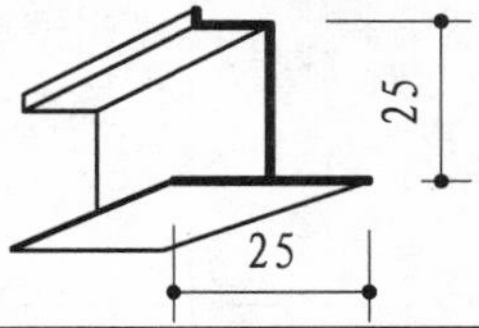

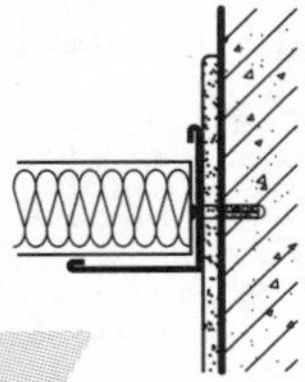

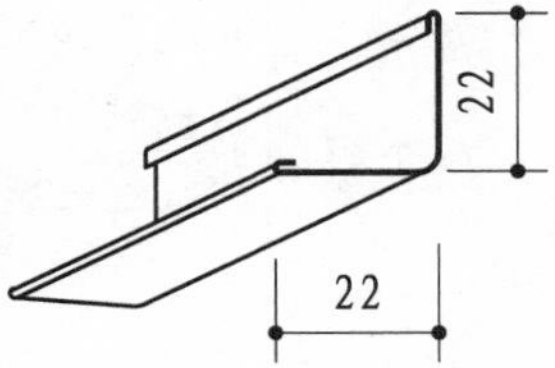

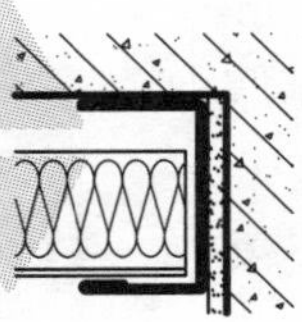

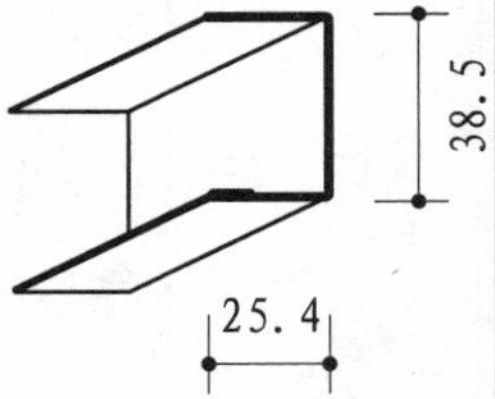

玻璃纤维吸声板吊顶配套龙骨表		图集号	12J502-2
审核 饶良修	校对 郭晓明	设计 饶劢	页 C04

表C-4 玻璃纤维吸声板吊顶龙骨配件表

产品名称	适用范围及特点	图形	尺寸（mm）			产品名称	适用范围及特点	图形	尺寸（mm）		
			A	B	长				A	B	长
90°转角卡子	转角卡子可用于主龙骨与次龙骨交接处的固定连接	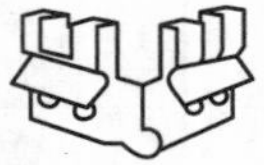				镶嵌固定扣槽（直接安装）	固定扣槽主要用于玻纤板吊顶的直接安装	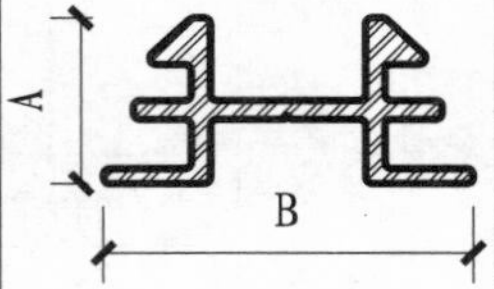 A B	11	16	
弧形板连接件	用于弧形板交界处板缝内部连接，使交接处更加紧密	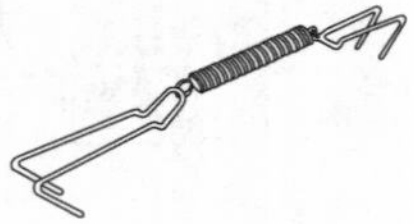				镶嵌扣件	通过镶嵌扣件将固定扣槽与玻纤板连接固定	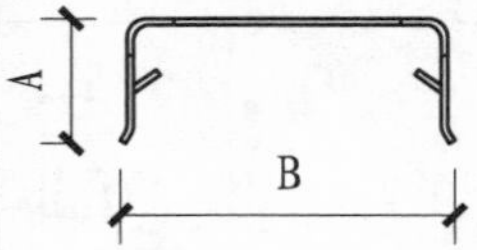 A B	6	16	
边扣件	边扣件是玻纤板与主龙骨之间的主要连接件	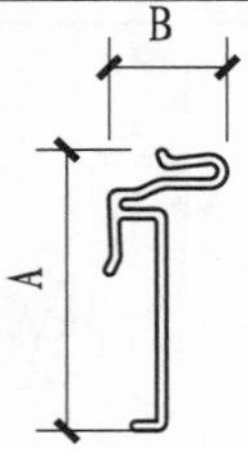 B A	30	13		收边卡扣	收边卡扣主要用于玻纤板与灯具系统的收边安装	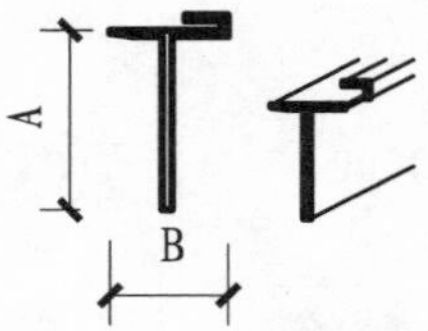 A B	30	18	
悬浮式收边饰件	用于吊顶板收边，可形成悬浮式吊顶效果（该收边饰件可以以半径为1200形成内曲或外曲）	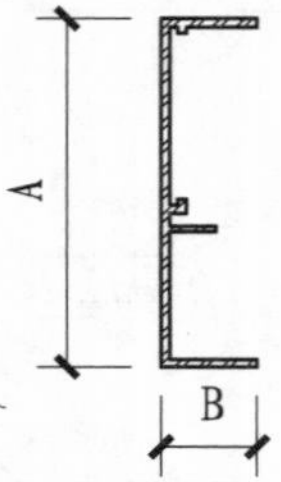 A B	75 146	19		收边卡扣	收边卡扣可使用具有弹性卡扣将切割板连接（每块板有2个卡扣）	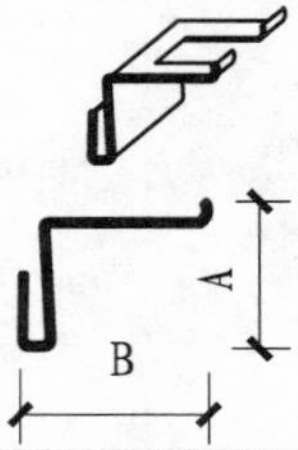 A B	13	14	

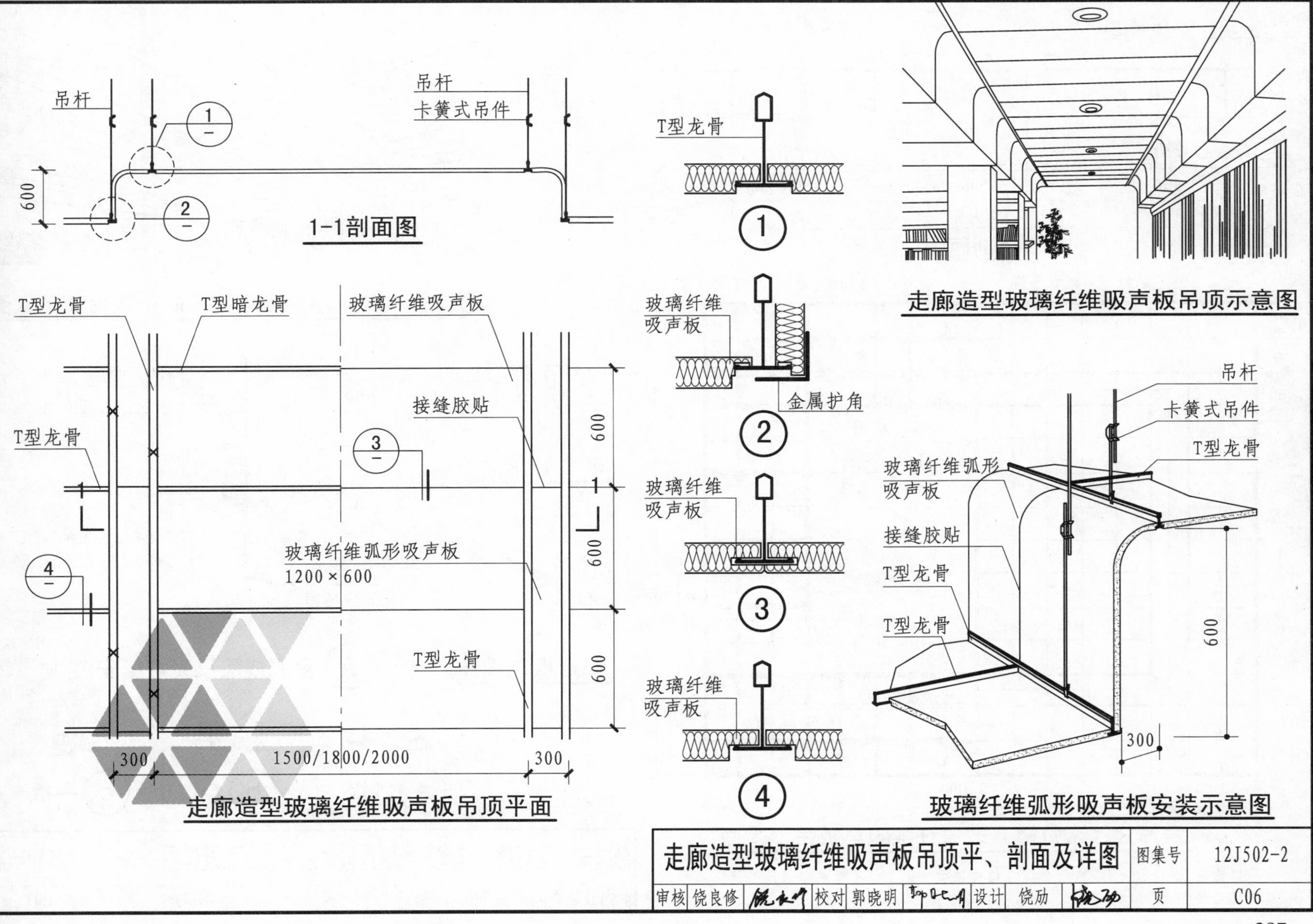

走廊造型玻璃纤维吸声板吊顶平、剖面及详图							图集号	12J502-2
审核	饶良修		校对	郭晓明		设计	饶劢	页	C06

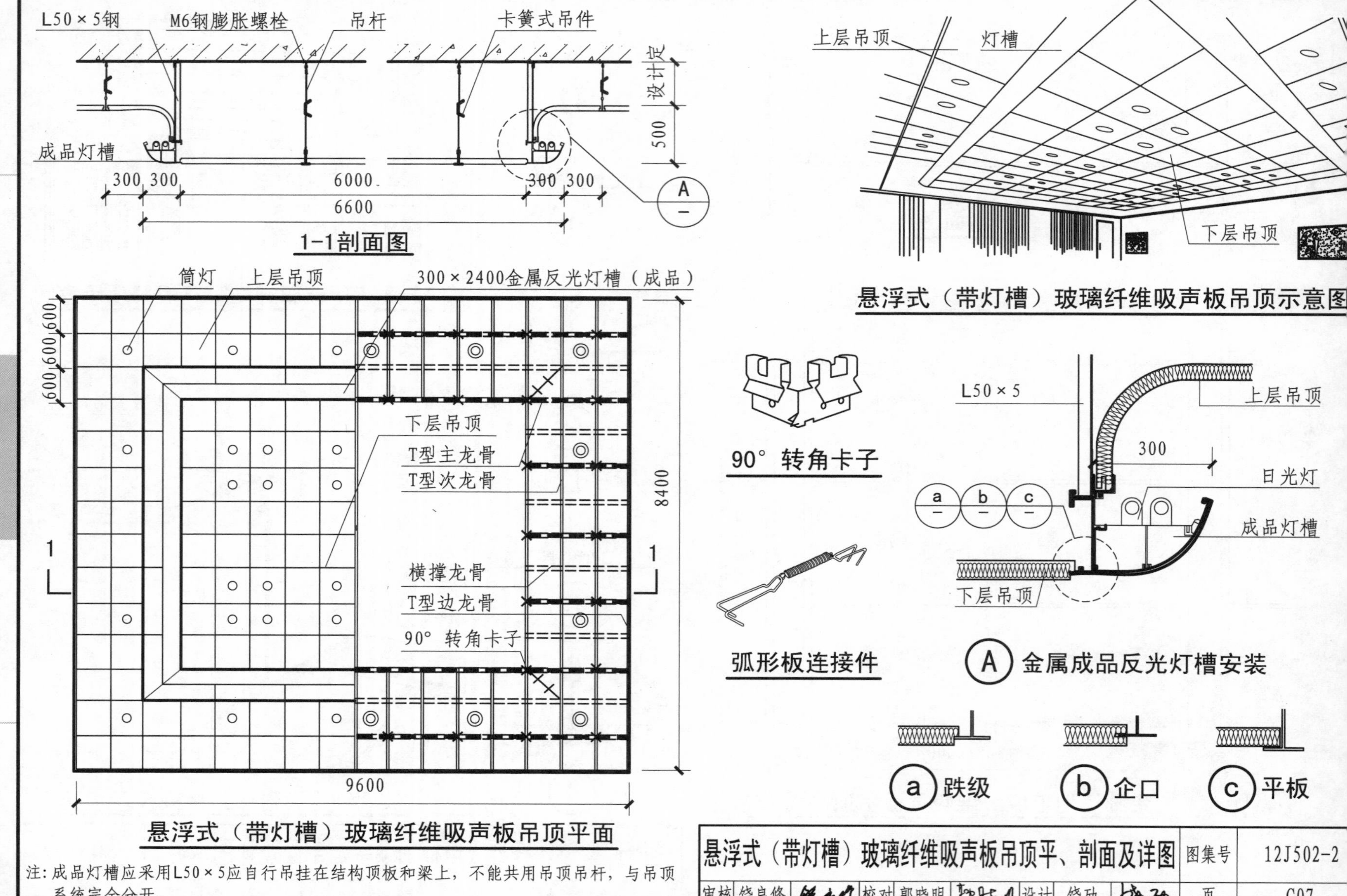

注：成品灯槽应采用L50×5应自行吊挂在结构顶板和梁上，不能共用吊顶吊杆，与吊顶系统完全分开。

悬浮式（带灯槽）玻璃纤维吸声板吊顶平、剖面及详图						图集号	12J502-2
审核	饶良修	校对	郭晓明	设计	饶劢	页	C07

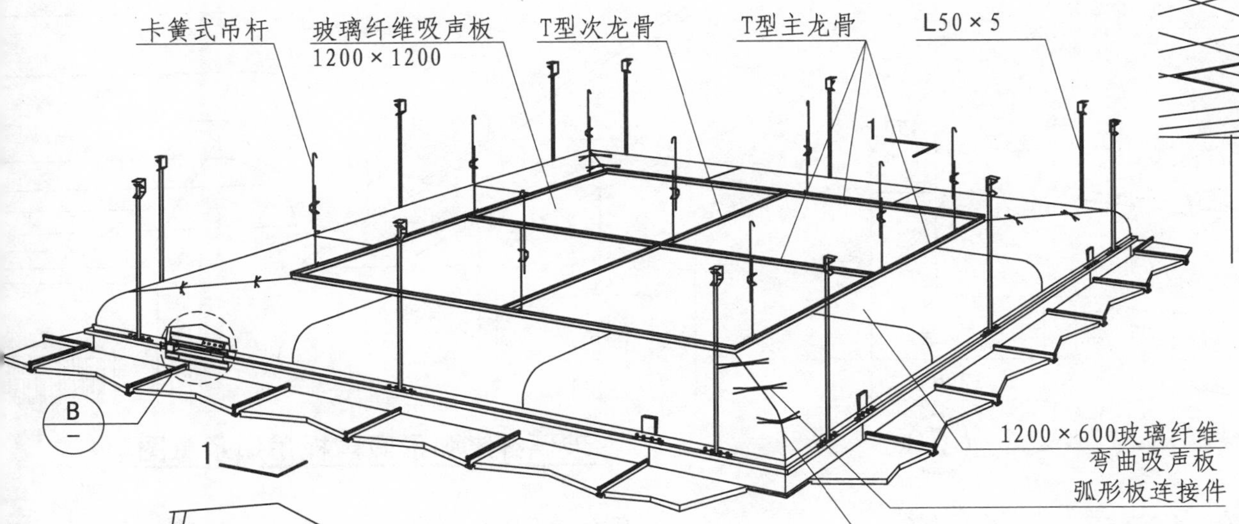

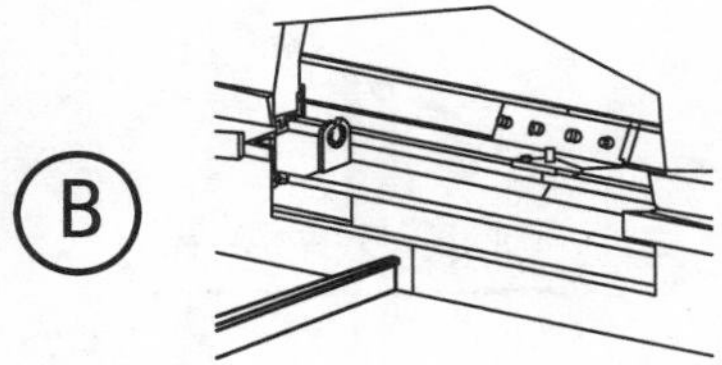

带灯槽玻璃纤维吸声板吊顶安装示意图

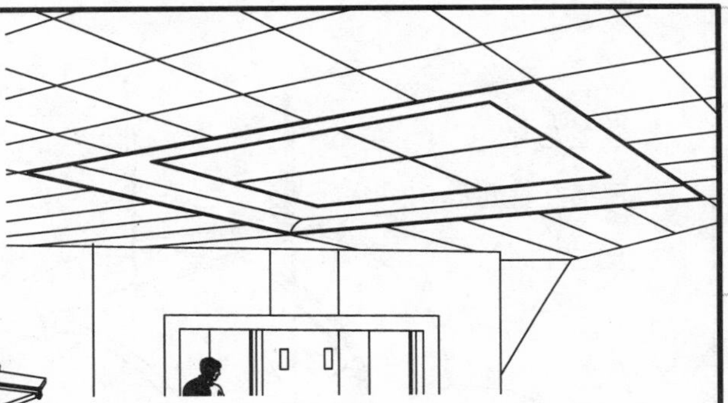

B

灯槽吊顶示意图

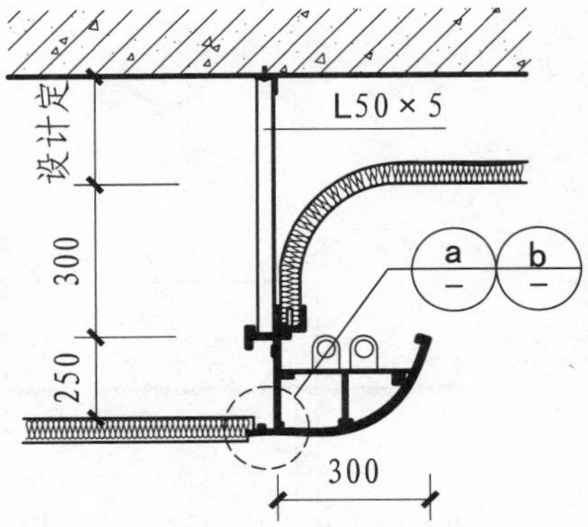

A 金属成品反光灯槽安装

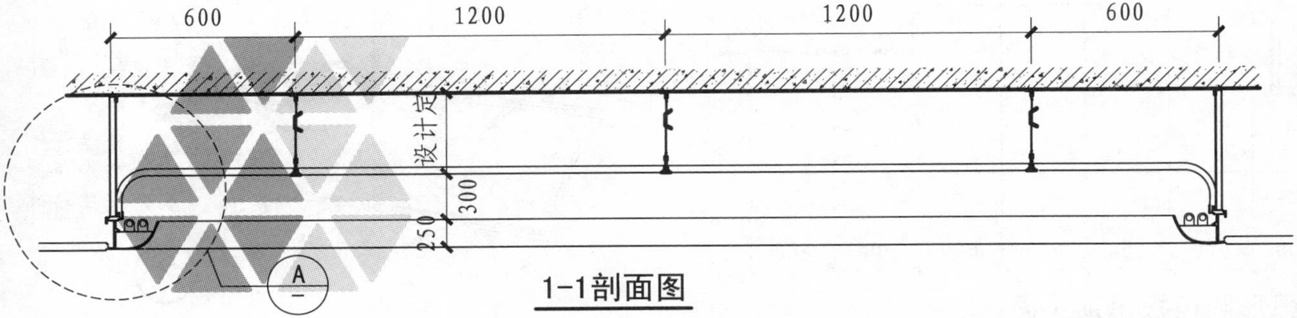

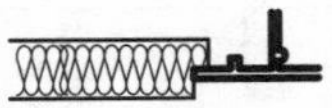

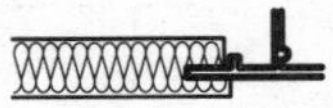

a 跌级

b 企口

1-1剖面图

带灯槽玻璃纤维吸声板吊顶						图集号	12J502-2
审核	饶良修	校对	郭晓明	设计	饶劢	页	C08

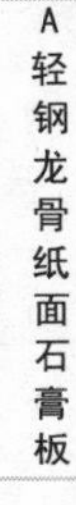

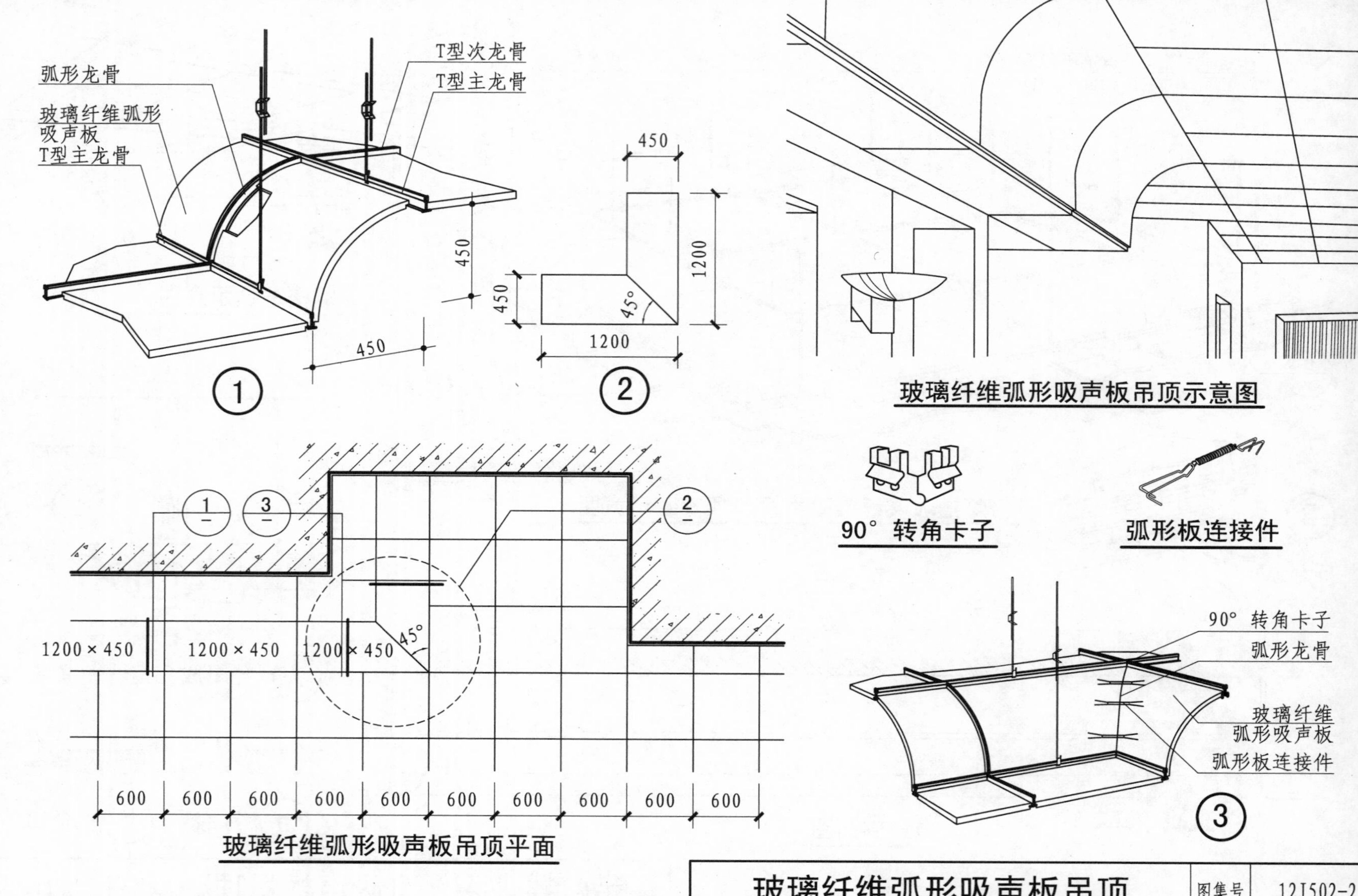

注：本页仅以玻璃纤维弧形吸声板吊顶局部造型为例做示范，平顶部分参照T型龙骨明架矿棉板方式，玻璃纤维弧形吸声板吊杆间距1200mm。

玻璃纤维弧形吸声板吊顶							图集号	12J502-2
审核	饶良修	（签名）	校对	郭晓明	（签名）	设计 饶劢 （签名）	页	C09

玻璃纤维吸声板吊顶实例效果图片

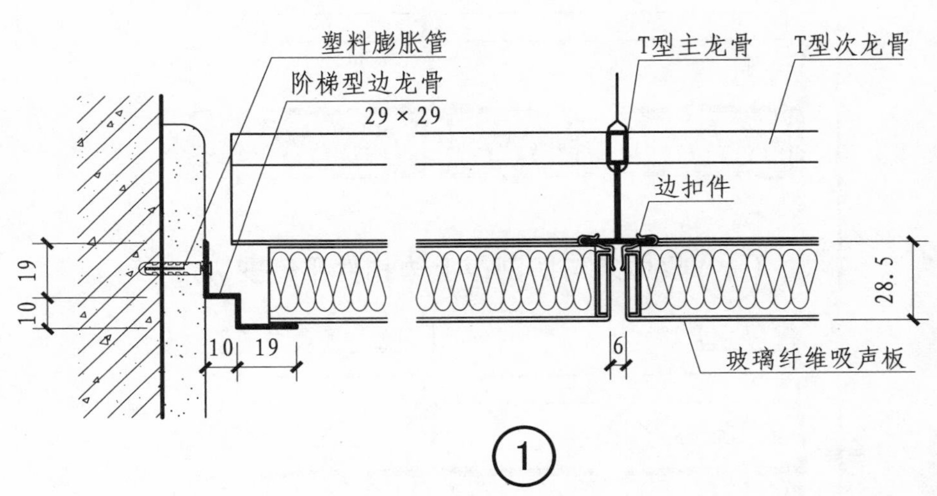

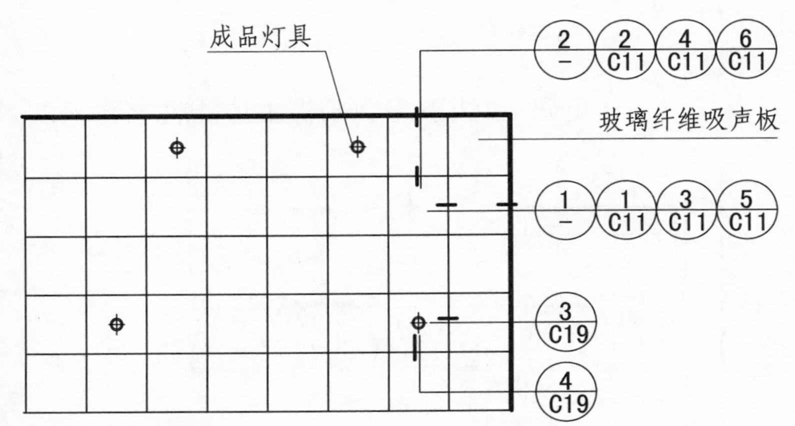

玻璃纤维吸声板吊顶平面

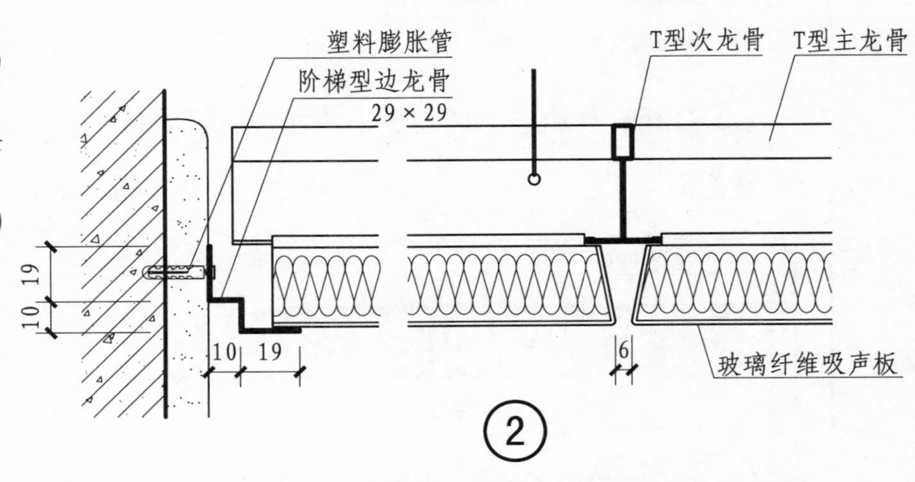

注：龙骨间距与所选用玻璃纤维吸声板规格一致。

玻璃纤维吸声板吊顶平面及详图						图集号	12J502-2
审核	饶良修	校对	郭晓明	设计	饶劢	页	C10

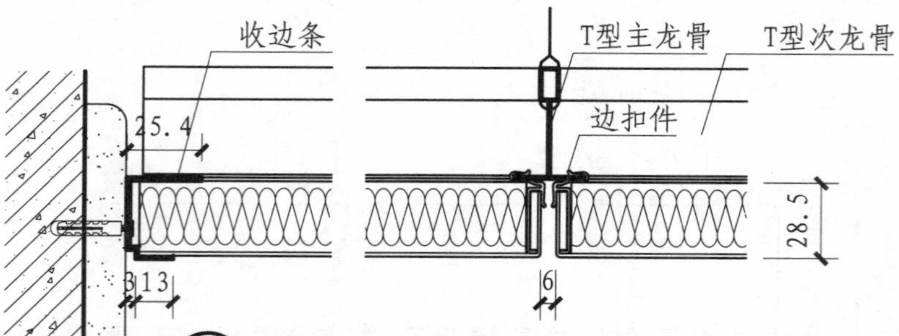

收边条
T型主龙骨
T型次龙骨
边扣件
25.4
28.5
3
13
6

① 收边条与切割板上边扣件平行安装

收边条
T型次龙骨
T型主龙骨
玻璃纤维吸声板
25.4
28.5
3
13
6

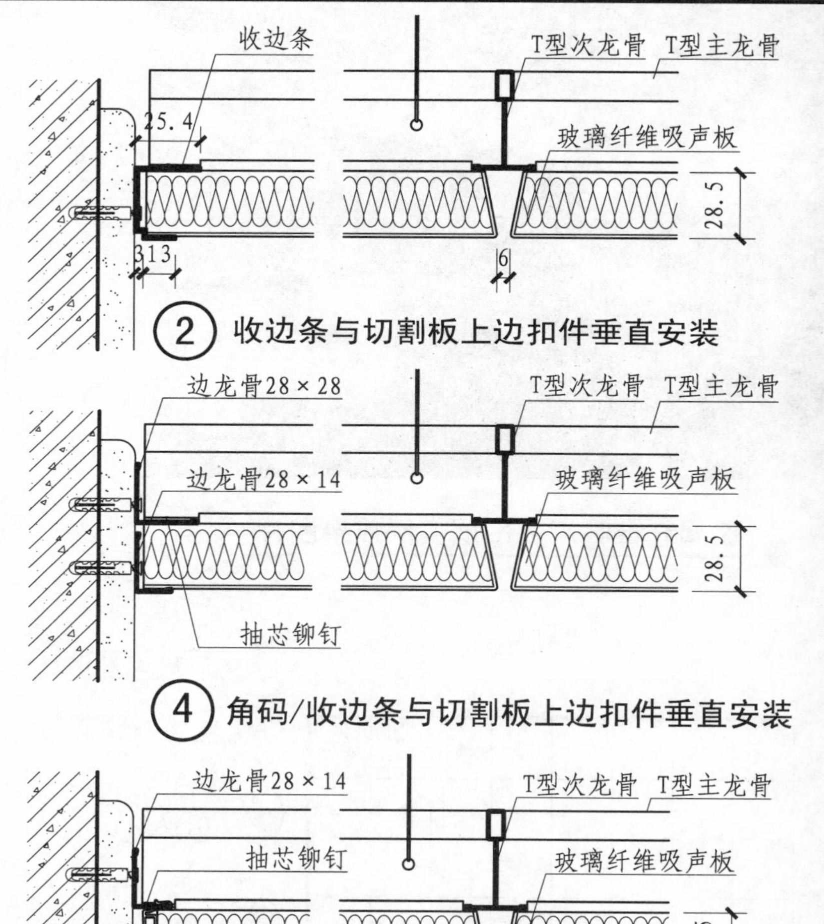

② 收边条与切割板上边扣件垂直安装

边龙骨28×28
T型主龙骨
T型次龙骨
边龙骨28×14
玻璃纤维吸声板
28.5
抽芯铆钉

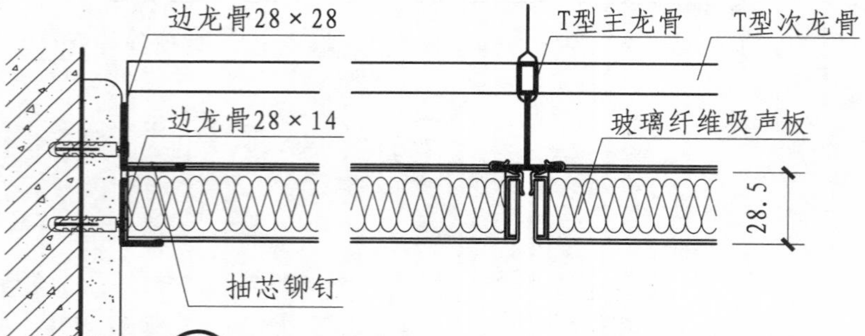

③ 角码/收边条与切割板上边扣件平行安装

边龙骨28×28
T型次龙骨
T型主龙骨
边龙骨28×14
玻璃纤维吸声板
28.5
抽芯铆钉

④ 角码/收边条与切割板上边扣件垂直安装

边龙骨28×14
T型主龙骨
T型次龙骨
抽芯铆钉
玻璃纤维吸声板
28.5
整模数板
(600/1200)+3
6

⑤ 墙边整模数板边扣件安装

边龙骨28×14
T型次龙骨
T型主龙骨
抽芯铆钉
玻璃纤维吸声板
28.5
整模数板
(600/1200)+3
6

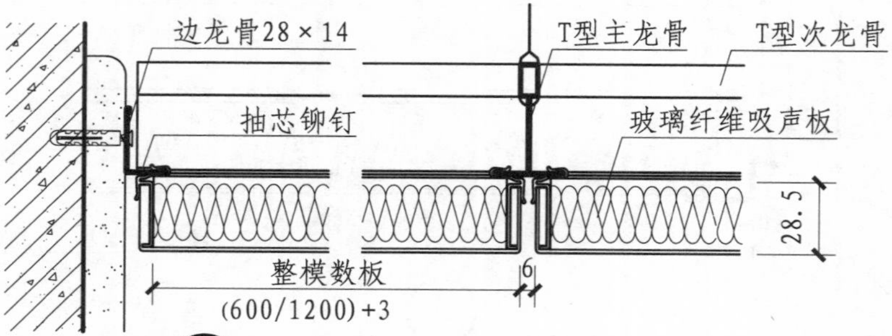

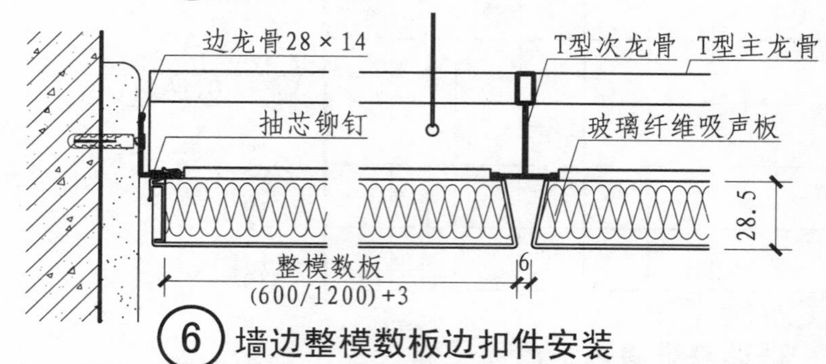

⑥ 墙边整模数板边扣件安装

注：玻璃纤维吸声板有整模数板，常用规格600×600/1200×28.5mm。

玻璃纤维吸声板吊顶详图								图集号	12J502-2
审核	饶良修	饶良修	校对	郭晓明	郭晓明	设计	沈洋	沈洋	页	C11

悬浮式玻璃纤维吸声板与矿棉板组合吊顶实例效果图片

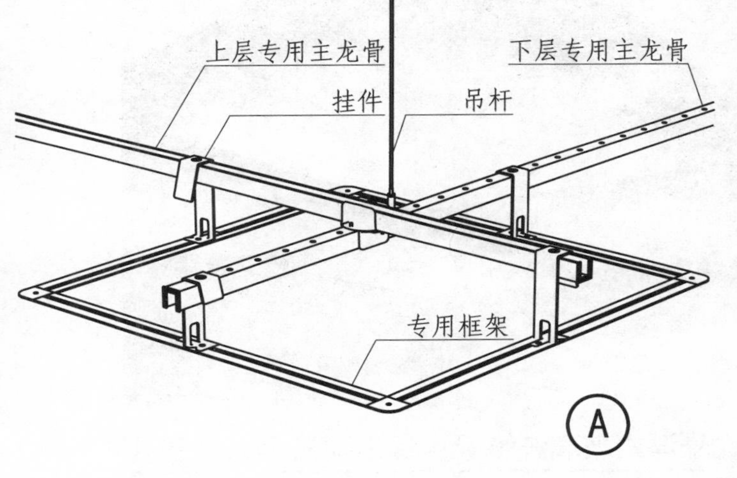

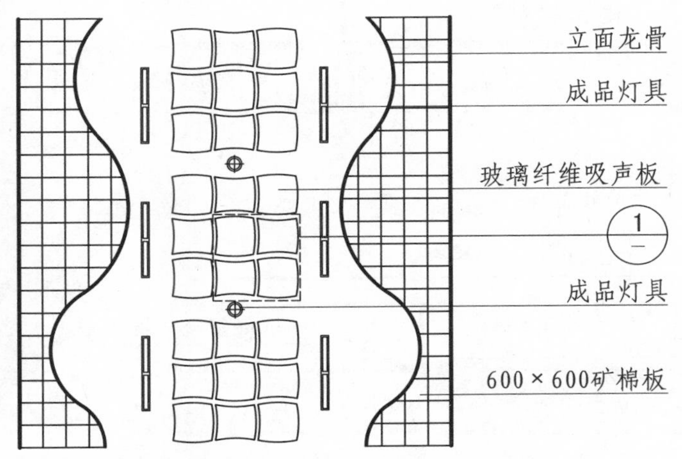

悬浮式玻璃纤维吸声板与矿棉板组合吊顶平面

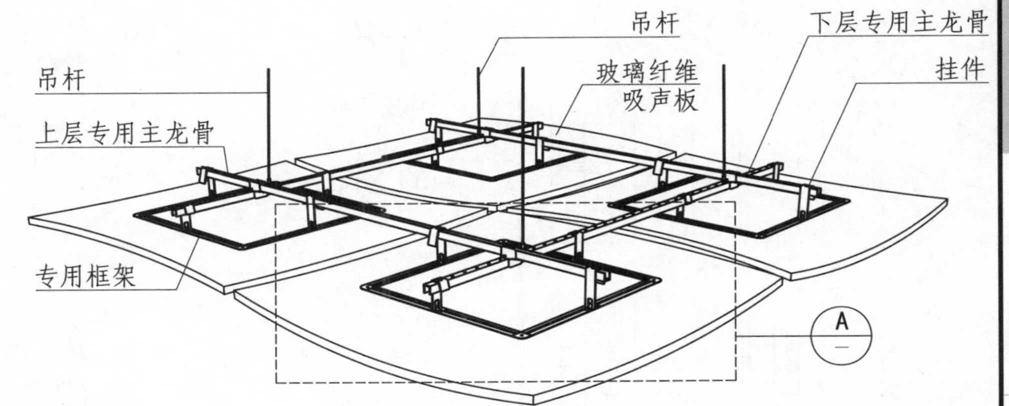

① 悬浮式玻璃纤维吸声板吊顶示意图

注：1. 本页仅以悬浮式玻璃纤维吸声板与矿棉板组合吊顶为例编制，矿棉板部分参照参照T型龙骨明架矿棉板方式。
2. 本页根据阿姆斯壮（中国）投资有限公司提供的技术资料编制。

悬浮式玻璃纤维吸声板与矿棉板组合吊顶							图集号	12J502-2
审核	饶良修	[signature]	校对	郭晓明	[signature]	设计 沈洋 [signature]	页	C12

悬浮式玻璃纤维吸声板吊顶实例效果图片

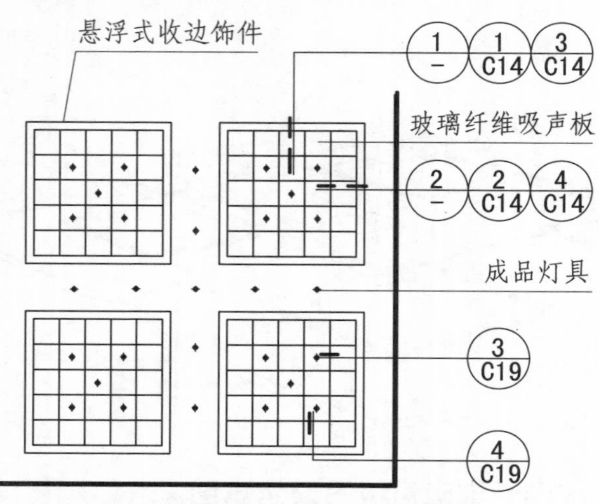

悬浮式玻璃纤维吸声板吊顶平面

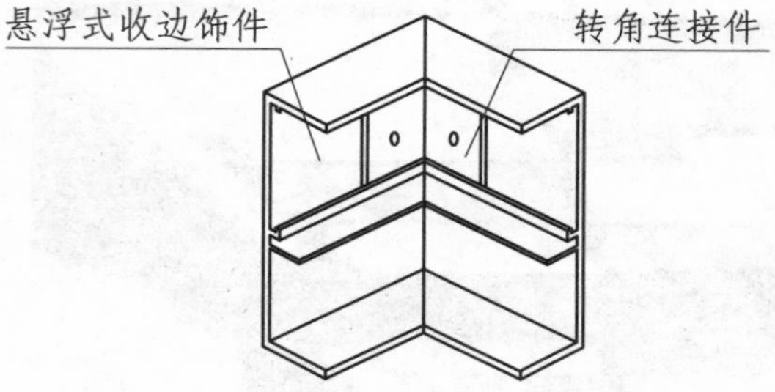

悬浮式收边饰件转角连接

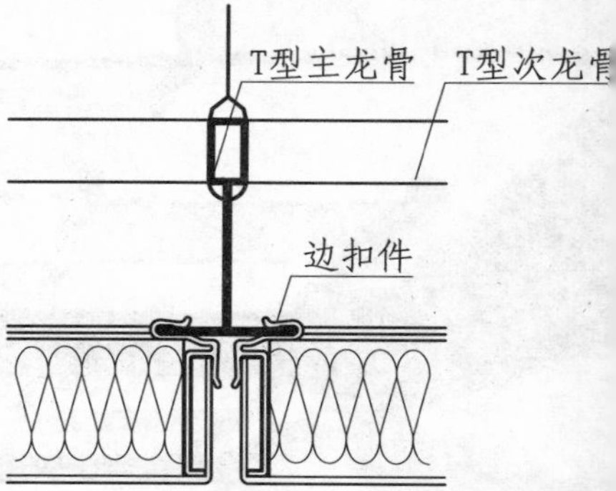

悬浮式玻璃纤维吸声板吊顶平面及详图								图集号	12J502-2
审核	饶良修	饶良修	校对	郭晓明	郭晓明	设计	沈洋	沈洋	页	C13

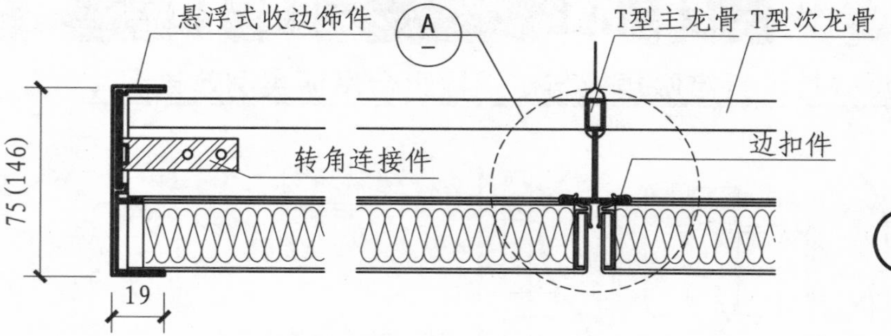

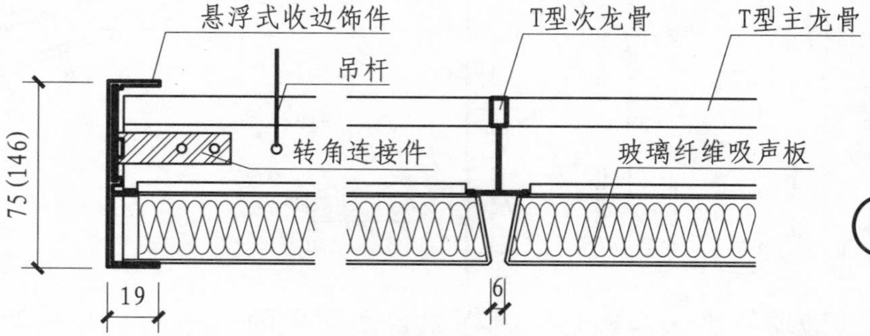

注：本页所示吊顶形式吊杆为ф4钢筋，吊杆间距为1200mm。

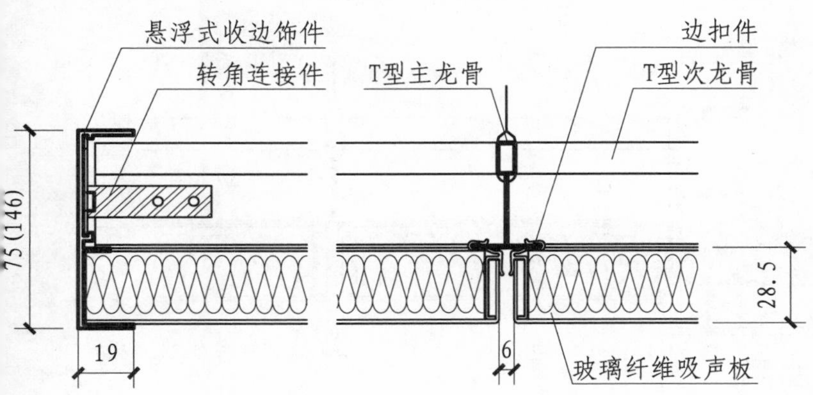

① 悬浮式收边与切割的卡扣板平行安装

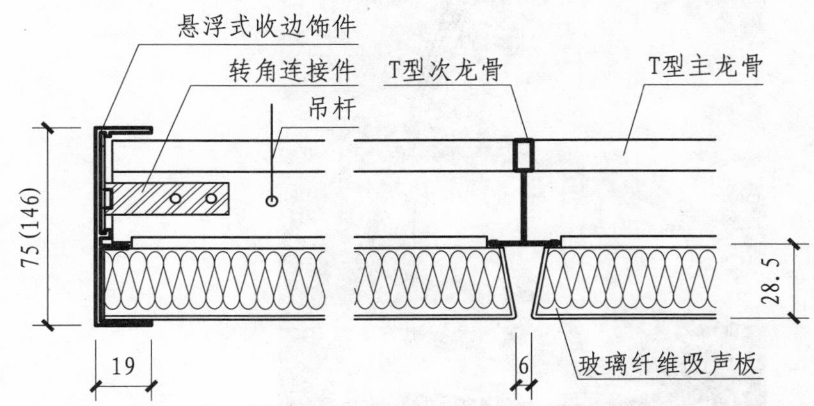

② 悬浮式收边与切割板卡扣垂直安装

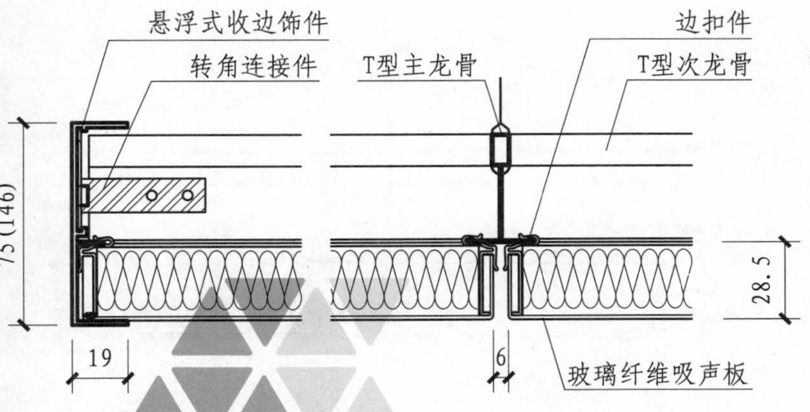

③ 悬浮式收边与整模数板卡扣平行安装

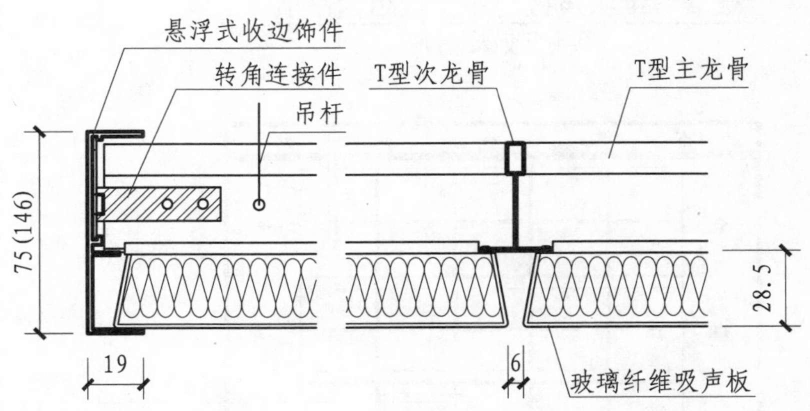

④ 悬浮式收边与整模数板卡扣垂直安装

悬浮式玻璃纤维吸声板吊顶详图							图集号	12J502-2
审核	饶良修	饶良修	校对	郭晓明	郭晓明	设计 沈洋 沈洋	页	C14

玻璃纤维吸声板与石膏板组合吊顶
实例效果图片

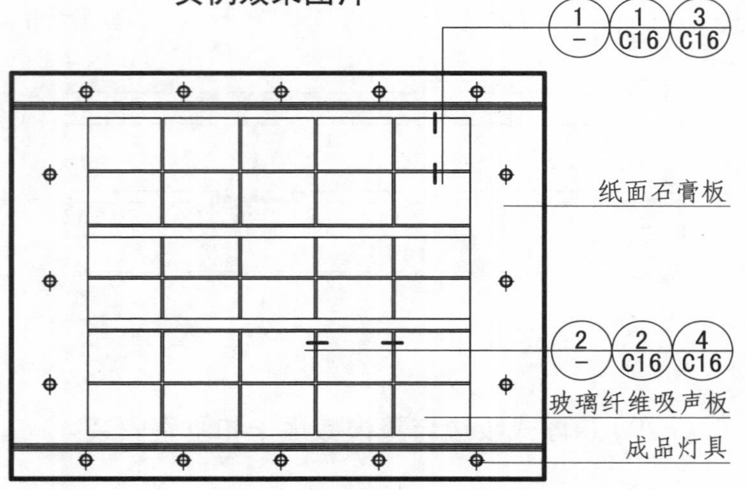

玻璃纤维吸声板与石膏板组合吊顶平面

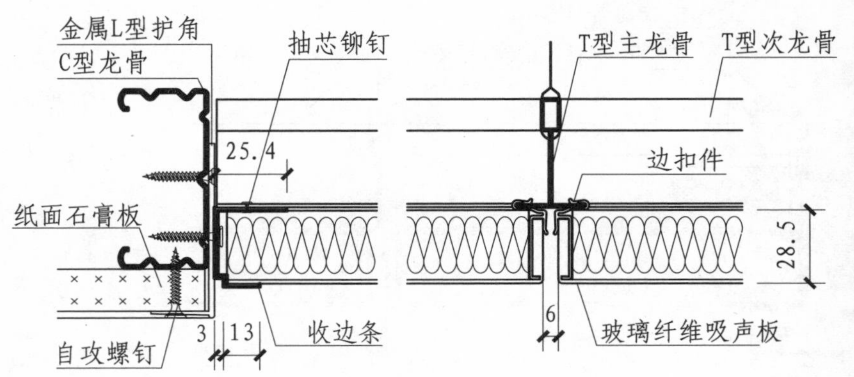

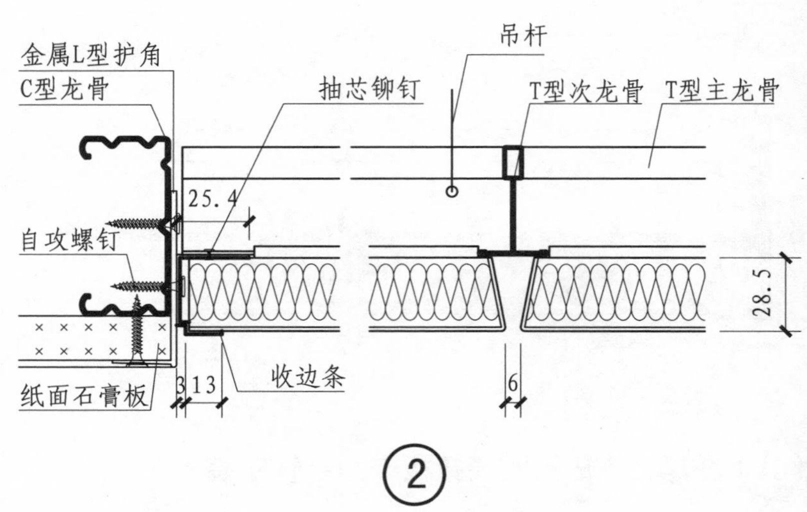

注：本页仅以玻璃纤维吸声板与石膏板组合吊顶中的玻璃纤维吸声板部分为例做示意，石膏板平面部分参照本图集石膏板内容。

玻璃纤维吸声板与石膏板组合吊顶平面及详图							图集号	12J502-2
审核	饶良修	[signature]	校对	郭晓明	[signature]	设计 沈洋 [signature]	页	C15

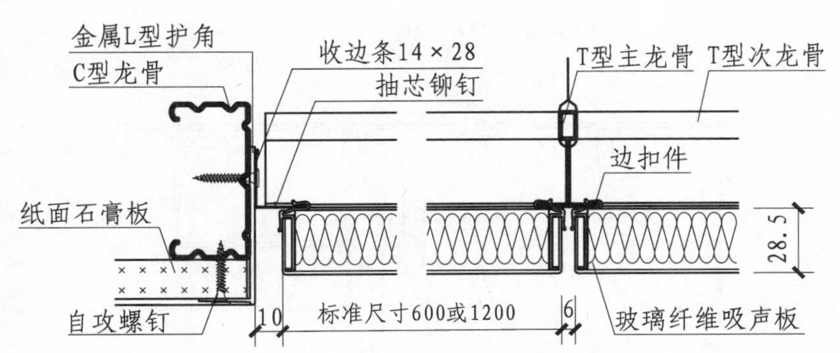

① 石膏板与整板的卡扣平行安装

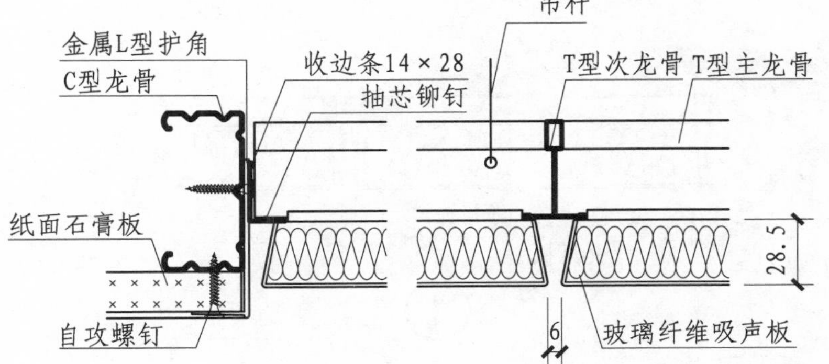

② 石膏板与整板的卡扣垂直安装

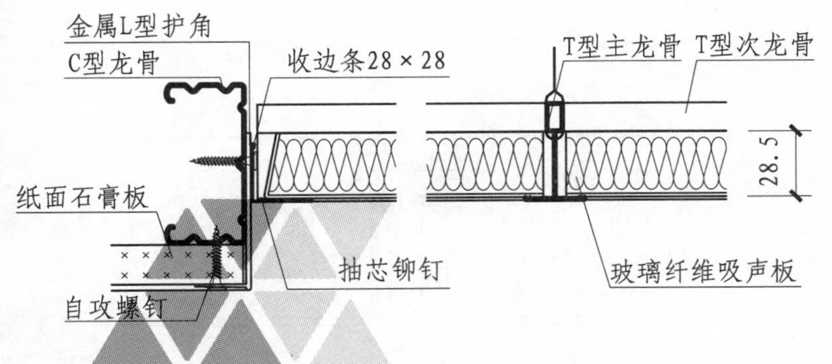

③ 玻璃纤维吸声板与石膏板铺放式交接收边安装

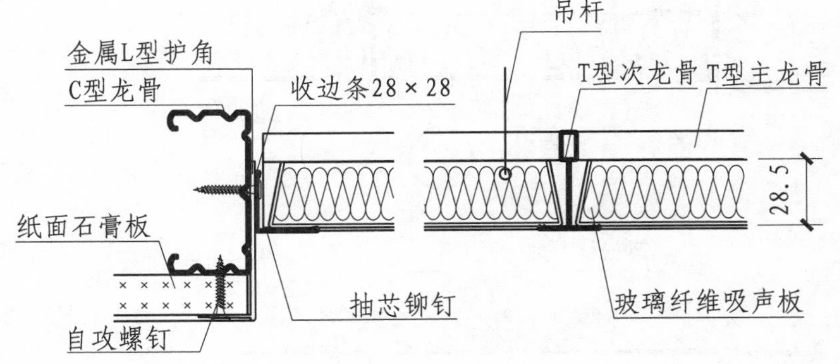

④ 玻璃纤维吸声板与石膏板铺放式交接收边安装

注：本页仅以玻璃纤维吸声板与石膏板组合吊顶中的玻璃纤维吸声板部分为例示意，石膏板平面部分参照本图集石膏板内容。

玻璃纤维吸声板与石膏板组合吊顶详图							图集号	12J502-2
审核	饶良修	饶良修	校对	郭晓明	郭晓明	设计 沈洋 沈洋	页	C16

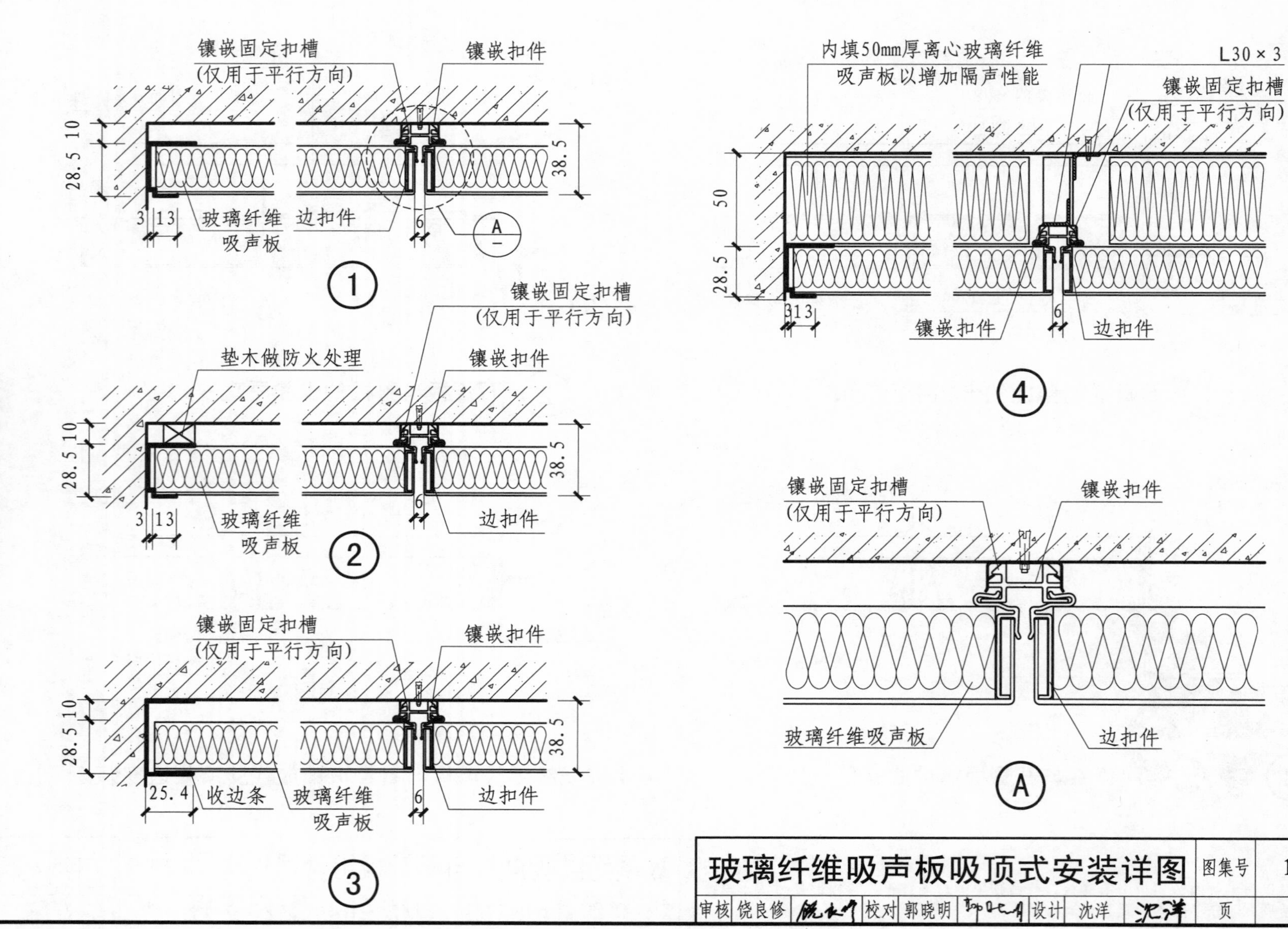

玻璃纤维吸声板吸顶式安装详图							图集号	12J502-2
审核	饶良修	饶良修	校对	郭晓明	郭晓明	设计	沈洋	沈洋	页	C17

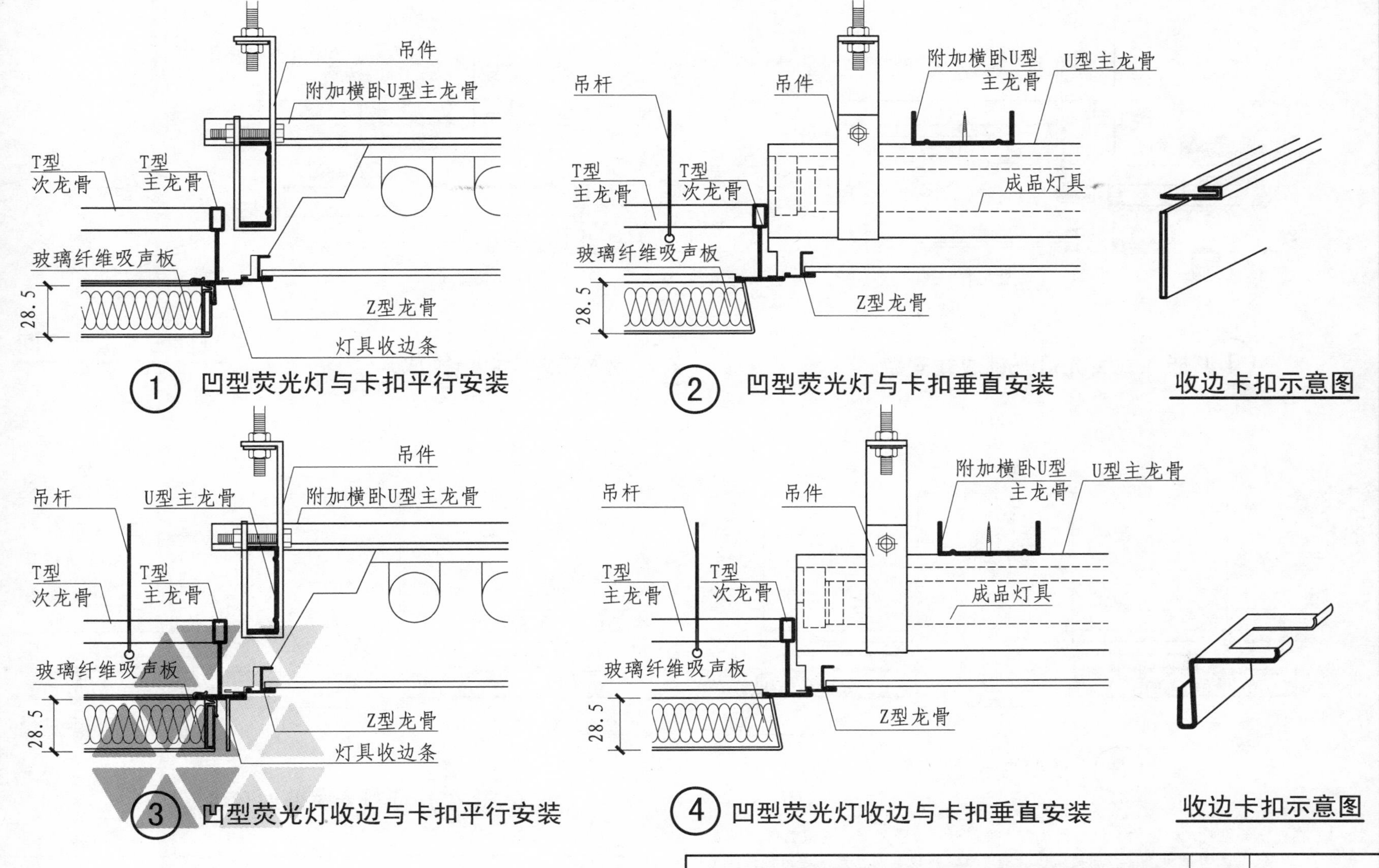

:超重型灯具（≥3kg）应自行吊挂在结构顶板和梁上，不能共用吊顶吊杆，与吊顶系统完全分开。

玻璃纤维吸声板灯具安装详图						图集号	12J502-2
审核	饶良修	校对	郭晓明	设计	沈洋	页	C18

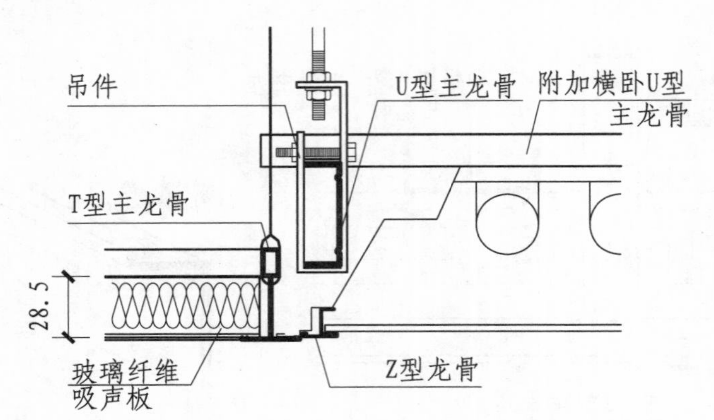

① 嵌入式荧光灯－铺放式安装

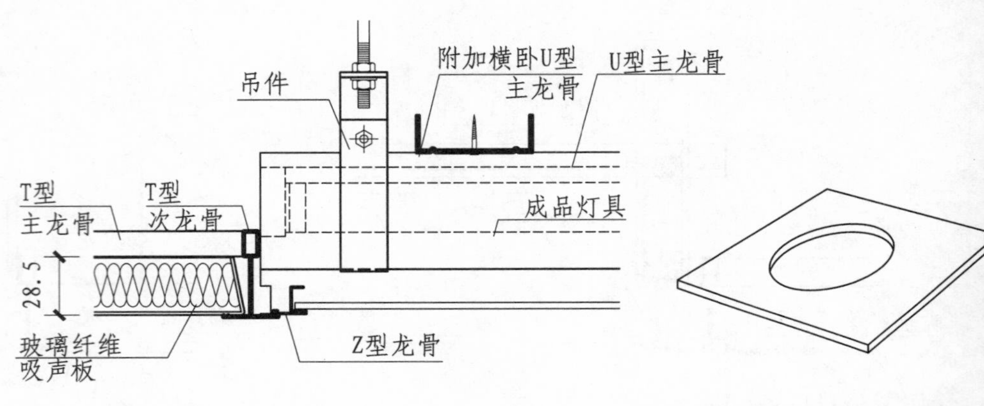

② 嵌入式荧光灯－铺放式

纸面石膏板示意图

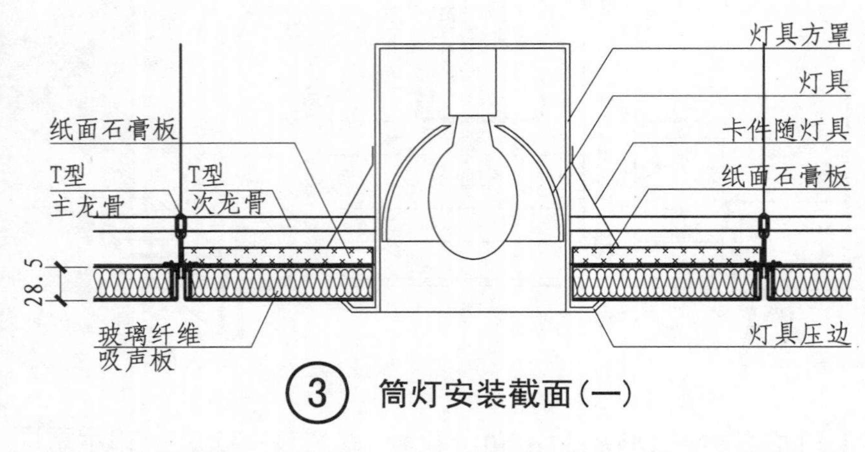

③ 筒灯安装截面(一)

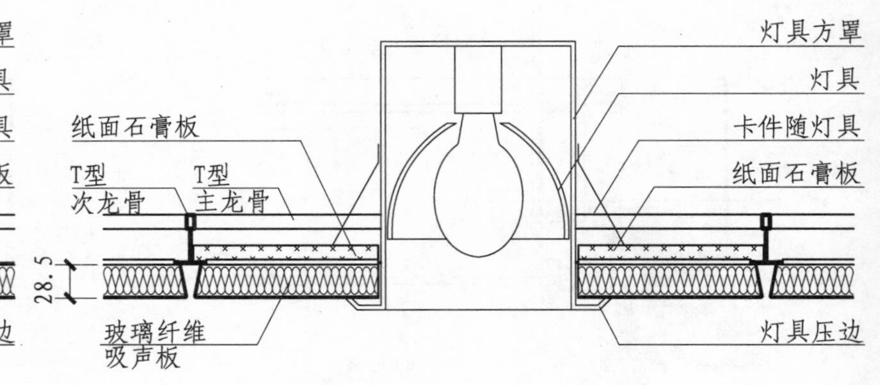

④ 筒灯安装截面(二)

注：1. 在玻璃纤维吸声板上的筒灯，通过筒的通风开口处散发光，建议筒灯通风口朝上，使气流由里向上排出。建议在玻璃纤维吸声板背面放置不透明材料以免灯具漏光。灯具安装部位应设置燃烧性能等级为A级的材料。

2. 超重型灯具（≥3kg）应自行吊挂在结构顶板和梁上，不能共用吊顶吊杆，与吊顶系统完全分开。

玻璃纤维吸声板灯具安装详图							图集号	12J502-2
审核	饶良修	饶良修	校对	郭晓明	郭晓明	设计 沈洋 沈洋	页	C19

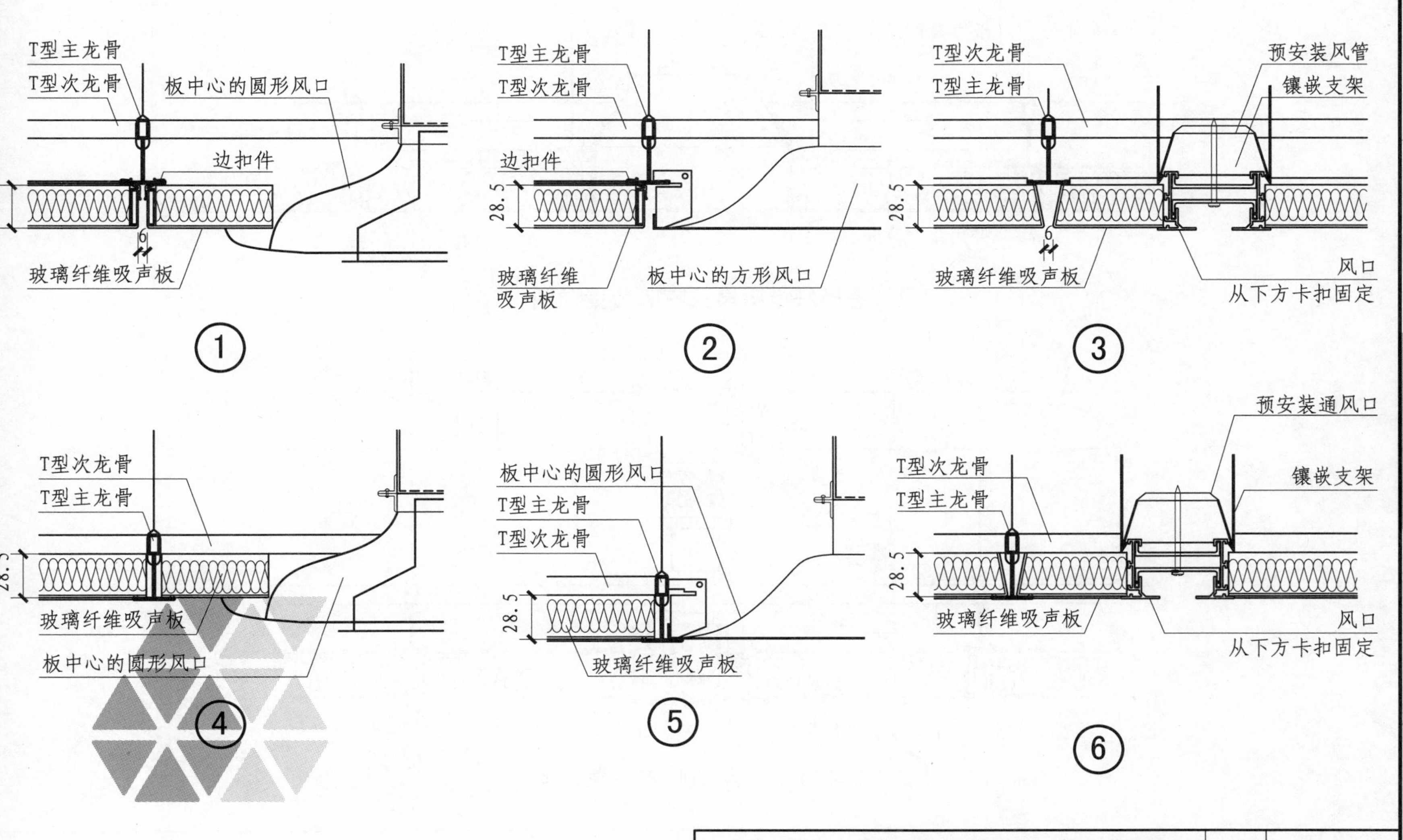

注：风道安装应自行吊装在结构顶板或梁上，不得与吊顶系统发生受力关系。

玻璃纤维吸声板风口安装详图								图集号	12J502-2
审核	饶良修	饶良修	校对	郭晓明	郭晓明	设计	沈洋	沈洋	页	C20

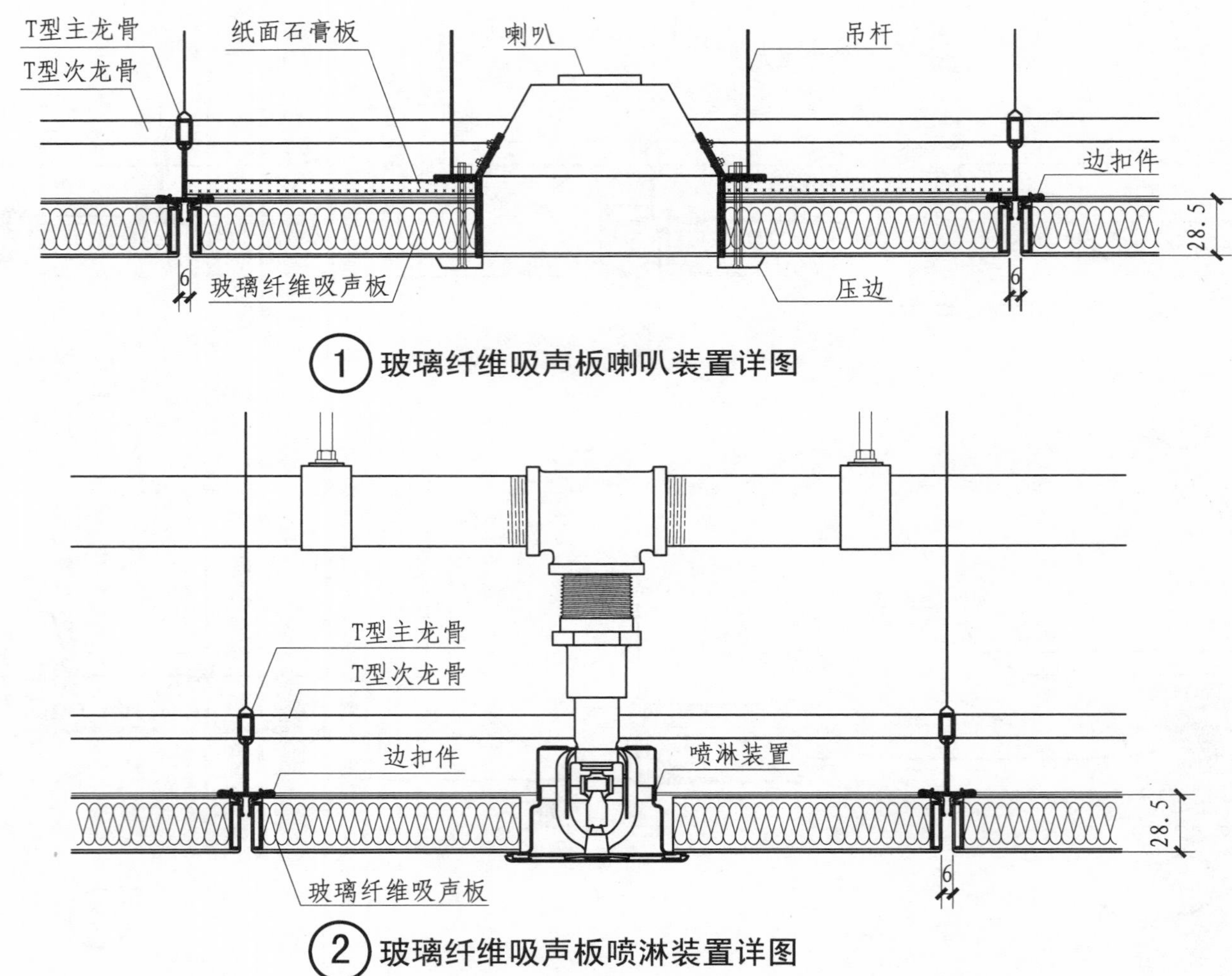

① 玻璃纤维吸声板喇叭装置详图

② 玻璃纤维吸声板喷淋装置详图

注：玻璃纤维吸声板吊顶安装外露设备时，各类设备应自行吊装在结构顶板或梁上，不得与吊顶系统发生受力关系。

玻璃纤维吸声板设备安装详图							图集号	12J502-2
审核	饶良修	饶良修	校对	郭晓明	郭晓明	设计 沈洋	沈洋 页	C21

D 金属板（网）吊顶说明

1 金属板（网）吊顶的组成

金属板（网）吊顶系统由金属面板或金属网、龙骨及安装辅配件（如面板连接件、龙骨连接件、安装扣、调校件等）组成。构造做法见下图：

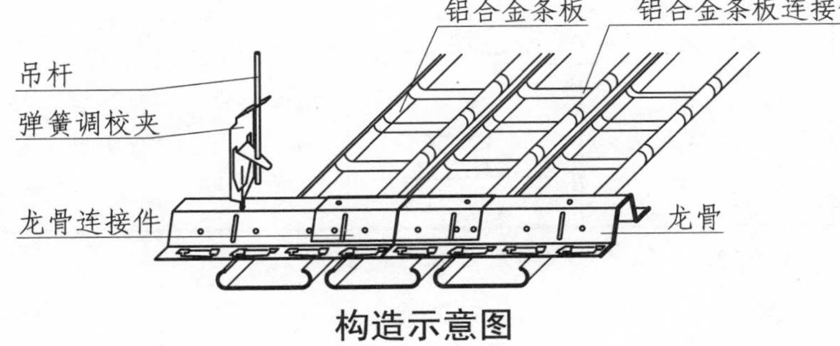

构造示意图

金属板（网）吊顶是采用铝及铝合金基材、钢板基材、不锈钢基材、铜基材等金属材料经机械加工成型，而后在其表面进行保护性和装饰性处理的吊顶装饰工程系列产品。金属板（网）吊顶广泛用于公共建筑、民用建筑的各种场所吊顶，品种繁多、变化丰富，常用的产品主要分类详见表D-1。

表D-1 金属吊顶产品分类表

按使用区域分类	室内型、室外型
按面板形状分类	条板、块板、异形板、格栅、网状
按材质分类	铝合金、镀锌钢

2 执行标准

目前，我国金属板（网）吊顶现行的执行标准有《金属及金属复合材料吊顶板》GB/T 23444-2009、《建筑用轻钢龙骨》GB/T 11981-2008、《建筑室内吊顶工程技术规程》GECS 255：2009等。

3 常见标准板型号及配套龙骨

3.1 条状吊顶板型号及配套龙骨（包括弧形条状板吊顶）见表D-2。

表D-2 条状吊顶板型号及配套龙骨表

序号	产品型号	剖面图	配套龙骨
1	84宽C型条板		84C型龙骨条板龙骨等
2	84宽R型(R型弧形)条板		V系列龙骨、弧形龙骨、可变曲龙骨（配合弧形钢基架）、无钩齿龙骨（配合蝶形夹）等
3	30/80/130/180宽多模数B型条板 30BD型30宽条板	15 38.5	多模数B型龙骨、可变曲龙骨（配合弧形钢基架）、无钩齿龙骨（配合蝶形夹）等

金属板（网）吊顶说明						图集号	12J502-2
审核	饶良修	校对	郭晓明	设计	饶劢	页	D01

续表D-2

序号	产品型号	剖面图	配套龙骨
4	75C/150C/225宽C型条板		75C/150C/225C条板型龙骨
5	300宽C型条板		吊架式、暗架式龙骨，吊扣、垂直吊扣等
6	300宽弧形条板	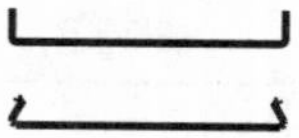	暗架/吊架龙骨、暗架专用卡件、离缝卡件、防风夹、螺丝固定夹、吊扣、垂直吊扣等
7	150/200条板		150/200龙骨、150/200螺丝固定夹、U型防风扣等

3.2 块状吊顶型号及配套龙骨见表D-3。

表D-3 块状吊顶配套龙骨表

序号	安装方式	剖面图	配套龙骨
1	暗架式	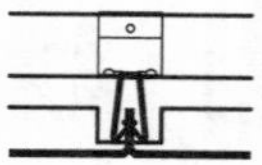	暗架龙骨、十字连扣、旋转十字连扣、吊扣、垂直吊扣等

续表D-3

序号	安装方式	剖面图	配套龙骨
2	明架式	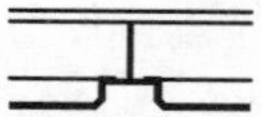	T型龙骨、专用吊件等
3	勾挂式	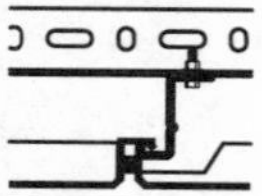	Z型龙骨、L型基脚钢、Z型防风扣等
4	网架式	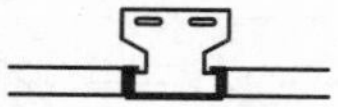	C型网架吊板、吊板连接件、墙身固定件、C型网架吊板、十字连扣、L型基脚钢等

3.3 格栅吊顶型号及配套龙骨见表D-4。

表D-4 格栅吊顶型号及配套龙骨表

序号	产品型号	图示	配套龙骨
1	100垂片/200垂片	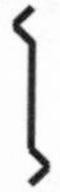	100/200垂片龙骨、可旋转格栅吊扣
2	20/50/50/15方格	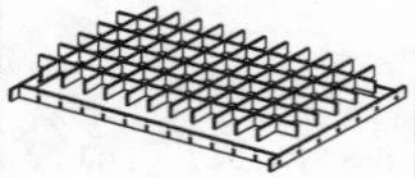	主骨连接件、弹簧吊扣、滑动扣、主骨扣
3	100/150型网格	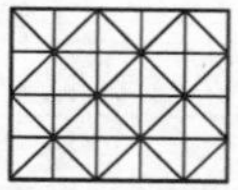	专用轴套、吊扣、暗架龙骨

金属板（网）吊顶说明							图集号	12J502-2
审核	饶良修	饶良修	校对	郭晓明	郭晓明	设计	饶劢	饶劢	页	D02

4　板面外观、龙骨强度要求

4.1 板面外观：板材边缘应齐整，不允许有开焊出现。面层不得有明显压痕及凹凸等痕迹。铝及铝合金吊顶板厚度大于等于0.35mm；铝蜂窝吊顶板正版整板厚度大于等于0.5mm；　钢板吊顶厚度大于等于0.30mm。用于室内的金属板（网）吊顶表面涂层处理有辊涂、液体喷涂、静电粉末喷涂、覆膜、阳极氧化等。

4.2 龙骨强度：最大弹性变形量小于或等于10mm，塑性变形量小于或等于2mm。龙骨强度检测，需在两根承载龙骨上放置1200mm×400mm×24mm的垫板，龙骨加载500N，5min后分别测定两根承载龙骨的最大挠度值；卸载3min后，分别测定两根承载龙骨的残余变形量。取其平均值为测定值，精确0.1mm。

5　板面外观声学性能及燃烧性能等级

5.1 声学性能：为提高金属板（网）吊顶的吸声性能，常在金属面板上做穿孔处理，并在金属板背面贴覆0.2mm厚玻璃纤维无纺布，孔形规格及间距根据建筑室内所需混响时间确定。

5.2 燃烧性能等级：金属板（网）吊顶材料燃烧性能等级为A级，符合国家标准《建筑材料及制品燃烧性能分级》GB 8624-2012。

6　施工注意事项

金属板(网)吊顶的安装验收标准执行是国家标准《建筑装饰装修工程质量验收规范》GB 50210-2001。

6.1 金属板（网） 吊顶系统安装应结合照明、音响、消防系统等统筹考虑。

6.2 安装工序通常可参考以下步骤：划线定标高→吊杆安装→安装龙骨→调校水平→固定修边→安装面板→清洁保养。

6.3 金属板（网）吊顶的边龙骨应安装在房间四周围护结构上，下边缘与吊顶标高线平齐，并按墙面材料的不同选用射钉或膨胀螺栓等固定，固定间距宜为300mm，端头宜为50mm。

6.4 龙骨与龙骨间距不应大于1200mm。单层龙骨吊顶，龙骨至板端不应大于150mm。双层龙骨吊顶，边部上层龙骨与平行的墙面间距不应大于300mm。

6.5 当吊顶为上人吊顶，上层龙骨为U型龙骨、下层龙骨为卡齿龙骨或挂钩龙骨时，上人龙骨通过轻钢龙骨吊件（反向）、吊杆（或增加垂直口件）与上层龙骨相连；当吊顶上、下层龙骨均A字卡式龙骨时，上、下层龙骨间用十字连接扣件连接。

6.6 在安装过程中，施工人员不可直接站在面板或龙骨上施工。

6.7 金属板（网）吊顶的设备开孔处应附加龙骨予以加固。

6.8 灯具及其他设备末端需自行吊挂在结构顶板及梁上，未经设计计算不可直接着力于面板或龙骨上。

6.9 金属板（网）吊顶板的自粘保护膜宜在产品出厂的45天内撕去。

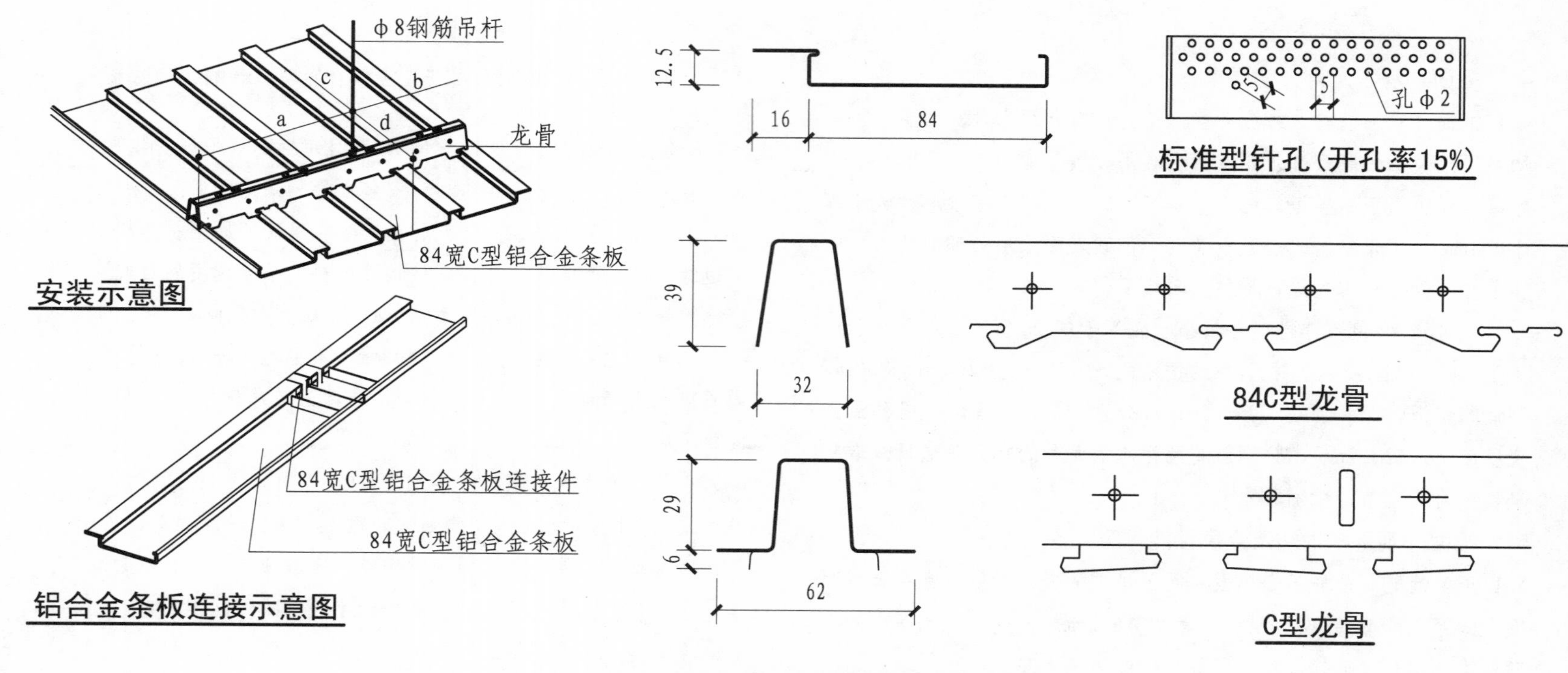

84宽C型铝合金条板吊顶吊装要求表

<table>
<tr><td colspan="2">规　格（mm）</td><td colspan="4">龙骨间距（mm）</td></tr>
<tr><td colspan="2"></td><td colspan="2">面积小于4㎡的只用两支龙骨</td><td colspan="2">面积大于4㎡的需用多于两支龙骨</td></tr>
<tr><td>吊杆至龙骨末端(a)</td><td>吊杆之间距离(b)</td><td>龙骨间距(c)</td><td>龙骨至吊顶板块末端(d)</td><td>龙骨间距(c)</td><td>龙骨至吊顶板块末端(d)</td></tr>
<tr><td>300</td><td>≤1200</td><td>≤1200</td><td>≤150</td><td>≤1200</td><td>≤300</td></tr>
</table>

注：1. 84宽C型直条吊顶板由0.5mm厚84mm宽铝合金条板组成；按铝合金条板表面区分，有普通、针孔及针孔附加吸声纸三种形式；配合使用的龙骨有84C型龙骨和C型龙骨；84宽C型铝合金条板两长边呈方角，而铝合金条板连接间有16mm阔的凹槽，可作为密闭式吊顶使用。

2. 本页所示吊顶面板仅以铝合金条板为例编制。

84宽C型铝合金条板吊顶							图集号	12J502-2
审核	饶良修	(签名)	校对	郭晓明	(签名)	设计 饶劢 (签名)	页	D04

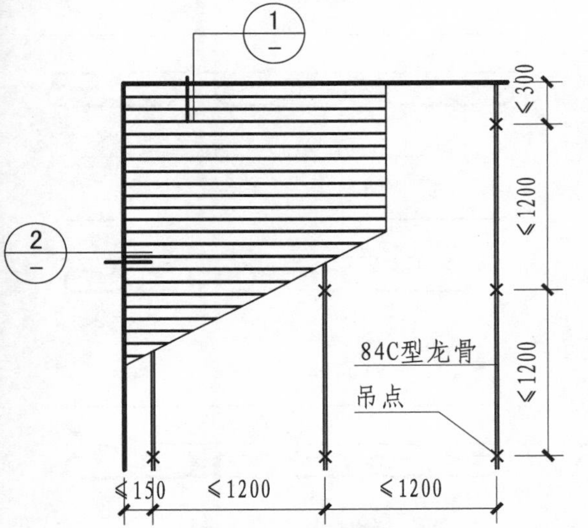

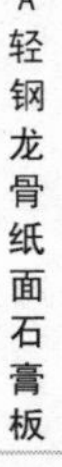

不上人吊顶平面

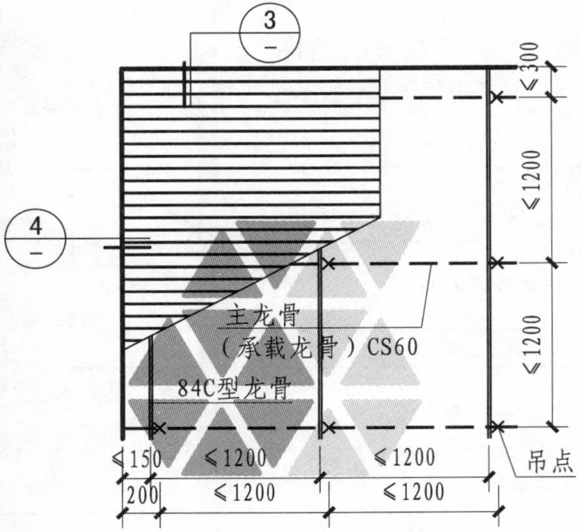

上人吊顶平面

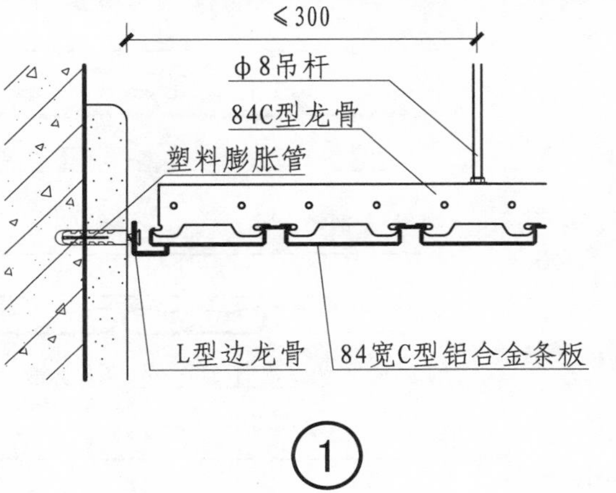

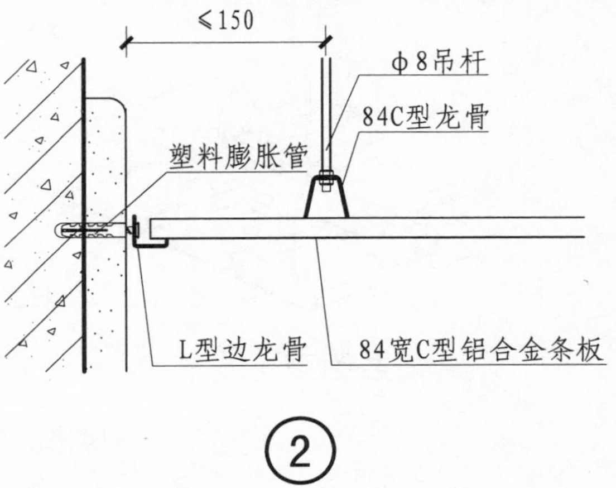

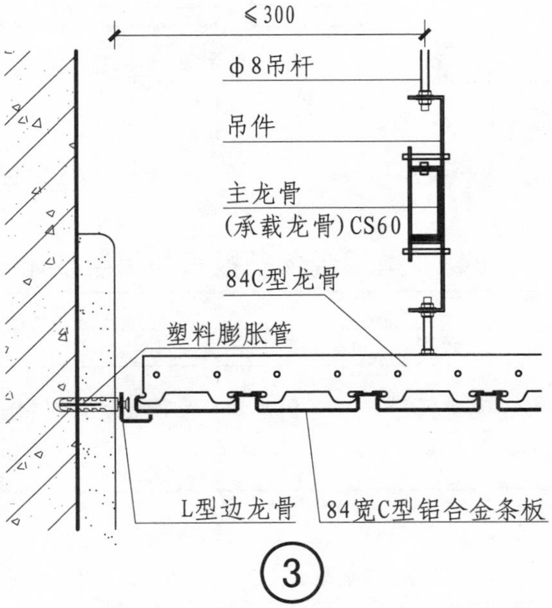

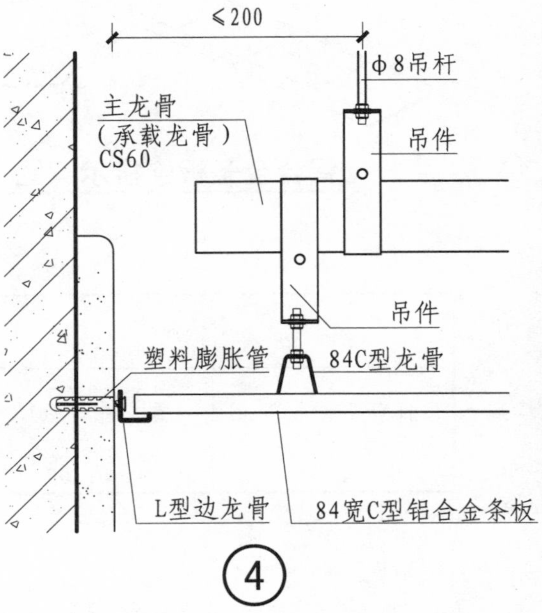

①

②

③

④

注：本页吊顶面板仅以铝合金条板为例编制。

84宽C型铝合金条板吊顶平面及详图						图集号	12J502-2
审核	饶良修	校对	郭晓明	设计	饶劢	页	D05

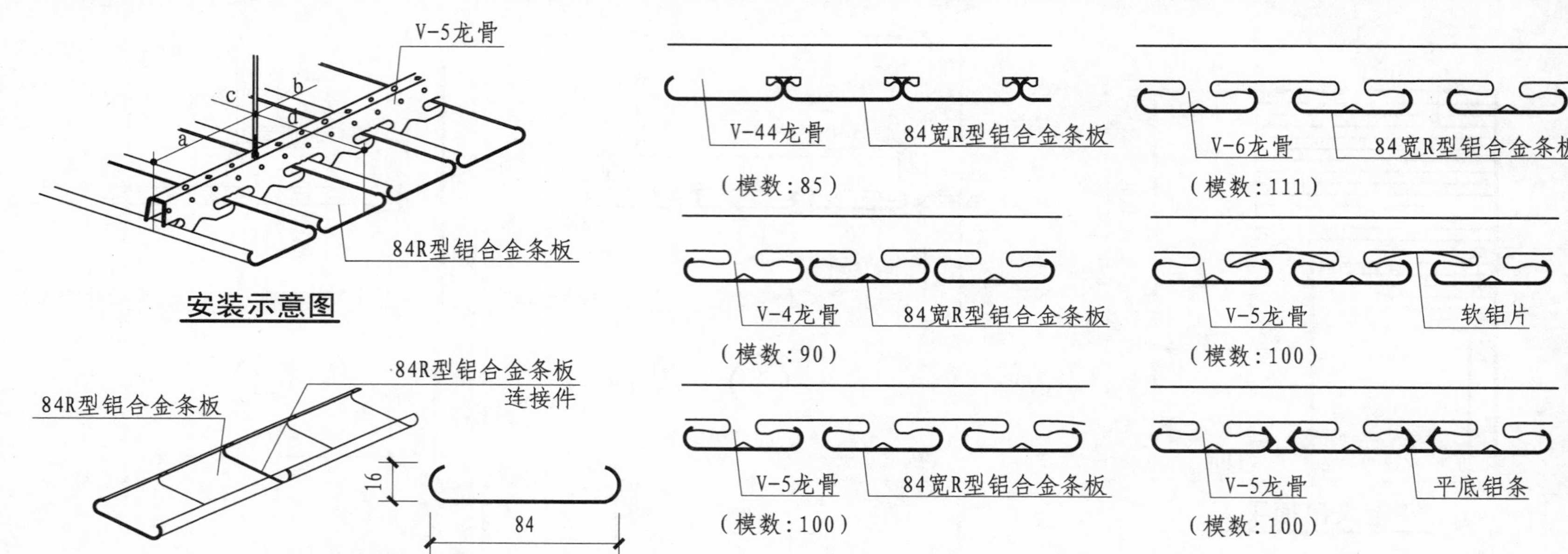

安装示意图

铝合金条板连接示意图

铝合金条板与V系列龙骨配合图

84宽R型铝合金条板吊顶吊装要求表

规　格（mm）		龙骨间距（mm）			
		面积小于4㎡的只用两支龙骨		面积大于4㎡的需用多于两支龙骨	
吊杆至龙骨末端(a)	吊杆中距(b)	龙骨间距(c)	龙骨至吊顶板块末端(d)	龙骨间距(c)	龙骨至吊顶板块末端(d)
300	≤1200	≤1200	≤150	≤1200	≤300

注：1. 84宽R型直条吊顶板由0.5mm厚84mm宽的铝合金条板组成，按铝合金条板表面区分，有普通、针孔及针孔附加吸声纸三种形式。配合使用的龙骨有V系列龙骨、弧形龙骨、可变曲龙骨（配合弧形钢基架）。84宽R型铝合金条板两边呈圆角，配合使用的附配件有软铝片、平底铝条等；配合不同的龙骨架及配件，可组成密闭式或开透式吊顶。与无钩齿龙骨和蝶形夹配合可产生放射状效果；与可变曲龙骨组合或将条板自身弯弧可加工曲面吊顶。
2. 按照上表所示，决定龙骨及吊杆之间距离固定比例，装上吊挂系统。
3. 本页吊顶面板仅以铝合金条板为例编制。

84宽R型铝合金条板吊顶						图集号	12J502-2
审核	饶良修	校对	郭晓明	设计	饶劢	页	D06

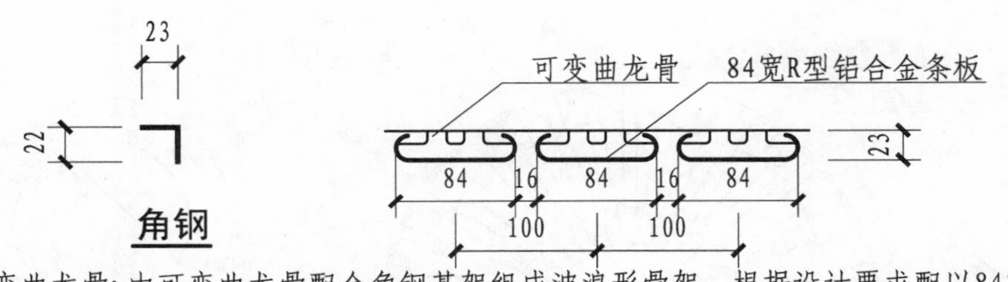

1. 可变曲龙骨：由可变曲龙骨配合角钢基架组成波浪形骨架，根据设计要求配以84宽R型条板做出弧形吊顶。

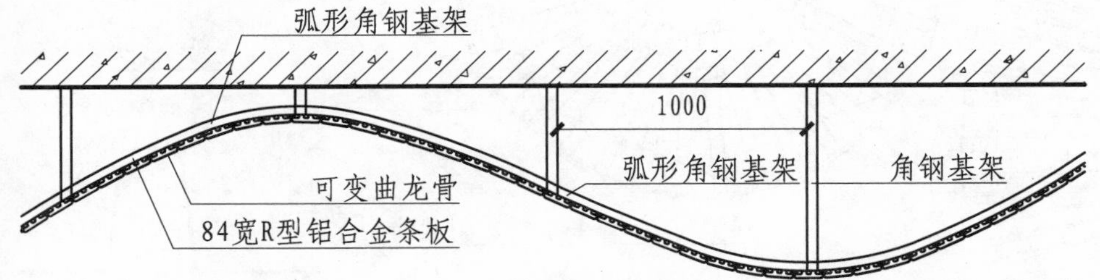

2. 弧形84宽R型条板：84宽R型板可以加工成弧形，其最小弧形半径为1m，根据造型要求将龙骨弯曲固定于弧形骨架上，后将板固定于龙骨上即可，同时为配合此造型，还可配84宽R型专用盖板。84宽R型铝合金条板弯弧应在设计中提出弧形半径由厂家加工。

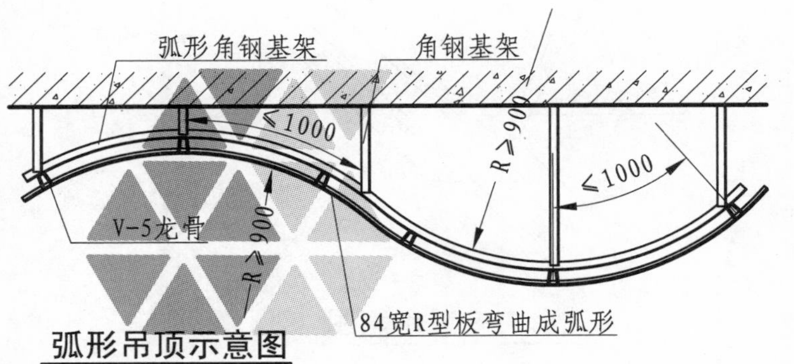

弧形吊顶示意图

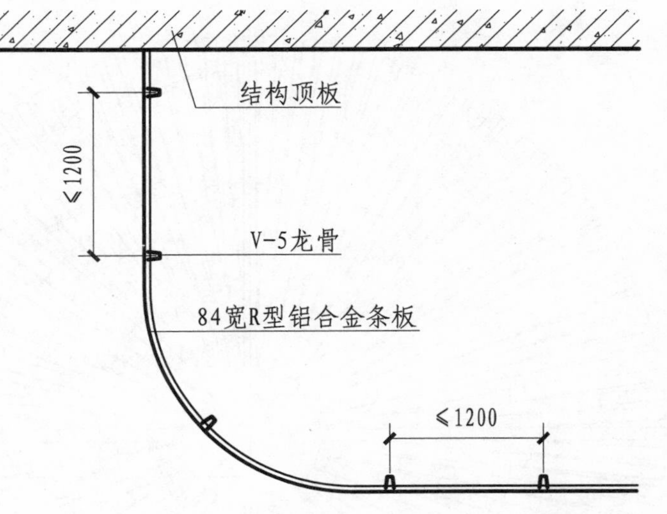

90°弧曲84宽R型板纵向排列龙骨吊装示意图

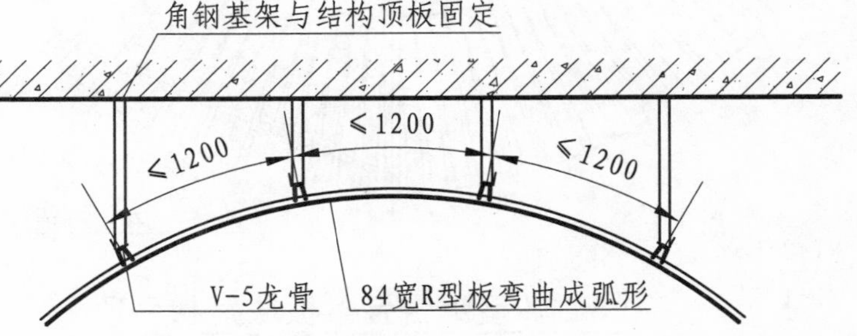

84宽R型板纵向上拱弧曲吊顶的排列龙骨吊装示意图

注：1. V-44型龙骨不适用于弧形84宽R型铝合金条板。
2. R值根据弧形吊顶造型由设计定。
3. 本页吊顶面板仅以铝合金条板为例编制。

84宽R型铝合金弧形板吊顶						图集号	12J502-2
审核 饶良修	饶良修	校对 郭晓明	郭晓明	设计 饶劢	饶劢	页	D07

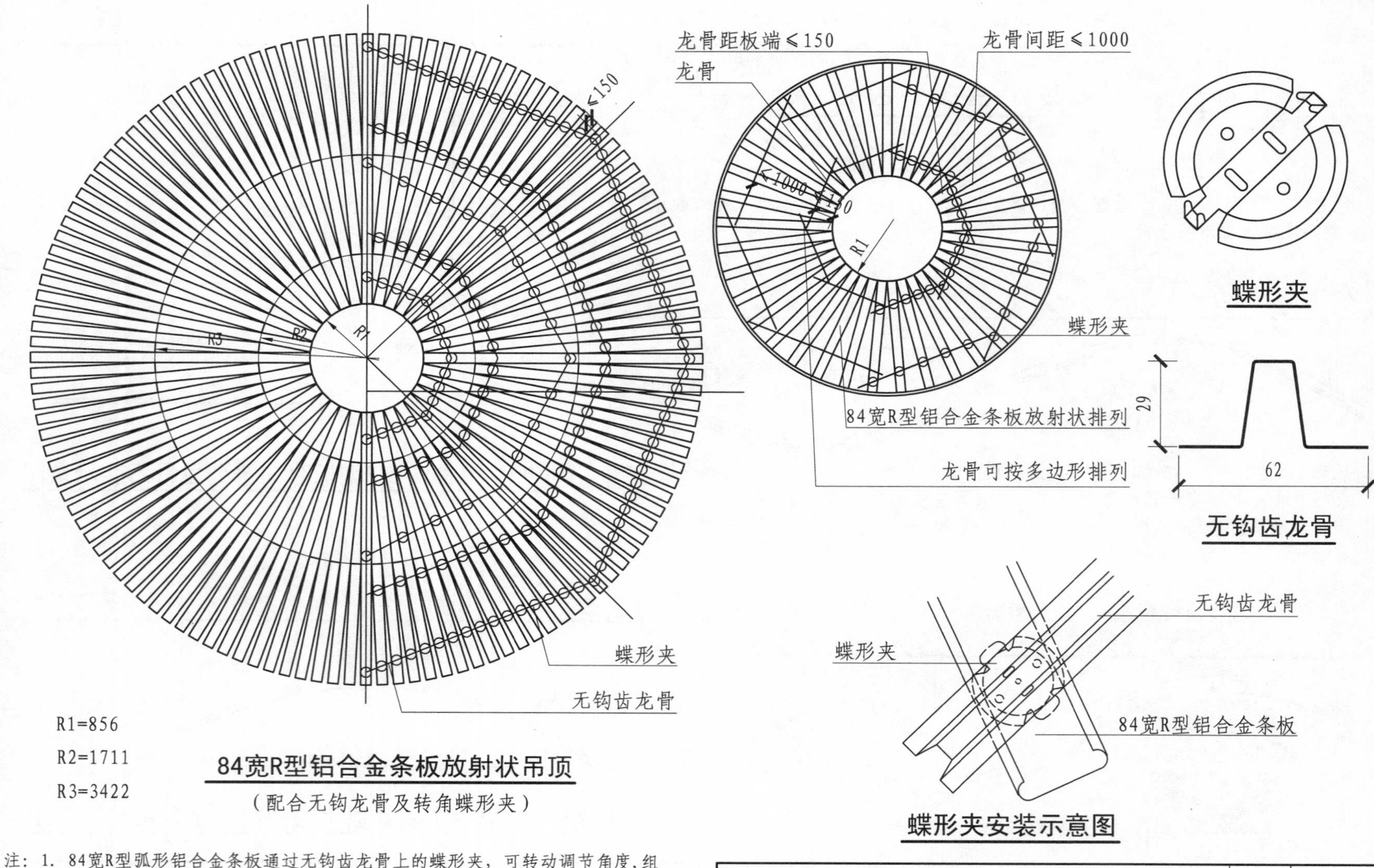

84宽R型铝合金条板放射状吊顶

（配合无钩龙骨及转角蝶形夹）

注：1. 84宽R型弧形铝合金条板通过无钩齿龙骨上的蝶形夹，可转动调节角度，组成放射状排列的图案。
2. 放射状吊顶：通过与无钩齿龙骨及蝶形夹配合使用可产生放射状吊顶效果。
3. 本页吊顶面板仅以铝合金条板为例编制。

84宽R型铝合金条板放射状吊顶							图集号	12J502-2
审核	饶良修	饶良修	校对	郭晓明	郭晓明	设计	饶劢	饶劢	页	D08

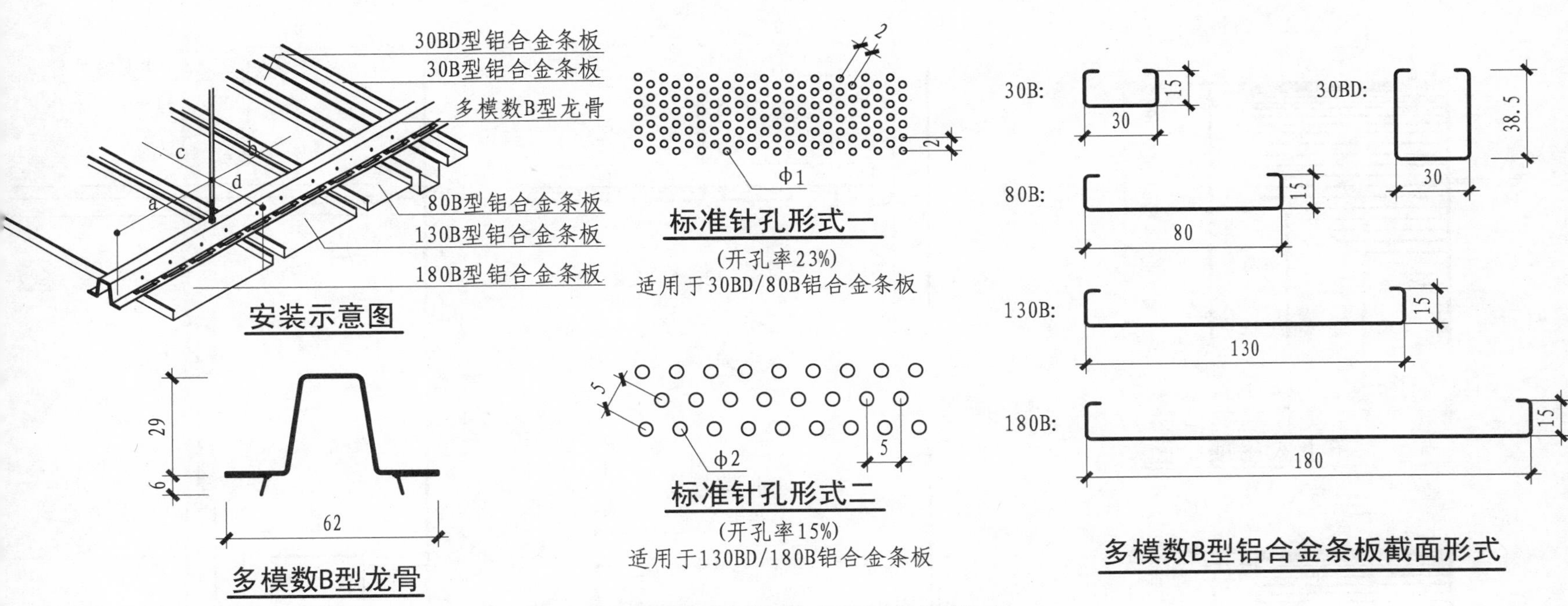

安装示意图

标准针孔形式一

(开孔率23%)
适用于30BD/80B铝合金条板

多模数B型龙骨

标准针孔形式二

(开孔率15%)
适用于130BD/180B铝合金条板

多模数B型铝合金条板截面形式

多模数B型铝合金条板吊顶吊装要求表

规　格(mm)		龙骨间距(mm)			
		面积小于4㎡的只用两支龙骨		面积大于4㎡的需用多于两支龙骨	
吊杆至龙骨末端(a)	吊杆中距(b)	龙骨间距(c)	龙骨至吊顶板块末端(d)	龙骨间距(c)	龙骨至吊顶板块末端(d)
300	≤1200	≤1200	≤150	≤1200	≤300

注:1. 多模数B型铝合金条板吊顶由多模数B型铝合金条板有30/80/130/180mm四种宽度;对应的产品有30B/30BD/80B/130B/180B五种。五种产品可安装在同一种龙骨上,可组合出多种形式。如果通过无钩齿龙骨及蝶形夹安装,可产生放射状效果;配合可变曲龙骨安装,可产生曲面效果。多模数B型条状铝合金条板两边为直角翻边,安装模数为50mm;在两板间加V型、U型装饰铝条则可形成密闭式吊顶;亦可配合软弧片使用;若采用针孔或针孔内贴吸声纸板型,则具有一定的吸声效果。

2. 本页吊顶面板仅以铝合金条板为例编制。

多模数B型铝合金条板吊顶						图集号	12J502-2
审核	饶良修	校对	郭晓明	设计	饶劢	页	D09

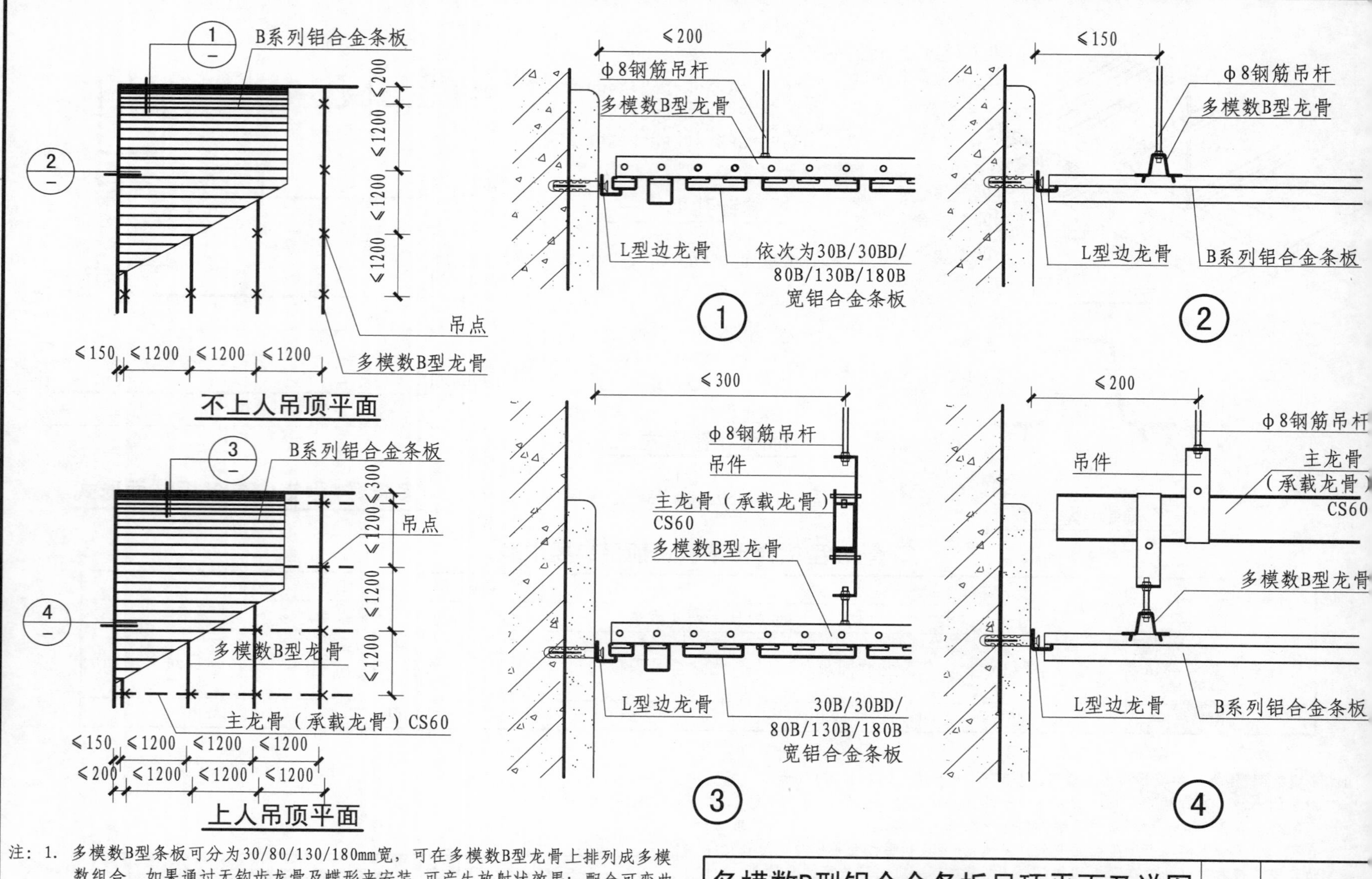

注：1. 多模数B型条板可分为30/80/130/180mm宽，可在多模数B型龙骨上排列成多模数组合。如果通过无钩齿龙骨及蝶形夹安装，可产生放射状效果；配合可变曲龙骨安装，可产生曲面效果。
2. 本页吊顶面板仅以铝合金条板为例编制。

多模数B型铝合金条板吊顶平面及详图						图集号	12J502-2
审核 饶良修		校对 郭晓明		设计 饶劢		页	D10

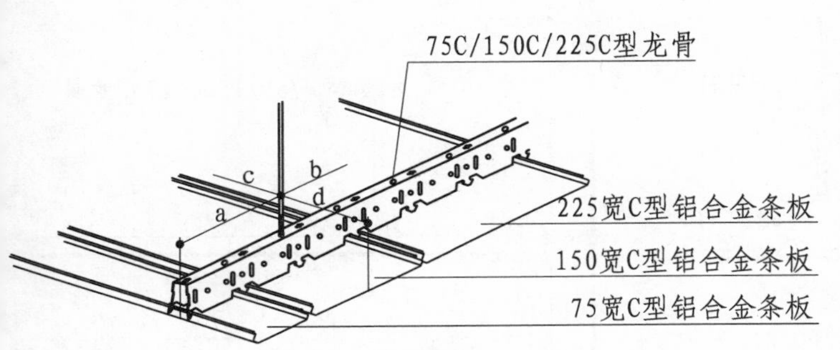

安装示意图

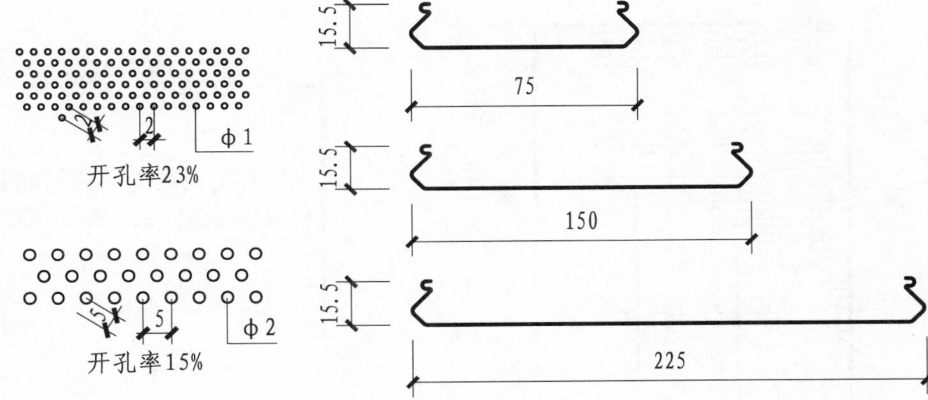

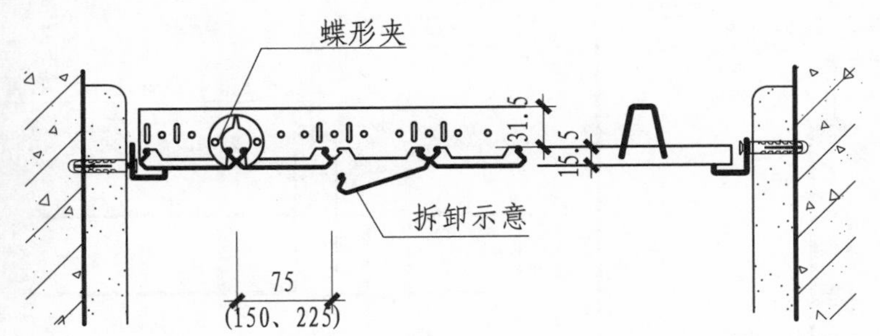

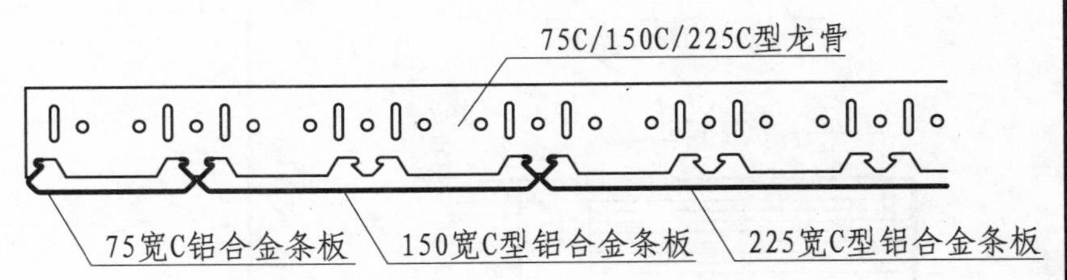

75C/150C/225宽C型铝合金吊顶板安装要求表

规　格（mm）		龙骨间距（mm）			
		面积小于4㎡的只用两支龙骨		面积大于4㎡的需用多于两支龙骨	
吊杆至龙骨末端(a)	吊杆中距(b)	龙骨间距(c)	龙骨至吊顶板块末端(d)	龙骨间距(c)	龙骨至吊顶板块末端(d)
300	≤1200	≤1200	≤150	≤1200	≤300

注：1. 75C/150C/225C型铝合金条板吊顶由两边均为45° 小斜角设计的75C/150宽C型铝合金条板组成，安装完成后表面呈V形凹槽，可配合复合式龙骨架，安装成组合吊顶，或选择同一种宽度(75mm、150mm、225mm)的铝合金条板，变成单一式的组合。龙骨架为外扣型，装拆方便，需要吸声效果时选用针孔形铝合金条板，配合吸声纸。

2. 本页吊顶面板仅以铝合金条板为例编制。

75C/150C/225宽C型铝合金条板吊顶						图集号	12J502-2
审核	饶良修	校对	郭晓明	设计	饶劢	页	D11

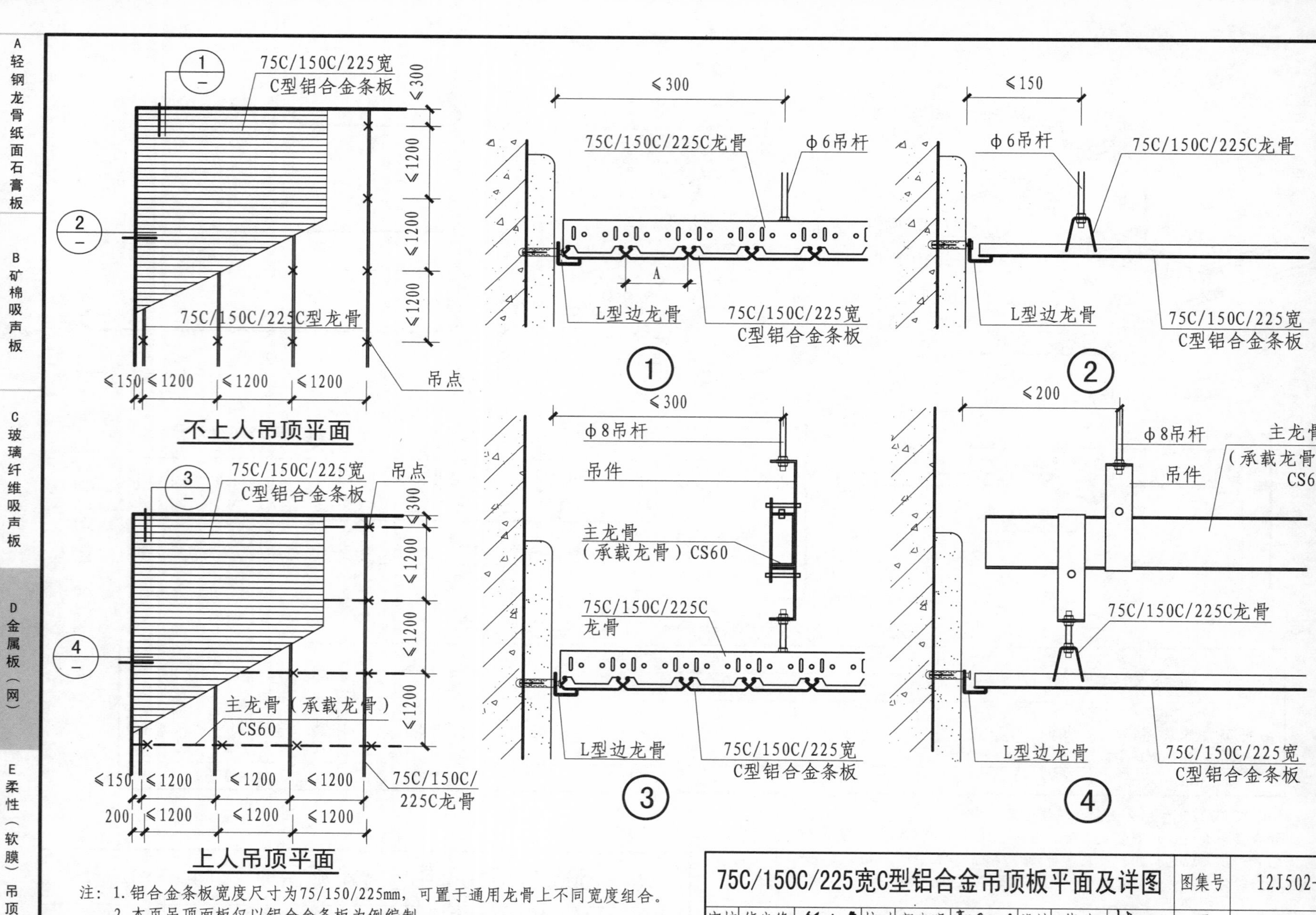

注：1. 铝合金条板宽度尺寸为75/150/225mm，可置于通用龙骨上不同宽度组合。
2. 本页吊顶面板仅以铝合金条板为例编制。

75C/150C/225宽C型铝合金吊顶板平面及详图						图集号	12J502-2
审核 饶良修		校对 郭晓明		设计 饶劢		页	D12

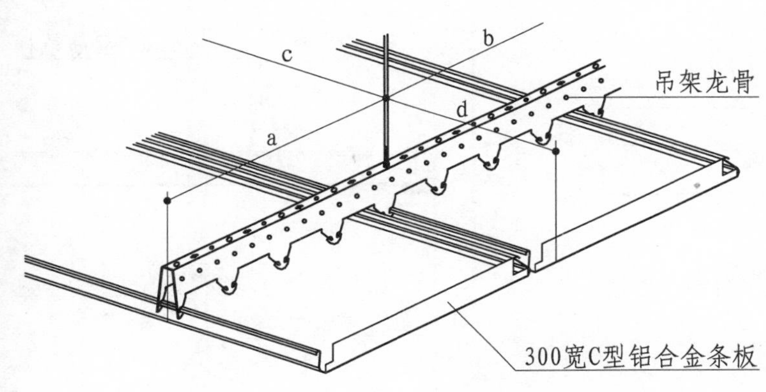

300宽C型吊架式吊顶安装示意图

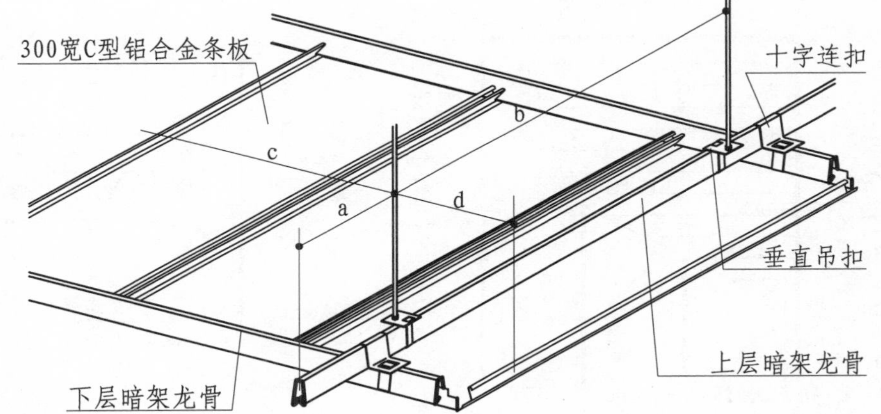

300宽C型暗架式吊顶安装示意图

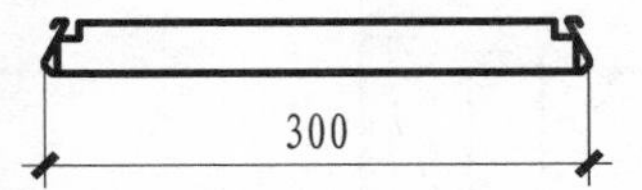

300宽C型吊架式铝合金条板

300宽C暗架式铝合金条板

300宽C型铝合金条板吊顶龙骨吊装要求表

吊顶吊装形式	吊杆至龙骨末端（a）	吊杆中距（b）	龙骨间距（c）	龙骨至吊顶板块末（d）
吊架式	300	1200	2400	150
暗架式	300	1200	2400	150

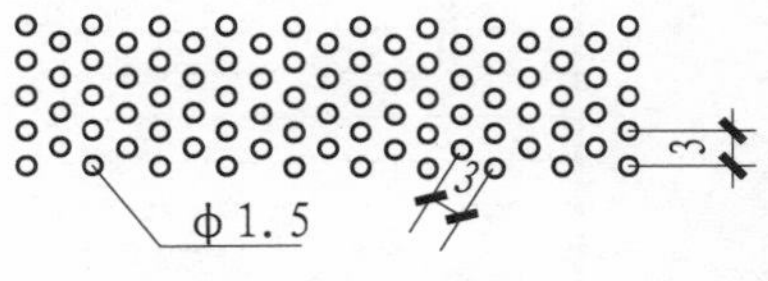

300宽C型铝合金条板
(开孔率23%)

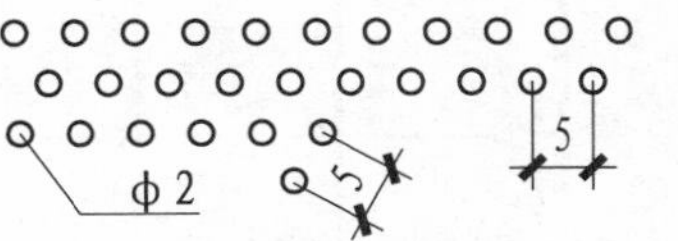

300宽C型铝合金条板
(开孔率15%)

1. 300宽C型铝合金条板有吊架式、暗架式两种安装方式。吊架式：吊架式通过吊架龙骨安装，龙骨 上带有卡齿，可固定条板；暗架式：暗架式安装通过暗架龙骨固定暗架式条板，有采用单层龙骨和上下两层龙骨两种形式。
2. 本页吊顶面板仅以铝合金条板为例编制。

300宽C型吊架式、300宽C型暗架式吊顶						图集号	12J502-2
审核	饶良修	校对	郭晓明	设计	饶劢	页	D13

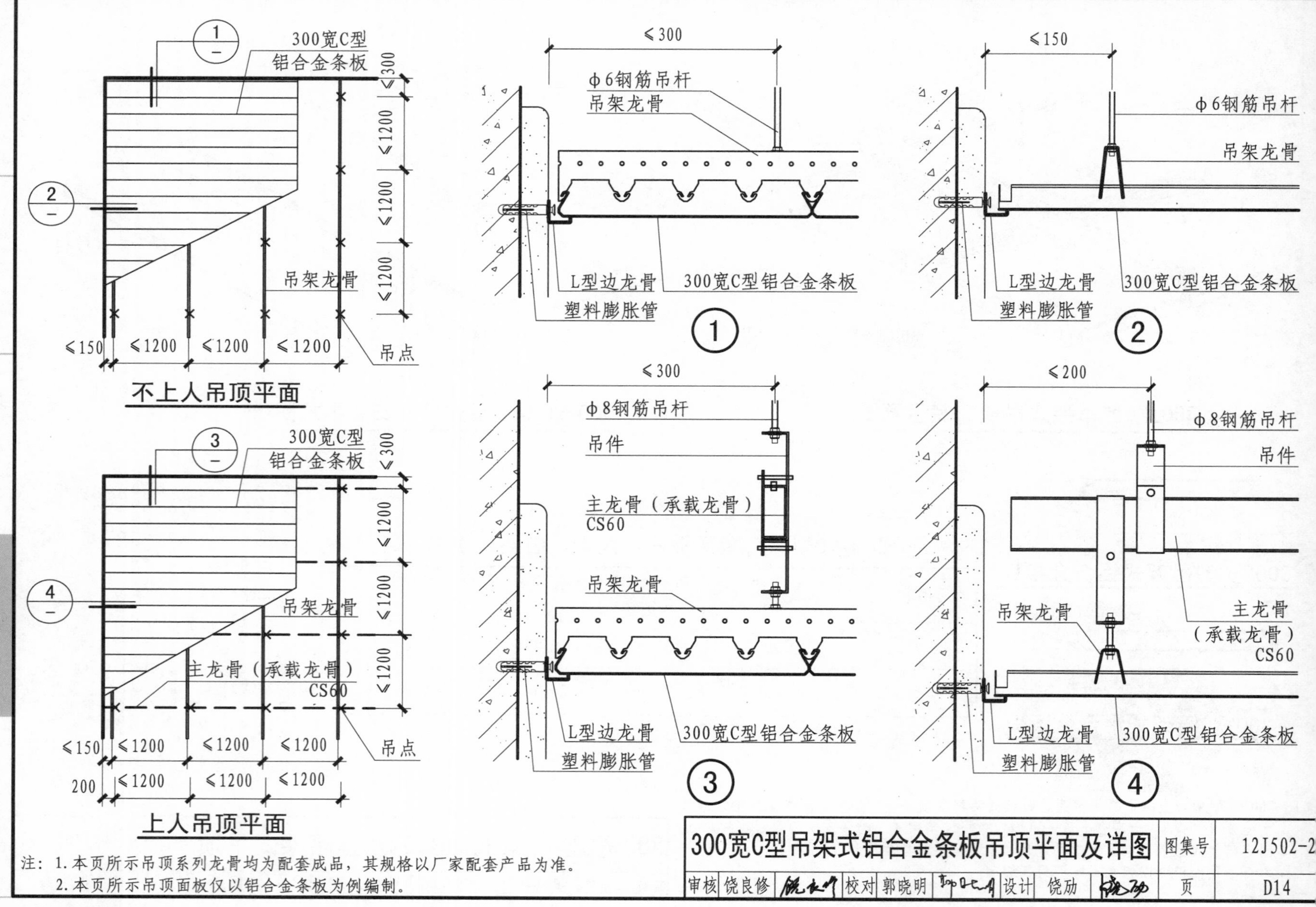

注：1.本页所示吊顶系列龙骨均为配套成品，其规格以厂家配套产品为准。
2.本页所示吊顶面板仅以铝合金条板为例编制。

300宽C型吊架式铝合金条板吊顶平面及详图						图集号	12J502-2
审核	饶良修	校对	郭晓明	设计	饶劢	页	D14

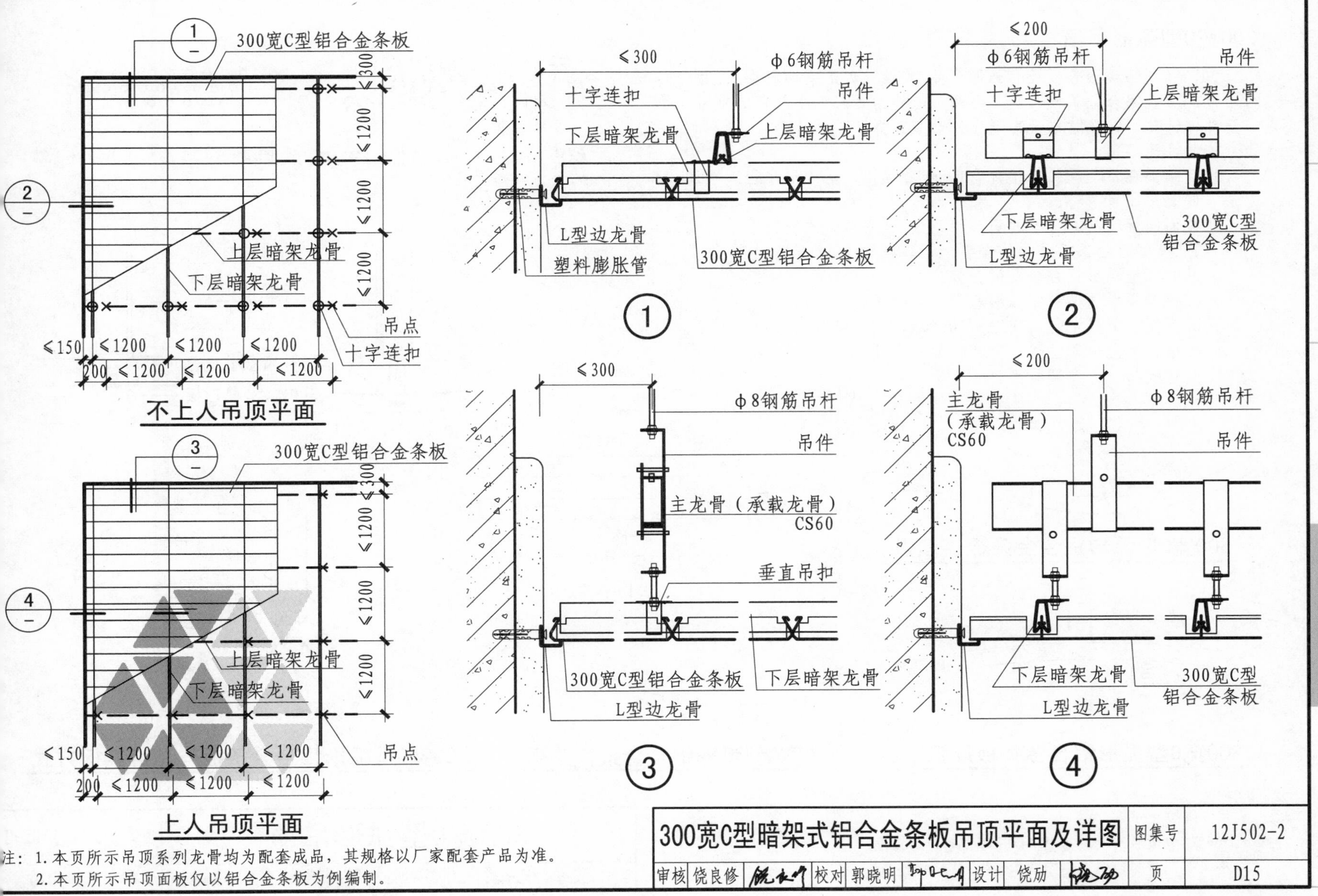

注：1. 本页所示吊顶系列龙骨均为配套成品，其规格以厂家配套产品为准。
2. 本页所示吊顶面板仅以铝合金条板为例编制。

300宽C型暗架式铝合金条板吊顶平面及详图							图集号	12J502-2
审核	饶良修	饶良修	校对	郭晓明	郭晓明	设计	饶劢	饶劢	页	D15

300宽C型弧形吊顶

300宽C型铝合金条板还有弧形产品，其截面外形有两种形式：其一同标准300宽C型铝合金条板，其二为两弧形边为带45°小斜角的直边。并有无孔、针孔、针孔贴覆吸声纸三种类型选择。

安装注意事项：

1. 连续弧在正、反弧转接处有100mm直线段，当弧形半径大于10m时，此直线段可忽略。
2. 截面同标准300宽C型的弧形铝条板，其安装方式同标准吊架式300宽C型铝合金条板吊顶的安装。
3. 300宽C型弧形铝合金条板安装：
   a. 根据弧形造型制作弧形基架，并找平整。
   b. 安装暗架式龙骨，间距≤1000mm，采用暗架式吊扣。
   c. 根据板上卡印位置，安装暗架式吊件。
   d. 将板扣上，并调整平整。

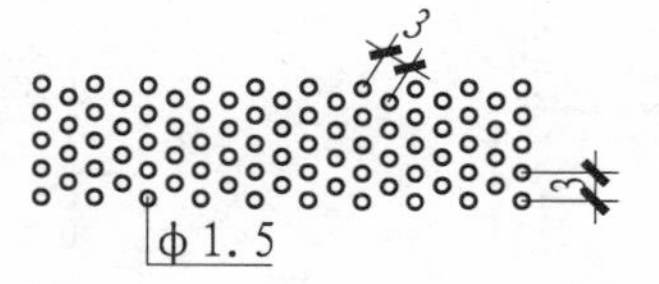

标准针孔形式一（开孔率23%）

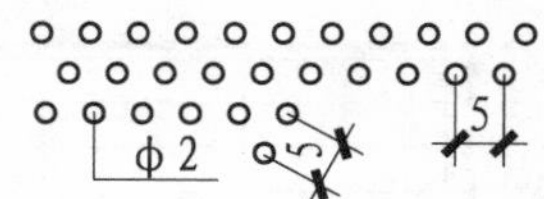

标准针孔形式二（开孔率15%）

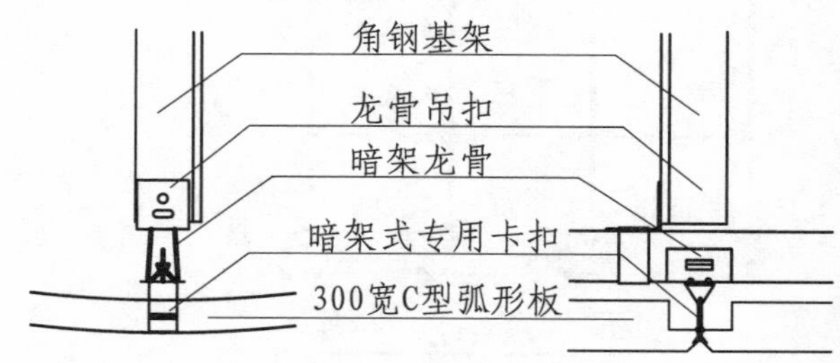

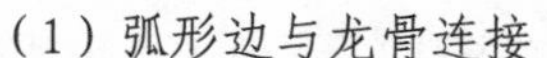
（1）弧形边与龙骨连接

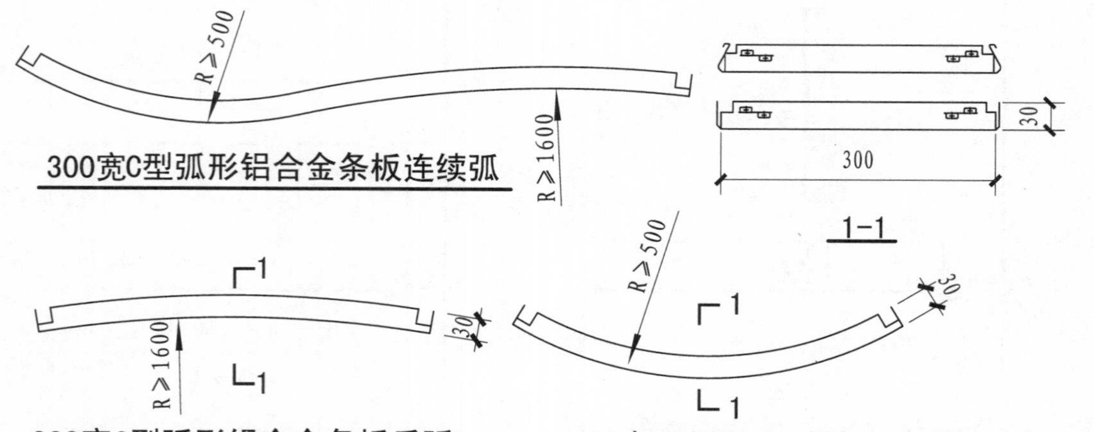

300宽C型弧形铝合金条板连续弧

300宽C型弧形铝合金条板反弧

300宽C型弧形铝合金条板正弧

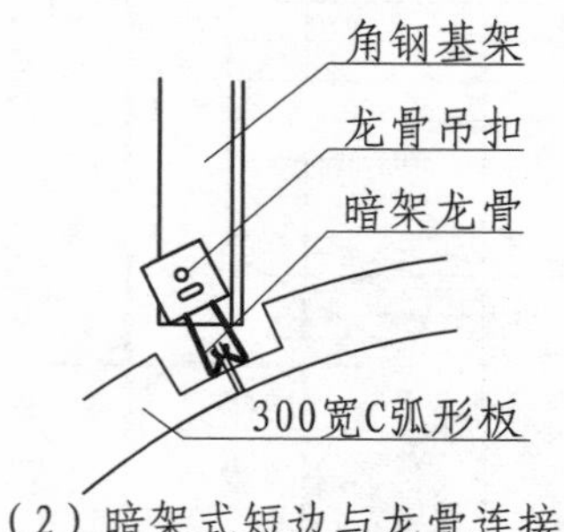

（2）暗架式短边与龙骨连接

300宽C型弧形铝合金条板与龙骨连接方式

注：1. 300宽C型弧形吊顶，其规格以厂家配套产品为准。
2. 本页所示吊顶面板仅以铝合金条板为例编制。

300宽C型弧形吊顶							图集号	12J502-2
审核	饶良修	校对	郭晓明		设计	饶劢	页	D16

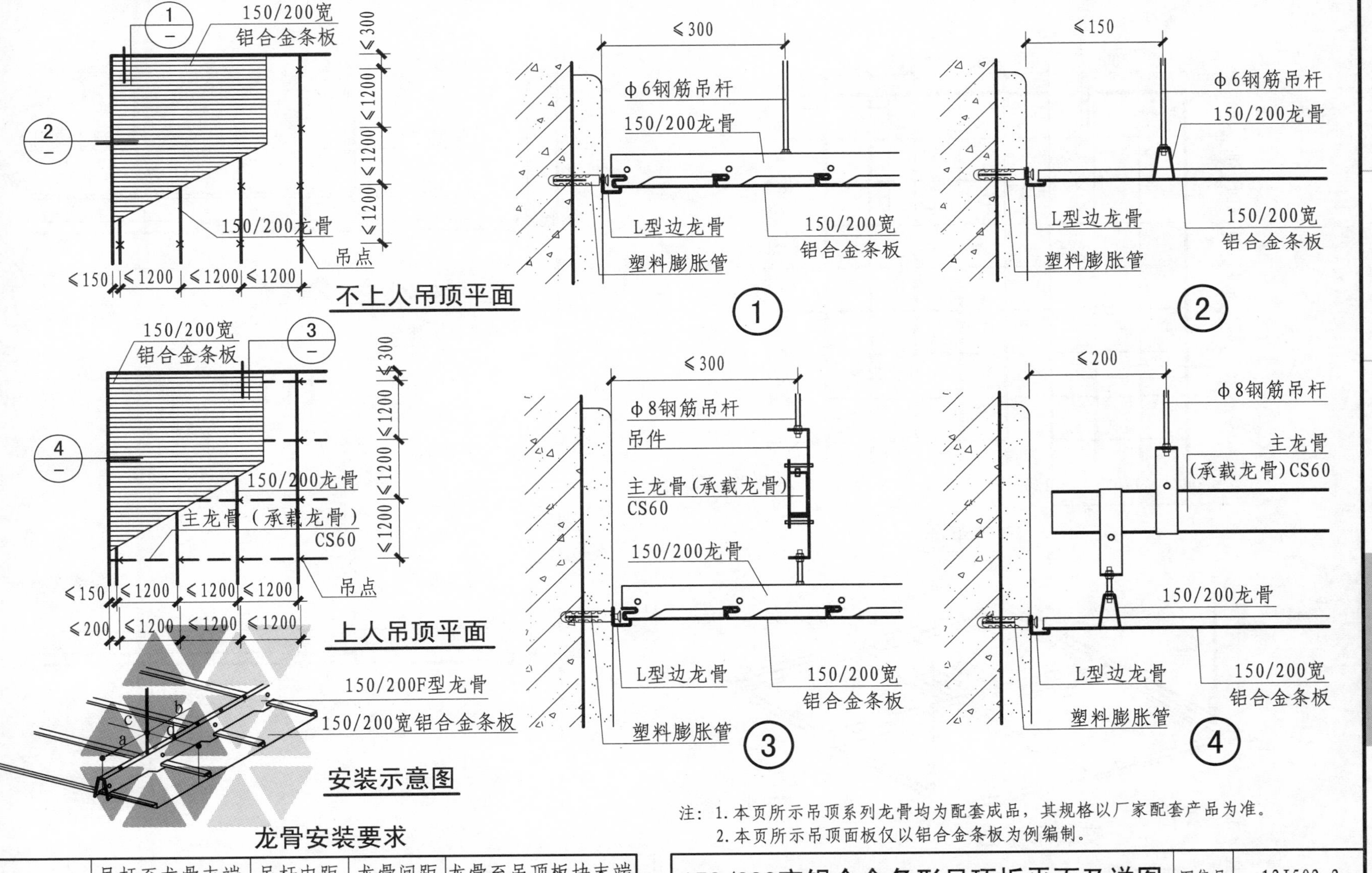

注：1. 本页所示吊顶系列龙骨均为配套成品，其规格以厂家配套产品为准。
2. 本页所示吊顶面板仅以铝合金条板为例编制。

龙骨安装要求

吊顶吊装形式	吊杆至龙骨末端（a）	吊杆中距（b）	龙骨间距（c）	龙骨至吊顶板块末端（d）
上人/不上人	300	1200	1200	150

150/200宽铝合金条形吊顶板平面及详图

图集号	12J502-2
审核 饶良修 校对 郭晓明 设计 饶劢	页 D17

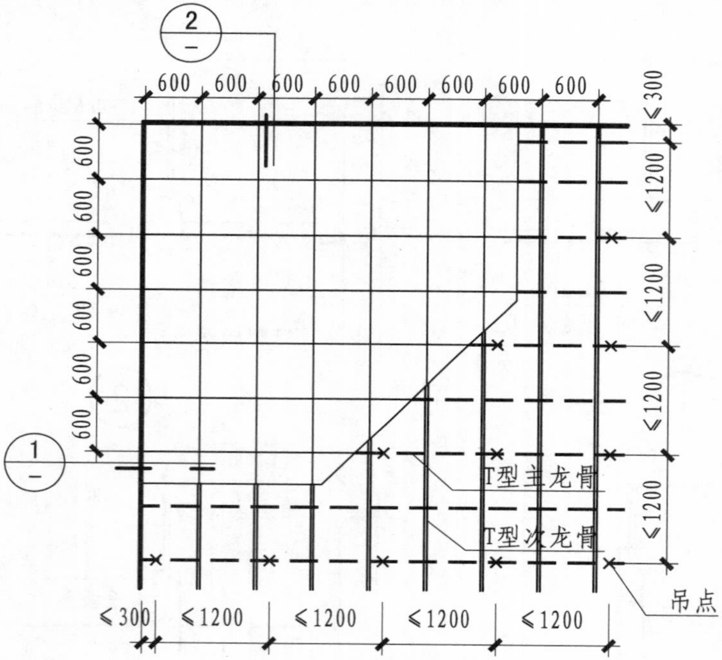

600 600 600 600 600 600 600 600 ≤300
≤1200 ≤1200 ≤1200 ≤1200
≤300 ≤1200 ≤1200 ≤1200 ≤1200
T型主龙骨
T型次龙骨
吊点

吊顶平面

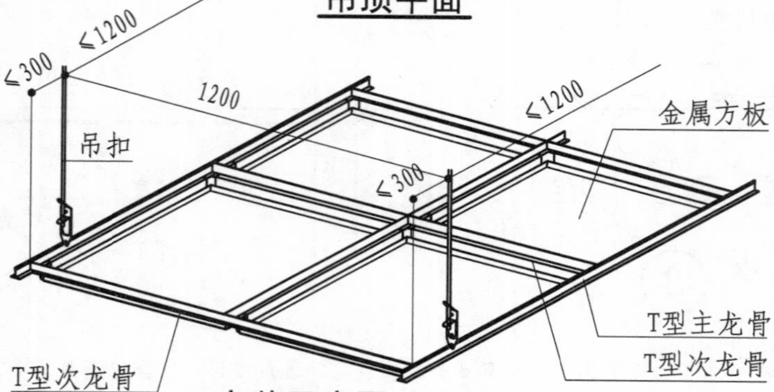

≤300 ≤1200 1200 ≤1200 ≤300
吊扣
金属方板
T型主龙骨
T型次龙骨
T型次龙骨

安装示意图

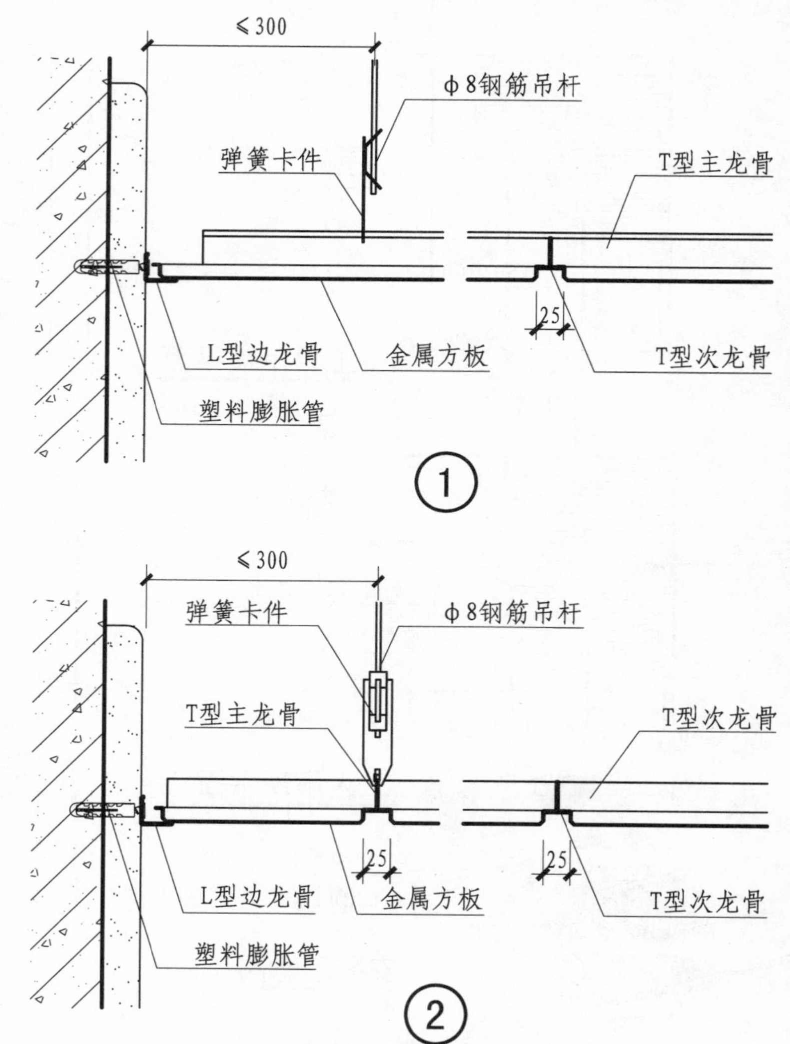

注：1. 金属方板规格为600×600。
2. 吊顶板材采用明架式安装，可随时拆卸，便于检修吊顶内部设备。其龙骨可与矿棉板T型龙骨通用，选用时应注意龙骨自身的承载力。

明架式金属方板吊顶平面及详图							图集号	12J502-2
审核	饶良修	 饶良修	校对	郭晓明	郭晓明	设计 饶劢 饶劢	页	D18

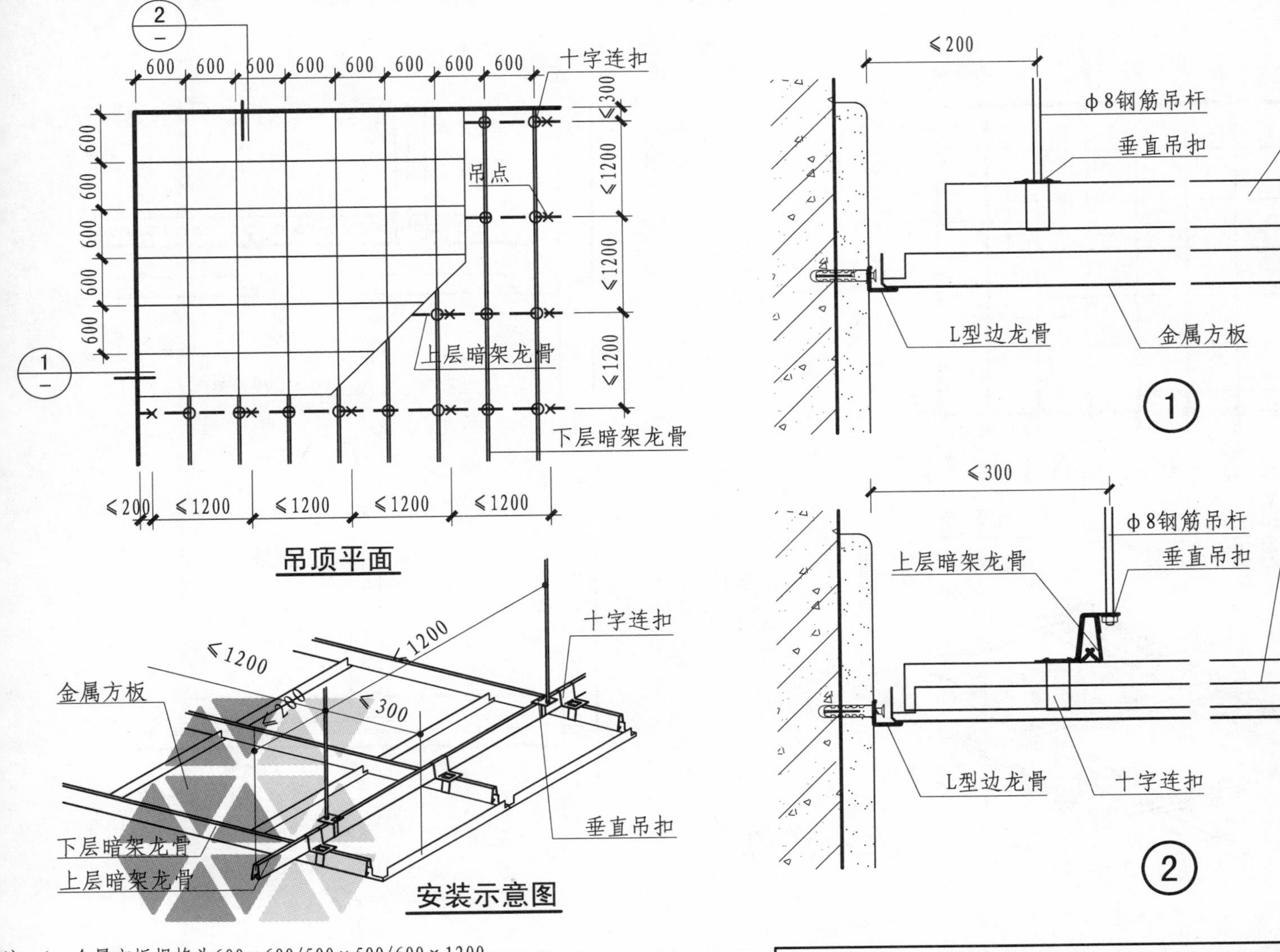

注：1. 金属方板规格为600×600/500×500/600×1200。
2. 吊顶板材采用暗架式安装，可随时拆卸，便于检修吊顶内部设备。其龙骨可与矿棉板T型龙骨通用，选用时应注意龙骨自身的承载力。
3. 本页所示吊顶系列龙骨均为配套成品，其规格以厂家配套产品为准。

暗架式金属方板吊顶平面及详图						图集号	12J502-2
审核	饶良修	校对	郭晓明	设计	饶劢	页	D19

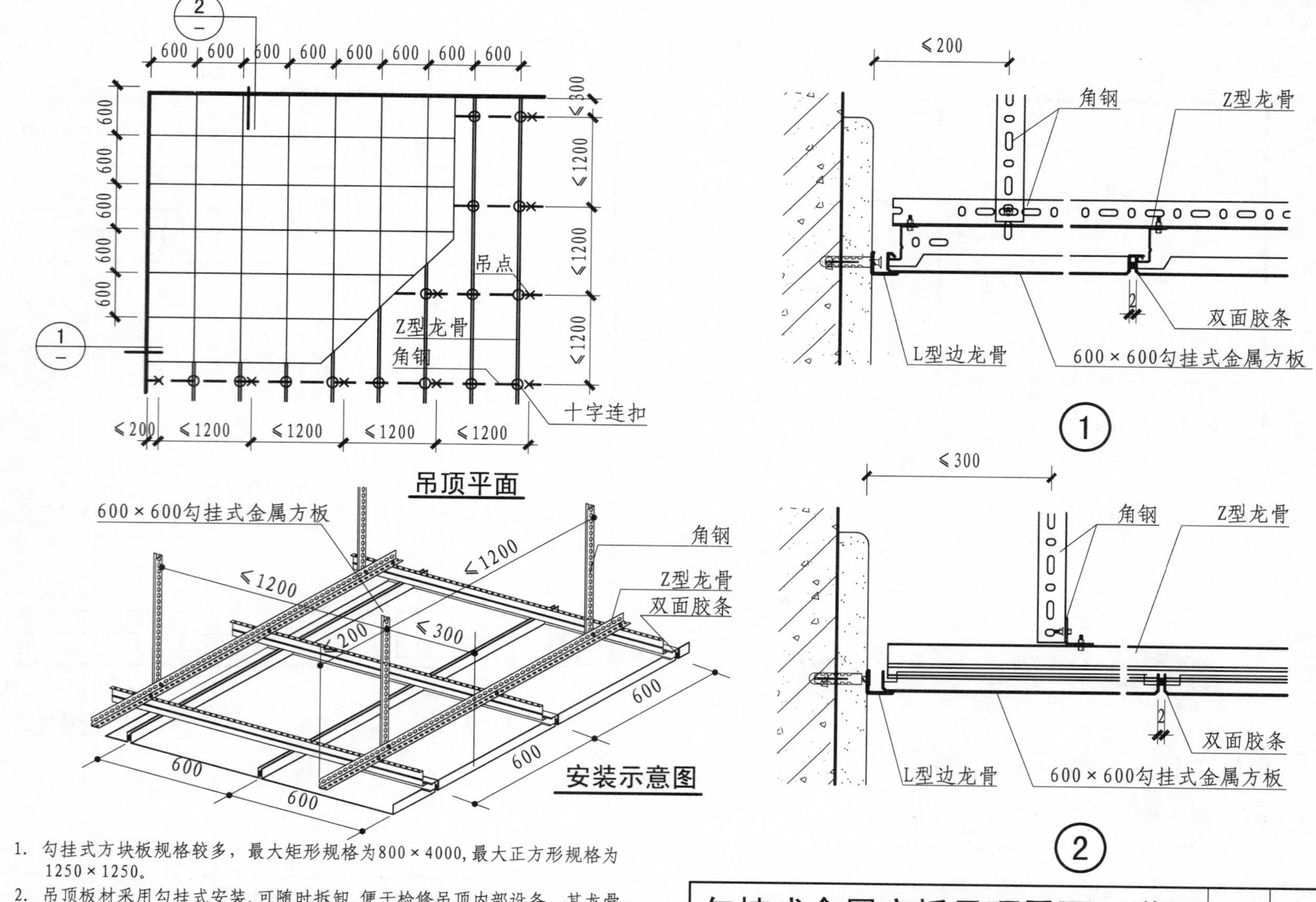

注：1. 勾挂式方块板规格较多，最大矩形规格为800×4000，最大正方形规格为1250×1250。

2. 吊顶板材采用勾挂式安装，可随时拆卸，便于检修吊顶内部设备。其龙骨可与矿棉板T型龙骨通用，选用时应注意龙骨自身的承载力。

3. 本页所示吊顶系列龙骨均为配套成品，其规格以厂家配套产品为准。

勾挂式金属方板吊顶平面及详图							图集号	12J502-2
审核	饶良修	校对	郭晓明	设计	饶劢		页	D20

方形格栅吊顶

1. 规格、表面处理及性能:

   规　　格：600×1200
600×600
1200×1200

   (其他尺寸可根据需要选定)

   表面处理：铝采用烤漆、喷塑
钢采用瓷釉

   性　　能：阻燃、抗静电

2. 适用范围:

   这种格栅吊顶独特的造型几乎可以用于所有地方的吊顶,小尺寸的方格得以隐藏顶内设施。

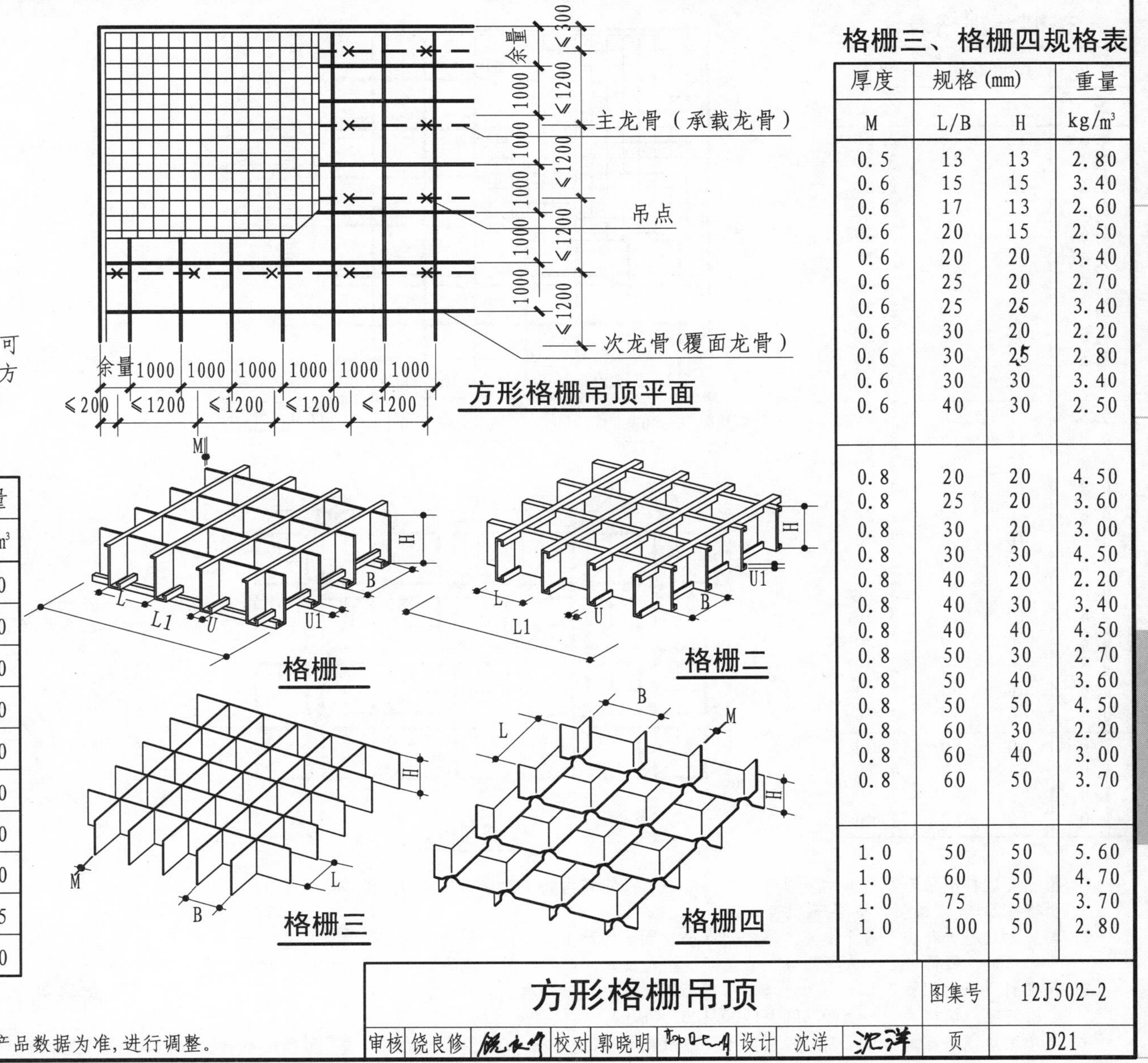

方形格栅吊顶平面

格栅一

格栅二

格栅三

格栅四

格栅一、格栅二规格表

厚度	规格 (mm)					重量
M	L/B	H	U	U1	L1	kg/m³
.8	200	100	12	12	2400	2.70
.8	200	150	12	12	2400	3.80
.8	312.5	150	12	12	2500	2.40
.8	312.5	190	12	12	2500	3.00
.0	500	150	12	12	2500	1.90
.0	500	190	12	12	2500	2.30
.0	625	150	12	12	2500	1.50
.0	625	190	12	12	2500	1.90
.0	1000	150	12	12	3000	0.95
.0	1000	190	12	12	3000	1.20

格栅三、格栅四规格表

厚度	规格 (mm)		重量
M	L/B	H	kg/m³
0.5	13	13	2.80
0.6	15	15	3.40
0.6	17	13	2.60
0.6	20	15	2.50
0.6	20	20	3.40
0.6	25	20	2.70
0.6	25	25	3.40
0.6	30	20	2.20
0.6	30	25	2.80
0.6	30	30	3.40
0.6	40	30	2.50
0.8	20	20	4.50
0.8	25	20	3.60
0.8	30	20	3.00
0.8	30	30	4.50
0.8	40	20	2.20
0.8	40	30	3.40
0.8	40	40	4.50
0.8	50	30	2.70
0.8	50	40	3.60
0.8	50	50	4.50
0.8	60	30	2.20
0.8	60	40	3.00
0.8	60	50	3.70
1.0	50	50	5.60
1.0	60	50	4.70
1.0	75	50	3.70
1.0	100	50	2.80

注：1. 本页所示内容仅以铝合金材质为例。
2. 表中重量仅供参考，选用时还应以厂家产品数据为准，进行调整。

方形格栅吊顶						图集号	12J502-2
审核	饶良修	校对	郭晓明	设计	沈洋	页	D21

格栅五规格表

厚度	规格 (mm)		重量
M	L/B	H	kg/m³
0.5	13	13	2.80
0.6	15	15	3.40
0.6	17	13	2.60
0.6	20	15	2.50
0.6	20	20	3.40
0.6	25	20	2.70
0.6	25	25	3.40
0.6	30	20	2.20
0.6	30	25	2.80
0.6	30	30	3.40
0.6	40	30	2.50
0.8	20	20	4.50
0.8	25	20	3.60
0.8	30	20	3.00
0.8	30	30	4.50
0.8	40	20	2.20
0.8	40	30	3.40
0.8	40	40	4.50
0.8	50	30	2.70
0.8	50	40	3.60
0.8	50	50	4.50
0.8	60	30	2.20
0.8	60	40	3.00
0.8	60	50	3.70
1.0	50	50	5.60
1.0	60	50	4.70
1.0	75	50	3.70
1.0	100	50	2.80

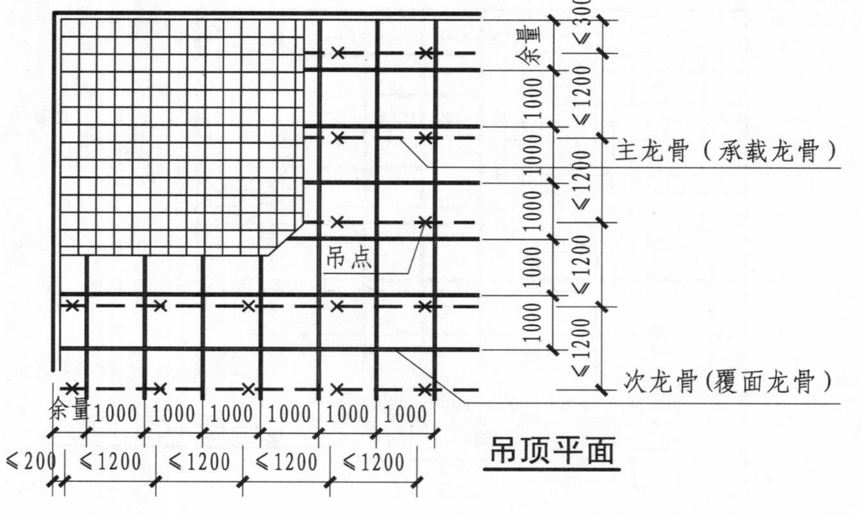

吊顶平面

格栅六规格表

厚度	规格 (mm)				重
M	L/B	H	L_1/B_1	H_1	kg/
0.6	30	30	10	20	5.
0.6	40	30	10	20	3.
0.6	40	30	20	30	3.
0.8	50	30	30	20	3.
0.8	50	50	30	30	5.
0.8	55	50	25	20	5.
0.8	60	50	20	30	5.
1.0	80	50	20	30	5.
1.0	90	80	30	50	5.
1.0	120	80	30	50	5.

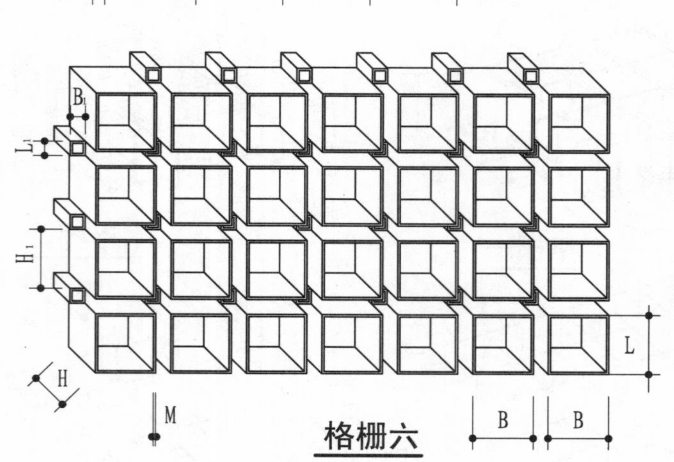

格栅六

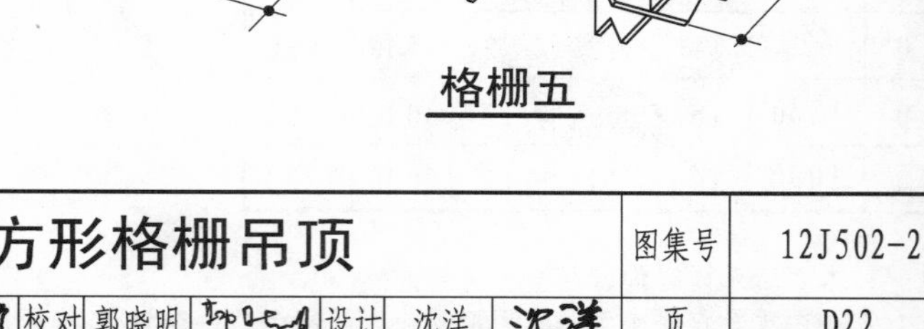

格栅五

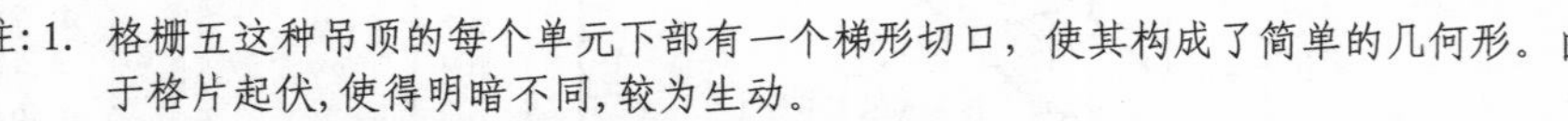

注：1. 格栅五这种吊顶的每个单元下部有一个梯形切口，使其构成了简单的几何形。由于格片起伏，使得明暗不同，较为生动。
2. 格栅六这种天花由于每个发光方格的边缘高起大伏而产生光影韵律变化，主要用于休息室、银行大厅和大型商务办公空间。防火设施、灯、空调系统的安装容易。
3. 吊顶材料中的铝材表面处理为烤漆、喷塑；钢材则为瓷釉处理，具有阻燃、抗静电的特性。规格为600×600/600×1200/1200×1200，其他尺寸可根据需要定制。
4. 表中重量仅供参考，选用时还应以厂家产品数据为准。

方形格栅吊顶						图集号	12J502-2
审核 饶良修	饶良修	校对 郭晓明	郭晓明	设计 沈洋	沈洋	页	D22

格栅七规格表

厚度	规格(mm)				重量
M	L/B	H	L1/B1	H1	kg/m³
0.6	25	30	10	20	5.80
0.6	40	30	15	20	4.10
0.8	50	30	20	20	3.60
0.8	50	50	20	30	6.60
0.8	60	50	20	50	5.90
1.0	80	50	20	30	6.00
1.0	100	80	40	50	6.80
1.0	120	80	40	50	5.90

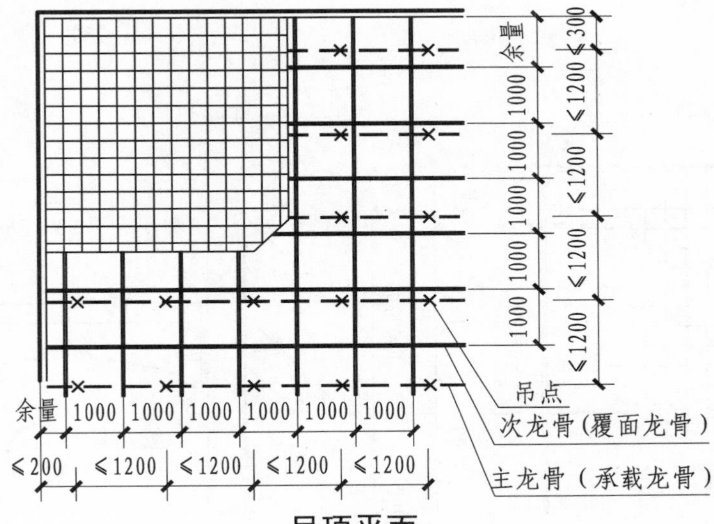

吊顶平面

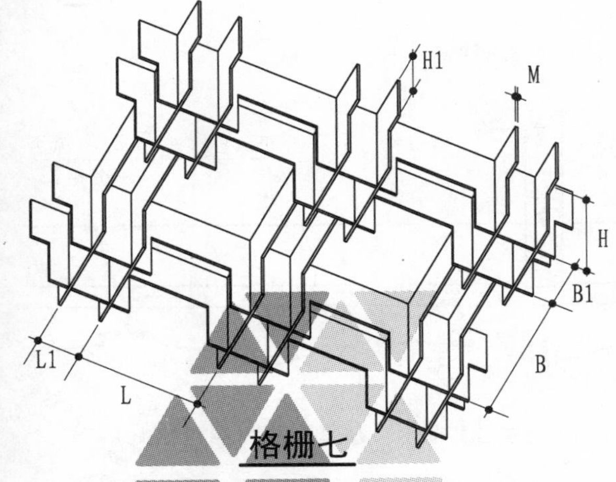

格栅七

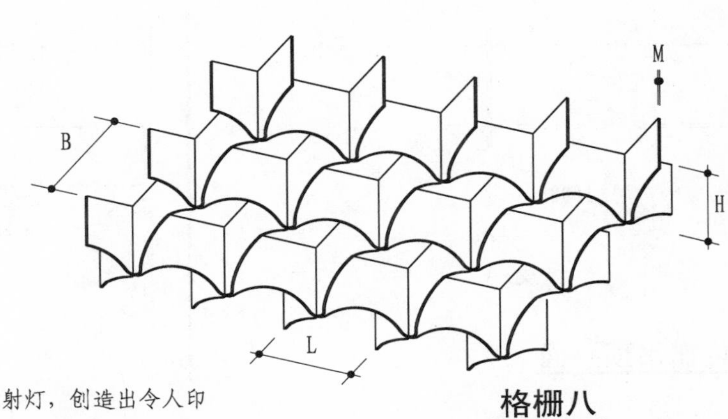

格栅八

格栅八规格表

厚度	规格(mm)		重量
M	L/B	H	kg/m³
0.5	13	13	2.80
0.6	15	15	3.40
0.6	17	13	2.60
0.6	20	15	2.50
0.6	20	20	3.40
0.6	25	20	2.70
0.6	25	25	3.40
0.6	30	20	2.20
0.6	30	25	2.80
0.6	30	30	3.40
0.6	40	30	2.50
0.8	20	20	4.50
0.8	25	20	3.60
0.8	30	20	3.00
0.8	30	30	4.50
0.8	40	20	2.20
0.8	40	30	3.40
0.8	40	40	4.50
0.8	50	30	2.70
0.8	50	40	3.60
0.8	50	50	4.50
0.8	60	30	2.20
0.8	60	40	3.00
0.8	60	50	3.70
1.0	50	50	5.60
1.0	60	50	4.70
1.0	75	50	3.70
1.0	100	50	2.80

注:1. 格栅七这种天花独特的设计带有多种规格，可通过应用控制射灯，创造出令人印象深刻的灯光效果。
2. 格栅八这种装饰格栅吊顶可呈现出波浪起伏的动态，基于观看者的眼光和灯光的角度，不是半圆形的边，就是交叉的造型交替呈现，能简单地组合成吊顶。
3. 吊顶材料中的铝材表面处理为烤漆、喷塑；钢材则为瓷釉处理，具有阻燃、抗静电的特性。规格为600×600/600×1200/1200×1200，其他尺寸可根据需要定制。
4. 表中重量仅供参考，选用时还应以厂家产品数据为准。

方形格栅吊顶						图集号	12J502-2
审核 饶良修	饶良修	校对 郭晓明	郭晓明	设计 沈洋	沈洋	页	D23

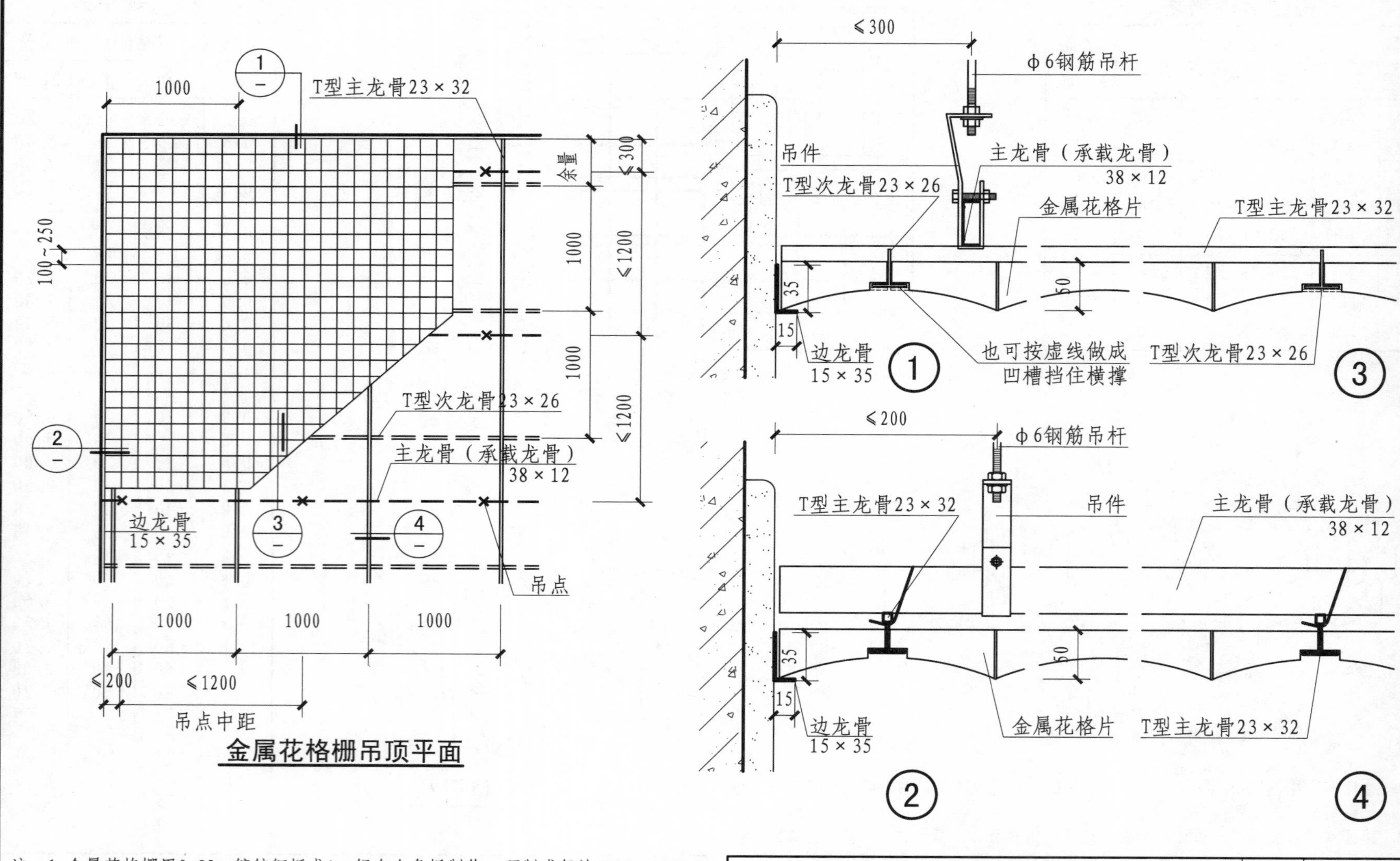

金属花格栅吊顶平面

注：1. 金属花格栅用0.55mm镀锌钢板或1mm铝合金条板制作，预制成每块1000×1000。
2. 金属花格栅表面涂层方式及颜色由设计人确定。

金属花格栅吊顶平面及详图						图集号	12J502-2
审核	饶良修	校对	郭晓明	设计	沈洋	页	D24

六边形格栅规格表

厚度	规格(mm)			重量
M	S	A	H	kg/m³
).6	30	52	30	3.00
).6	40	69	40	3.00
).6	50	87	40	2.40
).6	55	87	50	3.00
).8	60	104	40	2.60
).8	60	104	50	3.30
).8	80	139	60	3.00
1.0	100	173	80	4.00
1.0	120	208	80	3.00
1.0	120	208	100	4.10

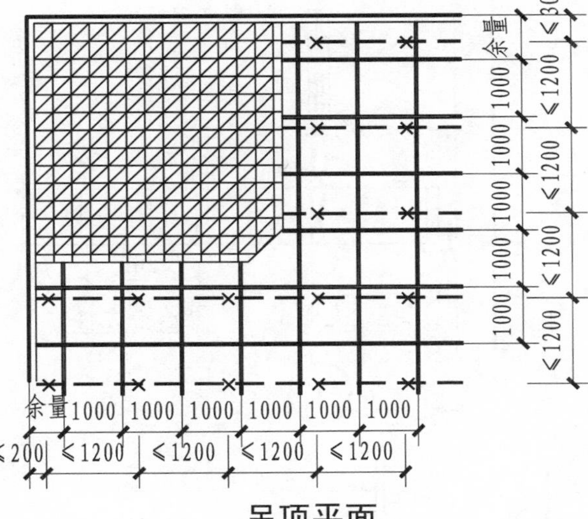

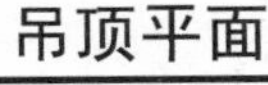
吊顶平面

三角形格栅规格表

厚度	规格(mm)		重量
M	S	H	kg/m³
0.8	50	20	3.20
0.8	50	30	4.70
0.8	60	30	3.90
1.0	75	40	4.20
1.0	100	50	5.40
1.0	120	50	4.30
1.0	150	50	3.40

1. 三角形格栅吊顶应用范围广，大尺寸的组合适用于大型商务空间、展示空间。小尺寸的组合适用范围更广，也可和其他吊顶组合，效果协调。格栅吊顶可以不用挪动，原建筑水、风、电、消防设备将其隐藏在吊顶里。
2. 六边形格栅吊顶适用于商务中心、接待大厅和交易所，特别适用于要求较个别的平面中。
3. 吊顶材料中的铝材表面处理为烤漆、喷塑；钢材则为瓷釉处理，具有阻燃、抗静电的特性。规格为600×600/600×1200或1200×1200，其他尺寸可根据需要定制加工。
4. 表中重量仅供参考，选用时还应以厂家产品数据为准。

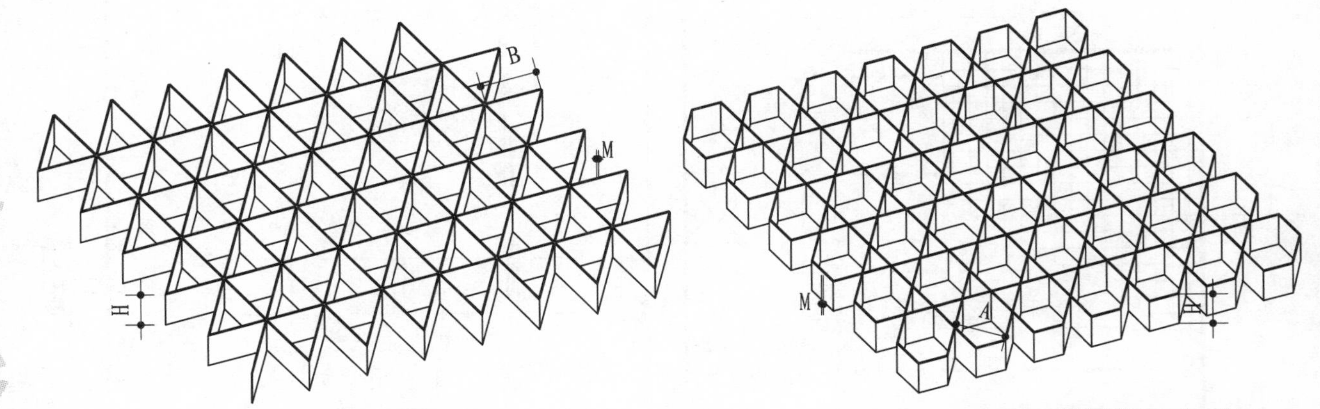

三角形格栅示意图　　六边形格栅示意图

六边形及三角形格栅吊顶						图集号	12J502-2
审核	饶良修	校对	郭晓明	设计	沈洋	页	D25

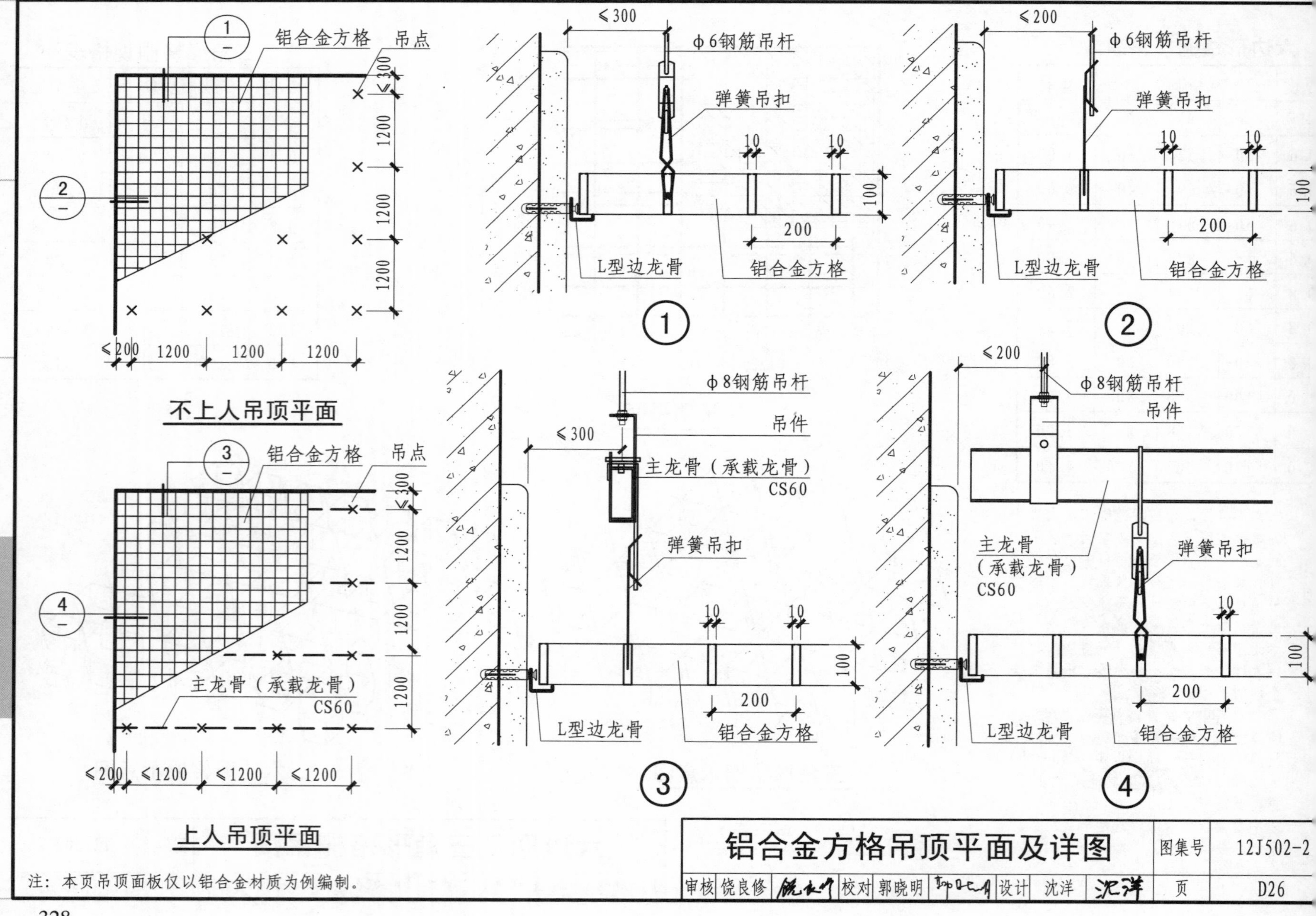

铝合金方格吊顶平面及详图						图集号	12J502-2
审核	饶良修	校对	郭晓明	设计	沈洋	页	D26

注：本页吊顶面板仅以铝合金材质为例编制。

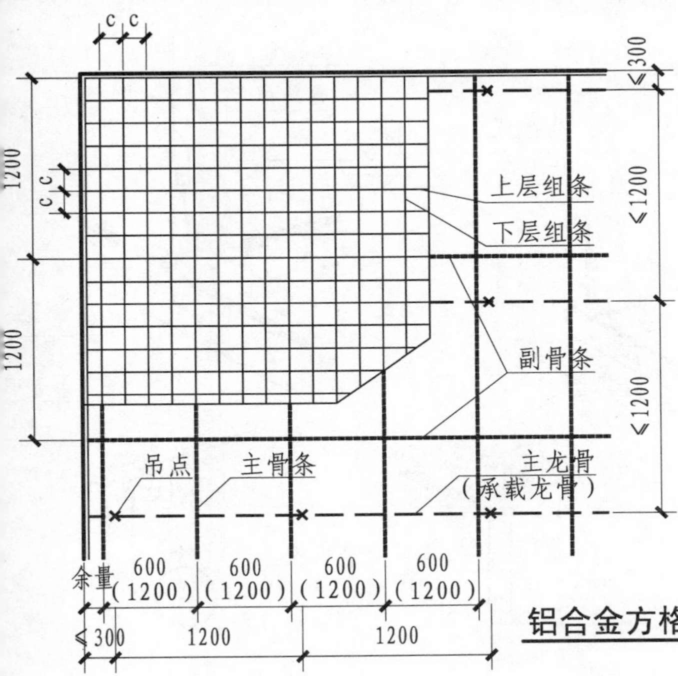

铝合金方格吊顶平面

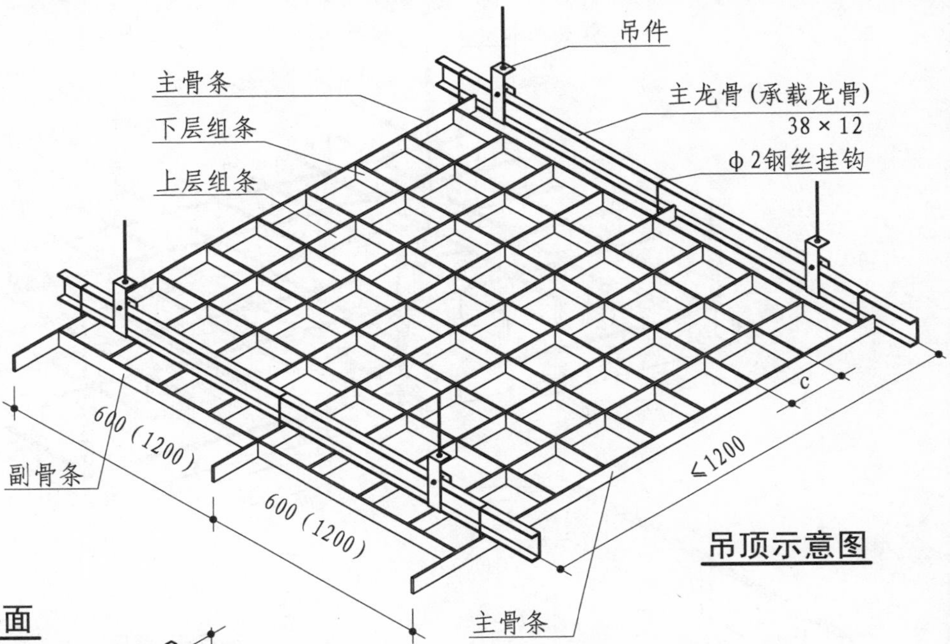

吊顶示意图

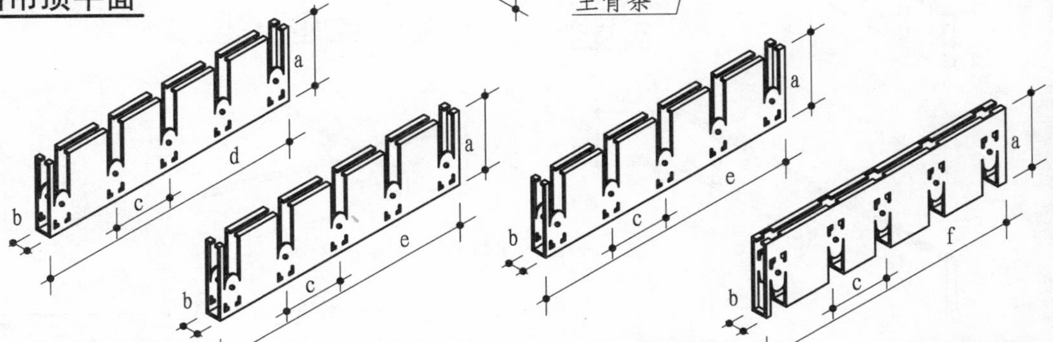

主骨条　副骨条　下层组条　上层组条

铝合金方格栅规格参数表

片高 a	格片宽 b	方格中距 c	主骨条长 d	副骨条长 下层组条长 e	上层组条长 f
50	10	75	1810	590（1190）	1190
50	10	90	1810	590（1190）	1190
50	10	100	1810	590（1190）	1190
50	10	120	1810	590（1190）	1190
60	15	150	1815	585（1185）	1185
80	15	200	1815	585（1185）	1185
100	20	300	1820	1180	1180
	30		1830	1170	1170

注：本页吊顶面板仅以铝合金材质为例编制。

铝合金方格吊顶平面及详图						图集号	12J502-2
审核	饶良修	校对	郭晓明	设计	沈洋	页	D27

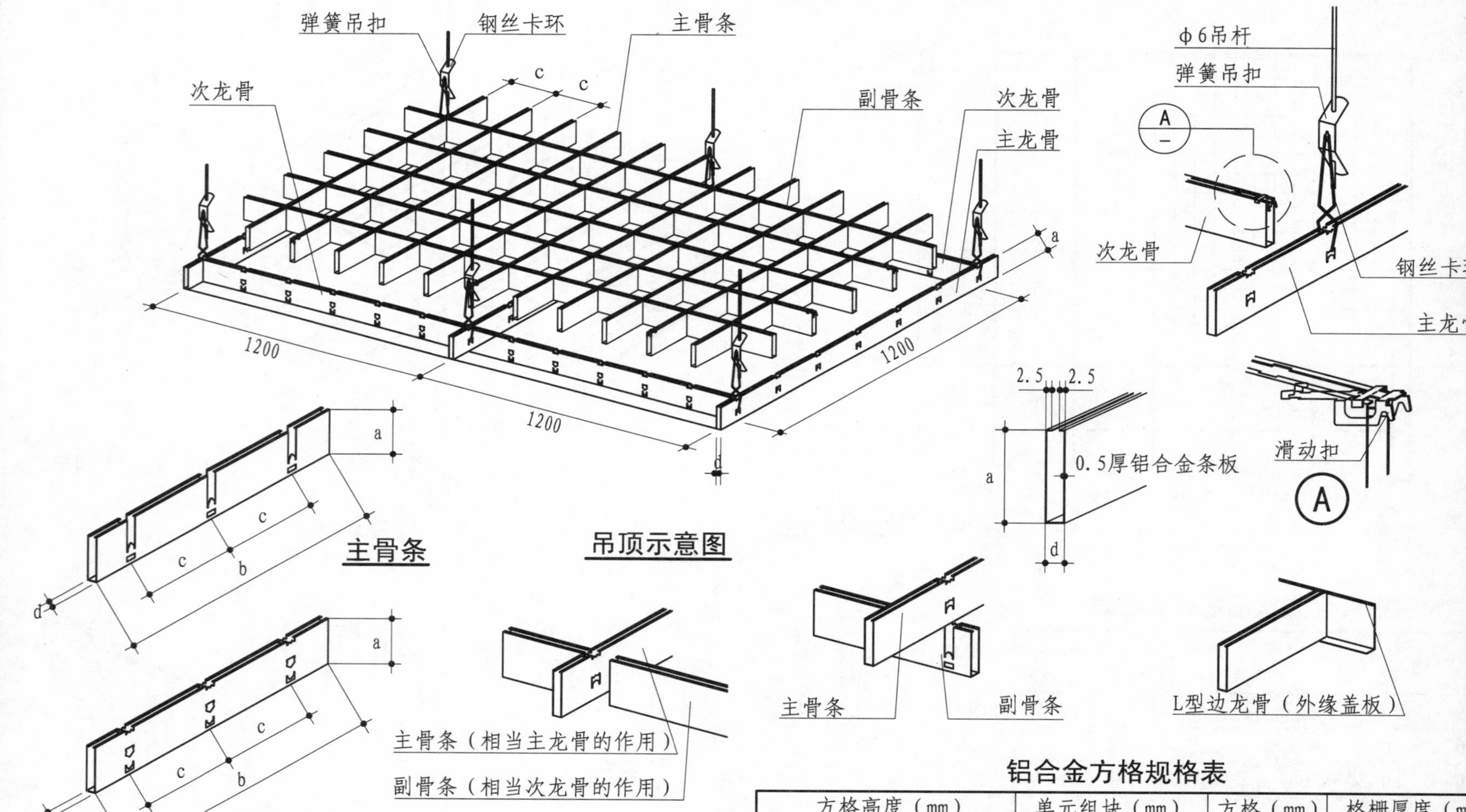

铝合金方格规格表

方格高度（mm）		单元组块（mm）		方格（mm）	格栅厚度（mm）
a		b		c	d
标准型	50	主骨条	600	100×100	10
迷你型	22	副骨条	1200		

注：方格吊顶在视觉上能将结构板底下多余空间和设备设施等加以适当的隐蔽，吊顶内任何一部分的单元组块(1200×600/1200×1200)，均可轻易独立拆下和更换，对于吊顶内部设施，如照明、消防、电力、水管、煤气管、空调等系统的维修与保养，较为方便。方格组合吊顶高度可分为标准型(50mm高)和迷你型(22mm高)两种。方格吊顶主、副骨条均为C型设计，故能使整个吊顶更加平稳。

铝合金方格吊顶详图						图集号	12J502-2
审核	饶良修	校对	郭晓明	设计	沈洋	页	D28

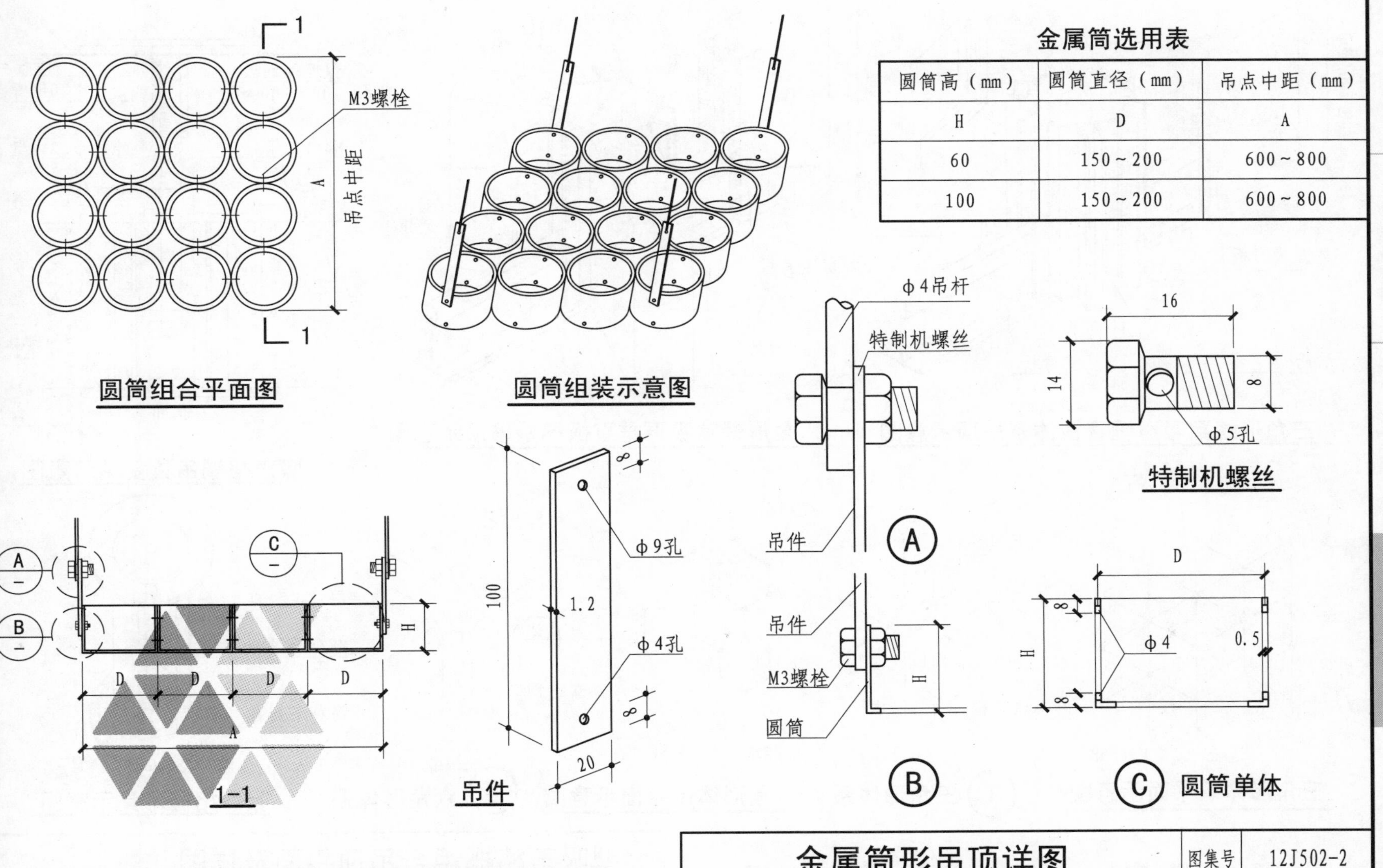

金属筒选用表

圆筒高（mm）	圆筒直径（mm）	吊点中距（mm）
H	D	A
60	150～200	600～800
100	150～200	600～800

注：1.圆筒原件为A3钢板(或无缝薄钢管)制作，表面喷塑处理，颜色按工程设计。
2.圆筒原件之间用M3螺栓连接，可任意组合，稳定性强。

金属筒形吊顶详图						图集号	12J502-2
审核	饶良修	校对	郭晓明	设计	沈洋	页	D29

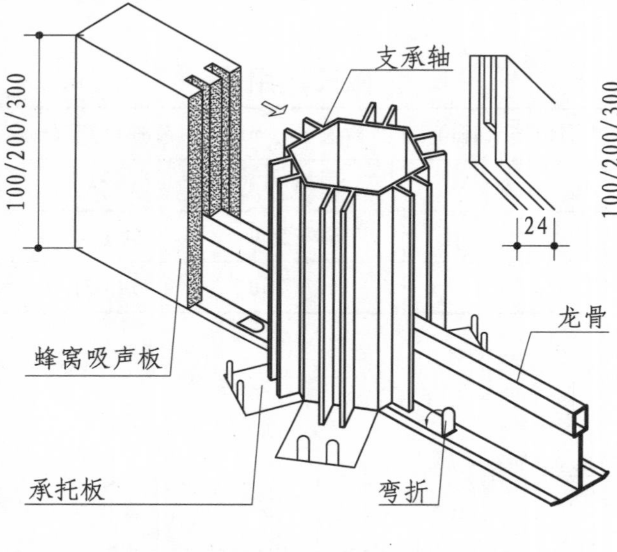

支承轴
24
100/200/300
蜂窝吸声板
龙骨
承托板
弯折

三角形蜂窝吸声垂直板体系吊顶示意图

支承轴
100/200/300
蜂窝吸声板
龙骨
承托板

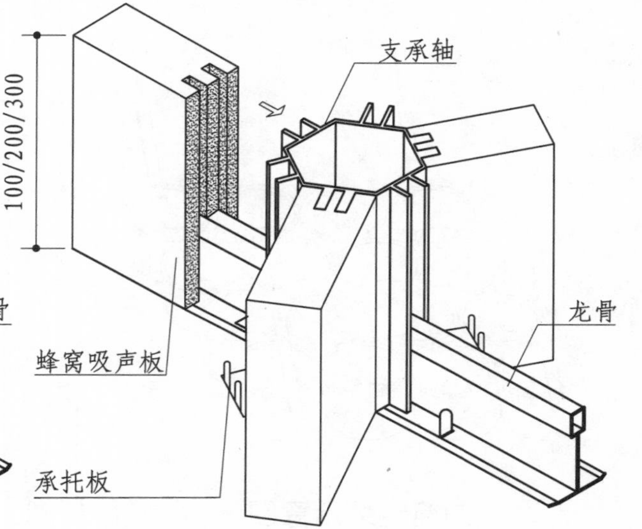

六角形蜂窝吸声垂直板体系吊顶示意图

预埋件钢板
100×100×6
焊接
ϕ20钢管
100
M8全牙吊杆
外径ϕ12内壁
1.5厚套
上封盖
吸声体支承架
100/200/300
吸声板
承托板
ϕ100
下封盖

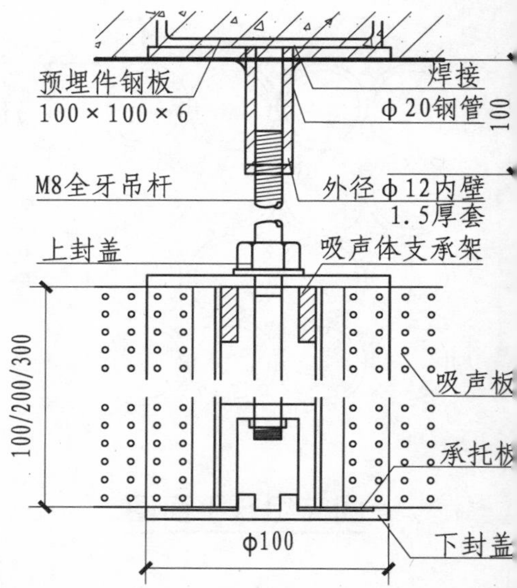

吸声格栅吊具安装示意图

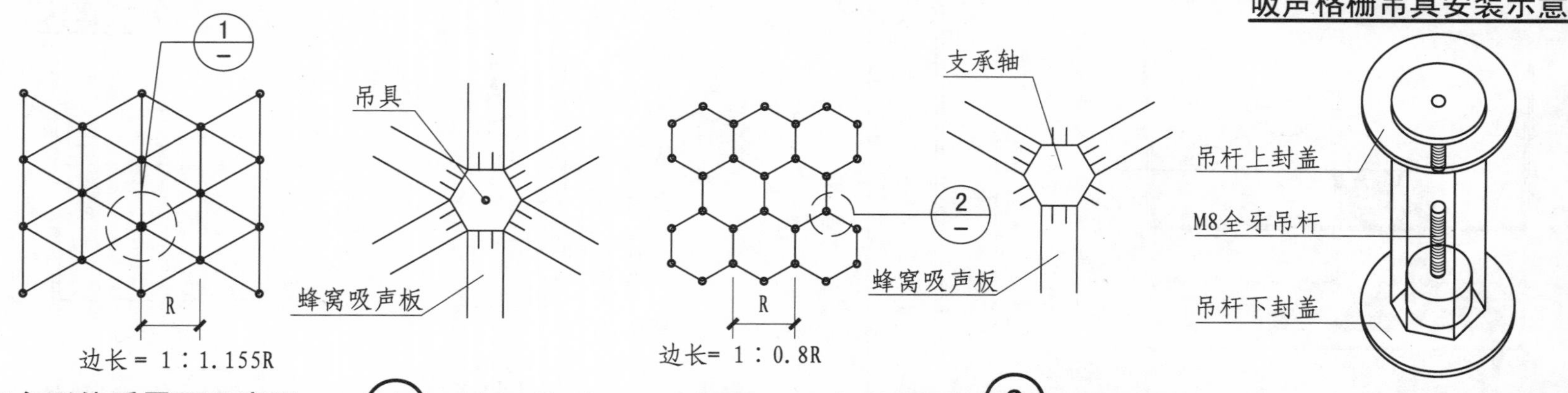

三角形体系平面示意图

① 三角形体系

六角形体系平面示意图

② 六角形体系

吸声格栅吊具示意图

注：一般蜂窝吸声板高度建议为100/200/300，三角形体边长建议为1：1.155R，六角形体边长建议为1：0.8R。

大型吸声格栅组合吊顶平面及详图							图集号	12J502-2
审核	饶良修	饶良修	校对	郭晓明	郭晓明	设计 沈洋 沈洋	页	D30

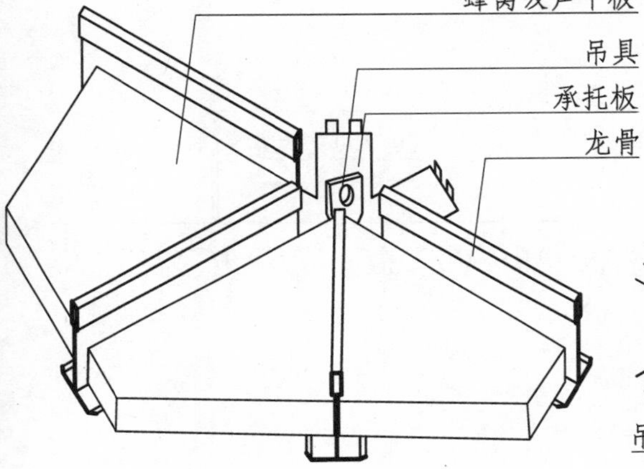

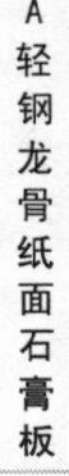

三角形体系示意图

承托板示意图

龙骨

三角形体系平面图　边长= 1∶1.155R

注：三角形体长边建议为1∶1.155R。

大型吸声板吊顶详图						图集号	12J502-2
审核	饶良修	校对	郭晓明	设计	沈洋	页	D31

A 轻钢龙骨纸面石膏板
B 矿棉吸声板
C 玻璃纤维吸声板
D 金属板（网）
E 柔性（软膜）吊顶

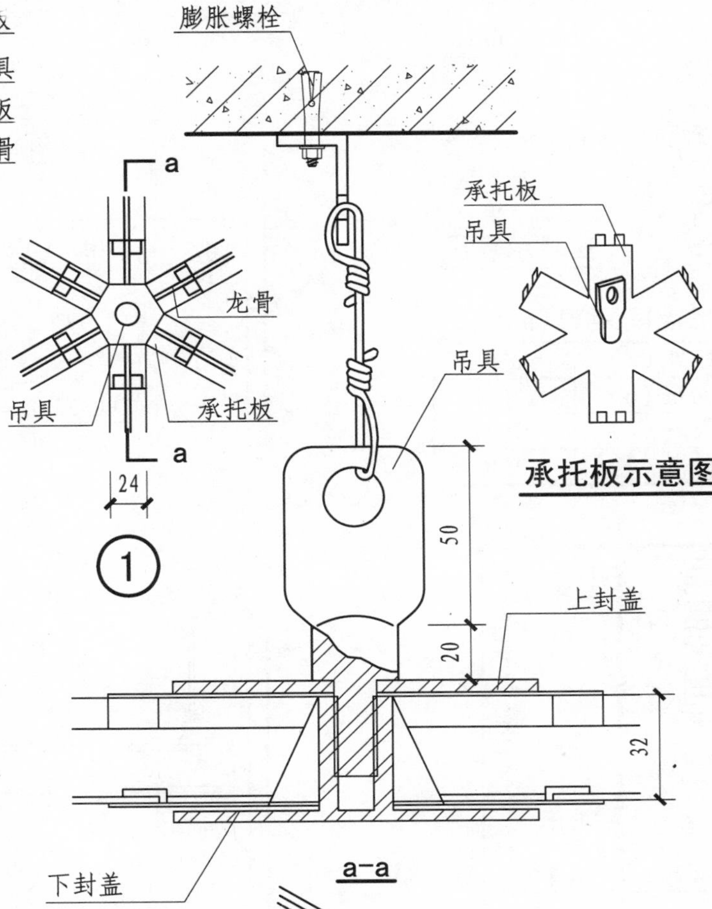

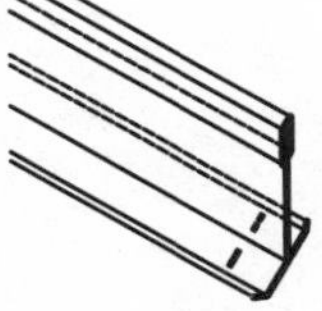

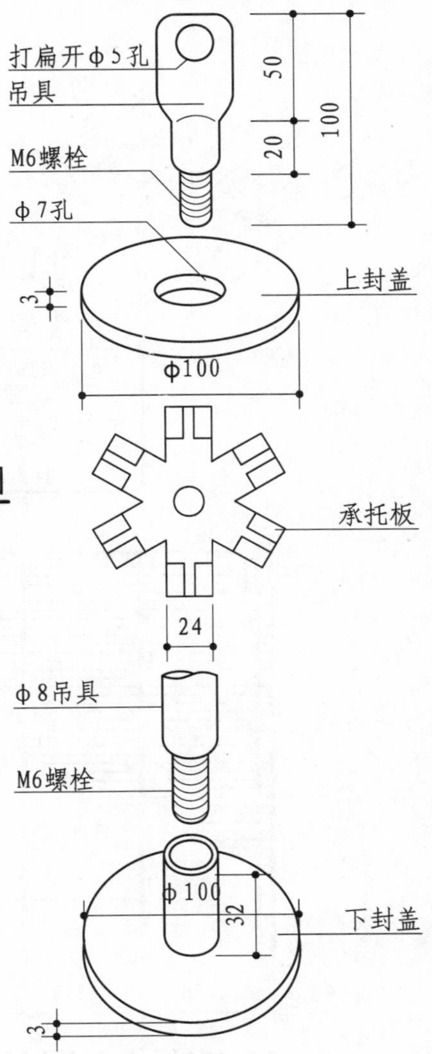

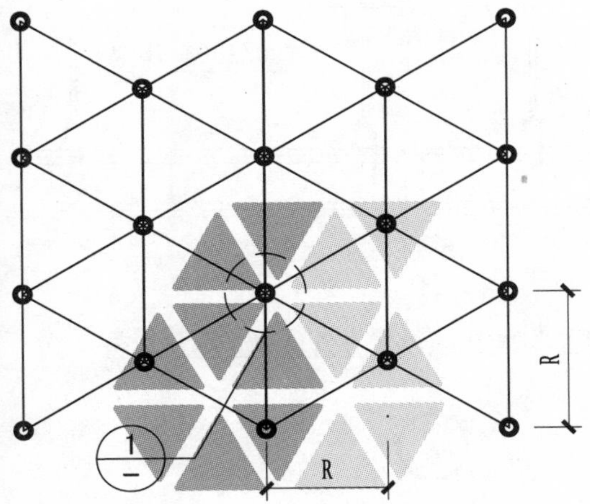

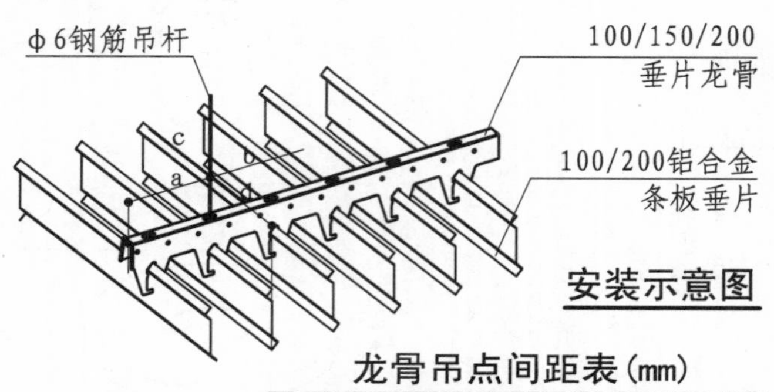

安装示意图

龙骨吊点间距表(mm)

龙骨端头距离（a）	300
吊杆间距（b）	1200
龙骨间距（c）	1700
挂片挑出（d）	150

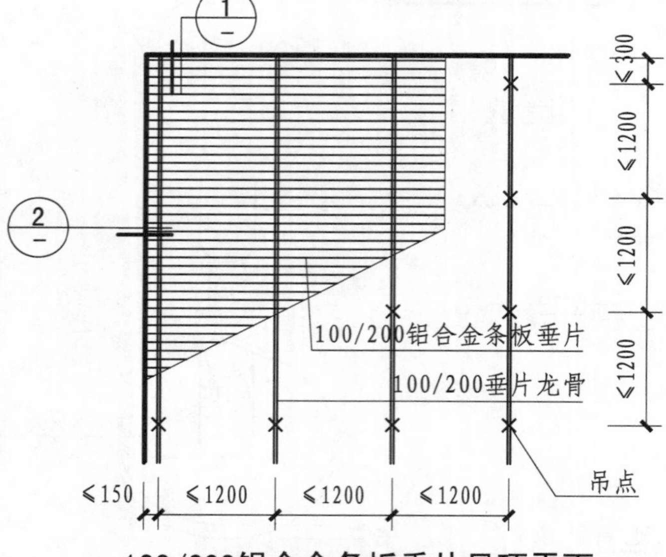

100/200铝合金条板垂片吊顶平面

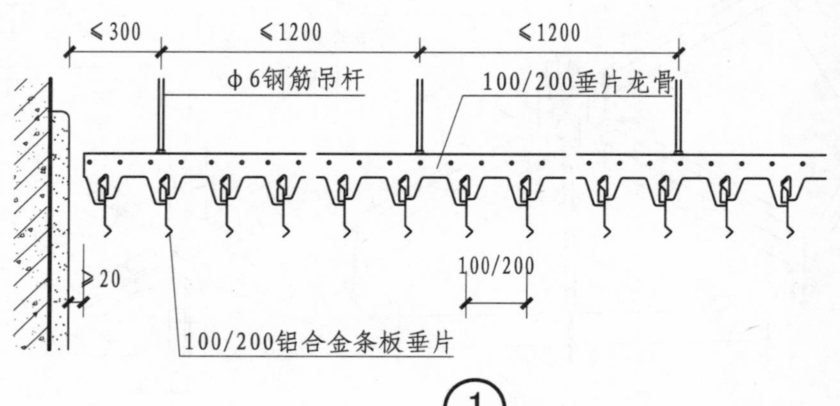

①

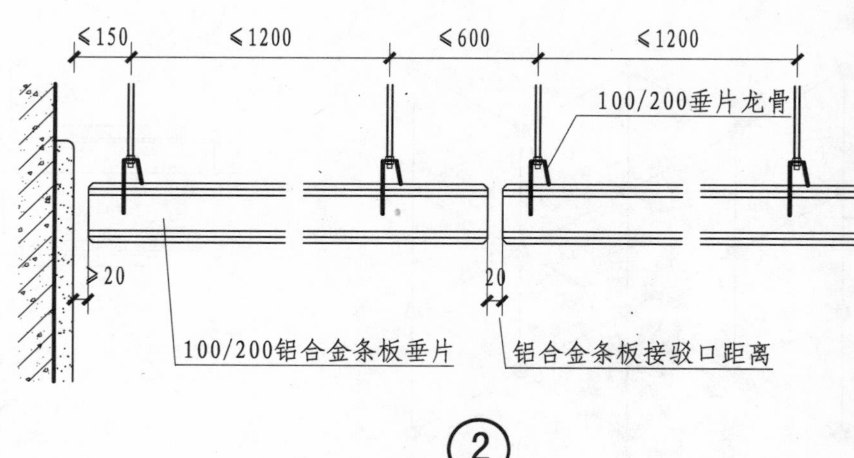

②

注：100/200铝合金条板垂片吊顶为露空式吊顶，对吊顶内部设备起到一定隐藏作用。板厚均为0.6mm，高度分别为100mm及200mm。除本图所示平面排布方式外，还可依据设计要求排布成多种平面组合方式。

100/200铝合金条板垂片吊顶平面及详图						图集号	12J502-2
审核 饶良修	饶良修	校对 郭晓明	郭晓明	设计 沈洋	沈洋	页	D32

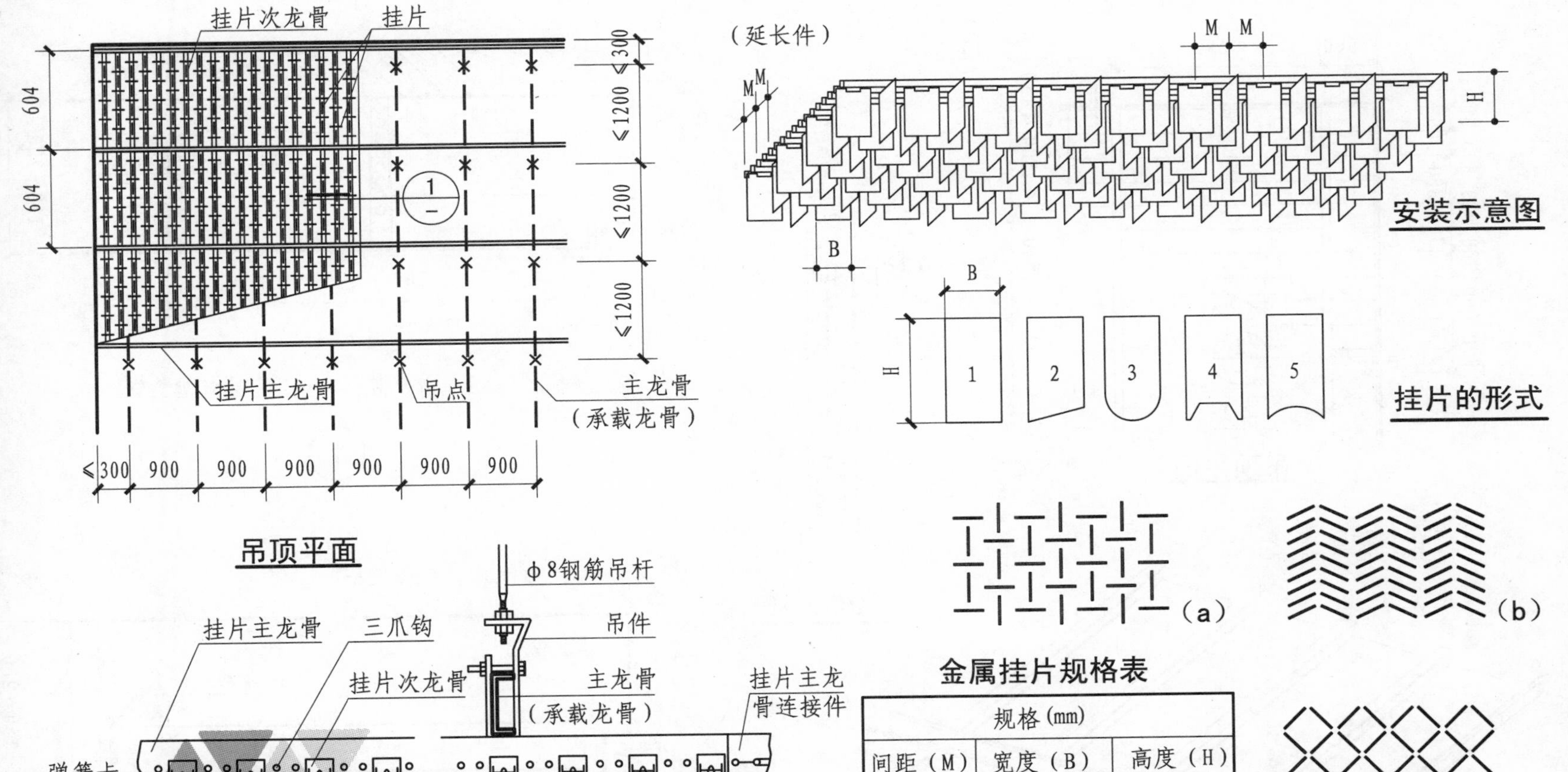

吊顶平面

①

金属挂片规格表

规格(mm)		
间距（M）	宽度（B）	高度（H）
75	75	150
75	75	200
100	100	150
100	100	200
150	150	200

注：这种吊顶内部安装照明灯具及建筑设备均简便易行。
表面处理：铝采用烤漆、喷塑；钢采用瓷釉。
材料特性：阻燃、抗静电。
组合单元规格： 600×600/600×1200/1200×1200(其他尺寸可根据需要定制)。

金属挂片吊顶安装示意及详图							图集号	12J502-2
审核	饶良修	饶良修	校对	郭晓明	郭晓明	设计 沈洋	沈洋 页	D33

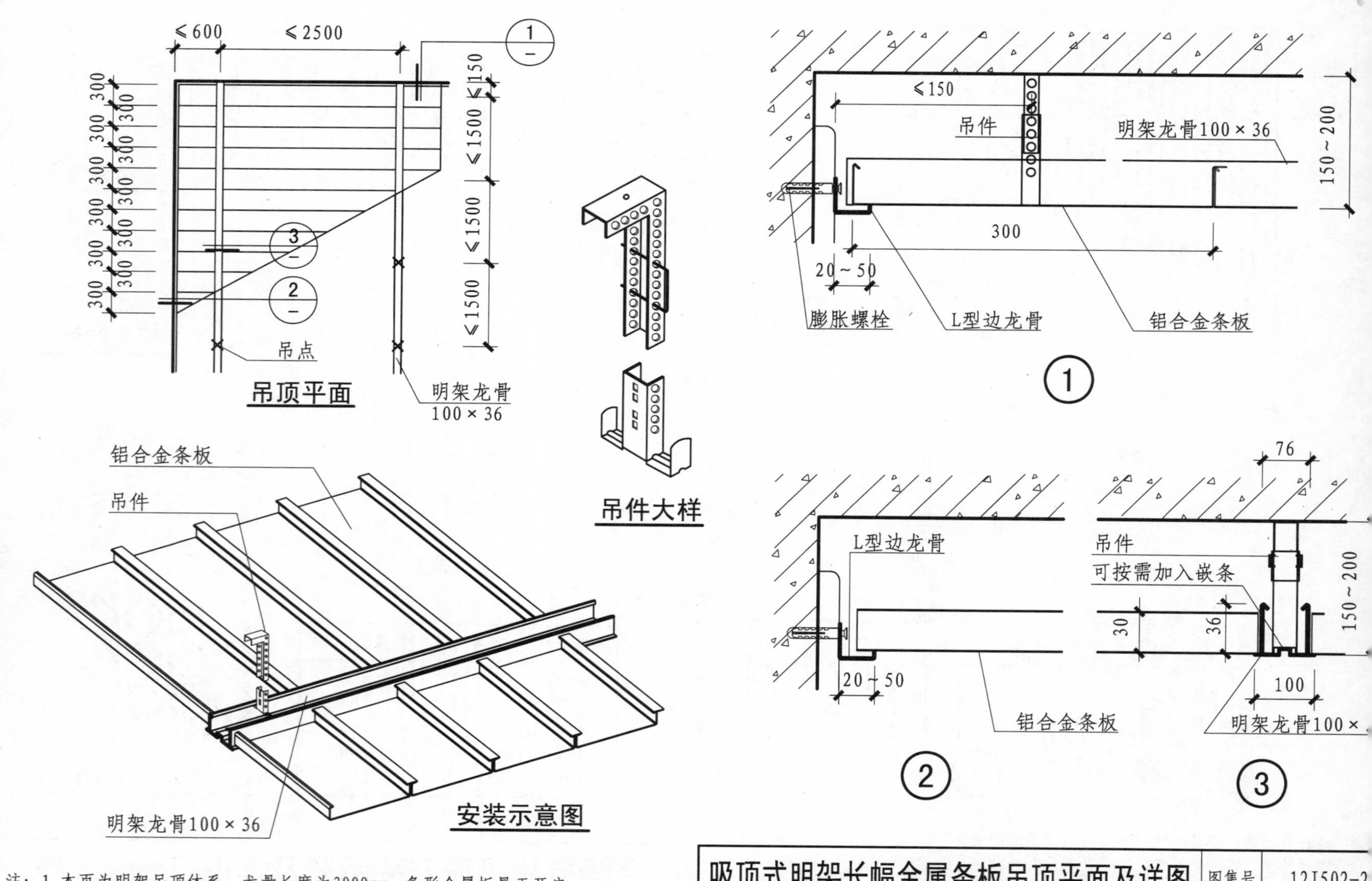

注：1. 本页为明架吊顶体系，龙骨长度为3000mm，条形金属板易于开启。
2. 吊件可按需上下移动调节吊顶高度。

吸顶式明架长幅金属条板吊顶平面及详图							图集号	12J502-2
审核	饶良修	[签名]	校对	郭晓明	[签名]	设计 沈洋 [签名]	页	D34

蜂窝铝合金板

蜂窝铝合金板采用“蜂窝式夹层”结构，即以铝合金板作为面、底板与铝蜂窝芯经高温、高压复合制造而成的复合板材。其表面材质除采用铝合金外，还可根据客户需求选择其他材质，如铜、锌、不锈钢、钛金板、防火板、大理石等。

蜂窝铝合金板的特点：

1. 板面大、平整度高。无需任何加固措施，蜂窝铝合金板的板面尺寸可达到1500×5000，并能保持极佳的平整效果。
2. 蜂窝铝合金板重量轻，在满足大幅板面要求的条件下，大大减轻建筑物的承重荷载。
3. 可承受高强度的压力和剪力，不易变形，能满足建筑抗风压要求。
4. 蜂窝铝合金板在尺寸、形状、漆面和颜色等方面可根据设计需求定制。
5. 每块板可单独拆卸、更换，提高安装维护的灵活性，降低成本。
6. 蜂窝铝合金板为四周包边的盒式结构，具有良好的密闭性，提高了蜂窝铝合金板的安全性和使用寿命。

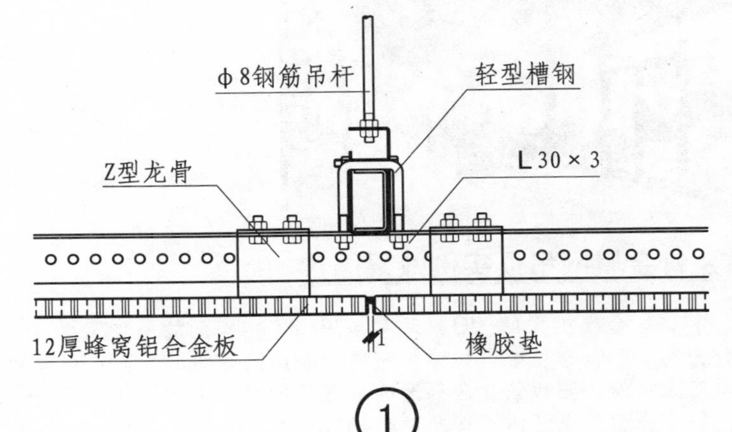

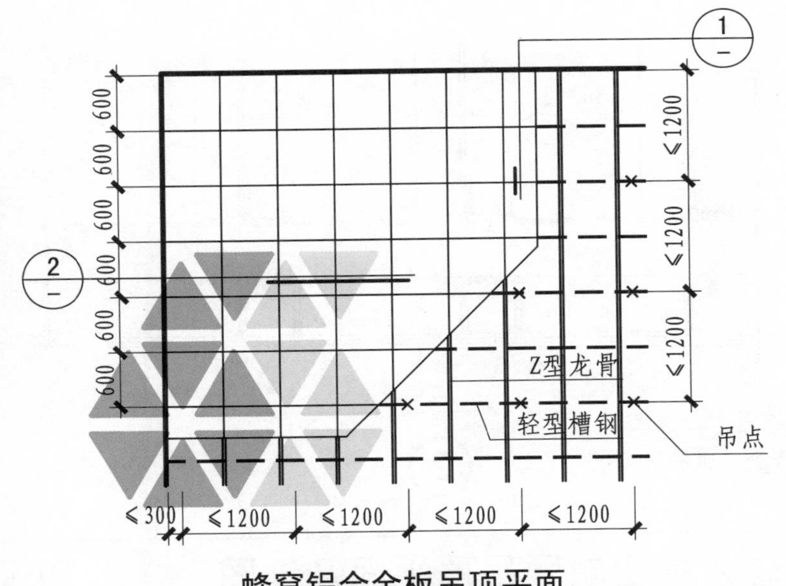

蜂窝铝合金板吊顶平面

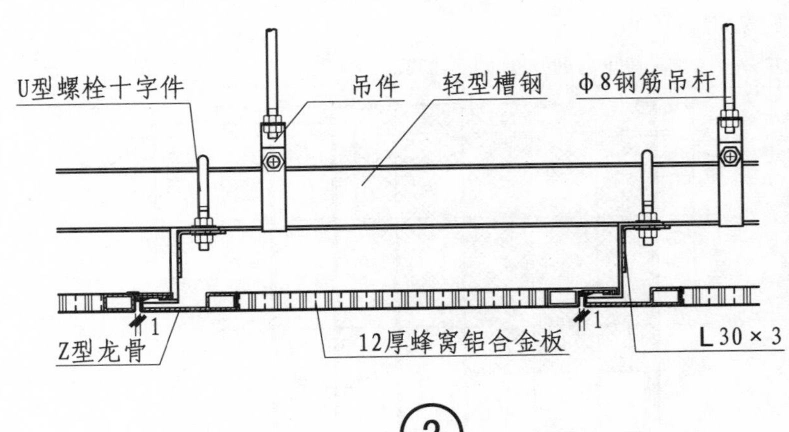

蜂窝铝合金板吊顶平面及详图						图集号	12J502-2
审核 饶良修	饶良修	校对 郭晓明	郭晓明	设计 沈洋	沈洋	页	D35

暗龙骨金属网吊顶实例效果图片

装饰用金属扩张(编织)网近年多用于室内空间的吊顶工程，主要分为钢质和合金质金属拉伸扩张网及编织网两种，表面可处理为静电粉末喷涂、阳极氧化、丙烯酸处理等形式，适用于开敞的大空间，但多为固定式板块。金属扩张(编织)网造型简练，拆装方便，也便于对吊顶内的设备进行检修，并且具有不易变形的特性和耐腐蚀性，避免了常规吊顶存在的一些缺陷。金属扩张(编织)网燃烧性能等级为A级。

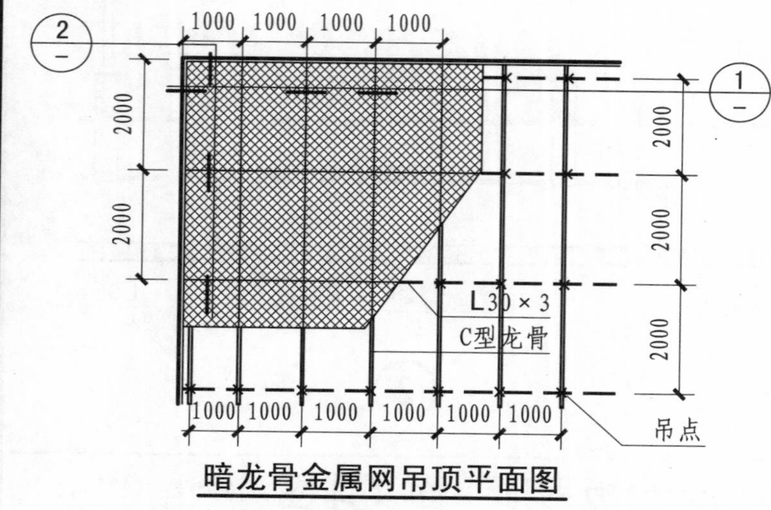

暗龙骨金属网吊顶平面图

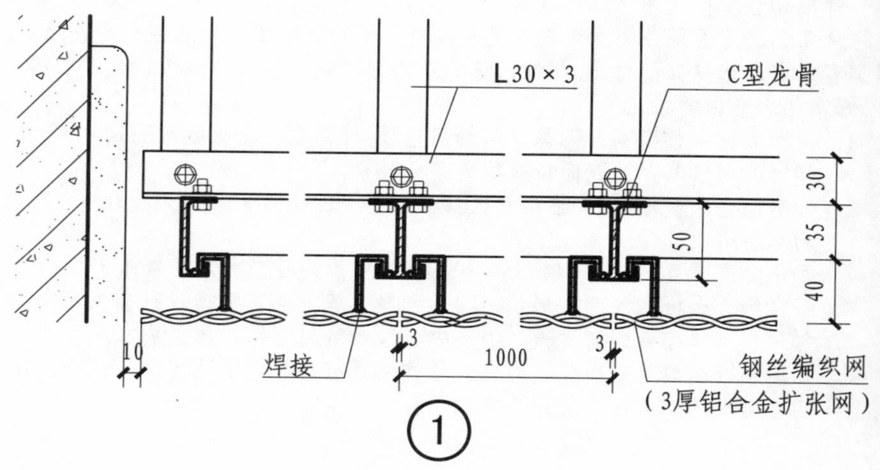

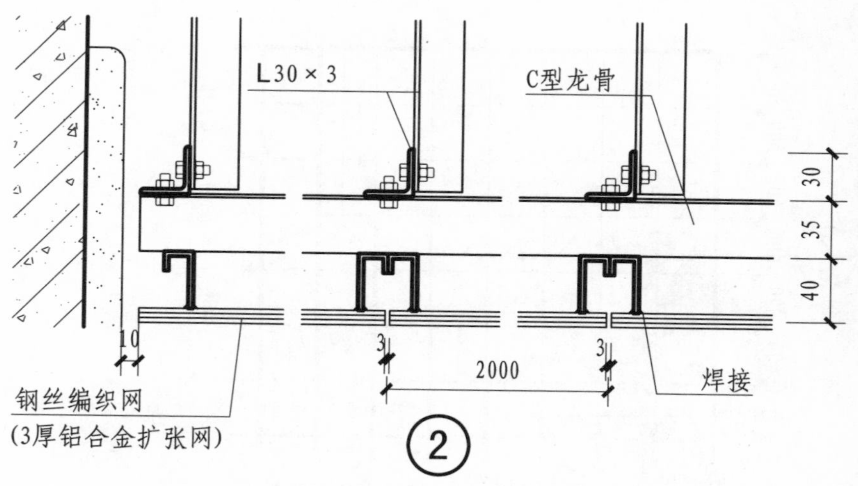

注：本页所示吊顶系列龙骨均为配套成品，其规格以厂家配套产品为准。

暗龙骨金属网吊顶平面及详图						图集号	12J502-2
审核 饶良修	饶良修	校对 郭晓明	郭晓明	设计 沈洋	沈洋	页	D36

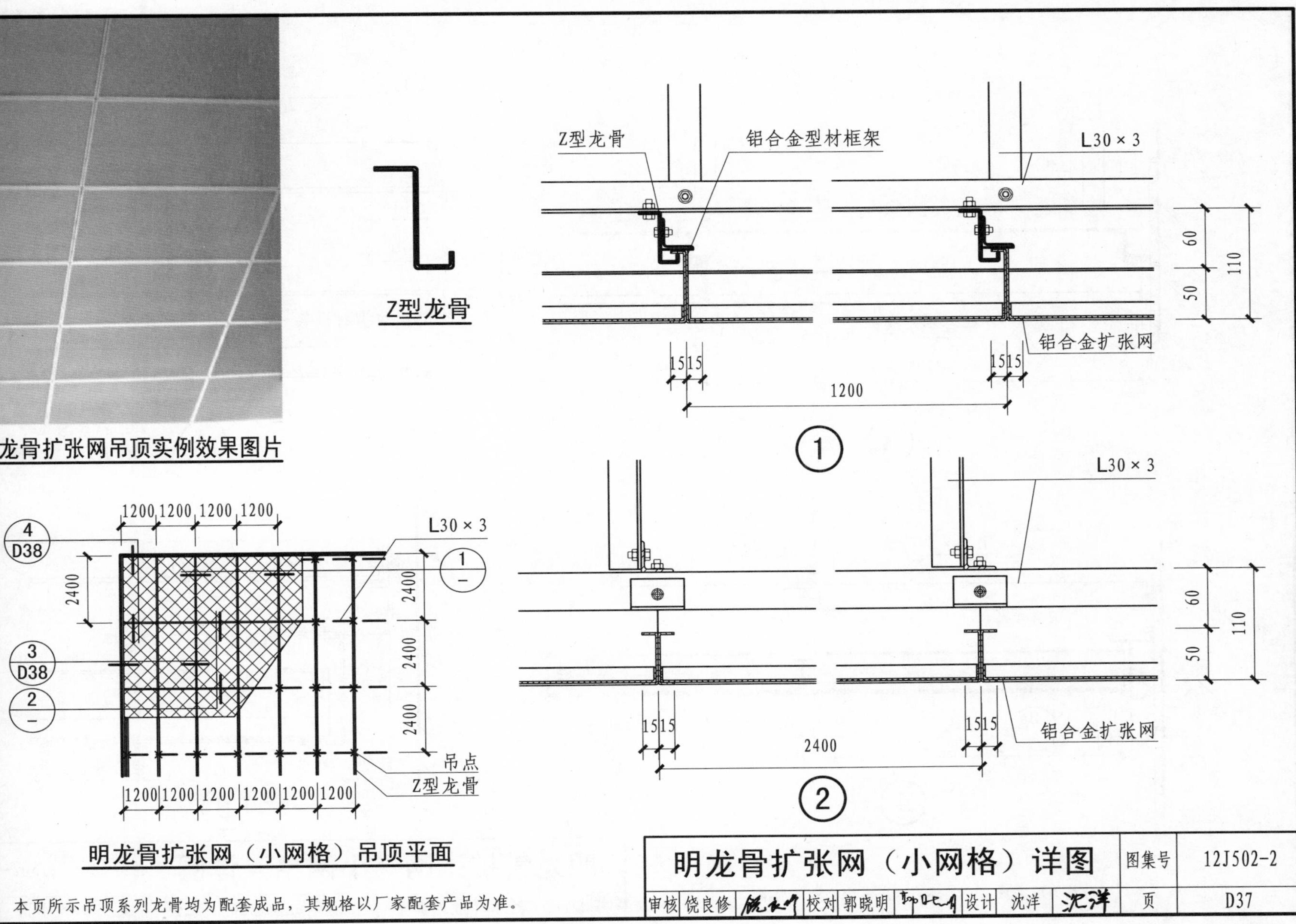

：本页所示吊顶系列龙骨均为配套成品，其规格以厂家配套产品为准。

明龙骨扩张网（小网格）详图						图集号	12J502-2
审核 饶良修		校对 郭晓明		设计 沈洋		页	D37

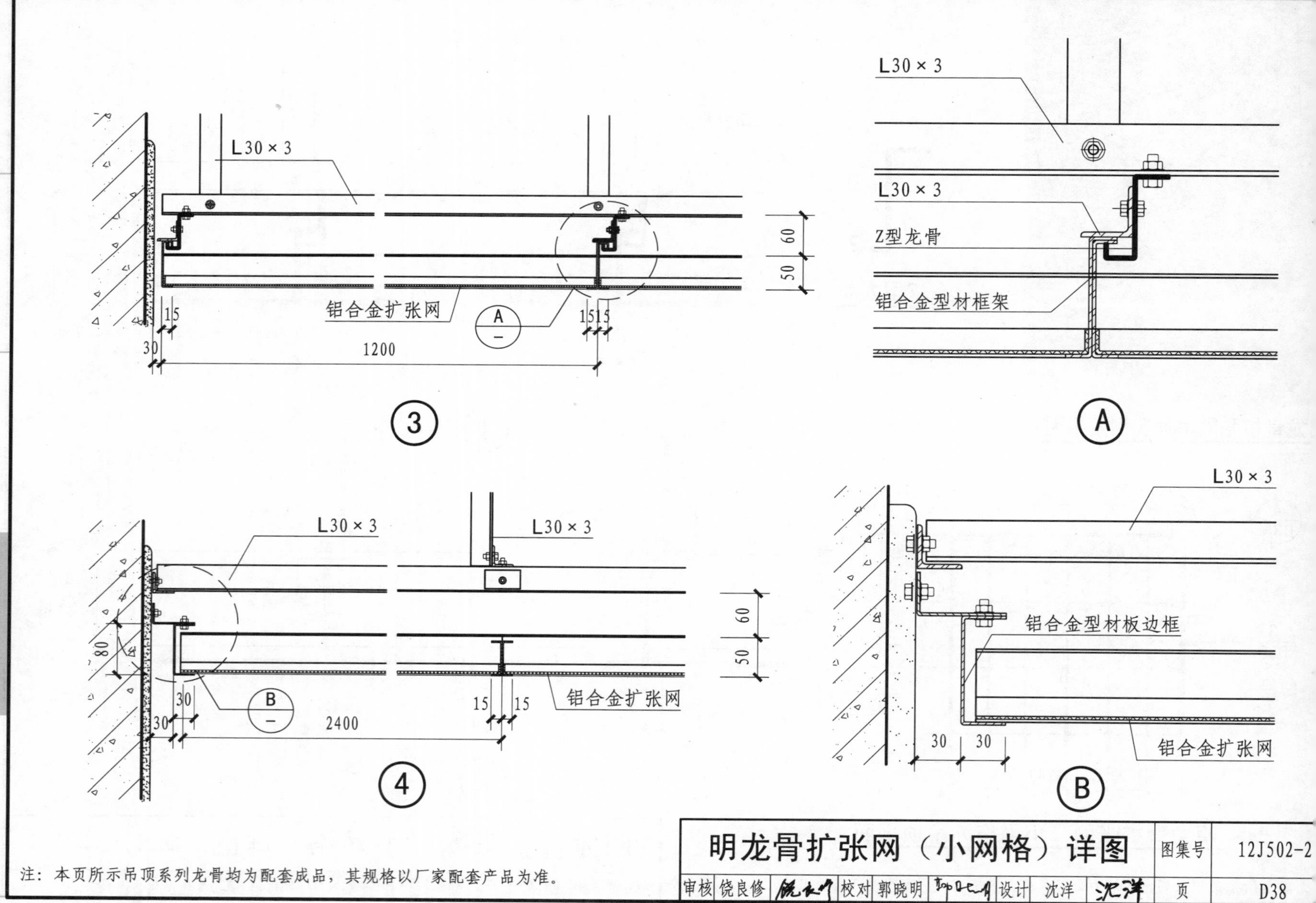

明龙骨扩张网（小网格）详图

图集号	12J502-2
页	D38

审核 饶良修 校对 郭晓明 设计 沈洋

注：本页所示吊顶系列龙骨均为配套成品，其规格以厂家配套产品为准。

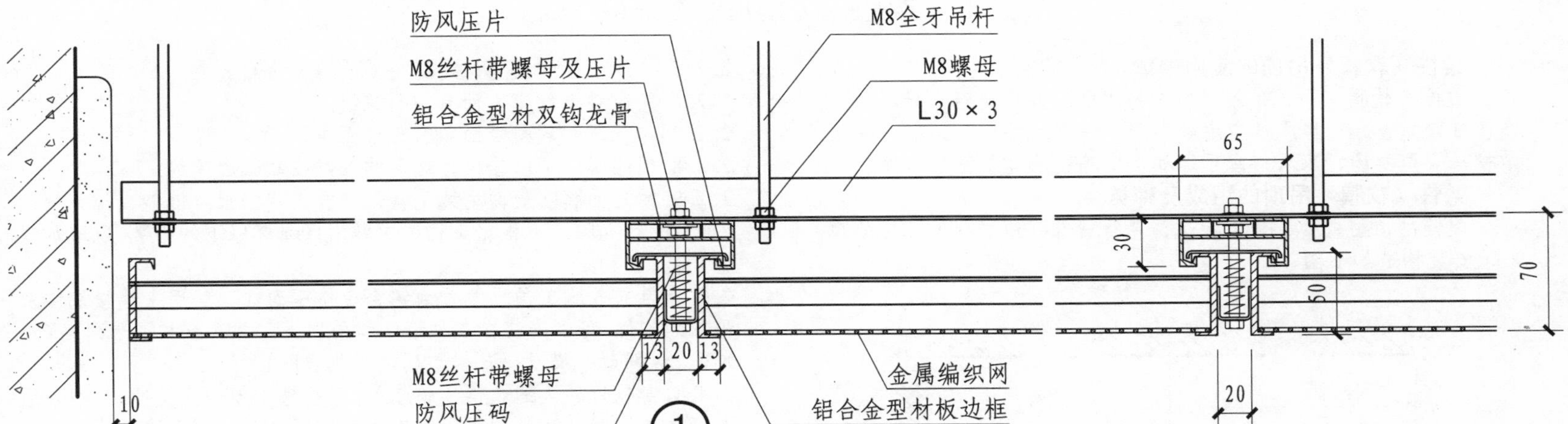

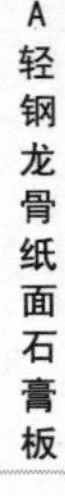

防风压片
M8全牙吊杆
M8丝杆带螺母及压片
M8螺母
铝合金型材双钩龙骨
L30×3
65
30
70
50
13 20 13
M8丝杆带螺母
金属编织网
防风压码
铝合金型材板边框
10
20

①

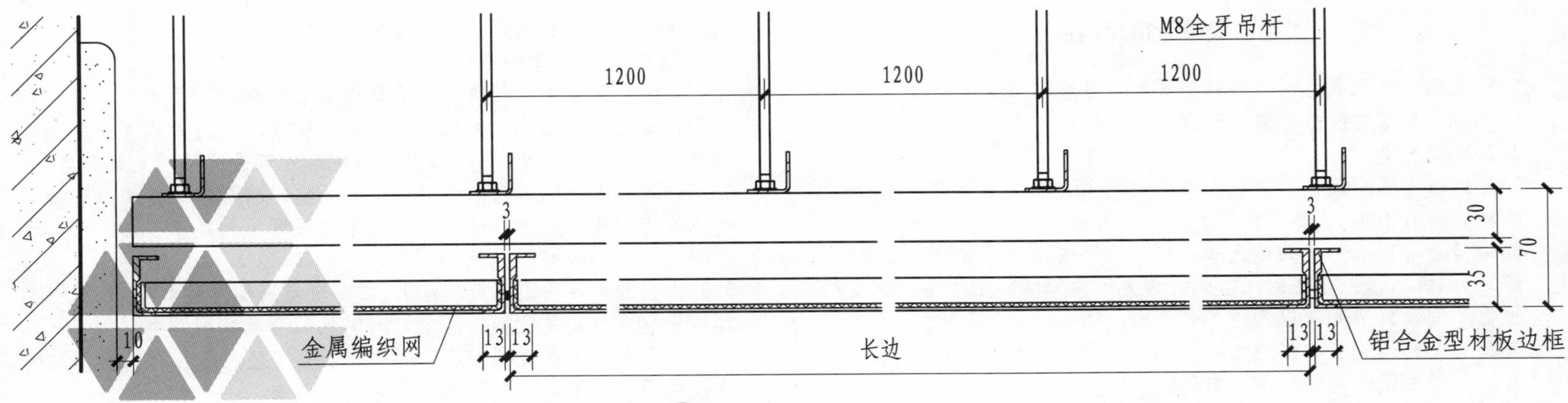

M8全牙吊杆
1200
1200
1200
3
3
30
70
35
金属编织网
13 13
长边
13 13
铝合金型材板边框
10

②

暗龙骨编织网防风吊顶详图

暗龙骨编织网防风吊顶详图						图集号	12J502-2
审核	饶良修	校对	郭晓明	设计	沈洋	页	D39

注：本页所示吊顶系列龙骨均为配套成品，其规格以厂家配套产品为准。

E 柔性(软膜)吊顶说明

1 柔性（软膜）吊顶的应用

柔性（软膜）吊顶是新材料与技术的结晶。历经市场检验，功能已日臻完善。已经广泛应用到会所、体育场馆、办公室、医院、学校、大型卖场、家居、音乐厅和会堂等民用建筑室内吊顶。

2 柔性（软膜）吊顶的组成及种类

柔性吊顶由软膜、软膜扣边、龙骨三部分组成，柔性（软膜）吊顶安装构造如下图。

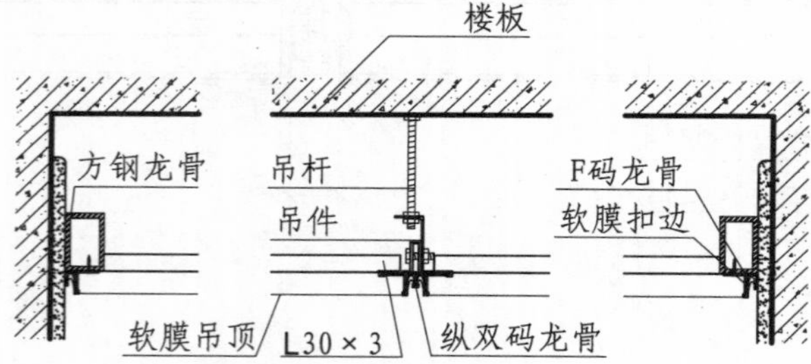

柔性（软膜）吊顶构造图

2.1 采用特殊聚氯乙烯材料制成柔性（软膜）吊顶，厚度为0.15～0.50mm，其燃烧性能等级为B1级。

2.2 软膜种类

2.2.1 透光膜：颜色呈白色或乳白色、半透明，由于透光膜所采用的材质有所不同，其燃烧性能等级分为B1级、A级。透光率也不相同，燃烧性能等级为B1级的透光膜在封闭空间内透光率为70%；燃烧性能等级为A级的透光膜在封闭空间内透光率为55%。由于各厂家生产产品不同，故透光率以具体产品为准。

2.2.2 光面膜：有很强的光感，能产生类似镜面的反射效果。

2.2.3 缎面膜：光感次于光面膜。

2.2.4 亚光膜：光感次于缎面膜，视觉效果柔和。

2.2.5 金属面膜：具有一定的金属质感及金属光感。

2.2.6 压纹膜：软膜表面有凹凸花纹。

2.2.7 印花膜：软膜表面印有花纹图案。

2.2.8 喷绘膜：可依据设计选定的图案在软膜上喷绘。

2.2.9 鲸皮面膜：表面呈绒毛状，具有一定的吸声性能。

2.2.10 针孔膜：可根据工程要求做出10mm厚以下的小孔，以增加吸声功能。

2.3 柔性（软膜）吊顶龙骨为铝合金挤压而成，是用来连接墙体及吊顶的构件，可以安装在各种墙体和吊顶上。共有五种型号：扁码、F码、纵双码、横双码、楔形码，详见表E-1。

2.4 自身韧性较大的柔性（软膜），因其易于塑形的特性，扣边采用与膜体相同材质（半硬质聚氯乙烯）挤压成形，并焊接于软膜的四周边缘，以便于配合扁码、F码、纵双码、横双码使用。此种膜材的燃烧性能等级通常为B1级。

2.5 自身韧性小的柔性（软膜），因其不易于拉抻的特性，配合楔形码使用。此种膜材的燃烧性能等级通常为A级。

3 施工工艺及注意事项

3.1 根据设计要求，按照实际测量出的吊顶形状及尺寸在工厂加工成形，现场围护结构、外墙、门窗必须完成，室内设施（消防、空调、通风、电力等机电设施）安装就位后方可进行吊顶龙骨安装。

3.2 光源排布间距与箱体深度以1：1为宜，即灯箱深度如为300mm，光源排布间距也应为300mm。建议箱体深度控制尺寸在150～300mm之间，以达到较好的光效。

3.3 为光源散热吊顶（灯箱体），内部应做局部开孔处理，开孔位置建议设置于灯箱体侧面以防尘，同时粘贴金属纱网防虫。

3.4 设备末端不得直接安装于膜面，如需安装则应自行悬挂于结构顶板或梁上，不得与吊顶体系发生受力关系。

3.5 当需进行光源维护时，应采取专用工具拆卸膜体。

表E-1 铝合金龙骨名称与规格

龙骨名称	规格型号	尺寸（mm）	
		A	B
纵双码		39.6	11.9
F码		20.4	17
扁码		29.5	8.4
横双码		31.3	15.6
楔形码		49.5	20.9

A: 扁码与扁码45° 角拼接

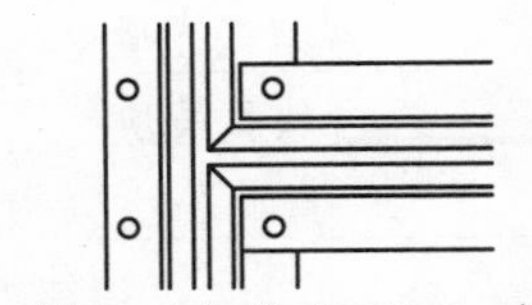
C: 纵双码与纵双码90° 角拼接

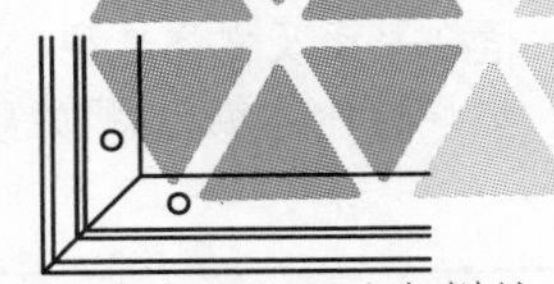
B-1: F码与F码45° 角拼接

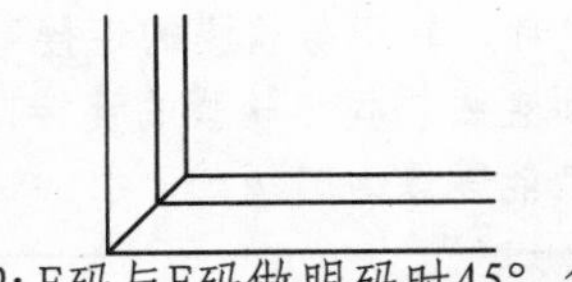
B-2: F码与F码做明码时45° 角拼接

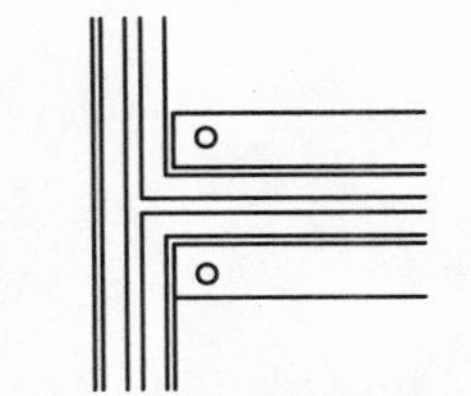
D: 横双码与纵双码90° 角拼接

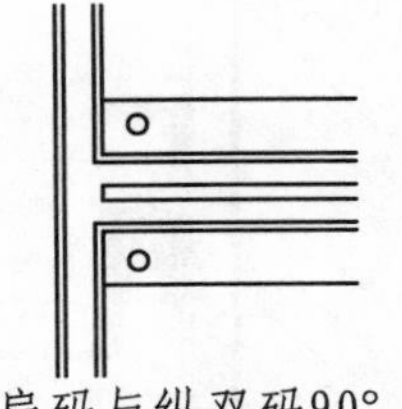
E: 扁码与纵双码90° 角拼接

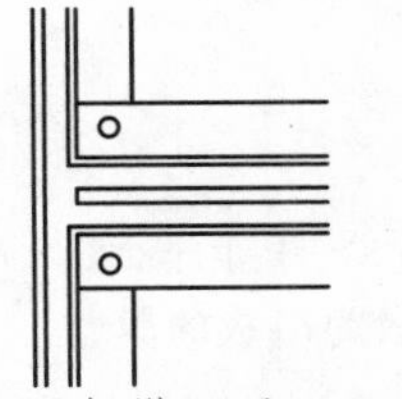
F-1: F码与纵双码90° 角拼接

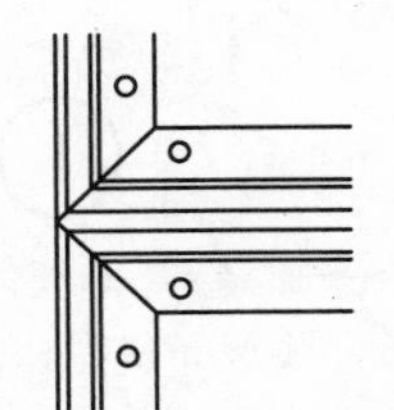
F-2: F码与纵双码45° 角拼接

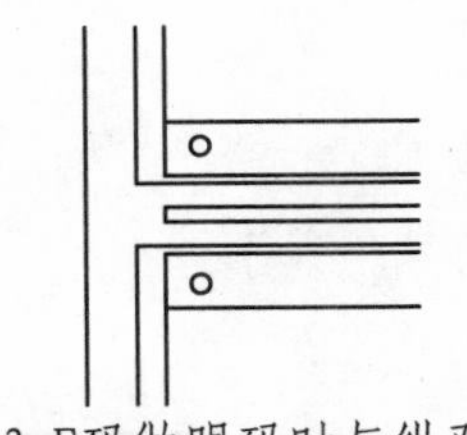
F-3: F码做明码时与纵双码90° 角拼接

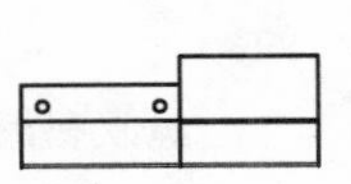
G: 扁码与F码直线连接

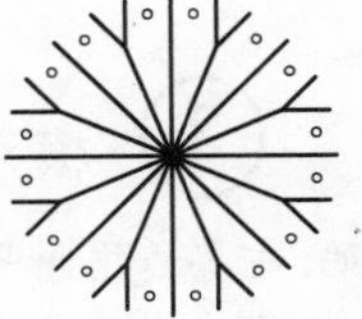
H: 按拼接线安装龙骨

注：园形半径根据设计确定。

柔性（软膜）吊顶说明						图集号	12J502-2
审核	饶良修	校对	郭晓明	设计	饶劢	页	E02

A 轻钢龙骨纸面石膏板

B 矿棉吸声板

C 玻璃纤维吸声板

D 金属板（网）

E 柔性（软膜）吊顶

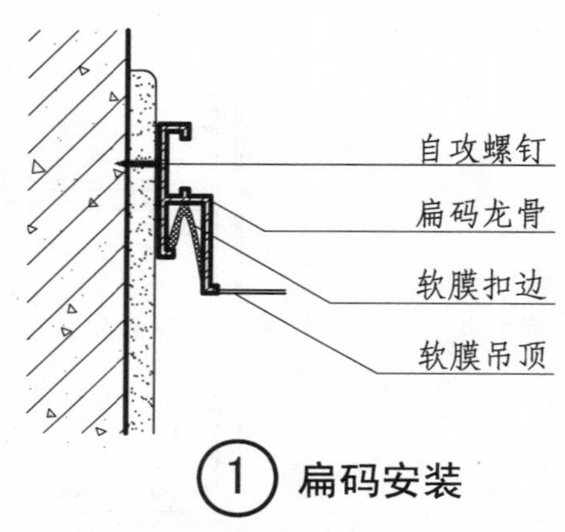

① 扁码安装

扁码：适合平面造形，沿墙体安装。可以横向弯曲，用于平面圆总形、弧形等造型，适用于燃烧性能等级为B1级的膜材。

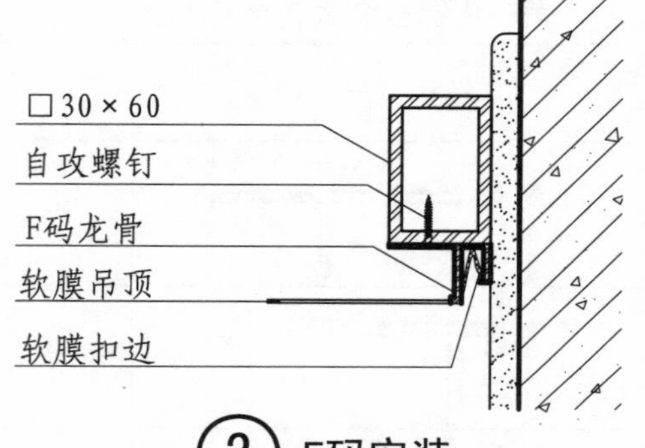

② F码安装

F码：适合立体造型，沿墙体安装。可以做纵向弯曲，用于纵向波浪形、弧形、穹形、喇叭形等造型，并且适用于各种平面、斜面造型，适用于燃烧性能等级为B1级的膜材。

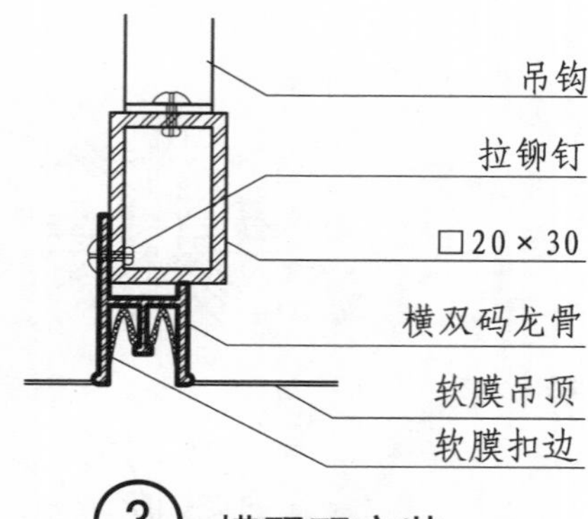

③ 横双码安装

横双码：主要适用于平面弧形、波浪形的软膜与软膜连接安装，适用于燃烧性能等级为B1级的膜材。

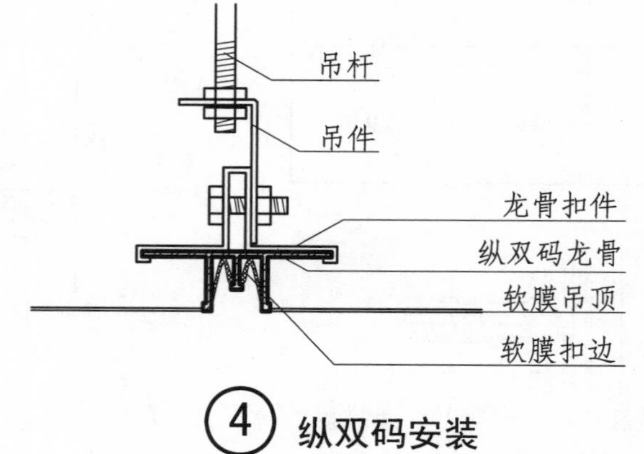

④ 纵双码安装

纵双码：适合纵向弧形、波浪形，软膜与软膜的连接安装。也适用于平面直线软膜与软膜的连接安装，适用于燃烧性能等级为B1级的膜材。

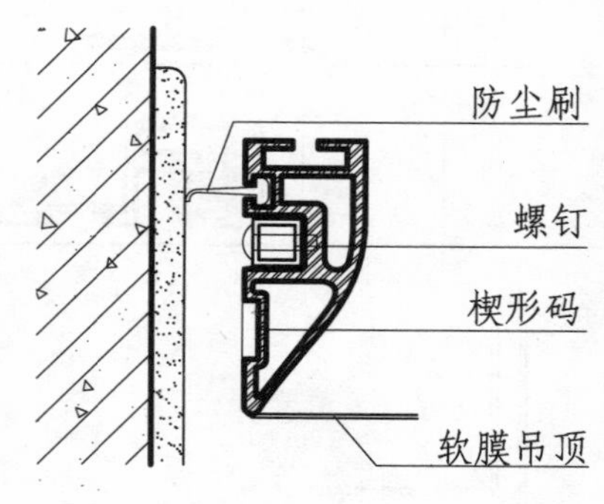

⑤ 楔形码安装

楔形码：适合平面及立体造型，适用于燃烧性能等级为A级的膜材。

柔性（软膜）吊顶说明						图集号	12J502-2
审核	饶良修	校对	郭晓明	设计	饶劢	页	E03

柔性（软膜）与石膏板组合吊顶实例效果图片

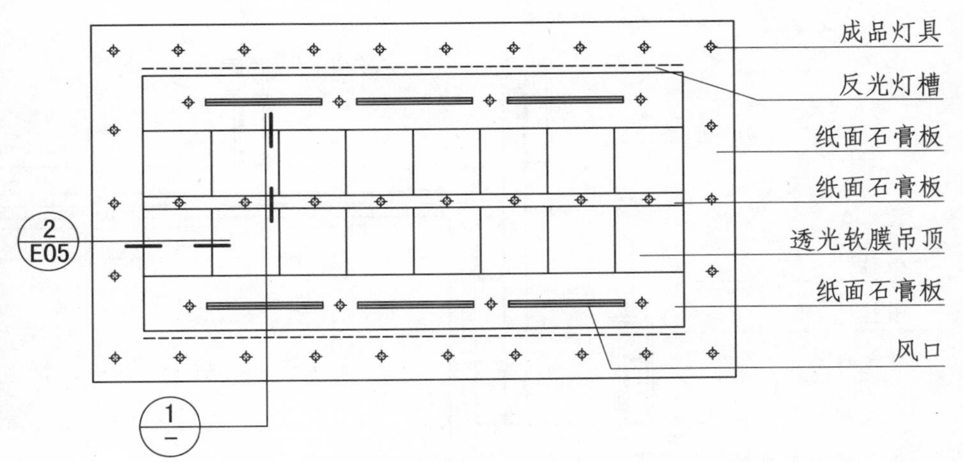

柔性（软膜）与石膏板组合吊顶平面

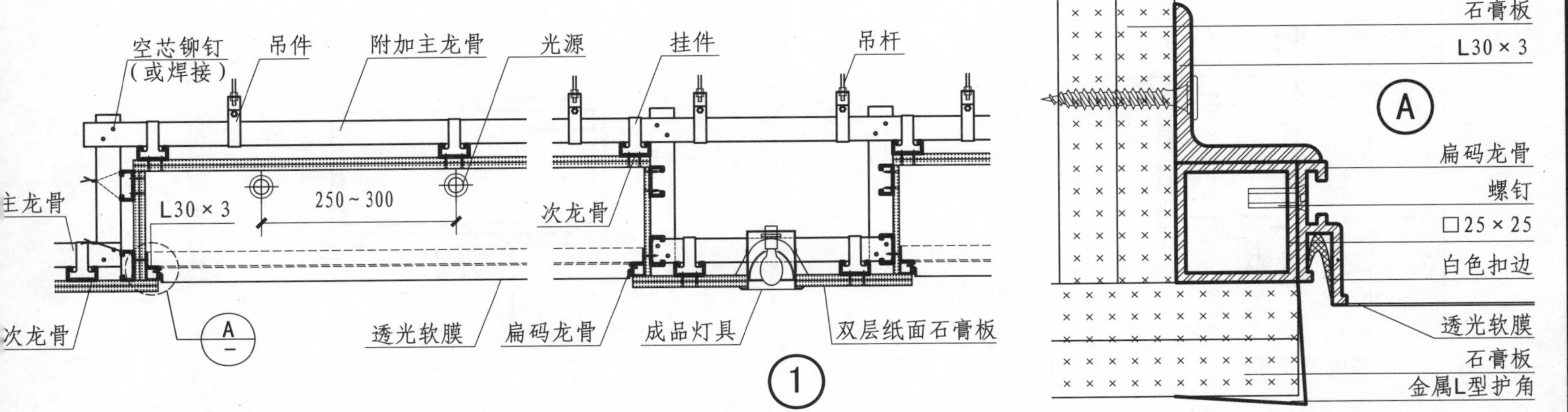

注：1. 本页内容仅以所附实例图片为例编制。其龙骨形式仅适用于燃烧性能等级为B1级的膜材。
2. 光源排布间距与箱体深度以1∶1为宜。即灯箱深度如为300mm，光源排布间距也应为300mm。建议箱体深度控制尺寸为150～300mm之间，以达到较好的光效。

柔性（软膜）与石膏板组合吊顶平面及详图						图集号	12J502-2
审核 饶良修	[签名]	校对 郭晓明	[签名]	设计 饶劢	[签名]	页	E04

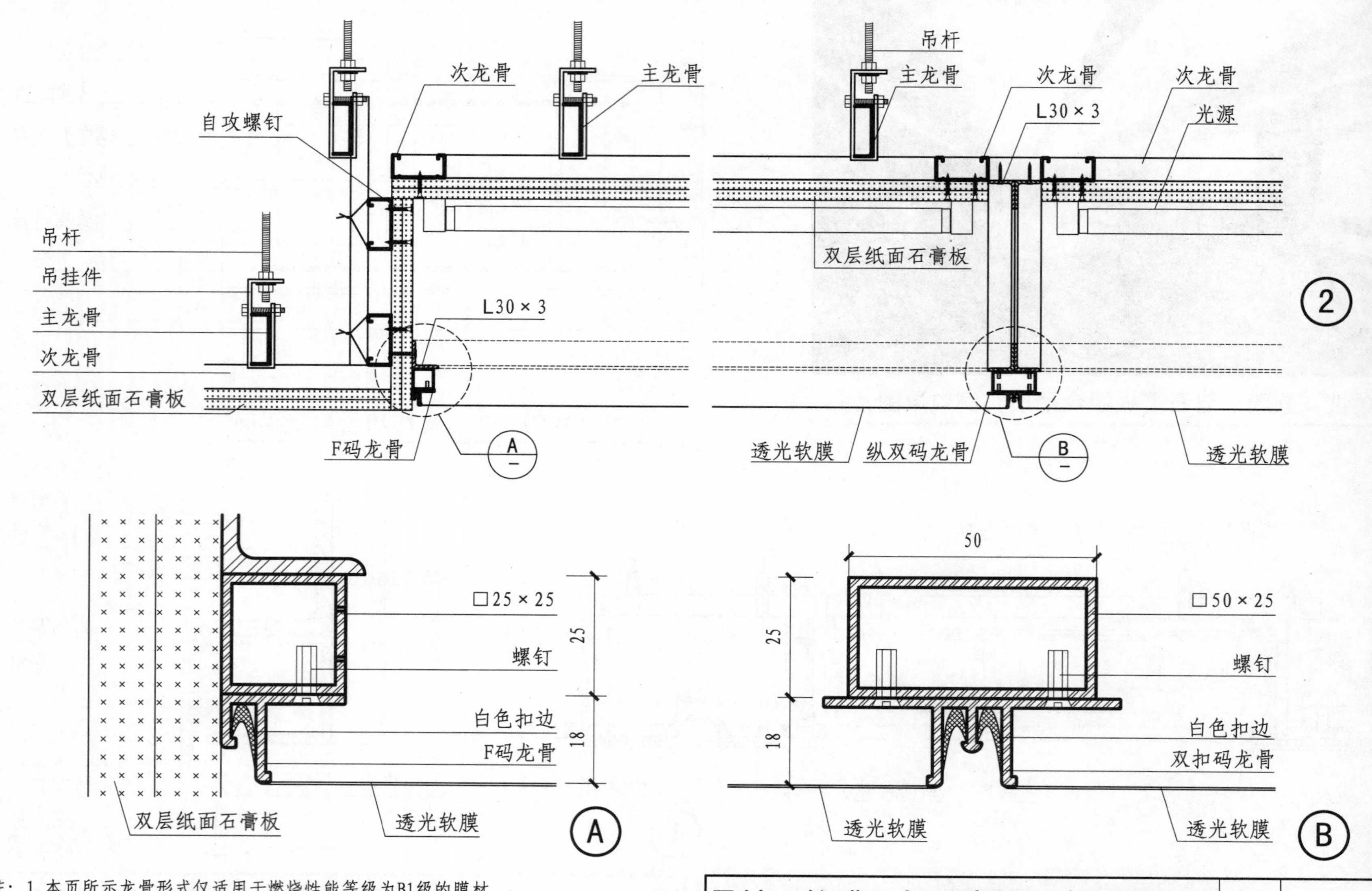

注：1. 本页所示龙骨形式仅适用于燃烧性能等级为B1级的膜材。
2. 光源排布间距与箱体深度以1：1为宜。即灯箱深度如为300mm，光源排布间距也应为300mm。建议箱体深度控制尺寸为150～300mm之间，以达到较好的光效。

柔性（软膜）与石膏板组合吊顶详图						图集号	12J502-2
审核	饶良修	校对	郭晓明	设计	饶劢	页	E05

柔性（软膜）灯箱与石膏板
组合吊顶实例效果图片

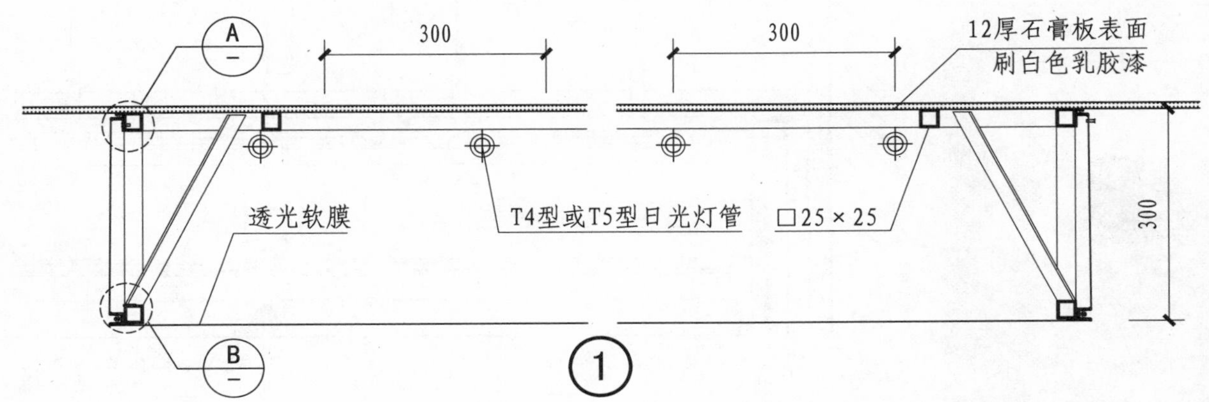

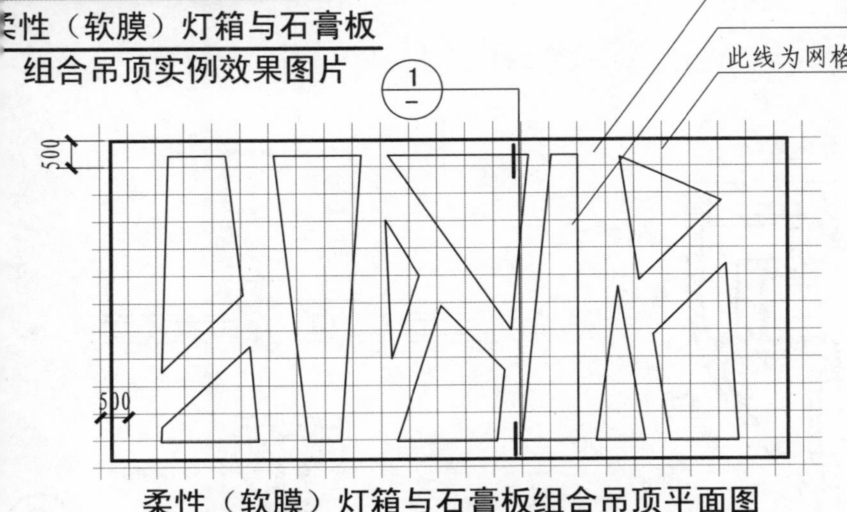

柔性（软膜）灯箱与石膏板组合吊顶平面图

12厚石膏板表面
刷白色乳胶漆
软膜专用扣边
F码铝合金龙骨
□25×25
透光软膜
A

软膜专用扣边
螺钉
透光软膜
双扣码铝合金龙骨
B

注：1. 本页内容仅以所附实例照片为例编制。其龙骨形式仅适用于燃烧性能等级为B1级的膜材。
2. 光源排布间距与箱体深度以1:1为宜。即灯箱深度如为300mm，光源排布间距也应为300mm。建议箱体深度控制尺寸为150～300mm之间，以达到较好的光效。

柔性（软膜）灯箱与石膏板组合吊顶平面及详图								图集号	12J502-2
审核	饶良修	饶良修	校对	郭晓明	郭晓明	设计	李毅	页	E06

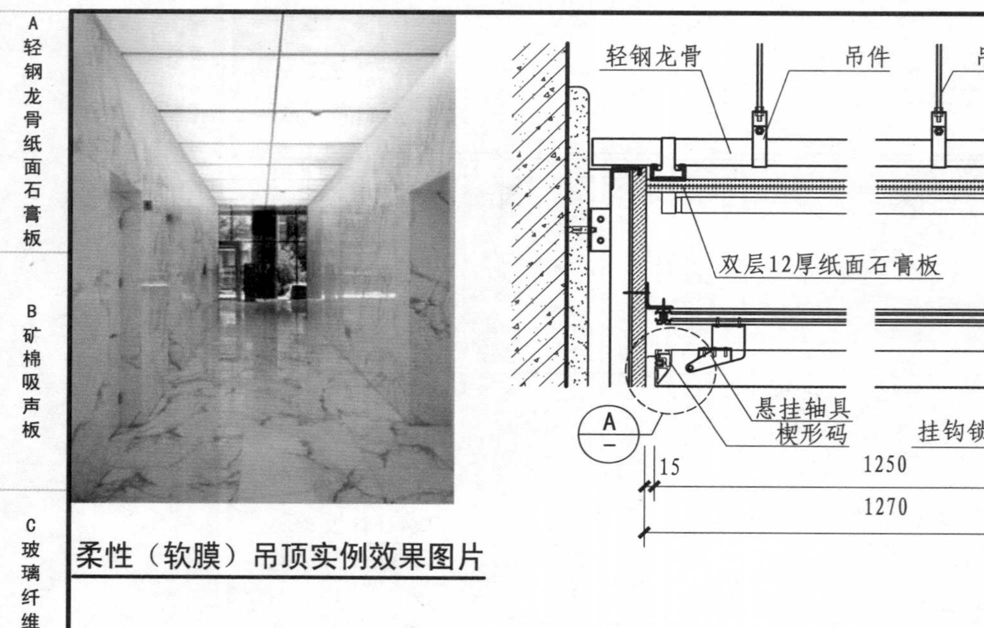

柔性（软膜）吊顶实例效果图片

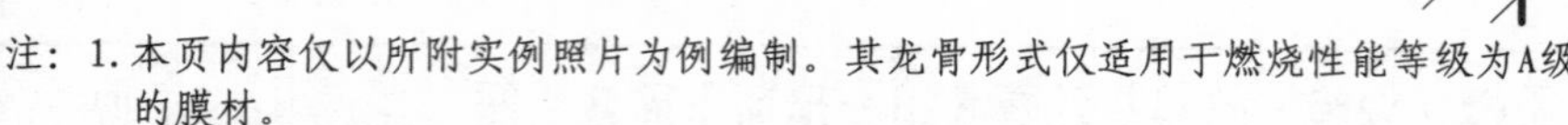

柔性（软膜）吊顶平面图

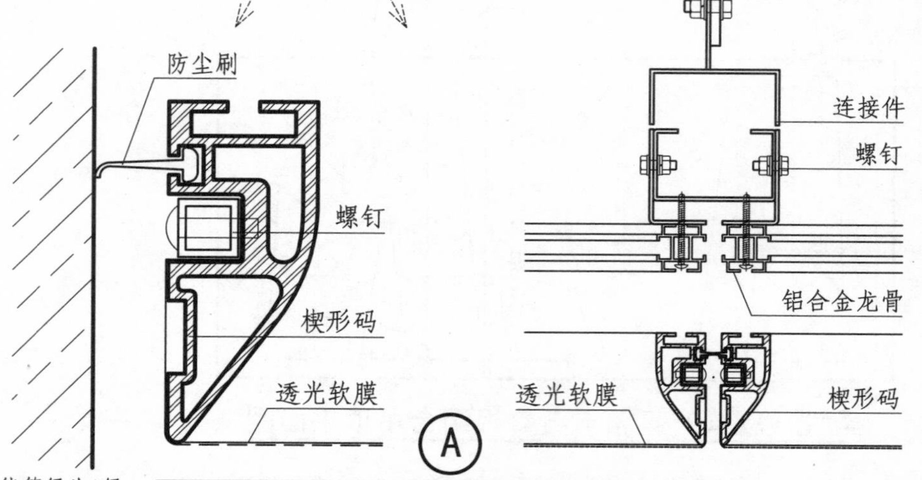

注：1. 本页内容仅以所附实例照片为例编制。其龙骨形式仅适用于燃烧性能等级为A级的膜材。
2. 光源排布间距与箱体深度以1：1为宜。即灯箱深度如为300mm，光源排布间距也应为300mm。建议箱体深度控制尺寸为150～300mm之间，以达到较好的光效。

柔性（软膜）吊顶平面及详图						图集号	12J502-2
审核	饶良修	校对	郭晓明	设计	李毅	页	E07

北新建材吊顶相关技术资料

1. 产品简介

龙牌石膏板是以建筑石膏为主要原料，加入少量添加剂与水搅拌后，连续浇注在两层护面纸之间，再经过封边、凝固、切断、干燥而成的绿色、环保、轻质建筑板材。

龙牌矿棉吸声板以粒状棉为主要原材料，采用湿法长网抄取工艺，板材以粒状棉为主要原材料（含量大于 83%），辅以粘土、淀粉等原料制成。

2. 适用范围

产品	板厚（mm）	适用场所
普通石膏板系列	9.5/12/15	普通吊顶
耐潮石膏板系列	9.5/12/15	有一定耐潮要求的部位
耐水石膏板系列	9.5/12/15	潮湿环境中的吊顶部位
耐火石膏板系列	9.5/12/15	较高防火要求及钢结构外防护部位
特种石膏板系列	9.5/12/15/25	要求高防火、耐水、吸附甲醛的场所
功能石膏板系列	9.5/12	机房、体育场馆、演播室、会议室等需要吸声降噪、调节音质和装饰的场所
矿棉普通板系列	12/14/	商场、办公楼、学校、医疗机构等
矿棉工程板系列	12/14/15/18	政府机关、企业办公楼、高端写字楼等
矿棉精工板系列	13/18/27/30	办公楼大厅、幼儿园等
矿棉静音板系列	12/14/15/18	音响室、琴房、KTV 包房、阶梯教室等

3. 性能特点

龙牌石膏板具有轻质、耐火、保温、隔声、施工快捷、易装饰等特点。独特的“呼吸”功能，使居住、办公环境更健康。

龙牌矿棉板有机物含量低于 7%，产品全系列 A 级不燃；采用内掺式防潮剂，由内到外全面防潮。粒状棉纤维含量高，赋予板材高强度和可加工性能。降噪系数高，营造良好的室内声环境。

会所

宴会厅

体育馆

大堂

酒店

演播厅

注：本页根据北新集团建材股份有限公司提供的技术资料编制。

阿姆斯壮天花吊顶系统相关技术资料

1. 产品简介

阿姆斯壮主要天花吊顶产品可分为高级矿棉/玻纤吸声天花板系列、设计系列以及高端龙骨悬吊系统，可为客户提供天花吊顶系统整体解决方案。

2. 适用范围及性能特点

产品名称	规格（mm）	性能特点	适用范围
阿姆斯壮高级矿棉/玻纤工程板	600×600×15/16/18/19/20 600×1200×15/16/18/19/20 条形板：宽度 300～600，长度 1200～2400，厚度 16/17/18/19/20 边角处理：明架平板、切角跌级、斜角跌级、SL2、K2C2（适用于部分厚度条形板） 可提供相应的英制产品	高吸声性：NRC 0.50～0.90 高反光度：LR 0.83 及以上 防潮性：RH90、RH99、RH100 防火等级：提供 A2 或 B1 级产品，其中 B1 级产品配合钢龙骨可作为 A 级装修材料使用 美观耐用、不含石棉、安全环保	办公楼、医院、学校、交通枢纽、体育馆、厂房、酒店、娱乐及餐饮业等空间
阿姆斯壮设计系列金属吊顶系统	提供标准方板、异形方板、条板、挂片、网格板、复合板、天际弧形板、异形板等产品系列。尺寸、颜色、冲孔类型可按客户要求任意定制	为项目量身定制一体化吊顶方案，A1 级防火，超高吸音性 NRC>0.75，专业服务团队服务于项目整个营运周期	
阿姆斯壮设计系列非金属吊顶系统	提供玻纤、聚碳酸酯、木制等多种非金属材质的吊顶系统及方形、圆形、凹形、凸形及弧形等多种板面造型和尺寸供选	特殊复合木制天花达到防火等级 A2 级，自然环保；悬挂式弧形立体吊顶，设计新颖，极具装饰效果；天翼系列组合灵活	
阿姆斯壮高端龙骨悬吊系统	面宽：15/24 主龙骨：3000/3600×32/35/38/43/45 副龙骨：600/1200×32/38/43/45 边龙骨：3000/3600×19/2219/22 3600×14×7×7×19	优质热镀锌全烤漆钢带，防锈性能好；旋转咬合技术，增加龙骨抗扭强度，尖峰顶端头部设计，确保安装稳定性；外接式钢插头，增强龙骨连接强度，可满足抗震要求	

办公环境

教育环境

交通枢纽

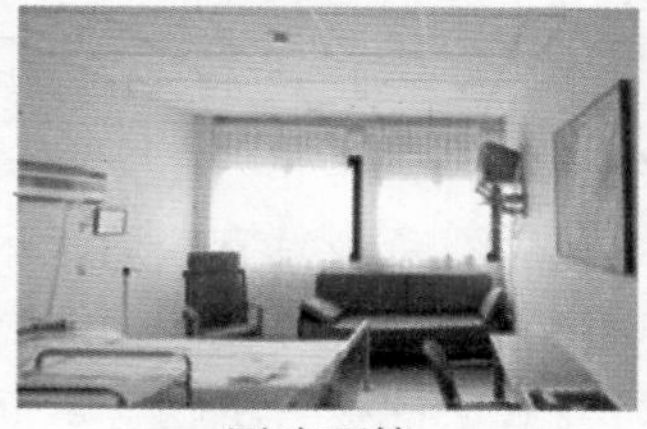
医疗环境

注：本页根据阿姆斯壮（中国）投资有限公司提供的技术资料编制。

可耐福吊顶系统技术资料

1. 产品简介

可耐福吊顶系统分为：普通石膏板吊顶、吸声吊顶、隔音吊顶、防水耐潮吊顶、防火吊顶、造型吊顶，室外吊顶。

2. 适用范围

制品	厚度（mm）	材质	适用场所
菱镁矿木丝吸声板	15/25/35	菱镁矿粉、木丝	多功能厅、影剧院、体育馆、酒店、办公、学校等
可聆诺穿孔吸声板	12.5	天然石膏	
达诺岚穿孔吸声板	12.5	天然石膏	
隔声板	12/15	天然石膏	
安耐板（室内外）	12.5	波特兰水泥	办公、商业等
PVC 饰面板	8/12	天然石膏、PVC 膜	办公、商业等
矿棉板	15/19	湿式合成矿物纤维	办公、商业等

3. 性能特点

可耐福吊顶系统均采用专属结构系统，具有安装简便、快捷，并与特种板材搭配使用满足工程要求。

菱镁矿木丝吸声板：高吸声、耐撞击、平整度±1mm、多种饰面、无碱性、防白蚁、高耐潮、木丝纹理有连续性、多种边形处理。

可聆诺穿孔吸声板：吸声性能好、连续穿孔无缝拼接、装饰效果好、净化空气、弯曲性好、孔型种类多、异形吊顶施工简便。

达诺岚穿孔吸声板：吸声性能好、矩阵式穿孔、孔径最小 3mm 、弯曲性好、多种穿孔布局、多种龙骨与边形安装方式。

隔声板：板材强度高、隔声效果好、板材变形率小。

安耐板：水泥基板材，湿涨率小、防霉性好，可应用于耐水区域，有效抗裂、弯曲性能好，可做室外吊顶、造型吊顶。

PVC 饰面板：PVC 与石膏板复合而成，多种图案、安装简便快捷。

可聆诺穿孔吸声板吊顶

可聆诺穿孔吸声板吊顶

菱镁矿木丝吸声板吊顶

可聆诺穿孔吸声板吊顶

达诺岚穿孔吸声板吊顶

达诺岚穿孔吸声板吊顶

注：本页根据可耐福石膏板有限公司提供的技术资料编制。

博罗石膏建材吊顶相关技术资料

1. 产品简介

博罗石膏建材吊顶的功能涵盖：提供平整饰面、艺术造型；遮蔽管线和主体结构；提供一定的耐火、隔声、吸声功能。常用产品包括：9.5/12/15普通、耐水、耐火石膏板，穿孔石膏板，饰面天花板；38/50/60主龙骨，50/60覆面龙骨，明架烤漆龙骨。

2. 适用范围：

吊顶系统	主要材料	适用范围
双平面吊顶（上人、不上人）	承载龙骨、覆面龙骨、边龙骨，以及普通、耐水、耐火、多功能纸面石膏板	大厅、礼堂等大面积吊顶以及走道等有检修要求的吊顶
卡式龙骨吊顶（直卡式、造型）	卡式龙骨、覆面龙骨、边龙骨，以及普通、耐水、耐火、多功能纸面石膏板	酒店客房、住宅等中小面积吊顶和造型吊顶
支撑卡吊顶（吸顶式）	支撑卡件、覆面龙骨、边龙骨，以及普通、耐水纸面石膏板	层高局限场所的中小面积吊顶
丽声吸音吊顶	承载龙骨、覆面龙骨、边龙骨、丽声穿孔石膏板	会议室、大厅、餐厅、影院等有吸声降噪要求场所
明架小天花吊顶	承载龙骨、明架烤漆龙骨、饰面天花（洁净、贴膜、压制浮雕系列）	办公，商场等公共环境,医院等有抑菌要求的环境宜采用洁净系列吊顶

3. 性能特点

双平面吊顶：刚度大，整体性好，龙骨平整度易调节；卡式龙骨吊顶：主龙骨有卡齿设计，与覆面龙骨卡合，配件少、施工速度快、造价经济；支撑卡吊顶：支撑卡件替代吊杆和主龙骨，直接连接覆面龙骨，结构简单，吊顶空腔调节范围30mm～100mm；明架烤漆龙骨小天花吊顶：龙骨烤漆面外露，配以表面预装饰天花板，样式丰富、安装快速、便于更换和检修。

公共环境

住宅

酒店

商业

医院

学校

注：本页根据博罗石膏建材有限公司提供的技术资料编制。

星牌优时吉矿棉天花系统产品相关技术资料

1. 产品简介

星牌优时吉矿棉装饰吸声板，以矿物棉为主要原料，添加其他辅助材料，采用湿法长网抄取生产工艺制成。经切割、磨面、冲孔、压花、喷涂等工艺制成不同质感、不同图饰、不同功能的板材，主要用于室内顶部装饰和墙面装饰。

星牌优时吉龙骨品种丰富，其中唐恩、雅星、昊星系列龙骨为镀锌薄钢板和彩色钢板压制而成，耀星系列龙骨采用优质铝合金压制而成，实现了不同吊装系统的完善配套。

2. 性能特点

星牌优时吉矿棉板集吸声、防火、防潮、隔热等优良性能于一体，简约、现代的装饰效果顺应了环保型吊顶行业的发展潮流。

根据赫尔姆兹共振原理，星牌优时吉矿棉板采用特殊的冲孔工艺，开发出降噪系数高达 0.70 的高吸声产品。

特有的低容重和背面加强层工艺，有效控制矿棉天花板遇潮变形的技术问题；防潮等级 RH95 系列产品防潮性能好，不易变形。

3. 适用范围

产品规格		产品特点	适用场所
防潮 RH95 Climaplus	卓越 Excel 、 奥林匹亚 Olympia	无方向性花纹，提高安装效率；改善室内声环境；营造舒适视觉；具备广泛的抑菌性能	办公楼、学校、医院、商场、体育场馆、轻工业厂房
防潮 RH95 系列	吉星 G-Star 、 雷达 Radar		
明暗架板	奥林匹亚明暗架 Olympus 、 恒星明暗架 C-Star	高矿棉配方，板材强度高，加工精度高；系统配套完善，吸声、防火、防潮性能优良	开放式办公空间、礼堂、办公室、会议室、VIP 休息室
复合粘贴板	9mm 粘贴板 Glue-on 、 立体 12 条板 Cubic Linear		
明架龙骨	平面 T 型龙骨：唐恩Ⅲ 、 立体凹槽龙骨：昊星Ⅰ	原材料品质好，一次冲压成型，精度高；采用合金端头，抗震性能优良；施工便捷	适用于各种明架、明暗架天花系统；结构成熟，配套完善
明暗架龙骨	福星Ⅱ明暗架龙骨 、 耀星Ⅰ灯带龙骨		

注：本页根据星牌优时吉建筑材料有限公司提供的技术资料编制。

台荣吊顶产品相关技术资料

1. 产品简介

台荣吊顶分为明吊和暗吊两种系统，产品又分为低密度和中密度两种，其中明架系统吊顶板分为平板和跌级板、暗插板，有喷砂、压花、浮雕、精印、UV、穿孔等不同花型。

2. 适用范围

制品	厚度（mm）	主要材料	适用范围
中密度暗吊巧天板	6～25	硅质材料 钙质材料 纯木浆等	写字楼、学校、医院 商场、酒店、宾馆、 车站、机场、厂房、 地铁、隧道等
低密度暗吊巧耐板	6～25		
中密度明吊丽天板	4～8		
低密度明吊韵律板	6～16		
UV 洁净吊顶板	4～16		医用、实验室、无尘室
穿孔吊顶板	6～12		需要降噪的空间

3. 性能特点

台荣吊顶系列产品是不含石棉、无放射性的绿色环保产品，不仅具备装饰性强的特点，还具备了防火等级高（不燃 A 级）、抗下陷、抗变形、防潮、隔音、强度高、使用寿命长等功能性特点。台荣 0.35g/cm^3、0.65g/cm^3、0.75g/cm^{3}系列的低密度吊顶板，使板材进一步符合节能环保的产业发展方向，保温、隔热，吸声效果好，施工方便、效率高、破损低，易造型的特点更加突出。

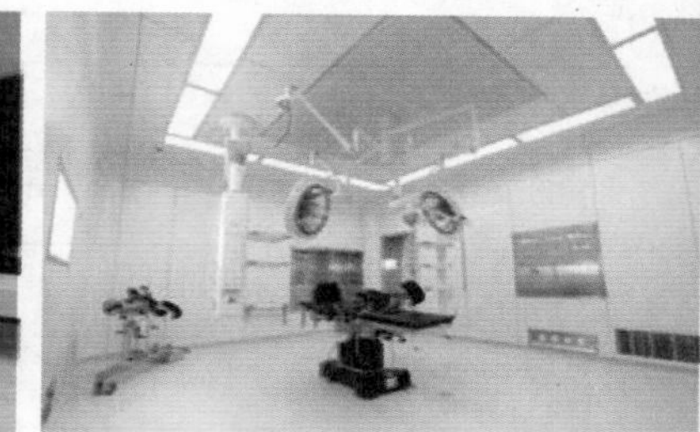
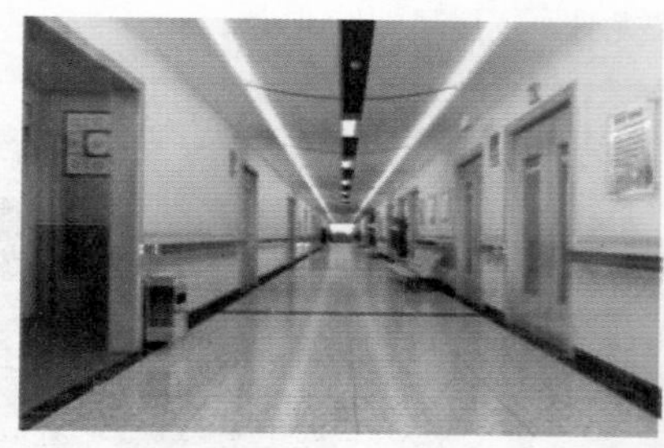

注：本页根据台荣建材（湖州）有限公司提供的技术资料编制。

参编企业、联系人及电话

北新集团建材股份有限公司	党连军	010-59812568
阿姆斯壮（中国）投资有限公司	罗　佳	021-33386688-6355
可耐福石膏板有限公司	李海龙	022-26972777
博罗石膏建材有限公司	刘　悦	021-23074869
星牌优时吉建筑材料有限公司	时洪发	010-58257555
台荣建材（湖州）有限公司	赵　斌	0512-63330149

GUOJIAJIANZHUBIAOZHUNSHEJI 13J502-3

国家建筑标准设计图集

13J502-3

（替代 03J502-3）

内 装 修

楼（地）面装修

中国建筑标准设计研究院

住房城乡建设部关于批准《建筑幕墙通用技术要求及构造》等23项国家建筑标准设计的通知

建质[2013]113号

各省、自治区住房城乡建设厅，直辖市建委(建交委、规划委)及有关部门，新疆生产建设兵团建设局，总后基建营房部工程局，国务院有关部门建设司：

经审查，批准由中国建筑标准设计研究院等15个单位编制的《建筑幕墙通用技术要求及构造》等23项标准设计为国家建筑标准设计，自2013年9月1日起实施。原《铝合金玻璃幕墙》(97J103-1)、《点支式玻璃幕墙》(03J103-2)、《全玻璃幕墙》(03J103-3)、《铝合金单板(框架)幕墙》(03J103-4)、《铝塑复合板(框架)幕墙》(03J103-5)、《蜂窝结构(框架)、单元幕墙》(03J103-6)、《石材(框架)幕墙》(03J103-7)、《内装修—室内(楼)地面及其它装修构造》(03J502-3)、《〈建筑设计防火规范〉图示》(05SJ811)、《〈高层民用建筑设计防火规范〉图示》(06SJ812)、《G101系列图集施工常见问题答疑图解》(08G101-11)、《钢筋混凝土过梁》(03G322-1～4)、《室外消火栓安装》(01S201)、《室外消火栓安装》(07MS101-1)标准设计同时废止。

附件：国家建筑标准设计名称及编号表

中华人民共和国住房和城乡建设部

二〇一三年七月二十三日

“建质[2013]115号”文批准的23项国家建筑标准设计图集号

序号	图集号	序号	图集号	序号	图集号	序号	图集号	序号	图集号
1	13J103-1	5	13J103-5	9	13J811-1	13～16	13G322-1～4	20	13K115
2	13J103-2	6	13J103-6	10	13J927-3	17	13SG903-1	21	13K204
3	13J103-3	7	13J103-7	11	13G101-11	18	13SG905-2	22	13SR425
4	13J103-4	8	13J502-3	12	13SG108-1	19	13S201	23	13K704

《内装修—楼（地）面装修》编审名单

编制组负责人：饶良修　郭　景

编制组成员：李晨晨　周祥茵　郭晓明　张　晔　张栋栋　厉　飞

审查组长：范学信

审查组成员：赵冠谦　顾　均　唐曾烈　许绍业　奚聘白　朱爱霞　孙　恺　谢剑洪

项目负责人：周祥茵

项目技术负责人：郭　景

国标图热线电话：010-68799100　　发　行　电　话：010-68318822

查阅标准图集相关信息请登录国家建筑标准设计网站 http://www.chinabuilding.com.cn

内装修—楼（地）面装修

批准部门	中华人民共和国住房和城乡建设部	批准文号	建质[2013]113号
主编单位	中国建筑设计研究院环境艺术设计研究院 中国建筑标准设计研究院	统一编号	GJBT-1256
实行日期	二〇一三年九月一日	图集号	13J502-3

主编单位负责人
主编单位技术负责人
技术审定人
设计负责人

目录

目录								图集号	13J502-3
审核	饶良修		校对	郭晓明		设计	李晨晨	页	1

目录						图集号	13J502-3
审核	饶良修	校对	郭晓明	设计	李晨晨	页	2

总　说　明

1　编制依据

1.1 本图集根据住房和城乡建设部建质函[2012]131号“关于印发《2012年国家建筑标准设计编制工作计划》的通知”对原图集《内装修一室内（楼）地面及其它装修构造》03J502-3进行修编。

1.2 本图集依据下列标准规范:

《房屋建筑制图统一标准》	GB/T 50001-2010
《建筑制图标准》	GB/T 50104-2010
《住宅装饰装修工程施工规范》	GB 50327-2001
《民用建筑工程室内环境污染控制规范》	GB 50325-2010
《建筑内部装修设计防火规范》(2001年版)	GB 50222-95
《建筑设计防火规范》	GB 50016
《建筑内部装修防火施工及验收规范》	GB 50354-2005
《室内装饰装修材料 胶粘剂中有害物质限量》	GB 18583-2008
《民用建筑隔声设计规范》	GB 50118-2010
《混凝土外加剂中释放氨的限量》	GB 18588-2001
《建筑材料放射性核素限量》	GB 6566-2010
《室内装饰装修材料地毯、地毯衬垫及地毯胶粘剂有害物质释放限量》	GB 18587-2001
《建筑装饰装修工程质量验收规范》	GB 50210-2001
《建筑地面设计规范》	GB 50037
《建筑工程施工质量验收统一标准》	GB 50300-2001
《民用建筑工程室内环境污染控制规范》	GB 50325-2010
《建筑材料及制品燃烧性能等级》	GB 8624-2012

当依据的标准规范进行修订或有新的标准规范出版实施时，应对本图集相关内容进行复核后选用，并按新的标准规范执行。

2　适用范围

2.1 本图集适用于抗震设防烈度小于或等于8度地区新建、改建、扩建的民用建筑室内楼(地)面装修设计及施工。

2.2 本图集供建筑设计、室内设计及施工安装人员使用。

3　编制原则

3.1 本图集结合国情，满足建筑装饰装修工程不同功能室内空间的要求,针对楼(地)面装修不同类型的构造特点,吸收国内外成熟的楼(地)面装修常用做法,编入楼（地）面装修所需的新材料、新工艺。

3.2 楼(地)面装修做法均应符合国家现行的标准规范、施工操作规程及施工质量验收规范的有关规定。

4　图集内容

4.1 本图集是《内装修》系列图集分册之一。

4.2 本图集主要由十五部分组成，第一部分为总说明，将与楼(地)面设计相关的标准规范、技术参数等进行总结和提炼，以表格形式编制。第二～七部分以装修材料为线索，编制自流平、石材、地砖、弹性地材、地毯、木地板六种常用地面材料的性能特点、适用范围、施工注意事项及典型案例。第八～九部分编入不同地面材料的交接及房间过门石的构造做法。第十～十四部分编入了发光地面、网络地板、楼梯踏步、防滑门垫、踢脚五个楼（地）面专项内容的详图。第十五部分介绍了地台的构造做法，电梯轿厢出口的地面做法等。

5　楼（地）面装修材料性能要求

5.1 装修材料应满足防火、环保和隔声要求。

5.2 本图集编入的楼（地）面做法，均符合建筑防火规范的要求。各类建筑楼（地）面装修材料燃烧性能等级，见表1～表4。

表1 单层、多层民用建筑室内楼（地）面装修材料的燃烧性能等级

建筑物及场所	建筑规模、性质	装修材料燃烧性能等级
候机楼的候机大厅、商店、餐厅、贵宾候机室、售票厅等	—	B_1
汽车站、火车站、轮船客运站的候车（船）室、餐厅、商场等	—	B_1
影院、会堂、礼堂、剧院、音乐厅	—	B_1
体育馆	—	B_1
商场营业厅	每层建筑面积＞3000m^2或总建筑面积＞9000m^2的营业厅	A
	每层建筑面积≤3000m^2或总建筑面积≤9000m^2的营业厅	B_1
饭店、旅馆的客房及公共活动用房等	设有中央空调系统的饭店、旅馆	B_1
	其他饭店、旅馆	B_2
歌舞厅、餐馆等娱乐、餐饮建筑	—	B_1
幼儿园、托儿所、中、小学、医院病房楼、疗养院、养老院	—	B_2

注：1.表1～表4依据《建筑内部装修设计防火规范》（2001年版）GB 50222-95编制。
2.表中内容若与现行相关规范不一致时，应从严执行。

续表1

建筑物及场所	建筑规模、性质	装修材料燃烧性能等级
纪念馆、展览馆、博物馆、图书馆、档案馆、资料馆等	国家级、省级	B_1
	省级以下	B_2
办公楼、综合楼	设有中央空调系统的办公楼、综合楼	B_1
	其他办公楼、综合楼	B_2
住宅	高级住宅	B_1
	普通住宅	B_2

注：1.单层、多层民用建筑除《建筑内部装修设计防火规范》2001年修订条文中第3.1.18条规定外，室内楼（地）面装修材料的燃烧性能等级，不应低于表1的规定。
2.单层、多层民用建筑除《建筑内部装修设计防火规范》2001年修订条文中第3.1.18条规定外，面积小于100m^2的房间，当采用防火墙和甲级防火门窗与其他部位分隔时，其室内楼（地）面装修材料的燃烧性能等级可在表1的基础上降低一级。
3.除《建筑内部装修设计防火规范》2001年修订条文中第3.1.18条规定外，当单层、多层民用建筑内装有自动灭火系统时，其楼（地）面装修材料的燃烧性能等级可在表1规定的基础上降低一级；当同时装有火灾自动报警装置和自动灭火系统时，其楼（地）面装修材料的燃烧性能等级可不限制。

表2 高层民用建筑室内楼（地）面装修材料的燃烧性能等级

建筑物及场所	建筑规模、性质	装修材料燃烧性能等级
高级旅馆	—	B_1
商业楼、展览楼、综合楼、商住楼、医院病房楼	一类建筑	B_1
	二类建筑	B_2

续表2

建筑物及场所	建筑规模、性质	装修材料燃烧性能等级
电信楼、财贸金融楼、邮政楼、广播电视楼、电力调度楼、防灾指挥调度楼	一类建筑	B1
	二类建筑	B2
教学楼、办公楼、科研楼、档案楼、图书馆	一类建筑	B1
	二类建筑	B2
住宅、普通旅馆	—	B2

注：1. 高层民用建筑室内楼（地）面装修材料的燃烧性能等级，不应低于表2的规定。

2. 高层民用建筑除《建筑内部装修设计防火规范》2001年修订条文中第3.1.18条规定、100m以上的高层民用建筑及大于800座位的观众厅、会议厅、顶层餐厅外，当设有火灾自动报警装置和自动灭火系统时，其室内楼（地）面装修材料的燃烧性能等级可在表2规定的基础上降低一级。

3. 高层民用建筑的裙房内面积小于500m²的房间，当设有自动灭火系统，并且采用耐火等级不低于2h的隔墙、甲级防火门、窗与其他部位分隔时，室内楼（地）面的装修材料的燃烧性能等级可在表2规定的基础上降低一级。

4. 电视塔等特殊高层建筑的内部装修，其楼（地）面应采用A级装修。

表3 地下民用建筑室内楼（地）面装修材料的燃烧性能等级

建筑物及场所	装修材料燃烧性能等级
休息室和办公室等；旅馆的客房及公共活动用房等	B1
娱乐场所、旱冰场等； 舞厅、展览厅等； 医院的病房、医疗用房等	B1
电影院的观众厅；商场的营业厅	A
停车库；人行通道；图书资料库、档案库	A

注：1. 地下民用建筑系指单层、多层、高层民用建筑的地下部分，单独建造在地下的民用建筑以及平战结合的地下人防工程。

2. 地下民用建筑的疏散走道和安全出口的门厅，其地面的装修材料应采用A级装修材料。

3. 单独建造的地下民用建筑的地上部分，其门厅、休息室、办公室等内部装修材料的燃烧性能等级可在表3的基础上降低一级要求。

4. 地下商场、地下展览厅的售货柜台、固定货架、展览台等，应采用A级装修材料。

表4 民用建筑特定房间室内楼（地）面装修材料的燃烧性能等级

建筑物及场所	装修材料燃烧性能等级	备注
图书室、资料室、档案室和存放文物的房间	B1	—
大中型电子计算机房、中央控制室、电话总机房等放置特殊贵重设备的房间		
消防水泵房、排烟机房、固定灭火系统钢瓶间、配电室、变压器室、通风和空调机房等	A	—
无自然采光楼梯间、封闭楼梯间、防烟楼梯间及其前室		
建筑物内的厨房		
地上建筑的水平疏散走道和安全出口的门厅	B1	—
设有上下层相连通的中庭、走马廊、开敞楼梯、自动扶梯时，其连通部位		
歌舞厅、卡拉OK厅（含具有卡拉OK功能的餐厅）、夜总会、录像厅、放映厅、桑拿浴室（除洗浴部分外）、游艺厅（含电子游艺厅）网吧等歌舞娱乐放映游艺场所	B1	当设置在一、二级耐火等级建筑的四层及四层以上时
	B1	当设置在地下一层时

注：除地下建筑外，无窗房间、经常使用明火器具的餐厅、科研实验室，装修材料的燃烧性能等级，除A级外，应在表1、2、3规定的基础上提高一级。

5.3 楼（地）面装修材料还要满足环保的要求，溶剂型胶粘剂、水基型胶粘剂、防水涂料、弹性地材、地毯、木地板中甲醛释放量、建筑材料中放射性核素有害物质限量见表5～表10。

表5 溶剂型胶粘剂中有害物质限量值

项目	指标			
	氯丁橡胶胶粘剂	SBS胶粘剂	聚氨酯类胶粘剂	其他胶粘剂
游离甲醛/（g/kg）	≤0.50		—	—
苯/（g/kg）	≤5.0			
甲苯+二甲苯/（g/kg）	≤200	≤150	≤150	≤150
甲苯二异氰酸酯/（g/kg）	—		≤10	—
二氯甲烷/（g/kg）	总量≤5.0	≤50	—	≤50
1.2-二氯乙烷/（g/kg）		总量≤5.0		
1.1.2-三氯乙烷/（g/kg）				
三氯乙烯/（g/kg）				
总挥发性有机物/（g/L）	≤700	≤650	≤700	≤700

注：如产品规定了稀释比例或产品有双组分或多组分组成时，应分别测定稀释剂和各组分中的含量，再按产品规定的配比计算混合后的总量。如稀释剂的使用量为某一范围时，应按照推荐的最大稀释量进行计算。

表6 木体型胶粘剂中有害物质限量值

项目	指标
总挥发性有机物/（g/L）	≤100

注：表5～表7摘自《室内装饰装修材料 胶粘剂中有害物质限量》GB 18583-2008。

表7 水基型胶粘剂中有害物质限量值

项目	指标				
	缩甲醛类胶粘剂	聚乙酸乙烯酯胶粘剂	橡胶类胶粘剂	聚氨酯类胶粘剂	其他胶粘剂
游离甲醛/（g/kg）	≤1.0	≤1.0	≤1.0	—	≤1.0
苯/（g/kg）	≤0.20				
甲苯+二甲苯/（g/kg）	≤10				
总挥发性有机物/（g/L）	≤350	≤110	≤250	≤100	≤350

表8 人造板及其制品中甲醛释放量试验方法及限量值

产品名称	试验方法	限量值	使用范围	限量标志[b]
中密度纤维板、高密度纤维板、刨花板、定向刨花板	穿孔萃取法	≤9mg/100g	可直接用于室内	E1
		≤30mg/100g	必须饰面处理后可允许用于室内	E2
胶合板、装饰单板贴面胶合板、细木工板等	干燥器法	≤1.5mg/L	可直接用于室内	E1
		≤5.0mg/L	必须饰面处理后可允许用于室内	E2
饰面人造板（包括浸渍纸层压木质地板、实木复合地板、竹地板、浸渍胶膜纸饰面人造板等）	气候箱法[a]	≤0.12 mg/m^3	可直接用于室内	E1
	干燥器法	≤1.5mg/L		

a. 仲裁时采用气候箱法。

b. E1为可直接用于室内的人造板，E2为必须饰面处理后允许用于室内的人造板。

注：表8摘自《室内装饰装修材料 人造板及其制品中甲醛释放限量》GB 18580-2001。

表9 溶剂型木器涂料中有害物质限量的要求

<table>
<tr><th rowspan="3">项 目</th><th colspan="5">限 量 值</th></tr>
<tr><th colspan="2">聚氨酯类涂料</th><th rowspan="2">硝基类涂料</th><th rowspan="2">醇酸类涂料</th><th rowspan="2">腻子</th></tr>
<tr><th>面漆</th><th>底漆</th></tr>
<tr><td colspan="2">挥发性有机化合物(VOC)含量[a]/(g/L) ≤</td><td>光泽(60°)≥80,580
光泽(60°)<80,670</td><td>670</td><td>720</td><td>500</td><td>550</td></tr>
<tr><td colspan="2">苯含量[a]/% ≤</td><td colspan="5">0.3</td></tr>
<tr><td colspan="2">甲苯、二甲苯、乙苯含量总和[a]/% ≤</td><td colspan="2">30</td><td>30</td><td>5</td><td>30</td></tr>
<tr><td colspan="2">游离二异氰酸酯(TDI、HDI)含量总和[b]/% ≤</td><td colspan="2">0.4</td><td>—</td><td>—</td><td>0.4(限聚氨酯类腻子)</td></tr>
<tr><td colspan="2">甲醇含量[a]/% ≤</td><td colspan="2">—</td><td>0.3</td><td>—</td><td>0.3(限硝基类腻子)</td></tr>
<tr><td colspan="2">卤代烃含量[a,c]/% ≤</td><td colspan="5">0.1</td></tr>
<tr><td rowspan="4">可溶性重金属含量(限色漆、腻子和醇酸清漆)/(mg/kg) ≤</td><td>铅Pb</td><td colspan="5">90</td></tr>
<tr><td>镉Cd</td><td colspan="5">75</td></tr>
<tr><td>铬Cr</td><td colspan="5">60</td></tr>
<tr><td>汞Hg</td><td colspan="5">60</td></tr>
</table>

a.按产品明示的施工配比混合后测定。如稀释剂的使用量为某一范围时,应按照产品施工配比规定的最大稀释比例混合后进行测定。

b.如聚氨酯类涂料和腻子规定了稀释比例或由双组分或多组分组成时,应先测定固化剂(含游离二异氰酸酯预聚物)中的含量,再按产品明示的施工配比计算混合后涂料中的含量,如稀释剂的使用量为某一范围时,应按照产品施工配比规定的最小稀释比例进行计算。

c.包括二氯甲烷、1,1-二氯乙烷、1,2-二氯乙烷、三氯甲烷、1,1,1-三氯乙烷、1,1,2-三氯乙烷、四氯化碳。

表10 装饰装修材料中天然放射性核素的放射性比活度

分类	核素物质名称	放射性和比活度	使用范围
A	镭-226 钍-232 钾-40	同时满足I_{Ra}≤1.0和I_r≤1.3的要求	装饰装修材料的产销与使用范围不受限制
B	镭-226 钍-232 钾-40	不满足A但同时满足I_{Ra}≤1.3和I_r≤1.9的要求	不可用于Ⅰ类民用建筑的内饰面,但可用于Ⅱ类民用建筑物、工业建筑内饰面及其他一切建筑的外饰面
C	镭-226 钍-232 钾-40	不满足A、B但满足I_r≤2.8的要求	只可用于建筑物的外饰面及室外其他用途

注:1.表9摘自《室内装饰装修材料 溶剂型木器涂料中有害物质限量》GB 18581-2009。
2.表10依据《建筑材料放射性核素限量》GB 6566-2010编制。

5.4 不同类型建筑楼(地)面的隔声有不同的要求,应符合国家标准《民用建筑隔声设计规范》GB 50118-2010中的相关规定。

6 设计说明

6.1 本图集的编制采用不同装修材料及构造单项分类编制,以A、B、C、D等为序号后缀页码。

6.2 本图集所选用的各种成品装修配件,均为国内已有供应的产品,成品详细构造不再绘制,图中仅表示成品外形尺寸及安装构造尺寸。

6.3 本图集标注尺寸当采用代号或"≥"、"≤"表示可变数时,由设计人员按工程设计需要确定尺寸。

6.4 各类装修部件与结构主体固定时,必须安全可靠。当采用膨胀螺栓、塑料胀管等固定时,要按照规定慎重选择型号。

6.5 地面装修需满足视觉、触觉、听觉三要素。视觉方面，通常以颜色及肌理质感来选择合适的材料，或以材料的排列整合产生二次肌理来给予视觉体验，或以不同材料的对比、调和来选择合适的材料达到满意的视觉效果；触觉方面，主要因素有弹性系数、摩擦系数、平整度、形变恢复性能、导热性能等；听觉方面主要因素有材料的隔声、吸声降噪等。

6.6 有洁净要求的房间地面，应平整、耐磨、易清洗、不易积聚静电、不开裂等。

6.7 有防水要求的房间地面应满足规范要求，地面材料要防水防滑，不宜选用吸水性较强材料做面层，如木地板、地毯等。

6.8 地面使用荷载较大的房间，应符合重载地面设计要求。

6.9 不同室内楼（地）面装修材料交接，应保持地面面层平整，当有微小高差时，应采取平缓过渡措施。

6.10 过门石的基本功能是解决不同房间内外高差,解决不同材料的交接过渡，阻挡水向非防水区域溢出。

6.11 图集中所编入的玻璃均为安全玻璃,选用安全玻璃种类及厚度应符合《建筑玻璃应用技术规程》JGJ 113-2009中的相关规定。

6.12 当地面翻新处理时，原地面装饰材料表面需清洁、打磨,并宜铺设轻质地面材料。

6.13 在室内楼（地）面装修工程中,结构标高及装饰面完成标高建筑设计已确定,不同材料的装修做法及厚度有所差异,应在有限的高度内合理调整垫层厚度，以达到设计要求的装修效果。

6.14 室内楼(地)面装修形式及方法千变万化,本图集中给出的形式仅供设计人员举一反三提供参考实例，选用时可根据实际工程灵活组合。

7 尺寸单位

本图集中除注明外，所注尺寸均以毫米（mm）为单位。

8 索引方法

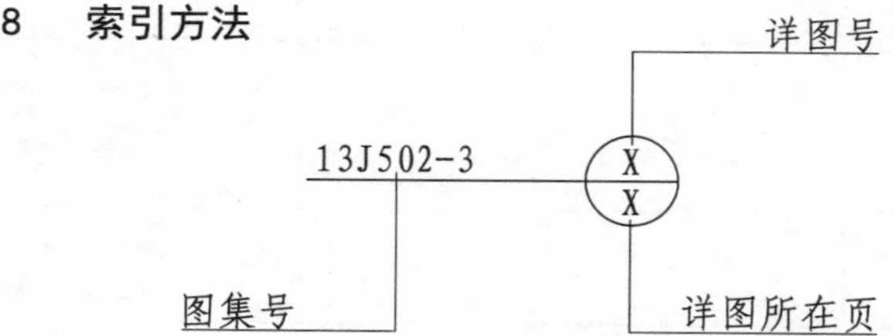

9 参编企业

阿姆斯壮（中国）投资有限公司
福州科美节能科技有限公司
盟多地板（中国）有限公司
洁福地板（中国）有限公司
圣戈班伟伯绿建建筑材料（上海）有限公司

总说明						图集号	13J502-3
审核	饶良修	校对	郭晓明	设计	李晨晨	页	8

自流平说明

自流平地面材料是一种以无机胶凝材料或有机材料为基材，与超塑剂等外加剂复合而成的建筑楼（地）面面层或找平层建筑材料。

1 **自流平楼（地）面材料分类、适用范围、性能特点见表A。**

表A 自流平楼（地）面材料分类、适用范围、性能特点

型	分类	定义	适用范围	性能特点	燃烧性能等级
无机类自流平	石膏基自流平	石膏基自流平砂浆是以半水石膏为主要胶凝材料、骨料、填料及外加剂所组成的，在新拌状态下具有一定流动性的石膏基室内地面用自流平材料	替代细石混凝土或普通水泥砂浆进行地面找平，住宅和办公建筑的室内楼（地）面找平层	收缩率低、不易开裂 、造价低，较不耐水、不适合潮湿环境使用	A
	水泥基自流平	水泥基自流平砂浆由水泥基胶凝材料、细骨料、填料及添加剂等组成，是与水(或乳液)搅拌后具有流动性或稍加辅助性铺摊就能流动找平的地面用材料	室内停车库、无水机房、图书馆、体育馆、美术馆、展厅、餐厅、商场、办公室等。适用范围较广，可用于大部分建筑室内场所的楼（地）面找平及面层	抗压、抗折强度高，收缩率低、不易开裂，耐磨、环保，有一定防潮性能，不耐水。若地坪做法中取消砂浆找平层，可实现大面积无缝	A
有机类自流平	聚氨酯自流平	聚氨酯地坪材料是一种无溶剂聚氨酯基的自流平、无缝地面系统，聚氨酯自流平类地面，具有多层结构，厚度在1mm～3mm	机房、实验室、体育场馆、超净厂房的楼（地）面面层	具有良好的耐磨、耐酸碱、耐油性能，弹性好、吸振性能好，固化温度范围宽等特点	B1
	环氧树脂自流平	环氧树脂自流平地面是整体无缝地坪，其所用树脂是经过增韧改性形成的热固性环氧树脂	室内地面、轻载工业地面，如实验室、制药厂房等洁净区域的楼(地)面面层。不适用于防火等级高、重载车辆频繁出入、有刻划的场所	耐水、中等浓度的酸碱溶液、油类等有机溶剂的侵蚀。有良好的抗机械冲击性能、良好的弹性。与水泥基体粘结强度高，无剥落、龟裂、起壳和变形等缺陷。色彩靓丽、易清洁	B1

自流平说明						图集号	13J502-3
审核	饶良修	校对	郭晓明	设计	李晨晨	页	A01

2 无机类自流平地面施工要点

2.1 施工环境

自流平施工其适宜温度为10℃~25℃。采暖期间施工，采暖系统应关闭或调至较小档位，避免强对流产生的开裂。施工环境湿度不高于80%。

2.2 施工条件

2.2.1 应在结构及地面基层施工验收完毕后进行。

2.2.2 要求无其他工序的干扰，不允许间断或停顿。

2.2.3 应根据设备能力、人员配备、现场条件提前划分施工作业段，并按设计要求及材料性能、现场地面形状等条件进行设缝。

2.3 施工工序

2.3.1 基层处理：自流平基层应为混凝土层或水泥砂浆层，并应坚固、密实。当基层为混凝土时，其抗压强度不应小于20MPa；当基层为水泥砂浆时，其抗压强度不应小于15MPa。使用适宜的施工机械或手工彻底清除基层表面可能存在的浮浆、污渍、松散物等一切可能影响粘结的材料，充分开放基层表面，取得清洁、干燥且坚固的基面。特殊基层应严格遵循地面材料生产厂家的说明。坑洞或凹槽等应提前采用适合的材料进行修补。地面裂缝宜参照有关地面标准进行处理。基层若存在空鼓或表面强度不能满足施工要求，应尽快采取专业措施处理或重新施工基层。

2.3.2 界面剂涂刷：将界面剂按产品说明书的要求，均匀涂刷在基面上。地面粗糙、吸水性过强时应加强界面剂的处理。

2.3.3 浆料制备：制备浆料可采用人工搅拌或机械泵送，应保证材料得到充分的搅拌且达到均匀无结块的状态。

2.3.4 浇注：最后一道界面剂干燥后即可浇注搅拌好的浆料。可使用刮刀等工具辅助浆料流展并控制材料的施工厚度。施工厚度较大时可在摊铺的同时辅以人工用手动工具振捣工序。可使用针形滚筒辅助消除气泡。

2.3.5 施工完成后的地面应做好成品保护。

3 有机类自流平地面施工要点

3.1 施工环境

3.1.1 施工环境温度宜为10℃~25℃，相对湿度不宜高于80%。特殊产品符合产品说明书的规定。

3.1.2 基层温度宜高于露点温度5℃。

3.1.3 材料的储存和施工，应严格控制热（火）源。

3.1.4 材料的施工应在具备必要的水、电、照明、隔离设施、储存场地等条件均符合施工要求的情况下进行。

3.2 施工条件

3.2.1 施工宜在结构及地面基层施工验收完毕后进行。地面应考虑设置防潮层，楼面一般可不设置防潮层。

3.2.2 施工时，现场应采取防尘、防虫、防污染等措施。

3.2.3 施工应在无其他工序干扰的情况下进行，一般不允许间断或停顿。

3.2.4 应根据设备能力、人员配备、现场条件提前划分施工作业段，并按设计要求等进行设缝。

3.2.5 基层含水量不得超出产品规定要求。

3.3 施工工序

3.3.1 基层处理：使用适宜的施工机械或手工彻底清除基层表面可能存在的浮浆、污渍、松散物等一切可能影响粘结的材料，充分开放基层表面，要求清洁、干燥且坚固的基面。特殊基层应严格遵循地面材料生产厂家的说明。坑洞或凹槽等应提前采用适合的材料进行修补。地面裂缝宜参照有关地面标准进行处理。基层若存在空鼓或表面强度不能满足施工要求，应尽快采取专业措施处理或重新施工基层。

3.3.2 底涂处理：将底涂树脂按照产品说明书的比例混合均匀后，均匀涂刷在基面上。底涂的涂装应均匀、无漏涂和堆涂。

3.3.3 面涂处理：将面涂树脂按比例混合均匀，用专用抹刀刮平至规定厚度，使用针形滚筒消除气泡。

3.3.4 施工完成后的地面应做好成品保护。

3.4 注意事项

3.4.1 有机类自流平地面材料可添加一定比例填料，添加比例应符合地面材料生产厂家的技术要求。

3.4.2 有机类自流平地面材料可使用中涂层，但应符合地面材料生产商的技术要求，并同时满足地面设计要求。

4 自流平在楼（地）面翻新工程中的使用

楼（地）面是室内使用频率最高的界面，因而较容易受到损坏。在改造过程中，由于受到材料、施工工艺在长期使用过程中的限制，许多旧地面（如石材、地砖、水磨石、水泥地面等）形成难以修复的缺损，且受到资金、工期和原有地面彻底拆除工作量过大的限制，只能做翻新处理。翻新可以分为两大类，即原有材料自身修复性翻新和新材料覆盖性翻新。

覆盖性翻新的大部分工程是软材料覆盖硬材料，比如在石材、地砖、水磨石、水泥等原有地面上铺设地毯或弹性地材等。由于覆盖地材对基层平整度要求极高，通过打磨等手段只能解决局部的问题，要想使地面达到良好的平整度，使用自流平找平，省时省工是较理想的解决方案。

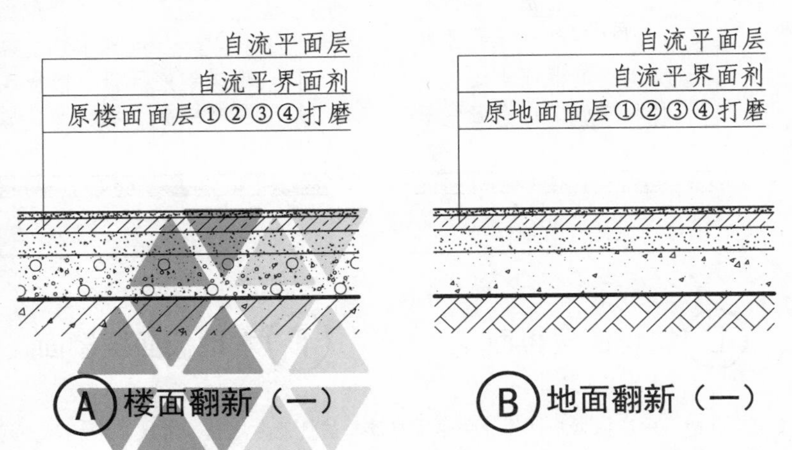

Ⓐ 楼面翻新（一）　Ⓑ 地面翻新（一）

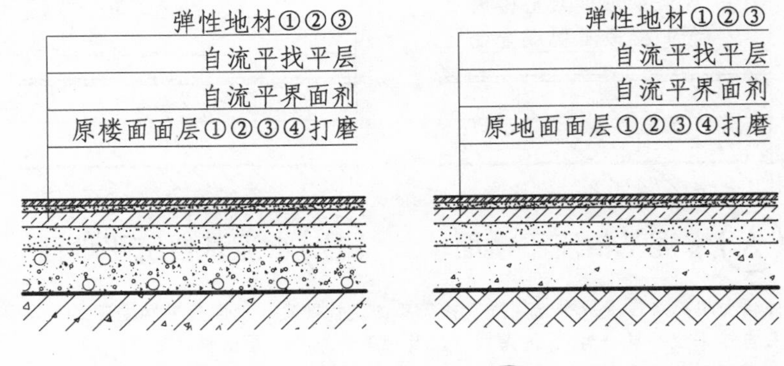

Ⓒ 楼面翻新（二）　Ⓓ 地面翻新（二）

注：1.原地面面层：①石材；②地砖；③水磨石；④水泥。
2.弹性地材：①PVC；②橡胶；③亚麻。

自流平说明及楼（地）面翻新构造图						图集号	13J502-3
审核	饶良修	校对	郭晓明	设计	李晨晨	页	A03

抛光水泥基自流平示例图

6～8厚水泥基自流平(封闭剂)
水泥基自流平界面剂
50厚C25细石混凝土
水泥浆一道(内掺建筑胶)
LC7.5轻骨料混凝土填充层
现浇钢筋混凝土楼板或
预制楼板上现浇叠合层

Ⓐ 水泥基自流平楼面

6～8厚水泥基自流平(封闭剂)
水泥基自流平界面剂
50厚C25细石混凝土
水泥浆一道(内掺建筑胶)
C15混凝土垫层
0.2厚塑料薄膜
夯实土

Ⓑ 水泥基自流平地面

水泥自流平封闭剂
6～8厚水泥自流平
水泥自流平界面剂
现浇钢筋混凝土楼板或
预制楼板上现浇叠合层

Ⓒ 水泥基自流平楼面

抛光养护剂
8～10厚水泥自流平
水泥自流平界面剂
现浇钢筋混凝土楼板或
预制楼板上现浇叠合层

Ⓓ 抛光水泥基自流平楼面

地砖、石材、陶瓷薄板
5厚粘结剂
5(15)厚自流平找平层
水泥自流平界面剂
100厚C20混凝土找平层
现浇钢筋混凝土楼板或
预制楼板上现浇叠合层

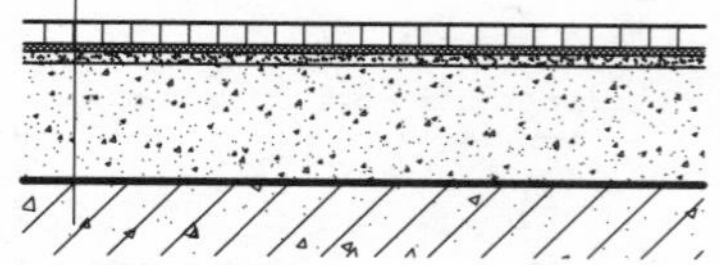

Ⓔ 块材面层楼面

胶粘木地板
2厚聚氨酯地板胶
5(15)厚自流平找平层
水泥自流平界面剂
100厚C20混凝土找平层
现浇钢筋混凝土楼板或
预制楼板上现浇叠合层

Ⓕ 木地板面层楼面

注：1. 楼面填充层厚度应根据实际工程需要由设计确定，地面垫层厚度应大于等于80mm。
2. 自流平找平层分为5厚的薄找平层及15厚的厚找平层两种做法。
3. 薄找平做法适用于地砖、地毯、木地板、PVC等地面面层材料铺设前的找平。
4. 厚找平层做法具有环保、不开裂、无空鼓、平整度高、强度高等优点。若布置管线，则需要增加施工厚度或选择其他走线方式。
5. 抛光水泥基自流平具有平整度高、光亮度适中、大面积无缝、便于维护的特点。
6. 本页C、D、E、F节点构造相对应的地面做法可参见B节点构造。
7. 本页C、D节点构造中自流平厚度宜根据楼板或现浇叠合层实际平整度及标高进行调整，本做法为理想条件下的最小厚度。
8. F节点构造中应依据木地板的要求及自流平的性能考虑是否增设防潮层。
9. 本页根据圣戈班伟伯绿建建筑材料（上海）有限公司提供的技术资料编制。

自流平楼（地）面构造图						图集号	13J502-3
审核 饶良修	饶良修	校对 郭晓明	郭晓明	设计 张栋栋	张栋栋	页	A04

水泥基自流平楼（地）面示例图（一）

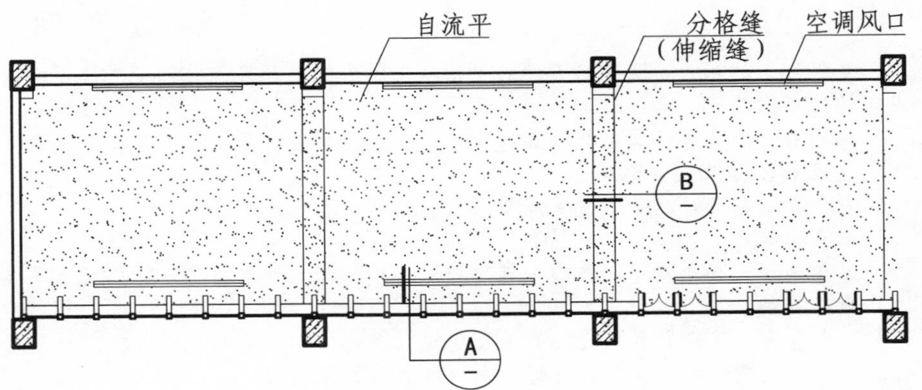

自流平楼（地）面示例图（一）平面

水泥基自流平楼（地）面示例图（二）

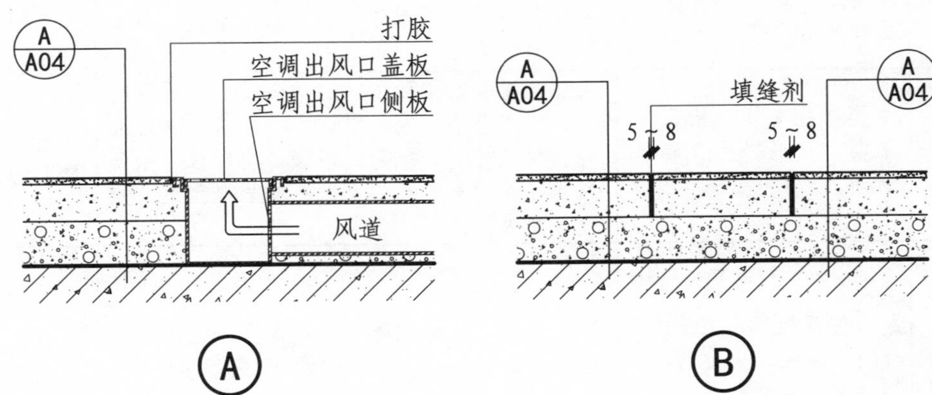

Ⓐ Ⓑ

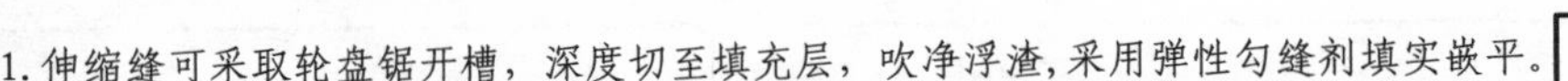

1. 伸缩缝可采取轮盘锯开槽，深度切至填充层，吹净浮渣，采用弹性勾缝剂填实嵌平。
2. 自流平楼（地）面当面积过大时，可在10m×10m长度范围内留伸缩缝防止开裂，缝宽5mm～8mm。

自流平示例及构造图						图集号	13J502-3
审核	饶良修	校对	郭晓明	设计	张栋栋	页	A05

石材说明

石材分天然和人造两种。天然石材指从天然岩体中开采，并加工成块或板状材料的总称。人造石材是以石渣为骨料添加粘结料制成的块或板状材料的总称。

饰面石材的装饰性能主要是通过色彩、花纹、光泽及质地肌理等反映出来。同时还要考虑其可加工性。

1 大理石、花岗岩、砂岩

1.1 大理石、花岗岩、砂岩适用范围、性能特点见表B-1。

1.2 工艺流程

基层清理→垫层找平→弹线→铺砌控制板块→素水泥浆打底→铺1：3干硬性水泥砂浆摊平→素水泥浆背抹→铺装调平→擦缝养护。

1.3 施工要点

1.3.1 大理石（花岗岩）均应按品种及规格架空支垫，宜室内侧立存放。有裂纹和缺棱掉角的不得使用。

1.3.2 应在顶棚、墙面抹灰后进行，先铺地面后安装踢脚。

表B-1 大理石、花岗岩、砂岩适用范围、性能特点

品种	矿物组成分类	性能特点	适用范围	常见品种	执行标准	燃烧性等级
大理石	是石灰岩和白云岩在高温作用下矿物质重新结晶和变质而成	天然大理石质感柔和、美观庄重、花色繁多。化学稳定性较差，抗压强度较高，质地紧密但硬度不大、不耐酸，不宜用于室外，属中硬石材	室内楼(地)面	汉白玉、雪花白、大花绿、木纹红、啡网纹、红线米黄、四川青花、红线玉等	《天然大理石建筑板材》GB/T 19766-2005	A
花岗岩	主要矿物成分为长石、石英、火成岩及少量云母	天然花岗岩结构致密、质地坚硬、抗压强度大、空隙率小、吸水率低，导热快、耐磨性好、耐久性高、抗冻、耐酸、耐腐蚀、不易风化，使用寿命长。天然花岗岩自重大，质脆，耐火性差	室内楼(地)面	山西黑、芝麻白、冰花蓝、红钻、巴拿马黑、蓝珍珠、拿破仑红、白底黑花、绿星石、印度红等	《天然花岗石建筑板材》GB/T 18601-2009	A
砂岩	是一种沉积岩，主要由沙粒胶结而成，主要含硅、钙、黏土和氧化铁	结构稳定、颗粒细腻、颜色丰富、无污染、无辐射、吸热、保温、防滑，耐磨度低	室内楼(地)面	黄木纹砂岩、山水纹砂岩、红砂岩、黄砂岩、白砂岩、青砂岩等	《天然砂岩建筑板材》GB/T 23452-2009	A

1.3.3 在铺砌前,应先对色、拼花编号，以便对号入座。

1.3.4 现场整体地面磨光和结晶硬化处理，是一种高档的石材现场加工和地面翻新工艺。可以解决石材加工平整度和天然石材自身特性不能满足室内装修施工验收标准之间的矛盾。可以使石材地面无高差，使石材地面装修效果达到高标准。对年久失修的石材地面，更可修复到原有设计风貌。

2 青石板

青石板是一种非金属矿天然板岩，又称“绿石板”，地质学名称“磨石瓦板岩”。品种有平板、蘑菇石、文化石、虎皮碎拼、瓦板。颜色有青(青绿)色、锈(锈红)色、黑(黑蓝)色、白(黄白)色等。

2.1 适用范围:适用于不易被污染的公共场所。

2.2 性能特点

2.2.1“平、薄、硬”即板面平整、强度高，特别是板薄，好分层。颜色有青色、灰色、黑色主要是绿色（八哥绿）。

2.2.2 表面较平整光滑、色泽鲜明、纹理细腻自然而流畅，绿色建材无辐射。

2.2.3 青石板易断裂和滋生污垢、保养繁琐。

2.2.4 燃烧性能等级：A

2.3 施工要点

2.3.1 青石板应错开铺贴，铺完青石板后应刷保护剂密封表面。料石面层采用天然条石和块石应在结合层上铺设。

2.3.2 条石和块石的规格、技术等级和厚度应符合设计要求。条石的质量应均匀，形状为矩形六面体,厚度为80mm～120mm; 块石形状为直棱柱体,顶面粗琢平整,底面面积不宜小于顶面面积的60%,厚度为100mm～150mm。填缝材料宜采用岩石加工的砂嵌实。耐高温的石料,应按设计要求选用。

2.3.3 块石面层的结合层铺设厚度：砂垫层不应小于60mm；应为夯实基土层。

3 碎拼大理石

碎拼大理石地面，亦称冰裂纹面层，是采用不规则的并经挑选过的碎块大理石，铺贴在水泥砂浆结合层上，用水泥浆或水泥石渣浆填充块料间隙，最后磨平抛光的饰面。

3.1 适用范围:适用于公共空间的地面装修。

3.2 性能特点

3.2.1 利用色泽鲜艳，品种繁多的大理石碎块，随意地拼接以达到地面艺术装饰效果，最大化利用边角碎料。

3.2.2 燃烧性能等级：A

3.3 施工要点

3.3.1 碎拼大理石地面可分仓铺砌，也可不分仓铺砌。

3.3.2 较高级装修做法均以钛金、不锈钢或铜镶条分格铺砌。

3.3.3 基层处理:先湿润基层,再在基层上抹1:3水泥砂浆（体积比）找平层，厚20mm～30mm。在找平层上刷素水泥浆一遍，用1：2水泥砂浆镶贴碎大理石块标筋，间距1.5m，然后铺碎大理石块，用橡皮锤轻轻锤击大理石面，使其与粘结砂浆粘结牢固，并与其他大理石面平齐，随时用靠尺检查表面平整度。

3.3.4 碎拼大理石间留足缝隙，将缝内挤出的砂浆剔除。如为冰裂状时，大小搭配成图案。

3.3.5 浇石渣浆：将大理石缝中的积水、浮灰消除后，刷素水泥浆一道。缝隙可用同色水泥浆嵌抹做成平缝，也可嵌入彩色水泥石渣浆。嵌抹应凹出大理石面2mm，抹平后撒一层石渣,用钢抹子拍平压实，次日养护。

3.3.6 磨光：分四遍磨光，分别采用80～100号金刚砂，100～160号金刚砂，240～280号金刚砂；750号或更细的金刚砂打磨。

3.3.7 上蜡抛光。

4 人造石

人造石是一种应用比较广泛的室内地面装饰材料，常见的有水磨石板材、人造大理石板材、人造花岗岩板材、微晶石板材等。

人造大理石、人造花岗岩是以石粉及颗粒3mm左右的石渣为主要骨料，以树脂或水泥为胶结剂，经搅拌、注入钢模、真空振捣，压实成型，再锯开磨光，切割成材。

微晶石又称微晶玻璃复合板是用天然材料制作成的一种人造建筑装饰材料。

4.1 适用范围：适用于各类建筑室内楼（地）面。

4.2 性能特点

4.2.1 装饰图案、花纹、色彩可根据需要加工，也可模仿天然石材。

4.2.2 抗污力、耐久性及可加工性均优于天然石材。

4.2.3 重量轻、强度高、耐腐蚀、耐污染、施工方便。

4.2.4 燃烧性能等级：B1

4.3 施工要点

4.3.1 人造石板材铺贴前应浸水湿润。

4.3.2 铺贴前应根据设计要求确定结合层砂浆厚度，拉十字线控制石材、地砖表面平整度。

4.3.3 结合层宜采用体积比为1∶3的干硬性水泥砂浆，厚度宜高出实铺厚度2mm～3mm。铺贴前应在水泥砂浆上刷一道水灰比为1：2的素水泥浆或干铺水泥1mm～2mm后洒水。

4.3.4 人造石材铺贴时应保持水平就位，用橡皮锤轻击使其与砂浆粘结紧密，同时调整其表面平整度及缝宽。

4.3.5 铺贴后应及时清理表面，24h后灌缝。

5 石材防护剂

石材防护剂是防止天然石材产生白化、水斑、锈斑等现象，能够有效降低石材的吸水率，提高石材的耐污性和耐蚀性的溶液。

5.1 石材防护剂分类

5.1.1 按照溶剂类型分有水剂型（SJ）：以水为分散介质的防护剂；溶剂型（RJ）：以有机溶剂为分散介质的防护剂。

5.1.2 按照功能分有防水型（FS）：能阻止水及水性污染物渗入石材内部的防护剂；防油型（FY）：能阻止油及油性污染物渗入石材内部的防护剂。

5.1.3 按使用部位分有饰面型（SM）：用于干挂石材（六面）、湿贴石材装饰面（包含四个侧面）的防护剂；底面型（DM）：用于粘贴石材底面的防护剂。

5.2 技术要求

5.2.1 饰面型：用饰面型防护剂进行石材防护时，应保持石材颜色基本不变，用户有特殊要求时除外；饰面型防护剂防水性、耐污性应符合表B-2规定；饰面型水剂型防护剂pH范围应在3～13之间；饰面型防护剂稳定性应无分层、漂油和沉淀：饰面型防护剂耐酸性、耐碱性应符合国家相关规范的要求。

5.2.2 底面型：底面型防护剂抗渗性试验应无水斑出现；底面型防护剂水泥粘结强度下降率不大于5.0%。

5.2.3 水剂型、溶剂型防护剂有害物质限量均应符合国家相关规范的要求。

表B-2 饰面型防护剂防水性、耐污性

项目		优等品	一等品	合格品
防水性(%)		防水性≥85	70≤防水性＜85	50≤防水性＜70
耐污性	食用植物油	0		1
	蓝黑墨水			

注：1. 客户对污染源有特殊要求时，可按客户要求进行。
2. 防水型防护剂可不进行此项检验。

20厚石材
30厚1:3干硬性水泥砂浆结合层，表面撒水泥粉
LC7.5轻骨料混凝土填充层
现浇钢筋混凝土楼板或预制楼板上现浇叠合层

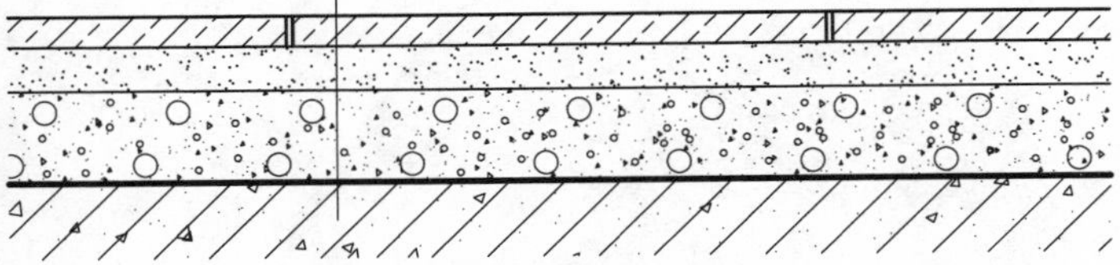

Ⓐ 石材楼面

20厚石材
30厚1:3干硬性水泥砂浆结合层，表面撒水泥粉
水泥浆一道(内掺建筑胶)
C15混凝土垫层
夯实土

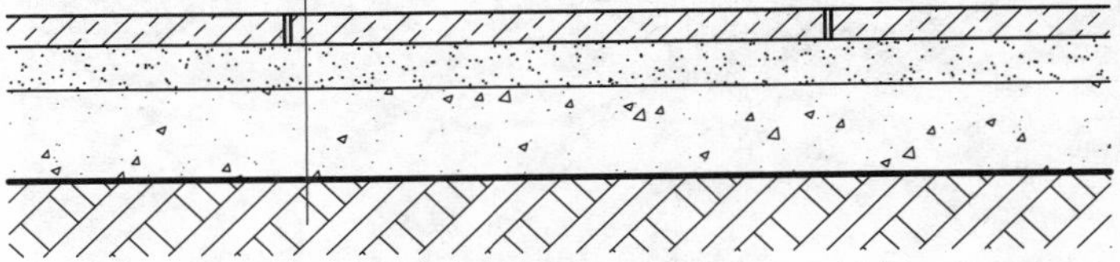

Ⓑ 石材地面

20厚石材
30厚1:3干硬性水泥砂浆结合层，表面撒水泥粉
防水层
最薄处30厚1:3水泥砂浆或细石混凝土找坡层抹平
LC7.5轻骨料混凝土填充层
现浇钢筋混凝土楼板

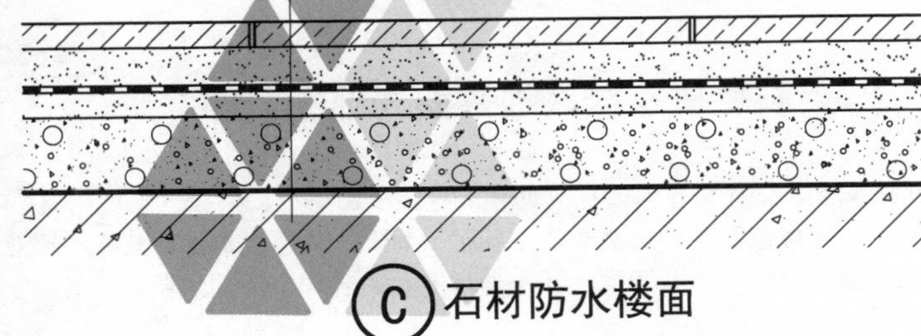

Ⓒ 石材防水楼面

20厚石材
30厚1:3干硬性水泥砂浆结合层，表面撒水泥粉
防水层
最薄处30厚1:3水泥砂浆或细石混凝土找坡层抹平
水泥浆一道(内掺建筑胶)
C15混凝土垫层
夯实土

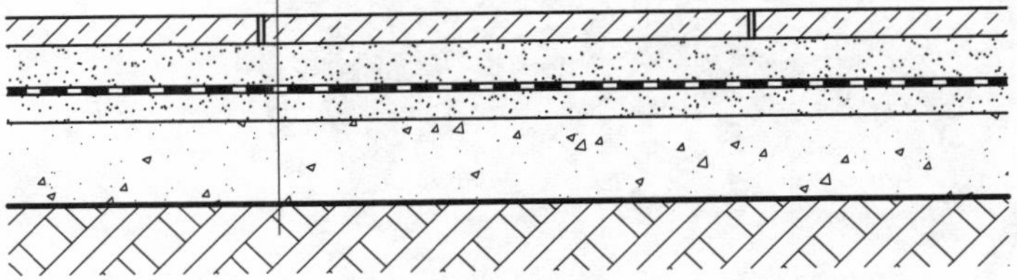

Ⓓ 石材防水地面

注：1. 石材应六面满涂防污剂，防水层材料由设计定，采用干水泥擦缝。
2. 楼面填充层厚度应根据实际工程需要由设计确定，地面垫层厚度应大于等于80mm。

石材楼（地）面构造图							图集号	13J502-3
审核	饶良修	饶良修	校对	郭晓明	郭晓明	设计 李晨晨 李晨晨	页	B04

石材拼花楼（地）面示例图

① 石材拼花楼（地）面平面图

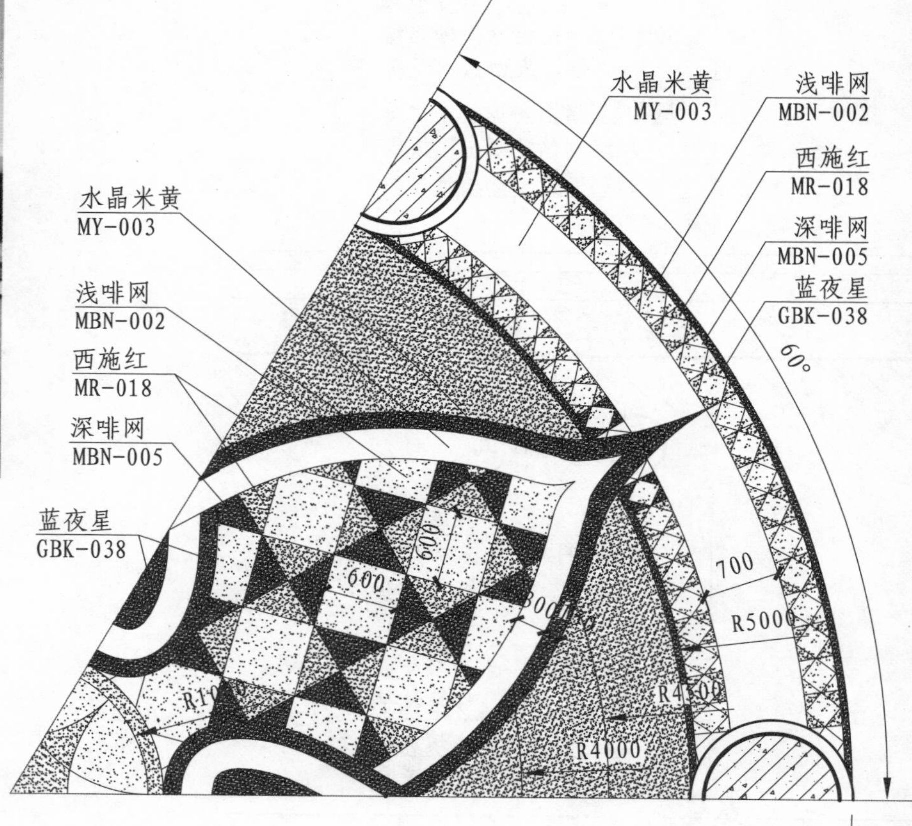

Ⓐ 石材拼花楼（地）面局部平面图

注：1. 本设计石材品种名称及编号均选自《世界石材标准图谱》。
2. 楼（地）面石材拼花图案，通常都是由石材厂加工，装饰公司设计施工，因此设计图必须与轴线对位，所有图案尺寸与选用石材品种均应详细注明。

石材拼花楼（地）面示例图						图集号	13J502-3
审核 饶良修		校对 郭晓明		设计 李晨晨		页	B05

地砖说明

地砖具有无毒、无味、易清洁、防潮、耐酸碱腐蚀、无有害气体散发、美观耐用等特点。

1 **地砖分类、规格、适用范围、性能特点见表C。**

2 **地砖铺贴图案的设计方法**

地砖不但可以按顺序铺贴，也可根据不同的设计主题、空间氛围和空间特点，设计师可以充分发挥想象力，将工业化生产的标准地砖通过裁切，产生不同的规格，或是调整不同的铺贴顺序、方向都能产生不同的艺术效果。地砖铺贴图案的步骤：

表C 地砖分类、规格、适用范围、性能特点

类	定义	规格尺寸(mm)	性能特点	适用范围	燃烧性能等级
陶瓷地砖	陶瓷地砖是以优质陶土为原料，加上其他材料后配成生料，经半干法压型，高温焙烧而成，分无釉和有釉两种。带釉的花色有红、白、浅黄、深黄等多种；不带釉的地砖保持砖体本色，质感古朴自然	300×300 300×600 600×600 900×900 145×900 45×900等	砖面平整，有光面和麻面。防滑、强度高、硬度大、耐磨损、抗腐蚀、抗风化，各种形状、多种规格，可组合成不同图案，施工方便	新建及改造室内楼(地)面面层	A
锦砖	锦砖又名陶瓷锦砖、马赛克、纸皮砖等，是用优质瓷土磨细成泥浆，经脱水至半干时压制成型，入窑烧制而成，表面有挂釉和不挂釉两种，形状多种，可拼成各式各样织锦似的图案	陶瓷锦砖的形状有正方形、矩形、六角形以及对角、斜长条等不规则形状。正方形尺寸一般为39×39/23.6×23.6/18.5×18.5/15.2×15.2。在工厂制作时预先拼成300×300/600×600大小，再用牛皮纸粘贴正面，并保证块与块之间留有1mm左右的缝隙	质地坚实，经久耐用，耐酸、耐碱、耐火、耐磨、不透水、不滑、易清洗、色泽丰富，可根据设计组合各种花色品种，拼成各种花纹	门厅、走廊、浴室、游泳池等楼（地）面，无釉的陶瓷锦砖不宜用于餐厅、厨房等易污染的楼（地）面，也不宜大面积使用	A

地砖说明	图集号	13J502-3
审核 饶良修 校对 郭晓明 设计 李晨晨	页	C01

续表C

分类	定义	规格尺寸(mm)	性能特点	适用范围	燃烧性等级
劈离砖	劈离砖是将原料粉碎、经炼泥、挤压成型、干燥后经高温烧结而成，成型时为背靠背的双层，烧成的产品从中间劈成两片使用，是一种新型陶瓷墙地砖	240×52 240×115 194×94 190×190 240×115(52) 194×94(52)	强度高、粘结牢、色彩丰富、自然柔和、耐冲洗而不褪色	新建及改造室内、外楼（地）面面层	A
玻化砖	玻化砖是由石英砂、泥按照一定比例烧制而成，然后打磨光亮，但不需要抛光，表面如玻璃镜面一样光滑透亮，是所有瓷砖中最硬的一种	300×300 300×600 600×600 900×900 145×900 45×900等	强度极高、吸水率低、抗冻性强、防潮防腐、耐磨耐压、耐酸碱、防滑	新建及改造室内楼（地）面面层	A
抛光砖	抛光砖用粘土和石材的粉末经压机压制，然后烧制而成，正面和反面色泽一致，不上釉料，烧好后，表面再经过抛光处理，光滑、漂亮，背面是砖的本色。抛光砖是通体砖的坯体，表面经过打磨而成的一种光亮的砖	600×600 800×800 1000×1000 600×1200等	表面光洁、坚硬耐磨，表面有极微小气孔，易渗入灰尘、油污	新建及改造室内楼（地）面面层	A
仿古砖	仿古砖是上釉的瓷质砖。在烧制仿古砖过程中，仿古砖经液压机压制后，再经高温烧结，使仿古砖强度高，具有极强的耐磨性，经过精心研制的仿古砖兼具防水、防滑、耐腐蚀的特性	500×500 165×165 330×330 150×150 800×800 398×800 600×1200等	色彩丰富，有灰、黄色系、古典色系，包括红、咖啡、深黄色系；吸水率低，有凹凸不平的视觉感，有良好的防滑性能，质感密实细腻、纹理自然	新建及改造有一定特殊风格要求的室内楼（地）面面层	A

2.1 应根据空间的整体效果确定地面的设计思路。可以是整体单色的，也可以是几种颜色搭配的。有的可能为强调某一特殊区域如走廊，而换另外的一种颜色或型号的地砖等。

2.2 应根据设计思路确定地砖的品种和型号。有时采用单一品种的单个型号就能达到设计效果，有时则需要多个品种，多个型号进行协调组合，来达到预期的装修效果。

2.3 应根据总体思路和具体的材料设计地面艺术效果，具体方法可以采用传统二方连续、四方连续、不规则跳跃、或是面的构成等多种组合形式，通过对比不同的艺术设计效果，最终确定实施方案，绘制施工图纸。随着计算机控制与水刀切割技术的结合，地砖可以被精确的切割出设计师想要的任何形式的曲线。

3 施工要点

3.1 陶瓷地砖铺贴

3.1.1 将基层表面的砂浆、油污、垃圾等清除干净，对光滑的基层面应凿毛。

3.1.2 检查材料的规格尺寸，对尺寸有偏差、表面残缺的材料予以剔除。

3.1.3 地砖在铺贴前应在水中充分浸泡，一般为2h～3h，阴干备用（吸水率小于2%的地砖不用浸水）。铺抹结合层砂浆前应提前1d浇水湿润基层，结合层做法一般为厚度不小于25mm的1∶3水泥砂浆。有地漏和排水孔的部位应做放射状标筋，坡度一般为1.0%～2.0%。

3.1.4 铺贴地砖时水泥砂浆应饱满地抹于地砖背面，用橡皮锤敲实。

3.2 陶瓷锦砖铺贴

3.2.1 基层处理同第3.1.1条。

3.2.2 检查数量、花色品种。图案复杂的需仔细验对与设计对应的设计编号。

3.2.3 由于铺贴陶瓷锦砖粘结层厚度很薄，因此对基层处理质量要求很严格，用1：3水泥砂浆打底，用刮刀刮平，木抹子搓毛。有排水要求或有地漏的房间（如卫生间、浴室等）要按排水方向找坡，坡度一般不得小于1.0%。复杂图案铺装前，在找平层上按设计图放线并编号。

3.2.4 铺贴施工中需精心操作、拼花对缝，若粘结不牢，颗粒容易脱落。

施工时，先在基层上铺一层25mm厚1:3水泥砂浆，再将预先拼合好的陶瓷锦砖反铺在上面，然后用滚筒压平，使砂浆挤入缝隙；待水泥砂浆初凝后，用水及草酸洗去牛皮纸，最后进行剔正，并用白水泥浆嵌缝。

铺贴两间相连通的房间应从门口中间先铺好一片，然后往两面铺贴。一个房间的铺贴要求一次完成，不能分次铺贴。

陶瓷锦砖图案铺装前，将陶瓷锦砖按图案对号入排，确认无误后，用聚合物砂浆或专用胶，将预先拼合好的陶瓷锦砖反铺于上面，然后用滚筒压平；待初凝后，用水及草酸洗去牛皮纸，用嵌缝剂嵌缝，清除多余的嵌缝剂，清洁陶瓷锦砖表面，注意养护；待粘接剂充分干固后，才能上人。

4 地砖胶粘剂的选用

地砖胶粘剂与传统水泥粘贴法相比更安全、更牢固，具有良好的抗渗与抗老化性能；施工时也无需浸砖，方便快捷；可减轻楼（地）面荷载，减少装修厚度；降低地砖粘贴空鼓情况的发生；可直接用于粗糙不平的基面或较光滑水泥地面和其他地面材料的翻新。

胶粘剂适用范围见《陶瓷墙地砖胶粘剂》JC/T 547-2005。

地砖说明								图集号	13J502-3
审核	饶良修	[signature]	校对	郭晓明	[signature]	设计	李晨晨	[signature] 页	C03

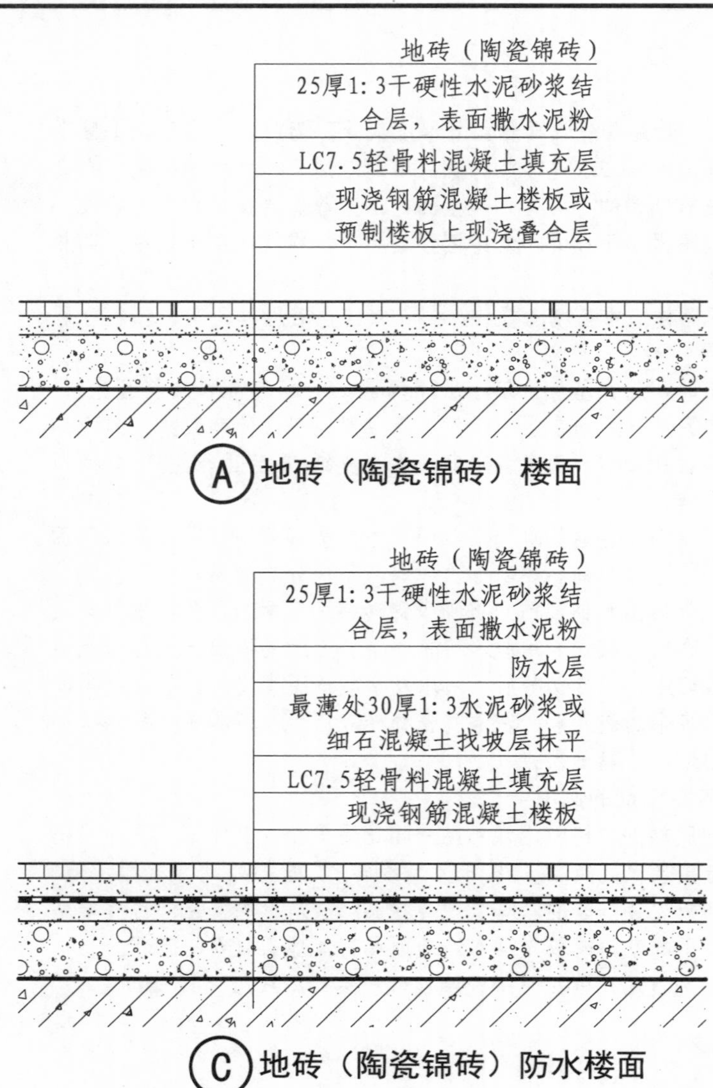

Ⓐ 地砖（陶瓷锦砖）楼面

Ⓒ 地砖（陶瓷锦砖）防水楼面

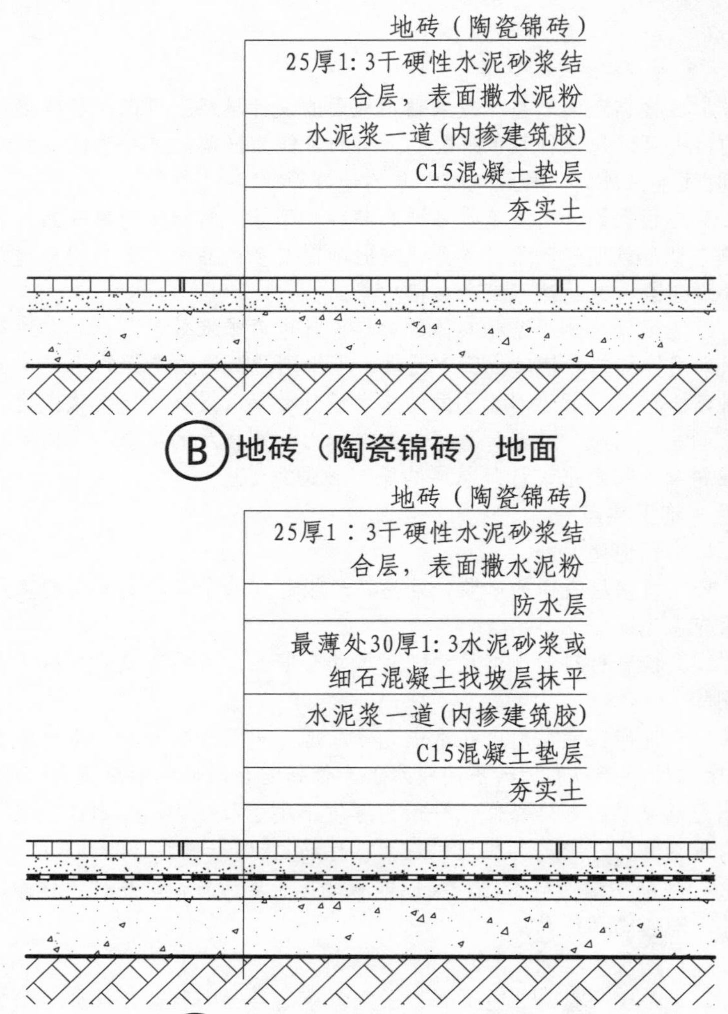

Ⓑ 地砖（陶瓷锦砖）地面

Ⓓ 地砖（陶瓷锦砖）防水地面

注：1.防水层材料由设计定，地砖（陶瓷锦砖）采用干水泥擦缝。
2.楼面填充层厚度应根据实际工程需要由设计确定，地面垫层厚度应大于等于80mm。

地砖（陶瓷锦砖）楼（地）面构造图								图集号	13J502-3
审核	饶良修	[signature]	校对	郭晓明	[signature]	设计	李晨晨	页	C04

地砖铺装楼（地）面示例图

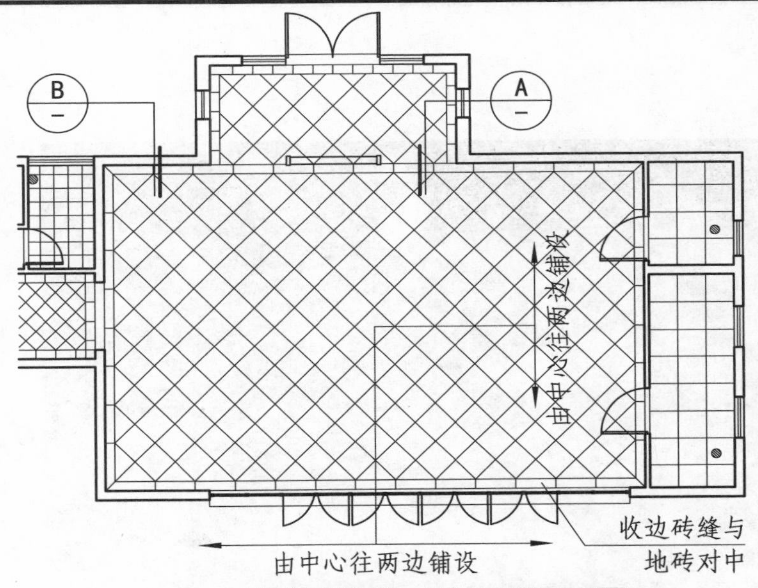

地砖铺装楼（地）面平面图

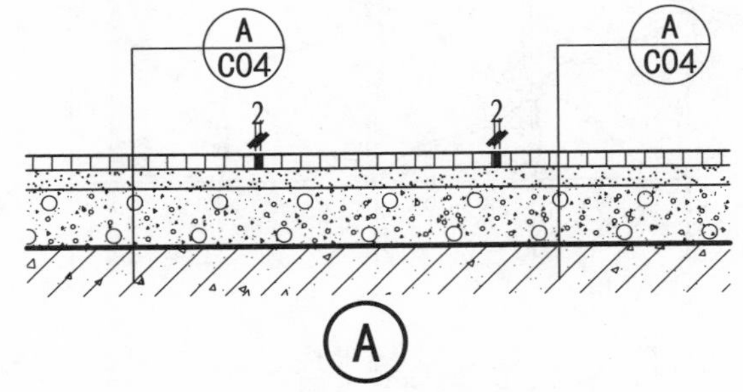

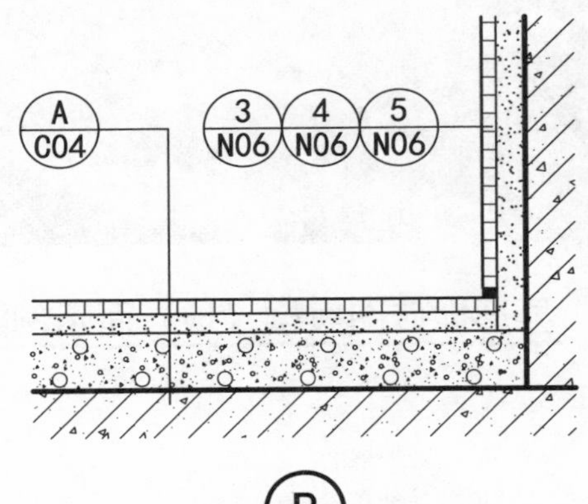

注：1. 在实际工程中，应采用标准地砖，尽量不裁切，排版余下部分通常换一种色彩和规格的地砖收边。

2. 地砖铺装通常分密缝与空缝两种。密缝间距约2mm，空缝间距为5mm～8mm时，一般多用于大砖、大面积的场所。缝隙用白水泥浆或成品嵌缝剂嵌缝。

地砖铺装示例及构造图	图集号	13J502-3
审核 饶良修 校对 郭晓明 设计 李晨晨	页	C05

异形地砖图案楼（地）面示例图

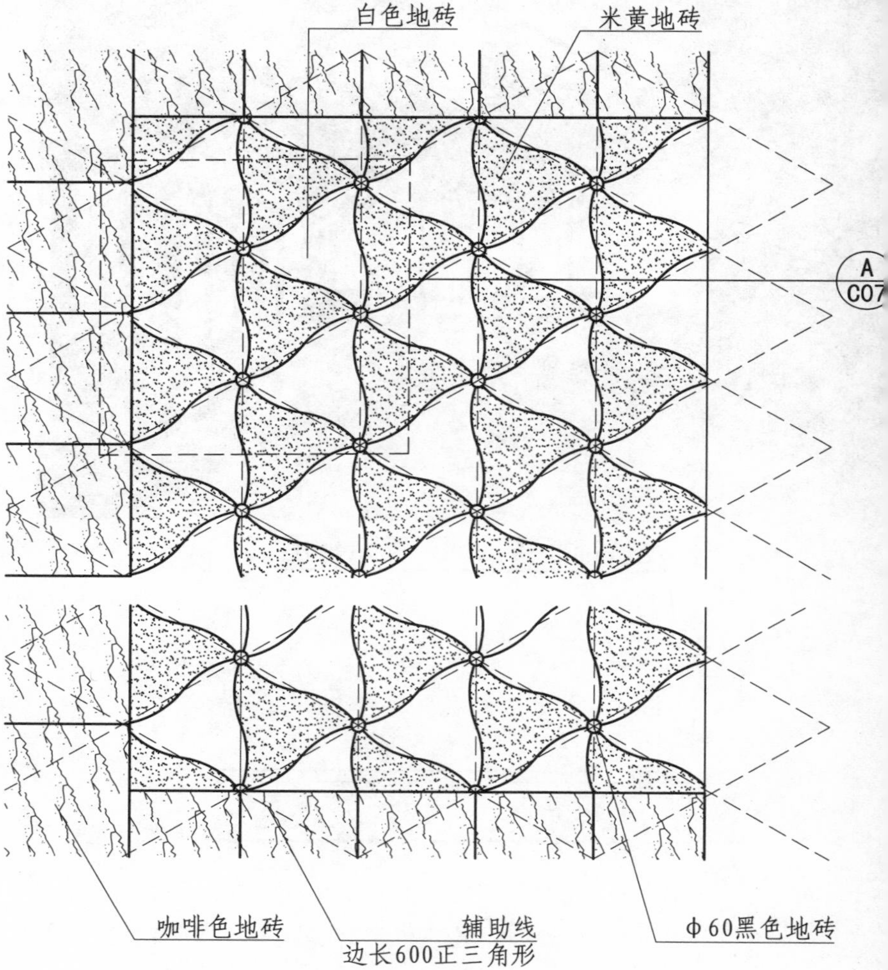

白色地砖
米黄地砖
A
C07
咖啡色地砖
辅助线
边长600正三角形
φ60黑色地砖

① 异形地砖图案局部平面图

注：图中所示为异形地砖铺贴图案设计方法，仅供设计人员举一反三。异形地砖在铺贴时，首先应按异形地砖大致形状归纳成方形、矩形、三角形等规则外形，进行网格定位；其次对异形地砖按一定顺序进行编号，按编号顺序在施工现场进行预铺装，调整异形地砖加工误差以及砖缝的均匀度；最后将预铺好的异形地砖进行实际铺贴。

异形地砖图案示例图及铺装形式						图集号	13J502-3
审核	饶良修	校对	郭晓明	设计	李晨晨	页	C06

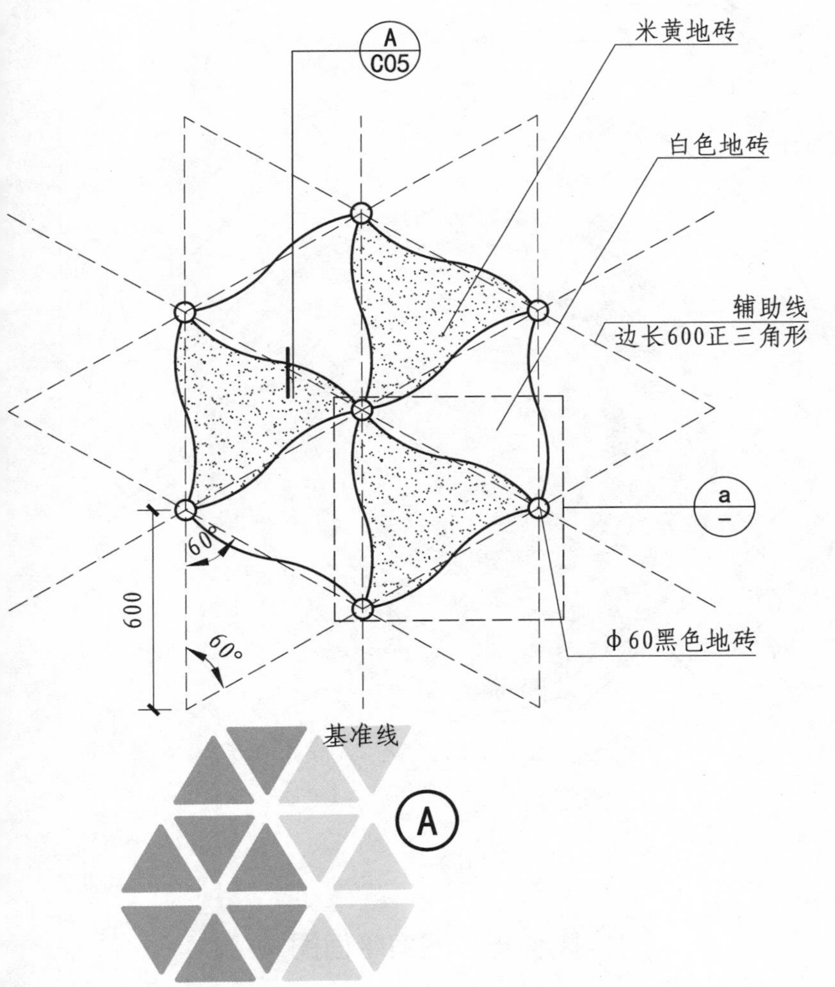

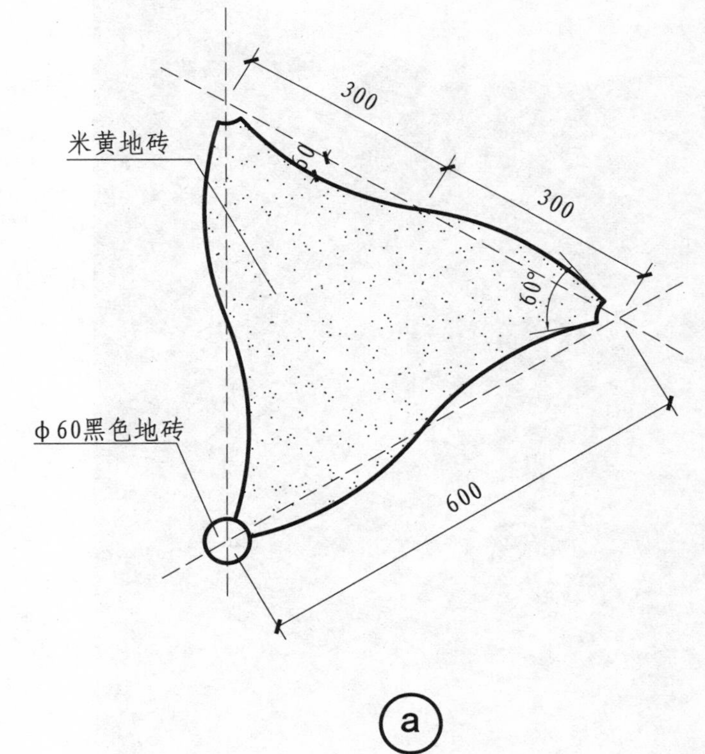

注：几何图案大多由单体图案按二方连续或四方连续组成，所有的图案构成均可找出其构成网络。在装饰工程中，这种构成网络就是地砖（单体图案）铺装的基准线。

异形地砖图案大样图						图集号	13J502-3
审核	饶良修	校对	郭晓明	设计	李晨晨	页	C07

陶瓷锦砖图案楼（地）面示例图

5800
3600
A
C09

大理石（芬兰米黄MY-158）

陶瓷锦砖（浅咖啡色）
跳色+10%深咖啡色

陶瓷锦砖(深咖啡色)
跳色+10%浅咖啡色

陶瓷锦砖(深咖啡色)
跳色+15%浅咖啡色

陶瓷锦砖（浅黄色）
跳色+15%浅咖啡色

8400

① 陶瓷锦砖图案平面图

注：地面主题图案尺寸标注要满足工厂预制和现场铺贴要求，为保证设计效果，配色选择要具体，特别是陶瓷锦砖图案。

陶瓷锦砖图案示例图及铺装形式							图集号	13J502-3
审核	饶良修	饶良修	校对	郭晓明	郭晓明	设计 李晨晨	页	C08

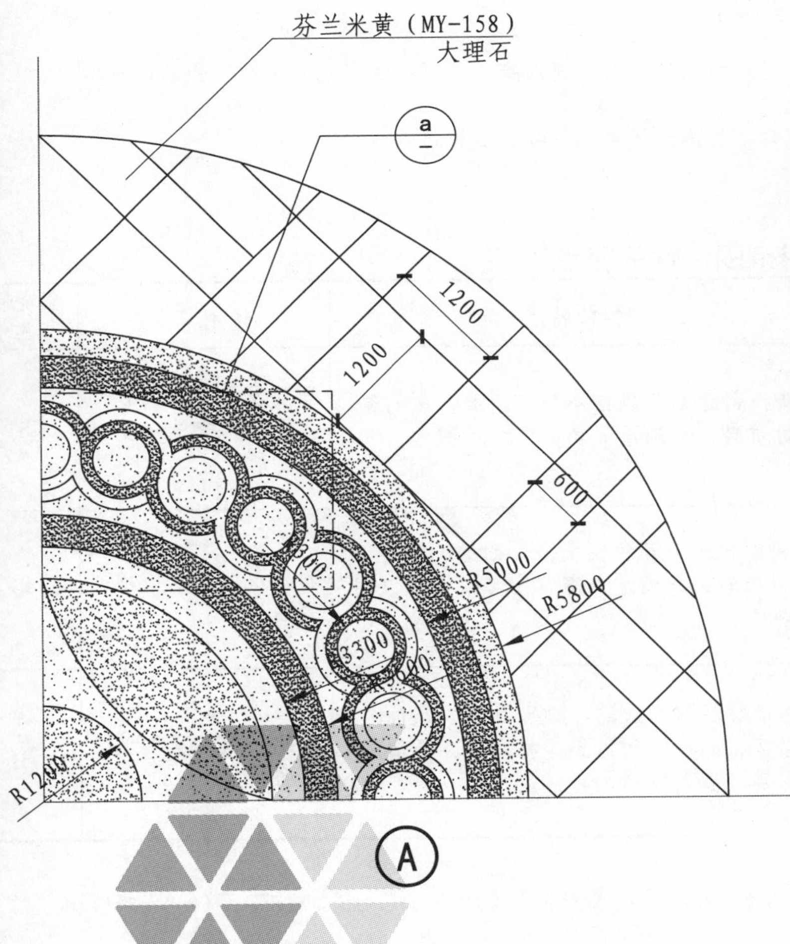

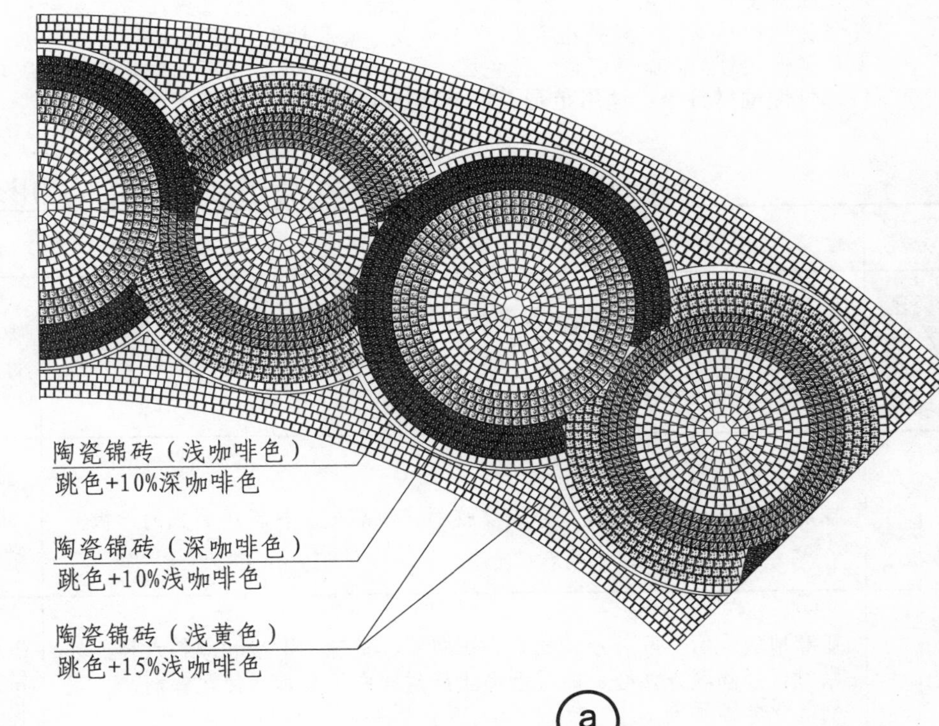

B 石材

C 地砖

D 弹性地材

E 地毯

F 木地板

G 地材交接

注：陶瓷锦砖铺贴纸应按设计图案分块编号。

陶瓷锦砖图案大样图							图集号	13J502-3
审核	饶良修	饶良修	校对	郭晓明	郭晓明	设计	李晨晨 李晨晨	页	C09

弹性地材说明

相对硬质地材（石材、地砖等），弹性地材是指材料在受压后产生一定程度的变形，当荷载消除后能很快恢复到原有厚度的地面材料。

弹性地材包括：聚氯乙烯（PVC）地板、橡胶地板和亚麻地板。

弹性地材具有脚感舒适、花色图案多、遇水不滑、耐磨、耐污染、材质轻、易清洁保养、安装快捷等特点。

1 **弹性地材分类、适用范围、性能特点见表D。**

表D 弹性地材分类、适用范围、性能特点

分类	定义	性能特点	适用范围	燃烧性等级
聚氯乙烯（PVC）地板	PVC地板是以聚氯乙烯及其共聚树脂为主要原料，加入填料、增塑剂、稳定剂、着色剂等辅料，在片状连续基材上，经涂敷工艺或经压延、挤出或挤压工艺生产的	脚感舒适、花色图案多、耐磨、耐污染、材质轻、易清洁保养、安装快捷	新建及改造室内地面的面层，有洁净要求的场所	B1
橡胶地板	橡胶地板是由天然橡胶、合成橡胶和其他高分子材料所制成的地板	脚感舒适、花色图案多、耐磨、耐污染、材质轻、易清洁保养、安装快捷可以回收	新建及改造室内地面的面层	B1
亚麻地板	亚麻地板是由亚麻籽油、松香、石灰石、黄麻、木粉和颜料六种天然原材料经物理方法合成的。产品生产过程中不添加任何增塑剂、稳定剂等化学添加剂	生产材料取自天然，脚感舒适、花色图案多、耐磨、耐污染、材质轻、易清洁保养、安装快捷、环保	新建及改造室内地面的面层	B1

注：聚氯乙烯（PVC）地板及亚麻地板分类：

1. 从结构上分主要有多层复合型和同质透心型及半同质体型三种。多层复合型地板是指有多层结构，一般是两层以上结构叠压而成，有耐磨层(含UV处理)、印花膜层、弹性发泡层、基层等。同质透心型地板是指从面到底，都是同一种图案。
2. 从形态上分为卷材地板和片材地板两种。
3. 燃烧性能等级以具体产品的相关检测报告为准。

弹性地材说明						图集号	13J502-3
审核 饶良修	饶良修	校对 郭晓明	郭晓明	设计 李晨晨	李晨晨	页	D01

2 弹性地材常用规格

卷材规格：1.2m～2m(宽)×16m～25m(长)。

片材尺寸：300×300/608×608/152×914/457×914/304×609/457×457等。

3 弹性地材的施工工艺与流程

3.1 地坪检测

3.1.1 使用温度湿度计检测温湿度，室内温度以及地表温度以15℃为宜,不应在5℃以下及30℃以上施工。宜于施工的相对空气湿度应在20%～75%之间。

3.1.2 使用含水率测试仪检测基层的含水率,基层含水率应小于3%。

3.1.3 基层的强度不应低于混凝土强度C20的要求。

3.1.4 检测结果应是基层的表面硬度不低于1.2MPa。

3.1.5 自流平施工基层前的地表应平整、干燥、坚固、没有灰尘和污油，基层如有空鼓的情况，应把空鼓起层的地面剔掉，重新修补地面。

3.2 地坪预处理

3.2.1 采用地坪打磨机配适当的磨片对地坪进行整体打磨，除去油漆、胶水等残留物，凸起和疏松的地块,有空鼓的地块也必须去除。

3.2.2 用于工业吸尘器对地坪进行吸尘清洁。

3.2.3 对于地坪上的裂缝应采取修补措施。

3.3 预铺及裁割

3.3.1 卷材、块材都应在现场放置48h,使材料温度与施工现场基本保持一致。

3.3.2 使用专用的修边器对卷材的接缝边进行切割清理。

3.3.3 块材铺设时，两块材料之间应紧贴，接缝密实。

3.3.4 卷材铺设时，两块材料的搭接处应采用重叠切割，一般要求重叠25mm。

3.4 粘贴

3.4.1 选择适合弹性地材的专用胶粘剂及刮胶板。

3.4.2 卷材铺贴时，将卷材的一端卷折起来。先清扫地坪和卷材背面，然后刮胶于地坪之上。

3.4.3 块材铺贴时，将块材从中间向两边翻起，将地面及地板背面清洁后上胶粘贴。

3.4.4 不同的胶粘剂在施工中要求会有所不同，具体可参照具体产品说明书进行施工。

3.5 排气、滚压

3.5.1 地板粘贴后，先用软木块推压地板表面进行平整，并挤出空气。随后用50kg或75kg的钢压辊均匀滚压地板，并及时修整拼接处的翘边。

3.5.2 地板表面多余的胶粘剂应及时擦去。

3.5.3 聚氯乙烯地板,24h后再进行开槽和焊缝。开槽必须在胶水完全固化后进行。用专用的开槽器沿接缝处进行开槽,为使焊接牢固,开槽不应透底，建议开槽深度为地板厚度的2/3。在开缝器无法开刀的末端部位，使用手动开槽器以同样的深度和宽度开缝。焊缝之前,需清除槽内残留的灰尘和碎料。可用手工焊枪或自动焊接设备进行焊缝。焊枪的温度应设置在350℃左右,以适当的焊接速度（保证焊条熔化）匀速地将焊条挤压入开好的槽中。在焊条半冷却时，

弹性地材说明						图集号	13J502-3
审核	饶良修	校对	郭晓明	设计	李晨晨	页	D02

用焊条修平器或月型割刀将焊条高于地板平面的部分大体割去。当焊条完全冷却后，再使用焊条修平器或月型割刀把焊条余下的凸起部分割去，见弹性地材热焊示意图。

3.6 清洁、保养

3.6.1 亚麻地板不宜在室外场地铺设使用。

3.6.2 应选用相应的清洁剂进行定期的清洁保养。

3.6.3 应避免甲苯、香蕉水之类的高浓度溶剂及强酸、强碱溶液倾倒在地板表面；应避免使用不适当的工具和锐器刮铲或损伤地板表面。

弹性地材①②③（胶粘剂粘贴）
自流平找平层
水泥自流平界面剂
50厚C25细石混凝土
水泥浆一道(内掺建筑胶)
LC7.5轻骨料混凝土填充层
现浇钢筋混凝土楼板或
预制楼板上现浇叠合层

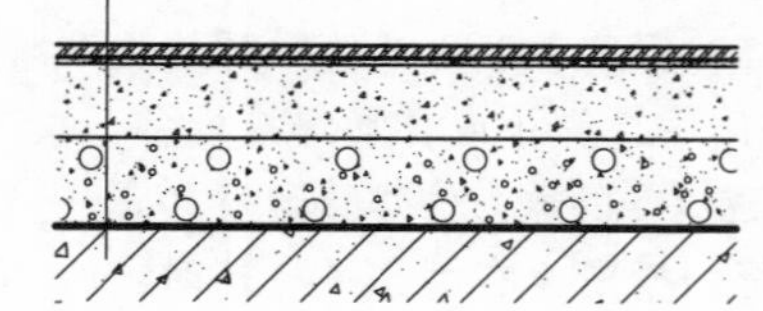

Ⓐ 弹性地材楼面

弹性地材①②③（胶粘剂粘贴）
自流平找平层
水泥自流平界面剂
50厚C25细石混凝土
水泥浆一道(内掺建筑胶)
C15混凝土垫层
0.2厚塑料薄膜
夯实土

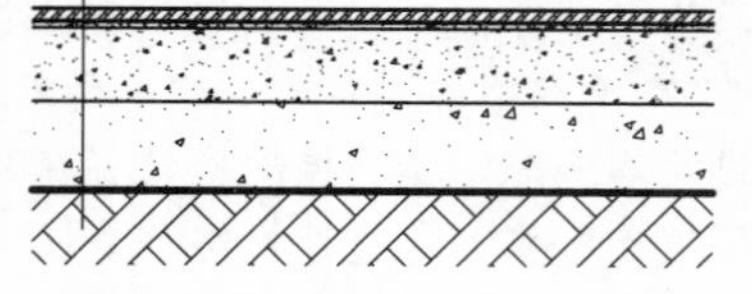

Ⓑ 弹性地材地面

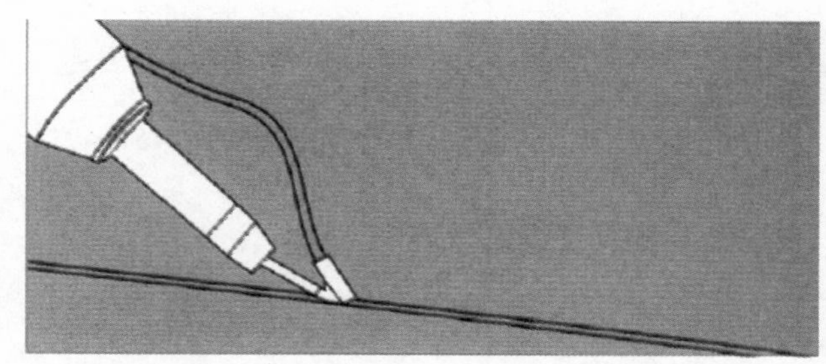

1 必须根据使用地材和专用焊条的类型调整热焊的温度

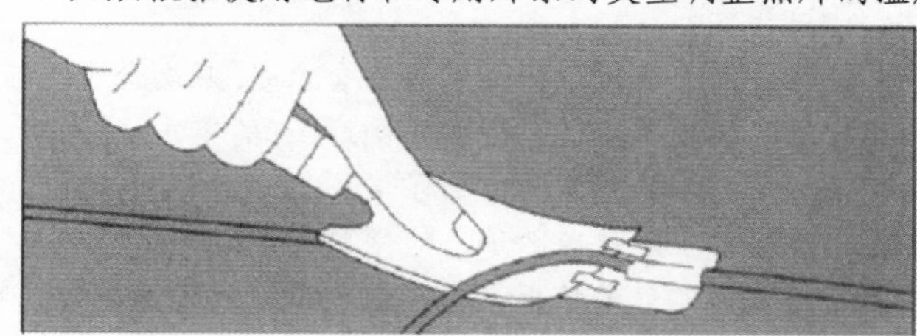

2 等待焊条变凉，再修整

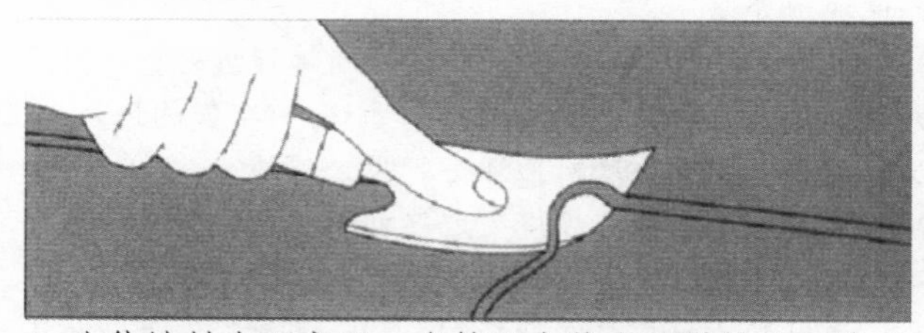

3 为使地材表面齐平，在铲刀上装水平引导头，修平焊条

弹性地材热焊示意图

注：1.弹性地材：①PVC；②橡胶；③亚麻。
2.楼面填充层厚度应根据实际工程需要由设计确定，地面垫层厚度应大于等于80mm。

弹性地材说明及楼（地）面构造图						图集号	13J502-3
审核 饶良修	饶良修	校对 郭晓明	郭晓明	设计 李晨晨	李晨晨	页	D03

弹性地材(卷材)图案示例图

弹性地材(块材)图案示例图

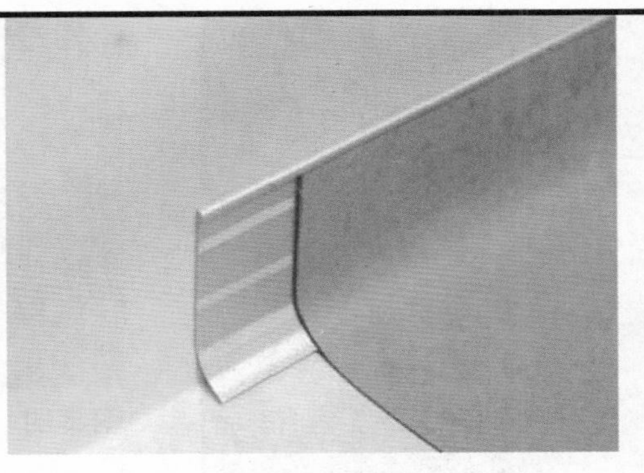

一体化上墙示例图(一)

一体化上墙示例图(二)

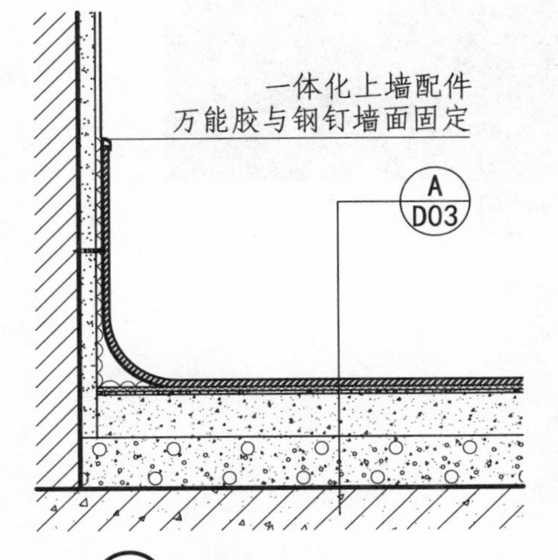

Ⓐ 一体化上墙(一)

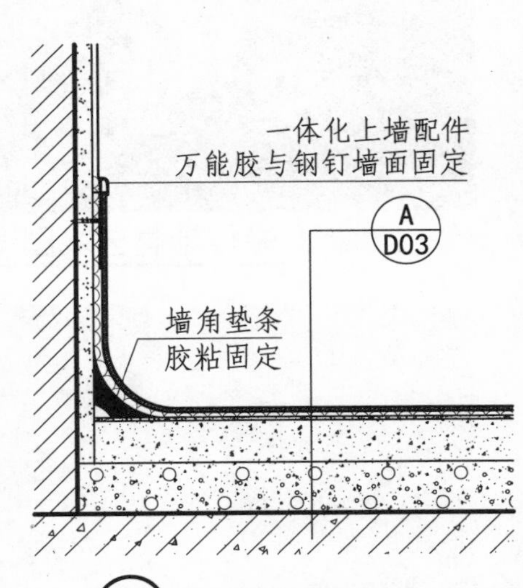

Ⓑ 一体化上墙(二)

注:1. 一体化弹性地材上墙厚度不宜超过3mm。
2. 本页根据阿姆斯壮(中国)投资有限公司提供的技术资料编制。

弹性地材图案示例及一体化上墙构造图						图集号	13J502-3
审核 饶良修	[签名]	校对 郭晓明	[签名]	设计 李晨晨	[签名]	页	D04

弹性地材艺术图案示例图

图案一（Daisy 1）

图案二（Daisy 2）

图案三（Worm 1）

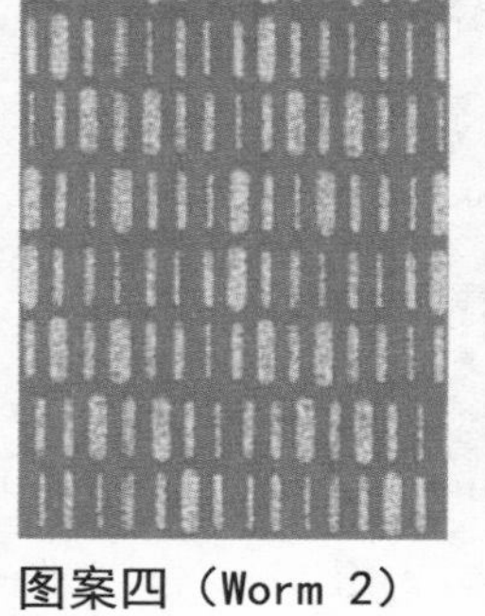

图案四（Worm 2）

图案五（Rumble 1）

图案六（Rumble 2）

图案七（Wave 1）

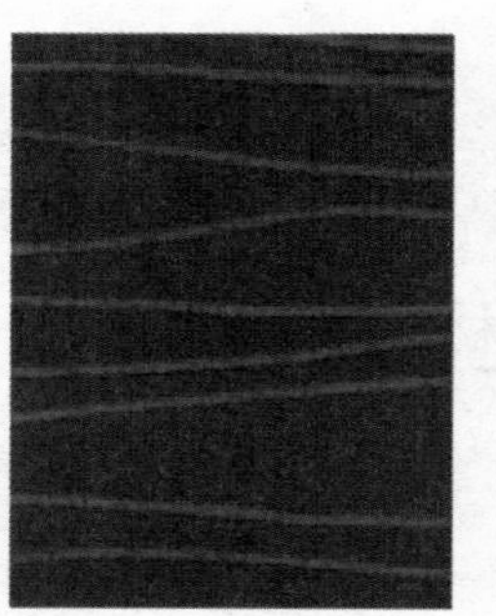

图案八（Wave 2）

图案九（Spot 1）

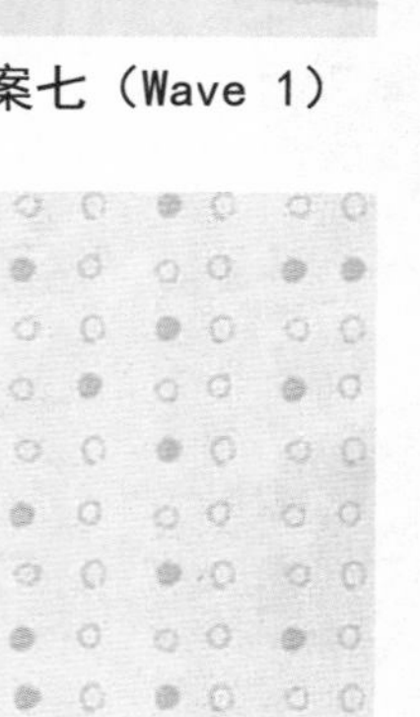

图案十（Spot2）

图案十一（Bubble 1）

图案十二（Bubble 2

注：本页根据盟多地板（中国）有限公司提供的技术资料编制。

弹性地材图案示例图						图集号	13J502-:
审核	饶良修	校对	郭晓明	设计	李晨晨	页	D05

可移动式快速安装弹性地材图案示例图

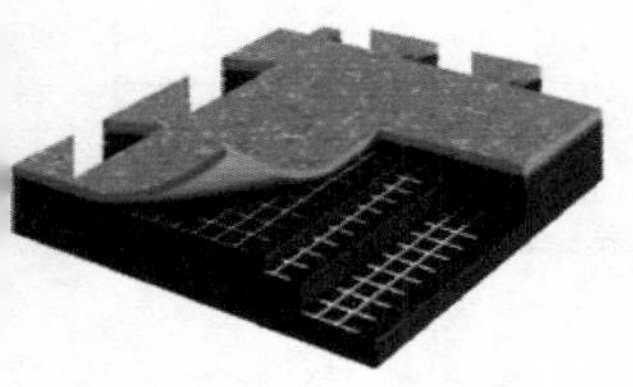

移动式块材分层图（一）

ATTRACTION（5mm）

移动式块材分层图（二）

GTI （6mm）

注：1. 移动式块材总厚度5mm～6mm，耐磨层厚度1mm～2mm；耐磨层为PVC彩色均质材料，耐磨等级为T级；四边带有互锁燕尾槽，易于铺设和拆卸，无需使用胶水；可反复使用，适用于展会、办公等非固定式安装场所；有6种交通标志配合使用，也适用于重荷载楼（地）面。

2. 本页根据洁福地板（中国）有限公司提供的技术资料编制。

弹性地材图案示例图

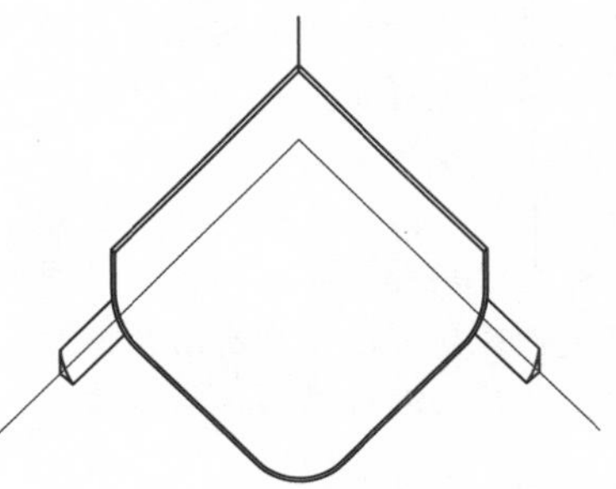

阴角示意图

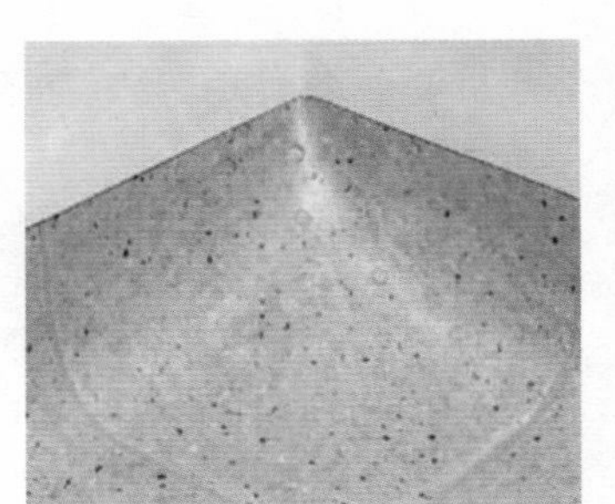

阴角示例图

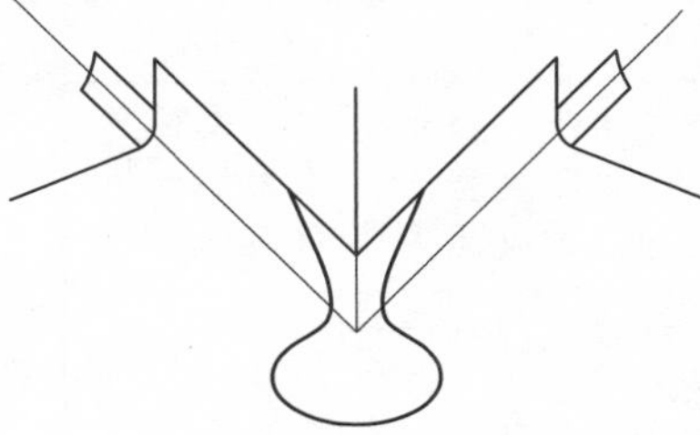

阳角示意图

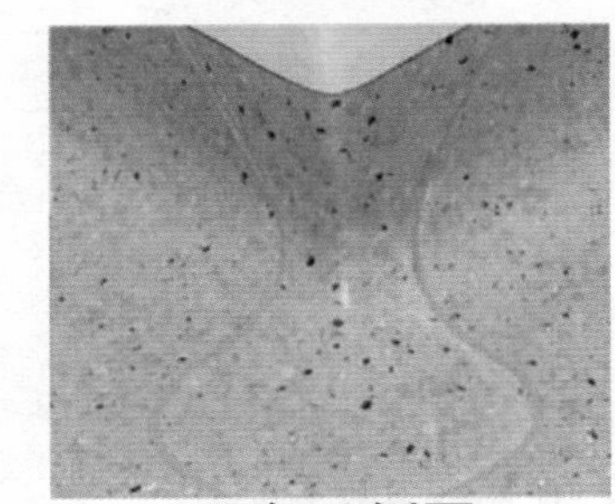

阳角示例图

弹性地材图案及转角示例图						图集号	13J502-3
审核 饶良修	饶良修	校对 郭晓明	郭晓明	设计 李晨晨	李晨晨	页	D06

地毯说明

地毯是对软性铺地织物的总称。地毯具有保温、吸声、隔声，抑尘等作用，且质地柔软、脚感舒适，图案、色彩丰富，是一种高级地面装饰材料。适用于宾馆、写字楼等大型公共建筑及民用住宅等。

1 地毯分类

1.1 按材质分类

1.1.1 天然纤维地毯分手织与机织两种。前者价格昂贵，后者便宜。绒毛的质与量是决定地毯耐磨性的主要因素，其用量常用绒毛密度表示，即10mm²地毯上有多少绒毛。

天然纤维地毯的基本特点：织造地毯的天然纤维主要来自植物或动物，如棉、麻、丝、毛等。常见的高级地毯多为丝、毛织造。见表E-1。

1.1.2 合成纤维地毯即化纤地毯，是以丙纶、晴纶（聚丙烯腈）纤维为原料，经机织法制成面层，再与麻布底层加工制成地毯。品质与触感极似羊毛，耐磨而富弹性，经过特殊处理，可具有防污、防静电、防虫等特点。具有纯毛地毯的优点。天然纤维地毯与合成纤维地毯的质量比较见表E-2。

表E-1 天然纤维地毯的基本特点及适用范围

名称	基本特点	适用范围
羊毛地毯	羊毛为天然纤维，羊毛具有吸水性，易发霉，微生物易滋生，耐磨性差，色牢度差，无法避免水印的出现。但羊毛地毯图案优美	高级宾馆及重要场合装饰地毯
真丝地毯	用天然蚕丝织就，是天然长纤维，闪烁优雅光泽，除名贵的手工织真丝地毯外，大多用丝绸机织成，图案精细、典雅，是壁挂毯使用的主要材料。因其纤维为天然蛋白质，遇到酸、碱、热、压易变形，不易清洗与保养	家装及高档空间

表E-2 天然纤维地毯与合成纤维地毯的质量比较

名称	防泥沙	防污渍	清洁	抗磨损	弹性	定型表面	着色性
天然纤维地毯	良好	普通	良好	普通	良好	良好	良好
合成纤维地毯	良好	良好	良好	优越	优越	优越	优越

1.1.3 混纺地毯品种极多，常以毛纤维和各种合成纤维混纺。如在纯羊毛纤维中加入20%的尼龙纤维，耐磨性可提高5倍。也可和亚克力（聚丙烯晴纤维）等合成纤维混纺。

1.1.4 塑料地毯是采用聚氯乙稀树脂，增塑剂等多种辅助材料，经均匀混炼，塑制而成的一种新型地毯材料。

1.2 按编织方法分类有簇绒地毯、针织地毯、机织地毯、编结地毯、粘结地毯、静电植绒地毯和枪刺地毯。

1.3 按染色方法分类有原液染色纱织地毯及后期染色地毯。

1.4 按规格尺寸分类有方块地毯和成卷地毯。见表E-3。

表E-3 地毯的规格

地毯品种	成卷地毯			方块地毯
	宽(mm)	长(mm)	厚(mm)	
纯羊毛地毯	≤4000	≤25000	3~22	500×500 914×914 609.6×609.6
化纤地毯	1400~4000	5000~43000		

1.5 按铺设方法分类

1.5.1 固定式铺设：分为两种固定方法。一种是设置弹性衬垫用木卡条固定；另一种是无衬垫用粘结剂粘结固定。为了防止走动后使地毯变形或卷曲，影响使用和美观，因此，铺设地毯多采用固定式。

1.5.2 不固定式：又称活动式，是指地毯明摆浮搁在基层上，铺设方法简单，容易更换。装饰性的工艺地毯一般采取活动式铺设；室内四周有较多的家具和设备以及临时性的住房，考虑地毯的撤换方便，也采取活动式。方块地毯一般平放在基层上，不加固定。不固定式铺设，又分满铺和局部铺设。

1.6 按质地分类

即使是同一种制造方法生产的地毯，也由于使用原料、绒头的形式、绒高、手感、组织及密度等因素，生产出的地毯外观效果也会不同。常见地毯毯面质地的类别有以下几种。

1.6.1 长毛绒地毯是割绒地毯中最常见的一种，绒头长度为5mm～10mm，毯面上可浮现一根根断开的绒头，平整而均匀一致。

1.6.2 天鹅绒地毯的绒头长度为5mm左右，毯面绒头密集，有天鹅绒毛般的效果。

1.6.3 萨克森地毯的绒头长度在15mm左右，绒纱经加捻热定型加工后，绒头产生类似光纤的效应，质感丰满。

1.6.4 强捻地毯即弯头纱地毯。绒头纱的加捻捻度较大，毯面产生有硬实的触感和强劲的弹性。绒头方向性不确定，所以毯面具有特殊的效果和个性。

1.6.5 长绒头地毯的绒头长度在25mm以上，既粗又长、毯面厚重。

1.6.6 平圈绒地毯的绒头呈圈状，圈高一致整齐，比割绒的绒头有适度的坚挺和平滑性，行走舒适感较强。

1.6.7 高低圈绒地毯（含多层高低圈绒）是由绒纱长度的变化而产生绒圈高低，毯面高低起伏，立体感强，可形成几何图案。

1.6.8 割（圈）绒地毯含平割、圈绒地毯，一般割绒部分的高度超过圈绒的高度，在修剪、平整割绒绒头时并不伤及圈绒的绒头，两种绒头混合可组成毯面的几何图案，有素色提花的效果。

2 地毯的选择

2.1 基本条件如防火、防静电性能。

2.2 应用地毯的环境要求选择功能相配的品种。如：对防污、防霉、防菌等方面的卫生要求。

表E-4 地毯的断面形状及适用场所

名称	断面形状	适用场所
高簇绒	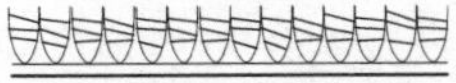	住宅或客房
低簇绒	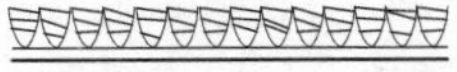	公共场所
粗毛低簇绒	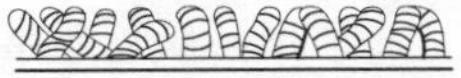	住宅或公共场所
一般圈绒	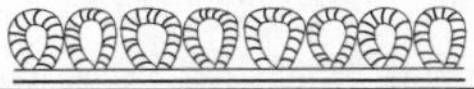	公共场所
高低圈绒	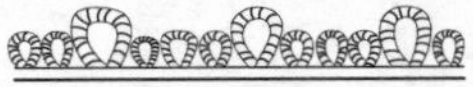	公共场所
粗毛簇绒		公共场所
圈、簇绒结合式		住宅或公共场所

2.3 根据室内空间场合选择方块，满铺地毯。

3 地毯的铺装

3.1 满铺地毯

3.1.1 处理基层：基层表面应平整，有高低不平处用水泥砂浆刮平；表面应干燥，面层含水率不大于9%；表面应清洁，有落地灰等杂物需铲除打扫干净，有油污用丙酮或松节油擦净。

3.1.2 钉木卡条（倒刺板）：木卡条沿地面周边和柱脚的四周嵌钉，板上小钉倾角向墙面，板与墙面留有适当空隙，便于地毯掩边；在混凝土、水泥地面上固定采用钢钉，钉距宜为300mm左右。如地毯面积较大，宜用双排木卡条，便于地毯张紧和固定。

3.1.3 铺衬垫：铺弹性衬垫将胶粒面朝下，四周与木卡条相接宜相距10mm左右。拼缝处用纸胶带全部或局部粘合，防止衬垫滑移。

3.1.4 裁剪地毯：应按地面形状和净尺寸，用裁边机断下的地毯料每段要比房间长度多出20～30mm，宽度以裁去地毯的边缘后的尺寸计算。在拼缝处先弹出地毯裁割线，切口应顺直整齐以便于拼接。裁剪栽绒或植绒类地毯，相邻两裁口边呈“八”字形，铺成后表面绒毛易紧密碰拢。在同一房间或区段内每幅地毯的绒毛走向应选配一致，将绒毛走向朝着背光面铺设，以免产生色泽差异。裁剪带有花纹、条格的地毯时，必须将缝口处的花纹、条格对准吻合。

3.1.5 铺地毯：将选配好的地毯铺平，一端固定在木卡条上，用压毯铲将毯边塞入木卡条与踢脚之间的缝隙内。常用两种方法，一种方法将地毯边缘掖到木踢脚的下端；另一种方法将地毯毛边掩到木卡条与踢脚的缝隙内，避免毛边外露，使用张紧器（地毯撑子）将地毯从固定一端向另一端推移张紧，每张紧约1000mm左右一段后，使用钢钉临时固定，推到终端时，将地毯边固定在木卡条上。地毯的拼缝，一般采用对缝拼接。当拼完一幅地毯后，在拼缝一侧弹通线，作为第二幅地毯铺设张紧的标准线。第二幅经张紧后在拼缝处花纹、条格达到对齐、吻合、自然后，用钢钉临时固定。

薄型地毯可搭接裁割，在头一幅地毯铺设张紧后，后一幅搭盖头幅30mm～40mm，在接缝处弹线将直尺靠线并用刀同时裁割两层地毯，扯去多余的边条后合拢严密，不显拼缝。

3.1.6 接缝粘合将已经铺设好的地毯侧边掀起，在接缝中间用专用接缝胶带(其两端用木卡条固定)粘接成整体。接缝也可采用缝合的方法，即把地毯两幅的边缘缝合连成整体。

3.1.7 毯边收口：地毯铺设后在墙和柱的根部。不同材质地面相接处、门口等地毯边缘应做收口固定处理。

1) 墙和柱的根部：将地毯毛边塞入木卡条与踢脚的缝隙内。

2) 不同材料地面相接：如地毯与大理石地面相接处标高近似的，应镶嵌铜条或者不锈钢条，起到衔接和收口的作用。

3) 门口和出入口处：铺地毯的标高与走道、卫生间地面的标高不一致时，在门口处应加收口条。用收口条压住地毯边缘，整齐美观。地毯毛边如不做收口处理容易被行人踢起，造成卷曲和损坏，有损室内装饰效果。

3.1.8 修整、清理：接缝处绒毛有凸出的，使用剪刀或电铲修剪平齐；拔掉临时固定的钢钉。用软毛刷扫清毯面上的杂物，用吸尘器清理毯面的灰尘。加强成品保护，以确保工程质量。

3.2 方块地毯的铺装做法

3.2.1 清理基层：要求同满铺地毯的铺设要求。

3.2.2 弹控制线：根据房间地面的实际尺寸和方块地毯的实际尺寸(一般为500mm×500mm)，在基层表面弹出方格控制线，线迹应准确。

3.2.3 浮铺地毯：按控制线由中间开始向两侧铺设。铺放时注意一块靠一块挤紧。经使用一段时间后，块与块密合，不显拼缝。绒毛铺设方向或一致，或将一块绒毛顺光，另一块绒毛逆光，交错布置，明暗交叉铺设，富有艺术效果。

3.2.4 粘结地毯：在人们活动频繁的地面上如铺设方块地毯，在基层上宜少刷胶粘剂，以增加地毯的稳固性，防止被行人踢起。地毯铺设完应加强成品保护。

3.2.5 方块地毯的铺装艺术：方块地毯是以有序或无序的图案单元为模数铺装的地面材料。不同的铺装图案形成不同的空间感。同一质感的组合可通过肌理横直、纹理走向、肌理微差、凹凸变化实现。地毯的组合在环境效果上起中介和过渡作用。对比的组合，会得到不同的空间效果，同时也是提高质感美的有效方法。

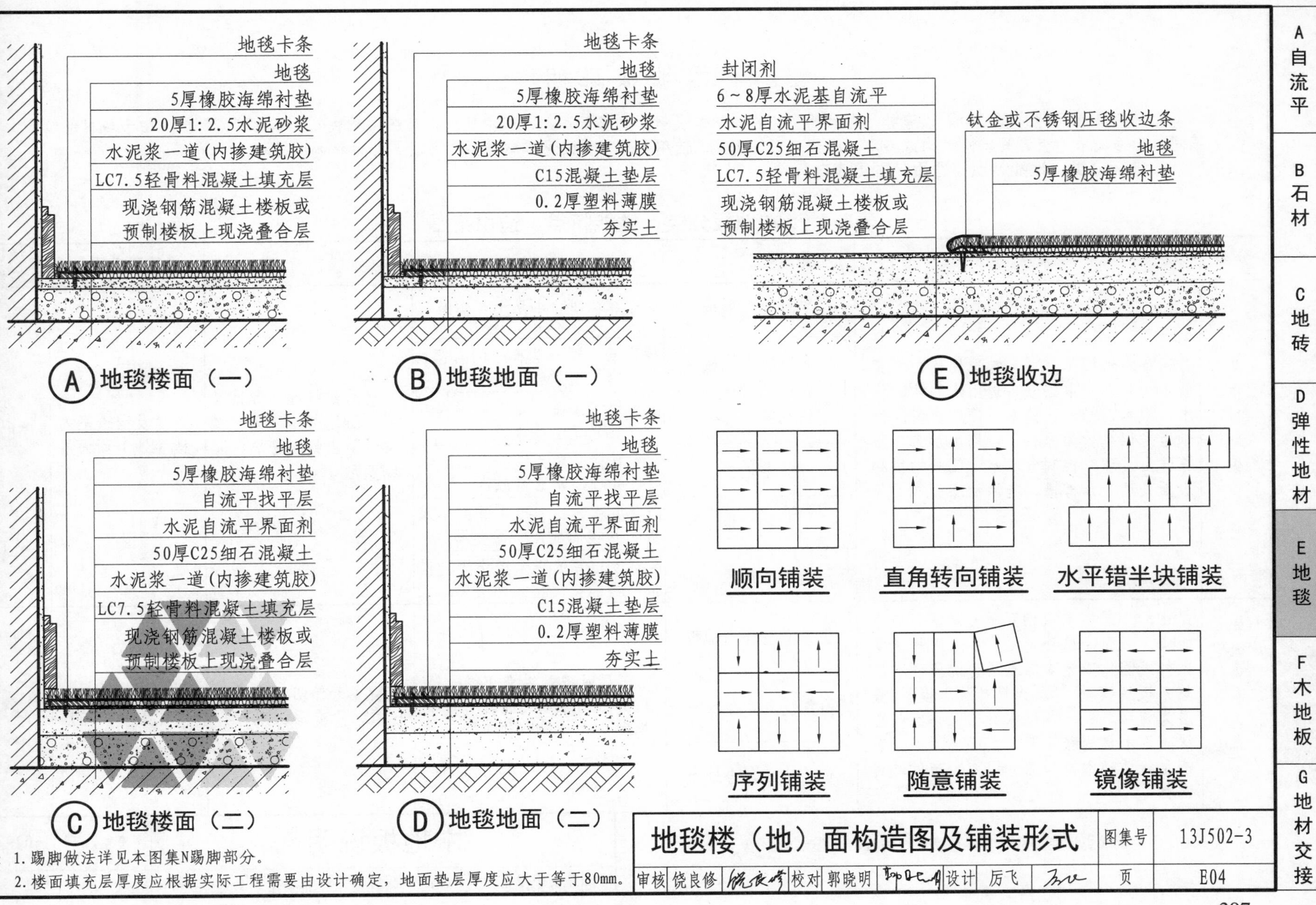

注：1.踢脚做法详见本图集N踢脚部分。
2.楼面填充层厚度应根据实际工程需要由设计确定，地面垫层厚度应大于等于80mm。

地毯楼（地）面构造图及铺装形式						图集号	13J502-3
审核	饶良修		校对	郭晓明		设计	厉飞		页	E04

木地板说明

木地板具有天然纹理，给人以淳朴、自然的亲切感。弹性良好、脚感舒适。一般木地板也存在天然缺欠：易虫蛀、易燃，由于取材部位不同，而造成木地板各具特性，构造不均，胀缩变形。因此，使用木地板要注意采取防蛀、防腐、防火和通风措施。

1 **木地板分类、性能特点、适用范围见表F-1。**

表F-1 木地板分类、性能特点、适用范围

分类	定义	类别	基本特点	性能特点	适用范围	燃烧性能等级
实木(竹)地板	普通条木地板（单层）常选用松、杉等软木树材，硬木条板多选用水曲柳、柞木、枫木、柚木、榆木等硬质树材。竹地板是以毛竹为原料，经切削加工，防霉防虫处理，控制含水率，侧向粘拼和表面处理，开榫槽，施涂油漆而成	平口实木地板	长方形条块，生产工艺简单	具有天然纹理、弹性良好、脚感舒适；天然缺欠：易虫蛀、易燃、胀缩变形	新建及改造室内楼（地）面面层	B2
		企口实木地板	板面长方形一侧榫一侧有槽，背面有抗变形槽			
		拼花实木地板	由多块木条按一定图案拼成方形，生产工艺要求高			
		竖木地板	以木材横截面为板面，加工中改性处理，耐磨性较高			
		指接地板	由宽度相等、长度不等的小木板条指接而成，不易变形			
		集成地板	由宽度相等的小木板指接再横拼，性能稳定，天然美感			
实木(竹)复合地板	是由3～5层实木板相互垂直层压、胶合而成。表面经过砂光之后，采用高硬度紫外线固化亚光漆，表层为优质硬木规格条板拼镶，板芯层为针叶林木板材，底层为旋切单板。各层木材相互垂直胶合缓减了木材的涨缩率，变形小，不开裂。表层优质硬木板只需3～5厚。节约珍贵木材	企口型复合木地板	由三层或多层纵横交错、经过防虫、防霉处理的木材单板做基材逐层压合而成	保留了天然实木地板的优点，少变形、不开裂	新建及改造室内楼（地）面面层	B2
		锁扣免胶型复合木地板				
		竹片竹条复合地板				

注：木地板燃烧性能等级以具体产品的相关检测报告为准。

木地板说明	图集号	13J502-3
审核 饶良修　校对 郭晓明　设计 李晨晨	页	F01

续表F-1

分类	定义	类别		性能特点	适用范围	燃烧性能等级
强化地板	强化地板也称浸渍纸层压木质地板，由耐磨层、装饰层、芯层、防潮层胶合而成。装饰层为木材花纹印刷纸，芯层为高密度纤维板、中高密度纤维板或优质刨花板	标准强化地板	耐磨层耐磨转数高于6000转	质硬、耐磨，变形小、不开裂，榫槽插接方式易于安装，并无需打蜡保养	新建及改造室内楼（地）面面层	B_2
		耐磨强化地板	耐磨层耐磨转数高于9000转			
软木地板	软木地板以栓皮栎树皮为原料加工而成	粘贴式软木地板	粘贴式软木地板由(由上至下)耐磨面层(树脂/UV漆)、软木薄板，合成软木基层,树脂平衡层(兼防潮作用)组成	脚感舒适、弹性好、绝热、减振、吸声、耐磨	新建及改造室内楼（地）面面层	B_2
		锁扣式软木地板	锁扣式软木地板由（由上至下）树脂耐磨面层，软木薄板，合成软木基层，高密度的纤维板（HDF），用于平衡作用的夹板底层（或软木垫层）组成			

表F-2　实木地板规格

类别	长（mm）	宽（mm）	厚（mm）
平口实木地板	900/1200/1500	90/120/150	12/15/18/20
企口实木地板	900/1200/1500	90/120/150	12/15/18/20
方、拼花实木地板	150/300/450	150/300/450	8～15

注：1. 木地板详细规格尺寸以具体产品为准。
2. 木地板燃烧性能等级以具体产品的相关检测报告为准。

表F-3　复合地板规格

类别	长（mm）	宽（mm）	厚（mm）
嵌板	610/915	91	7～25
T字板	610/915	91	7～25
平拼板	610/915	91	7～25
方形板	300	300	7～25

木地板说明						图集号	13J502-3
审核	饶良修	校对	郭晓明	设计	李晨晨	页	F02

2 设计要点

2.1 木地板由于天然的优良特性被广泛用于各类空间的楼（地）面装修，木地板的设计应考虑以下几点：

2.1.1 确定地面在整个装修工程中的预算，根据预算确定地板的具体品种(实木地板相对于复合地板价格略高）。

2.1.2 根据地面完成面与结构板间的距离来确定木地板的铺设方式（平铺、架空）。相对于平铺式的木地板铺设方法，架空式铺设的木地板可以获得更好的脚感和舒适度。架空式实木地板在铺装过程中应根据使用地区在架空层放置驱虫药剂或樟木碎块以起到驱虫效果。在架空层与木地板表层之间也可增加1~2层衬板（毛地板）可获得更好的脚感和表面平整度，衬板与地板成45° 斜铺。

2.2 当木地板有防火要求时，应对木地板及龙骨进行防火处理，可满刷防火涂料，达到防火设计要求。防火涂料需选用与木材粘结力强的薄型防火涂料。

3 施工要点

3.1 实木(竹)地板

3.1.1 实木(竹)地板应采用符合现行标准的优等品。

3.1.2 实木(竹)地板与木龙骨固定时应采用配套木地板钉钉牢。钉的长度应为面板厚度的2~2.5倍，并从地板企口凸槽处斜向钉入木地板内，钉头不能露出。钉子的间距根据地板种类和施工工艺确定（条件允许最好用木螺钉）。

3.1.3 实木(竹)地板的吸水率大于复合木地板，木龙骨的铺设方向应与实木地板的铺设方向垂直。

3.1.4 为防潮效果更好，木龙骨上应再铺设专用防潮垫层。

3.1.5 应严格控制实木地板及木龙骨的含水率，待两者均干燥后再铺设。

3.1.6 根据木地板尺寸调整木龙骨间距。

3.1.7 竹地板斜向固定钉的要求：当竹地板长度为600mm时不得少于2只；为1000mm时不得少于3只；为1500mm时不得少于4只；超过1500mm时不得少于5只。

3.2 实木(竹)复合地板

3.2.1 复合（多层）木地板的厚度8mm~25mm不等,厚度不同其结构及铺装方法也不同。

3.2.2 复合木地板的厚度在7mm~15mm之间的时可直接铺在干燥水平的地面上，并加铺专用防潮垫层。

3.2.3 铺设木地板时板端接缝应间隔错开，错开长度不小于300mm地板长边铺设。面层周边与墙体之间应预留5mm~10mm缝隙（预留缝根据不同木地板面层材质的物理伸缩比率而不同）。

3.2.4 企口型复合木地板铺设，应采用配套专用胶，质量稳定可靠的产品。地板胶应均匀打在凸槽的上方,不得漏涂,应用湿棉丝擦除多余胶处，面上不得有胶痕。

3.2.5 锁扣免胶型复合木地板直接采用斜插式安装。

3.3 强化地板及软木地板的错缝拼接要求、用胶要求、与四周墙体留缝要求均同复合木地板。

3.4 舞台木地板

3.4.1 舞台用木地板分单层(30厚~50厚),双层（50厚）两种做法,以松木或杉木为宜。

3.4.2 架空舞台木地板用木龙骨宜选用50mm×80mm，中距不超过400mm，厚硬木长条地板衬板四周用30mm×20mm硬木压条封边。

木地板说明								图集号	13J502-3
审核	饶良修	（签名）	校对	郭晓明	（签名）	设计	李晨晨	页	F03

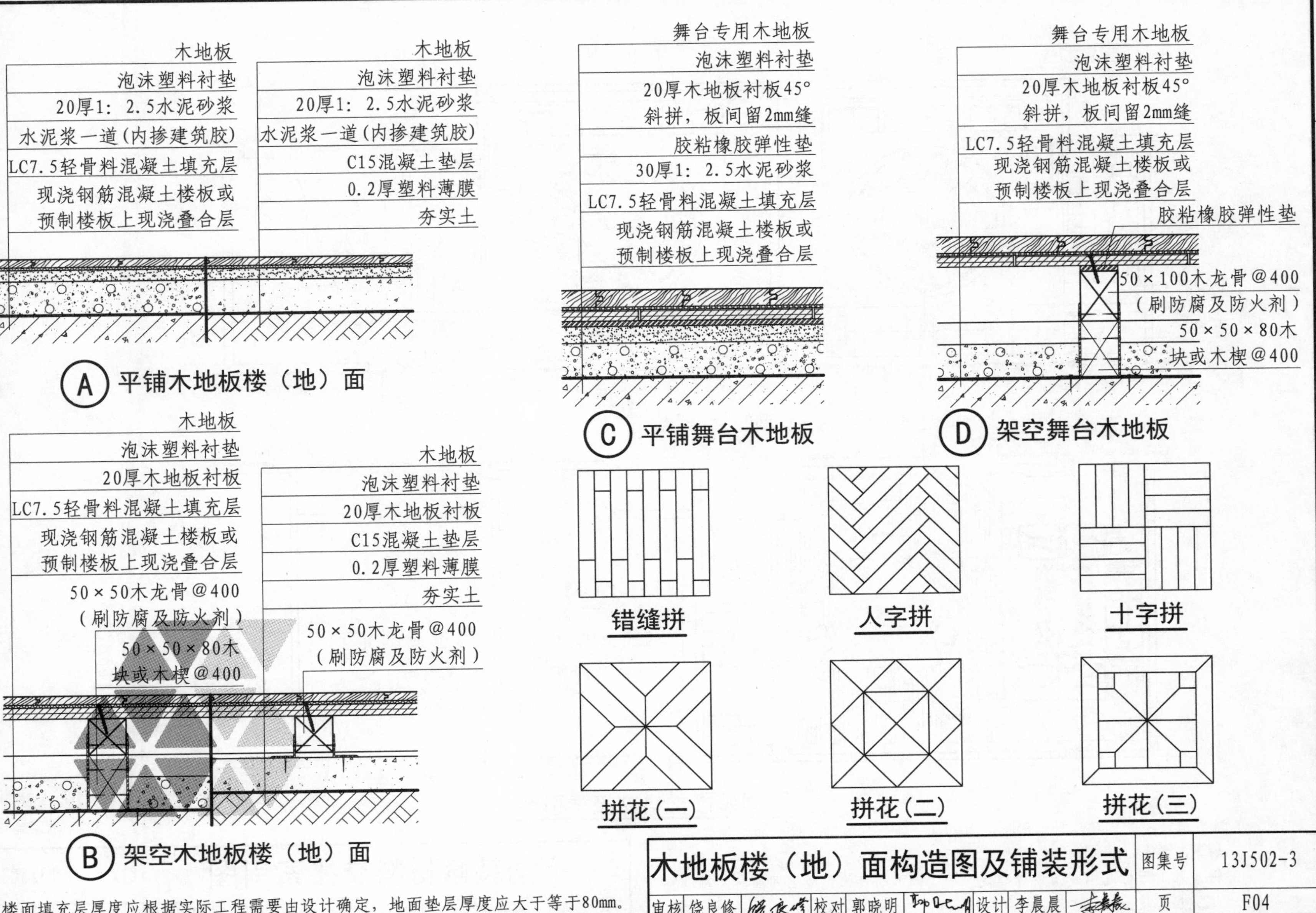

木地板楼（地）面构造图及铺装形式	图集号	13J502-3
审核 饶良修 校对 郭晓明 设计 李晨晨	页	F04

注：楼面填充层厚度应根据实际工程需要由设计确定，地面垫层厚度应大于等于80mm。

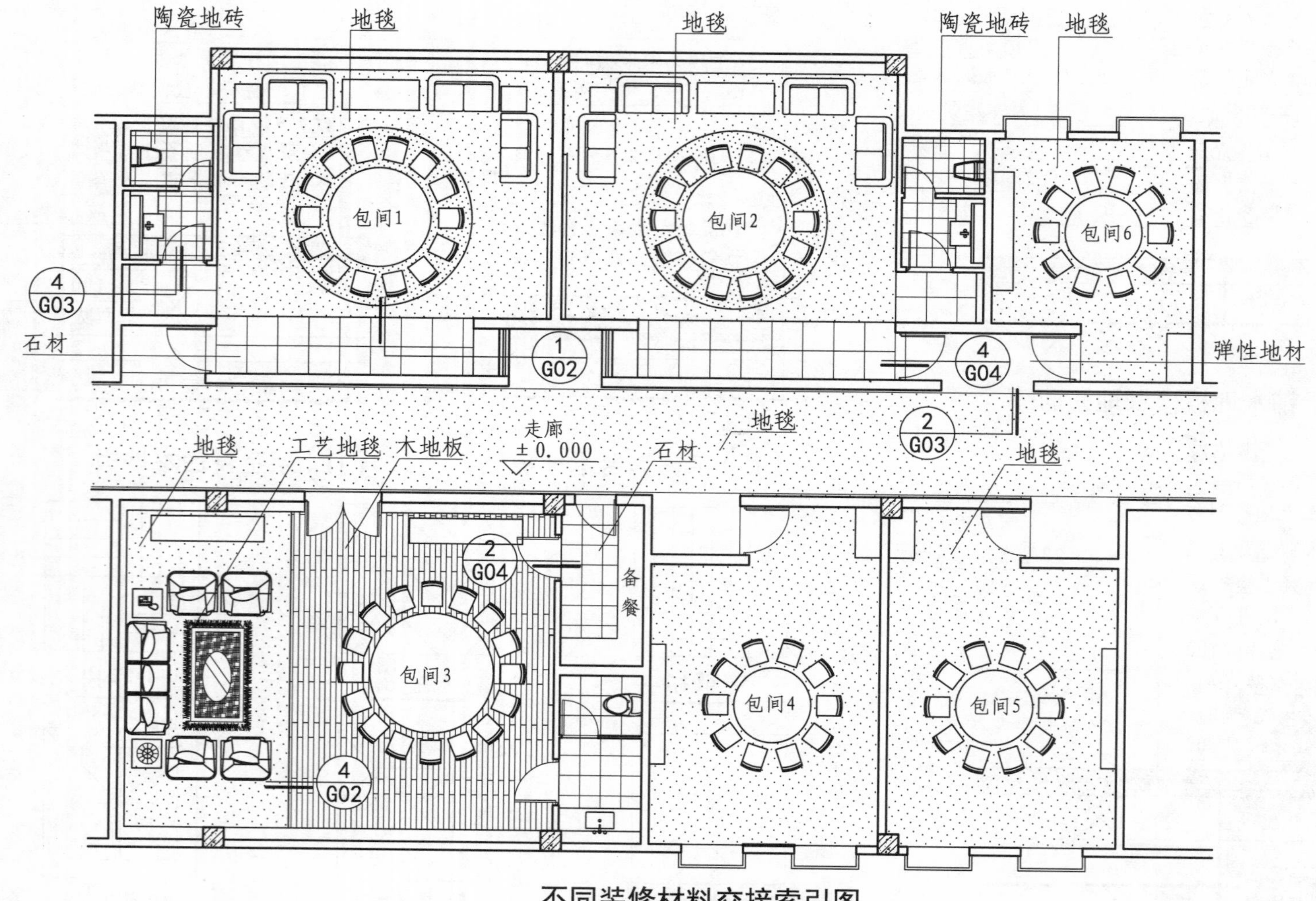

不同装修材料交接索引图

注：1.除备餐、卫生间楼（地）面标高为-0.015外，其他楼（地）面装饰完成面均无高差。

2.楼（地）面标高由建筑设计确定。楼（地）面装饰完成面同高时，需调整填充层厚度。

不同装修材料交接索引图							图集号	13J502-3
审核	饶良修	饶良修	校对	郭晓明	郭晓明	设计 张栋栋 张栋栋	页	G01

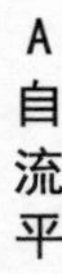

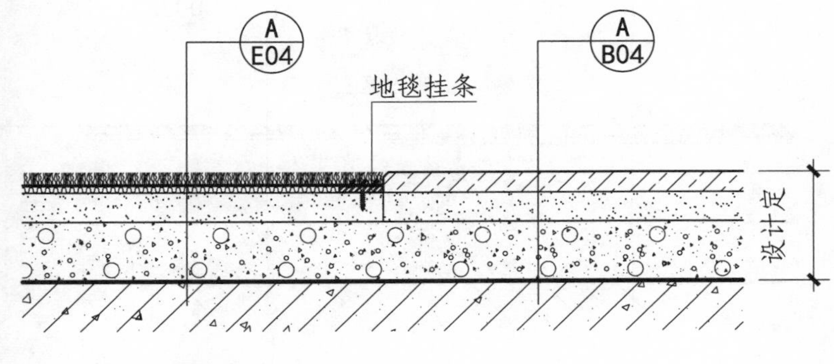

① 地毯—石材

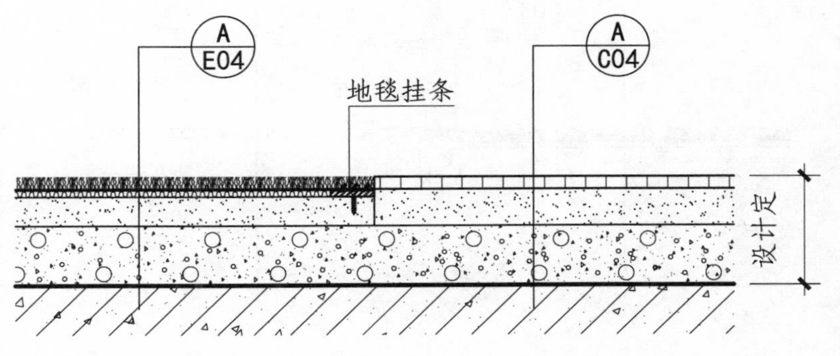

② 地毯—地砖（陶瓷锦砖）

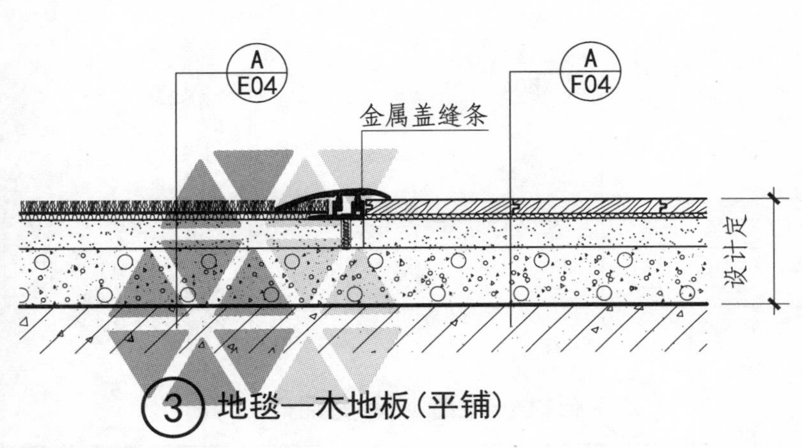

③ 地毯—木地板(平铺)

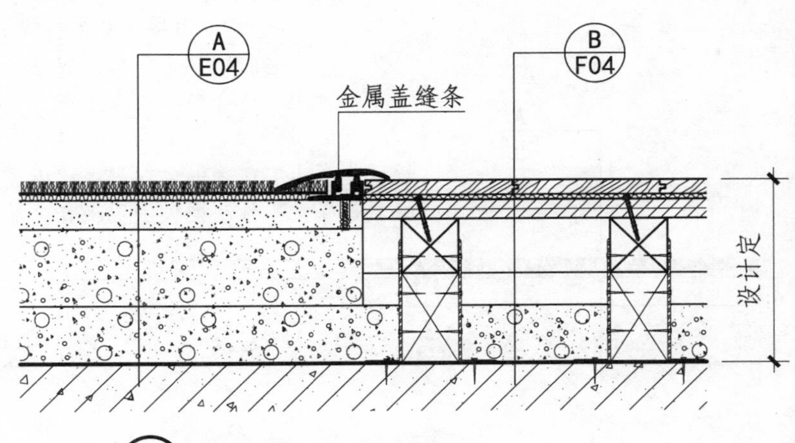

④ 地毯—木地板(架空)

注：本页以楼面为例编制。

不同装修材料交接构造图						图集号	13J502-3
审核	饶良修	校对	郭晓明	设计	张栋栋	页	G02

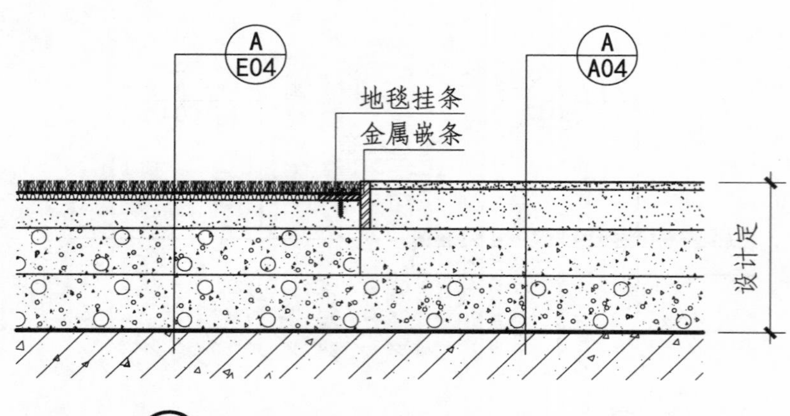

① 地毯—自流平

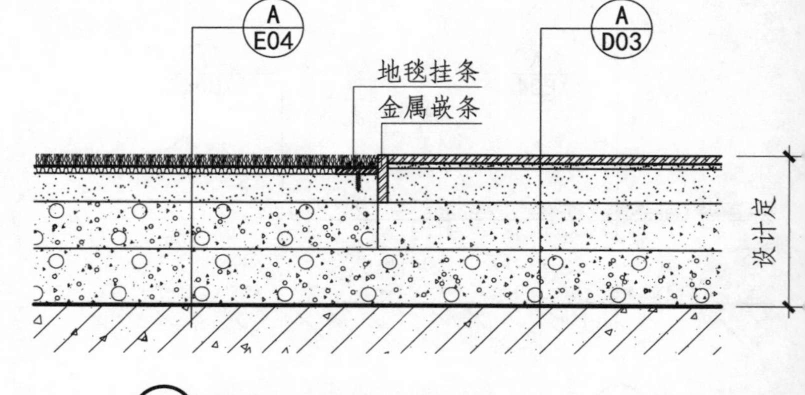

② 地毯—弹性地材

10厚1:2.5水泥彩色石子面层（磨光打蜡）
30厚1:3干硬性水泥砂浆结合层，表面撒水泥粉
LC7.5轻骨料混凝土填充层
现浇钢筋混凝土楼板或预制楼板上现浇叠合层

A
E04
地毯挂条
金属嵌条
设计定

③ 地毯—现浇水磨石

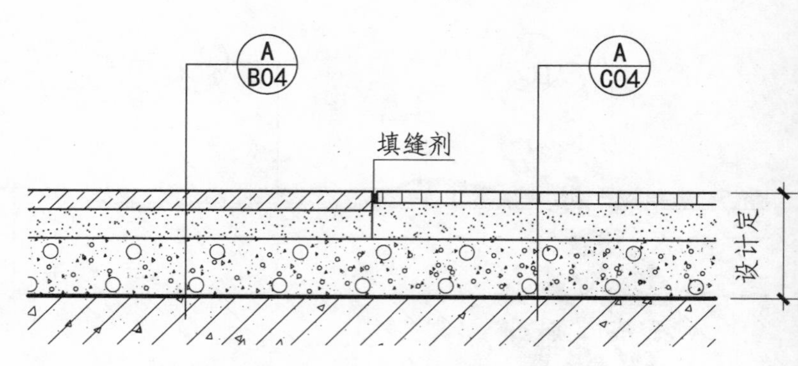

④ 石材—地砖（陶瓷锦砖）

注：本页以楼面为例编制。

不同装修材料交接构造图							图集号	13J502-3
审核	饶良修	饶良修	校对	郭晓明	郭晓明	设计	张栋栋	张栋栋	页	G03

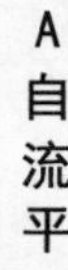

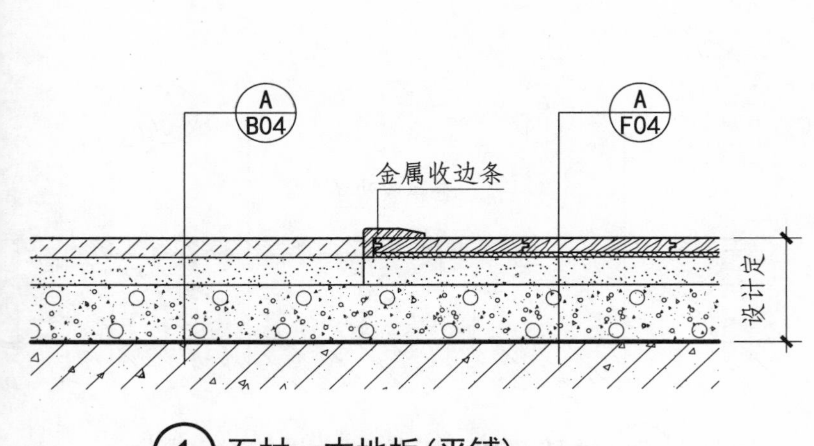

① 石材—木地板(平铺)

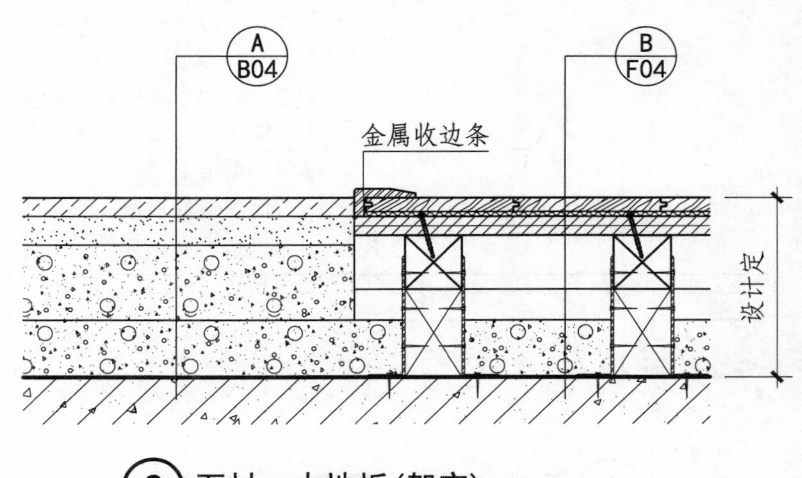

② 石材—木地板(架空)

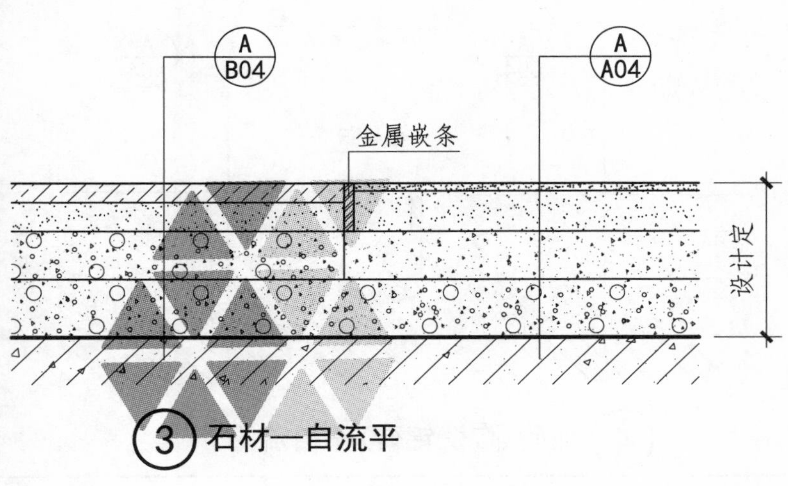

③ 石材—自流平

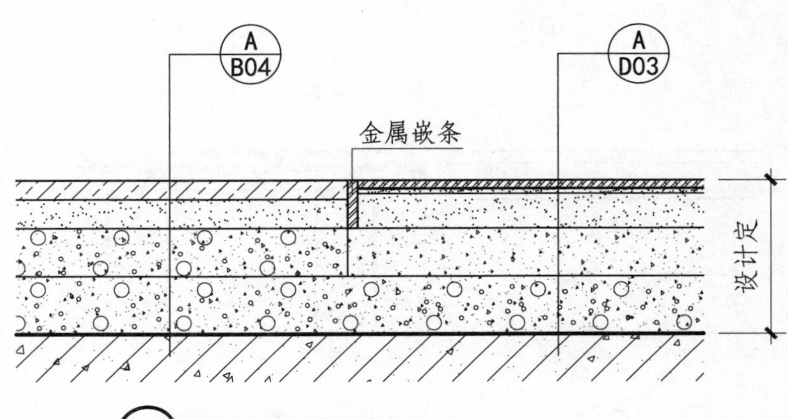

④ 石材—弹性地材

注：本页以楼面为例编制。

不同装修材料交接构造图						图集号	13J502-3
审核	饶良修	校对	郭晓明	设计	张栋栋	页	G04

10厚1:2.5水泥彩色石子面层（磨光打蜡）
30厚1:3干硬性水泥砂浆结合层，表面撒水泥粉
LC7.5轻骨料混凝土填充层
现浇钢筋混凝土楼板或预制楼板上现浇叠合层
A B04
金属嵌条
设计定

① 石材—现浇水磨石

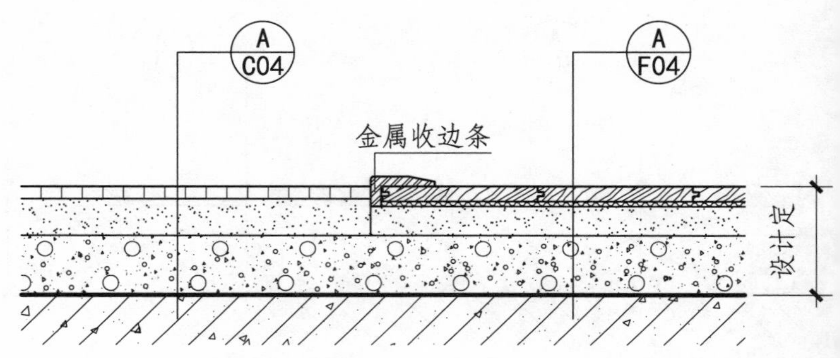

② 地砖（陶瓷锦砖）—木地板（平铺）

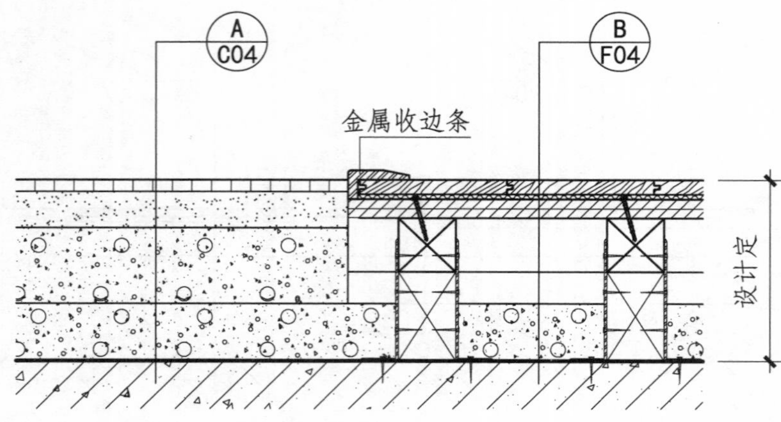

③ 地砖（陶瓷锦砖）—木地板（架空）

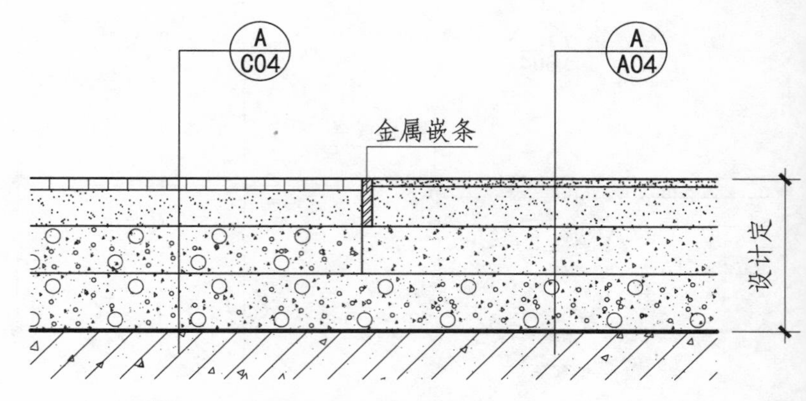

④ 地砖（陶瓷锦砖）—自流平

注：本页以楼面为例编制。

不同装修材料交接构造图							图集号	13J502-3
审核	饶良修	饶良修	校对	郭晓明	郭晓明	设计	张栋栋	张栋栋	页	G05

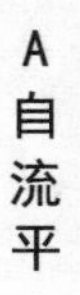

B 石材

C 地砖

D 弹性地材

E 地毯

F 木地板

G 地材交接

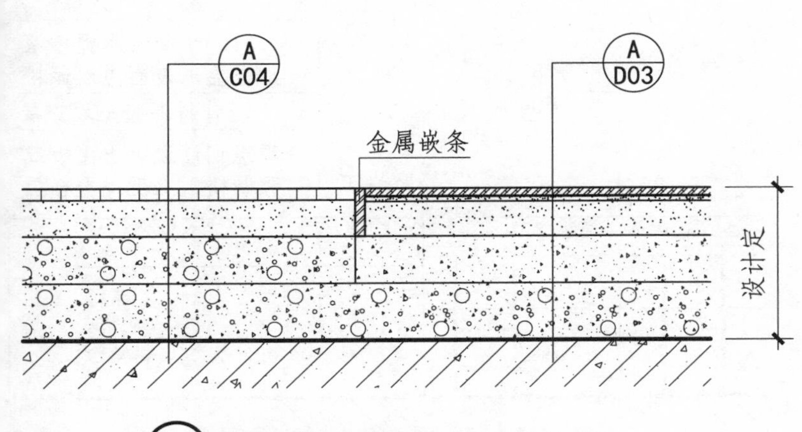

① 地砖(陶瓷锦砖)—弹性地材

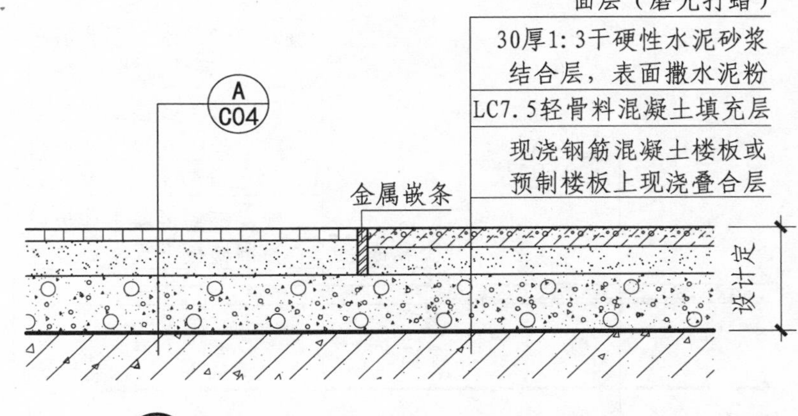

② 地砖(陶瓷锦砖)—现浇水磨石

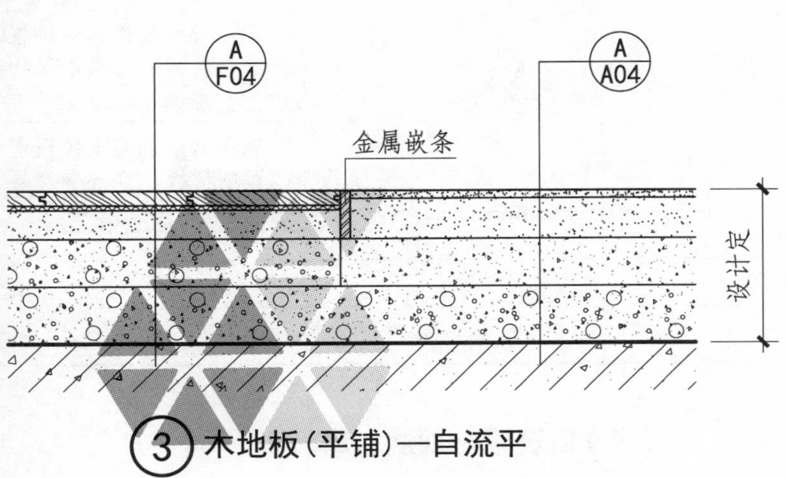

③ 木地板(平铺)—自流平

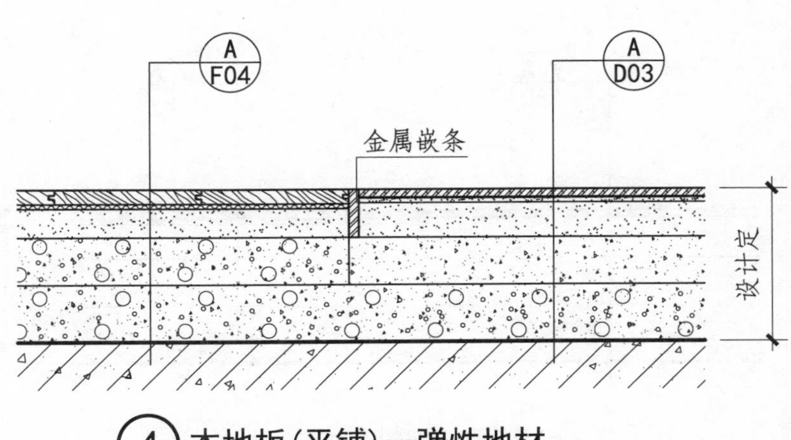

④ 木地板(平铺)—弹性地材

注：本页以楼面为例编制。

不同装修材料交接构造图						图集号	13J502-3
审核	饶良修	校对	郭晓明	设计	张栋栋	页	G06

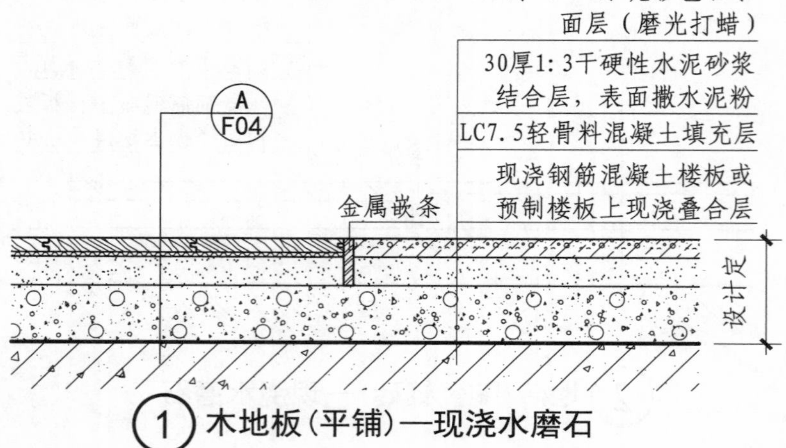

① 木地板(平铺)—现浇水磨石

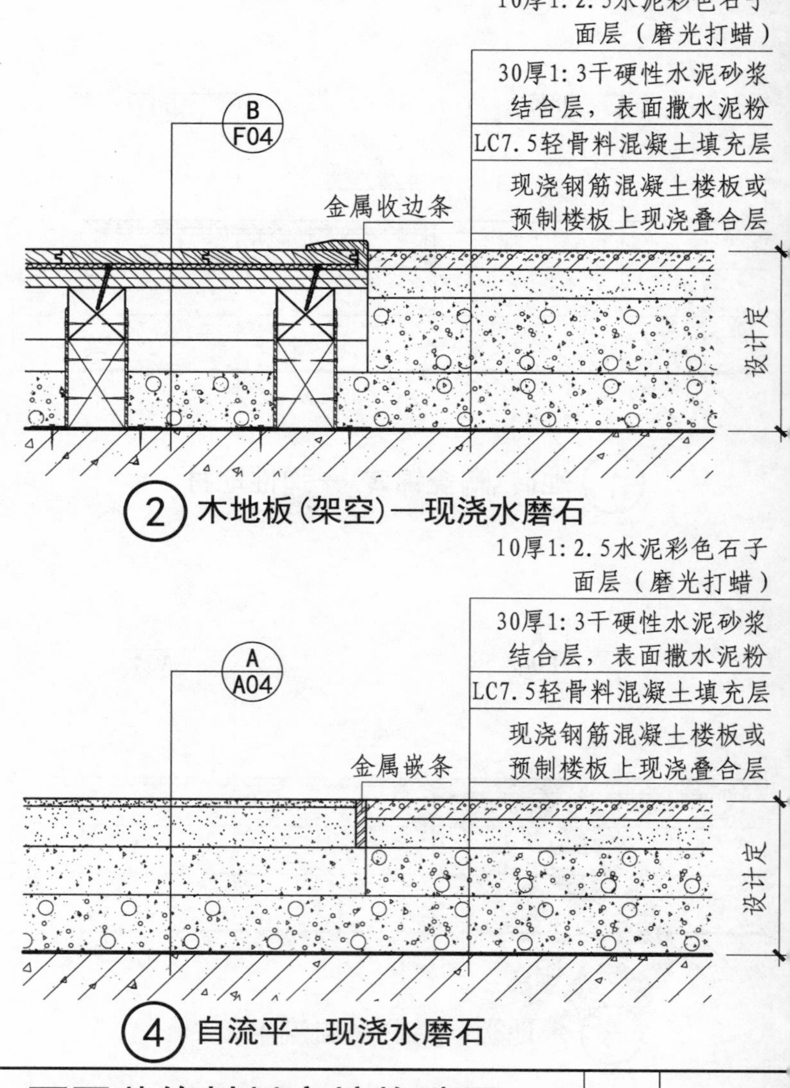

② 木地板(架空)—现浇水磨石

④ 自流平—现浇水磨石

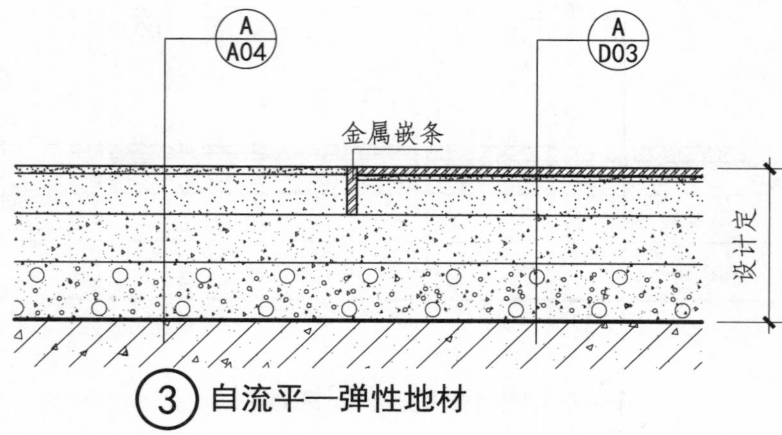

③ 自流平—弹性地材

注：本页以楼面为例编制。

不同装修材料交接构造图						图集号	13J502-3
审核	饶良修	校对	郭晓明	设计	张栋栋	页	G07

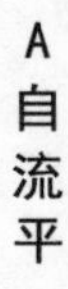

B
石材

C
地砖

D
弹性地材

E
地毯

F
木地板

G
地材交接

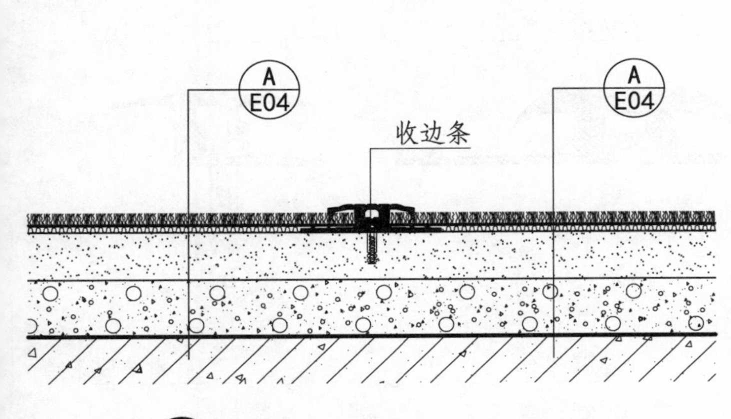

1 地毯—收边条—地毯

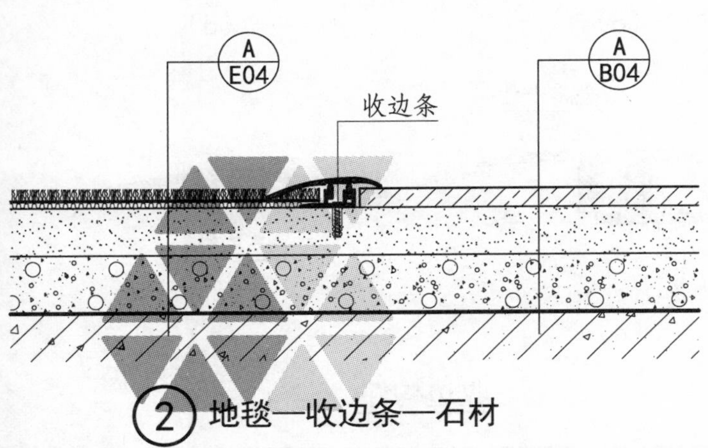

2 地毯—收边条—石材

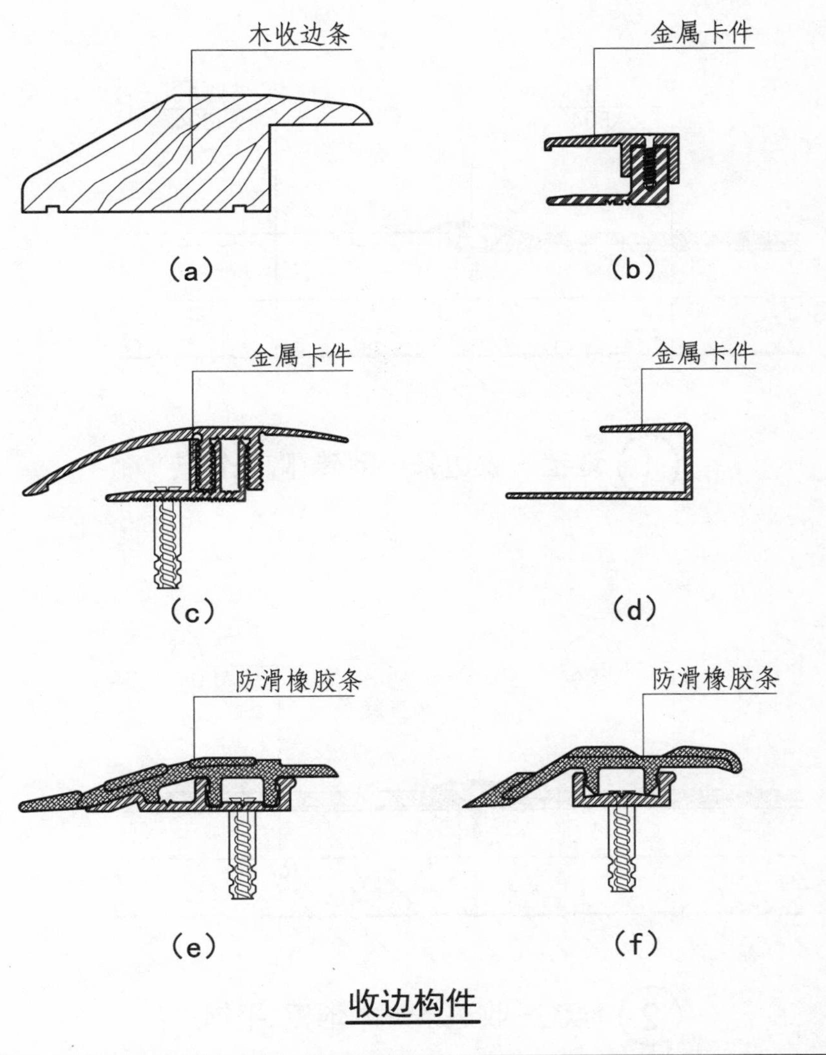

收边构件

注：1. 收边条以成品构件尺寸为准。
2. 盖缝条可以起到防止地毯边缘起翘；不同材料之间平滑过渡；遮盖交接缝隙，达到良好视觉效果。
3. 本页以楼面为例编制。

成品收边构件						图集号	13J502-3
审核 饶良修	[signature]	校对 郭晓明	[signature]	设计 张栋栋	[signature]	页	G08

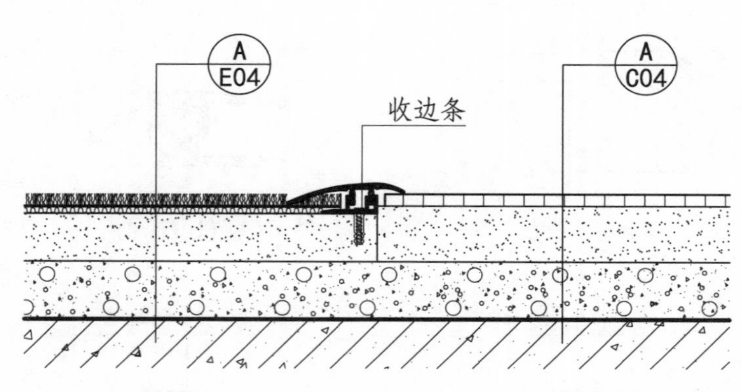

① 地毯—收边条—地砖(陶瓷锦砖)

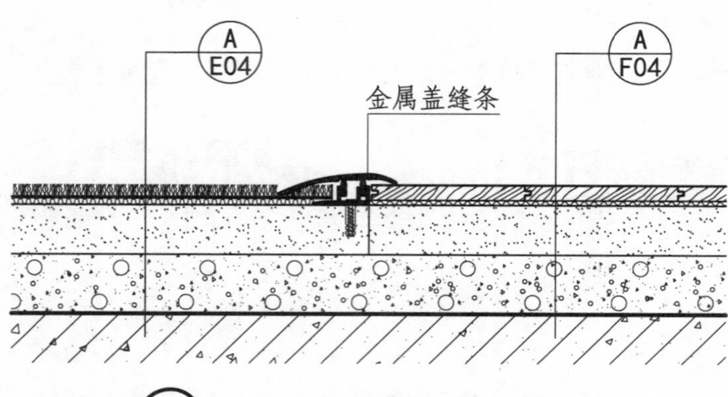

② 地毯—收边条—木地板(平铺)

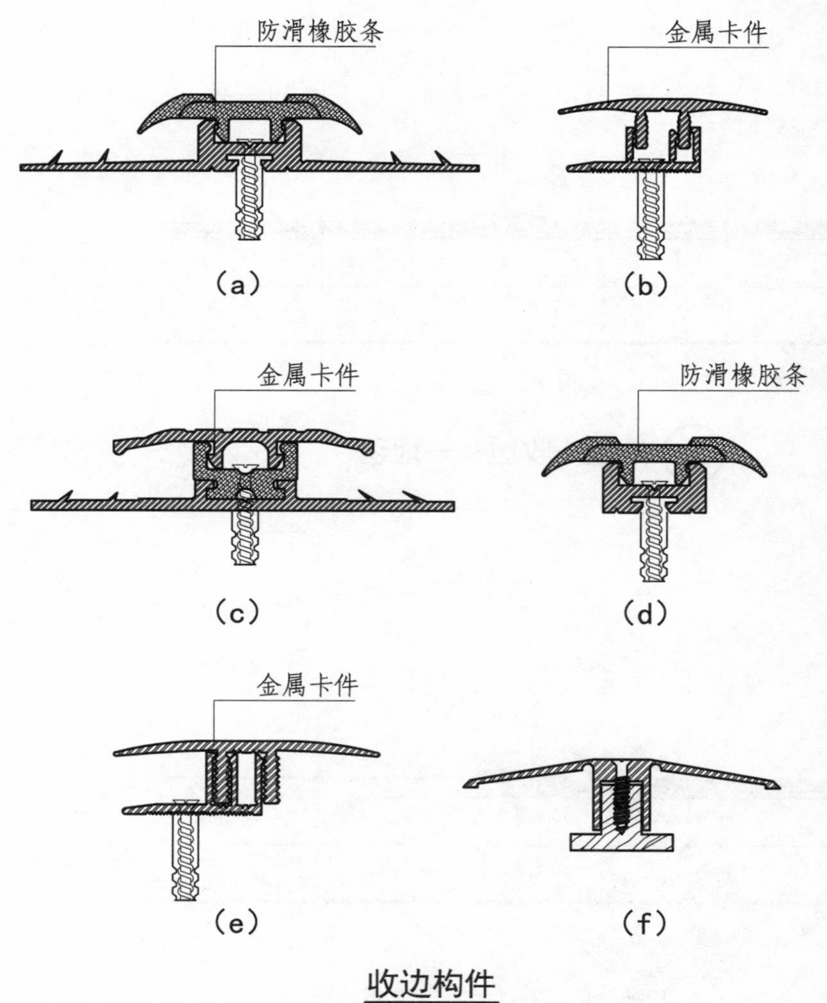

收边构件

注：1. 收边条以成品构件尺寸为准。
2. 盖缝条可以起到防止地毯边缘起翘；不同材料之间平滑过渡；遮盖交接缝隙，达到良好视觉效果。
3. 本页以楼面为例编制。

成品收边构件						图集号	13J502-3
审核 饶良修	饶良修	校对 郭晓明	郭晓明	设计 张栋栋	张栋栋	页	G09

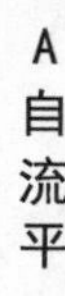

B 石材

C 地砖

D 弹性地材

E 地毯

F 木地板

G 地材交接

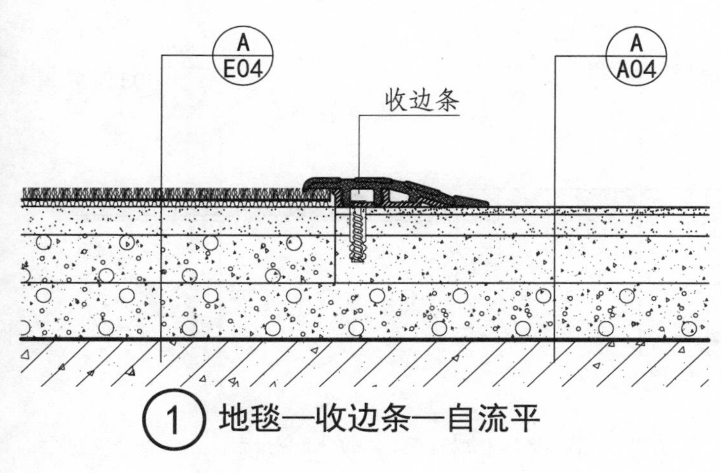

① 地毯—收边条—自流平

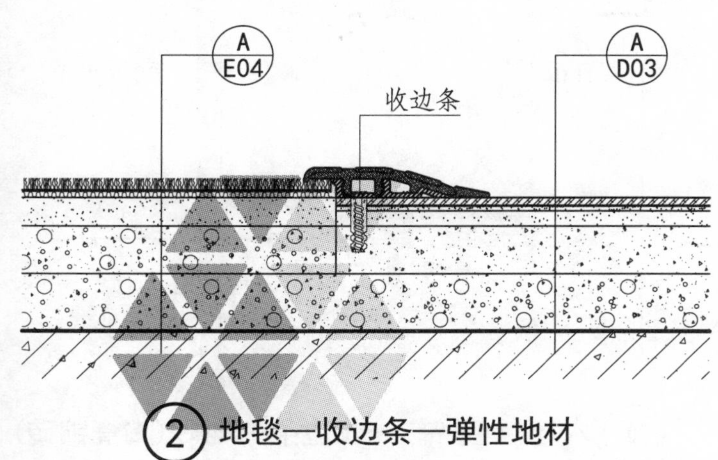

② 地毯—收边条—弹性地材

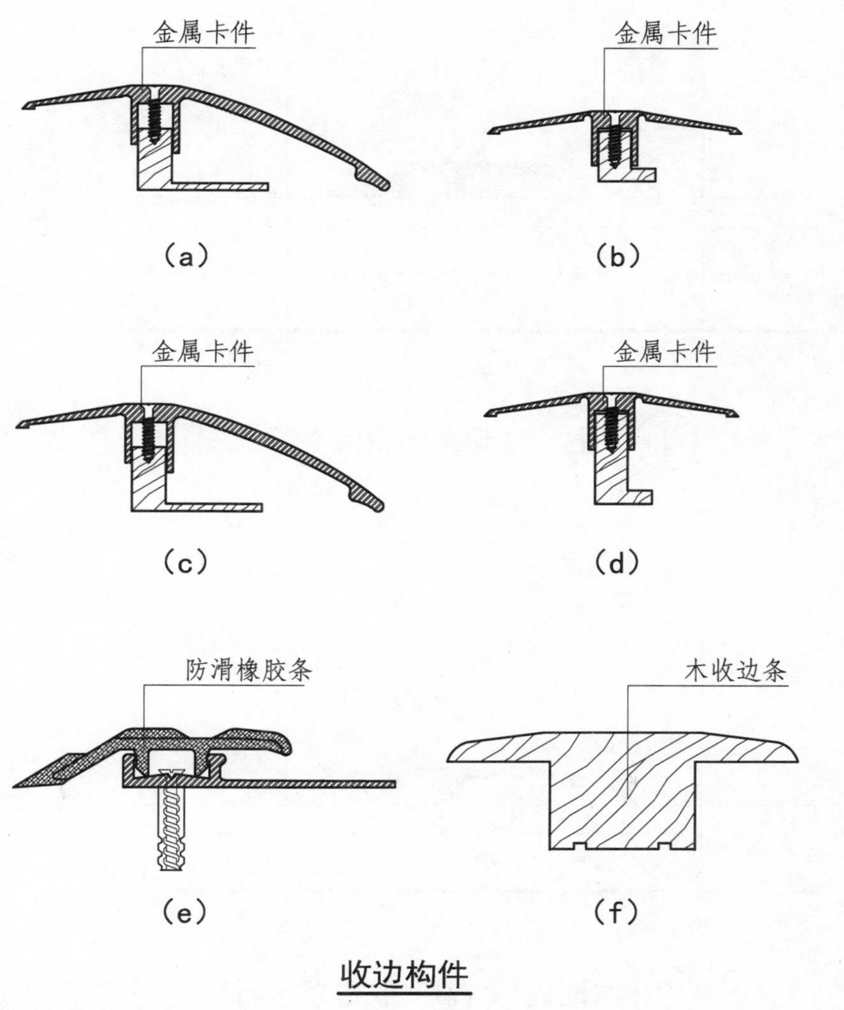

收边构件

注：1. 收边条以成品构件尺寸为准。
2. 盖缝条可以起到防止地毯边缘起翘；不同材料之间平滑过渡；遮盖交接缝隙，达到良好视觉效果。
3. 本页以楼面为例编制。

成品收边构件						图集号	13J502-3
审核	饶良修	校对	郭晓明	设计	张栋栋	页	G10

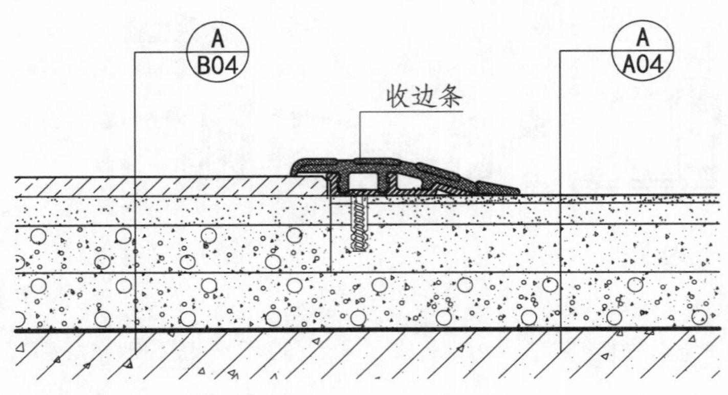

① 石材—收边条—自流平

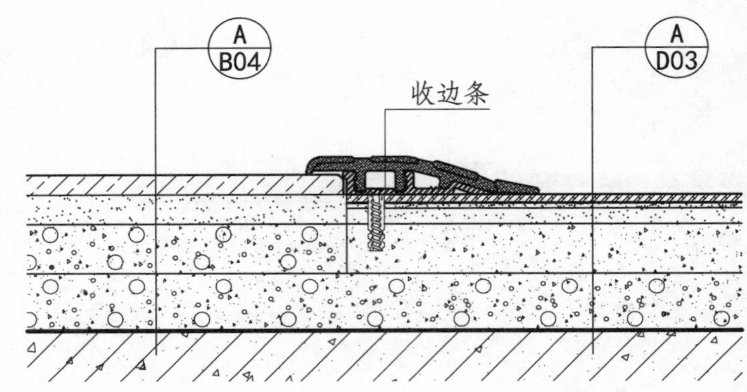

② 石材—收边条—弹性地材

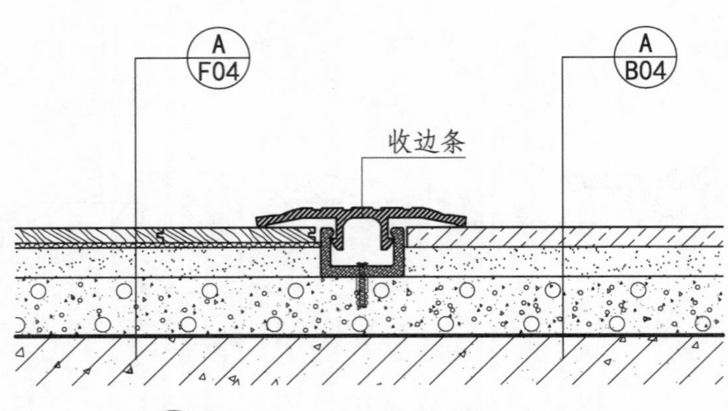

③ 木地板(平铺)—收边条—石材

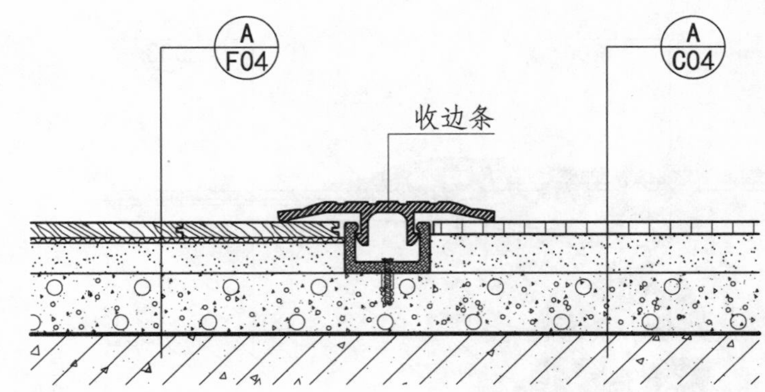

④ 木地板(平铺)—收边条—地砖(陶瓷锦砖)

注:1. 收边条以成品构件尺寸为准。
2. 盖缝条可以起到防止地毯边缘起翘;不同材料之间平滑过渡;遮盖交接缝隙,达到良好视觉效果。
3. 本页以楼面为例编制。

成品收边构件							图集号	13J502-3
审核	饶良修	[签名]	校对	郭晓明	[签名]	设计 厉飞 [签名]	页	G11

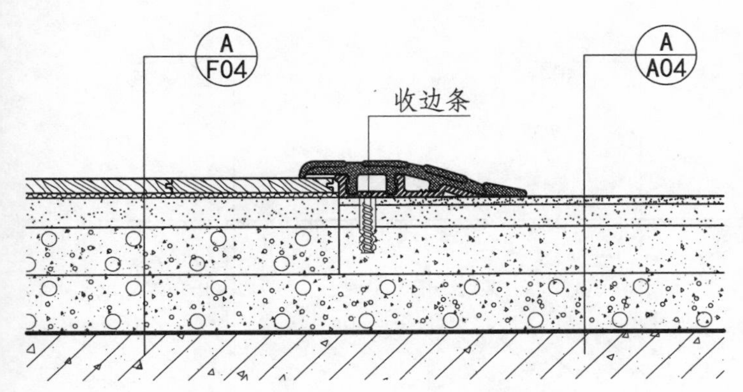

①木地板(平铺)—收边条—自流平

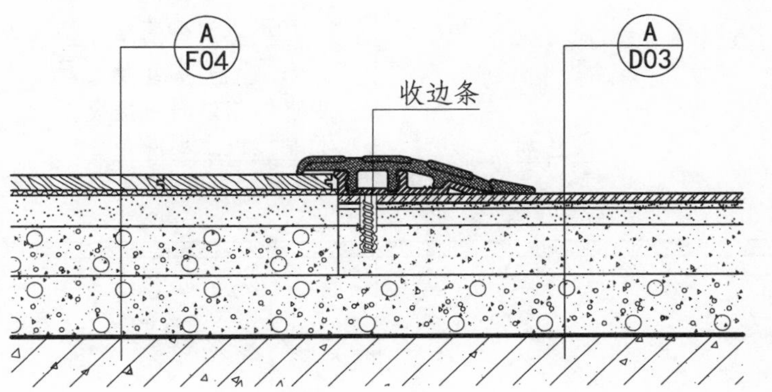

②木地板(平铺)—收边条—弹性地材

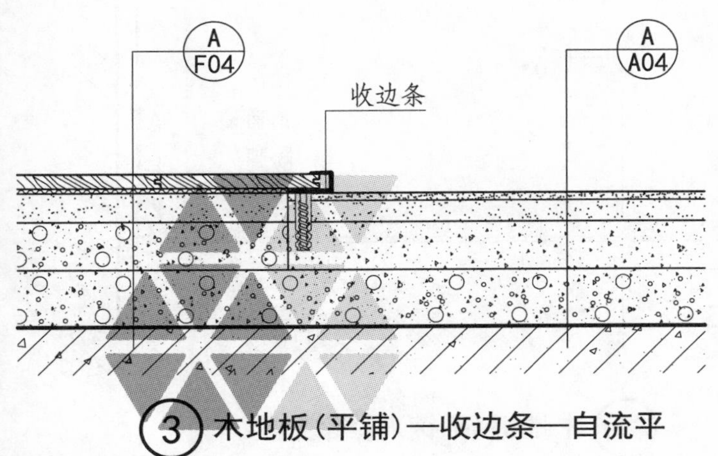

③木地板(平铺)—收边条—自流平

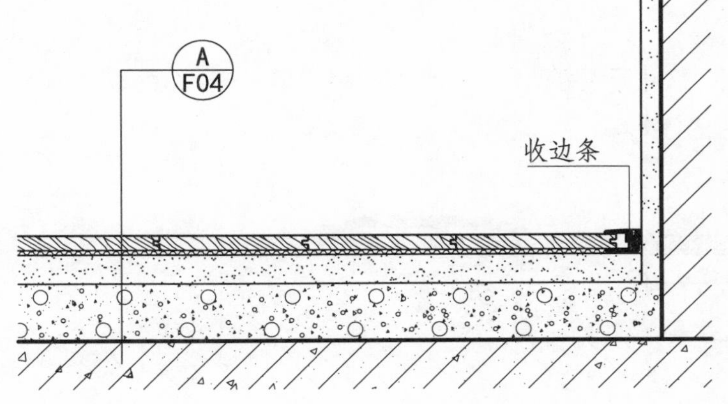

④木地板(平铺)—收边条

注:1. 收边条以成品构件尺寸为准。
2. 盖缝条可以起到防止地毯边缘起翘;不同材料之间平滑过渡;遮盖交接缝隙,达到良好视觉效果。
3. 本页以楼面为例编制。

成品收边构件						图集号	13J502-3
审核	饶良修	校对	郭晓明	设计	厉飞	页	G12

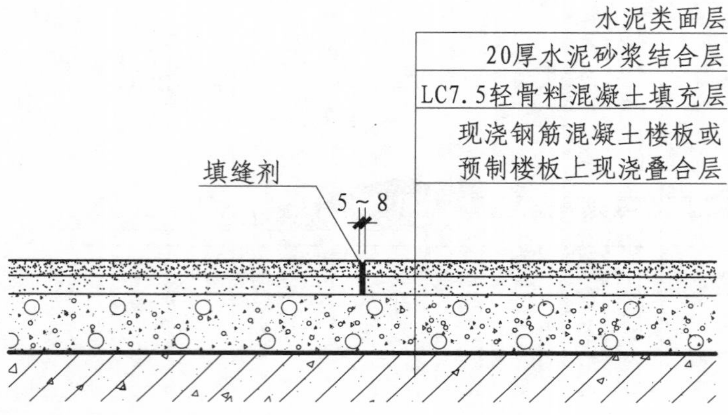

①水泥类面层伸缩缝

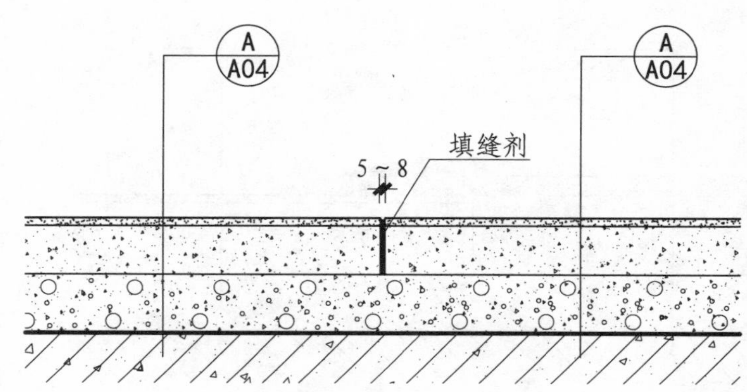

②自流平面层伸缩缝

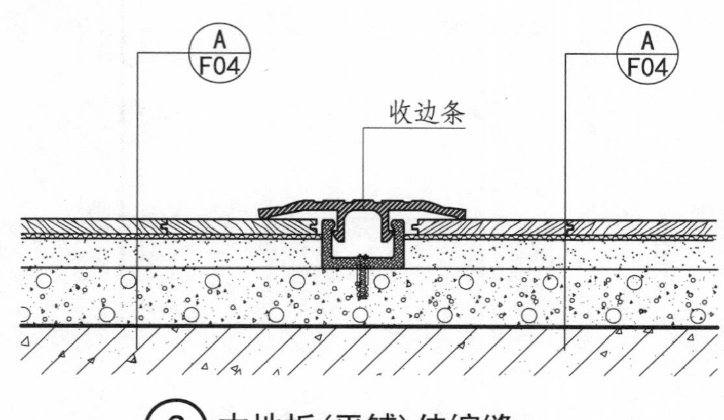

③木地板(平铺)伸缩缝

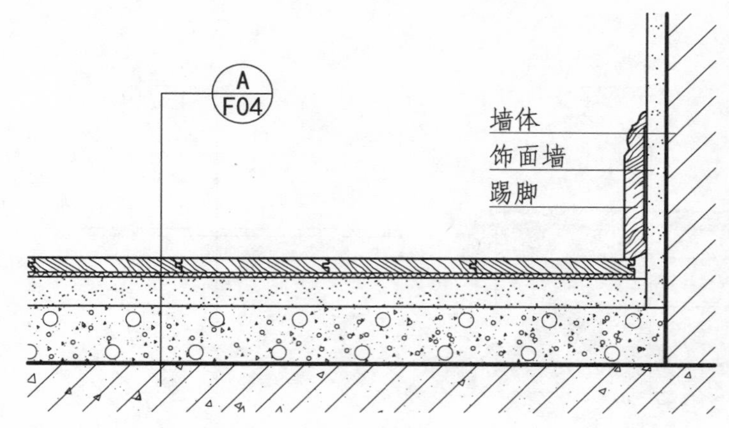

④木地板(平铺)伸缩缝

注：1. 自流平楼（地）面当面积过大时，可在10m×10m长度范围内留伸缩缝防止开裂，缝宽5mm～8mm。踢脚做法详见本图集N踢脚部分。
2. 本页以楼面为例编制。

楼（地）面面层伸缩缝构造图						图集号	13J502-3
审核 饶良修	饶良修	校对 郭晓明	郭晓明	设计	厉飞 厉飞	页	G13

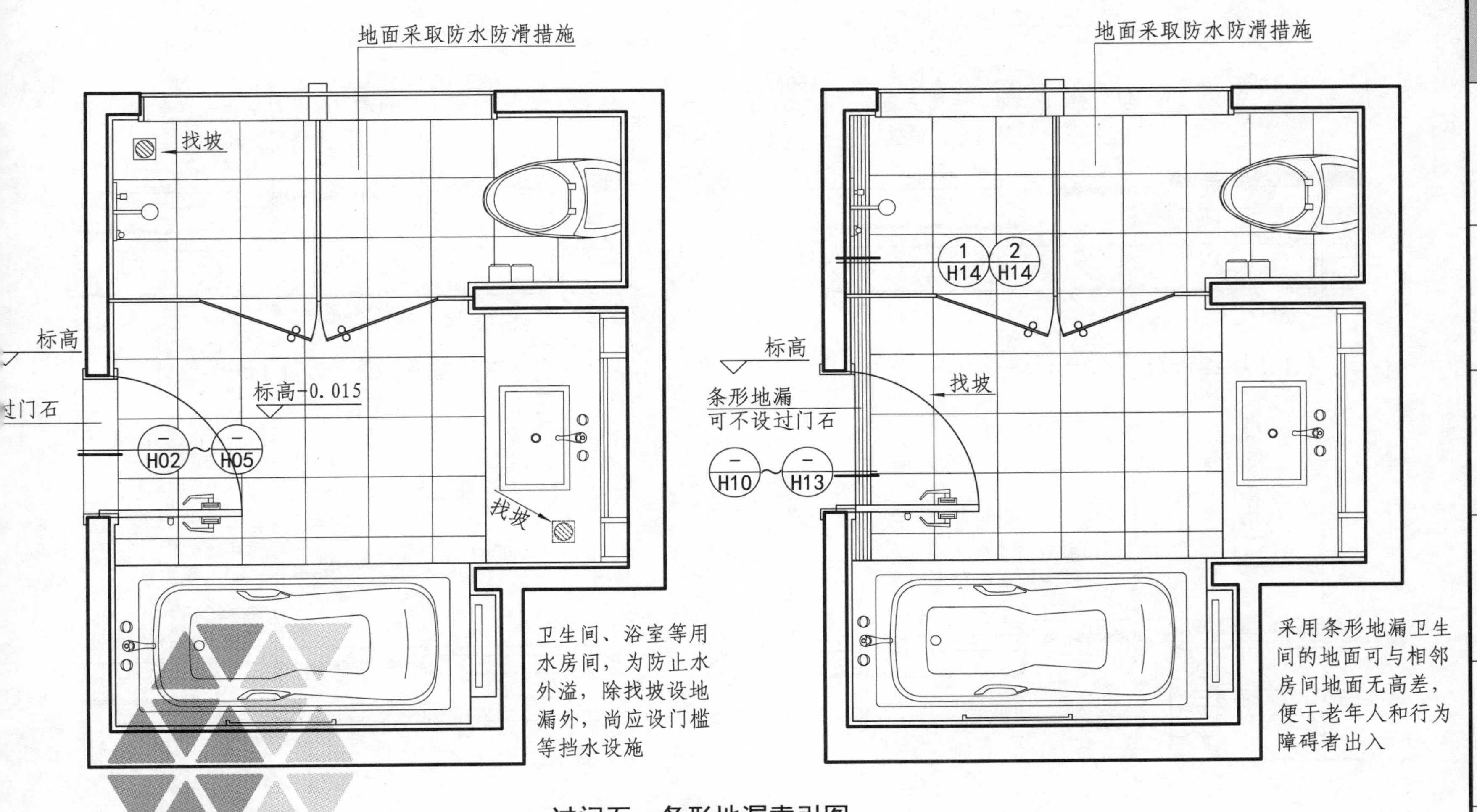

过门石、条形地漏索引图

注：1.过门石、条形地漏的构造图以卫生间为例编制，当过门石用于无水房间时，可将防水层去掉，将找坡层改为找平层。

2.普通地漏周围半径1m范围内地面铺装时向地漏方向找坡1%～2%。

过门石、条形地漏索引图						图集号	13J502-3
审核	饶良修	校对	郭晓明	设计	李晨晨	页	H01

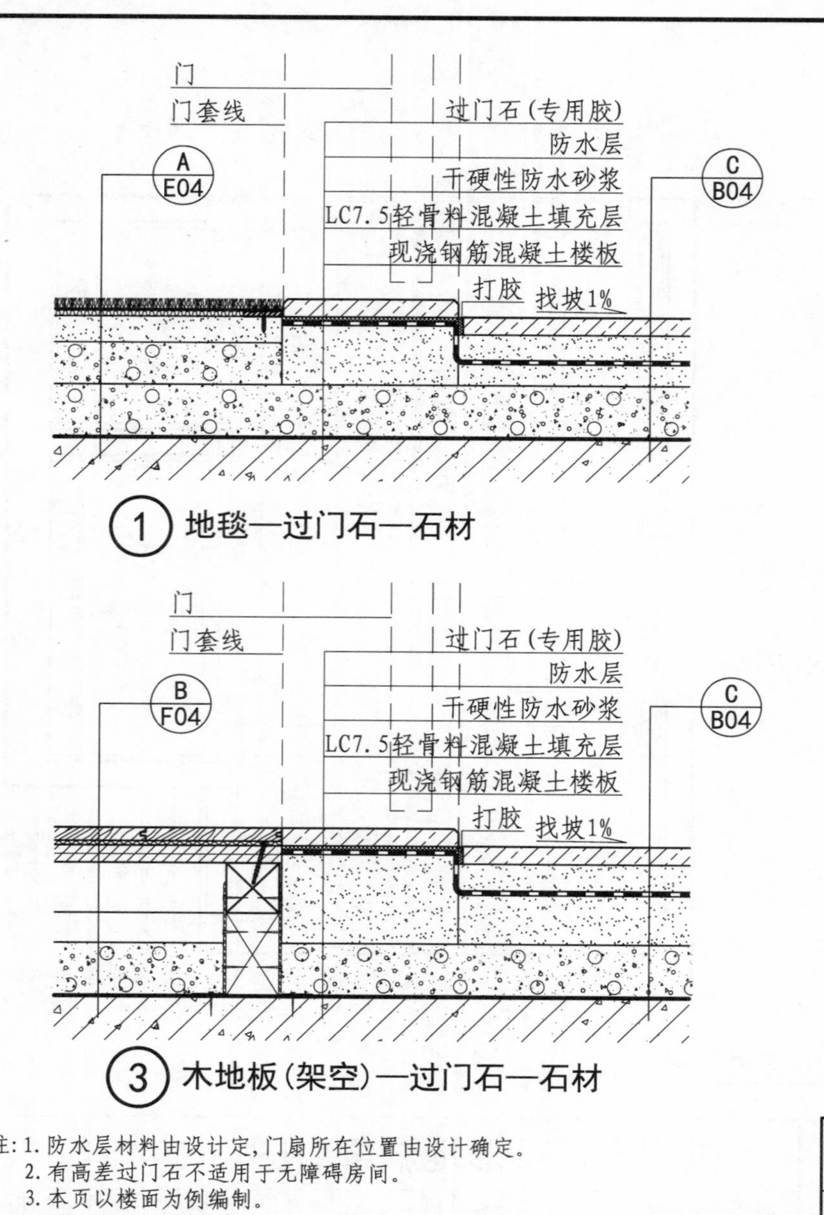

① 地毯—过门石—石材

② 木地板(平铺)—过门石—石材

③ 木地板(架空)—过门石—石材

④ 地砖(陶瓷锦砖)—过门石—石材

注:1.防水层材料由设计定,门扇所在位置由设计确定。
2.有高差过门石不适用于无障碍房间。
3.本页以楼面为例编制。

有水房间过门石构造图						图集号	13J502-3
审核 饶良修	饶良修	校对 郭晓明	郭晓明	设计 李晨晨	李晨晨	页	H02

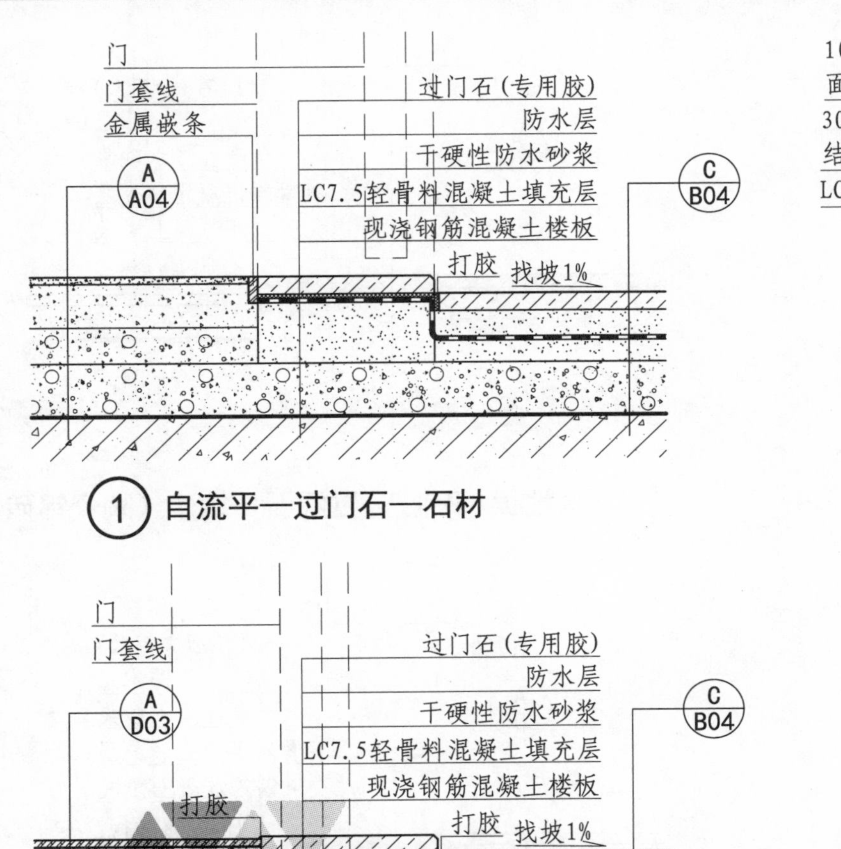

① 自流平—过门石—石材

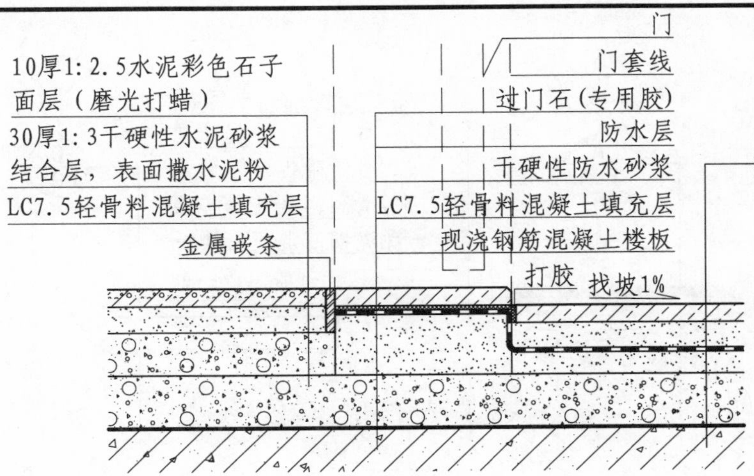

门
门套线
10厚1:2.5水泥彩色石子面层（磨光打蜡）
30厚1:3干硬性水泥砂浆结合层，表面撒水泥粉
LC7.5轻骨料混凝土填充层
金属嵌条
过门石(专用胶)
防水层
干硬性防水砂浆
LC7.5轻骨料混凝土填充层
现浇钢筋混凝土楼板
C
B04
打胶
找坡1%

② 现浇水磨石—过门石—石材

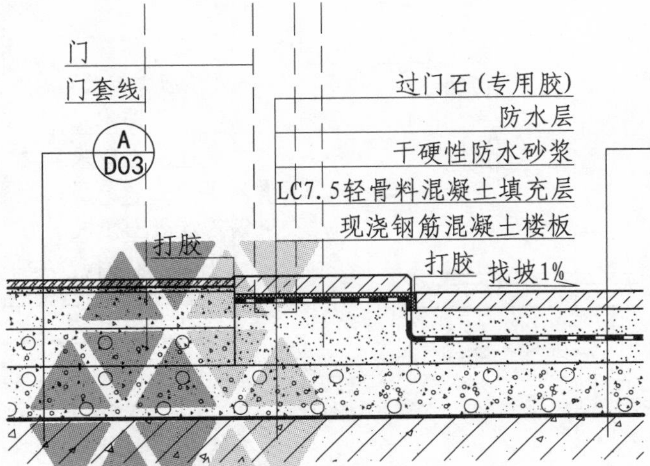

门
门套线
过门石(专用胶)
防水层
干硬性防水砂浆
LC7.5轻骨料混凝土填充层
现浇钢筋混凝土楼板
A
D03
C
B04
打胶
打胶
找坡1%

③ 弹性地材—过门石—石材

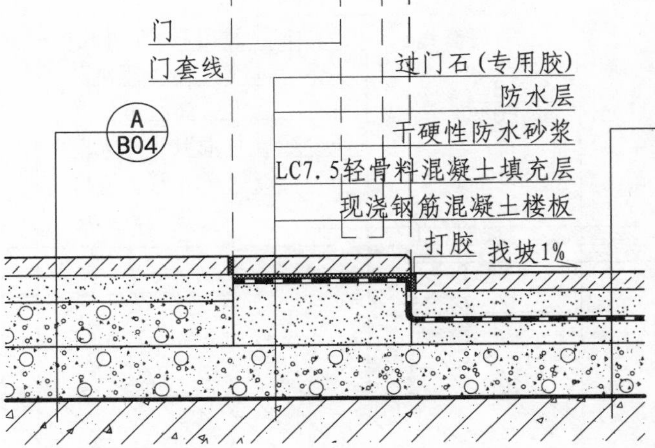

门
门套线
过门石(专用胶)
防水层
干硬性防水砂浆
LC7.5轻骨料混凝土填充层
现浇钢筋混凝土楼板
A
B04
C
B04
打胶
找坡1%

④ 石材—过门石—石材

注：1. 防水层材料由设计定，门扇所在位置由设计确定。
2. 有高差过门石不适用于无障碍房间。
3. 本页以楼面为例编制。

有水房间过门石构造图							图集号	13J502-3
审核	饶良修	饶良修	校对	郭晓明	郭晓明	设计	李晨晨	李晨晨	页	H03

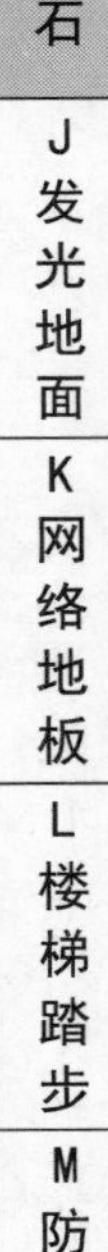

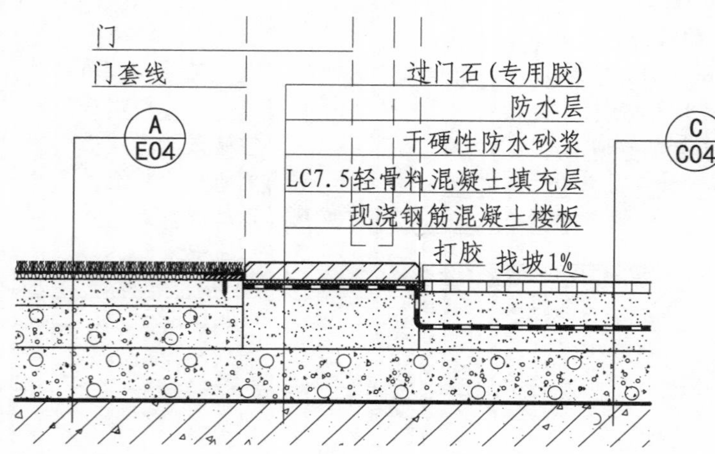

① 地毯—过门石—地砖（陶瓷锦砖）

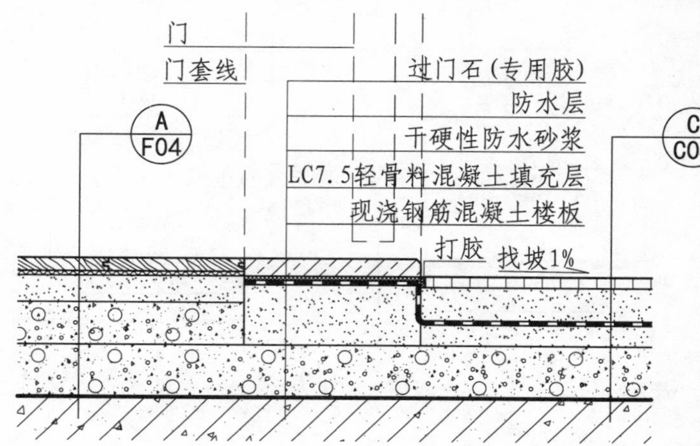

② 木地板(平铺)—过门石—地砖（陶瓷锦砖）

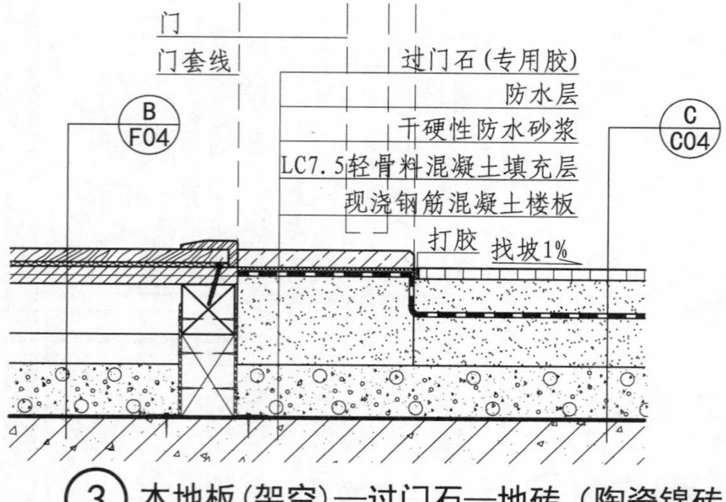

③ 木地板(架空)—过门石—地砖（陶瓷锦砖）

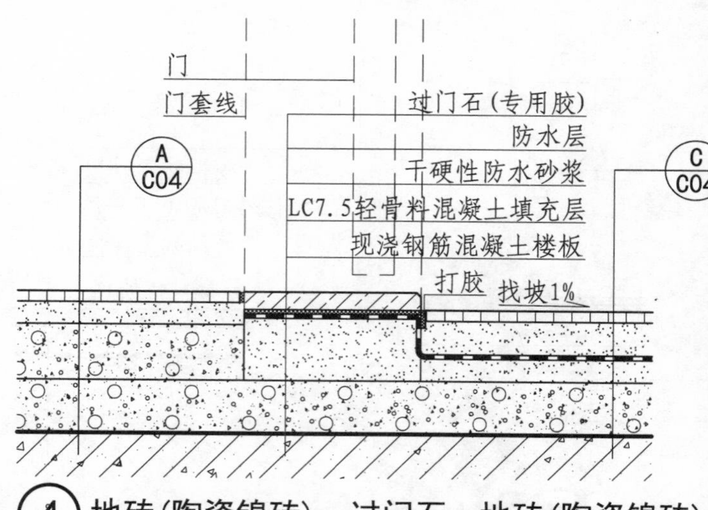

④ 地砖(陶瓷锦砖)—过门石—地砖(陶瓷锦砖)

注：1. 防水层材料由设计定，门扇所在位置由设计确定。
2. 有高差过门石不适用于无障碍房间。
3. 本页以楼面为例编制。

有水房间过门石构造图								图集号	13J502-3
审核	饶良修	饶良修	校对	郭晓明	郭晓明	设计	李晨晨	页	H04

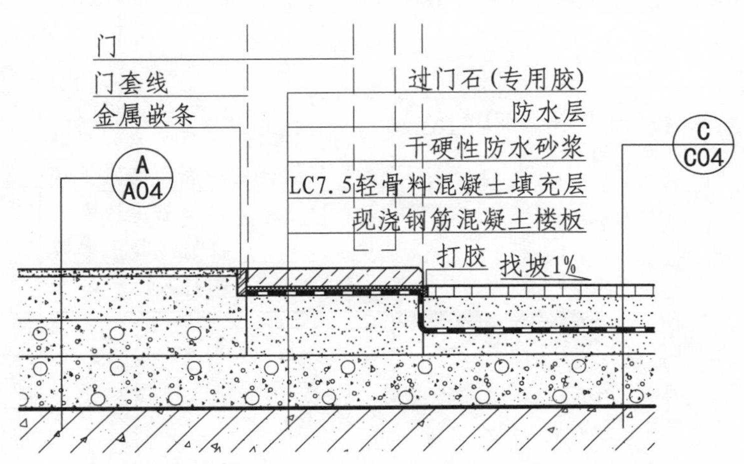

① 自流平—过门石—地砖（陶瓷锦砖）

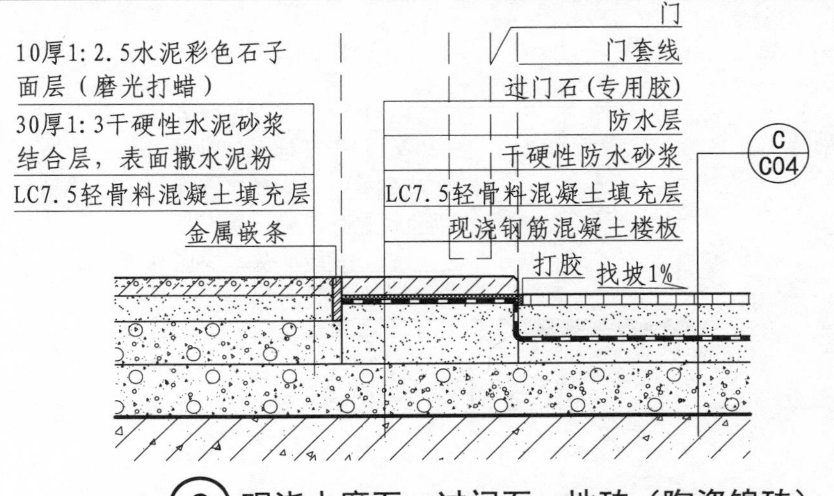

② 现浇水磨石—过门石—地砖（陶瓷锦砖）

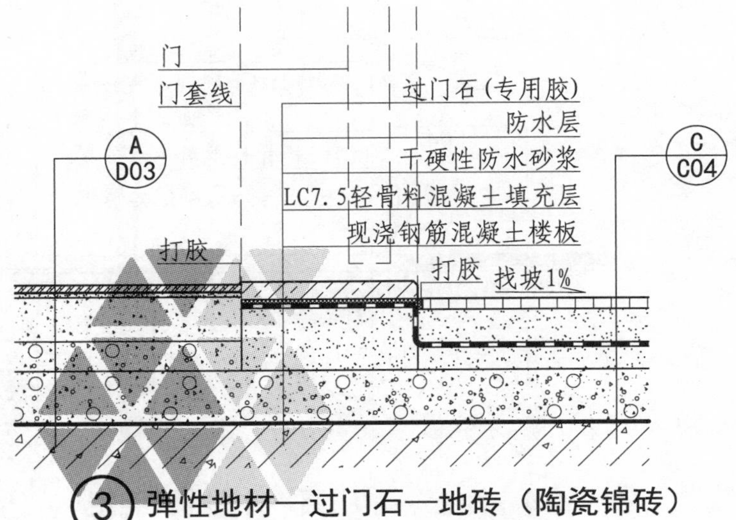

③ 弹性地材—过门石—地砖（陶瓷锦砖）

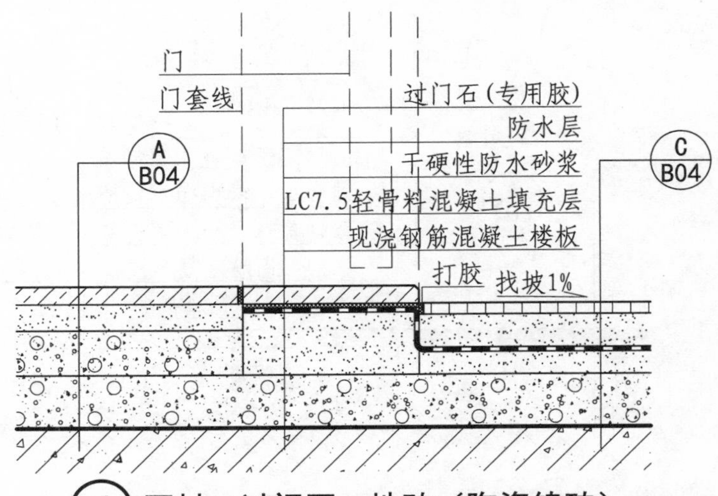

④ 石材—过门石—地砖（陶瓷锦砖）

注：1. 防水层材料由设计定，门扇所在位置由设计确定。
2. 有高差过门石不适用于无障碍房间。
3. 本页以楼面为例编制。

有水房间过门石构造图						图集号	13J502-3
审核	饶良修	校对	郭晓明	设计	李晨晨	页	H05

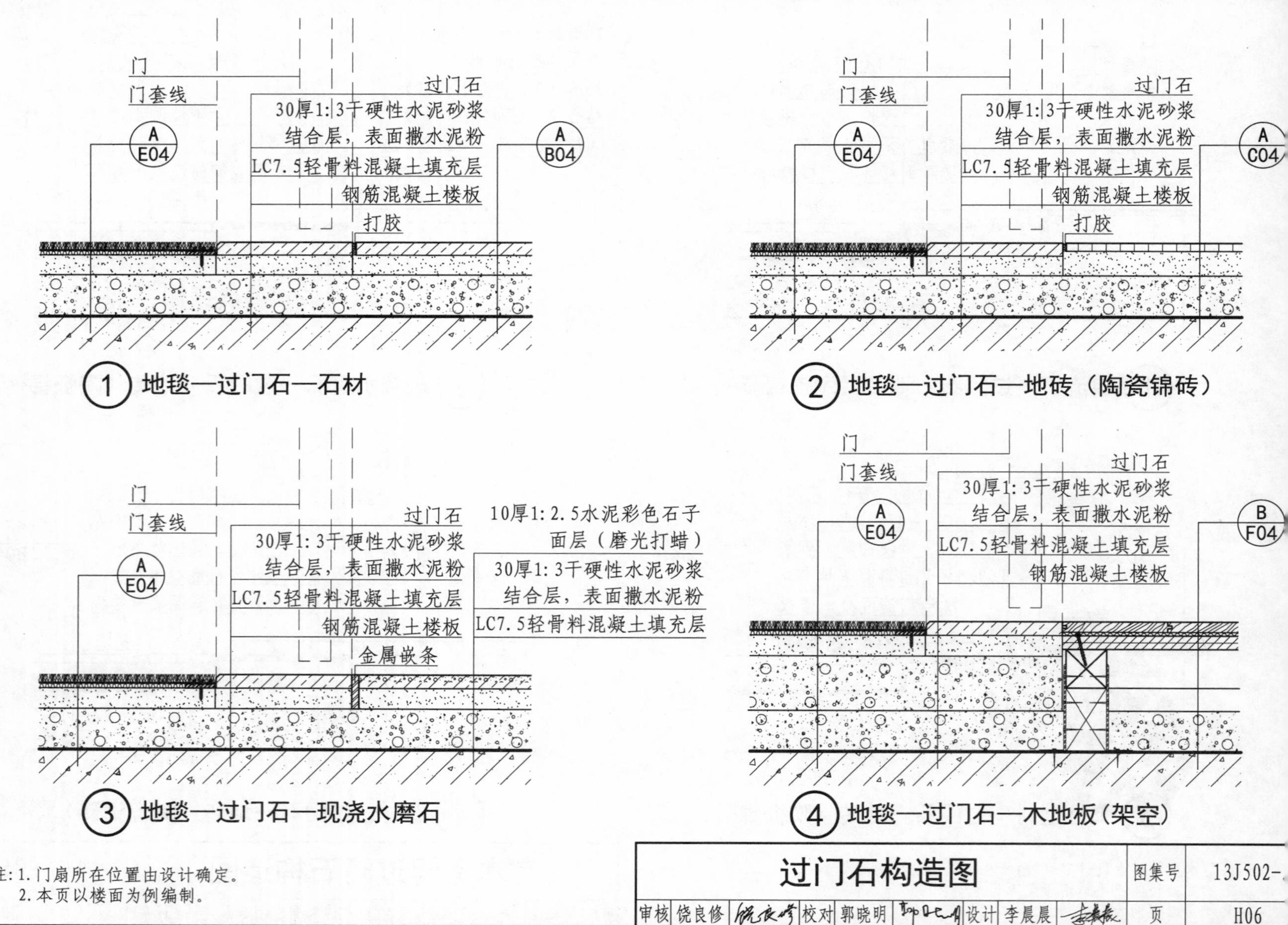

注：1. 门扇所在位置由设计确定。
2. 本页以楼面为例编制。

过门石构造图						图集号	13J502-
审核 饶良修	饶良修	校对 郭晓明	郭晓明	设计 李晨晨	李晨晨	页	H06

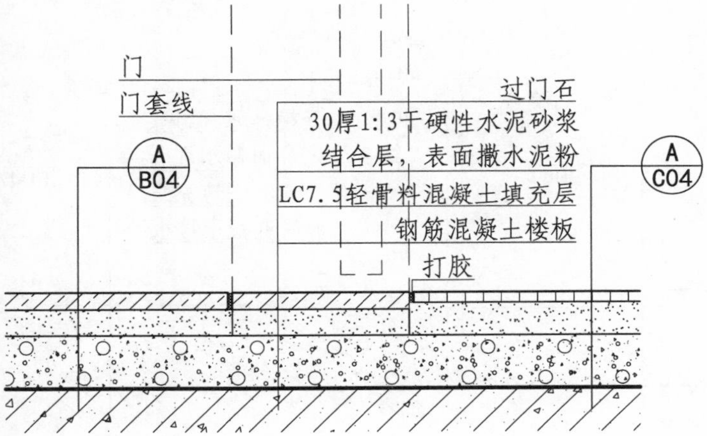

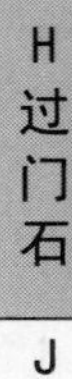

① 石材—过门石—地砖（陶瓷锦砖）

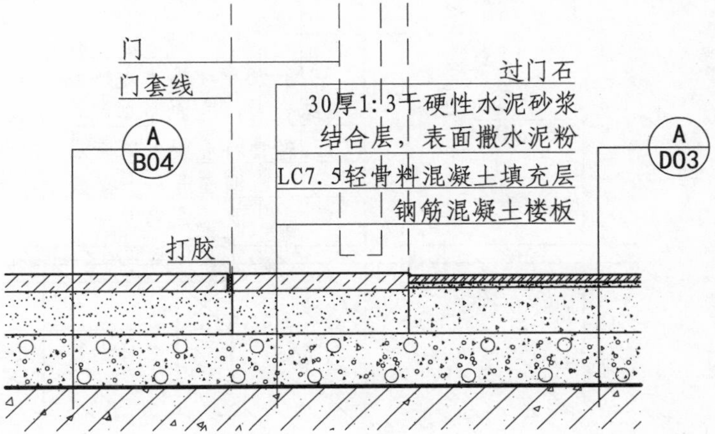

② 石材—过门石—弹性地材

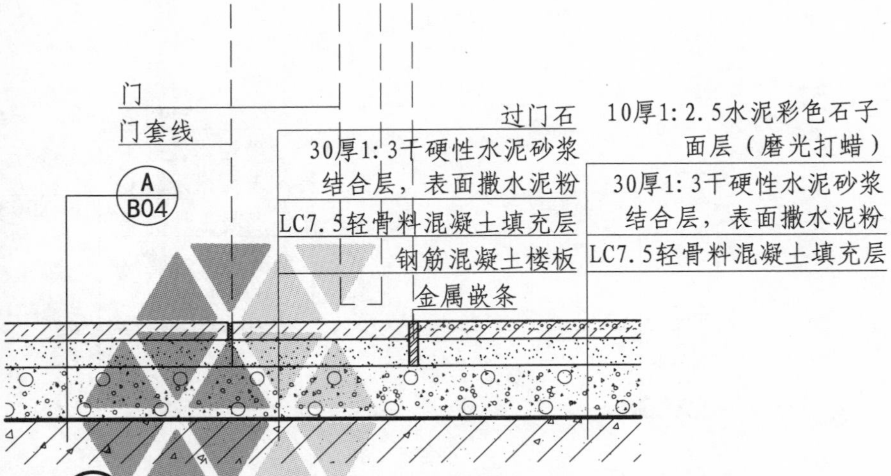

③ 石材—过门石—现浇水磨石

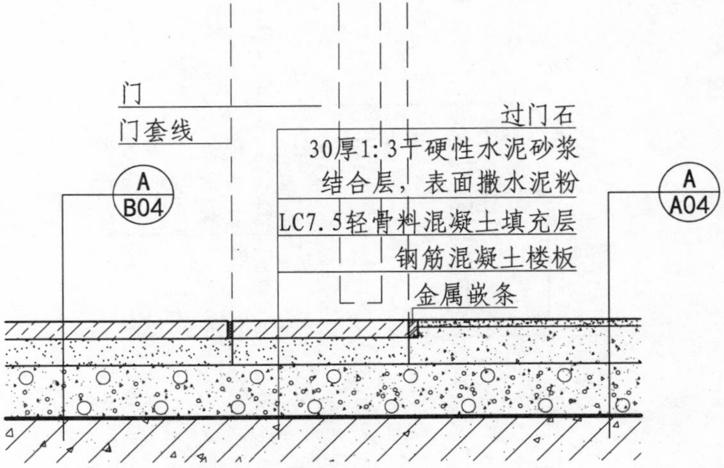

④ 石材—过门石—自流平

注：1.门扇所在位置由设计确定。
2.本页以楼面为例编制。

过门石构造图						图集号	13J502-3
审核	饶良修	校对	郭晓明	设计	李晨晨	页	H07

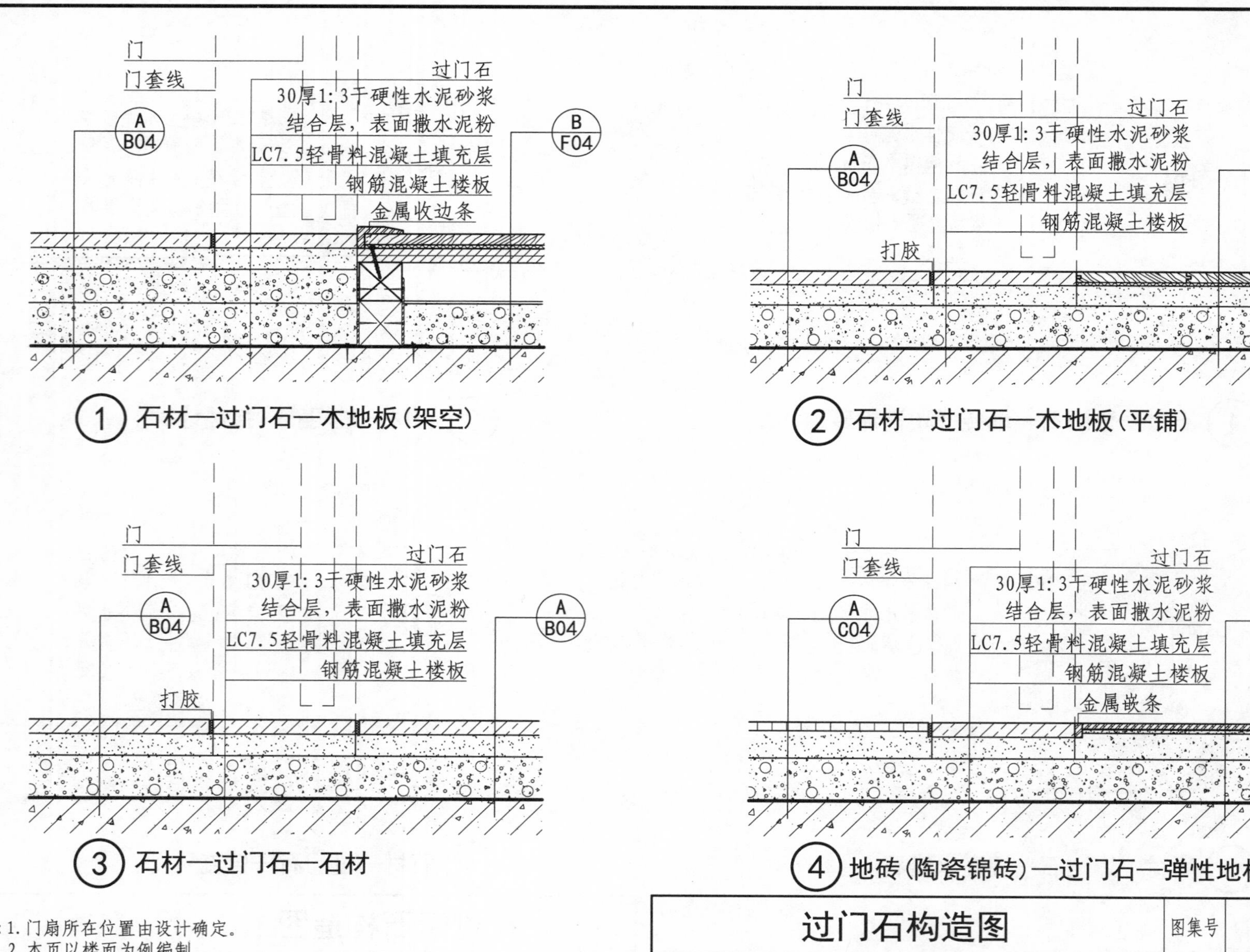

1 石材—过门石—木地板(架空)

2 石材—过门石—木地板(平铺)

3 石材—过门石—石材

4 地砖(陶瓷锦砖)—过门石—弹性地材

注：1.门扇所在位置由设计确定。
2.本页以楼面为例编制。

过门石构造图						图集号	13J502-3
审核	饶良修	校对	郭晓明	设计	李晨晨	页	H08

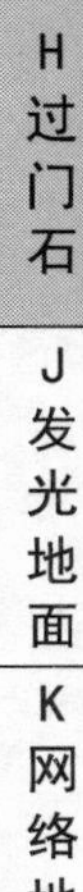

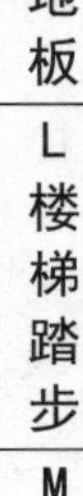

M
防滑门垫

N
踢脚

P
其他

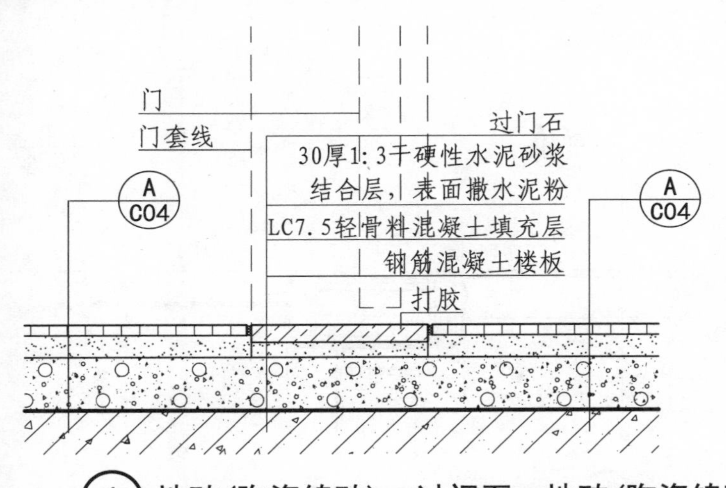

① 地砖（陶瓷锦砖）—过门石—地砖（陶瓷锦砖）

门
门套线
过门石
30厚1:3干硬性水泥砂浆
结合层，表面撒水泥粉
LC7.5轻骨料混凝土填充层
钢筋混凝土楼板
金属收边条
A
C04
B
F04

② 地砖（陶瓷锦砖）—过门石—木地板（架空）

门
门套线
过门石
30厚1:3干硬性水泥砂浆
结合层，表面撒水泥粉
LC7.5轻骨料混凝土填充层
钢筋混凝土楼板
金属嵌条
10厚1:2.5水泥彩色石子
面层（磨光打蜡）
30厚1:3干硬性水泥砂浆
结合层，表面撒水泥粉
LC7.5轻骨料混凝土填充层
A
C04

③ 地砖（陶瓷锦砖）—过门石—现浇水磨石

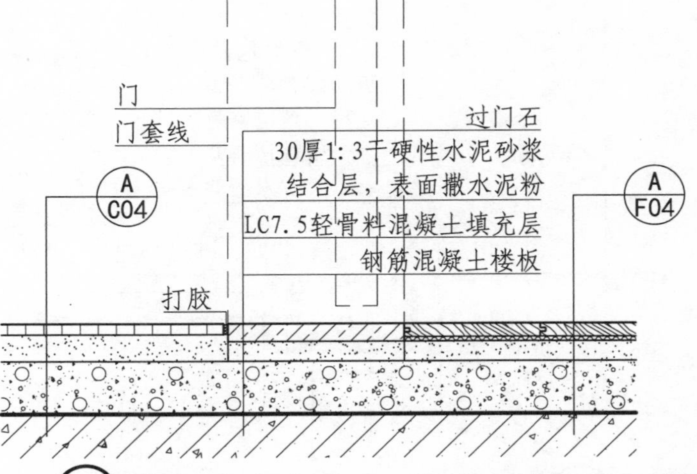

④ 地砖（陶瓷锦砖）—过门石—木地板（平铺）

注：1. 门扇所在位置由设计确定。
2. 本页以楼面为例编制。

过门石构造图						图集号	13J502-3
审核	饶良修	校对	郭晓明	设计	李晨晨	页	H09

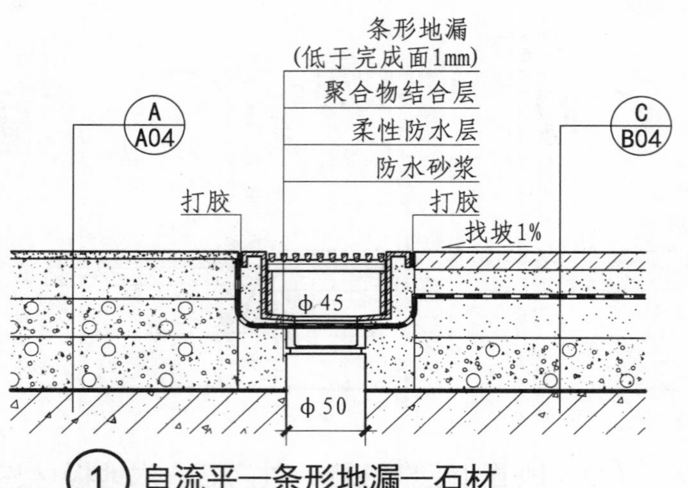

① 自流平—条形地漏—石材

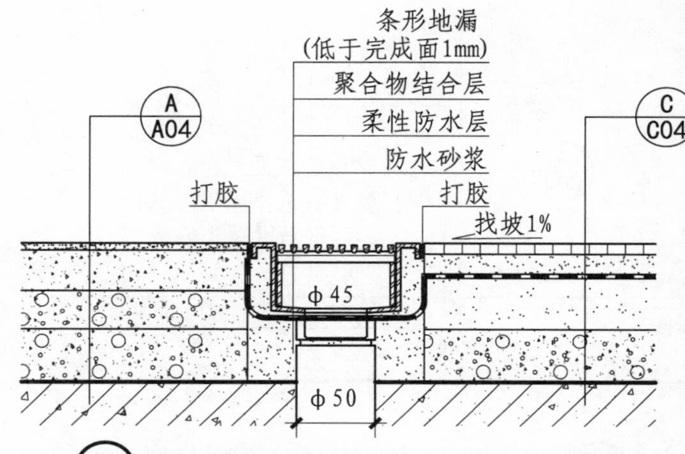

② 自流平—条形地漏—地砖（陶瓷锦砖）

条形地漏
(低于完成面1mm)
聚合物结合层
柔性防水层
防水砂浆
打胶
打胶
找坡1%
A
A04
ϕ45
ϕ50

10厚1:2.5水泥彩色石子面层（磨光打蜡）
30厚1:3干硬性水泥砂浆结合层，表面撒水泥粉
防水层
最薄处30厚1:3水泥砂浆或细石混凝土找坡层抹平
LC7.5轻骨料混凝土填充层

③ 自流平—条形地漏—现浇水磨石

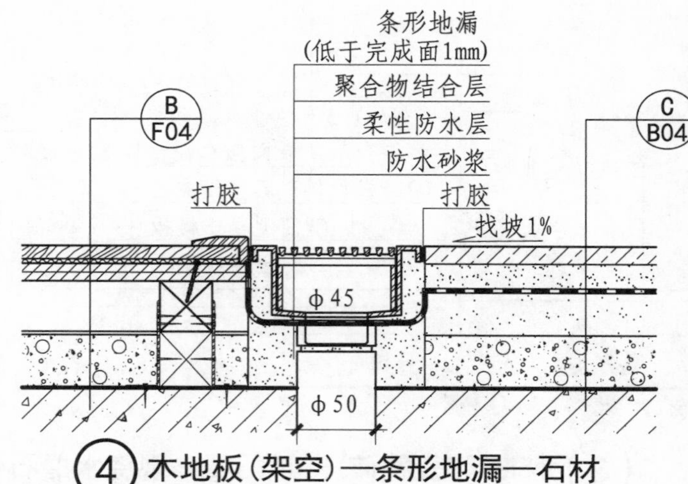

④ 木地板(架空)—条形地漏—石材

注：1. 防水层材料由设计定。
2. 本页以楼面为例编制。
3. 本页根据福州科美节能科技有限公司提供的技术资料编制。

条形地漏构造图							图集号	13J502-3
审核	饶良修	[signature]	校对	郭晓明	[signature]	设计 李晨晨 [signature]	页	H10

10厚1:2.5水泥彩色石子面层（磨光打蜡）
30厚1:3干硬性水泥砂浆结合层，表面撒水泥粉
防水层
最薄处30厚1:3水泥砂浆或细石混凝土找坡层抹平
LC7.5轻骨料混凝土填充层
条形地漏（低于完成面1mm）
聚合物结合层
柔性防水层
防水砂浆
A F04
打胶
打胶
找坡1%
φ45
φ50

① 木地板(平铺)—条形地漏—现浇水磨石

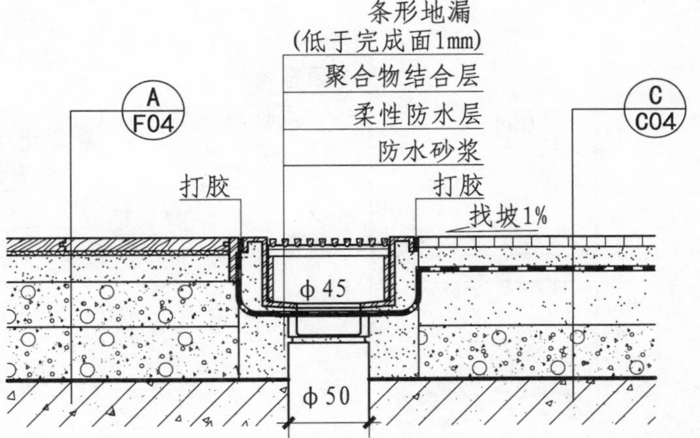

② 木地板(平铺)—条形地漏—地砖（陶瓷锦砖）

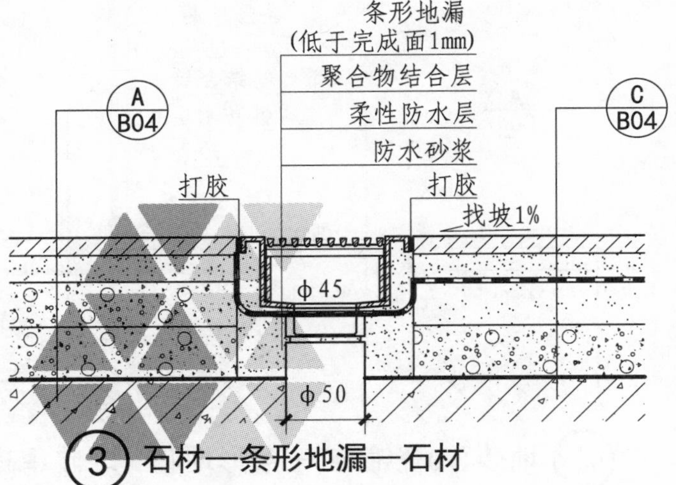

③ 石材—条形地漏—石材

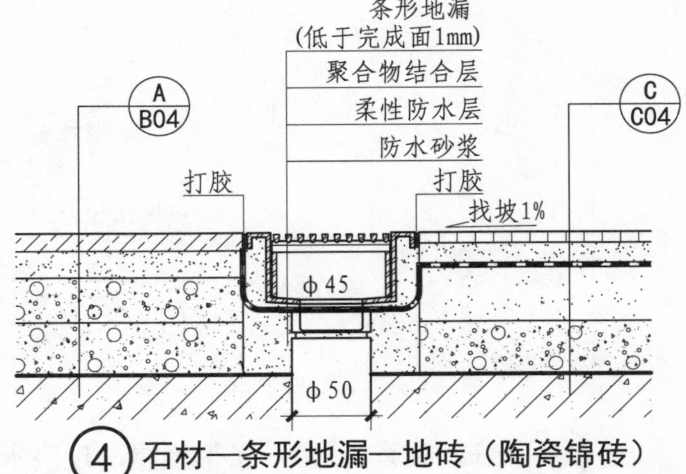

④ 石材—条形地漏—地砖（陶瓷锦砖）

注：1. 防水层材料由设计定。
2. 本页以楼面为例编制。
3. 本页根据福州科美节能科技有限公司提供的技术资料编制。

条形地漏构造图						图集号	13J502-3
审核	饶良修	校对	郭晓明	设计	李晨晨	页	H11

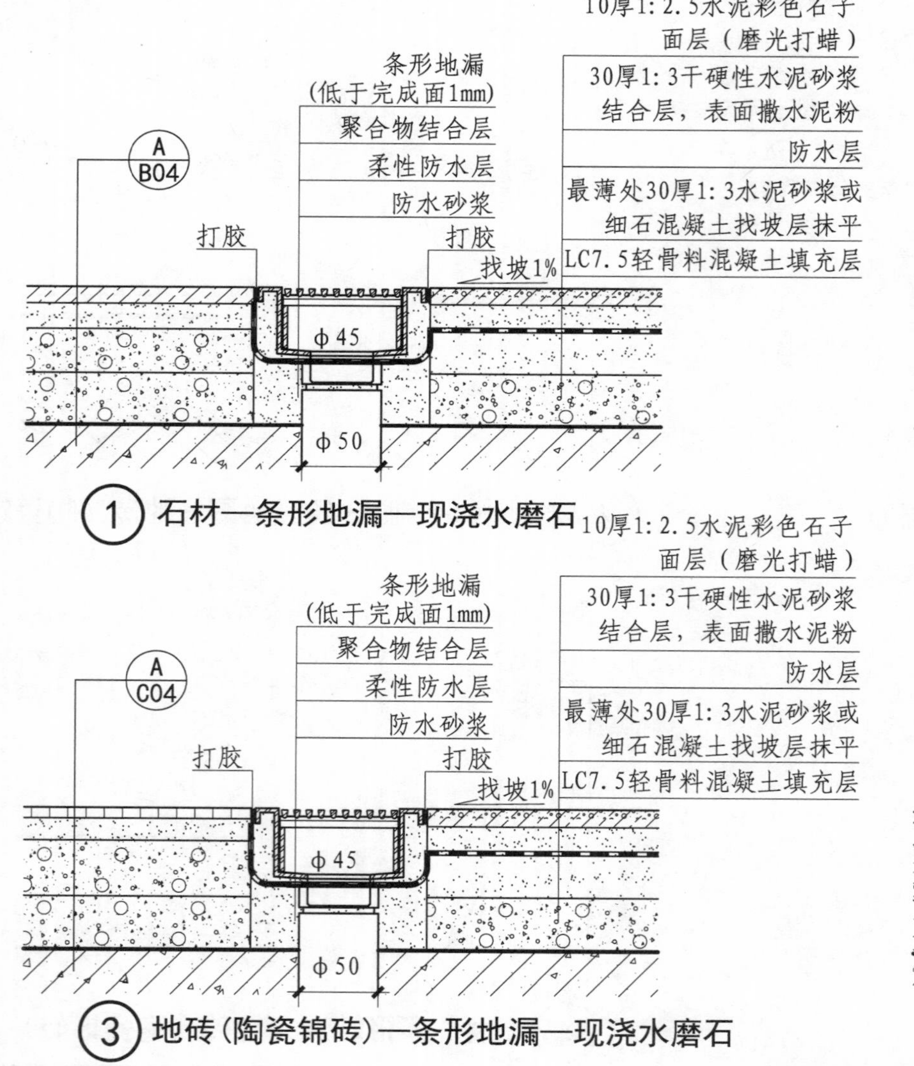

① 石材—条形地漏—现浇水磨石

③ 地砖(陶瓷锦砖)—条形地漏—现浇水磨石

条形地漏
(低于完成面1mm)
聚合物结合层
柔性防水层
防水砂浆
打胶
打胶
找坡1%
A
C04
C
B04
ϕ45
ϕ50

② 地砖(陶瓷锦砖)—条形地漏—石材

条形地漏
(低于完成面1mm)
聚合物结合层
柔性防水层
防水砂浆
打胶
打胶
找坡1%
A
C04
C
C04
ϕ45
ϕ50

④ 地砖(陶瓷锦砖)—条形地漏—地砖(陶瓷锦砖

注：1. 防水层材料由设计定。
2. 本页以楼面为例编制。
3. 本页根据福州科美节能科技有限公司提供的技术资料编制。

条形地漏构造图								图集号	13J502-3
审核	饶良修	饶良修	校对	郭晓明	郭晓明	设计	李晨晨	页	H12

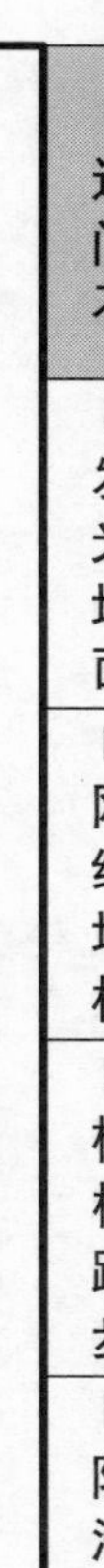

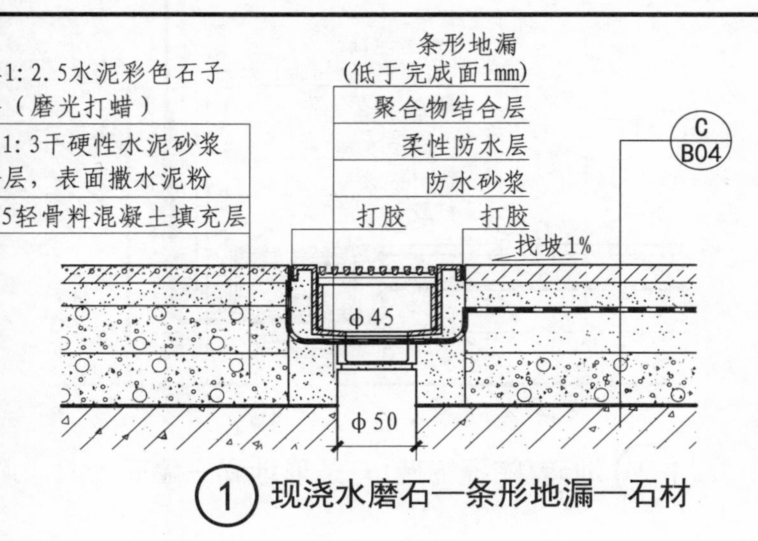

① 现浇水磨石—条形地漏—石材

10厚1: 2.5水泥彩色石子面层（磨光打蜡）

30厚1: 3干硬性水泥砂浆结合层，表面撒水泥粉

LC7.5轻骨料混凝土填充层

条形地漏（低于完成面1mm）

聚合物结合层

柔性防水层

防水砂浆

打胶

打胶

找坡1%

C C04

ϕ45

ϕ50

② 现浇水磨石—条形地漏—地砖(陶瓷锦砖)

厚1: 2.5水泥彩色石子层（磨光打蜡）

厚1: 3干硬性水泥砂浆合层，表面撒水泥粉

7.5轻骨料混凝土填充层

条形地漏（低于完成面1mm）

聚合物结合层

柔性防水层

防水砂浆

打胶

打胶

找坡1%

10厚1: 2.5水泥彩色石子面层（磨光打蜡）

30厚1: 3干硬性水泥砂浆结合层，表面撒水泥粉

防水层

最薄处30厚1: 3水泥砂浆或细石混凝土找坡层抹平

LC7.5轻骨料混凝土填充层

ϕ45

ϕ50

③ 现浇水磨石—条形地漏—现浇水磨石

条形地漏（低于完成面1mm）

聚合物结合层

柔性防水层

防水砂浆

打胶

找坡1%

A B04

地砖（陶瓷锦砖）

25厚1: 3水泥砂浆结合层

水泥砂浆找平层，防水层

LC7.5轻骨料混凝土填充层找坡

防水层，水泥砂浆保护层

钢筋混凝土楼板抹光

ϕ45

ϕ50

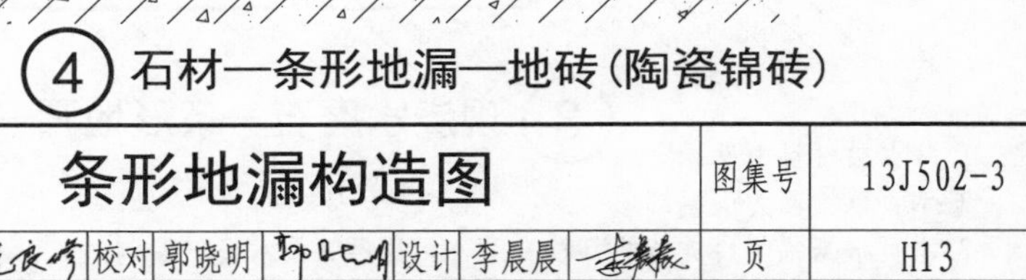

④ 石材—条形地漏—地砖(陶瓷锦砖)

注：1. 防水层材料由设计定。
2. 本页以楼面为例编制。
3. 本页根据福州科美节能科技有限公司提供的技术资料编制。

条形地漏构造图						图集号	13J502-3
审核	饶良修	校对	郭晓明	设计	李晨晨	页	H13

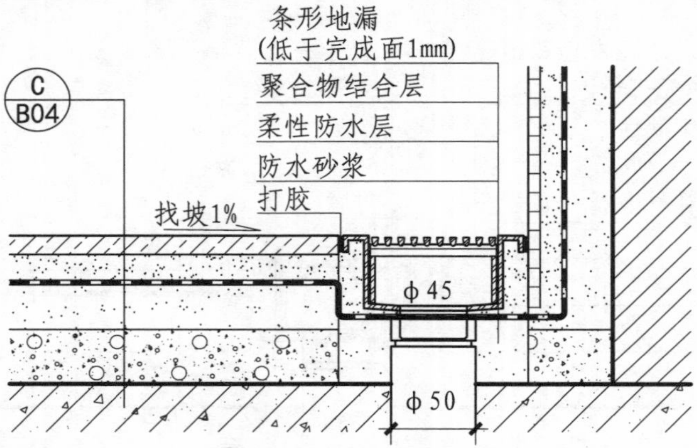

条形地漏
(低于完成面1mm)
聚合物结合层
柔性防水层
防水砂浆
打胶
C B04
找坡1%
ϕ45
ϕ50

① 石材—条形地漏—墙面

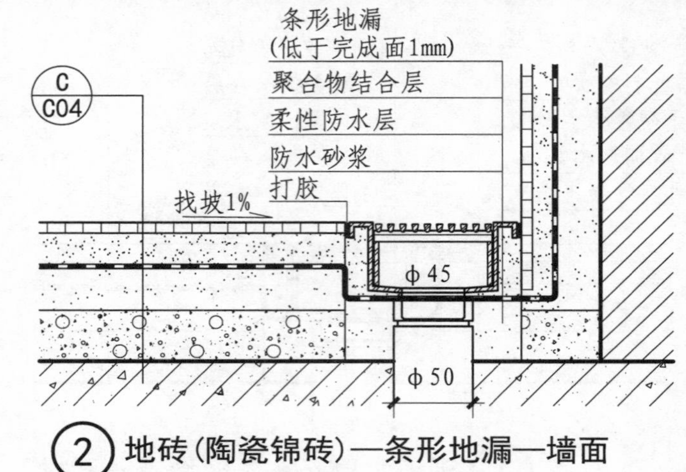

② 地砖(陶瓷锦砖)—条形地漏—墙面

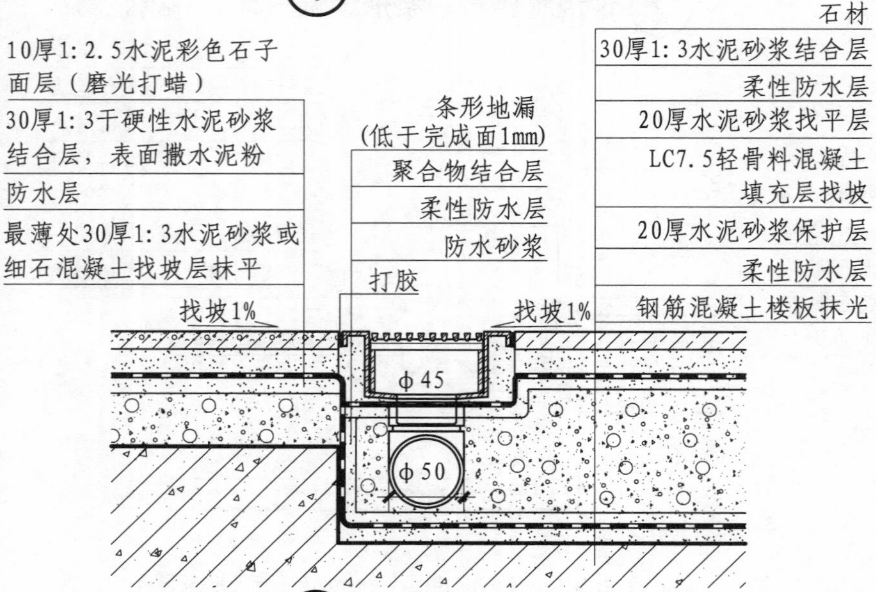

10厚1:2.5水泥彩色石子面层（磨光打蜡）
30厚1:3干硬性水泥砂浆结合层，表面撒水泥粉
防水层
最薄处30厚1:3水泥砂浆或细石混凝土找坡层抹平
条形地漏
(低于完成面1mm)
聚合物结合层
柔性防水层
防水砂浆
打胶
石材
30厚1:3水泥砂浆结合层
柔性防水层
20厚水泥砂浆找平层
LC7.5轻骨料混凝土填充层找坡
20厚水泥砂浆保护层
柔性防水层
钢筋混凝土楼板抹光
找坡1%
找坡1%
ϕ45
ϕ50

③ 现浇水磨石—条形地漏—石材

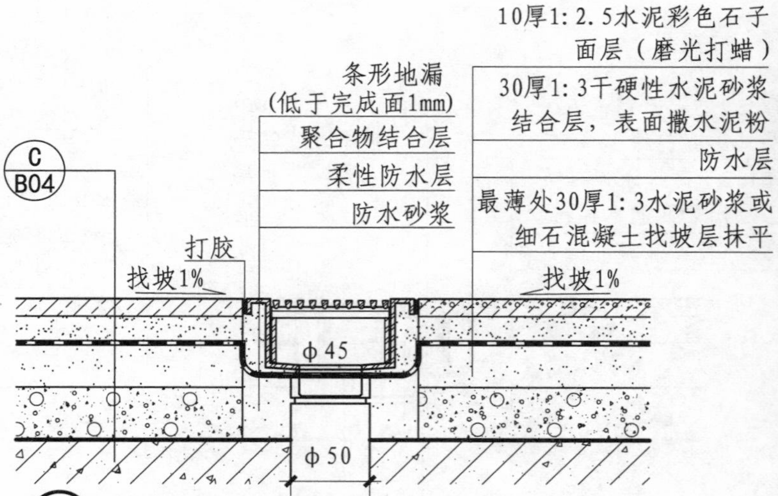

10厚1:2.5水泥彩色石子面层（磨光打蜡）
30厚1:3干硬性水泥砂浆结合层，表面撒水泥粉
防水层
最薄处30厚1:3水泥砂浆或细石混凝土找坡层抹平
条形地漏
(低于完成面1mm)
聚合物结合层
柔性防水层
防水砂浆
打胶
C B04
找坡1%
找坡1%
ϕ45
ϕ50

④ 石材—条形地漏—现浇水磨石

注：1.防水层材料由设计定。
2.本页以楼面为例编制。
3.本页根据福州科美节能科技有限公司提供的技术资料编制。

条形地漏构造图						图集号	13J502-
审核	饶良修	校对	郭晓明	设计	李晨晨	页	H14

点支承发光地面示例图

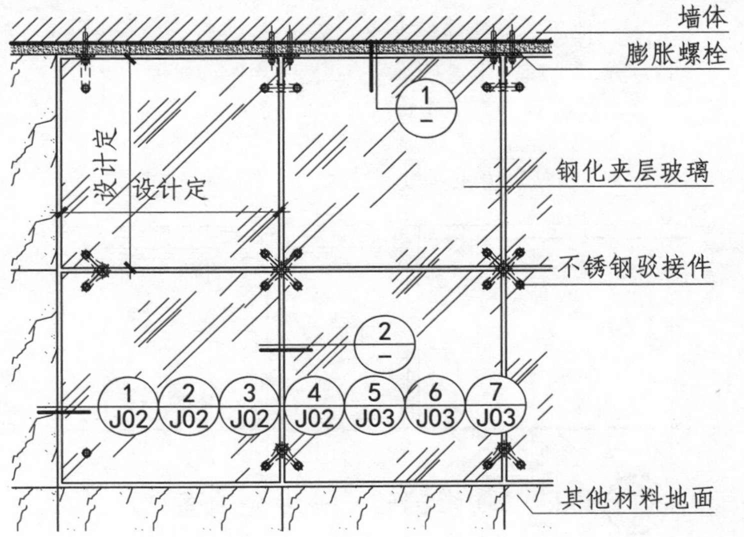

点支承发光地面平面图

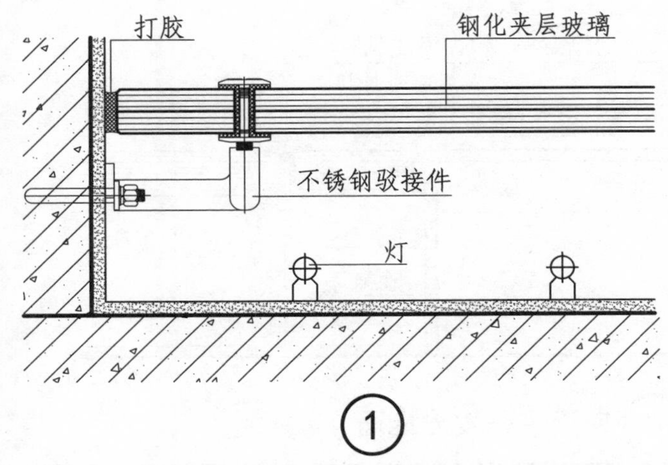

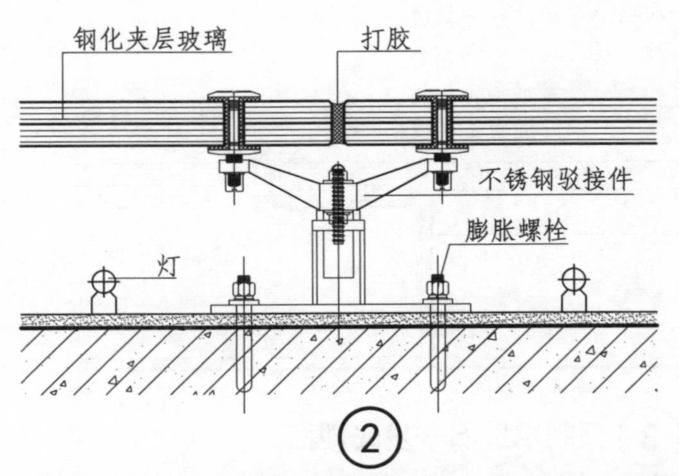

注：点支承发光地面应采用钢化夹层玻璃，相关内容也可参见国家标准图集《建筑玻璃应用构造》 11J508。

点支承发光地面示例及构造图							图集号	13J502-3
审核	饶良修		校对	郭晓明		设计	李晨晨	页	J01

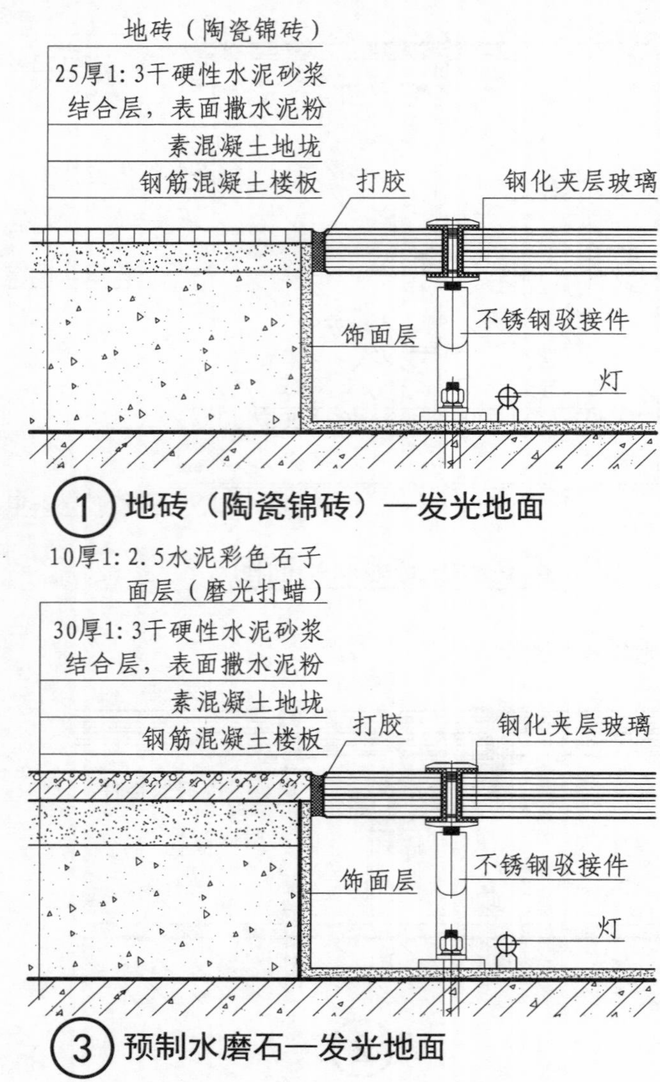

① 地砖（陶瓷锦砖）—发光地面

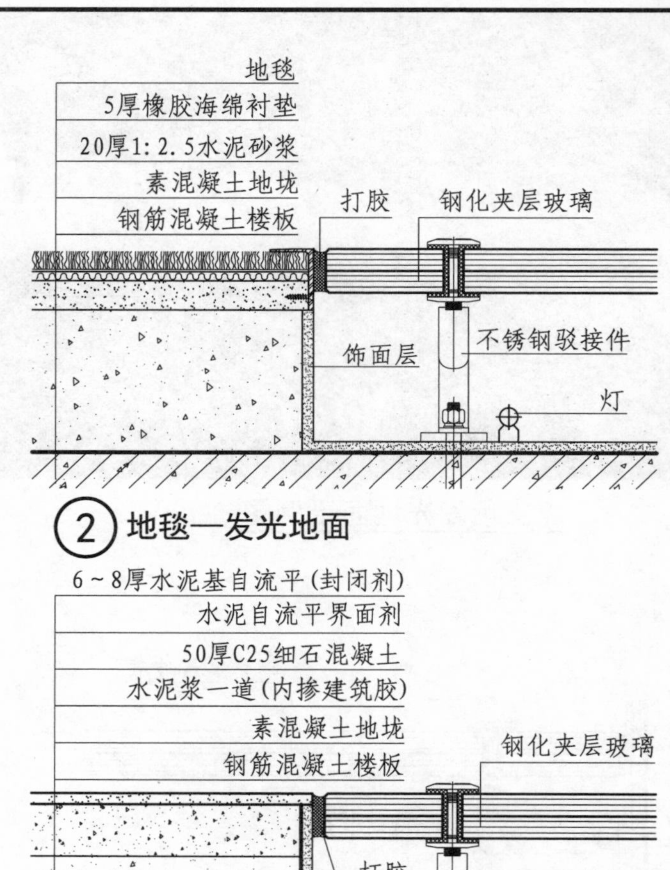

② 地毯—发光地面

③ 预制水磨石—发光地面

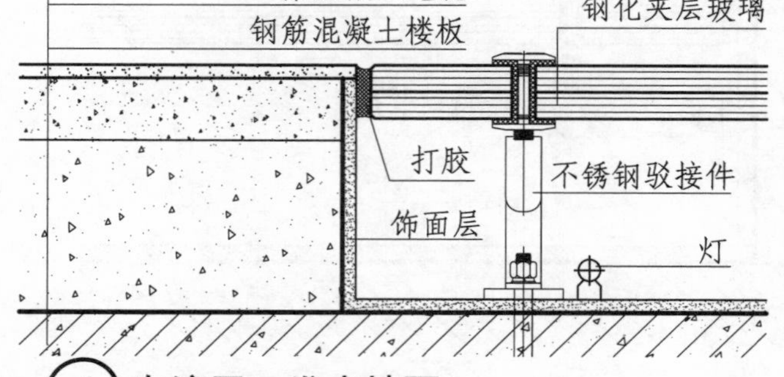

④ 自流平—发光地面

点支承发光地面构造图						图集号	13J502-3
审核	饶良修	校对	郭晓明	设计	李晨晨	页	J02

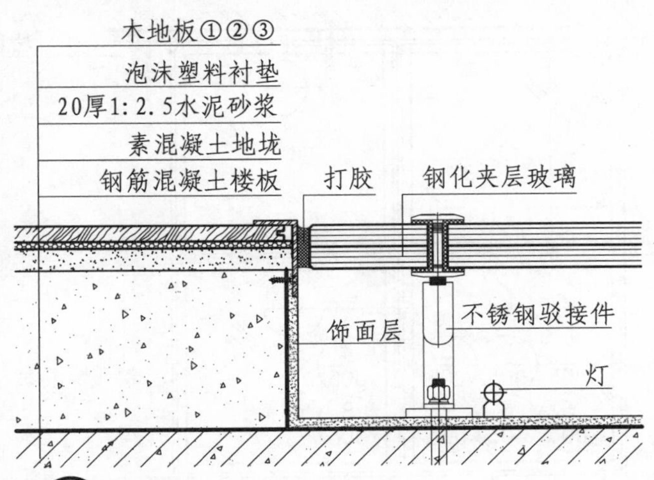

⑤ 木地板—发光地面

石材
30厚1:3干硬性水泥砂浆
结合层，表面撒水泥粉
素混凝土地垅
钢筋混凝土楼板
打胶
钢化夹层玻璃
不锈钢驳接件
饰面层
灯

⑥ 石材—发光地面

弹性地材①②③(胶粘剂粘贴)
自流平找平层
水泥自流平界面剂
50厚C25细石混凝土
水泥浆一道(内掺建筑胶)
素混凝土地垅
钢筋混凝土楼板
钢化夹层玻璃
打胶
不锈钢驳接件
饰面层
灯

⑦ 弹性地材—发光地面

注：1. 木地板：①实木地板；②实木复合地板；③强化复合木地板。
2. 弹性地材：①PVC地板；②橡胶地板；③亚麻地板。

点支承发光地面构造图						图集号	13J502-3
审核 饶良修	饶良修	校对 郭晓明	郭晓明	设计 李晨晨	李晨晨	页	J03

框支承发光地面示例图

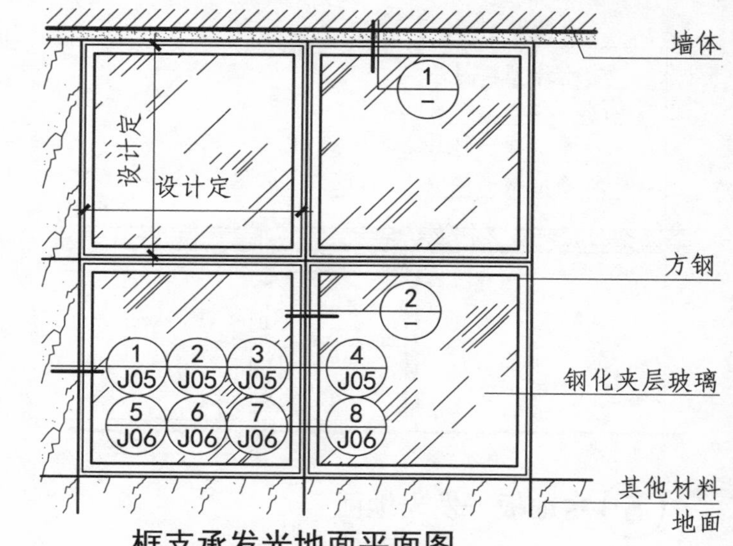

框支承发光地面平面图

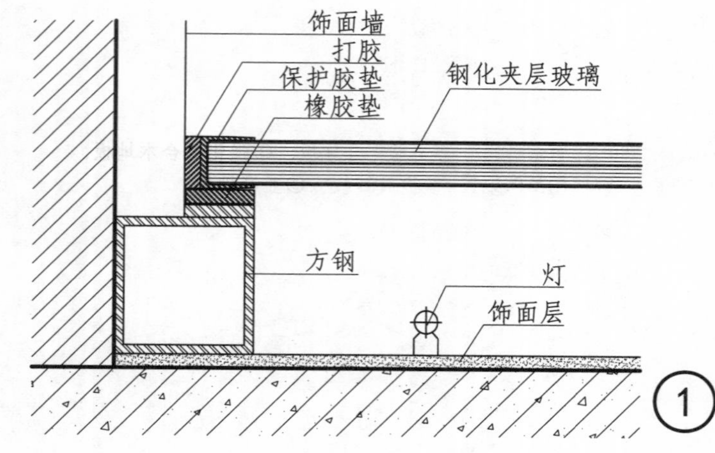

注：框支承发光地面应采用钢化夹层玻璃，相关内容也可参见国家标准图集《建筑玻璃应用构造》 11J508。

框支承发光地面示例及构造图							图集号	13J502-3
审核	饶良修	饶良修	校对	郭晓明	郭晓明	设计 李晨晨	页	J04

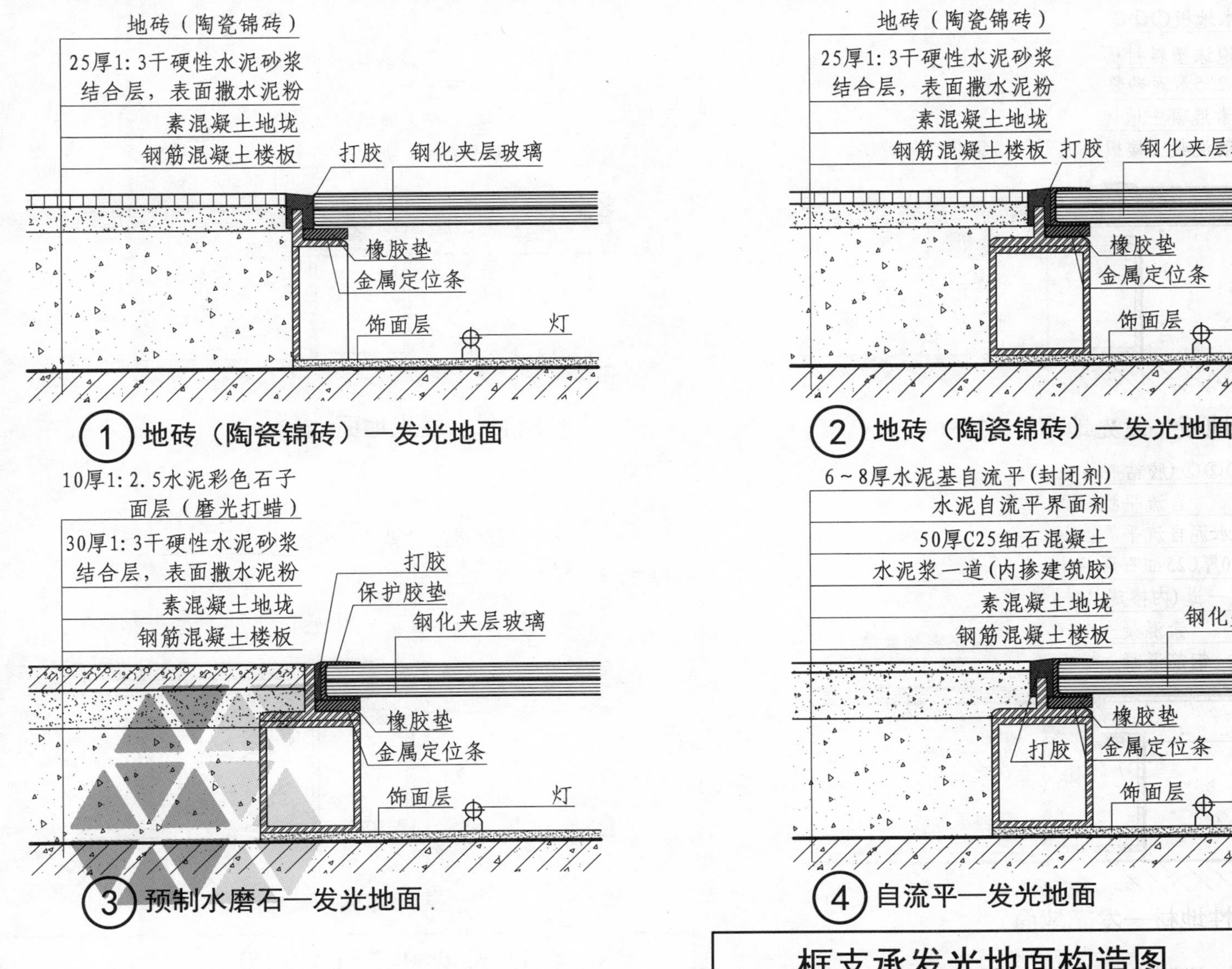

① 地砖（陶瓷锦砖）—发光地面

② 地砖（陶瓷锦砖）—发光地面

③ 预制水磨石—发光地面

④ 自流平—发光地面

框支承发光地面构造图						图集号	13J502-3
审核 饶良修	饶良修	校对 郭晓明	郭晓明	设计 李晨晨	李晨晨	页	J05

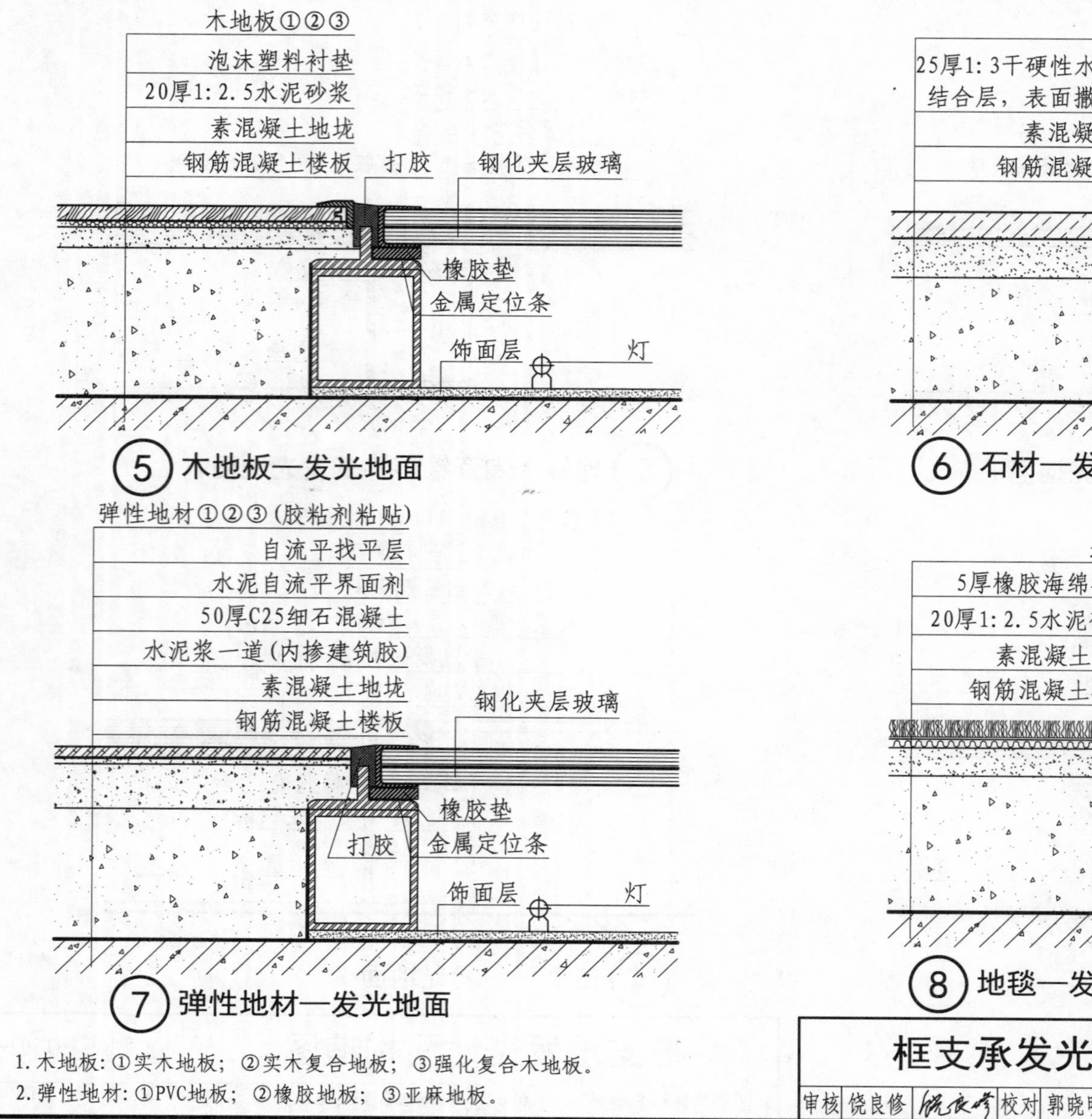

⑤ 木地板—发光地面

⑥ 石材—发光地面

⑦ 弹性地材—发光地面

⑧ 地毯—发光地面

注：1. 木地板：①实木地板；②实木复合地板；③强化复合木地板。
2. 弹性地材：①PVC地板；②橡胶地板；③亚麻地板。

框支承发光地面构造图							图集号	13J502-3
审核	饶良修	饶良修	校对	郭晓明	郭晓明	设计 李晨晨 李晨晨	页	J06

网络地板说明

网络地板针对办公自动化设备的增加，房间内电源线、数据语音线的水平连线错落复杂，给现代化的办公环境带来了诸多的问题。具有安装方便、布线灵活、节省空间、等优点。从而可以大大改善了现代化办公环境的综合布线问题。

1　**定义**

网络地板又称布线地板,是一种为适应现代化办公，便于网络布线的专用地板。

2　**网络地板与防静电地板（抗静电地板）的比较见表K-1。**

3　**网络地板的分类、性能特点、适用范围见表K-2。**

4　**施工流程**

清洁地面→画线定位→安放支架→调整水平→铺放网络地板→切割收边→清扫表面→铺设面层

5　**施工要点**

5.1 地面应平整，不能有起沙、脱壳现象，平整度误差不超过3mm，地面应保持干燥并有足够的强度。新浇筑的地面需干燥15d以上。

5.2 网络地板在铺设前必须将吊顶、墙面等工作完成。

5.3 下部结构（高架地板以下）应按设计要求，预先安装好。

5.4 地板与墙边接缝处的处理方法：如缝隙小可用泡沫塑料条镶嵌，缝隙大应采用木条镶嵌。

6　**维护与保养**

6.1 避免有强烈腐蚀性的液体或气体接触地板。

6.2 网络地板使用过程中，不要放置超负荷重物。

6.3 网络地板在清洁保养的过程中，尽量选用有挥发性的洗涤剂清洗网络地板表面，严禁用铁刷等硬物清理地板。

表K-1 网络地板与防静电地板（抗静电地板）的比较

地板种类	使用范围	整体结构	表面材料
网络地板	一般使用在高级写字楼、教学楼、有架空要求的综合布线场合及有综合布线要求的楼地面改造场所等	地板、支架	方块地毯或磁性PVC等
防静电地板（抗静电地板）	一般使用在计算机机房、程控交换机房、控制室、电化室、计算机中心、电子阅览室、防静电洁净厂房等	地板、横梁、支架	直接粘贴HPL防静电贴面等

表K-2 网络地板分类、性能特点、适用范围

分类		材质	性能特点	适用范围	燃烧性能等级
不带线槽	全钢网络地板	全钢构造，拉伸钢板焊接形成，空腔内填充发泡水泥	布线量大、互换性好、维修方便、高度可调	适用于各种办公、机房场合	A
	塑料网络地板	阻燃ABS材料	主板之间自然形成网状线槽，穿线量大、可任意扩展	各种需要快速综合布线的场合	B1
	复合网络地板	基板为刨花板、水泥刨花板、硫酸钙板，上下层为镀锌钢板	可选刨花板、水泥刨花板、硫酸钙板作为基板。高度可调，最低安装高度50mm	旧楼改造或楼层净高低的场合	B1
带线槽	全钢线槽网络地板	拉伸钢板冲压成型，内腔填充发泡水泥	无需揭开地板，揭开线槽板即可进行布线，线槽网络地板更具稳定性与方便性。最低安装高度可35mm	高档写字楼、承载性能要求很高的办公区	A

网络地板说明							图集号	13J502-3
审核	饶良修	[签名]	校对	郭晓明	[签名]	设计 李晨晨 [签名]	页	K01

架空式网络地板示例图

线槽式网络地板示例图

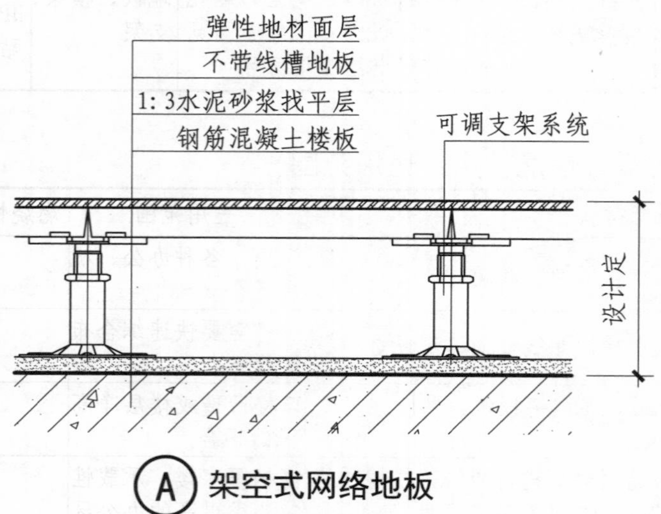

(A) 架空式网络地板

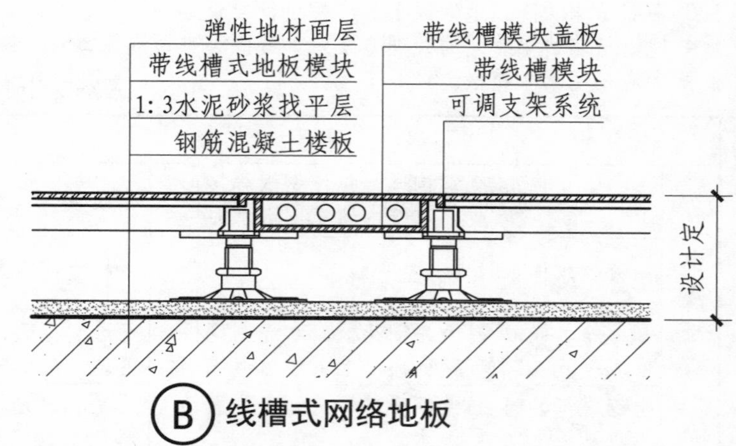

(B) 线槽式网络地板

注：找平层厚度根据基层平整度，由设计确定。

网络地板示例及构造图							图集号	13J502-3
审核	饶良修	[signature]	校对	郭晓明	[signature]	设计	李晨晨	[signature]	页	K02

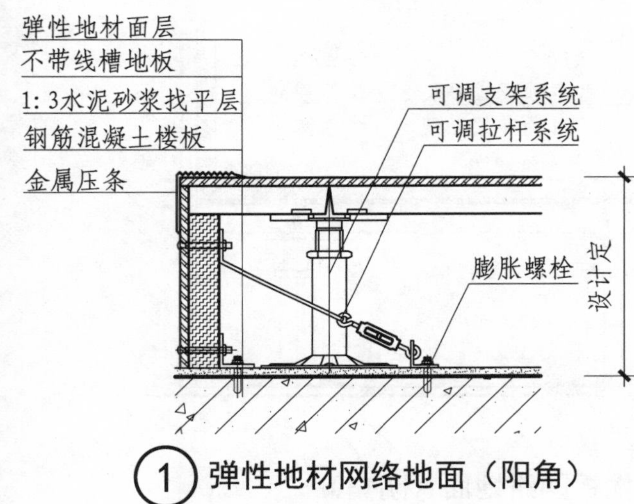

① 弹性地材网络地面（阳角）

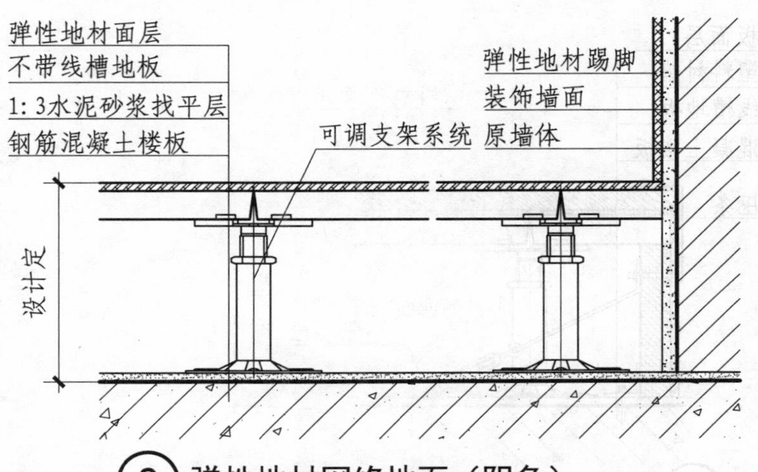

② 弹性地材网络地面（阴角）

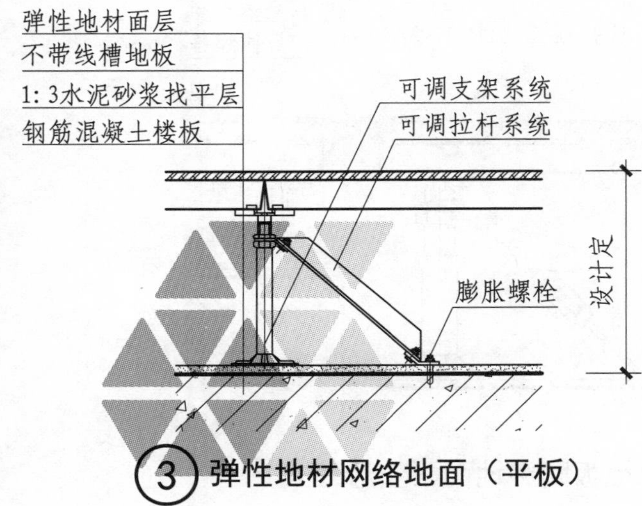

③ 弹性地材网络地面（平板）

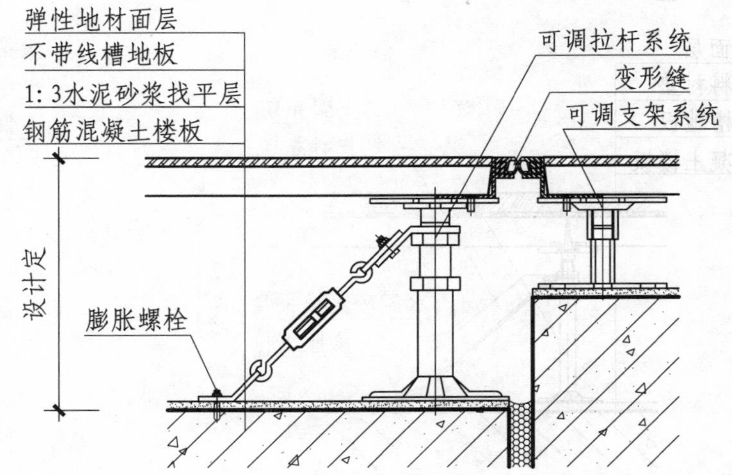

④ 弹性地材网络地面（变形缝）

注：1.可调拉杆系统适用于网络地板架空高度大于等于500mm时。
2.找平层厚度根据基层平整度，由设计确定。

架空式网络地板构造图						图集号	13J502-3
审核	饶良修	校对	郭晓明	设计	李晨晨	页	K03

H 过门石
J 发光地面
K 网络地板
L 楼梯踏步
M 防滑门垫
N 踢脚
P 其他

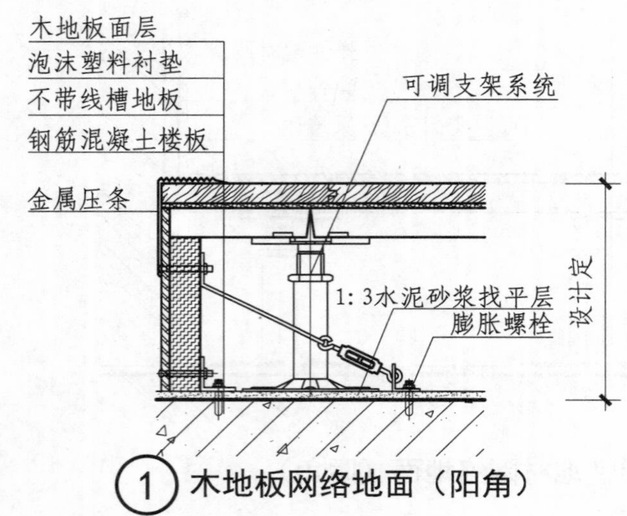

① 木地板网络地面（阳角）

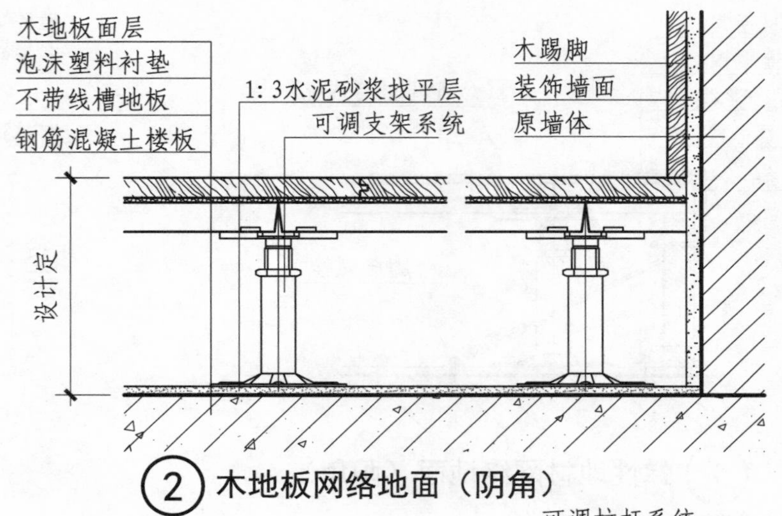

② 木地板网络地面（阴角）

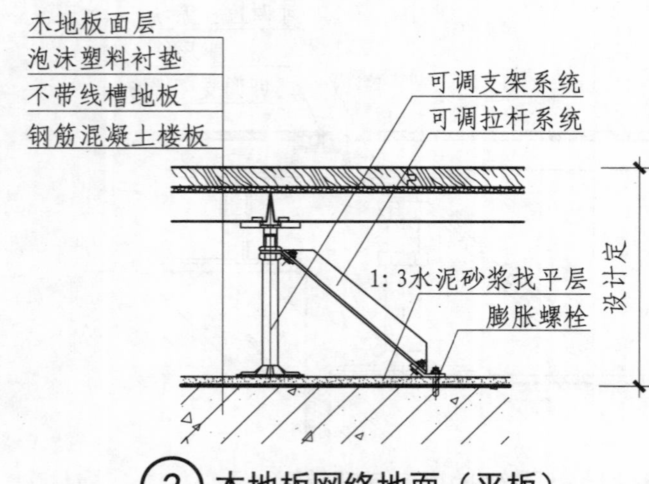

③ 木地板网络地面（平板）

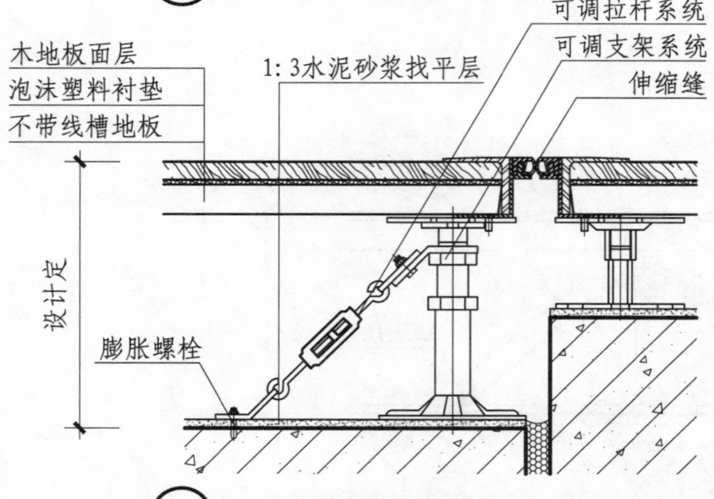

④ 木地板网络地面（变形缝）

注：1. 可调拉杆系统适用于网络地板架空高度大于等于500mm时。
2. 找平层厚度根据基层平整度，由设计确定。

架空式网络地板构造图							图集号	13J502-3
审核	饶良修	(签名)	校对	郭晓明	(签名)	设计 李晨晨 (签名)	页	K04

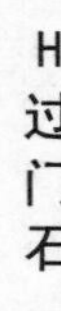

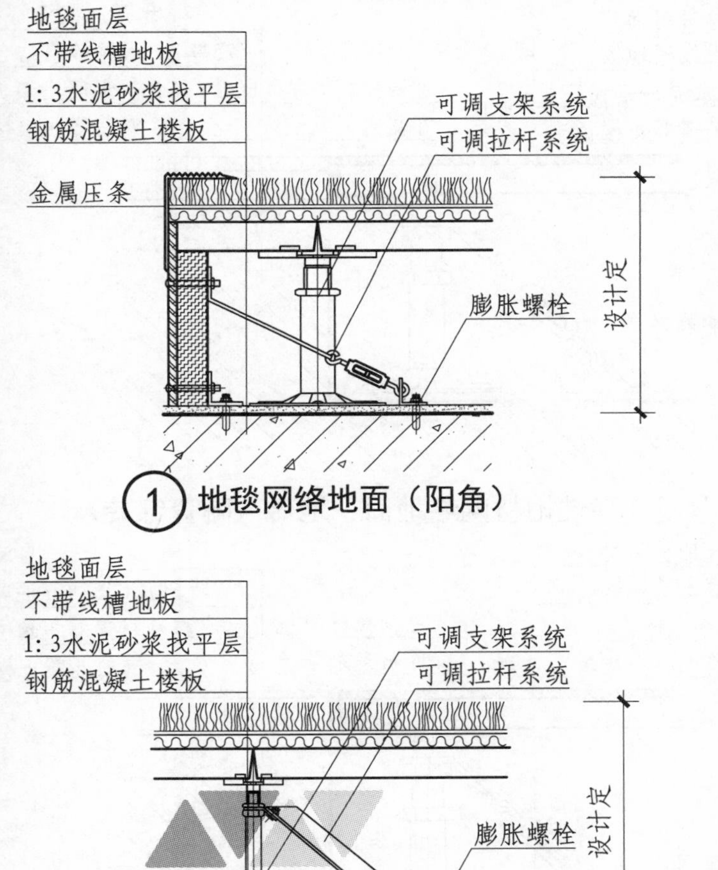

① 地毯网络地面（阳角）

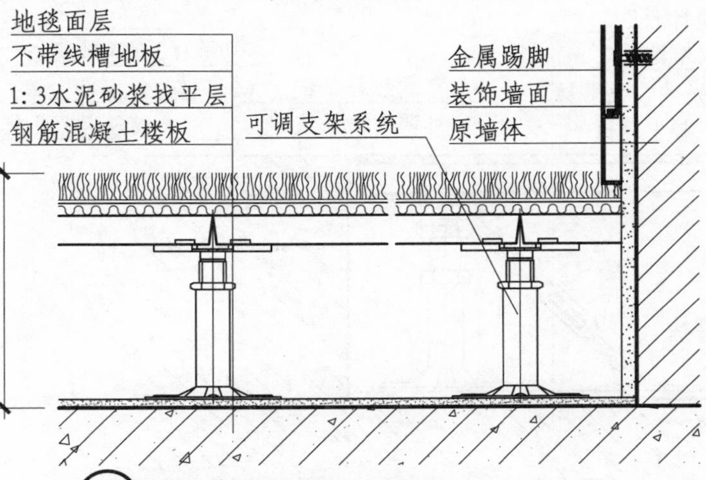

② 地毯网络地面（阴角）

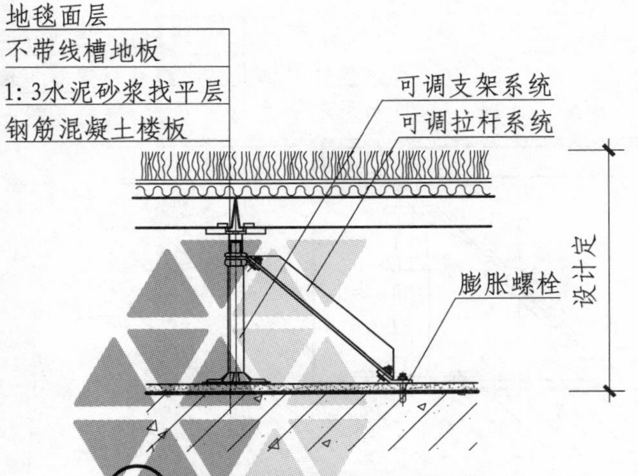

③ 地毯网络地面（平板）

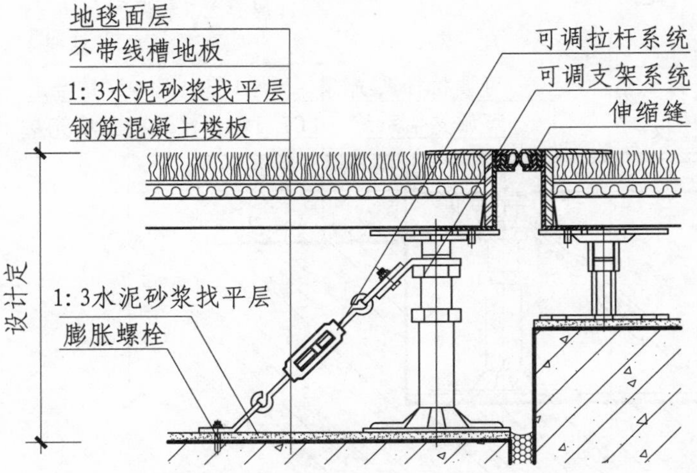

④ 地毯网络地面（变形缝）

注：1. 可调拉杆系统适用于网络地板架空高度大于等于500mm时。
2. 找平层厚度根据基层平整度，由设计确定。

架空式网络地板构造图							图集号	13J502-3
审核	饶良修	校对	郭晓明	设计	李晨晨		页	K05

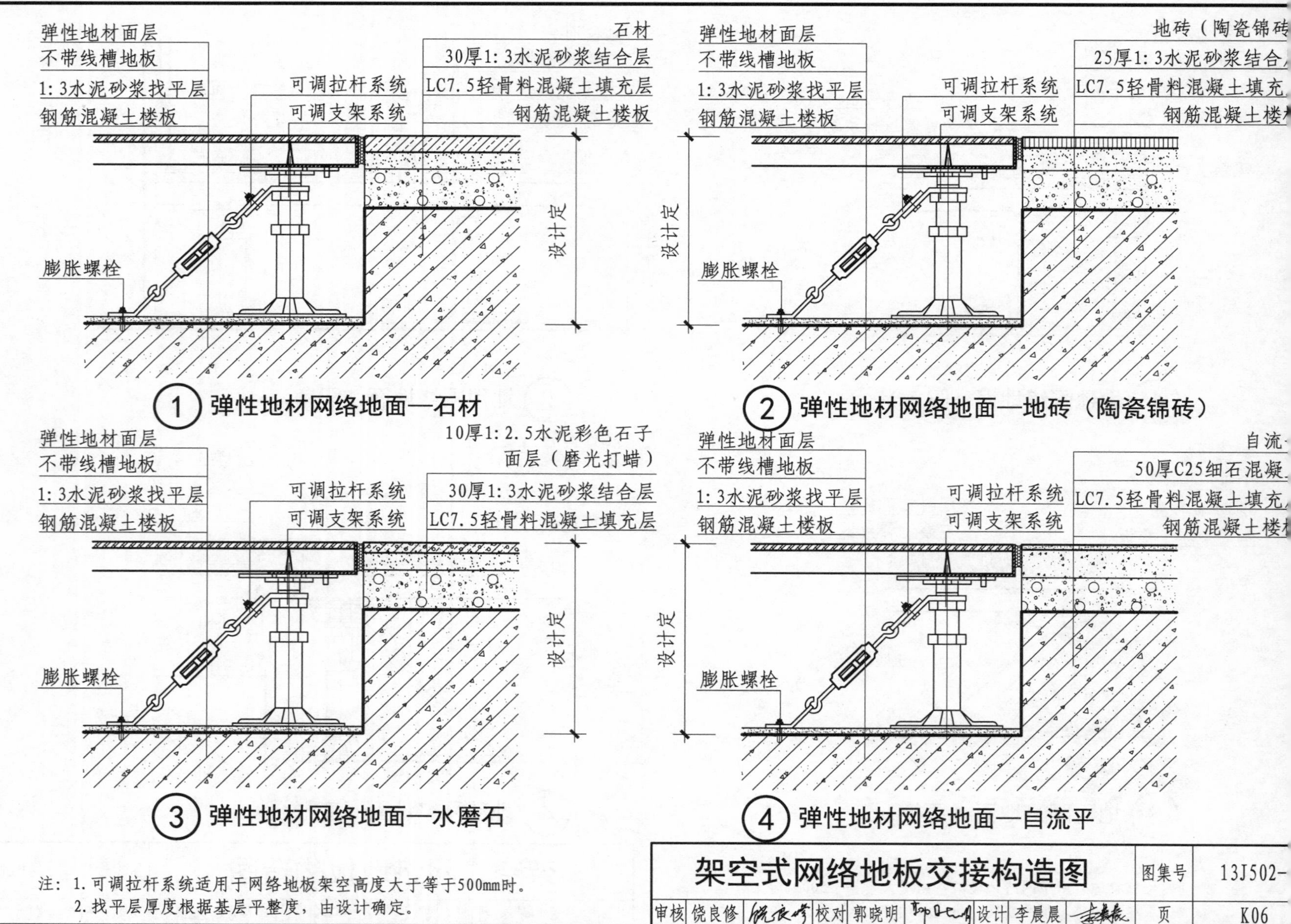

① 弹性地材网络地面—石材

② 弹性地材网络地面—地砖（陶瓷锦砖）

③ 弹性地材网络地面—水磨石

④ 弹性地材网络地面—自流平

注：1. 可调拉杆系统适用于网络地板架空高度大于等于500mm时。
2. 找平层厚度根据基层平整度，由设计确定。

架空式网络地板交接构造图						图集号	13J502-
审核	饶良修	校对	郭晓明	设计	李晨晨	页	K06

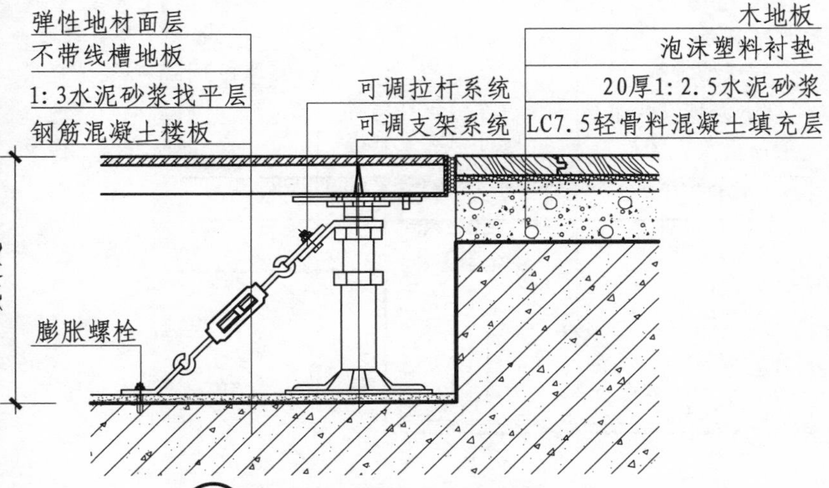

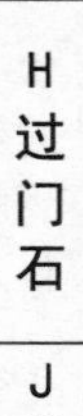

① 弹性地材网络地面—木地板

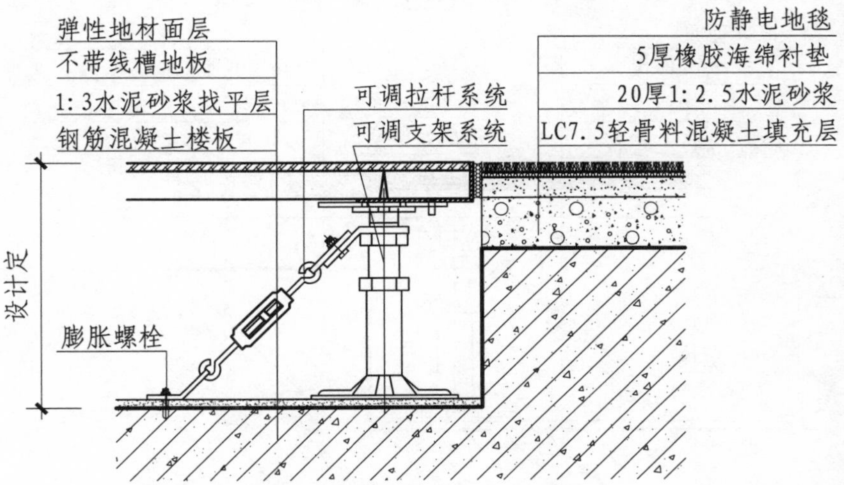

② 弹性地材网络地面—地毯

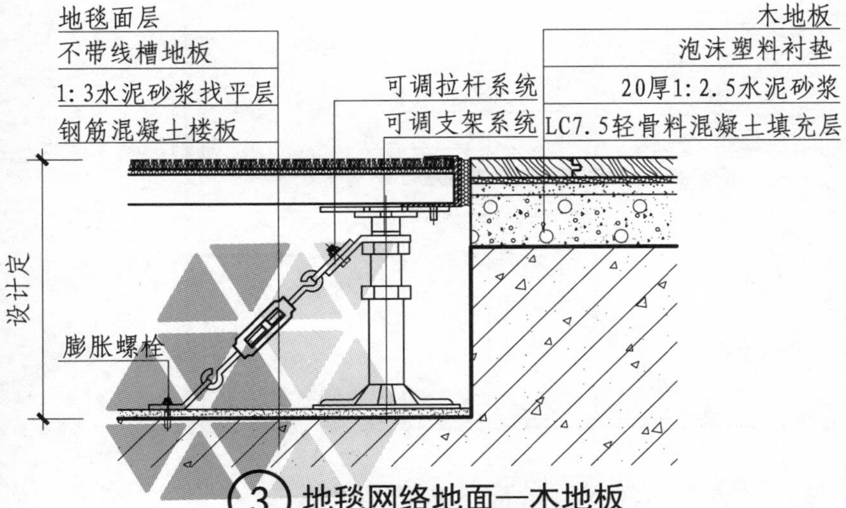

③ 地毯网络地面—木地板

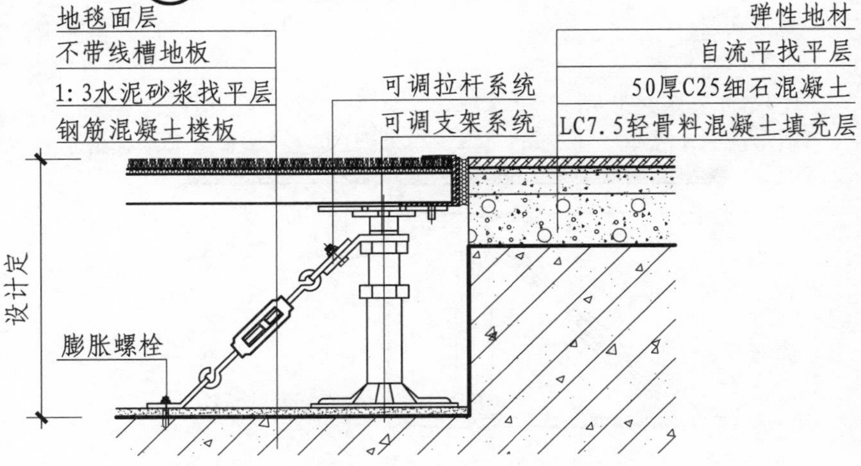

④ 地毯网络地面—弹性地材

注：1. 可调拉杆系统适用于网络地板架空高度大于等于500mm时。
2. 找平层厚度根据基层平整度，由设计确定。

架空式网络地板交接构造图							图集号	13J502-3
审核	饶良修	（签名）	校对	郭晓明	（签名）	设计 李晨晨 （签名）	页	K07

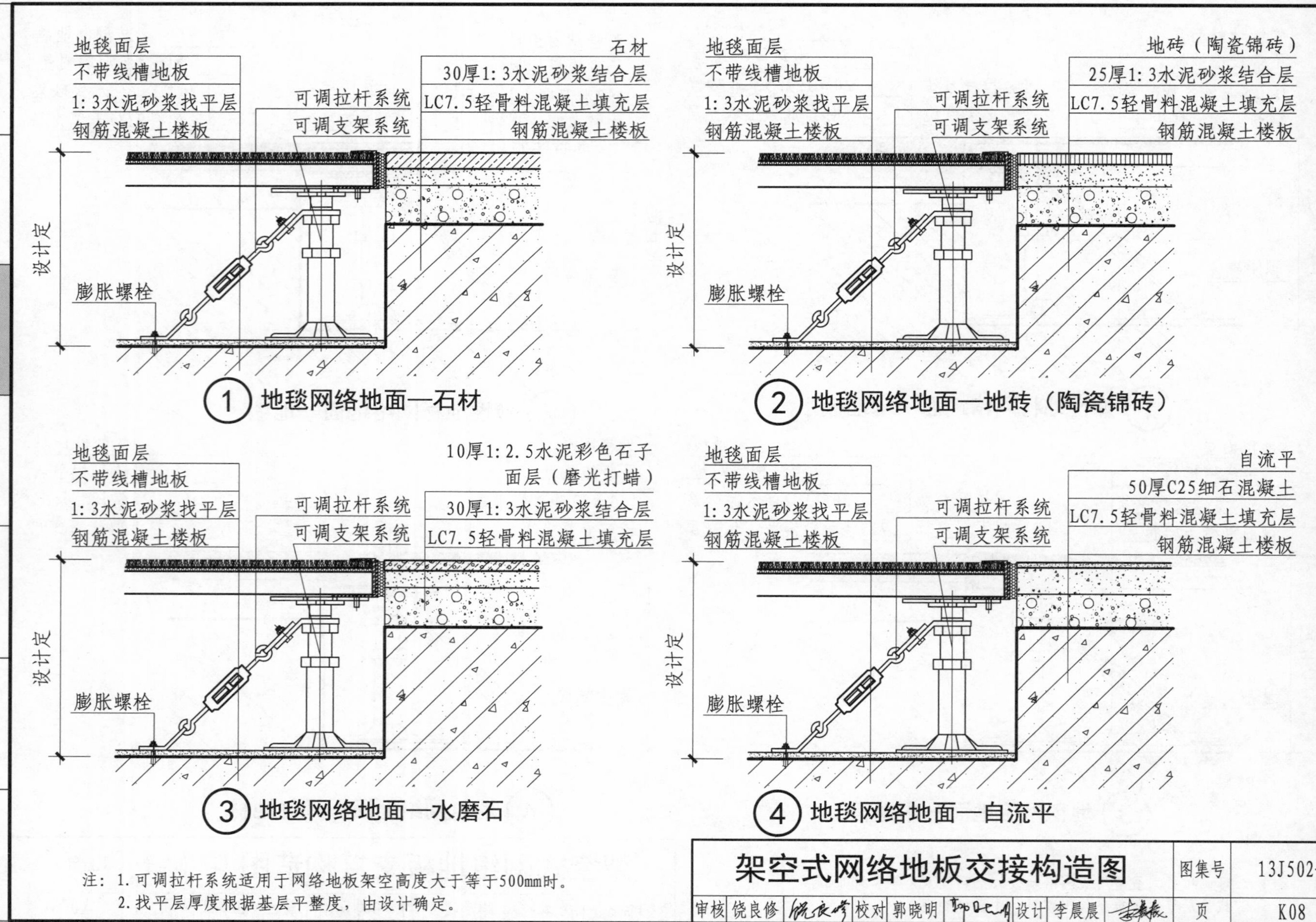

注：1. 可调拉杆系统适用于网络地板架空高度大于等于500mm时。
2. 找平层厚度根据基层平整度，由设计确定。

架空式网络地板交接构造图							图集号	13J502-3
审核	饶良修	[signature]	校对	郭晓明	[signature]	设计 李晨晨 [signature]	页	K08

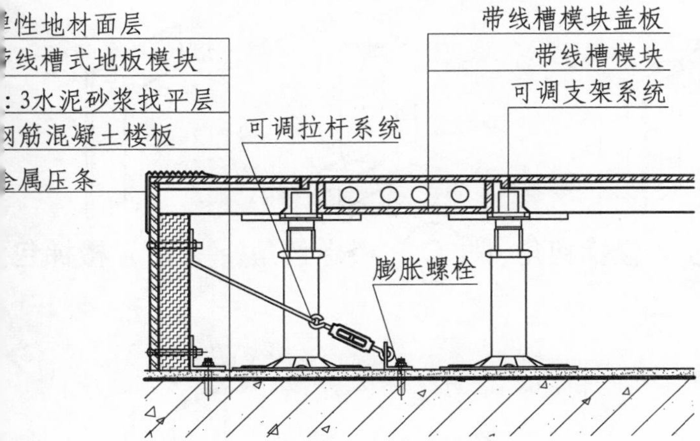

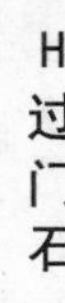

① 弹性地材网络地面

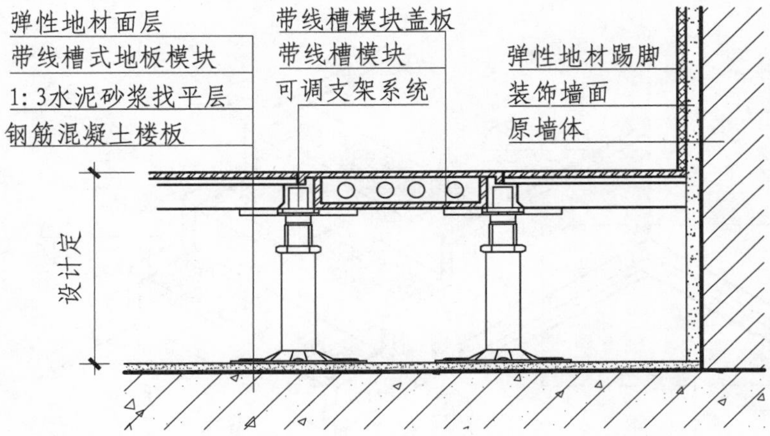

② 弹性地材网络地面

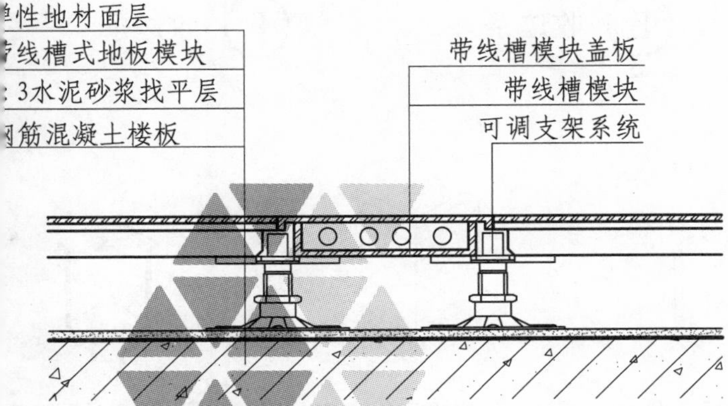

③ 弹性地材网络地面

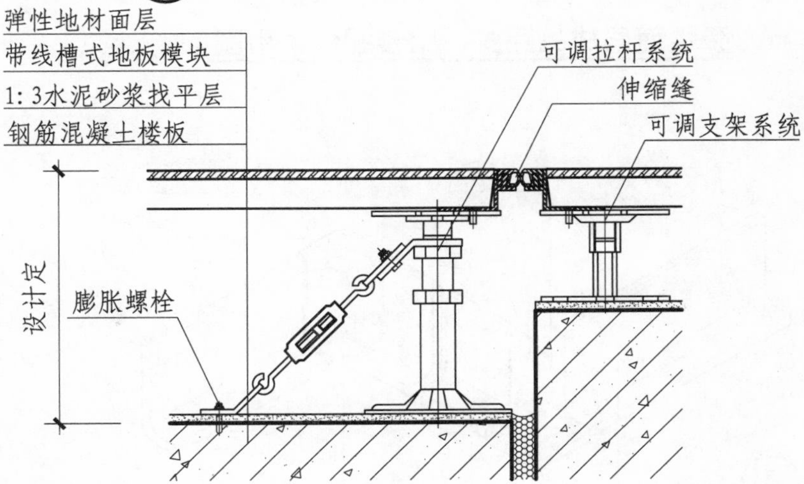

④ 弹性地材网络地面

注：1. 可调拉杆系统适用于网络地板架空高度大于等于500mm时。
2. 找平层厚度根据基层平整度，由设计确定。

线槽式网络地板构造图							图集号	13J502-3
审核	饶良修	[签名]	校对	郭晓明	[签名]	设计 李晨晨 [签名]	页	K09

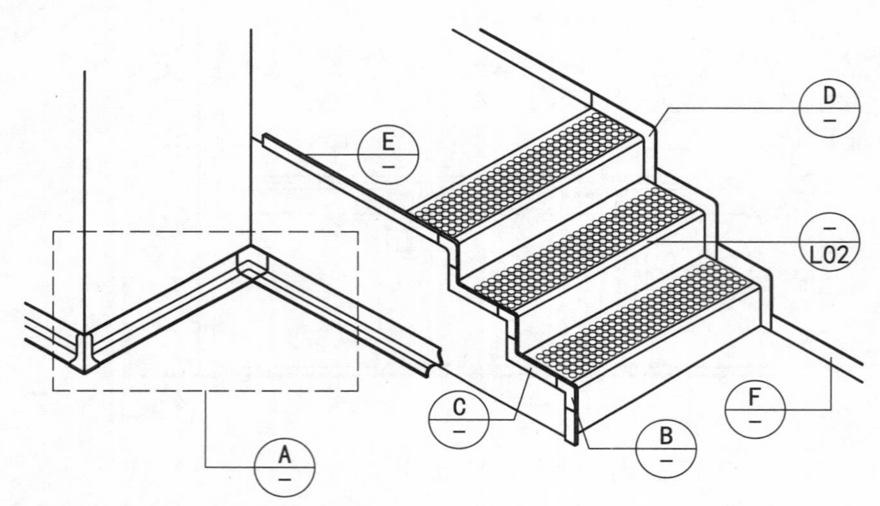

弹性面层成品踢脚、踏步配件索引图

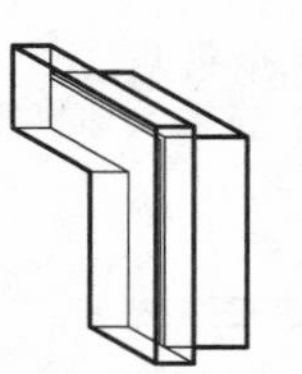
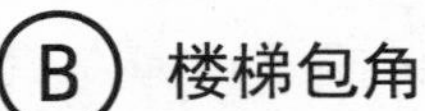

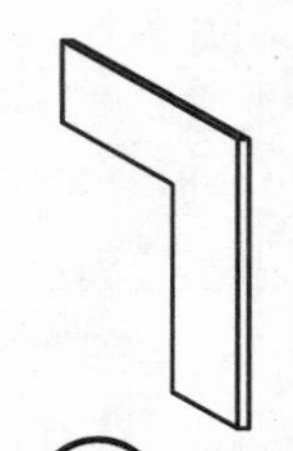

B 楼梯包角 C 楼梯包角 D 楼梯包角

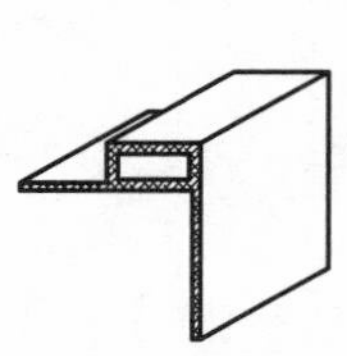
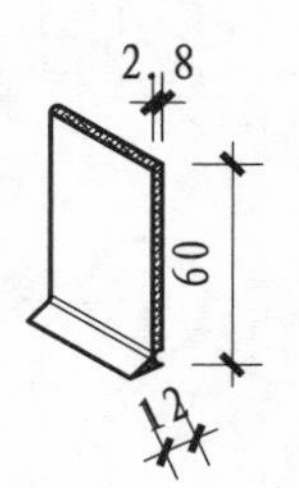

E 收边条 F 收边条

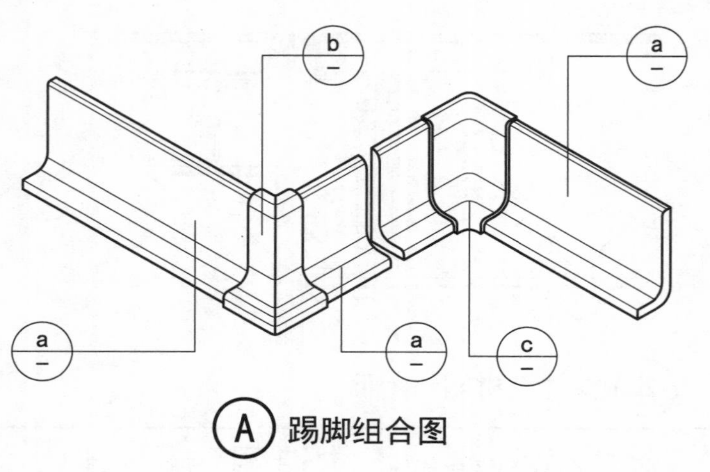

A 踢脚组合图

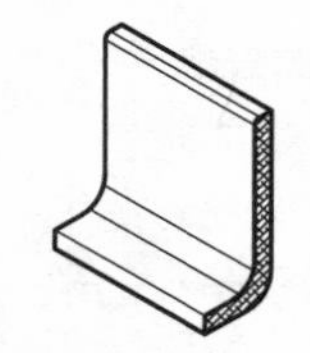
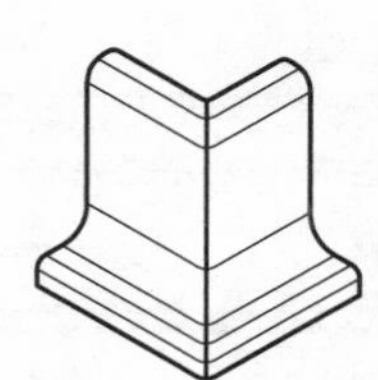

a 踢脚线 b 踢脚线阳角 c 踢脚线阴角

弹性材料成品踢脚、踏步配件						图集号	13J502-3
审核	饶良修	校对	郭晓明	设计	李晨晨	页	L01

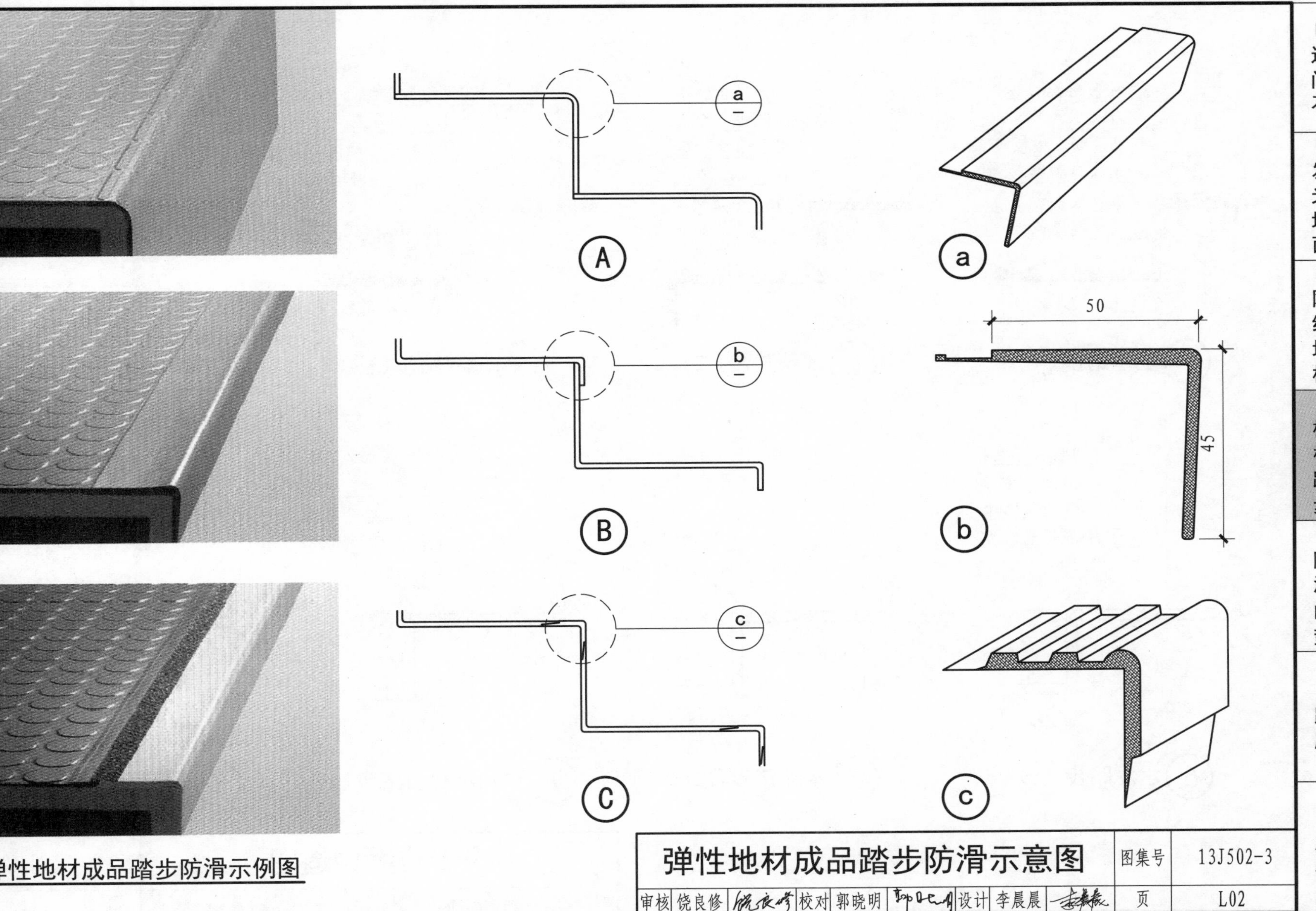

弹性地材成品踏步防滑示意图						图集号	13J502-3
审核	饶良修	校对	郭晓明	设计	李晨晨	页	L02

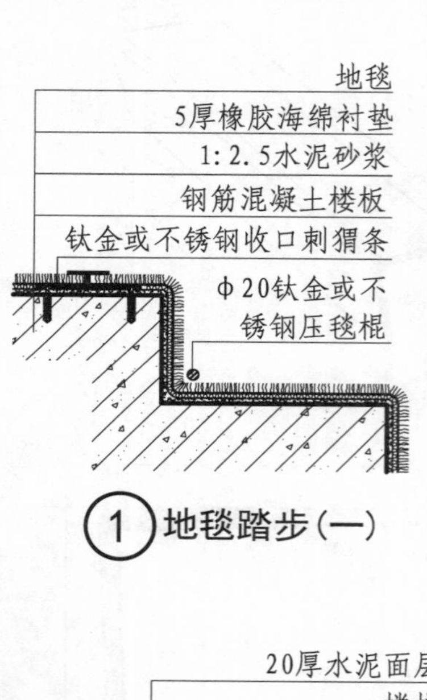

① 地毯踏步(一)

封闭剂
6～8厚水泥基自流平
水泥自流平界面剂
水泥砂浆找平层
钢筋混凝土楼板
钛金或不锈钢收口条
ф20钛金或不锈钢压毯棍

② 地毯踏步(二)

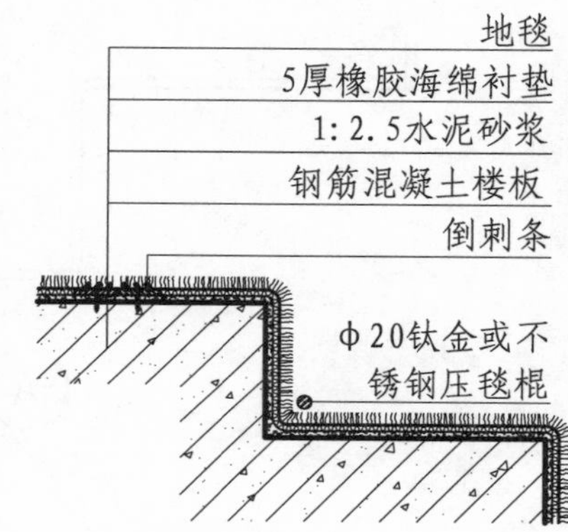

③ 地毯踏步(三)

地毯
5厚橡胶海绵衬垫
1:2.5水泥砂浆
楼梯
ф20钛金或不锈钢压条
钢筋混凝土楼板

④ 地毯踏步(四)

20厚水泥面层
楼梯
1:1水泥金刚砂防滑条(或铁屑水泥)
10 20 10
30
2
6

⑤ 水泥踏步(一)

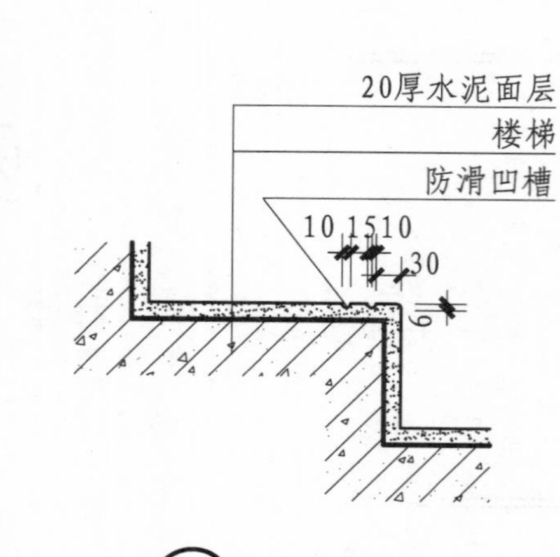

⑥ 水泥踏步(二)

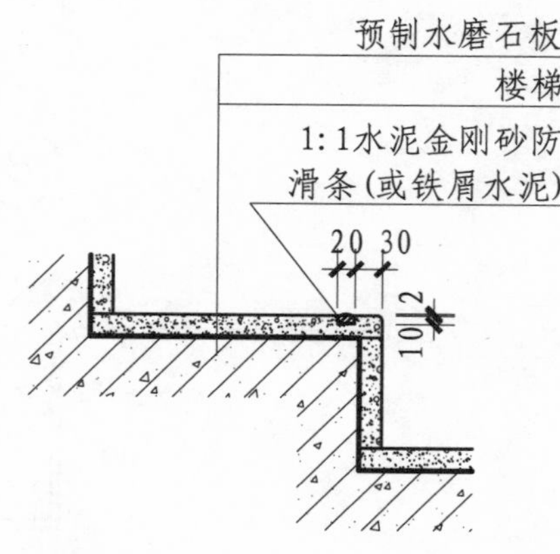

⑦ 预制水磨石踏步(一)

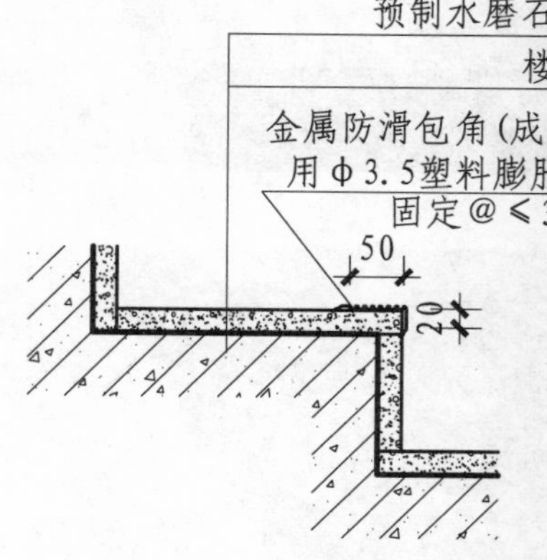

⑧ 预制水磨石踏步(二

踏步防滑构造图							图集号	13J502-3
审核	饶良修	饶良修	校对	郭晓明	郭晓明	设计 李晨晨 李晨晨	页	L03

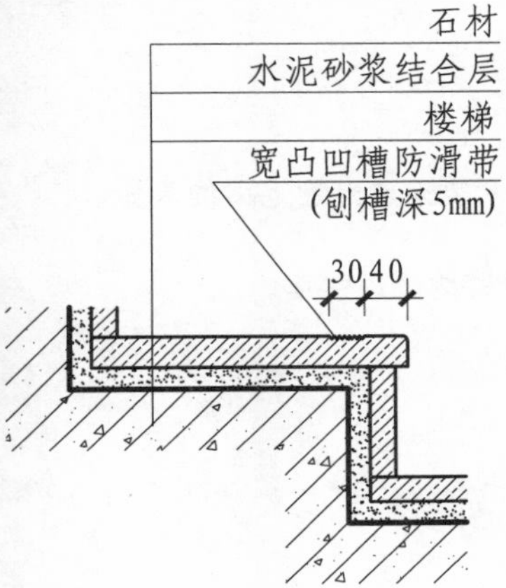

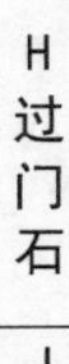

石材
水泥砂浆结合层
楼梯
宽凸凹槽防滑带
(刨槽深5mm)
30 40

① 石材踏步(一)

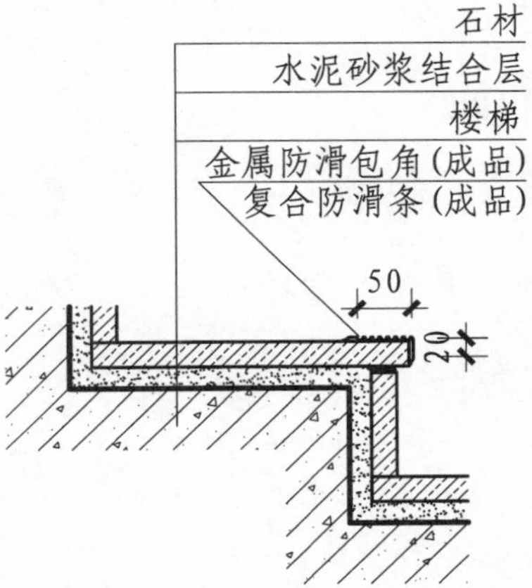

石材
水泥砂浆结合层
楼梯
金属防滑包角(成品)
复合防滑条(成品)
50
20

② 石材踏步(二)

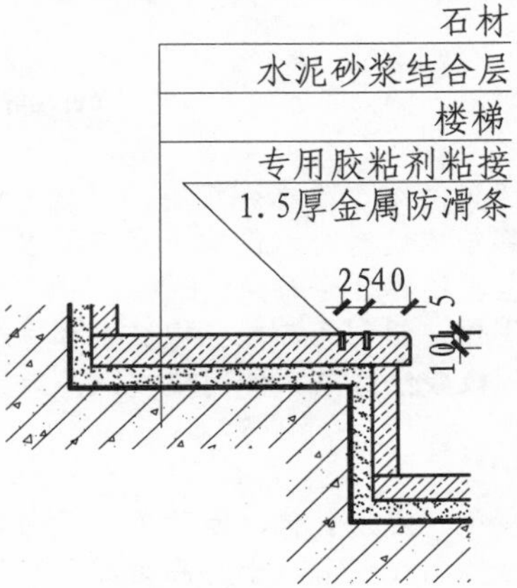

石材
水泥砂浆结合层
楼梯
专用胶粘剂粘接
1.5厚金属防滑条
25 40
5
10

③ 石材踏步(三)

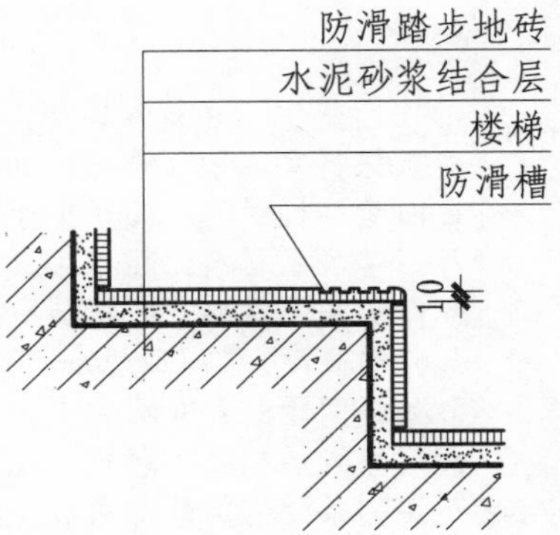

防滑踏步地砖
水泥砂浆结合层
楼梯
防滑槽
10

④ 地砖踏步(一)

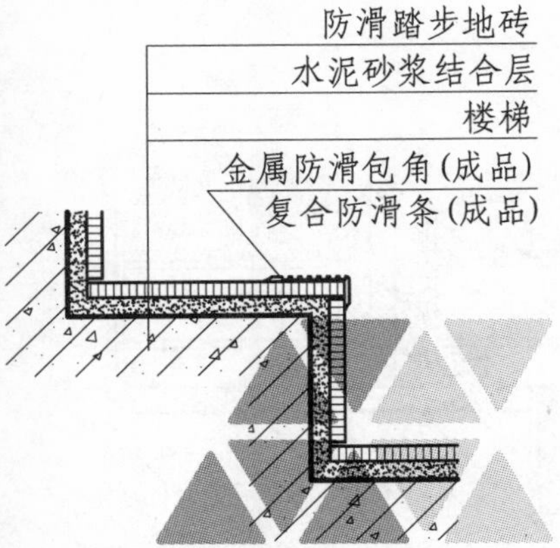

防滑踏步地砖
水泥砂浆结合层
楼梯
金属防滑包角(成品)
复合防滑条(成品)

⑤ 地砖踏步(二)

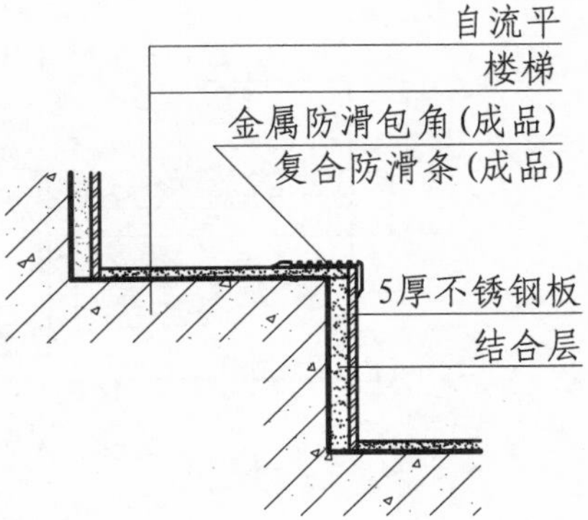

自流平
楼梯
金属防滑包角(成品)
复合防滑条(成品)
5厚不锈钢板
结合层

⑥ 自流平踏步

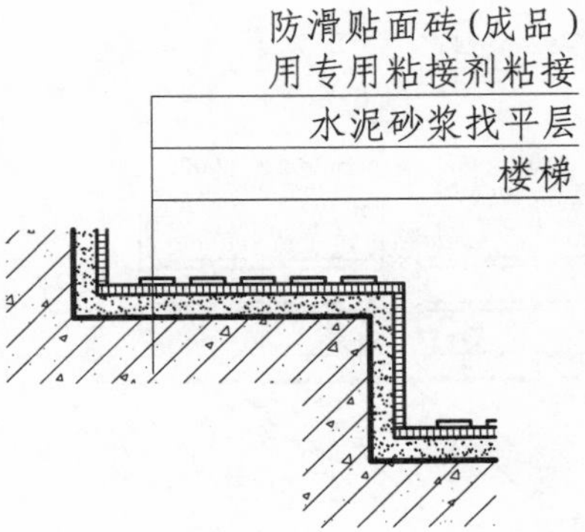

防滑贴面砖(成品)
用专用粘接剂粘接
水泥砂浆找平层
楼梯

⑦ 防滑面砖踏步

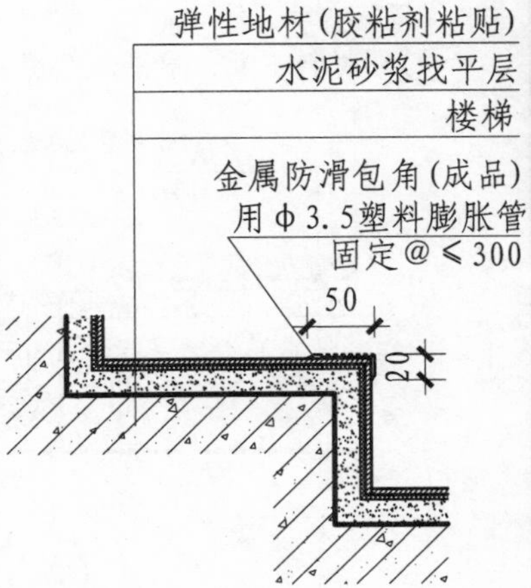

弹性地材(胶粘剂粘贴)
水泥砂浆找平层
楼梯
金属防滑包角(成品)
用φ3.5塑料膨胀管
固定@≤300
50
20

⑧ 弹性地材踏步

踏步防滑构造图								图集号	13J502-3
审核	饶良修	[signature]	校对	郭晓明	[signature]	设计	李晨晨	[signature]	页 L04

防滑门垫说明

门垫位于建筑入口处，具有除尘、防滑、吸水等作用，可减少进入室内人员从脚下将灰沉、泥沙带入室内，保护室内弹性地面的表面，有效保持室内地面清洁。如门垫下部结构设有排水设施可直接用水清洗。

1. 门垫结构材料：（承重架）为是坚固的铝合金条架；（连接件）为钢制件，外套PVC塑料外壳；（固定件）为带螺钉的螺纹接套。
2. 门垫表层材料：粗毛条、簇植硬刷板、铝刮条、黑色橡胶条和毛刷条。
3. 门垫底层材料：底层装有防噪音的橡胶绝缘条，使门垫被踩踏时无噪音发出。
4. 门垫高度：17/22/27mm。
5. 条缝间距：4/8mm。
6. 门垫表层粗毛条颜色：褐色、浅灰色、混米黄色、混蓝色、混绿色。
7. 铝刮条：专门的刮条被安装在条缝之间（仅适用于垫高为22和27mm，且缝距为4mm的条件下）。
8. 毛刷条：专门的毛刷条被安装在条缝之间（仅适用于垫高为22mm和缝距为4/8mm的条件下）颜色有黑色、灰色和蓝色。
9. 簇植硬刷板：灰色和黑色。
10. 使用特征：门垫具有良好的清洁效果和吸湿性能，它不变形、结实耐用、可卷起和易于打扫。为避免门垫绊脚，应与其配套的边框将门垫固定。
11. 材料更新：表层粗毛条、簇植硬刷板和黑色橡胶条在长期使用磨损后需更新。

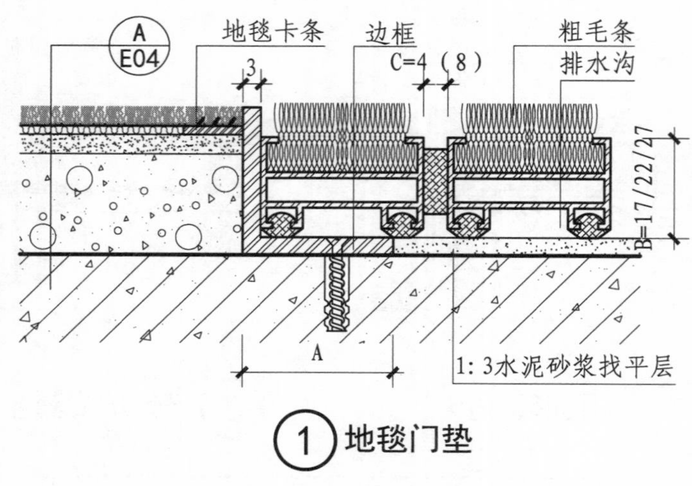

① 地毯门垫

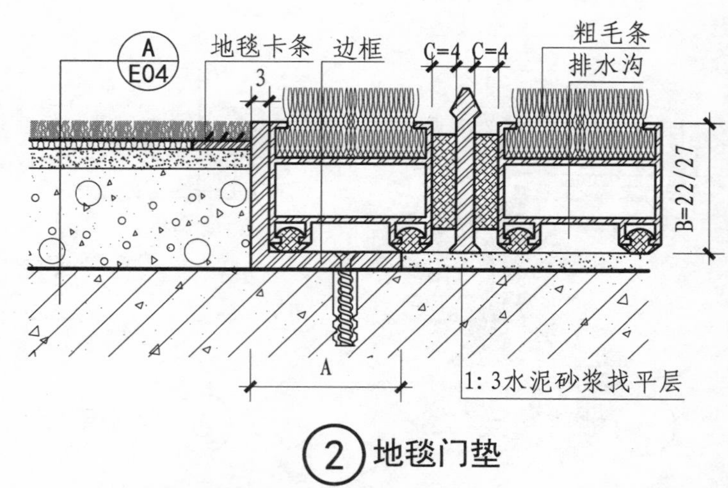

② 地毯门垫

注：1. 本页门垫构造适用于室内A为配套边框尺寸；B为门垫高度；C为条缝间距。
2. 本页以楼面为例编制。

防滑门垫说明及构造图							图集号	13J502-3
审核	饶良修	饶良修	校对	郭晓明	郭晓明	设计 李晨晨 李晨晨	页	M01

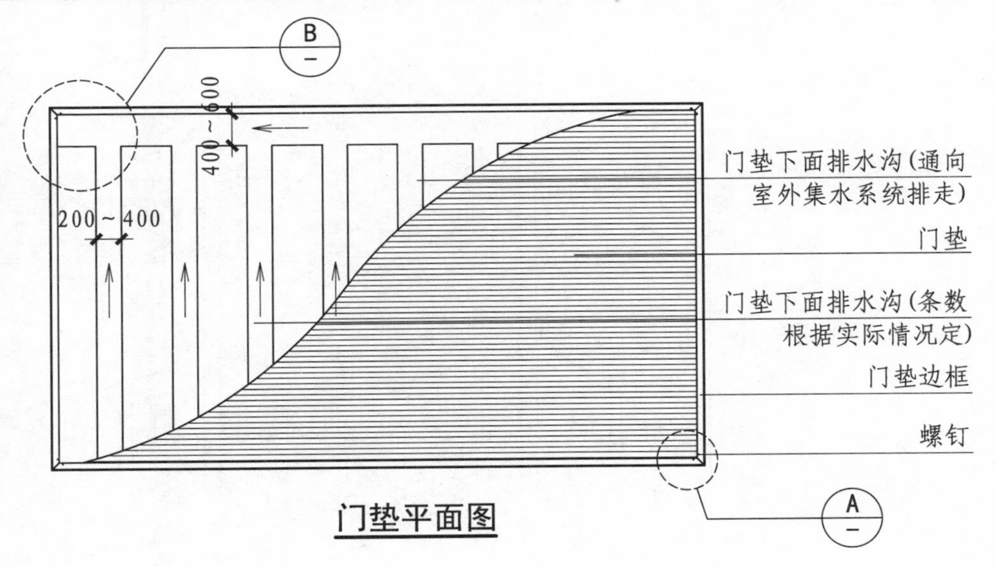

门垫平面图

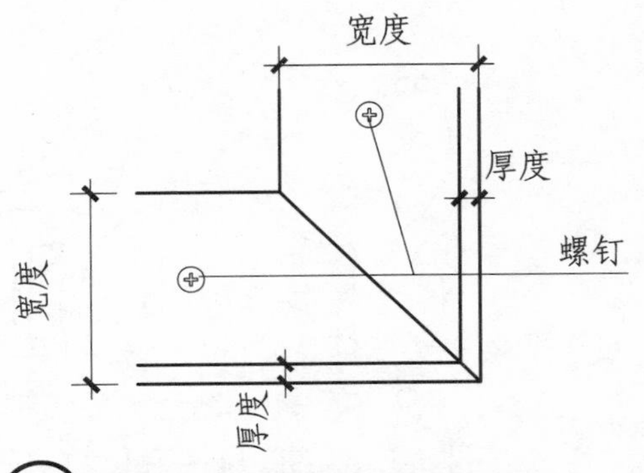

A 门垫边框局部大样平面图

A
A04
边框
橡胶底
高度
排水沟
1:3水泥砂浆找平层

B 门垫排水构造

门垫配套边框材料和规格

材料	宽度（mm）	高度（mm）	厚度（mm）
铝合金或黄铜	15	15	3
	20	20	3
	25	25	3
	30	30	3
不锈钢	20	20	3
	25	25	3
	30	30	3

注：1. 在铺设范围内门垫高度下沉周边设金属型材边框。
2. 为便于用水冲洗清洁，应设排水沟，排水引向室外排水系统。
3. 本页以楼面为例编制。

门垫配置及构造图						图集号	13J502-3
审核	饶良修	校对	郭晓明	设计	李晨晨	页	M02

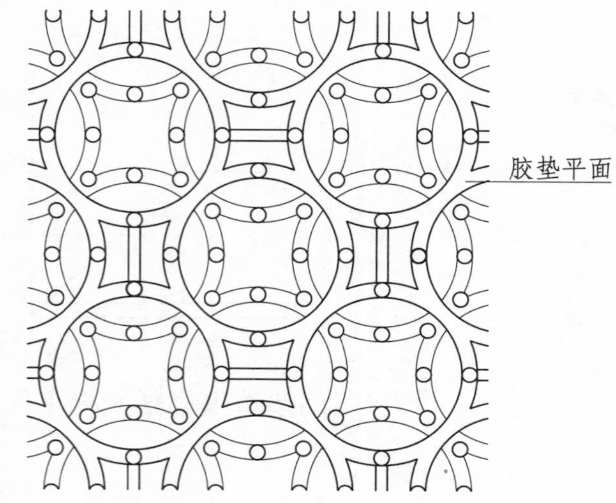

注：此类门垫全部由毛刷条组成，能满足大面积门垫的制作要求，毛刷条能有效地清除沾在鞋底的尘土，有良好的清洁作用。

注：不带边框的薄型门垫：这种门垫的高度仅为12mm，与地砖的厚度相近。具有好清洁、除尘、吸湿、可卷起、打扫方便。

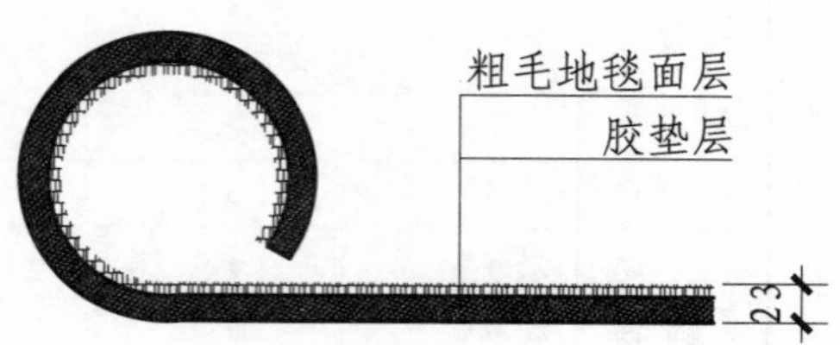

满铺卷材类粗毛地毯门垫

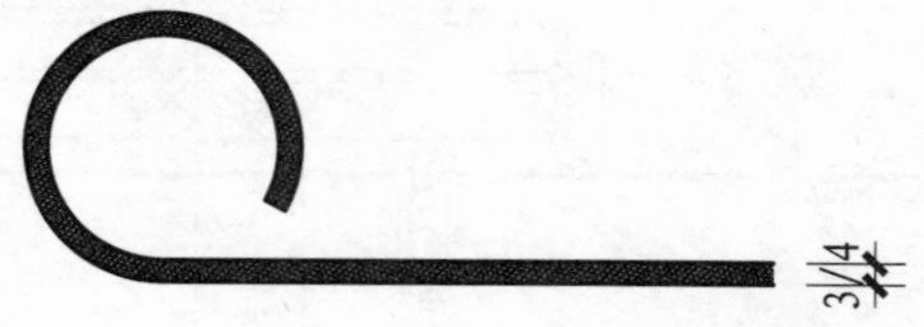

满铺卷材类橡胶材质门垫

门垫配置及构造图						图集号	13J502-3
审核	饶良修	校对	郭晓明	设计	李晨晨	页	M03

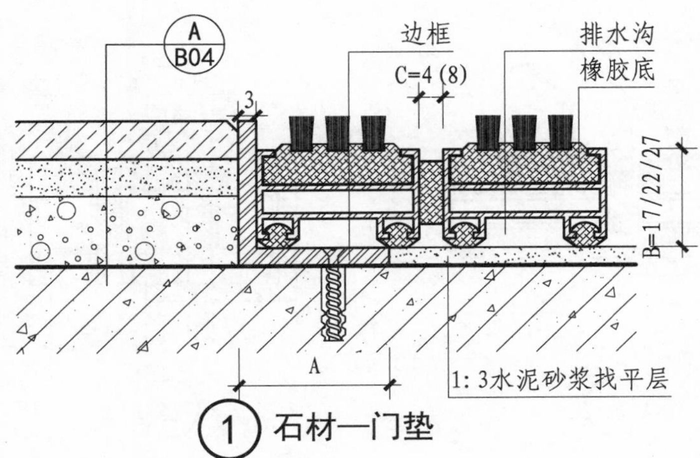

① 石材—门垫

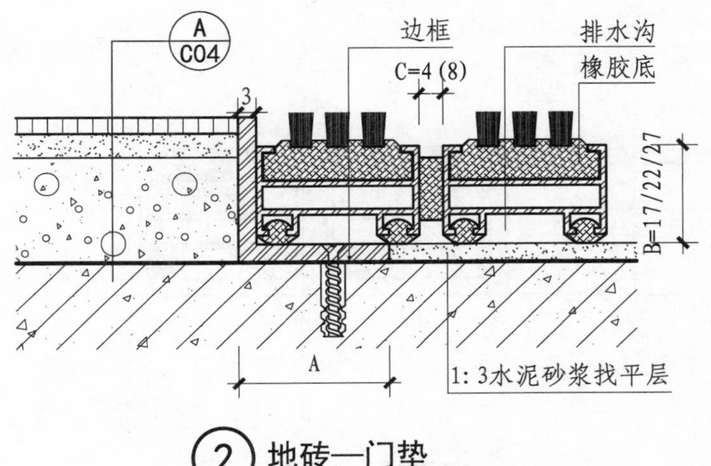

② 地砖—门垫

10厚1:2.5水泥彩色石子面层（磨光打蜡）
30厚水泥砂浆结合层
LC7.5轻骨料混凝土填充层
钢筋混凝土楼板
边框
排水沟
橡胶底
C=4 (8)
3
B=17/22/27
A
1:3水泥砂浆找平层

③ 水磨石—门垫

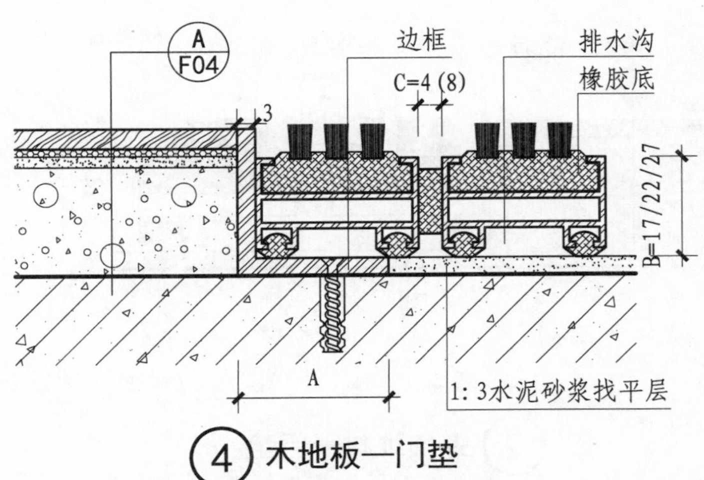

④ 木地板—门垫

注：1. 本页门垫构造适用于室内A为配套边框尺寸；B为门垫高度；C为条缝间距。门垫可选用粗毛地毯门垫和橡胶材质门垫。
2. 本页以楼面为例编制。

门垫构造图						图集号	13J502-3
审核	饶良修	校对	郭晓明	设计	李晨晨	页	M04

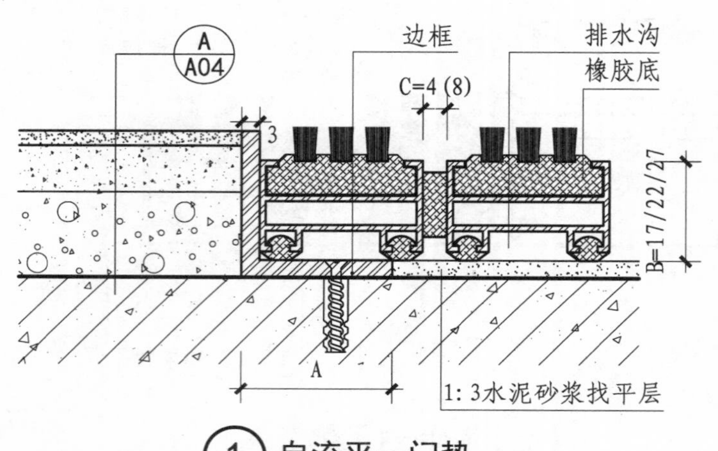

① 自流平—门垫

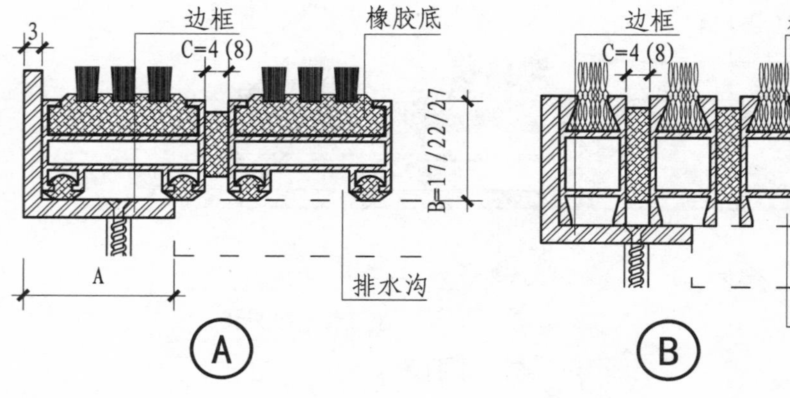

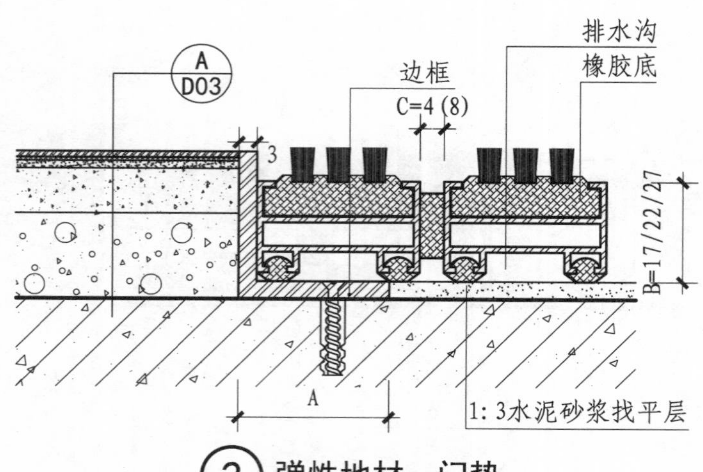

② 弹性地材—门垫

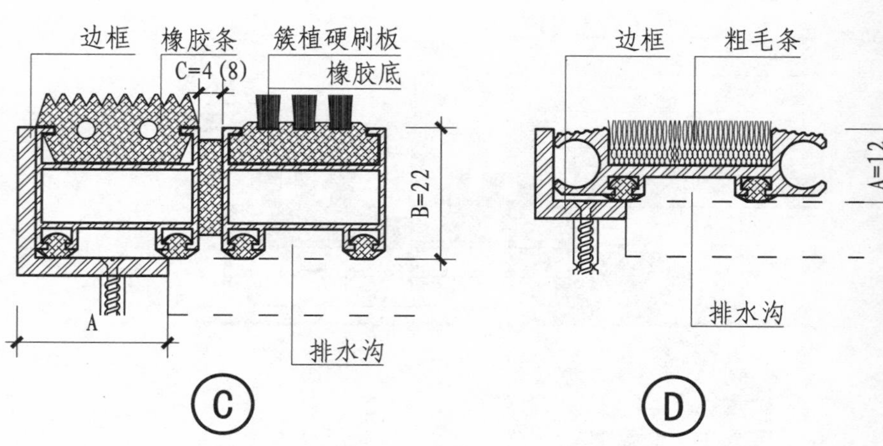

门垫常用形式

注：1. 本页门垫构造适用于室内A为配套边框尺寸；B为门垫高度；C为条缝间距。门垫可选用粗毛地毯门垫和橡胶材质门垫。
2. 本页以楼面为例编制。

门垫构造图及常用形式						图集号	13J502-1
审核	饶良修	校对	郭晓明	设计	李晨晨	页	M05

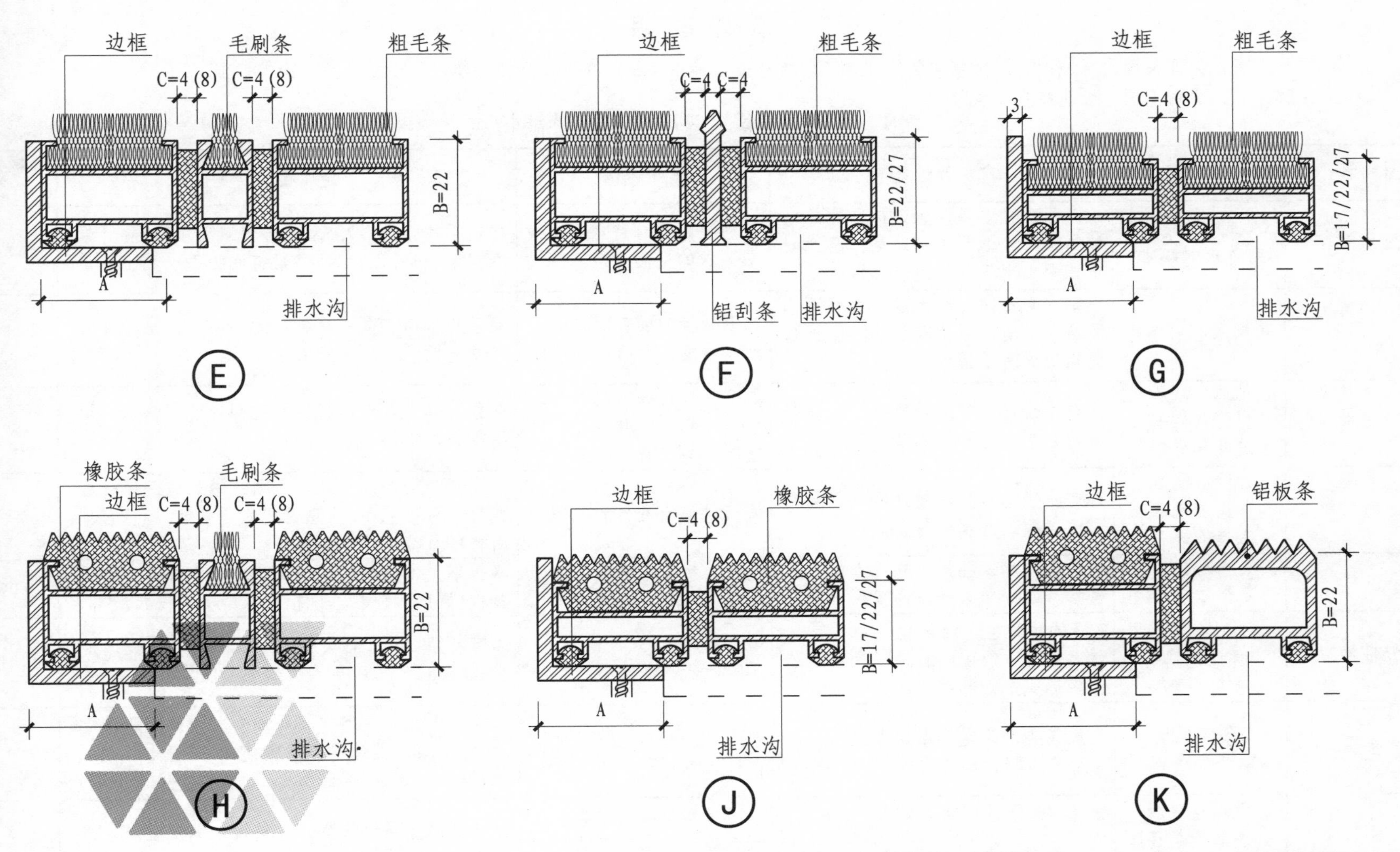

注：1.本页门垫构造适用于室内A为配套边框尺寸；B为门垫高度；C为条缝间距。门垫可选用粗毛地毯门垫和橡胶材质门垫。
2.本页以楼面为例编制。

门垫常用形式						图集号	13J502-3
审核	饶良修	校对	郭晓明	设计	李晨晨	页	M06

踢脚说明

踢脚是室内装饰中墙面与地面过渡衔接的装修部件，踢脚能掩盖地面接缝，在地面清扫时能保护墙面不受污染或撞击。

踢脚分类、适用范围、性能特点见表N。

表N　踢脚分类、适用范围、性能特点

材料种类	分类	定义及性能	适用范围	施工要点	燃烧性等级
水泥	水泥砂浆踢脚 彩色水泥踢脚	水泥踢脚主要是以水泥砂浆在砖砌墙体、陶粒混凝土砌块墙体及混凝土墙面上现场筑抹而成的踢脚	简易装修及有特殊装饰效果要求的空间	构造层次为：1:2.5水泥砂浆罩面压实赶光；素水泥浆一道；1:3水泥砂浆打底扫毛或刮出纹道	A
水磨石	预制水磨石踢脚	预制水磨石踢脚线大多与水磨石地面结合使用，形状较自由，能够制成弧形以及不带尖锐棱角圆润造型	地面材料为细石混凝土、水泥砂浆、水磨石的空间	颜色与地面协调，踢脚板的高度、凸出墙面的厚度一致	A
面砖	釉面砖踢脚 抛光砖踢脚 玻化砖踢脚	具有防碰撞和防潮效果好，不会变形或开裂，易清洁等优点	地面材料为细石混凝土、水泥砂浆、水磨石、石材、地砖等的空间	颜色与样式与地面材料及空间环境相吻合，接缝平整、均匀、高度一致	A
石材	大理石踢脚 花岗岩踢脚 人造石踢脚	具有防碰撞和防潮效果好，不会变形或开裂，易清洁等优点	地面材料为石材的空间	厚度应与门套线一致，否则应做磨边倒坡处理；接缝应尽可能小，注意纹理的延续性；颜色与地面材料及空间环境相吻合	A
木材	实木踢脚 复合木踢脚	木踢脚可加工性强、施工方便。防碰撞和防潮效果差，易变形开裂	地面材料为木地板、地砖、地毯、石材等空间	根据铺设木地板区域与墙边空隙选择合适的踢脚板，踢脚板应在木地板面层磨光后安装	B2
弹性地材	PVC踢脚 橡胶踢脚 亚麻踢脚	良好的耐候性、耐老化性和耐油、耐污性，一般由同材地板直接卷铺上翻形成，上部用专用收边条收口	地面材料为PVC、橡胶、亚麻地面等空间	踢脚与墙面不平时，可调节底层抹灰厚度；建筑胶粘结，品种应与踢脚板配套使用	B1
金属	不锈钢踢脚 铝合金踢脚	金属踢脚均为定制或定型成品，尺寸形式多样，施工方便	地面材料为木地板、地毯、石材、地砖等空间	卡件固定式：先固定金属卡件，卡件间距不宜超过600mm，然后安装踢脚板。 木衬板式：衬板要做防火、防潮处理	A
涂料	环氧涂层踢脚 聚氨酯涂层踢脚	良好的耐候性、防潮效果好，施工方便	地面材料为细石混凝土、水泥砂浆、水磨石的空间	应与环氧涂层和聚氨酯涂层楼地面配套	A

注：1.踢脚一般采用强度高、不易污染、耐撞击、易清洗的材料制作。
2.踢脚高度一般为80mm～150mm，有特殊要求可加高或降低。石材、瓷砖墙饰面，可不做踢脚。

踢脚说明						图集号	13J502-3
审核 饶良修	[signature]	校对 郭晓明	[signature]	设计 李晨晨	[signature]	页	N01

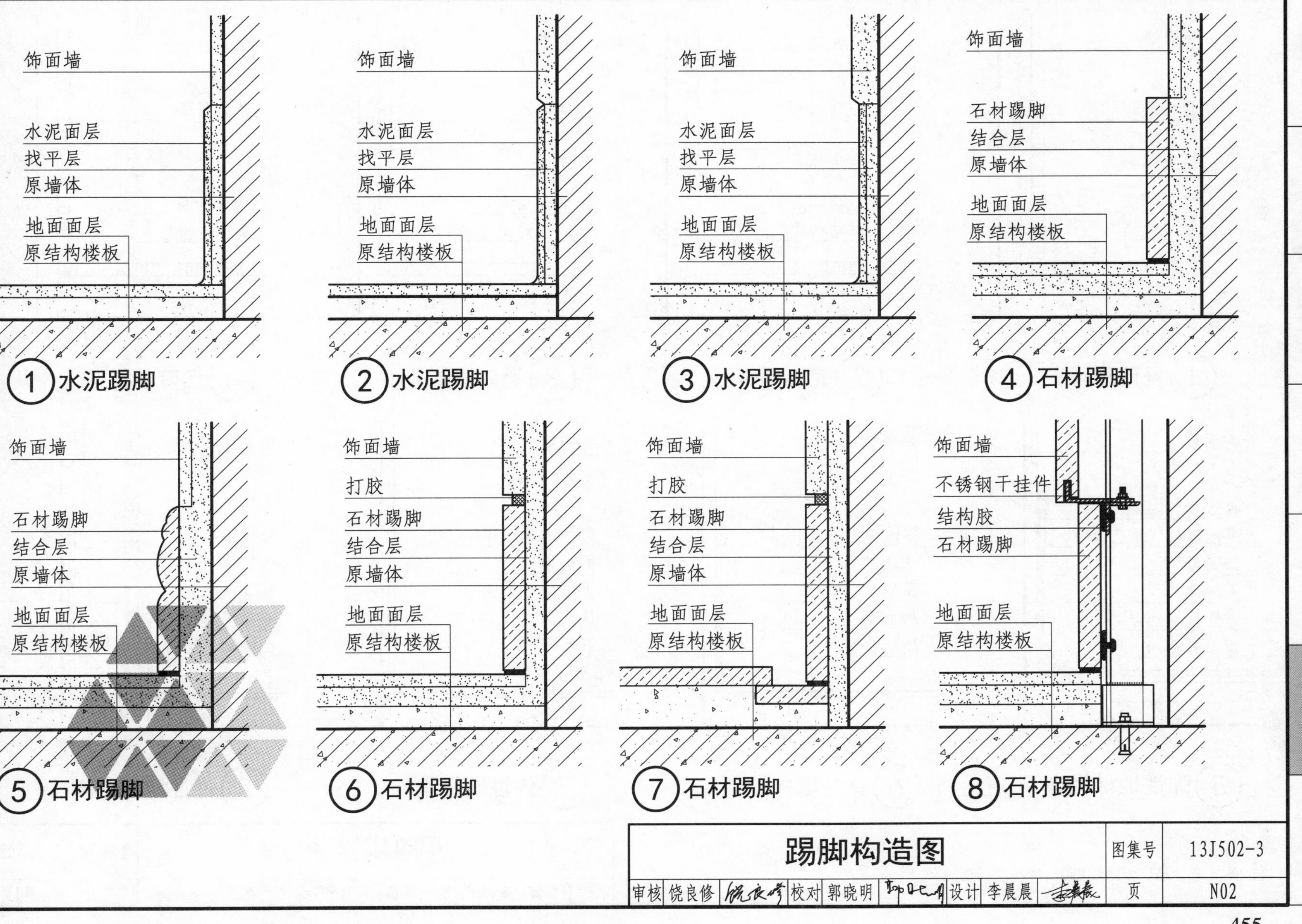

踢脚构造图							图集号	13J502-3
审核	饶良修	饶良修	校对	郭晓明	郭晓明	设计 李晨晨 李晨晨	页	N02

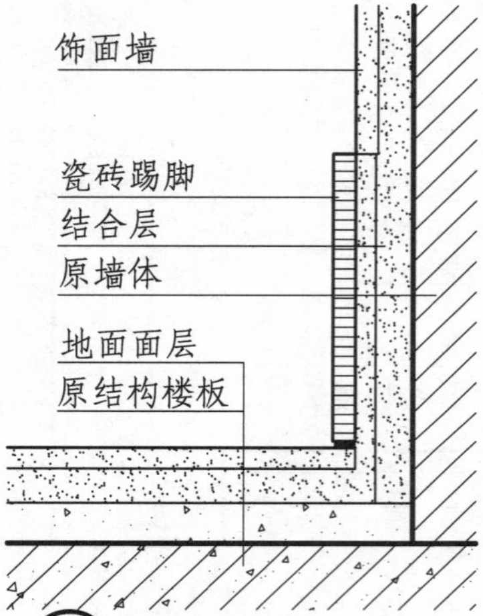

饰面墙
瓷砖踢脚
结合层
原墙体
地面面层
原结构楼板

①瓷砖踢脚

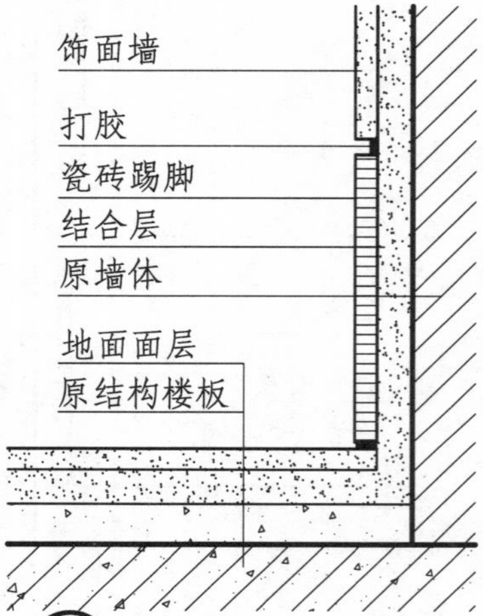

饰面墙
打胶
瓷砖踢脚
结合层
原墙体
地面面层
原结构楼板

②瓷砖踢脚

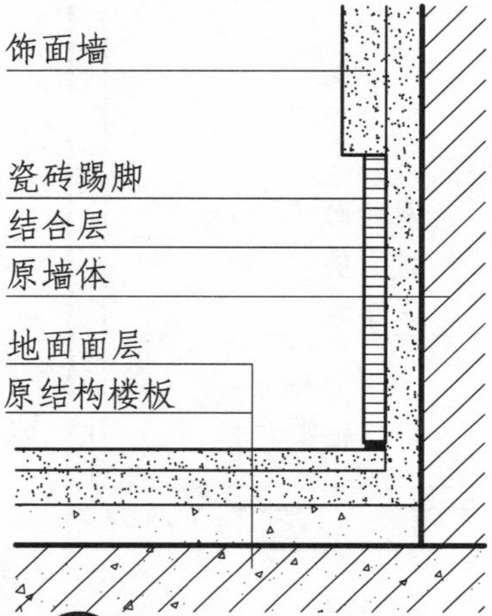

饰面墙
瓷砖踢脚
结合层
原墙体
地面面层
原结构楼板

③瓷砖踢脚

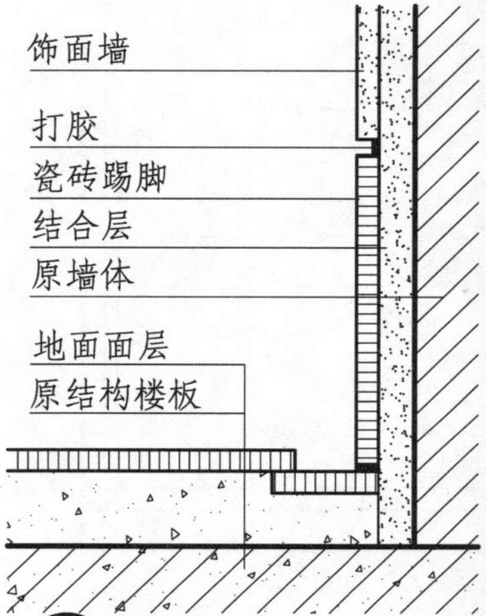

饰面墙
打胶
瓷砖踢脚
结合层
原墙体
地面面层
原结构楼板

④瓷砖踢脚

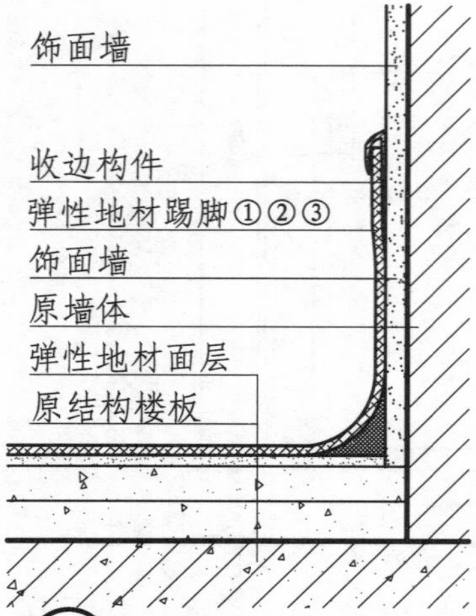

饰面墙
收边构件
弹性地材踢脚①②③
饰面墙
原墙体
弹性地材面层
原结构楼板

⑤弹性地材踢脚

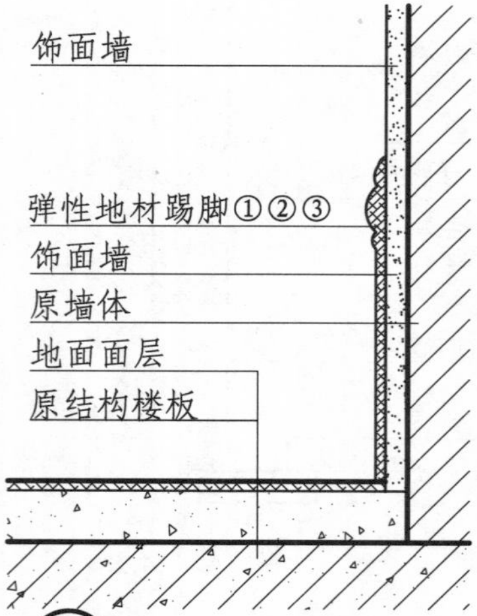

饰面墙
弹性地材踢脚①②③
饰面墙
原墙体
地面面层
原结构楼板

⑥弹性地材踢脚

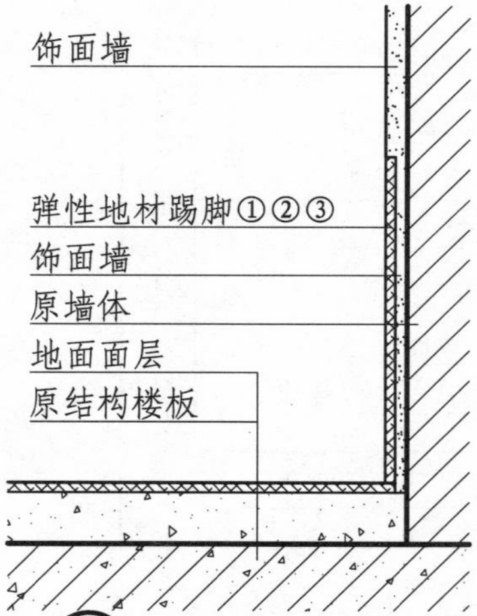

饰面墙
弹性地材踢脚①②③
饰面墙
原墙体
地面面层
原结构楼板

⑦弹性地材踢脚

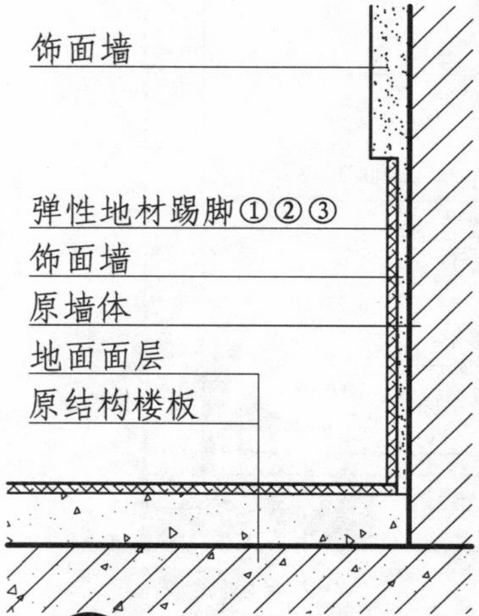

饰面墙
弹性地材踢脚①②③
饰面墙
原墙体
地面面层
原结构楼板

⑧弹性地材踢脚

注：弹性地材踢脚板：①PVC；②橡胶；③亚麻。

踢脚构造图						图集号	13J502-3
审核 饶良修	饶良修	校对 郭晓明	郭晓明	设计 李晨晨	李晨晨	页	N03

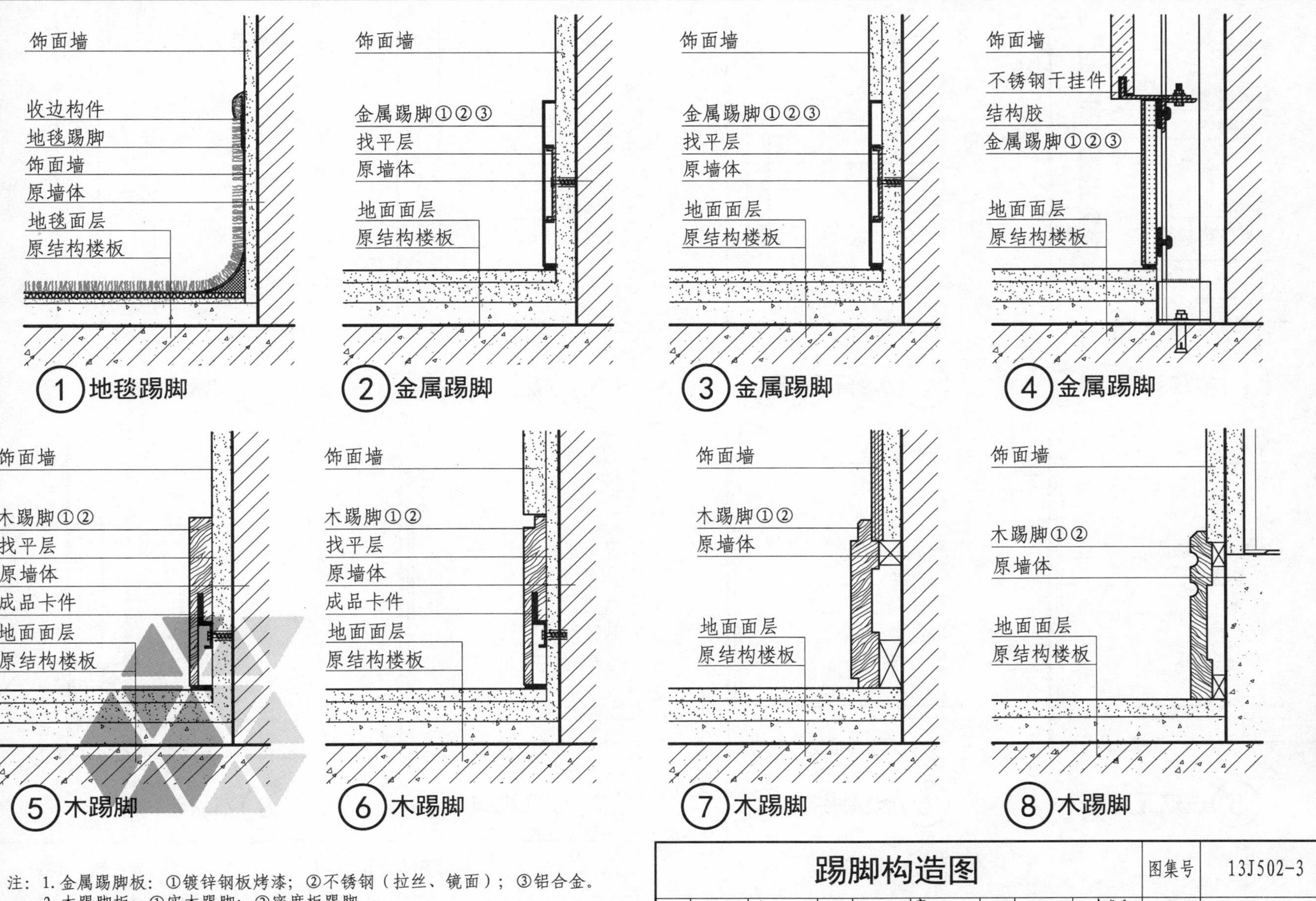

注：1. 金属踢脚板：①镀锌钢板烤漆；②不锈钢（拉丝、镜面）；③铝合金。
2. 木踢脚板：①实木踢脚；②密度板踢脚。

踢脚构造图						图集号	13J502-3
审核	饶良修	校对	郭晓明	设计	李晨晨	页	N04

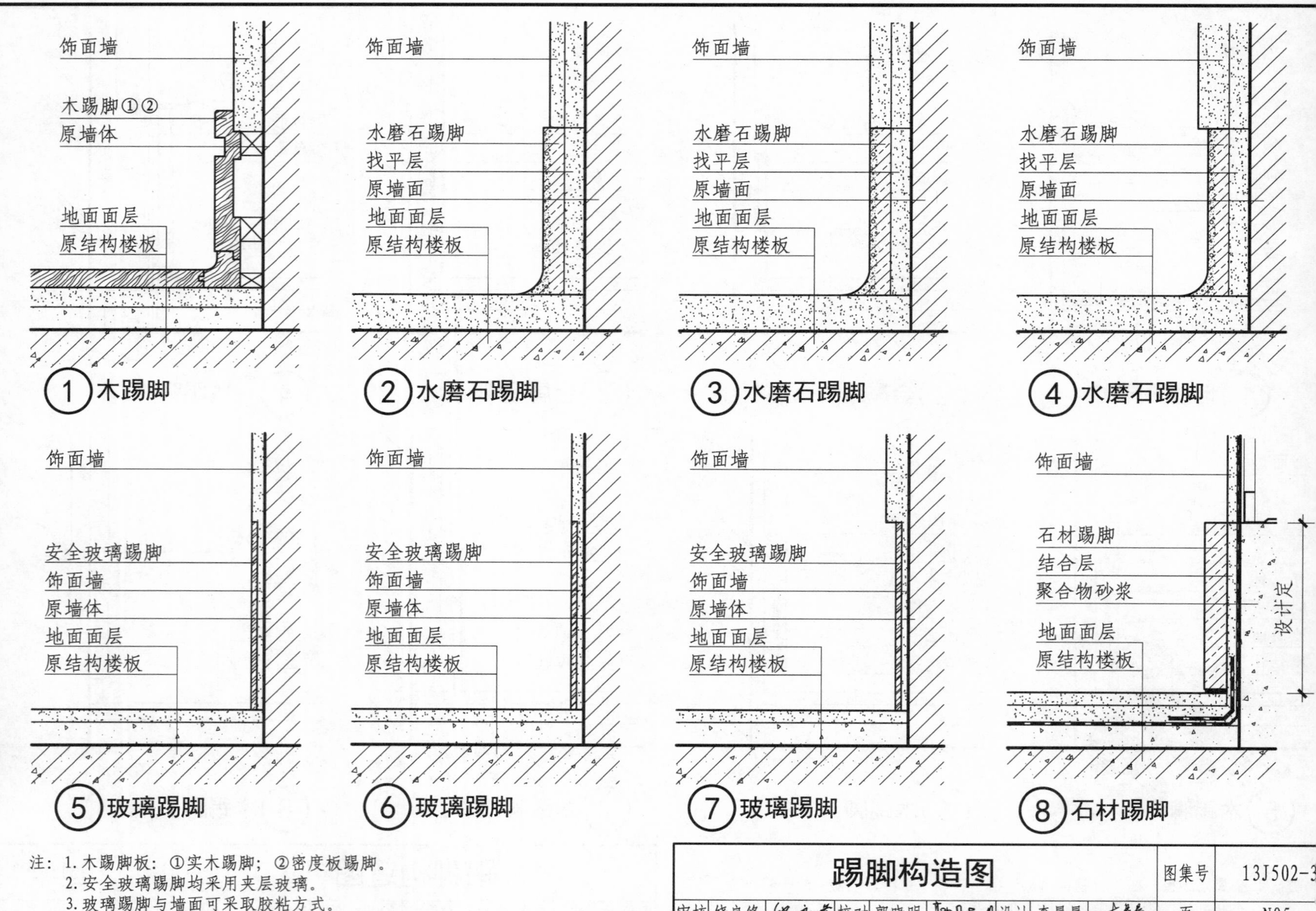

注：1. 木踢脚板：①实木踢脚；②密度板踢脚。
2. 安全玻璃踢脚均采用夹层玻璃。
3. 玻璃踢脚与墙面可采取胶粘方式。

踢脚构造图						图集号	13J502-3
审核	饶良修	校对	郭晓明	设计	李晨晨	页	N05

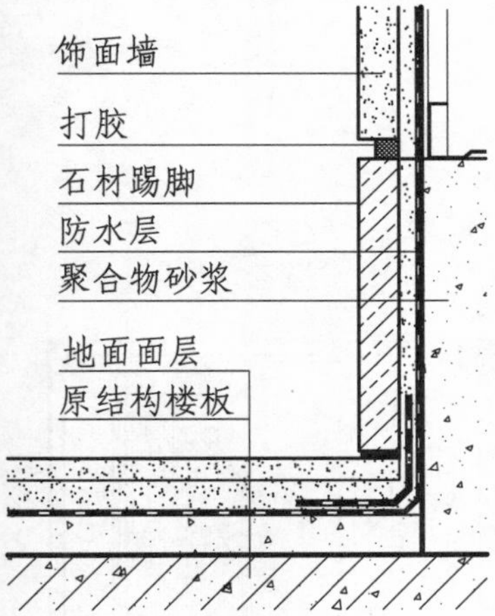

①石材踢脚

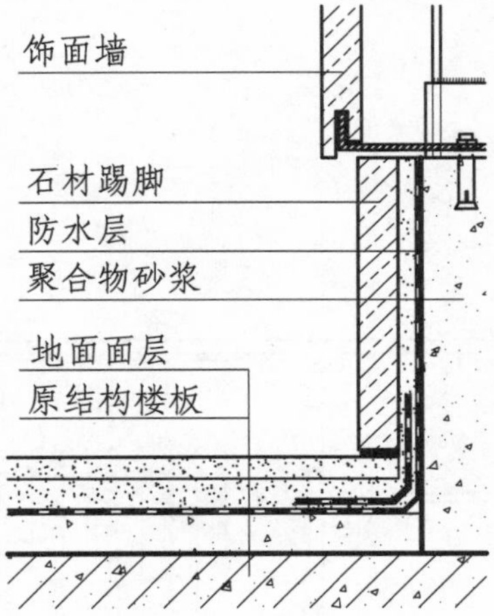

②石材踢脚

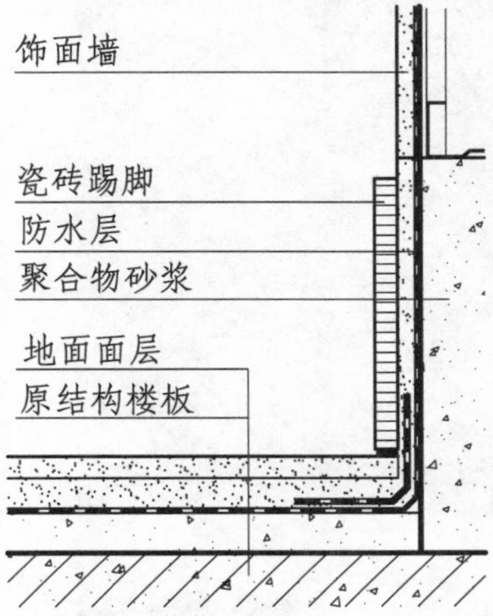

③瓷砖踢脚

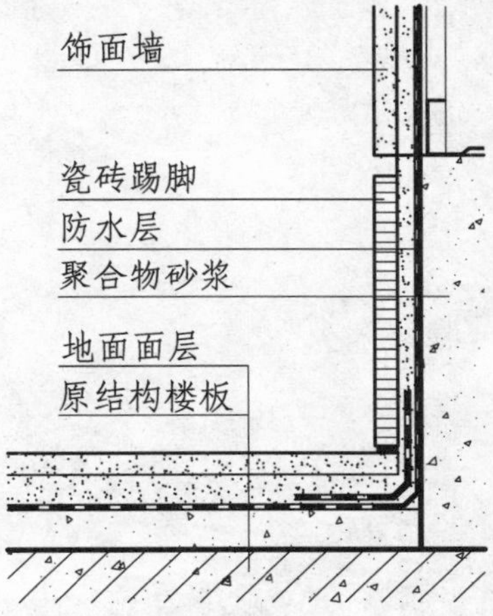

④瓷砖踢脚

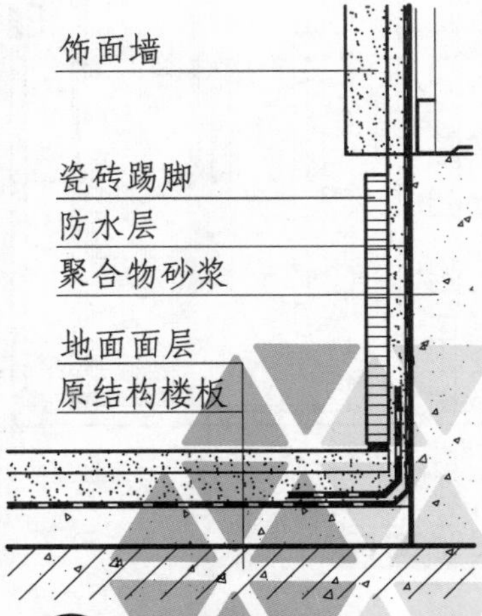

⑤瓷砖踢脚

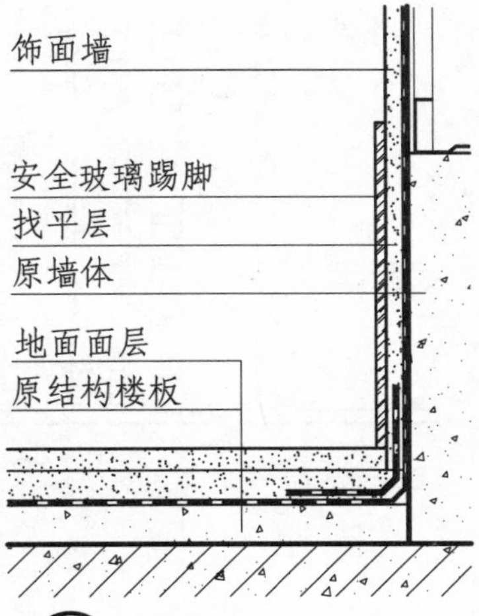

⑥玻璃踢脚

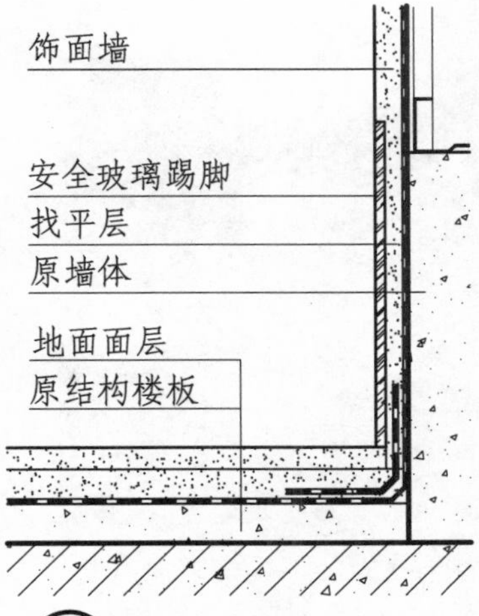

⑦玻璃踢脚

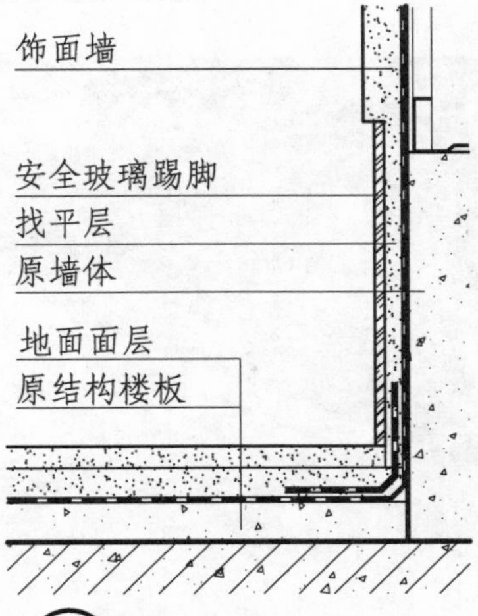

⑧玻璃踢脚

注：1.安全玻璃踢脚均采用夹层玻璃。
2.玻璃踢脚与墙面可采取胶粘方式。

踢脚构造图						图集号	13J502-3
审核	饶良修	校对	郭晓明	设计	李晨晨	页	N06

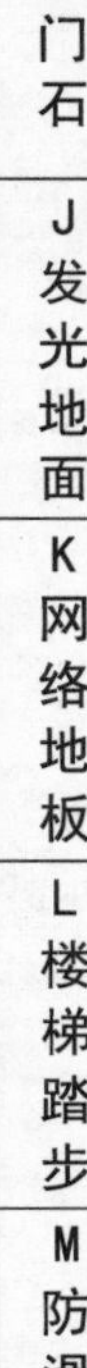

地台示例图（一）

地台示例图（二）

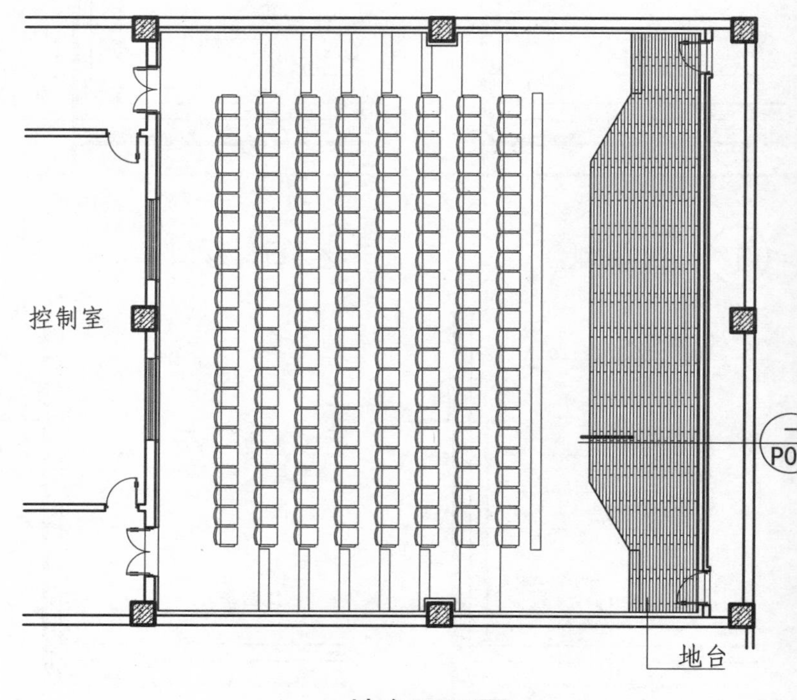

地台平面图

地台示例图								图集号	13J502-3
审核	饶良修	饶良修	校对	郭晓明	郭晓明	设计	李晨晨	页	P01

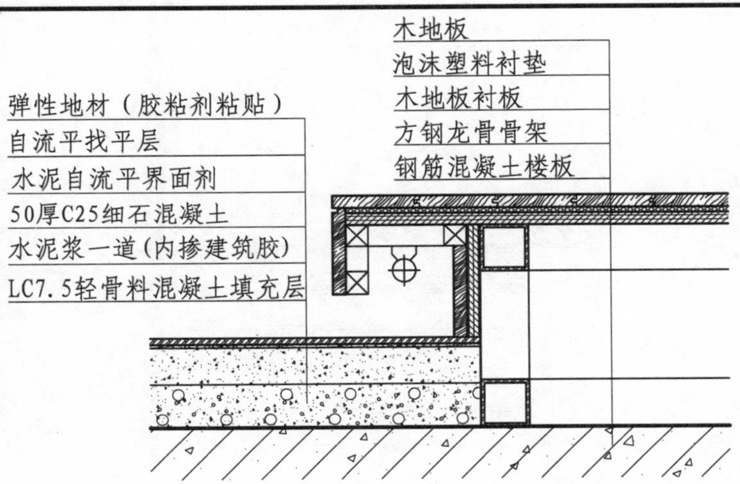

木地板
泡沫塑料衬垫
木地板衬板
方钢龙骨骨架
钢筋混凝土楼板
弹性地材（胶粘剂粘贴）
自流平找平层
水泥自流平界面剂
50厚C25细石混凝土
水泥浆一道(内掺建筑胶)
LC7.5轻骨料混凝土填充层

① 木地板地台

地毯
5厚橡胶海绵衬垫
纤维水泥加压板
方钢龙骨骨架
钢筋混凝土楼板
2.0厚不锈钢立面收口
弹性地材（胶粘剂粘贴）
自流平找平层
水泥自流平界面剂
50厚C25细石混凝土
水泥浆一道(内掺建筑胶)
LC7.5轻骨料混凝土填充层

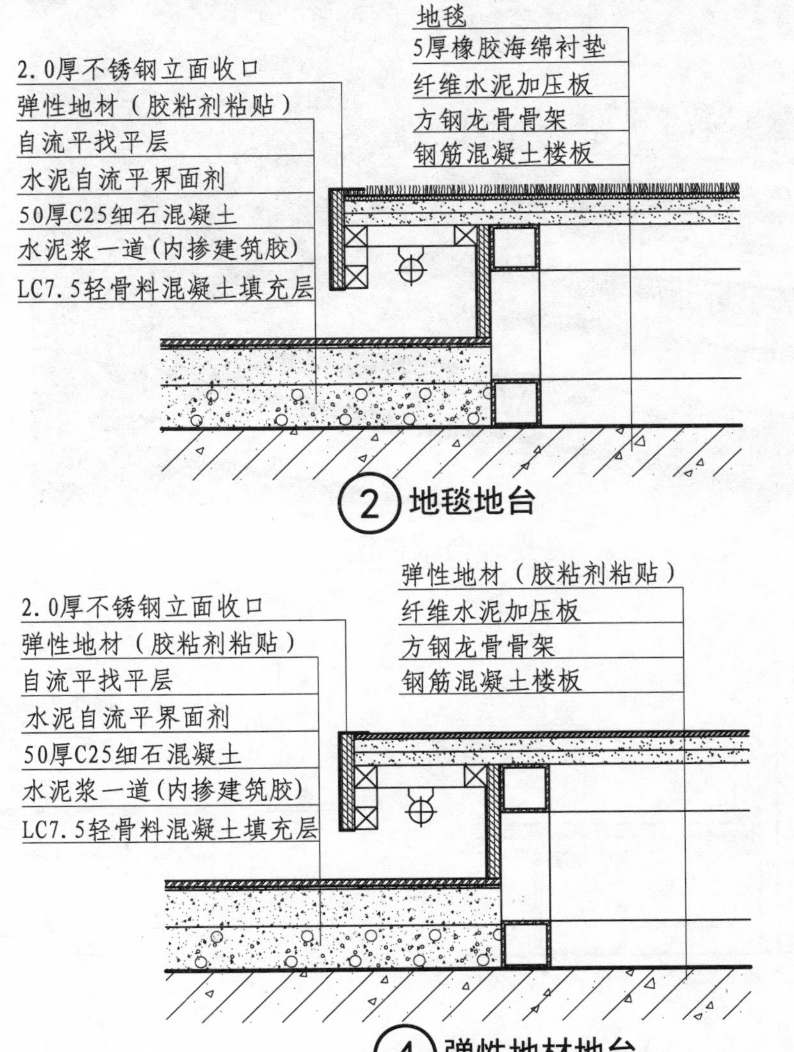

② 地毯地台

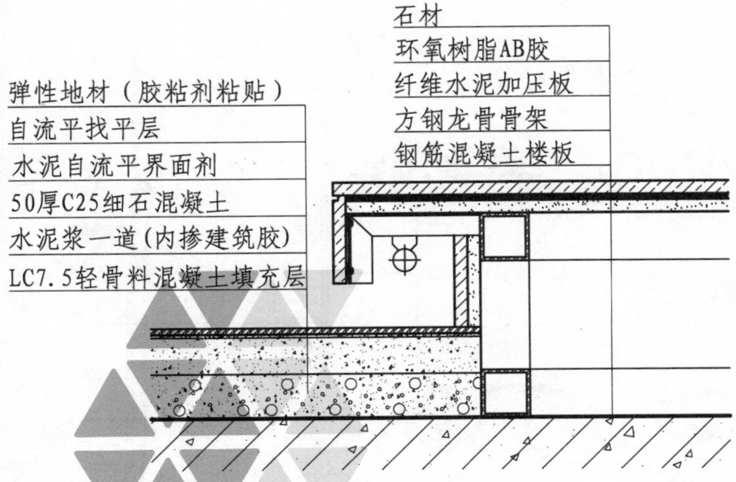

石材
环氧树脂AB胶
纤维水泥加压板
方钢龙骨骨架
钢筋混凝土楼板
弹性地材（胶粘剂粘贴）
自流平找平层
水泥自流平界面剂
50厚C25细石混凝土
水泥浆一道(内掺建筑胶)
LC7.5轻骨料混凝土填充层

③ 石材地台

弹性地材（胶粘剂粘贴）
纤维水泥加压板
方钢龙骨骨架
钢筋混凝土楼板
2.0厚不锈钢立面收口
弹性地材（胶粘剂粘贴）
自流平找平层
水泥自流平界面剂
50厚C25细石混凝土
水泥浆一道(内掺建筑胶)
LC7.5轻骨料混凝土填充层

④ 弹性地材地台

注：1. 楼（地）面装修做法以弹性地材为例，其他装修楼（地）面可根据实际工程替换选用。
2. 地台高度由具体工程确定。

地台构造图								图集号	13J502-3
审核	饶良修	饶良修	校对	郭晓明	郭晓明	设计	李晨晨	页	P02

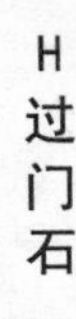

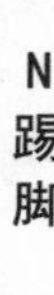

发光地台示例图

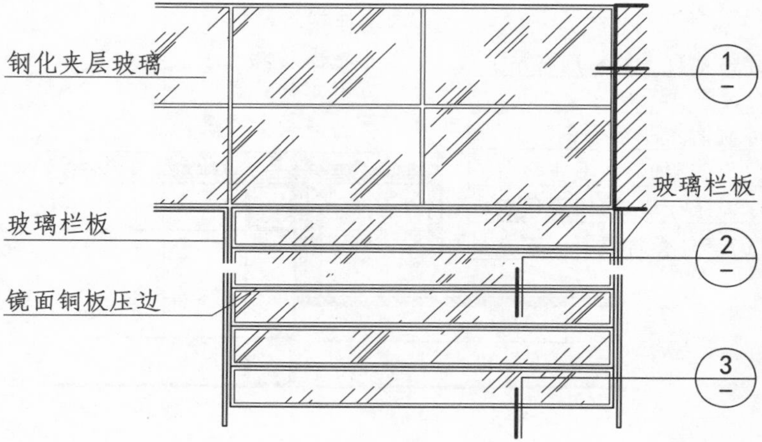

发光地台平面图

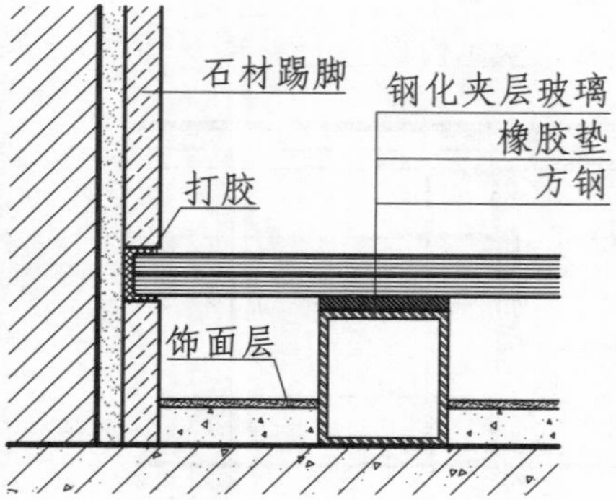

①

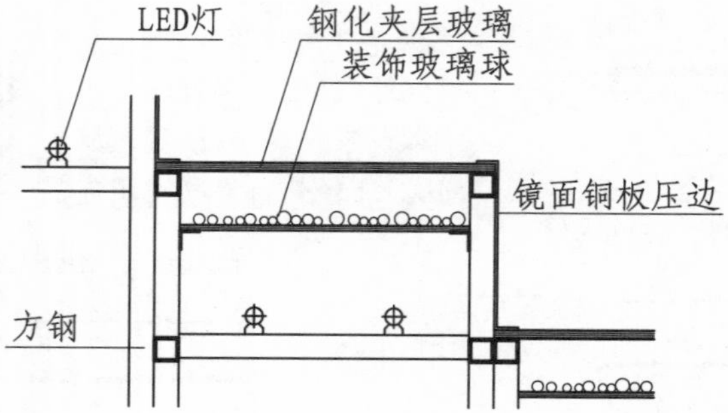

②

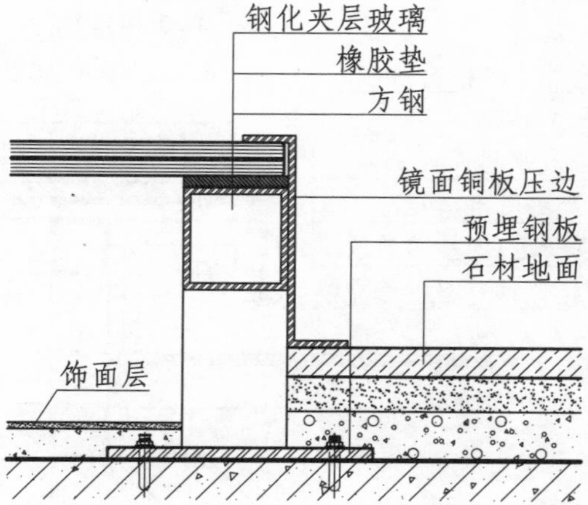

③

地台示例及构造图							图集号	13J502-3
审核	饶良修	饶良修	校对	郭晓明	郭晓明	设计 李晨晨 李晨晨	页	P03

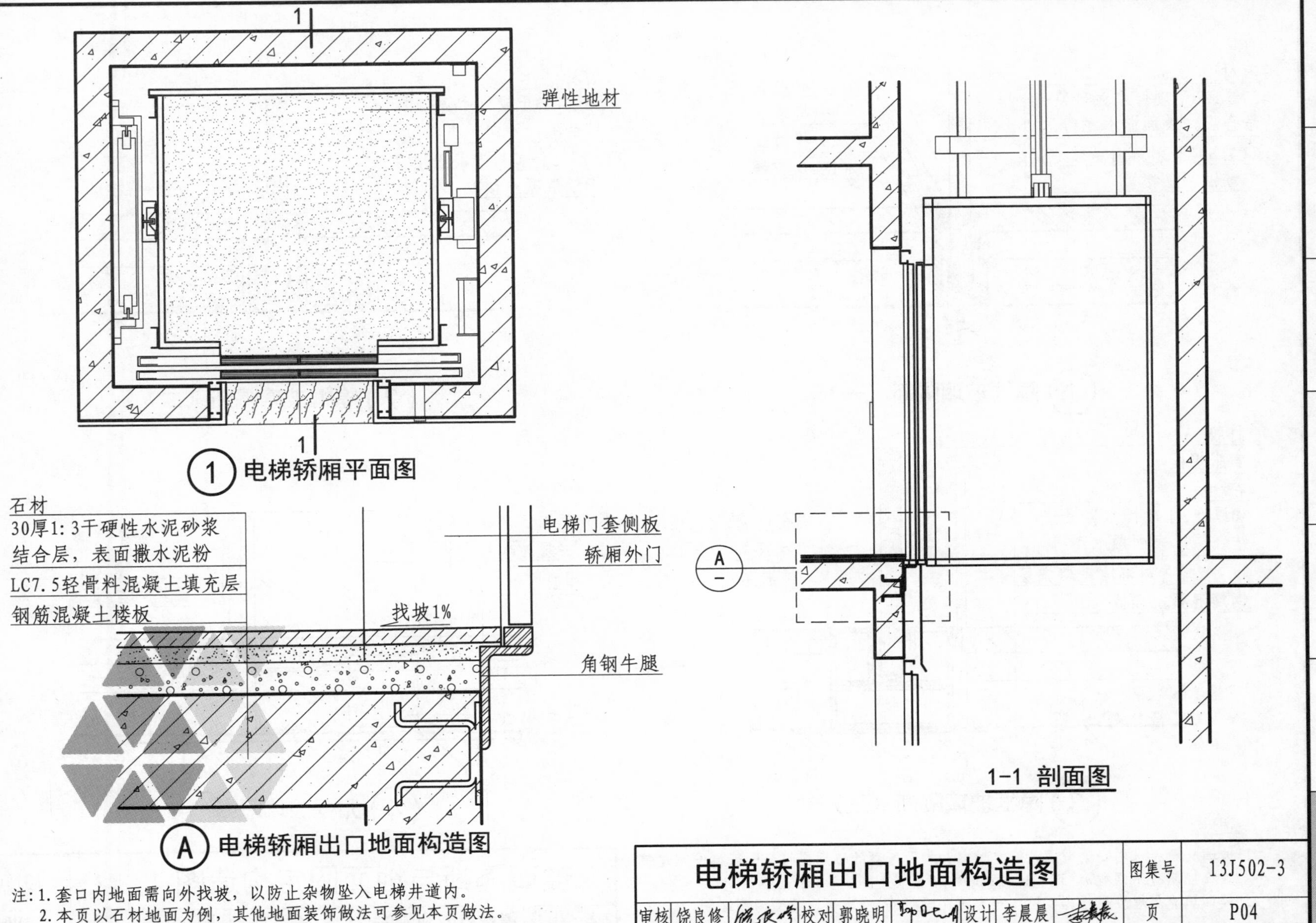

① 电梯轿厢平面图

1-1 剖面图

Ⓐ 电梯轿厢出口地面构造图

注：1. 套口内地面需向外找坡，以防止杂物坠入电梯井道内。
2. 本页以石材地面为例，其他地面装饰做法可参见本页做法。

电梯轿厢出口地面构造图						图集号	13J502-3
审核 饶良修	[签名]	校对 郭晓明	[签名]	设计 李晨晨	[签名]	页	P04

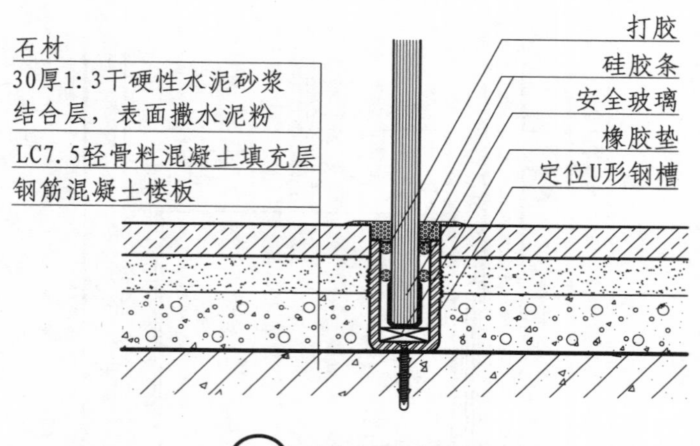

① 隐框玻璃隔断（一）

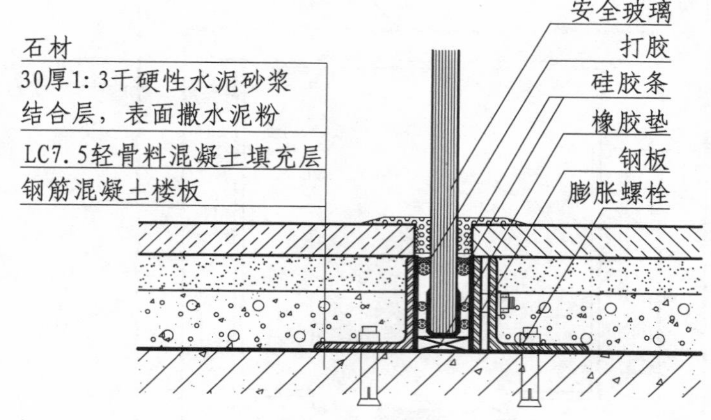

② 隐框玻璃隔断（二）

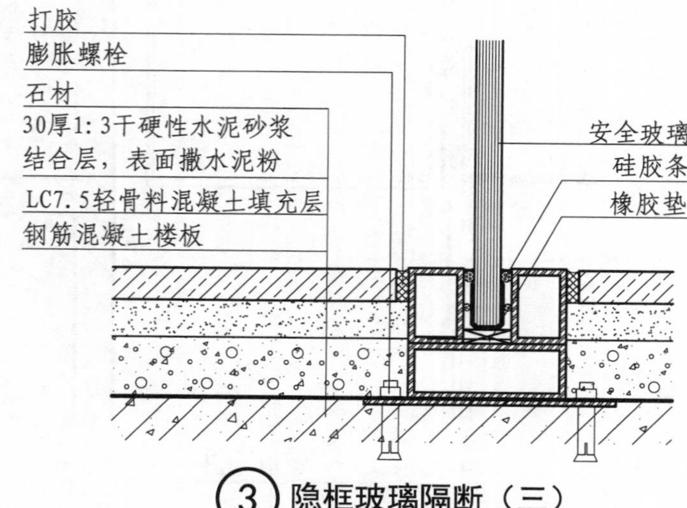

③ 隐框玻璃隔断（三）

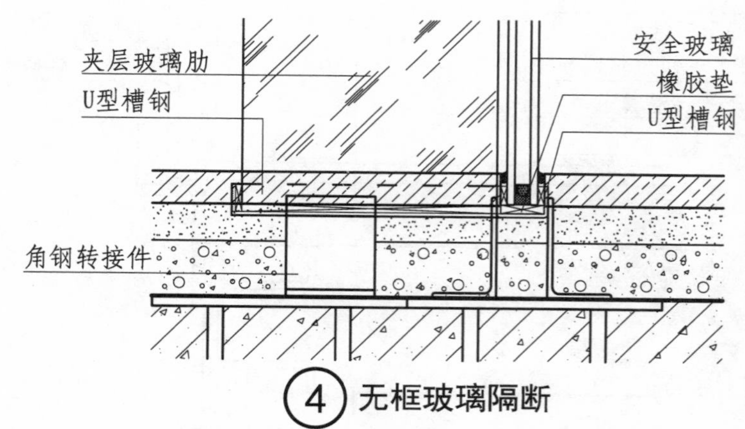

④ 无框玻璃隔断

注：1. 玻璃隔断应采用安全玻璃，安全玻璃种类及厚度的选用应符合国家标准《建筑玻璃应用技术规程》 JGJ 113-2009的相关规定。
2. 楼面填充层厚度应根据实际工程需要由设计确定；本页以楼面为例编制。

玻璃隔断与地面固定构造图						图集号	13J502-3
审核 饶良修	饶良修	校对 郭晓明	郭晓明	设计 李晨晨	李晨晨	页	P05

阿姆斯壮弹性地材产品相关技术资料

1. 产品简介

阿姆斯壮弹性地材产品众多、种类齐全，主要有亚麻地板、商用 PVC 卷材、石塑片材、高级弹性片材、防滑、导电等特殊功能地板、PVC 墙面卷材等。

2. 适用范围

产品名称	规格（m）	厚度(mm)	适用范围
卷材	1.83×16～25	2.0	医疗医护环境、公共、教育、办公、轻工业、商用及零售等领域
片材	0.3×0.3 0.305×0.305	1.6/2.0/2.4/3.0/3.2	
亚麻	2.0×20～31	2.0/2.5/3.2	
高级弹性片材	0.152×0.914 0.457×0.914 0.304×0.609 0.457×0.457	2.0/2.5/3.0	

教育环境

商业环境

办公环境

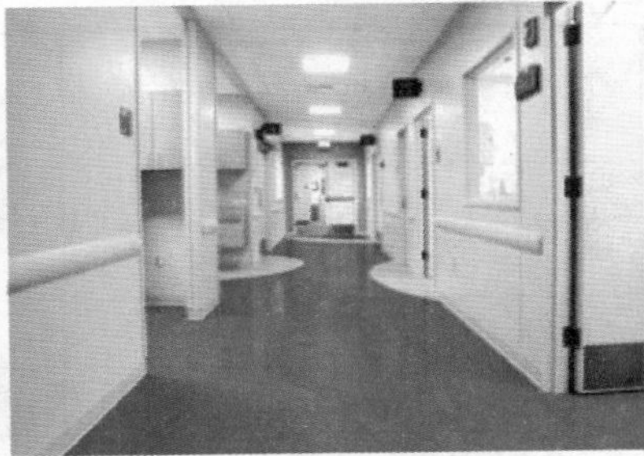

医护环境

公共环境

轻工业环境

3. 性能特点

阿姆斯壮卷材产品有同质透心、叠压及嵌入颗粒式三种结构，并有丰富的颜色与纹理，具有防滑、耐污及经久耐用的特性。

阿姆斯壮片材色彩和图案丰富，同质透心结构，经久耐用。便捷的安装和优良性价比，已成为经济、耐用、美观的经典产品。

阿姆斯壮亚麻地板是由可再生的纯天然材料制成，绿色环保，颜色丰富，脚感舒适并具有防菌功能。

阿姆斯壮高级弹性片材具有耐磨、耐刮、易清洁保养等特性。安装简便，风格独特。

注：本页根据阿姆斯壮（中国）投资有限公司提供的技术资料编制。

科美线型地漏产品相关技术资料

1. 产品简介

科美线型地漏系列产品，以地面排水快速且无障碍通行为理念，研发了阻水型快速排水地漏，并在阻水型快速排水地漏的基础上开发了泳池排水格栅、景观排水格栅及防滑板式排水等四大系列产品。主要由不锈钢格栅、不锈钢（U-PVC）底座、膜防臭组件三大部分组成。

2. 适用范围

产品	厚度（mm）	主要材料	适用范围
KEME-SX1 快排地漏	27	SUS304/316、U-PVC	住宅、酒店、宾馆、桑拿、浴池、医院、老年建筑
KEME-SX2 快排地漏	17	SUS304/316	
KEME-SY 隐形地漏	25	SUS304/316	
KEME-YG 泳池排水格栅	15	SUS304/316	泳池、水世界
KEME-FG 防滑板式排水	25	SUS304/316	食品车间、超市
KEME-JP 景观排水格栅	20	SUS304/316	小区、广场、公园

3. 性能特点

不锈钢格栅有排水量大、同时起到水流隔断的特性。

独特的设计及制造工艺，使线型地漏更加美观、耐久。

底槽 V 形坡度的设计消除了积水的可能性。

膜防臭组件的应用解决存水弯因水挥发而不防臭的问题。

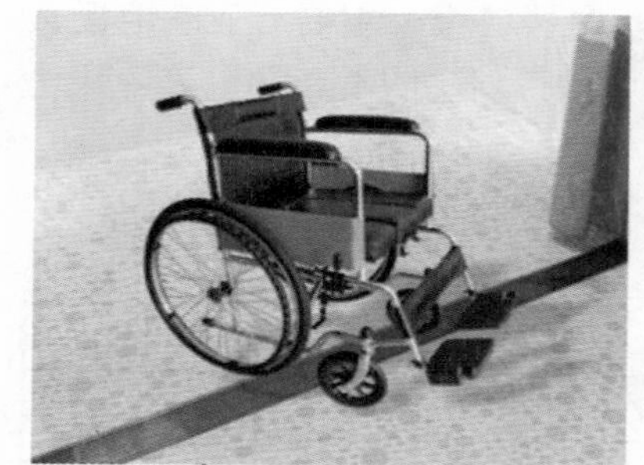

注：本页根据福州科美节能科技有限公司提供的技术资料编制。

盟多地板产品相关技术资料

1. 产品简介

盟多主要产品有 PVC 和橡胶地板。盟多产品由天然和合成的原材料制成，无毒、无害。盟多一直致力于开发丰富多彩的地板，并通过地板的不同色彩来满足建筑室内不同公共环境的使用要求，从而提高产品使用者的生活质量。

办公

图书馆

2. 适用范围

材质	系列	规格：长×宽×厚	适用范围
PVC	drops	20m×193cm×2mm（3mm）	医疗、办公、教育、厂房、博物馆、图书馆
	dian		
	pixel		
	ls	20m×128cm×2mm（3mm）	
	loom		
	omega		
橡胶	idea	10m×190cm×3mm	医疗、教育、办公、机场、场馆
	punti	14m×193cm×2mm（3mm）	
	putura		

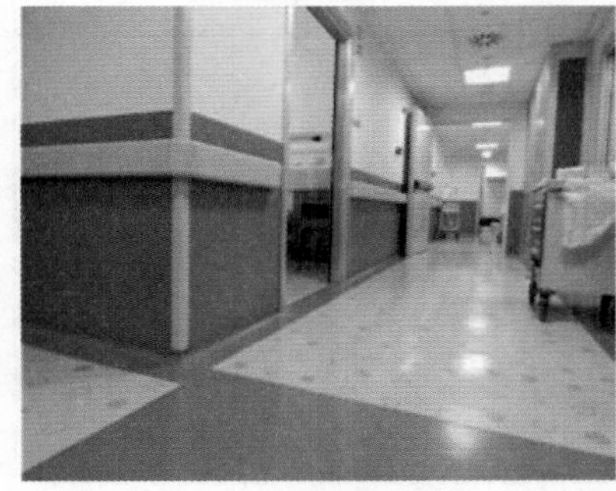

医院

学校

3. 性能特点

盟多地板的产品具有耐磨性，较强的抗污性，无孔的地板表面，保证了地板的持久清洁；低廉的维护成本，盟多地板在生产过程中经过特殊表面处理，从而使得地板持续的保养更加容易；抗化学品的腐蚀，可有效抵御生理液体和医院实验室对地板的腐蚀；抗香烟头的灼烧(燃点 600℃～800℃)，不会留有任何永久痕迹；盟多地板能有效地减少噪音（最小 5dB，最大 18 dB)；脚感舒适，长久稳定性等特点。适用于高人流量区域。

上海世博会

商业

注：本页根据盟多地板（中国）有限公司提供的技术资料编制。

洁福 PVC 地板产品相关技术资料

1. 产品简介

洁福 PVC 地板有同质透心和多层叠压卷材及片材，多种设计系列和规格，几百种款式供用户选择。产品性能稳定、经久耐用，并采用特殊维护处理工艺，易于清洁保养。秉承绿色环保理念，所有产品不含 DOP 及重金属，且可回收利用。广泛应用于商用、运动及交通运输等领域。

2. 适用范围

制品	厚度（mm）	适用范围
同质透心地面材料	2	医院、学校、办公楼、商场、公共文化中心、工厂等
柏莱特优橡塑地面材料	2～3.25	
多层叠压地面材料	2.1～3.8	
快速安装地面材料	4.6～6	
静电控制美宝琳 EL	2	
防滑地板	2～3.2	
墙布、墙板	1～2	
运动地板	2.1～9.0	专业赛事场馆、健身房、多功能馆、运动商店等
船用地板	2	客轮、商务船、舰艇等

3. 性能特点

经久耐用，适用于交通流量大的区域。

特殊表面处理，易清洁保养，部分产品永久免打蜡。

热熔焊接营造无缝效果，抗菌防霉。

设计丰富，可灵活搭配，创意无限。

医院

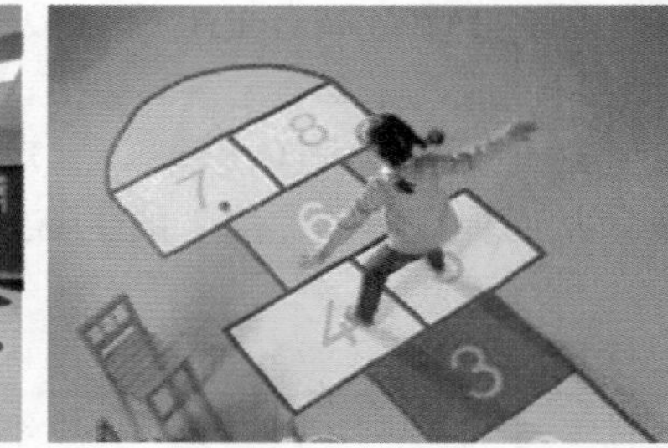

学校

办公楼

工厂

体育场馆

船舶

注：本页根据洁福地板(中国)有限公司提供的技术资料编制。

圣戈班伟伯产品相关技术资料

1. 产品简介

伟伯自流平系列产品是一种速凝型水泥基自流平材料，适用于民用和工业建筑的地面面层，也适用于瓷砖、水磨石、PVC 地板、地毯、各种木地板施工前的地面找平。

伟伯粘结剂系列产品属于水泥基聚合物改性胶粘材料，具有良好的耐候性和持久的粘结强度。

2. 适用范围

制品	施工厚度(mm)	适用范围
Floor4615	≥5	商业、公共、工业地面
Floor4655	≥5	商业、公共、工业地面
Floor4650	≥5	商业、公共、工业地面
Floor4630	8～15	防滑汽车坡道等
Floor4150	5～15	面层材料铺设前找平
Floor4310	5～50	面层材料铺设前找平
Floor4031	≤5	面层材料铺设前找平

3. 产品特点

伟伯自流平系列产品种类齐全、操作便捷、施工高效。具有快干性能，广泛用于各类新建筑地面工程及既有建筑地面翻新改造工程。累计铺设已超过 5 亿平方米。

伟伯粘结剂产品应用广泛，专业的粘结剂产品与相应的面材匹配，确保了饰面材料粘结持久、安全、可靠。绿色建筑材料，零甲醛，零 VOC。

泊车地坪

工业地坪

彩色艺术地坪

商业地坪

室内墙面及地面铺贴

游泳池铺贴

注：本页根据圣戈班伟伯绿建建筑材料（上海）有限公司提供的技术资料编制。

参编企业、联系人及电话

企业	联系人	电话
阿姆斯壮（中国）投资有限公司	张喜龙	021-33386688
福州科美节能科技有限公司	蔡品登	0591-83763518
盟多地板（中国）有限公司	何献华	010-61598814
洁福地板（中国）有限公司	顾春梅	0512-52528766
圣戈班伟伯绿建建筑材料（上海）有限公司	杨　杉	021-58180098

GUOJIAJIANZHUBIAOZHUNSHEJI 06J505-1

国家建筑标准设计图集 06J505-1

外 装 修（一）

中国建筑标准设计研究院

关于批准《既有建筑节能改造（一）》等十二项国家建筑标准设计的通知

建质[2006]169号

各省、自治区建设厅，直辖市建委，解放军总后营房部，新疆生产建设兵团建设局，国务院有关部门建设司：

经审查，批准由中国建筑标准设计研究院、北京市建筑节能专业委员会等十四个单位编制的《既有建筑节能改造（一）》等十二项标准设计为国家建筑标准设计，自2006年9月1日起实施。原《外装修》(03J501)标准设计同时废止。

附件：国家建筑标准设计名称及编号表

中华人民共和国建设部

二〇〇六年七月十一日

“建质[2006]169号”文批准的十二项国家建筑标准设计图集号

序号	图集号	序号	图集号	序号	图集号	序号	图集号	序号	图集号	序号	图集号
1	06J505-1	3	06J908-7	5	06SG311-1	7	06SG515-1	9	06SG517-2	11	06D704-2
2	06SJ812	4	06G101-6	6	06SG331	8	06SG515-2	10	06SG812	12	06X701

外 装 修（一）

批准部门　中华人民共和国建设部　　批准文号　建质[2006]169号

主编单位　北京维拓时代建筑设计有限公司　中国建筑标准设计研究院　　统一编号　GJBT-929

实行日期　二〇〇六年九月一日　　图 集 号　06J505-1

主编单位负责人　王文艳

主编单位技术负责人

技术审定人　彭璨云

设计负责人

目 录

目 录						图集号	06J505-1
审核	任 明	校对	马嘉懿	设计	彭璨云	页	1

装配配件非承重维护外墙（F）

阳台、露台、栏杆及栏板（T）

目录							图集号	06J505-
审核	任明	[签名]	校对	马嘉懿	[签名]	设计	彭璨云 [签名]	页	2

门窗装饰（CZ）

空调室外机置放（K）

目录						图集号	06J505-1
审核 任明	任明	校对	马嘉懿	设计	彭璨云	页	3

目　录							图集号	06J505-1
审核	任 明	任明	校对	马嘉懿	马嘉懿	设计	彭璨云	彭璨云	页	4

商店橱窗及门脸（SH）

附录

目 录						图集号	06J505-1
审核	任 明	校对	马嘉懿	设计	彭璨云	页	5

编 制 说 明

1 编制依据

1.1 本图集根据建设部建设[1995]773 号文《关于下达<一九九五～一九九六年国家建筑标准设计编制工作计划>的通知》进行编制。

1.2 主要编制依据:

《建筑装饰装修工程质量验收规范》GB 50210－2001

《建筑工程施工质量验收统一标准》GB 50300－2001

《民用建筑设计通则》GB 50352－2005

《房屋建筑制图统一标准》GB/T 50004－2001

《建筑制图标准》GB/T 50104－2001

有关厂家相关的产品样本、样品、技术手册、检测报告及相关资料。

2 编制目的

近年随着我国综合国力的增强和城乡人民生活水平的提高，建筑业得以高速发展，建筑类型不断增多，建筑形象和立面装修日趋丰富，国外新材料、新技术不断引进，在大规模的建设中建筑技术迅速发展；节能和环保成为建筑发展中的热点，不仅部分影响到外装修的技术和手段，也对建筑外装修材料和技术提出更高要求；旧有产品和安装技术也在不断改进，各地科研单位、生产企业相继推出和引进许多新型外装修产品。编制本图集的目的是为了顺应技术与材料的发展，以满足不同地区在建筑外装修设计方面的需要。

2.1 供设计单位在施工图设计阶段直接索引选用或参照选用。

2.2 供施工和监理单位按本图集施工。

3 编制原则

3.1 本图集编制符合国家和行业相关的技术规范和技术规程的要求;

3.2 本图集所列的做法属工程建设中量大面广、技术成熟的做法，并适当兼顾较高装修标准的要求;

3.3 本图集编入的新材料、新技术做法均在国内有所采用并符合安全、节能和环保的要求。

4 适用范围

4.1 本图集适用于一般标准的新建、改建、扩建的各类民用建筑常用外装修构造,兼顾较高外装修标准的构造要求。

4.2 工业建筑可以根据自身特点部分选用或参用。

5 编制内容

5.1 本图集根据外墙装饰部位分类编制:

5.1.1 女儿墙(N)

5.1.2 挑檐(Y)

编 制 说 明						图集号	06J505-1
审核	任 明	校对	马嘉懿	设计	彭璨云	页	6

5.1.3 外墙(Q)

1) 挂贴饰面

2) 干挂饰面

5.1.4 装饰配件非承重维护外墙(F)

1) U型玻璃

2) 玻璃砖

3) 混凝土与金属花饰

5.1.5 阳台露台及栏杆栏板(T)

5.1.6 门窗装饰(CZ)

1) 窗套

2) 门套

3) 窗篷

5.1.7 空调室外机置放(K)

5.1.8 卷帘门窗护栏(JH)

5.1.9 立面装饰线脚与角饰(X)

5.1.10 门头、雨篷(M)

5.1.11 散水、勒脚(S)

5.1.12 商店橱窗及门脸(SH)

每个部分均有本内容的相关设计说明，供选用人设计时参照执行。图集以构造节点结合图形与表格编制不同立面样式(或系列)以供选用，在构造和安装形式相同，面层材质不同的情况下，只表示某种材质，其他材质列表注明名称、材性，避免图集内容重复繁琐。

5.2 外装修中有关建筑玻璃幕墙和建筑外遮阳的部分已另有专门的国标图集，相关内容不再编入本图集。玻璃幕墙是外墙装饰的一大类，为便于设计人员等参考，在本图集附页中列表将其特性及构造尺寸概况介绍。

5.3 本图集收集了部分商店橱窗、门脸等的装修式样及做法，供设计人员选用。

5.4 外墙涂料的做法，在国标图集《外墙外保温建筑构造(一)》02J121-1和《工程做法》05J909中已包含相关内容，本图集不再编入。

5.5 本图集还选登了部分实物、实例照片配合构造图，使图集内容更直观。由于新材料与新技术不断出现，未能及时入册的相关做法，有待今后续编。

6 使用说明

6.1 本图集的编目以所在部位的名称中关键词的拼音字母为序号，按该部位在外墙中的位置自上而下排列。

6.2 本图集所有标注尺寸均为毫米(除特殊注明者外)。图中未标注尺寸用代号b.h.d等或用≥、≤表示，均为可变数，由选用者按工程设计需要确定。

6.3 本图集选用部分成品装饰部件(如聚苯装饰线等)，部分装饰材料安装用的配件只表示成品外形尺寸与安装构造尺寸，详细尺寸均由材料生产厂家提供。

6.4 各类装饰部件在外墙上与建筑构件栓锚固定必须安全可靠，有的需要在结构墙体或梁柱上预埋砖或预埋件，有的可以在建筑结构和墙体上打入膨胀螺栓、塑料胀管或射钉来固定，均应按照有关的规定及产品型号设计与施工。

6.5 外装修涉及外墙保温做法，我国地域辽阔，各不同气候区域对外墙保温隔热做法有较大差异，保温材料各异，不可能在图集中一一反映，本图集中外墙各分项尽量列出有保温与无保温两种做法，对有保温做法鉴于外墙外保温的明显优点，则以外墙外保温为例，并以现已较普遍的粘结聚苯板的做法绘制节点图，不标出具体厚度。采用本图集时各地区根据工程所在地区的气候特点、地区节能要求及工程具体情况选择保温材料设计保温厚度，对本图节点做法酌情调整后使用。外墙内保温因不涉及外装修构造，本图集不再表示，可参照无外墙保温做法，如选用保温砌块可参照外墙表面无保温的节点做法。

6.6 室外装修的设计可以多种多样，同时在设计中由于建筑个体的规模、体型不同，选用同样的做法也有尺度适宜的问题，本图集只提供一部分常用形式为设计人举一反三提供参考实例，形式风格上有外国古典式也有中国传统风格式，有些部件已成为经典做法供设计人员选用或参照选用。对于涉及安全与稳定的部件如雨篷、挑檐等，应在个体设计中与结构设计结合，进行安全稳定计算后确定尺寸的修改。

6.7 索引方法：

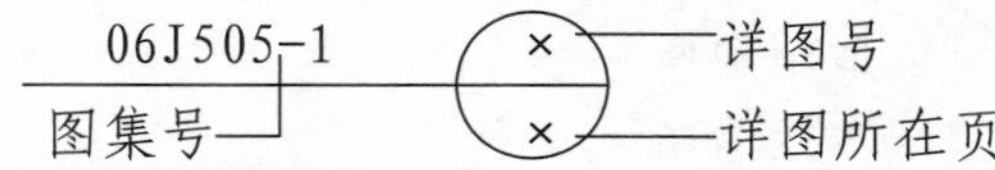

7. 本图集主要参加编制单位

中国建筑标准设计研究院委托北京维拓时代建筑设计有限公司负责《外装修》图集的总体内容、深度及编制工作，其中装配配件非承重维护外墙的U型玻璃与玻璃砖部分由中国建筑标准设计研究院承担，编制过程中下列参编单位提供材料样本、样品、技术鉴定、测定及部分节点做法：

昆明云华玻璃厂

德州振华装饰玻璃有限公司

特莱仕（上海）千思板制造有限公司

德国陶瓷集团有限责任公司北京代表处

法国法拉利技术织物公司上海代表处

常州长青艾德利复合材料有限公司

上海古猿人石材有限公司

编制说明								图集号	06J505-1
审核	任明	任明	校对	马嘉懿	马嘉懿	设计	彭璨云	页	8

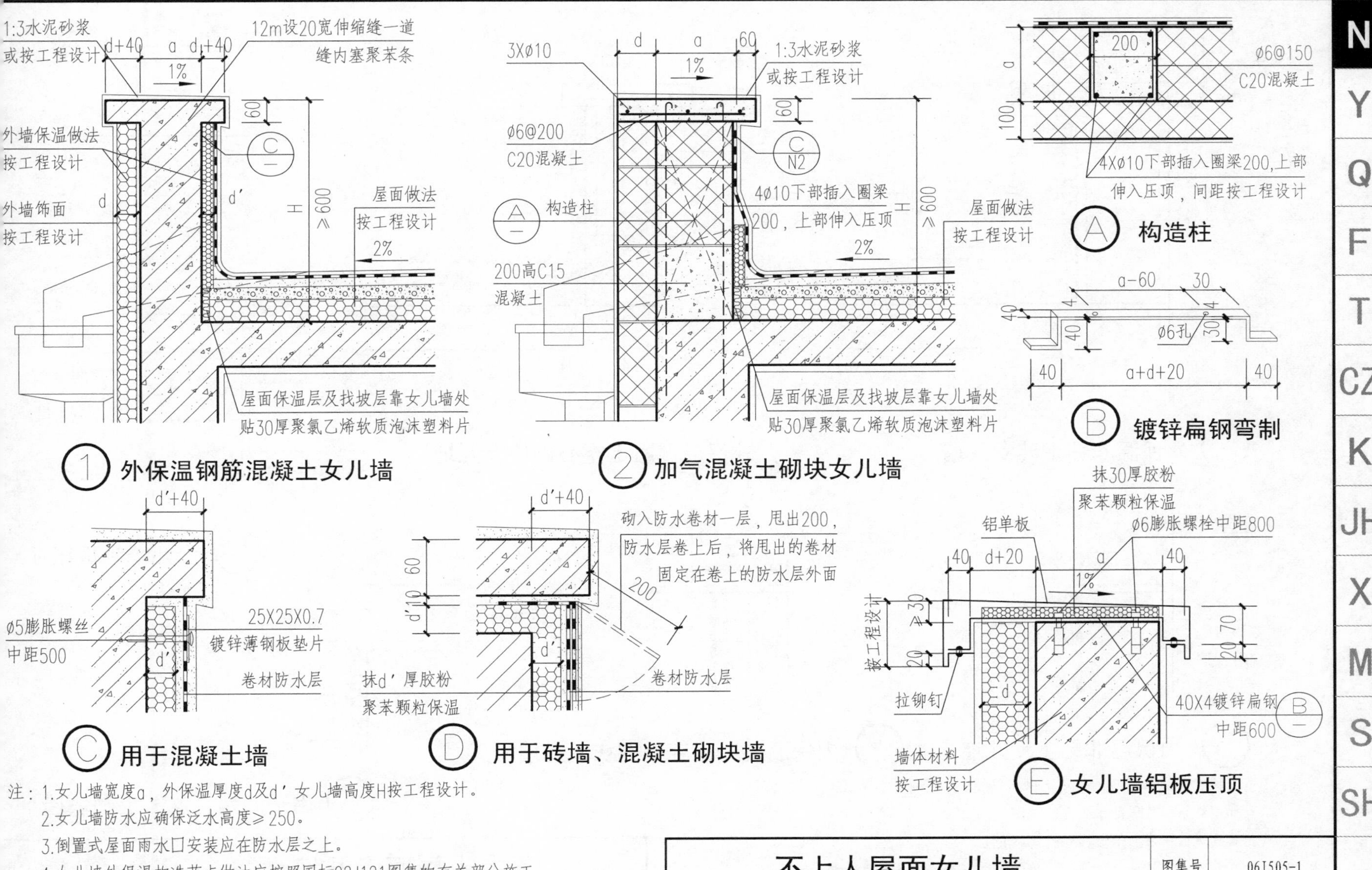

注：1.女儿墙宽度a，外保温厚度d及d'女儿墙高度H按工程设计。
2.女儿墙防水应确保泛水高度≥250。
3.倒置式屋面雨水口安装应在防水层之上。
4.女儿墙外保温构造节点做法应按照国标02J121图集的有关部分施工。
5.本页以外保温做法为例，外墙内保温取消保温层d及d'，做法参见本图。

不上人屋面女儿墙						图集号	06J505-1
审核	马嘉懿	校对	常海龙	设计	渠叶冰	页	N1

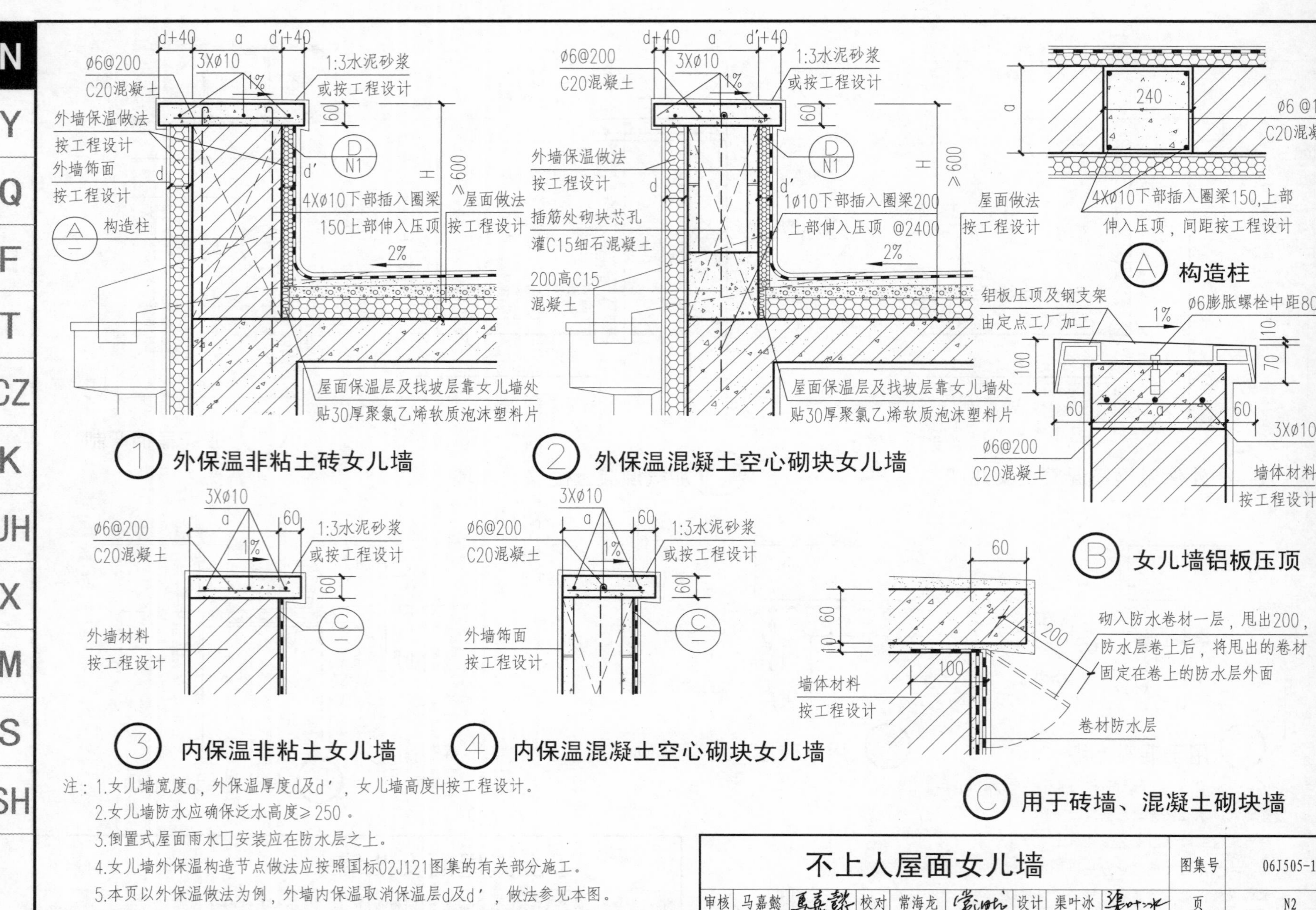
N
Y
Q
F
T
CZ
K
JH
X
M
S
SH
d+40
a
d'+40
ø6@200
C20混凝土
3Xø10
1%
1:3水泥砂浆
或按工程设计
60
外墙保温做法
按工程设计
外墙饰面
按工程设计
d
d'
D
N1
H
≥600
4Xø10下部插入圈梁
150上部伸入压顶
屋面做法
按工程设计
A
构造柱
2%
屋面保温层及找坡层靠女儿墙处
贴30厚聚氯乙烯软质泡沫塑料片
1 外保温非粘土砖女儿墙
插筋处砌块芯孔
灌C15细石混凝土
200高C15
混凝土
1ø10下部插入圈梁200
上部伸入压顶 @2400
2 外保温混凝土空心砌块女儿墙
240
ø6 @1
C20混凝
4Xø10下部插入圈梁150,上部
伸入压顶，间距按工程设计
A 构造柱
铝板压顶及钢支架
由定点工厂加工
ø6膨胀螺栓中距800
110
70
100
60
墙体材料
按工程设计
B 女儿墙铝板压顶
外墙材料
按工程设计
3 内保温非粘土女儿墙
4 内保温混凝土空心砌块女儿墙
C
10
200
100
砌入防水卷材一层，甩出200，
防水层卷上后，将甩出的卷材
固定在卷上的防水层外面
卷材防水层
C 用于砖墙、混凝土砌块墙
注：1.女儿墙宽度a，外保温厚度d及d'，女儿墙高度H按工程设计。
2.女儿墙防水应确保泛水高度≥250 。
3.倒置式屋面雨水口安装应在防水层之上。
4.女儿墙外保温构造节点做法应按照国标02J121图集的有关部分施工。
5.本页以外保温做法为例，外墙内保温取消保温层d及d'，做法参见本图。
不上人屋面女儿墙
图集号 06J505-1
审核 马嘉懿 校对 常海龙 设计 渠叶冰
页 N2

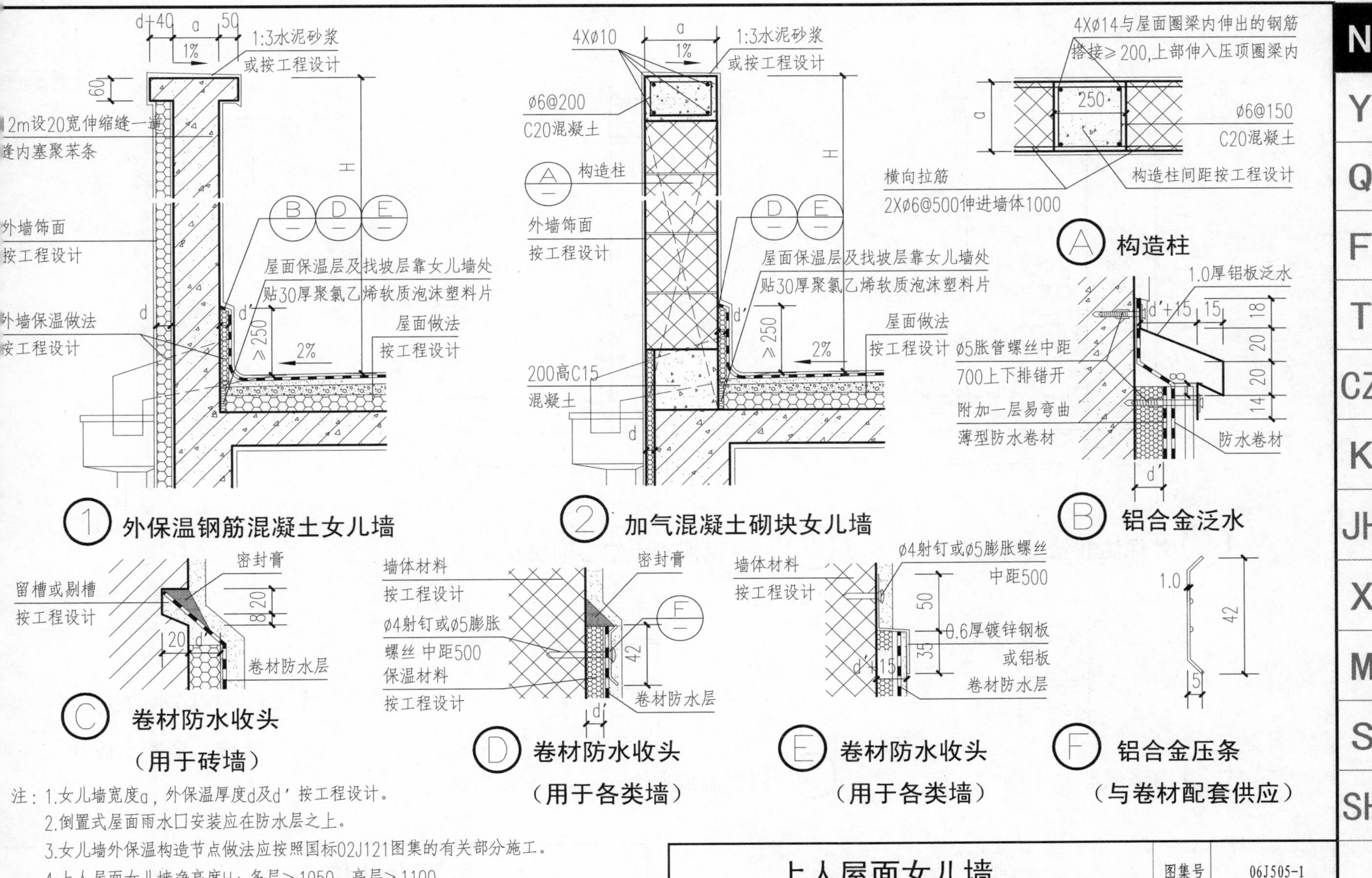

注：1.女儿墙宽度a，外保温厚度d及d′按工程设计。
2.倒置式屋面雨水口安装应在防水层之上。
3.女儿墙外保温构造节点做法应按照国标02J121图集的有关部分施工。
4.上人屋面女儿墙净高度H：多层≥1050，高层≥1100。
5.本页以外保温做法为例，外墙内保温取消保温层d及d′，做法参见本图。

上人屋面女儿墙							图集号	06J505-1
审核	马嘉懿	校对	常海龙	设计	渠叶冰		页	N3

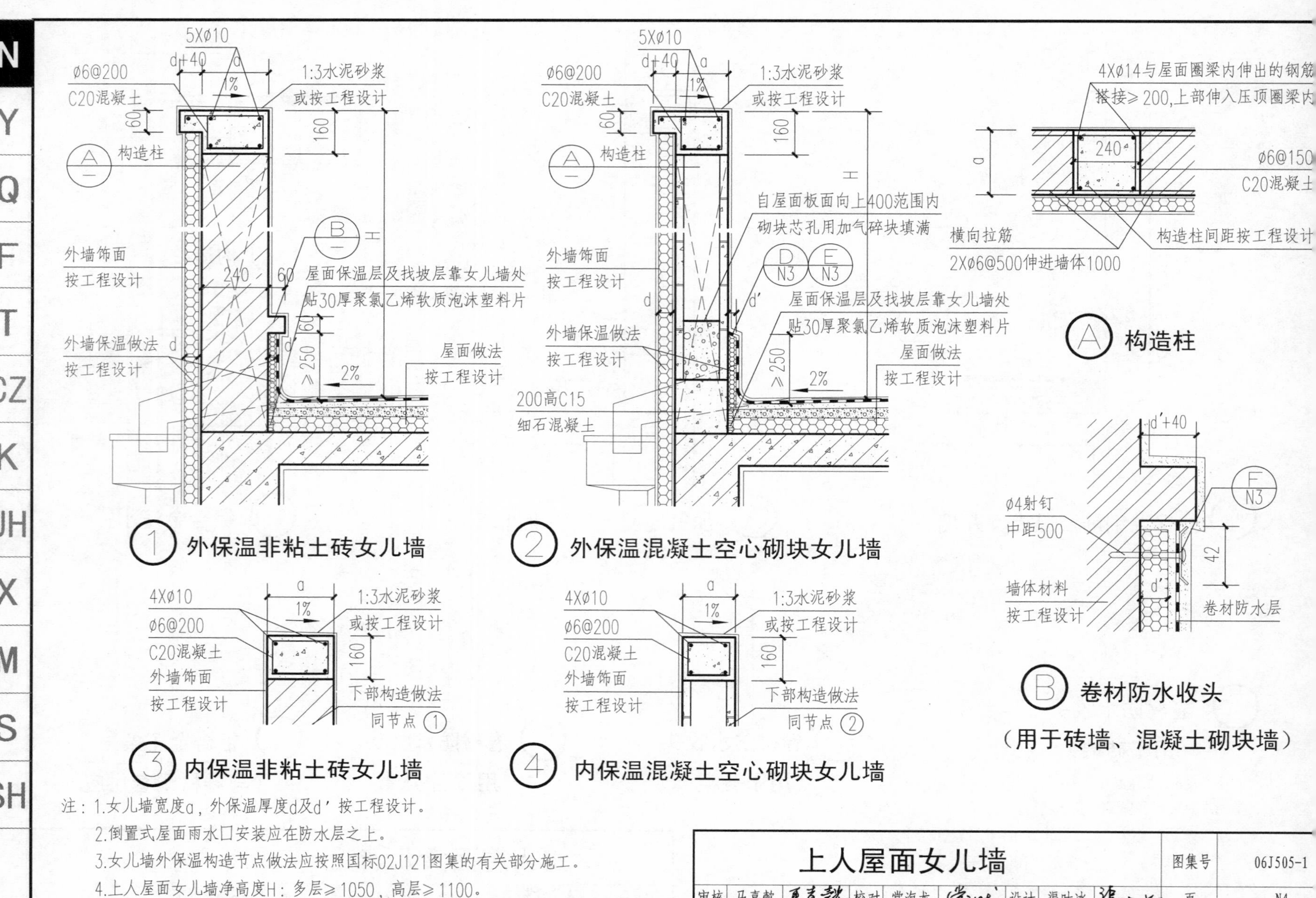

N
Y
Q
F
T
CZ
K
JH
X
M
S
SH
5Xø10
d+40
d
1%
ø6@200
C20混凝土
1:3水泥砂浆
或按工程设计
60
160
构造柱
外墙饰面
按工程设计
240
60
屋面保温层及找坡层靠女儿墙处
贴30厚聚氯乙烯软质泡沫塑料片
外墙保温做法 d
按工程设计
≥250
2%
屋面做法
按工程设计
H
① 外保温非粘土砖女儿墙
5Xø10
d+40
a
自屋面板面向上400范围内
砌块芯孔用加气碎块填满
D N3
E N3
d'
200高C15
细石混凝土
② 外保温混凝土空心砌块女儿墙
4Xø14与屋面圈梁内伸出的钢筋
搭接≥200,上部伸入压顶圈梁内
240
ø6@150
C20混凝土
横向拉筋
2Xø6@500伸进墙体1000
构造柱间距按工程设计
Ⓐ 构造柱
d'+40
F N3
ø4射钉
中距500
42
墙体材料
按工程设计
卷材防水层
Ⓑ 卷材防水收头
（用于砖墙、混凝土砌块墙）
4Xø10
ø6@200
C20混凝土
外墙饰面
按工程设计
1:3水泥砂浆
或按工程设计
下部构造做法
同节点 ①
下部构造做法
同节点 ②
③ 内保温非粘土砖女儿墙
④ 内保温混凝土空心砌块女儿墙
注：1.女儿墙宽度a，外保温厚度d及d'按工程设计。
2.倒置式屋面雨水口安装应在防水层之上。
3.女儿墙外保温构造节点做法应按照国标02J121图集的有关部分施工。
4.上人屋面女儿墙净高度H：多层≥1050，高层≥1100。
上人屋面女儿墙
图集号 06J505-1
审核 马嘉懿 校对 常海龙 设计 渠叶冰
页 N4

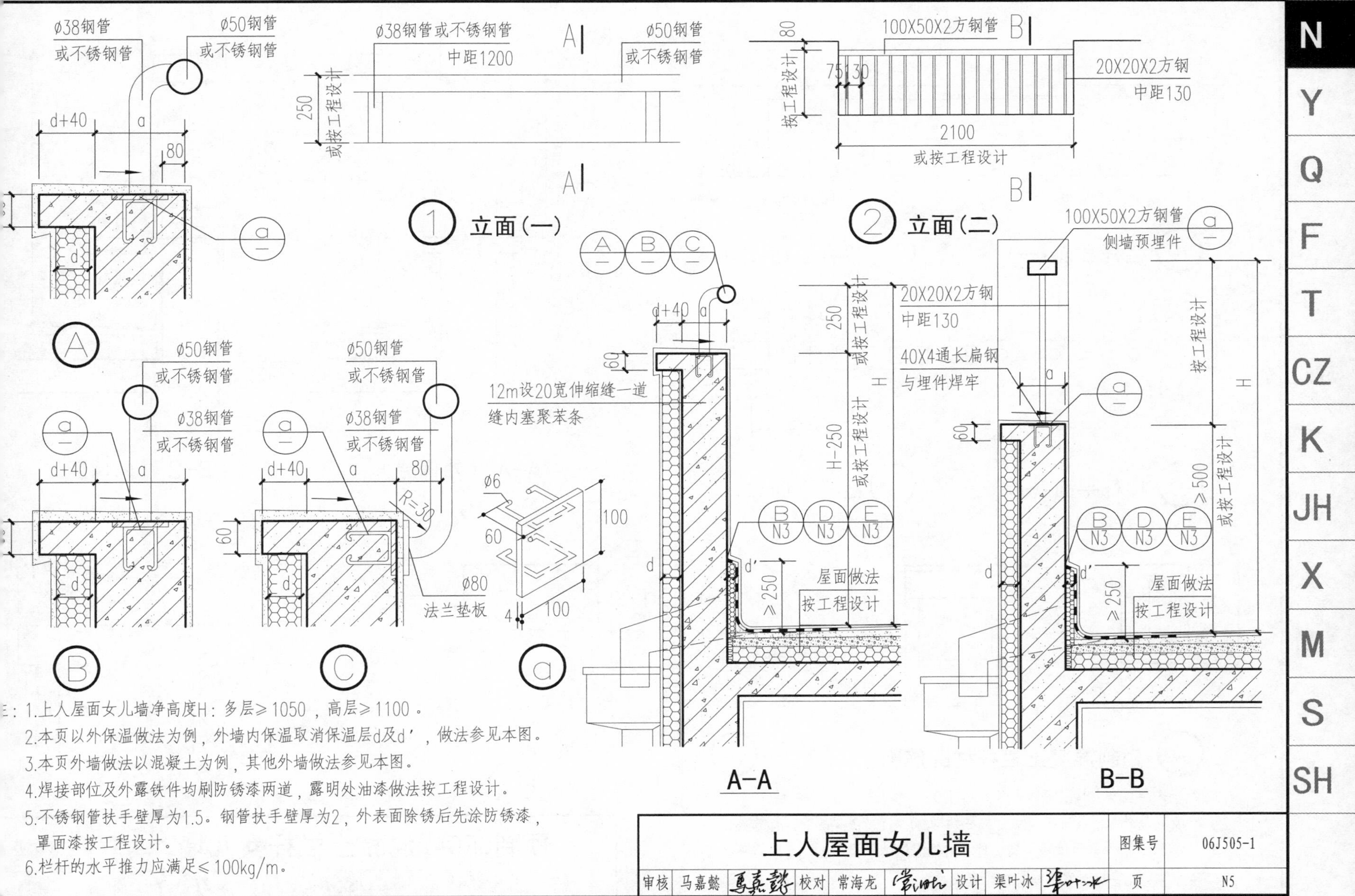

注：1.上人屋面女儿墙净高度H：多层≥1050，高层≥1100。
2.本页以外保温做法为例，外墙内保温取消保温层d及d′，做法参见本图。
3.本页外墙做法以混凝土为例，其他外墙做法参见本图。
4.焊接部位及外露铁件均刷防锈漆两道，露明处油漆做法按工程设计。
5.不锈钢管扶手壁厚为1.5。钢管扶手壁厚为2，外表面除锈后先涂防锈漆，罩面漆按工程设计。
6.栏杆的水平推力应满足≤100kg/m。

上人屋面女儿墙						图集号	06J505-1
审核	马嘉懿	校对	常海龙	设计	渠叶冰	页	N5

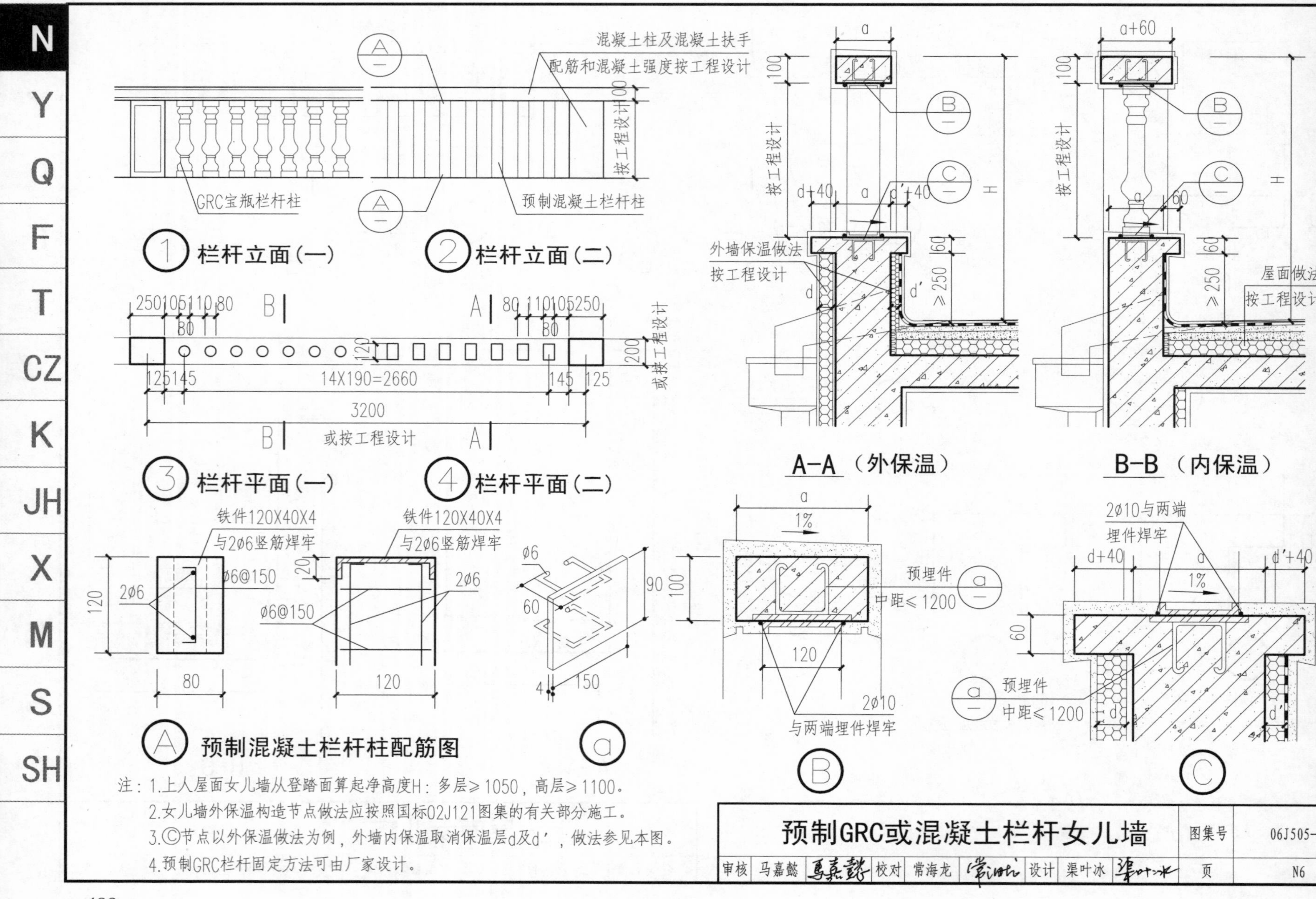

注：1.上人屋面女儿墙从登踏面算起净高度H：多层≥1050，高层≥1100。
2.女儿墙外保温构造节点做法应按照国标02J121图集的有关部分施工。
3.Ⓒ节点以外保温做法为例，外墙内保温取消保温层d及d′，做法参见本图。
4.预制GRC栏杆固定方法可由厂家设计。

预制GRC或混凝土栏杆女儿墙						图集号	06J505-1
审核	马嘉懿	校对	常海龙	设计	渠叶冰	页	N6

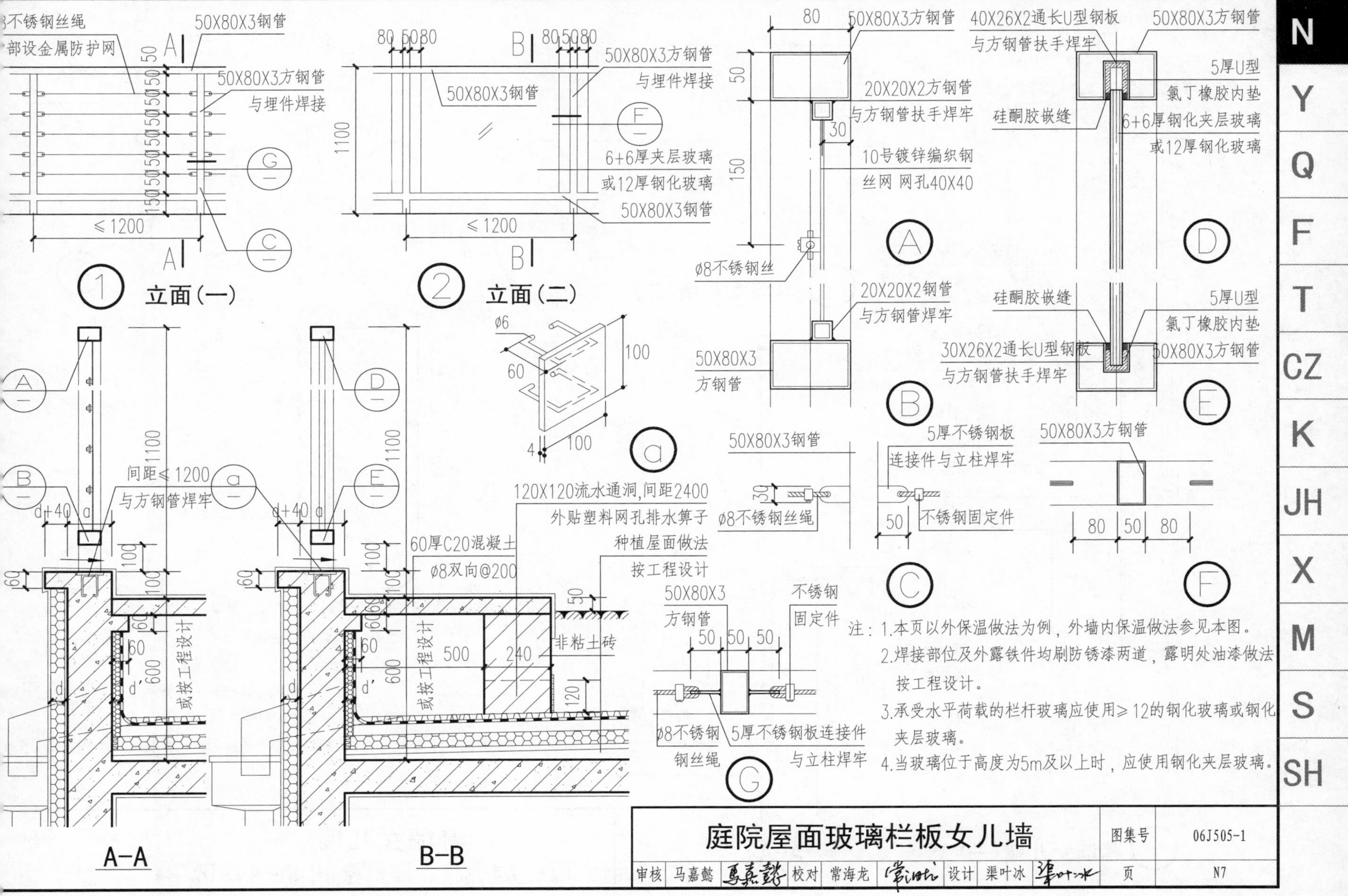

注：1.本页以外保温做法为例，外墙内保温做法参见本图。
2.焊接部位及外露铁件均刷防锈漆两道，露明处油漆做法按工程设计。
3.承受水平荷载的栏杆玻璃应使用≥12的钢化玻璃或钢化夹层玻璃。
4.当玻璃位于高度为5m及以上时，应使用钢化夹层玻璃。

庭院屋面玻璃栏板女儿墙

审核	马嘉懿	校对	常海龙	设计	渠叶冰	图集号	06J505-1
						页	N7

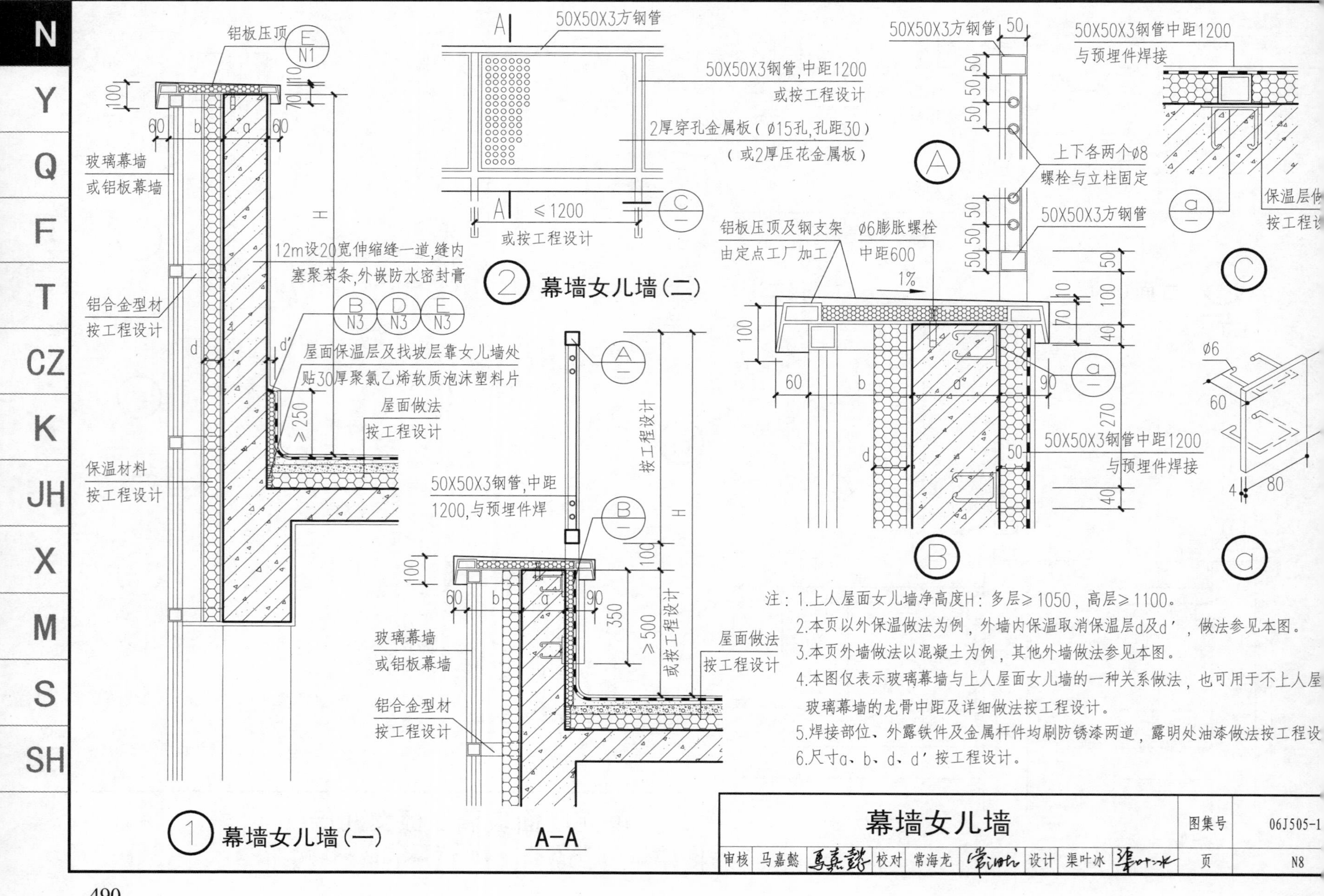

N
Y
Q
F
T
CZ
K
JH
X
M
S
SH
铝板压顶
玻璃幕墙
或铝板幕墙
铝合金型材
按工程设计
保温材料
按工程设计
12m设20宽伸缩缝一道,缝内
塞聚苯条,外嵌防水密封膏
屋面保温层及找坡层靠女儿墙处
贴30厚聚氯乙烯软质泡沫塑料片
屋面做法
按工程设计
① 幕墙女儿墙(一)
50X50X3方钢管
50X50X3钢管,中距1200
或按工程设计
2厚穿孔金属板(ø15孔,孔距30)
(或2厚压花金属板)
≤1200
或按工程设计
② 幕墙女儿墙(二)
50X50X3钢管,中距
1200,与预埋件焊
按工程设计
或按工程设计
屋面做法
按工程设计
A-A
上下各两个ø8
螺栓与立柱固定
50X50X3钢管中距1200
与预埋件焊接
保温层做
按工程设
铝板压顶及钢支架
由定点工厂加工
ø6膨胀螺栓
中距600
1%
50X50X3钢管中距1200
与预埋件焊接
注:1.上人屋面女儿墙净高度H:多层≥1050,高层≥1100。
2.本页以外保温做法为例,外墙内保温取消保温层d及d′,做法参见本图。
3.本页外墙做法以混凝土为例,其他外墙做法参见本图。
4.本图仅表示玻璃幕墙与上人屋面女儿墙的一种关系做法,也可用于不上人屋
玻璃幕墙的龙骨中距及详细做法按工程设计。
5.焊接部位、外露铁件及金属杆件均刷防锈漆两道,露明处油漆做法按工程设
6.尺寸a、b、d、d′按工程设计。
幕墙女儿墙
图集号 06J505-1
审核 马嘉懿 校对 常海龙 设计 渠叶冰
页 N8

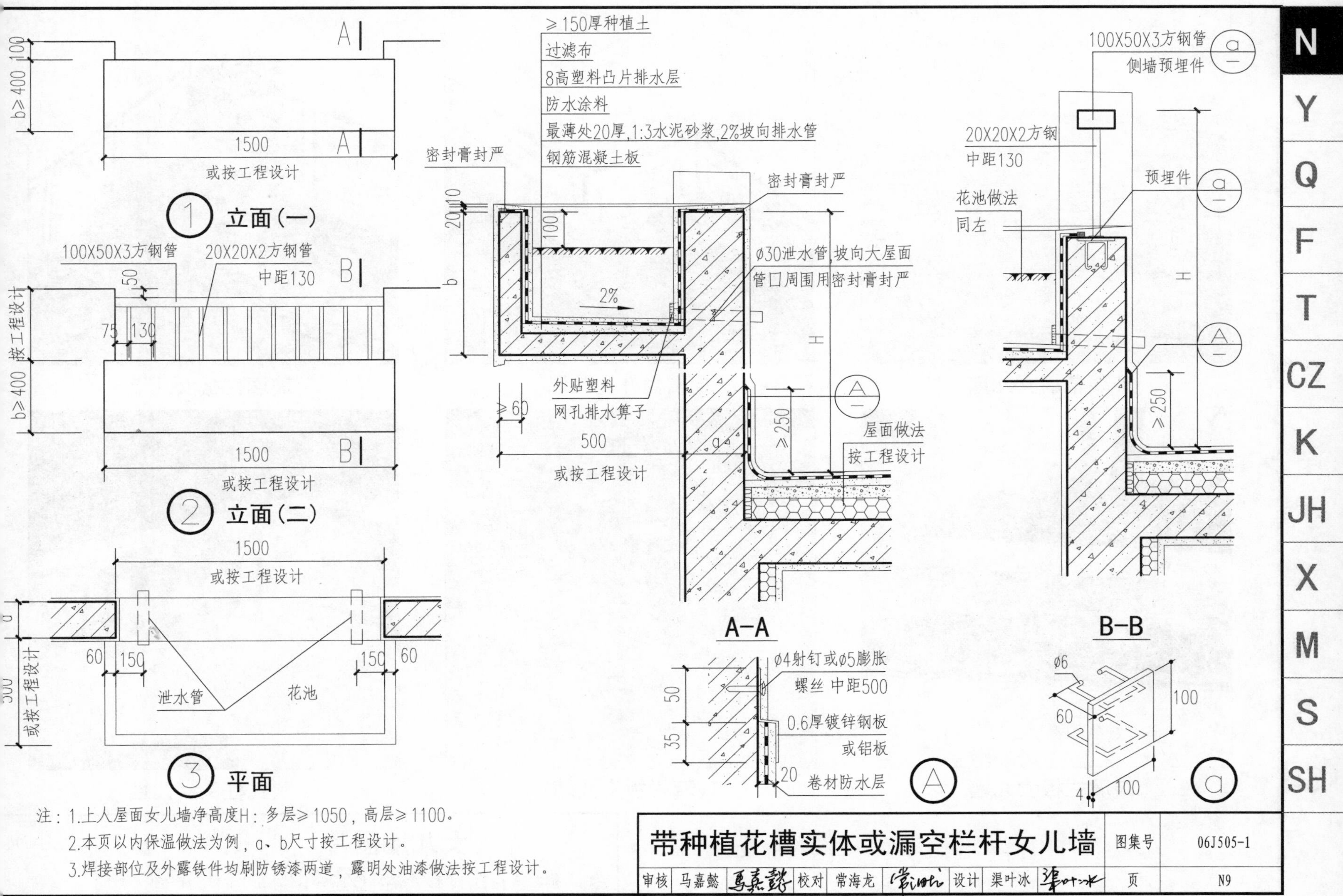

注:1.上人屋面女儿墙净高度H:多层≥1050,高层≥1100。

2.本页以内保温做法为例,a、b尺寸按工程设计。

3.焊接部位及外露铁件均刷防锈漆两道,露明处油漆做法按工程设计。

带种植花槽实体或漏空栏杆女儿墙						图集号	06J505-1
审核	马嘉懿	校对	常海龙	设计	渠叶冰	页	N9

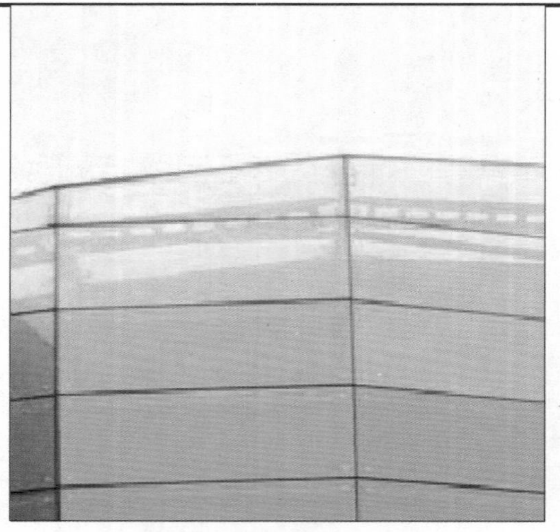
玻璃幕墙女儿墙

金属栏杆女儿墙

玻璃栏板女儿墙

玻璃栏板女儿墙

玻璃栏板女儿墙

欧式柱头女儿墙

女儿墙图片						图集号	06J505-1
审核	马嘉懿	校对	常海龙	设计	渠叶冰	页	N10

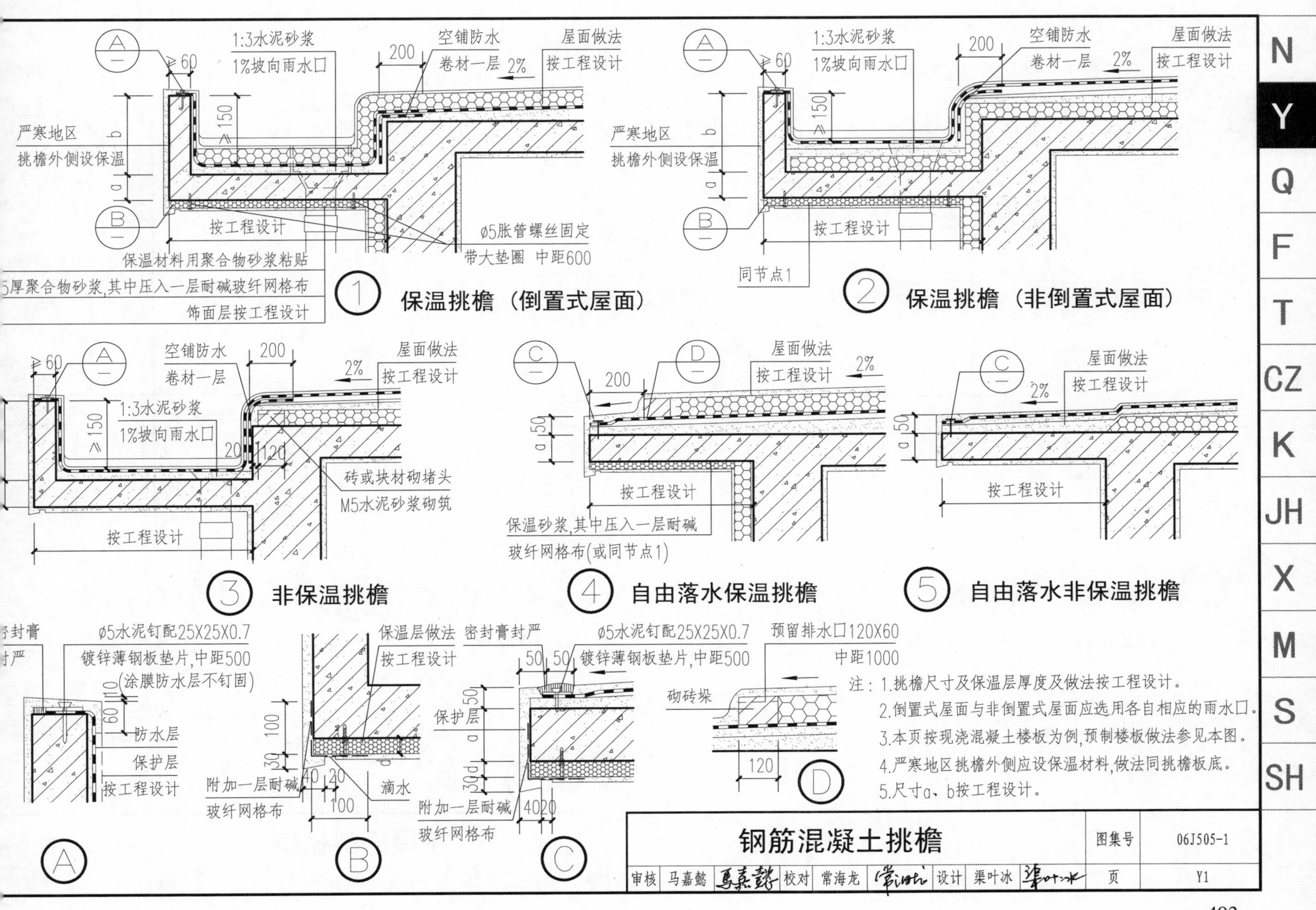

注：1.挑檐尺寸及保温层厚度及做法按工程设计。
2.倒置式屋面与非倒置式屋面应选用各自相应的雨水口。
3.本页按现浇混凝土楼板为例,预制楼板做法参见本图。
4.严寒地区挑檐外侧应设保温材料,做法同挑檐板底。
5.尺寸a、b按工程设计。

钢筋混凝土挑檐						图集号	06J505-1
审核	马嘉懿	校对	常海龙	设计	渠叶冰	页	Y1

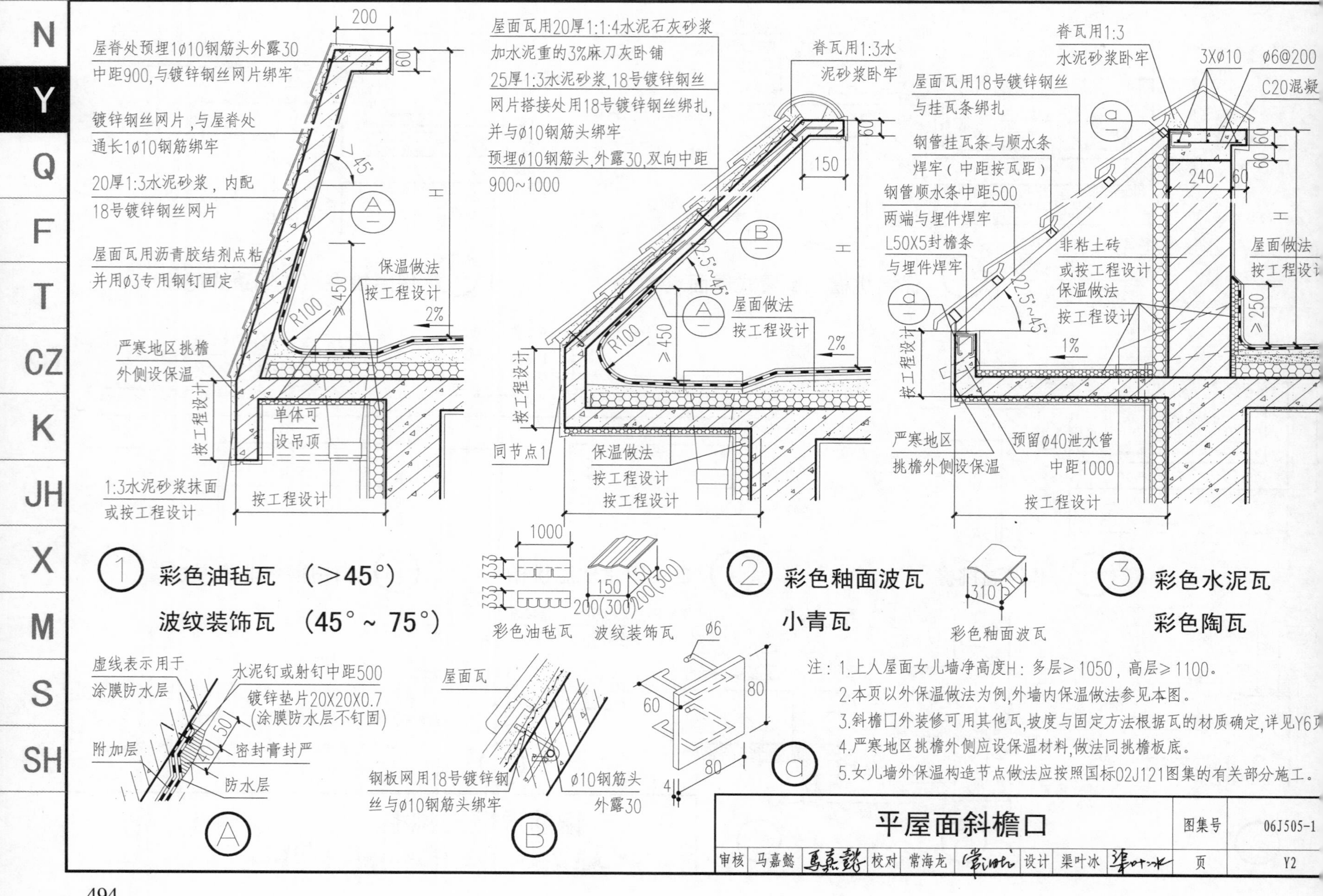

注:1.上人屋面女儿墙净高度H:多层≥1050,高层≥1100。
2.本页以外保温做法为例,外墙内保温做法参见本图。
3.斜檐口外装修可用其他瓦,坡度与固定方法根据瓦的材质确定,详见Y6页
4.严寒地区挑檐外侧应设保温材料,做法同挑檐板底。
5.女儿墙外保温构造节点做法应按照国标02J121图集的有关部分施工。

平屋面斜檐口							图集号	06J505-1
审核	马嘉懿	校对	常海龙	设计	渠叶冰		页	Y2

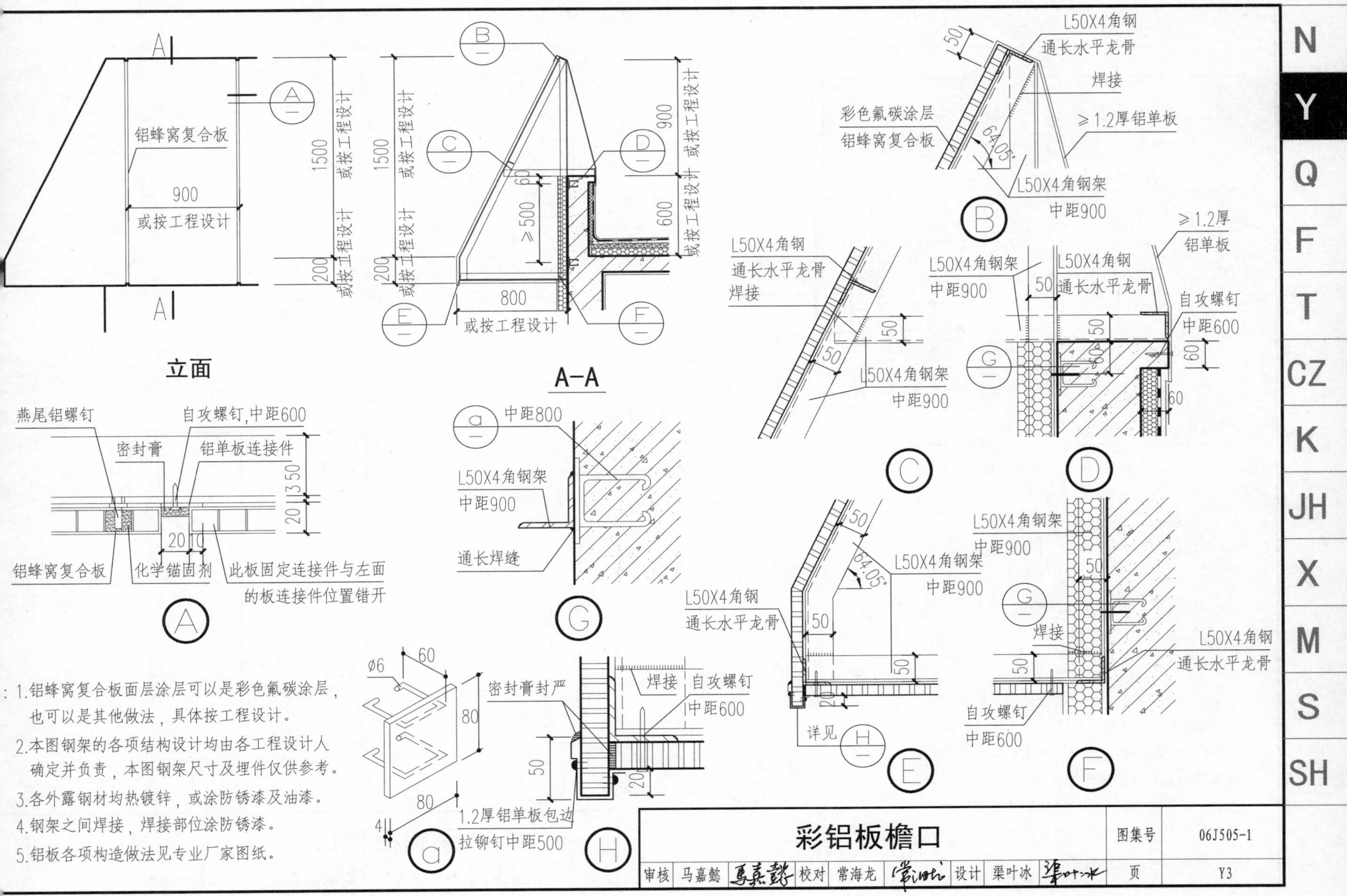

1.铝蜂窝复合板面层涂层可以是彩色氟碳涂层，也可以是其他做法，具体按工程设计。
2.本图钢架的各项结构设计均由各工程设计人确定并负责，本图钢架尺寸及埋件仅供参考。
3.各外露钢材均热镀锌，或涂防锈漆及油漆。
4.钢架之间焊接，焊接部位涂防锈漆。
5.铝板各项构造做法见专业厂家图纸。

彩铝板檐口						图集号	06J505-1
审核	马嘉懿	校对	常海龙	设计	梁叶冰	页	Y3

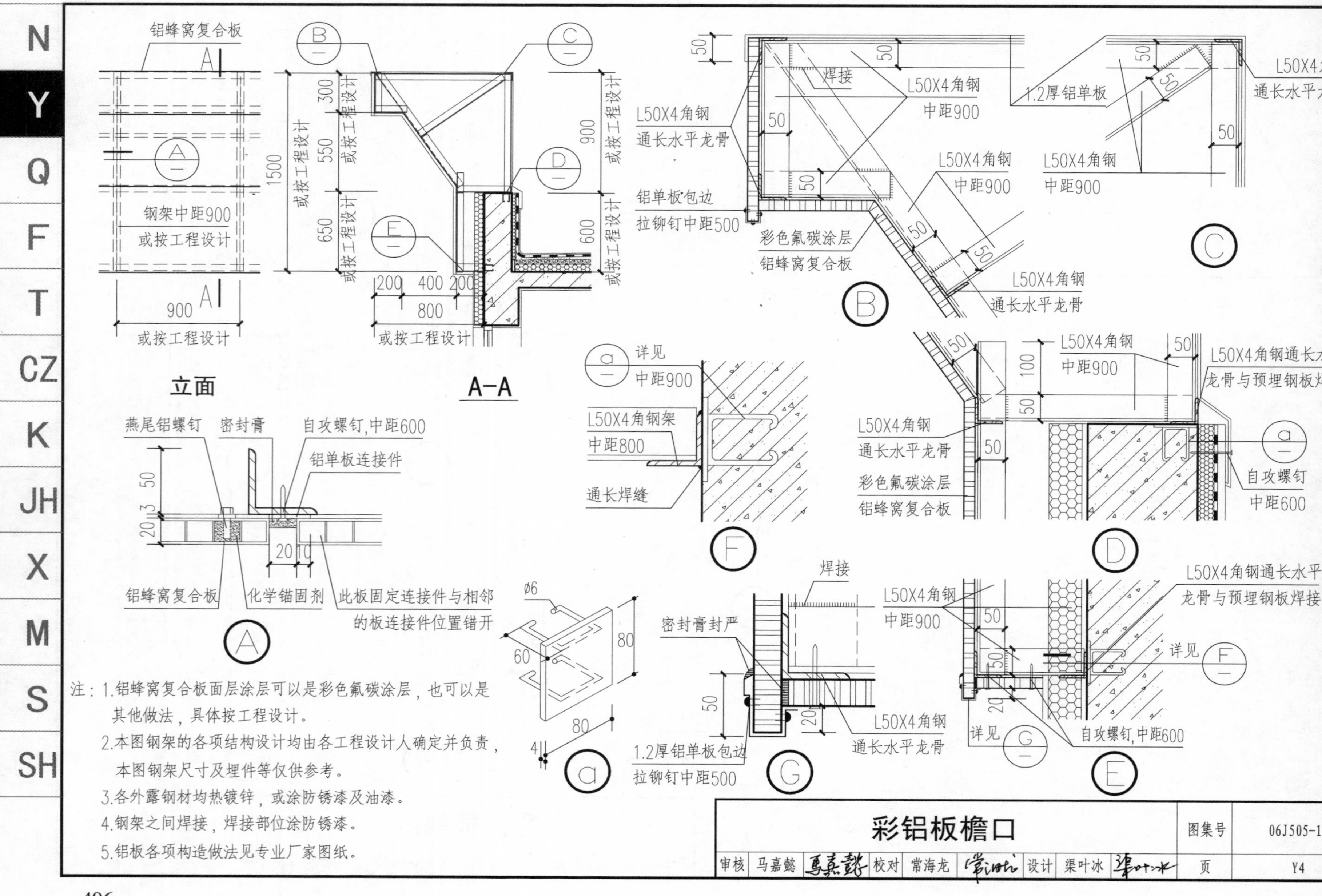

N
Y
Q
F
T
CZ
K
JH
X
M
S
SH
铝蜂窝复合板
钢架中距900
或按工程设计
900
或按工程设计
立面
1500
或按工程设计
300
550
650
或按工程设计
900
600
或按工程设计
200
400
200
800
或按工程设计
A-A
焊接
L50X4角钢
中距900
L50X4角钢
通长水平龙骨
铝单板包边
拉铆钉中距500
彩色氟碳涂层
铝蜂窝复合板
L50X4角钢
中距900
L50X4角钢
通长水平龙骨
1.2厚铝单板
L50X4角钢
中距900
通长水平龙骨
燕尾铝螺钉
密封膏
自攻螺钉,中距600
铝单板连接件
铝蜂窝复合板
化学锚固剂
此板固定连接件与相邻
的板连接件位置错开
详见
中距900
L50X4角钢架
中距800
通长焊缝
L50X4角钢
中距900
L50X4角钢通长水平
龙骨与预埋钢板焊接
L50X4角钢
通长水平龙骨
彩色氟碳涂层
铝蜂窝复合板
自攻螺钉
中距600
Ø6
80
60
80
焊接
密封膏封严
L50X4角钢
中距900
1.2厚铝单板包边
拉铆钉中距500
L50X4角钢
通长水平龙骨
L50X4角钢通长水平
龙骨与预埋钢板焊接
详见
详见
自攻螺钉,中距600
注:1.铝蜂窝复合板面层涂层可以是彩色氟碳涂层,也可以是其他做法,具体按工程设计。
2.本图钢架的各项结构设计均由各工程设计人确定并负责,本图钢架尺寸及埋件等仅供参考。
3.各外露钢材均热镀锌,或涂防锈漆及油漆。
4.钢架之间焊接,焊接部位涂防锈漆。
5.铝板各项构造做法见专业厂家图纸。
彩铝板檐口
图集号 06J505-1
审核 马嘉懿 校对 常海龙 设计 渠叶冰 页 Y4

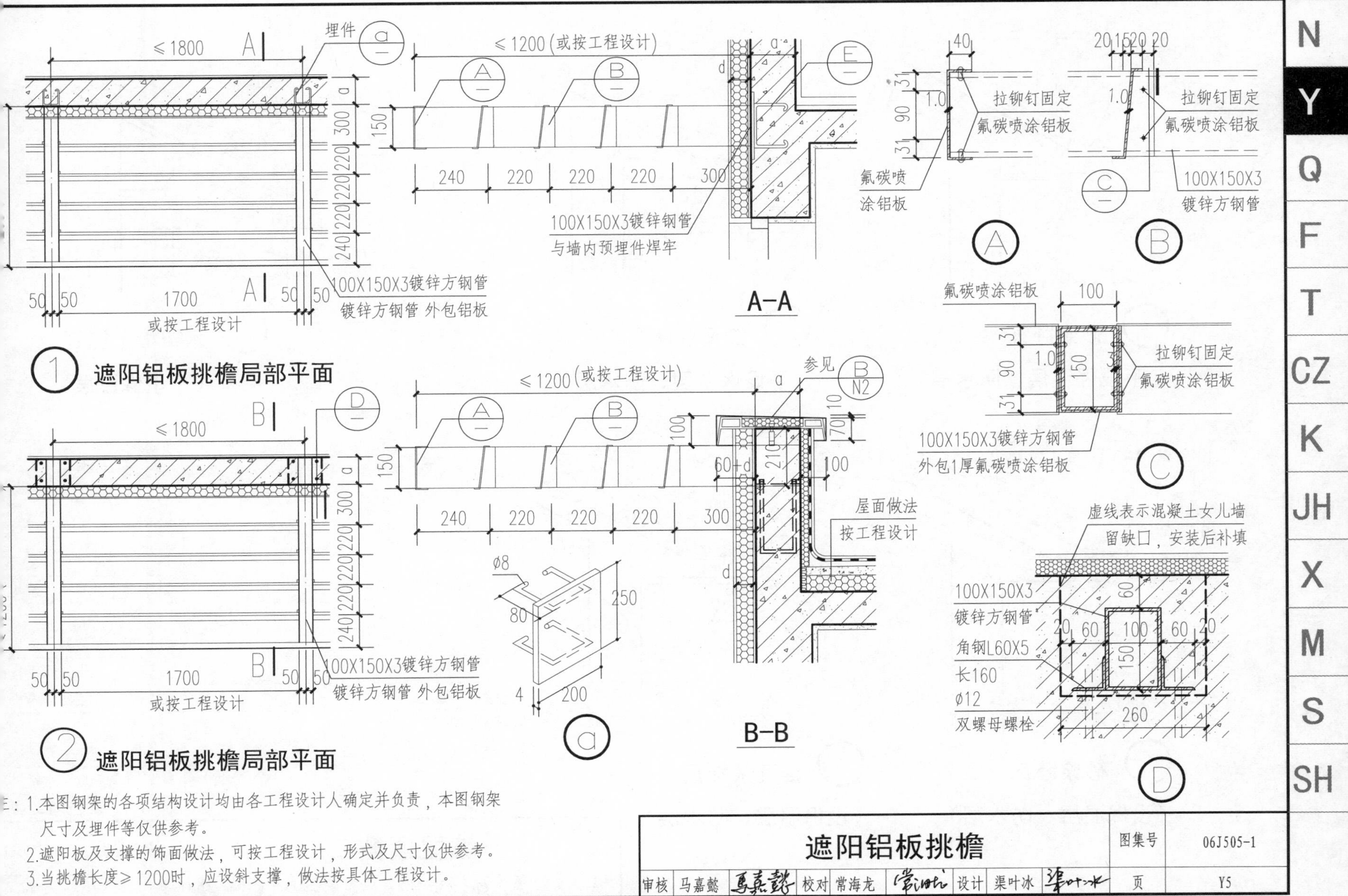

注：1.本图钢架的各项结构设计均由各工程设计人确定并负责，本图钢架尺寸及埋件等仅供参考。
2.遮阳板及支撑的饰面做法，可按工程设计，形式及尺寸仅供参考。
3.当挑檐长度≥1200时，应设斜支撑，做法按具体工程设计。

遮阳铝板挑檐						图集号	06J505-1
审核 马嘉懿	马嘉懿	校对 常海龙	常海龙	设计 渠叶冰	渠叶冰	页	Y5

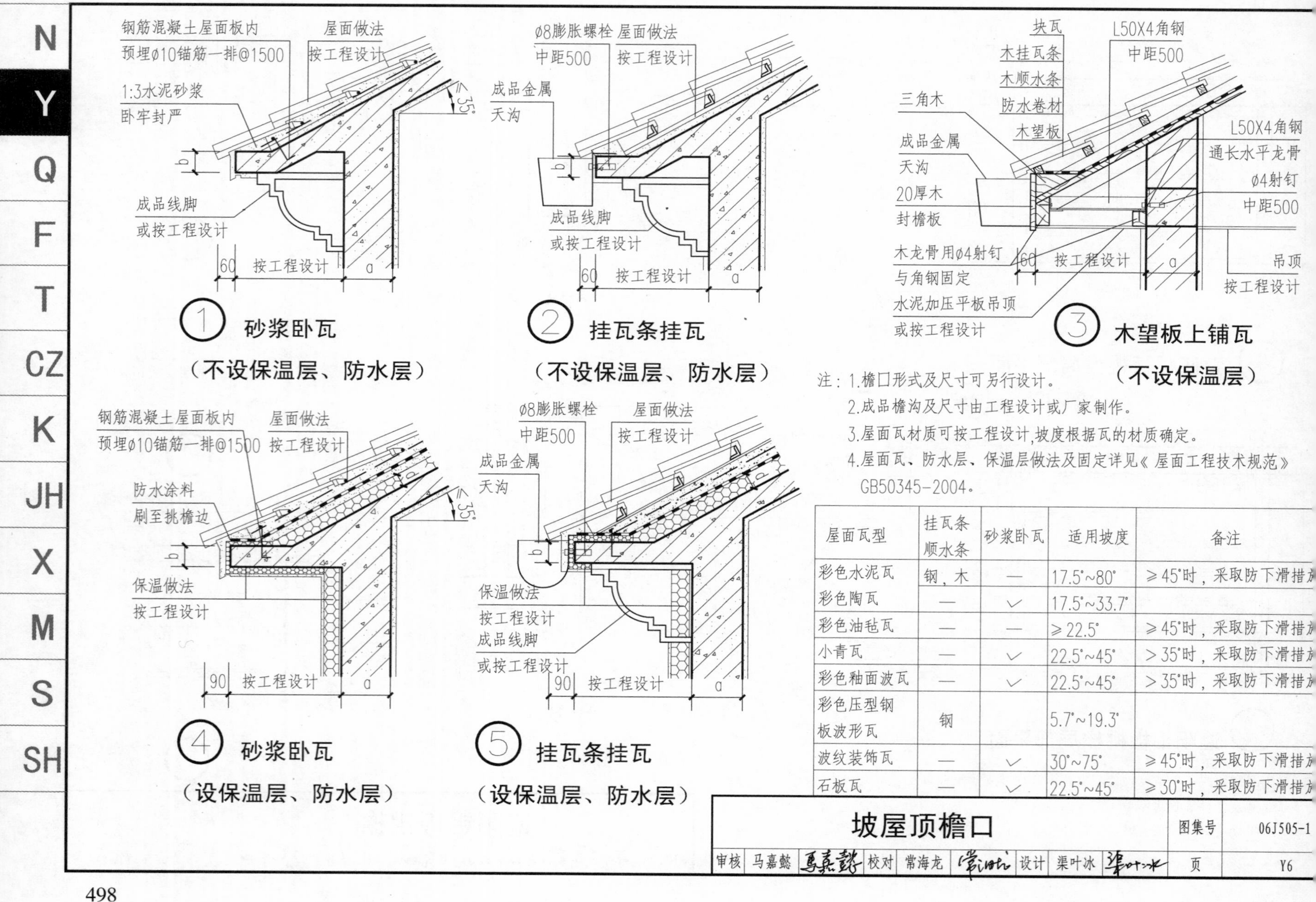

注：1.檐口形式及尺寸可另行设计。
2.成品檐沟及尺寸由工程设计或厂家制作。
3.屋面瓦材质可按工程设计，坡度根据瓦的材质确定。
4.屋面瓦、防水层、保温层做法及固定详见《屋面工程技术规范》GB50345-2004。

屋面瓦型	挂瓦条顺水条	砂浆卧瓦	适用坡度	备注
彩色水泥瓦	钢，木	—	17.5°~80°	≥45°时，采取防下滑措施
彩色陶瓦	—	✓	17.5°~33.7°	
彩色油毡瓦	—	—	≥22.5°	≥45°时，采取防下滑措施
小青瓦	—	✓	22.5°~45°	>35°时，采取防下滑措施
彩色釉面波瓦	—	✓	22.5°~45°	>35°时，采取防下滑措施
彩色压型钢板波形瓦	钢		5.7°~19.3°	
波纹装饰瓦	—	✓	30°~75°	≥45°时，采取防下滑措施
石板瓦	—	✓	22.5°~45°	≥30°时，采取防下滑措施

坡屋顶檐口							图集号	06J505-1
审核	马嘉懿	马嘉懿	校对	常海龙	常海龙	设计 渠叶冰 渠叶冰	页	Y6

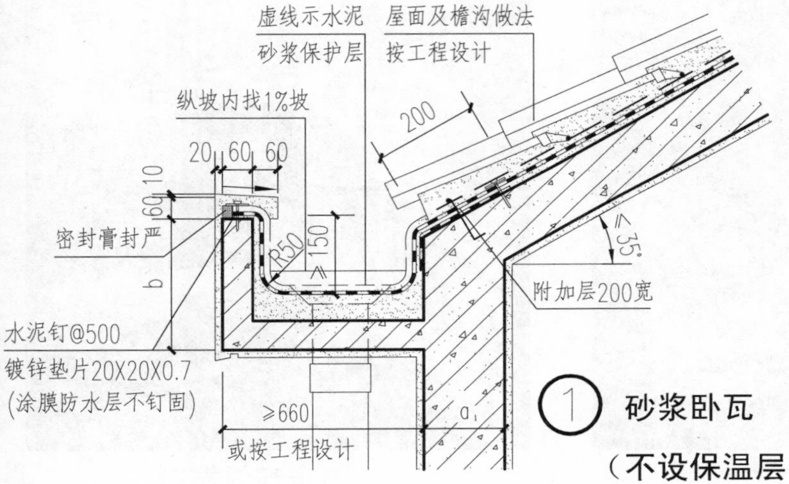

虚线示水泥
砂浆保护层
屋面及檐沟做法
按工程设计
纵坡内找1%坡
200
20 60 60
10
60
密封膏封严
R50
≥150
≤35°
b
附加层200宽
水泥钉@500
镀锌垫片20X20X0.7
(涂膜防水层不钉固)
≥660
或按工程设计
a

① 砂浆卧瓦（不设保温层）

虚线示水泥
砂浆保护层
1:3水泥砂浆
卧牢封严
屋面做法
按工程设计
纵坡内找1%坡
200
20 60 60
10
60
密封膏封严
R50
≥150
b
附加层200宽
水泥钉@500
镀锌垫片20X20X0.7
(涂膜防水层不钉固)
≥660
或按工程设计
a

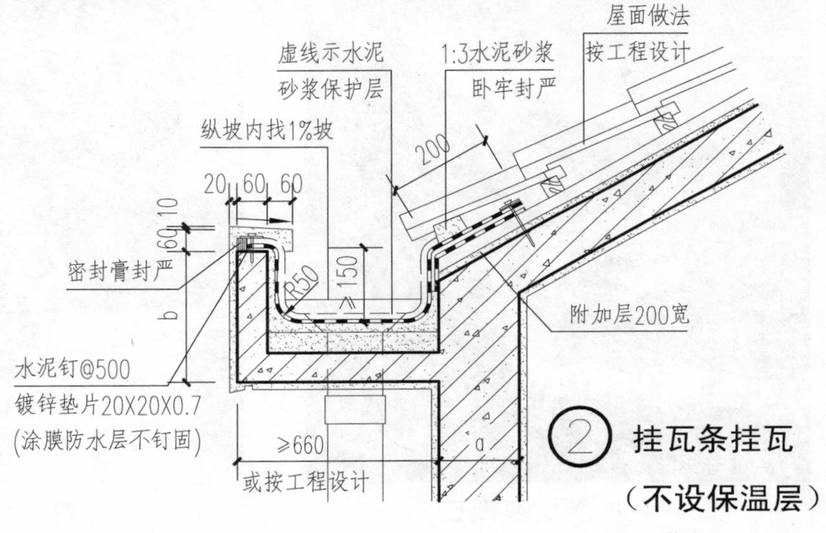

② 挂瓦条挂瓦（不设保温层）

虚线示水泥
砂浆保护层
屋面及檐沟做法
按工程设计
纵坡内找1%坡
200
d
20 60 60
10
60
密封膏封严
R50
≥150
≤35°
b
附加层200宽
水泥钉@500
镀锌垫片20X20X0.7
(涂膜防水层不钉固)
≥660
保温做法
按工程设计
或按工程设计
a

③ 砂浆卧瓦（设保温层）

虚线示水泥
砂浆保护层
1:3水泥砂浆
卧牢封严
屋面做法
按工程设计
纵坡内找1%坡
200
d
20 60 60
10
60
密封膏封严
R50
≥150
b
附加层200宽
水泥钉@500
镀锌垫片20X20X0.7
(涂膜防水层不钉固)
≥660
保温做法
按工程设计
或按工程设计
a

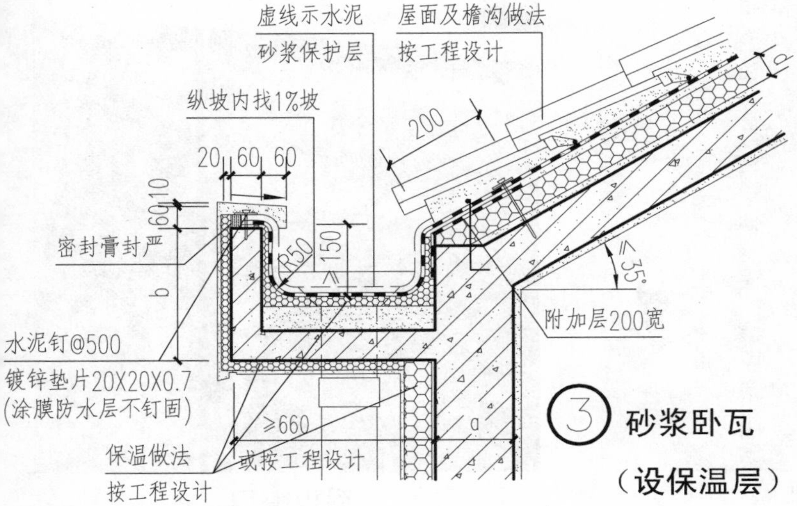

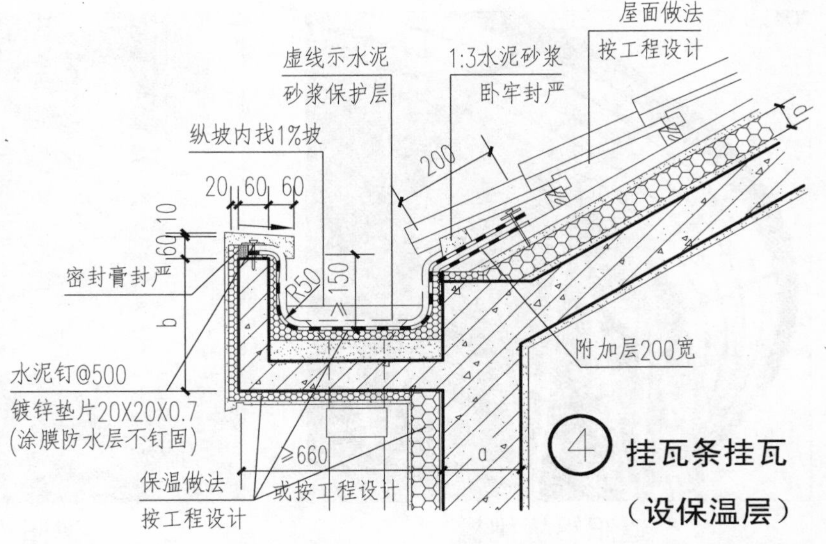

④ 挂瓦条挂瓦（设保温层）

注：1.檐口形式及尺寸可另行设计。
2.屋面瓦材质可按工程设计，坡度根据瓦的材质确定，详见Y6页说明。
3.屋面瓦各种做法及固定详见《屋面工程技术规范》GB50345-2004。

坡屋顶檐口							图集号	06J505-1
审核	马嘉懿	马嘉懿	校对	常海龙	常海龙	设计 渠叶冰 渠叶冰	页	Y7

油毡瓦斜檐口

陶瓦斜檐口

小青瓦斜檐口

遮阳铝板挑檐

遮阳铝板挑檐

铝板檐口

檐口图片							图集号	06J505-1
审核	马嘉懿	校对	常海龙	设计	渠叶冰		页	Y8

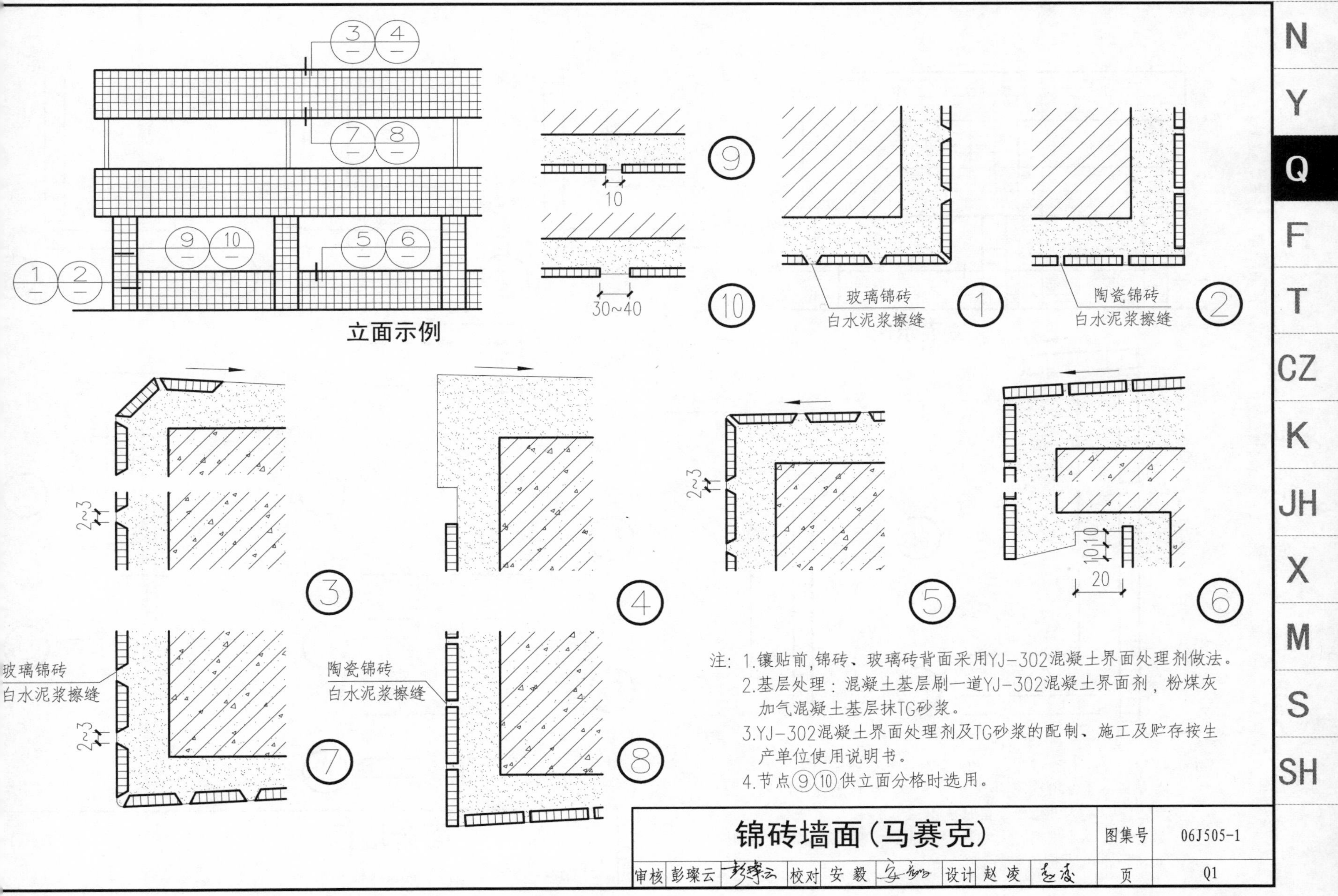

注：1.镶贴前,锦砖、玻璃砖背面采用YJ-302混凝土界面处理剂做法。
2.基层处理：混凝土基层刷一道YJ-302混凝土界面剂，粉煤灰加气混凝土基层抹TG砂浆。
3.YJ-302混凝土界面处理剂及TG砂浆的配制、施工及贮存按生产单位使用说明书。
4.节点⑨⑩供立面分格时选用。

锦砖墙面（马赛克）	图集号	06J505-1
审核 彭瓈云 校对 安毅 设计 赵凌	页	Q1

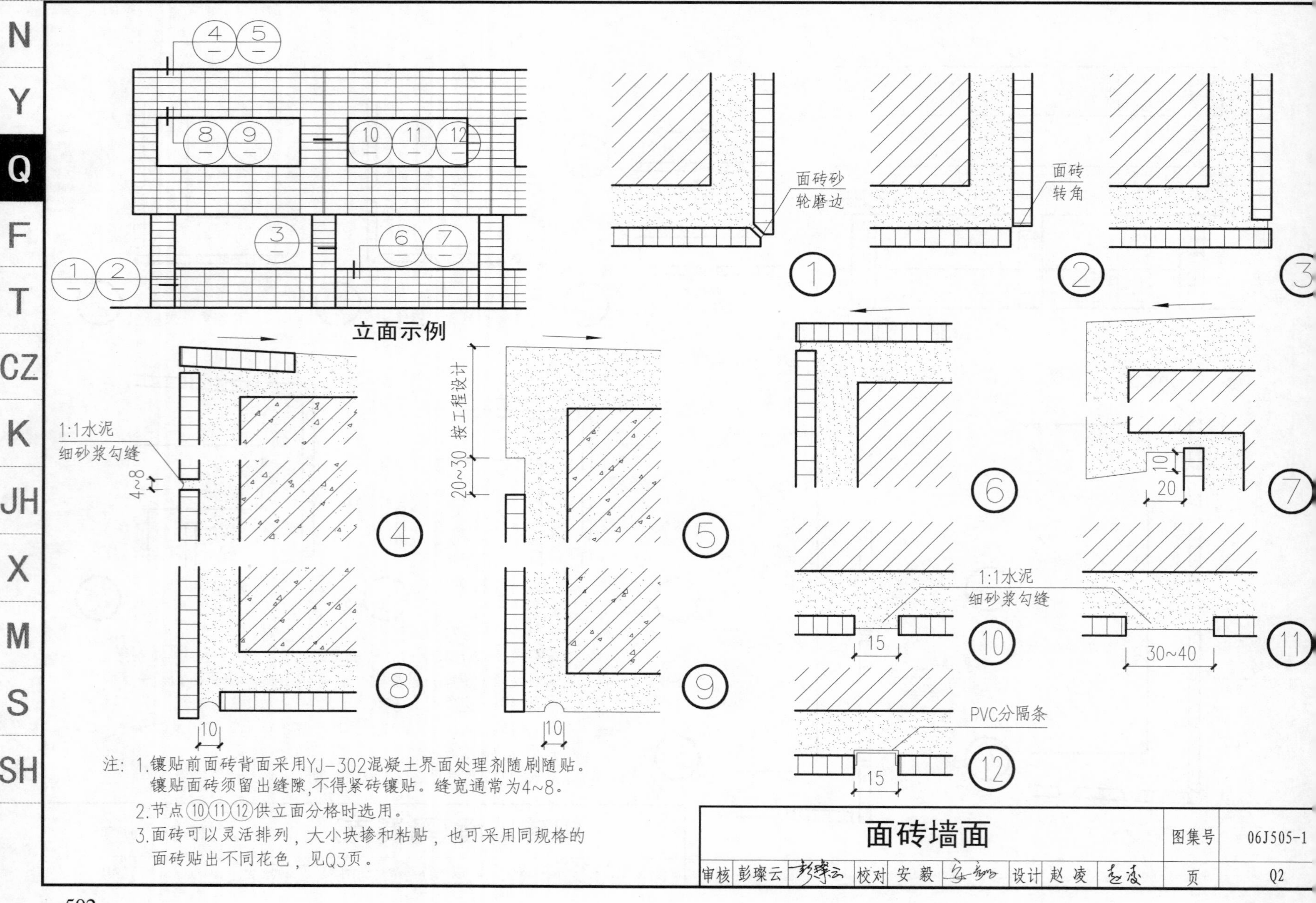

注：1.镶贴前面砖背面采用YJ-302混凝土界面处理剂随刷随贴。镶贴面砖须留出缝隙，不得紧砖镶贴。缝宽通常为4~8。

2.节点⑩⑪⑫供立面分格时选用。

3.面砖可以灵活排列，大小块掺和粘贴，也可采用同规格的面砖贴出不同花色，见Q3页。

面砖墙面						图集号	06J505-1
审核	彭璨云	校对	安 毅	设计	赵 凌	页	Q2

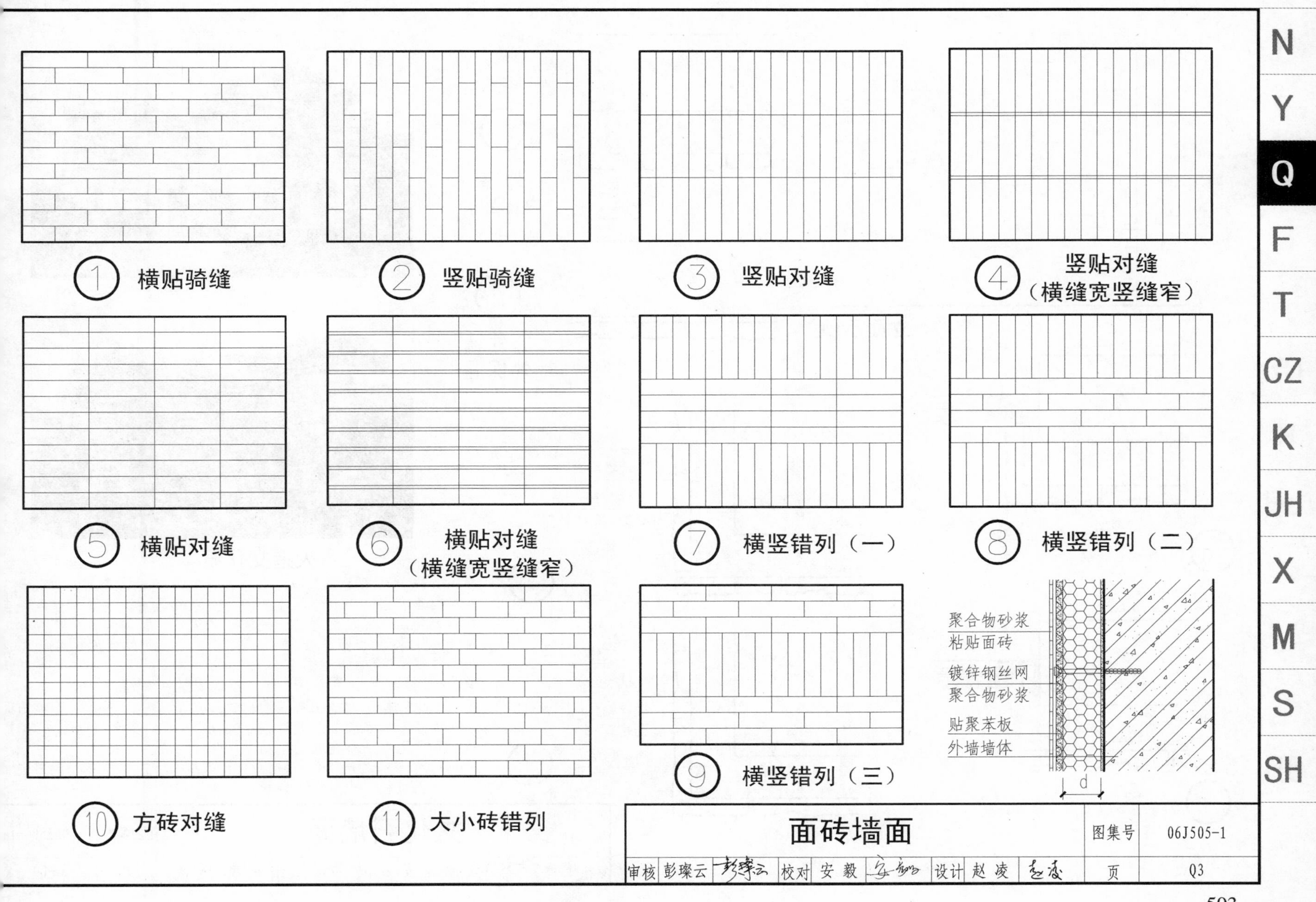

面砖墙面							图集号	06J505-1
审核	彭瓌云	校对	安 毅	设计	赵 凌		页	Q3

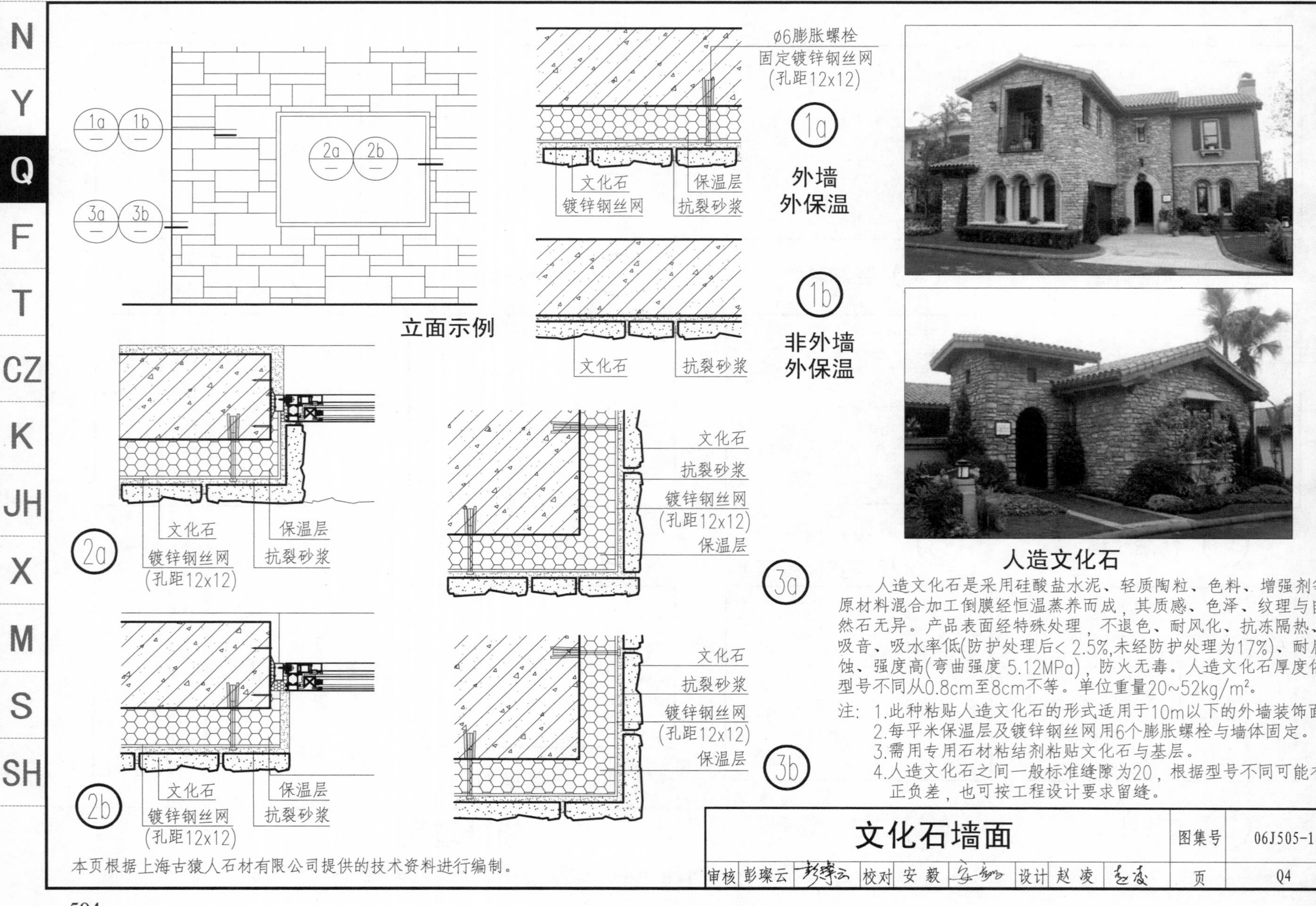

人造文化石

人造文化石是采用硅酸盐水泥、轻质陶粒、色料、增强剂等原材料混合加工倒膜经恒温蒸养而成，其质感、色泽、纹理与自然石无异。产品表面经特殊处理，不退色、耐风化、抗冻隔热、吸音、吸水率低(防护处理后< 2.5%,未经防护处理为17%)、耐腐蚀、强度高(弯曲强度 5.12MPa)，防火无毒。人造文化石厚度依型号不同从0.8cm至8cm不等。单位重量20~52kg/m²。

注：1.此种粘贴人造文化石的形式适用于10m以下的外墙装饰面。
2.每平米保温层及镀锌钢丝网用6个膨胀螺栓与墙体固定。
3.需用专用石材粘结剂粘贴文化石与基层。
4.人造文化石之间一般标准缝隙为20，根据型号不同可能有正负差，也可按工程设计要求留缝。

本页根据上海古猿人石材有限公司提供的技术资料进行编制。

文化石墙面						图集号	06J505-1
审核	彭瓈云	校对	安 毅	设计	赵 凌	页	Q4

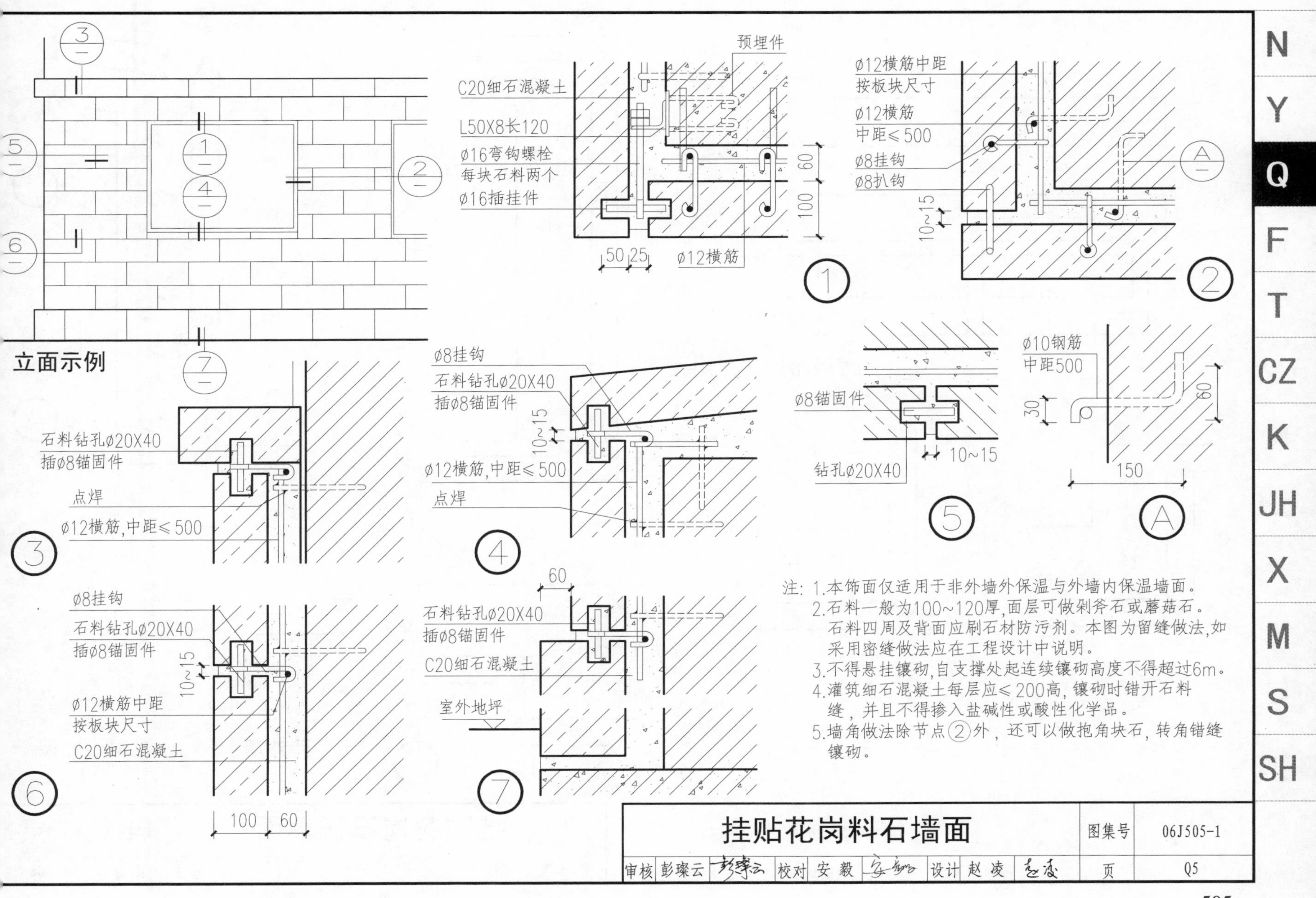

注：1.本饰面仅适用于非外墙外保温与外墙内保温墙面。
2.石料一般为100~120厚,面层可做剁斧石或蘑菇石。石料四周及背面应刷石材防污剂。本图为留缝做法,如采用密缝做法应在工程设计中说明。
3.不得悬挂镶砌,自支撑处起连续镶砌高度不得超过6m。
4.灌筑细石混凝土每层应≤200高,镶砌时错开石料缝,并且不得掺入盐碱性或酸性化学品。
5.墙角做法除节点②外,还可以做抱角块石,转角错缝镶砌。

挂贴花岗料石墙面						图集号	06J505-1
审核	彭璨云	校对	安 毅	设计	赵 凌	页	Q5

N
Y
Q
F
T
CZ
K
JH
X
M
S
SH

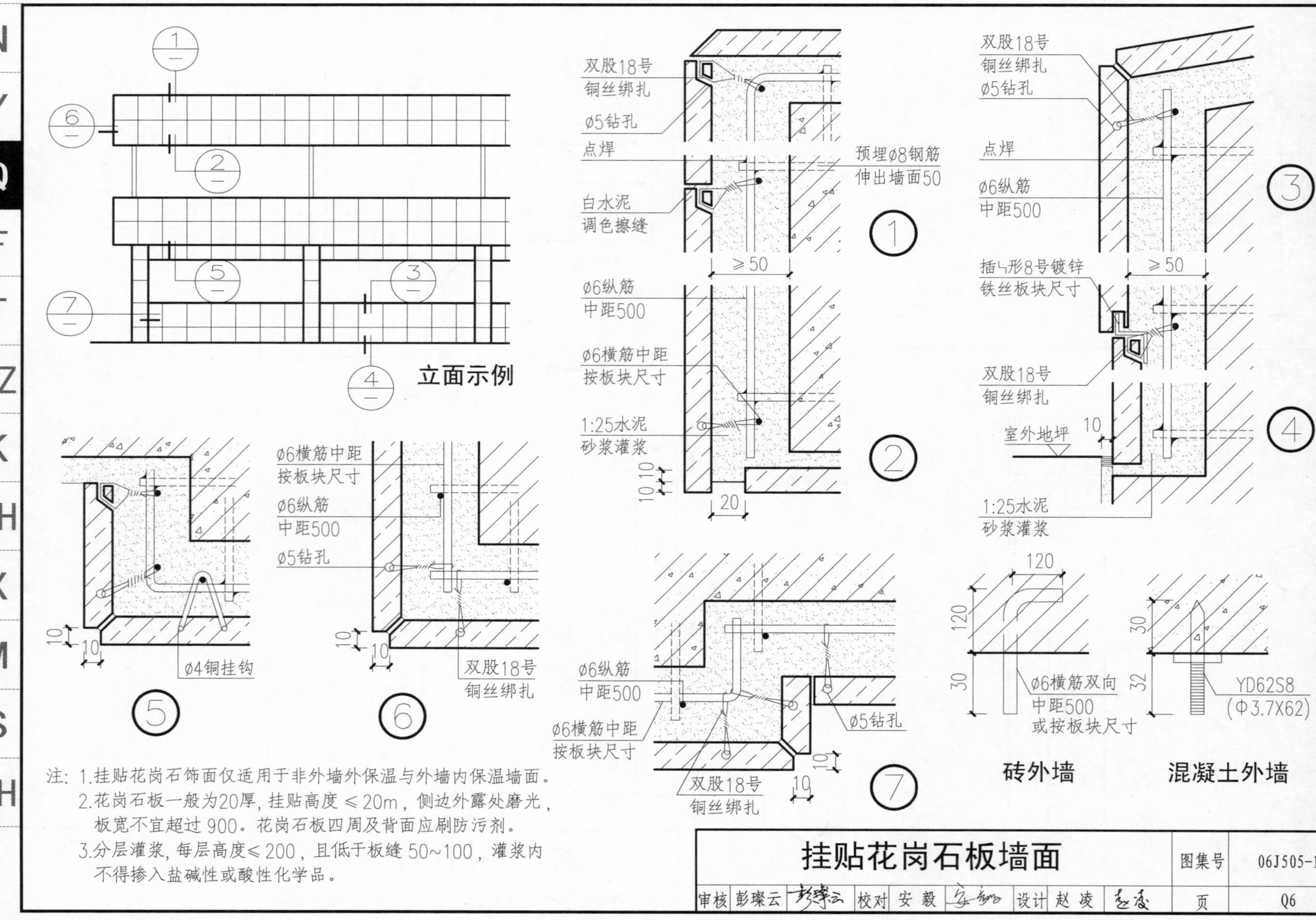

注：1.挂贴花岗石饰面仅适用于非外墙外保温与外墙内保温墙面。
2.花岗石板一般为20厚，挂贴高度≤20m，侧边外露处磨光，板宽不宜超过900。花岗石板四周及背面应刷防污剂。
3.分层灌浆，每层高度≤200，且低于板缝50~100，灌浆内不得掺入盐碱性或酸性化学品。

挂贴花岗石板墙面						图集号	06J505-1
审核 彭瓖云	彭瓖云	校对 安毅	安毅	设计 赵凌	赵凌	页	Q6

干挂石材幕墙技术系统说明

1. 干挂石材幕墙是以金属挂件和高强度锚栓把石板材牢固安装于建筑外侧的以金属构架为支承系统的外墙外饰面系统，幕墙支承系统不承担主体结构荷载。石材幕墙根据各地的气候特点做成外墙外保温体系或不保温体系。
2. 金属构架系统其型材形式、尺寸规格应经过荷载的结构计算确定。在重力荷载、风荷载、地震荷载及温度变形、主体结构变形影响下具有安全性。钢材的技术要求应符合国家标准规定。一般情况下主龙骨为竖向龙骨，间距在800～1200，横向龙骨间距同板材宽度。
3. 外幕墙石材一般均为耐风化的花岗岩石材，石材吸水率应小于0.8%，板材厚度：粗面板材≥28，镜面与亚光面板材≥25，当采用新型铝矽镁(铝合金)干挂件时板材厚度可以减薄，无论何种板材，干挂石材的单块面积应≤1.5m²。
4. 干挂石材装修层的厚度(指结构墙或围护墙外皮至石材外皮的尺寸)因龙骨尺寸、保温层厚度以及龙骨构架方式的不同而变化，一般层高情况下厚度约在150~220之间,必须根据工程设计具体情况最终确定。
5. 金属挂件材质应为不锈钢或铝合金，其技术和性能应符合国家现行标准。铝矽镁干挂件是经过静电粉末喷涂的铝合金材料,质轻(约为不锈钢挂件的1/3~1/2)、抗老化、耐腐蚀、强度高、价格低、安装便捷、利于维修，是技术先进的配件材料。
6. 挂件以插板和背栓为主，基本构造分为缝挂式和背挂式两大类。插板有多种形式，如T型、L型、Y型、R型和SE组合型。背栓有固定型和可调整型。各种不同挂件及其组合适用于不同面积、不同部位及高度的幕墙上(见干挂石材幕墙主要挂件表)。
7. 缝挂式插板有T型、L型、SE组合型等，但相邻板材共用一个挂件(T型)，可拆装性较差，石材破坏率高。以往常用的销钉式因石材局部受压大、易损坏，已被淘汰，目前只限于安装柱子外的弧形石板。SE组合型是较好的缝挂方式。
8. 背挂式是采用Y型、R型挂件在石材背面固定，板与板之间没有联系，排除了热胀冷缩的相互影响，安装牢固、抗震性能好、更适合于异形石材板块，是目前先进可靠的施工方式。
9. 背栓连接与背挂有相同的优点，它可以在工厂预先将挂件安装于石材板材上，成为小单元幕墙，在工地可直接安装，更为便捷。小单元式石材幕墙在国外已大量采用。可调型背栓是通过调整石材挂件上的调节螺栓，进一步提高幕墙的平整度，价格相对较高。
10. 干挂石材幕墙外观可做成密缝式(板缝宽度应≥10)缝内打胶，也可做成开放式(板缝宽度由设计确定)。开放式缝内不打胶，横缝完全开放，竖缝应做防水处理，卡装W型防水条。
11. 干挂石材幕墙体系中，石材与金属粘接用的石材干挂胶起着重要的粘结作用，应采用环氧树脂干挂胶。石材、石材板缝之间的密封，应采用硅酮密封胶，耐老化，对石材污染较小，均应符合国家与行业标准的要求。

干挂石材幕墙							图集号	06J505-1
审核	彭璨云	彭璨云	校对	安毅	安毅	设计 赵凌	赵凌 页	Q7

N
Y
Q
F
T
CZ
K
JH
X
M
S
SH

干挂石材幕墙主要挂件表

名称	挂件图例	干挂形式	适用范围	名称	挂件图例	干挂形式	适用范围
T型	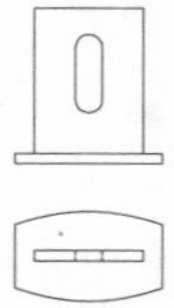	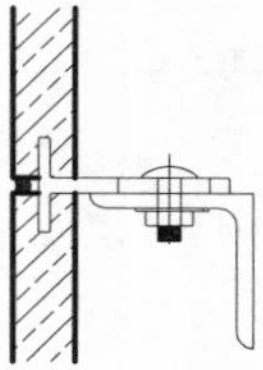	适用于小面积内外墙	SE型	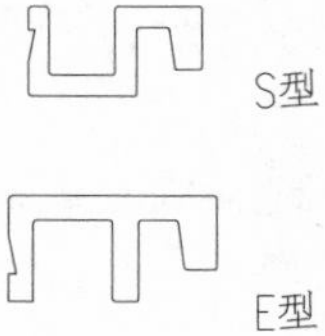 S型 E型	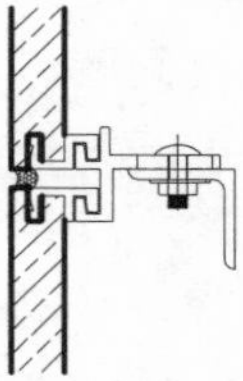	适用于大面积内外墙
L型	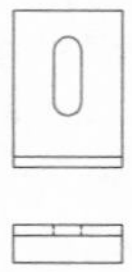	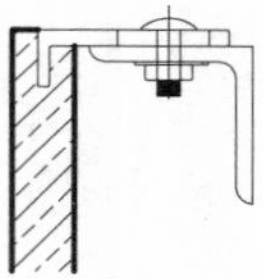	适用于幕墙上下收口处	固定背栓	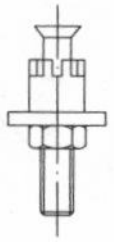	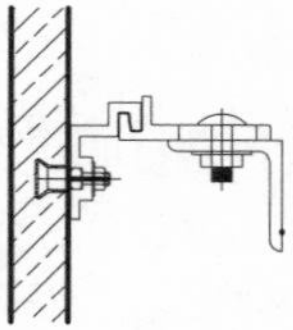	适用于大面积内外墙
Y型	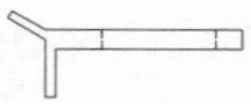	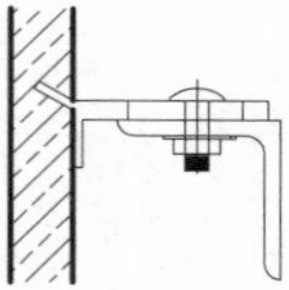	适用于大面积外墙	可调挂件	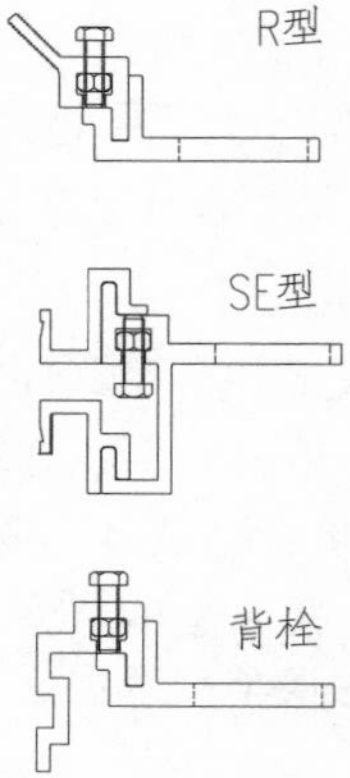 R型 SE型 背栓	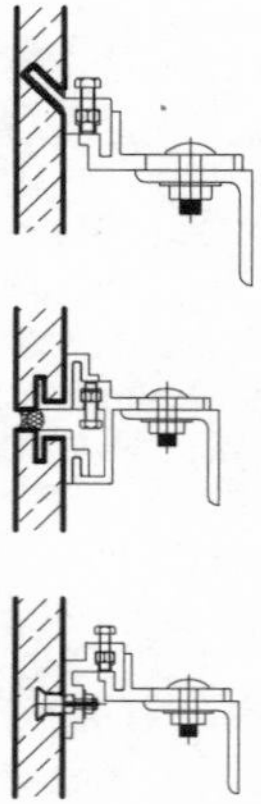	适用于高层大面积内外墙
R型		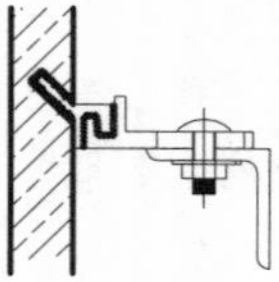	适用于大面积外墙				

干挂石材幕墙	图集号	06J505-1
审核 彭瓈云 彭瓈云 校对 安毅 安毅 设计 赵凌 赵凌	页	Q8

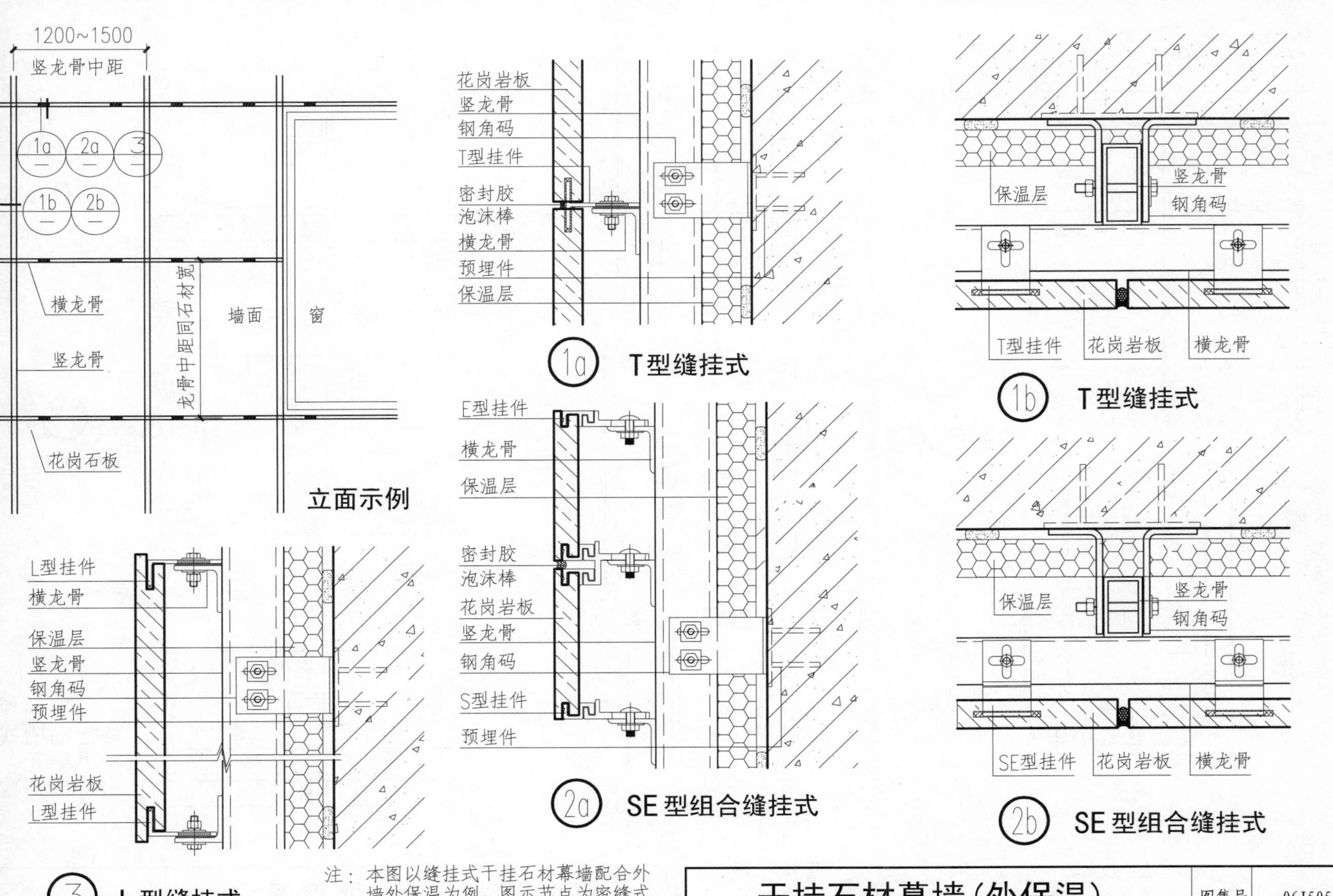

注：本图以缝挂式干挂石材幕墙配合外墙外保温为例，图示节点为密缝式节点。亦可做成开放式节点，竖缝做防水处理，安装防水条。

干挂石材幕墙(外保温)						图集号	06J505-1
审核	彭璨云	校对	安毅	设计	赵凌	页	Q9

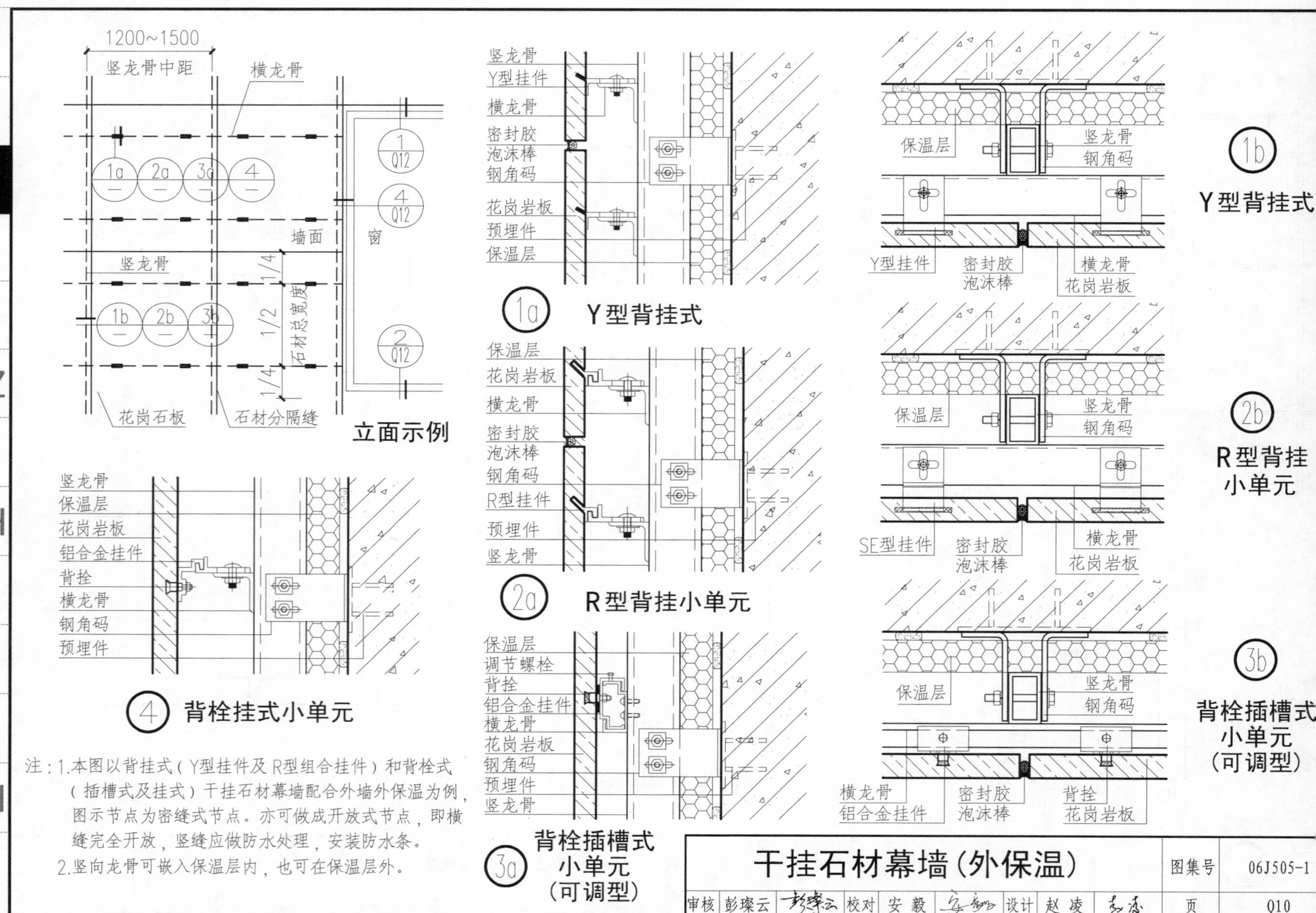

注：1.本图以背挂式（Y型挂件及R型组合挂件）和背栓式（插槽式及挂式）干挂石材幕墙配合外墙外保温为例，图示节点为密缝式节点。亦可做成开放式节点，即横缝完全开放，竖缝应做防水处理，安装防水条。

2.竖向龙骨可嵌入保温层内，也可在保温层外。

干挂石材幕墙(外保温)							图集号	06J505-1
审核	彭瓈云	彭瓈云	校对	安毅	安毅	设计 赵凌 赵凌	页	Q10

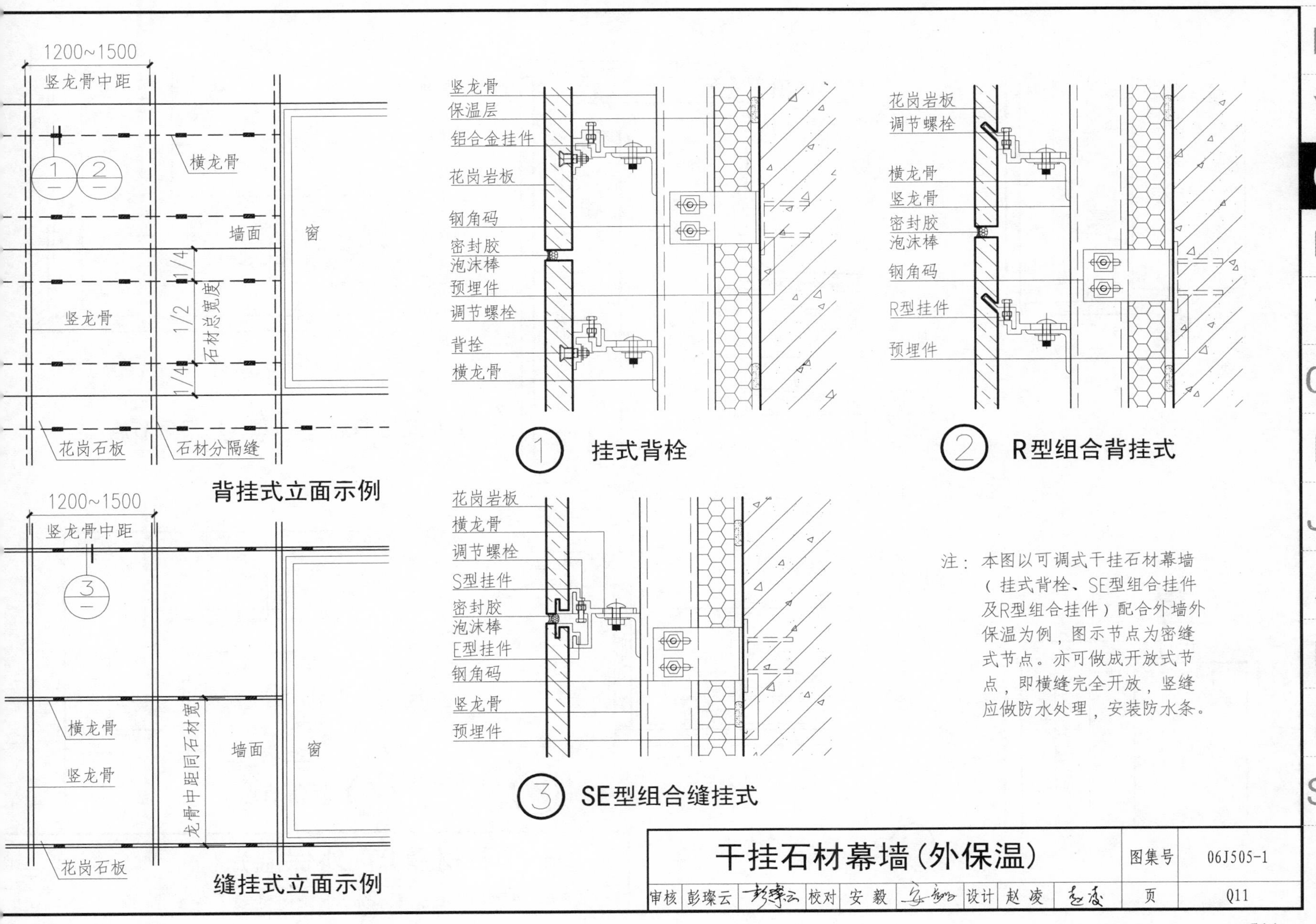

注：本图以可调式干挂石材幕墙（挂式背栓、SE型组合挂件及R型组合挂件）配合外墙外保温为例，图示节点为密缝式节点。亦可做成开放式节点，即横缝完全开放，竖缝应做防水处理，安装防水条。

干挂石材幕墙（外保温）							图集号	06J505-1
审核	彭璨云	彭璨云	校对	安 毅	安毅	设计	赵 凌	赵凌	页	Q11

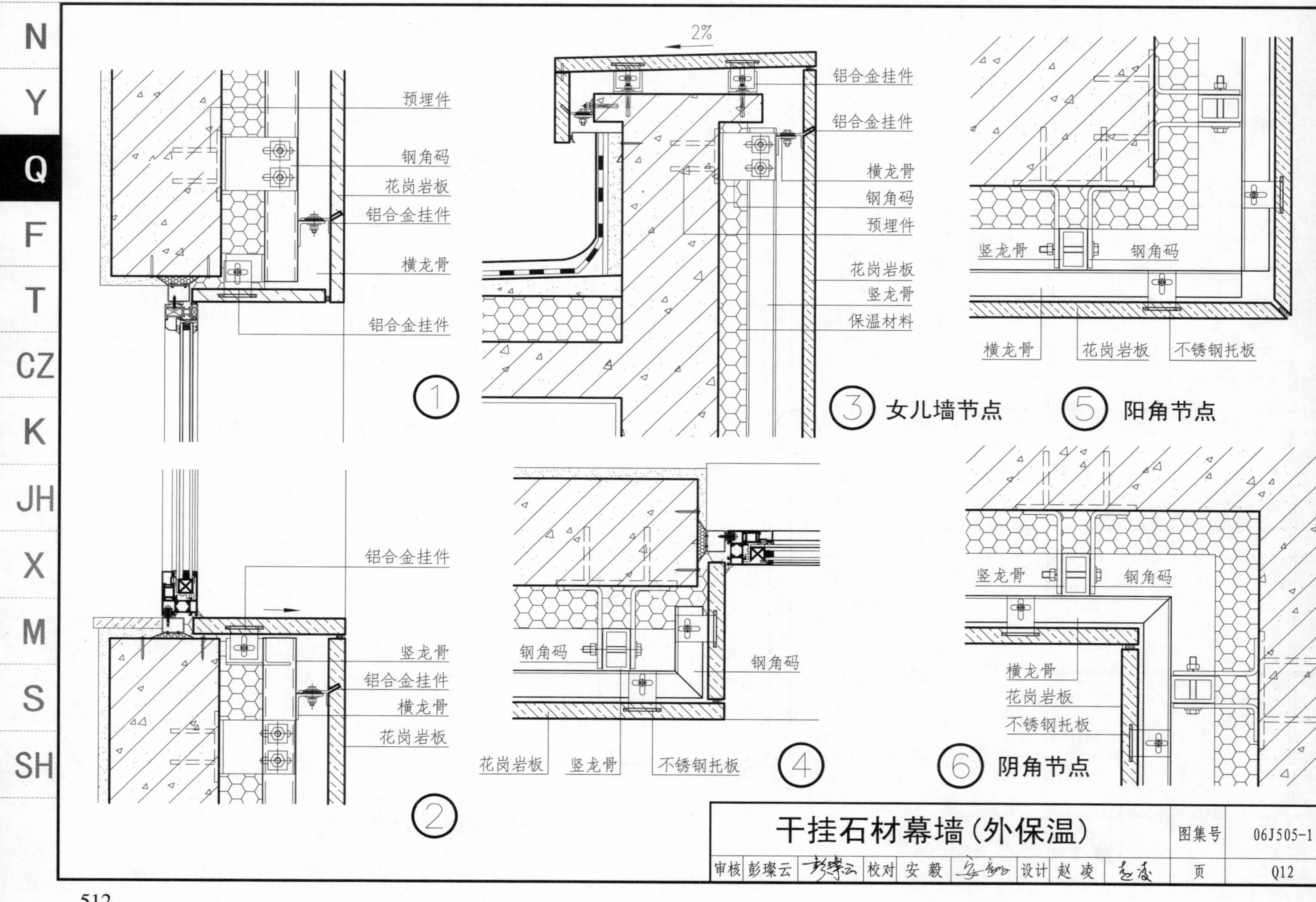
N
Y
Q
F
T
CZ
K
JH
X
M
S
SH
预埋件
钢角码
花岗岩板
铝合金挂件
横龙骨
铝合金挂件
①
2%
铝合金挂件
铝合金挂件
横龙骨
钢角码
预埋件
花岗岩板
竖龙骨
保温材料
③ 女儿墙节点
竖龙骨
钢角码
横龙骨
花岗岩板
不锈钢托板
⑤ 阳角节点
铝合金挂件
竖龙骨
铝合金挂件
横龙骨
花岗岩板
②
钢角码
钢角码
花岗岩板
竖龙骨
不锈钢托板
④
竖龙骨
钢角码
横龙骨
花岗岩板
不锈钢托板
⑥ 阴角节点
干挂石材幕墙(外保温)
图集号 06J505-1
审核 彭璨云 校对 安毅 设计 赵凌
页 Q12

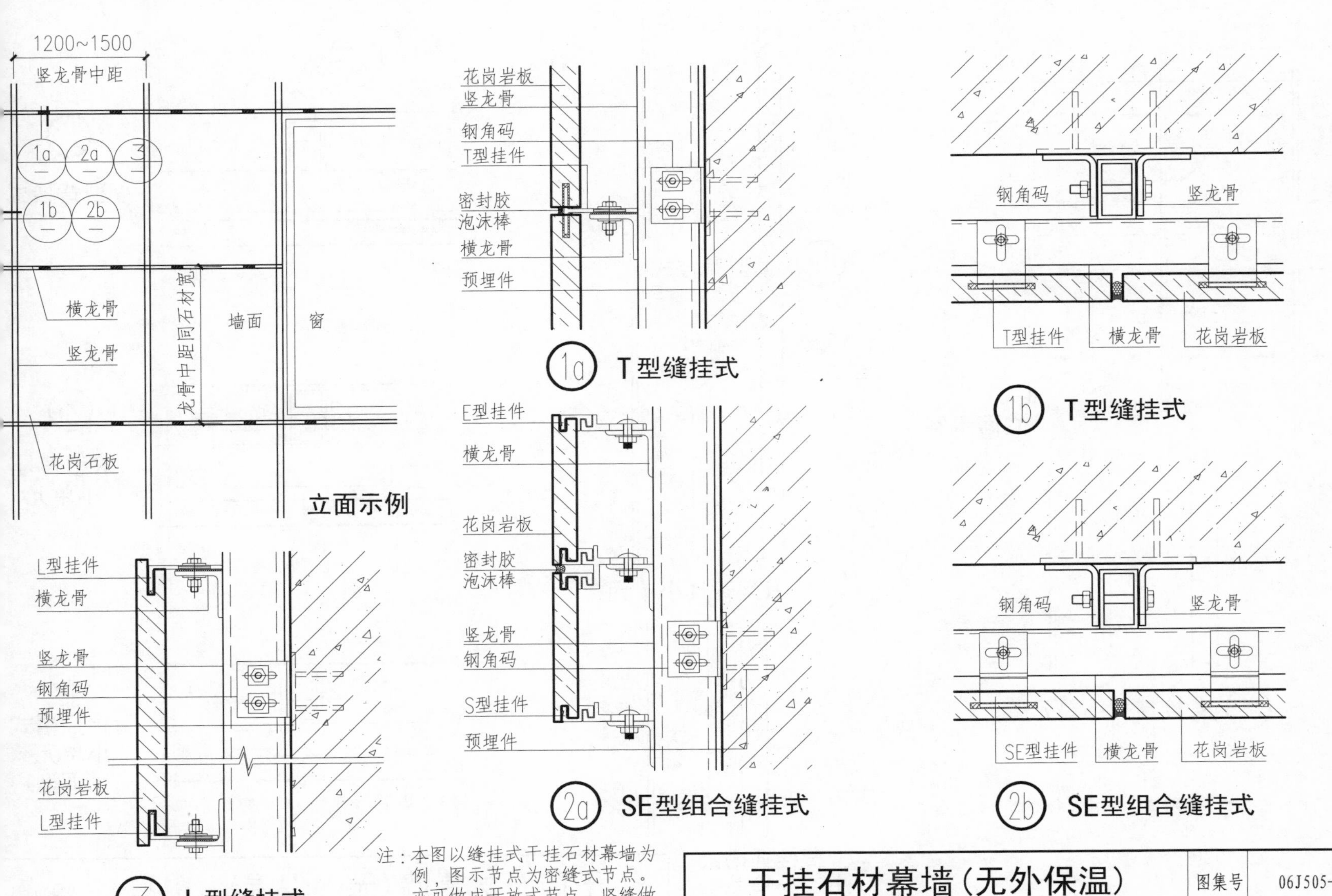

注：本图以缝挂式干挂石材幕墙为例，图示节点为密缝式节点。亦可做成开放式节点，竖缝做防水处理，安装防水条。

干挂石材幕墙(无外保温)							图集号	06J505-1
审核	彭璨云	彭璨云	校对	安 毅	安毅	设计 赵 凌	页	Q13

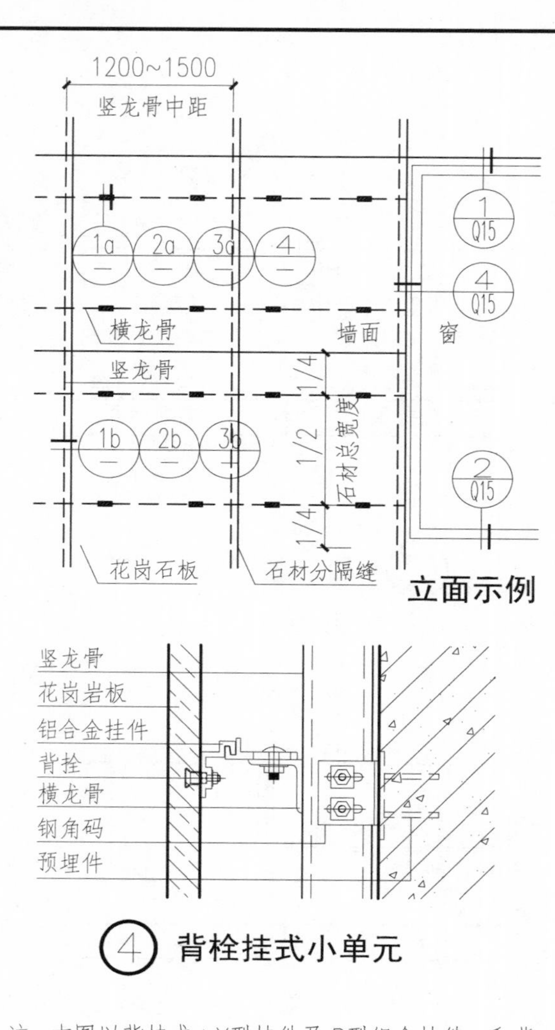

④ 背栓挂式小单元

注：本图以背挂式（Y型挂件及R型组合挂件）和背栓式（插槽式及挂式）干挂石材幕墙为例，图示节点为密缝式节点。亦可做成开放式节点，即横缝完全开放，竖缝应做防水处理，安装防水条。

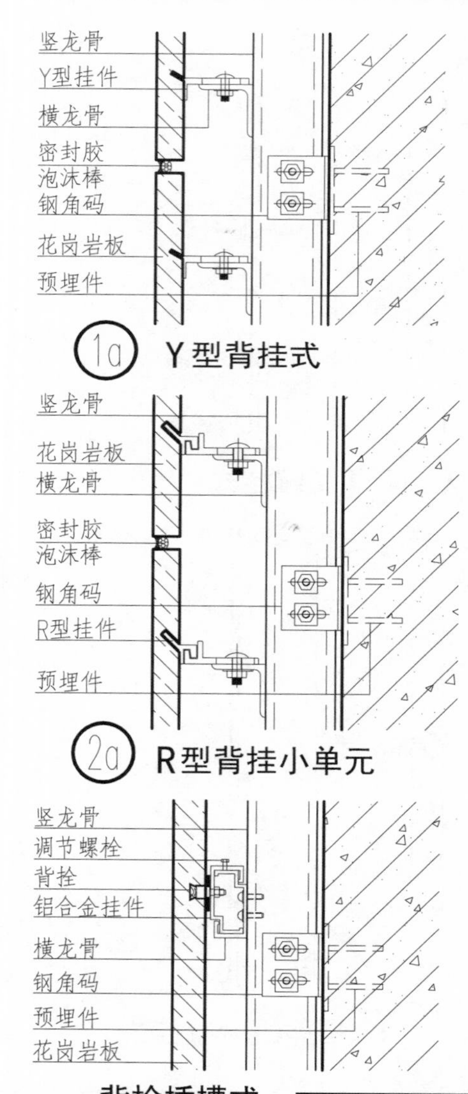

1a Y型背挂式

2a R型背挂小单元

3a 背栓插槽式小单元（可调型）

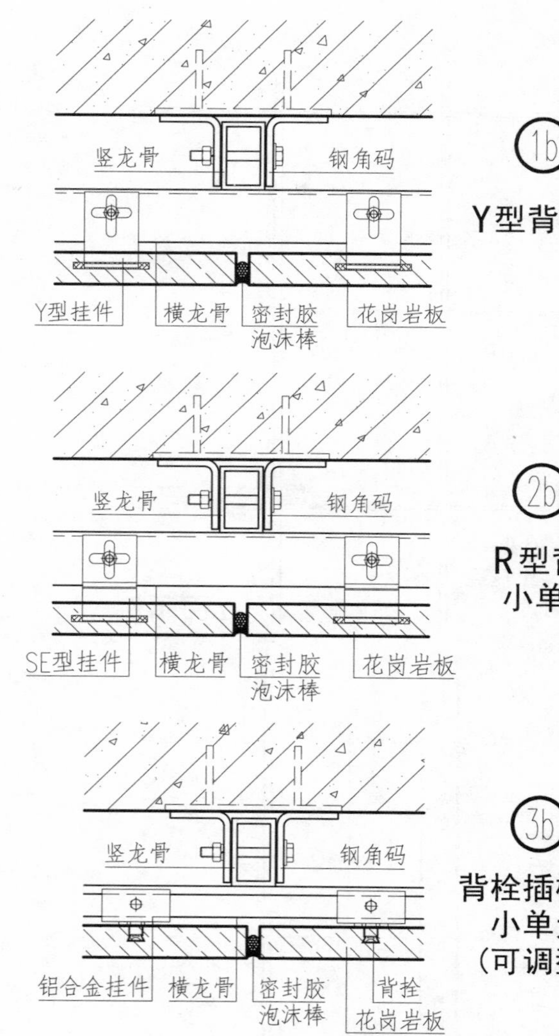

1b Y型背挂式

2b R型背挂小单元

3b 背栓插槽式小单元（可调型）

干挂石材幕墙（无外保温）						图集号	06J505-1
审核	彭璨云	校对	安 毅	设计	赵 凌	页	Q14

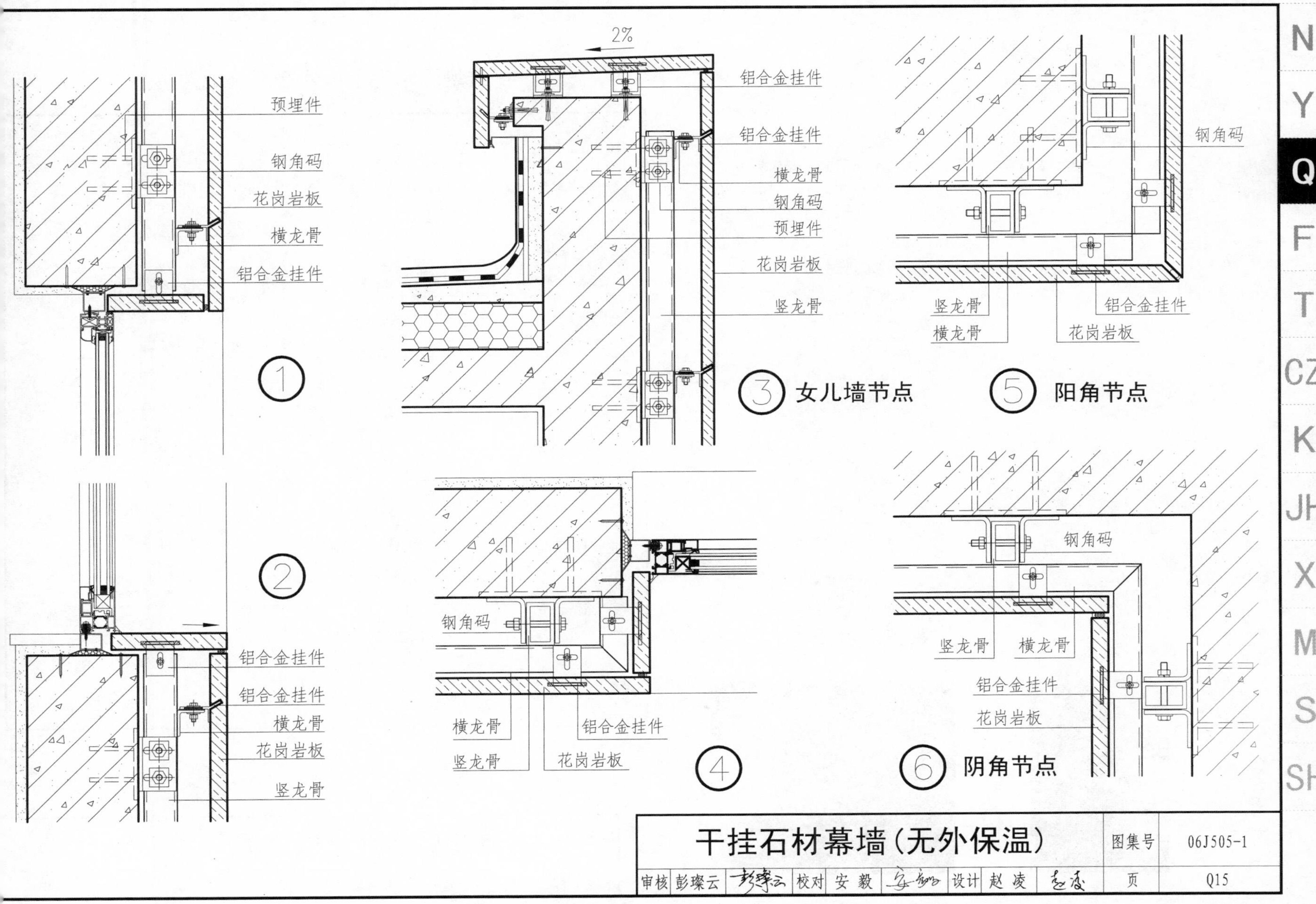

N
Y
Q
F
T
CZ
K
JH
X
M
S
SH

干挂石材幕墙（无外保温）									图集号	06J505-1
审核	彭璨云	彭璨云	校对	安毅	安毅	设计	赵凌	赵凌	页	Q15

纤维增强水泥平板外墙

纤维增强水泥平板是以水泥纤维为主要原料压制成型的外饰面材料。用于外墙装饰的纤维增强水泥平板的密度应≥1.4g/cm³。干挂纤维增强水泥平板外墙外保温系统是将平板安装在外墙高强度热镀锌龙骨上，钢龙骨应满足风压、重力及地震等荷载的计算。龙骨通过调节支架与建筑结构外墙相连，在结构墙外粘贴或喷涂保温隔热材料，并使其与平板间留有40的空气流动层，这样不但解决外墙面的不平整问题，同时降低太阳热辐射、减少室内外热交换、防止冷凝水。该系统适用于多层建筑物的外墙外保温及外墙装修等上。纤维增强水泥平板外刮腻子后可以做各种涂料饰面，类似的板材也有挤压成中空型，面层涂料做出花色图案，增加立面个性色彩。

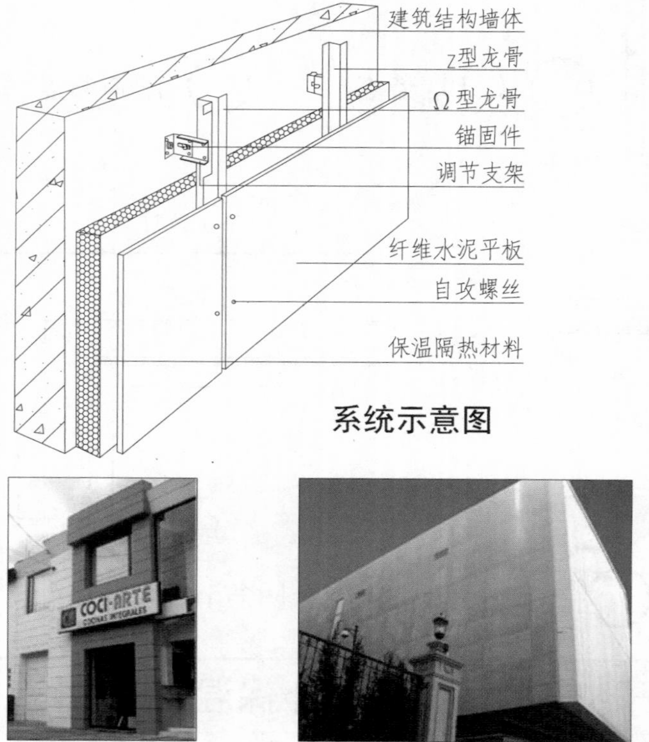

系统示意图

纤维增强水泥平板外墙系统配件

名称		规格	备注
纤维增强水泥平板		2440×1220×(9、12)	厂家可提供其它规格
		3000×1220×(9、12)	
		3000×455×15	
自攻螺丝		ø3.5×25	防腐处理
不锈钢螺栓		M5×12	龙骨与调节支架的连接
不锈钢螺栓		M8×12	调节支架中固定块与调节块的连接
锚固件			由结构设计师核定
止水条		56×0.6	24 8 24 0.6
热镀锌龙骨	Ω型龙骨	30×30×30×30×1.5	30 27 30 1.5 30
	Z型龙骨	30×30×30×1.5	1.5 30 30 30
	L型龙骨	30×30×1.5	1.5 30 30
热镀锌调节支架	固定块	35×50×50×2	固定块 调节块
	调节块	15×70×57×2	

纤维增强水泥平板外墙							图集号	06J505-1
审核	彭瓈云	彭瓈云	校对	安毅	安毅	设计 赵凌	页	Q16

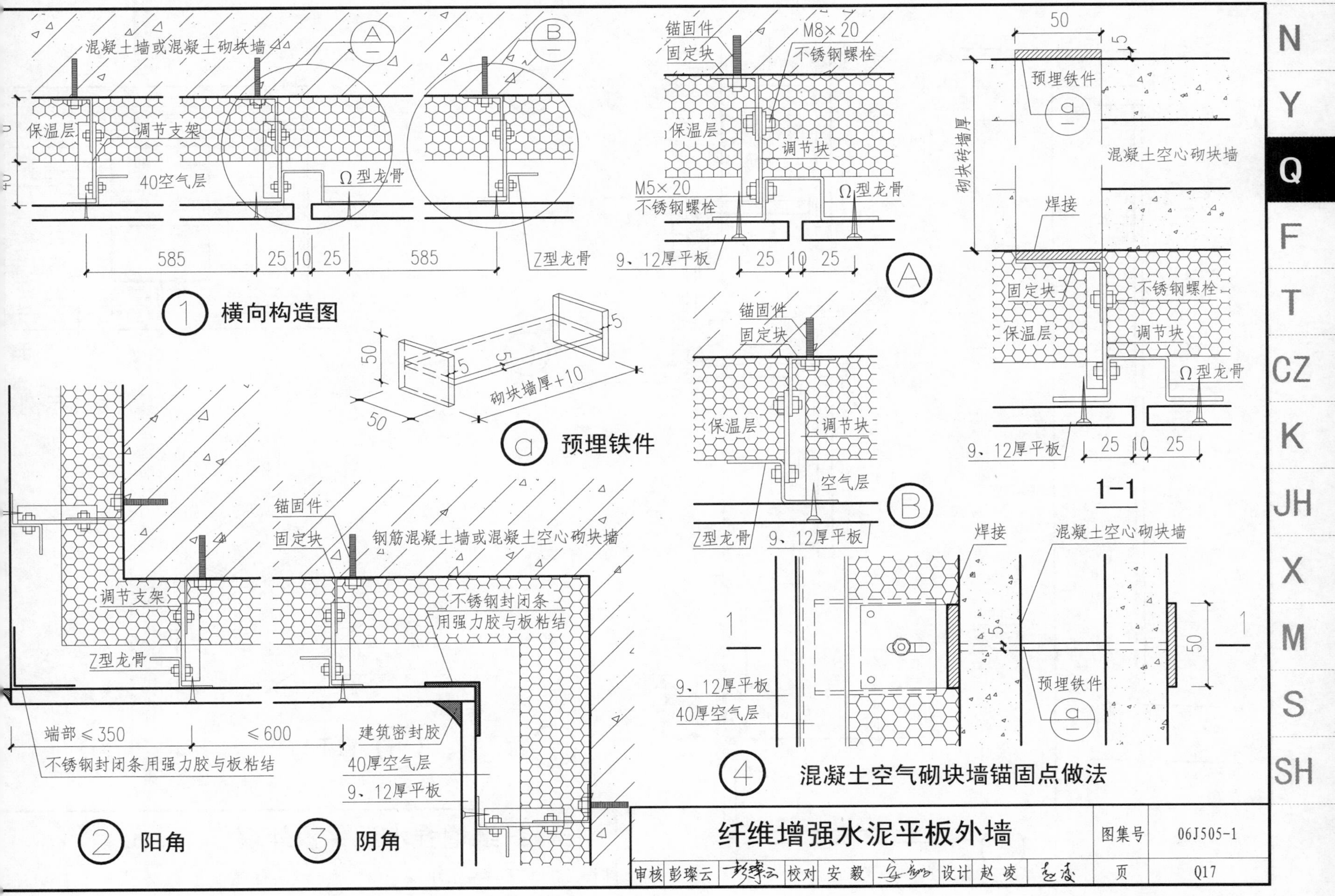

① 横向构造图

ⓐ 预埋铁件

Ⓐ

Ⓑ

④ 混凝土空气砌块墙锚固点做法

② 阳角

③ 阴角

纤维增强水泥平板外墙	图集号	06J505-1
审核 彭璨云 校对 安毅 设计 赵凌	页	Q17

N Y Q F T CZ K JH X M S SH

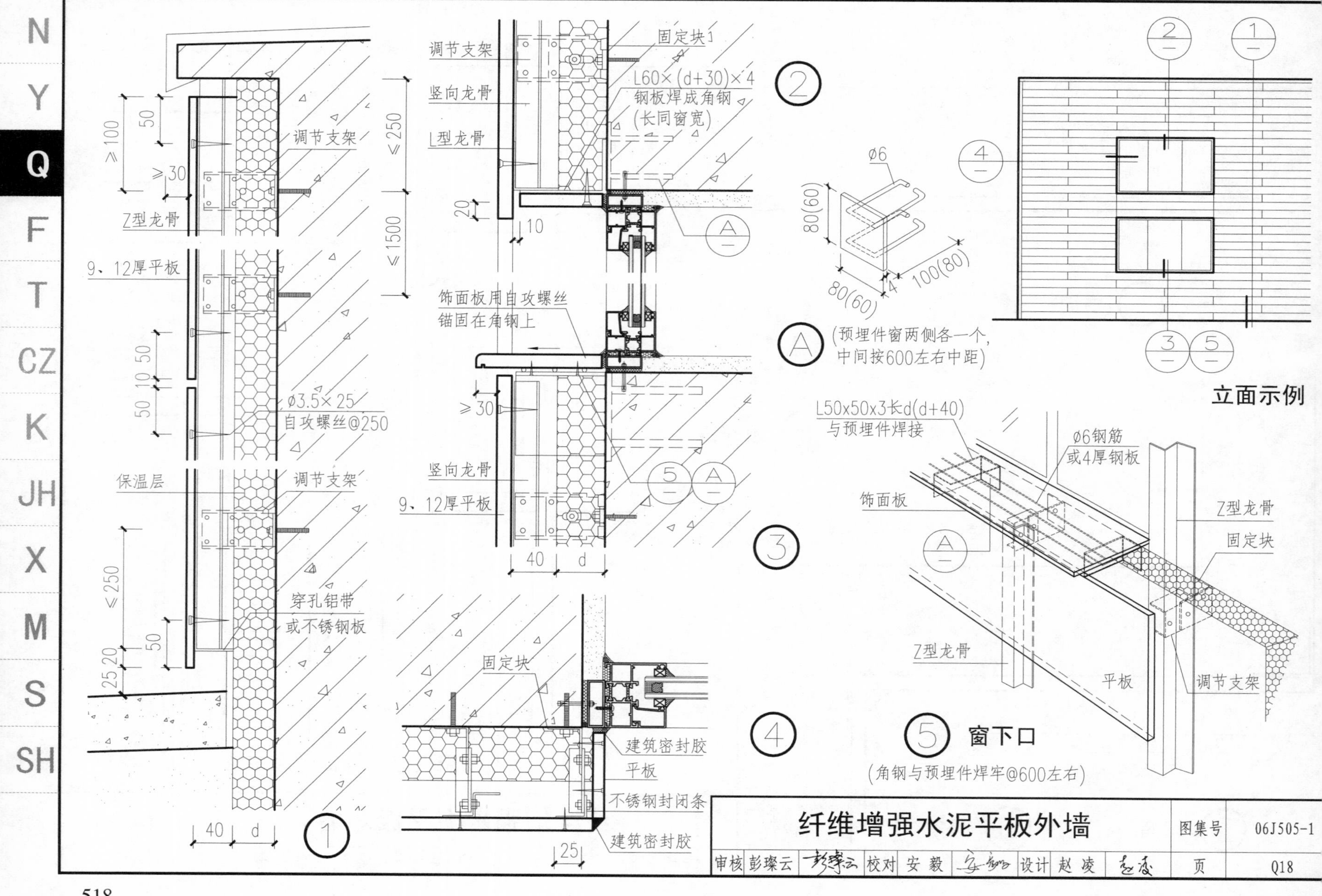

纤维增强水泥平板外墙							图集号	06J505-1
审核	彭璨云	彭璨云	校对	安毅	安毅	设计 赵凌	赵凌	页	Q18

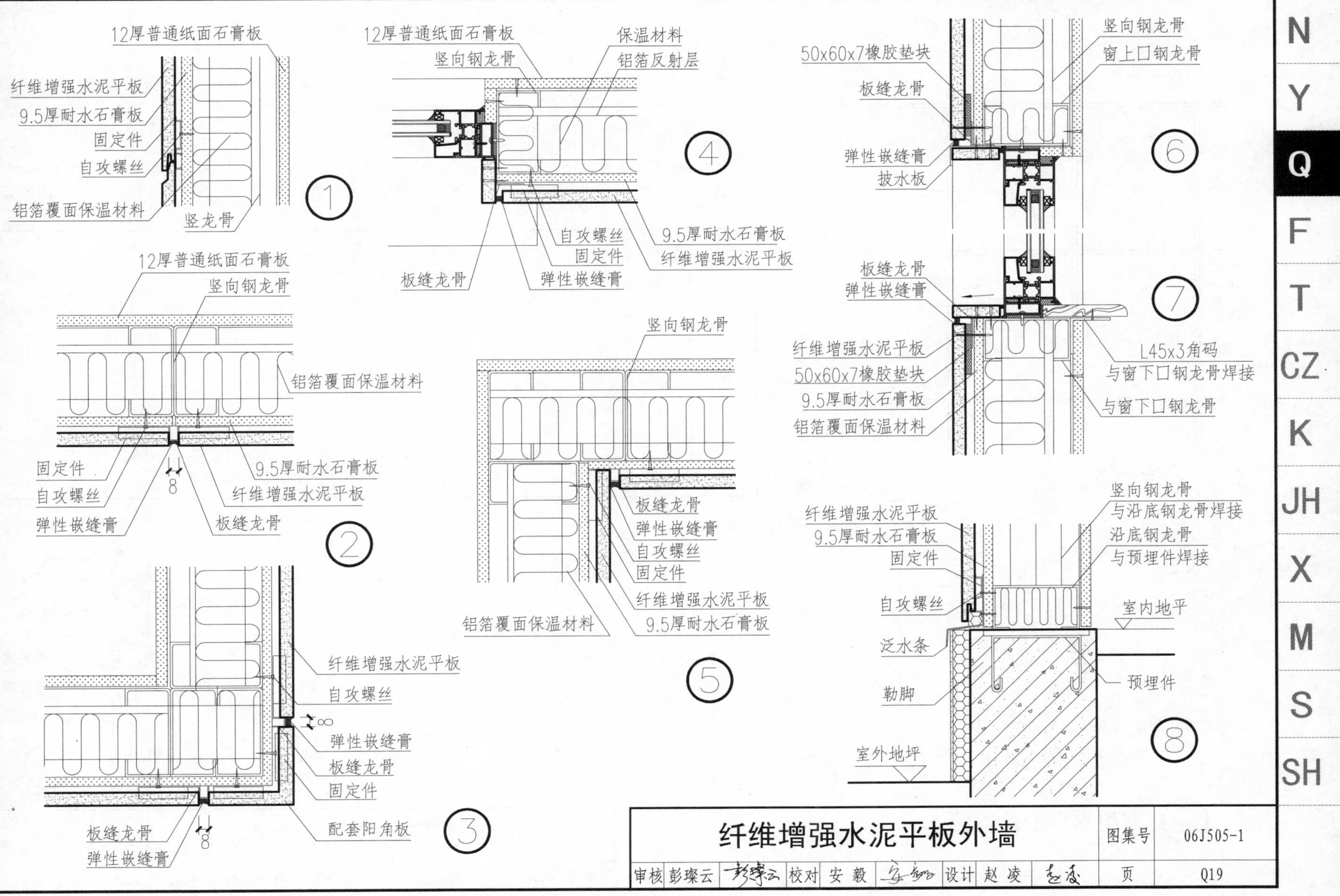

纤维增强水泥平板外墙							图集号	06J505-1
审核	彭璨云	彭璨云	校对	安毅	安毅	设计 赵凌	赵凌	页 Q19

超薄型石材蜂窝板外墙

1.超薄型石材蜂窝板是以3~5厚的天然石材为面板，以铝合金板或镀铝锌钢板为背板，中间为铝合金蜂窝板，采用专用粘结剂粘合为整体的复合装饰型板材，其重量是普通石材的1/5，又保持了天然石材的装饰效果，可用于新建、扩建工程，特别是改建工程。

2.超薄型石材蜂窝板最大板面尺寸为1200x2000，常用尺寸为800x1200、1000x1200、1150x1950，厚度为20、25两种。重量15~16kg/m^2。

3.超薄型石材蜂窝板幕墙体系由专用铝合金挂件和专用预埋件固定于墙体或钢结构支承体上，板缝采用硅酮胶密封，也可做成开放式幕墙（墙体应有防水措施）。设计按《建筑幕墙》JG3035-1996规定。

4.超薄型石材蜂窝板用于非外墙外保温墙体时，可直接用自攻螺钉固定在紧贴外墙的金属龙骨上。

	项目	单位	性能		检测标准和方法	备注
			背板为铝板	背板为镀铝锌板		
技术指标	面密度	kg/m^2	≤16.2	≤18.92		石材厚5 总厚度20
	弯曲强度	MPa	≥17.9	≥32.4	GB/T17748	
	压缩强度	MPa	≥1.31	≥1.37	GJB130	
	剪切强度	MPa	≥0.67	≥0.68	GJB130	
	粘结强度	MPa	≥1.23	≥2.56	GJB130	
	螺栓拉拔力	kN	≥3.2	≥3.5	GB11718	
	导热系数	W/m·K	0.655	0.678	GB/T10294	
	疲劳试验	次	1x10^6无破坏	1x10^6无破坏	GB3075	螺栓直径8
	冲击试验	次	10次无破坏	10次无破坏	GB9963	

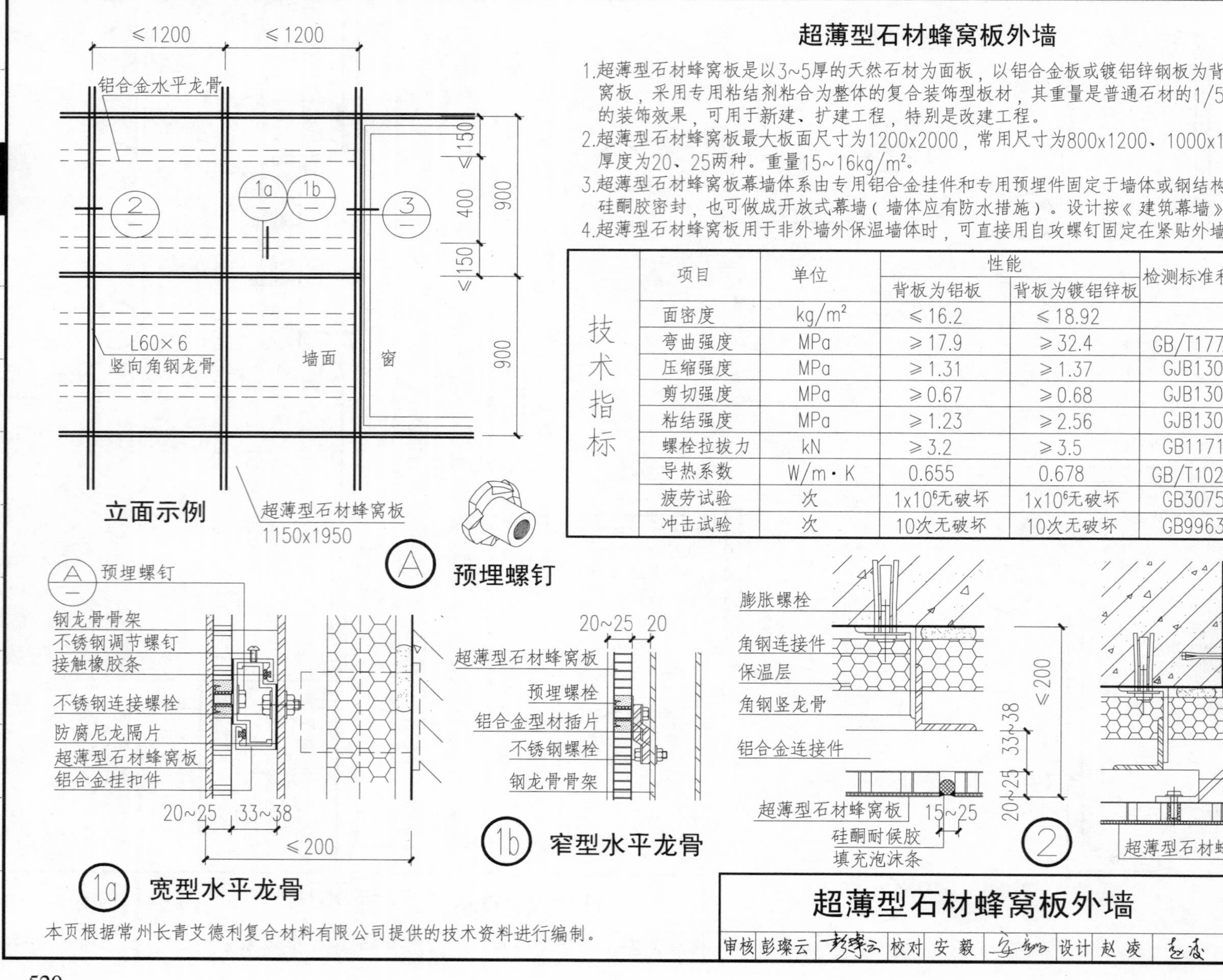

立面示例

A 预埋螺钉

1a 宽型水平龙骨

1b 窄型水平龙骨

2

3

本页根据常州长青艾德利复合材料有限公司提供的技术资料进行编制。

超薄型石材蜂窝板外墙						图集号	06J505-1
审核	彭璨云	校对	安毅	设计	赵凌	页	Q20

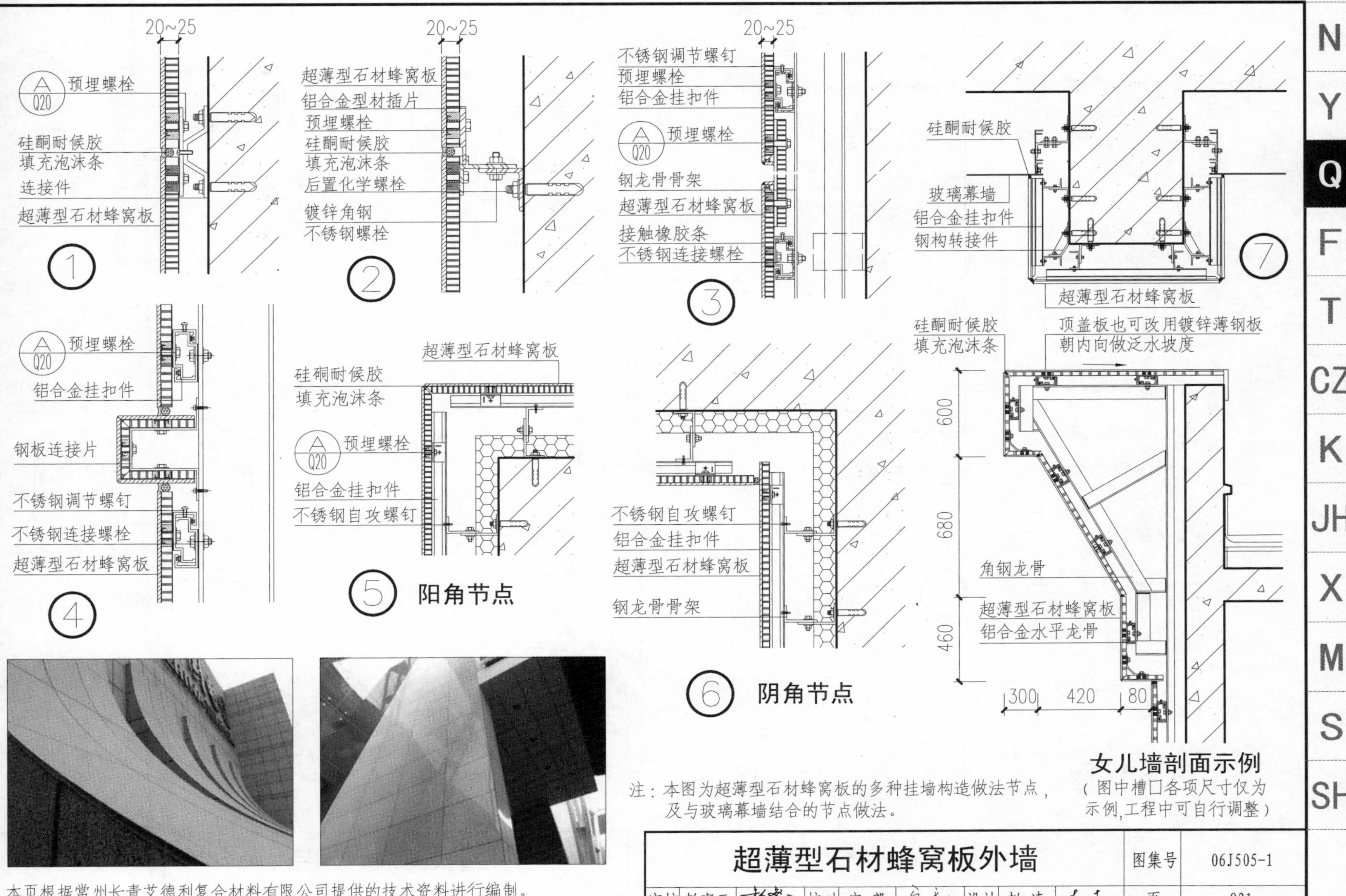

注：本图为超薄型石材蜂窝板的多种挂墙构造做法节点，及与玻璃幕墙结合的节点做法。

本页根据常州长青艾德利复合材料有限公司提供的技术资料进行编制。

超薄型石材蜂窝板外墙							图集号	06J505-1
审核	彭琛云	彭琛云	校对	安 毅	安毅	设计 赵 凌	页	Q21

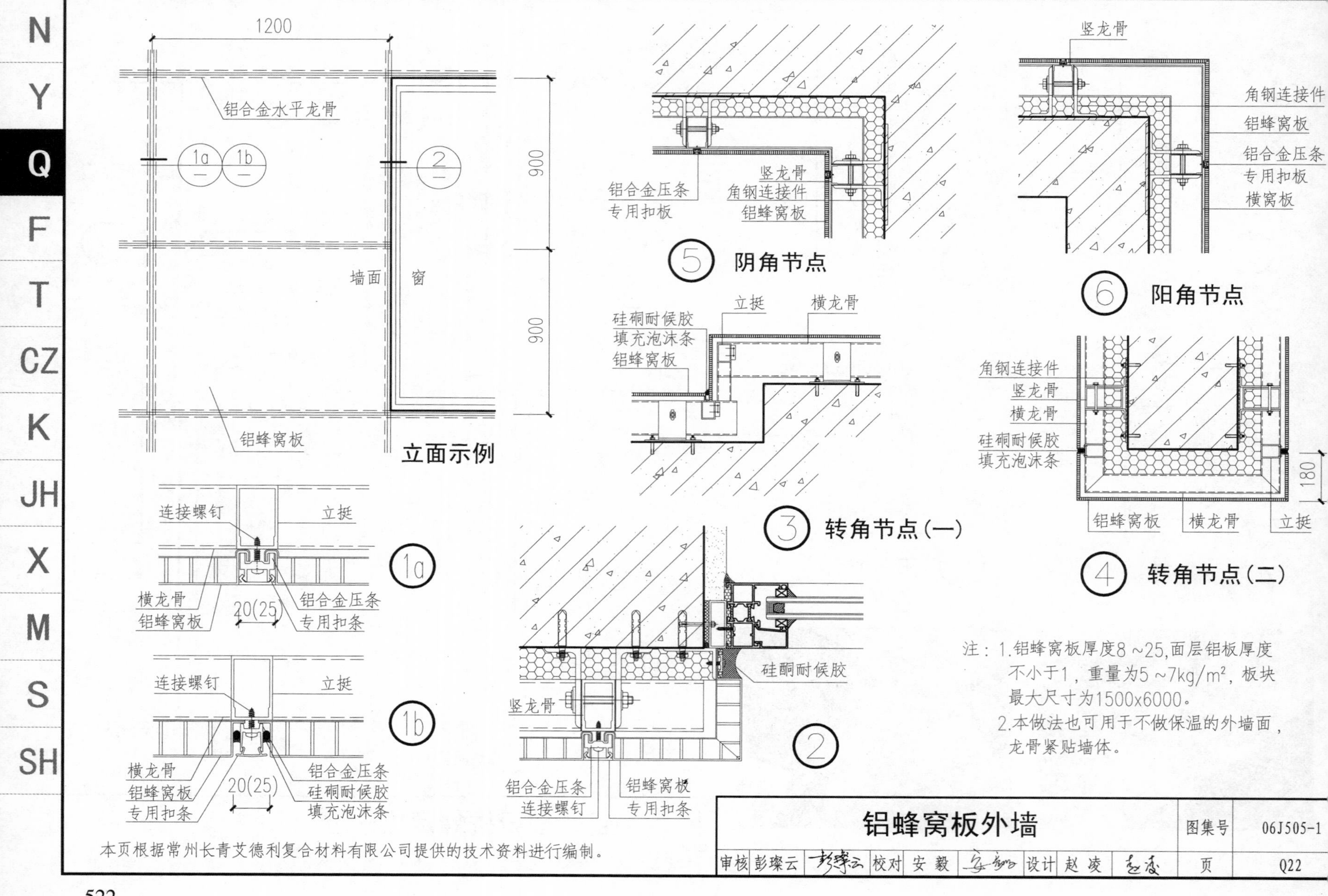

注：1.铝蜂窝板厚度8～25，面层铝板厚度不小于1，重量为5～7kg/m²，板块最大尺寸为1500x6000。
2.本做法也可用于不做保温的外墙面，龙骨紧贴墙体。

本页根据常州长青艾德利复合材料有限公司提供的技术资料进行编制。

铝蜂窝板外墙									图集号	06J505-1
审核	彭璨云	彭璨云	校对	安毅	安毅	设计	赵凌	赵凌	页	Q22

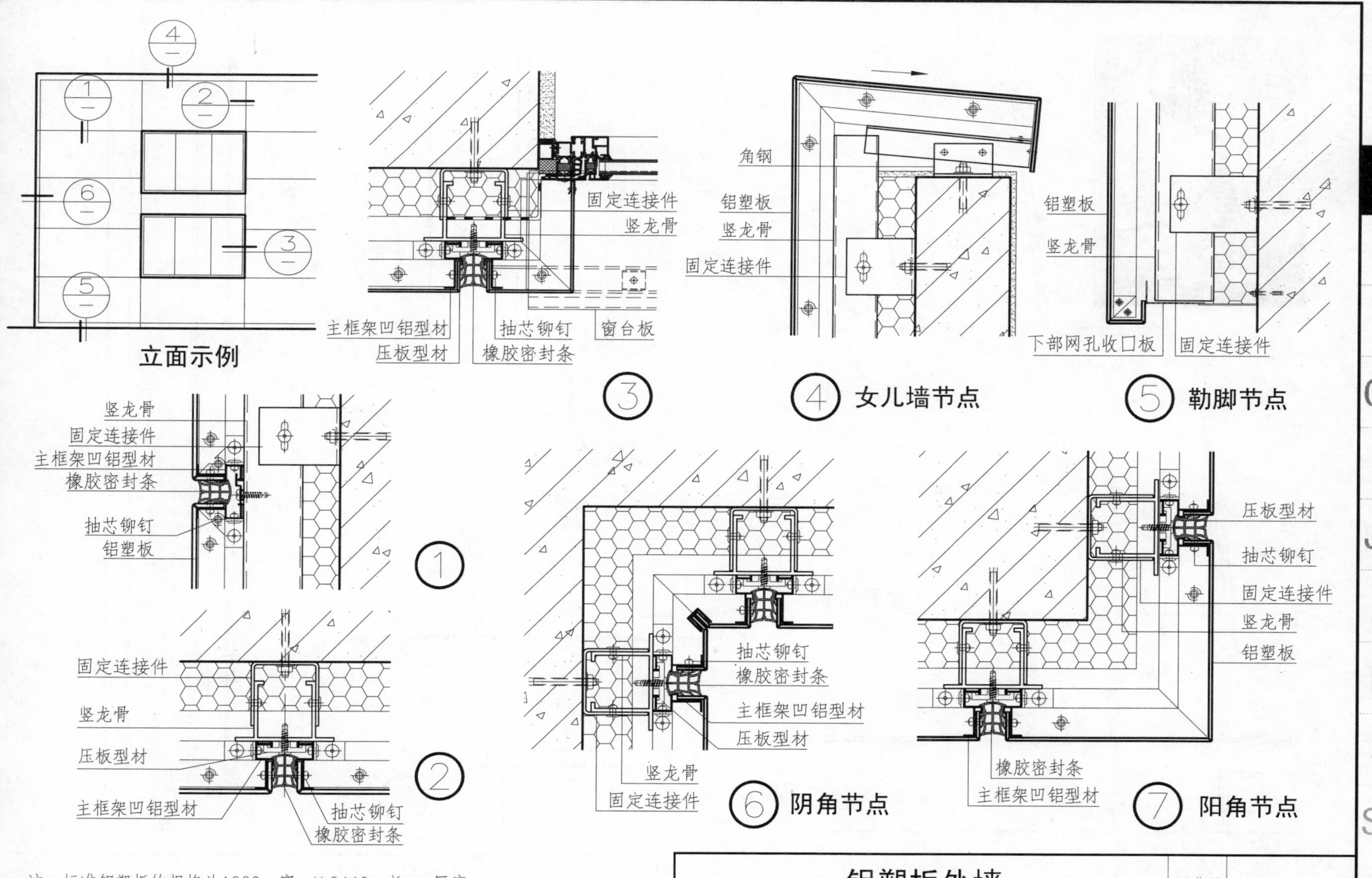

注：标准铝塑板的规格为1220（宽）X 2440（长），厚度有多种不同规格，可方便地进行切割为设计尺寸。

铝塑板外墙							图集号	06J505-1
审核	彭璨云	彭璨云	校对	安毅	安毅	设计 赵凌 赵凌	页	Q23

N
Y
Q
F
T
CZ
K
JH
X
M
S
SH

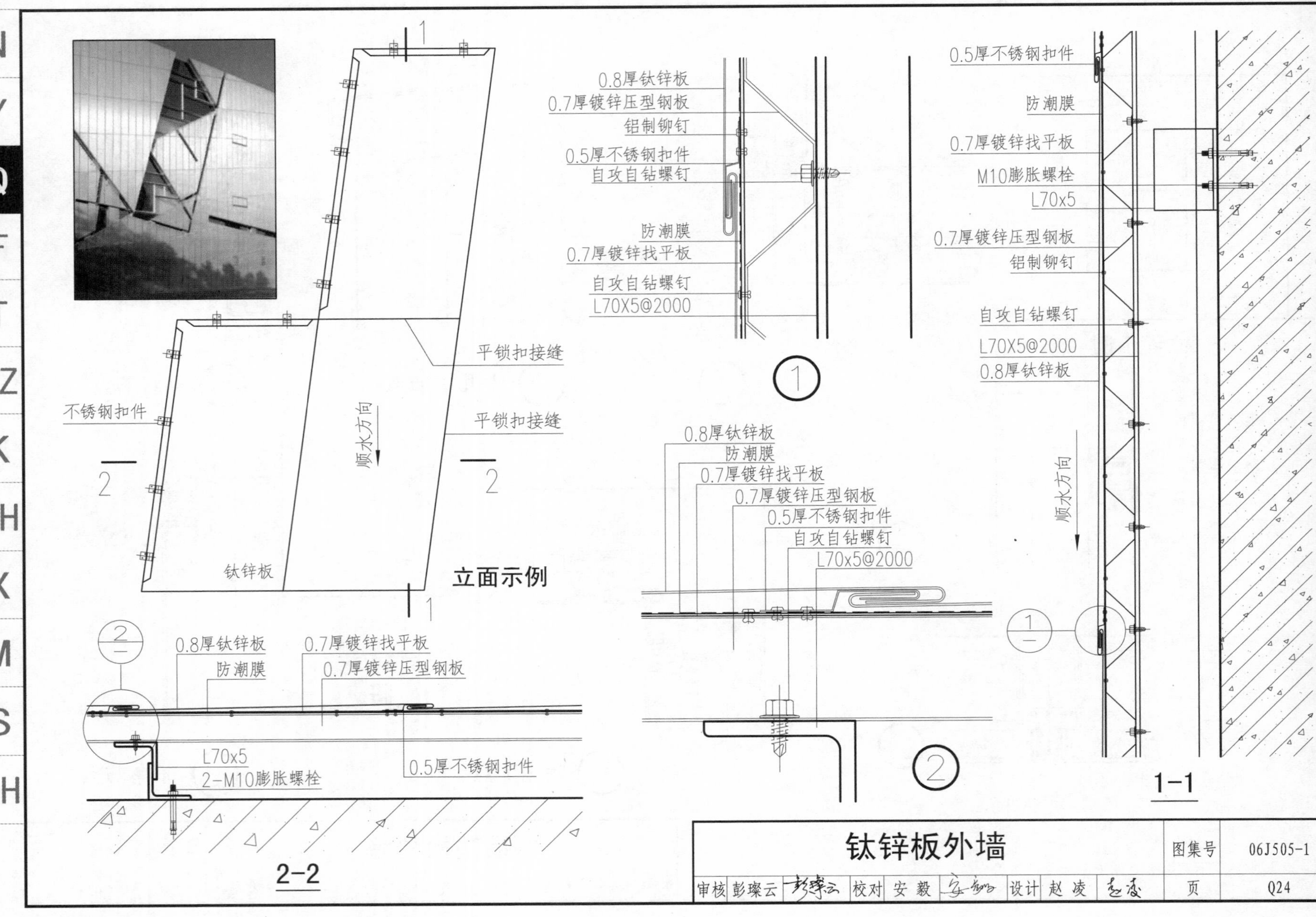

钛锌板外墙						图集号	06J505-1
审核	彭璨云	校对	安毅	设计	赵凌	页	Q24

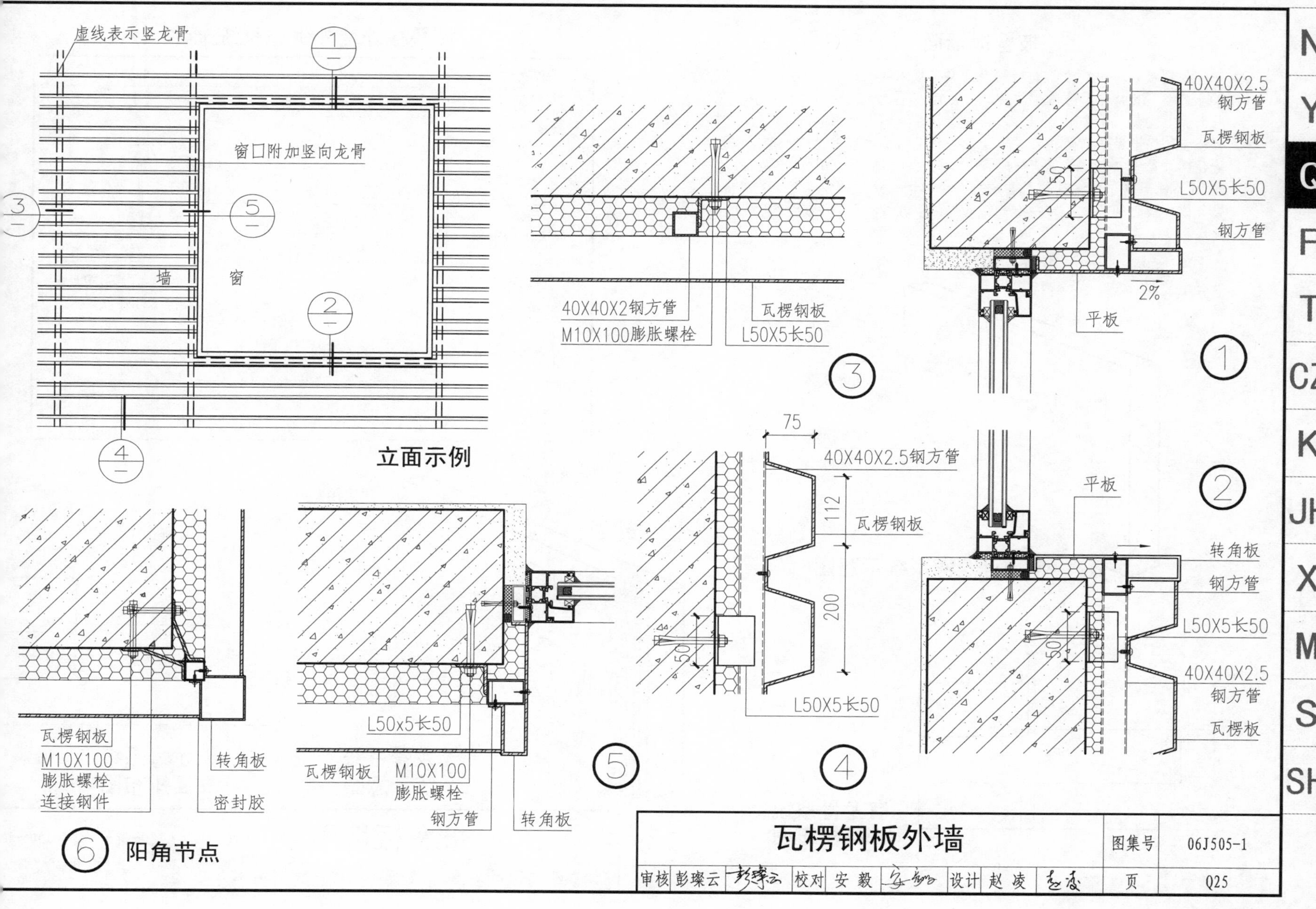

瓦楞钢板外墙							图集号	06J505-1
审核	彭璨云		校对	安 毅		设计 赵 凌	页	Q25

披叠板墙面

披叠板是一种纤维水泥板，板面装饰成木纹，适用于低层或多层建筑外墙装修。其特点是防水、防潮、防虫蛀、不燃、无烟、无毒，安装简便，易于加工切割。披叠板外墙可以做在有外保温与无外保温的墙体上。披叠板外墙外保温系统有两种安装方法，一种是将披叠板安装在外墙高强度镀锌轻钢龙骨上(有龙骨)；另一种是将披叠板直接在外墙用胀管螺丝固定(无龙骨)；保温隔热材料粘贴或喷涂在结构墙外。板采用搭接方式，使得保温层与披叠板之间留有一定的空气流动层，以减少太阳热辐射，避免产生冷凝水。

1.有龙骨做法：

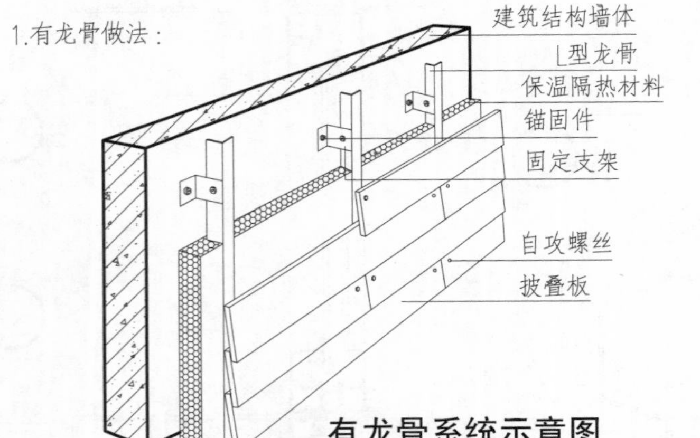

有龙骨系统示意图

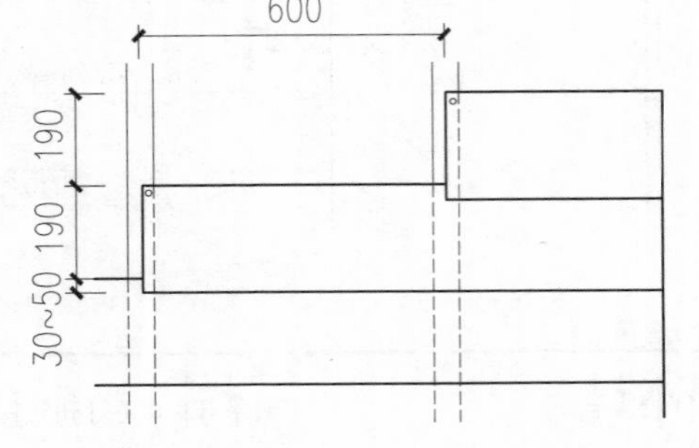

有龙骨系统立面排布图

披叠板外墙外保温系统配件

名称	规格	备注
披叠板	3000X190X9	—
	3000X190X7.5	
自攻螺丝	ø3.5X25不锈钢	适用于有龙骨做法
	60X6胀管螺丝	适用于无龙骨做法
保温隔热材料	膨胀聚苯板	导热系数≤0.041W/m²·K
	无溶剂硬泡聚氨酯	导热系数≤0.025W/m²·K
不锈钢锚固件	M5X12	龙骨与调节支架的连接有结构设计师核定
L型龙骨	50X50X1.2	1.2 50 50
固定座		固定座

2.无龙骨做法：

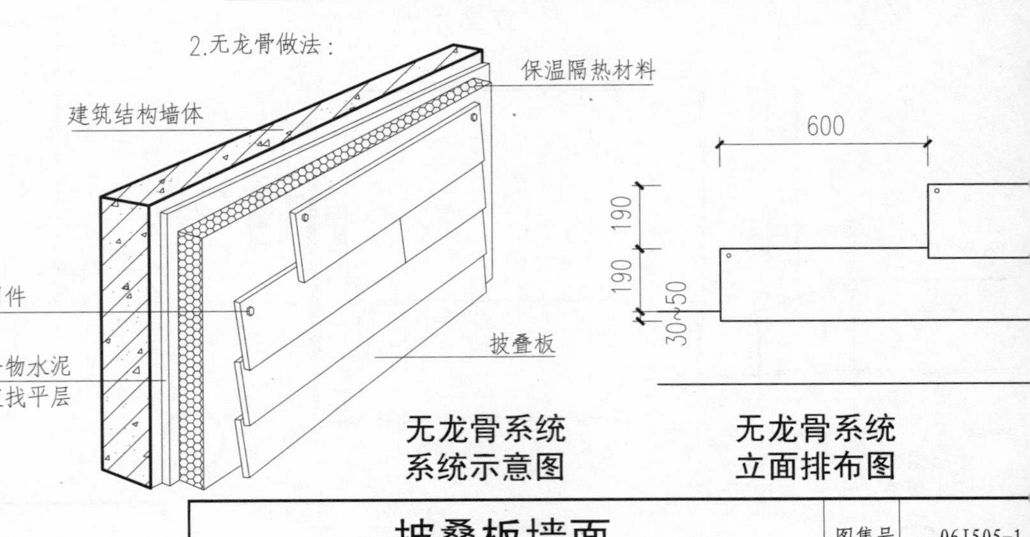

无龙骨系统系统示意图

无龙骨系统立面排布图

披叠板墙面						图集号	06J505-1
审核	彭璨云	校对	安毅	设计	赵凌	页	Q26

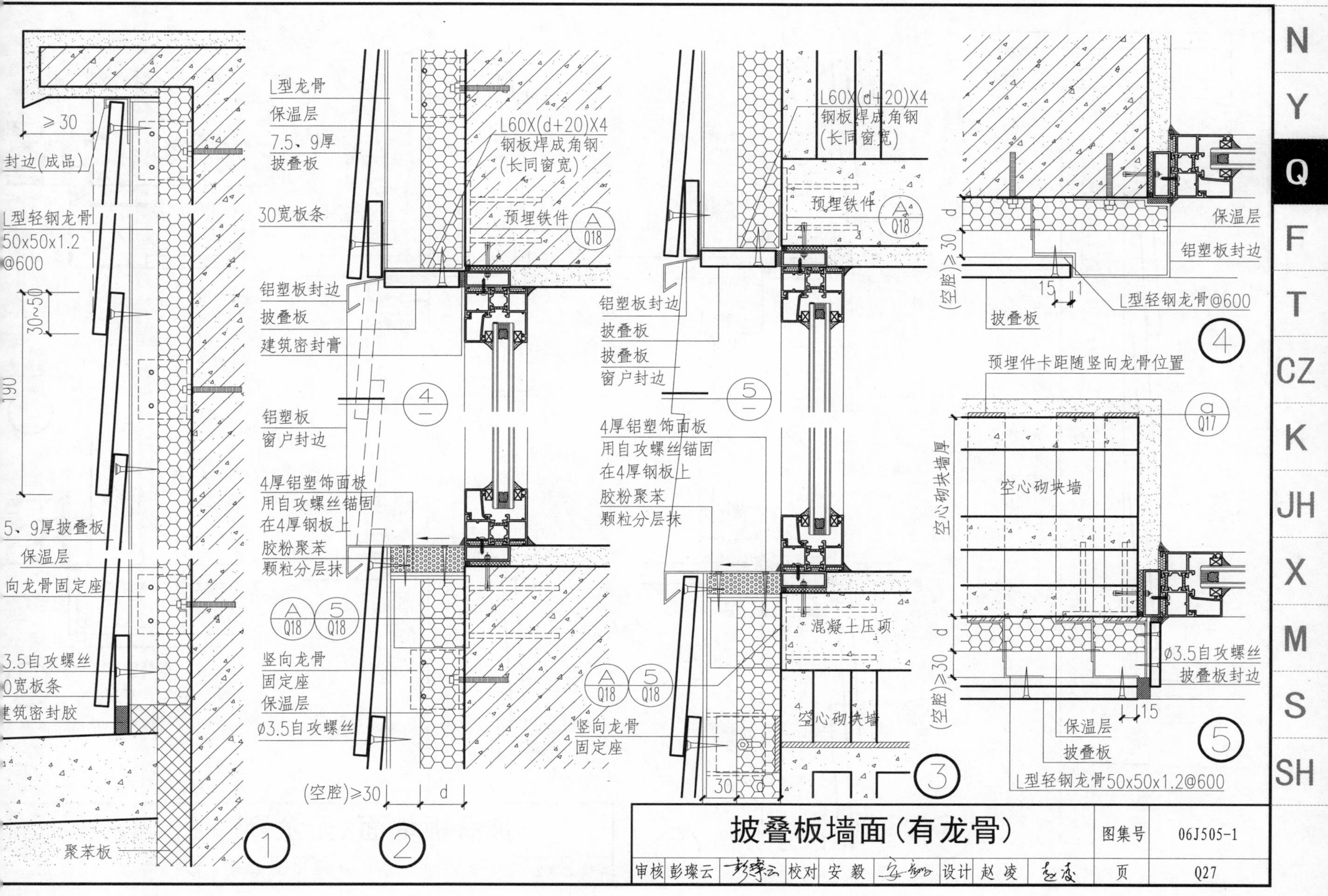

披叠板墙面(有龙骨)

图集号	06J505-1
审核 彭璨云 校对 安毅 设计 赵凌	页 Q27

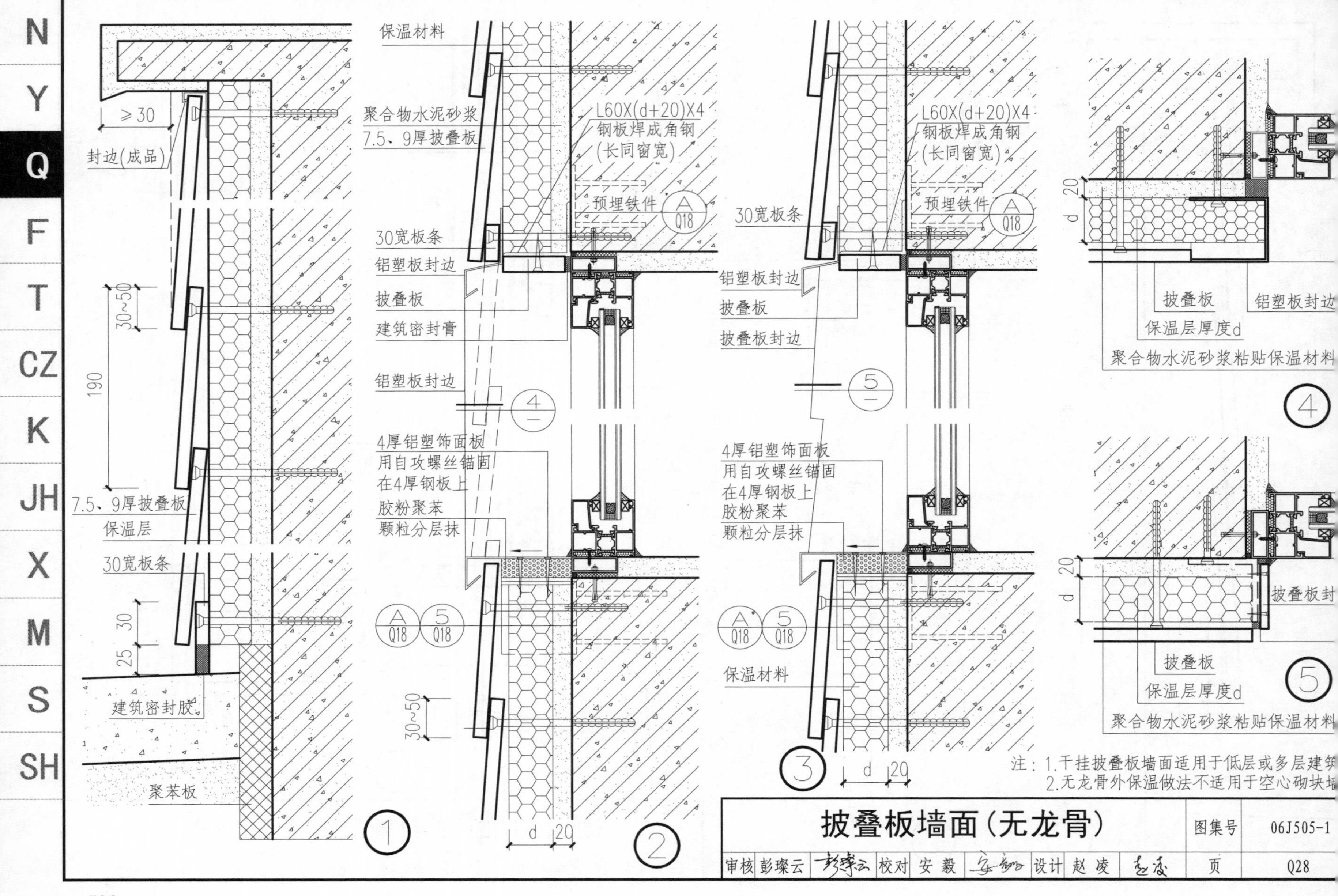

披叠板墙面(无龙骨)							图集号	06J505-1
审核	彭璨云	彭璨云	校对	安 毅	安毅	设计 赵 凌	赵凌	页 Q28

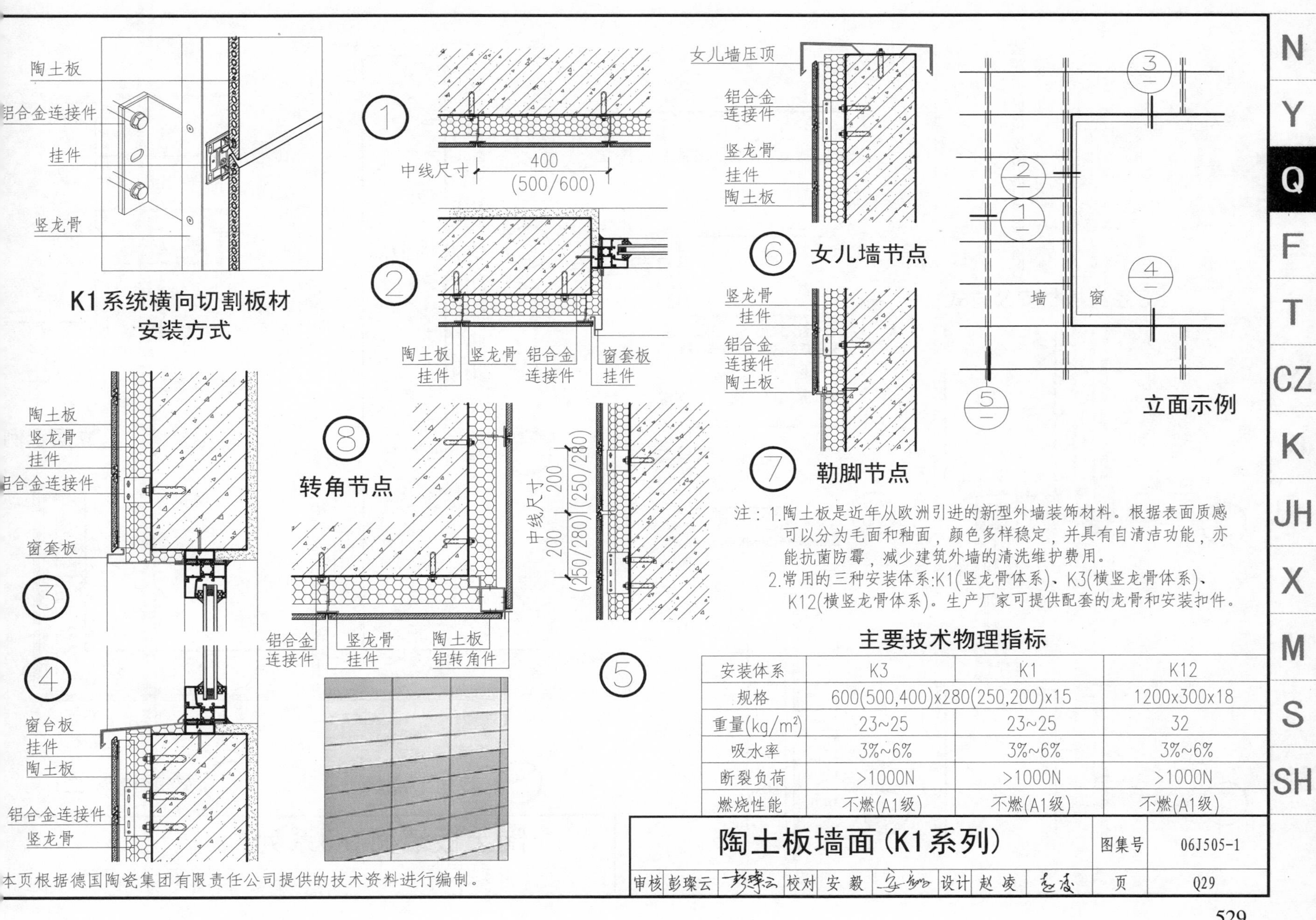

注：1.陶土板是近年从欧洲引进的新型外墙装饰材料。根据表面质感可以分为毛面和釉面，颜色多样稳定，并具有自清洁功能，亦能抗菌防霉，减少建筑外墙的清洗维护费用。

2.常用的三种安装体系:K1(竖龙骨体系)、K3(横竖龙骨体系)、K12(横竖龙骨体系)。生产厂家可提供配套的龙骨和安装扣件。

主要技术物理指标

安装体系	K3	K1	K12
规格	600(500,400)x280(250,200)x15		1200x300x18
重量(kg/m²)	23~25	23~25	32
吸水率	3%~6%	3%~6%	3%~6%
断裂负荷	>1000N	>1000N	>1000N
燃烧性能	不燃(A1级)	不燃(A1级)	不燃(A1级)

陶土板墙面(K1系列)

图集号	06J505-1
页	Q29

审核 彭瑧云 校对 安 毅 设计 赵 凌

本页根据德国陶瓷集团有限责任公司提供的技术资料进行编制。

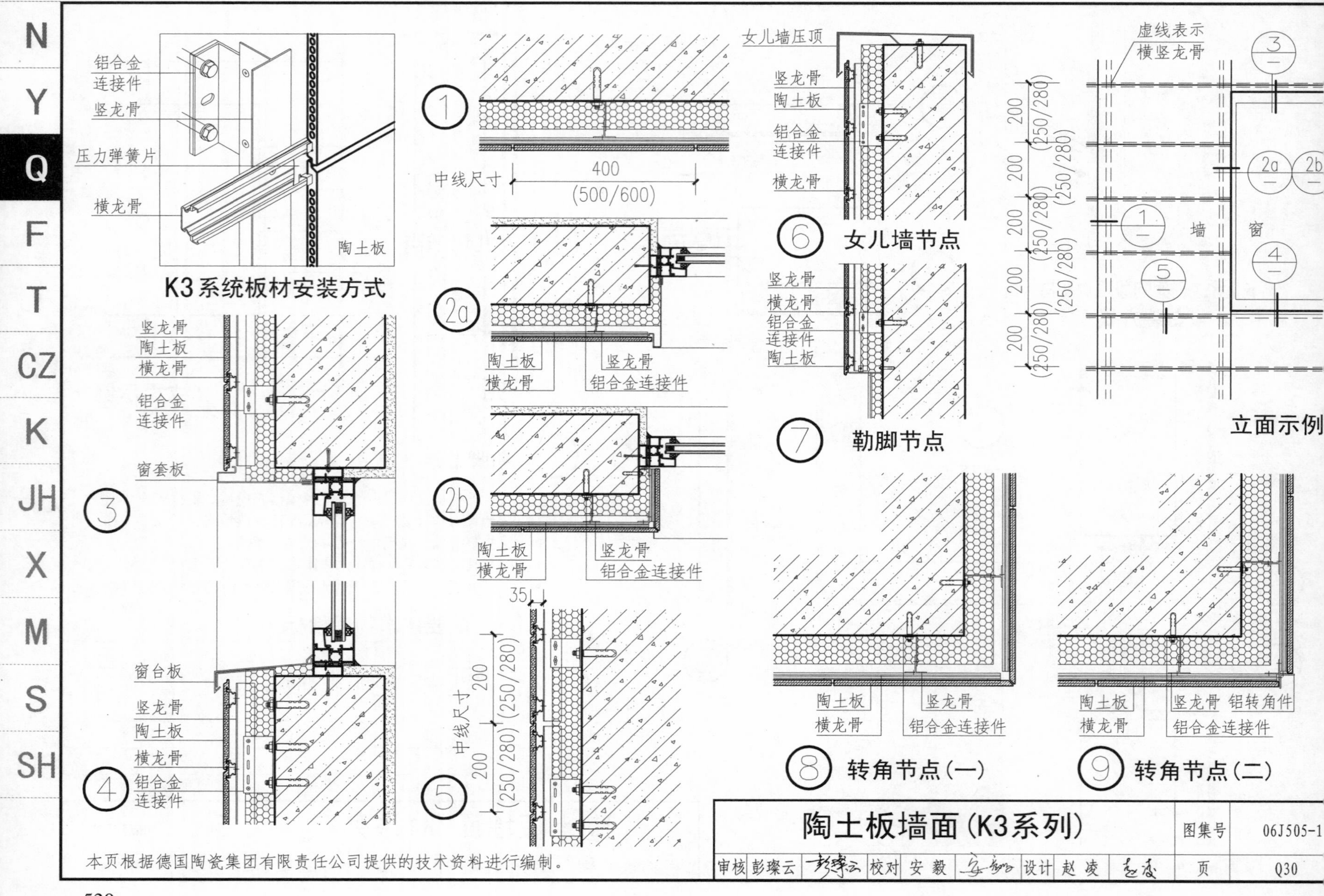

本页根据德国陶瓷集团有限责任公司提供的技术资料进行编制。

陶土板墙面(K3系列)							图集号	06J505-1
审核	彭璨云	彭璨云	校对	安 毅	安毅	设计 赵 凌 赵凌	页	Q30

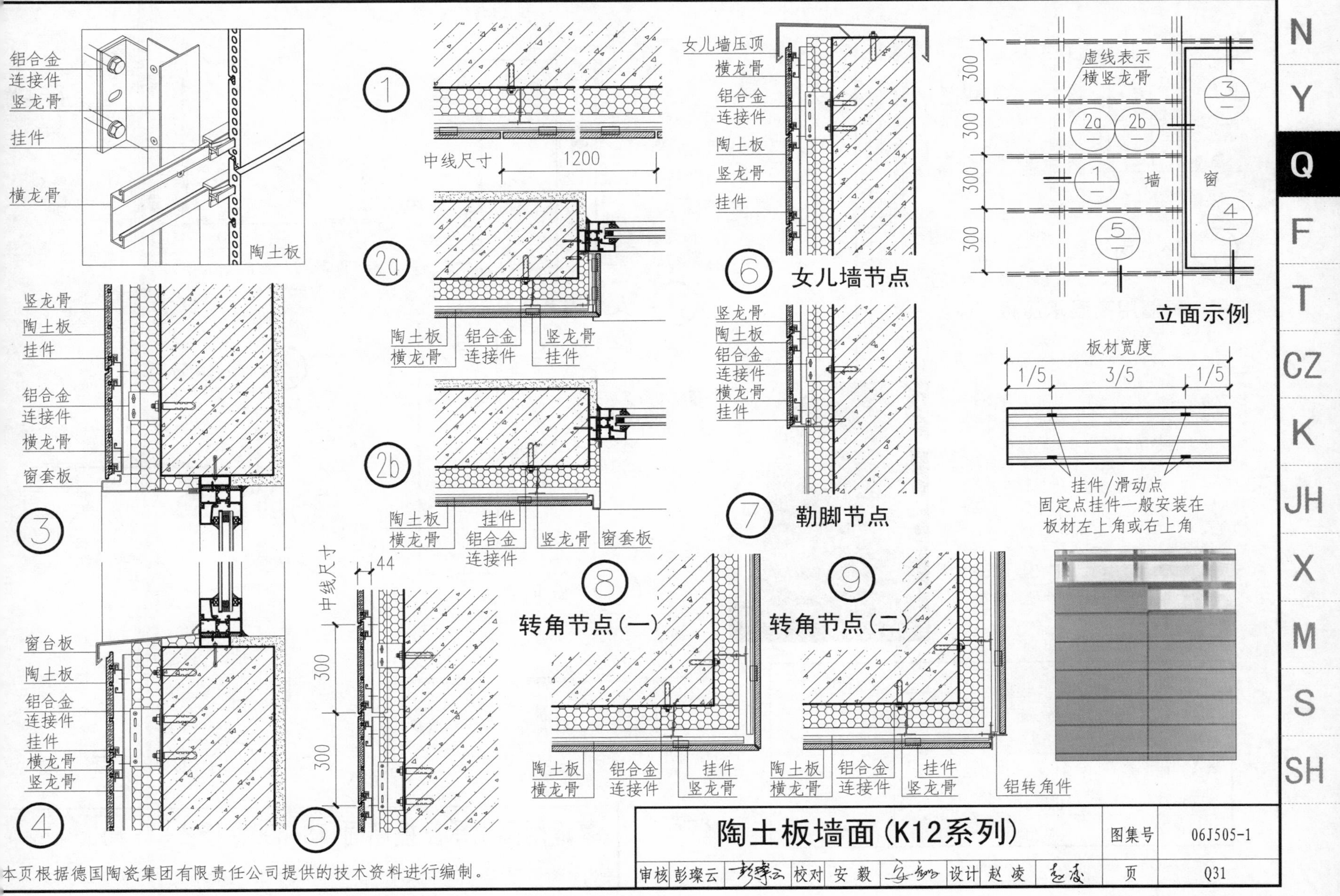

本页根据德国陶瓷集团有限责任公司提供的技术资料进行编制。

陶土板墙面(K12系列)	图集号	06J505-1
审核 彭璨云 校对 安毅 设计 赵凌	页	Q31

N Y Q F T CZ K JH X M S SH

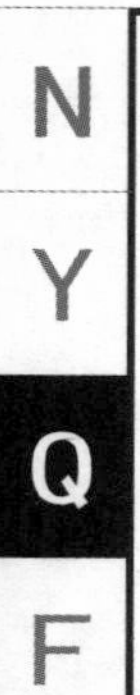

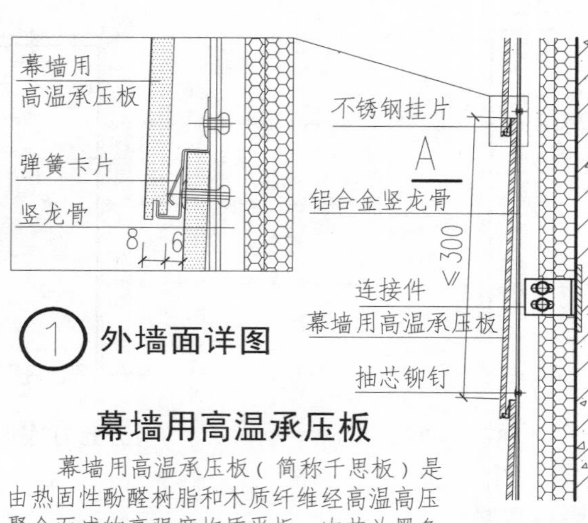

幕墙用
高温承压板
弹簧卡片
竖龙骨
8
6

① 外墙面详图

不锈钢挂片
A
A
铝合金竖龙骨
≤300
连接件
幕墙用高温承压板
抽芯铆钉

角铝
铝压顶
抽芯铆钉
抽芯铆钉
铝板折弯
保温层
不锈钢螺栓
连接件
铝合金竖向龙骨
幕墙用高温承压板
抽芯铆钉
不锈钢挂片

② 女儿墙节点

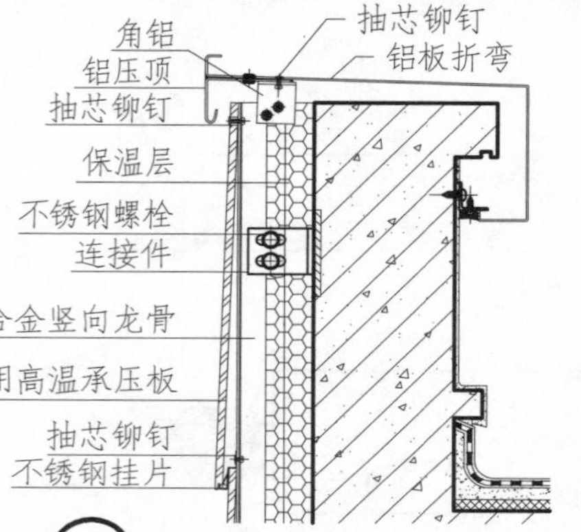

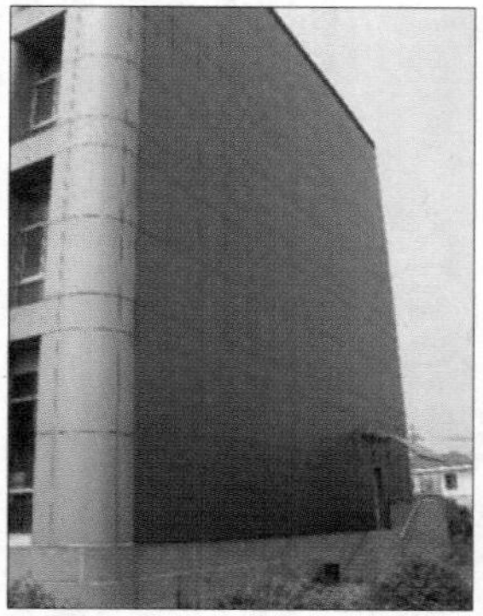

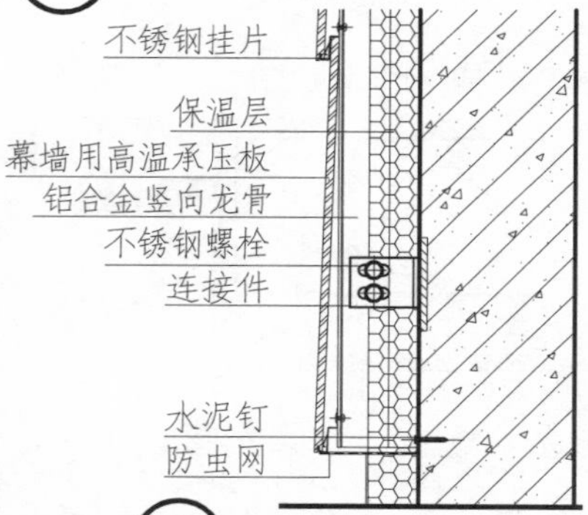

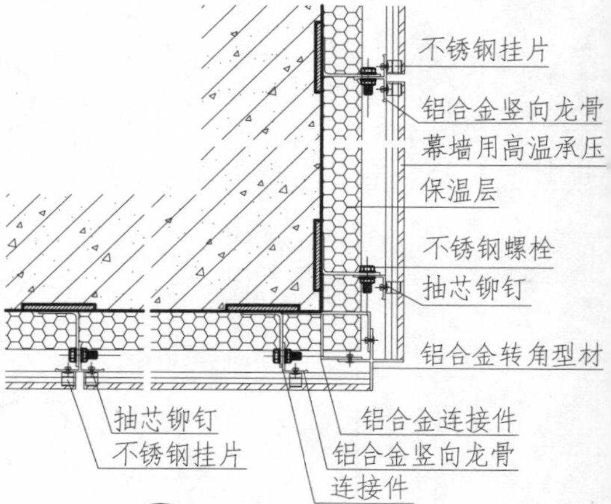

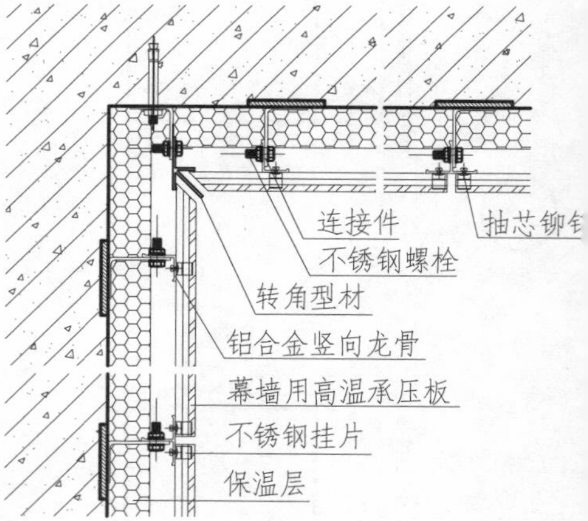

不锈钢挂片
铝合金竖向龙骨
幕墙用高温承压
保温层
不锈钢螺栓
抽芯铆钉
铝合金转角型材
抽芯铆钉
不锈钢挂片
铝合金连接件
铝合金竖向龙骨
连接件

④ 阳角节点

幕墙用高温承压板

幕墙用高温承压板（简称千思板）是由热固性酚醛树脂和木质纤维经高温高压聚合而成的高强度均质平板，内芯为黑色，板表面是经电子束处理一体化着色覆盖的丙烯聚氨树脂，具有良好的表面耐受性与耐候性，并易清洗。板表面除做成各种自然色外还可以加工成金属色、带自然纹理，色彩鲜艳。用于外墙的千思板标准规格为1860x1550，厚度有6、8、10、13四种。角部可以用角型材300x300x3650。千思板装饰外墙为幕墙系统开放式体系，而不采用密封胶封闭，板面后部有上下贯通的空气腔，保证面板正反两面成等压状态，以减少雨水渗入。

不锈钢挂片
保温层
幕墙用高温承压板
铝合金竖向龙骨
不锈钢螺栓
连接件
水泥钉
防虫网

③ 勒脚节点

连接件
抽芯铆钉
不锈钢螺栓
转角型材
铝合金竖向龙骨
幕墙用高温承压板
不锈钢挂片
保温层

⑤ 阴角节点

主要技术物理指标

项目	性能	项目	性能
密度	1400kg/m³	耐冷热循环	无变化
极限尺寸变化率	0.25%	抗静电性能	10^9~$10^{12}\Omega$
燃烧性能	B1级	甲醛释放量	0.12mg/m³
抗弯强度	140MPa	抗色变能力（在氙弧灯光下3000h）	无变化
抗拉强度	110MPa		

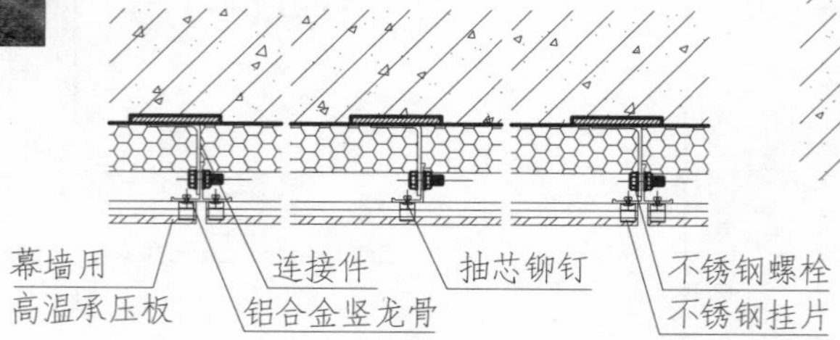

幕墙用
高温承压板
连接件
铝合金竖龙骨
抽芯铆钉
不锈钢螺栓
不锈钢挂片

A-A

本页根据特莱仕（上海）千思板制造公司提供的技术资料进行编制。

幕墙用高温承压板墙面（TS-600叠挂式）								图集号	06J505-1
审核	彭璨云	彭璨云	校对	安毅	安毅	设计	赵凌	页	Q32

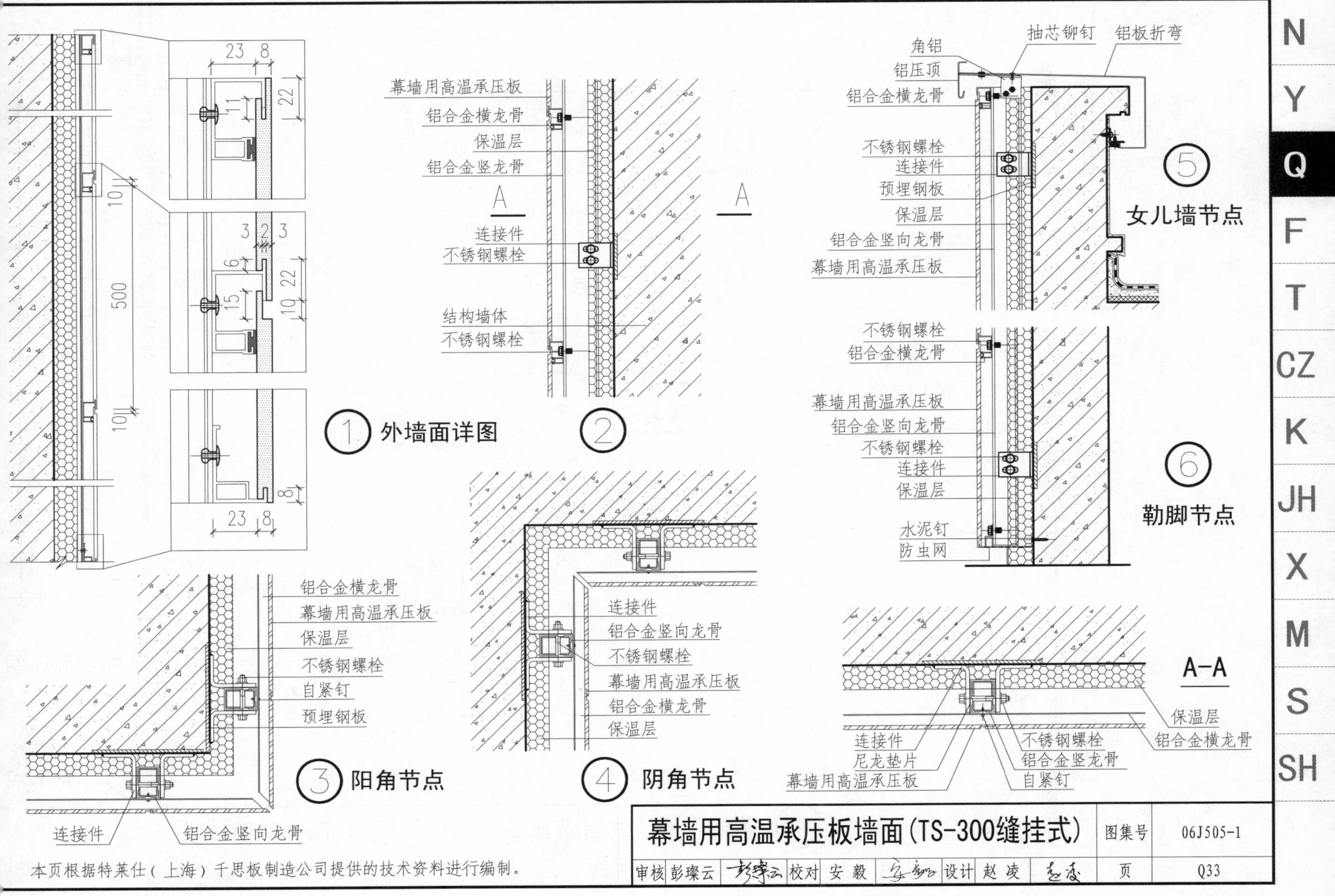

本页根据特莱仕（上海）千思板制造公司提供的技术资料进行编制。

幕墙用高温承压板墙面(TS-300缝挂式)	图集号	06J505-1
审核 彭璨云 校对 安毅 设计 赵凌	页	Q33

N
Y
Q
F
T
CZ
K
JH
X
M
S
SH

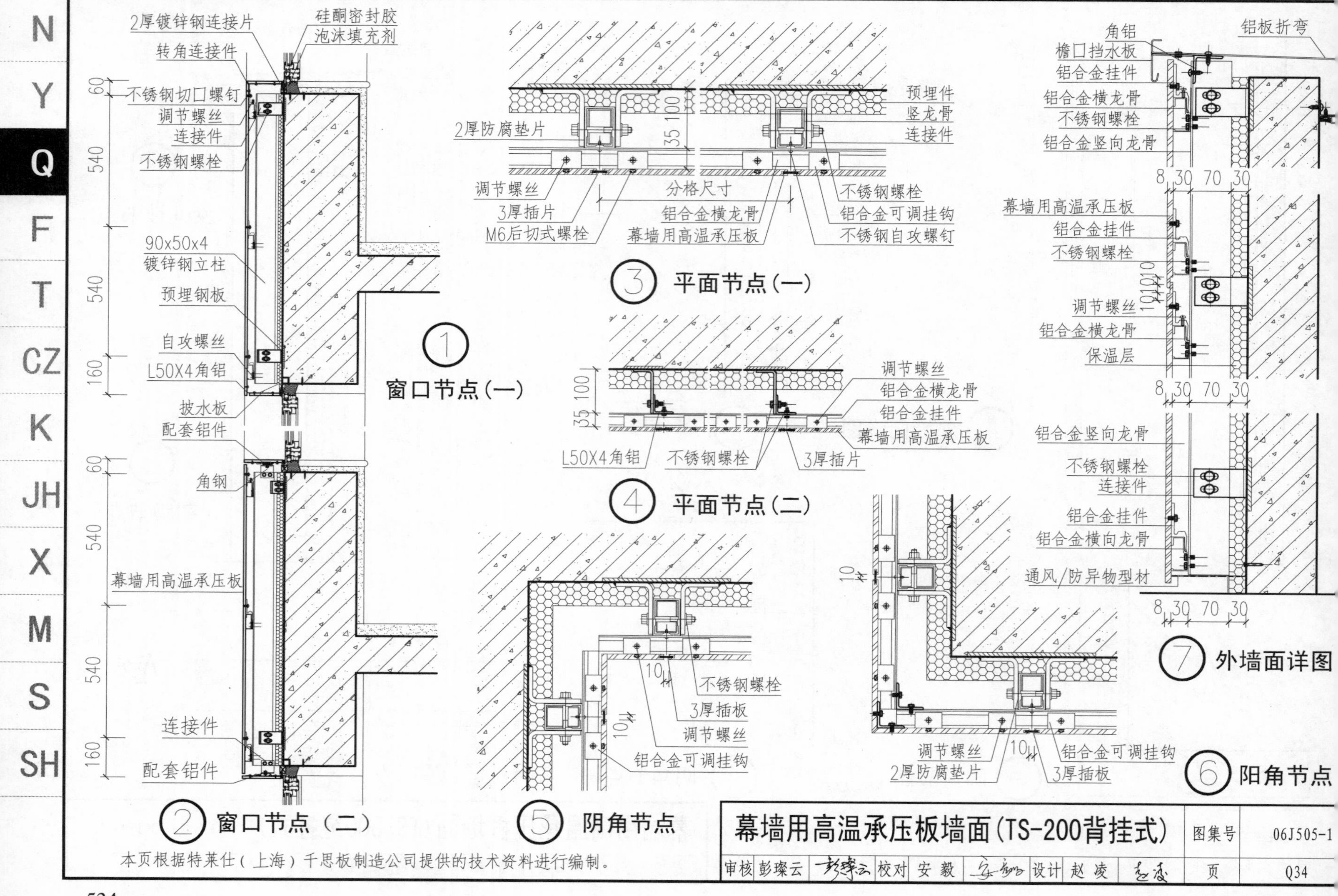

本页根据特莱仕（上海）千思板制造公司提供的技术资料进行编制。

幕墙用高温承压板墙面(TS-200背挂式)	图集号	06J505-1
审核 彭璨云 校对 安毅 设计 赵凌	页	Q34

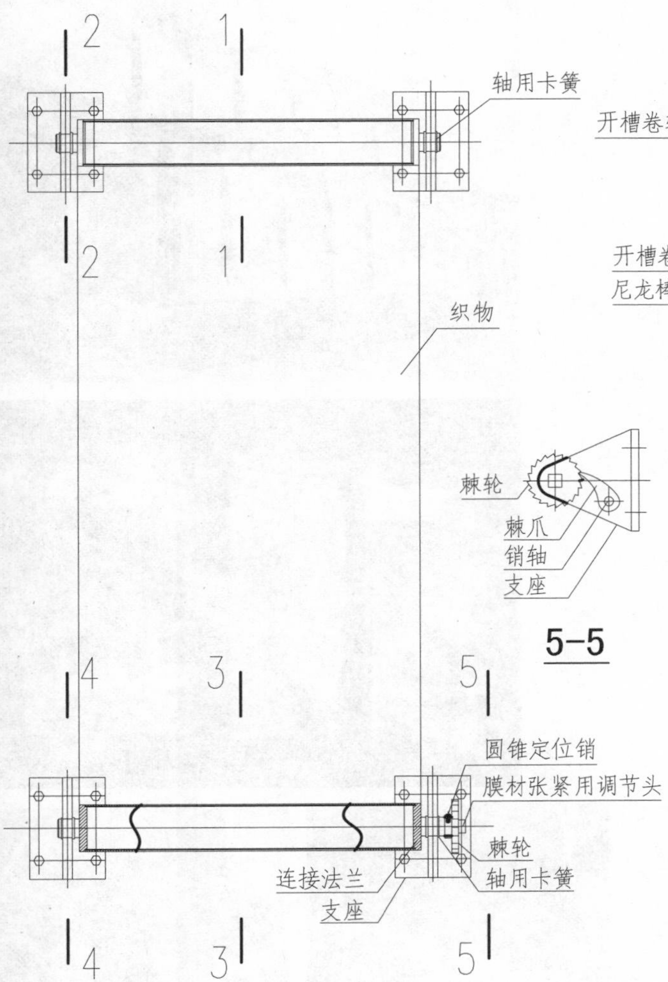

尼龙棒
轴用卡簧
开槽卷轴
织物
定位键
支座
1-1
2-2
开槽卷轴
尼龙棒
织物
织物
支座
3-3
4-4
棘轮
棘爪
销轴
支座
5-5
圆锥定位销
膜材张紧用调节头
棘轮
轴用卡簧
连接法兰
支座

立面示例

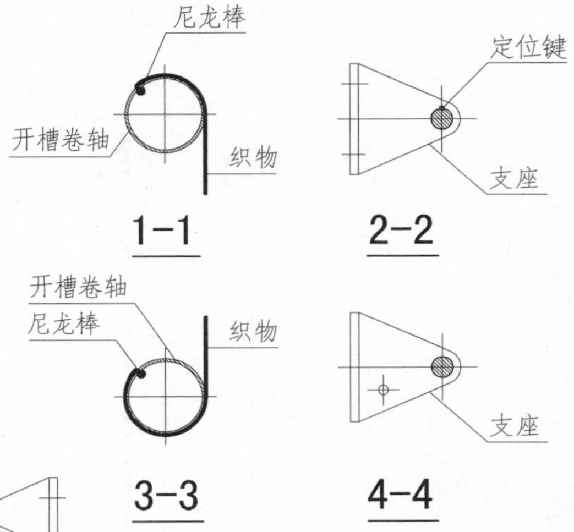

织物幕墙

织物幕墙采用stamisol FT371柔性立面材料，该材料是带有涂层的高强度聚酯纤维织物，运用独特的技术使材料经纬向都具有稳定性，并具有通透性和寿命长（10年）的特点，作为建筑立面设计可用于新建、改建、扩建工程。该织物冬天可起到保温屏蔽作用，夏天可起到遮阳节能作用，且从里向外可确保较高的通透度。在立面设计上可使用标准尺寸或特制的模块灵活组合，可以适应各种特殊形状的立面（包括曲线和弧度），还可以在织物立面上使用数位印刷和丝网印刷，使建筑变成巨幅宣传媒体，或选择与环境相容的设计。其燃烧性能为M1/B1级。极限温度-30~70°C。织物幕墙作为一种新型的外装修手段已在国内开始运用。

FT371 主要技术物理指标

织物宽度	2700
重量	440g/m^2
抗拉强度（经向/纬向）	3000/3000N/5cm
抗撕裂强度（经向/纬向）	600N/600N
遮阳系数	18%

本页根据法拉利公司提供的技术资料进行编制。

织物幕墙							图集号	06J505-1
审核	彭璨云	彭璨云	校对	安 毅	安毅	设计 赵 凌	赵凌	页 Q35

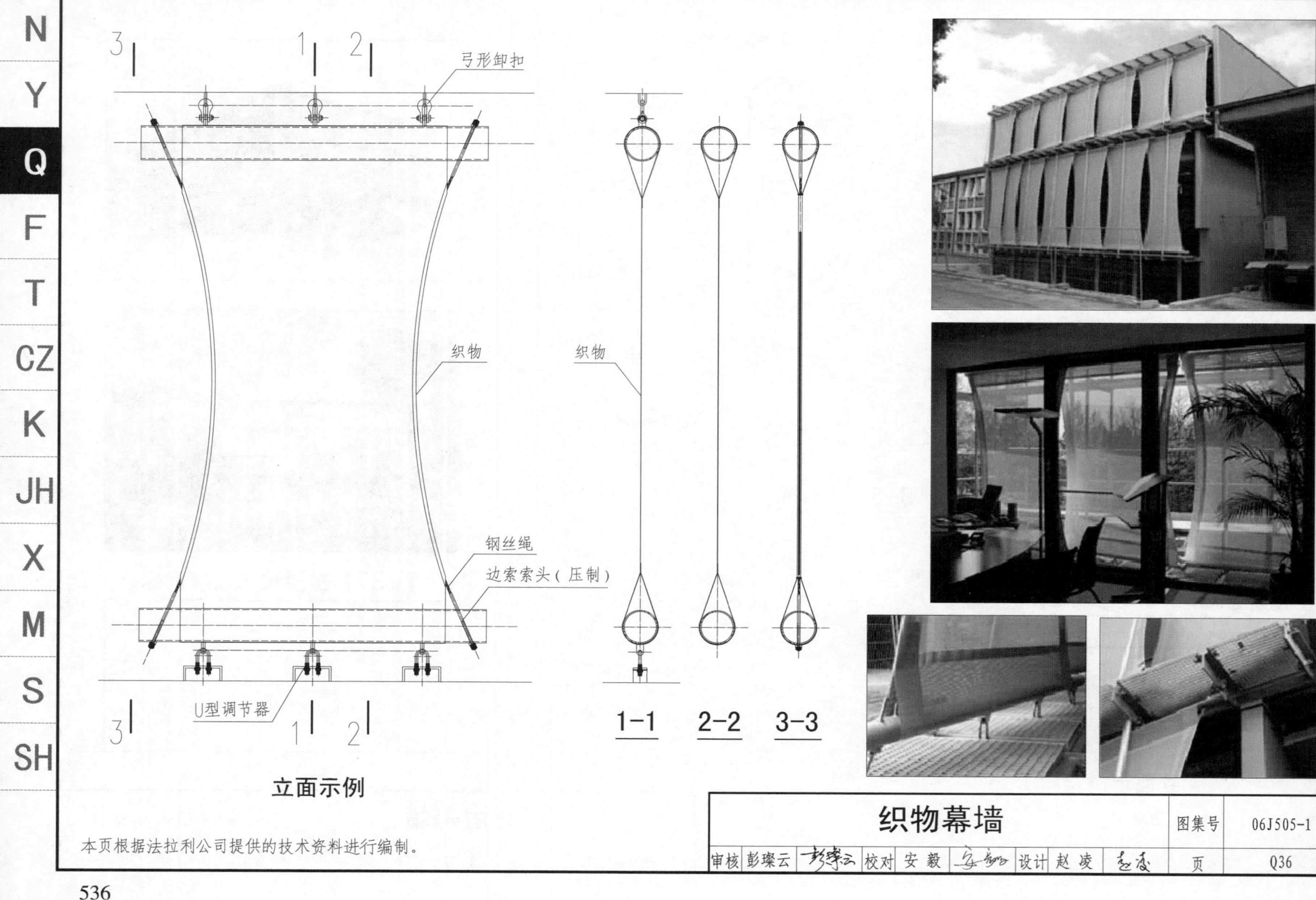

本页根据法拉利公司提供的技术资料进行编制。

织物幕墙							图集号	06J505-1
审核	彭璨云	彭璨云	校对	安毅	安毅	设计 赵凌 赵凌	页	Q36

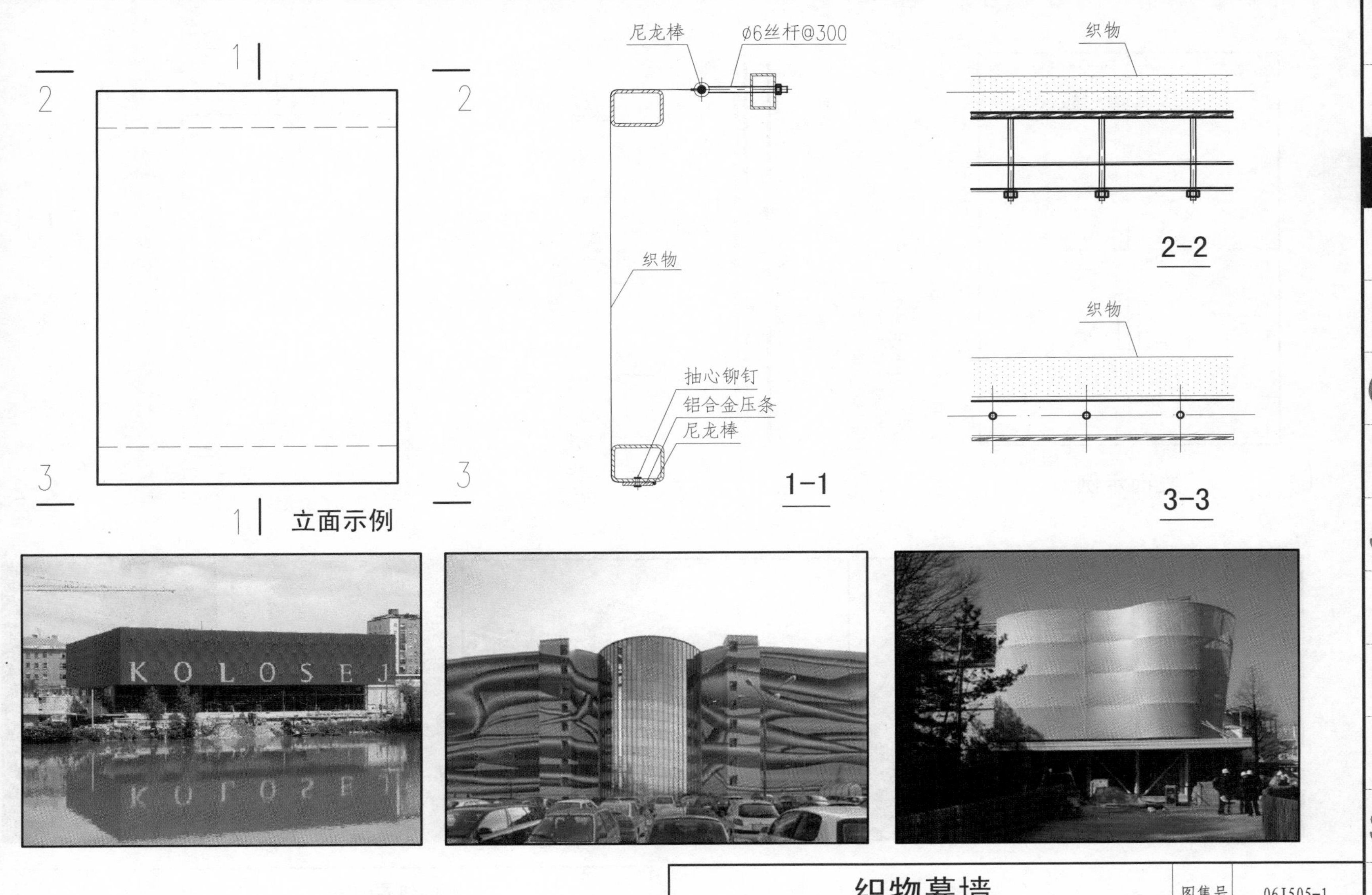

本页根据法拉利公司提供的技术资料进行编制。

织物幕墙								图集号	06J505-1
审核	彭璨云	彭璨云	校对	安毅	安毅	设计	赵凌	页	Q37

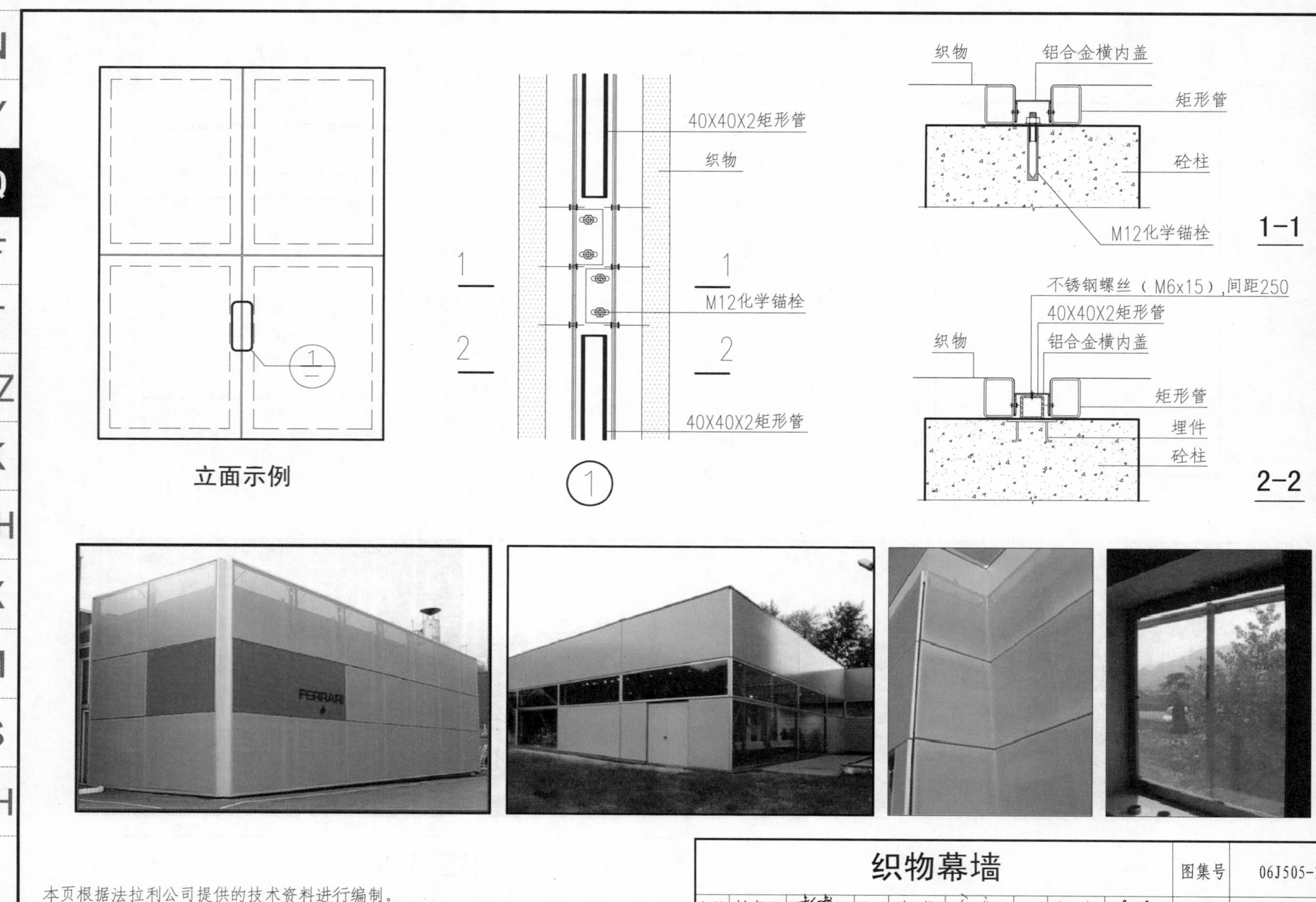

本页根据法拉利公司提供的技术资料进行编制。

织物幕墙								图集号	06J505-1
审核	彭璨云	彭璨云	校对	安 毅	安毅	设计	赵 凌	页	Q38

挂板式样	尺寸（axb）	挂板式样	尺寸（axb）
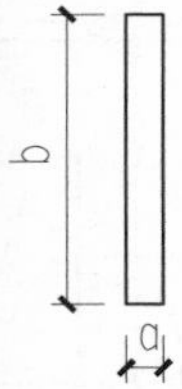 **平接板、板条芯板** 板材表面光滑,未加工过或有锯纹.看上去有乡村农场风格。用水平钉板条, 不能钉在搭接处, 只能垂直钉。	1″x2″ 1″x4″ 1″x6″ 1″x8″ 1″x10″ 1″x12″ 5/4″x6″ 5/4″x8″ 5/4″x10″ 5/4″x12″	 **企口接合板** 企口接合板有很多种。企口接合板可以产生不同的美观效果。这里给出了平面企口接合板的尺寸。钉钉时不要钉在搭接处。铺设时,即可水平铺设也可以垂直铺设。 注: 企口接合板榫的尺寸有1/4″, 3/8″, 7/15″, 对于更宽的宽度，企口板的榫需要加长。	1″x4″ 1″x6″ 1″x8″ 1″x10″
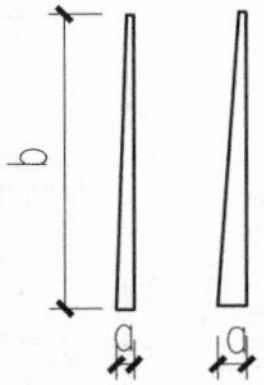 **斜挂板或BUNGALOW** 使用时可以将平整或带锯纹的表面暴露在外。这里提供了一个传统型的式样。建议搭接1″。钉钉时不要钉在搭接处。只能水平铺设。杉木斜挂板的尺寸有7/8″X10″、7/8″X12″。	1/2″x4″ 1/2″x5″ 1/2″x6″ 5/8″x8″ 5/8″x10″ 3/4″x6″ 3/4″x8″ 3/4″x10″	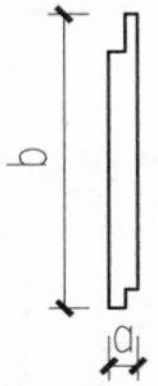 **粗饰带槽挂板** 粗饰带槽挂板有1/2″的搭接（包括约1/8″的缝隙）。安装时还有一个 1″至 5/4″的槽，这使得在不同季节潮湿变化较大时挂板能都最大限度地伸缩。表面平滑，带有锯纹。钉钉时不要钉在搭接处。铺设时,即可水平铺设也可垂直铺设。	3/4″x6″ 3/4″x8″ 3/4″x10″
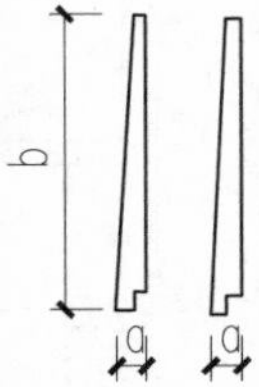 **“多列发丁”墙板** “多列发丁”墙板比斜挂板厚并且带有一个槽口。表面光滑或有锯纹。 这里给出了传统的式样。允许搭接1/2″,包括大约1/8″的间隙。钉钉时不要钉在搭接处。只能水平铺设。杉木“多列发丁”墙板的尺寸有 7/8″X10″、7/8″X12″。	3/4″x6″ 3/4″x8″ 3/4″x10″ 1″x6″ 1″x8″ 1″x10″ 1″x12″	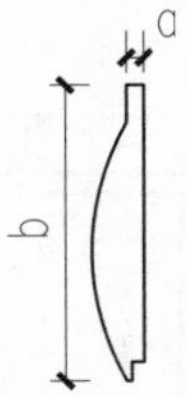 **视如原木屋的外墙披叠板** 视如原木屋的外墙披叠板最厚的地方尺寸为3/2″。完美地用在粗饰建筑上。这种板可以通过外观等级或规格等级来加工。该挂板可以搭接1/2″,包括1/8″的缝隙。不能在搭接处钉钉。铺设时，即可水平铺设也可垂直铺设。	1/2″x6″ 1/2″x8″ 1/2″x10″ 1/2″x12″
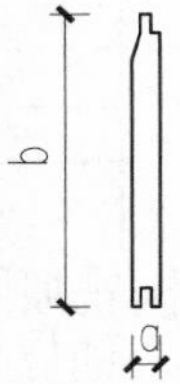 **外墙垂吊披叠板** 外墙垂吊披叠板有13种， 表面平整、未处理过、带有锯纹。有的是企口结合式（如图示），其余的是裁口接缝式。不同的式样有不同的外表。钉钉时不要钉在搭接处。只能水平铺设。	3/4″x6″ 3/4″x8″ 3/4″x10″		

注：本表所示尺寸单位为英寸，1″=25.4mm。

木挂板外墙	图集号	06J505-1
审核 彭瓈云 校对 安 毅 设计 赵 凌	页	Q39

N Y Q F T CZ K JH X M S SH

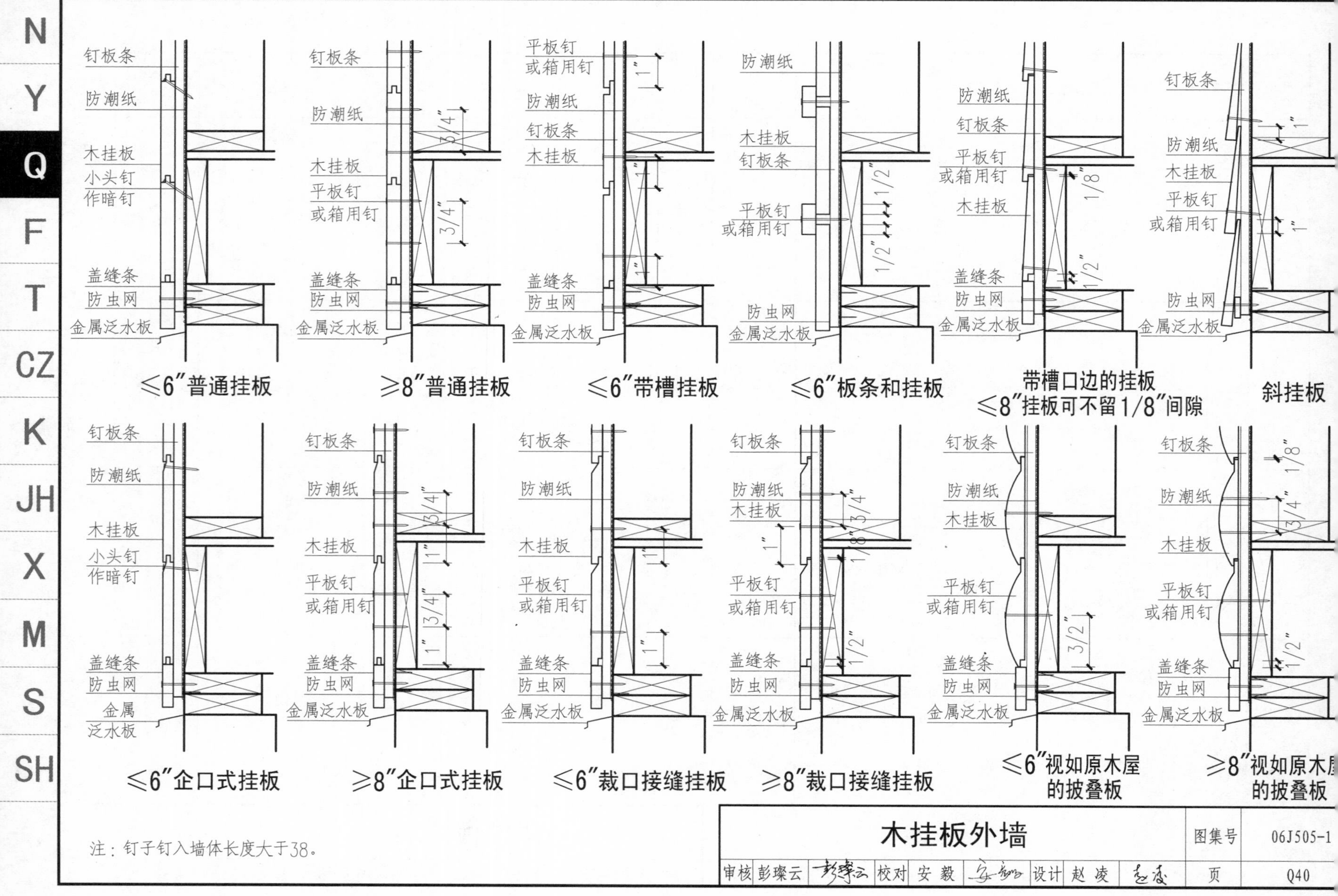

木挂板外墙							图集号	06J505-1
审核	彭璨云	彭璨云	校对	安毅	安毅	设计 赵凌	页	Q40

注：钉子钉入墙体长度大于38。

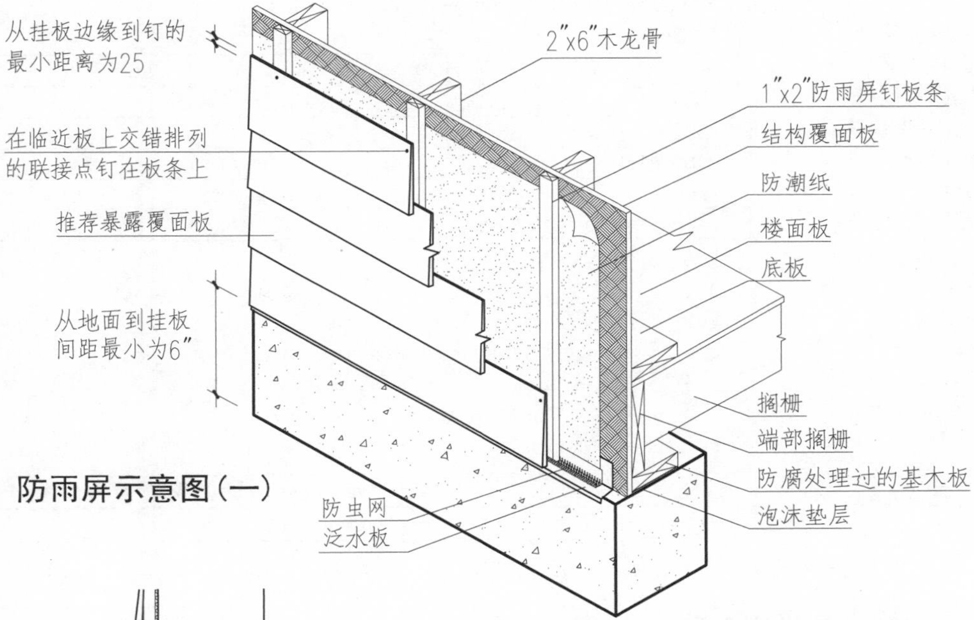

从挂板边缘到钉的
最小距离为25

2″x6″木龙骨

1″x2″防雨屏钉板条

结构覆面板

在临近板上交错排列
的联接点钉在板条上

防潮纸

推荐暴露覆面板

楼面板

底板

从地面到挂板
间距最小为6″

搁栅

端部搁栅

防腐处理过的基木板

泡沫垫层

防虫网

泛水板

防雨屏示意图(一)

水平铺设实例

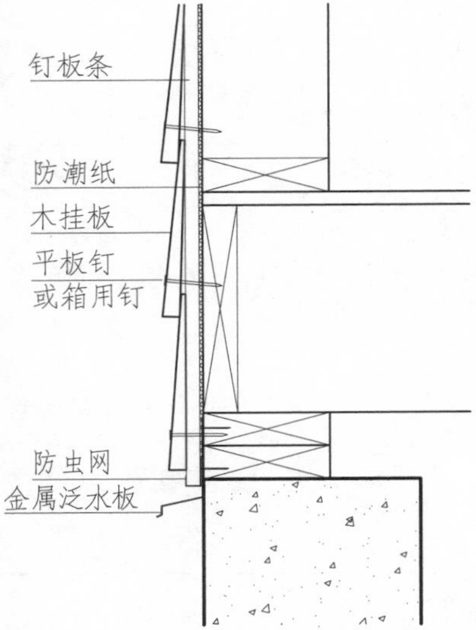

钉板条

防潮纸

木挂板

平板钉
或箱用钉

防虫网

金属泛水板

防雨屏示意图(二)

水平铺设实例

水平铺设和垂直铺设实例

木挂板外墙						图集号	06J505-1
审核	彭璨云	校对	安 毅	设计	赵 凌	页	Q41

1 U型玻璃的建筑设计

1.1 全U型玻璃作为墙体材料可用于内、外墙及屋面。墙体具有良好的透光性,背光面墙面产生漫放射光感、光线柔和；双排安装时还有较好的隔声与隔热效果，并可以重复利用，是一种节能环保的新型材料。

1.2 外墙一般用于多层建筑，玻璃的高度取决于风荷载、玻璃距地高度及玻璃连接方式等。F2页中提供了德国工业标准1055"DIN-1249"、"DIN-18056"有关数据，供多层建筑和高层建筑进行设计选用。

1.3 U型玻璃墙长度大于6000，高度超过4500时，应核算墙身的稳定，采取相应措施。具体做法另详见工程设计。

1.4 U型玻璃属不燃烧材料，如有特殊要求时应按有关规范进行设计。

1.5 U型玻璃按造型及建筑使用功能分别采取八种组合方式,见下表。U型玻璃可单排或双排安装；根据建筑设计的需要，可以垂直安装、水平或坡向安装；安装时留通风缝或无通风缝均可。本图集仅提供了常用的单排翼朝外（或内）和双排翼在接缝处成对排列两种组合方式，若采用其他组合方式时应注明。

1.6 U型玻璃按表面处理方式不同，有普通压花玻璃、钢化玻璃、贴膜玻璃、彩色玻璃等，设计选用时除普通压花玻璃外，选用其余玻璃应予注明。

1.7 U型玻璃用于湿度较大的房间且室内外温差较大时，应处理好玻璃表面露水的排泄及下滴问题。

1.8 用于外墙的U型玻璃，玻璃墙的长度根据个体设计，但应满足下框料随着结构的变形绝对值不能够超过15，否则应考虑中间增加固定措施或与厂家协商配合施工。

1	单排 翼朝外（或内）	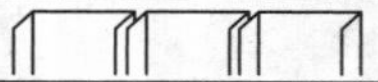
2	单排 楔形结构，相互咬合	
3	单排 楔形结构，相互贴合	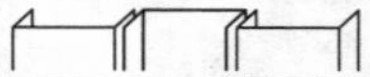
4	双排 翼在接缝处成对排列	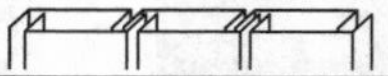
5	双排 翼错开排列	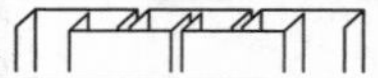
6	双排 锯齿状排列	
7	双排 墙面略带弯曲	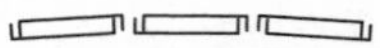
8	双排 翼对翼	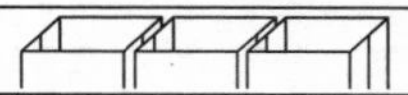

本页根据昆明云华玻璃厂提供的技术资料进行编制。

2 U型玻璃的主要物理、力学性能：

2.1 规格尺寸

产品编号	厚度	底宽	翼高	重量	出厂最大长度
SQ1	6mm	260mm	41mm	19 kg/m²	6m
SQ2	6mm	330mm	41mm	18.18 kg/m²	5m
SQ3	6mm	500mm	41mm	16.74 kg/m²	4m
SQ4	7mm	260mm	60mm	24.61 kg/m²	7m
SQ5	7mm	330mm	60mm	23.12 kg/m²	6m

2.2 机械强度

2.2.1 抗压强度: 700~900N/mm² 抗拉强度: 30~50N/mm²;

2.2.2 莫氏硬度: 6 ~ 7;

2.2.3 弹性模量 :60000~70000N/mm² ;

2.2.4 线膨胀系数:（温度每升高1℃）$75\sim85\times10^{-7}$;

2.2.5 化学稳定性: 0.18mg;

2.2.6 抗弯强度:

U型截面的位置	底面宽度 (mm)	抗弯强度 (N/mm²)
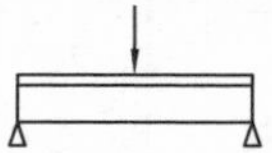	500	17.7
	330	23.2
	260	29.5
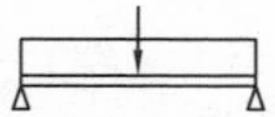	500	26.6
	330	32.9
	260	38.0

2.3 透光率: 当表面有小花纹单排安装时为89%，双排安装时为81%。

2.4 传热系数: 单排安装时为4.95W/m²·K,
双排安装时为2.3W/m²·K(SQ1)、2.4 W/m·(SQ4)。

2.5 隔声能力: 单排安装时为27dB(分贝)，双排安装时为40dB(分贝

2.6 耐火极限: U型玻璃的耐火极限为0.75h。

3 U型玻璃框口的安装：

3.1 用膨胀螺栓将边框料固定在建筑洞口中；或用螺栓、铆钉和已有力钢框架锚固。边框可用直角或斜角连接。边框每侧应至少有3个固定点。上下框料每隔400~600应有1个固定点;螺栓或铆钉的大小、型号由厂家按照具体工程的实际情况计算确定。

3.2 保证上下框口尺寸条件下，U型玻璃可采用型钢构造组成框口安装

U型玻璃外墙使用说明						图集号	06J505-1
审核	彭瓈云	校对	魏 红	设计	邹华明	页	F1

型材玻璃安装高度表(用于垂直安装的型材建筑玻璃有关参数)

敞开式楼房的型材玻璃安装长度	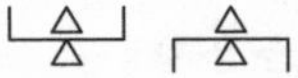			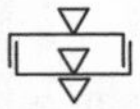						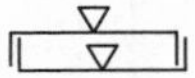		
玻璃上椽距地面高度(m)	0-8	8-20	20-100	0-8	8-20	20-100	0-8	8-20	20-100	0-8	8-20	20-100
风载荷 (kN/m²)	0.75	1.2	1.65	0.75	1.2	1.65	0.85	1.36	1.87	0.85	1.36	1.87
玻璃长度(m): P23 A	2.60	2.10	1.75	3.75	2.95	2.50	2.45	1.95	1.65	3.50	2.75	2.35
P26 C	2.50	1.95	1.78	3.50	2.80	2.35	2.35	1.85	1.60	3.30	2.65	2.20
P33 E	2.20	1.75	1.50	3.15	2.50	2.15	2.10	1.65	1.45	2.95	2.35	2.00
P50 G	1.85	1.45	1.25	2.60	2.10	1.75	1.75	1.35	1.15	2.45	1.95	1.65
P70 *	1.60	1.25	1.00	2.25	1.75	1.50	1.50	1.15	1.00	2.10	1.65	1.40
P23/60/7 B	4.20	3.30	2.80	5.95	4.65	3.95	3.95	3.10	2.65	5.55	4.40	3.70
P26/60/7 D	3.95	3.10	2.65	5.60	4.40	3.80	3.70	2.90	2.50	5.25	4.15	3.55

封闭式楼房的型材玻璃安装长度	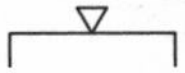						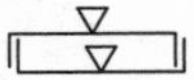		
玻璃上椽距地面高度(m)	0-8	8-20	20-100	0-8	8-20	20-100	0-8	8-20	20-100
风载荷 (kN/m²)	0.5	0.8	1.1	0.5	0.8	1.1	0.5	0.8	1.1
玻璃长度(m): P23 A	3.25	2.55	2.20	4.35	3.45	2.95	4.60	3.65	3.10
P26 C	3.05	2.40	2.05	4.10	3.25	2.75	4.35	3.45	2.90
P33 E	2.75	2.20	1.85	3.70	2.95	2.50	3.90	3.10	2.65
P50 G	2.30	1.80	1.55	3.05	2.40	2.00	3.25	2.55	2.15
P70 *	1.95	1.55	1.30	1.95	1.55	1.30	2.75	2.15	1.85
P23/60/7 B	5.15	4.05	3.45	6.65	5.45	4.65	7.00	5.75	4.90
P26/60/7 D	4.85	3.85	3.25	6.55	5.15	4.40	6.90	5.45	4.65

注:1. 本表是根据德国工业标准1055在符合标准风力情况下制定的。本表列出各类型玻璃所适合于封闭式、露天式建筑物的最大高度，分别为0～8m，8～20m和20～100m。

2. 本表所列参数不适应于塔形建筑或无抗风力建筑物的安装，也不适用于边角处或超常负重情况下的安装。特殊情况下的安装，需请相关厂家配合。

3. 本表中带*的数据根据德国工业标准DIN1249编制。

4. 本页根据昆明云华玻璃厂提供的技术资料编制。

U型玻璃外墙使用说明	图集号	06J505-1
审核 彭璨云 彭璨云 校对 魏红 魏红 设计 邹华明 邹华明	页	F2

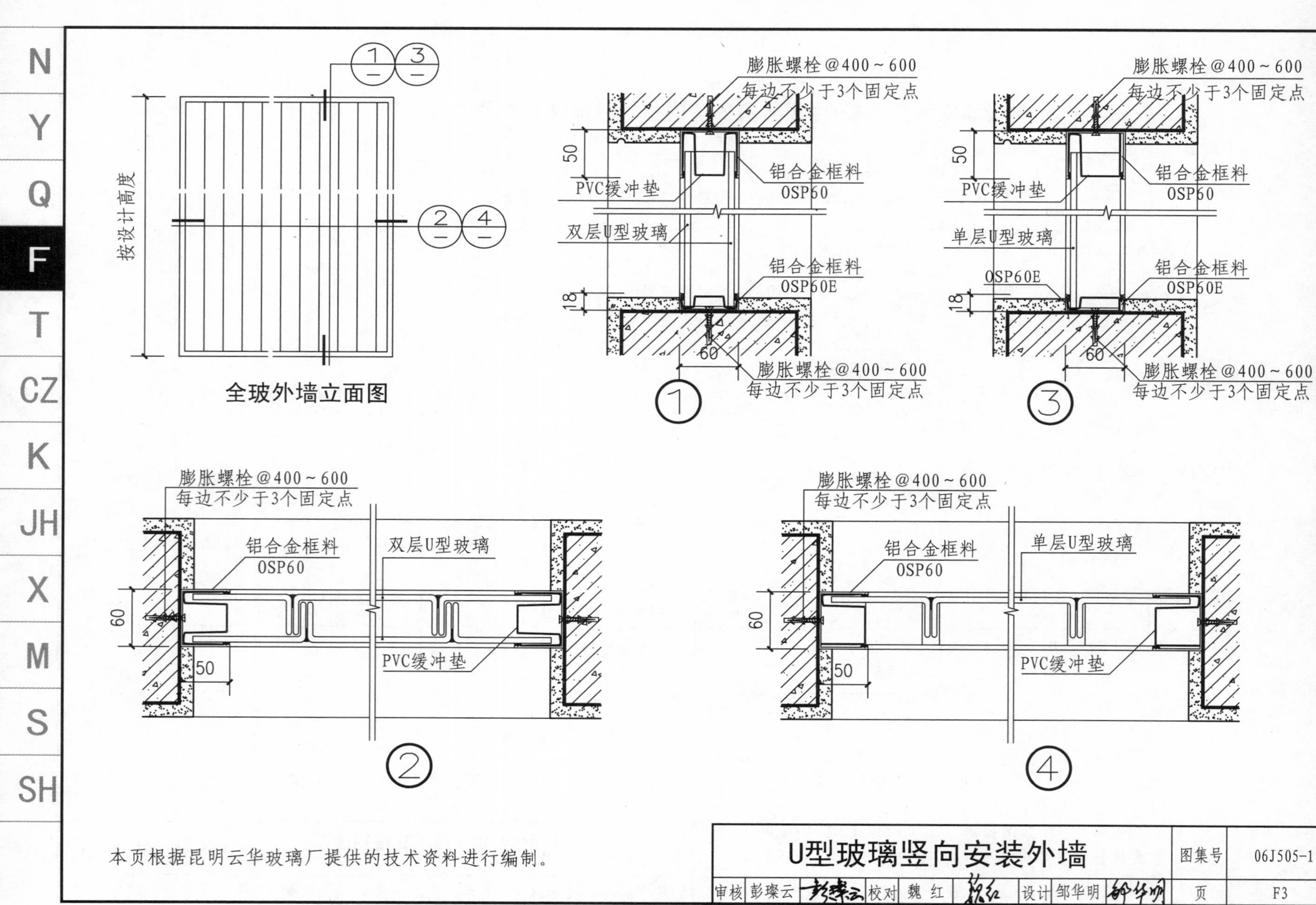

本页根据昆明云华玻璃厂提供的技术资料进行编制。

U型玻璃竖向安装外墙							图集号	06J505-1
审核	彭瑛云	彭瑛云	校对	魏 红	魏红	设计 邹华明 邹华明	页	F3

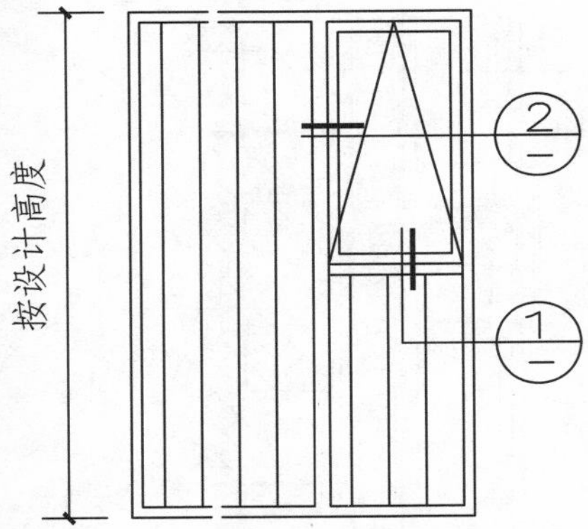

按设计高度

②/—

①/—

全玻外墙-窗立面图

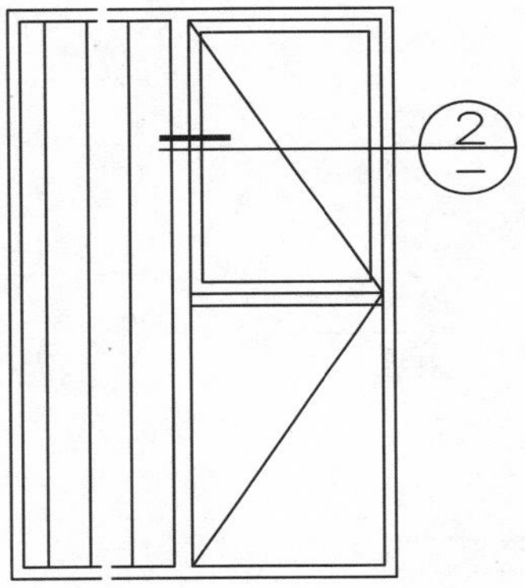

全玻外墙一门立面图

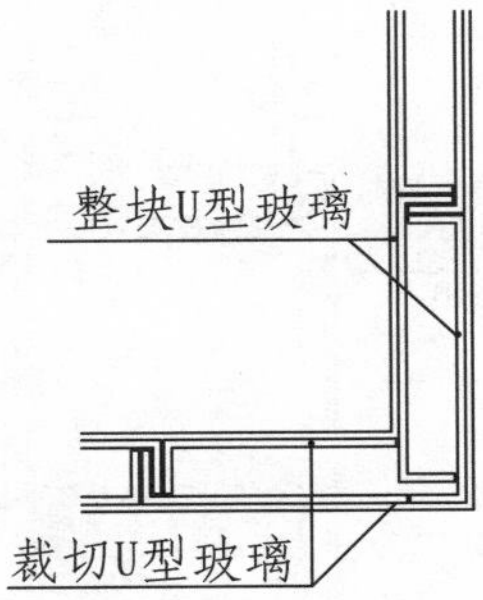

整块U型玻璃

裁切U型玻璃

Ⓐ 全玻转角

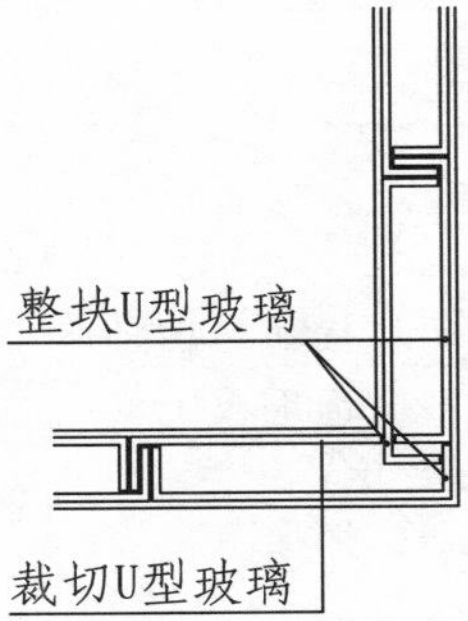

整块U型玻璃

裁切U型玻璃

Ⓑ 全玻转角

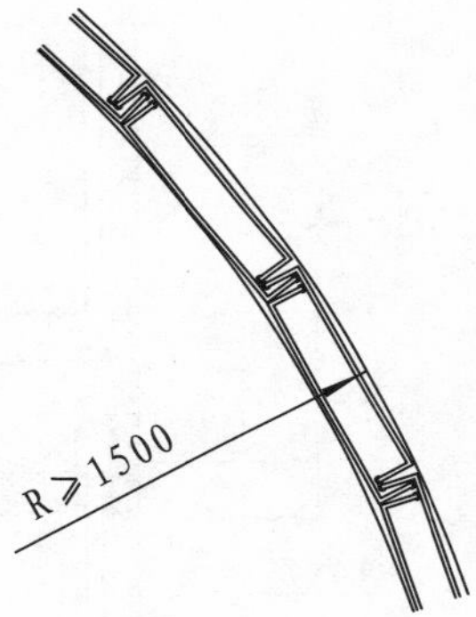

R≥1500

全玻弧形平面示意图

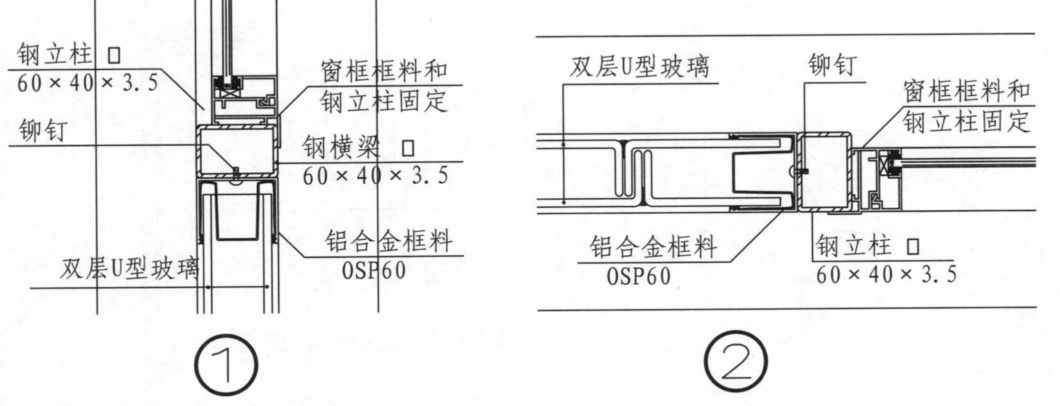

膨胀螺栓@400~600
每边不少于3个固定点

60

50

1 2 3 4 5 6 7

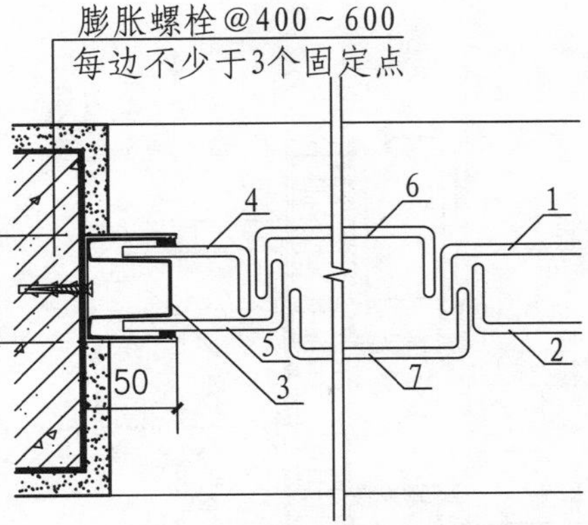

端头玻璃安装顺序

注：当和门、窗组合时，U型玻璃的框料安装应由独立的受力框口支撑。

本页根据昆明云华玻璃厂提供的技术资料进行编制。

U型玻璃竖向安装外墙						图集号	06J505-1
审核	彭瓈云	校对	魏 红	设计	邹华明	页	F4

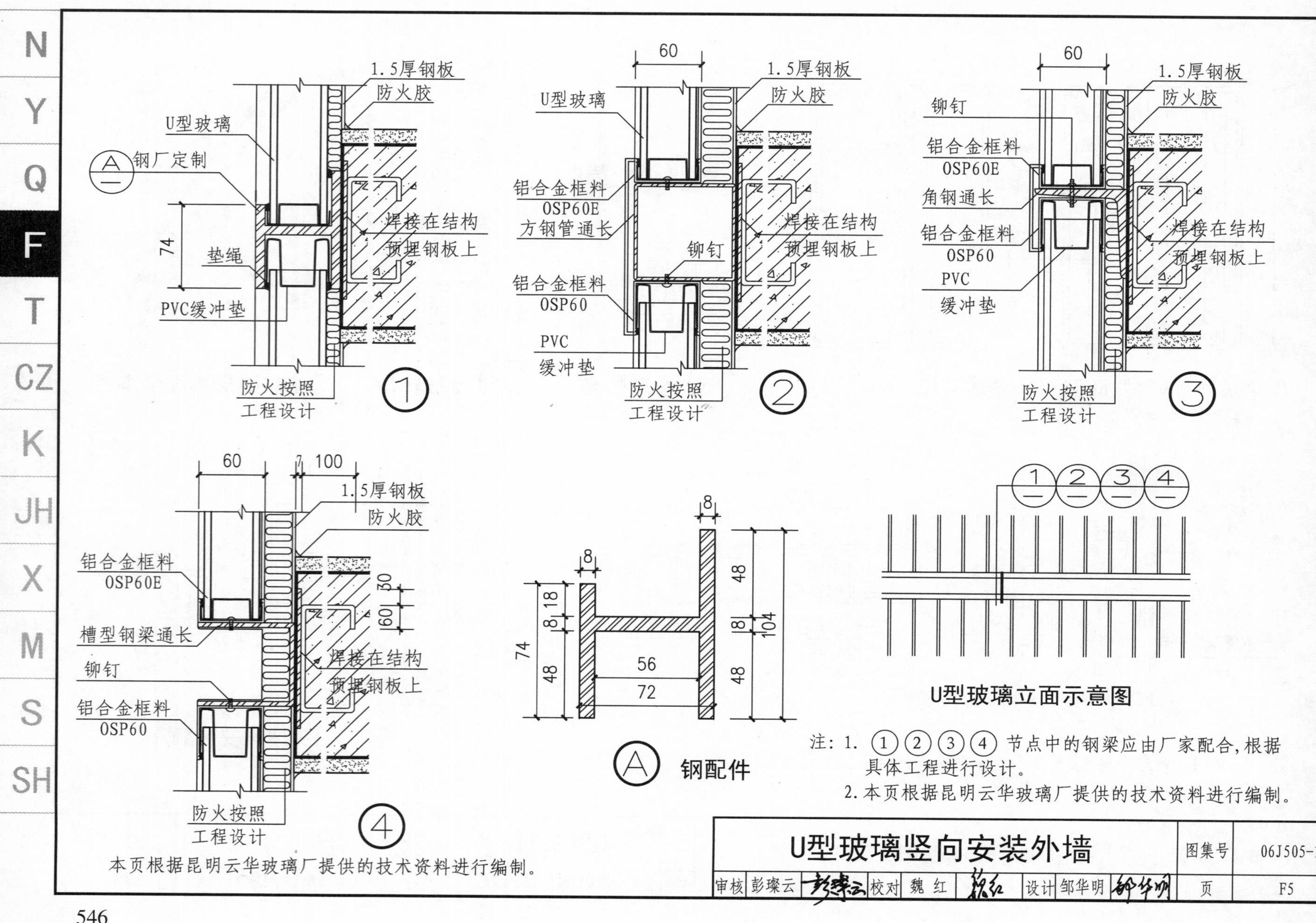

注：1. ①②③④节点中的钢梁应由厂家配合，根据具体工程进行设计。

2. 本页根据昆明云华玻璃厂提供的技术资料进行编制。

本页根据昆明云华玻璃厂提供的技术资料进行编制。

U型玻璃竖向安装外墙						图集号	06J505-1
审核	彭璨云	校对	魏 红	设计	邹华明	页	F5

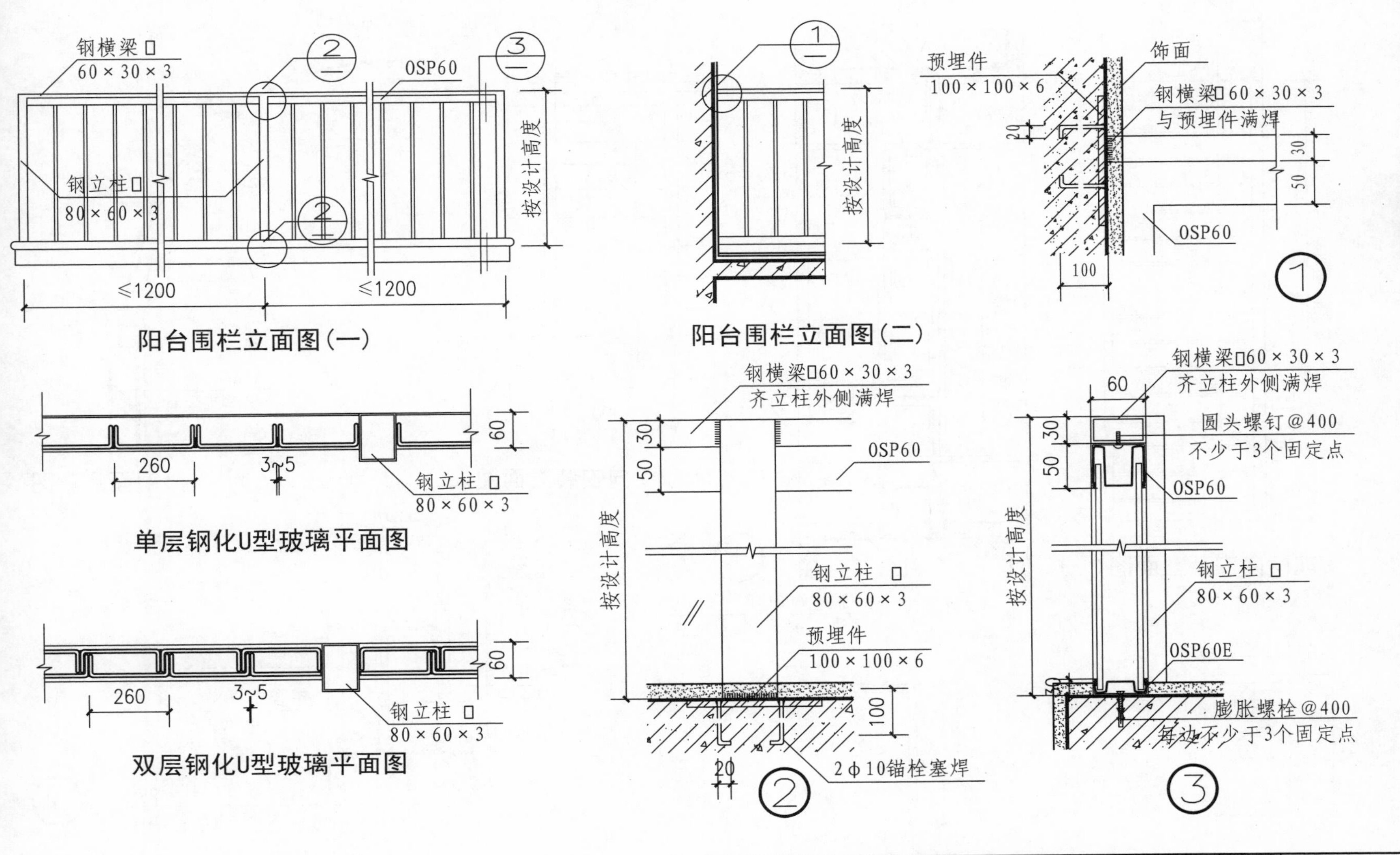

本页根据昆明云华玻璃厂提供的技术资料进行编制。

U型玻璃栏板							图集号	06J505-1
审核	彭璨云	彭璨云	校对	魏 红	魏红	设计	邹华明 邹华明	页 F6

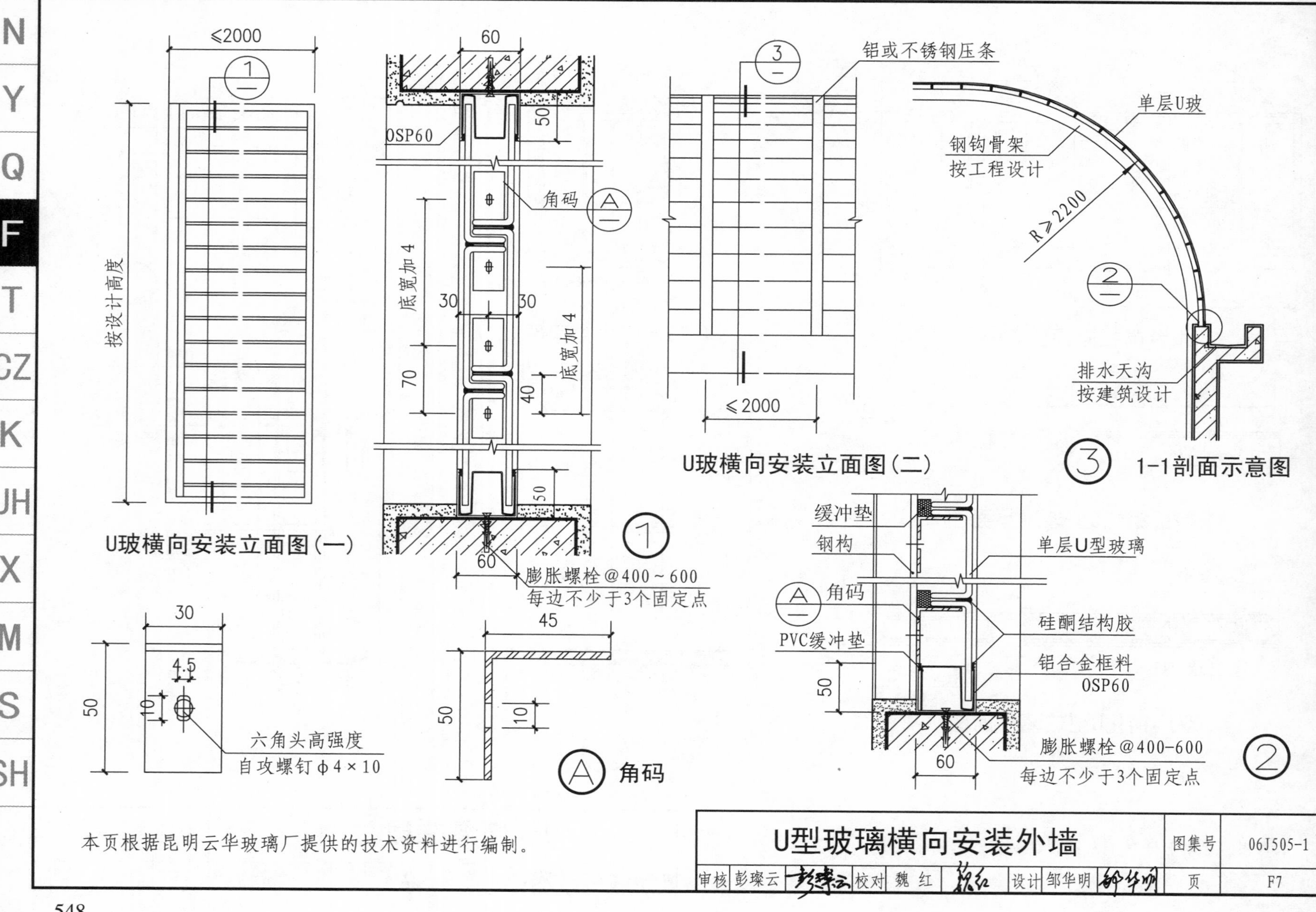

本页根据昆明云华玻璃厂提供的技术资料进行编制。

U型玻璃横向安装外墙							图集号	06J505-1
审核	彭璨云	校对	魏 红		设计	邹华明	页	F7

本页根据昆明云华玻璃厂提供的技术资料进行编制。

U型玻璃外墙图片							图集号	06J505-1
审核	彭璨云	彭璨云	校对	魏 红	魏红	设计 邹华明	邹华明	页 F8

1. 玻璃砖说明

空心玻璃砖墙体是以玻璃为基材，透明中空的小型砌块，具有采光好、隔热、隔音、防潮、可重复回收利用等特点，是一种节能、环保型的绿色建材,并可由厂家进行墙面预制并现场整体吊装。

玻璃砖墙体不适用于有高温熔炉的工业厂房及有强烈酸碱性介质的建筑物，不能用作防火墙。

1.1 玻璃砖规格尺寸:

玻璃砖墙体适用于建筑物的非承重内外装饰墙体。当用于外墙装饰时一般采用95厚、80厚玻璃砖。玻璃砖装饰外墙一般适用于房屋高度24m及24m以下（基本风荷载0.55kN/m²）和抗震设防烈度7度及7度以下的地区。基本风荷载大于0.55kN/m²的地区以及抗震设防烈度高于7度的地区，玻璃砖墙体的控制面积需经个别计算确定。下表为外墙常用玻璃砖尺寸(转角玻璃砖详见F14页):

长×高×厚（单位：mm）	
190×190×95	240×240×80
190×190×80	190×90×95
145×145×95	190×90×80
145×145×80	240×115×80

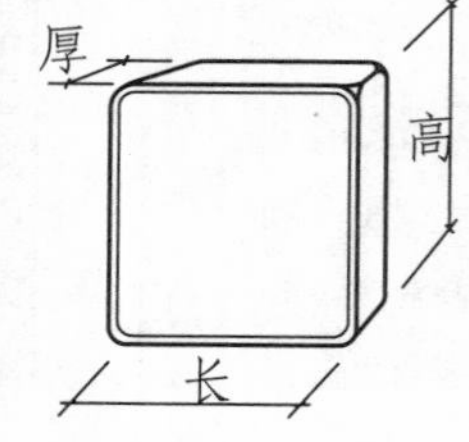

1.2 主要玻璃砖型号物理性能如下:

性能 \ 规格	145×145×95	190×190×95
抗压强度(MPa)	10.35	7.74
膨胀系数[m/(m·℃)]	1.224×10^{-5}	1.224×10^{-5}
抗冲击性试验	高度冲击三次，无裂纹	
急冷急热试验	50℃ 保温2h,置于0℃ 水中,无炸裂	

1.3 传热系数：190×190×80 规格玻璃砖砌体为3.1W/(m²·K)

(注：计算热室空气温度18.5°C 计算冷室空气温度－8.8°C 。)

1.4 隔声能力：190×190×80 规格玻璃砖砌体为38dB(分贝）。

1.5 玻璃砖墙体自重:

规格 \ 重量 \ 缝宽	10mm	15mm
190×190×80	92kg/m²	92kg/m²
190×190×95	104kg/m²	103kg/m²
145×145×80	102kg/m²	108kg/m²
145×145×95	107kg/m²	124kg/m²

2 玻璃砖墙体设计要求

2.1 本部分未涉及的抗震及构造柱措施，均按照现行《砌体结构设计规范》GB50003－2001、《建筑抗震设计规范》GB50011-2001的规定执行。

2.2 玻璃砖墙体单元控制面积如下(具体构造做法应根据实际工程情况计算确定）:

地面粗糙度	安装高度	控制面积A
B	H＜24m	9.2m²
C	H＜24m	14.4m²

注：本表以常用的145×145×95、190×190×95规格为例,加强钢筋间距应≤450。地面粗糙度B、C的定义按照《建筑结构荷载规范》（GB50009－2001）第7.2.1条确定。

2.3 玻璃砖墙体外墙开孔的尺寸应控制在1500×1800（h）的范围内，窗上允许砌筑的玻璃砖墙体高度应小于等于1000，当高度大于1000时，洞口加强框由计算确定。

2.4 玻璃砖墙体砌筑留洞尺寸，应考虑选用玻璃砖砌块的尺寸、缝宽等具体因素计算确定。

本页根据德州振华装饰玻璃有限公司提供的技术资料进行编制。

玻璃砖外墙使用说明	图集号	06J505-1
审核 彭璨云 校对 魏红 设计 范文祥	页	F9

3 玻璃砖墙施工说明

3.1 施工准备:

3.1.1 施工温度:

玻璃砖墙体施工时,环境温度不应小于5℃,一般适宜的工作温度为环境温度5～30℃。

3.1.2 施工天气风力:

外墙玻璃砖施工时,风力一般应不超过4级,当超过4级风力时应采取挡风或临时支撑措施。

3.2 施工说明:

镶砌分类	施　工　说　明
空心玻璃砖墙砌筑于两建筑外墙之间或砌筑于外墙墙洞之内，四周用金属板收边	1.砌筑: (1)按水泥:细砂=2:1(室外)的比例调水泥浆,要有一定的稠度，以不流淌为好 (2)按上、下层对缝的方式，自下而上砌筑 (3)为保证玻璃砖墙的平整性和砌筑的安全性，每层玻璃砖在砌筑之前要在玻璃砖上放置定位支架，压浆法砌筑，直至砌至顶部为止。空心玻璃砖墙四周(包括墙的两侧、顶棚顶、勒脚上皮等处)均须增加φ6mm加强钢筋一根，钢筋两端套丝、锚固 2.勾缝:玻璃砖墙砌毕，经检查、修正，即可用填缝剂勾缝。勾缝时须先勾平缝再勾竖缝，缝须平滑，缝深须均匀一致 3.清理砖墙表面:勾缝或抹缝完成后，用布或棉丝把砖面擦干净
空心玻璃装饰砖墙砌筑于两建筑外墙之间或砌筑于外墙洞之内。四周用灰缝封口、收边	涨缝、滑缝直接与墙面或顶棚或勒脚混凝土粘贴，其他施工说明基本相同

本页根据德州振华装饰玻璃有限公司提供的技术资料进行编制。

3.3 玻璃砖墙变形缝:

为防止玻璃砖墙体横(纵)向膨胀或收缩变形造成的破坏，玻璃砖墙必须每隔3.5m长度或高度设置一道伸缩缝。

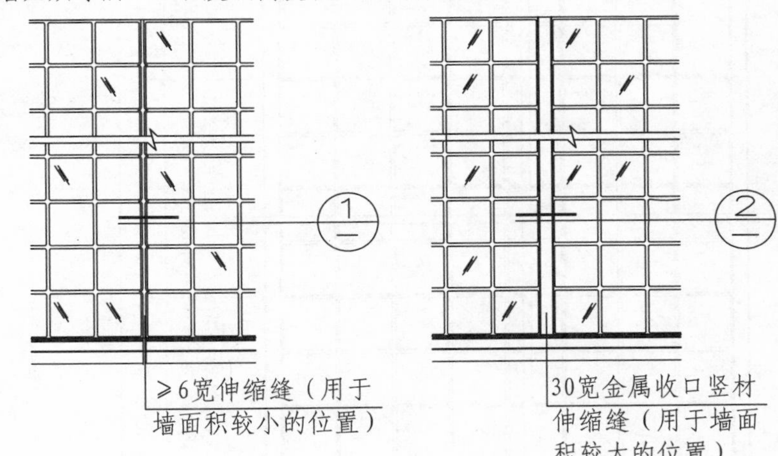

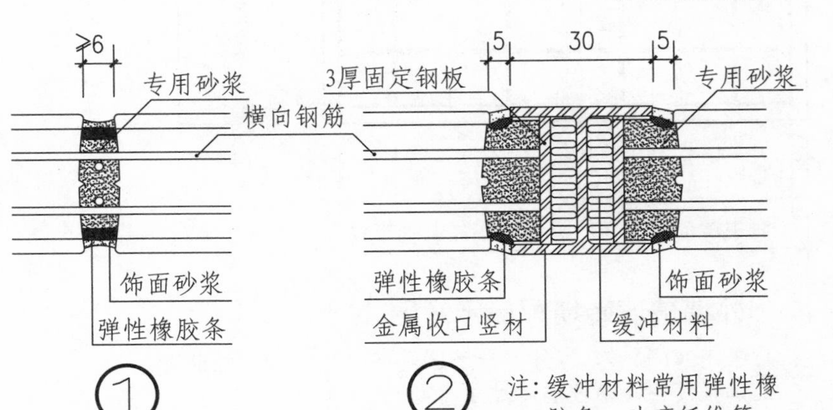

注:缓冲材料常用弹性橡胶条、玻璃纤维等。

玻璃砖外墙使用说明							图集号	06J505-1
审核	彭瓖云	校对	魏　红	设计	范文祥		页	F10

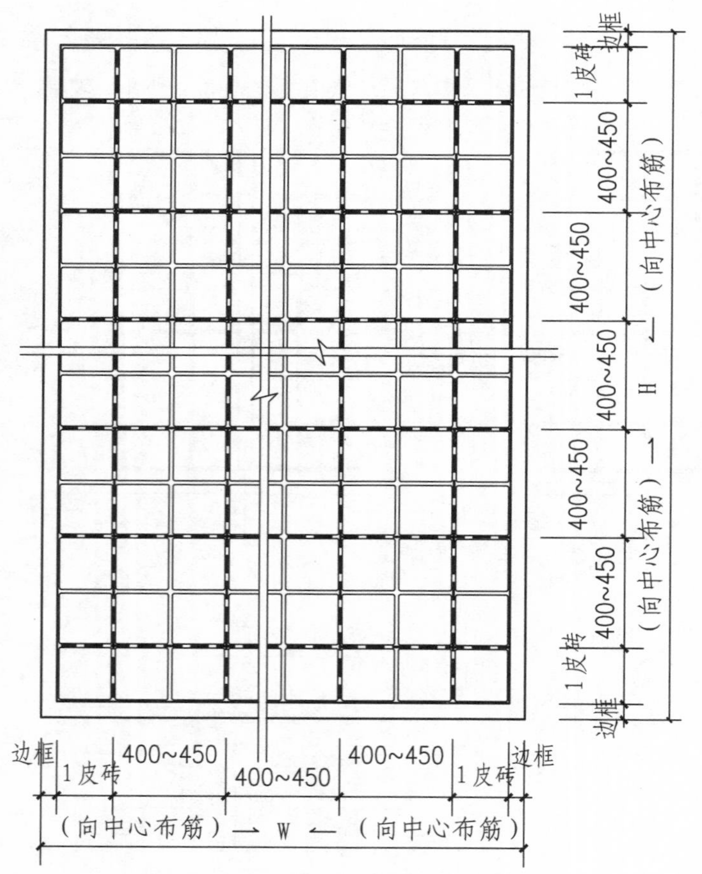

外墙玻璃砖墙配筋示意图

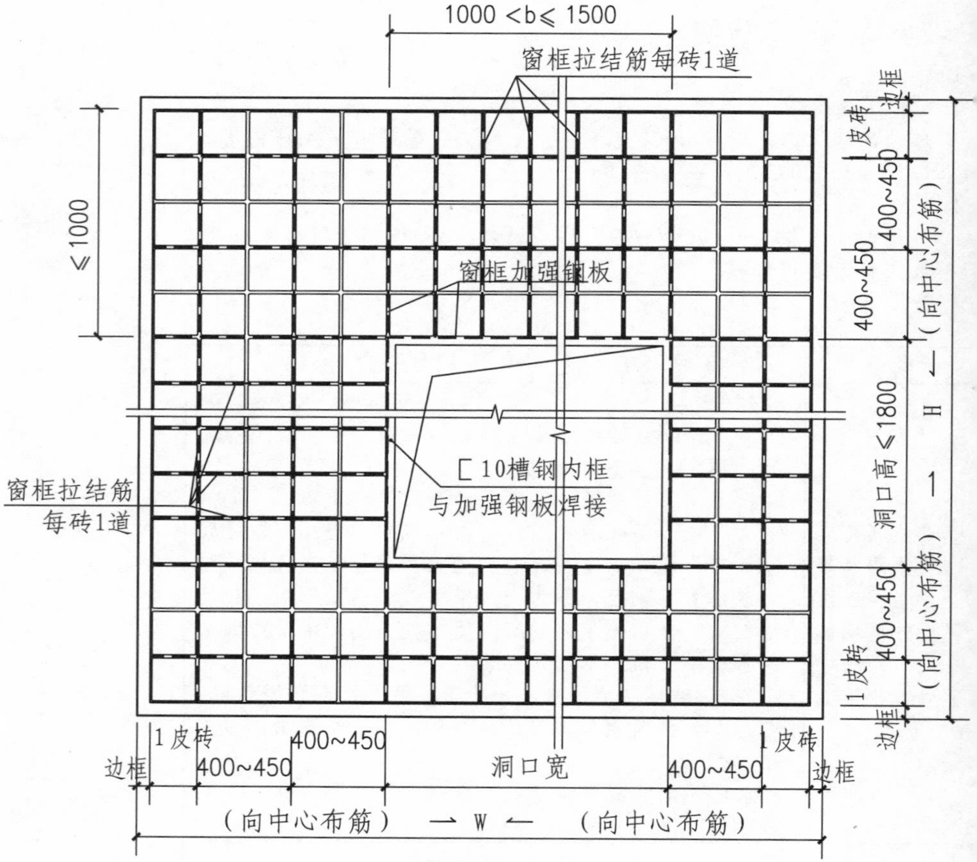

注：1.采用2ø6梯形筋，缝宽选用10或15，-10×70加强钢板。
2.加强筋间距由玻璃砖尺寸确定。

1000＜b≤1500
窗框拉结筋每砖1道
≤1000
窗框加强钢板
[10槽钢内框
与加强钢板焊接
窗框拉结筋
每砖1道
边框
1皮砖
400~450
400~450
洞口高≤1800
400~450
1皮砖
边框
(向中心布筋) — H — (向中心布筋)
边框
1皮砖
400~450
400~450
洞口宽
400~450
1皮砖
边框
(向中心布筋) — W — (向中心布筋)

玻璃砖墙留洞示意图

注：1.采用2ø6梯形筋，缝宽选用10或15，-10×70加强钢板。
2.加强筋间距由玻璃砖尺寸确定。
3.墙体留洞单边尺寸≤1000时，采用钢板加强。

本页根据德州振华装饰玻璃有限公司提供的技术资料进行编制。

玻璃砖外墙立面配筋示意图							图集号	06J505-1
审核	彭𤫩云	校对	魏红		设计	范文祥	页	F11

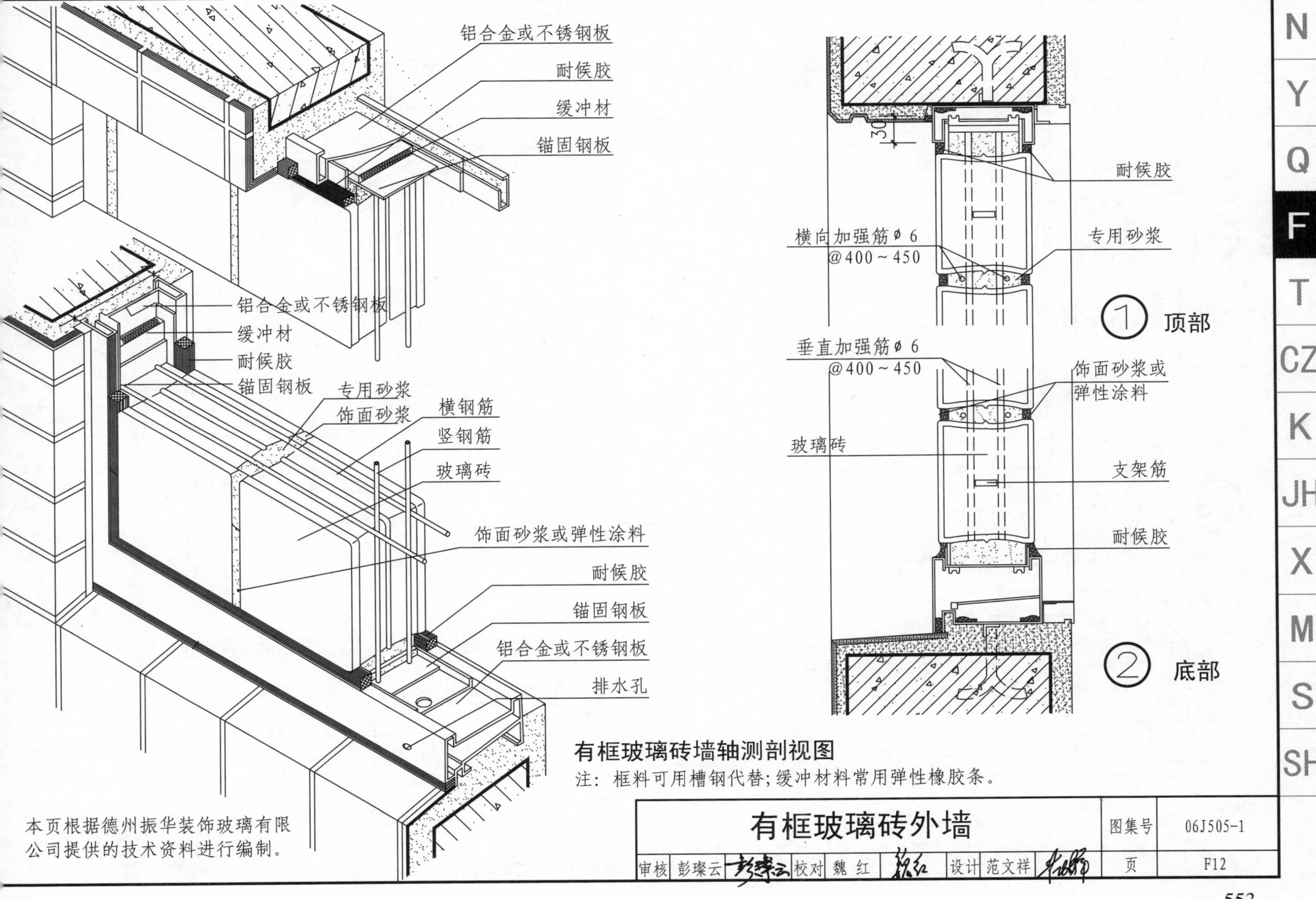

有框玻璃砖墙轴测剖视图

注：框料可用槽钢代替；缓冲材料常用弹性橡胶条。

本页根据德州振华装饰玻璃有限公司提供的技术资料进行编制。

有框玻璃砖外墙						图集号	06J505-1
审核 彭瓈云	彭瓈云	校对 魏 红	魏红	设计 范文祥	范文祥	页	F12

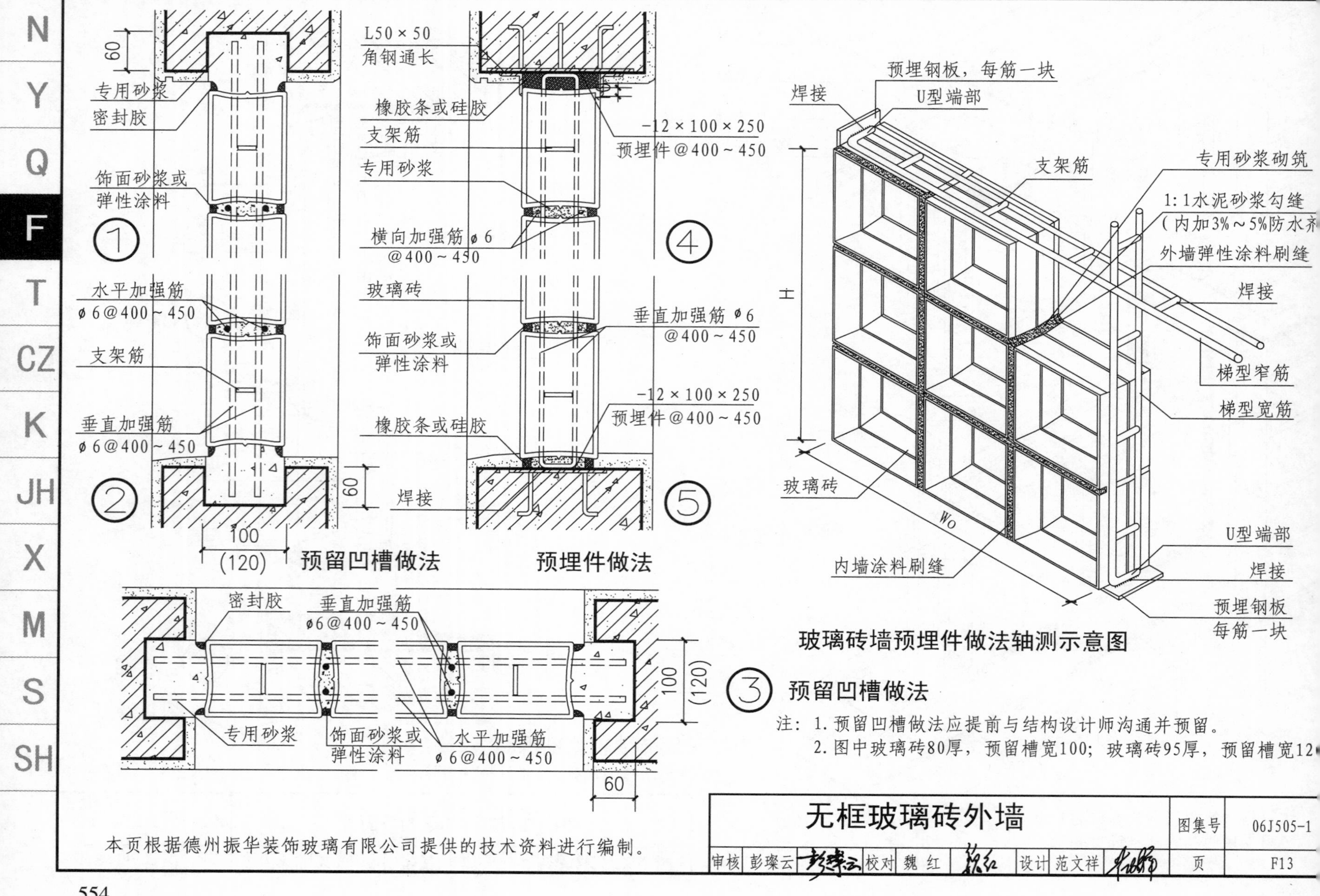

③ 预留凹槽做法

注：1. 预留凹槽做法应提前与结构设计师沟通并预留。
2. 图中玻璃砖80厚，预留槽宽100；玻璃砖95厚，预留槽宽12

本页根据德州振华装饰玻璃有限公司提供的技术资料进行编制。

无框玻璃砖外墙							图集号	06J505-1
审核	彭璨云	校对	魏 红		设计	范文祥	页	F13

190×190玻璃砖(mm)

内围半径	90°区域内的块数	接点厚度	
		内侧	外侧
1597	13	3	16
1720	14	3	14
1738	14	5	16
1843	15	3	16
1872	15	6	16
1966	16	3	13
1996	16	6	16

300×300玻璃砖(mm)

内围半径	90°区域内的块数	接点厚度	
		内侧	外侧
2508	13	3	16

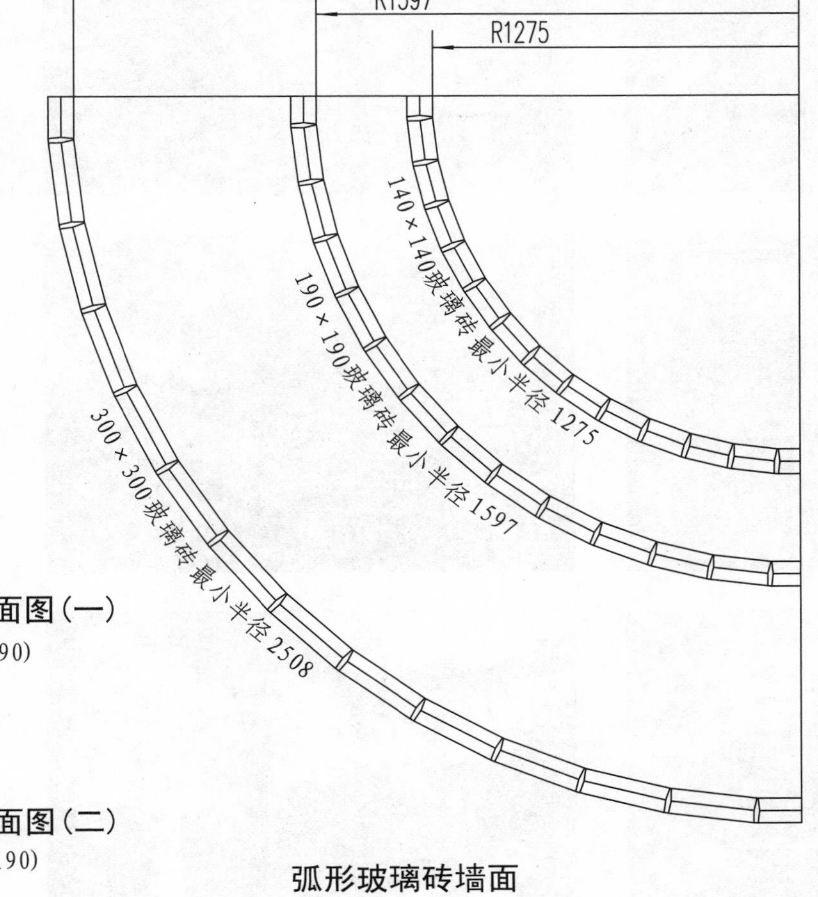

弧形玻璃砖墙面

① 转角砖平面图(一)

(砖高190)

② 转角砖平面图(二)

(砖高190)

中间伸缩缝和支柱件

Ⓐ

接点和支撑圆弧部分和平面部分应以中间的伸缩缝隔开，并加以支撑

Ⓑ

本页根据德州振华装饰玻璃有限公司提供的技术资料进行编制。

玻璃砖墙弧形及转角平面示意图	图集号	06J505-1
审核 彭璨云 校对 魏红 设计 范文祥	页	F14

本页根据德州振华装饰玻璃有限公司提供的技术资料进行编制。

玻璃砖外墙图片								图集号	06J505-1
审核	彭瓅云	彭瓅云	校对	魏 红	魏红	设计	范文祥	页	F15

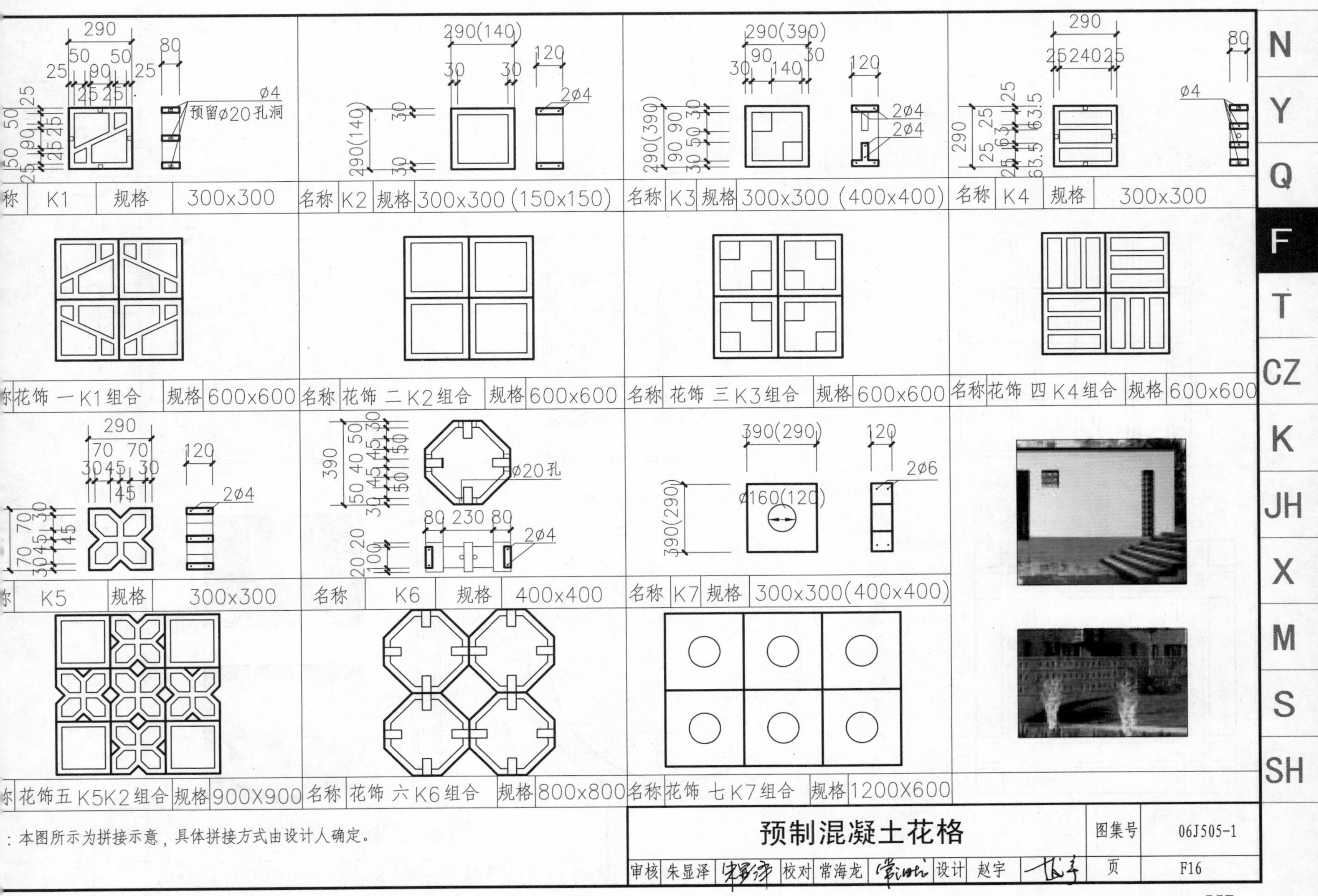

注：本图所示为拼接示意，具体拼接方式由设计人确定。

预制混凝土花格						图集号	06J505-1
审核	朱显泽	校对	常海龙	设计	赵宇	页	F16

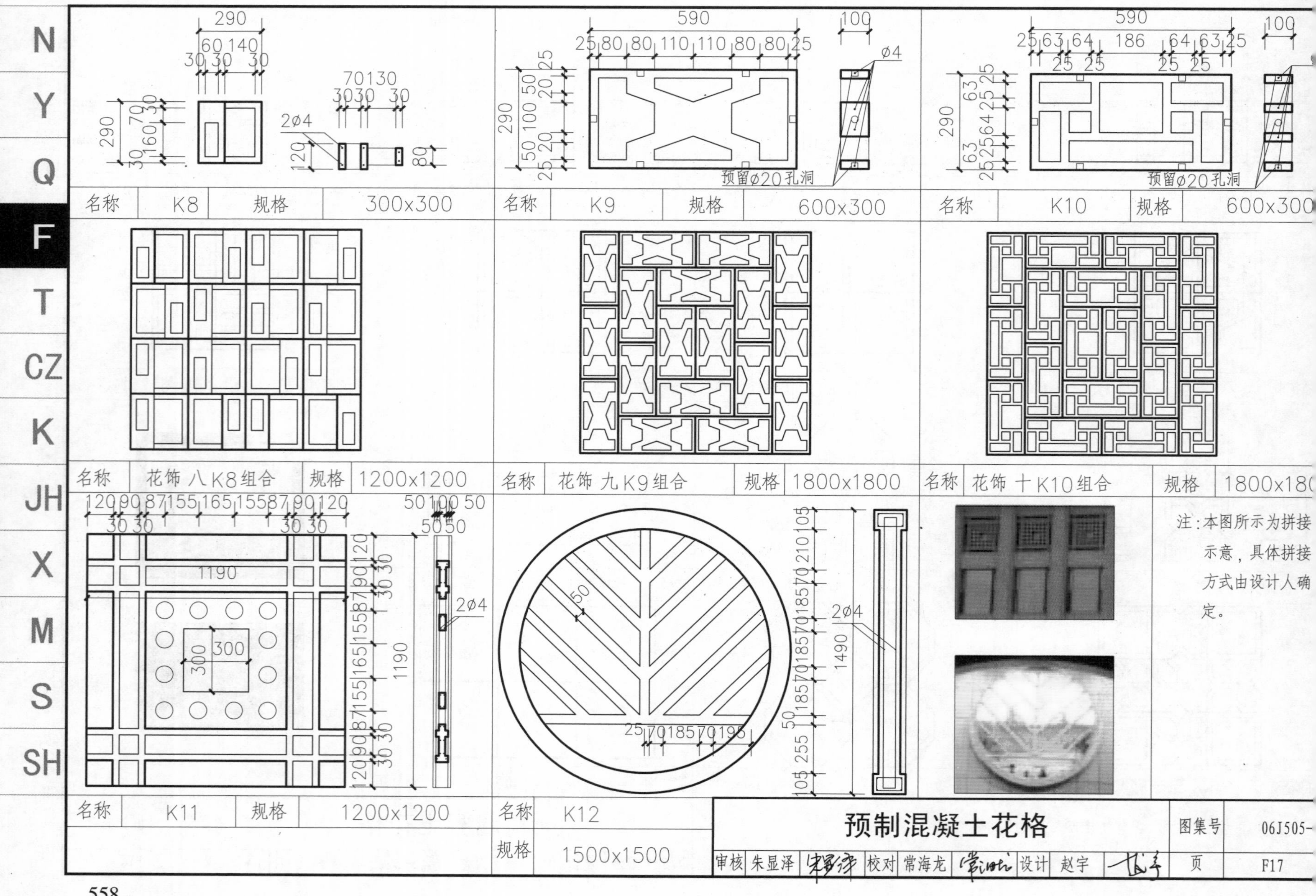
N
Y
Q
F
T
CZ
K
JH
X
M
S
SH
名称 K8 规格 300x300
名称 K9 规格 600x300
名称 K10 规格 600x300
2Ø4
Ø4
预留Ø20孔洞
名称 花饰 八 K8组合 规格 1200x1200
名称 花饰 九 K9组合 规格 1800x1800
名称 花饰 十 K10组合 规格 1800x1800
注：本图所示为拼接示意，具体拼接方式由设计人确定。
名称 K11 规格 1200x1200
名称 K12 规格 1500x1500
预制混凝土花格
图集号 06J505-
审核 朱显泽 校对 常海龙 设计 赵宇
页 F17

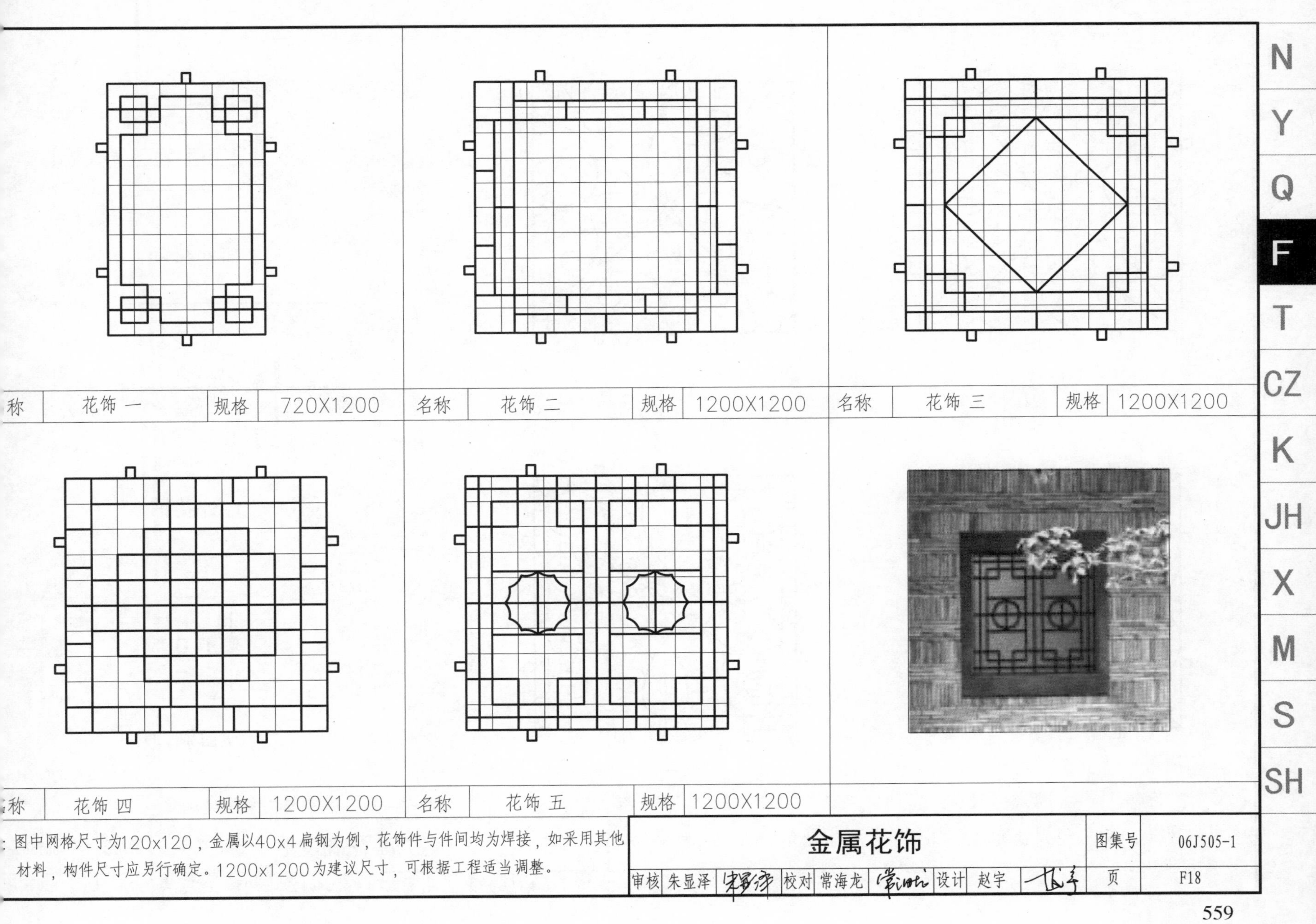

名称	花饰 一	规格	720X1200	名称	花饰 二	规格	1200X1200	名称	花饰 三	规格	1200X1200
名称	花饰 四	规格	1200X1200	名称	花饰 五	规格	1200X1200				

注：图中网格尺寸为120x120，金属以40x4扁钢为例，花饰件与件间均为焊接，如采用其他材料，构件尺寸应另行确定。1200x1200为建议尺寸，可根据工程适当调整。

金属花饰						图集号	06J505-1
审核	朱显泽	校对	常海龙	设计	赵宇	页	F18

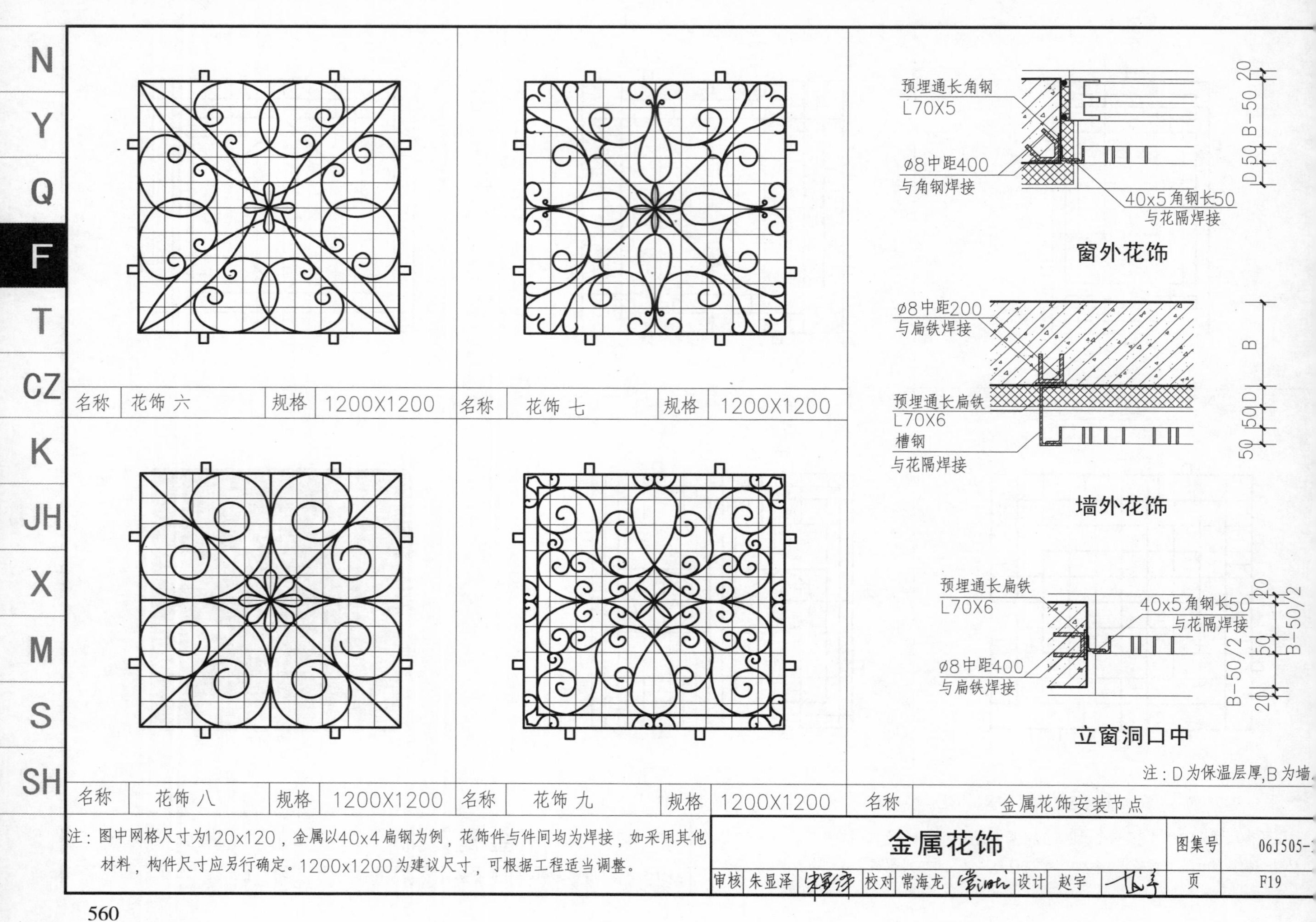

注：图中网格尺寸为120x120，金属以40x4扁钢为例，花饰件与件间均为焊接，如采用其他材料，构件尺寸应另行确定。1200x1200为建议尺寸，可根据工程适当调整。

金属花饰						图集号	06J505-1
审核	朱显泽	校对	常海龙	设计	赵宇	页	F19

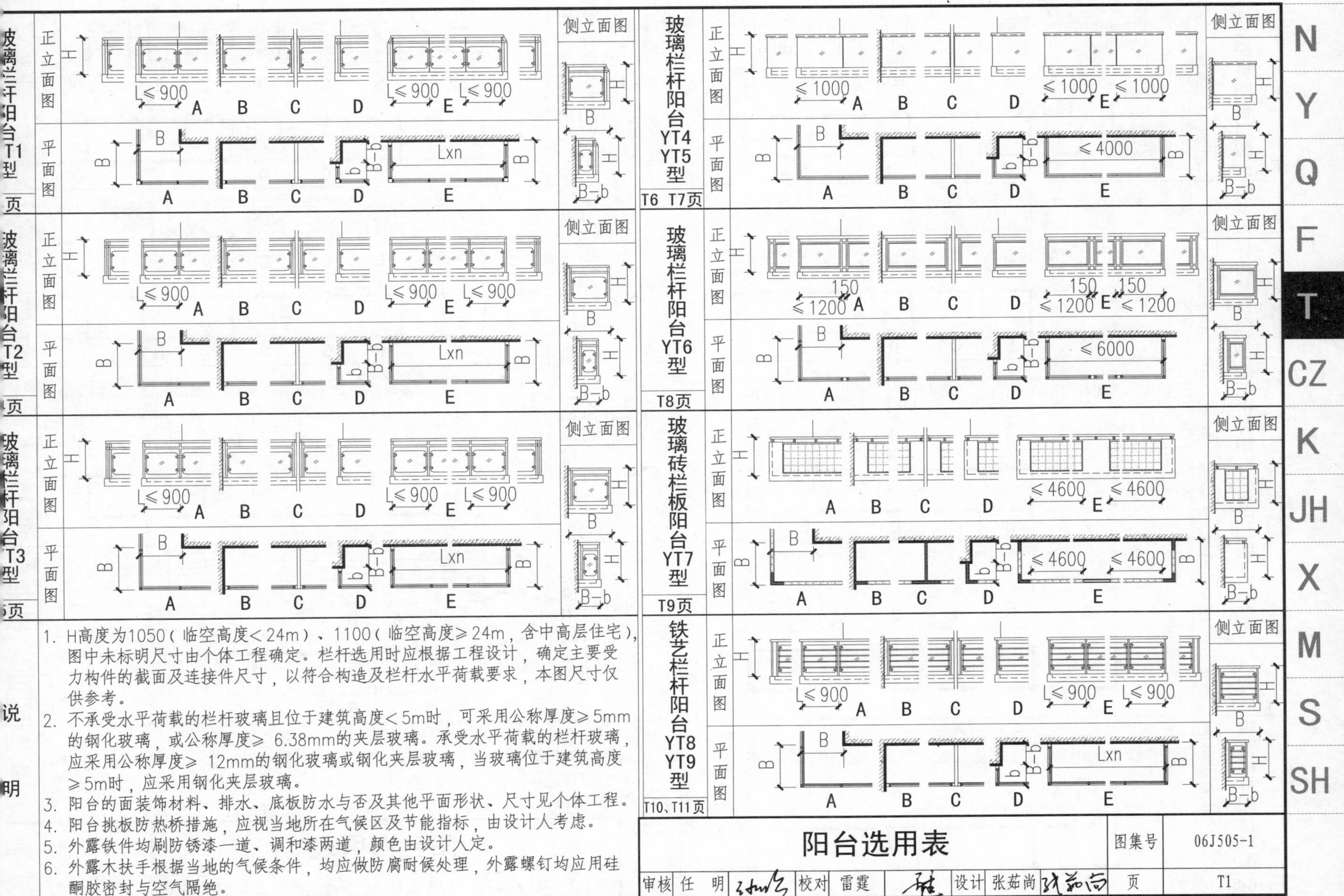

说明

1. H高度为1050（临空高度＜24m）、1100（临空高度≥24m，含中高层住宅），图中未标明尺寸由个体工程确定。栏杆选用时应根据工程设计，确定主要受力构件的截面及连接件尺寸，以符合构造及栏杆水平荷载要求，本图尺寸仅供参考。
2. 不承受水平荷载的栏杆玻璃且位于建筑高度＜5m时，可采用公称厚度≥5mm的钢化玻璃，或公称厚度≥ 6.38mm的夹层玻璃。承受水平荷载的栏杆玻璃，应采用公称厚度≥ 12mm的钢化玻璃或钢化夹层玻璃，当玻璃位于建筑高度≥5m时，应采用钢化夹层玻璃。
3. 阳台的面装饰材料、排水、底板防水与否及其他平面形状、尺寸见个体工程。
4. 阳台挑板防热桥措施，应视当地所在气候区及节能指标，由设计人考虑。
5. 外露铁件均刷防锈漆一道、调和漆两道，颜色由设计人定。
6. 外露木扶手根据当地的气候条件，均应做防腐耐候处理，外露螺钉均应用硅酮胶密封与空气隔绝。

阳台选用表						图集号	06J505-1
审核	任 明	校对	雷霆	设计	张茹尚	页	T1

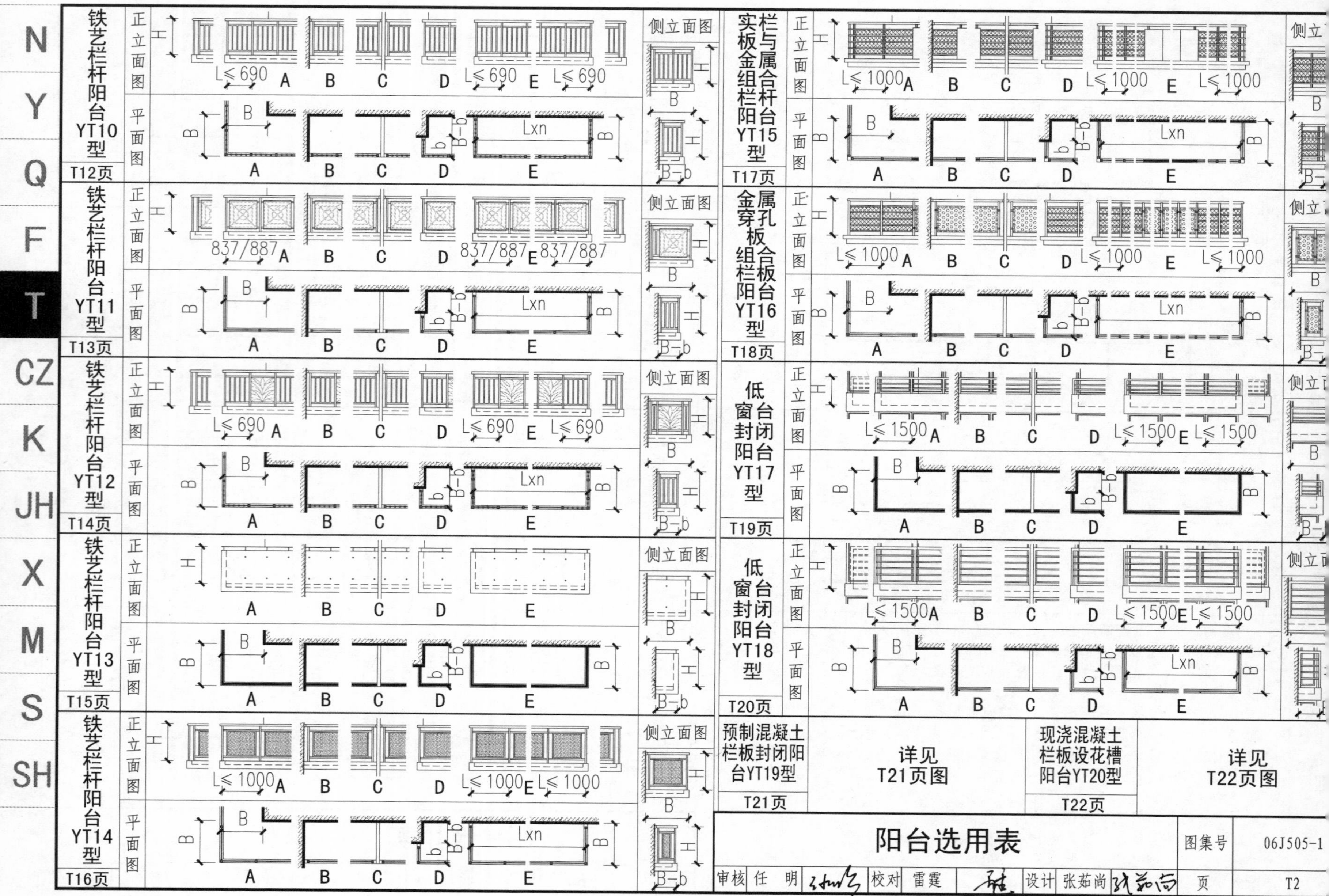

阳台选用表		图集号	06J505-1
审核 任 明	校对 雷霆	设计 张茹尚	页 T2

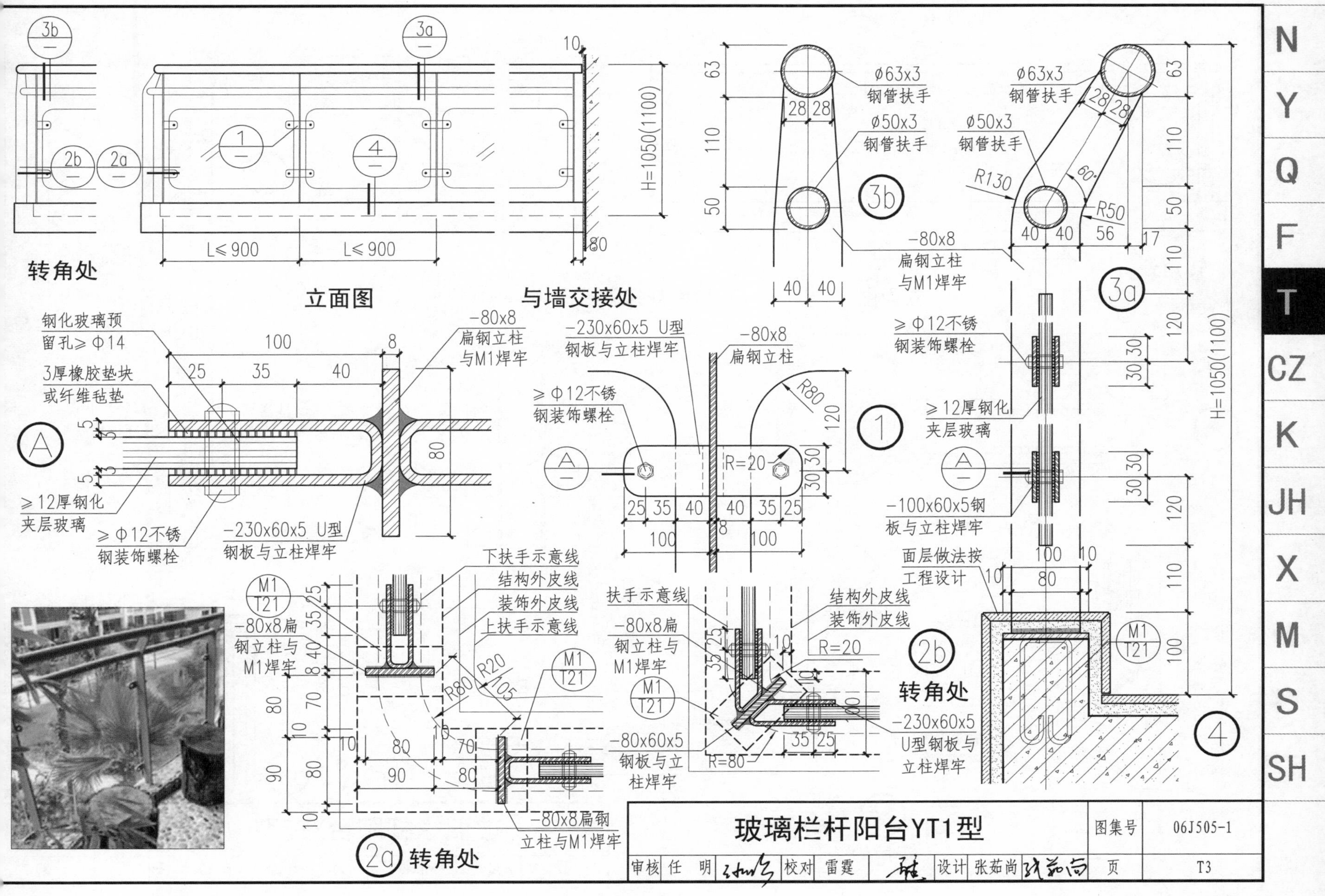

玻璃栏杆阳台YT1型	图集号	06J505-1
审核 任 明 校对 雷霆 设计 张茹尚	页	T3

N Y Q F T CZ K JH X M S SH

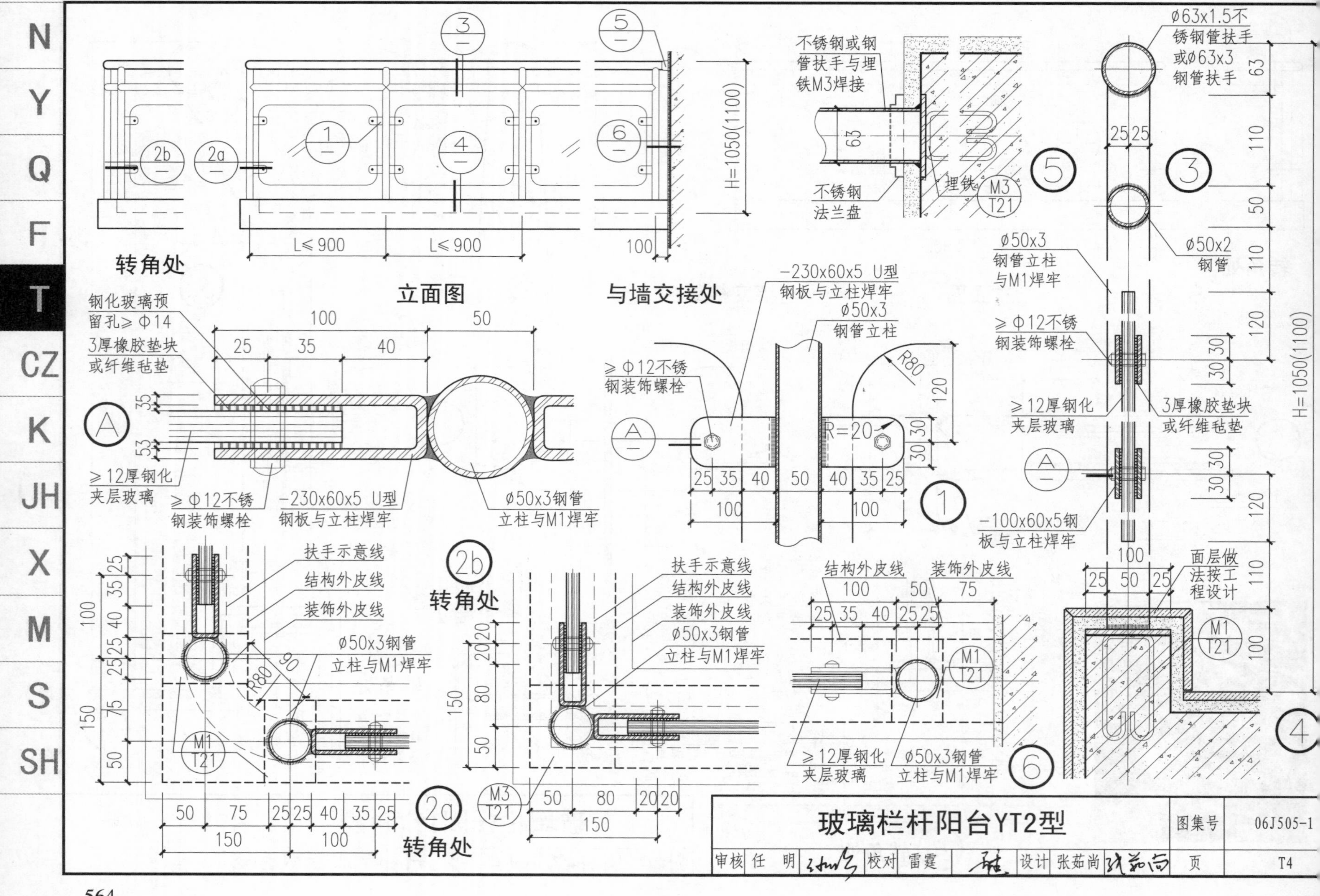

玻璃栏杆阳台YT2型	图集号	06J505-1
审核 任明 校对 雷霆 设计 张茹尚	页	T4

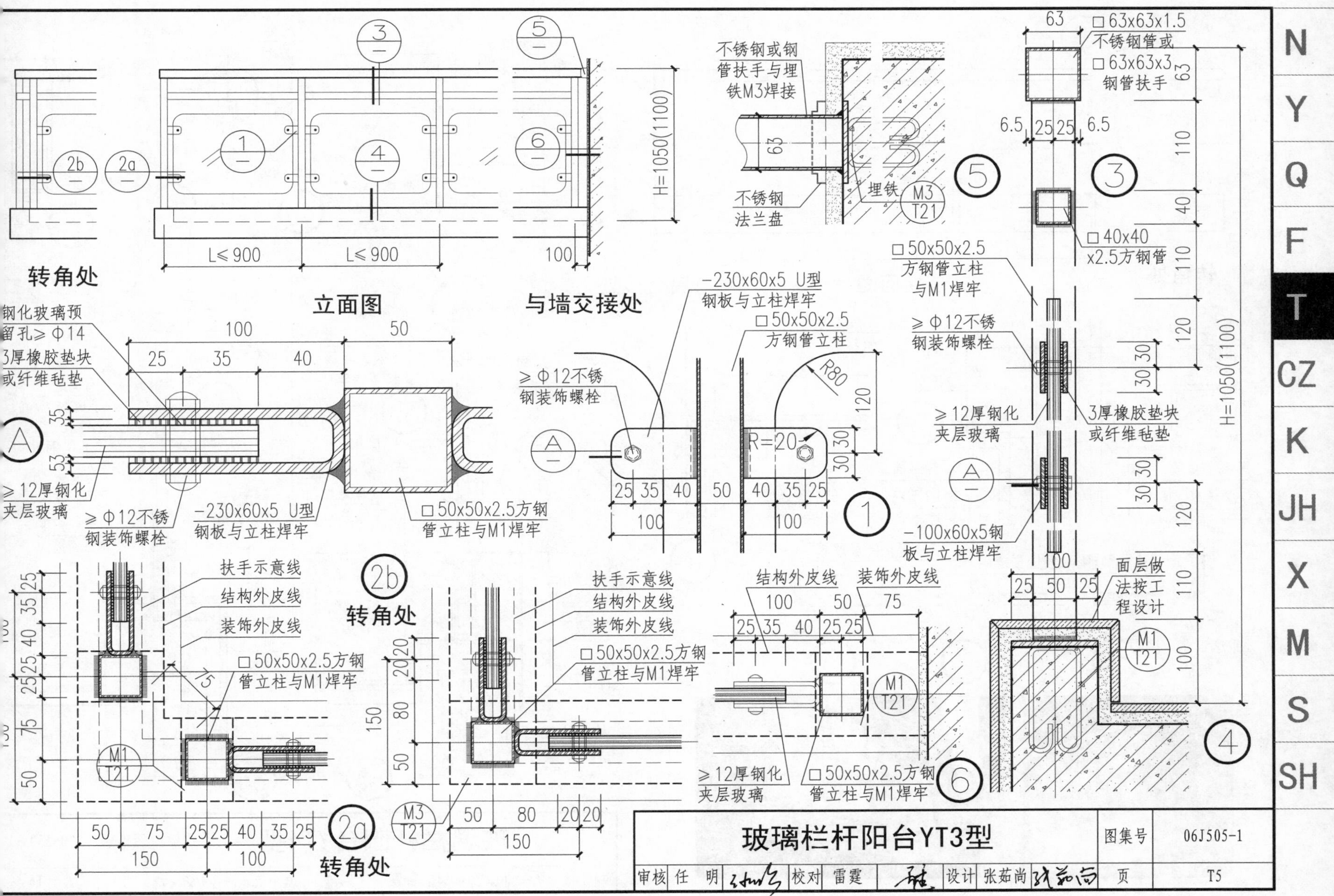

玻璃栏杆阳台YT3型						图集号	06J505-1
审核	任 明	校对	雷霆	设计	张茹尚	页	T5

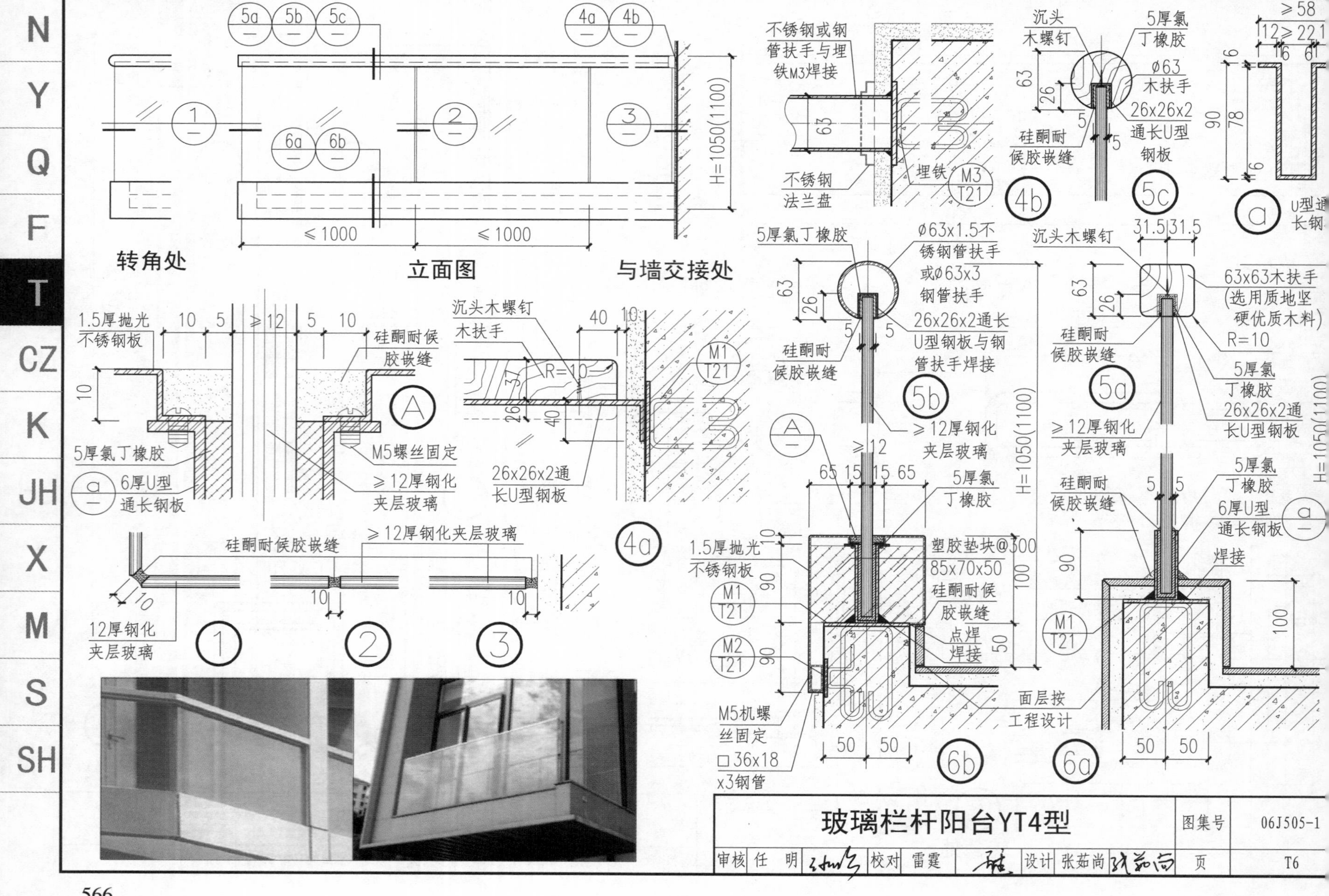

玻璃栏杆阳台YT4型

审核	任明	校对	雷霆	设计	张茹尚	图集号	06J505-1
						页	T6

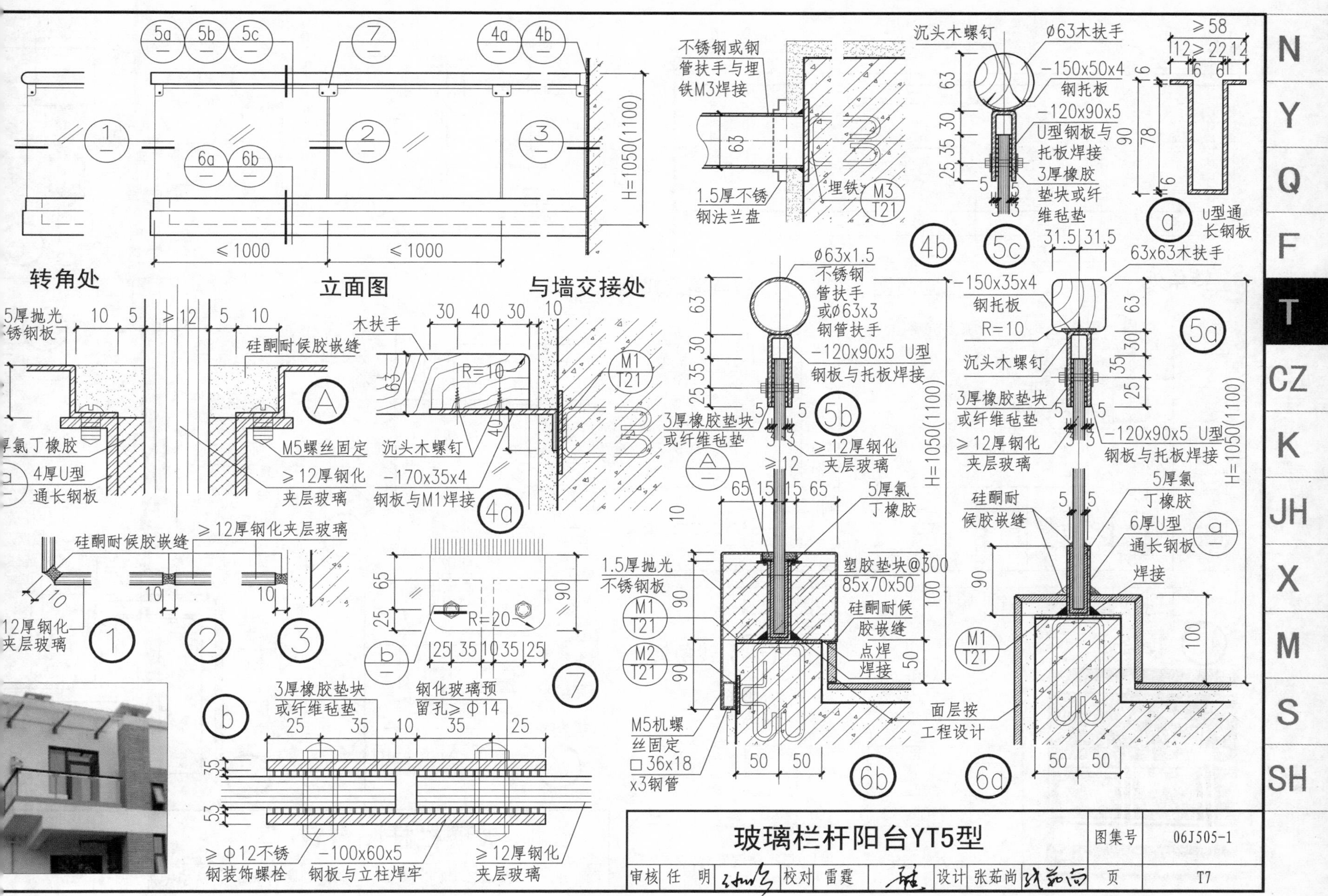

N
Y
Q
F
T
CZ
K
JH
X
M
S
SH
转角处
立面图
与墙交接处
≤1000
≤1000
H=1050(1100)
5a 5b 5c 7 4a 4b 6a 6b 1 2 3
不锈钢或钢管扶手与埋铁M3焊接
63
1.5厚不锈钢法兰盘
埋铁 M3 T21
4b
沉头木螺钉
ø63木扶手
-150x50x4钢托板
-120x90x5 U型钢板与托板焊接
3厚橡胶垫块或纤维毛垫
5c
≥58
12 ≥22 12
6 6
78 90
U型通长钢板
a
5厚抛光不锈钢板
10 5 ≥12 5 10
硅酮耐候胶嵌缝
A
厚氯丁橡胶
4厚U型通长钢板
M5螺丝固定
≥12厚钢化夹层玻璃
木扶手
30 40 30 10
R=10
沉头木螺钉
-170x35x4钢板与M1焊接
M1 T21
4a
ø63x1.5不锈钢管扶手或ø63x3钢管扶手
-120x90x5 U型钢板与托板焊接
3厚橡胶垫块或纤维毛垫
≥12厚钢化夹层玻璃
5b
H=1050(1100)
65 15 15 65
5厚氯丁橡胶
1.5厚抛光不锈钢板
塑胶垫块@300 85x70x50
硅酮耐候胶嵌缝
点焊
焊接
M1 T21
M2 T21
M5机螺丝固定
□36x18x3钢管
面层按工程设计
50 50
6b
63x63木扶手
31.5 31.5
-150x35x4钢托板
R=10
沉头木螺钉
3厚橡胶垫块或纤维毛垫
≥12厚钢化夹层玻璃
-120x90x5 U型钢板与托板焊接
5a
硅酮耐候胶嵌缝
5厚氯丁橡胶
6厚U型通长钢板
焊接
M1 T21
50 50
6a
硅酮耐候胶嵌缝
≥12厚钢化夹层玻璃
12厚钢化夹层玻璃
10 10 10
1 2 3
65 25 90
R=20
25 35 10 35 25
b
7
3厚橡胶垫块或纤维毛垫
钢化玻璃预留孔≥Φ14
25 35 10 35 25
35 53
≥Φ12不锈钢装饰螺栓
-100x60x5钢板与立柱焊牢
≥12厚钢化夹层玻璃
玻璃栏杆阳台YT5型
图集号 06J505-1
审核 任明 校对 雷霆 设计 张茹尚 页 T7

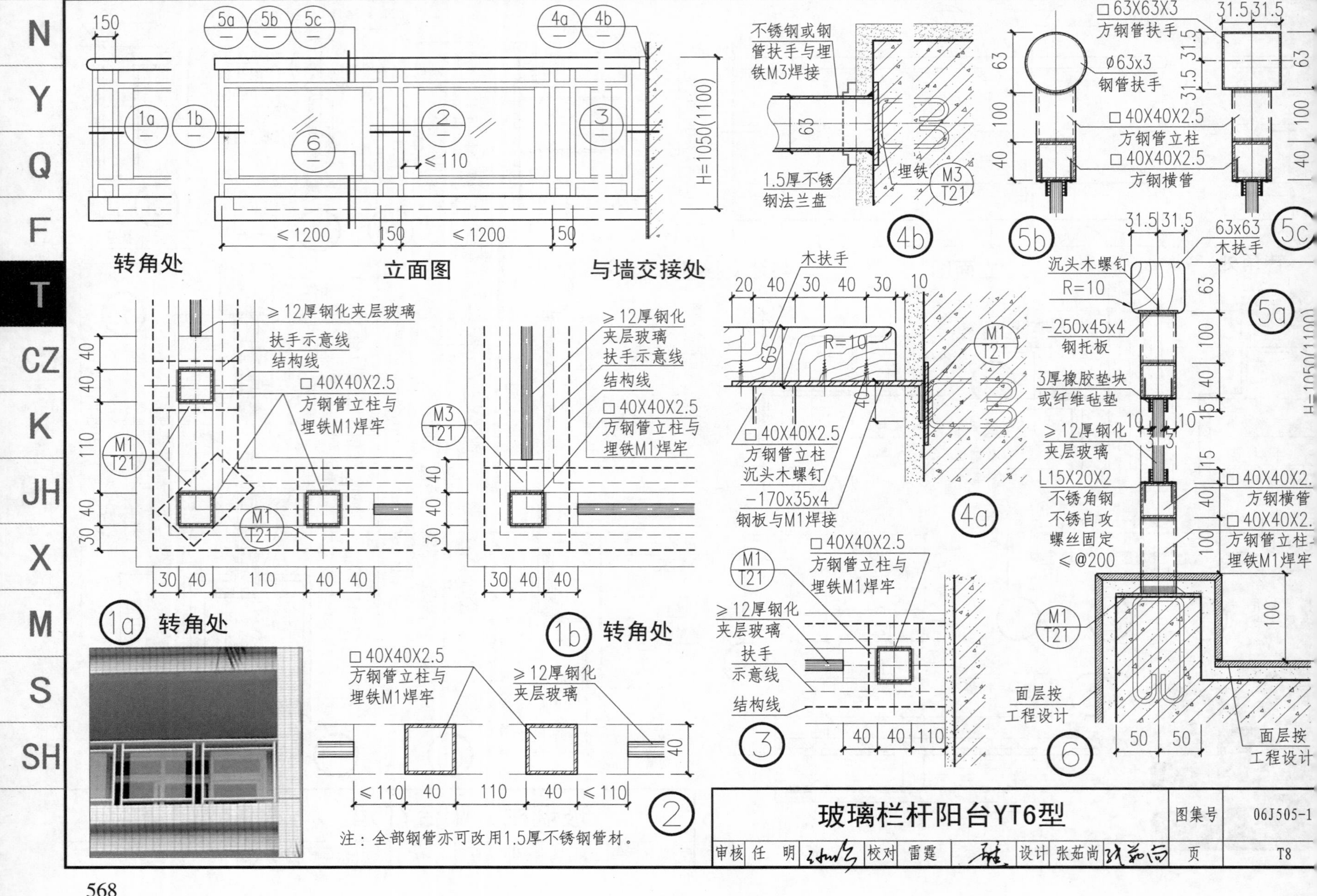
N
Y
Q
F
T
CZ
K
JH
X
M
S
SH
转角处
立面图
与墙交接处
H=1050(1100)
≤1200
150
≤110
不锈钢或钢管扶手与埋铁M3焊接
1.5厚不锈钢法兰盘
埋铁
M3 T21
□63X63X3 方钢管扶手
ø63x3 钢管扶手
□40X40X2.5 方钢管立柱
□40X40X2.5 方钢横管
63x63 木扶手
沉头木螺钉
R=10
-250x45x4 钢托板
3厚橡胶垫块或纤维毡垫
≥12厚钢化夹层玻璃
L15X20X2 不锈角钢 不锈自攻螺丝固定 ≤@200
□40X40X2. 方钢横管
□40X40X2. 方钢管立柱埋铁M1焊牢
M1 T21
面层按工程设计
≥12厚钢化夹层玻璃
扶手示意线
结构线
□40X40X2.5 方钢管立柱与埋铁M1焊牢
M3 T21
木扶手
□40X40X2.5 方钢管立柱
沉头木螺钉
-170x35x4 钢板与M1焊接
1a 转角处
1b 转角处
2
3
4a
4b
5a
5b
5c
6
注：全部钢管亦可改用1.5厚不锈钢管材。
玻璃栏杆阳台YT6型
图集号 06J505-1
审核 任 明 校对 雷霆 设计 张茹尚
页 T8

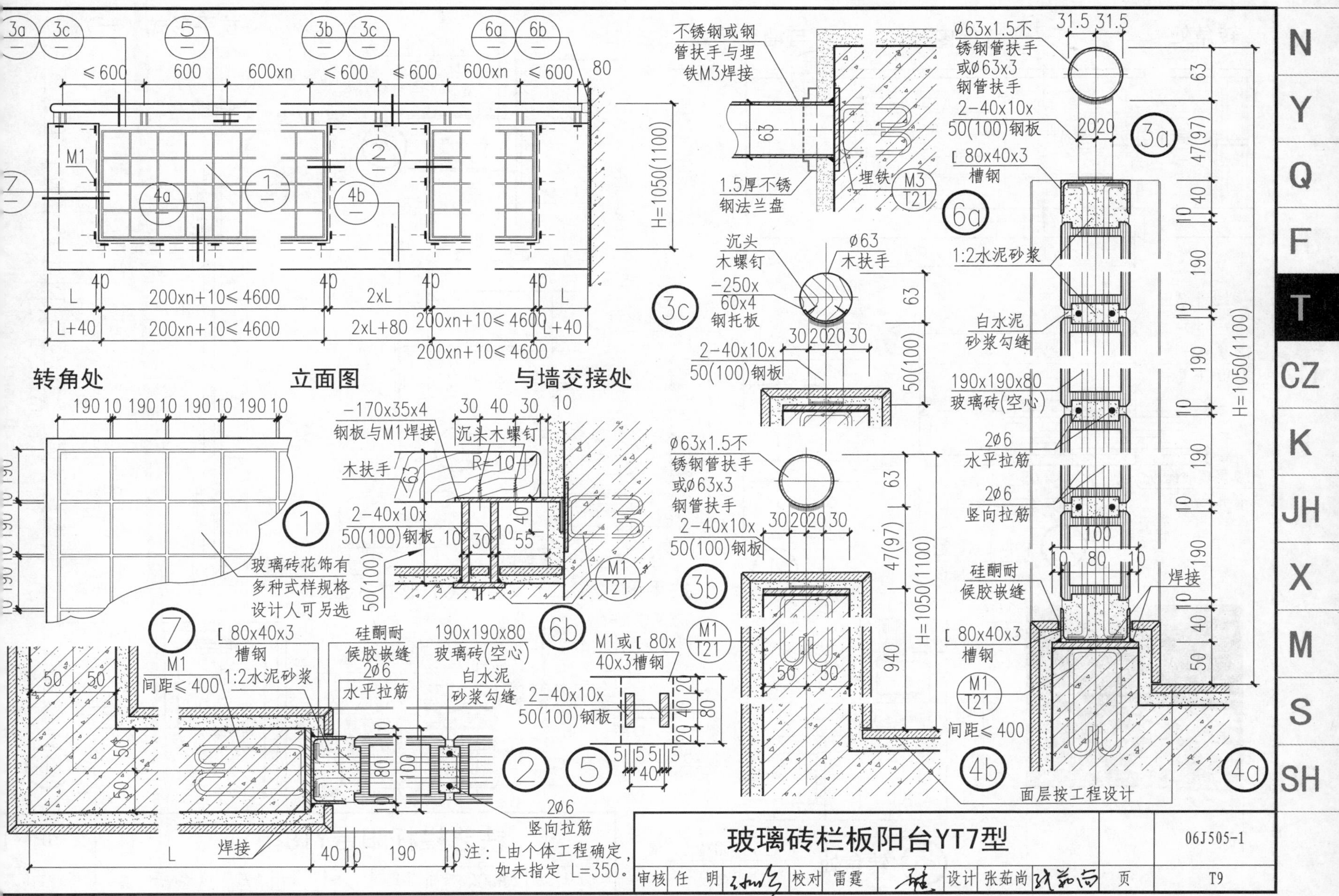

玻璃砖栏板阳台YT7型

审核	任 明	校对	雷霆	设计	张茹尚	页	T9

06J505-1

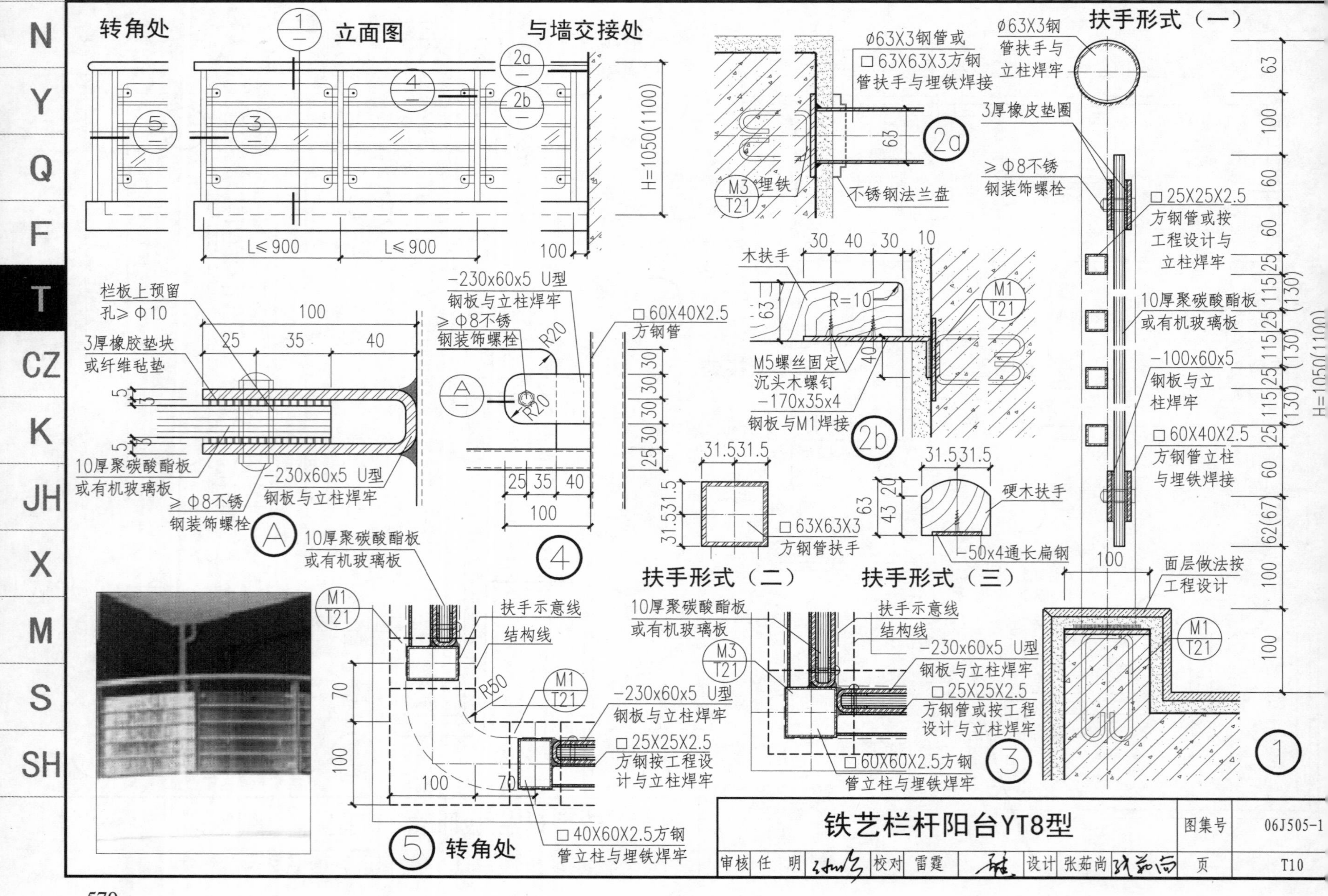

铁艺栏杆阳台YT8型

审核	任 明	校对	雷霆	设计	张茹尚	图集号	06J505-1
						页	T10

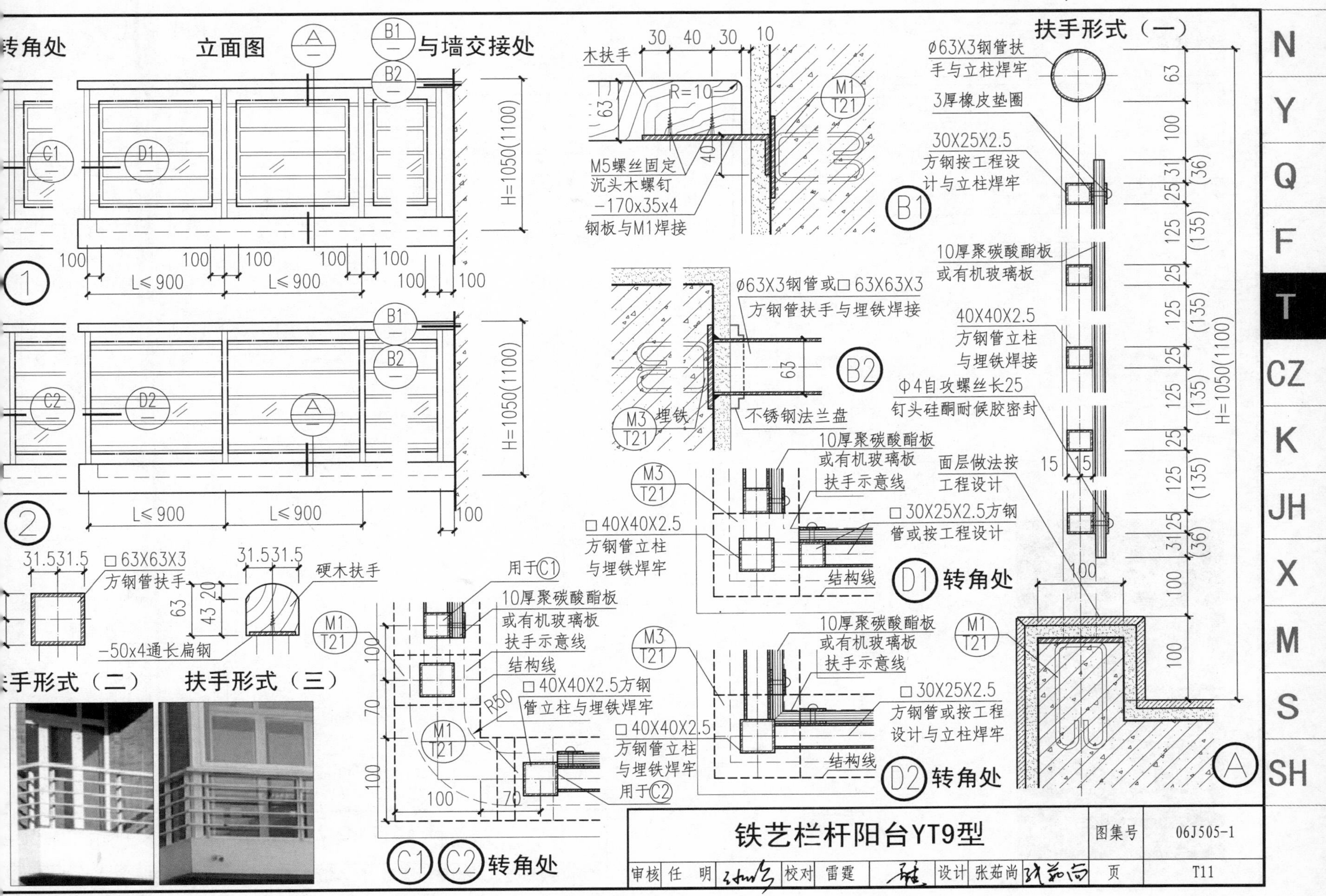

铁艺栏杆阳台YT9型	图集号	06J505-1
审核 任 明 校对 雷霆 设计 张茹尚	页	T11

N Y Q F T CZ K JH X M S SH

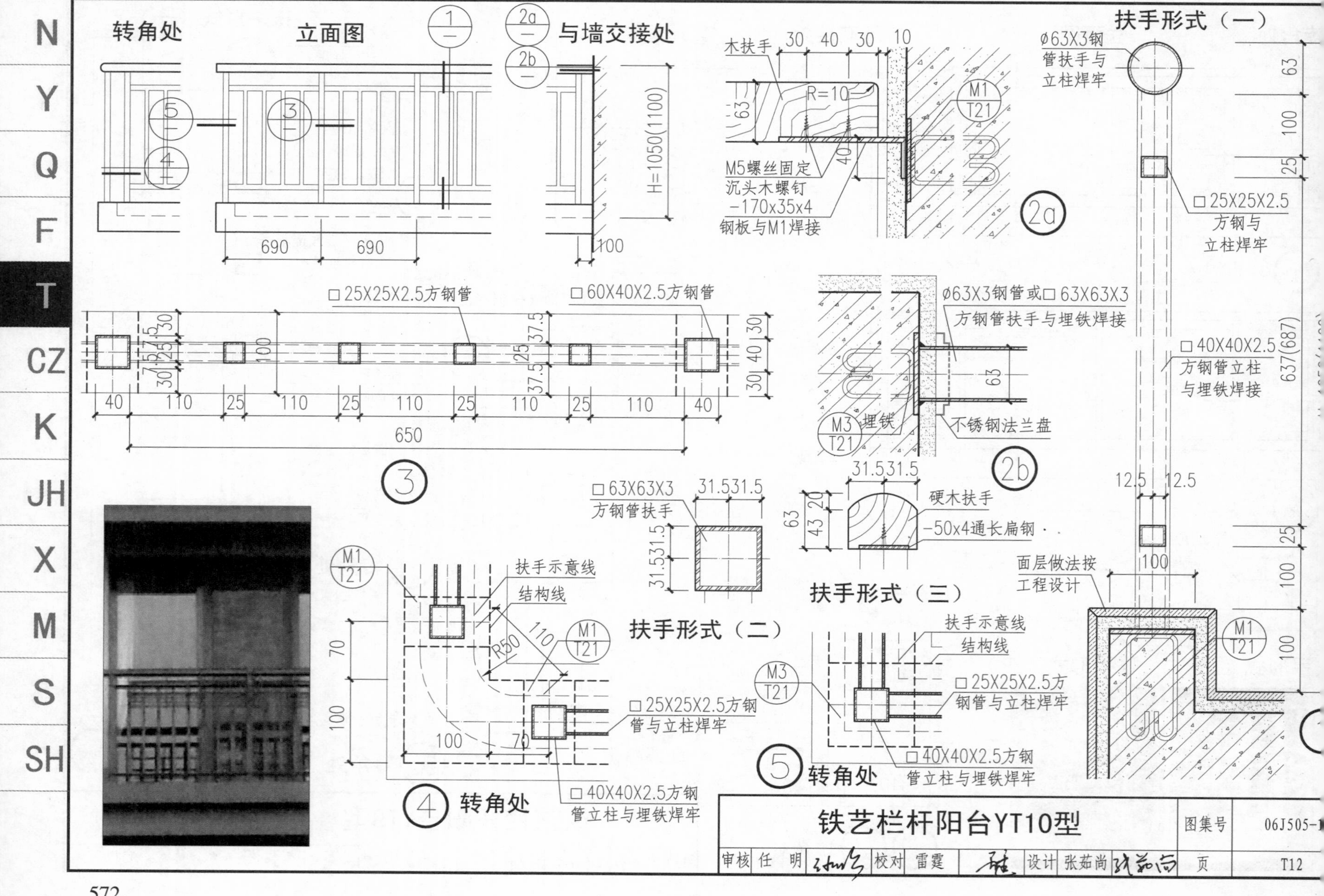

N Y Q F T CZ K JH X M S SH

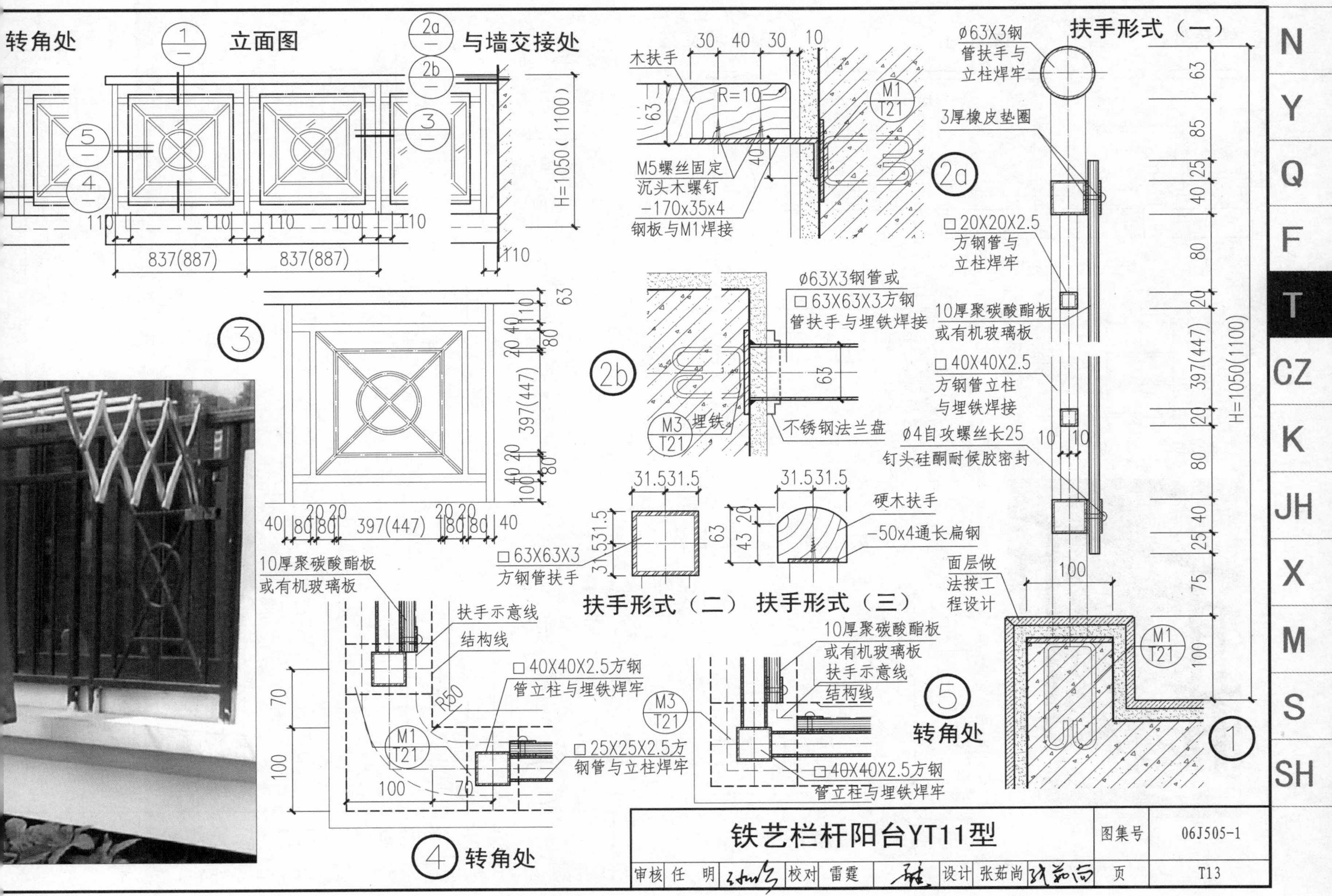

铁艺栏杆阳台YT11型

图集号	06J505-1
审核 任明 校对 雷霆 设计 张茹尚	页 T13

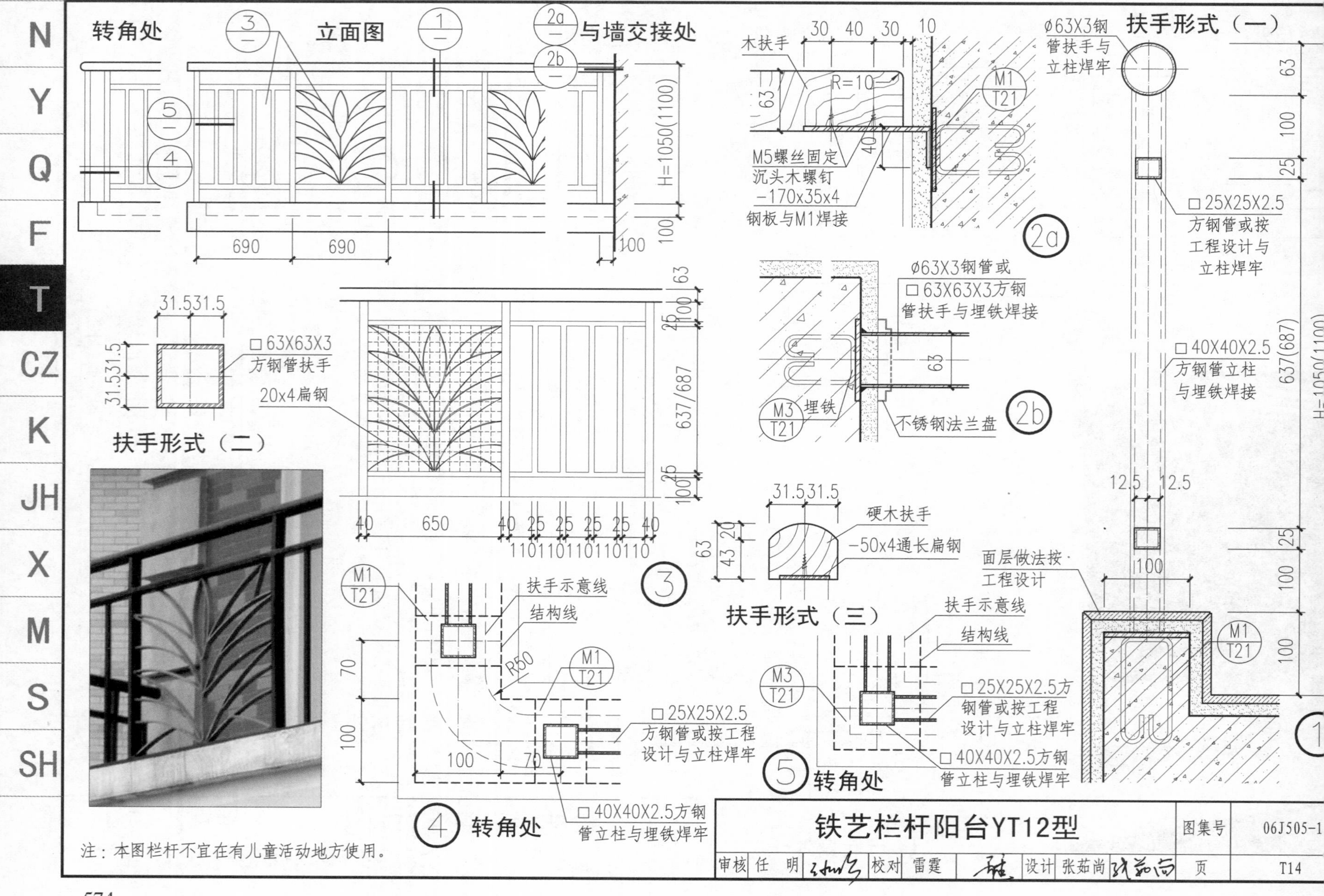

注：本图栏杆不宜在有儿童活动地方使用。

铁艺栏杆阳台YT12型	图集号	06J505-1
审核 任明 校对 雷霆 设计 张茹尚	页	T14

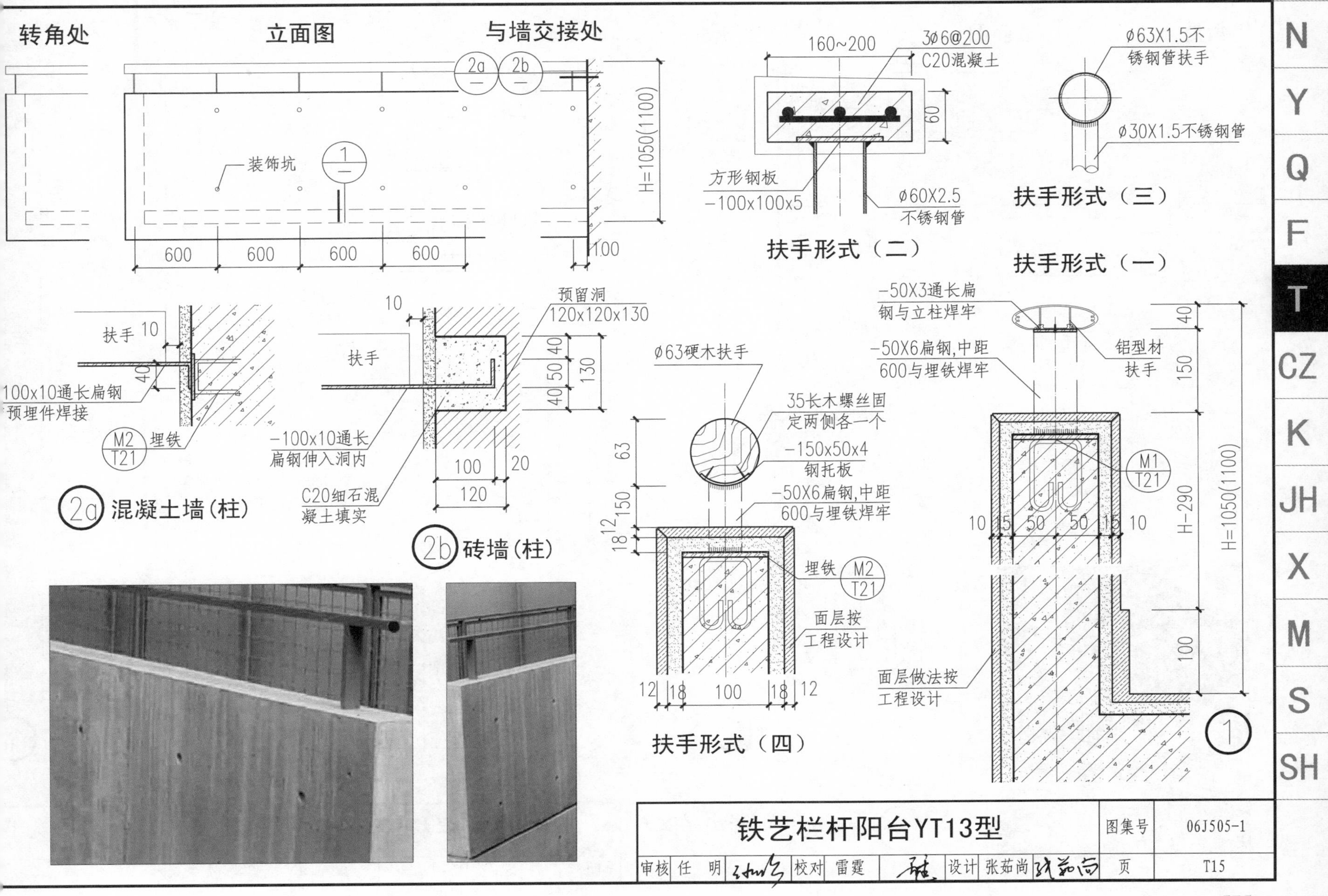

铁艺栏杆阳台YT13型						图集号	06J505-1
审核	任 明	校对	雷霆	设计	张茹尚	页	T15

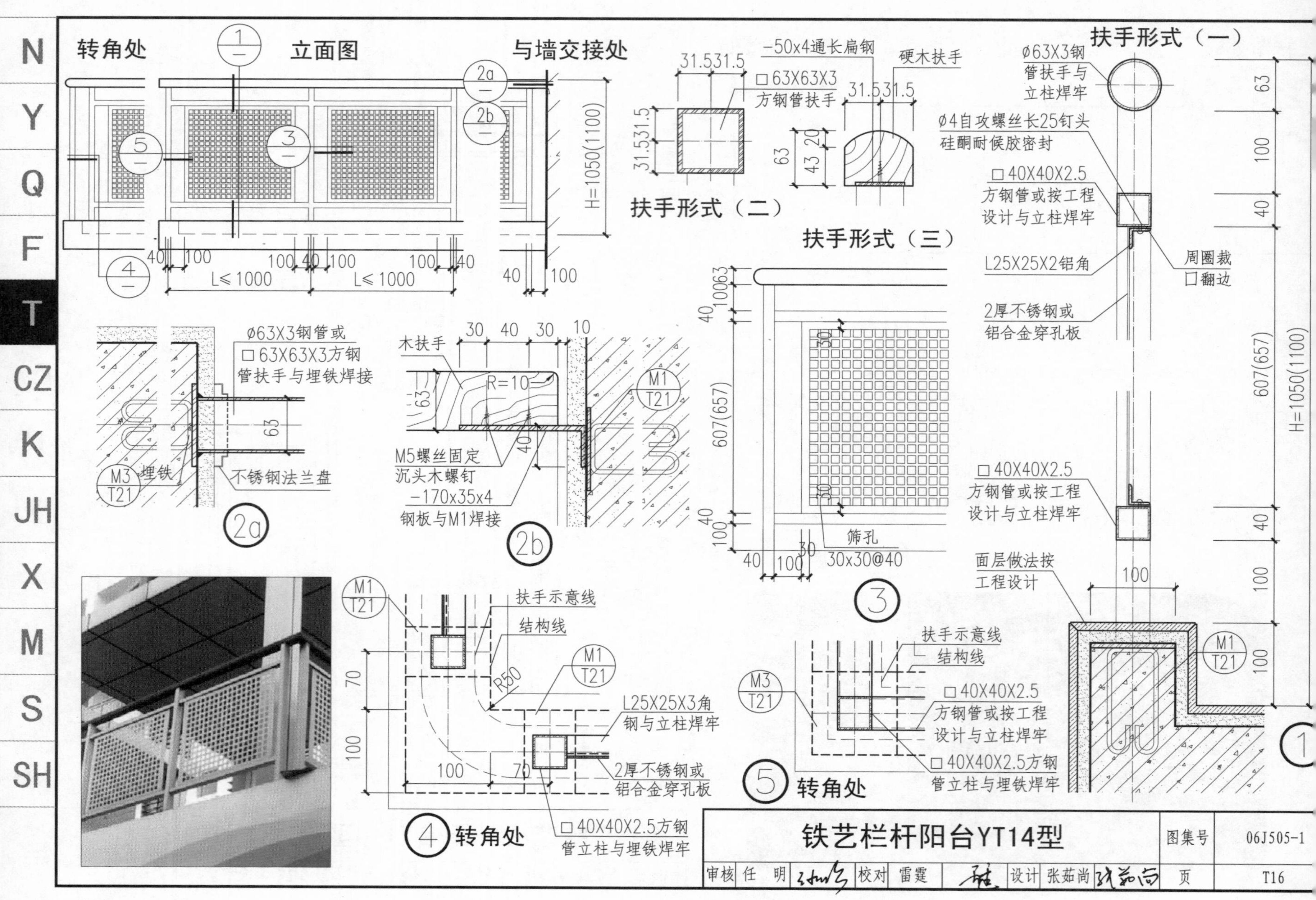

铁艺栏杆阳台YT14型						图集号	06J505-1
审核	任明	校对	雷霆	设计	张茹尚	页	T16

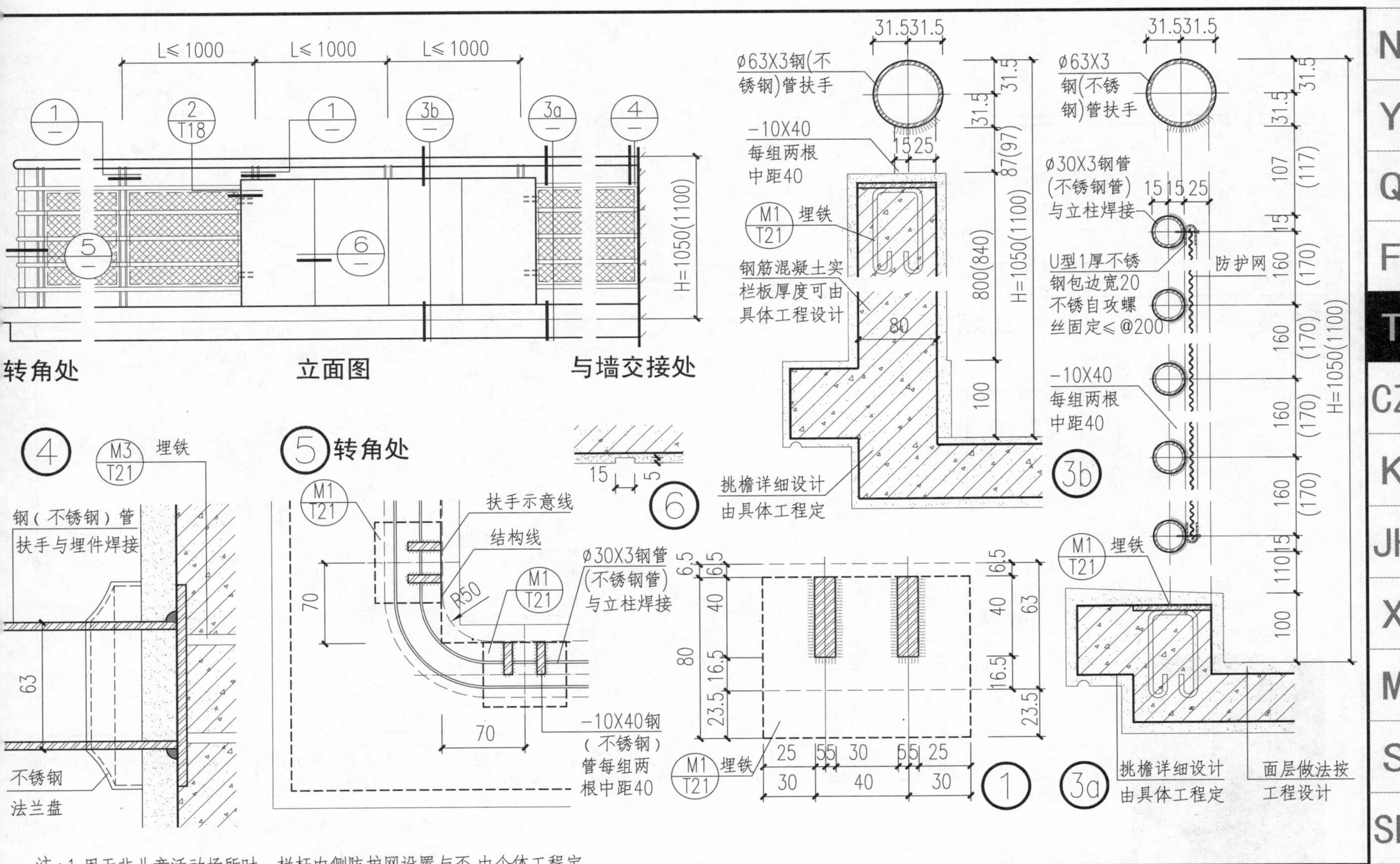

注：1.用于非儿童活动场所时，栏杆内侧防护网设置与否，由个体工程定。
2.防护网为10号镀铬钢条，网孔≤50x50，或1厚不锈钢板、1.5厚铝板，开孔率50%，由个体工程定。

实栏板与金属组合栏杆阳台YT15型						图集号	06J505-1
审核	任 明	校对	雷霆	设计	张茹尚	页	T17

N
Y
Q
F
T
CZ
K
JH
X
M
S
SH

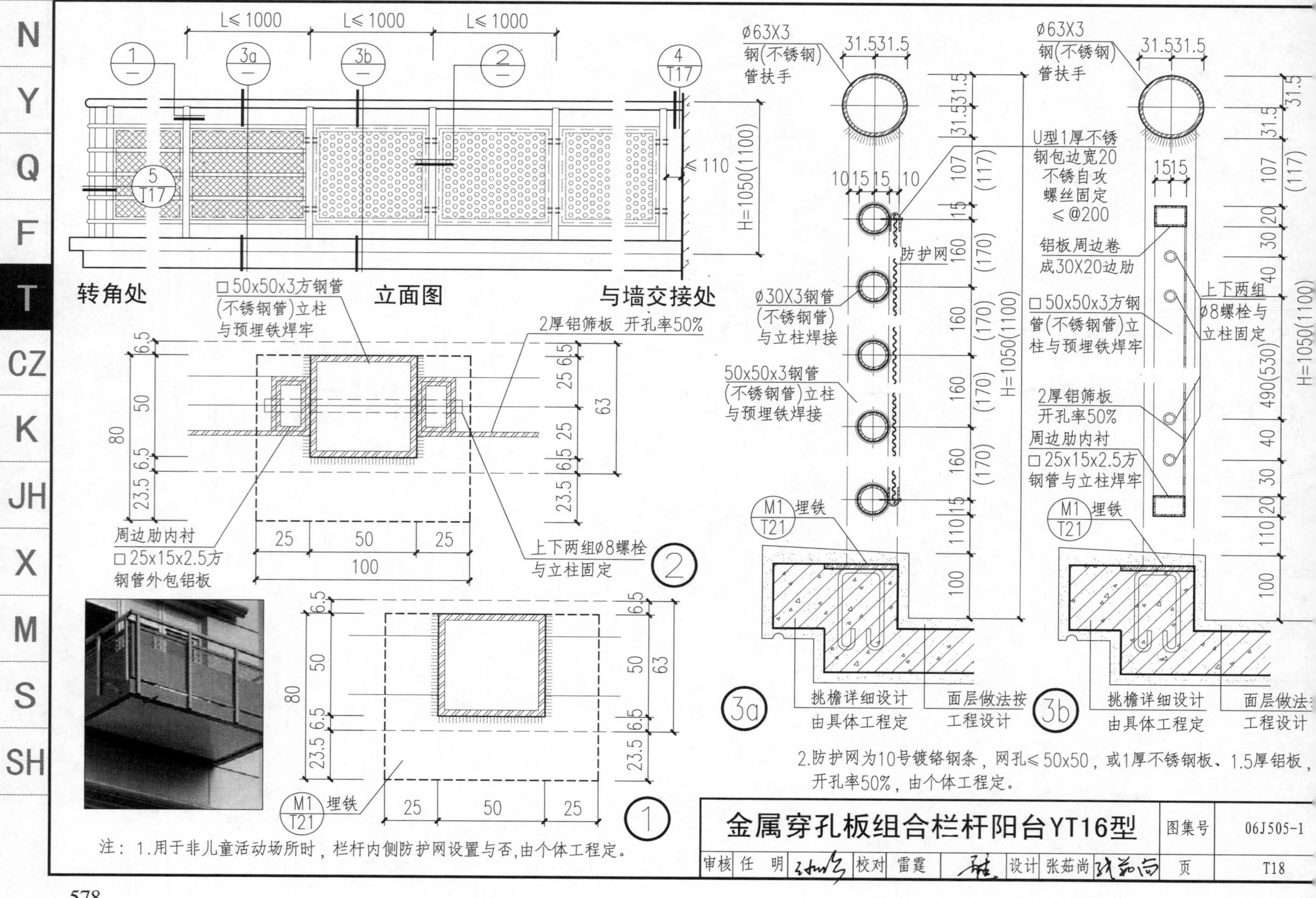

2.防护网为10号镀铬钢条，网孔≤50x50，或1厚不锈钢板、1.5厚铝板，开孔率50%，由个体工程定。

注：1.用于非儿童活动场所时，栏杆内侧防护网设置与否,由个体工程定。

金属穿孔板组合栏杆阳台YT16型	图集号	06J505-1
审核 任明 校对 雷霆 设计 张茹尚	页	T18

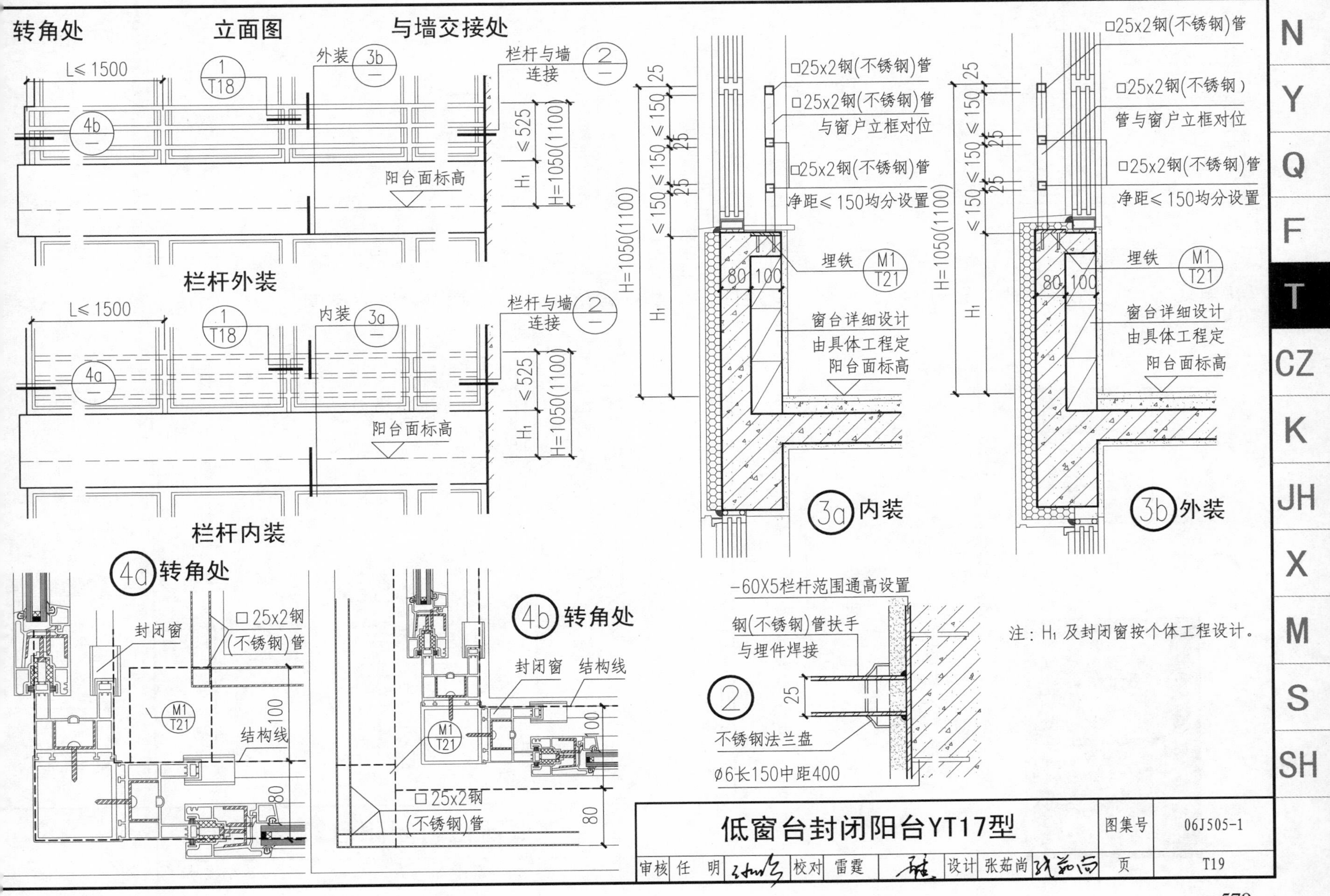

转角处
立面图
与墙交接处
外装 3b
栏杆与墙连接 2
L≤1500
1 T18
4b
≤525
H₁
H=1050(1100)
阳台面标高
栏杆外装
内装 3a
4a
栏杆内装
□25x2钢(不锈钢)管
□25x2钢(不锈钢)管与窗户立框对位
□25x2钢(不锈钢)管净距≤150均分设置
埋铁 M1 T21
窗台详细设计由具体工程定
3a 内装
3b 外装
4a 转角处
封闭窗
□25x2钢(不锈钢)管
结构线
4b 转角处
-60X5栏杆范围通高设置
钢(不锈钢)管扶手与埋件焊接
不锈钢法兰盘
ø6长150中距400
注：H₁ 及封闭窗按个体工程设计。
N Y Q F T CZ K JH X M S SH
低窗台封闭阳台YT17型
图集号 06J505-1
审核 任明 校对 雷霆 设计 张茹尚 页 T19

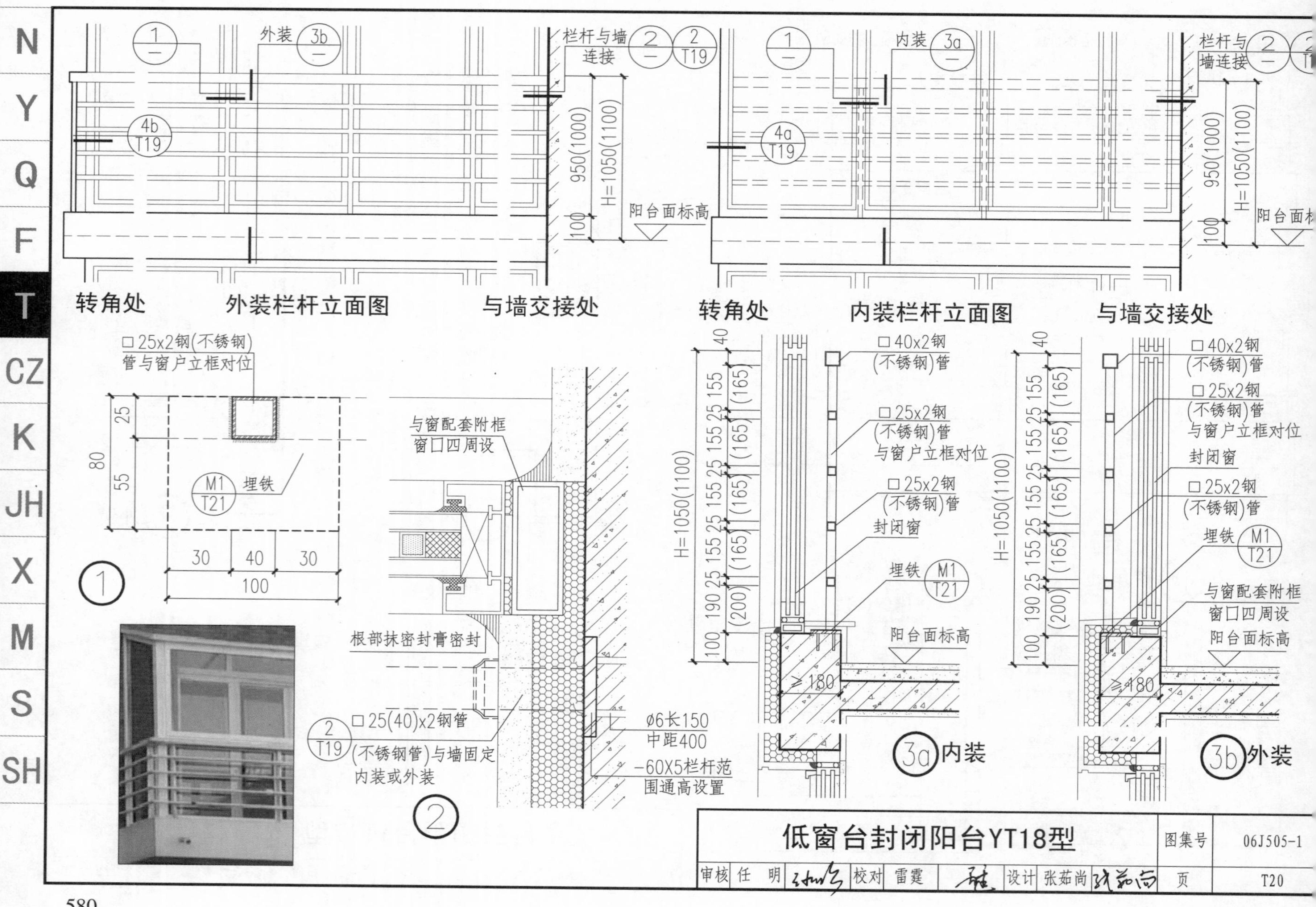

低窗台封闭阳台YT18型

审核	任 明	校对	雷霆	设计	张茹尚	图集号	06J505-1
						页	T20

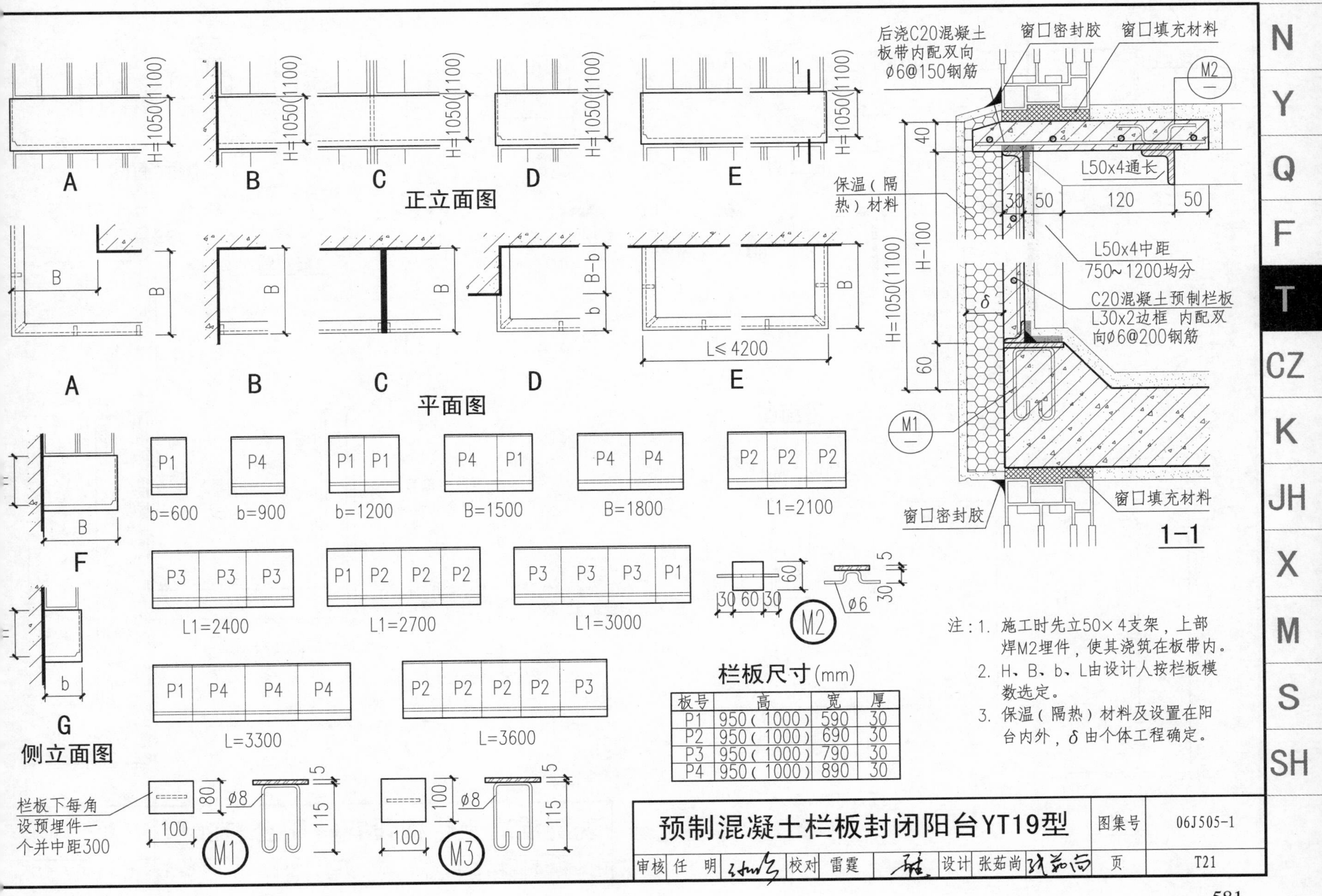

栏板尺寸(mm)

板号	高	宽	厚
P1	950（1000）	590	30
P2	950（1000）	690	30
P3	950（1000）	790	30
P4	950（1000）	890	30

注：1. 施工时先立50×4支架，上部焊M2埋件，使其浇筑在板带内。
2. H、B、b、L由设计人按栏板模数选定。
3. 保温（隔热）材料及设置在阳台内外，δ由个体工程确定。

预制混凝土栏板封闭阳台YT19型

图集号	06J505-1
页	T21

审核 任明 校对 雷霆 设计 张茹尚

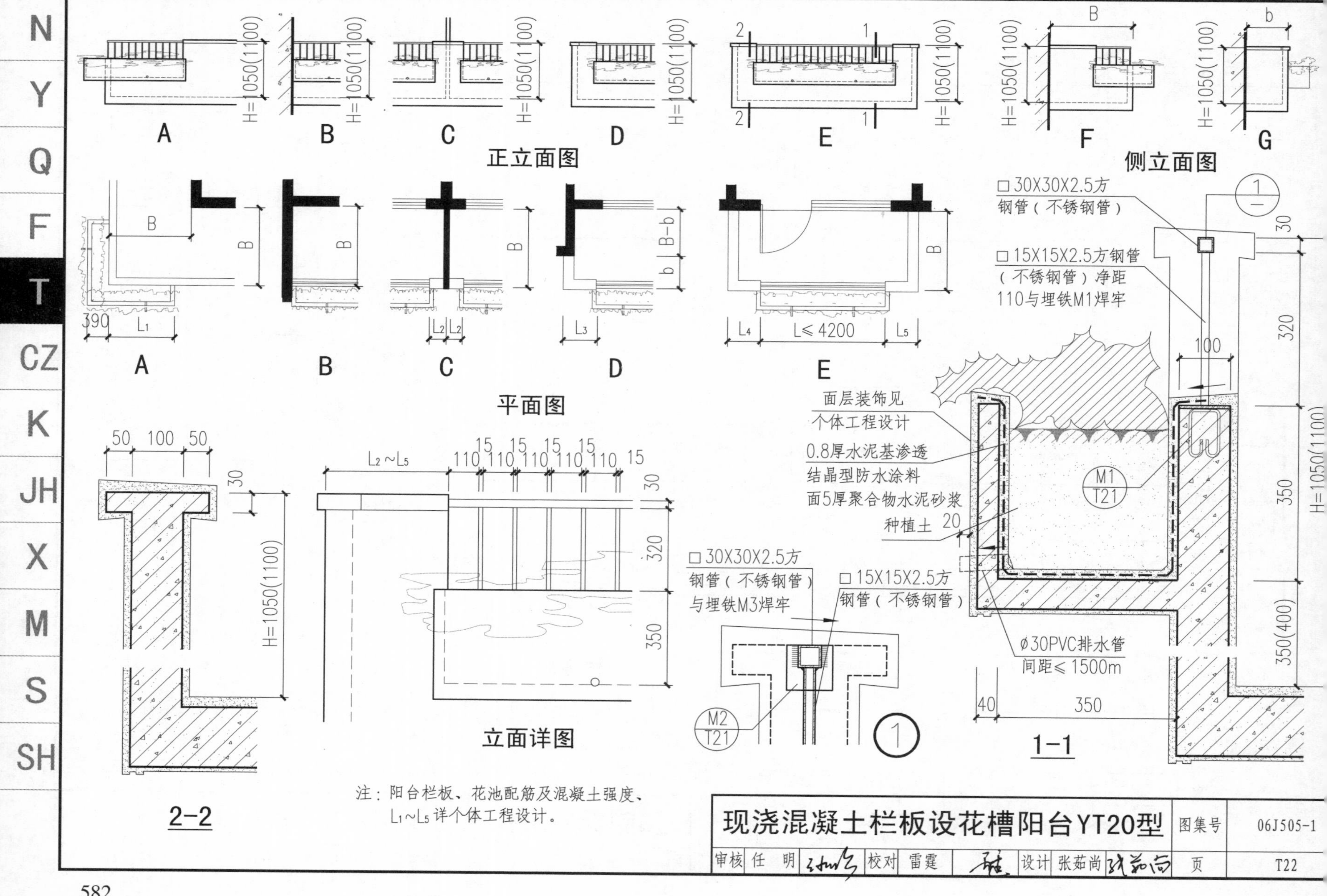

注：阳台栏板、花池配筋及混凝土强度、L1~L5详个体工程设计。

现浇混凝土栏板设花槽阳台YT20型				图集号	06J505-1
审核 任 明	校对 雷霆		设计 张茹尚	页	T22

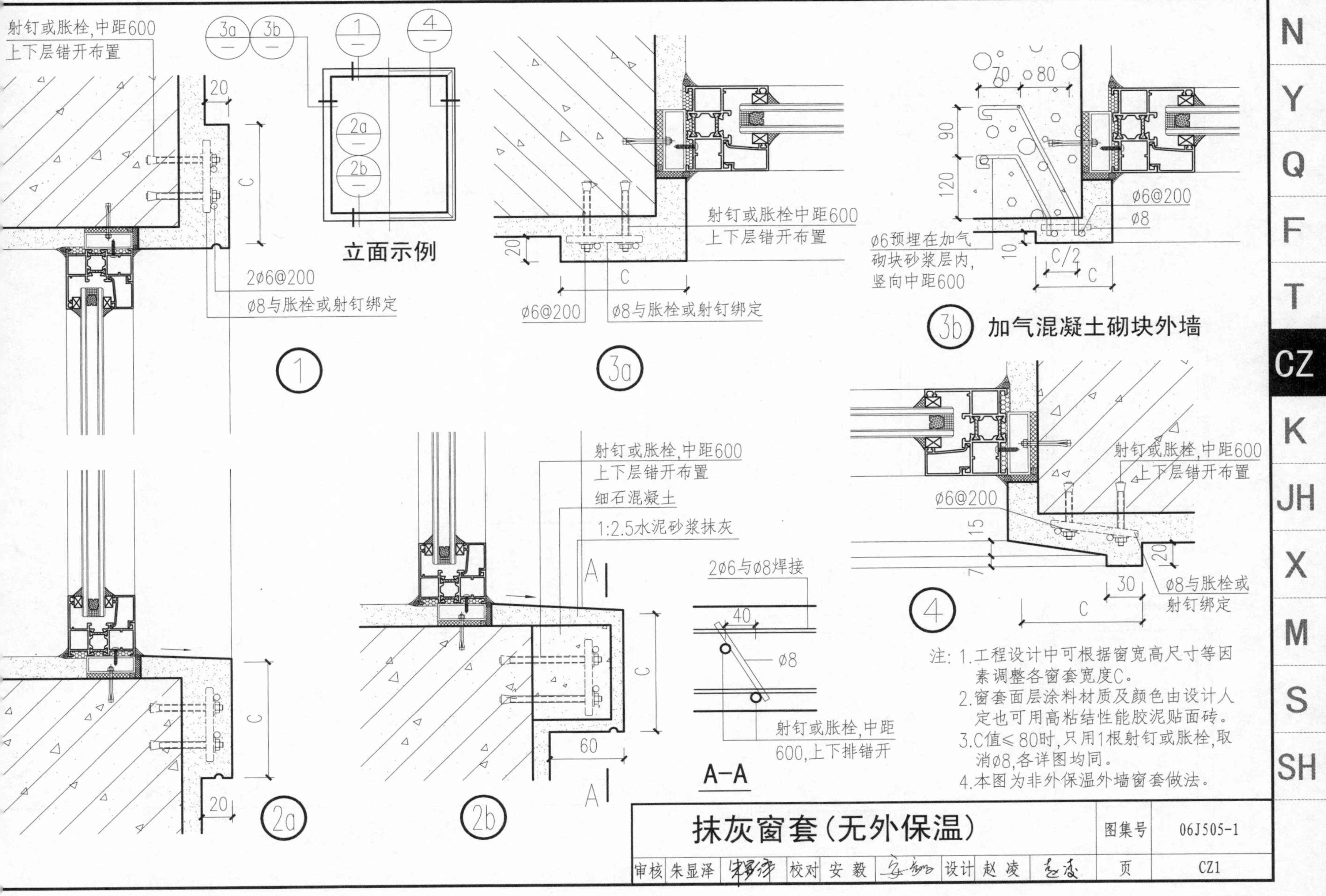

注:1.工程设计中可根据窗宽高尺寸等因素调整各窗套宽度C。
2.窗套面层涂料材质及颜色由设计人定也可用高粘结性能胶泥贴面砖。
3.C值≤80时,只用1根射钉或胀栓,取消ø8,各详图均同。
4.本图为非外保温外墙窗套做法。

抹灰窗套(无外保温)							图集号	06J505-1
审核	朱显泽	[signature]	校对	安 毅	[signature]	设计 赵 凌 [signature]	页	CZ1

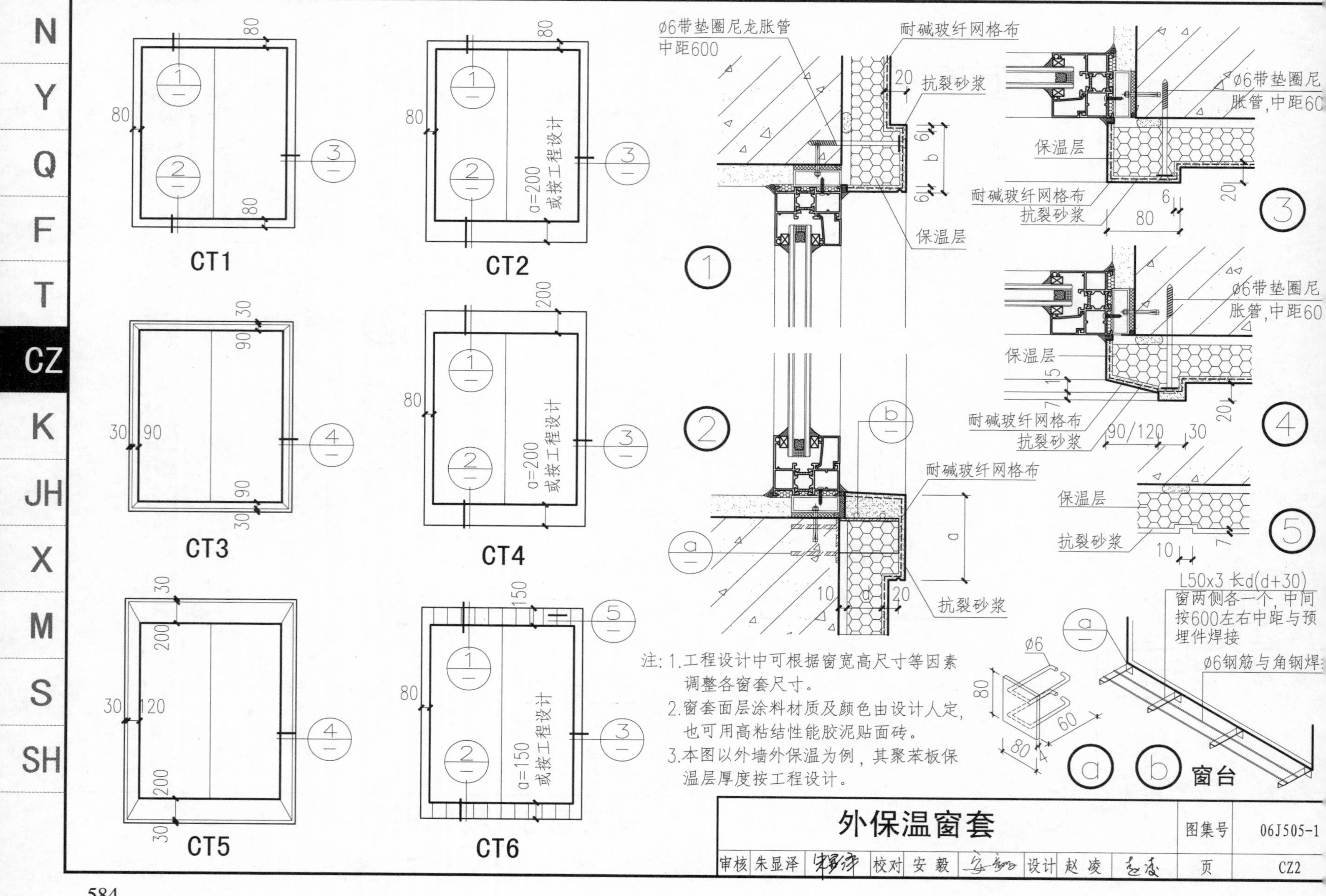

N
Y
Q
F
T
CZ
K
JH
X
M
S
SH
CT1
CT2
CT3
CT4
CT5
CT6
a=200
或按工程设计
a=150
ø6带垫圈尼龙胀管
中距600
耐碱玻纤网格布
抗裂砂浆
保温层
ø6带垫圈尼
胀管,中距60
L50x3 长d(d+30)
窗两侧各一个，中间
按600左右中距与预
埋件焊接
ø6钢筋与角钢焊
窗台
注：1.工程设计中可根据窗宽高尺寸等因素
调整各窗套尺寸。
2.窗套面层涂料材质及颜色由设计人定，
也可用高粘结性能胶泥贴面砖。
3.本图以外墙外保温为例，其聚苯板保
温层厚度按工程设计。
外保温窗套
图集号 06J505-1
审核 朱显泽 校对 安毅 设计 赵凌
页 CZ2

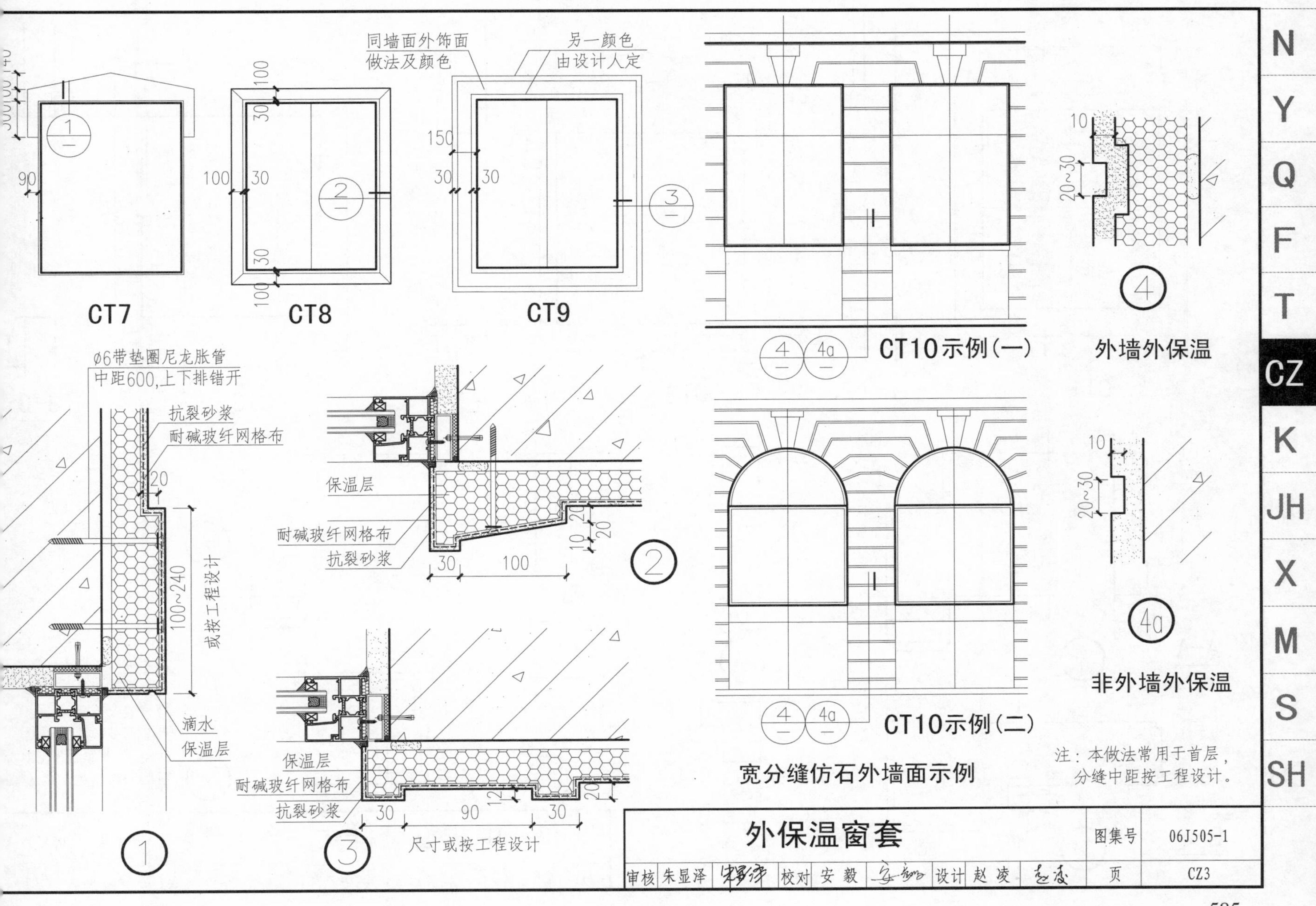

N
Y
Q
F
T
CZ
K
JH
X
M
S
SH

外保温窗套

图集号	06J505-1
页	CZ3

审核 朱显泽 校对 安毅 设计 赵凌

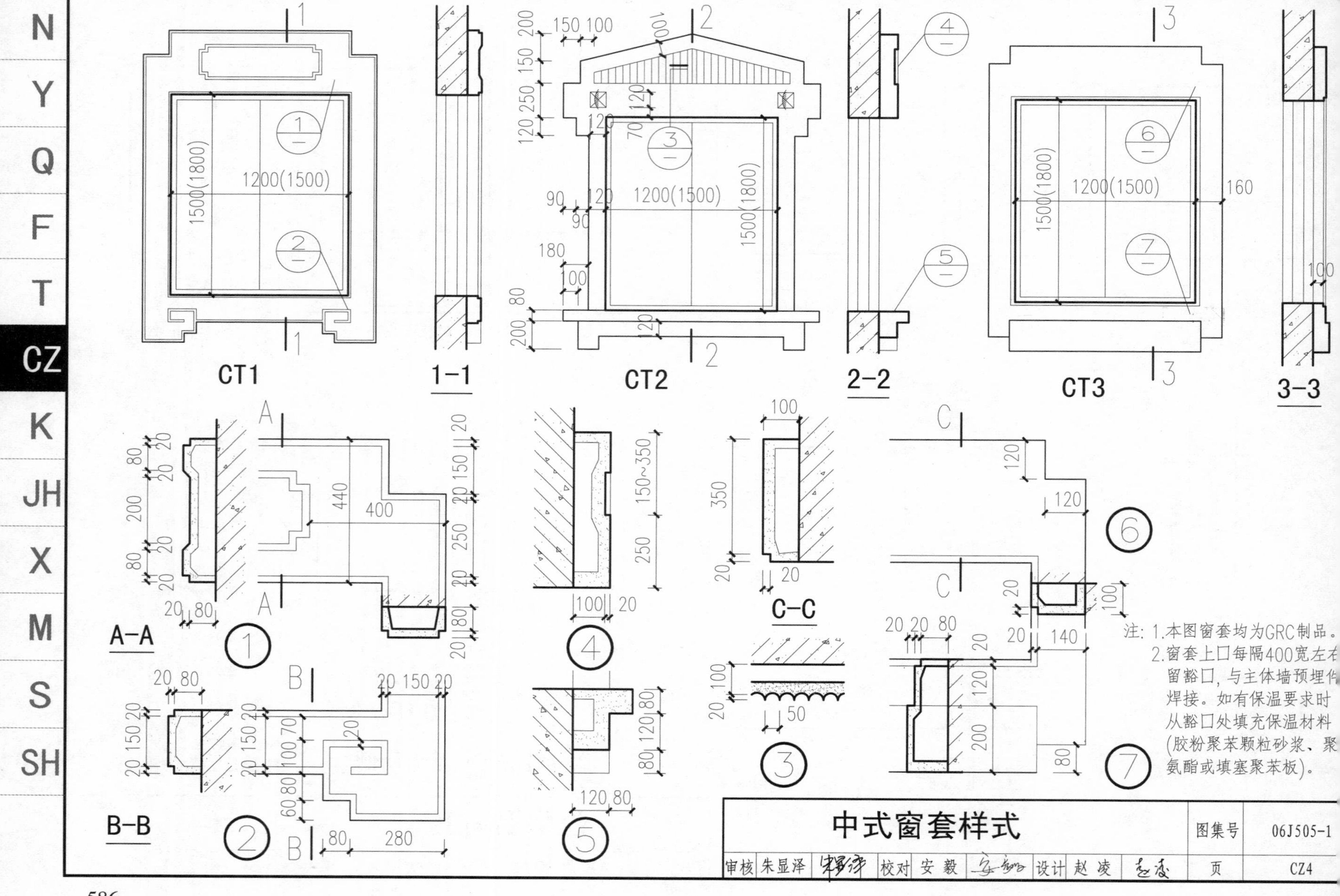

中式窗套样式							图集号	06J505-1
审核	朱显泽		校对	安 毅		设计 赵 凌	页	CZ4

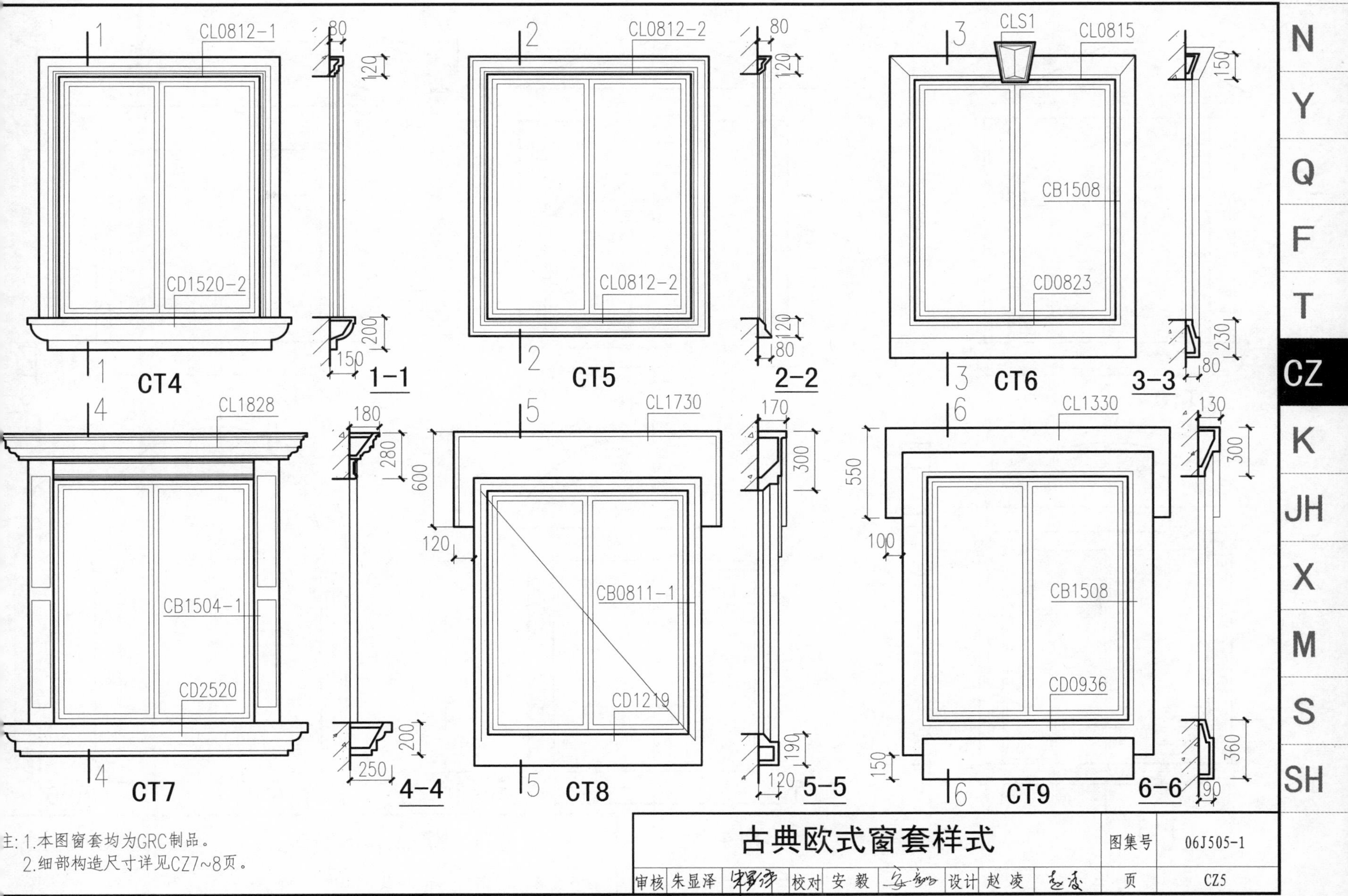

注: 1.本图窗套均为GRC制品。
2.细部构造尺寸详见CZ7~8页。

古典欧式窗套样式						图集号	06J505-1
审核	朱显泽	校对	安 毅	设计	赵 凌	页	CZ5

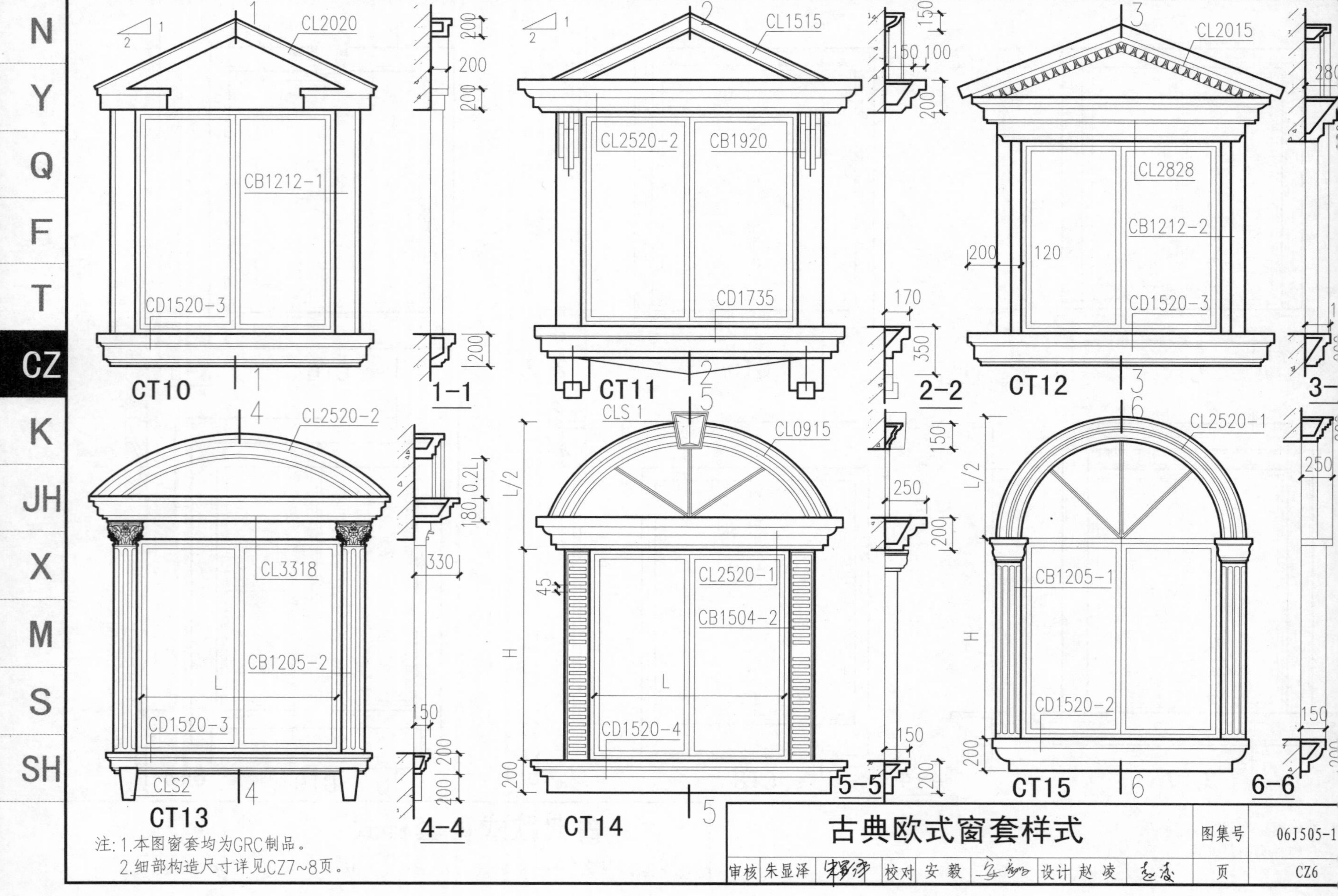

注：1.本图窗套均为GRC制品。

2.细部构造尺寸详见CZ7~8页。

古典欧式窗套样式						图集号	06J505-1
审核	朱显泽	校对	安毅	设计	赵凌	页	CZ6

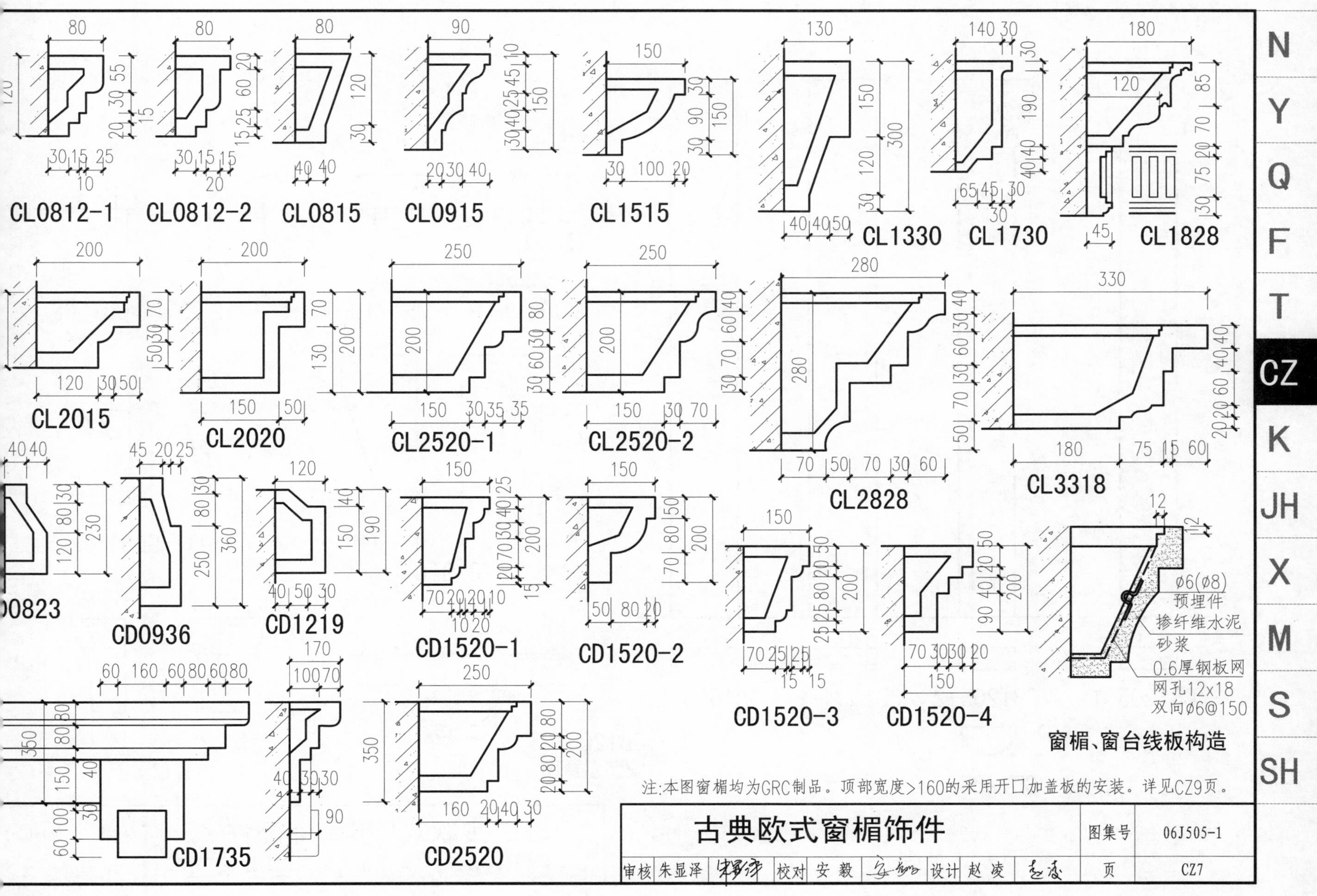
CL0812-1
CL0812-2
CL0815
CL0915
CL1515
CL1330
CL1730
CL1828
CL2015
CL2020
CL2520-1
CL2520-2
CL2828
CL3318
CD0823
CD0936
CD1219
CD1520-1
CD1520-2
CD1520-3
CD1520-4
CD1735
CD2520
ø6(ø8)
预埋件
掺纤维水泥
砂浆
0.6厚钢板网
网孔12x18
双向ø6@150
窗楣、窗台线板构造
注:本图窗楣均为GRC制品。顶部宽度>160的采用开口加盖板的安装。详见CZ9页。
古典欧式窗楣饰件
图集号
06J505-1
审核 朱显泽
校对 安 毅
设计 赵 凌
页
CZ7
N
Y
Q
F
T
CZ
K
JH
X
M
S
SH

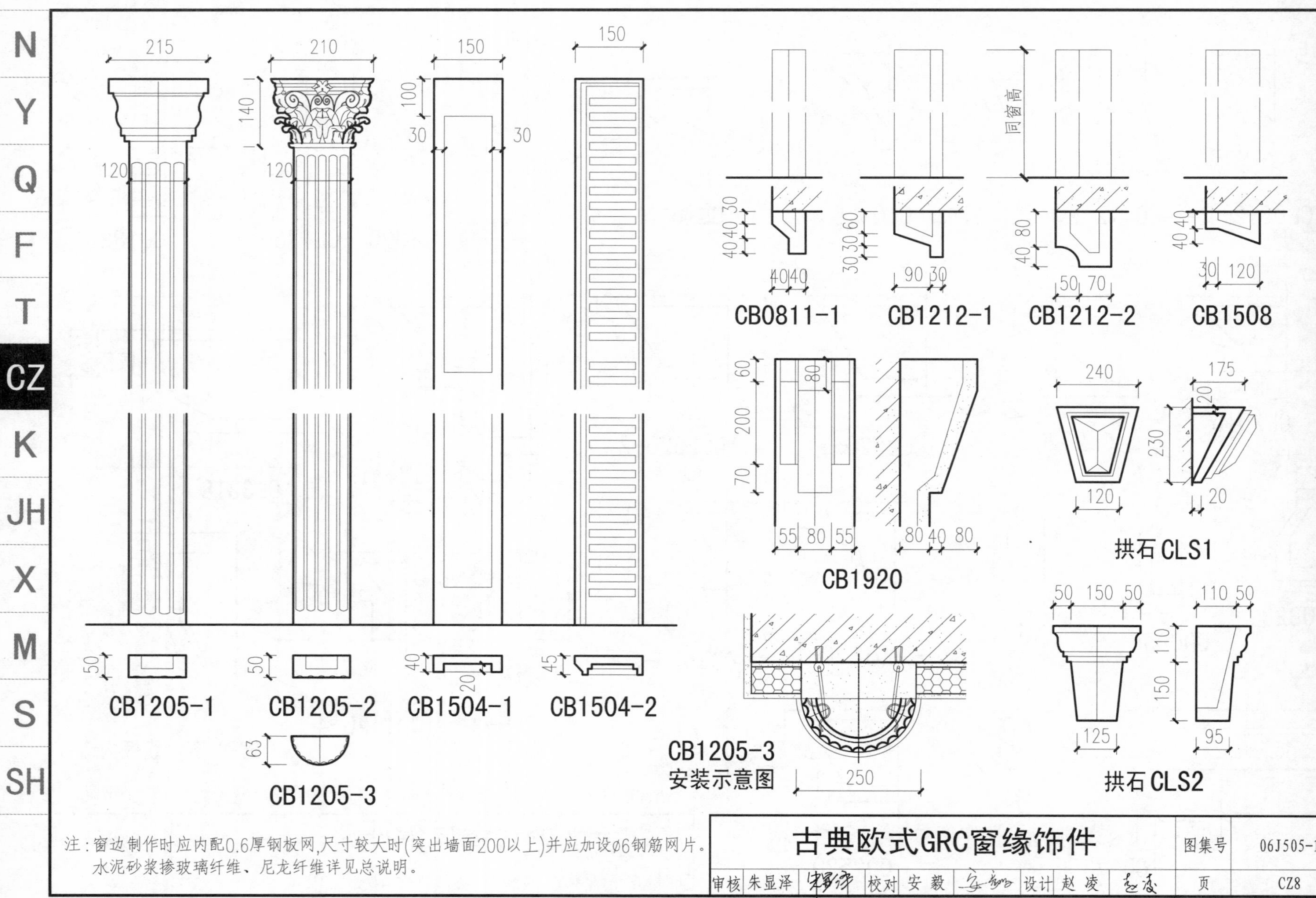

注：窗边制作时应内配0.6厚钢板网，尺寸较大时(突出墙面200以上)并应加设ø6钢筋网片。
水泥砂浆掺玻璃纤维、尼龙纤维详见总说明。

古典欧式GRC窗缘饰件							图集号	06J505-1
审核	朱显泽		校对	安 毅		设计 赵 凌	页	CZ8

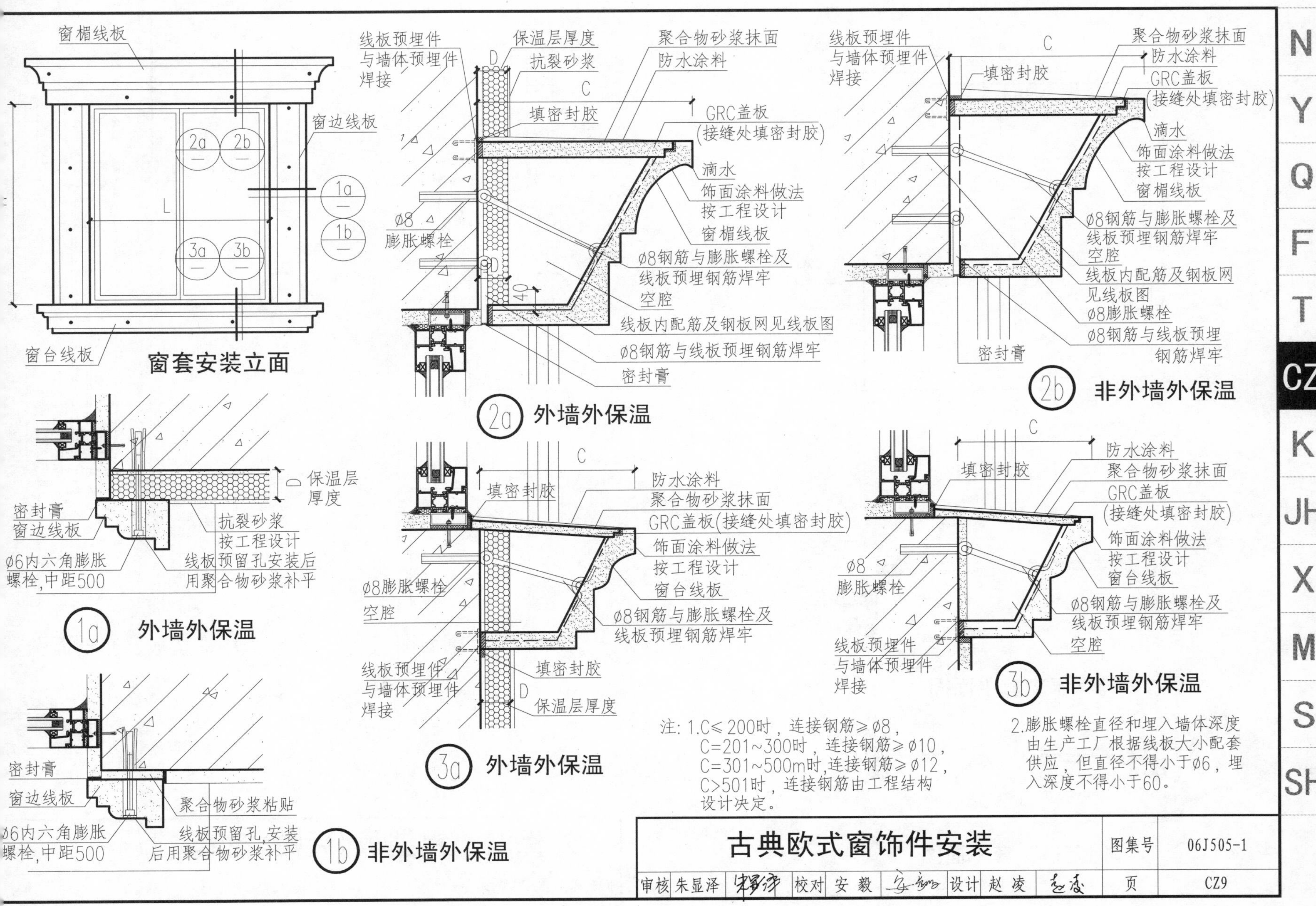

注：1.C≤200时，连接钢筋≥ø8，
C=201~300时，连接钢筋≥ø10，
C=301~500m时，连接钢筋≥ø12，
C>501时，连接钢筋由工程结构设计决定。

2.膨胀螺栓直径和埋入墙体深度由生产工厂根据线板大小配套供应，但直径不得小于ø6，埋入深度不得小于60。

古典欧式窗饰件安装	图集号	06J505-1
审核 朱显泽 校对 安毅 设计 赵凌	页	CZ9

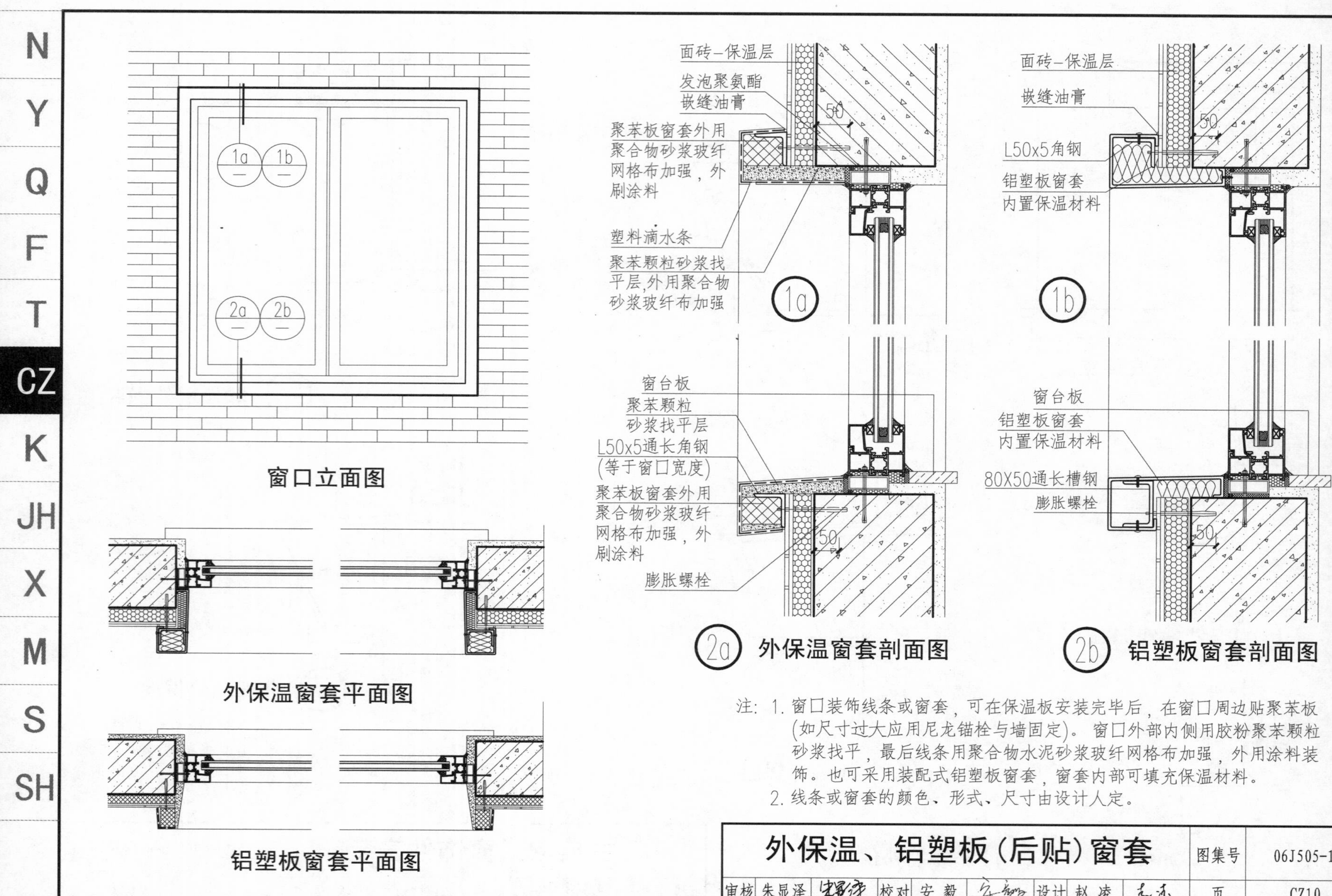

注：1. 窗口装饰线条或窗套，可在保温板安装完毕后，在窗口周边贴聚苯板(如尺寸过大应用尼龙锚栓与墙固定)。窗口外部内侧用胶粉聚苯颗粒砂浆找平，最后线条用聚合物水泥砂浆玻纤网格布加强，外用涂料装饰。也可采用装配式铝塑板窗套，窗套内部可填充保温材料。
2. 线条或窗套的颜色、形式、尺寸由设计人定。

外保温、铝塑板(后贴)窗套							图集号	06J505-1
审核	朱显泽	[签名]	校对	安毅	[签名]	设计 赵凌 [签名]	页	CZ10

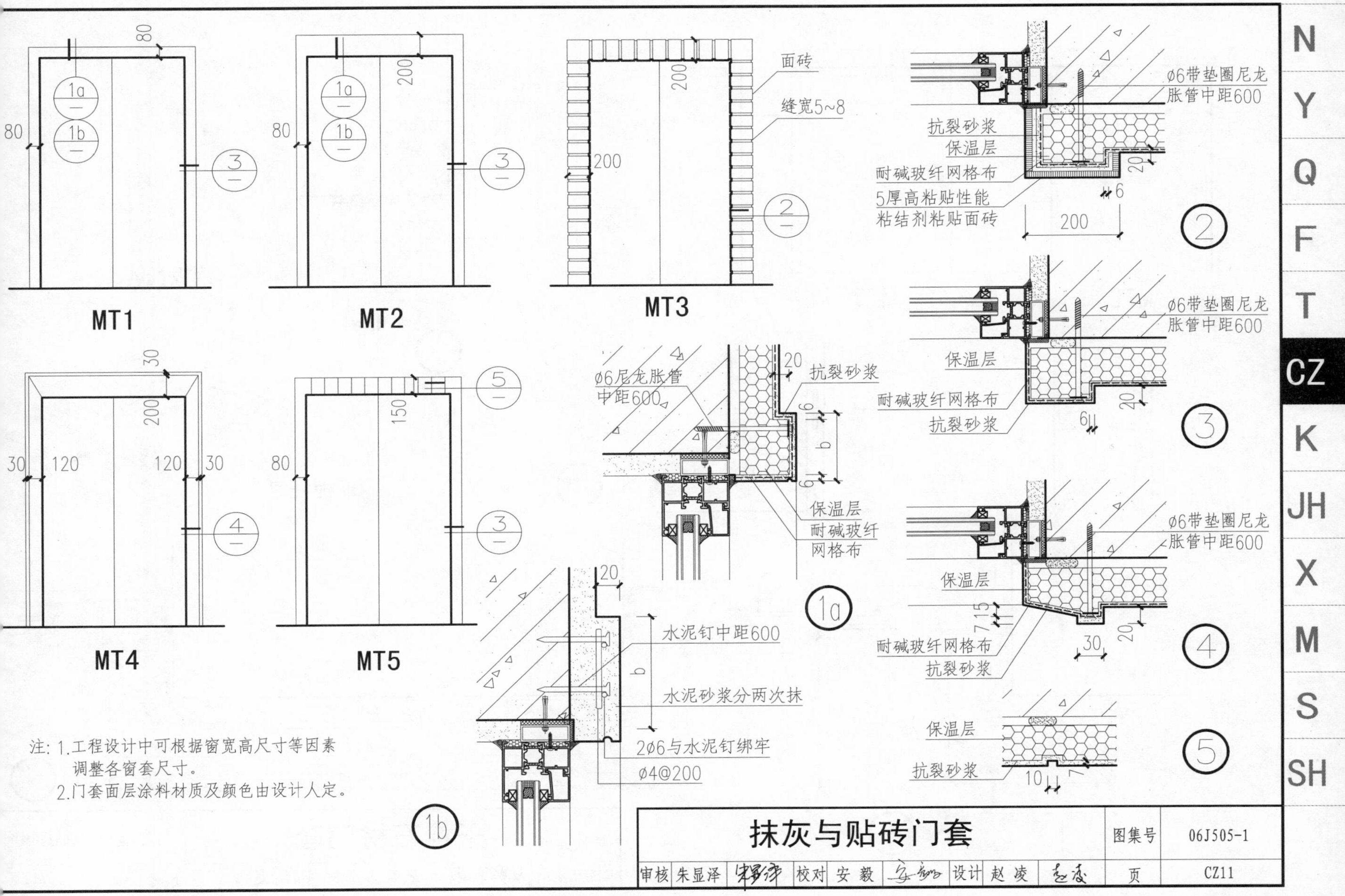

注：1.工程设计中可根据窗宽高尺寸等因素调整各窗套尺寸。
2.门套面层涂料材质及颜色由设计人定。

抹灰与贴砖门套							图集号	06J505-1
审核	朱显泽	校对	安 毅	设计	赵 凌		页	CZ11

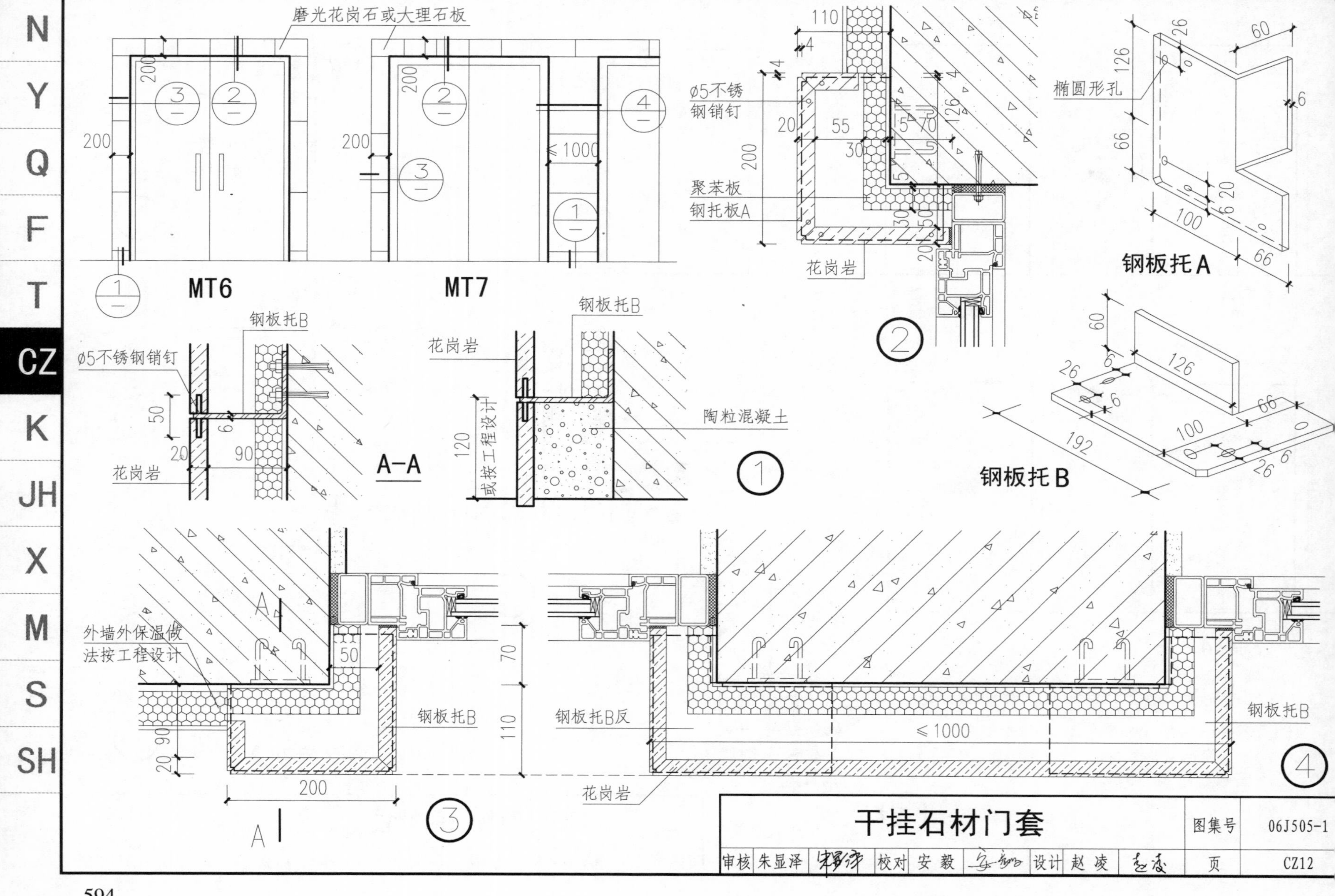

N
Y
Q
F
T
CZ
K
JH
X
M
S
SH
磨光花岗石或大理石板
MT6
MT7
≤1000
ø5不锈钢销钉
聚苯板
钢托板A
花岗岩
椭圆形孔
钢板托A
钢板托B
A-A
120或按工程设计
陶粒混凝土
外墙外保温做法按工程设计
钢板托B反
干挂石材门套
图集号
06J505-1
审核
朱显泽
校对
安毅
设计
赵凌
页
CZ12

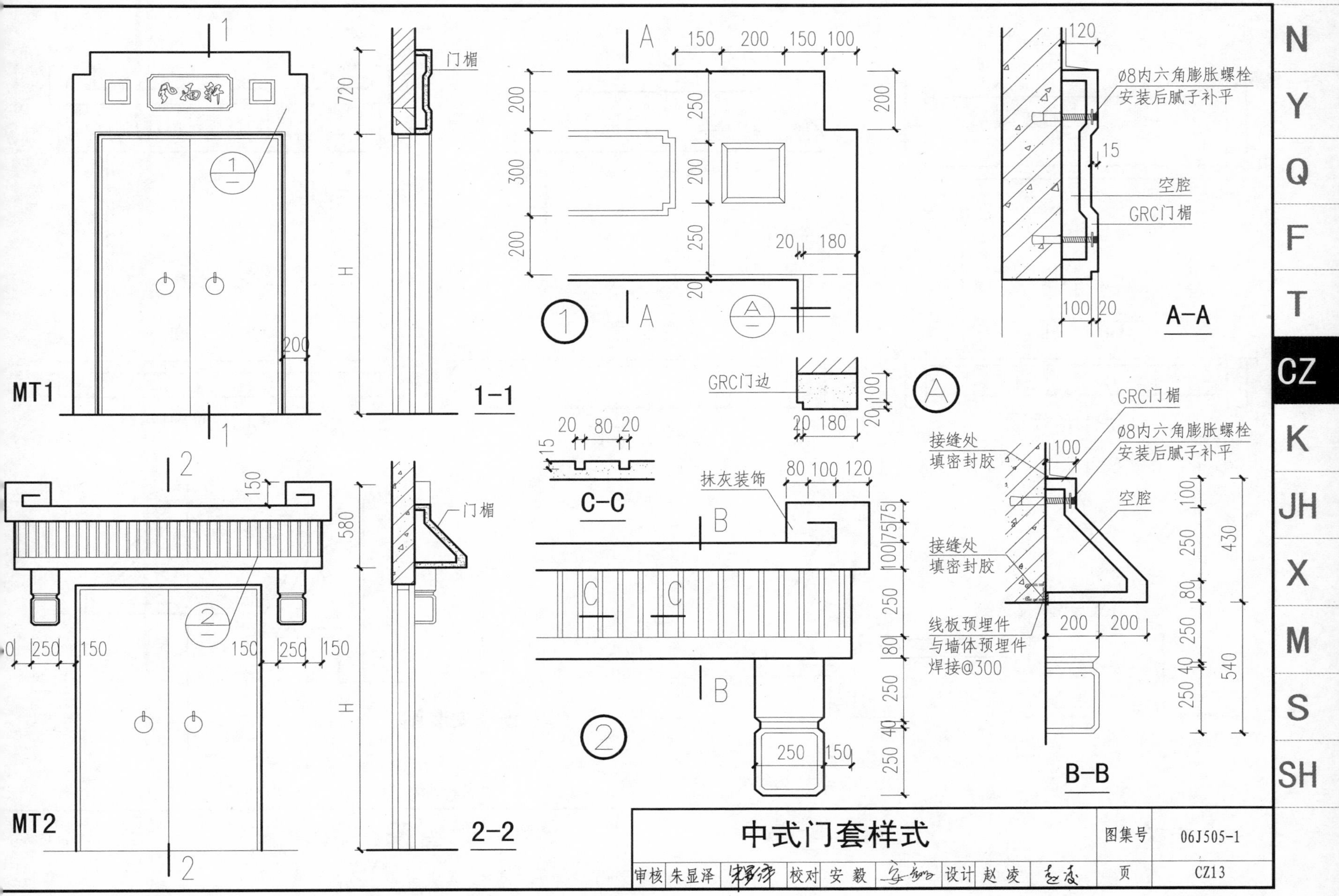

中式门套样式

图集号	06J505-1
审核 朱显泽 校对 安毅 设计 赵凌	页 CZ13

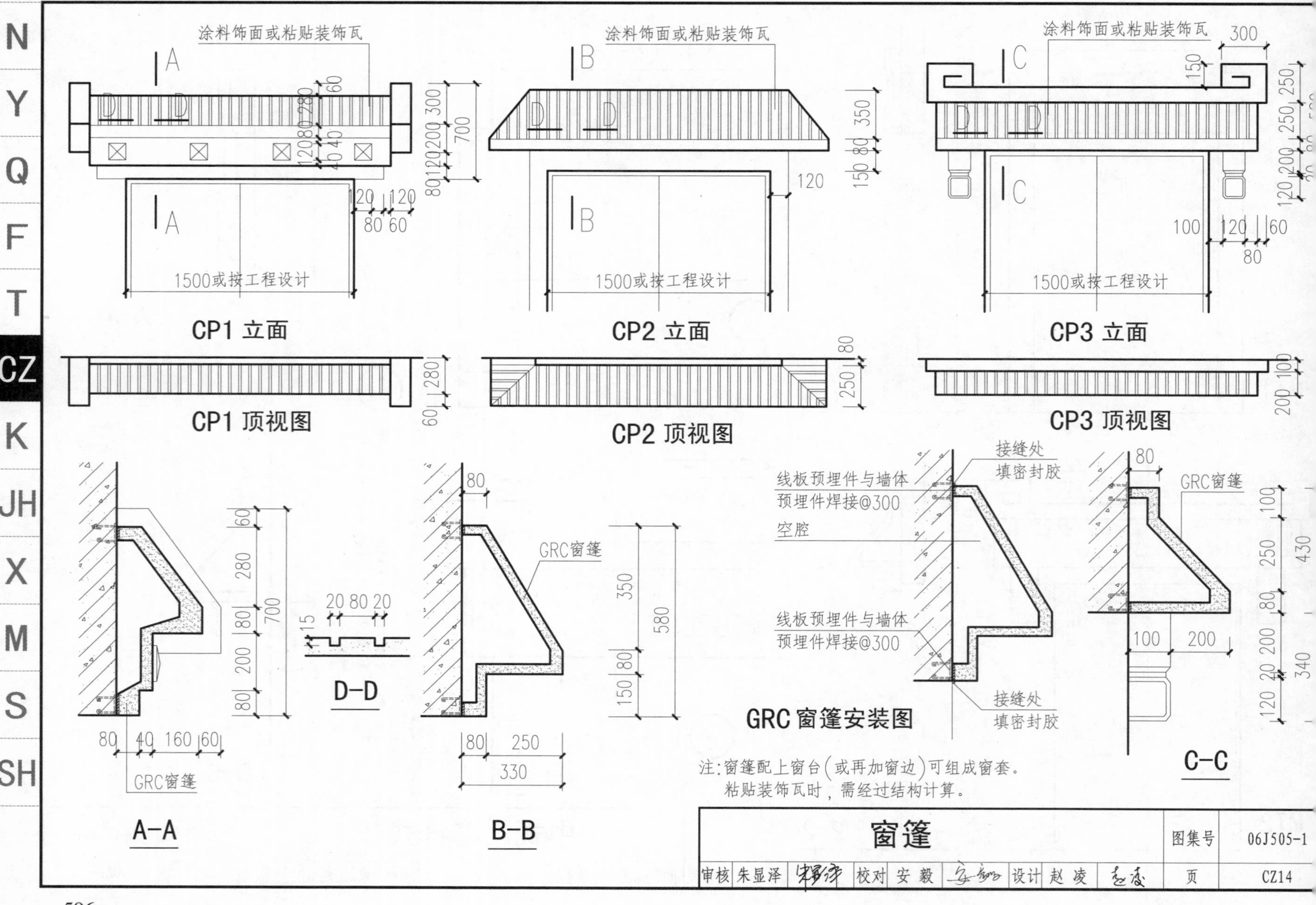

注：窗篷配上窗台（或再加窗边）可组成窗套。
粘贴装饰瓦时，需经过结构计算。

窗篷							图集号	06J505-1
审核	朱显泽	[signature]	校对	安 毅	[signature]	设计 赵 凌	页	CZ14

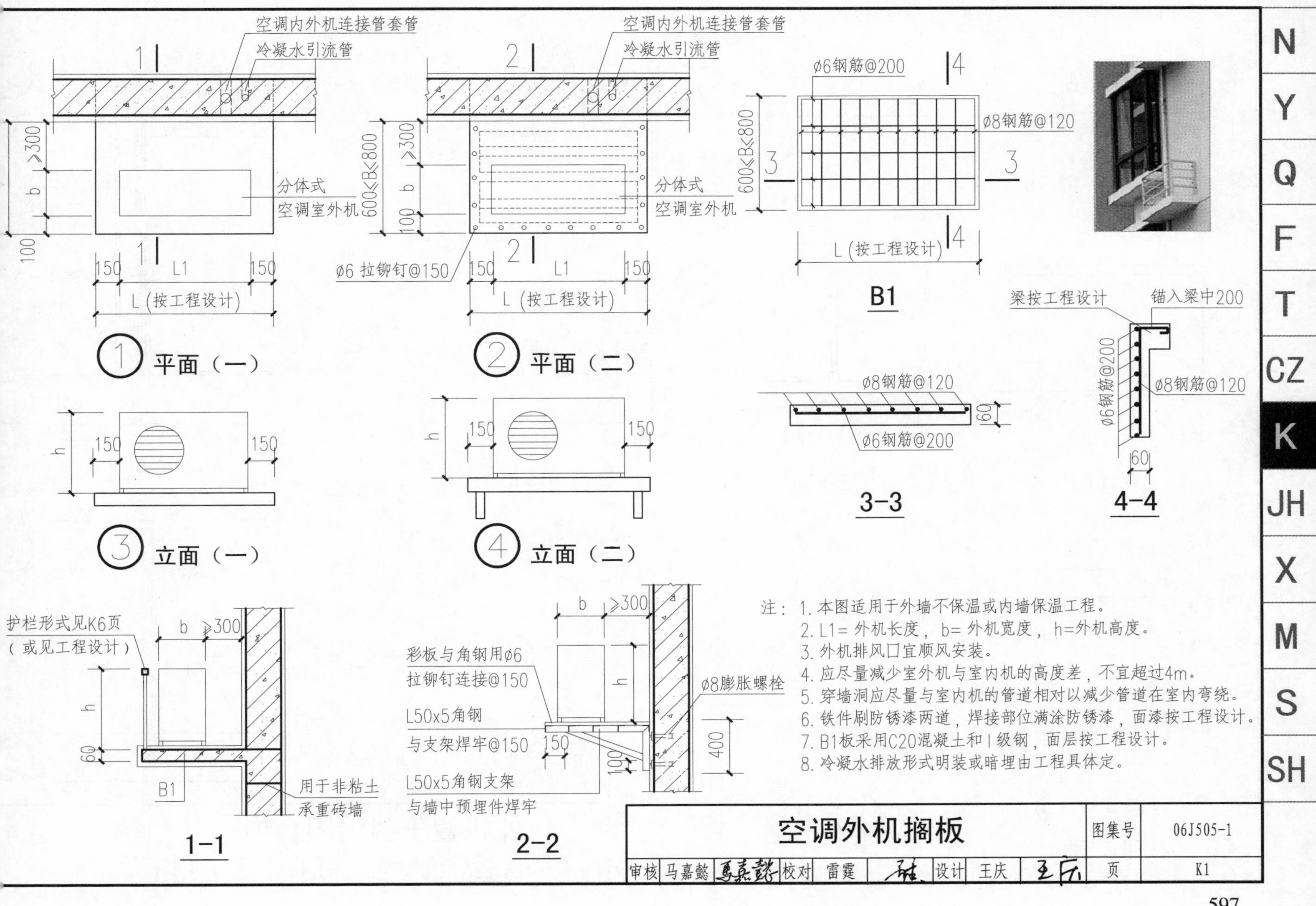

注：1. 本图适用于外墙不保温或内墙保温工程。
2. L1= 外机长度， b= 外机宽度， h=外机高度。
3. 外机排风口宜顺风安装。
4. 应尽量减少室外机与室内机的高度差，不宜超过4m。
5. 穿墙洞应尽量与室内机的管道相对以减少管道在室内弯绕。
6. 铁件刷防锈漆两道，焊接部位满涂防锈漆，面漆按工程设计。
7. B1板采用C20混凝土和Ⅰ级钢，面层按工程设计。
8. 冷凝水排放形式明装或暗埋由工程具体定。

空调外机搁板						图集号	06J505-1
审核	马嘉懿	校对	雷霆	设计	王庆	页	K1

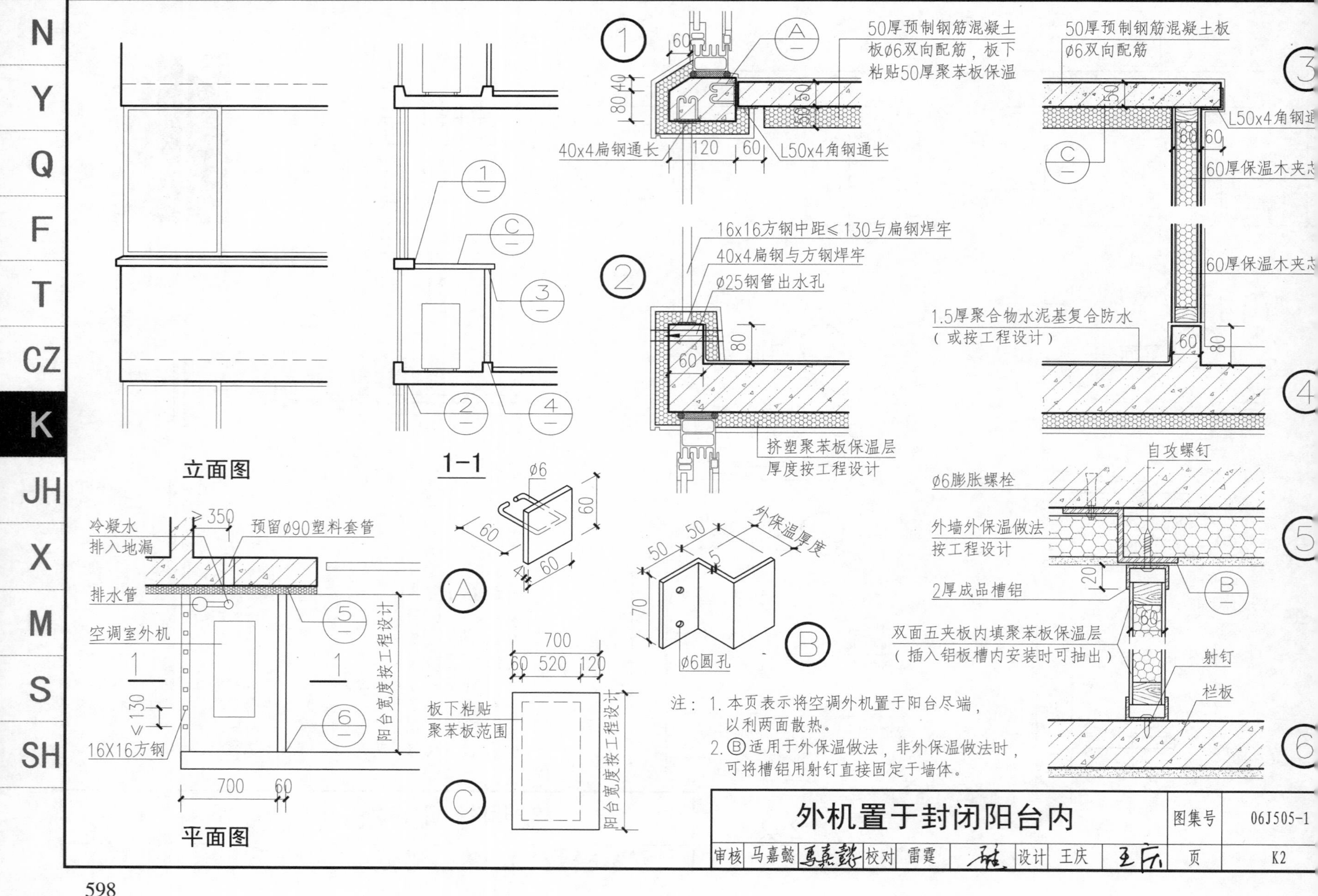

注：1. 本页表示将空调外机置于阳台尽端，以利两面散热。
2. Ⓑ适用于外保温做法，非外保温做法时，可将槽铝用射钉直接固定于墙体。

外机置于封闭阳台内							图集号	06J505-1
审核	马嘉懿	马嘉懿	校对	雷霆	雷霆	设计 王庆 王庆	页	K2

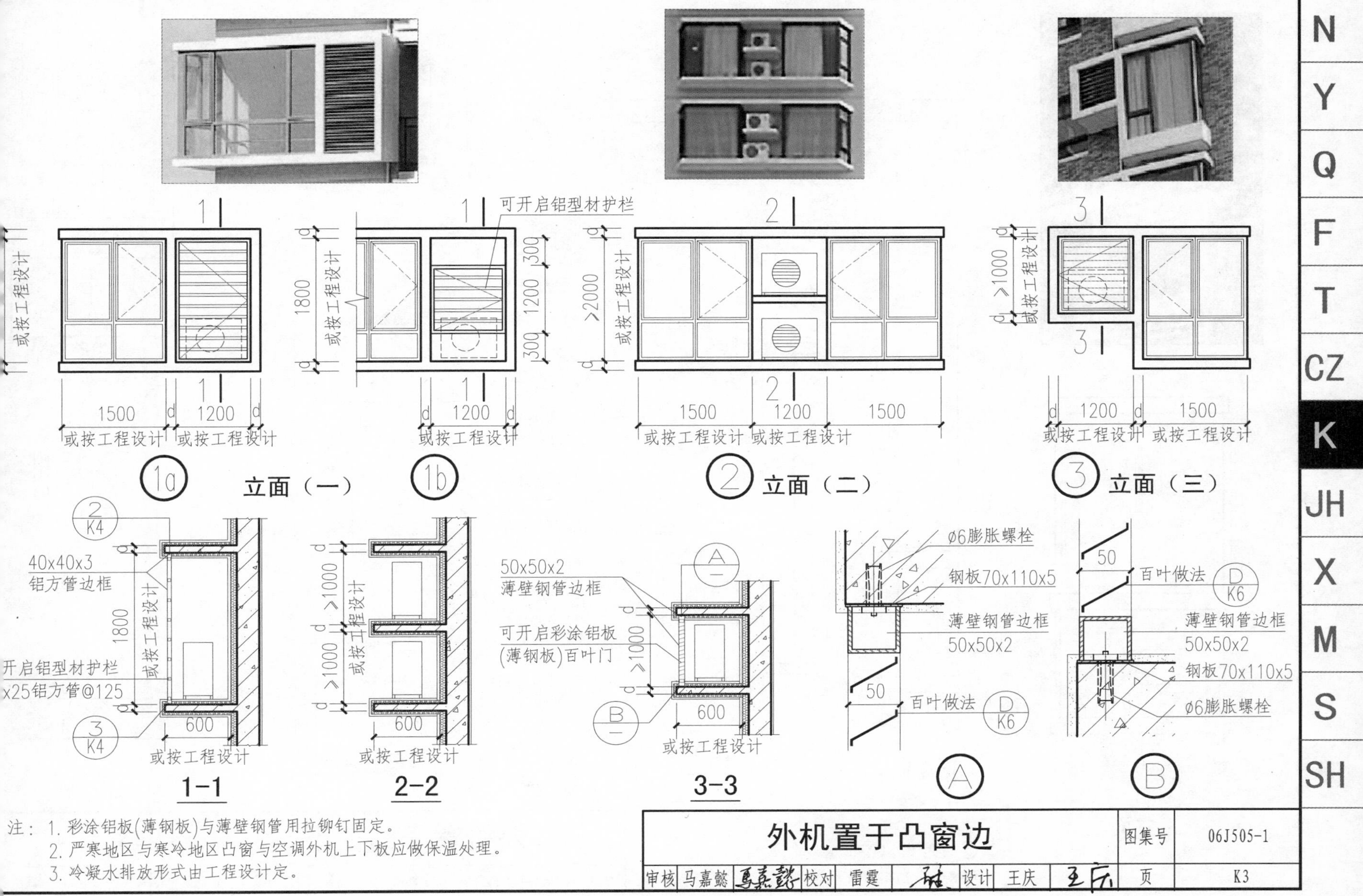

注：1. 彩涂铝板(薄钢板)与薄壁钢管用拉铆钉固定。
2. 严寒地区与寒冷地区凸窗与空调外机上下板应做保温处理。
3. 冷凝水排放形式由工程设计定。

外机置于凸窗边						图集号	06J505-1
审核	马嘉懿	校对	雷霆	设计	王庆	页	K3

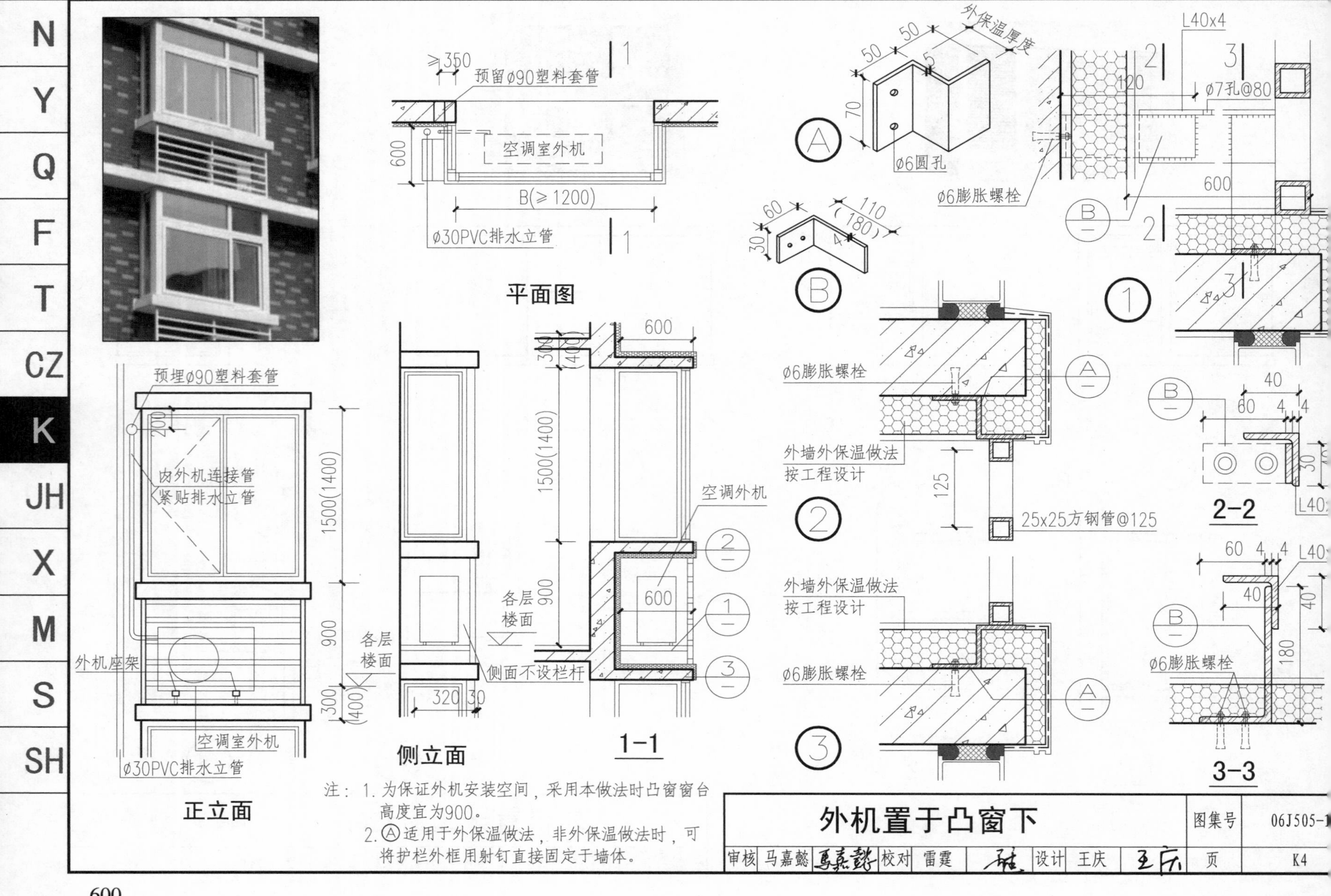

注：1. 为保证外机安装空间，采用本做法时凸窗窗台高度宜为900。
2. Ⓐ适用于外保温做法，非外保温做法时，可将护栏外框用射钉直接固定于墙体。

外机置于凸窗下	图集号	06J505-1
审核 马嘉懿 校对 雷霆 设计 王庆	页	K4

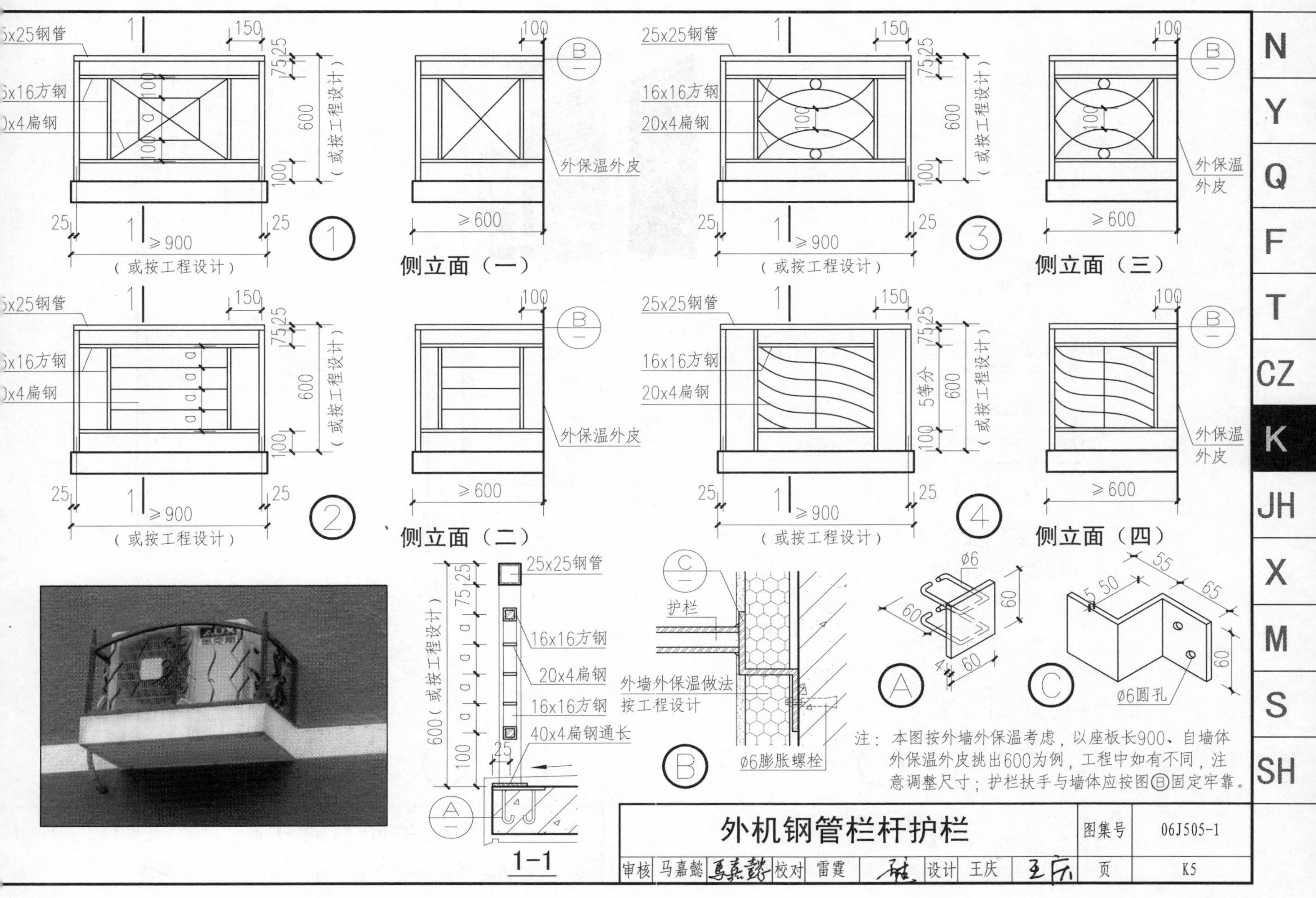

注：本图按外墙外保温考虑，以座板长900、自墙体外保温外皮挑出600为例，工程中如有不同，注意调整尺寸；护栏扶手与墙体应按图Ⓑ固定牢靠。

外机钢管栏杆护栏						图集号	06J505-1
审核	马嘉懿	校对	雷霆	设计	王庆	页	K5

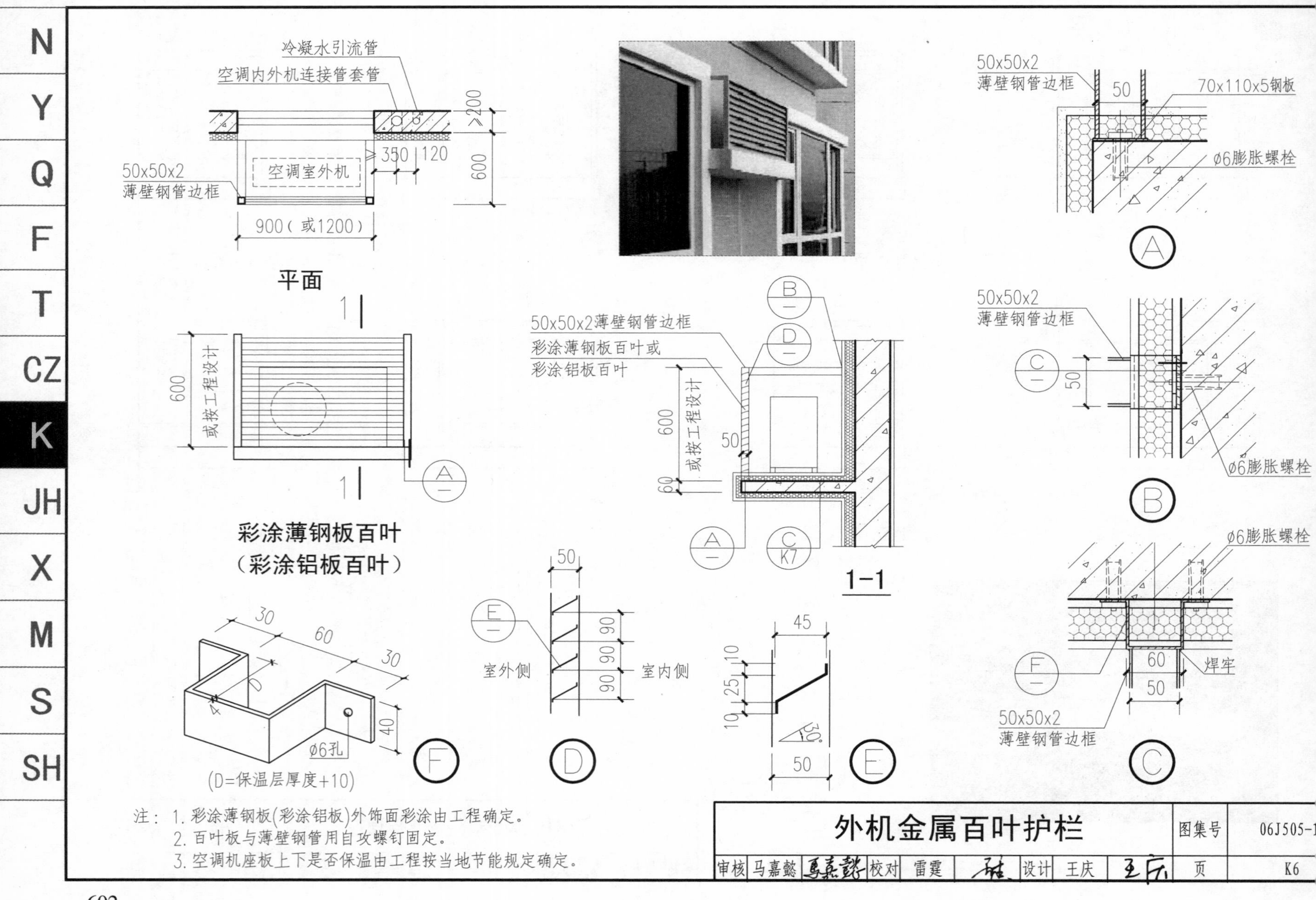
N
Y
Q
F
T
CZ
K
JH
X
M
S
SH
冷凝水引流管
空调内外机连接管套管
≥200
600
≥350
120
空调室外机
50x50x2
薄壁钢管边框
900（或1200）
平面
1
600
或按工程设计
1
彩涂薄钢板百叶
（彩涂铝板百叶）
50x50x2薄壁钢管边框
彩涂薄钢板百叶或
彩涂铝板百叶
600
或按工程设计
50
60
B
D
A
C
K7
1-1
50x50x2
薄壁钢管边框
50
70x110x5钢板
ø6膨胀螺栓
A
50x50x2
薄壁钢管边框
C
50
ø6膨胀螺栓
B
ø6膨胀螺栓
F
60
50
焊牢
50x50x2
薄壁钢管边框
C
30
60
30
D
40
ø6孔
(D=保温层厚度+10)
F
50
E
90
90
90
室外侧
室内侧
D
45
10
25
10
30°
50
E
注：1. 彩涂薄钢板(彩涂铝板)外饰面彩涂由工程确定。
2. 百叶板与薄壁钢管用自攻螺钉固定。
3. 空调机座板上下是否保温由工程按当地节能规定确定。
外机金属百叶护栏
图集号
06J505-1
审核
马嘉懿
校对
雷霆
设计
王庆
页
K6

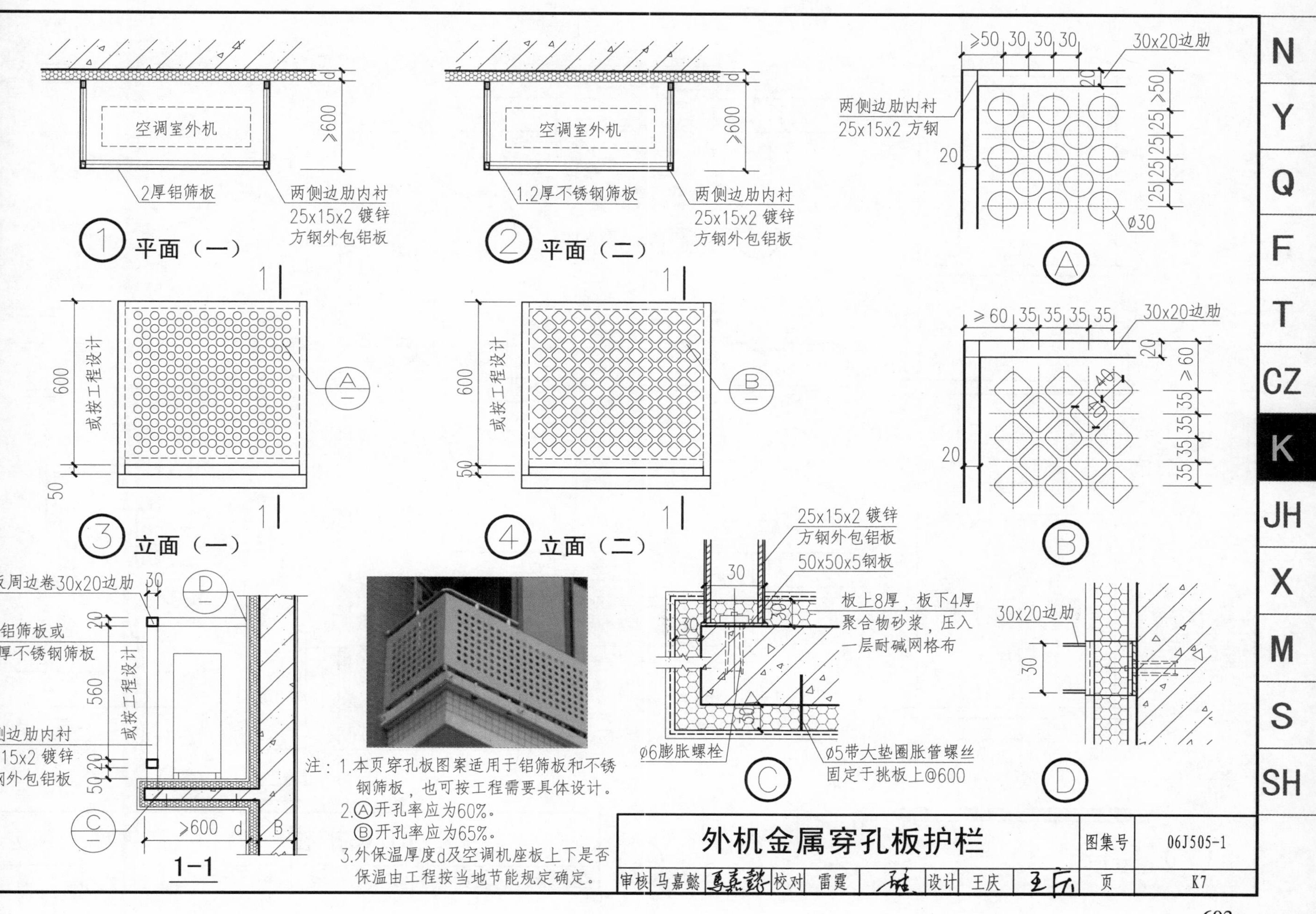

注：1.本页穿孔板图案适用于铝饰板和不锈钢饰板，也可按工程需要具体设计。
2.Ⓐ开孔率应为60%。
Ⓑ开孔率应为65%。
3.外保温厚度d及空调机座板上下是否保温由工程按当地节能规定确定。

外机金属穿孔板护栏						图集号	06J505-1
审核	马嘉懿	校对	雷霆	设计	王庆	页	K7

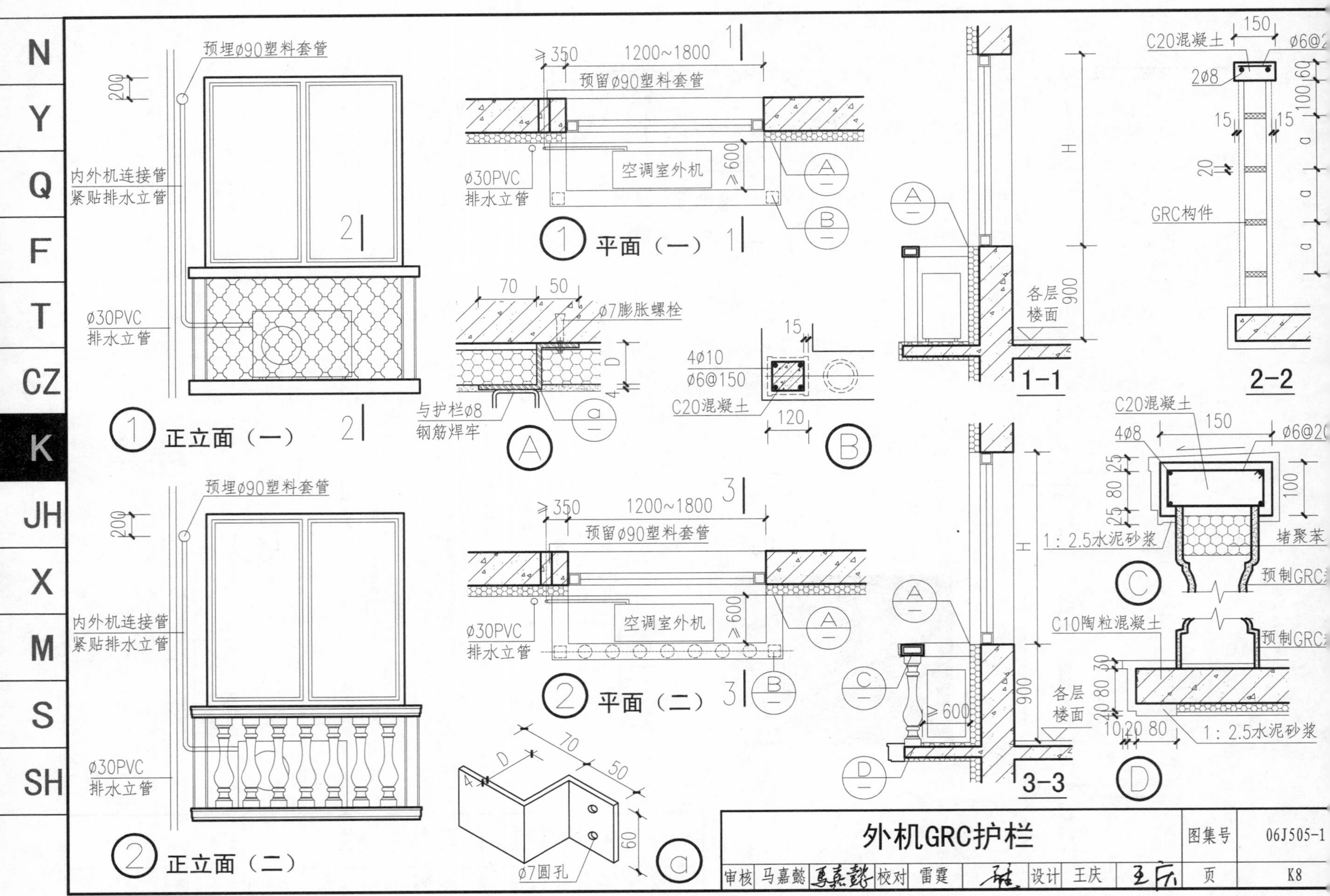
N
Y
Q
F
T
CZ
K
JH
X
M
S
SH
预埋ø90塑料套管
200
内外机连接管
紧贴排水立管
ø30PVC
排水立管
2
① 正立面（一）
≥350
1200~1800
预留ø90塑料套管
ø30PVC
排水立管
空调室外机
≥600
1
① 平面（一）
70
50
ø7膨胀螺栓
D
4
与护栏ø8
钢筋焊牢
a
A
15
4ø10
ø6@150
C20混凝土
120
B
H
900
各层
楼面
1-1
150
C20混凝土
ø6@2
2ø8
100
60
15
20
a
GRC构件
2-2
C20混凝土
150
4ø8
ø6@2
25
80
100
1：2.5水泥砂浆
堵聚苯
预制GRC
C
C10陶粒混凝土
预制GRC
30
80
20
10
1：2.5水泥砂浆
D
预埋ø90塑料套管
200
内外机连接管
紧贴排水立管
ø30PVC
排水立管
② 正立面（二）
≥350
1200~1800
预留ø90塑料套管
ø30PVC
排水立管
空调室外机
≥600
3
② 平面（二）
D
70
50
60
ø7圆孔
a
≥600
3-3
外机GRC护栏
图集号
06J505-1
审核
马嘉懿
校对
雷霆
设计
王庆
页
K8

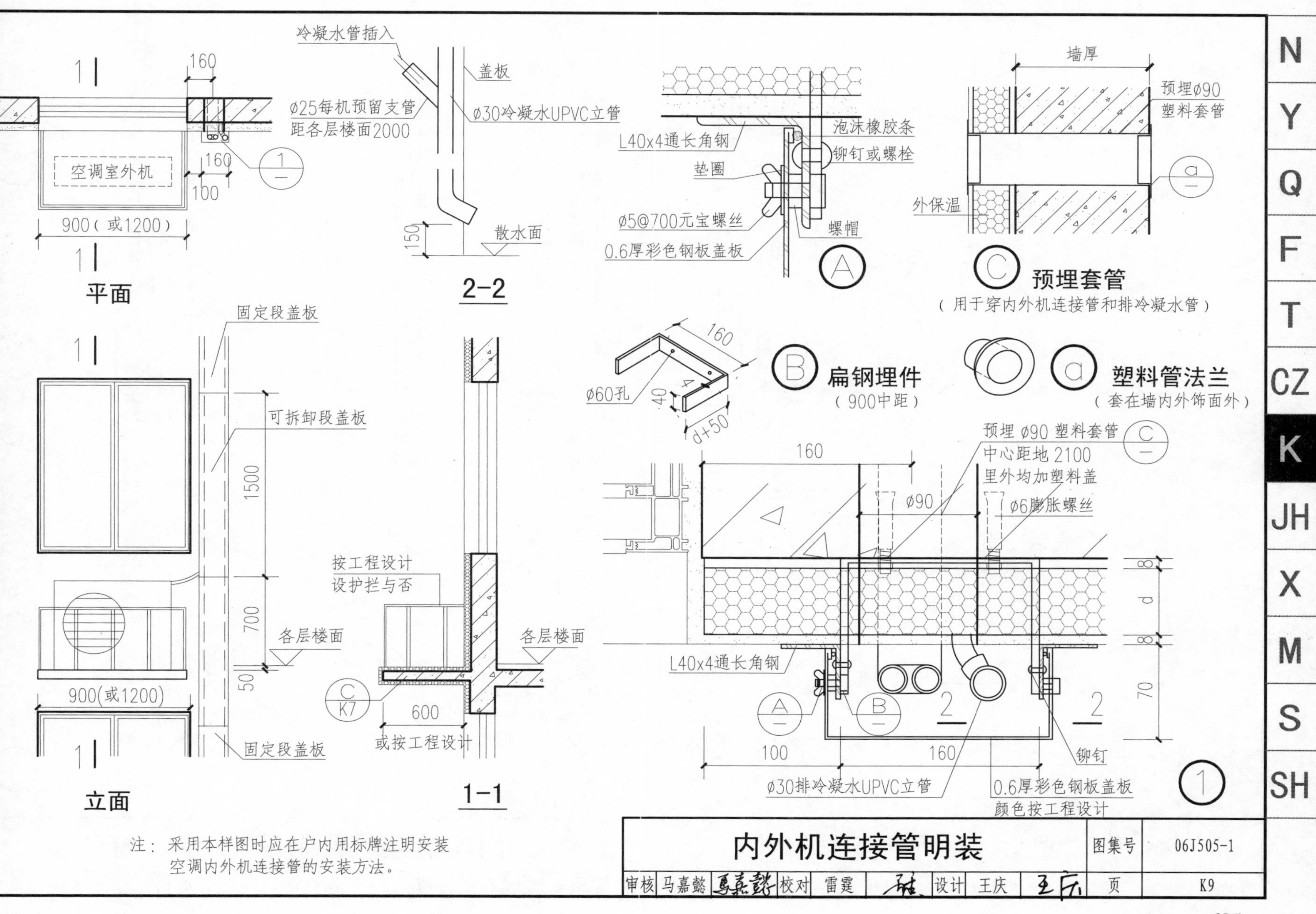

注：采用本样图时应在户内用标牌注明安装空调内外机连接管的安装方法。

内外机连接管明装						图集号	06J505-1
审核	马嘉懿	校对	雷霆	设计	王庆	页	K9

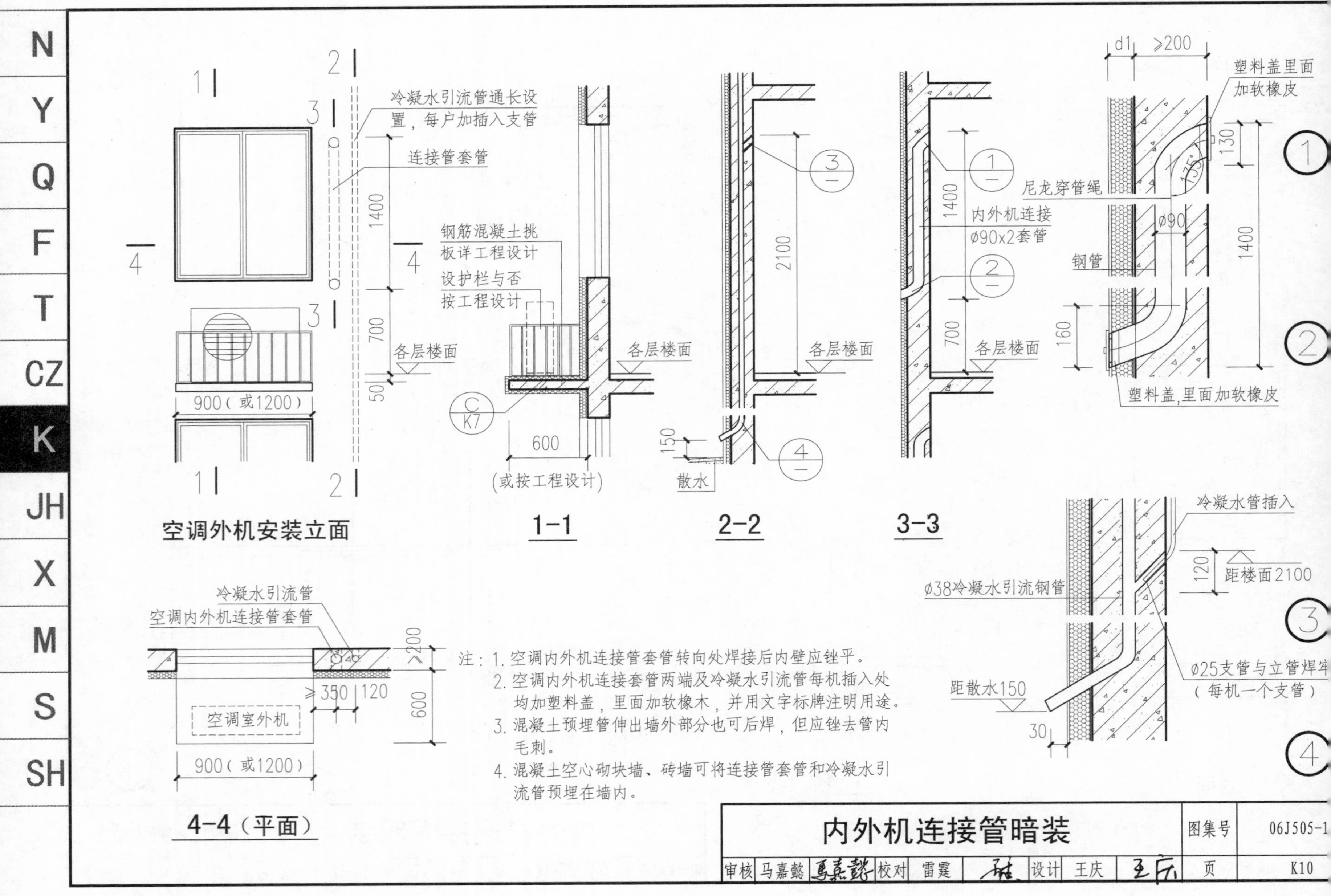

N
Y
Q
F
T
CZ
K
JH
X
M
S
SH
冷凝水引流管通长设
置，每户加插入支管
连接管套管
1400
700
50
各层楼面
钢筋混凝土挑
板详工程设计
设护栏与否
按工程设计
C
K7
600
(或按工程设计)
900（或1200）
空调外机安装立面
1-1
2-2
3-3
2100
150
散水
内外机连接
ø90x2套管
d1
≥200
塑料盖里面
加软橡皮
130
135°
尼龙穿管绳
ø90
钢管
160
塑料盖,里面加软橡皮
冷凝水管插入
120
距楼面2100
ø38冷凝水引流钢管
ø25支管与立管焊牢
（每机一个支管）
距散水150
30
冷凝水引流管
空调内外机连接管套管
≥200
≥350
120
600
空调室外机
4-4（平面）
注：1. 空调内外机连接管套管转向处焊接后内壁应锉平。
2. 空调内外机连接套管两端及冷凝水引流管每机插入处均加塑料盖，里面加软橡木，并用文字标牌注明用途。
3. 混凝土预埋管伸出墙外部分也可后焊，但应锉去管内毛刺。
4. 混凝土空心砌块墙、砖墙可将连接管套管和冷凝水引流管预埋在墙内。
内外机连接管暗装
图集号
06J505-1
审核
马嘉懿
校对
雷霆
设计
王庆
页
K10

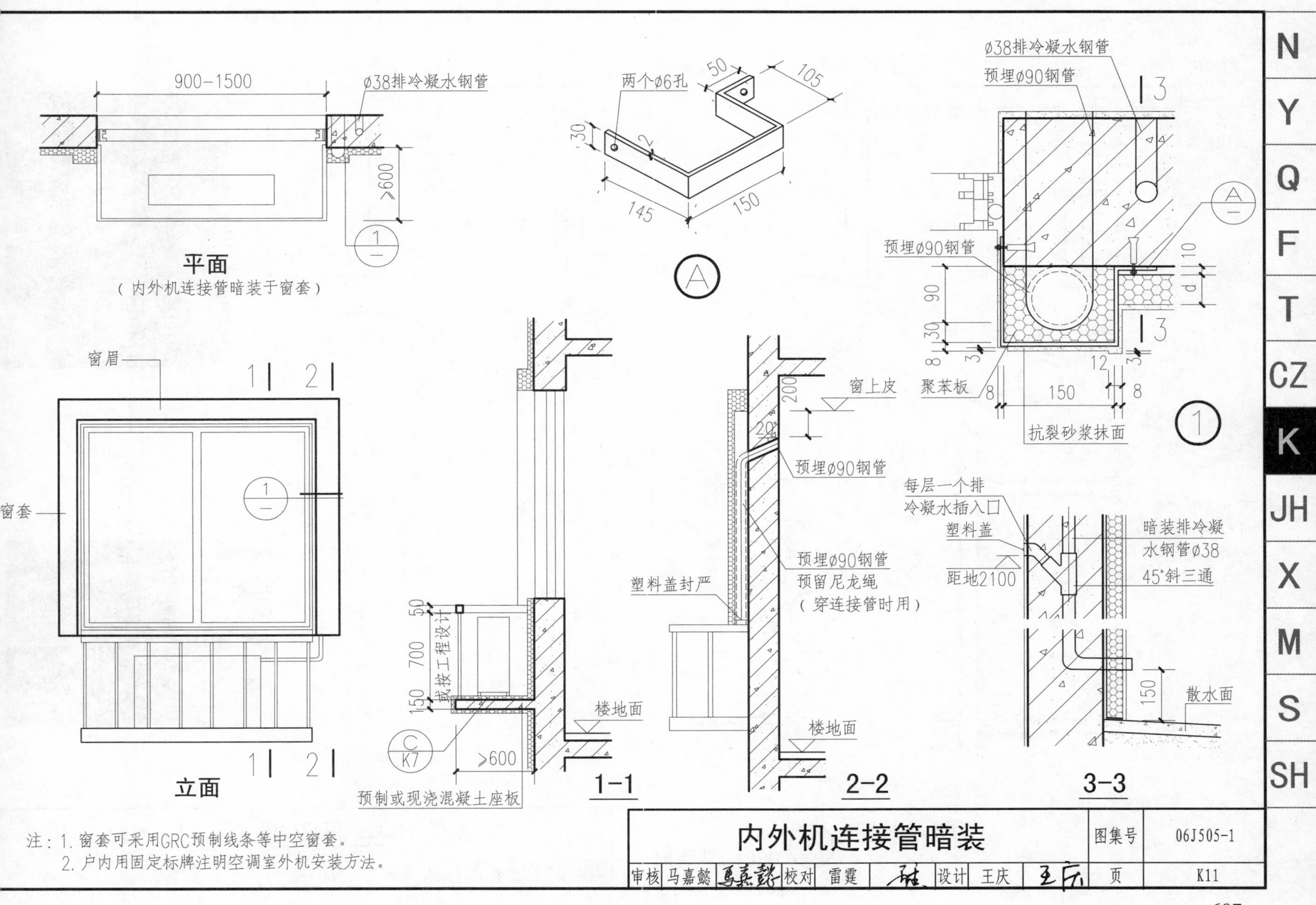

注：1. 窗套可采用GRC预制线条等中空窗套。

2. 户内用固定标牌注明空调室外机安装方法。

内外机连接管暗装						图集号	06J505-1
审核	马嘉懿	校对	雷霆	设计	王庆	页	K11

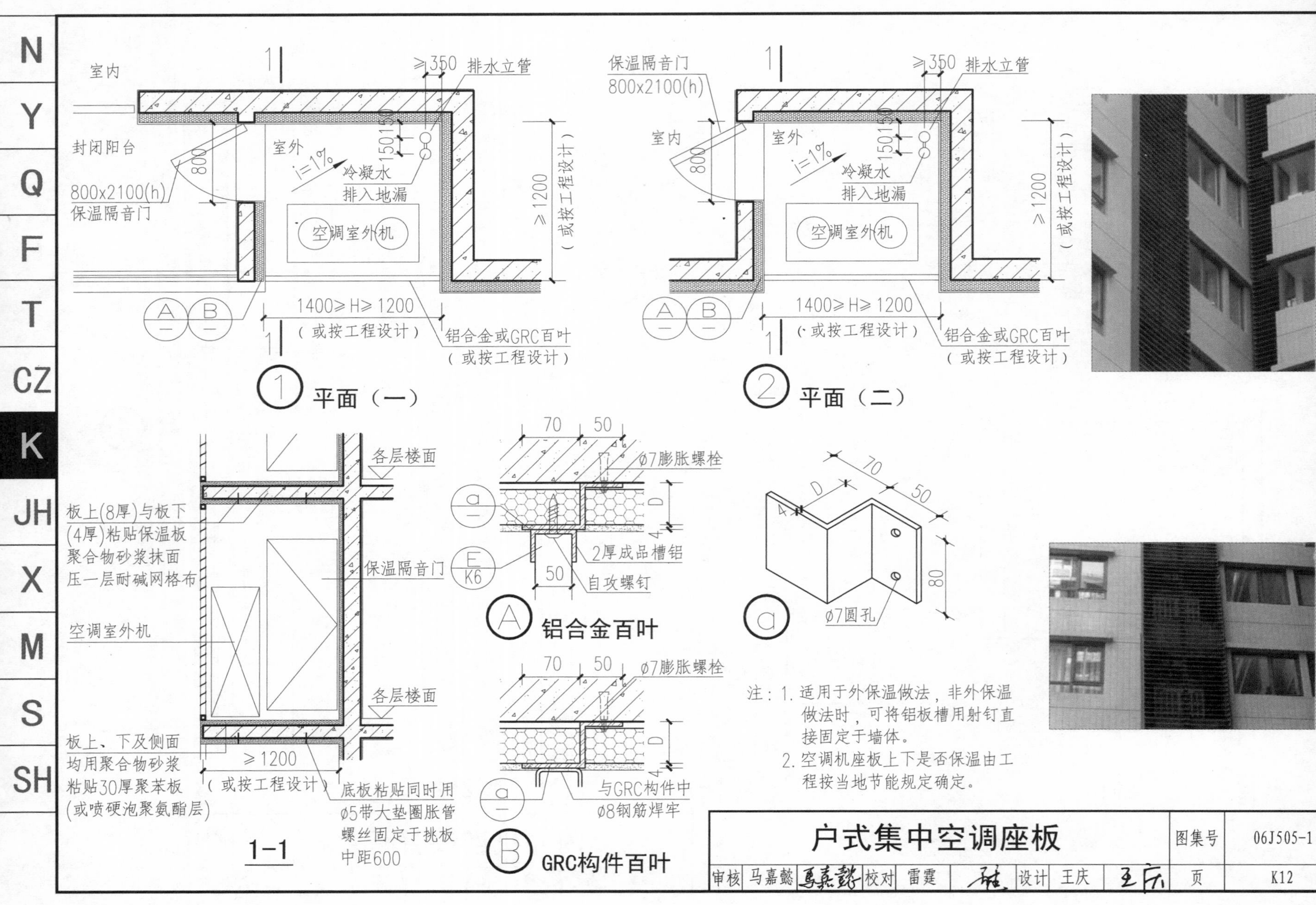

注：1. 适用于外保温做法，非外保温做法时，可将铝板槽用射钉直接固定于墙体。
2. 空调机座板上下是否保温由工程按当地节能规定确定。

户式集中空调座板						图集号	06J505-1
审核	马嘉懿	校对	雷霆	设计	王庆	页	K12

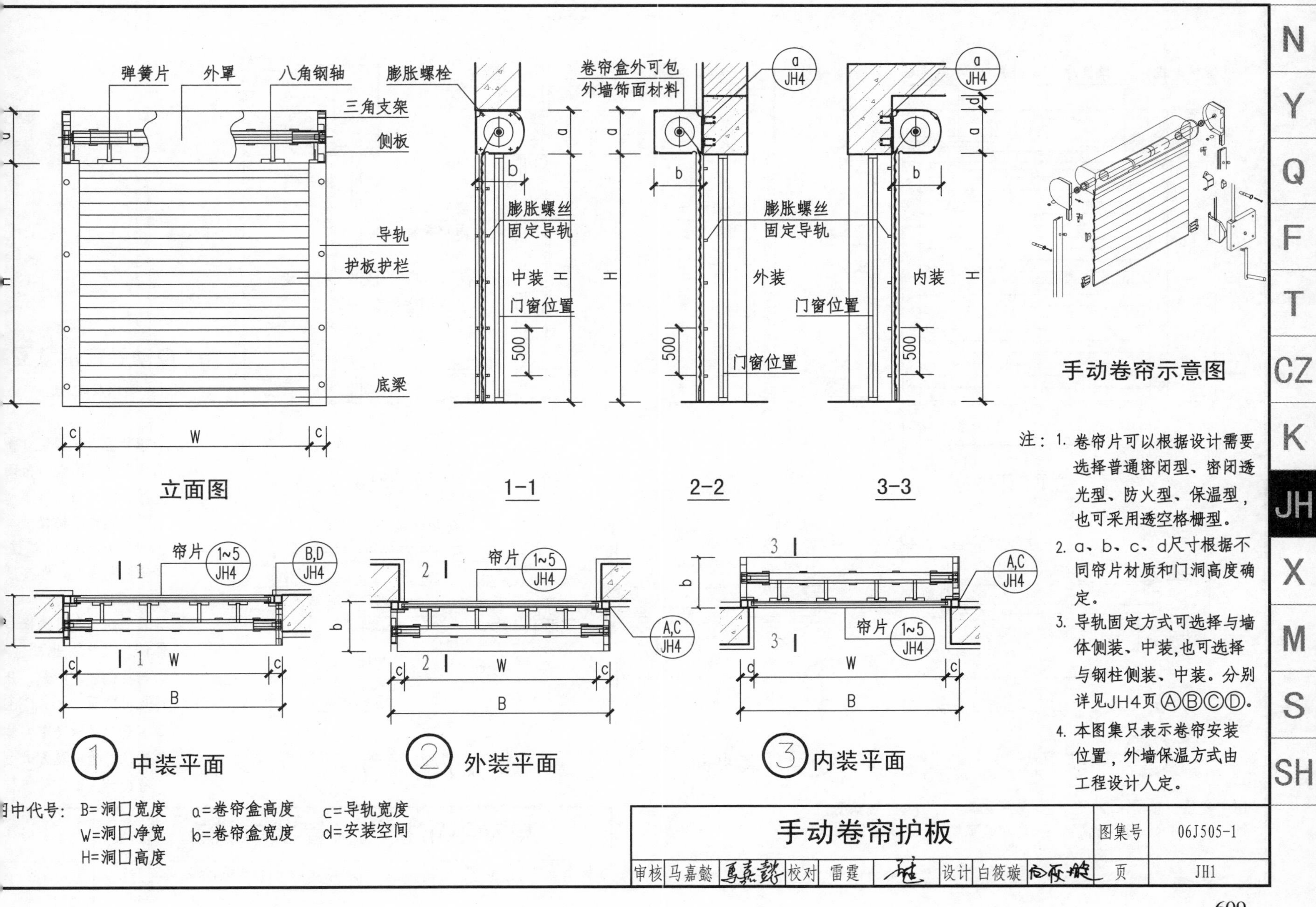

注：1. 卷帘片可以根据设计需要选择普通密闭型、密闭透光型、防火型、保温型，也可采用透空格栅型。

2. a、b、c、d尺寸根据不同帘片材质和门洞高度确定。

3. 导轨固定方式可选择与墙体侧装、中装，也可选择与钢柱侧装、中装。分别详见JH4页ⒶⒷⒸⒹ。

4. 本图集只表示卷帘安装位置，外墙保温方式由工程设计人定。

图中代号：B=洞口宽度　W=洞口净宽　H=洞口高度　a=卷帘盒高度　b=卷帘盒宽度　c=导轨宽度　d=安装空间

手动卷帘护板						图集号	06J505-1
审核 马嘉懿	马嘉懿	校对 雷霆	雷霆	设计 白筱璇	白筱璇	页	JH1

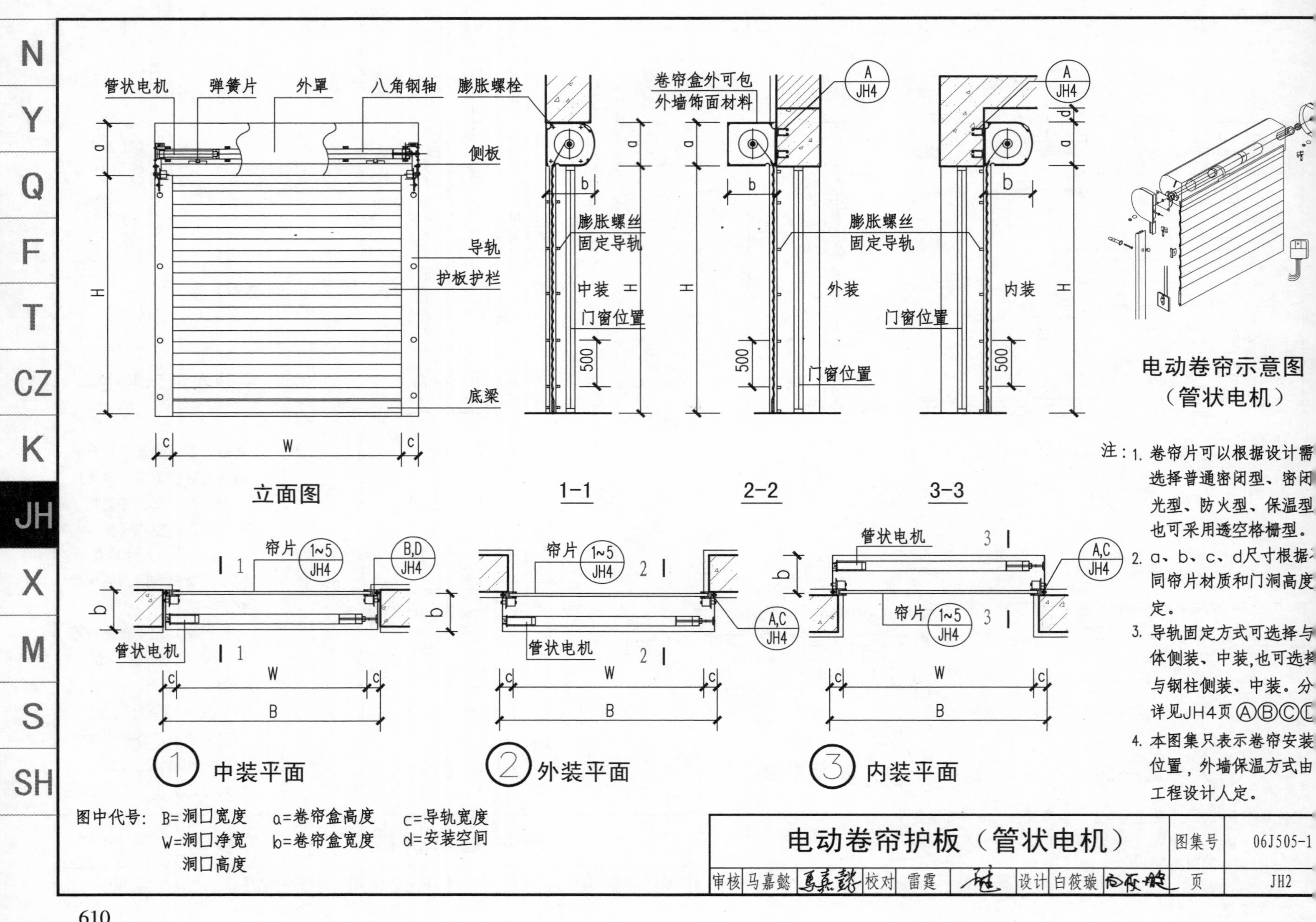

注：1. 卷帘片可以根据设计需
选择普通密闭型、密闭
光型、防火型、保温型
也可采用透空格栅型。
2. a、b、c、d尺寸根据
同帘片材质和门洞高度
定。
3. 导轨固定方式可选择与
体侧装、中装,也可选择
与钢柱侧装、中装。分
详见JH4页ⒶⒷⒸⒹ
4. 本图集只表示卷帘安装
位置，外墙保温方式由
工程设计人定。

图中代号：B=洞口宽度　a=卷帘盒高度　c=导轨宽度
W=洞口净宽　b=卷帘盒宽度　d=安装空间
洞口高度

电动卷帘护板（管状电机）						图集号	06J505-1
审核	马嘉懿	校对	雷霆	设计	白筱璇	页	JH2

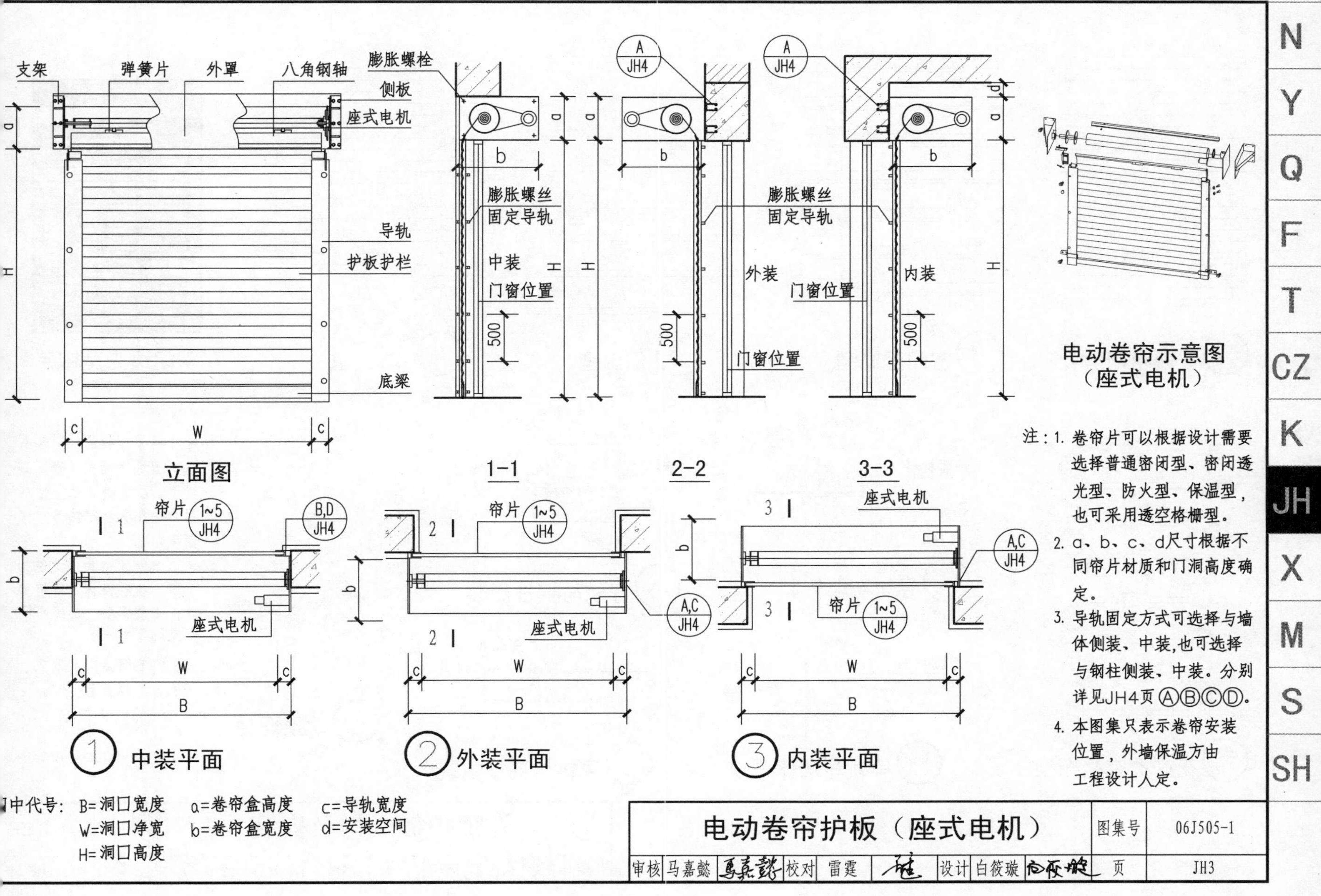

注：1. 卷帘片可以根据设计需要选择普通密闭型、密闭透光型、防火型、保温型，也可采用透空格栅型。
2. a、b、c、d尺寸根据不同帘片材质和门洞高度确定。
3. 导轨固定方式可选择与墙体侧装、中装，也可选择与钢柱侧装、中装。分别详见JH4页ⒶⒷⒸⒹ。
4. 本图集只表示卷帘安装位置，外墙保温方由工程设计人定。

图中代号：B=洞口宽度　a=卷帘盒高度　c=导轨宽度
W=洞口净宽　b=卷帘盒宽度　d=安装空间
H=洞口高度

电动卷帘护板（座式电机）						图集号	06J505-1
审核	马嘉懿	校对	雷霆	设计	白筱璇	页	JH3

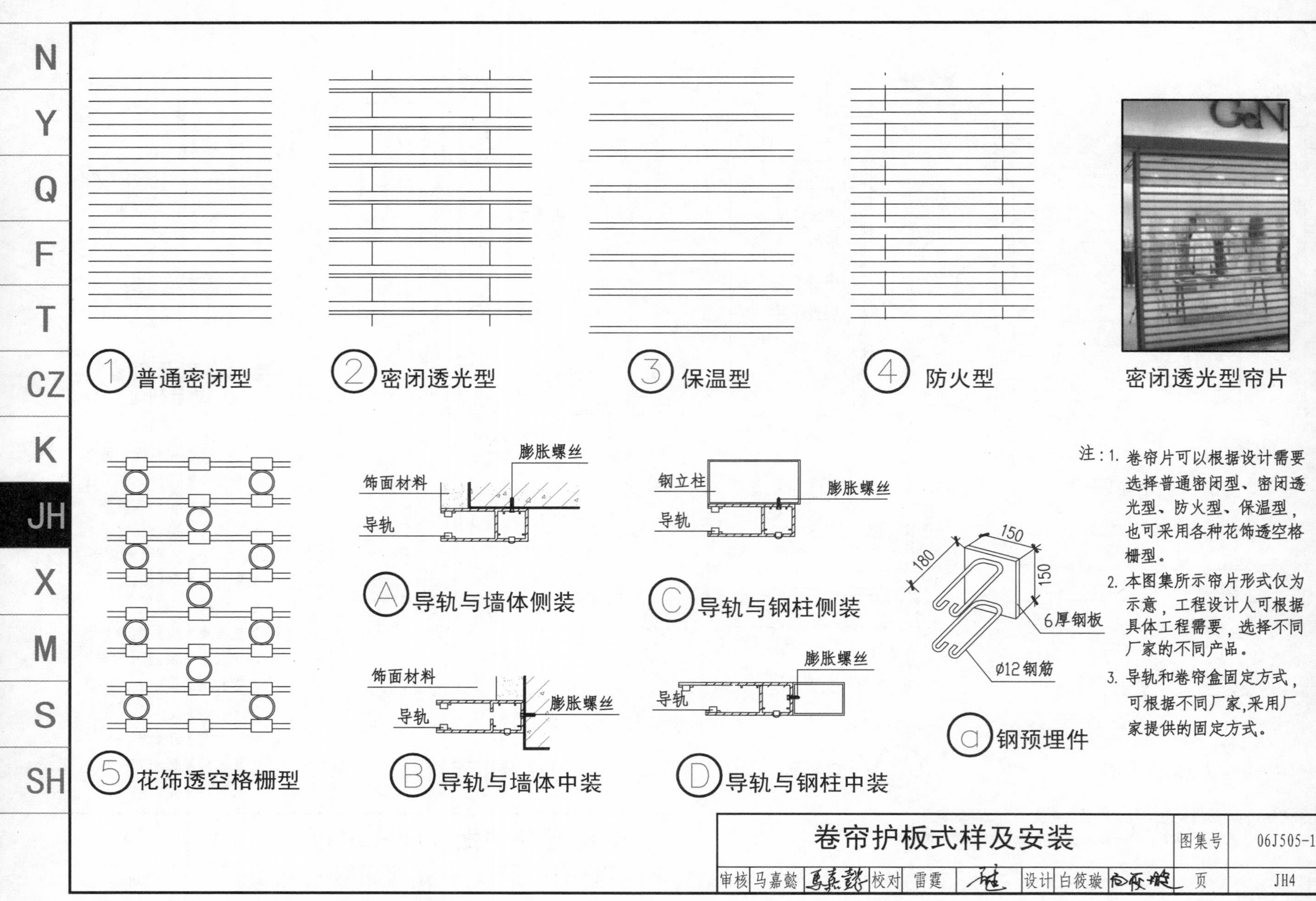

注：1. 卷帘片可以根据设计需要选择普通密闭型、密闭透光型、防火型、保温型，也可采用各种花饰透空格栅型。

2. 本图集所示帘片形式仅为示意，工程设计人可根据具体工程需要，选择不同厂家的不同产品。

3. 导轨和卷帘盒固定方式，可根据不同厂家,采用厂家提供的固定方式。

卷帘护板式样及安装							图集号	06J505-1
审核	马嘉懿	马嘉懿	校对	雷霆	雷霆	设计	白筱璇 白筱璇	页 JH4

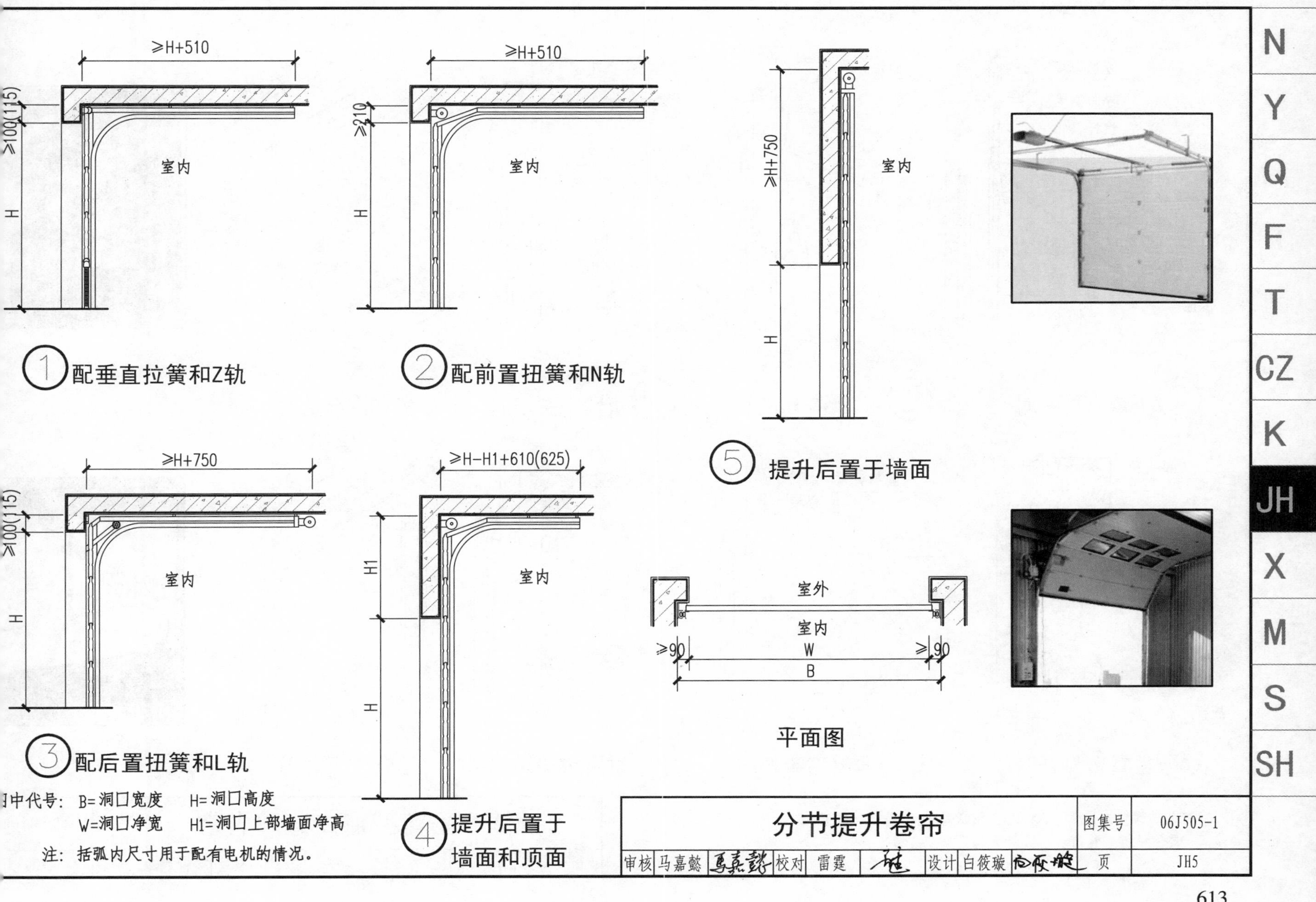

图中代号：B=洞口宽度　H=洞口高度
W=洞口净宽　H1=洞口上部墙面净高

注：括弧内尺寸用于配有电机的情况。

分节提升卷帘						图集号	06J505-1
审核	马嘉懿	校对	雷霆	设计	白筱璇	页	JH5

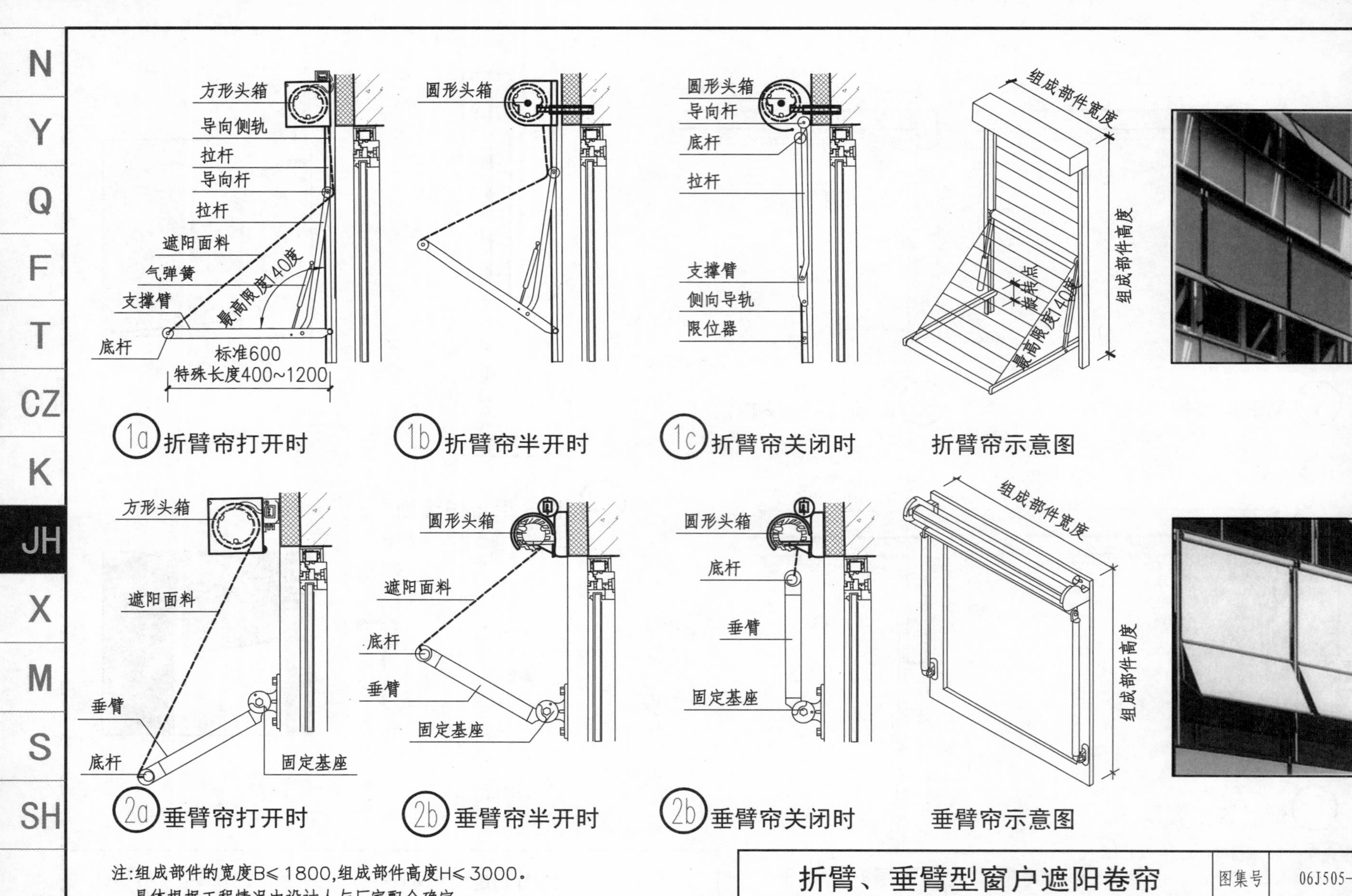

1a 折臂帘打开时

1b 折臂帘半开时

1c 折臂帘关闭时

折臂帘示意图

2a 垂臂帘打开时

2b 垂臂帘半开时

2b 垂臂帘关闭时

垂臂帘示意图

注:组成部件的宽度B≤1800,组成部件高度H≤3000。
具体根据工程情况由设计人与厂家配合确定。

折臂、垂臂型窗户遮阳卷帘						图集号	06J505-1
审核	马嘉懿	校对	雷霆	设计	白筱璇	页	JH6

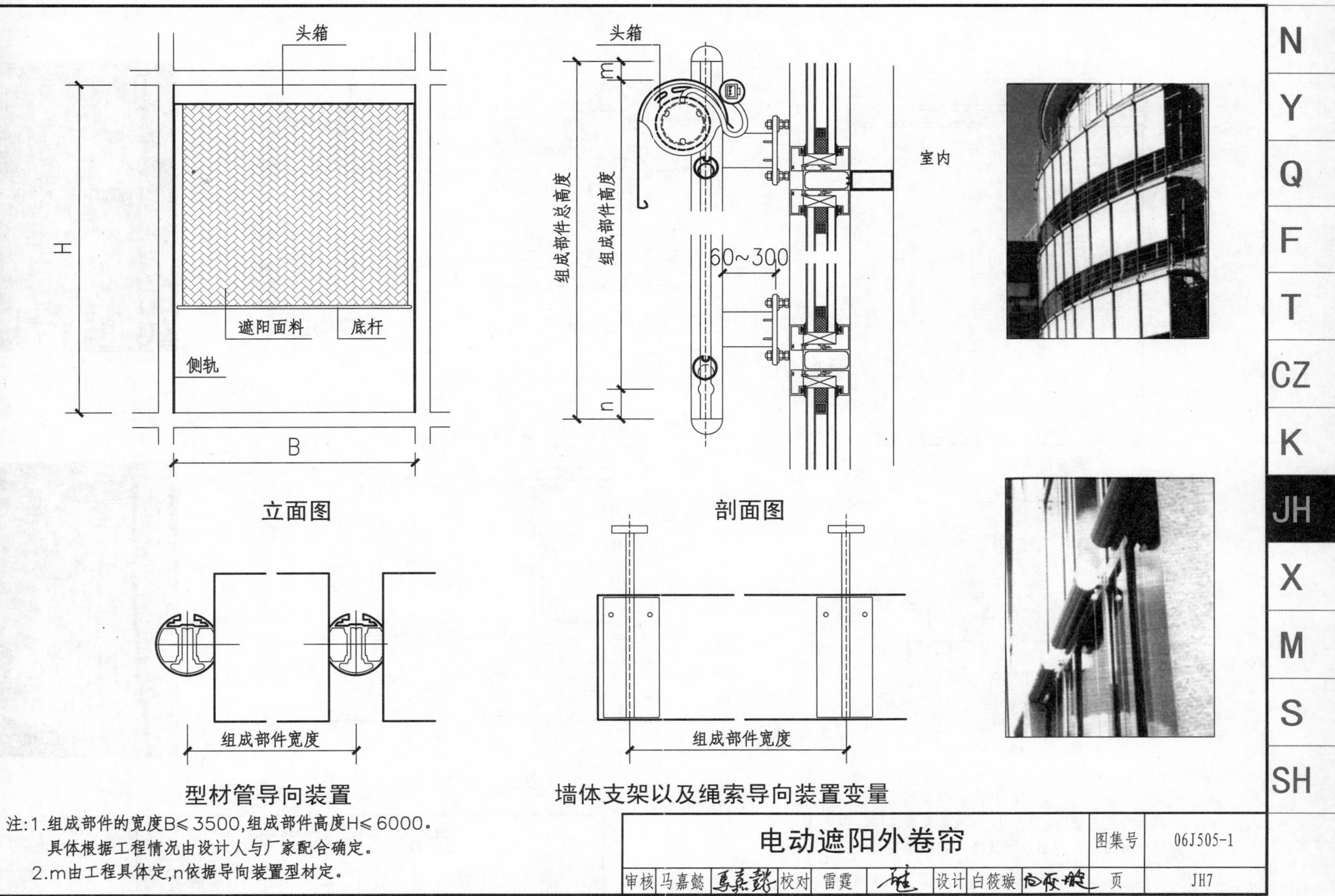

注:1.组成部件的宽度B≤3500,组成部件高度H≤6000。
具体根据工程情况由设计人与厂家配合确定。
2.m由工程具体定,n依据导向装置型材定。

电动遮阳外卷帘						图集号	06J505-1
审核	马嘉懿	校对	雷霆	设计	白筱璇	页	JH7

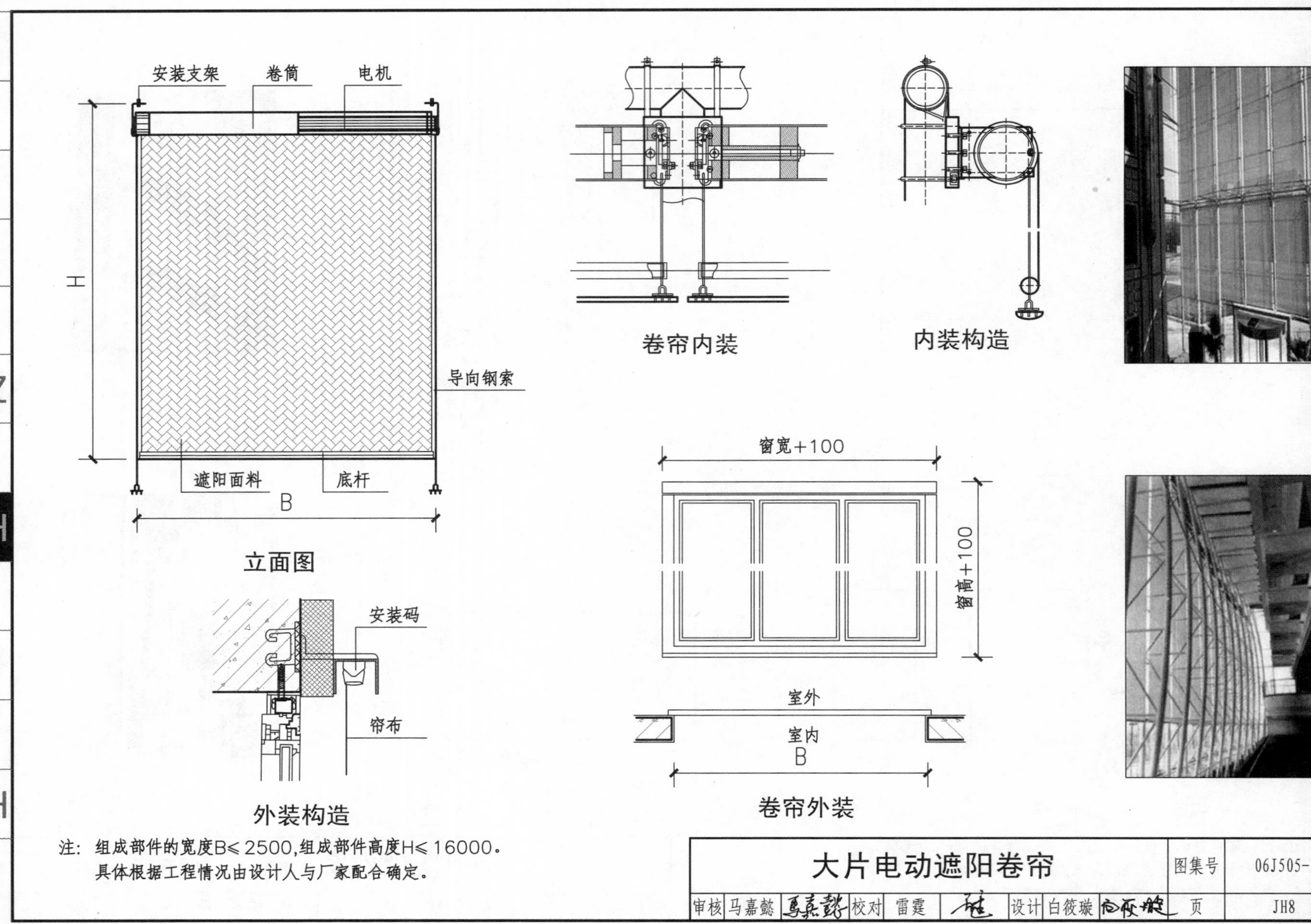

注：组成部件的宽度B≤2500，组成部件高度H≤16000。
具体根据工程情况由设计人与厂家配合确定。

大片电动遮阳卷帘						图集号	06J505-1
审核	马嘉懿	校对	雷霆	设计	白筱璇	页	JH8

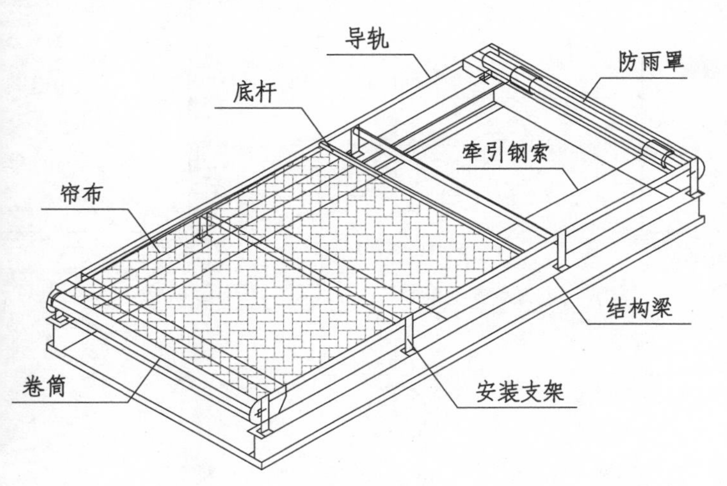

天窗外设遮阳卷帘透视图

帘布
卷筒
牵引钢索
底杆
卷筒

天窗内设遮阳卷帘透视图

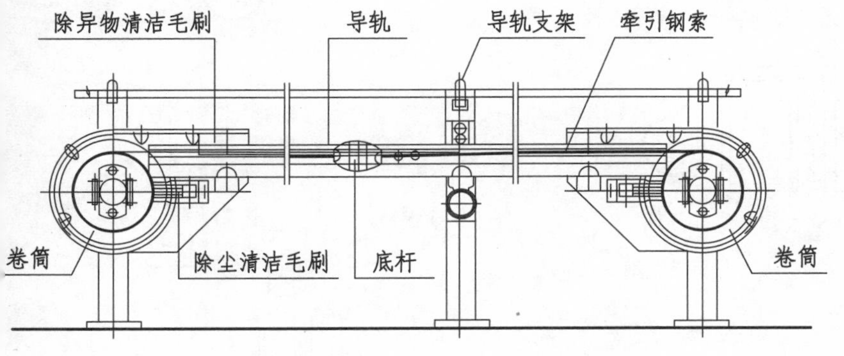

天窗外设遮阳卷帘立面图

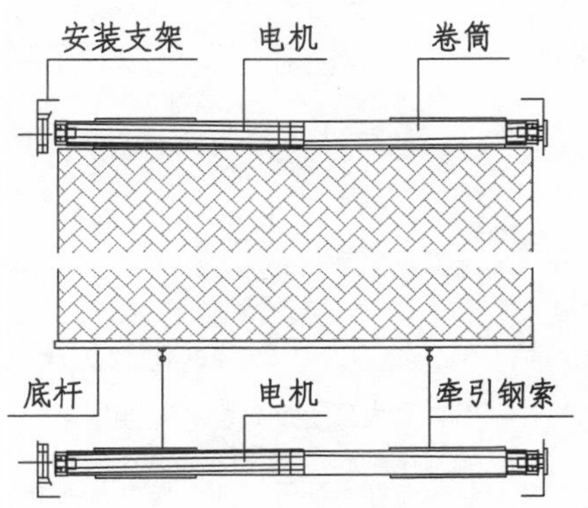

天窗内设遮阳卷帘立面图

天窗遮阳卷帘							图集号	06J505-1
审核	马嘉懿	校对	雷霆		设计	白筱璇	页	JH9

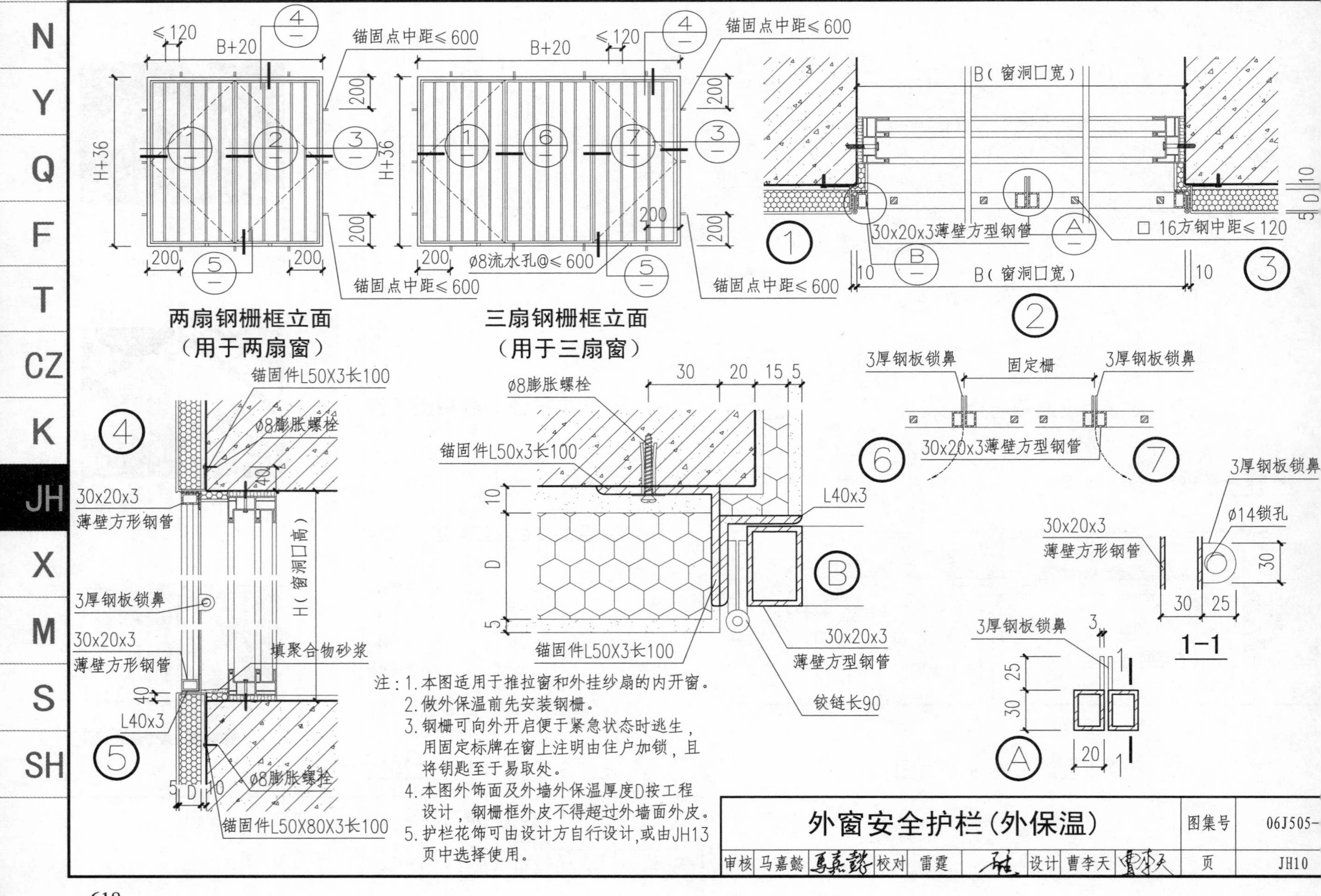

注：1. 本图适用于推拉窗和外挂纱扇的内开窗。
2. 做外保温前先安装钢栅。
3. 钢栅可向外开启便于紧急状态时逃生，用固定标牌在窗上注明由住户加锁，且将钥匙至于易取处。
4. 本图外饰面及外墙外保温厚度D按工程设计，钢栅框外皮不得超过外墙面外皮。
5. 护栏花饰可由设计方自行设计，或由JH13页中选择使用。

外窗安全护栏（外保温）						图集号	06J505-
审核	马嘉懿	校对	雷霆	设计	曹李天	页	JH10

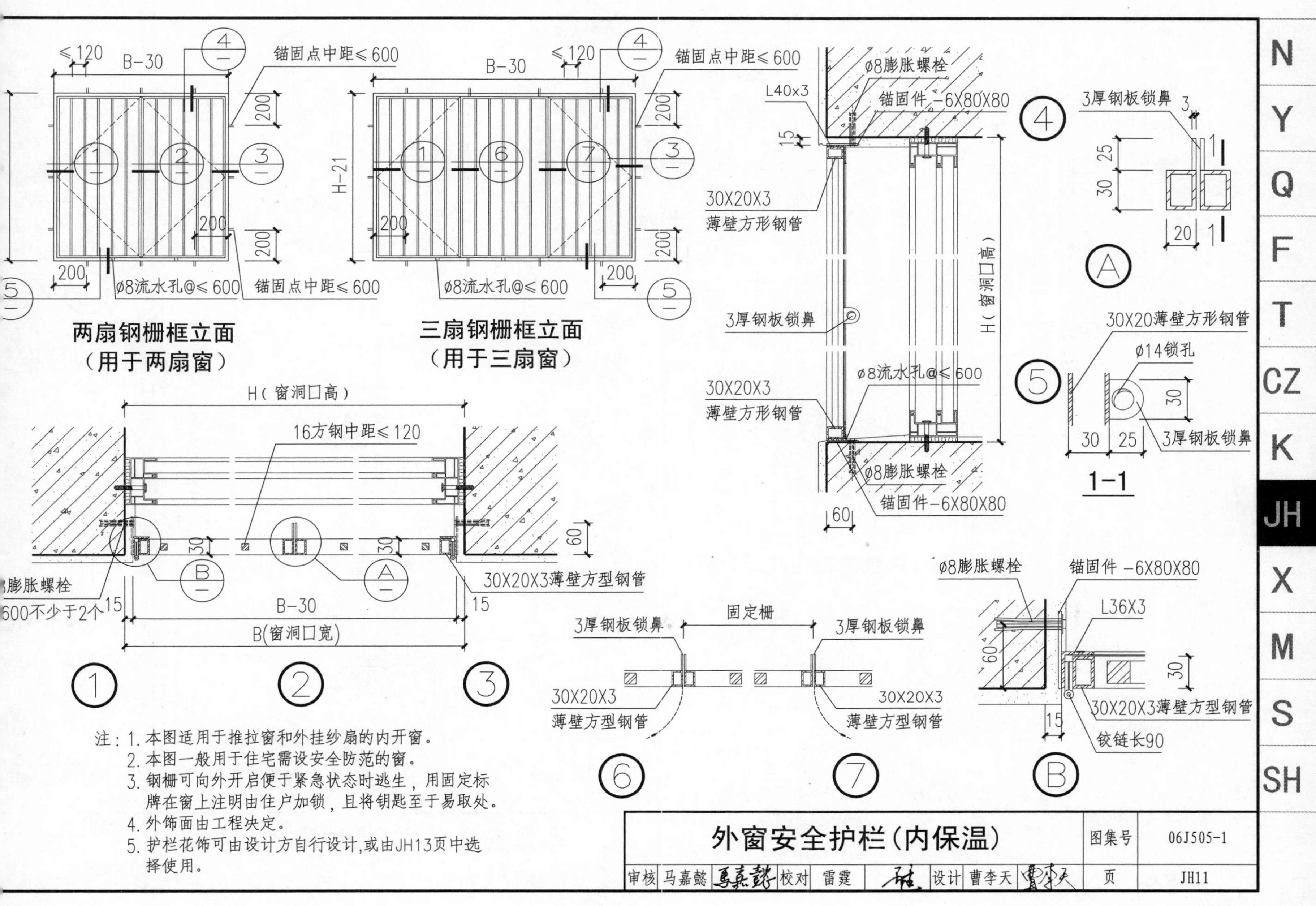

注：1. 本图适用于推拉窗和外挂纱扇的内开窗。
2. 本图一般用于住宅需设安全防范的窗。
3. 钢栅可向外开启便于紧急状态时逃生，用固定标牌在窗上注明由住户加锁，且将钥匙至于易取处。
4. 外饰面由工程决定。
5. 护栏花饰可由设计方自行设计，或由JH13页中选择使用。

外窗安全护栏（内保温）	图集号	06J505-1
审核 马嘉懿 校对 雷霆 设计 曹李天	页	JH11

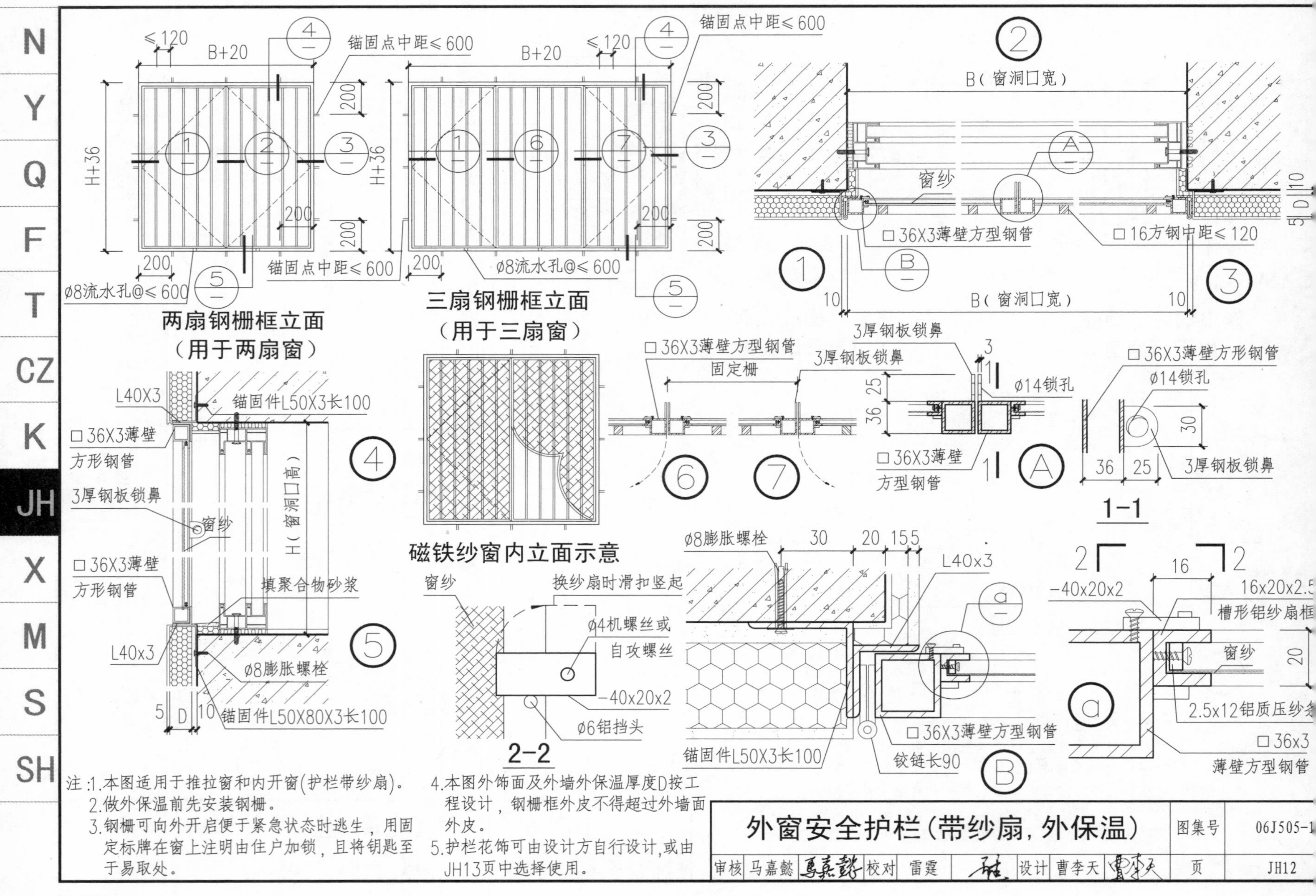

N
Y
Q
F
T
CZ
K
JH
X
M
S
SH
两扇钢栅框立面
（用于两扇窗）
三扇钢栅框立面
（用于三扇窗）
B+20
≤120
H+36
锚固点中距≤600
ø8流水孔@≤600
200
磁铁纱窗内立面示意
B（窗洞口宽）
窗纱
□36X3薄壁方型钢管
□16方钢中距≤120
10
D
5
3厚钢板锁鼻
□36X3薄壁方型钢管
固定栅
ø14锁孔
□36X3薄壁方型钢管
□36X3薄壁方形钢管
25
36
30
1-1
L40X3
锚固件L50X3长100
□36X3薄壁方形钢管
H（窗洞口高）
填聚合物砂浆
L40x3
ø8膨胀螺栓
锚固件L50X80X3长100
换纱扇时滑扣竖起
ø4机螺丝或自攻螺丝
-40x20x2
ø6铝挡头
2-2
ø8膨胀螺栓
30
20
15
5
L40x3
□36X3薄壁方型钢管
锚固件L50X3长100
铰链长90
16
-40x20x2
16x20x2.5
槽形铝纱扇框
2.5x12铝质压纱条
□36x3
薄壁方型钢管
注：1.本图适用于推拉窗和内开窗(护栏带纱扇)。
2.做外保温前先安装钢栅。
3.钢栅可向外开启便于紧急状态时逃生，用固定标牌在窗上注明由住户加锁，且将钥匙至于易取处。
4.本图外饰面及外墙外保温厚度D按工程设计，钢栅框外皮不得超过外墙面外皮。
5.护栏花饰可由设计方自行设计，或由JH13页中选择使用。
外窗安全护栏（带纱扇，外保温）
图集号
06J505-1
审核 马嘉懿
校对 雷霆
设计 曹李天
页
JH12

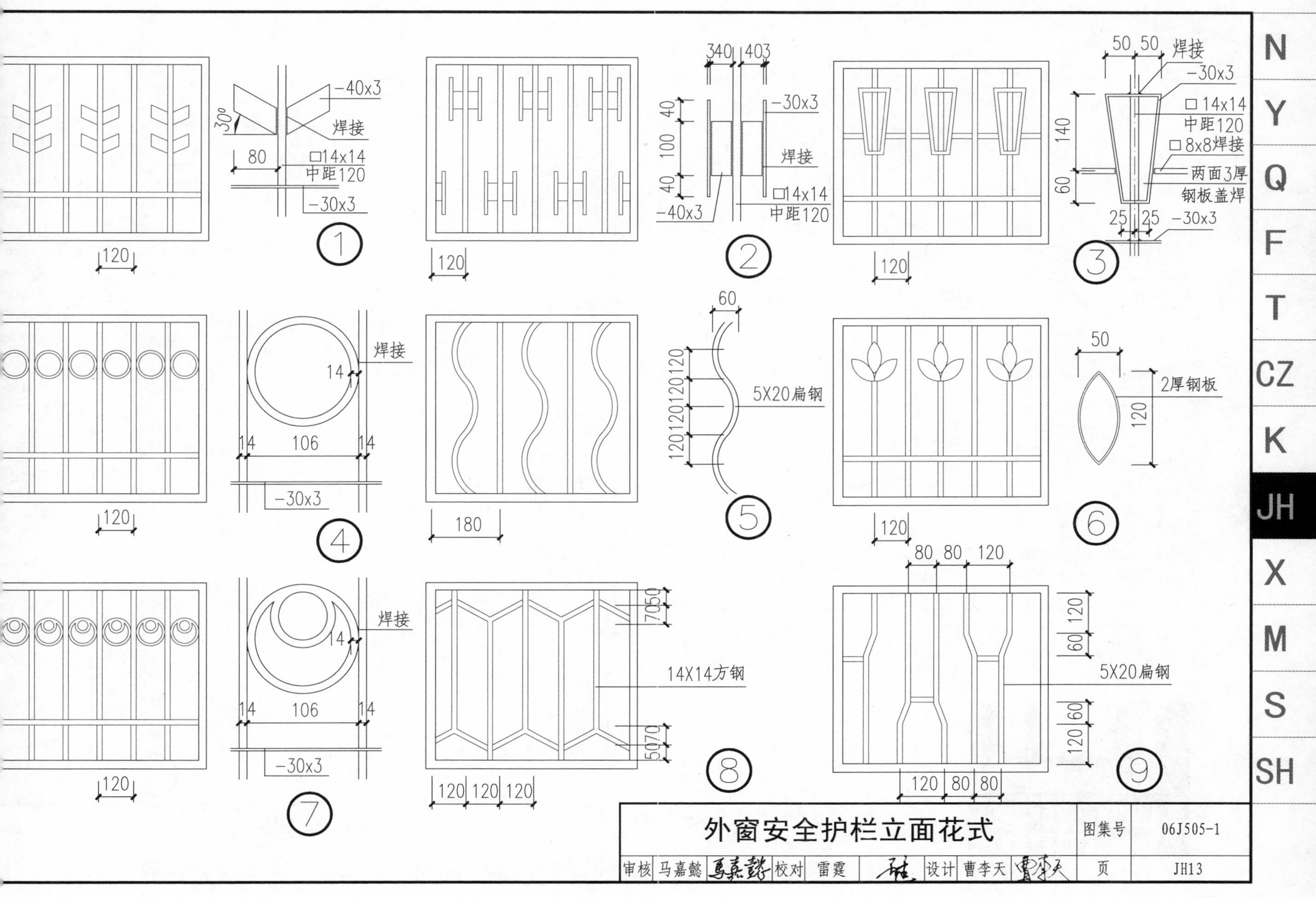

N
Y
Q
F
T
CZ
K
JH
X
M
S
SH
-40x3
焊接
30°
80
□14x14
中距120
-30x3
120
340
403
-30x3
40
100
40
焊接
-40x3
□14x14
中距120
50 50
焊接
-30x3
□14x14
中距120
□8x8焊接
两面3厚
钢板盖焊
140
60
25 25
-30x3
焊接
14
14 106 14
-30x3
180
60
120120120120120
5X20扁钢
50
2厚钢板
120
焊接
14
14 106 14
-30x3
7050
14X14方钢
5070
120 120 120
80 80 120
120
60
5X20扁钢
60
120
120 80 80
外窗安全护栏立面花式
图集号
06J505-1
审核 马嘉懿
校对 雷霆
设计 曹李天
页
JH13

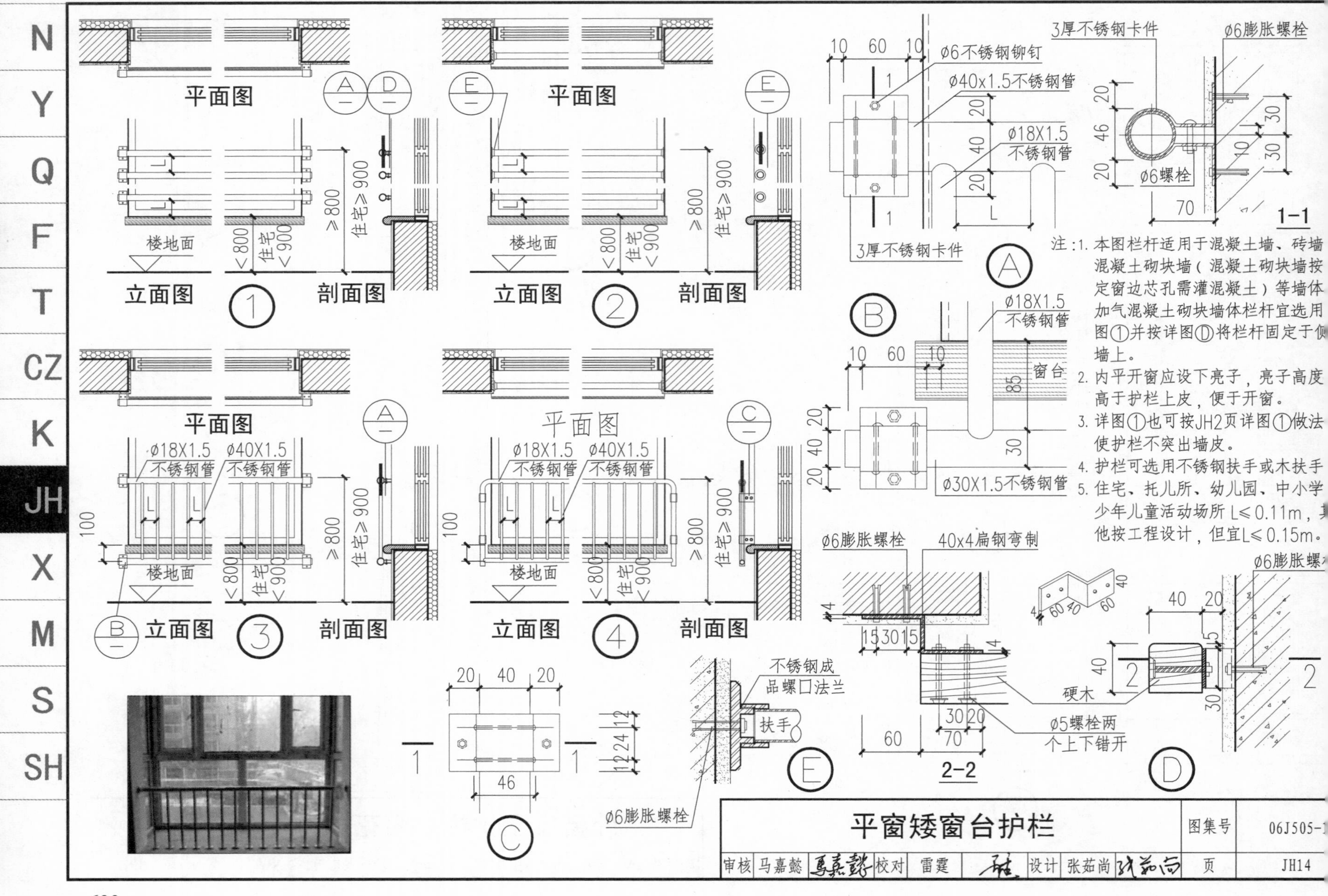

注：1. 本图栏杆适用于混凝土墙、砖墙、混凝土砌块墙（混凝土砌块墙按定窗边芯孔需灌混凝土）等墙体，加气混凝土砌块墙体栏杆宜选用图①并按详图Ⓓ将栏杆固定于侧墙上。
2. 内平开窗应设下亮子，亮子高度高于护栏上皮，便于开窗。
3. 详图①也可按JH2页详图①做法使护栏不突出墙皮。
4. 护栏可选用不锈钢扶手或木扶手。
5. 住宅、托儿所、幼儿园、中小学、少年儿童活动场所 L≤0.11m，其他按工程设计，但宜L≤0.15m。

平窗矮窗台护栏	图集号	06J505-1
审核 马嘉懿 校对 雷霆 设计 张茹尚	页	JH14

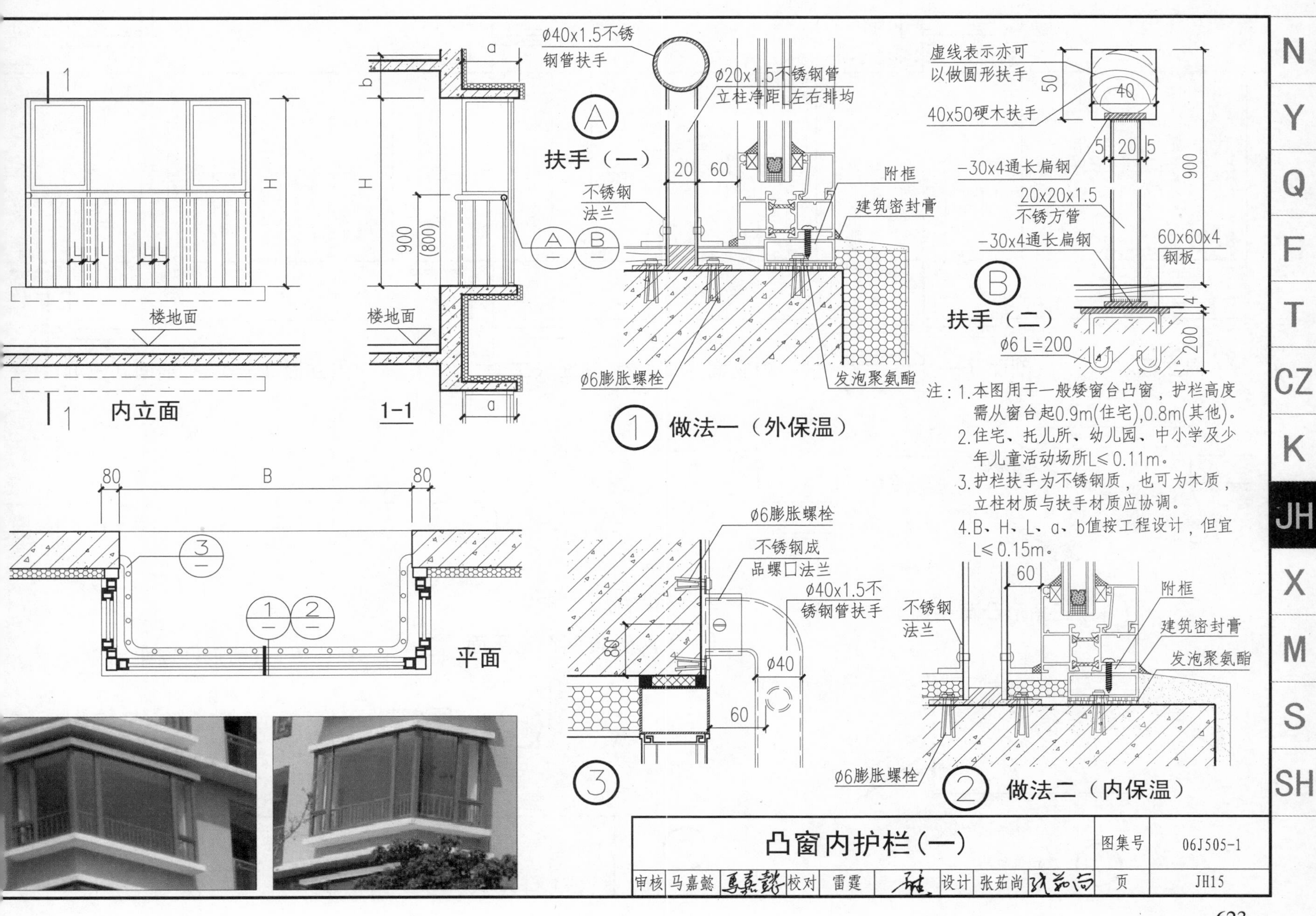

注：1.本图用于一般矮窗台凸窗，护栏高度需从窗台起0.9m(住宅),0.8m(其他)。
2.住宅、托儿所、幼儿园、中小学及少年儿童活动场所L≤0.11m。
3.护栏扶手为不锈钢质，也可为木质，立柱材质与扶手材质应协调。
4.B、H、L、a、b值按工程设计，但宜L≤0.15m。

凸窗内护栏(一)						图集号	06J505-1
审核	马嘉懿	校对	雷霆	设计	张茹尚	页	JH15

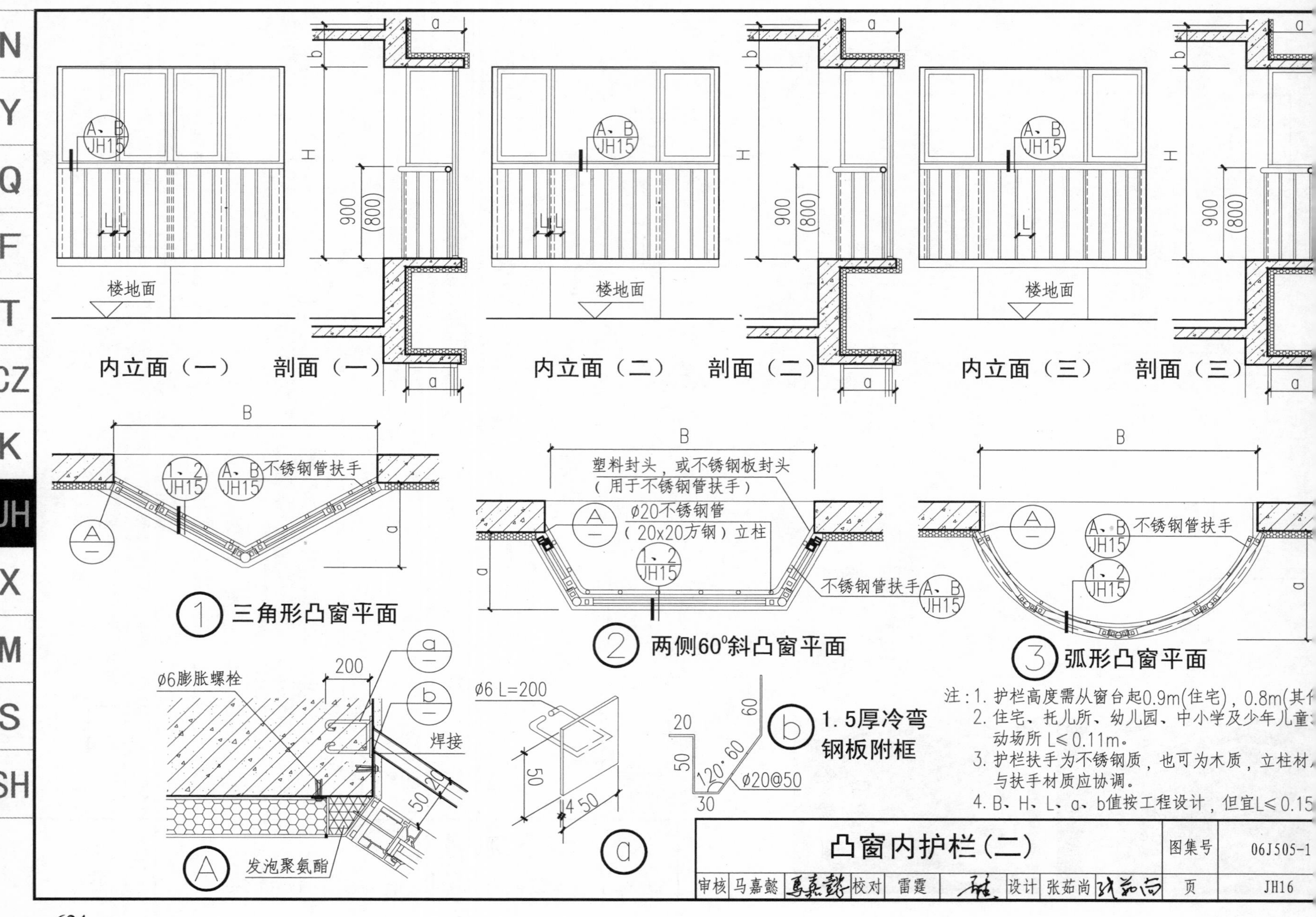

注：1. 护栏高度需从窗台起0.9m(住宅)，0.8m(其他
2. 住宅、托儿所、幼儿园、中小学及少年儿童
动场所 L≤0.11m。
3. 护栏扶手为不锈钢质，也可为木质，立柱材
与扶手材质应协调。
4. B、H、L、a、b值按工程设计，但宜L≤0.15

凸窗内护栏（二）						图集号	06J505-1
审核 马嘉懿	马嘉懿	校对 雷霆	雷霆	设计 张茹尚	张茹尚	页	JH16

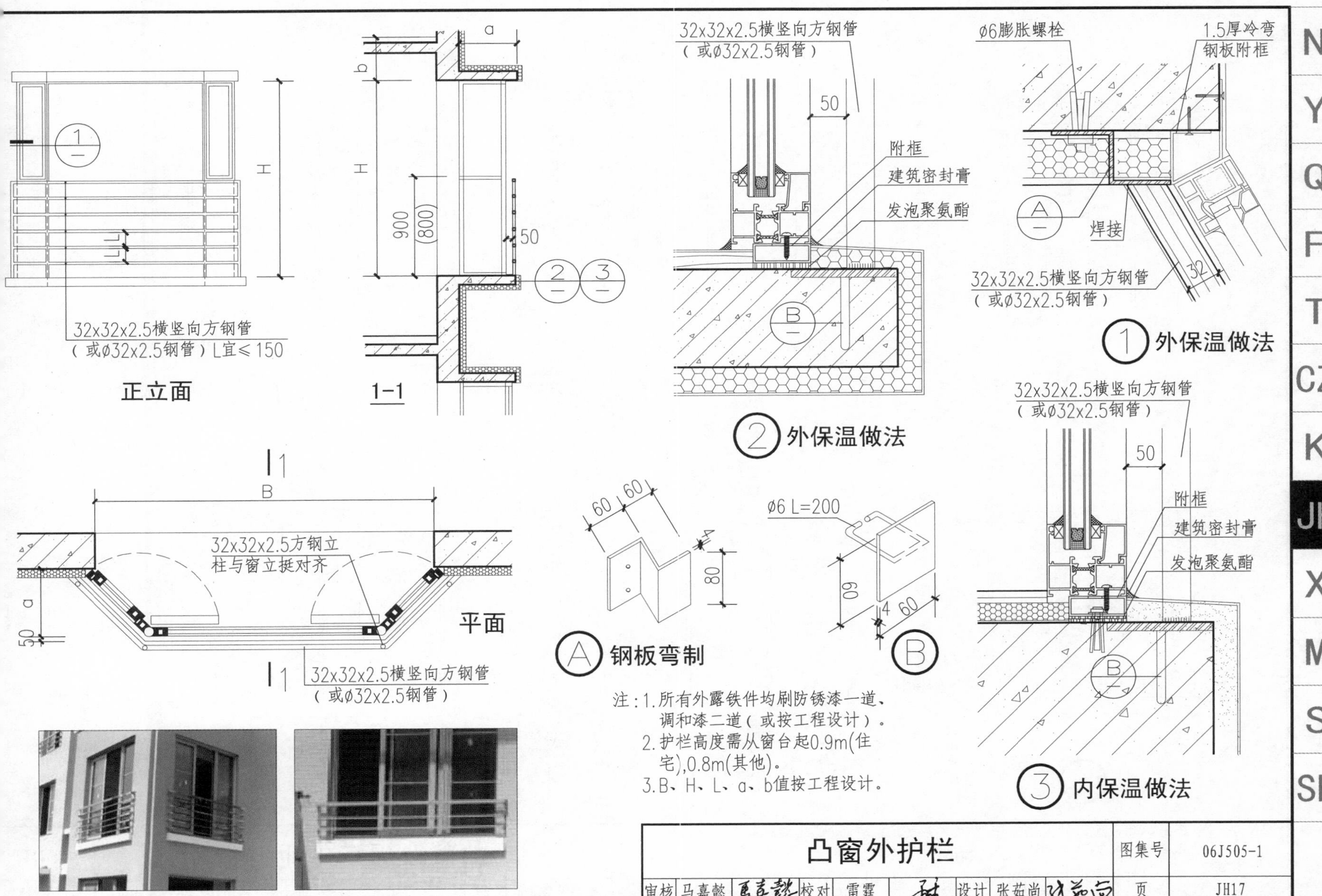

注：1. 所有外露铁件均刷防锈漆一道、调和漆二道（或按工程设计）。
2. 护栏高度需从窗台起0.9m(住宅),0.8m(其他)。
3. B、H、L、a、b值按工程设计。

凸窗外护栏						图集号	06J505-1
审核	马嘉懿	校对	雷霆	设计	张茹尚	页	JH17

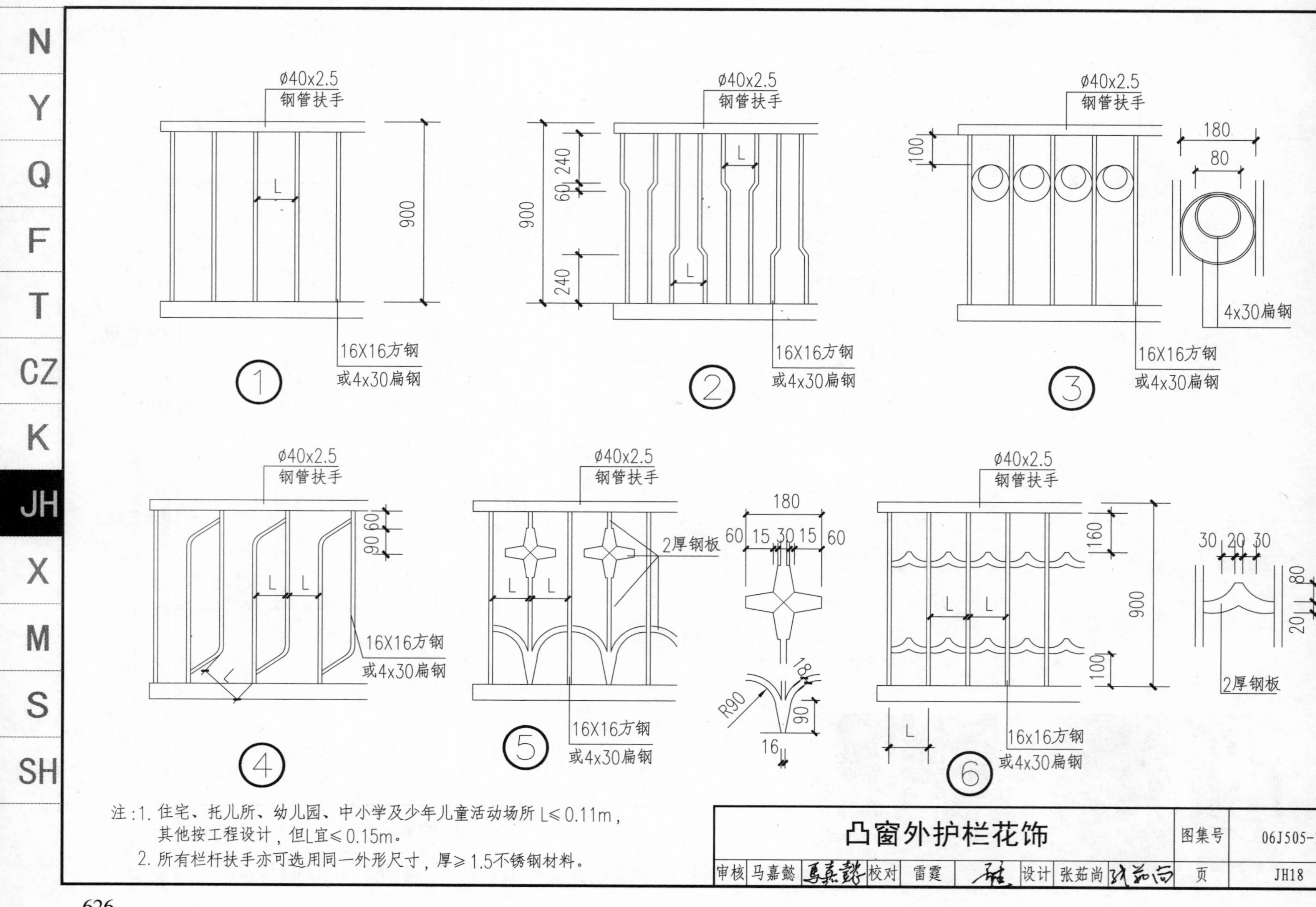

注：1. 住宅、托儿所、幼儿园、中小学及少年儿童活动场所 L≤0.11m，其他按工程设计，但L宜≤0.15m。

2. 所有栏杆扶手亦可选用同一外形尺寸，厚≥1.5不锈钢材料。

凸窗外护栏花饰						图集号	06J505-1
审核	马嘉懿	校对	雷霆	设计	张茹尚	页	JH18

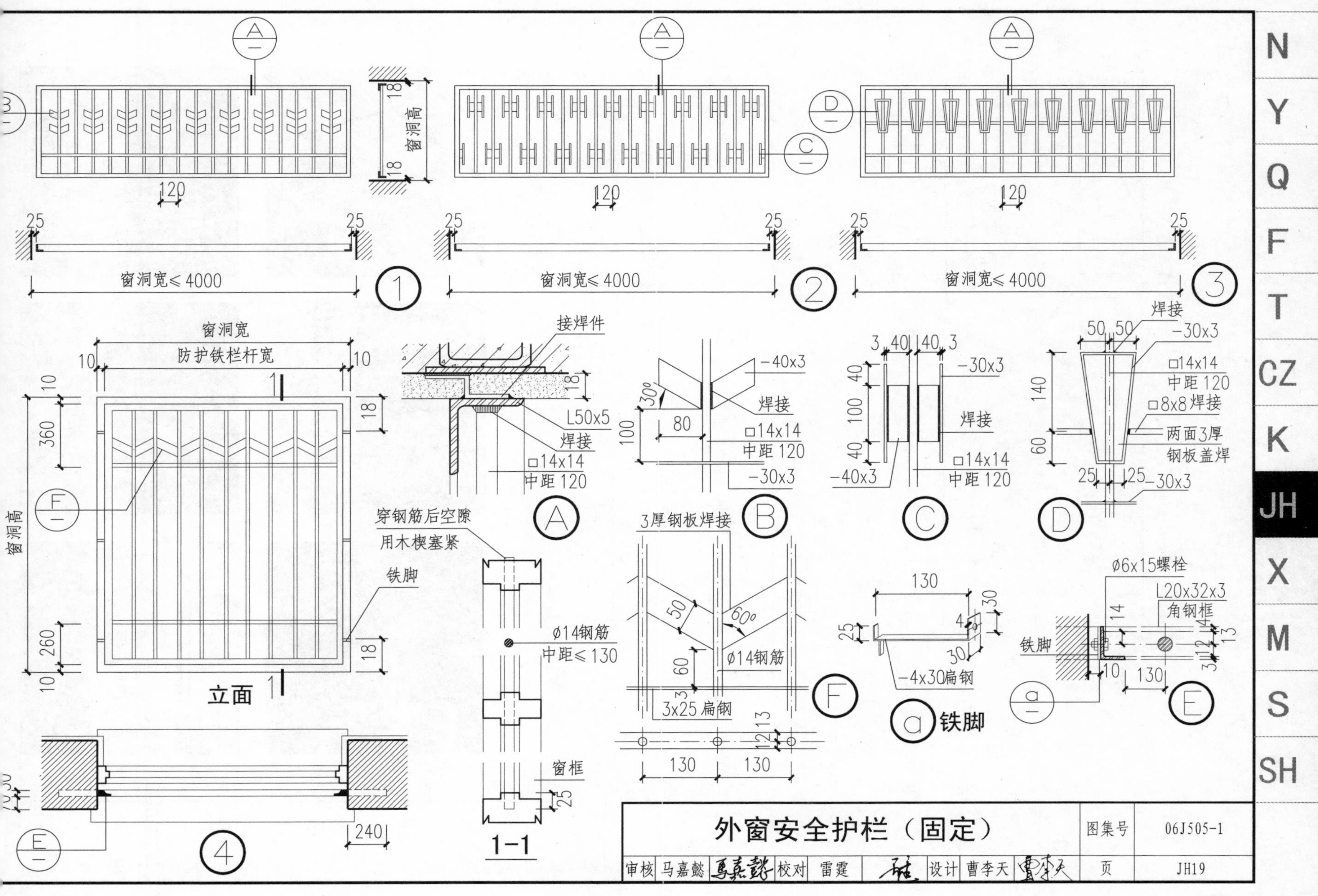

外窗安全护栏（固定）						图集号	06J505-1
审核	马嘉懿	校对	雷霆	设计	曹李天	页	JH19

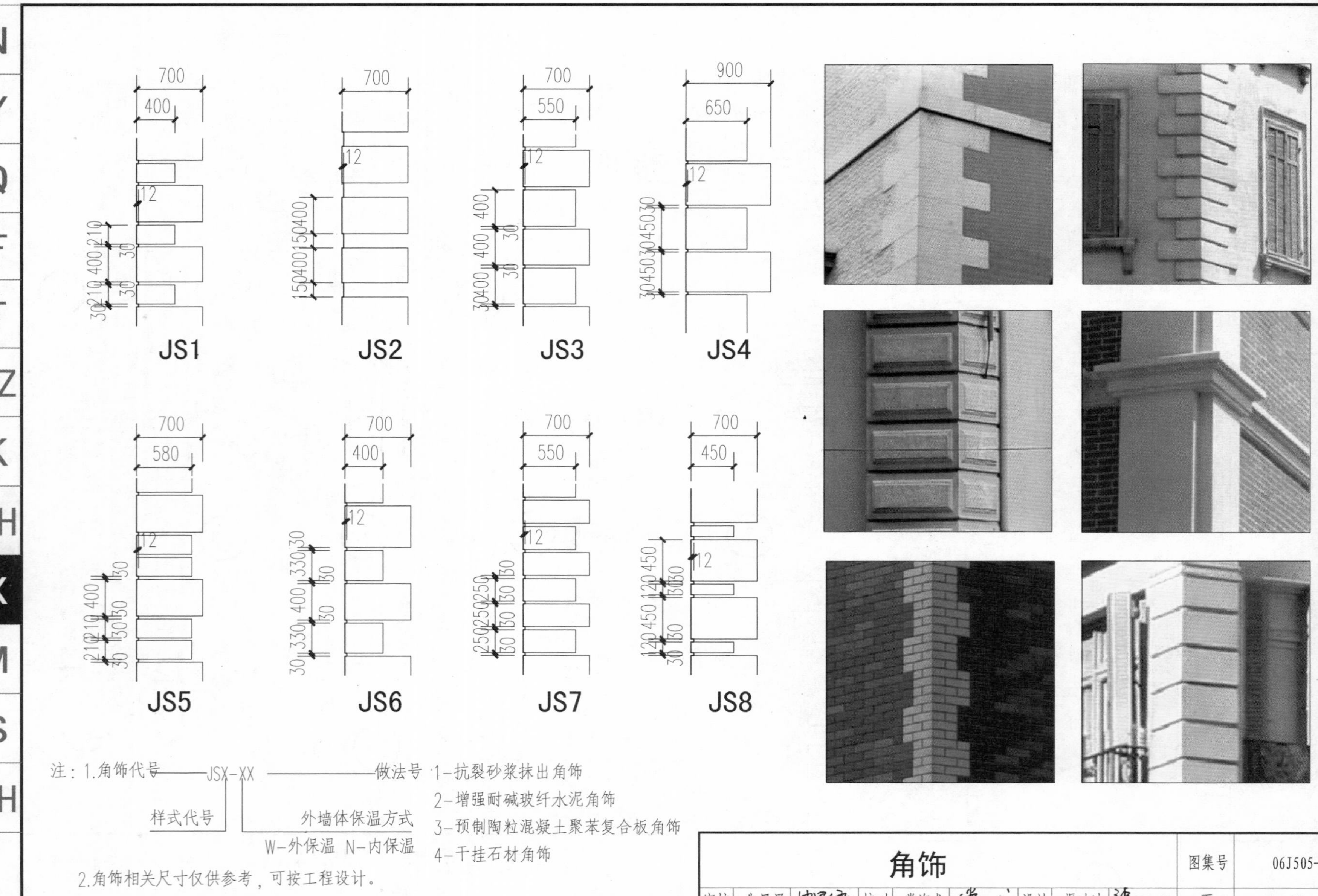
N
Y
Q
F
T
CZ
K
JH
X
M
S
SH
JS1
JS2
JS3
JS4
JS5
JS6
JS7
JS8
注：1.角饰代号 JSX-XX 做法号 1-抗裂砂浆抹出角饰
2-增强耐碱玻纤水泥角饰
3-预制陶粒混凝土聚苯复合板角饰
4-干挂石材角饰
样式代号
外墙体保温方式
W-外保温 N-内保温
2.角饰相关尺寸仅供参考，可按工程设计。
角饰
图集号 06J505-1
审核 朱显泽 校对 常海龙 设计 渠叶冰
页 X1

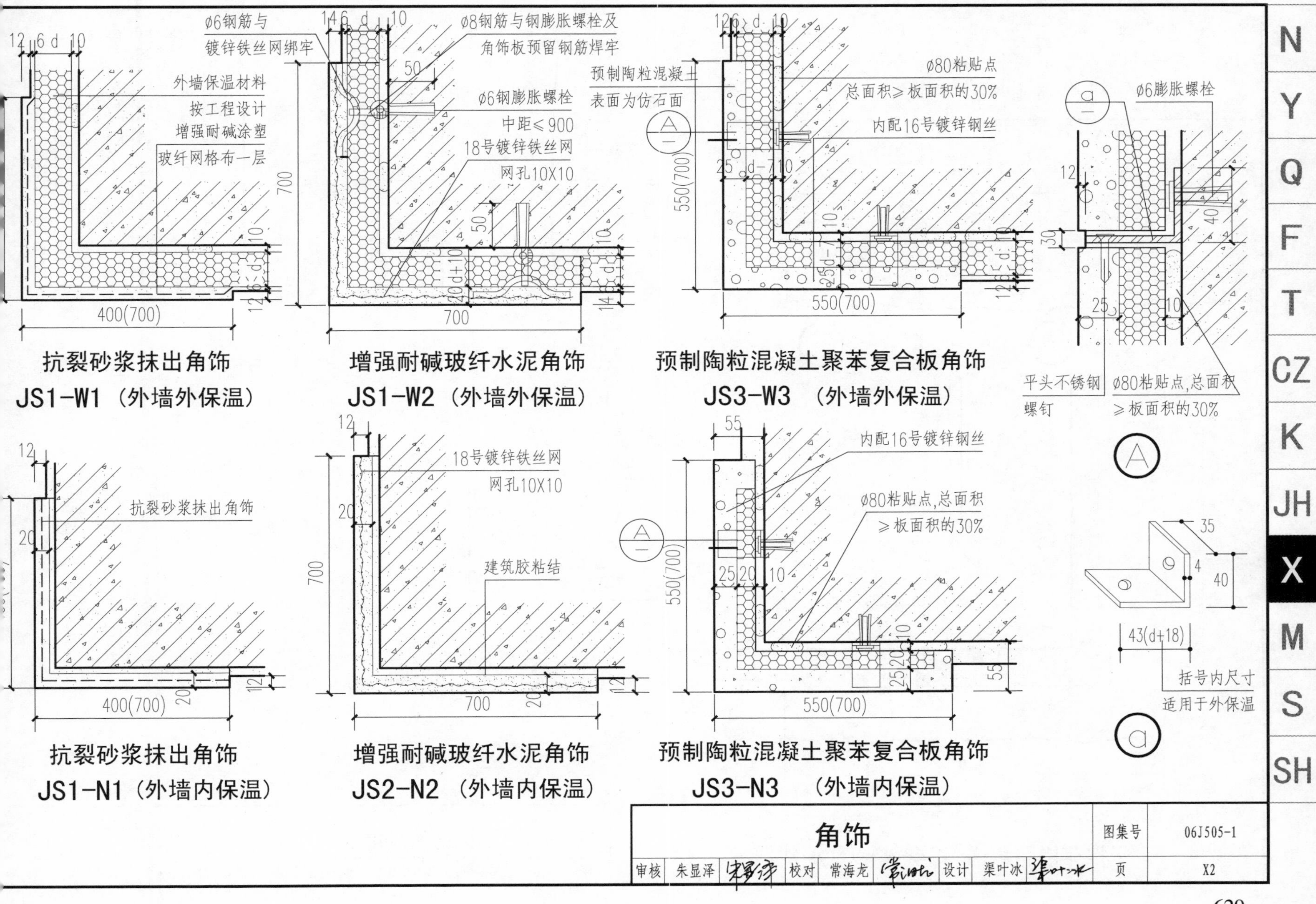

角饰						图集号	06J505-1
审核	朱显泽	校对	常海龙	设计	渠叶冰	页	X2

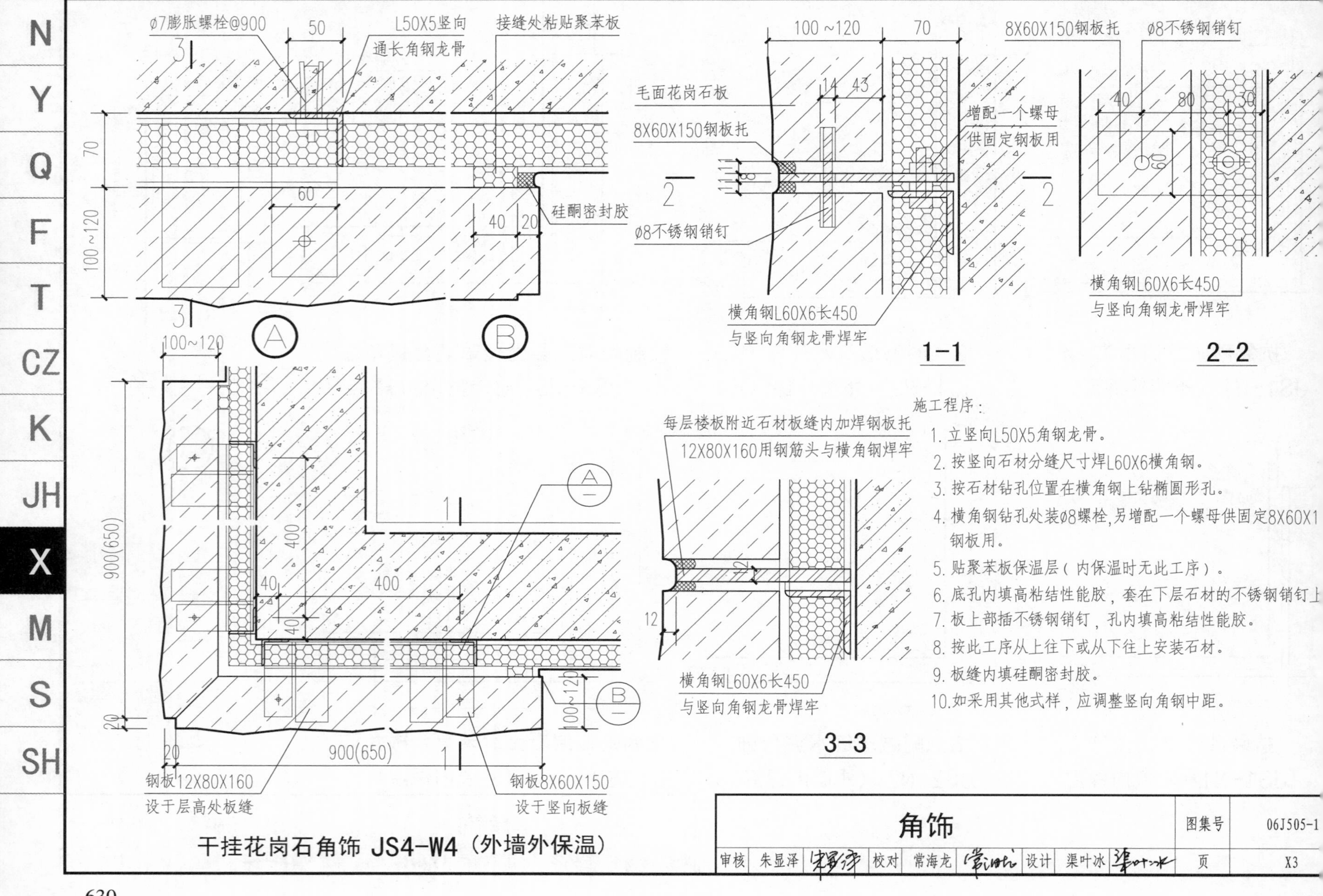

N
Y
Q
F
T
CZ
K
JH
X
M
S
SH
ø7膨胀螺栓@900
50
L50X5竖向
通长角钢龙骨
接缝处粘贴聚苯板
70
100~120
60
40
20
硅酮密封胶
3
A
B
100~120
70
毛面花岗石板
8X60X150钢板托
14
43
增配一个螺母
供固定钢板用
ø8不锈钢销钉
2
横角钢L60X6长450
与竖向角钢龙骨焊牢
1-1
8X60X150钢板托
ø8不锈钢销钉
40
80
30
60
横角钢L60X6长450
与竖向角钢龙骨焊牢
2-2
100~120
900(650)
400
40
400
40
1
20
20
900(650)
100~120
钢板12X80X160
设于层高处板缝
钢板8X60X150
设于竖向板缝
每层楼板附近石材板缝内加焊钢板托
12X80X160用钢筋头与横角钢焊牢
12
12
横角钢L60X6长450
与竖向角钢龙骨焊牢
3-3
施工程序：
1. 立竖向L50X5角钢龙骨。
2. 按竖向石材分缝尺寸焊L60X6横角钢。
3. 按石材钻孔位置在横角钢上钻椭圆形孔。
4. 横角钢钻孔处装ø8螺栓,另增配一个螺母供固定8X60X1
钢板用。
5. 贴聚苯板保温层（内保温时无此工序）。
6. 底孔内填高粘结性能胶，套在下层石材的不锈钢销钉上
7. 板上部插不锈钢销钉，孔内填高粘结性能胶。
8. 按此工序从上往下或从下往上安装石材。
9. 板缝内填硅酮密封胶。
10.如采用其他式样，应调整竖向角钢中距。
干挂花岗石角饰 JS4-W4（外墙外保温）
角饰
图集号 06J505-1
审核 朱显泽 校对 常海龙 设计 渠叶冰
页 X3

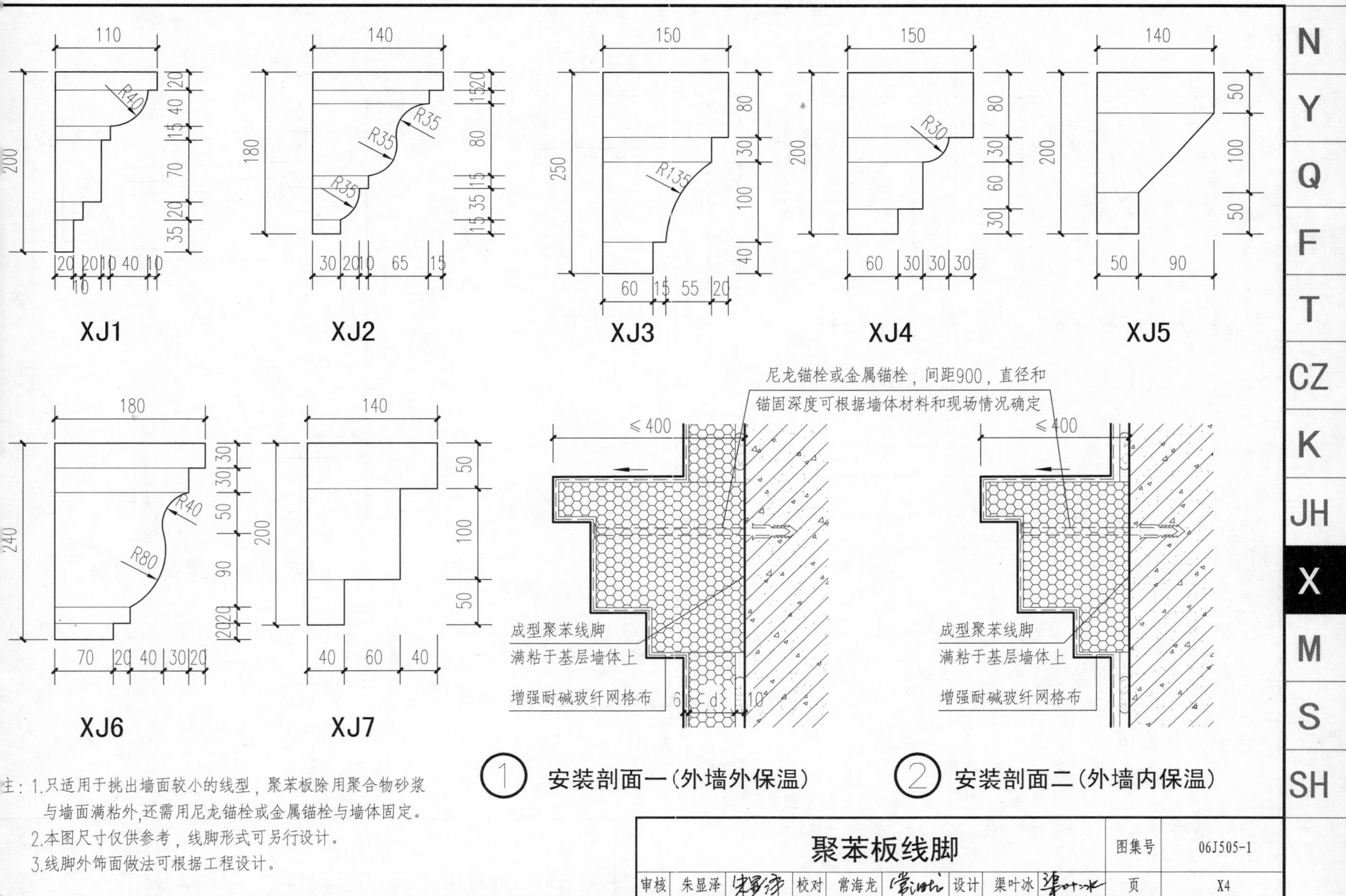

注：1.只适用于挑出墙面较小的线型，聚苯板除用聚合物砂浆与墙面满粘外,还需用尼龙锚栓或金属锚栓与墙体固定。
2.本图尺寸仅供参考，线脚形式可另行设计。
3.线脚外饰面做法可根据工程设计。

聚苯板线脚						图集号	06J505-1
审核	朱显泽	校对	常海龙	设计	渠叶冰	页	X4

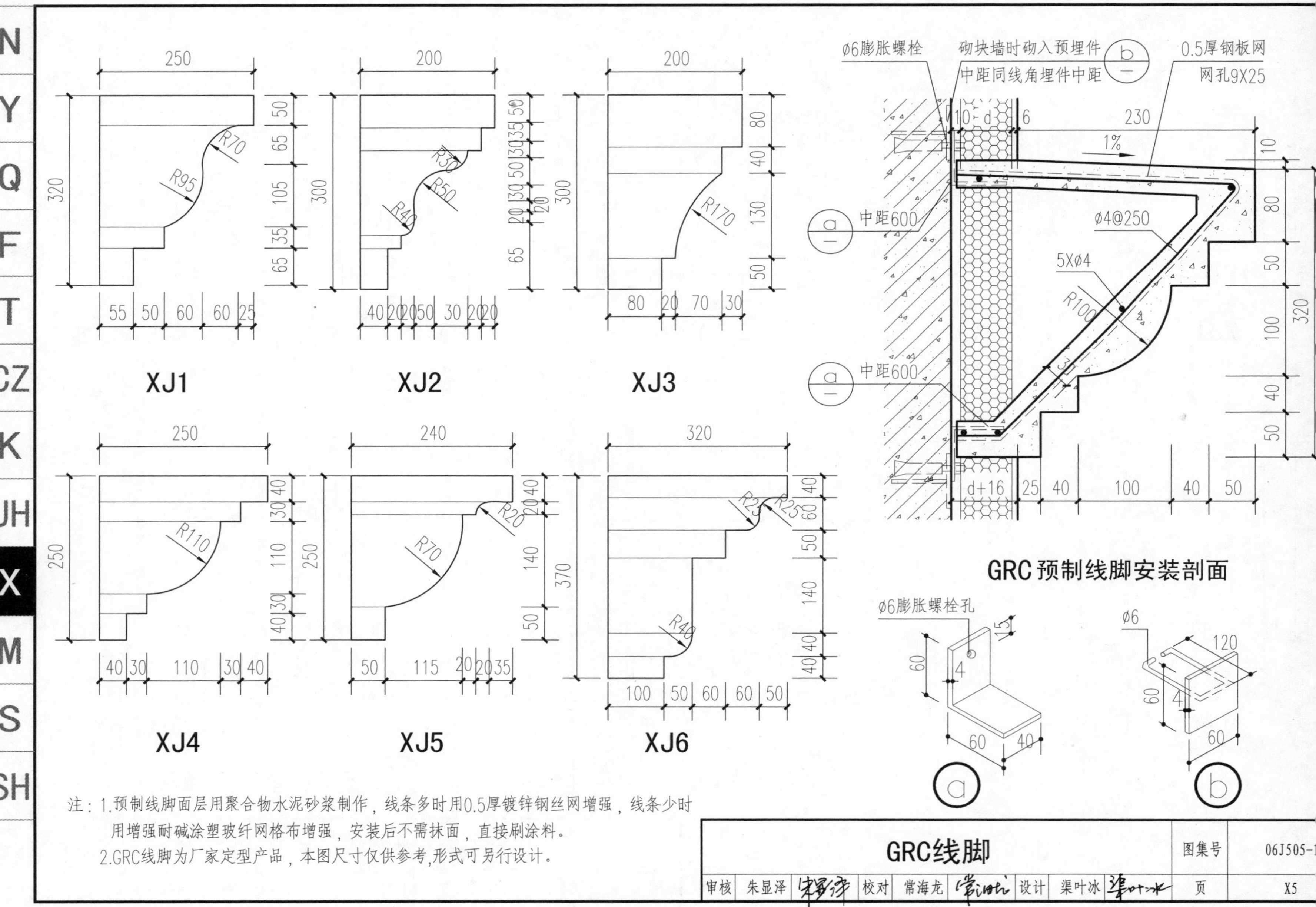
N
Y
Q
F
T
CZ
K
JH
X
M
S
SH
XJ1
XJ2
XJ3
XJ4
XJ5
XJ6
ø6膨胀螺栓
砌块墙时砌入预埋件
中距同线角埋件中距
0.5厚钢板网
网孔9X25
中距600
ø4@250
5Xø4
R100
1%
GRC预制线脚安装剖面
ø6膨胀螺栓孔
ø6
注：1.预制线脚面层用聚合物水泥砂浆制作，线条多时用0.5厚镀锌钢丝网增强，线条少时用增强耐碱涂塑玻纤网格布增强，安装后不需抹面，直接刷涂料。
2.GRC线脚为厂家定型产品，本图尺寸仅供参考,形式可另行设计。
GRC线脚
图集号 06J505-1
审核 朱显泽 校对 常海龙 设计 渠叶冰
页 X5

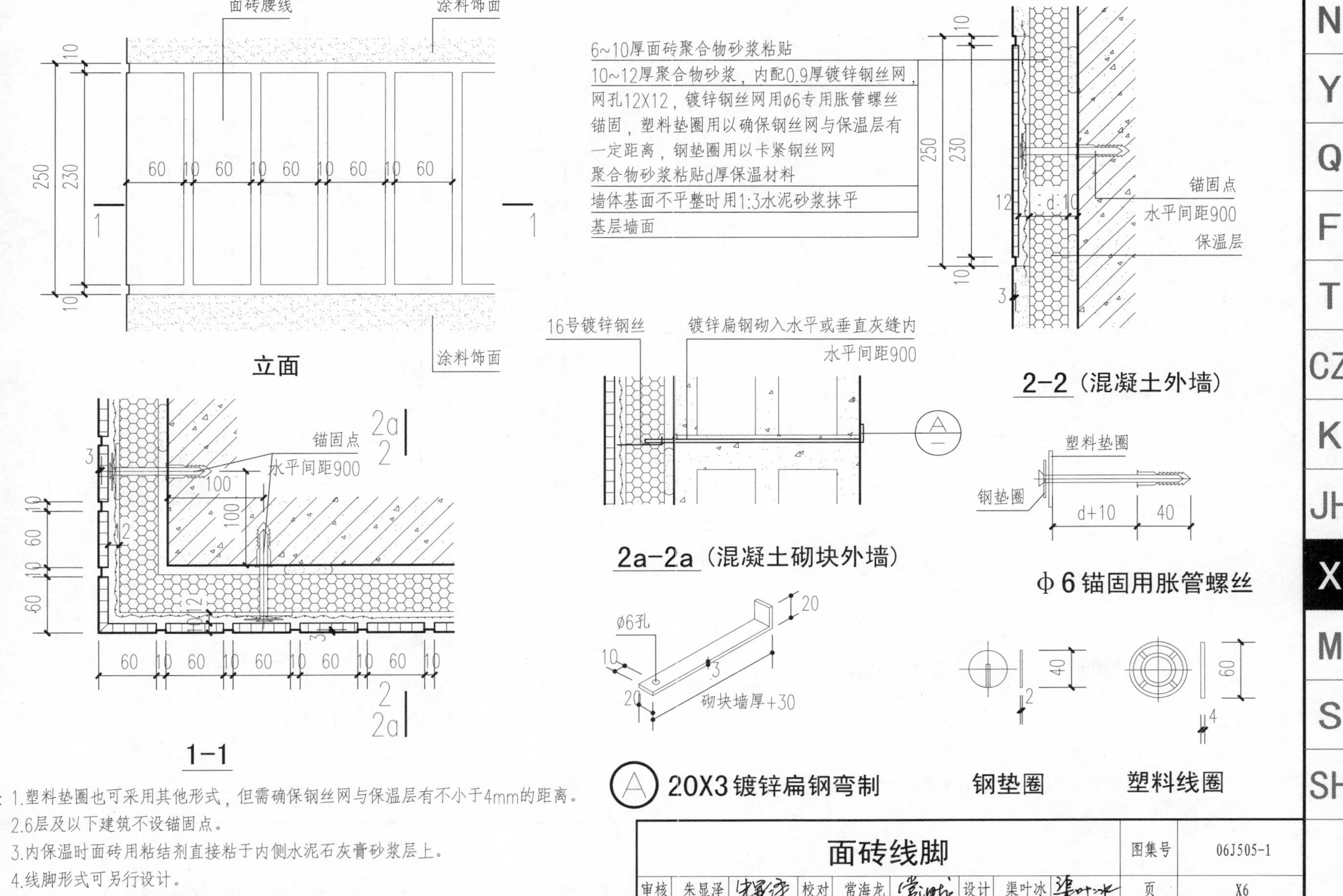

注：1.塑料垫圈也可采用其他形式，但需确保钢丝网与保温层有不小于4mm的距离。
2.6层及以下建筑不设锚固点。
3.内保温时面砖用粘结剂直接粘于内侧水泥石灰膏砂浆层上。
4.线脚形式可另行设计。

面砖线脚						图集号	06J505-1
审核	朱显泽	校对	常海龙	设计	渠叶冰	页	X6

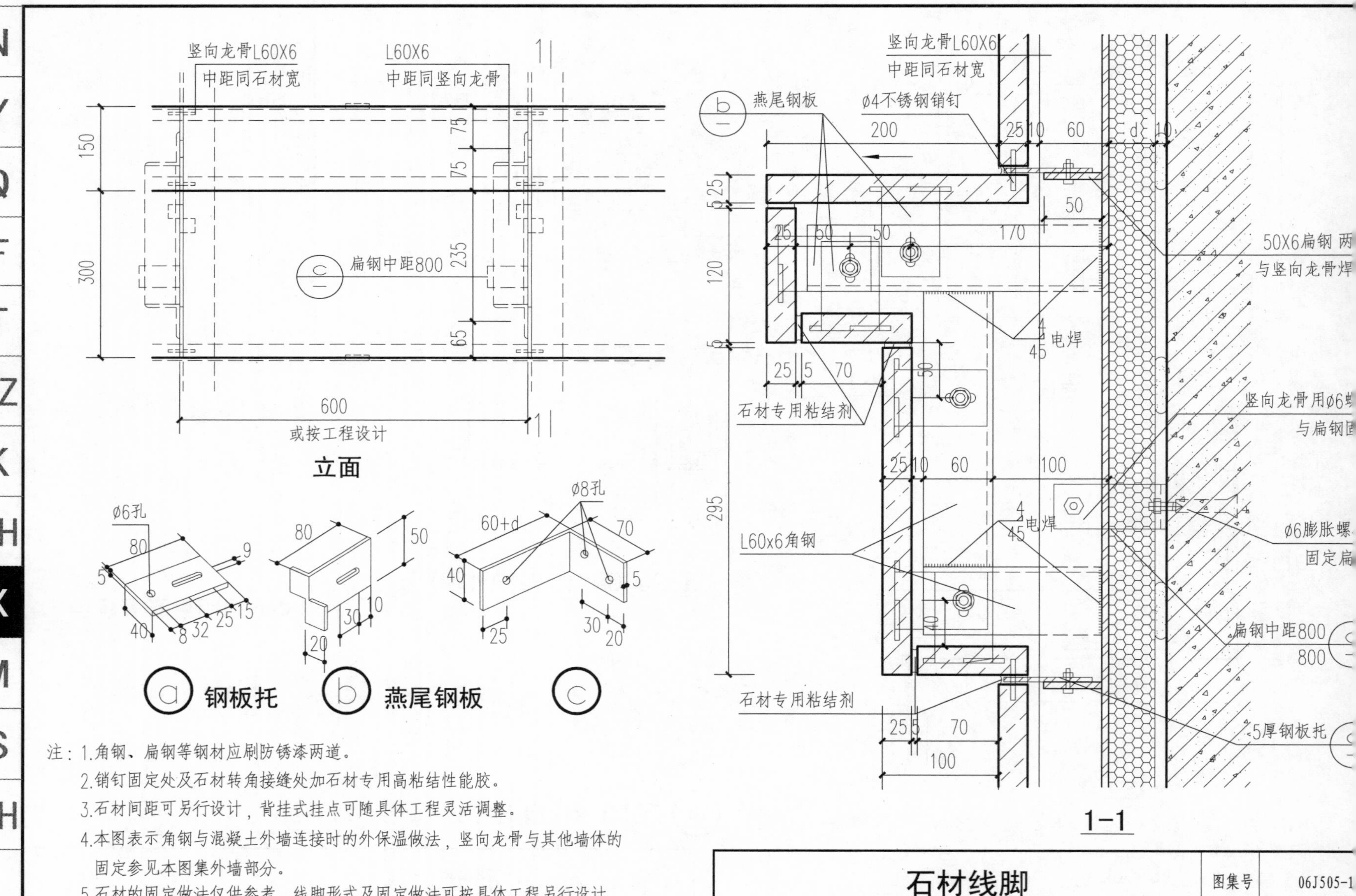

注：1.角钢、扁钢等钢材应刷防锈漆两道。

2.销钉固定处及石材转角接缝处加石材专用高粘结性能胶。

3.石材间距可另行设计，背挂式挂点可随具体工程灵活调整。

4.本图表示角钢与混凝土外墙连接时的外保温做法，竖向龙骨与其他墙体的固定参见本图集外墙部分。

5.石材的固定做法仅供参考，线脚形式及固定做法可按具体工程另行设计。

石材线脚						图集号	06J505-1
审核	朱显泽	校对	常海龙	设计	渠叶冰	页	X7

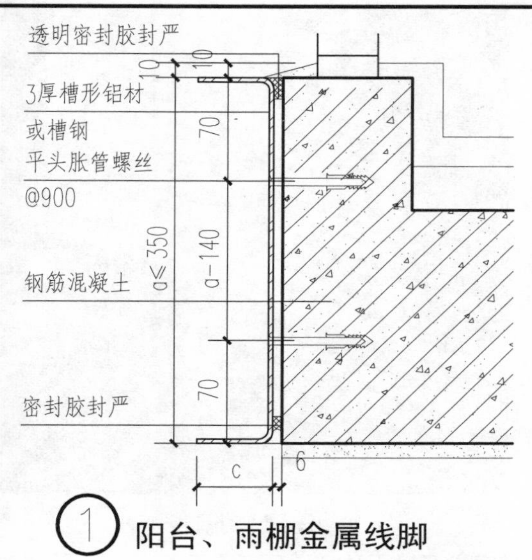

① 阳台、雨棚金属线脚

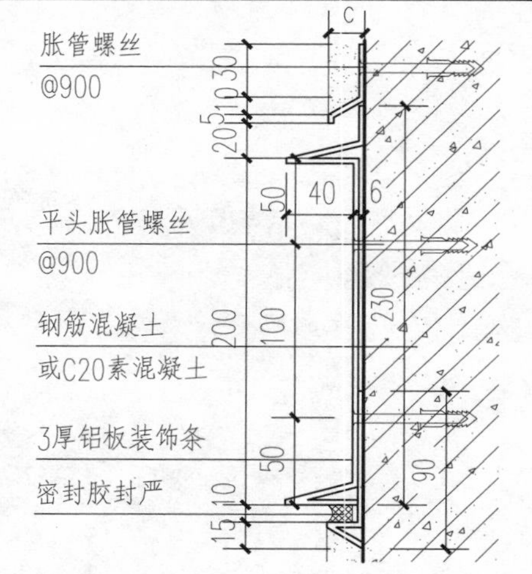

② 外墙内保温金属线脚(一)

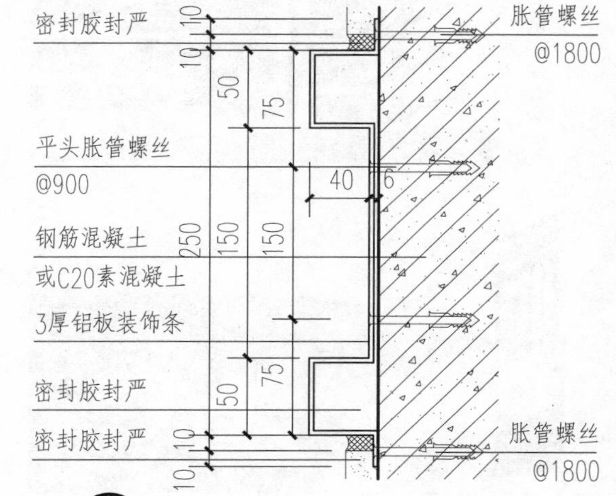

③ 外墙内保温金属线脚(二)

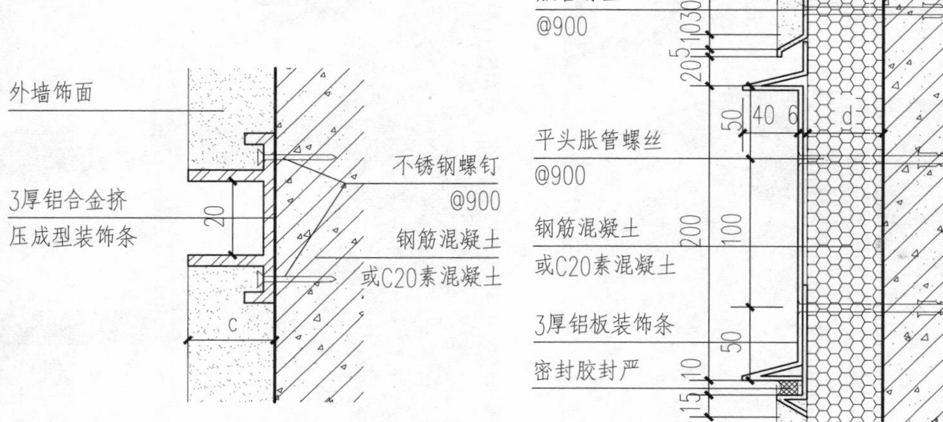

④ 外墙内保温金属线脚(三)

⑤ 外墙外保温金属线脚(一)

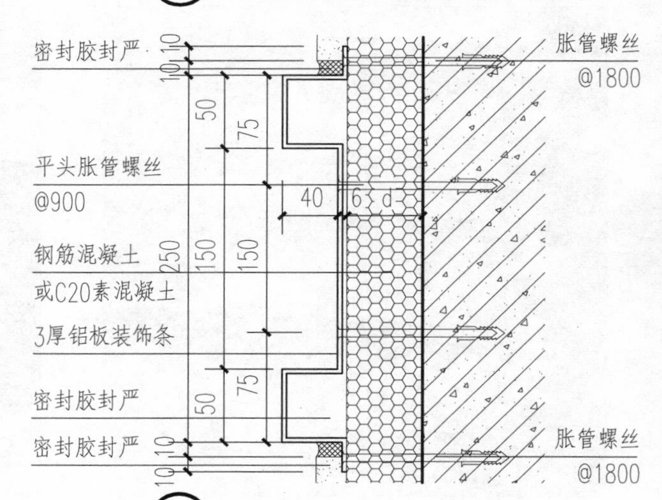

⑥ 外墙外保温金属线脚(二)

注：尺寸a、b、c、d按工程设计。

金属线脚						图集号	06J505-1
审核	朱显泽	校对	常海龙	设计	渠叶冰	页	X8

N Y Q F T CZ K JH X M S SH

N
Y
Q
F
T
CZ
K
JH
X
M
S
SH

面砖线脚

金属线脚

金属线脚

石材线脚

GRC线脚

聚苯线脚

装饰线脚图片									图集号	06J505-1
审核	朱显泽	朱显泽	校对	常海龙	常海龙	设计	渠叶冰	渠叶冰	页	X9

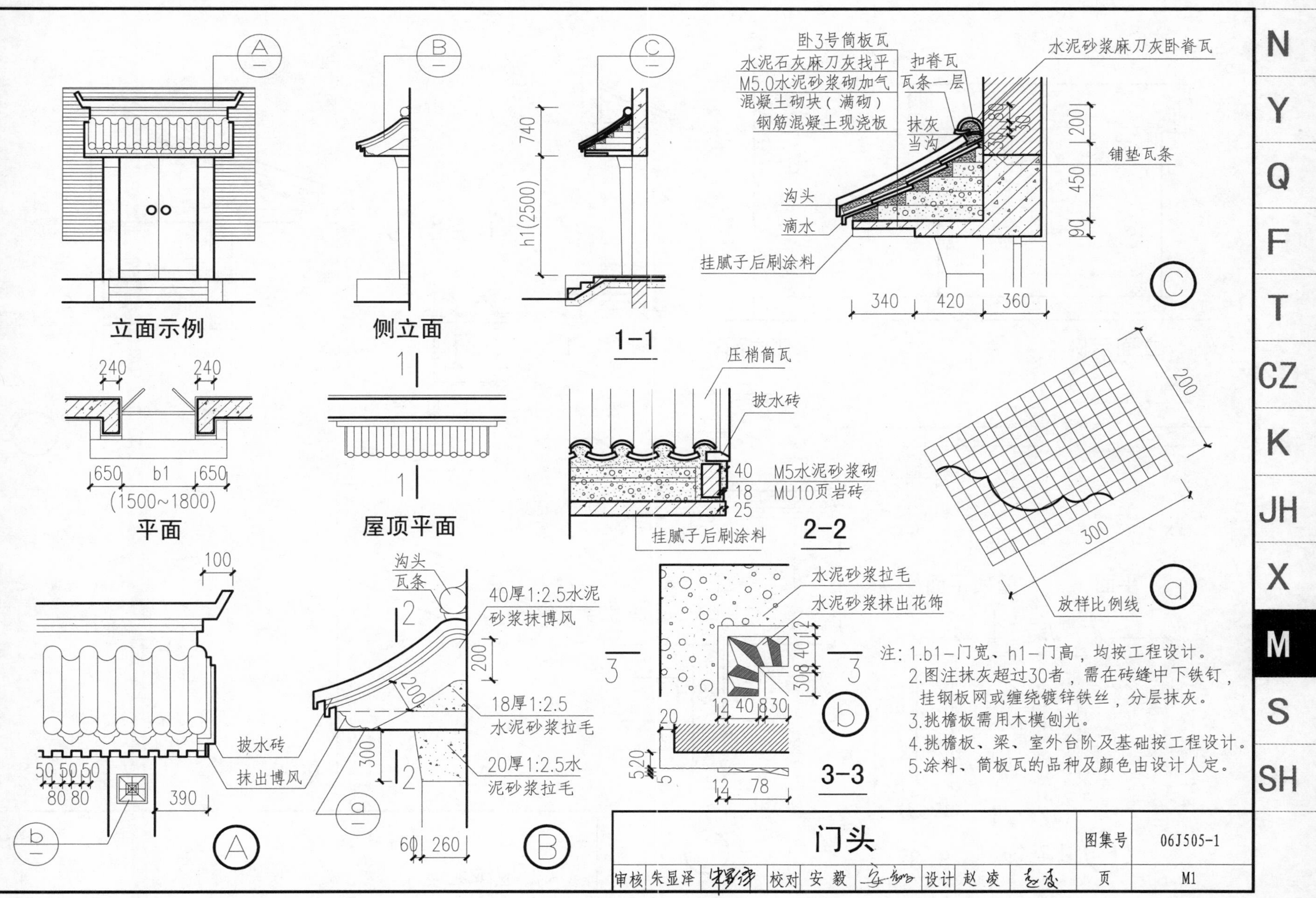

注：1.b1—门宽、h1—门高，均按工程设计。
2.图注抹灰超过30者，需在砖缝中下铁钉，挂钢板网或缠绕镀锌铁丝，分层抹灰。
3.挑檐板需用木模刨光。
4.挑檐板、梁、室外台阶及基础按工程设计。
5.涂料、筒板瓦的品种及颜色由设计人定。

门头	图集号	06J505-1
审核 朱显泽 校对 安毅 设计 赵凌	页	M1

N Y Q F T CZ K JH X M S SH

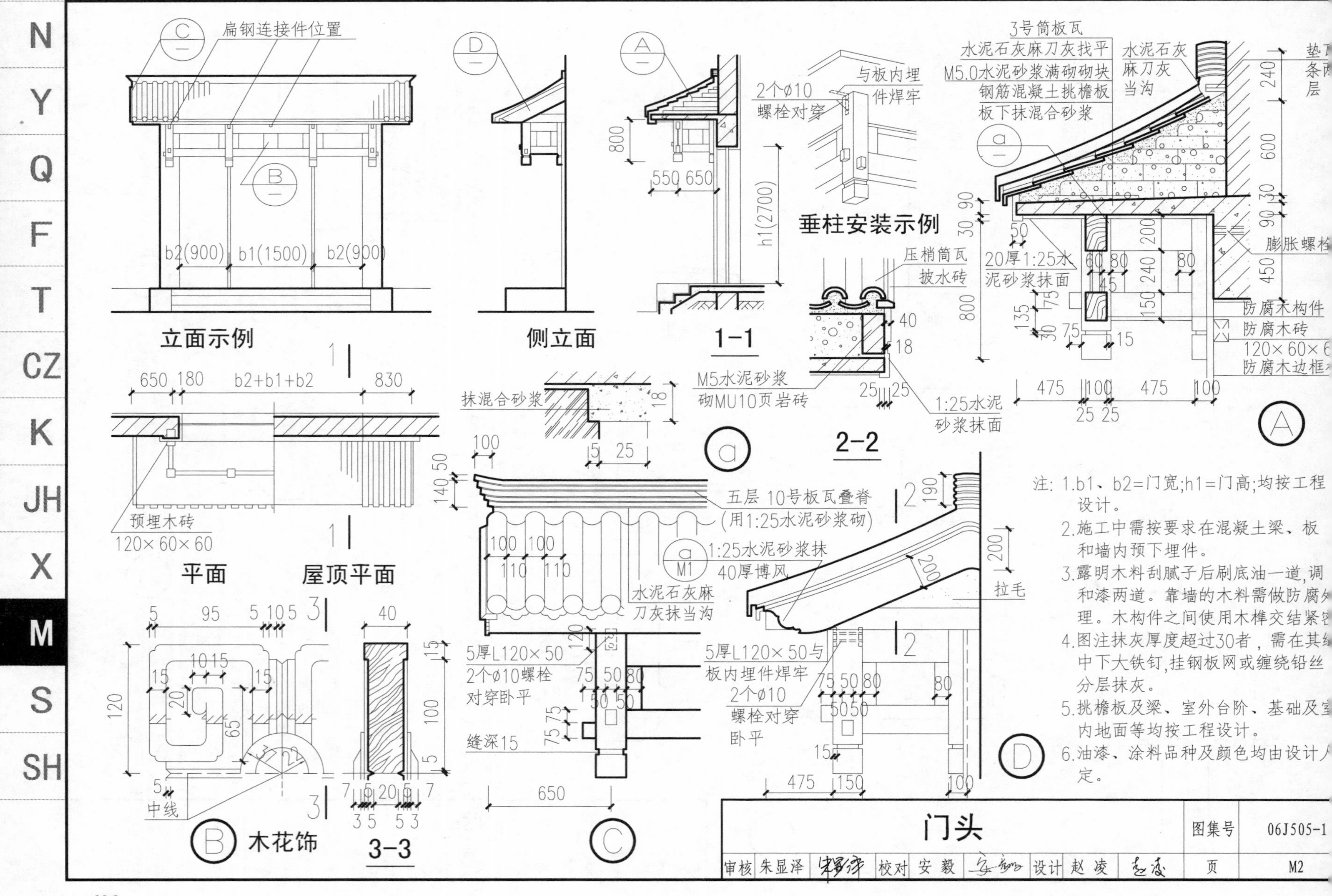

注：1.b1、b2=门宽;h1=门高;均按工程设计。
2.施工中需按要求在混凝土梁、板和墙内预下埋件。
3.露明木料刮腻子后刷底油一道,调和漆两道。靠墙的木料需做防腐处理。木构件之间使用木榫交结紧密。
4.图注抹灰厚度超过30者，需在其中下大铁钉,挂钢板网或缠绕铅丝分层抹灰。
5.挑檐板及梁、室外台阶、基础及室内地面等均按工程设计。
6.油漆、涂料品种及颜色均由设计人定。

门头	图集号	06J505-1
审核 朱显泽 校对 安毅 设计 赵凌	页	M2

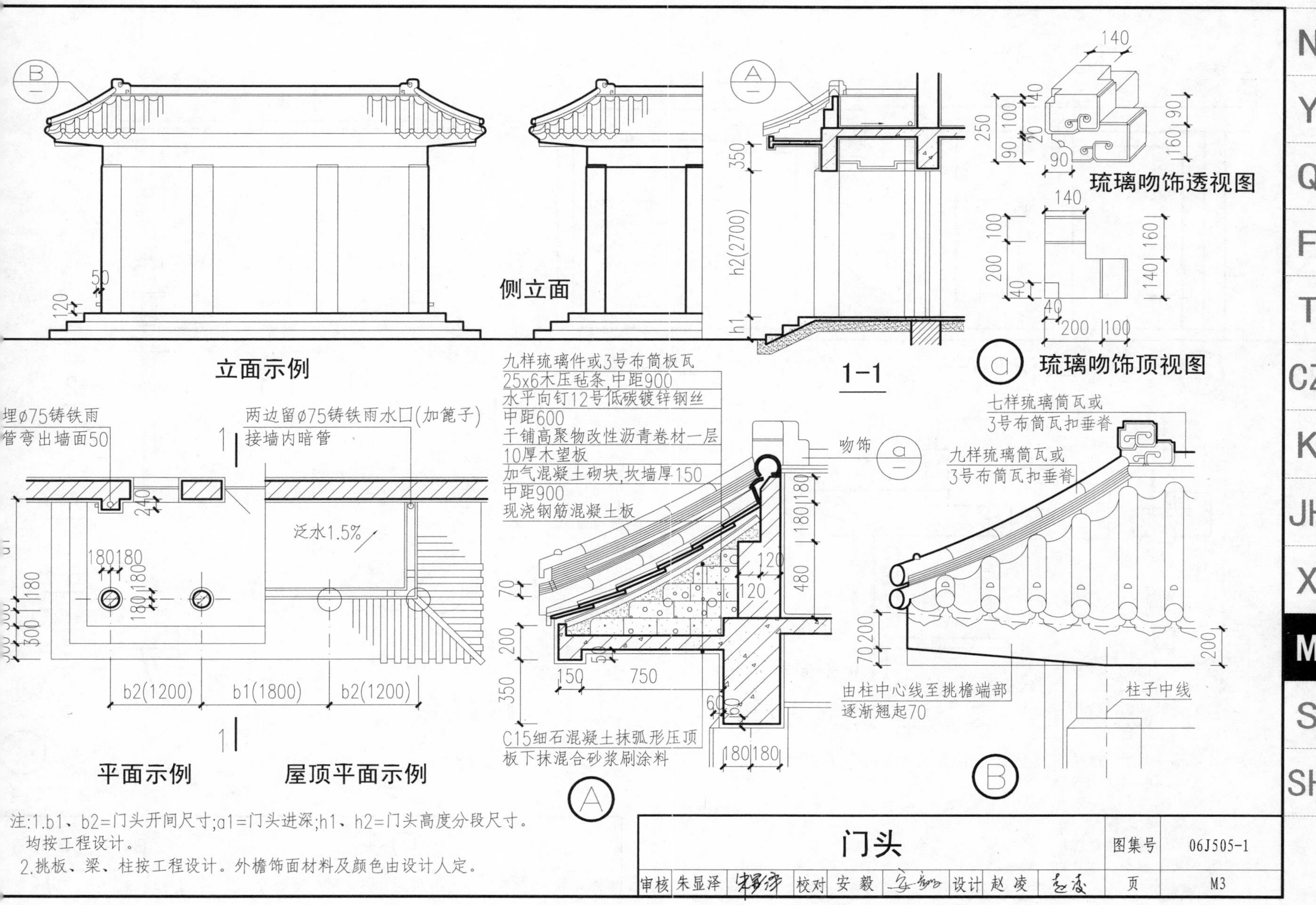

注:1.b1、b2=门头开间尺寸;a1=门头进深;h1、h2=门头高度分段尺寸。均按工程设计。

2.挑板、梁、柱按工程设计。外檐饰面材料及颜色由设计人定。

门头						图集号	06J505-1
审核	朱显泽	校对	安毅	设计	赵凌	页	M3

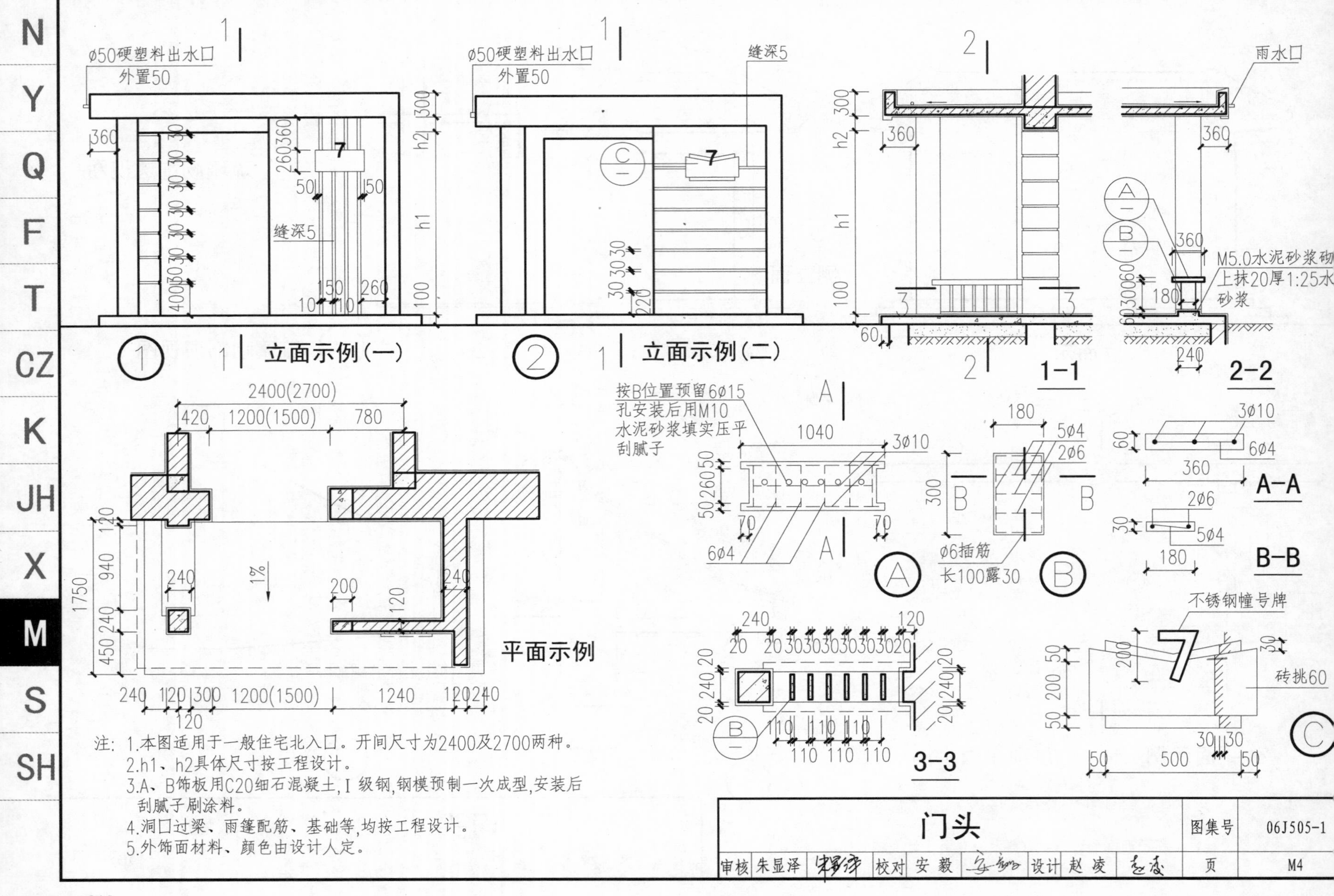

注：1.本图适用于一般住宅北入口。开间尺寸为2400及2700两种。
2.h1、h2具体尺寸按工程设计。
3.A、B饰板用C20细石混凝土，I 级钢，钢模预制一次成型，安装后刮腻子刷涂料。
4.洞口过梁、雨篷配筋、基础等，均按工程设计。
5.外饰面材料、颜色由设计人定。

门头						图集号	06J505-1
审核	朱显泽	校对	安 毅	设计	赵 凌	页	M4

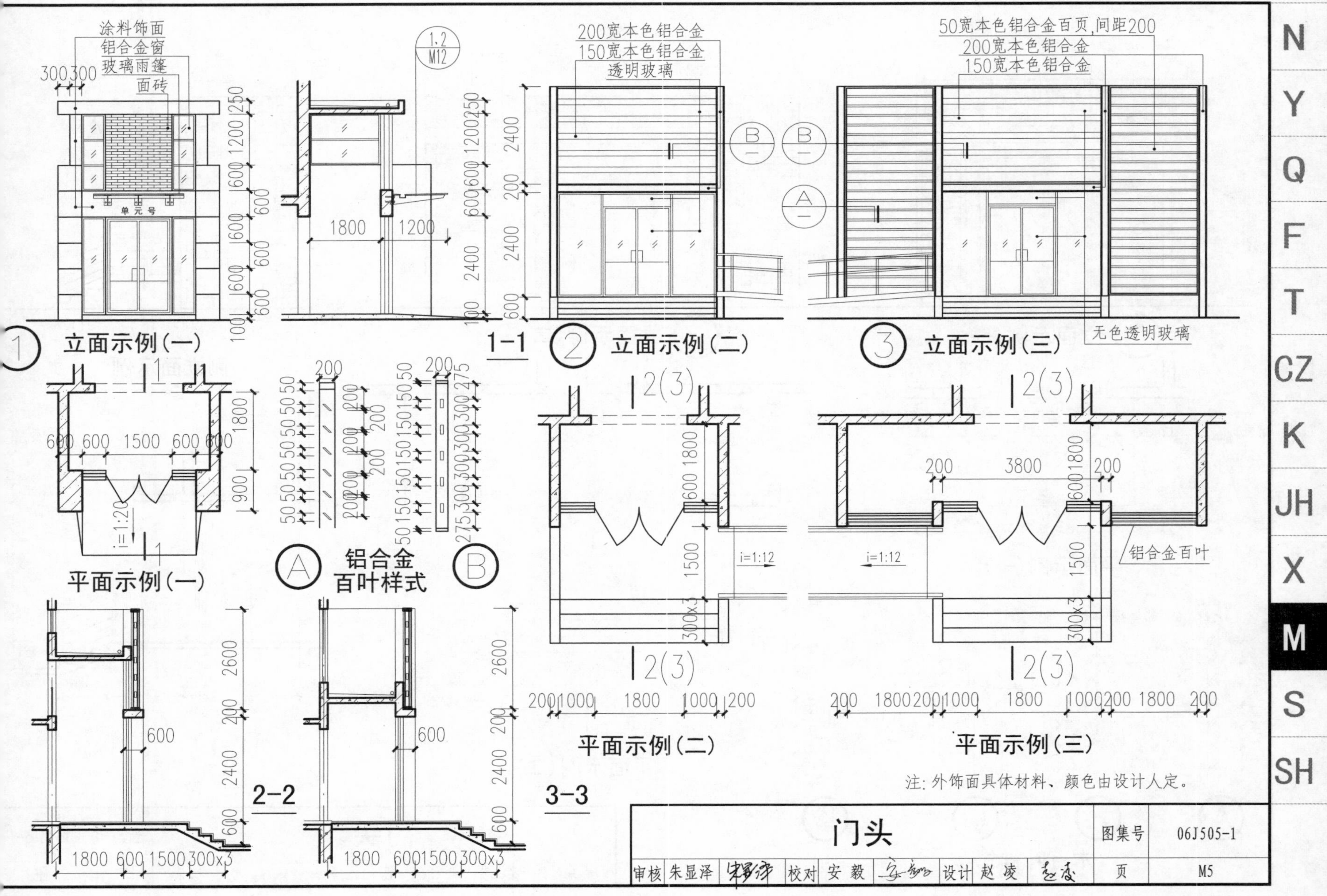

注:外饰面具体材料、颜色由设计人定。

门头						图集号	06J505-1
审核	朱显泽	校对	安 毅	设计	赵 凌	页	M5

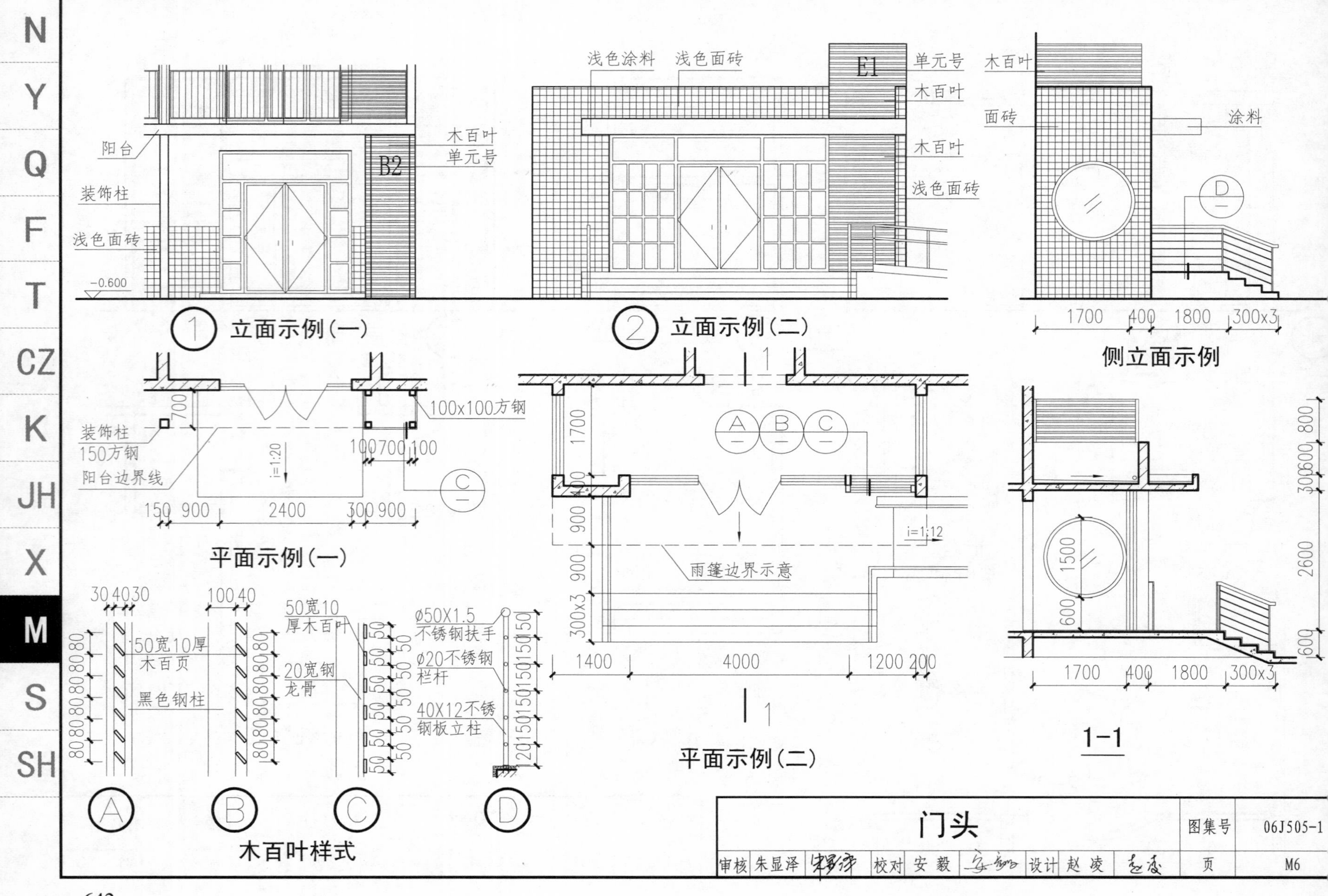

N
Y
Q
F
T
CZ
K
JH
X
M
S
SH
阳台
装饰柱
浅色面砖
-0.600
木百叶
单元号
B2
① 立面示例(一)
浅色涂料
浅色面砖
E1
单元号
木百叶
木百叶
浅色面砖
② 立面示例(二)
木百叶
面砖
涂料
D
1700
400
1800
300x3
侧立面示例
700
装饰柱
150方钢
阳台边界线
100x100方钢
100
700
100
i=1:20
C
150
900
2400
300
900
平面示例(一)
1
A
B
C
1700
400
900
900
300x3
i=1:12
雨篷边界示意
1400
4000
1200
200
1
平面示例(二)
800
300
300
2600
600
1500
600
1700
400
1800
300x3
1-1
30
40
30
150宽10厚
木百页
黑色钢柱
80
100
40
50宽10
厚木百叶
20宽钢
龙骨
50
ø50X1.5
不锈钢扶手
ø20不锈钢
栏杆
40X12不锈
钢板立柱
150
120
A
B
C
D
木百叶样式
门头
图集号
06J505-1
审核
朱显泽
校对
安毅
设计
赵凌
页
M6

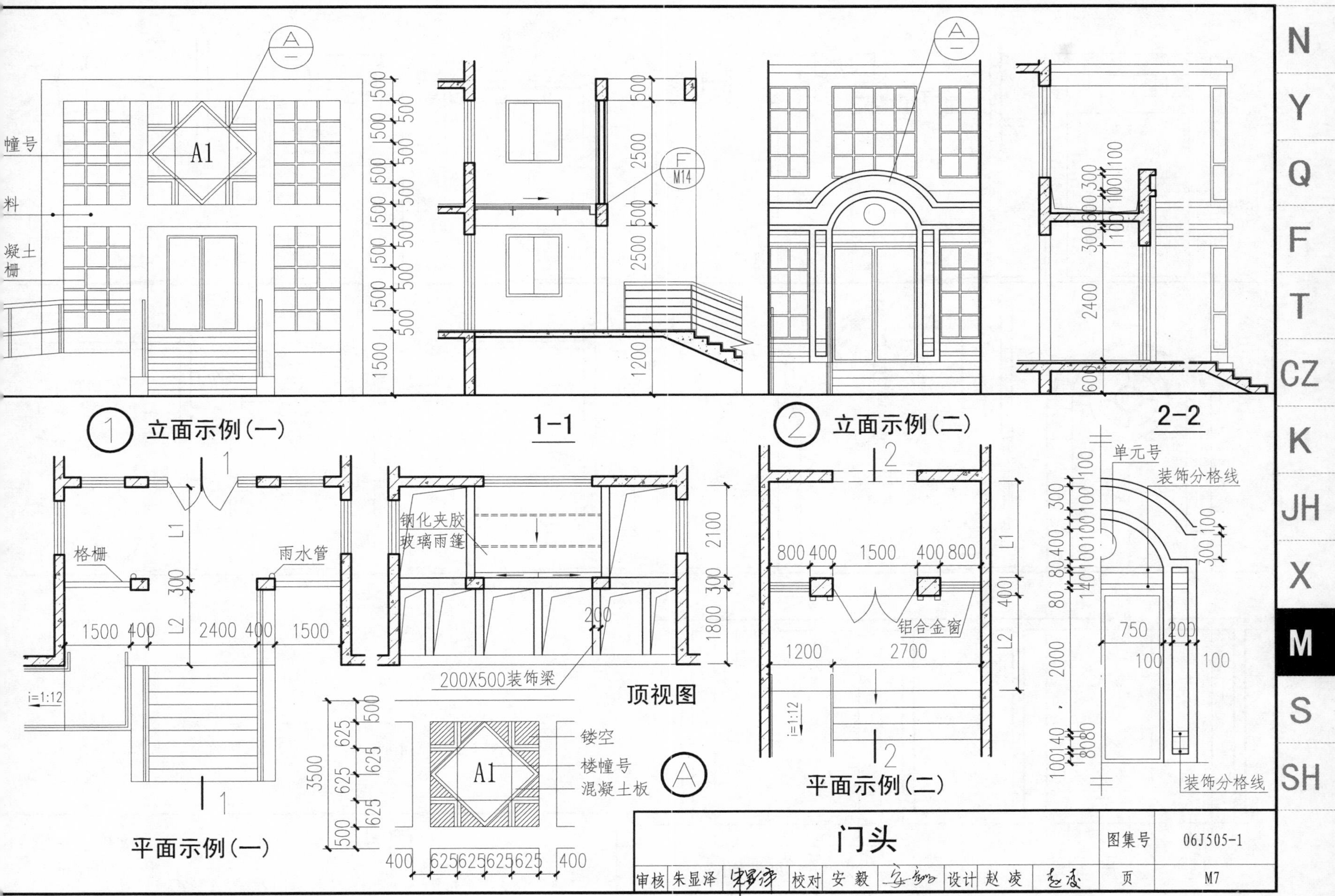

门头						图集号	06J505-1
审核	朱显泽	校对	安 毅	设计	赵 凌	页	M7

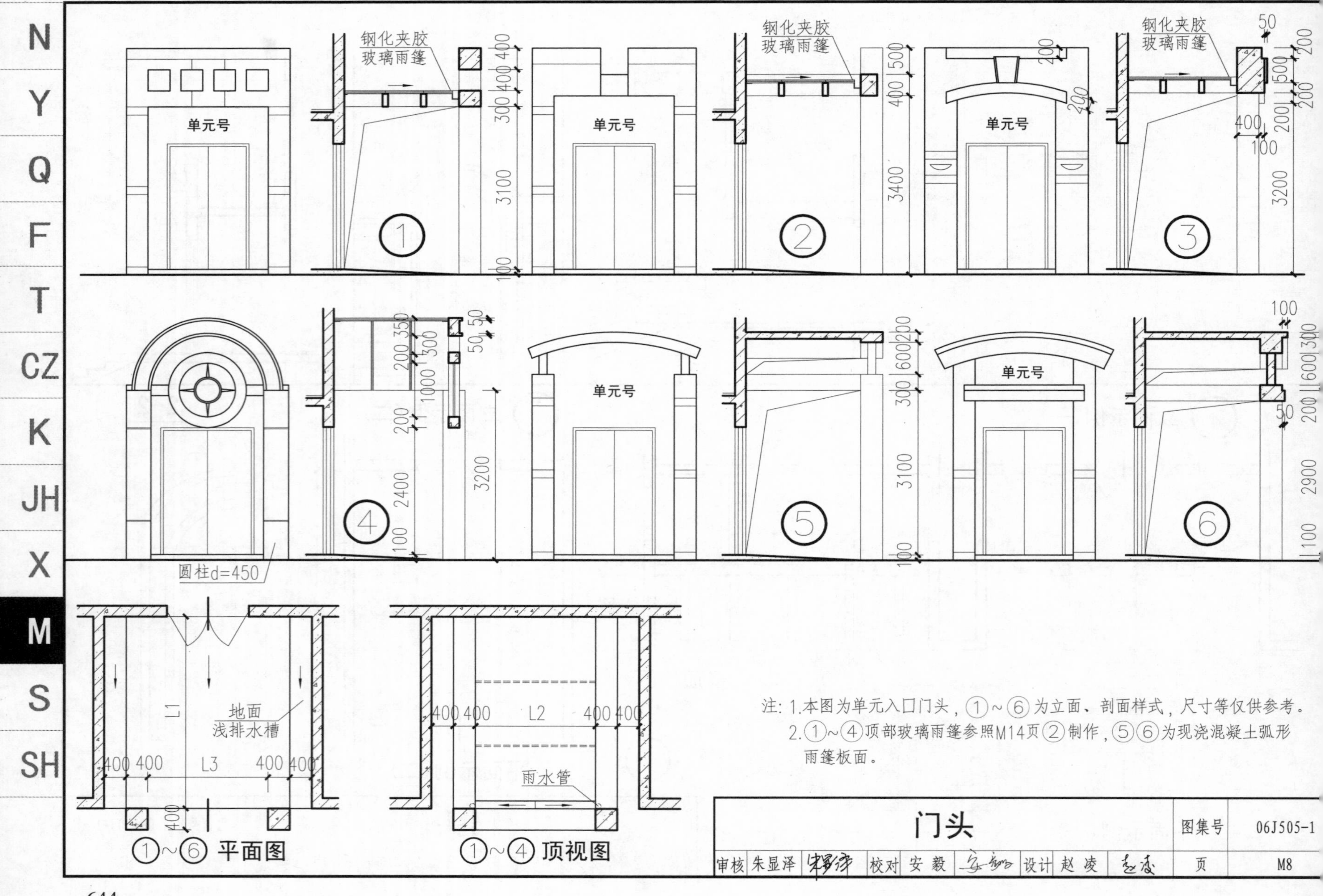
N
Y
Q
F
T
CZ
K
JH
X
M
S
SH
钢化夹胶
玻璃雨篷
单元号
圆柱d=450
地面
浅排水槽
雨水管
L1
L2
L3
①~⑥ 平面图
①~④ 顶视图
注: 1.本图为单元入口门头，①~⑥为立面、剖面样式，尺寸等仅供参考。
2.①~④顶部玻璃雨篷参照M14页②制作，⑤⑥为现浇混凝土弧形雨篷板面。
门头
图集号
06J505-1
审核 朱显泽
校对 安毅
设计 赵凌
页
M8

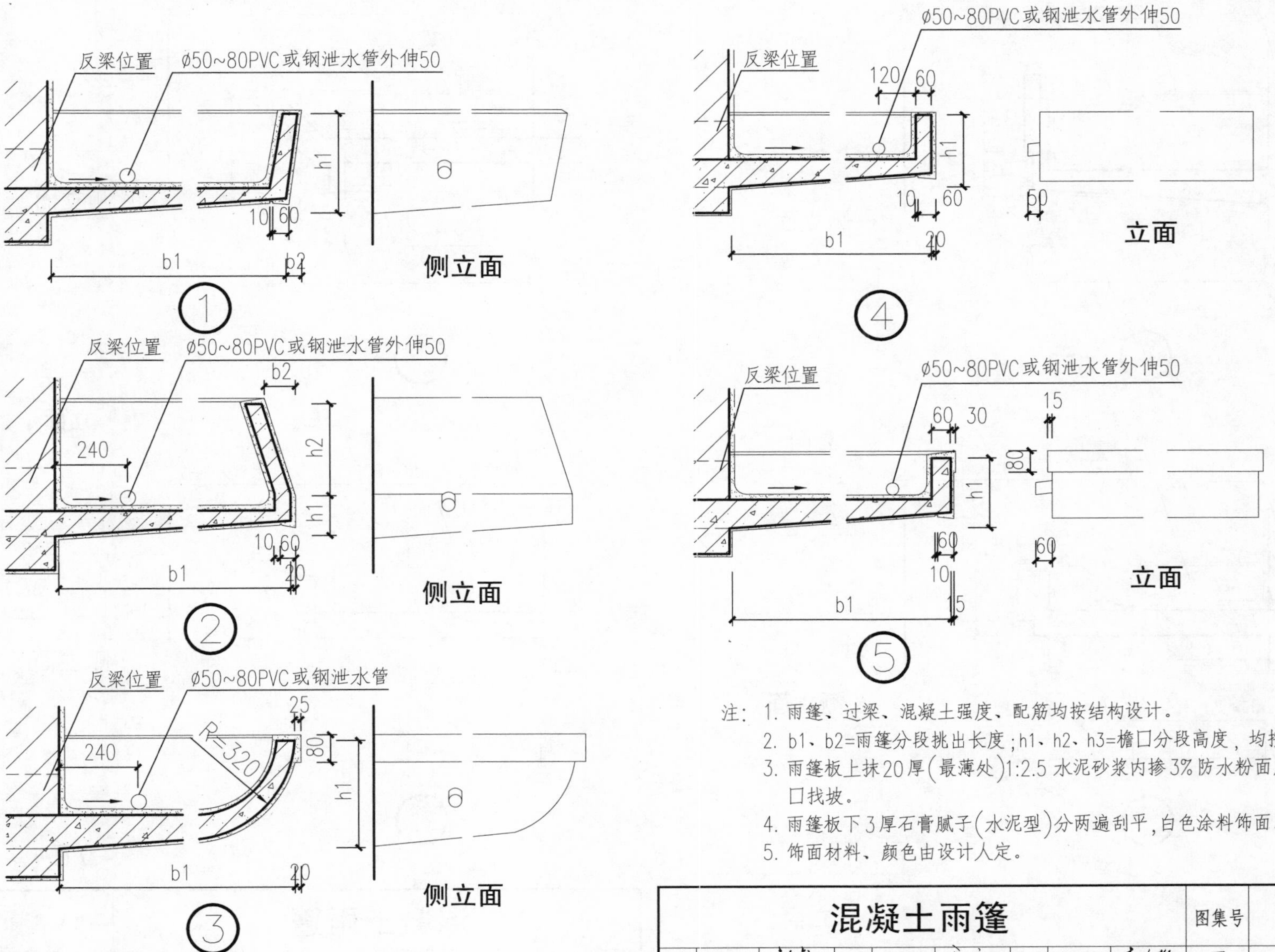

反梁位置 ø50~80PVC或钢泄水管外伸50

h1 10 60 b1 b2

侧立面

①

反梁位置 ø50~80PVC或钢泄水管外伸50

b2 240 h2 h1 10 60 b1 20

侧立面

②

反梁位置 ø50~80PVC或钢泄水管

25 R=320 80 240 h1 b1 20

侧立面

③

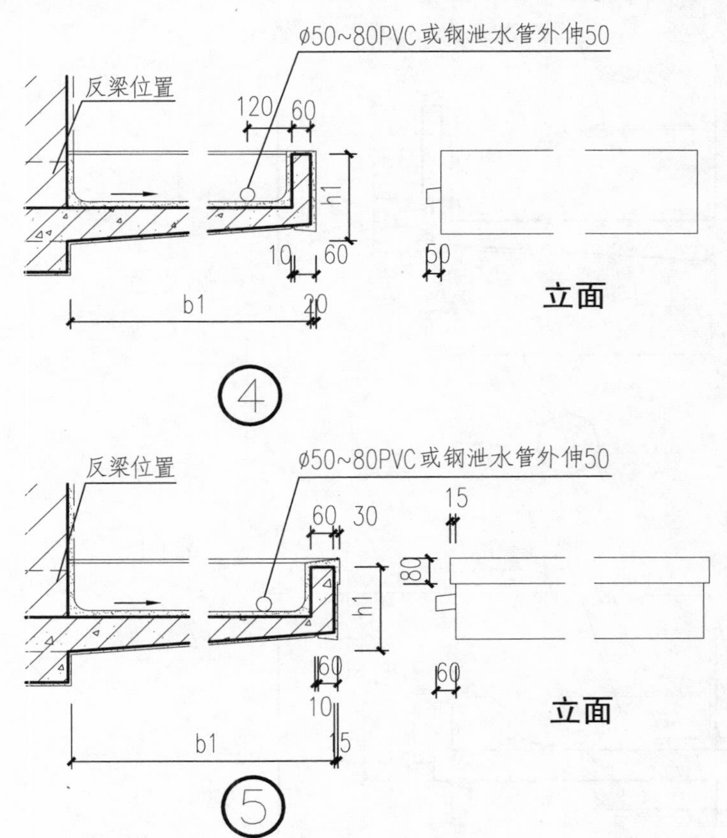

注：1. 雨篷、过梁、混凝土强度、配筋均按结构设计。

2. b1、b2=雨篷分段挑出长度；h1、h2、h3=檐口分段高度，均按工程设计。

3. 雨篷板上抹20厚(最薄处)1:2.5水泥砂浆内掺3%防水粉面层,向泄水口找坡。

4. 雨篷板下3厚石膏腻子(水泥型)分两遍刮平,白色涂料饰面。

5. 饰面材料、颜色由设计人定。

混凝土雨篷						图集号	06J505-1
审核	彭璨云	校对	安 毅	设计	李延都	页	M9

N Y Q F T CZ K JH X M S SH

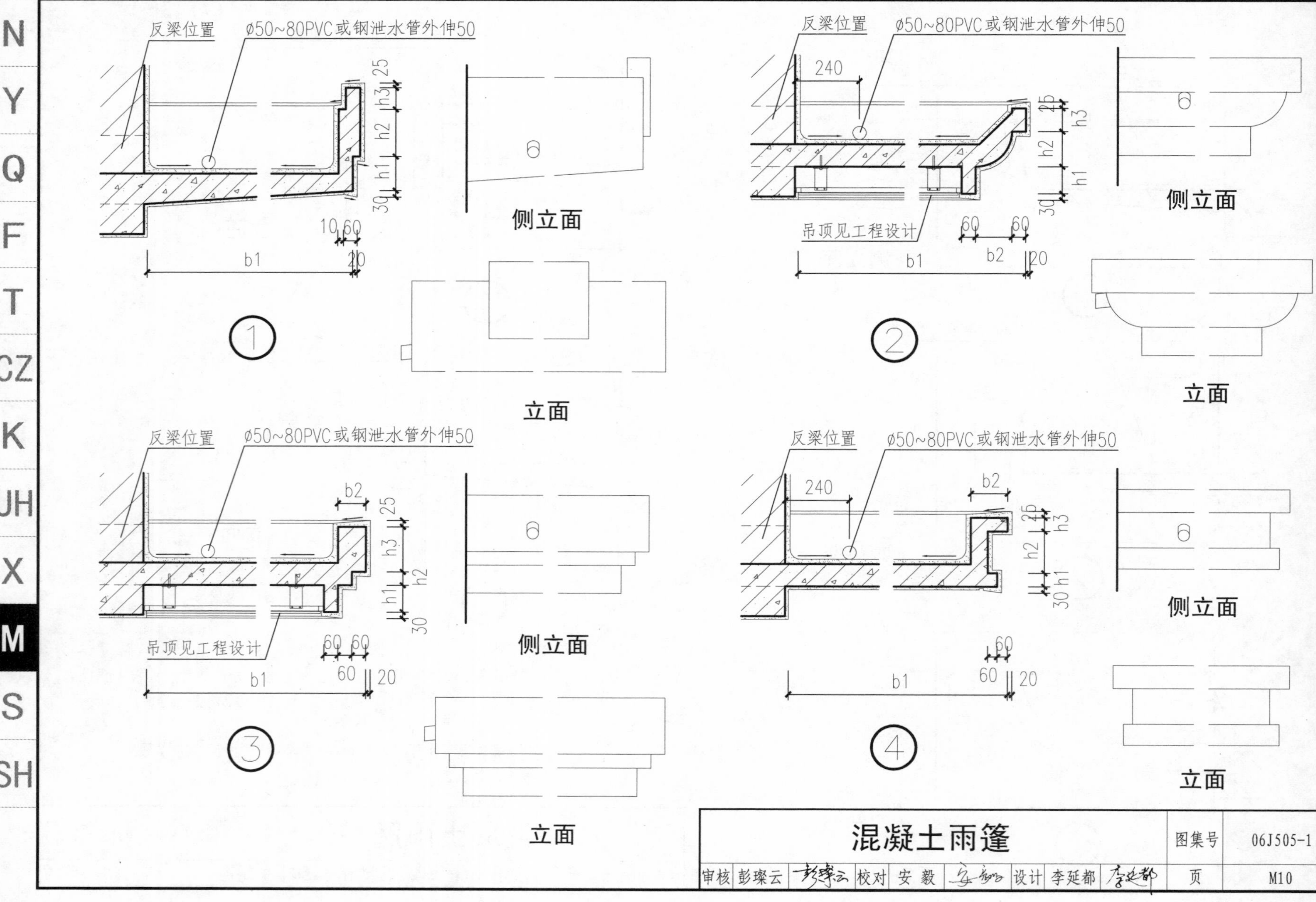

混凝土雨篷						图集号	06J505-1
审核	彭璨云	校对	安 毅	设计	李延都	页	M10

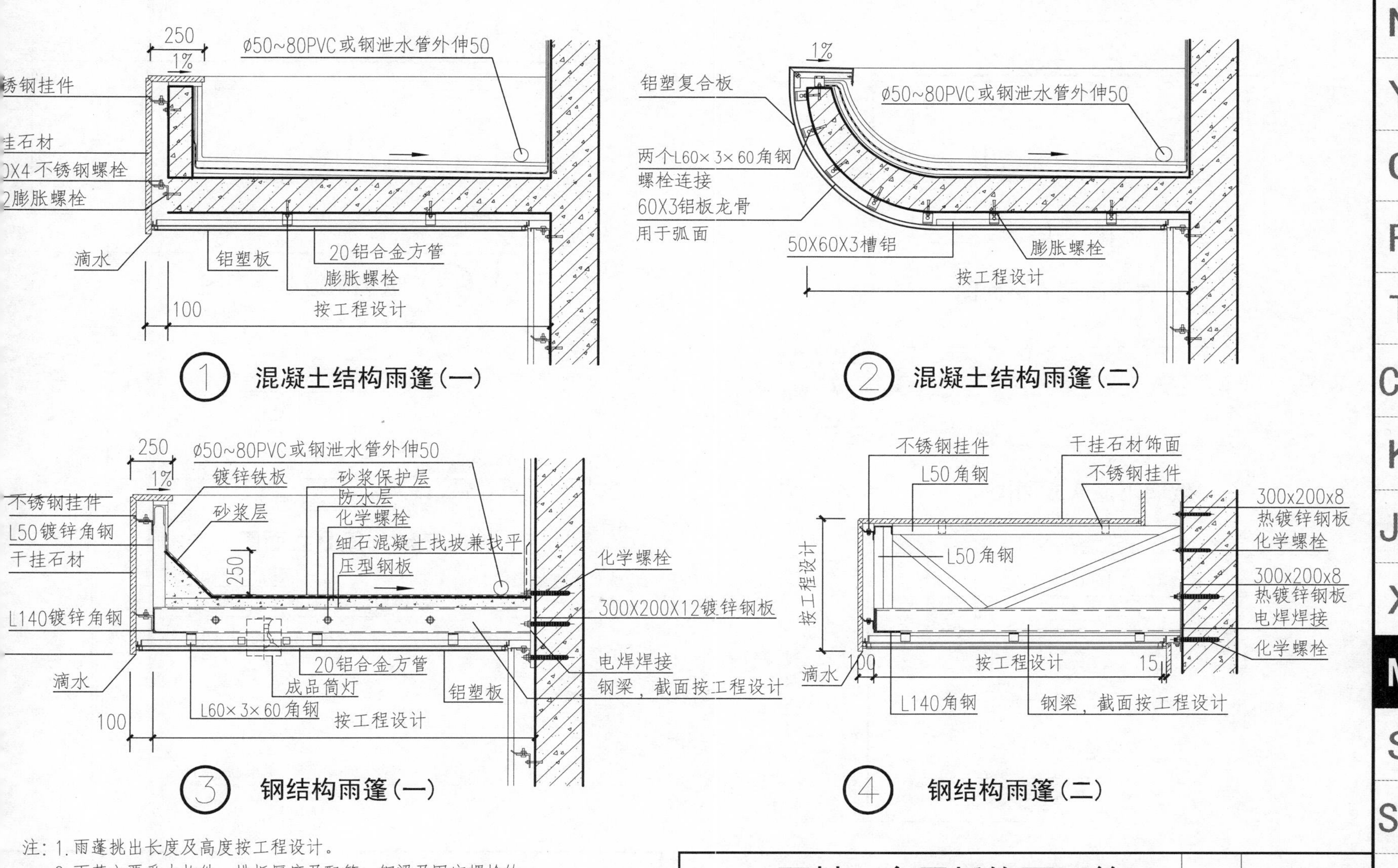

注：1.雨蓬挑出长度及高度按工程设计。
2.雨蓬主要受力构件、挑板厚度及配筋、钢梁及固定螺栓的规格尺寸由工程设计计算确定。

石材、金属板饰面雨篷						图集号	06J505-1
审核 彭瓅云	彭瓅云	校对 安 毅	安毅	设计 李延都	李延都	页	M11

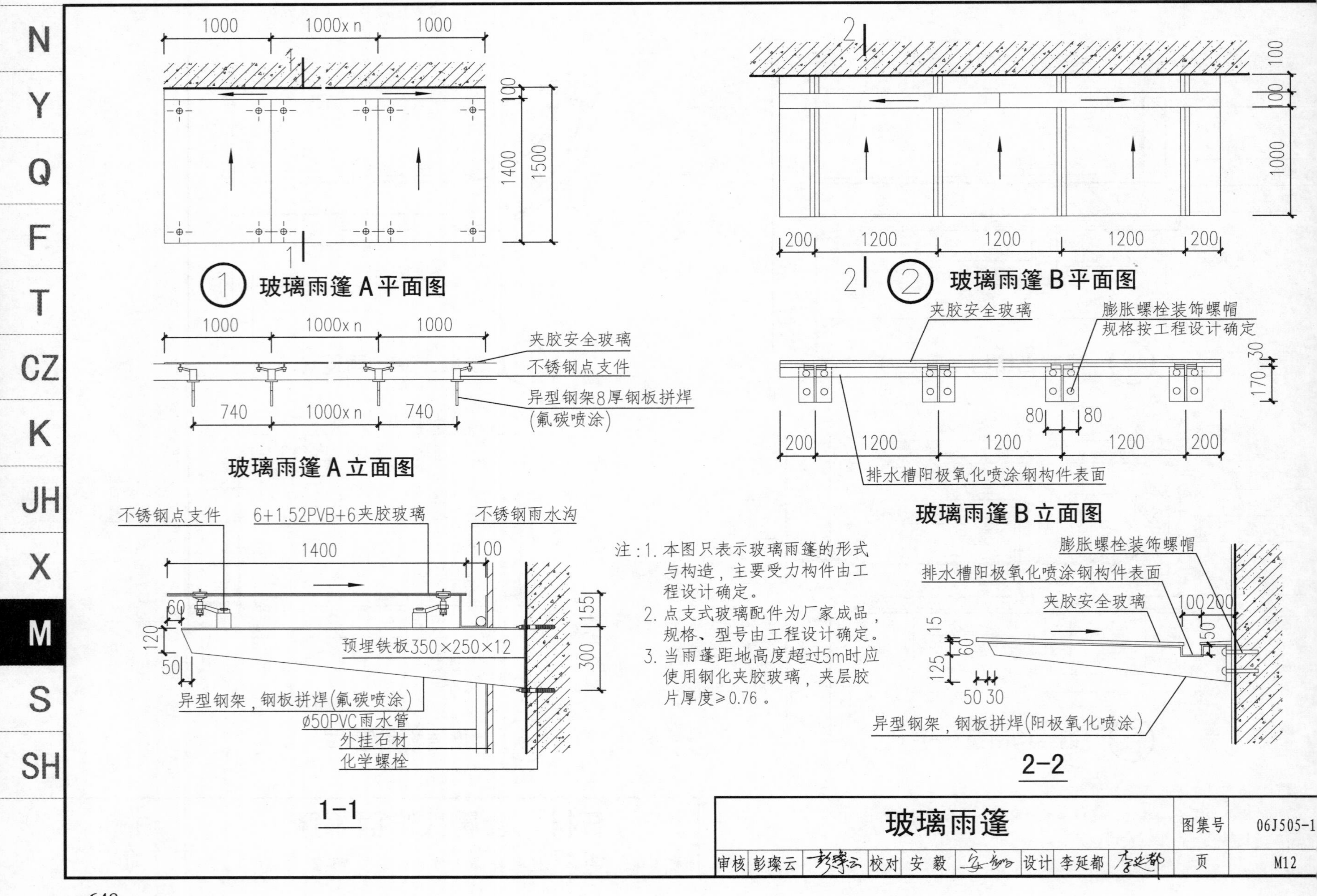

注：1. 本图只表示玻璃雨篷的形式与构造，主要受力构件由工程设计确定。
2. 点支式玻璃配件为厂家成品，规格、型号由工程设计确定。
3. 当雨蓬距地高度超过5m时应使用钢化夹胶玻璃，夹层胶片厚度≥0.76 。

玻璃雨篷							图集号	06J505-1
审核	彭璨云	彭璨云	校对	安 毅	安毅	设计	李延都	李延都	页	M12

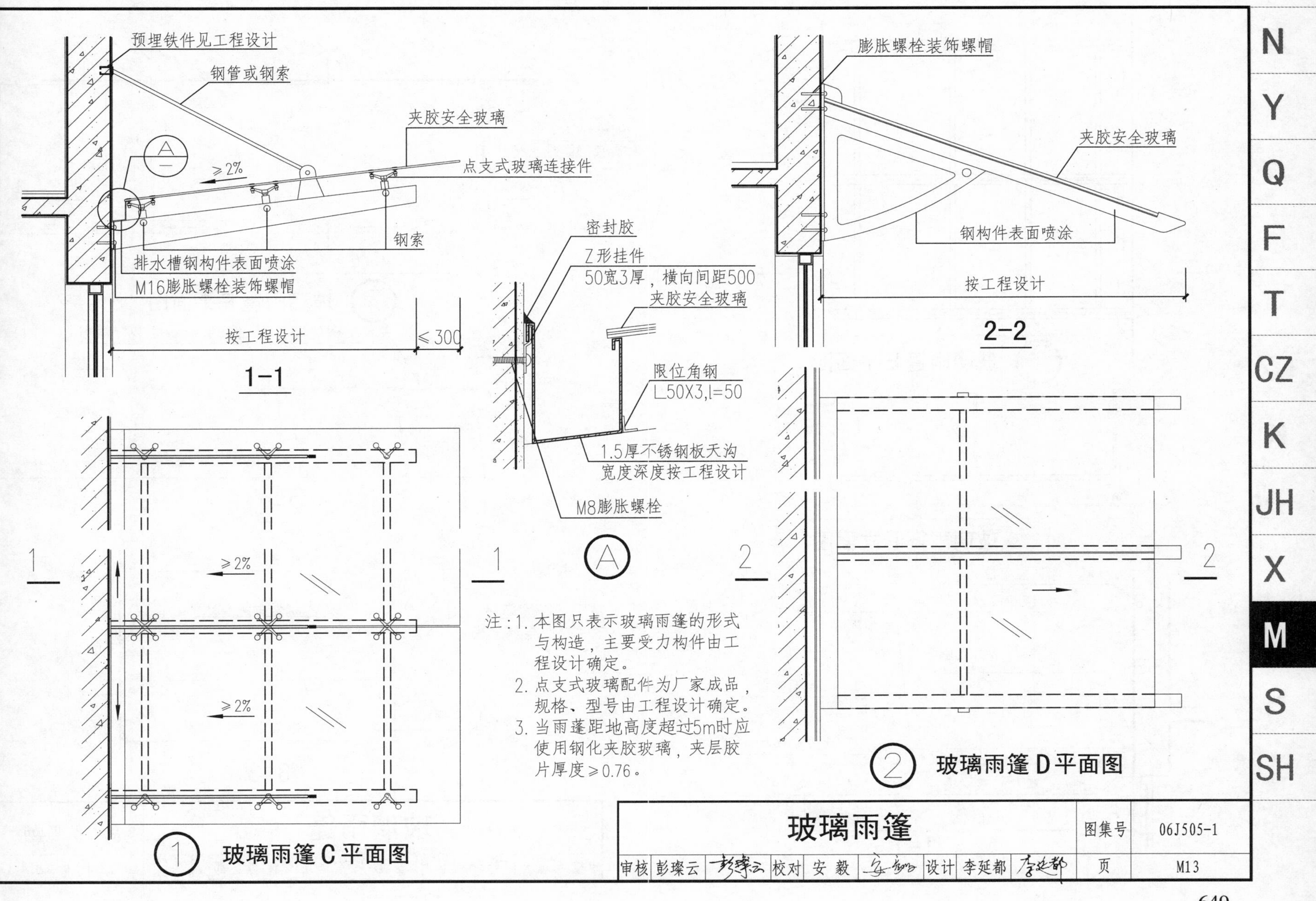

注：1. 本图只表示玻璃雨篷的形式与构造，主要受力构件由工程设计确定。
2. 点支式玻璃配件为厂家成品，规格、型号由工程设计确定。
3. 当雨篷距地高度超过5m时应使用钢化夹胶玻璃，夹层胶片厚度≥0.76。

玻璃雨篷							图集号	06J505-1
审核	彭璨云	彭璨云	校对	安毅	安毅	设计 李延都 李延都	页	M13

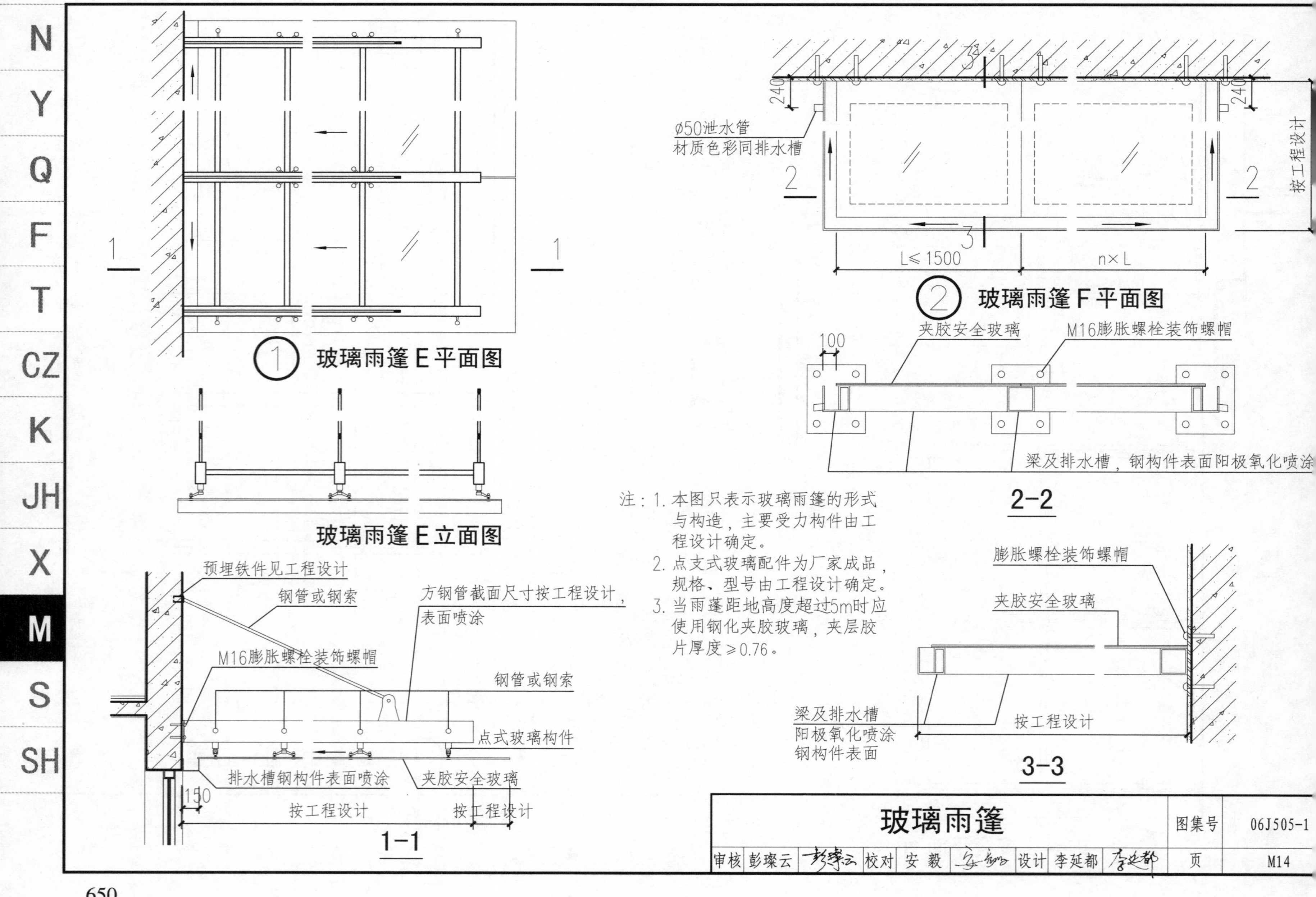

注：1. 本图只表示玻璃雨篷的形式与构造，主要受力构件由工程设计确定。
2. 点支式玻璃配件为厂家成品，规格、型号由工程设计确定。
3. 当雨篷距地高度超过5m时应使用钢化夹胶玻璃，夹层胶片厚度≥0.76。

玻璃雨篷							图集号	06J505-1
审核	彭璨云	彭璨云	校对	安毅	安毅	设计 李延都 李延都	页	M14

雨篷图片							图集号	06J505-1
审核	彭璨云	彭璨云	校对	安 毅	安毅	设计 李延都 李延都	页	M15

门头实景（一）3/M5

门头实景（二）1/M5

门头实景（三）1/M7

门头实景（四）1/M8

门头实景（五）3/M8

门头实景（六）

2/M8

门头图片							图集号	06J505-1
审核	彭璨云	彭璨云	校对	安 毅	安毅	设计 赵 凌	赵凌	页	M16

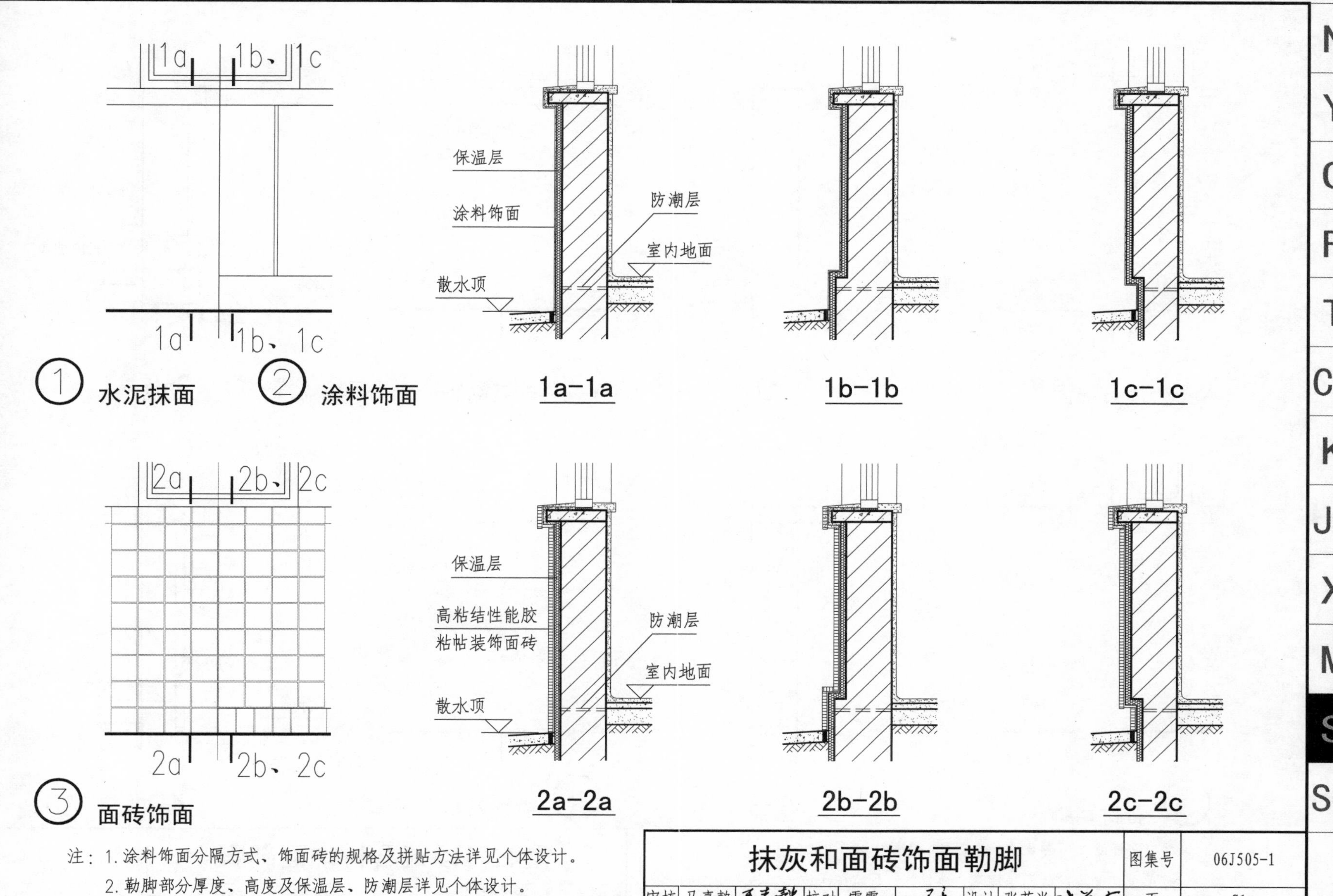

注：1. 涂料饰面分隔方式、饰面砖的规格及拼贴方法详见个体设计。

2. 勒脚部分厚度、高度及保温层、防潮层详见个体设计。

抹灰和面砖饰面勒脚						图集号	06J505-1
审核	马嘉懿	校对	雷霆	设计	张茹尚	页	S1

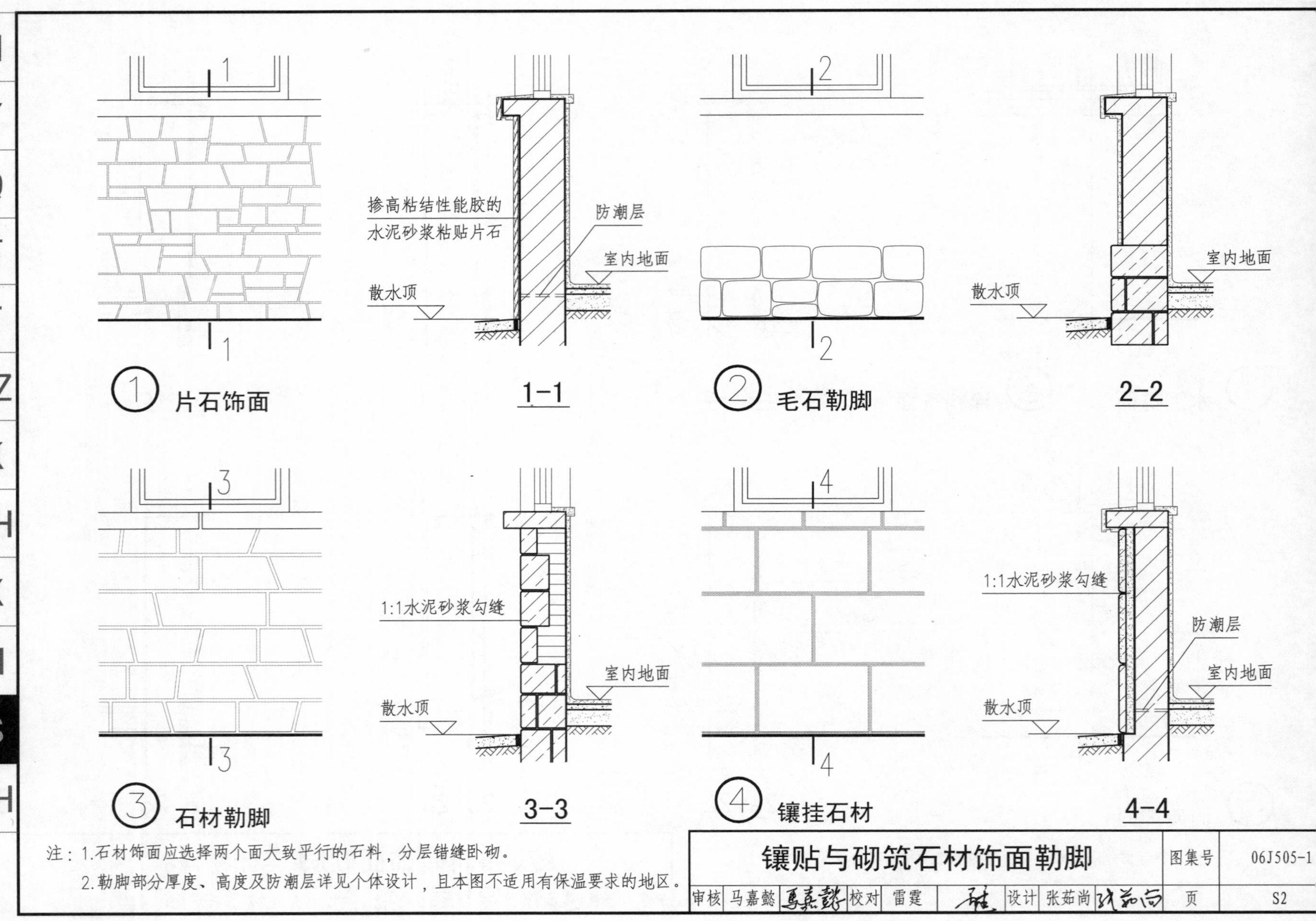

注：1.石材饰面应选择两个面大致平行的石料，分层错缝卧砌。

2.勒脚部分厚度、高度及防潮层详见个体设计，且本图不适用有保温要求的地区。

镶贴与砌筑石材饰面勒脚							图集号	06J505-1
审核	马嘉懿	马嘉懿	校对	雷霆	雷霆	设计 张茹尚 张茹尚	页	S2

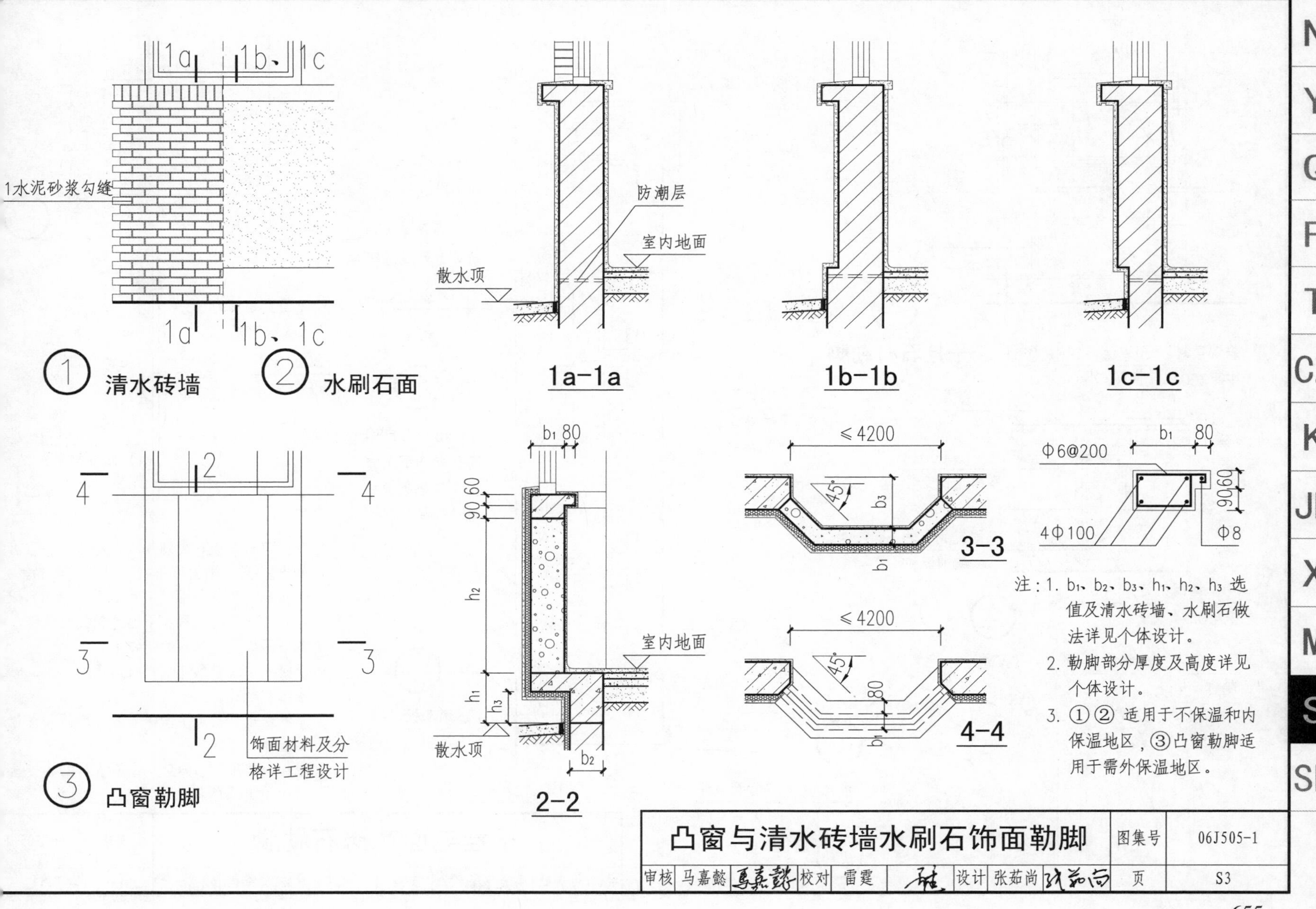

注：1. b_1、b_2、b_3、h_1、h_2、h_3 选值及清水砖墙、水刷石做法详见个体设计。

2. 勒脚部分厚度及高度详见个体设计。

3. ①② 适用于不保温和内保温地区，③凸窗勒脚适用于需外保温地区。

凸窗与清水砖墙水刷石饰面勒脚							图集号	06J505-1
审核	马嘉懿	马嘉懿	校对	雷霆	雷霆	设计 张茹尚 张茹尚	页	S3

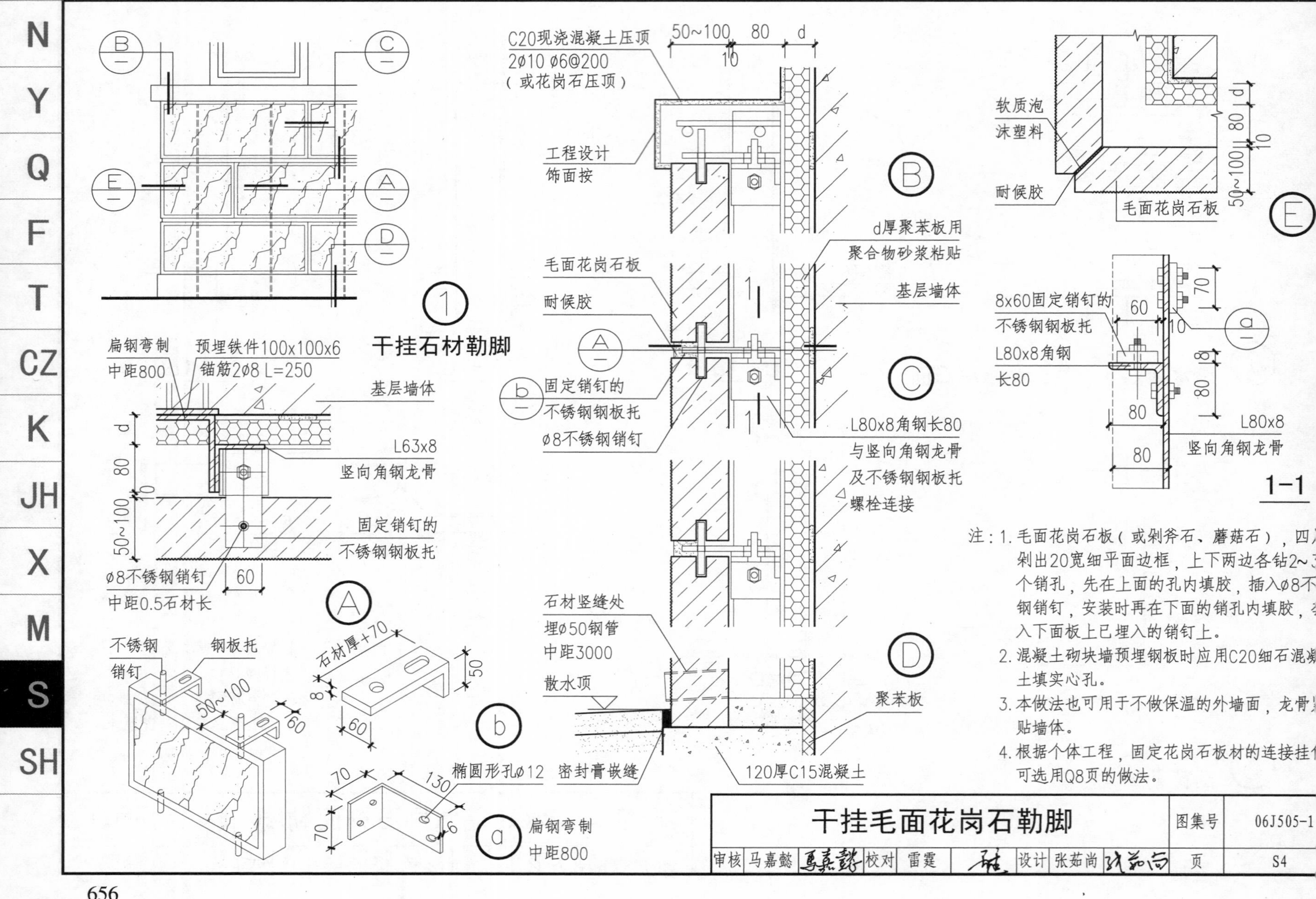

N
Y
Q
F
T
CZ
K
JH
X
M
S
SH
干挂石材勒脚
1
B
C
E
A
D
扁钢弯制
中距800
预埋铁件100x100x6
锚筋2ø8 L=250
基层墙体
L63x8
竖向角钢龙骨
固定销钉的
不锈钢钢板托
ø8不锈钢销钉
中距0.5石材长
d
80
10
50~100
60
A
不锈钢
销钉
钢板托
50~100
60
石材厚+70
50
8
60
b
70
130
70
6
椭圆形孔ø12
a
扁钢弯制
中距800
C20现浇混凝土压顶
2ø10 ø6@200
（或花岗石压顶）
50~100
80
d
10
工程设计
饰面按
B
毛面花岗石板
耐候胶
A
b
固定销钉的
不锈钢钢板托
ø8不锈钢销钉
d厚聚苯板用
聚合物砂浆粘贴
基层墙体
1
1
C
L80x8角钢长80
与竖向角钢龙骨
及不锈钢钢板托
螺栓连接
石材竖缝处
埋ø50钢管
中距3000
散水顶
密封膏嵌缝
D
聚苯板
120厚C15混凝土
软质泡
沫塑料
耐候胶
毛面花岗石板
d
80
10
50~100
E
8x60固定销钉的
不锈钢钢板托
L80x8角钢
长80
60
10
70
a
8
80
80
80
L80x8
竖向角钢龙骨
1-1
注：1. 毛面花岗石板（或剁斧石、蘑菇石），四
剁出20宽细平面边框，上下两边各钻2~
个销孔，先在上面的孔内填胶，插入ø8不
钢销钉，安装时再在下面的销孔内填胶，
入下面板上已埋入的销钉上。
2. 混凝土砌块墙预埋钢板时应用C20细石混
土填实心孔。
3. 本做法也可用于不做保温的外墙面，龙骨
贴墙体。
4. 根据个体工程，固定花岗石板材的连接挂
可选用Q8页的做法。
干挂毛面花岗石勒脚
图集号
06J505-1
审核 马嘉懿
校对 雷霆
设计 张茹尚
页
S4

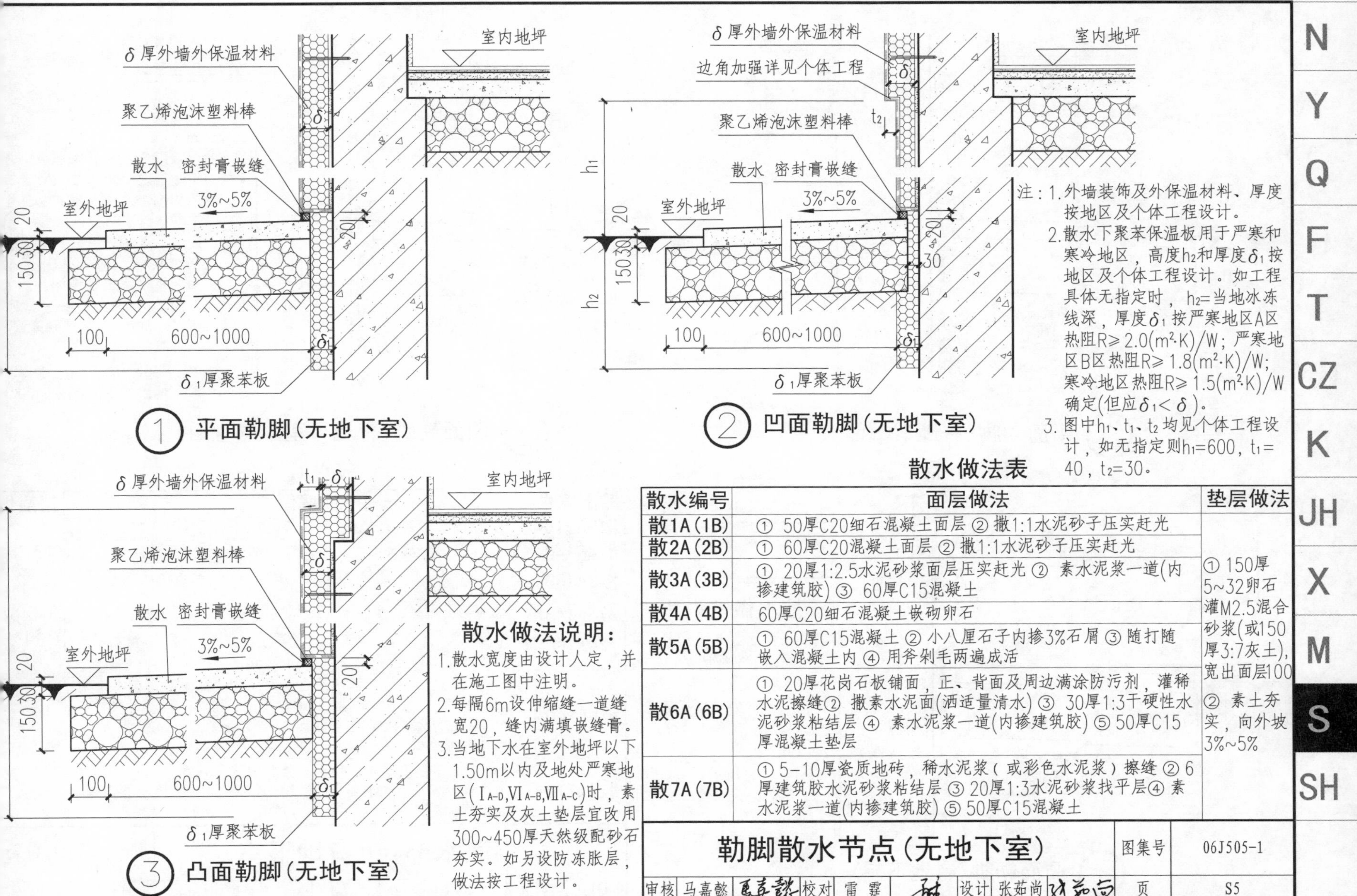

① 平面勒脚(无地下室)

② 凹面勒脚(无地下室)

③ 凸面勒脚(无地下室)

注：1. 外墙装饰及外保温材料、厚度按地区及个体工程设计。

2. 散水下聚苯保温板用于严寒和寒冷地区，高度h_2和厚度δ_1按地区及个体工程设计。如工程具体无指定时，h_2=当地冰冻线深，厚度δ_1按严寒地区A区热阻$R \geq 2.0(m^2 \cdot K)/W$；严寒地区B区热阻$R \geq 1.8(m^2 \cdot K)/W$；寒冷地区热阻$R \geq 1.5(m^2 \cdot K)/W$确定(但应$\delta_1 < \delta$)。

3. 图中h_1、t_1、t_2均见个体工程设计，如无指定则h_1=600，t_1=40，t_2=30。

散水做法说明：

1. 散水宽度由设计人定，并在施工图中注明。
2. 每隔6m设伸缩缝一道缝宽20，缝内满填嵌缝膏。
3. 当地下水在室外地坪以下1.50m以内及地处严寒地区(I_{A-D},VI_{A-B},VII_{A-C})时，素土夯实及灰土垫层宜改用300~450厚天然级配砂石夯实。如另设防冻胀层，做法按工程设计。

散水做法表

散水编号	面层做法	垫层做法
散1A(1B)	① 50厚C20细石混凝土面层 ② 撒1:1水泥砂子压实赶光	① 150厚5~32卵石灌M2.5混合砂浆(或150厚3:7灰土)，宽出面层100 ② 素土夯实，向外坡3%~5%
散2A(2B)	① 60厚C20混凝土面层 ② 撒1:1水泥砂子压实赶光	
散3A(3B)	① 20厚1:2.5水泥砂浆面层压实赶光 ② 素水泥浆一道(内掺建筑胶) ③ 60厚C15混凝土	
散4A(4B)	60厚C20细石混凝土嵌砌卵石	
散5A(5B)	① 60厚C15混凝土 ② 小八厘石子内掺3%石屑 ③ 随打随嵌入混凝土内 ④ 用斧剁毛两遍成活	
散6A(6B)	① 20厚花岗石板铺面，正、背面及周边满涂防污剂，灌稀水泥擦缝② 撒素水泥面(洒适量清水) ③ 30厚1:3干硬性水泥砂浆粘结层 ④ 素水泥浆一道(内掺建筑胶) ⑤ 50厚C15厚混凝土垫层	
散7A(7B)	① 5-10厚瓷质地砖，稀水泥浆(或彩色水泥浆)擦缝 ② 6厚建筑胶水泥砂浆粘结层 ③ 20厚1:3水泥砂浆找平层④ 素水泥浆一道(内掺建筑胶) ⑤ 50厚C15混凝土	

勒脚散水节点(无地下室)	图集号	06J505-1
审核 马嘉懿 校对 雷霆 设计 张茹尚	页	S5

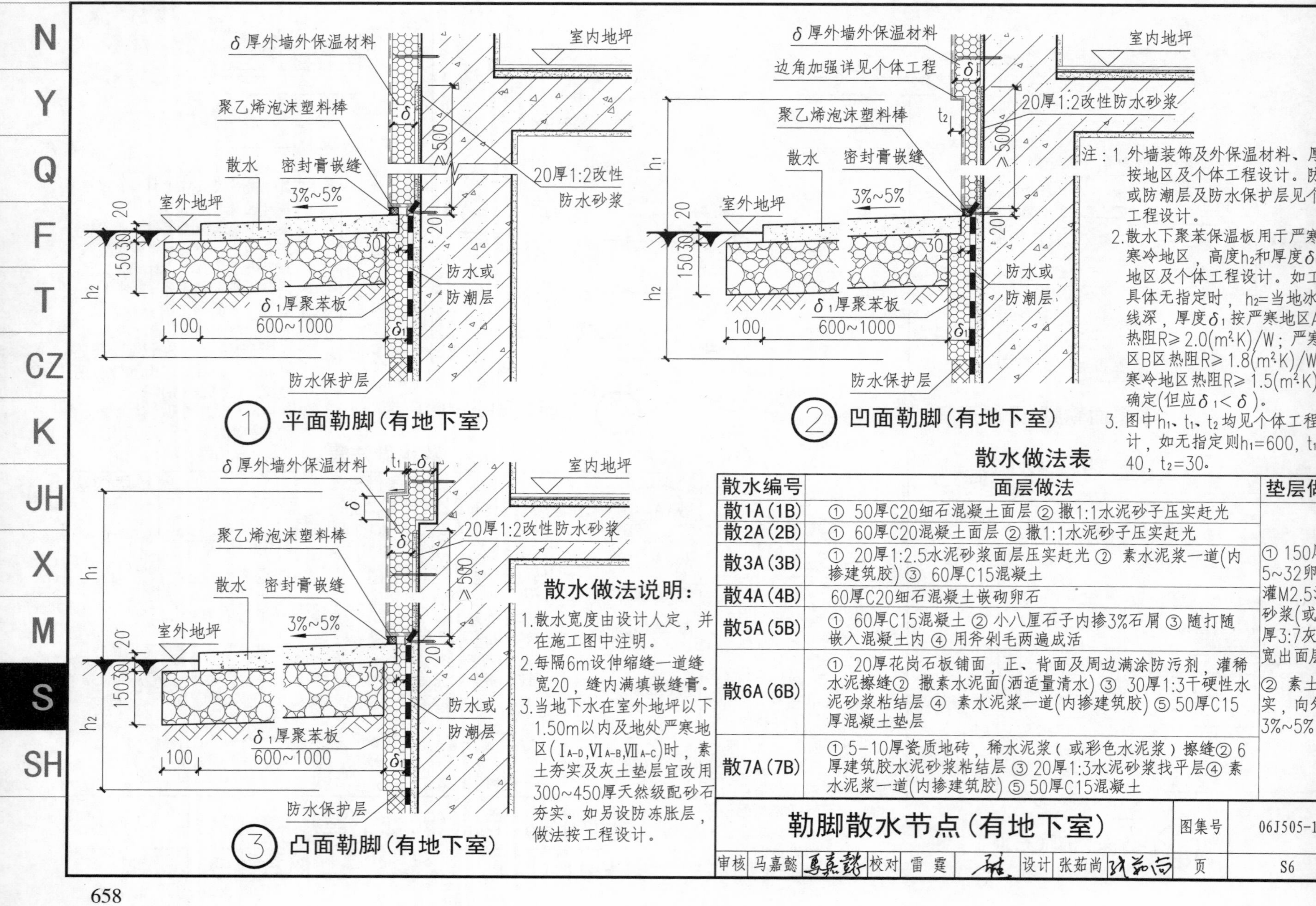

注：1.外墙装饰及外保温材料、厚
按地区及个体工程设计。防
或防潮层及防水保护层见个
工程设计。
2.散水下聚苯保温板用于严寒
寒冷地区，高度h_2和厚度δ_1
地区及个体工程设计。如工
具体无指定时，h_2=当地冰
线深，厚度δ_1按严寒地区A
热阻R≥2.0(m²·K)/W；严寒
区B区热阻R≥1.8(m²·K)/W
寒冷地区热阻R≥1.5(m²·K)
确定(但应$\delta_1<\delta$)。
3.图中h_1、t_1、t_2均见个体工程
计，如无指定则h_1=600，t_1=
40，t_2=30。

散水做法说明：

1.散水宽度由设计人定，并在施工图中注明。
2.每隔6m设伸缩缝一道缝宽20，缝内满填嵌缝膏。
3.当地下水在室外地坪以下1.50m以内及地处严寒地区(I A-D,VI A-B,VII A-C)时，素土夯实及灰土垫层宜改用300~450厚天然级配砂石夯实。如另设防冻胀层，做法按工程设计。

散水做法表

散水编号	面层做法	垫层做
散1A(1B)	① 50厚C20细石混凝土面层 ② 撒1:1水泥砂子压实赶光	① 150厚5~32卵灌M2.5砂浆(或1厚3:7灰宽出面层 ② 素土实，向外3%~5%
散2A(2B)	① 60厚C20混凝土面层 ② 撒1:1水泥砂子压实赶光	
散3A(3B)	① 20厚1:2.5水泥砂浆面层压实赶光 ② 素水泥浆一道(内掺建筑胶) ③ 60厚C15混凝土	
散4A(4B)	60厚C20细石混凝土嵌砌卵石	
散5A(5B)	① 60厚C15混凝土 ② 小八厘石子内掺3%石屑 ③ 随打随嵌入混凝土内 ④ 用斧剁毛两遍成活	
散6A(6B)	① 20厚花岗石板铺面，正、背面及周边满涂防污剂，灌稀水泥擦缝② 撒素水泥面(洒适量清水) ③ 30厚1:3干硬性水泥砂浆粘结层 ④ 素水泥浆一道(内掺建筑胶) ⑤ 50厚C15厚混凝土垫层	
散7A(7B)	① 5-10厚瓷质地砖，稀水泥浆(或彩色水泥浆)擦缝② 6厚建筑胶水泥砂浆粘结层 ③ 20厚1:3水泥砂浆找平层④ 素水泥浆一道(内掺建筑胶) ⑤ 50厚C15混凝土	

勒脚散水节点(有地下室)		图集号	06J505-1
审核 马嘉懿 校对 雷霆 设计 张茹尚		页	S6

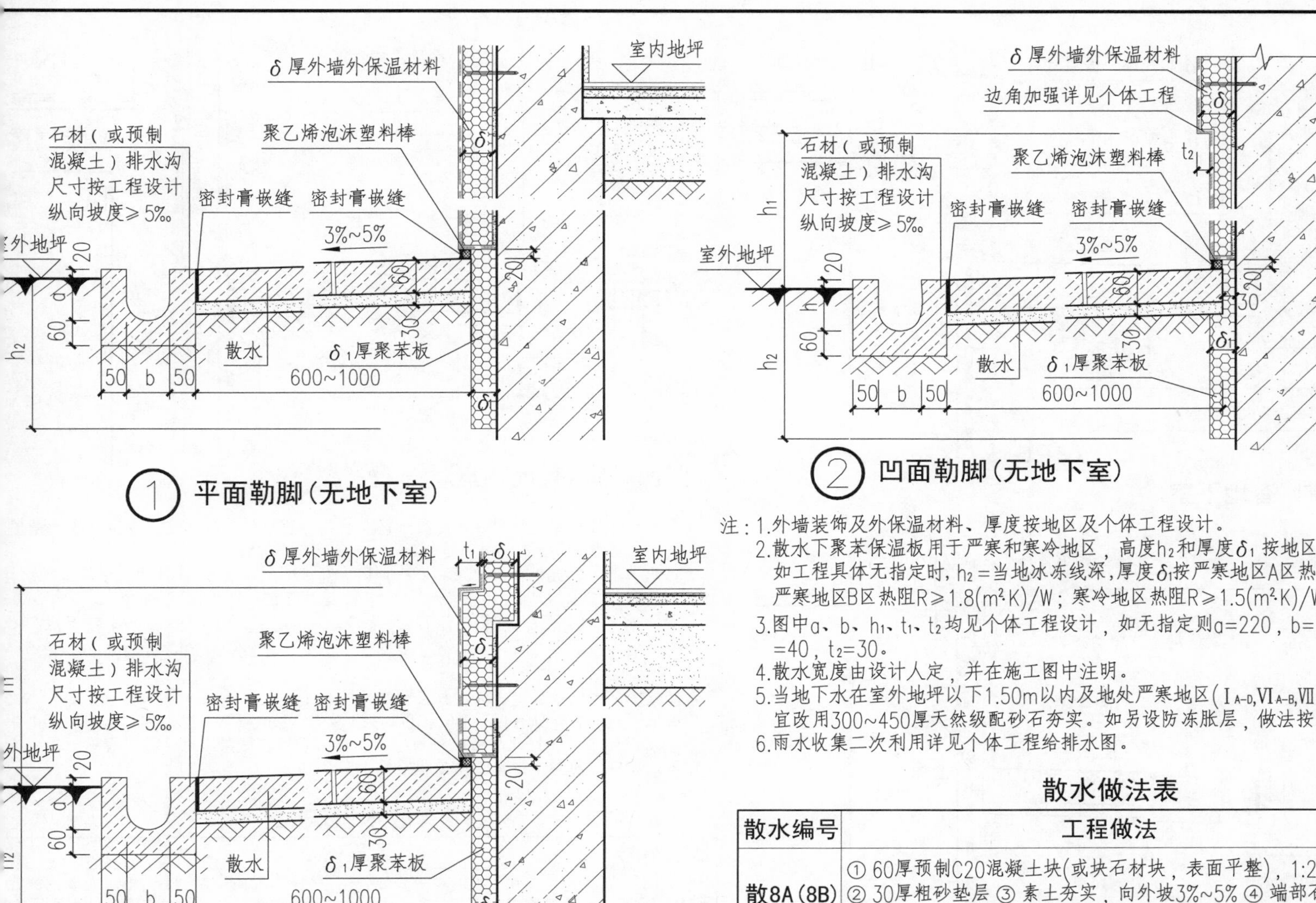

注：1.外墙装饰及外保温材料、厚度按地区及个体工程设计。
2.散水下聚苯保温板用于严寒和寒冷地区，高度h_2和厚度δ_1按地区及个体工程设计。如工程具体无指定时，h_2=当地冰冻线深，厚度δ_1按严寒地区A区热阻R≥2.0(m²·K)/W；严寒地区B区热阻R≥1.8(m²·K)/W；寒冷地区热阻R≥1.5(m²·K)/W确定（但应$\delta_1<\delta$）。
3.图中a、b、h_1、t_1、t_2均见个体工程设计，如无指定则a=220，b=180，h_1=600，t_1=40，t_2=30。
4.散水宽度由设计人定，并在施工图中注明。
5.当地下水在室外地坪以下1.50m以内及地处严寒地区（Ⅰ$_{A-D}$,Ⅵ$_{A-B}$,Ⅶ$_{A-C}$）时，素土夯实宜改用300~450厚天然级配砂石夯实。如另设防冻胀层，做法按工程设计。
6.雨水收集二次利用详见个体工程给排水图。

散水做法表

散水编号	工程做法
散8A（8B）	① 60厚预制C20混凝土块（或块石材块，表面平整），1:2.5水泥砂浆灌缝 ② 30厚粗砂垫层 ③ 素土夯实，向外坡3%~5% ④ 端部石材（或预制混凝土）明沟 ⑤ 散水和端部明沟亦可用C20混凝土整体现浇

勒脚散水带明沟（无地下室）						图集号	06J505-1
审核	马嘉懿	校对	雷霆	设计	张茹尚	页	S7

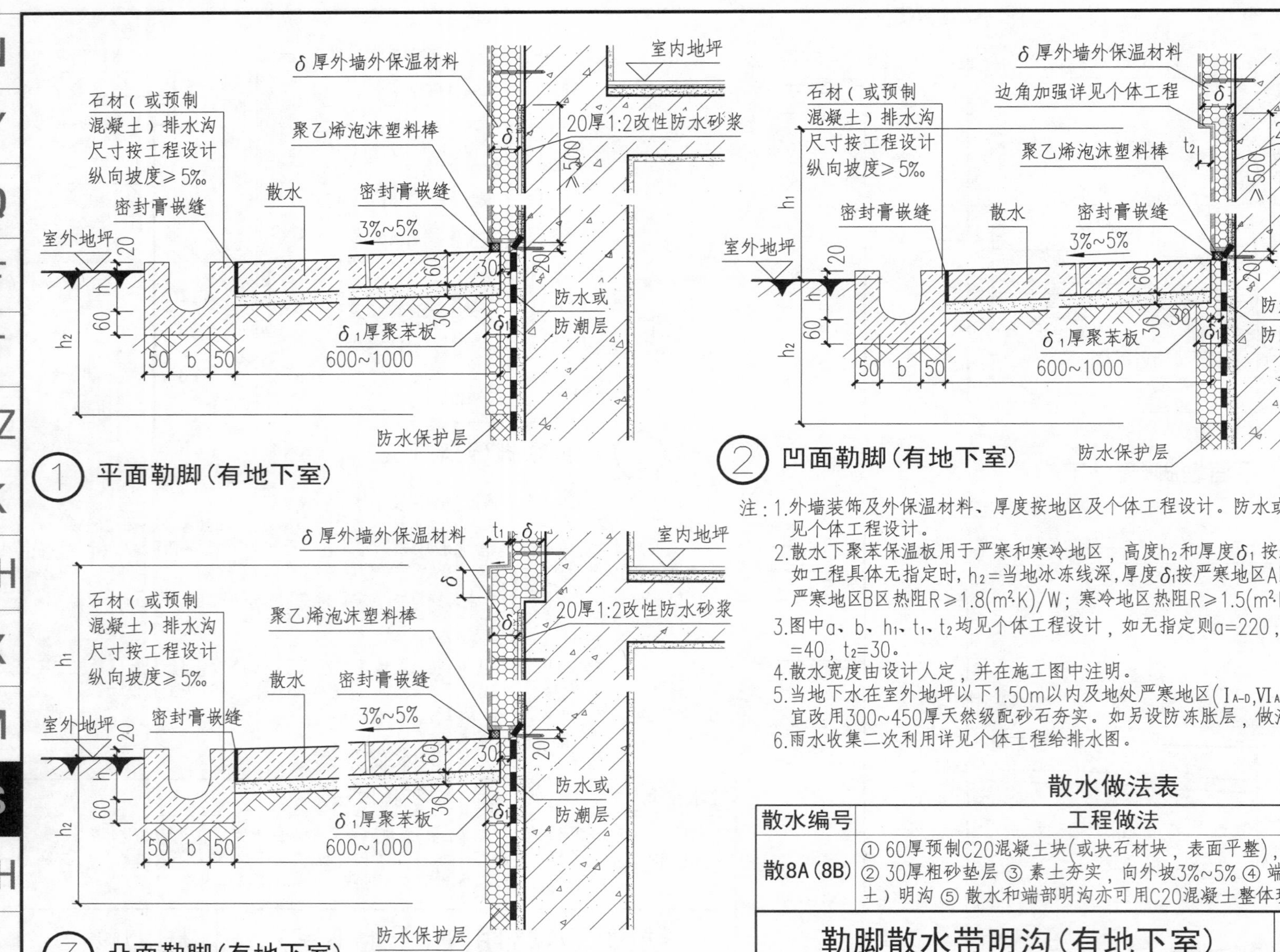

① 平面勒脚（有地下室）

② 凹面勒脚（有地下室）

③ 凸面勒脚（有地下室）

注：1.外墙装饰及外保温材料、厚度按地区及个体工程设计。防水或防潮层及防水保护层见个体工程设计。

2.散水下聚苯保温板用于严寒和寒冷地区，高度h_2和厚度δ_1按地区及个体工程设计。如工程具体无指定时，h_2=当地冰冻线深，厚度δ_1按严寒地区A区热阻R≥2.0(m^2·K)/严寒地区B区热阻R≥1.8(m^2·K)/W；寒冷地区热阻R≥1.5(m^2·K)/W确定(但应δ_1<

3.图中a、b、h_1、t_1、t_2均见个体工程设计，如无指定则a=220，b=180，h_1=600，t_1=40，t_2=30。

4.散水宽度由设计人定，并在施工图中注明。

5.当地下水在室外地坪以下1.50m以内及地处严寒地区（I_{A-D},VI_{A-B},VII_{A-C}）时，素土夯实宜改用300~450厚天然级配砂石夯实。如另设防冻胀层，做法按工程设计。

6.雨水收集二次利用详见个体工程给排水图。

散水做法表

散水编号	工程做法
散8A（8B）	① 60厚预制C20混凝土块(或块石材块，表面平整)，1:2.5水泥砂浆灌缝 ② 30厚粗砂垫层 ③ 素土夯实，向外坡3%~5% ④ 端部石材（或预制混凝土）明沟 ⑤ 散水和端部明沟亦可用C20混凝土整体现浇

勒脚散水带明沟（有地下室）	图集号	06J505-1
审核 马嘉懿 校对 雷霆 设计 张茹尚	页	S8

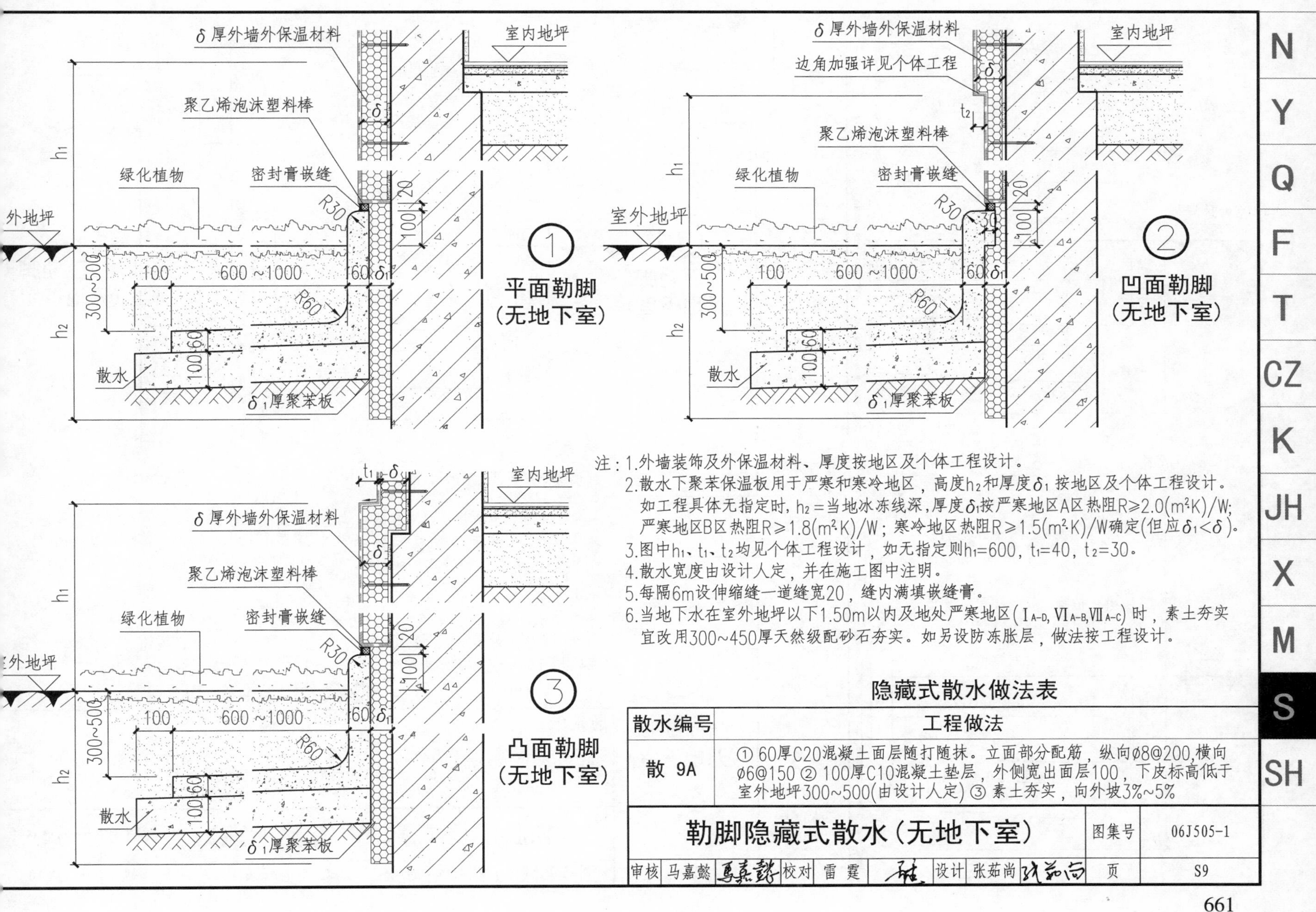

注：1.外墙装饰及外保温材料、厚度按地区及个体工程设计。

2.散水下聚苯保温板用于严寒和寒冷地区，高度h_2和厚度δ_1按地区及个体工程设计。如工程具体无指定时，h_2=当地冰冻线深，厚度δ_1按严寒地区A区热阻R≥2.0(m²K)/W；严寒地区B区热阻R≥1.8(m²·K)/W；寒冷地区热阻R≥1.5(m²·K)/W确定(但应$\delta_1<\delta$)。

3.图中h_1、t_1、t_2均见个体工程设计，如无指定则h_1=600，t_1=40，t_2=30。

4.散水宽度由设计人定，并在施工图中注明。

5.每隔6m设伸缩缝一道缝宽20，缝内满填嵌缝膏。

6.当地下水在室外地坪以下1.50m以内及地处严寒地区(I_{A-D}, VI_{A-B}, VII_{A-C})时，素土夯实宜改用300~450厚天然级配砂石夯实。如另设防冻胀层，做法按工程设计。

隐藏式散水做法表

散水编号	工程做法
散 9A	① 60厚C20混凝土面层随打随抹。立面部分配筋，纵向ø8@200，横向ø6@150 ② 100厚C10混凝土垫层，外侧宽出面层100，下皮标高低于室外地坪300~500(由设计人定) ③ 素土夯实，向外坡3%~5%

勒脚隐藏式散水(无地下室)

图集号	06J505-1
页	S9

审核 马嘉懿 校对 雷霆 设计 张茹尚

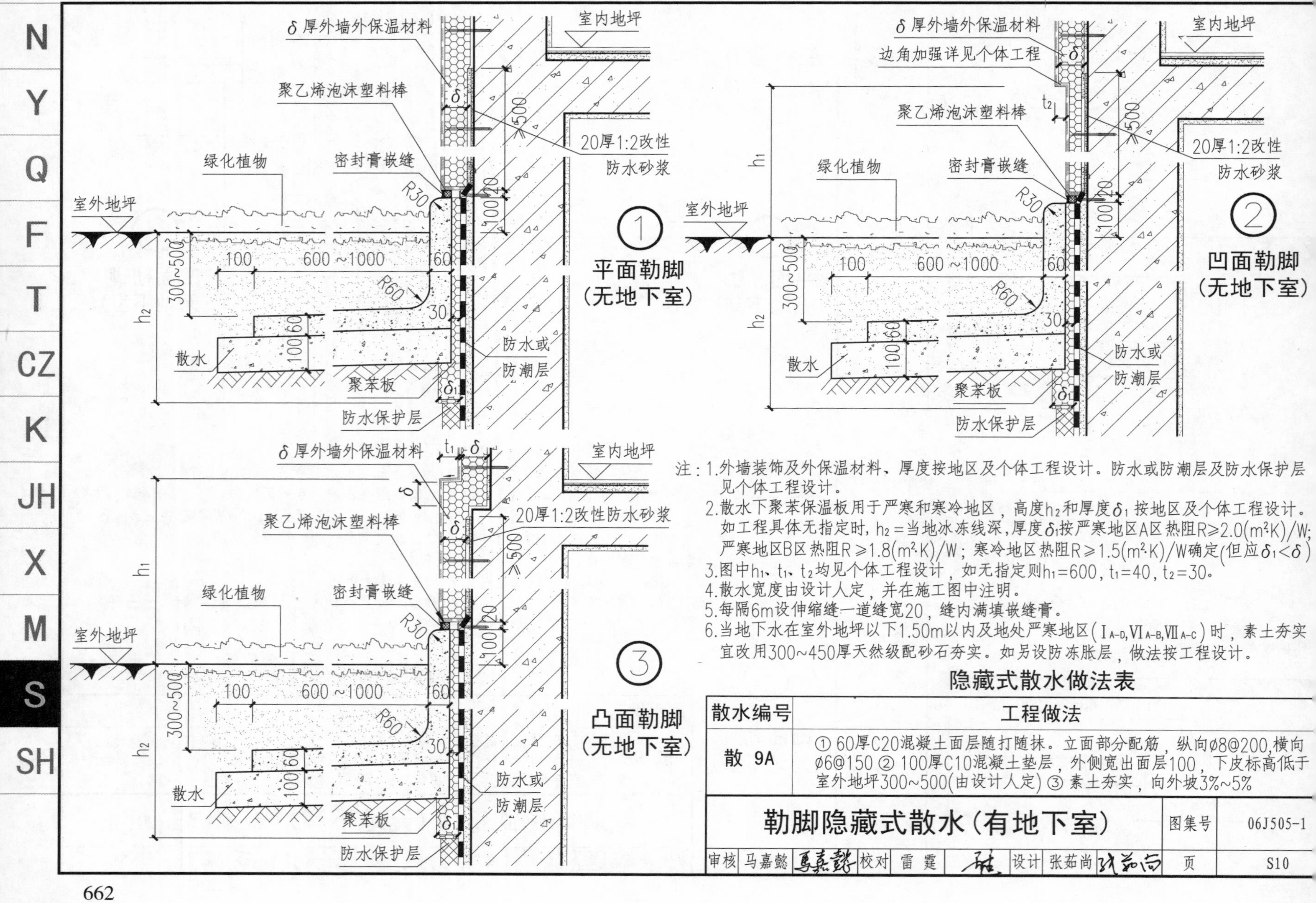

注：1.外墙装饰及外保温材料、厚度按地区及个体工程设计。防水或防潮层及防水保护层见个体工程设计。

2.散水下聚苯保温板用于严寒和寒冷地区，高度h_2和厚度δ_1按地区及个体工程设计。如工程具体无指定时，h_2=当地冰冻线深，厚度δ_1按严寒地区A区热阻R≥2.0(m²·K)/W；严寒地区B区热阻R≥1.8(m²·K)/W；寒冷地区热阻R≥1.5(m²·K)/W确定(但应$\delta_1<\delta$)

3.图中h_1、t_1、t_2均见个体工程设计，如无指定则h_1=600，t_1=40，t_2=30。

4.散水宽度由设计人定，并在施工图中注明。

5.每隔6m设伸缩缝一道缝宽20，缝内满填嵌缝膏。

6.当地下水在室外地坪以下1.50m以内及地处严寒地区（$\mathrm{I}_{A\text{-}D}$,$\mathrm{VI}_{A\text{-}B}$,$\mathrm{VII}_{A\text{-}C}$）时，素土夯实宜改用300~450厚天然级配砂石夯实。如另设防冻胀层，做法按工程设计。

隐藏式散水做法表

散水编号	工程做法
散 9A	① 60厚C20混凝土面层随打随抹。立面部分配筋，纵向ø8@200,横向ø6@150 ② 100厚C10混凝土垫层，外侧宽出面层100，下皮标高低于室外地坪300~500(由设计人定) ③ 素土夯实，向外坡3%~5%

勒脚隐藏式散水（有地下室）

图集号	06J505-1
页	S10

审核 马嘉懿 [签名] 校对 雷霆 [签名] 设计 张茹尚 [签名]

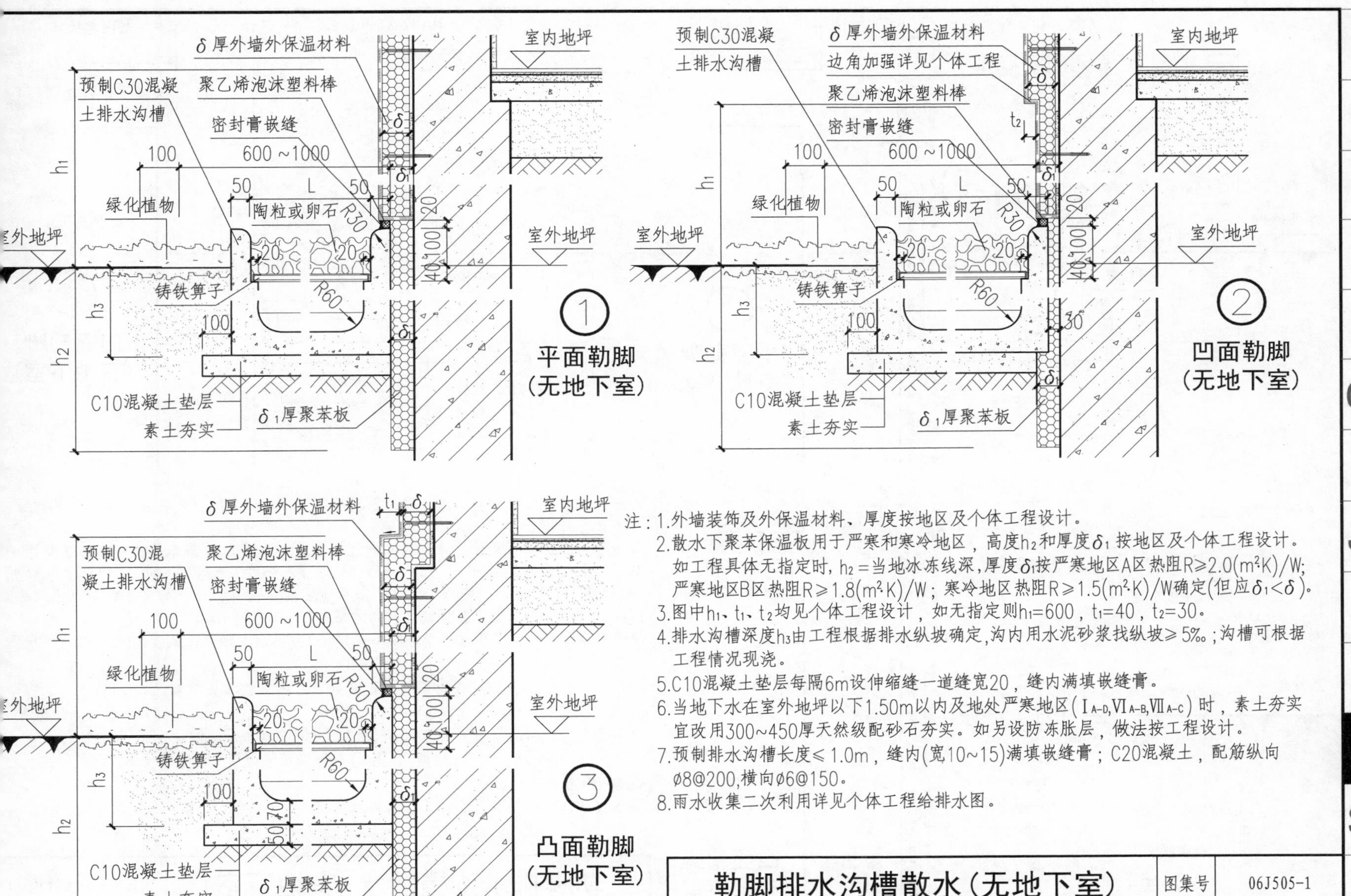

注：1.外墙装饰及外保温材料、厚度按地区及个体工程设计。
2.散水下聚苯保温板用于严寒和寒冷地区，高度h_2和厚度δ_1按地区及个体工程设计。如工程具体无指定时，h_2＝当地冰冻线深，厚度δ_1按严寒地区A区热阻R≥2.0(m^2·K)/W；严寒地区B区热阻R≥1.8(m^2·K)/W；寒冷地区热阻R≥1.5(m^2·K)/W确定(但应$\delta_1<\delta$)。
3.图中h_1、t_1、t_2均见个体工程设计，如无指定则h_1=600，t_1=40，t_2=30。
4.排水沟槽深度h_3由工程根据排水纵坡确定，沟内用水泥砂浆找纵坡≥5‰；沟槽可根据工程情况现浇。
5.C10混凝土垫层每隔6m设伸缩缝一道缝宽20，缝内满填嵌缝膏。
6.当地下水在室外地坪以下1.50m以内及地处严寒地区（$Ⅰ_{A-D}$,$Ⅵ_{A-B}$,$Ⅶ_{A-C}$）时，素土夯实宜改用300～450厚天然级配砂石夯实。如另设防冻胀层，做法按工程设计。
7.预制排水沟槽长度≤1.0m，缝内(宽10～15)满填嵌缝膏；C20混凝土，配筋纵向ø8@200,横向ø6@150。
8.雨水收集二次利用详见个体工程给排水图。

勒脚排水沟槽散水（无地下室）						图集号	06J505-1
审核	马嘉懿	校对	雷霆	设计	张茹尚	页	S11

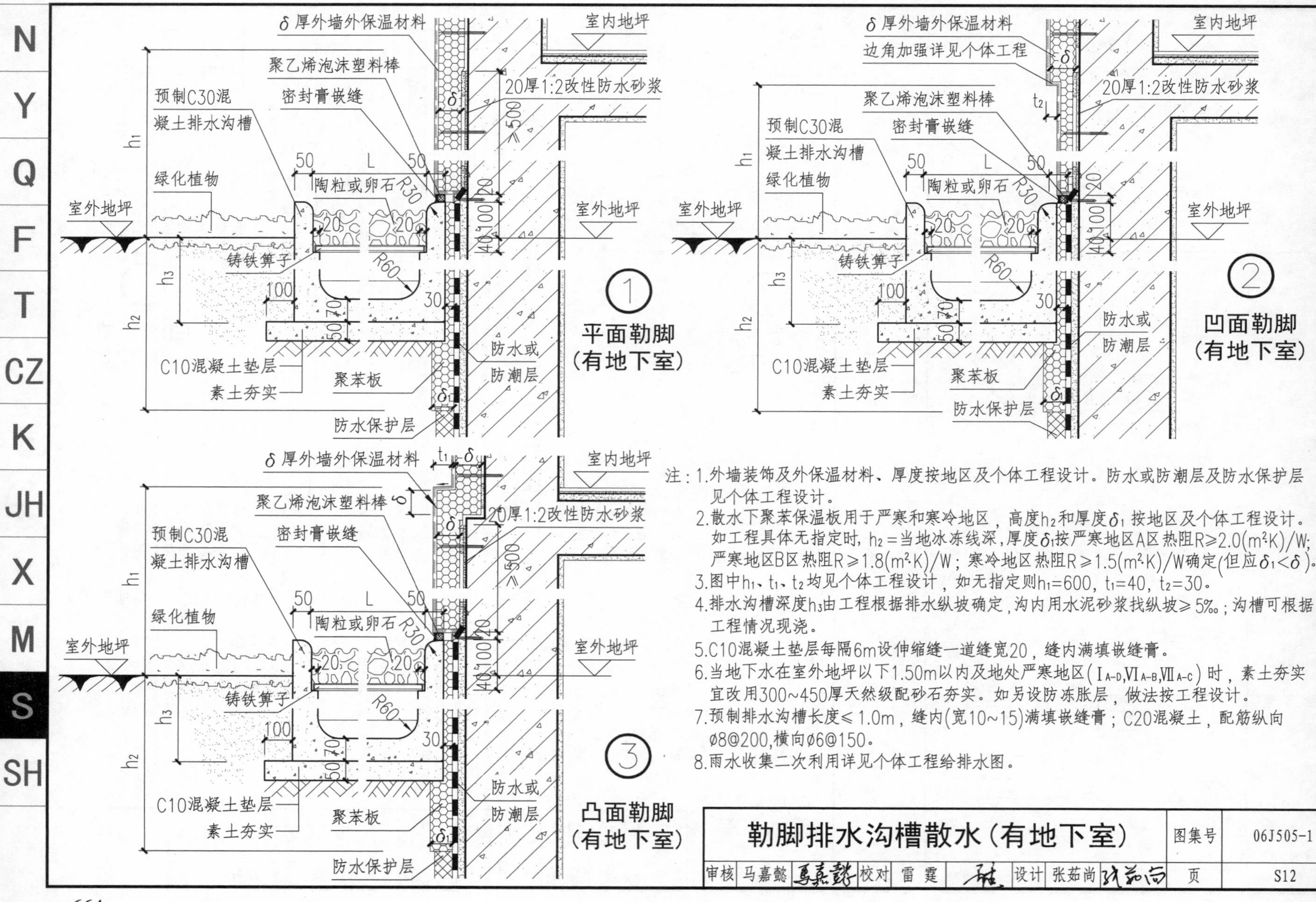

注：1.外墙装饰及外保温材料、厚度按地区及个体工程设计。防水或防潮层及防水保护层见个体工程设计。

2.散水下聚苯保温板用于严寒和寒冷地区，高度h_2和厚度δ_1按地区及个体工程设计。如工程具体无指定时，h_2=当地冰冻线深，厚度δ_1按严寒地区A区热阻$R \geqslant 2.0(m^2 \cdot K)/W$；严寒地区B区热阻$R \geqslant 1.8(m^2 \cdot K)/W$；寒冷地区热阻$R \geqslant 1.5(m^2 \cdot K)/W$确定(但应$\delta_1 < \delta$)。

3.图中h_1、t_1、t_2均见个体工程设计，如无指定则$h_1=600$，$t_1=40$，$t_2=30$。

4.排水沟槽深度h_3由工程根据排水纵坡确定，沟内用水泥砂浆找纵坡≥5‰；沟槽可根据工程情况现浇。

5.C10混凝土垫层每隔6m设伸缩缝一道缝宽20，缝内满填嵌缝膏。

6.当地下水在室外地坪以下1.50m以内及地处严寒地区($Ⅰ_{A-D}$,$Ⅵ_{A-B}$,$Ⅶ_{A-C}$)时，素土夯实宜改用300~450厚天然级配砂石夯实。如另设防冻胀层，做法按工程设计。

7.预制排水沟槽长度≤1.0m，缝内(宽10~15)满填嵌缝膏；C20混凝土，配筋纵向ø8@200,横向ø6@150。

8.雨水收集二次利用详见个体工程给排水图。

勒脚排水沟槽散水(有地下室)						图集号	06J505-1
审核	马嘉懿	校对	雷霆	设计	张茹尚	页	S12

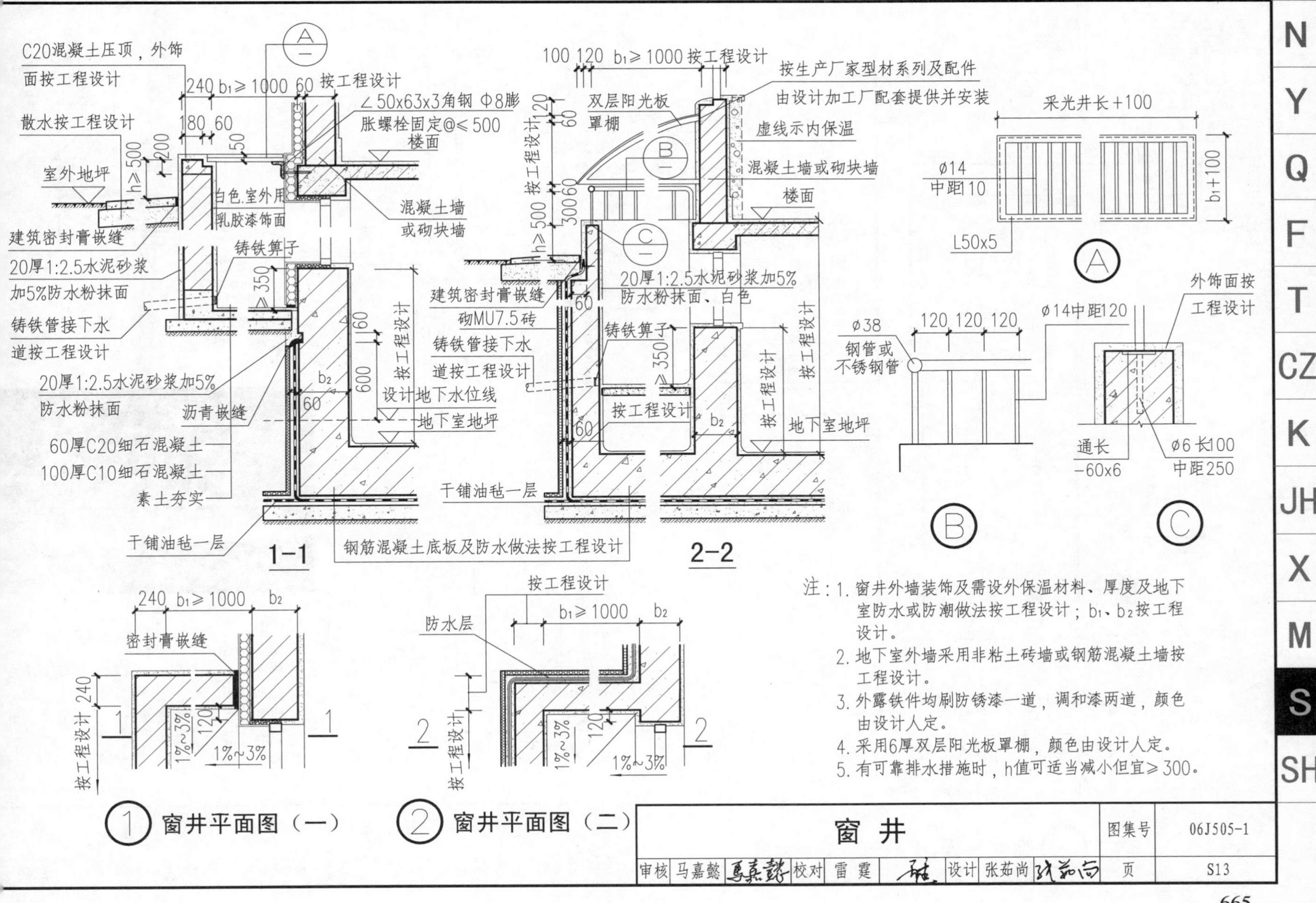

① 窗井平面图（一）

② 窗井平面图（二）

注：1. 窗井外墙装饰及需设外保温材料、厚度及地下室防水或防潮做法按工程设计；b_1、b_2按工程设计。
2. 地下室外墙采用非粘土砖墙或钢筋混凝土墙按工程设计。
3. 外露铁件均刷防锈漆一道，调和漆两道，颜色由设计人定。
4. 采用6厚双层阳光板罩棚，颜色由设计人定。
5. 有可靠排水措施时，h值可适当减小但宜≥300。

窗井	图集号	06J505-1
审核 马嘉懿 校对 雷霆 设计 张茹尚	页	S13

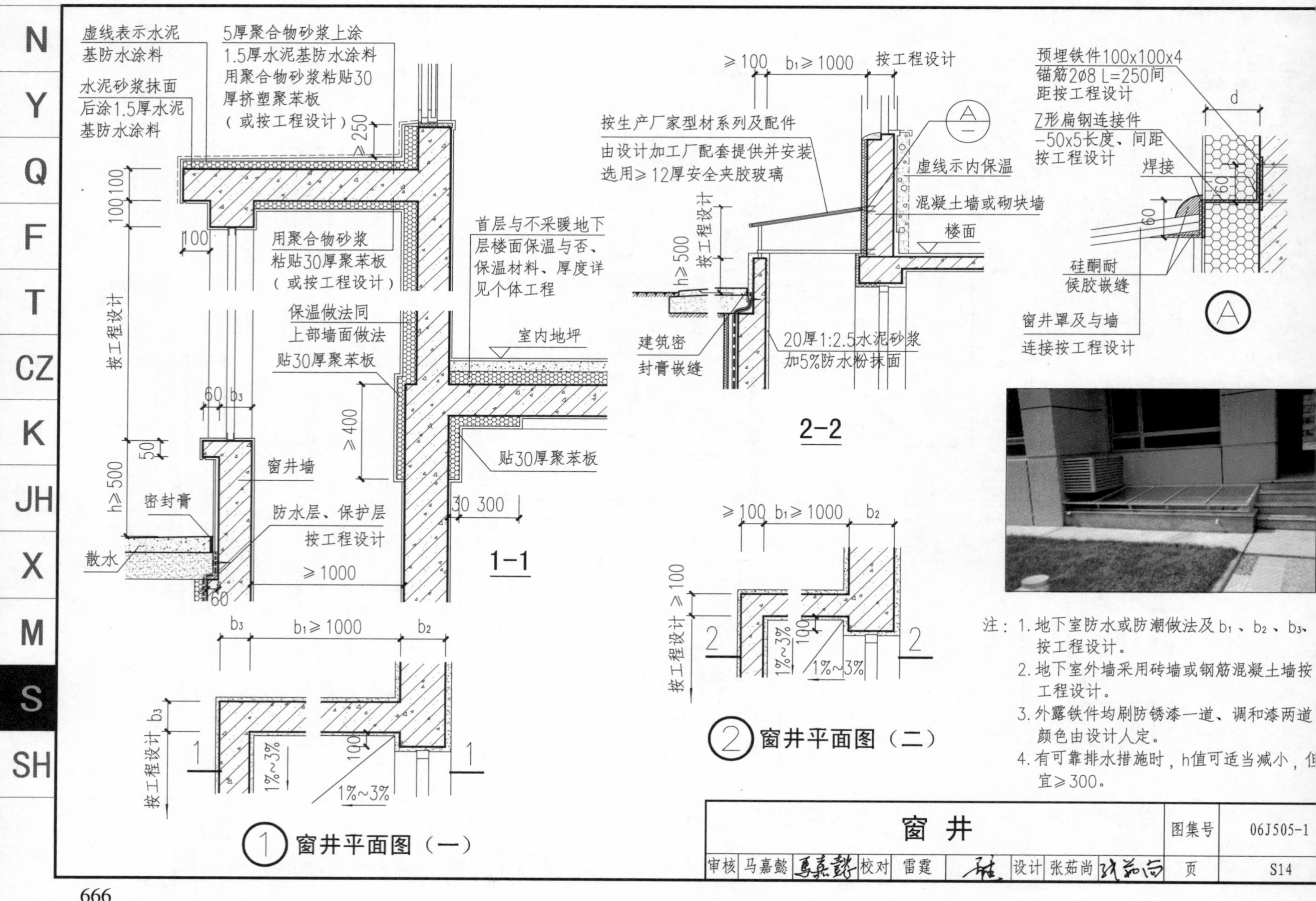
N
Y
Q
F
T
CZ
K
JH
X
M
S
SH
虚线表示水泥
基防水涂料
5厚聚合物砂浆上涂
1.5厚水泥基防水涂料
用聚合物砂浆粘贴30
厚挤塑聚苯板
（或按工程设计）
水泥砂浆抹面
后涂1.5厚水泥
基防水涂料
≥250
100 100
100
用聚合物砂浆
粘贴30厚聚苯板
（或按工程设计）
首层与不采暖地下
层楼面保温与否、
保温材料、厚度详
见个体工程
保温做法同
上部墙面做法
室内地坪
贴30厚聚苯板
按工程设计
60 b3
50
≥400
h≥500
窗井墙
密封膏
防水层、保护层
按工程设计
贴30厚聚苯板
30 300
散水
≥1000
60
1-1
≥100 b1≥1000 按工程设计
按生产厂家型材系列及配件
由设计加工厂配套提供并安装
选用≥12厚安全夹胶玻璃
A
虚线示内保温
混凝土墙或砌块墙
楼面
按工程设计
h≥500
建筑密
封膏嵌缝
20厚1:2.5水泥砂浆
加5%防水粉抹面
2-2
预埋铁件100x100x4
锚筋2Ø8 L=250间
距按工程设计
d
Z形扁钢连接件
-50x5长度、间距
按工程设计
焊接
60
60
硅酮耐
候胶嵌缝
A
窗井罩及与墙
连接按工程设计
≥100 b1≥1000 b2
按工程设计 ≥100
2
1%~3%
100
1%~3%
2
2 窗井平面图（二）
b3 b1≥1000 b2
按工程设计 b3
1
1%~3%
100
1%~3%
1
1 窗井平面图（一）
注：1. 地下室防水或防潮做法及b1、b2、b3、
按工程设计。
2. 地下室外墙采用砖墙或钢筋混凝土墙按
工程设计。
3. 外露铁件均刷防锈漆一道、调和漆两道
颜色由设计人定。
4. 有可靠排水措施时，h值可适当减小，但
宜≥300。
窗井
图集号 06J505-1
审核 马嘉懿 校对 雷霆 设计 张茹尚
页 S14

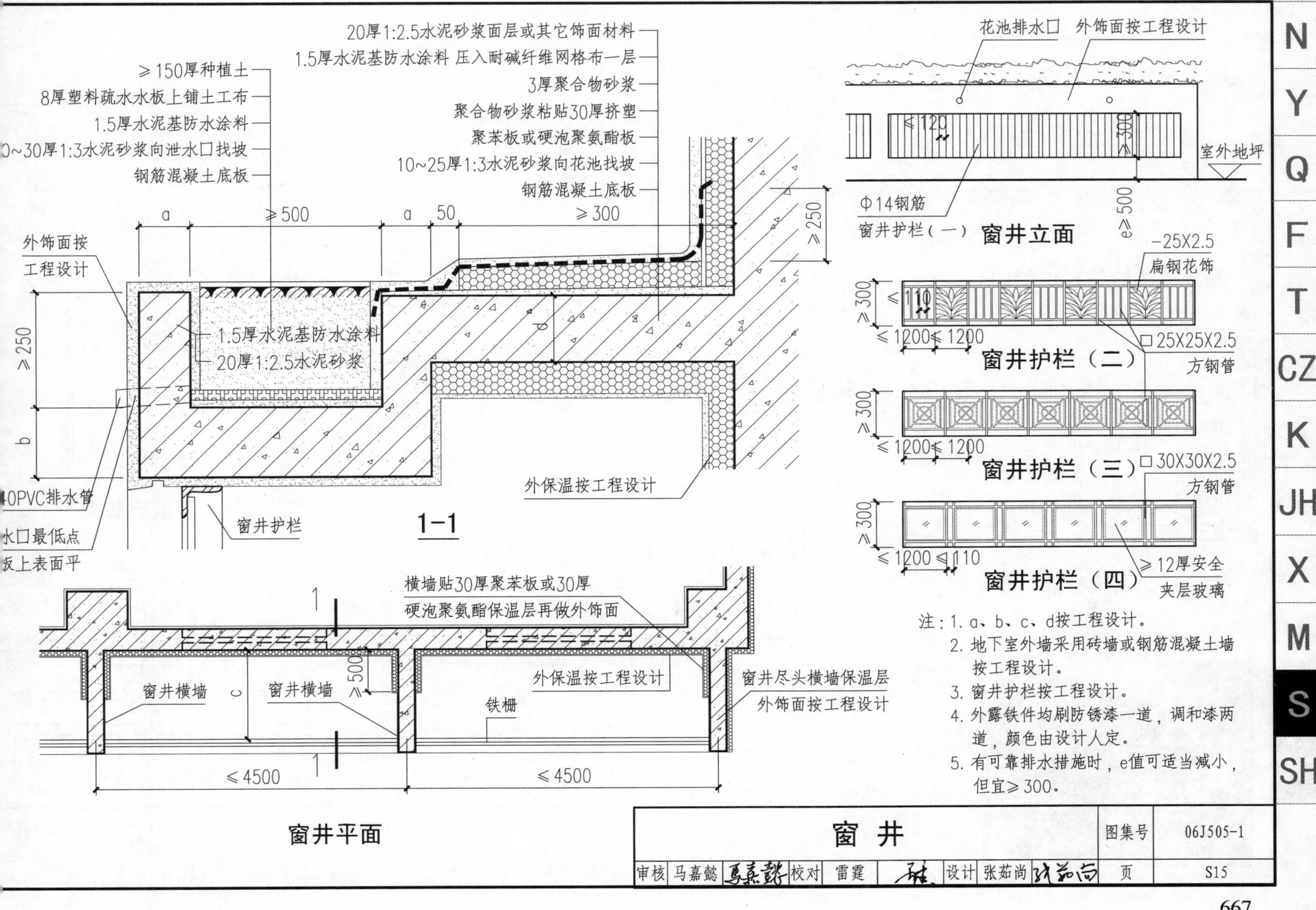

窗井平面

注:1. a、b、c、d按工程设计。
2. 地下室外墙采用砖墙或钢筋混凝土墙按工程设计。
3. 窗井护栏按工程设计。
4. 外露铁件均刷防锈漆一道,调和漆两道,颜色由设计人定。
5. 有可靠排水措施时,e值可适当减小,但宜≥300。

窗井						图集号	06J505-1
审核	马嘉懿	校对	雷霆	设计	张茹尚	页	S15

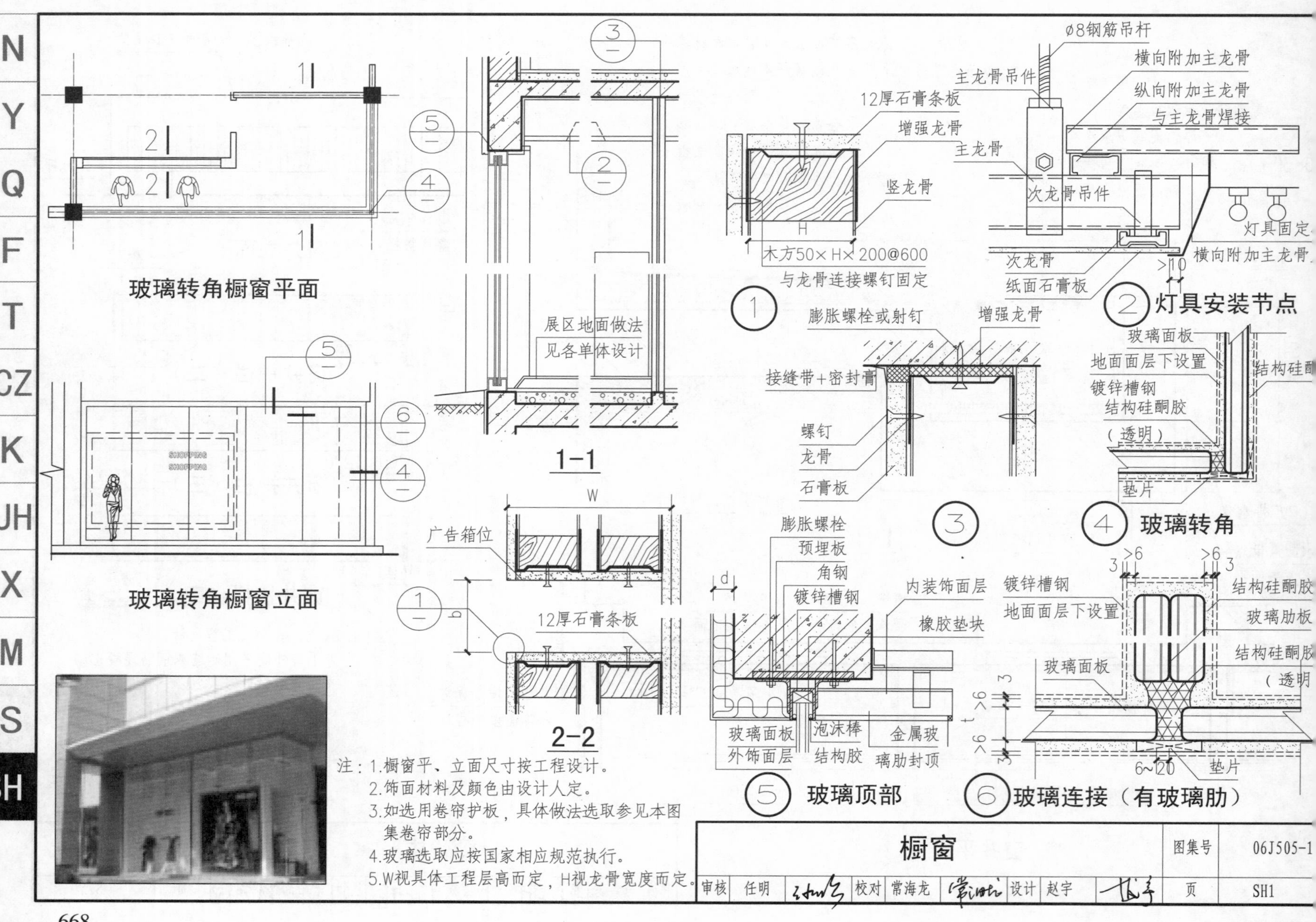

N
Y
Q
F
T
CZ
K
JH
X
M
S
SH
1
2
2
1
玻璃转角橱窗平面
3
5
2
4
展区地面做法
见各单体设计
1-1
5
6
4
SHOPPING
SHOPPING
玻璃转角橱窗立面
W
广告箱位
1
b
12厚石膏条板
2-2
12厚石膏条板
增强龙骨
竖龙骨
H
木方50×H×200@600
与龙骨连接螺钉固定
1
ø8钢筋吊杆
横向附加主龙骨
主龙骨吊件
纵向附加主龙骨
与主龙骨焊接
主龙骨
次龙骨吊件
灯具固定
次龙骨
横向附加主龙骨
纸面石膏板
>10
2 灯具安装节点
膨胀螺栓或射钉
增强龙骨
接缝带+密封膏
螺钉
龙骨
石膏板
3
玻璃面板
地面面层下设置
镀锌槽钢
结构硅酮胶
（透明）
结构硅酮
垫片
4 玻璃转角
膨胀螺栓
预埋板
角钢
镀锌槽钢
d
内装饰面层
橡胶垫块
玻璃面板
外饰面层
泡沫棒
结构胶
金属玻
璃肋封顶
t
>6
>6
3
3
5 玻璃顶部
镀锌槽钢
地面面层下设置
3
>6
>6
3
结构硅酮胶
玻璃肋板
结构硅酮胶
（透明
玻璃面板
6~20
垫片
6 玻璃连接（有玻璃肋）
注：1.橱窗平、立面尺寸按工程设计。
2.饰面材料及颜色由设计人定。
3.如选用卷帘护板，具体做法选取参见本图集卷帘部分。
4.玻璃选取应按国家相应规范执行。
5.W视具体工程层高而定，H视龙骨宽度而定。
橱窗
图集号 06J505-1
审核 任明 校对 常海龙 设计 赵宇
页 SH1

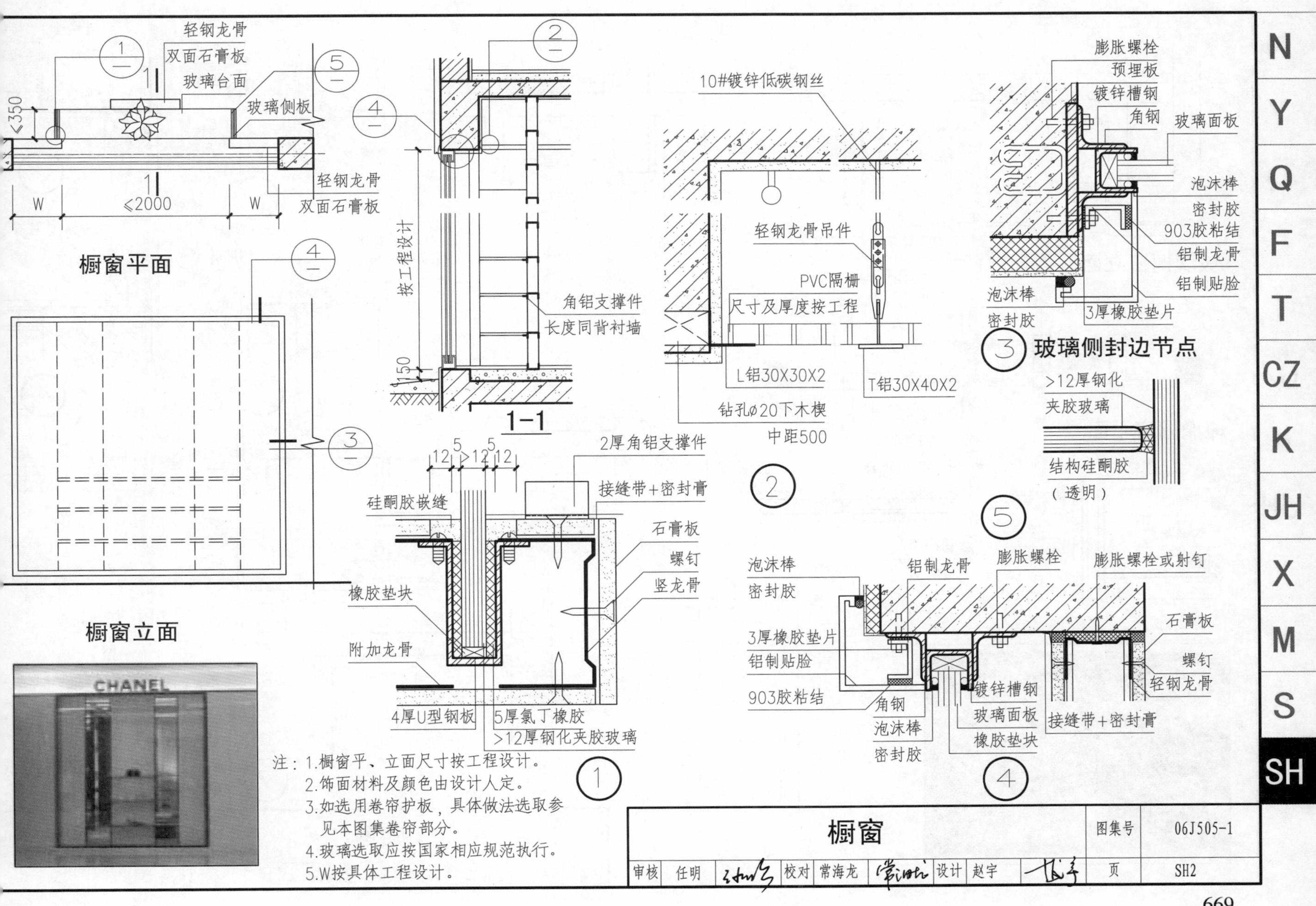

注：1.橱窗平、立面尺寸按工程设计。
2.饰面材料及颜色由设计人定。
3.如选用卷帘护板，具体做法选取参见本图集卷帘部分。
4.玻璃选取应按国家相应规范执行。
5.W按具体工程设计。

橱窗						图集号	06J505-1
审核	任明	校对	常海龙	设计	赵宇	页	SH2

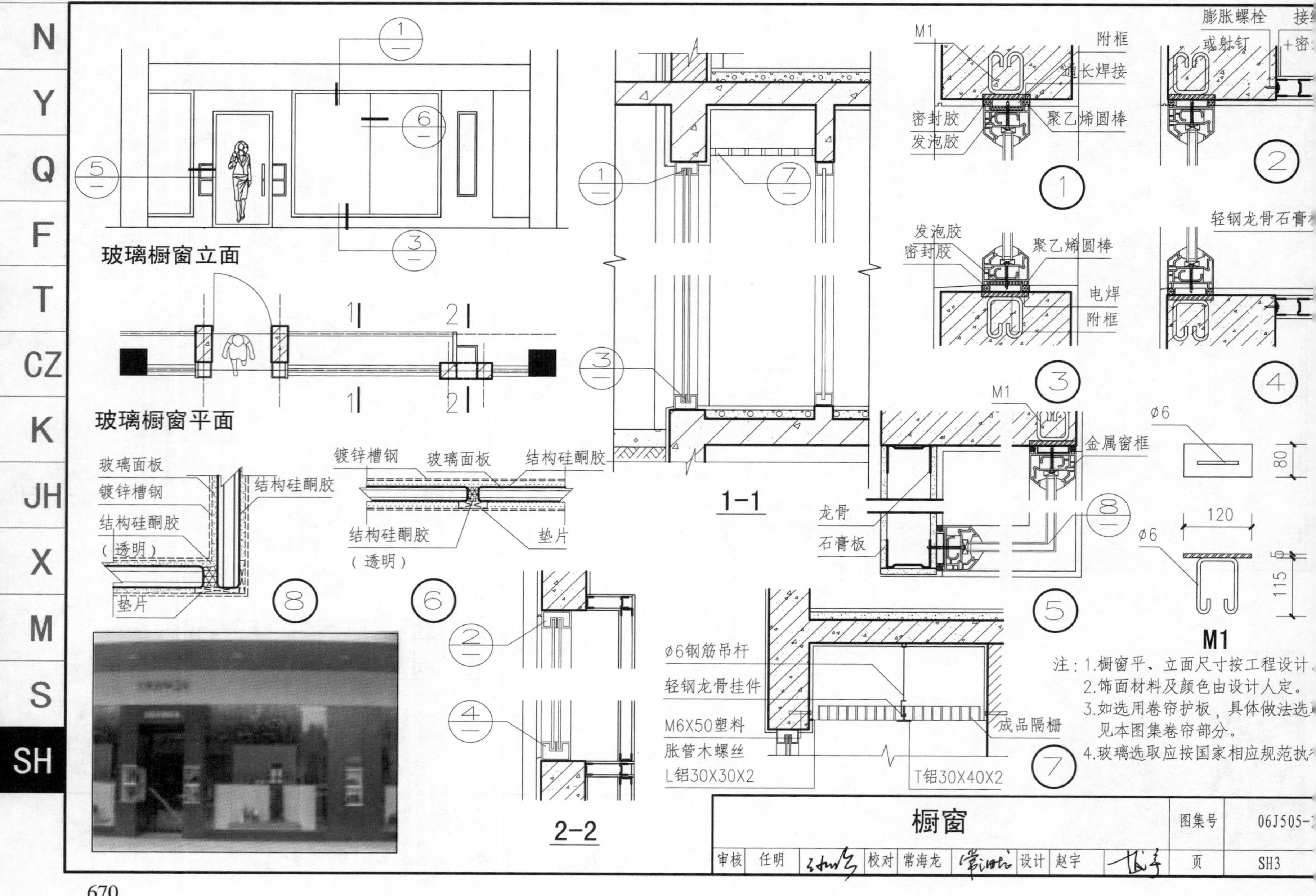
N
Y
Q
F
T
CZ
K
JH
X
M
S
SH
玻璃橱窗立面
玻璃橱窗平面
1-1
2-2
M1
附框
通长焊接
密封胶
聚乙烯圆棒
发泡胶
膨胀螺栓
或射钉
轻钢龙骨石膏板
电焊
金属窗框
龙骨
石膏板
玻璃面板
镀锌槽钢
结构硅酮胶
结构硅酮胶
（透明）
垫片
ø6钢筋吊杆
轻钢龙骨挂件
M6X50塑料
胀管木螺丝
L铝30X30X2
T铝30X40X2
成品隔栅
ø6
80
120
115
M1
注：1.橱窗平、立面尺寸按工程设计。
2.饰面材料及颜色由设计人定。
3.如选用卷帘护板，具体做法选见本图集卷帘部分。
4.玻璃选取应按国家相应规范执行。
橱窗
图集号 06J505-1
审核 任明 校对 常海龙 设计 赵宇
页 SH3

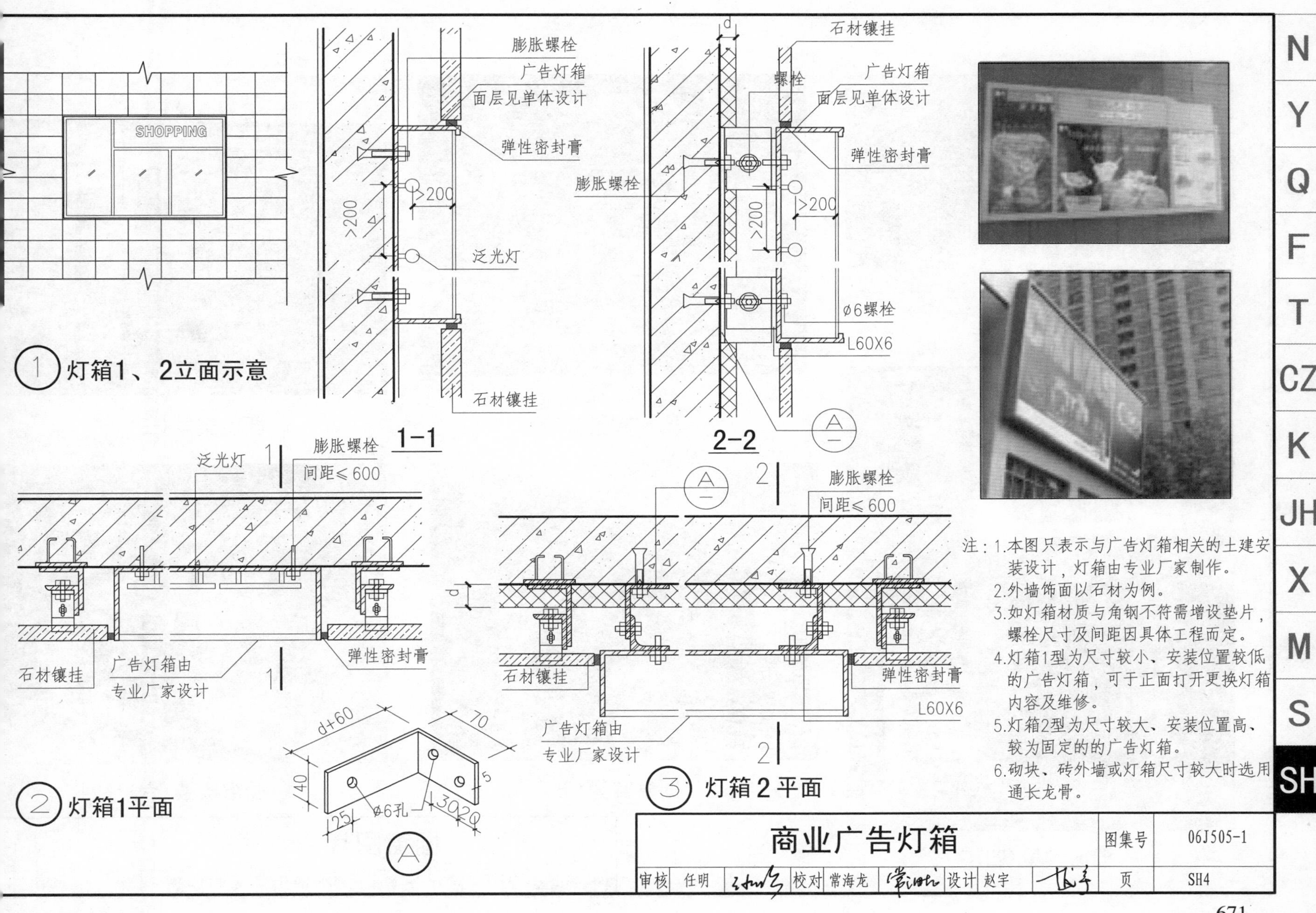

注：1.本图只表示与广告灯箱相关的土建安装设计，灯箱由专业厂家制作。
2.外墙饰面以石材为例。
3.如灯箱材质与角钢不符需增设垫片，螺栓尺寸及间距因具体工程而定。
4.灯箱1型为尺寸较小、安装位置较低的广告灯箱，可于正面打开更换灯箱内容及维修。
5.灯箱2型为尺寸较大、安装位置高、较为固定的的广告灯箱。
6.砌块、砖外墙或灯箱尺寸较大时选用通长龙骨。

商业广告灯箱						图集号	06J505-1
审核	任明	校对	常海龙	设计	赵宇	页	SH4

橱窗实景(一)

橱窗实景(二)

橱窗实景(三)

橱窗实景(四)

橱窗实景(五)

橱窗实景(六)

橱窗图片						图集号	06J505-1
审核	彭瓅云	校对	安 毅	设计	赵 凌	页	SH5

橱窗实景(七)

橱窗实景(八)

橱窗实景(九)

橱窗实景(十)

橱窗实景(十一)

橱窗实景(十二)

橱窗图片									图集号	06J505-1
审核	彭璨云	彭璨云	校对	安毅	安毅	设计	赵凌	赵凌	页	SH6

附表一　框架型幕墙特点、适用范围

单位：mm

	铝合金单板（框架）幕墙	铝塑复合板（框架）幕墙	蜂窝结构（框架）单元幕墙	石材（框架）幕墙
立柱间距	1000～1500	500～1500	900～2500	宜500～1200
经济层高	3000～4500	2500～4000	3000～4500	3000～4500
构造厚度	100～300	≥140（用于铝龙骨幕墙） ≥100(用于钢龙骨幕墙）	185～300（普通蜂窝结构幕墙） 200～300(单元式蜂窝结构幕墙)	150～300
单板、常用尺寸	宽度：1250、1570 长度可根据设计分格尺寸确定	宽度：1020、1250、1575 长度可根据设计分隔确定	宽度：1250、1570 长度可根据设计分隔确定	单块石材面积不宜大于1.5平方米
装配单板厚度	2.5、3.0、4.0、6.0	3.0、4.0、6.0	10、15、20	25、30
平面特点	可组装成各种角度的阳角、阴角，还可根据工程需要进行圆弧、圆柱等设计。	铝塑复合板可加工成各种角度的阳角、阴角，包括圆弧板，其弯曲半径取决于加工厂家的加工设备，一般不宜小于300。	可组装成阳角、阴角、任意角、变形角等，还可根据工程需要另行设计。	可组装成图中所示的90°、120°、135°阴角、阳角，还可以根据工程需要另行设计。
剖面示意图	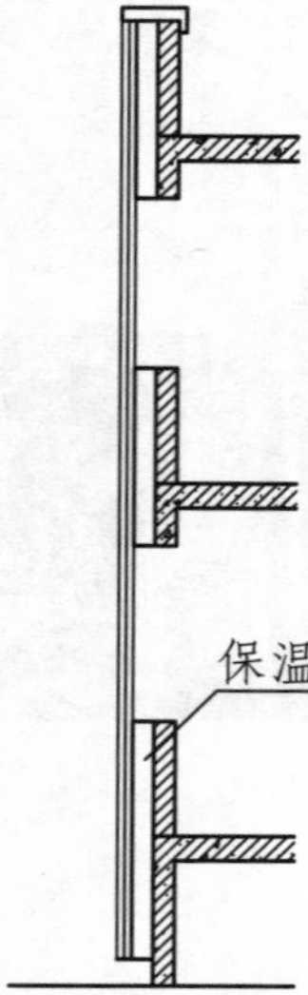 保温材料	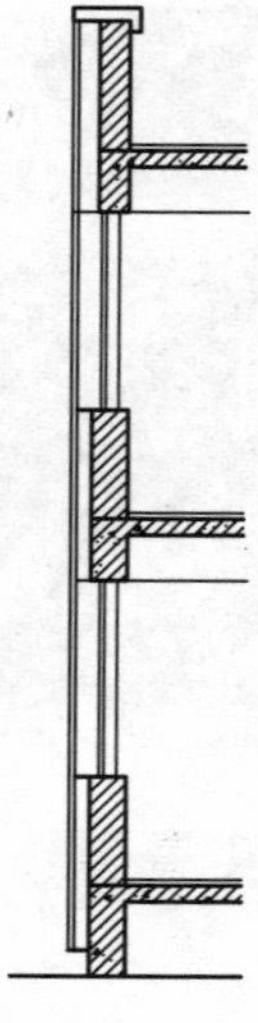	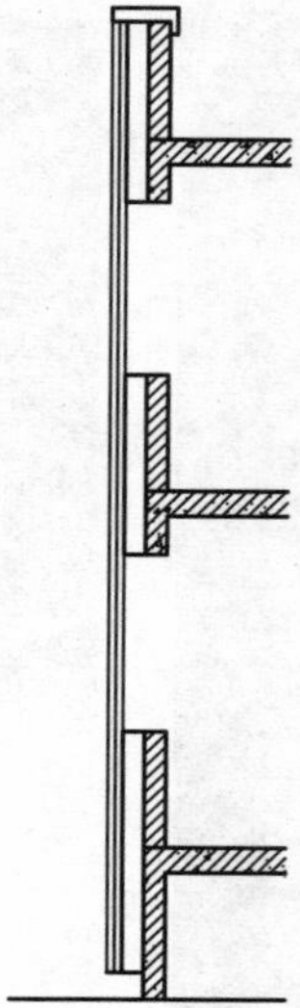	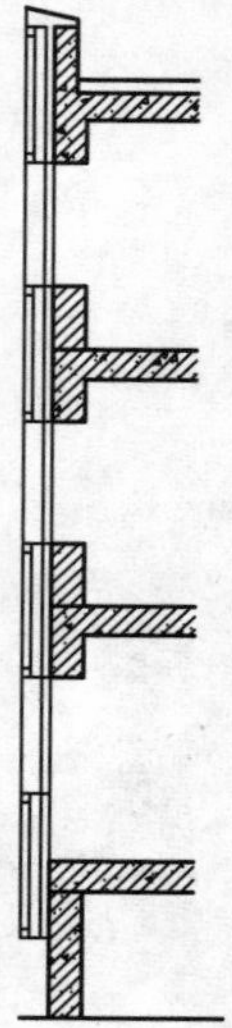

注：1. 本表引自国标图集《建筑幕墙》J103-2～7。
2. 构造厚度为幕墙外表面距承重墙外表面之间的距离。

框架型幕墙特点、适用范围						图集号	06J505-1
审核	彭璨云	校对	曹颖奇	设计	魏红	页	FL1

单位：mm

附表二　点支式幕墙特点、适用范围

项目＼名称	拉索点支式玻璃幕墙	拉杆点支式玻璃幕墙	自平衡索桁架点支式玻璃幕墙	桁架点支式玻璃幕墙	立柱点支式玻璃幕墙
特点	轻盈、纤细、强度高，能实现较大跨度。	轻巧、光亮，有极好的视觉效果，满足建筑高档装饰艺术要求。	受拉、受压杆件合理分配内力，有利于主体结构的承载。外形新颖，有较好的观赏性。	具备较大的刚度、强度，是大空间点支式幕墙中主要构件；在大跨度幕墙中综合性能优越。	对周边结构要求不高，可选圆形、方形或异型断面的立柱，整体效果简洁明快。
适用范围	拉索间距b=1200～3500 层高h=3000～12000 拉索矢高 f=h/（10～15）	拉杆间距b=1200～3000 层高h=3000～9000 拉杆矢高 f=h/（10～15）	自平衡间距b=1200～3500 层高h≤15000 自平衡索桁架矢高 f=h/（5～9）	桁架间距b=3000～15000 层高h=6000～40000 桁架矢高 f=h/（10～20）	立柱间距b=1200～3500 层高h≤8000
剖面示意图	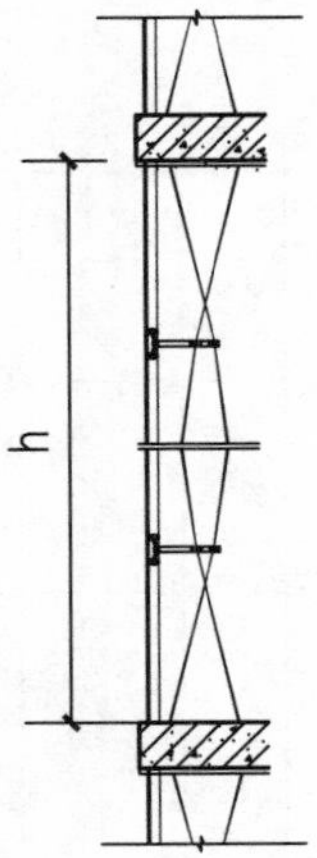 h	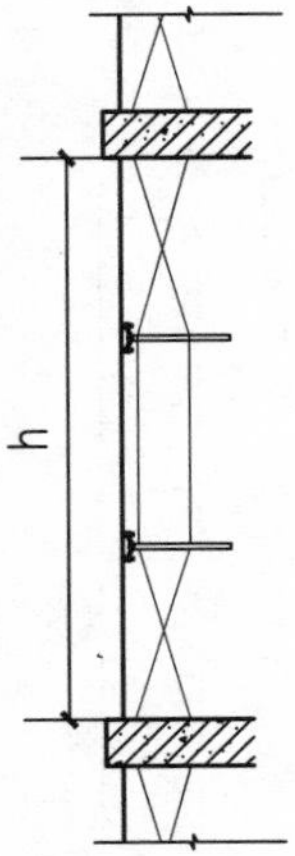 h	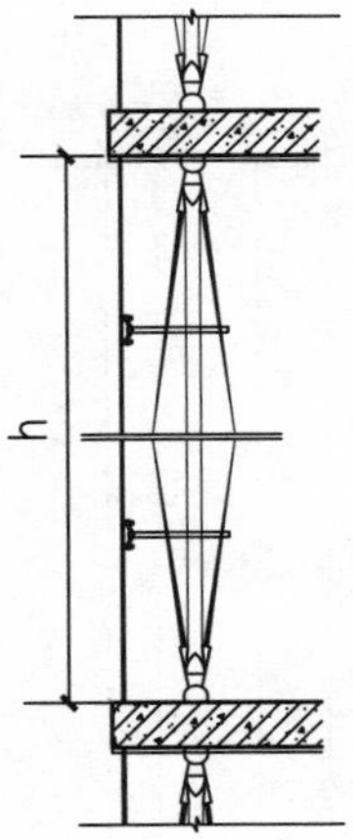 h	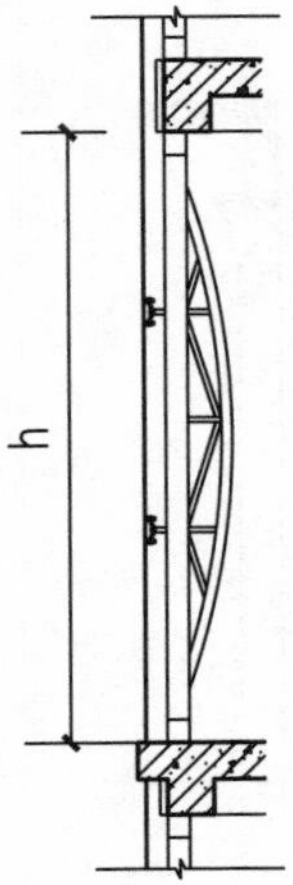 h	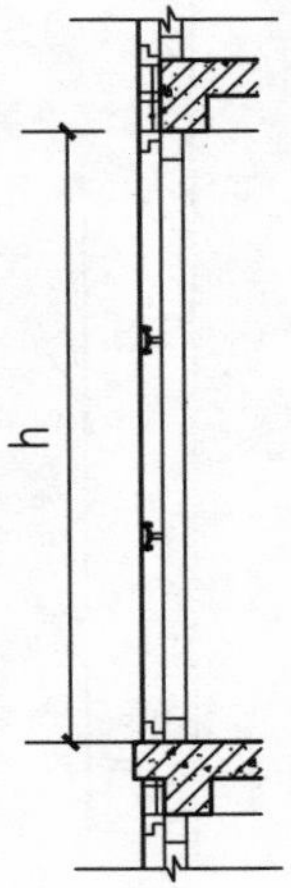 h

注：因部分拉索对主体结构传递较大的拉力，相应主体结构必须具有足够的强度和刚度。

注：1. 本表引自国标图集《建筑幕墙》J103-2～7。
2. 构造厚度为幕墙外表面距承重墙外表面之间的距离。

点支式幕墙特点、适用范围							图集号	06J505-1
审核	彭璨云	彭璨云	校对	曹颖奇	曹颖奇	设计 魏 红	页	FL2

附表三　全玻璃幕墙适用范围

单位：mm

规格 \ 名称	吊　挂 玻璃幕墙	吊挂点支式 玻璃幕墙	座　地 玻璃幕墙	座地点支式 玻璃幕墙
玻璃面板分格尺寸	1200×4000 至 1800×12000	1200×1500 至 1800×3000	1200×3000 至 1800×4000	1200×1500 至 1800×2500
玻璃肋板适用间距	1200～1800			
玻璃肋板高　度	4000～12000	6000～10000	3000～4000	
玻璃肋板宽　度	400～1000	400～800	150～500	250～500
剖面示意图	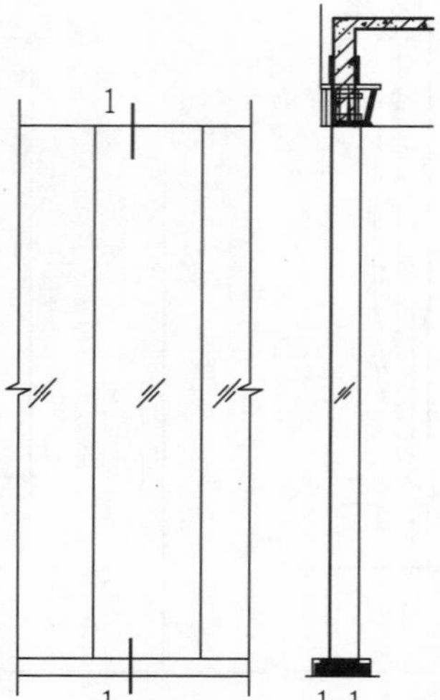 1　1-1	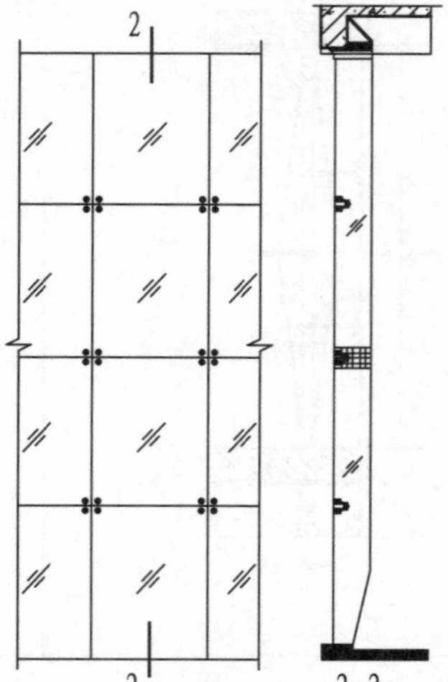 2　2-2	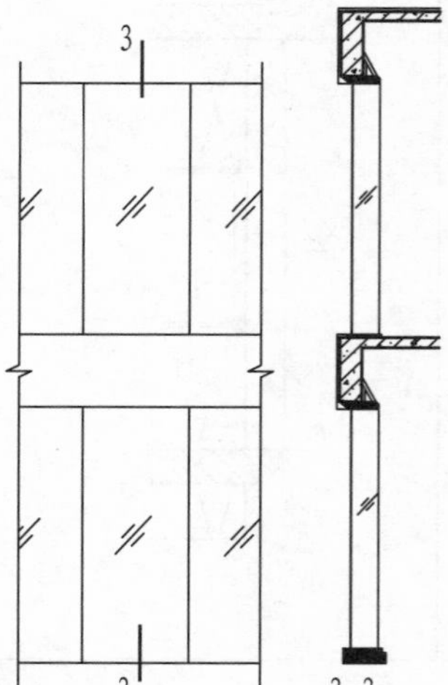 3　3-3	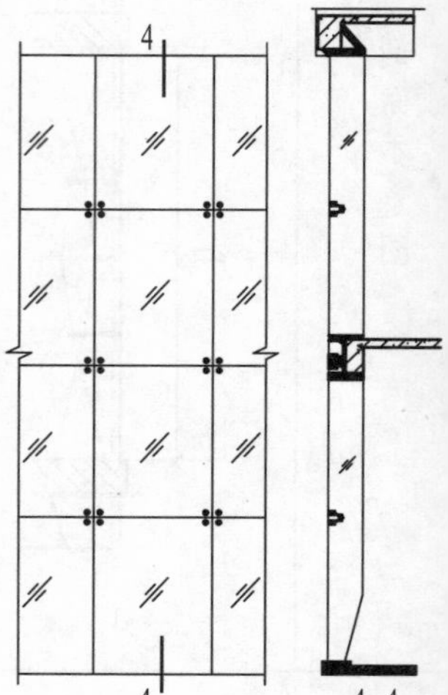 4　4-4

注：1. 本表引自国标图集《建筑幕墙》J103-2～7。
　　2. 构造厚度为幕墙外表面距承重墙外表面之间的距离。

全玻璃幕墙适用范围						图集号	06J505-1
审核	彭瓈云	校对	曹颖奇	设计	魏　红	页	FL3

清水混凝土饰面做法

1. 定义

清水混凝土原意是结构性清水混凝土(Structure Concrete)。即指在混凝土浇筑中没有质量通病不用进行抹灰的混凝土工程。在建筑艺术多样化发展过程中,清水混凝土饰面做法越来越得到建筑师的青睐。清水混凝土做法起源于西方(北美、欧洲),后来在东方(日本、韩国、中东、东南亚等)得到发展。现在清水混凝土已广义地指建筑性清水混凝土(Architecture Concrete),它又包含两类,第一类为饰面清水混凝土(Fine-faced Concrete),第二类为装饰清水混凝土(Decoration Concrete)。前者指现在一般意义的做法,施工缝横平竖直比较规矩;后者指施工缝装饰性很强,有特殊图案的做法。本章节中的内容均为饰面混凝土(Fine-faced Concrete)做法。

2. 饰面清水混凝土概念

饰面清水混凝土Fine-faced Concrete是以混凝土浇筑技术为手段,形成以混凝土本身质感以及精心设计排布的施工缝组合而成的自然状态的混凝土饰面效果,以此表现建筑的精神和追求。

目前,我国对清水混凝土的质量验收和施工技术规程的国家标准还在编制中,但一些建筑师已经开始在自己的设计中运用清水混凝土的饰面手段来丰富建筑形象,为了增加对清水混凝土的了解,在本图集中收集了部分资料以满足设计师的需要。

3. 清水混凝土的特点

3.1 自然而富有质感。可以是光滑的效果,也可以是粗犷的效果。

3.2 设计性强。可依照设计的各种尺寸和形状方便地成型。

3.3 具有很强的表现力。可模仿石、木、砌块的质感,可随设计要求变换各种颜色和形状。

4. 清水混凝土的应用

4.1 应用范围:民用建筑,如剧院、体育场馆、展览馆、会展中心、商场、写字楼、车库等;工业建筑;构筑物,如水塔、信号塔、大坝、桥梁等。

4.2 应用部位:外饰面(强调建筑立面效果)、内饰面(强调装潢装饰效果)。

5. 清水混凝土建筑的特点

5.1 艺术性:清水混凝土以质朴自然的材质感塑造富有艺术性或有夸张个性效果的建筑形象而引发人的联想,或庄严肃穆,或质朴典雅,或粗犷豪放,或清雅隽永……。

5.2 经济性:装饰清水混凝土是运用技术手段达到设想的艺术效果,省去了通常采用的包裹在混凝土外面的附加装饰面层,节约了外饰面所需的造价。

5.3 多样性:利用浇筑技术形成多样的装饰效果和造型效果。

6. 清水混凝土对模板的要求

6.1 表面光洁度要求:装饰清水混凝土对模板的光洁度有特殊要求,尤其对墙面的模板要求更高,必须用有覆膜的多层木板、玻璃钢板或塑料板;对柱和梁允许用钢模;对设计为粗犷表面效果的要采用特制的内衬与模板共同使用。

6.2 模板体系应具有良好的抗变形能力,以防止浇筑过程中变形、漏浆,破坏最终效果。

6.3 模板体系化可以降低成本、提高效率、保证质量。最经济的模板宽度为2.44m,建筑师在设计时应考虑经济的模板尺寸来进行施工缝的排布。

7. 设计清水混凝土建筑的要点

7.1 建筑师应具备对清水混凝土施工技术的一定知识：

7.1.1 施工缝的种类有明缝与蝉缝之分，明缝宽度应≥25，深度≥15；蝉缝宽度≥20，深度≥10。

7.1.2 不同施工缝的最佳设计位置：明缝最好在层间，要求规律、整齐，水平交圈；蝉缝应横平竖直，均匀一致。竖向顺直成线，并要考虑好门窗洞口位置与缝位置的关系。

7.1.3 对模板周转使用的衔接、模板板面的分割、各部位混凝土浇筑的顺序有所了解。

7.2 对建筑进行整体设计并考虑与模板设计体系整体性的结合：

7.2.1 立面的整体设计应注意与模板设计、施工缝位置的留设、模板周转使用的衔接、模板板面的分割等方面的关系，以保证施工的可操作性。

7.2.2 平面的整体设计应注意墙体的平面形状与施工缝及拆模的关系,如**L**形墙体不受上述因素的约束；**⊓**形墙体，只可使用明缝不可使用蝉缝；全封闭的墙体不能拆模。

7.3 选择性能良好的表面保护剂：清水混凝土在浇筑拆模后要分层养护，并涂刷保护剂进行封闭。性能良好的保护剂不仅透气、耐候，还能使混凝土长久地保持自然质感与机理，充分展现混凝土本身的质地，并能防止雨水等对墙体湿润而出现的痕迹。

光面混凝土模板体系

饰面混凝土模板体系

清水混凝土饰面相关资料						图集号	06J505-1
审核 彭璨云	彭璨云	校对 安毅	安毅	设计 赵凌	赵凌	页	FL5

预制混凝土外墙挂板相关资料

1. 简介

1.1 预制混凝土外墙挂板(简称PC板)分装饰与结构围护相结合墙板和纯装饰墙板两大类。该产品采用反打成型工艺生产，饰面层与混凝土板一次浇筑成型，产品整体性好，板面美观，连接可靠，带窗洞的整面PC板可在工厂内完成玻璃窗安装，使现场安装方便、快捷，不受冬季施工气候影响，能大大减少高空作业和湿作业，有效缩短工期和保证质量。

1.2 PC板板面为清水混凝土板和彩色混凝土板时，清水混凝土采用C30以上普通混凝土生产，彩色混凝土板采用白水泥、彩色石碴、无机颜料等生产。

1.3 PC板可预制生产大幅面规格，最大为一开间立面尺寸（3600×3000），根据结构形式不同，外墙板分割尺寸随不同板厚度相应变化，面积为4~9m²，一般规格的带肋PC板，其厚度从60~220不等。面密度为1.5~6.0kN/m²。

1.4 PC板可加工成聚苯夹芯保温PC板，亦可在结构墙面铺贴岩棉或聚塑板等保温板材料后再挂PC板；用PC板装饰的墙面因而具有保温隔热功能，满足建筑墙体的节能要求。

2. 预制混凝土外墙挂板多样化的装饰性能

装饰性PC板可加工成各种饰面形式,有清水饰面混凝土挂板、露骨料饰面混凝土挂板、彩色混凝土饰面外挂板、面砖饰面混凝土外挂板、石材饰面混凝土挂板、条纹状饰面混凝土挂板等，造型风格特别，整体性好，面层质朴、纯厚，可满足不同建筑风格和设计表现的需求。

3. 技术特点

3.1 PC板通过不锈钢连接件或热镀锌连接件与结构预埋件连接，连接埋件有足够的强度和刚度，耐腐蚀性和安全性满足国家规范要求。

3.2 PC板生产执行国家钢筋混凝土工程施工质量验收规范和预制混凝土构件质量标准及设计要求，适用于各种混凝土结构和钢结构体系。

3.3 板缝形式：PC板之间板缝可做成密缝、开缝或防水胶嵌缝等形式。

3.4 板面防水防污染：PC板出厂前或安装完成后，表面应喷漆一至两道无色透明状混凝土防护涂料。

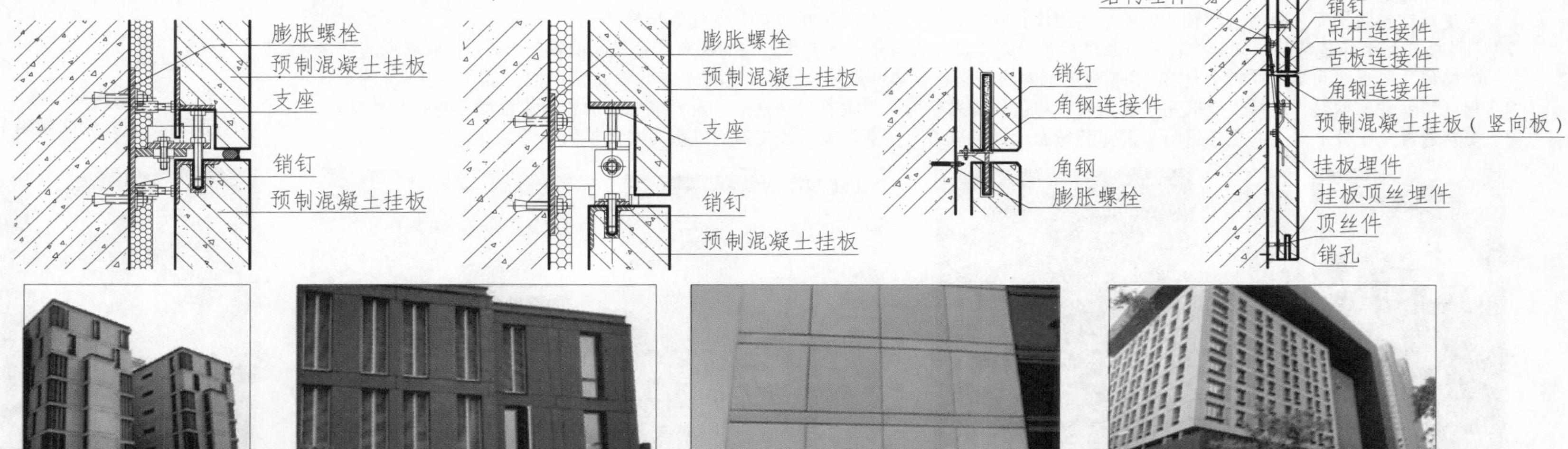

本页根据北京华筑建筑构件有限公司提供的技术资料进行编制。

ZZSDCP再造石装饰混凝土内、外墙挂板相关资料

1. 简介

1.1 再造石装饰混凝土内、外墙挂板（以下简称DCP）是一种用于建筑外装饰及围护或用于内墙装饰、内墙隔断的混凝土轻型挂板。表面装饰的相对随意性可为设计师提供巨大的创作空间。

1.2 DCP结构由三个部分组成：外装饰面是5～30mm厚的装饰混凝土层（DC层），厚度取决于装饰起伏造型的大小；紧贴装饰层的是15～25mm厚的玻璃纤维增强混凝土层（GRC层），与DC层连续完成，使混凝土板具有薄、轻且强度高的特性；当板的幅面较大时，采用加混凝土肋或挂板钢架的方法提高整体结构强度，增强结构厚度40～80mm。全结构厚度（除去表面造型起伏高度）：板长不大于1m的约25mm，板长不大于3m的约80mm，板长不大于6m的约120mm。

1.3 挂板面密度（不含安装龙骨）约50Kg/m²～120Kg/m²，单块面积最大18m²。龙骨钢材用量约4～8Kg/m²。

1.4 外装饰面质感有清水混凝土、仿石材、镀铜、仿海生化石等。外装饰造型有凿毛、烧毛、喷砂、粗细齿条及专门设计的浅浮雕等。造型厚度一般不超过30mm；外装饰面的颜色可通过在混凝土中掺加彩色石碴、石粉、颜料来实现。

1.5 安装采用龙骨干挂方式，用螺栓调整和承载、辅以焊接固定，安装方便准确。安装基础可以是结构梁、柱、实心结构砌体以及钢结构等。当板型较大时，可简化龙骨结构，节约大量钢材。

1.6 挂板背面的安装空间可充填隔热材料，实现保温功能，尤其对于幅面较大的板型，由于安装节点的相对减少，更有利于降低热桥效应。

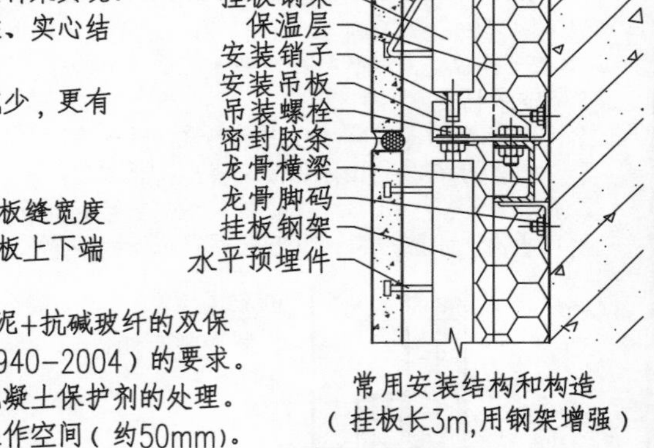

常用安装结构和构造（挂板长3m,用钢架增强）

2. 设计、制作、安装技术要求

2.1 DCP是一种非标准规格的挂板，需量身定制，设计师应进行分格（分块）设计，使接缝也成为一种装饰。板缝宽度以10～20mm为宜，可设计成明缝，企口缝（结构防水）或用嵌缝胶密封的同色或异色缝。分格时若挂板上下端与建筑结构梁平齐，将有利于优化龙骨结构的设计。安装设计应尽量采用吊挂和柔性连接技术。

2.2 DCP板在用于外装饰时，其结构及节点强度应满足建筑幕墙设计规范的要求，GRC板应尽量采取低碱度水泥+抗碱玻纤的双保险路线，确保使用寿命不低于50年，GRC板的制作应符合《玻璃纤维增强水泥（GRC）装饰制品》（JC/T940-2004）的要求。

2.3 钢制预埋件、钢架、连接件除选用不锈钢的，均需作防腐处理。挂板养护结束后，应对装饰表面作涂刷混凝土保护剂的处理。

2.4 安装通常是按自下而上的顺序进行，因此装饰面设计时应给最上层和最后边安装的挂板留有足够的安装操作空间（约50mm）。

化工出版社遮阳板（外墙）

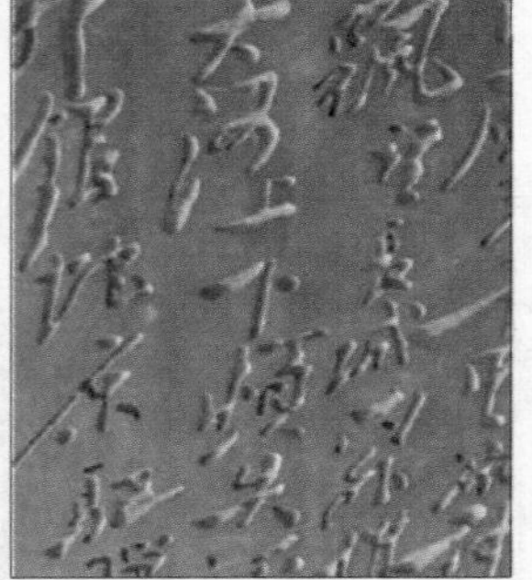

出版中心镀铜墙雕

吉林美馔

拉萨火车站墙雕（内墙）

天津泰达某会所

本页根据北京宝贵石艺科技有限公司提供的技术资料进行编制。

声 明

中国建筑标准设计研究院有限公司（标准院）作为国内唯一受住房和城乡建设部委托的国家建筑标准设计归口管理单位，依法享有国家建筑标准设计图集的著作权。

国标电子书库是标准院对国家建筑标准设计图集研发的唯一正版化电子产品。

标准院从未授权任何单位、个人以印刷、复制等方式传播国家建筑标准设计图集，或以国家建筑标准设计为内容制成软件或电子文件进行发行（销售）、传播、商业使用。

特此声明！如有侵犯我院著作权行为，必将追究其法律责任！

主编单位、联系人及电话

主编单位	北京维拓时代建筑设计有限公司	彭璨云	010 - 65061133
	中国建筑标准设计研究院	魏　红	010 - 88361155-800
参编单位	昆明云华玻璃厂	米家华	0871-4109506
	德州振华装饰玻璃有限公司	李晓东	0534-2722001
	特莱仕（上海）千思板制造有限公司	常永宇	021-62881299-666
	德国陶瓷集团有限责任公司北京代表处	龙　安	010-58691901
	法国法拉利技术织物公司上海代表处	罗　民	021-62814886
	常州长青艾德利复合材料有限公司	薛国锋	0519-5158011
	上海古猿人石材有限公司	王一曼	021-50588111

以下企业作为本图集的协编单位，在本图集的编制过程中，提供了相关的技术资料，对图集的编制工作给予了很大支持，特表示感谢。

北京华筑建筑构件有限公司	010-84911140
北京宝贵石艺科技有限公司	010-89711543

组织编制单位、联系人及电话

中国建筑标准设计研究院	魏　红	010-88361155-800（国标图热线电话）
		010-68318822（发行电话）